Handbuch der Urologie
Encyclopedia of Urology · Encyclopédie d'Urologie

Gesamtdisposition · Outline · Disposition générale

	Allgemeine Urologie	General Urology	Urologie générale
I	Anatomie und Embryologie	Anatomy and embryology	Anatomie et embryologie
II	Physiologie und Pathologische Physiologie	Physiology and pathological physiology	Physiologie normale et pathologique
III	Symptomatologie und Untersuchung von Blut, Harn und Genitalsekreten	Symptomatology and examination of the blood, urine and genital secretions	Symptomatologie et examens du sang, de l'urine et des sécrétions annexielles
IV	Niereninsuffizienz	Renal insufficiency	L'insuffisance rénale
V/1	Radiologische Diagnostik	Diagnostic radiology	Radiologie diagnostique
V/2	Radiotherapie	Radiotherapy	Radiothérapie
VI	Endoskopie	Endoscopy	Endoscopie

	Spezielle Urologie	Special Urology	Urologie spéciale
VII/1	Mißbildungen	Malformations	Malformations
VII/2	Die urologische Begutachtung und Dokumentation	The urologist's expert opinion and documentation	L'expertise et documentation en urologie
VIII	Entleerungsstörungen	Urinary stasis	La stase
IX/1	Unspezifische Entzündungen	Non-specific inflammations	Inflammations non-spécifiques
IX/2	Spezifische Entzündungen	Specific inflammations	Inflammations spécifiques
X	Die Steinerkrankungen	Calculous disease	La lithiase urinaire
XI/1	Tumoren I	Tumours I	Les tumeurs I
XI/2	Tumoren II	Tumours II	Les tumeurs II
XII	Funktionelle Störungen	Functional disturbances	Troubles fonctionnels
XIII/1	Operative Urologie I	Operative urology I	Urologie opératoire I
XIII/2	Operative Urologie II	Operative urology II	Urologie opératoire II
XIII/3	Operative Urologie III	Operative urology III	Urologie opératoire III
XIV	Traumatologie	Traumatology	Traumatologie
XV	Die Urologie des Kindes	Urology in childhood	Urologie de l'enfant
XVI	Gynäkologische Urologie	Gynaecological urology	Urologie de la femme
XVII	Geschichte der Urologie Schlußbetrachtungen General-Register	History of urology Retrospect and outlook General index	Histoire d'urologie Conclusions Table des matières

HANDBUCH DER UROLOGIE

ENCYCLOPEDIA OF UROLOGY

ENCYCLOPÉDIE D'UROLOGIE

HERAUSGEGEBEN VON · EDITED BY
PUBLIÉE SOUS LA DIRECTION DE

C. E. ALKEN
HOMBURG (SAAR)

V. W. DIX
LONDON

W. E. GOODWIN
LOS ANGELES

E. WILDBOLZ
BERN

I

SPRINGER-VERLAG BERLIN · HEIDELBERG · NEW YORK 1969

ANATOMIE UND EMBRYOLOGIE

VON

K. CONRAD † · H. FERNER · A. GISEL
H. VON HAYEK · W. KRAUSE · ST. WIESER · CHRISTINE ZAKI

MIT 363 ABBILDUNGEN

SPRINGER-VERLAG BERLIN · HEIDELBERG · NEW YORK 1969

ISBN 978-3-642-48165-9   ISBN 978-3-642-48164-2 (ebook)
DOI 10.1007/978-3-642-48164-2

Alle Rechte vorbehalten. Kein Teil dieses Buches darf ohne schriftliche Genehmigung
des Springer-Verlages übersetzt oder in irgendeiner Form vervielfältigt werden.

© by Springer-Verlag Berlin·Heidelberg 1969
Softcover reprint of the hardcover 1st edition 1969
Library of Congress Catalog Card Number 58-4788

Die Wiedergabe von Gebrauchsnamen, Handelsnamen, Warenbezeichnungen usw. in
diesem Werk berechtigt auch ohne besondere Kennzeichnung nicht zu der Annahme,
daß solche Namen im Sinn der Warenzeichen- und Markenschutz-Gesetzgebung
als frei zu betrachten wären und daher von jedermann benutzt werden dürften

Inhaltsverzeichnis

Die Entwicklung der Harn- und Geschlechtsorgane. Von H. v. HAYEK. Mit 47 Abbildungen   1
    I. Einleitung 1
    II. Die Entwicklung der Kloake, der Allantois und der Kloakenmembran 1
    III. Vorniere, Wolffscher Gang, Urniere und erste Anlage der Niere 10
        1. Allgemeines 10
        2. Die Vorniere und der Wolffsche Gang 10
        3. Die Urniere 13
        4. Die Verbindung des Wolffschen Ganges mit der Kloake 17
        5. Ureterknospe und primitives Nierenbecken 18
        6. Die Trennung der Mündungen von Ureter und Urnierengang 19
        7. Die embryonale Anlage von Doppelnieren, Ureter fissus und Ureter duplex 21
        8. Die erste Entwicklung der Nachniere. Das metanephrogene Gewebe . . . 22
        9. Die Wanderung der Nachniere 23
        10. Die weitere Entwicklung der Nachniere und der Nierenkanälchen 24
        11. Zur Frage der Sekretion der Urniere, Nachniere und der Abflußwege des fetalen Harnes 28
    IV. Die Differenzierung des vorderen Kloakenabschnittes in Harnblase, Urethra und Sinus urogenitalis bei Embryonen von 16—50 mm Länge 34
    V. Die Entwicklung des Sinus urogenitalis (Vestibulum vaginae) der Frau bei Embryonen über 50 mm Länge 36
    VI. Die Entwicklung der Prostata und der Glandulae uretrales der Frau 37
    VII. Die Entwicklung der Samenblasen und Ampullae ductus deferentis und der Glandulae bulbourethrales und Vestibules majores 40
        1. Samenblasen und Ampullae ductus deferentis 40
        2. Glandulae bulbourethrales und Vestibulares majores (Cowpersche und Bartholinsche Drüsen) 40
    VIII. Die Entwicklung des äußeren Genitales 41
        1. Indifferentes Stadium 41
        2. Männliche Embryonen von 38 mm Länge aufwärts 44
        3. Weibliche Embryonen von 38 mm Länge aufwärts 44
        4. Müllerscher Gang, Vagina und Utriculus prostaticus 45
    IX. Die weitere Entwicklung der Harnblase 46
    X. Die Entwicklung des Hodens und Nebenhodens 47
    XI. Das Gubernaculum testis und der Descensus des Hodens 49
  Literatur 50

Die Anatomie der Harn- und Geschlechtsorgane. Von H. FERNER, A. GISEL, H. v. HAYEK, W. KRAUSE und CHRISTINE ZAKI 53
A. Makroskopische Anatomie der Nieren und der Nebennieren. Von W. KRAUSE. Mit 26 Abbildungen 55
    I. Die Nieren 55
        1. Die Niere als Ganzes 55
            a) Orientierung 55
            b) Gewicht und Maße 55
            c) Sinus und Hilus 57
        2. Das Parenchym 58
            a) Rinde und Mark 58
            b) Die Pyramiden 58
            c) Renculi 62
            d) Papillen 64
            e) Zonen der Marksubstanz 65
            f) Substantia corticalis 66

3. Das Nierenbecken 67
      a) Die Begriffe Pelvis, Calix, Fornix 67
      b) Beckentypen 71
      c) Calices maiores und Kelchgruppen 73
      d) Das Becken am Hilus 73
      e) Muskeln des Nierenbeckens 74
   4. Nierenkapseln 74
      a) Tela urogenitalis 74
      b) Capsula fibrosa 75
      c) Perirenalraum 75
   5. Topographie der Nieren 80
      a) Unmittelbare Muskelbeziehungen 80
      b) Skeletotopie 81
      c) Beziehungen nach dorsal 82
      d) Beziehungen nach ventral 87
      e) Organeindrücke 90
   6. Blutgefäße der Niere 91
      a) Stämme der Vasa renalia 91
      b) Prinzip der Arterienramifikation 95
      c) Segmente und natürliche Teilbarkeit 97
      d) Topik am Hilus 102
      e) Arterien im Parenchym 103
      f) Venen 104
      g) Gefäße des Nierenbeckens 106
      h) Gefäße der Fettkapsel 106
   7. Lymphgefäße der Nieren 107
   8. Nerven der Niere 110
Literatur 115

II. Die Nebennieren 125
   1. Einstellung und Form 125
   2. Gewicht und Maße 129
   3. Adrenales und interrenales System 132
      a) Rinde und Mark 132
      b) Chromaffinität 133
      c) Akzessorische Interrenalkörper 133
      d) Juxta-adrenale Rindenknötchen, Duplizität und Heterotopien 135
   4. Kapseln der Nebenniere 136
   5. Topographie der Nebennieren 136
   6. Nebennierengefäße 137
      a) Arterien 137
      b) Venen 140
      c) Lymphgefäße 141
   7. Nervenverbindungen der Nebenniere 141
Literatur 143

B. Mikroskopische Anatomie der Nebenniere. Von H. FERNER. Mit 20 Abbildungen . . 146
   I. Die Nebennierenrinde, Corpus suprarenale 146
      1. Bemerkungen zur makroskopischen und vergleichenden Anatomie 146
      2. Die Entwicklung der Nebennieren 147
      3. Die Vascularisation der Nebennieren 148
      4. Zonengliederung und Cytologie 151
      5. Dynamische Morphologie und Cytologie der Nebennierenrinde bei Laboratoriumstieren nach TONUTTI (1952) 159
   II. Das Nebennierenmark und die chromaffinen Paraganglien . . . 161
      1. Zur Geschichte 161
      2. Cytologie 161
      3. Die chromaffinen Paraganglien 168
Literatur 169

C. Mikroskopische Anatomie der Niere. Von H. FERNER und CHRISTINE ZAKI. Mit 35 Abbildungen 172
   1. Zur Phylogenese und Ontogenese der Niere 172
   2. Die feinere Vascularisation der Niere 175
   3. Das Nephron 181
      a) Form und Lage des Nephron 181
      b) Das Glomerulum 183
      c) Das Nierenkanälchen 195
         α) Das Hauptstück 195
         β) Das Überleitungsstück 203
         γ) Das Mittelstück 206
         δ) Das Sammelrohrsystem 211
   4. Das Bindegewebe der Niere 213
   5. Die Innervation der Niere 214

  I. Das Nierenbecken 215
 II. Der Ureter 218
Literatur 220

D. Ureter, Harnleiter. Von A. GISEL. Mit 15 Abbildungen 225
   Allgemeines und Einteilung 225
   1. Einengungen und Ausweitungen („Spindeln") der Ureteren 230
   2. Krümmungen des Harnleiters 232
   3. Überkreuzungen im Rumpf 234
   4. Der Ureter im männlichen Becken 234
   5. Der Ureter im weiblichen Becken 235
      Vorschlag zur Unterteilung des Ureterverlaufs nach topographischen Gesichts-
      punkten für klinisch-praktische Anwendung 236
   6. Die Arterien des Ureters im lumbalen und dorsalen Beckenbereich 237
   7. Die arterielle Versorgung des retrovesicalen Ureters im männlichen Becken . 241
   8. Die arterielle Versorgung des retrovesicalen Ureters im weiblichen Becken . . . 242
   9. Der sogenannte „Mesureter" 244
  10. Die Uretervenen; Lymphgefäße und -knoten 246
  11. Die Ureternerven 246
  12. Form- und Lageanomalien des Ureters 248
Literatur 249

E. Die Harnblase. Von H. v. HAYEK. Mit 25 Abbildungen 253
   1. Der Peritonealüberzug der Harnblase 254
   2. Die innere Fläche der Harnblase 258
   3. Die Schleimhaut 260
   4. Die Muskelwand (Muscularis) der Harnblase 264
   5. Die Muskulatur am Uretereintritt 271
   6. Das Ligamentum vesico-umbilicale (Chorda urachi) 275
Literatur 277

F. Die Muskulatur des Beckenbodens. Von H. v. HAYEK. Mit 5 Abbildungen 279
   1. Das Centrum perinei 279
   2. Der Musculus levator ani 280
   3. Der M. transversus perinei profundus und der M. sphincter urethrae 283
   4. Der M. sphincter ani externus 287

G. Das Bindegewebe und die glatte Muskulatur des Beckenbodens. Von H. v. HAYEK.
   Mit 18 Abbildungen 289
   1. Allgemeines 289
   2. Das Centrum (lissomusculare) perinei 290
   3. Die Fascie des M. transversus perinei profundus 295
   4. Die Fascie des M. levator ani 296
   5. Die Prostatakapsel 297
   6. Das perivesicale Bindegewebe 300
   7. Der M. pubovesicalis und die fascia endopelvina 302

8. Die Gefäßnervenleitplatte 303
   9. Die Beckenbindegewebsräume 305
  10. Die sagittale Gurtung des Beckenbodens durch glatte Muskulatur 310
Literatur 312

H. Die weibliche Harnröhre, Urethra muliebris (feminina). Von H. v. HAYEK. Mit 7 Abbildungen 314
   1. Die Schleimhaut 314
   2. Die Muscularis der weiblichen Urethra 317
   3. Die quergestreifte Muskulatur der weiblichen Urethra 320
Literatur 323

I. Die Harnröhre des Mannes, Urethra masculina. Von H. v. HAYEK. Mit 15 Abbildungen 324
   1. Allgemeines und Einteilung 324
   2. Die Pars prostatica urethrae und die Prostata 326
   3. Das Schleimhautbild der Pars prostatica urethrae 327
   4. Der Bau der Schleimhaut 328
   5. Die Drüsen der Prostata 330
   6. Der Utriculus prostaticus 335
   7. Die Muskulatur der Prostata und Harnröhre 335
Literatur 341

J. Die Pars cavernosa (spongiosa) urethrae. Von H. v. HAYEK. Mit 13 Abbildungen . . 343
   1. Die Lichtung der Pars cavernosa urethrae und die Oberfläche ihrer Schleimhaut . 343
   2. Die Struktur der Schleimhaut 347
      Das Epithel 347
   3. Das Stratum proprium (Membrana propria) Mucosae 349
   4. Die Glandulae bulbourethrales, Cowpersche Drüsen 350
   5. Die Glandulae urethrales 354
Literatur 355

K. Der Penis. Von H. v. HAYEK. Mit 25 Abbildungen 357
   1. Allgemeines 357
   2. Das Schwellgewebe (Allgemeines) 357
   3. Die Schwellkörper des Penis 358
   4. Der Bau der Schwellkörper 361
   5. Der Bau der Glans penis 370
   6. Die Anordnung der Arterien des Penis 372
   7. Sondereinrichtungen der Schwellkörperarterien 377
   8. Die Venen der Schwellkörper 379
   9. Die Lymphgefäße des Penis und der Urethra 381
  10. Die Fascia penis 382
  11. Die Bänder der Peniswurzel 382
  12. Die Muskeln der Peniswurzel 384
      Mm. bulbocavernosus et ischiocavernosus 384
  13. Die Fascia perinei 385
  14. Die Haut des Penis und das Praeputium, die Tysonschen Drüsen 385
Literatur 387

L. Hoden (auch Hode), Testis, Nebenhoden (auch Nebenhode), Epididymis. Von A. GISEL. Mit 17 Abbildungen 389
   1. Hoden- und Nebenhodenparenchym 392
   2. Kurzreferat zum Zellaufbau im und um das Kanalsystem des Hodens und Nebenhodens 395
   3. Ductus deferens 396
   4. Die Gefäße des Hodens, Nebenhodens, Samenleiters und Samenstrangs 400
   5. Endofunikuläre Topik 403
   6. Scrotum, Hodensack 403
Literatur 407

M. Mikroskopische Anatomie des Hodens und der ableitenden Samenwege (bis zur Einmündung in die Urethra). Von H. FERNER und CHRISTINE ZAKI. Mit 48 Abbildungen 411
    I. Mikroskopische Anatomie des Hodens. 411
        Einleitung. 411
        1. Architektonik und Gerüstwerk des Hodens 411
        2. Blutgefäße, Lymphgefäße und Nerven des Hodens 415
            a) Blutgefäße 415
            b) Lymphgefäße. 417
            c) Nerven des Hodens 418
        3. Der fetale und der kindliche Hoden 418
        4. Die Hodenkanälchen 423
            a) Das Samenepithel 423
                α) Die generativen Zellen (Spermiogenese) 425
                β) Spermiohistogenese 426
                γ) Die Sertoli-Zellen 431
        5. Die Zwischenzellen (Leydigsche Zellen) als Testosteronquelle 439
        6. Rückbildungsveränderungen im Hoden 444
        7. Hodenanhänge 445
    II. Mikroskopische Anatomie des Nebenhodens 447
        1. Ductuli efferentes testis 447
        2. Ductus epididymidis 450
    III. Ductus deferens und Ampulle 456
    IV. Samenblase (Glandula vesiculosa) 462
    V. Vorsteherdrüse (Prostata) 466
Literatur 472

N. Hoden, Nebenhoden, Samenstrang und Hodensack des Kindes. Von A. GISEL . . . 476
Literatur 478

O. Bau und Inhalt des Leistenkanals beim Mann. Von A. GISEL. Mit 11 Abbildungen 479
    Bemerkungen zur anatomischen Nomenklatur 479
    Derzeit gebräuchliche Synonyma der Bauelemente des Leistenkanals und seines Inhaltes. 479
    Struktur und Lagecharakteristika des Leistenkanals und Samenstranges. 480
        1. Die Architektur des Leistenkanals 481
        2. Topographie des Leistenkanals 485
    Zusammenfassung 494
Literatur 494

P. Ampulla ductus deferentis, Vesicula seminalis und Ductus ejaculatorius. Von H. v. HAYEK. Mit 5 Abbildungen 496
Literatur 500

Q. Gefäße. Von H. v. HAYEK. Mit 8 Abbildungen 501
    1. Die Arterien der Harnblase, der Prostata, der Vesiculae seminales und der Ampulla ductus deferentes sowie der Urethra feminina 501
    2. Die Venen der Harnblase, der weiblichen Urethra und der Prostata 506
    3. Die Lymphgefäße der Harnblase und der Harnröhre 510
Literatur 511

R. Die Innervation der Beckenorgane. Von H. v. HAYEK. Mit 4 Abbildungen 512
Literatur 517

Konstitution. Von KLAUS CONRAD †. Überarbeitet von ST. WIESER, Bremen. Mit 19 Abbildungen 518
A. Einleitung. 518
B. Geschichtliches und Begriffliches 519
    I. Die enge Begriffsfassung 520
   II. Die weite Begriffsfassung 523
  III. Grenzbegriffe 525
      1. Rassentypus 525
      2. Geschlechtstypus 526
      3. Alterstypus. 527
  IV. Zusammenfassung 528
C. Konstitution als Problem der Variabilität 529
    I. Vorbemerkung. 529
   II. Die von der Pathologie entwickelten Typologien 530
      1. Die allergische Diathese 531
      2. Der Arthritismus 532
      3. Die vegetative Labilität 536
      4. Die endokrinen Varianten. 540
        a) Die akromegaloide Konstitution 541
        b) Die eunuchoide Konstitution 542
        c) Die hypothyreotische Konstitution 542
        d) Die hyperthyreotische Konstitution 542
        e) Die hyposuprarenale Konstitution 543
        f) Die hypoparathyreoide Konstitution 543
        g) Der Infantilismus 543
      5. Der Status dysraphicus und die Stigmata degenerationis 544
  III. Die von der Anthropologie entwickelten Typologien. 547
      1. Die französische Schule. 549
      2. Die italienische Schule 550
      3. Die amerikanische Schule 551
      4. Die russische Schule 553
      5. Die deutsche Schule 553
        a) Die Lehre von E. KRETSCHMER. 553
        b) Zur Kritik der gegenwärtigen Konstitutionslehren 558
          α) Zwei- oder dreipolige Typologien ? 558
          β) Das Problem der mittleren Formen 561
          γ) Zur Kritik der Somatometrie von SHELDON 562
        c) Die Weiterentwicklung der Konstitutionstypenlehre unter genetischem Aspekt (CONRAD) 564
      6. Die Methoden der Körperbaubestimmung 572
        a) Vorbemerkung. 572
        b) Die Technik der Körperbaubestimmung nach den konstitutionstypologischen Koordinaten 576
      7. Zusammenfassung. 580
D. Spezielle Konstitutionsprobleme in der Urologie 581
E. Schlußwort 586
Literatur 587
Namenverzeichnis 588
Sachverzeichnis 603

Mitarbeiterverzeichnis

KLAUS CONRAD †, D-3400 Göttingen

HELMUT FERNER, Dr. med., Professor, Anatomisches Institut der Universität
D-6900 Heidelberg-1, Brunnengasse 1

ALFRED GISEL, Dr., Univ. Dozent, Anatomisches Institut der Universität Wien,
Währingerstr. 13, A-1090 Wien

HEINRICH VON HAYEK, Dr. med., Dr. phil., o. Professor a. d. Universität Wien,
Anatomisches Institut, Währingerstr. 13, A-1090 Wien

WALTER KRAUSE, Dozent Dr., Anatomisches Institut der Universität Wien,
Währingerstr. 13, A-1090 Wien

ST. WIESER, Professor Dr., Direktor der Städt. Nervenklinik,
D-2800 Bremen, Osterholzer Landstr. 51

CHRISTINE ZAKI, Dr. med., Anatomisches Institut der Universität,
D-6900 Heidelberg-1, Brunnengasse 1

Die Entwicklung der Harn- und Geschlechtsorgane

H. v. Hayek

Mit 47 Abbildungen

I. Einleitung

Nachdem die letzte große Zusammenfassung über die Embryologie der Harn- und Geschlechtsorgane im Jahre 1911 von Felix gebracht wurde, war es nicht nur meine Aufgabe, die seither erschienene Literatur zu berücksichtigen und das für die Urologie, in der Frage der Fehlbildungen Wichtige hervorzuheben, sondern auch fast alles, besonders das unklar gebliebene, nachzuprüfen. Dies war mir dadurch möglich, daß mir hier auch die embryologische Sammlung von Prof. Hochstetter mit über 300 Schnittserien menschlicher Embryonen zur Verfügung steht, eine Sammlung, an deren Hand unter Hochstetters Leitung schon die ausführlichen Arbeiten von Chwalla und Szenes entstanden sind. Außerdem konnte ich unter den zahlreichen Photographien, die Prof. Hochstetter angefertigt hat, eine Reihe zur Entwicklung des äußeren Genitales verwenden. So sei diese Arbeit dem Andenken meines Lehrers, Prof. Hochstetter, zu dessen 100. Geburtstag gewidmet.

Die Bildung der Harn- und Geschlechtsorgane nimmt beim jungen Embryo von zwei relativ weit entfernt gelegenen Regionen ihren Ausgang, und zwar vom caudalen Körperende im Bereich der Kloake und von der Hinterwand der Leibeshöhle. Im Bereich der Kloake sind die Allantois, die aus Entoderm und Ektoderm bestehende Kloakenmembran und der von Ektoderm ausgekleidete Sulcus urogenitalis als wichtige Anlagen zu nennen. Mit der Kloake — dem Teil, der die Anlage der Harnblase und Urethra darstellt — treten erst sekundär die an der hinteren Leibeswand gebildeten Ausführungsgänge der Keimdrüsen bzw. der 3 Nierengenerationen — Vorniere, Urniere und Nachniere — in Verbindung. Es erscheint daher zweckmäßig, zuerst die Frühentwicklung der Kloake mit der Bildung der vorderen Bauchwand, sowie die Entstehung des Septum urorectale abzuhandeln, dann die 3 Nierengenerationen mit dem Wolffschen Gang, sowie im 3. Abschnitt die Umbildungen im Bereich der Mündung des Wolffschen Ganges zu besprechen, die zur Bildung der Uretermündung und des Trigonum vesicae führen. Schließlich wird die spätere Entwicklung der einzelnen Gebilde speziell zu besprechen sein.

II. Die Entwicklung der Kloake, der Allantois und der Kloakenmembran

Die frühe Entwicklung der Kloakenmembran und Allantois in der Zeit vor und während der Entwicklung der ersten Urwirbel ist deshalb von Interesse, weil auf diese frühen Stadien der Entwicklung die Bildung der ventralen Blasenspalte und der Epispadie zurückzuführen sind.

Schon bei dem jüngsten menschlichen Embryo, dem Embryo Peters-Hochstetter, den FLORIAN und VÖLKER (1929) in ihrer zusammenfassenden Arbeit über die Entwicklung dieser Region besprechen, ist die Allantois (Urachus) als caudo-dorsale Ausstülpung des Dottersackbläschens zu erkennen, eine Ausstülpung, die sich so wie die übrige Dorsalfläche des Dottersackes enge dem ektodermalen Amnionbläschen anlegt, ohne daß an der Kontaktfläche eine Differenzierung von Primitivstreifen und Kloakenmembran erkennbar wäre. Bei älteren Embryonen, die kurz vor der Bildung des ersten Urwirbels stehen, ist

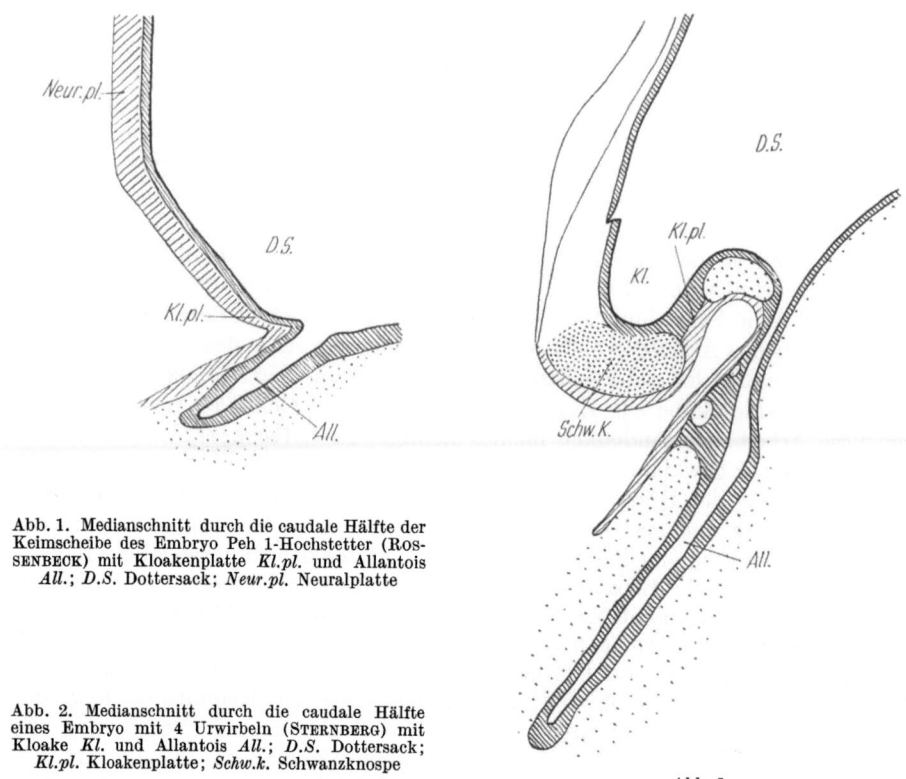

Abb. 1. Medianschnitt durch die caudale Hälfte der Keimscheibe des Embryo Peh 1-Hochstetter (ROSSENBECK) mit Kloakenplatte *Kl.pl.* und Allantois *All.*; *D.S.* Dottersack; *Neur.pl.* Neuralplatte

Abb. 2. Medianschnitt durch die caudale Hälfte eines Embryo mit 4 Urwirbeln (STERNBERG) mit Kloake *Kl.* und Allantois *All.*; *D.S.* Dottersack; *Kl.pl.* Kloakenplatte; *Schw.k.* Schwanzknospe

Abb. 2

dann eine deutliche Differenzierung des Primitivstreifens von der Kloakenmembran erkennbar, welche im Bereich der hinteren Begrenzungsfurche der Keimscheibe durch Kontakt zwischen Ektoderm und Entoderm gebildet wird; so beim Embryo Peh 1 Hochstetter (ROSSENBECK, 1923) (Abb. 1) und bei dem ähnlich weit differenzierten Embryo Heuser (1932). Die Allantois hat sich gleichzeitig zu einem handschuhfingerförmigen Gebilde in die Länge gestreckt, wobei ihr freies Ende vom Ektoderm durch Bindegewebe variabel weit getrennt ist, während an ihrer Basis die Kontaktzone ihres entodermalen Epithels mit dem Ektoderm ohne scharfe Grenze in die Kloakenmembran übergeht. HEUSER findet in dieser Zone kleine Hohlräume, die er als Vorläufer der Ablösung der beiden Keimblätter und des späteren Eindringens von Bindegewebe anspricht, welches Bindegewebe die Grundlage der vorderen Bauchwand und des Genitalhöckers bilden wird.

Von einer Abgrenzung der Anlage der Kloake gegen den fast kugeligen Darm-Dottersackraum ist in diesen Stadien noch nichts zu erkennen, sie hat vielmehr die Form einer Kugelkalotte, die charakterisiert ist durch die dorso-caudal gelegene Öffnung der handschuhfingerförmigen Allantois und durch die Kloakenmembran, welche noch dorsal vom Kloakenraum gelegen ist (Abb. 1). Erst wenn sich mit der Entwicklung der ersten 4 Urwirbel die Rumpfschwanzknospe entwickelt (FLORIAN und VÖLKER, POLITZER und STERNBERG, HOLMDAHL), dreht sich die Kloakenmembran um fast 180⁰ (Abb. 2) und bildet nun die ventrale Seite der nun abgrenzbaren Anlage der Kloake und des Hinterdarmes, die sich aber immer noch weit trichterförmig in den Darm-Dottersackraum öffnet, ohne daß der Hinterdarm durch eine scharf lokalisierbare hintere Darmpforte gegen

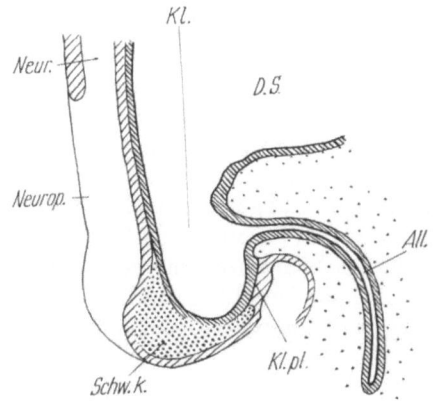

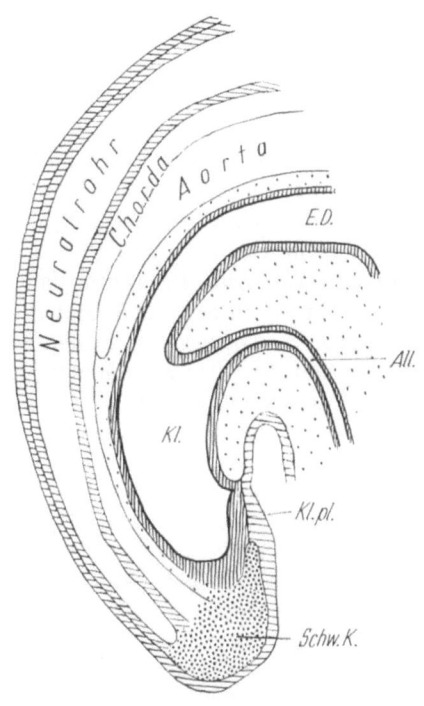

Abb. 3. Medianschnitt durch die caudale Hälfte eines Embryo mit 10 Urwirbeln (Bi 11 Politzer-Sternberg) mit Kloake *Kl.* und Allantois *All.*; *D.S.* Dottersack; *Kl.pl.* Kloakenplatte; *Neur.r.* Neuralrohr; *Neurop.* Neuroporus; *Schw.k.* Schwanzknospe

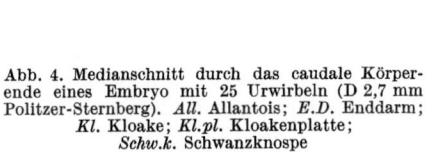

Abb. 4. Medianschnitt durch das caudale Körperende eines Embryo mit 25 Urwirbeln (D 2,7 mm Politzer-Sternberg). *All.* Allantois; *E.D.* Enddarm; *Kl.* Kloake; *Kl.pl.* Kloakenplatte; *Schw.k.* Schwanzknospe

Abb. 4

den Dottersack abgegrenzt wäre. Die Allantois entspringt aus der Kloake an ihrer ventralen Seite, ihr Schlauch ist rein caudal gerichtet (Abb. 2). Das entodermale Epithel der Kloake und der Allantois und das Ektoderm sind bei dem Embryo mit 4 Urwirbeln (STERNBERG) an 3 Stellen voneinander abgelöst und Bindegewebe hat sich dazwischengeschoben (Abb. 2). Dadurch sind an der Kontaktzone von Ektoderm und Entoderm außer der Kloakenmembran noch 3 Kontaktstellen zu unterscheiden, die im Bereich der Allantoisbasis gelegen sind. Auch diese Kontaktstellen werden im Laufe der weiteren Entwicklung durch Eindringen von Bindegewebe bald gelöst; dieses embryonale Bindegewebe liefert nicht nur das Material der Harnblasenwand, sondern auch das Material der infra-umbilicalen Bauchwand und des Genitalhöckers. Unterbleibt der Vorgang der Ablösung der beiden Epithelien und des Eindringens des Bindegewebes, so wird dadurch die Grundlage für eine ventrale Blasenspalte bzw. eine Epispadie gegeben sein, die erst durch Dehiszenz der Epithelien zur vollen Ausbildung kommt. Wann der Vorgang der Ablösung der Epithelien abgeschlossen ist, wird sich aus der Besprechung der Kloakenmembran bei 4—6 mm langen Embryonen ergeben (STERNBERG 1927, POLITZER und STERNBERG 1927).

Ein Hinterdarm, der vom Raum der Kloake bis zur hinteren Darmpforte reicht, läßt sich bei Embryonen mit 8 Urwirbeln (WEST) oder 10 Urwirbeln (STERNBERG) angefangen, immer deutlicher gegen den Dottersack abgrenzen (Abb. 3). Die Kloake stellt dann — ebenso wie der Hinterdarm — einen etwas seitlich abgeplatteten Raum dar, der sich gegen den Hinterdarm nicht scharf abhebt; ihre ventrale Seite ist durch die Mündung der Allantois und die Kloakenmembran charakterisiert. Dabei ist die Kloakenmembran ebenso lang wie die kranial davon gelegene Wandpartie, die bis zur Allantoismündung reicht.

Diese entodermale Wandpartie ist vom Ektoderm jetzt durch Bindegewebe getrennt, das die Grundlage der vorderen Bauchwand bildet (Abb. 3). Caudalwärts über die Kloakenmembran hinaus reicht eine Ausbuchtung der Kloake in die Rumpfschwanzknospe hinein, eine Bucht, die als Anlage des Schwanzdarmes anzusprechen ist. Die Epithelauskleidung dieser Schwanzdarmanlage läßt sich aber nicht scharf von dem Bildungsgewebe der Rumpfschwanzknospe abgrenzen, das ja außer an dem weiteren Längenwachstum des Schwanzdarmes auch an der Bildung der Chorda und des Neuralrohres beteiligt ist.

Eine deutlich gegen den rohrförmigen Hinterdarm abgegrenzte Kloake findet sich bei Embryonen von etwa 23 Urwirbeln aufwärts (THOMPSON 23 UW, POLITZER 25 UW) (Abb. 4). Durch das Wachstum des Schwanzes und seine Krümmung hat sie ihre Form geändert; sie hat eine größere Längsausdehnung bekommen, ihre Längsachse in der Fortsetzung des Hinterdarmes verläuft bogenförmig und die Allantois mündet nicht mehr von rein ventral in bezug auf diese Achse, sondern mehr von kranioventral in die Kloake ein (Abb. 4). Die caudalwärts gegen die Schwanzknospe vorragende Ausbuchtung der Kloake ragt aber noch nicht wesentlich weiter über die Kloakenmembran hinaus als bei den jüngeren Embryonen (Abb. 4).

Nur wenig weiter entwickelt als die Kloake des Embryo mit 25 Urwirbeln (Abb. 4) ist die Kloake eines Embryo von 3,4 mm Länge, von der CHWALLA ein Modell hergestellt hat (Abb. 5). Ähnliche Stadien der Entwicklung, die aber nur im Medianschnitt dargestellt sind, zeigen die Embryonen Bs 26—27 (POLITZER-STERNBERG) und von THOMPSON (23—24 UW). Die ganze Kloakenregion zeigt eine etwas stärkere Krümmung der vom Hinterdarm zum Ende der Schwarzdarmanlage gedachten Achse, offenbar durch eine stärkere Einrollung des ganzen Embryo. Der Wolffsche Gang hat das Kloakenepithel nahe dem Ektoderm und dieses selbst schon erreicht, doch soll die Entwicklung dieses Ganges erst später besprochen werden (s. S. 12). Eine scharfe Furche grenzt die vordere Leibeswand von der Ventralfläche des Schwanzes ab, eine Furche, die durch die starke Krümmung des Embryo besonders hervortritt. Caudal von dieser Furche liegt die Kloakenmembran, in deren Bereich Ektoderm und Entoderm engstens einander anliegen, wobei aber die beiden Epithelien sich ,,deutlich voneinander dadurch unterscheiden, daß das ektodermale Blatt kleinere Zellen und kleinere dunkel tingierte Zellkerne besitzt" (CHWALLA). Aber auch kranial von der Rumpf-Schwanzfurche liegt das Kloakenepithel dem Ektoderm noch ein Stück an, und zwar laufen hier ,,die Seitenwände ventral unter einem spitzen Winkel zusammen, so daß man im oralen Abschnitt der Kloake von einer ventralen Kante sprechen kann", welche sich enge dem Ektoderm anlagert. Offenbar handelt es sich bei dieser Anlagerung um ein variables Verhalten, da bei anderen Embryonen hier schon Bindegewebe beide Keimblätter trennt. Die Furche, in deren Bereich diese Anlagerung erfolgt, wird ,,durch eine stärkere Vorwölbung des Mesoderm entsprechend den Umbilicalarterien" zu beiden Seiten der Mitte hervorgerufen. Daß in dieser Region kranial von der Schwanzfurche die Ablösung der Allantois vom Ektoderm in variabler Weise erfolgt, ergibt sich auch aus der Beobachtung FERNERs (1939), der bei einem Embryo mit 22 Ursegmenten zwei dünne Epithelstränge beschreibt, die hier die Allantois infraumbilical mit dem Ektoderm verbinden.

In der folgenden Periode der Entwicklung gehen bei Embryonen von etwa 4—7 mm Länge verschiedene Vorgänge gleichzeitig vor sich, die uns hier beschäftigen müssen; es sind dies die Entwicklung des Schwanzes und Schwanzdarmes und parallel damit eine Caudalwärtswanderung der Kloake, zweitens Umbildungen im Bereich der Kloakenmembran und drittens der Beginn der Unterteilung der Kloake in ventralen und dorsalen Abschnitt durch das Septum

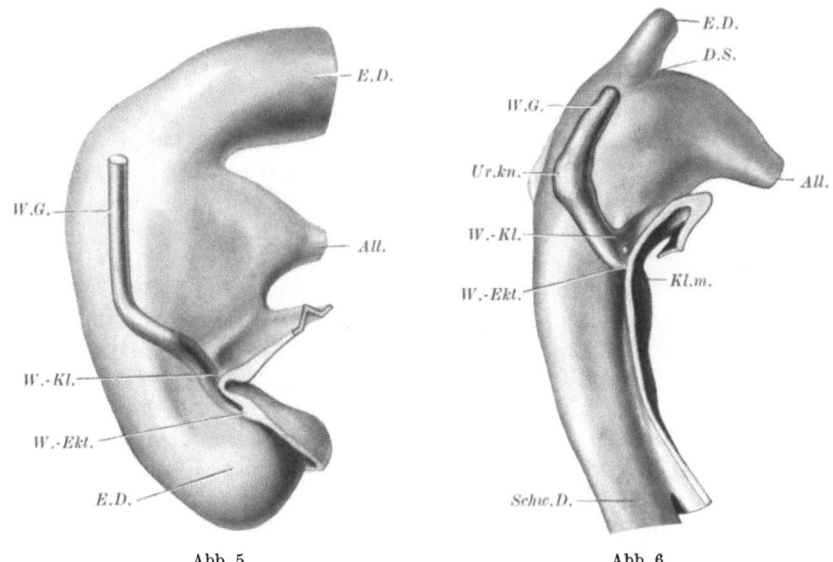

Abb. 5   Abb. 6

Abb. 5. Modell des Epithels der Kloake und der Wolffschen Gänge *W.G.* eines Embryo von 3,4 mm Länge nach CHWALLA. *All.* Allantois; *E.D.* Enddarm; *Schw.d.* Schwanzdarm; *W.-Ekt.* Verbindung des Wolffschen Ganges mit dem Ektoderm; *W.-Kl.* Verbindung des Wolffschen Ganges mit der Kloake

Abb. 6. Modell des Epithels der Kloake eines Embryo von 4,8 mm Länge nach CHWALLA. *All.* Allantois; *D.S.* Darmsattel; *E.D.* Enddarm; *Kl.m.* Kloakenmembran; *Schw.D.* Schwanzdarm; *W.G.* Wolffscher Gang; *W.-Ekt.* Verbindung des Wolffschen Ganges mit dem Ektoderm; *W.-Kl.* Verbindung des Wolffschen Ganges mit der Kloake; *Ur.kn.* Ureterknospe

urorectale (Kloakenseptum). Dabei ist zu betonen, daß eine große Variabilität in dem Fortschreiten der verschiedenen Entwicklungsvorgänge besteht, indem einmal der eine, einmal der andere Vorgang früher voranschreitet; eine Tatsache, auf die auch POLITZER und STERNBERG schon hingewiesen haben.

Bei dem in Abb. 4 dargestellten Embryo von 25 Urwirbeln liegt das 23. — das ist das letzte thorakale Segment — in Höhe der Mitte der Kloake; es folgt bei Embryonen bis zu etwa 5,5 mm Länge die Bildung der restlichen Lumbalsegmente, die sacralen und die coccygealen Segmente aus der Rumpf-Schwanzknospe. Aus ihr entwickeln sich gleichzeitig die caudalen Abschnitte des Neuralrohres und der Chorda, sowie der Schwanzdarm. Gleichzeitig rückt nun die ganze Kloake caudalwärts; wie aus dem Vergleich der Modelle CHWALLAs mit den Mediansagittalrekonstruktionen PERNKOPFs hervorgeht, liegt die Einmündung des Wolffschen Ganges in die Kloake bei dem Embryo von 3,4 mm Länge (Abb. 5) in Höhe von L 1—L 2, bei dem Embryo von 4,8 mm (Abb. 6) schon etwa in Höhe von L 4, bei 5,9 mm Länge (Abb. 7) in Höhe von S 2 und projiziert sich bei Embryonen von etwa 10 mm Länge auf S 5—C 1. Es wandert also zugleich mit der Neubildung von etwa 15 Segmenten die Kloake um etwa 10 Segmente caudalwärts.

Der Schwanzdarm (postanale Darm) entwickelt sich parallel mit der Ausbildung des Schwanzes und der caudalen Ursegmente aus der Schwanzknospe bei Embryonen von $3^1/_2$—$4^1/_2$ mm größter Länge (vgl. Abb. 4—6). An die Kloake, caudal von der Kloakenmembran anschließend, verjüngt er sich zuerst nur wenig gegenüber dieser (Abb. 6) und endigt blind in der Schwanzknospe. Sehr bald (Abb. 8, Embryo 5,9 mm) verkleinert sich seine Lichtung und sein Querschnitt, dann setzt er sich durch den Übergang seines engen Lumens in die weite Kloake scharf von dieser ab (Abb. 7, Embryo von 6,0 mm) und verliert schließlich sein Lumen, so daß er zu einem epithelialen Strang wird (Abb. 9, Embryo von 6,4 mm). Auch dieser Strang wird bei Embryonen von 7—8 mm Länge rückgebildet, so daß später nur ein kleiner Epithelhöcker an der dorsalen Außenwand der Kloake (Abb. 10) als Rest des Schwanzdarmes aufzufinden ist, ein Höcker, der bald völlig verschwindet (s. a. KEIBEL 1896).

Die Kloakenmembran weist bei den Embryonen von etwa 4—6 mm eine sehr verschiedene Länge auf (bei den jüngeren Embryonen im Stadium der Entwicklung der Urwirbel bis 28 UW variiert sie zwischen 0,1 und 0,18 mm), und zwar liegen die angegebenen Maße zwischen 0,27 und 0,57 mm. POLITZER und STERNBERG sehen in dieser Verschiedenheit eine Variabilität im Entwicklungsstadium dieses Organs der verschiedenen Embryonen. KEIBEL (1896) und CHWALLA (1927) dagegen schließen daraus, daß die Kloakenmembran zuerst stark in die Länge wächst (bis 0,57 mm bei einem Embryo von 4,8 mm Länge nach CHWALLA) und 0,46 mm bei einem Embryo von 4,2 mm nach KEIBEL) und dann wieder bei Embryonen von 6 mm auf 0,3 mm sich verkürzt. Schon KEIBEL spricht wie später CHWALLA die Meinung aus, daß diese Verkürzung von kranial her stattfindet, wie der Vergleich der Lage des kranialen Endes der Kloakenmembran zur Einmündung des Wolffschen Ganges lehrt. Das gleiche zeigen die Modelle von CHWALLA, unter denen bei Embryonen von 4,8 und 5,9 mm die Wolffschen Gänge in Höhe der Kloakenmembran münden (Abb. 6 und 7), während diese Mündung später kranial von der Membran liegt (Abb. 8 und 9). Danach ist also zu schließen, daß der — oben bei Besprechung der Embryonen mit 4 Urwirbeln (Abb. 2) und Embryonen mit 22—29 Urwirbeln — geschilderte Vorgang der Ablösung des Entoderms vom Ektoderm erst bei Embryonen mit etwa 6 mm Länge seinen Abschluß findet und daß erst in diesem Stadium der Entwicklung die Grundlage der vorderen Bauchwand und des Kloakenhöckers (Geschlechtshöckers) durch Mesoderm geschaffen ist.

Wieweit die Variabilität des Vorganges der Ablösung von Entoderm und Ektoderm als Grundlage von Fehlbildungen im Sinne der Epispadie zu betrachten ist, kann nicht mit Sicherheit gesagt werden; doch können wir uns vorstellen, daß die von FERNER (1939) beschriebenen Epithelstränge zur Bildung einer Epispadie oder zur Bildung einer zweiten am Dorsum penis ausmündenden Urethra (Verdoppelung der Urethra) geben können. Das Präparat von FERNER (1939) zeigt außerdem, daß die Ablösung der Epithelien nicht von kranial nach caudal fortschreitet, sondern daß das Mesoderm sich von links und rechts zwischen Ekto- und Entoderm einschiebt. Derartige Fälle von Duplikatur der Verdoppelung der Harnröhre beschreiben FRAUSTEIN (1925), RITTER (1926), REIPRICH und SCHOSSLER (1926), LANGER (1928), NICOLETTI (1931), HARROWER (1924), HASLINGER (1939).

Die ektodermalen und entodermalen Anteile der Kloakenmembran sind nach CHWALLA noch bei Embryonen bis zu 4,8 mm Länge (Abb. 6) gut voneinander abzugrenzen, während KEIBEL schon bei einem Embryo von 4,2 mm Länge die beiden Blätter nicht mehr unterscheiden kann. Jedenfalls fehlt bei Embryonen über 5 mm Länge regelmäßig eine Gliederung der Kloakenmembran in Ektoderm und Entoderm durch eine erkennbare Verschiedenheit der Epithelien; sie besteht aus einer einheitlich vielschichtigen Epithelmasse, die zuerst eine etwa frontalstehende rhombisch begrenzte dünne Epithelplatte als Abschluß der Kloake nach außen bildet und noch bevor die völlige Verschmelzung der beiden Keimblätter beendet ist, sich durch Dickenzunahme in eine sagittal stehende Platte umwandelt.

An der Umwandlung der dünnen Kloakenmembran in die sagittal stehende Kloakenplatte nehmen zuerst der ektodermale Abschnitt und dann in stärkerem Maße der entodermale Abschnitt teil, was mit Rücksicht auf die daraus entstehende Urethralplatte und die Auskleidung des Sinus urogenitalis von Wichtigkeit

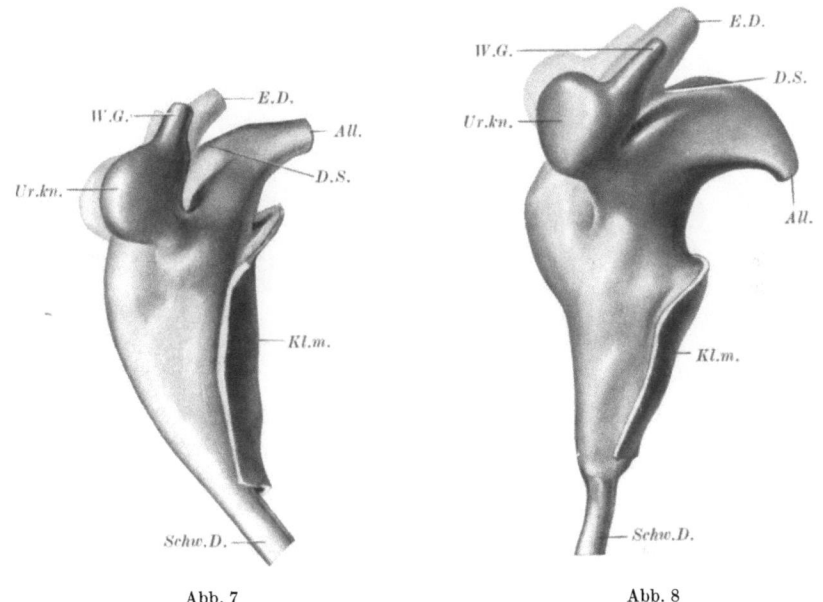

Abb. 7   Abb. 8

Abb. 7. Modell des Epithels der Kloake eines Embryo von 5,9 mm Länge nach CHWALLA. *All.* Allantois; *D.S.* Darmsattel; *E.D.* Enddarm; *Kl.m.* Kloakenmembran; *Schw.D.* Schwanzdarm; *Ur.kn.* Ureterknospe; *W.G.* Wolffscher Gang

Abb. 8. Modell des Epithels der Kloake eines Embryo von 6 mm Länge nach CHWALLA. *All.* Allantois; *D.S.* Darmsattel; *E.D.* Enddarm; *Kl.m.* Kloakenmembran; *Schw.D.* Schwanzdarm; *Ur.kn.* Ureterknospe; *W.G.* Wolffscher Gang

ist. Das Ektoderm beteiligt sich, indem die Längswülste, welche die Kloakenrinne seitlich begrenzen (Abb. 5), sich in ihrem vorderen oralen Teil aneinanderlegen und ihr Epithel verschmilzt (Embryo von 4,8 mm Länge, CHWALLA), so daß hier eine niedrige sagittale ektodermale Platte zustande kommt. Gleichzeitig beginnt aber bei demselben Embryo das Entoderm im engen ventrokranialen Teil der Kloake zu wuchern, so daß Epithelsprossen entstehen, die beim Embryo von 5,9 mm zwei Epithelbrücken bilden; der ventral von der Mündung des Wolffschen Ganges (Abb. 7) gelegene Teil der Kloake ist dann größtenteils von solchen entodermalen Epithelwucherungen (Abb. 10) ausgefüllt und in die sagittale Kloakenplatte umgewandelt, die also größtenteils aus Entoderm entsteht. Die Platte ist in ihrem caudalen Teil — nahe dem Ursprung des Schwanzdarmes — am niedrigsten (Abb. 9); sie ist in ihrem ventrokranialen Teil etwas vorgewölbt (Abb. 8) und bildet mit dem seitlich davon gelegenen Ektoderm eine Vorwölbung, den Kloakenhöcker (Kl. h.), der also seitlich von Mesoderm gestützt und in der Mitte von der Kloakenplatte gebildet wird. Dieser so flache Kloakenhöcker stellt die erste Anlage des später mächtig vorragenden Geschlechtshöckers dar.

Die Unterteilung des ursprünglich einheitlichen Kloakenraumes (Embryo 4 UW, Abb. 2) in den Hinterdarm und den ventralen Kloakenrest — der unter anderem die Anlage der Harnblase bildet — erfolgt durch Bildung einer Scheidewand (Septum cloacae oder urorectale), die sich zwischen Allantoisgang und Dottersack vorschiebt und an der Abgrenzung der hinteren Darmpforte (Abb. 3) beteiligt ist. Dorsal von dieser Scheidewand entsteht der Hinterdarm (Abb. 4) und von außen erscheint der Epithelüberzug dieser Scheidewand am Modell als ein Einschnitt zwischen Hinterdarm und Allantois, den CHWALLA (Abb. 6 und 8) als Darmsattel bezeichnet. Dieser Darmsattel nähert sich von kranial vorschreitend immer mehr der Einmündung des Wolffschen Ganges in die Kloake (Abb. 5

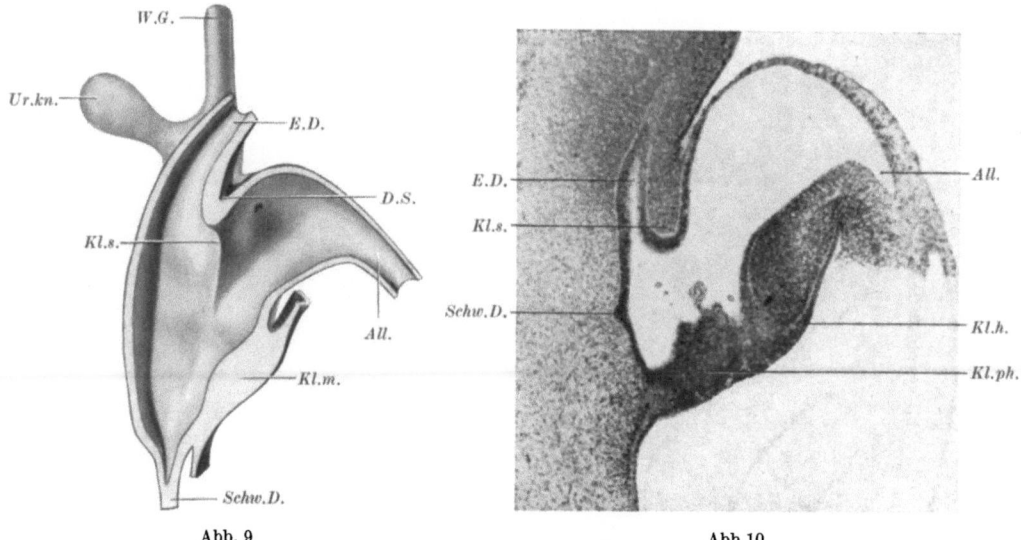

Abb. 9. Medianschnitt eines Modells des Epithels der Kloake eines Embryo von 6,4 mm Länge nach CHWALLA. *All.* Allantois; *D.S.* Darmsattel; *E.D.* Enddarm; *Kl.m.* Kloakenmembran; *Kl.s.* Kloakenseptum; *Schw.D.* Schwanzdarm; *Ur.kn.* Ureterknospe; *W.G.* Wolffscher Gang

Abb. 10. Medianschnitt durch die Kloake eines Embryo von 10,4 mm Länge. 50fach. *All.* Allantois; *E.D.* Enddarm; *Kl.h.* Kloakenhöcker; *Kl.pl.* Kloakenplatte; *Kl.s.* Kloakenseptum; *Schw.D.* Schwanzdarm

bis 8), so daß das Lumen der Kloake immer weiter unterteilt wird. Bei dem Embryo von 4,6 mm Länge schließlich hat sich der Darmsattel (D. S. Abb. 9) über die Höhe der Einmündung des Wolffschen Ganges caudalwärts vorgeschoben und auch an der Lichtung der Kloake finden sich in Fortsetzung des Darmsattels seitlich einschneidende Leisten (Kl. s. Abb. 9), die einen Teil der Anlage des weiter vorwachsenden Kloakenseptums bilden. In diesem Stadium ist durch die Bildung des Kloakenseptums mit dem ventralen Kloakenrest nicht nur die Anlage der Allantois und der Harnblase, sondern auch schon die der primären Harnröhre (der ganzen Urethra feminina bzw. der Urethra masculina bis zum Colliculus seminalis) sowie eines Teiles des Sinus urogenitalis abgegrenzt, letzterer natürlich nur so weit, als das Septum die Mündung des Wolffschen Ganges überschritten hat. Durch die Bildung dieses Septums wird der größere, breitere Teil der Kloake dem vorderen Kloakenrest zugeschlagen, während der kleinere, enge Teil zum Rectum abgeschlossen wird. Das Septum wächst weiter gegen die Kloakenmembran vor (Abb. 10) und nähert sich schließlich dieser Membran (Abb. 35, 36) fast bis zur Berührung und der freie Rand wird später zum Damm umgebildet. Während des Vorwachsens in die Kloake bildet der freie Rand einen caudalwärts konkaven Bogen, ohne daß daraus erkennbar wäre, welche Materialverschiebung — insbesondere des dem Septum zugrunde liegenden Bindegewebes — erfolgt. Aus den hier vorkommenden Mißbildungen, aber auch aus dem Vergleich mit der Entwicklung anderer Scheidewände (Septum oesophagotracheale, Lidplatten, bei denen ebenfalls der Rand des Septums gleichförmig bogig bleibt) möchte ich schließen, daß das Vorwachsen des Bindegewebes nicht — wie die Beschreibung des Vorwachsens des Septums es wahrscheinlich macht — in der Richtung auf die Kloakenmembran erfolgt, sondern daß sich das Bindegewebe von lateral her zur Mitte vorschiebt (Abb. 11). Nur aus einer derartigen Entwicklung des Septum urorectale lassen sich die medianen Fisteln dieser Region erklären.

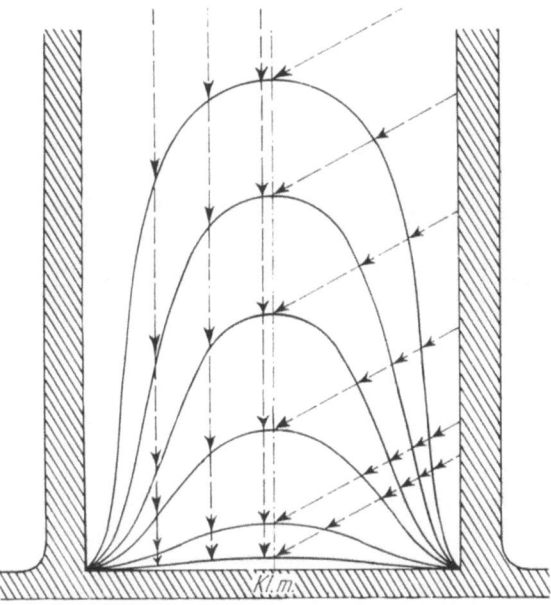

Abb. 11. Frontalschnitt durch die Kloake, Blick auf das Kloakenseptum; Schema der beiden Möglichkeiten des Vorwachsens des Bindegewebes im Kloakenseptum links bzw. rechts durch Pfeile dargestellt

Die Bildung des Dammes wird von älteren Autoren (KEIBEL 1896, OTIS 1905, POHLMANN 1911, FELIX 1911, LEWIS 1911 und CHWALLA S. 7—12 1927) in fast gleicher Weise beschrieben, daß nämlich das Kloakenseptum (Septum urorectale) bis an die Kloakenmembran vorwächst, diese schließlich berührt und mit ihr verschmilzt, so daß dadurch die Kloakenmembran in eine Analmembran und die bald zerreißende Urogenitalmembran geteilt wird. Nur CHWALLA betont an anderer Stelle (S. 678), daß er nicht mit Sicherheit entscheiden könne, ob eine solche Verschmelzung erfolgt oder nicht „in welch letzterem Fall das Epithel des primitiven Dammes entodermaler Herkunft wäre". POLITZER (1931, 1932) beschreibt nun — und ich kann seine Angaben auf Grund der Untersuchung der Embryonen der Sammlung HOCHSTETTER bestätigen —, daß eine Verschmelzung des Kloakenseptums mit der Kloakenmembran nicht erfolgt, daß vielmehr der dorsale Teil der Kloakenmembran zuerst dehiszent wird (EE von 16 mm Länge) und so der freie vom Entoderm bekleidete Rand des Kloakenseptums den primären Damm bildet. Eine Analmembran haben weder POLITZER noch ich gefunden. Der Darm öffnet sich nach Dehiszenz der Kloakenmembran mittels einer wenn auch sehr feinen Öffnung in die Amnionhöhle.

Die Allantois wird zwar bei menschlichen Embryonen als rudimentäres Organ beschrieben (LEWIS 1911), was im Vergleich zu Huftieren, bei denen sie die Größe des Embryo wesentlich übertrifft, bis zu einem gewissen Grad berechtigt ist. Doch entwickelt sich aus dem schlauchförmigen Anhang der Kloake (Abb. 1—4) später im Bauchstiel des Embryo ein Bläschen, das Allantoisbläschen, welches durch den engen Urachusgang mit der Harnblasenanlage in Verbindung steht (LÖWY 1905). Dieses spindelförmige Bläschen (Abb. 37) hat bei Embryonen von etwa 10 mm Länge eine Länge von etwa $2^{1}/_{2}$ mm; es verliert bei Embryonen von etwa 15 mm Länge seine durch den Urachusgang gebildete offene Verbindung mit der Harnblasenanlage und wird später rückgebildet.

III. Vorniere, Wolffscher Gang, Urniere und erste Anlage der Niere

1. Allgemeines

Vorniere, Urniere und bleibende Niere, sowie das Ausführungsgangsystem dieser 3 Nierengenerationen entwickeln sich aus dem Gewebe der Ursegmentstiele vom Bereiche der Halssegmente bis zu den Sacralsegmenten. Die Vorniere (Pronephros) funktioniert als harnproduzierendes Organ bei Fischen und nur im Larvenstadium bei Amphibien. Ihre Bedeutung in der menschlichen Entwicklung liegt darin, daß ihr Ausführungsgang, der Wolffsche Gang, auch zum Ausführungsgang der Urniere wird und daß aus ihm der Ureter der bleibenden Niere aussproßt. Charakteristisch für die Vorniere ist die ursprünglich regelmäßig segmentale Anlage ihrer mit einem Trichter an der Cölomhöhle beginnenden Kanälchen und ein an der Wand der Leibeshöhle gelegenes äußeres Glomerulus. Die Urniere (Mesonephros) ist das harnproduzierende Organ vieler Fische, der Amphibien und auch bei jungen menschlichen Embryonen. Sie ist charakterisiert durch Kanälchen, die — mehrere je Segment angeordnet — nicht mit der Leibeshöhle kommunizieren. Die Nachniere (Metanephros) ist das bleibende Organ der Amniota, also der Reptilien, Vögel und Säuger; sie entwickelt sich caudal von der Urniere aus gleichwertigem Gewebe, das aber seine segmentale Anordnung völlig verloren hat, ihr Ausführungsgang entsteht aus einer seitlichen Knospe des Wolffschen Ganges, verliert aber seine Beziehung zu diesem frühzeitig.

2. Die Vorniere und der Wolffsche Gang

Die Ursegmentstiele, aus denen das Material der 3 Nierengenerationen entsteht, stellen mehr oder weniger kurze epitheliale Stränge dar (Abb. 12), welche jedes einzelne Ursegment mit dem unsegmentierten Mesoderm verbinden. Als segmentale Anlagen der Nieren werden sie auch als Nephrotome bezeichnet. Diese Nephrotome verlieren bald ihren Zusammenhang mit dem Ursegment, während die Verbindung mit dem unsegmentierten Mesoderm erhalten bleibt. Aus den Ursegmentstielen entsteht ein nicht mehr in Segmente unterteilter Zellstrang, an dem HEUSER (1939) und ATWELL (1930) an Embryonen von 14 bzw. 17 Urwirbeln im Gegensatz zu FELIX (1911) keine getrennten Vornierenbläschen unterscheiden können. In das Epithel der Leibeshöhle dagegen schickt der Zellstrang Zellgruppen vor, die annähernd segmental angeordnet als Reste der Ursegmentstiele angesprochen werden könnten. In dem Zellstrang lassen sich dann einzelne kugelige Zellhaufen mit radiärer Anordnung der Zellen als sog. Vornierenbläschen unterscheiden. Die Reste der Ursegmentstiele erhalten, an der Leibeshöhle beginnend, eine Lichtung und so entsteht ein Kanälchen mit einer Mündung — dem Nephrostom — in die Leibeshöhle [TORREY (1954)]. Bei einem Embryo mit 14 Urwirbeln bildet HEUSER (1930) in der Höhe des 10. Ursegmentes ein Nephrostom ab (Abb. 13), während anschließend noch keine Lichtung in der Anlage der Vornierenbläschen vorhanden ist. Die kranial von diesem Nephrostom gelegenen Vornierenabschnitte sollen in diesem Stadium schon rückgebildet sein. Über die Lage dieser Vornierenanlage ist zu sagen, daß ja die ersten 4 Ursegmente dem N. hypoglossus zugehören, daß also das 10. Ursegment dem 6. Halssegment entspricht. Die weiter caudal gelegenen Vornierenrudimente können bis in die Höhe der Hinterwand des Herzbeutels gefunden werden.

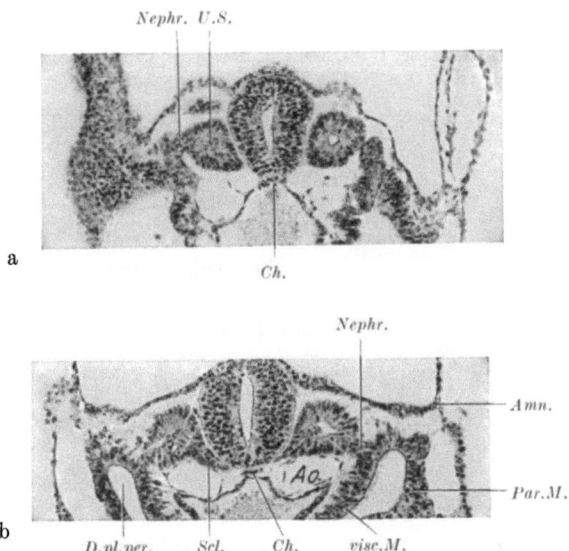

Abb. 12. Querschnitt durch das 3. und 9. Segment eines Embryo mit 12 Ursegmenten und 2 mm Länge (aus GROSSER-ORTMANN). *Amn.* Amnion; *Ch.* Chorda; *D.pl.per.* Ductus pleuroperitonealis; *Nephr.* Nephrotom; *Par.M.* parietales Mesoderm; *visc.M.* visceralres Mesoderm; *U.S.* Ursegment; *Scl.* Sklerotom

In der Höhe des 10. Ursegmentes beginnt bei demselben Embryo sich der Wolffsche Gang zu bilden, indem er sich von dem zum massiven Vornierenbläschen gewordenen Ursegmentstiel (Abb. 13) lateralwärts unter das Ektoderm als massiver Epithelstrang vorschiebt. Diese strangförmige Anlage des Wolffschen Ganges (Ductus excretorius primitivus) verbindet sich mit der Vornierenanlage der nächsten Segmente und ist an der äußeren Körperoberfläche ventral von den Ursegmenten als Vornierenleiste (pronephric ridge HEUSER) zu erkennen. Auch die Anlage eines Vornierenglomerulus findet derselbe Autor schon bei diesem Embryo in der Höhe des 12. Segmentes in Form eines in die Leibeshöhle von dorsal her vorragenden Wulstes, in den ein Ästchen der Aorta eintritt. Solche in die Leibeshöhle etwa in Höhe der Lungenanlage vorragende — also äußere — Glomeruli werden zwar noch bei Embryonen bis zu 7 mm Länge (GROSSER-POLITZER) gefunden, erfahren aber meist schon früher eine völlige Rückbildung.

Die Vorniere erfährt, nachdem sich der Wolffsche Gang aus ihr differenziert hat, bald eine Rückbildung, ohne daß beim Menschen richtige Kanälchen mit Lumen entstanden wären. So findet ATWELL (1930) bei einem Embryo von 17 Ursegmenten einen kranialen bis zum 8. Segmente reichenden Teil, der nur aus einzelnen rudimentären Bläschen besteht; am zweiten Teil in der Höhe des 9.—11. Segmentes ist der Höhepunkt der Entwicklung erreicht, ohne daß es dabei zu einer klaren Trennung der Kanälchen voneinander kommt; der dritte Teil von Segment 12 caudalwärts bildet einen undifferenzierten aus den Ursegmentstielen entstandenen Strang, der ohne scharfe Grenze in die Anlage der Urniere übergeht, welche mit dem 13. oder 14. Segment beginnt (FELIX).

Der Wolffsche Gang wächst — nachdem seine erste Bildung von der Vorierenanlage in der Höhe des 10. Ursegmentes ausgegangen ist — zwischen Mesoderm und Ektoderm, enge an dieses angeschlossen, caudalwärts und erreicht schließlich ventralwärts umbiegend bei Embryonen mit 26—27 Urwirbeln das Ektoderm der ventralen Oberfläche knapp neben der Kloake (POLITZER 1953). Dieses distale Ende des Wolffschen Ganges ist etwas aufgetrieben und besitzt eine Lichtung. Bei Embryonen von 28—29 Urwirbeln (etwa 4 mm Länge) legt sich dieses Ende des Ganges auch noch an die laterale Wand der Kloake an (Abb. 5),

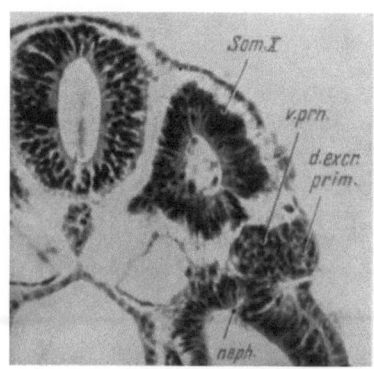

Abb. 13. Querschnitt durch das 10. Segment eines Embryo mit 14 Ursegmenten nach HEUSER. *D.excr.pr.* Ductus excretorius primitions; *Nephr.* Nephrotom; *som X* 10. Ursegment; *V.pr.* Vesicula pronephridica

so daß aber zwischen den beiden Anlagerungsstellen ein Ektoderm bzw. Entoderm, ein mit Bindegewebe erfüllter Zwischenraum, bleibt. An beiden Anlagerungsstellen ist zuerst (Embryo 3,4 mm CHWALLA) die Abgrenzung der Epithelien noch deutlich.

Die Anlagerung an das Ektoderm wird bald wieder gelöst (bei anderen Embryonen von 4 mm Länge) und kann aber noch bei Embryonen von etwa 5 mm Länge (Abb. 6) vorhanden sein; ein Erhaltenbleiben dieser Anlagerungsstelle wird für die Entstehung gewisser Formen der Ektopie der Uretermündung eine Rolle spielen können (POLITZER 1953).

An der Anlagerung an die Kloake erfolgt bald (Embryo von 4 mm Länge, CHWALLA, 4,5 mm POLITZER) eine Verschmelzung des mesodermalen Epithels des Wolffschen Ganges mit dem entodermalen Epithel der Kloake, so daß zwischen beiden Lichtungen eine einheitliche dünne Epithelplatte entsteht, die zwar bald dehiszent wird, deren Reste aber — wie CHWALLA gezeigt hat — noch lange (bis 24 mm Länge der Embryonen) die Grenze zwischen mesodermalem und entodermalem Epithel erkennen lassen. Die Verschmelzung kann ausnahmsweise unterbleiben, so wie ich bei einem Embryo von 21 mm Länge zwischen dem Wolffschen und dem Kloakenepithel eine etwa $10\,\mu$ dicke Bindegewebsschicht finde [der Wolffsche Gang war offenbar durch die Sekretion der Urniere (s. S. 28) hydropisch erweitert].

Während der Wolffsche Gang seine Verbindung zur Kloake gewinnt, verliert er seinen Kontakt mit dem Ektoderm der lateralen Körperoberfläche, indem sich Bindegewebe dazwischen einlagert; weiterhin schiebt sich noch eine Bucht der Leibeshöhle zwischen Wolffschen Gang und Ektoderm ein, so daß der Gang dann seine ursprüngliche enge Beziehung zur lateralen Leibeswand völlig verliert (vgl. Abb. 14 und 16). Im caudalen Bereich in Höhe der Kloake entstehen im Bindegewebe zwischen Wolffschem Gang und Ektoderm auch Gefäße, und zwar die laterale Wurzel der A. umbilicalis und die Vena iliaca communis, so daß der Wolffsche Gang vorübergehend von einem arteriellen bzw. venösen Gefäßring umfaßt wird.

Im gleichen Zeitpunkt der Entwicklung (Embryo von etwa 5 mm Länge) entsteht an der Biegungsstelle, wo der Gang vom Längsverlauf ventralwärts umbiegt, eine kleine knieartige Vorwölbung (Abb. 6, *Ur.kn.*), welche die erste Anlage der Ureterknospe darstellt, deren weitere Entwicklung später (S. 18) besprochen werden soll.

3. Die Urniere

Die Urniere (Mesonephros) entwickelt sich, caudal an die Vorniere anschließend, aus dem gleichen Material wie diese, d.h. aus den Ursegmentstielen (Nephrotomen, Abb. 12) im Bereiche der Thorakalsegmente bis zum 3. Lendensegment. Das Gewebe der Ursegmentstiele verliert frühzeitig seine segmentale Anordnung und bildet einen einheitlichen Gewebsstrang des mesonephrogenen Gewebes, der medial vom Wolffschen Gang im Thorakal- und Lumbalbereich hinter der Cölomhöhle gelegen ist (Abb. 14). Mit der Differenzierung der Urnierenkanälchen

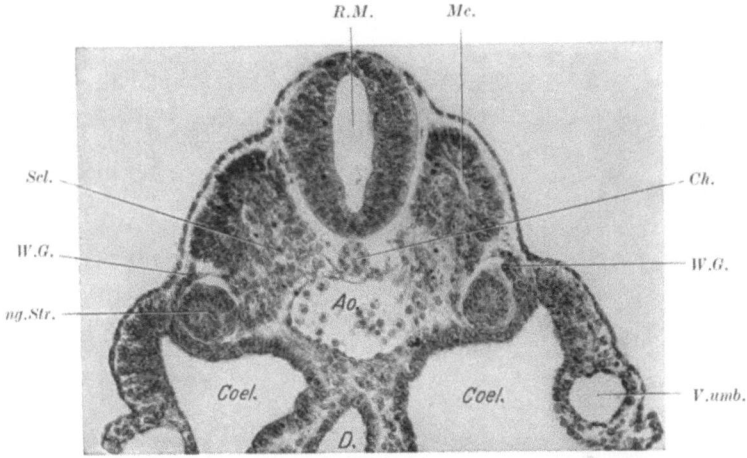

Abb. 14. Querschnitt durch das 14. Segment eines Embryo mit 22 Ursegmenten von 3,2 mm Länge aus GROSSER-ORTMANN. *Ao* Aorta; *Ch.* Chorda; *Coe.* Coelom; *D.* Darm; *Mc.* Myocoel; *ng.Str.* nephrogener Strang; *Sc.* Sklerotom; *R.M.* Rückenmark; *V.umb.* Vena umbilicalis; *W.G.* Wolffscher Gang

und Glomeruli aus diesem Strang nimmt die Urniere an Volumen zu und wölbt sich in die Cölomhöhle als Längswulst zu beiden Seiten des Darmgekröses vor, bis dieser Urnierenwulst (Abb. 16) schließlich dadurch, daß er auch die Vena cardinalis enthält und die lateral von ihm gelegene Cölombucht sich stärker vertieft, mächtig in die Bauchhöhle vorragt. Der Urnierenwulst wird bei Embryonen von etwa 7 mm aufwärts zur Urogenitalfalte, indem sich (Abb. 17) am medialen Teil der Oberfläche dieses Wulstes die Keimdrüse zu differenzieren beginnt und der Müllersche Gang (s. S. 45) von kranial her hineinwächst.

Der mesonephrogene Gewebsstrang (Abb. 14) zerfällt bei Embryonen von etwa 4 mm Länge in die Urnierenbläschen (Abb. 15), die aber nicht den Ursegmenten in Anzahl und Lage entsprechen, sondern es werden 2—3 Urnierenbläschen in Höhe eines Ursegmentes gefunden. Es entstehen so von der Höhe der letzten Halssegmente bis zum 2. Lendensegment im ganzen etwa 30 Bläschen, die zuerst nicht mit dem Wolffschen Gang in Verbindung stehen (Abb. 16). Bei Embryonen von 9—13 mm Länge werden dagegen bis zu 39 Bläschen gefunden (FELIX), ohne daß dieser Autor sagen könnte, wie die später gebildeten Bläschen entstehen. Gleichzeitig verschiebt sich das kraniale Ende der Bläschenreihe um etwa 9 Segmente bis in die Höhe des 8. Thorakalsegmentes (FELIX), wobei es offenbar zur Rückbildung der kranialsten Bläschen kommt. FELIX schließt daraus, daß die Zahl der später gebildeten Bläschen größer als 9 sei. Eine weitere

Welle der Rückbildung kranial gelegener Bläschen beginnt bei Embryonen von 16 mm Länge und führt dazu, daß dann nur mehr etwa 26 Bläschen — oder daraus entstandene Kanälchen — vorhanden sind, deren kranialstes beim 1. Lumbalsegment liegt. Aus dieser Lage ist zu schließen, daß mit der Rückbildung von Bläschen eine Caudalwärtswanderung der ganzen Urniere einhergeht. FELIX dagegen nimmt an, daß im ganzen 83 Kanälchen angelegt werden und daß daher nicht, wie ich annehme, nur etwa 13, sondern daß etwa 57 Kanälchenanlagen rückgebildet werden, wofür ich keinen Anhaltspunkt finde, so wie FELIX selbst sagt, daß alle Beweise für die spätere Neubildung von Urnierenkanälchen nicht einwandfrei seien, weil die Rückbildung gleiche Bilder wie die Neubildung zeige. Die Umbildung der Urnierenbläschen zu Kanälchen mit Glomeruli schreitet von kranial nach caudal fort, so daß man bei einem Embryo verschiedene Stadien der Umbildung in der Schnittserie verfolgen kann. So findet man bei Embryonen von etwa 5 mm Länge (Abb. 15—17) die kranialen Kanälchen schon in S-Form, während weiter caudal olivenförmige oder fast kugelige Bläschen vorhanden sind. Die etwa kugeligen Bläschen strecken sich zuerst lateralwärts in die Länge und erreichen so den Wolffschen Gang (primären Harnleiter), mit dem ihr laterales Ende verschmilzt. Das so entstandene Kanälchen wächst in die Länge und krümmt sich zuerst nur in der Transversalebene S-förmig, so daß seine erste Konvexität ventrolateral schaut, die zweite medialwärts (Abb. 18c). Durch weiteres Längenwachstum biegt das Kanälchen aus der Transversalebene heraus und windet sich stärker (Abb. 18d). Aus der ersten ventrolateral konvexen Krümmung entsteht der Glomerulus, darauf folgt ein enger Abschnitt, der „Hals" und eine Erweiterung, die „Ampulle"; eine nach medial vorragende Schleife („zuführender Schenkel") führt zum „Kontaktpunkt" (KOZLIK 1935) an den Glomerulus zurück und von dort der leicht gekrümmte „abführende Schenkel" schließlich mit einer trichterförmigen Erweiterung in den Wolffschen Gang.

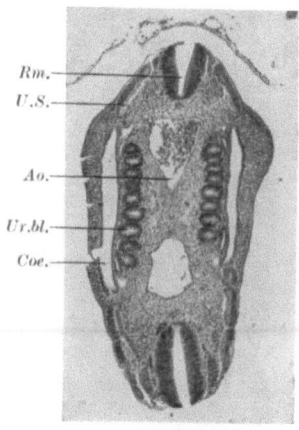

Abb. 15. Frontaler Tangentialschnitt durch die Lendenregion eines Embryo von 5 mm Länge. 25fach. *Ao.* Aorta; *Coe.* Coelom; *Rm.* Rückenmark; *Ur.bl.* Urnierenbläschen; *U.S.* Ursegment

Der Glomerulus entwickelt sich, wie gesagt, aus dem ersten ventrolateral konvexen Stück des Kanälchens, in dem sich dieses in eine doppelwandige Halbkugel umformt, die mit ihrer inneren Lamelle sich um eine kugelige Gefäßerweiterung heranlegt (FELIX). Die innere dicke Lamelle (Abb. 17) zeigt hochprismatisches, die äußere dünne Lamelle plattes Epithel. Die weite kugelige Gefäßlichtung stellt die Verbindung zwischen einem Ästchen der Aorta und der zur Vena cardinalis hinziehenden Vene dar. An Stelle dieser einen Gefäßlichtung finden sich bei älteren Embryonen mehrere gewundene Capillaren zwischen Arterie und Vene und der so gebildete Glomerulus zeigt dann eine höckerige Oberfläche mit dünnem Epithel. Der ganze Glomerulus ist zuerst länglich (fast doppel so lang als breit) und an seinem medialen Ende tritt die Arterie heran, während ihn die Vene lateral verläßt. Erst später, wenn die Urniere sich stärker von der Leibeswand abhebt, nähern sich Vas afferens und efferens einander und der Glomerulus bekommt mehr Kugelform (Abb. 19). Die Form der Glomeruli und der Bowmanschen Kapseln ist sehr variabel; so finde ich als Extrem eine Kapsel mit 4 Glomeruli und 4 Abflußstellen ohne Unterteilung; andererseits eine — durch ein bis zur Hälfte der Lichtung vorspringendes Septum — teilweise unterteilte Kapsel

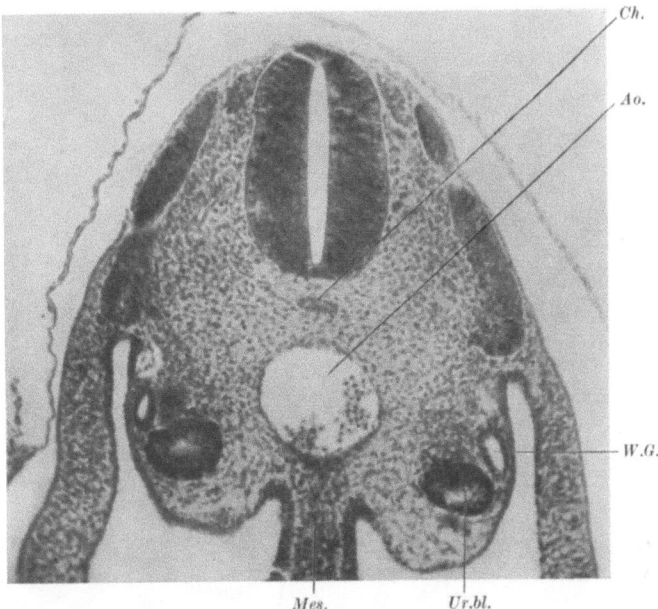

Abb. 16. Querschnitt eines Embryo von 4,3 mm Länge. *Ao.* Aorta; *Ch.* Chorda; *Mes.* Mesenterium; *Ur.bl.* Urnierenbläschen; *W.G.* Wolffscher Gang

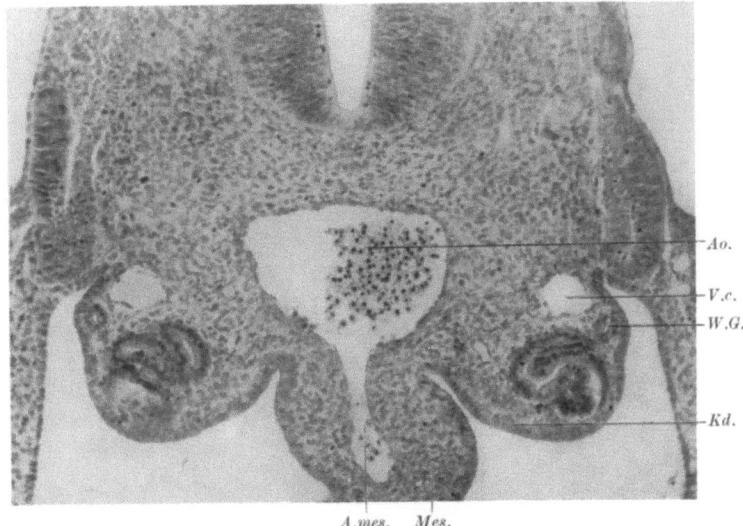

Abb. 17. Querschnitt eines Embryo von 5 mm Länge mit Urogenitalfalten. *Ao.* Aorta; *Kd.* Keimdrüsenfeld; *Mes.* Mesenterium; *V.c.* Vena cardinalis; *W.G.* Wolffscher Gang

mit drei gespaltenen Glomeruli; es kann nicht entschieden werden, ob solche Verschiedenheiten der Form etwa mit einer Teilung von Nierenkörperchen zusammenhängen. Durch ihre Größe haben die Glomeruli nicht mehr alle in einer Längsreihe Platz, sondern sie liegen teils mehr medial, teils mehr lateral, was zur Folge hat, daß an einem Transversalschnitt oft 2 Glomeruli getroffen sind und daß die Lage der Gefäße und der Verlauf der Glomeruli nicht bei allen gleich ist.

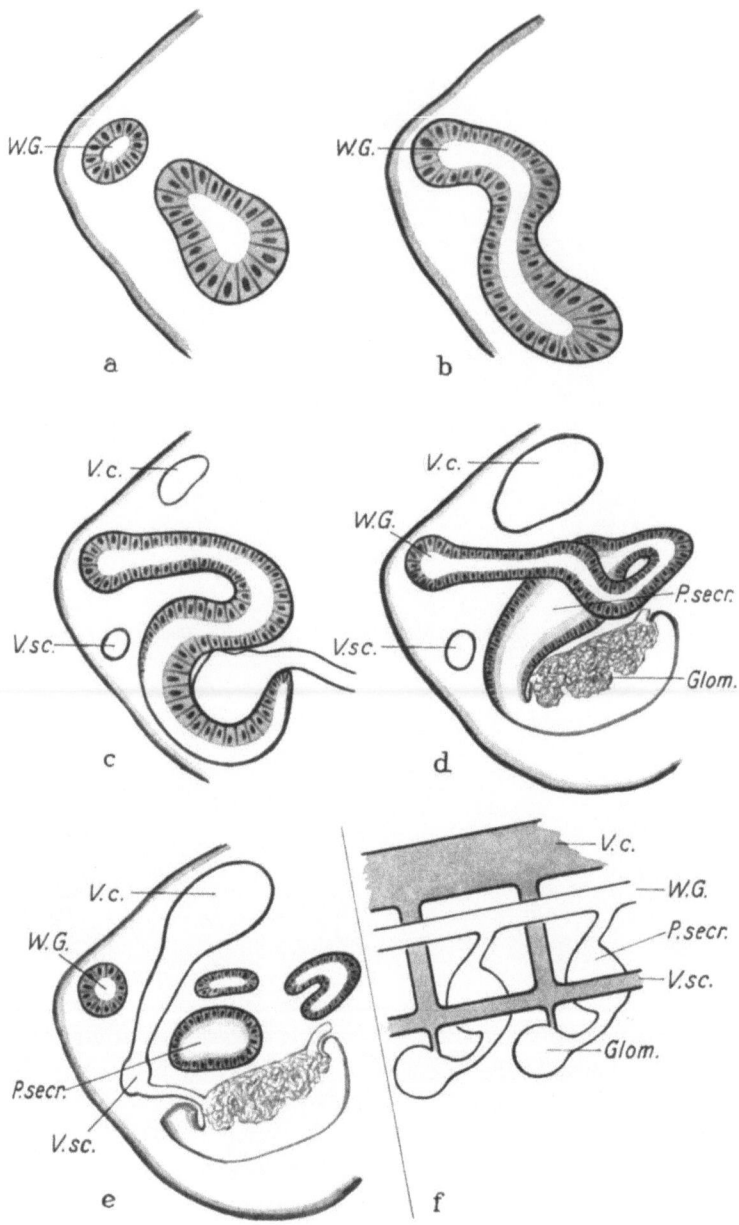

Abb. 18a—f. Schema der Entwicklung der Urnierenkanälchen. a Birnförmiges Urnierenbläschen; b S-förmiges Kanälchen in Verbindung mit dem Wolffschen Gang; c Anlage des Glomerulus mit Gefäßsinus; d mit Glomerulus und Pars secretoria *P.secr.*; e schematischer Querschnitt mit Vena cardinalis *V.c.* und Vena subcardinalis *V.sc.*; f Beziehung der Urnierenkanälchen zu den Venen in räumlicher Darstellung

Das Epithel erfährt in den verschiedenen Abschnitten eine Differenzierung, die FELIX (1911) veranlaßt, einen Tubulus secretorius von einem Tubulus collectivus zu unterscheiden. Der Tubulus secretorius entspricht dem Hals und der Ampulle des Kanälchens, er zeigt ein in der Ampulle besonders hohes Epithel mit basalem Kern (Abb. 19), während der lumenwärts gelegene Teil der Zellen hell gefärbt ist und sich kuppenartig gegen die Lichtung vorwölbt. Der Tubulus collectivus besitzt dagegen kleinere Zellen mit weniger Protoplasma, wodurch das Epithel dunkler erscheint.

Bei Embryonen von etwa 5—25 mm Länge sind etwa 35 Urnierenkanälchen vorhanden, die schon bei 20 mm Länge alle in Höhe der Lendensegmente gelegen sind. Von diesem Stadium an beginnt langsam ein Rückbildungsvorgang, mit dem gleichzeitig die Differenzierung zwischen männlichen und weiblichen Individuen einhergeht. Die völlige Rückbildung der Urnierenglomeruli erfolgt bei Embryonen von über 60 mm Länge.

Von den Urnierenkanälchen gewinnen beim männlichen Embryo von etwa 70 mm Länge einige Anschluß an das Rete testis, indem sie an der am weitesten vorne und medial vorragenden Biegung des Kanälchens mit verzweigten Epithelsträngen in Verbindung treten, die im Innern der Keimdrüse gebildet wurden,

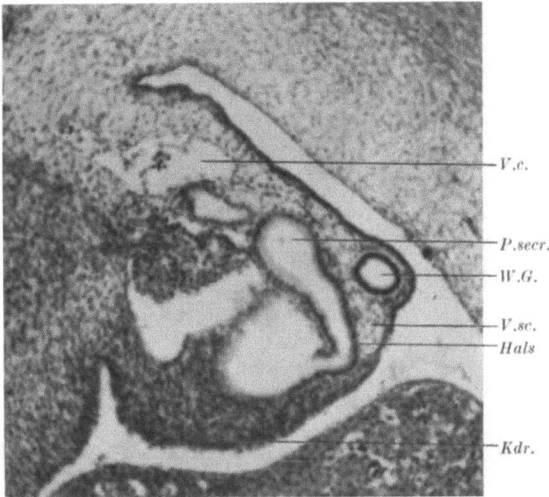

Abb. 19. Schnitt durch die Urogenitalfalte eines Embryo von 9 mm Länge mit Ampulla der Pars secretoria und Hals des Urnierenkanälchens. *Kdr.* Keimdrüse; *V.c.* Vena cardinalis; *Vsc.* Vena subcardinalis

so daß diese Urnierenkanälchen den Nebenhoden (s. S. 48) bilden helfen; weiter entsteht aus caudal anschließend gelegenen Kanälchen eine Paradidymis. Beim weiblichen Individuum entsteht aus dem gleichen Kanälchen und dem Urnierengang nach Rückbildung der Glomeruli das Epoóphoron und das Paroóphoron.

4. Die Verbindung des Wolffschen Ganges mit der Kloake

Der aus der Vornierenregion caudalwärts vorwachsende Wolffsche Gang (s. S. 11) erreicht schließlich die Kloakenregion, wo er sich etwa gleichzeitig dem Ektoderm und der entodermalen Kloake anlagert (Abb. 5 und 6), ohne daß zuerst eine Verschmelzung der Epithelien stattfindet (CHWALLA 1927; Embryo von 3,4 mm Lg., POLITZER 1952). Die Anlagerung an das Ektoderm wird bei Embryonen unter 5 mm rückgebildet (CHWALLA, POLITZER) — so daß der Wolffsche Gang nurmehr an der Kloake endet. Gleichzeitig erfolgt eine Verschmelzung des Wolffschen Epithels mit der entodermalen Kloakenwand, indem die vorher sichtbare feine Grenzlinie zwischen diesen Epithelien verschwindet (CHWALLA 1927, Embryo von 9,08 mm). Die Verschmelzung kann ausnahmsweise unterbleiben, so wie ich bei einem Embryo von 21 mm Lg. zwischen dem Wolffschen- und dem Kloakenepithel eine etwa 10 μ dicke Bindegewebsschicht finde [der

Wolffsche Gang war offenbar durch die Sekretion der Urniere (s. S. 28) hydropisch erweitert]. Der Verschmelzung der Epithelien folgt eine Eröffnung der Lichtung des Wolffschen Ganges in die Kloake (4,8 mm). Die Kloake bildet eine trichterförmige Erweiterung (Abb. 6) gegen die Mündung des Wolffschen Ganges — das Kloakenhorn —, so daß von außen die Abgrenzung beider Gebilde verschwindet. Innen an der Kloakenlichtung findet sich jedoch eine zirkuläre Epithelleiste (Abb. 20, nach CHWALLA Abb. 8), welche bei Embryonen von 8—12 mm in der Regel das Epithel des Wolffschen Ganges deutlich von dem der Kloake abgrenzt, auch wenn später Wolffscher Gang und Ureter getrennt in die Kloake münden (Abb. 23, CHWALLA Abb. 25).

5. Ureterknospe und primitives Nierenbecken

Die erste Anlage der Bildung des Ureters findet sich bei Embryonen von nicht ganz 5 mm Länge an jener sagittalen Krümmung des Wolffschen Ganges, wo dieser aus der Längsrichtung nach ventral gegen die Kloake umbiegt (FELIX). An

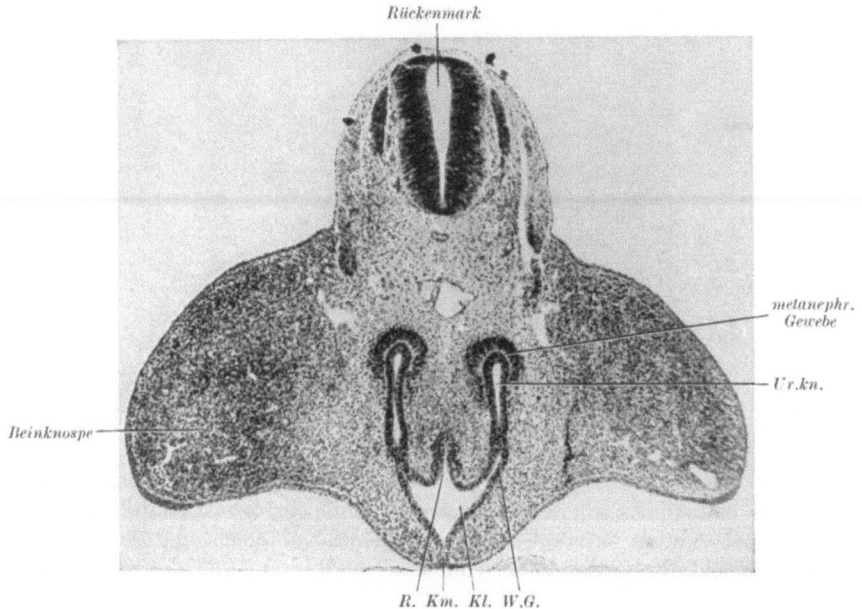

Abb. 20. Schnitt durch einen Embryo von 7,5 mm Länge mit Kloake, Wolffschem Gang, Ureterknospe und metanephrogenem Gewebe. Etwas weiter entwickelt als der Embryo Abb. 9 (aus GROSSER-ORTMANN). *Kl.* Kloake, *Km.* Kloakenmembran, *R.* Rectum

diesem Knie (Abb. 6, Embryo 4,8 mm) zeigt das Epithel dieses Ganges zuerst eine leichte Vorwölbung (*Ur.Kn.*), die bald halbkugelig wird (Abb. 7 und 8) und sich bei Embryonen von 6 mm Länge (Abb. 9) keulenförmig in die Länge streckt. Diese keulenförmige Ureterknospe wächst rein dorsalwärts vor und liegt gleich bei ihrer Bildung schon im nephrogenen Gewebe der Nachnierenanlage (Abb. 20), welches Gewebe ja bis dorsal von der Kloake caudalwärts reicht. Dabei liegen die beiden epithelialen Ureterknospen nur etwa 0,4 mm voneinander entfernt. Die in Höhe der Segmente S_3—S_4 (S_2—S_5, STARKENSTEIN 1938) gebildete Ureterknospe liegt bei 7 mm (ELZE 1907) bei S_2 und wächst mit ihrer Längenzunahme bei Embryonen von 8—9 mm Länge kranialwärts umbiegend in dieser Richtung vor; so erreicht sie schon bei Embryonen von 13 mm mit ihrem kranialen Pol die Höhe des 3. Lendenwirbels (STARKENSTEIN 1939). Es findet also ein aktives Aufsteigen der Niere statt, welches — wenn es auch von BROCKMAN (1936) negiert wurde — schon von HOCHSTETTER (1888) dadurch bewiesen wurde, daß er das Durchwandern der Nachnierenanlage durch eine Inselbildung in der Anlage der Vena cardinalis caudalis nachwies. Gleichzeitig beginnt sich die zuerst keulenförmig verlängerte Ureterknospe zum primitiven Nierenbecken zu differenzieren, indem es kranial und caudal Aussackungen

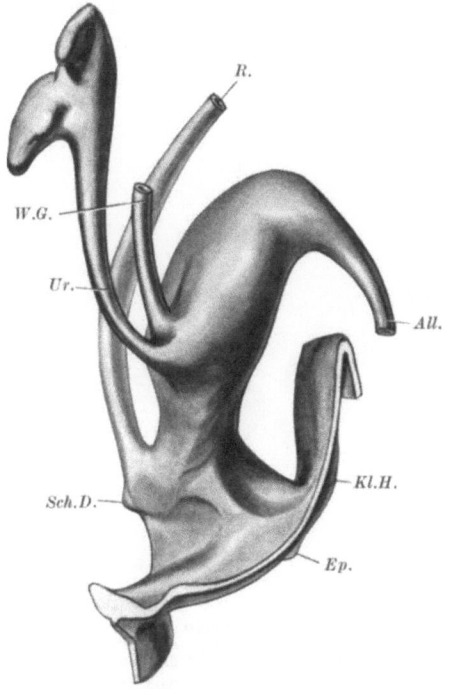

Abb. 21. Kloake mit Ureter und primitivem Nierenbecken eines Embryo von 10,3 mm Länge (Modell von CHWALLA), vgl. Abb. 9. *All.* Allantois; *Ep.* Epithelhöcker; *Kl.H.* Kloakenhöcker; *R.* Rectum; *Schw.D.* Schwanzdarm; *Ur.* Ureter; *W.G.* Wolffscher Gang

bildet (Abb. 21) und so die erste Anlage der sog. Polröhren (FELIX) bildet. Die weitere Entwicklung des Nierenbeckens mit der Bildung der Calices und der Sammelrohre wird im Abschnitt Nierenentwicklung geschildert.

6. Die Trennung der Mündungen von Ureter und Urnierengang

Sobald man von einem Teilungssporn zwischen Ureter und Wolffschem Gang sprechen kann (bei Embryonen von etwa 6 mm Länge Abb. 8), liegt dieser Sporn etwa 0,1 mm über der Einmündung des Wolffschen Ganges in die Kloake, welche an dieser Stelle eine Ausbuchtung, das sog. Kloakenhorn (Abb. 8) zeigt. Die ursprünglich enge Mündung (Abb. 9, 6,4 mm Länge) ist von einer Epithelleiste umgeben und erweitert sich bald so, daß bei Embryonen von etwa 8 mm Länge (Abb. 22) in der erweiterten Öffnung im Rahmen der Epithelleiste der Teilungssporn (Uretersporn CHWALLAS) zwischen Ureter und Ductus Wolffii sichtbar wird. Wenn der Teilungssporn die Lichtung der Kloake erreicht (Embryonen von 12 mm Länge) hat, liegt der Ureter lateral, der Wolffsche Gang medial von ihm (Abb. 23), der Sporn hat sich also schraubig gedreht. Gleichzeitig wird offenbar die hintere Epithelwand des Wolffschen Ganges in die Wand der Kloake aufgenommen, was daraus zu schließen ist, daß nun (Abb. 23) die Epithelleiste, welche die Mündung umgibt, ein weites Feld an der hinteren Kloakenwand einnimmt.

Es folgt nun eine Verlagerung der Mündungen des ureters und des Wolffschen Ganges gegeneinander, indem sich diese Mündungen voneinander entfernen und gleichzeitig der ganze ventrale Kloakenrest in die Länge wachsend, sich in Harnblase, Urethra und Sinus urogenitalis zu differenzieren beginnt (Abb. 40, 41). Die Uretermündung verlagert sich relativ zu der des Wolffschen Ganges kranialwärts und es entsteht zwischen beiden das Trigonum und das Orificium vesicae, sowie

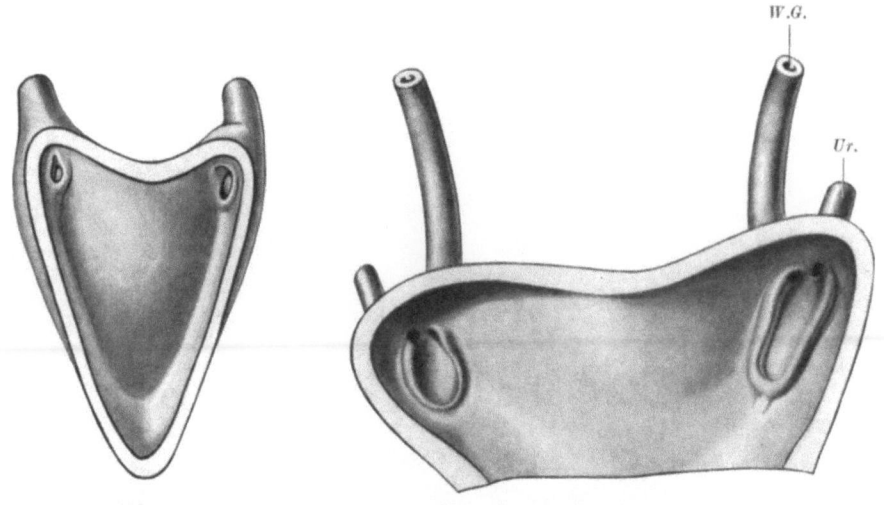

Abb. 22.   Abb. 23.
Abb. 22. Hinterwand der Harnblasenanlage eines Embryo von 8,1 mm Länge (Modell von CHWALLA) mit Wolffschen Gängen und Epithelleiste um deren Mündung. Der von dorsal herantretende Ureter ist von der Harnblasenwand verdeckt und daher nicht sichtbar
Abb. 23. Hinterwand der Harnblasenanlage eines Embryo von 12,2 mm Länge (Modell von CHWALLA) mit Epithelleiste um die schon getrennten Mündungen des Wolffschen Ganges *W.G.* und des Ureters *Ur.*

die ganze weibliche Urethra bzw. die Urethra virilis bis zum Colliculus seminalis. Gleichzeitig vergrößert sich die von der Epithelleiste umrandete (Abb. 22, 23) Partie der Hinterwand der Kloake so weit, daß daraus ein wesentlicher Teil des Trigonum vesicae und der Hinterwand der Urethra bis zu der Mündung des Wolffschen Ganges entsteht. CHWALLA stellte fest, daß das Epithel des Uretersporns vor der Verschmelzung mit der Epithelleiste (bei 10 mm Länge) von dem der Kloake völlig verschieden war und dem des Wolffschen Ganges entsprach. In der Folge (bei 15 mm Länge) findet man aber dort ein Epithel, das man in keiner Weise von dem Epithel des Sinus zu unterscheiden kann. Das gleiche gilt für das von der Epithelleiste (Abb. 22, 23) umrandete Epithel. Wie und wo sich später aber die mesodermalen Epithelreste des Wolffschen Ganges von dem entodermalen Epithel der Kloaken in Harnblase und Ureter abgrenzen, darüber konnte noch keine Übereinstimmung erreicht werden; es steht die Frage mit der der Beziehung des Müllerschen Ganges zum Wolffschen Gang in Zusammenhang und soll bei der Besprechung der Entwicklung des Müllerschen Ganges erörtert werden. Die Befunde CHWALLAs scheinen dafür zu sprechen, daß die Grenzen zwischen mesodermalem und entodermalem Epithel an der Mündung von Ureter bzw. Wolffschen Gang gelegen ist.

Eine physiologische Atresie der Uretereinmündung findet sich regelmäßig bei Embryonen von etwa 12—28 mm. Sie kommt zustande, indem nach der Abtrennung der Ureteren von den Wolffschen Gängen sich an der Mündung des Ureters eine Epithelplatte bildet, welche die Lichtung des Ureters von der der Harnblasenanlage trennt. An dieser Epithelplatte — der Ureterenmembran — lassen sich (CHWALLA) bald 2 Schichten unterscheiden, eine innere am Blasenlumen, deren Zellen den Epithelzellen der Harnblase gleichen und eine äußere am Ureterlumen, die sich kontinuierlich in dessen Epithel fortsetzt. Ob diese Differenz im Aussehen der Zellen auf ihre Abstammung oder den Kontakt mit dem Inhalt der Harnblase zurückzuführen ist, bleibt unbekannt. Bei Embryonen von etwa 28 mm Länge wird die Membran dehiszent und damit ist die physiologische Atresie der Ureteren aufgehoben. Eine Persistenz der Membran unter Eindringen von Bindegewebe soll nach CHWALLA (1927) die Ursache eines angeborenen Verschlusses des vesicalen Ureterendes darstellen, während eine Deviation des Uterspornes zur Stenose führen soll.

7. Die embryonale Anlage von Doppelnieren, Ureter fissus und Ureter duplex

Von Doppelnieren spricht man, wenn auf einer Körperseite 2 Nieren vorhanden sind — sie können durch eine Parenchymbrücke zusammenhängen —, deren aus getrennten Nierenbecken hervorgehende Ureteren sich entweder in Form eines Ureters fissus vereinigen oder getrennt distale Mündungen auf der gleichen Körperseite besitzen. CHWALLA (1927) beschreibt fünf solche Fälle von Embryonen zwischen 8—27 mm Länge und POLITZER (1952) einen weiteren Fall von 12 mm Länge. In 3 Fällen (10, 12 und 27 mm) — abgesehen von den früher von POHLMANN (13 und 24 mm) und MEYER (20 mm) publizierten Fällen (siehe CHWALLA) — ist zwischen den Parenchymanlagen der Doppelnieren eine Verschmelzung nicht nachweisbar; in 2 Fällen ist ein Ureter fissus schon ausgebildet, während in den anderen 4 Fällen, sowie in 2 Fällen mit einfacher Niere und kranial blind endigendem Ureter ohne Nierenparenchym, es sich offenbar um die Anlage von doppeltem Ureter handelt, in denen die beiden Ureteren später übereinandergelegene getrennte Mündungen entwickelt hätten.

Aus diesen Befunden ergibt sich folgendes über die Entwicklung von Ureter fissus und duplex. Wenn eine Ureterknospe am Wolffschen Gang entsteht, die sich nahe ihres Entstehungsbodens schon verzweigt (wie normalerweise erst später und weiter kranial), entsteht ein Ureter fissus; werden jedoch 2 Ureterknospen gebildet (Abb. 24a), so werden diese Anlaß zur Bildung eines Ureter duplex geben. Die kraniale dieser Knospen mündet bald (Embryo von 8 und 10 mm CHWALLAs) kranial und etwas weiter medial als die caudale in den Wolffschen Gang (Abb. 24b). Wenn schließlich die beiden Utersporne bis an die Lichtung der Harnblasenanlage vorragen, liegen die Mündungen der beiden Ureterknospen mit der des Wolffschen Ganges etwa in einer Transversalebene, so zwar, daß die kraniale Knospe zwischen der des Wolffschen Ganges und der der caudalen Knospe mündet (Abb. 24c). Diese gegenseitige Lage behalten die 3 Mündungen dann auch bei, wenn die Mündung des Wolffschen Ganges sich relativ gegen die Uretermündung wie normalerweise caudalwärts verlagert, so daß in der definitiven Lage die zuerst kraniale Ureterknospe zwischen der des Wolffschen Ganges und der der caudalen Knospe ausmündet und die beiden Ureteren sich überkreuzen (Abb. 24d). So ergibt sich eine Erklärung der sog. Regel von WEIGERT, daß der Ureter der kranialen Nierenabteilung immer caudal von dem anderen mündet. Der beschriebene Entwicklungsgang erklärt aber auch außer den dystopischen Uretermündungen in der Blase eine solche Mündung in der männlichen Urethra oberhalb des Colliculus seminalis und solche Mündungen in der weiblichen Urethra. Von der Weigertschen Regel abweichendes Verhalten kann aus den Beobachtungen Chwallas nicht erklärt werden, dürfte aber eine andere Lage der beiden Ureterknospen, als sie in Abb. 24a dargestellt wurde, zur Ursache haben.

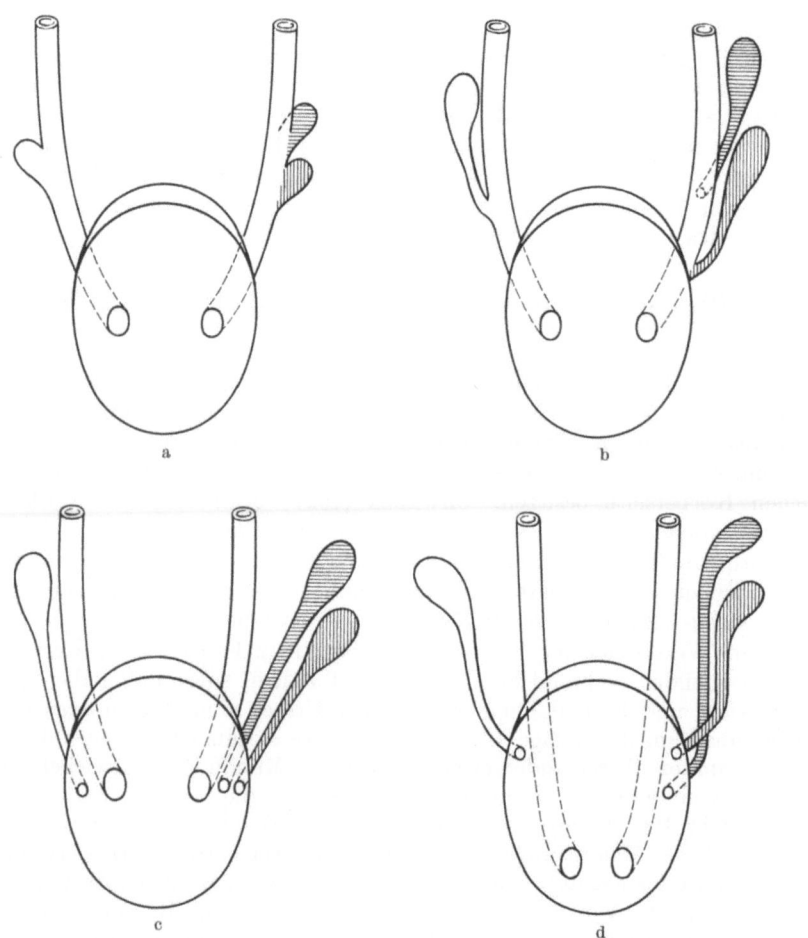

Abb. 24. Schema der Entwicklung der Lage der Uretermündungen bei Ureter duplex (nach Chwalla 1927 verändert) bei Embryonen von etwa 6 mm, 8 mm, 12 mm und 20 mm Länge

8. Die erste Entwicklung der Nachniere. Das metanephrogene Gewebe

Das Bildungsgewebe der bleibenden Niere oder metanephrogene Gewebe entsteht wie das mesonephrogene Gewebe der Urniere aus den Ursegmentstielen aber caudal von letzterem im Gebiet der Sacralsegmente. Es handelt sich um einen kurzen Strang zellreichen, dichten embryonalen Gewebes oder Mesenchyms, das sich von dem umgebenden lockeren, zellarmen Gewebe unscharf abgrenzt. Die caudalwärts medial konvergierende Fortsetzung des mesonephrogenen Stranges bildend, hängt der metanephrogene Strang, wenn er gebildet wird, mit ersterem noch zusammen; bei Embryonen von etwa 5 mm Länge wird die Verbindung gelockert, um bald zu schwinden, wenn die Ureterknospe dorsalwärts vorwächst und sich zusammen mit der metanephrogenen Gewebskappe relativ zum caudalen Ende der Urnierenanlage dorsalwärts verschiebt. Denn schon die erste Anlage der Ureterknospe (Abb. 6, Embryo 4,8 mm) steht mit dem metanephrogenen Gewebe in Kontakt. Mit der Ablösung von dem mesonephrogenen Gewebe hat die metanephrogene Blastemkappe der Ureterknospe schon die grobe äußere Form einer Niere gewonnen. Das Blastem beider Nierenanlagen liegt so nahe der Medianebene (Abb. 20), daß der Abstand zwischen beiden kaum 0,2 mm beträgt, ein Verhalten, das für die Entwicklung der Fehlbildungen im Sinne der Verschmelzung beider Nierenanlagen (Hufeisen-, Klumpenniere) von Interesse ist.

9. Die Wanderung der Nachniere

Sobald sich das metanephrogene Gewebe vom mesonephrogenen Gewebe abgelöst und gleichzeitig seine Beziehung zur Ureterknospe gewonnen hat, ist die Organanlage der Niere deutlich umschrieben, so daß man ihre Lage bestimmen kann. Diese erste Organanlage liegt in der Höhe der ersten beiden Sacralsegmente [etwa bei dem Embryo von 6 mm (vgl. Abb. 7 nach CHWALLA)]; wenn auch gelegentlich andere Angaben gemacht werden (FELIX, FISCHEL, BROCKMANN), so muß festgestellt werden, daß, wie besonders STARKENSTEIN (1938) betont, die Nachnierenanlage im Bereich der zwei oberen Sacralsegmente entsteht (Abb. 20). Schon bei Embryonen von 10 mm Länge reicht sie bis zum ersten Lendensegment, bei 13 mm Länge von L_3—L_5 und bei einem Embryo von 28 mm Länge finde ich am Sagittalschnitt, daß sie vom unteren Drittel des 12. Brustwirbelkörpers bis zum unteren Rand von L_3 reicht. Bei dieser Wanderung kranialwärts schiebt sich die Niere hinter die Urniere im lockeren embryonalen Bindegewebe kranialwärts, bis sie die Neben-

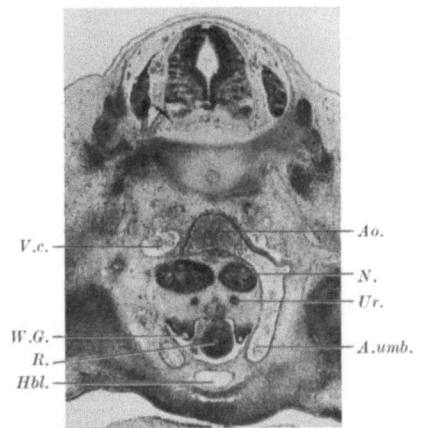

Abb. 25. Querschnitt eines Embryo von 13 mm Länge zur Darstellung des Vorüberwanderns der Niere medial von der Art. umbilicalis. *Ao.* Aorta; *A.umb* Arteria umbilicalis; *Hbl.* Harnblase; *N.* Niere; *R.* Rectum; *Ur.* Ureter; *V.c.* Vena cardinalis; *W.G.* Wolffscher Gang

niere erreicht; dabei ist auffallend, daß die Nebenniere zuerst caudalwärts konvex ist und erst wenn die Niere an sie heranreicht, die caudalgerichtete Konkavität erkennen läßt. Welche Kräfte diese Wanderung der Niere bewirken, ist nicht bekannt, doch dürfte das Längenwachstum des Ureter dabei eine wesentliche Rolle spielen.

Was die gegenseitige Lage beider Nieren zueinander betrifft, so liegen sie noch sehr enge nebeneinander, wenn sie bei 13—14 mm Länge medial von dem Ursprung der Arteria umbilicalis an dieser vorüberwandern (Abb. 25). Erst wenn die Nieren das Niveau dieser Arterie überschritten haben, entfernen sie sich voneinander, um an die laterale Seite der Aorta zu gelangen (Abb. 27a). Zu betonen ist, daß in dem Stadium, in dem der relativ zur Größe des Beckenraumes mächtige Nierenkörper medial von der Arteria umbilicalis liegt, die beiden Ureteren von ihrer Mündung nach dorsokranial konvergieren und erst wenn die Niere deren Höhe überschritten hat, eine Divergenz der Ureteren von ihrer Mündung zur Kreuzung mit der Arteria festgestellt werden kann.

Wenn die Niere auf ihrer Wanderung die Arteria umbilicalis passiert hat, schiebt sie sich zwischen der dorsal von ihr bleibenden Vena cardinalis und der ventral liegenden Vena subcardinalis hindurch, so wie auch die Urnierenkanälchen zwischen diesen beiden Venen dem Wolffschen Gang zustreben. Die Einlagerung der mächtigen Nierenanlage zwischen die beiden Venen dürfte (nach HOCHSTETTER 1888) einen Einfluß auf den Abfluß des Blutes aus der Urniere in die vorne gelegene V. subcardinalis besitzen, welche immer kleiner wird und schließlich in der Regel der Rückbildung anheimfällt; nur ausnahmsweise bleibt diese Vene erhalten und der Ureter zieht dann durch eine Veneninsel zwischen den beiden Wurzeln der Vena cava inferior (WICKE 1927).

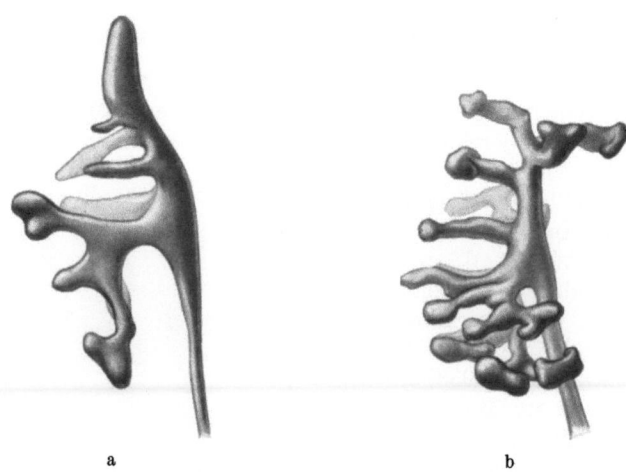

Abb. 26 a u. b. Ureterbäumchen zweier Embryonen von 12,5 und 19,4 mm Länge nach FELIX (Umzeichnung), Entwicklung der Polröhren und der Nierenbeckenanlage. 60fach vergrößert

10. Die weitere Entwicklung der Nachniere und der Nierenkanälchen

Schon während der Wanderung der Niere beginnt die histologische Differenzierung des Nierengewebes, zu welcher Ureterknospe und metanephrogenes Gewebe einen Beitrag liefern. Die zuerst einen glatten Blindsack bildende epitheliale Ureterknospe (Abb. 7—9) wächst zu einem schließlich vielfach verzweigten Ureterbäumchen (Abb. 26) aus, und zwar werden zuerst kranial und caudal auswachsende Vorwölbungen gebildet (10 mm Länge Abb. 21), die sog. Polröhren (FELIX), die sich dann mehr und mehr verzweigen (Abb. 26a und b). Der Verzweigungstypus variiert so, daß auf die von FELIX beschriebenen Einzelheiten der Verzweigung (sekundäre, tertiäre Polröhren) nicht eingegangen werden soll. Die gemeinsame Hülle metanephrogenen Gewebes wird gleichzeitig in etwa kappenartige Blastemmassen zerlegt, schließlich sind es etwa 15 (Abb. 27), von denen sich jede bei Embryonen von etwa 20 mm Länge über mehrere blinde Enden von Polröhren darüberlegt; diese Kappen entsprechen den später deutlich erkennbaren embryonalen Lappen der Niere, sie sind bei 20 mm Länge noch von lockerem, embryonalem Bindegewebe voneinander getrennt.

Die ersten Nephronen werden bei Embryonen von etwa 18 mm Länge aus dem Nachnierenblastem gebildet und zwar in Form von Epithelbläschen (Abb. 27 b, *N.bl.* 28a), die sich enge an die blinden Enden der Verzweigungen des Ureterbäumchens anlegen. An diesem differenziert sich bei Embryonen von etwa 28 mm Länge (Abb. 29) die weit werdende Nierenbeckenanlage von den eng bleibenden Verzweigungen der Polröhren, die nun als Sammelrohr bezeichnet werden. Diese verzweigen sich weiterhin T- oder Y-förmig und unter dem Querbalken entwickelt sich jederseits ein Nephronbläschen, während das freie Ende des Querbalkens von nephrogenem Blastem umschlossen ist (Abb. 28). Zuerst zeigt das Nephronbläschen noch mit dem Blastem eine Verbindung, die sich aber bald

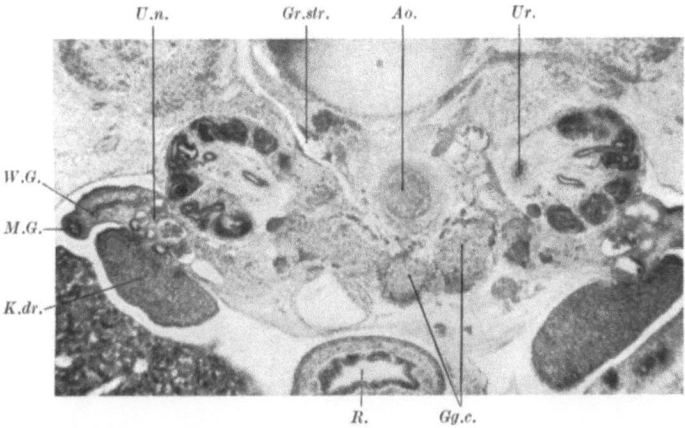

Abb. 27a. Querschnitt durch die Lendenregion eines Embryo von 21 mm Länge mit Niere und *U.n.* Urniere. *Ao* Aorta; *Gg.c.* Ganglion coeliacum; *Gr.str.* Grenzstrang; *K.dr.* Keimdrüse; *M.G.* Müllerscher Gang; *R.* Rectum; *Ur.* Ureter; *W.G.* Wolffscher Gang

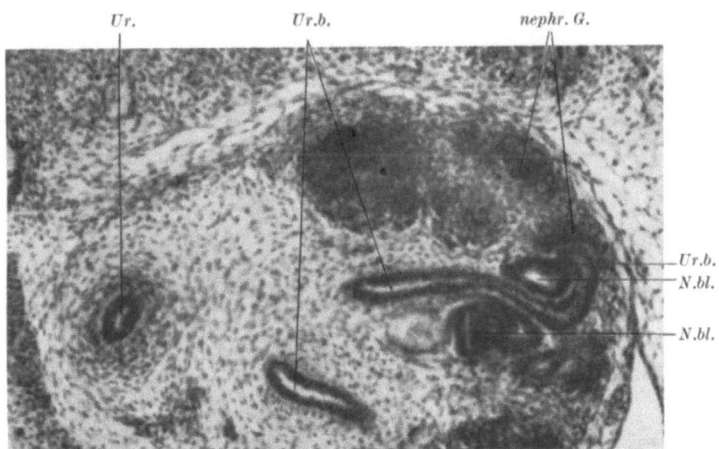

Abb. 27b. Ausschnitt aus Abb. 27a, dorsale Hälfte der linken Niere, stärker vergrößert. *Gl.* Glomerulus; *N.bl.* Nierenbläschen; *nphr.G.* nephrogenes Gewebe; *Ur.* Ureter; *Ur.b.* Ureterbäumchen. Vgl. Abb. 26b

löst. Während das Nephronbläschen sich weiter zum Glomerulus und den Nephronkanälchen differenziert, wächst aus dem Querbalken des T- ein weiteres Kanälchen peripherwärts aus, das sich wieder T- oder Y-förmig teilt, woraufhin unter den Enden der Querschenkel wieder die Differenzierung eines neuen Nephron erfolgt. In dieser Weise wächst vom Ureterbäumchen das Sammelrohrsystem weiter peripherwärts aus und in der Peripherie werden neue Nephrone gebildet. Unter Peripherie ist dabei nicht nur die äußere Schicht der ganzen Niere, sondern die äußere Schicht jedes Lobus renalis zu verstehen; wo 2 Lappen aneinander grenzen, werden nach beiden Seiten hin neue Nephronen gebildet (Abb. 31). Dieser Neubildungsvorgang von Verzweigungen der Sammelrohre

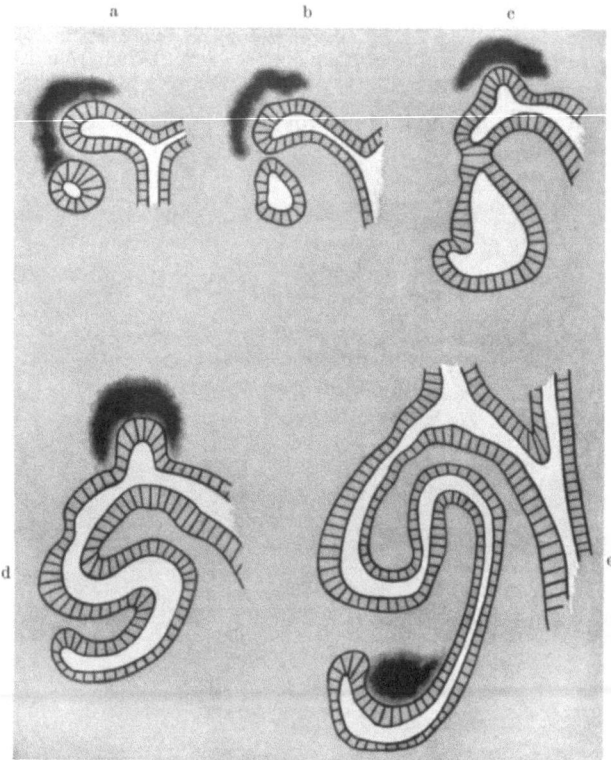

Abb. 28 a—e. Schema der ersten Entwicklung der Nierenkanälchen, Beziehung von Nierenbläschen und Ureterbäumchen. In a—d nephrogenes Gewebe schwarz, in e Glomerulusmesenchym schwarz. c Kontakt von Nierenbläschen und Ureterbäumchen, d Lichtung durchbrochen, e Beginn der Schlängelung und Anlage des Glomerulus

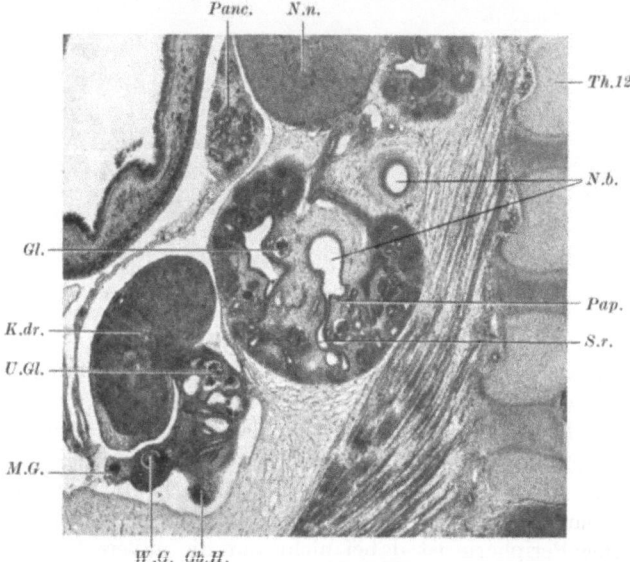

Abb. 29. Sagittalschnitt durch Niere und Urniere eines Embryo von 28 mm Länge. Differenzierung des Ureterbäumchens in Nierenbecken $Nb.$ und Sammelrohr $S.r.$; Übergang desselben an der Anlage der Nierenpapille $Pap.$; $Gb.H.$ Gubernaculum Hunteri; $Gl.$ Glomerulus; $K.dr.$ Keimdrüse; $M.G.$ Müllerscher Gang; $N.n.$ Nebenniere; $Panc.$ Pankreas; $Th.12$ 12. Brustwirbel; $U.Gl.$ Urnierenglomerulus; $W.G.$ Wolffscher Gang mit Konkrement

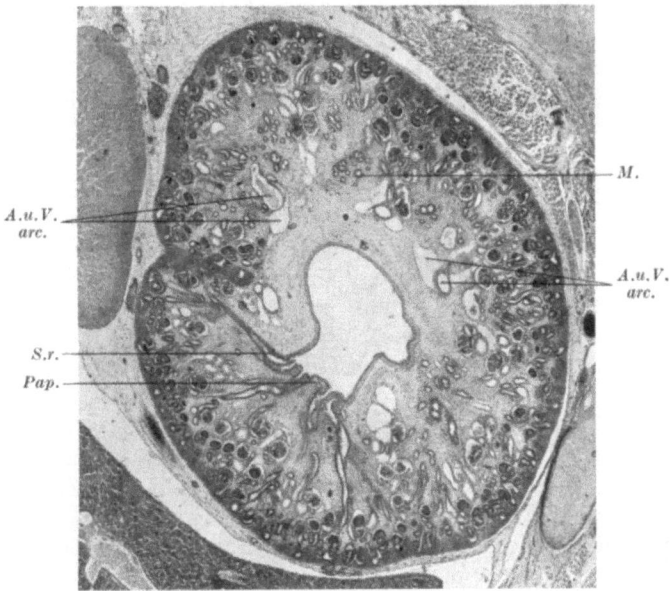

Abb. 30. Querschnitt durch die Niere eines Embryo von 73 mm Sch.St.Lg. Die Anlage der Markkanälchen *M.* noch peripherwärts von den Arteriae und Venae arcuatae *A.u.V.arc.*; *Pap.* Papilla; *S.r.* Sammelrohr

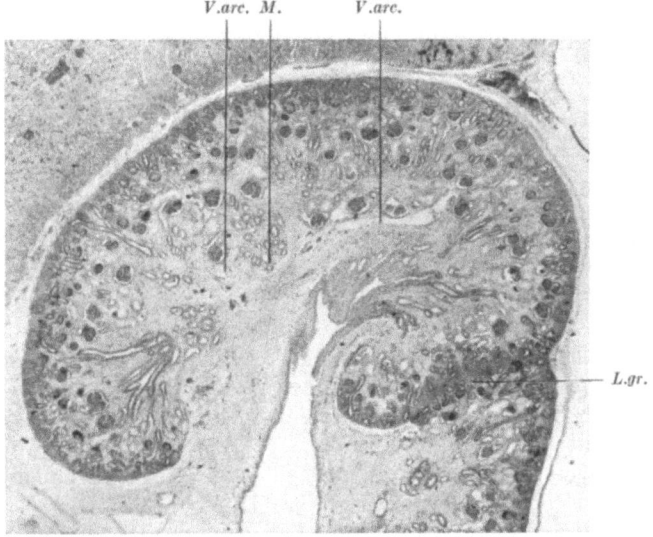

Abb. 31. Sagittalschnitt durch die Niere eines Embryo von 79 mm Sch. St.Lg. Die Anlage der Markkanälchen *M.* haben sich hiluswärts vor den Venae arcuata *V.arc.* vorgeschoben. Nephrogenes Gewebe an der Lappengrenze *L.gr.*

und von Nephronen geht weiter bis kurz vor Erlangung der Geburtsreife. Beim reifen Neugeborenen werden keine Neubildungsvorgänge mehr beobachtet (PETER). Doch sind auch dann noch die früher gebildeten mehr zentral gelegenen Glomeruli größer als die peripher gelegenen, die später gebildet wurden.

Die zuerst kugelförmigen Nephronbläschen (Abb. 28a) werden bald birnförmig (Abb. 28b) und das schlankere Ende gewinnt Kontakt (Abb. 28c) mit dem blinden Ende des Sammelrohres (STOERK 1904). An der Kontaktstelle wird das Epithel schließlich dehiszent (Abb. 28d) und so gewinnt das Lumen des inzwischen zum gewundenen Kanälchen ausgewachsenen Nephron Verbindung mit dem Lumen des Sammelrohres. Auch wenn diese Verbindung ausbleibt, differenziert sich das Nephron weiter und es entsteht mangels einer Abflußmöglichkeit schließlich eine Cyste daraus, ein Vorgang, der, wenn er bei zahlreichen Nephronen erfolgt, zur Bildung der Cystenniere führt.

Die Entwicklung der Nephronbläschen zum fertigen Nephron mit Glomerulus und Kanälchen wurde von STOERK und PETER genau geschildert; hier soll nur betont werden, daß die innen gelegenen Nephronen sich zuerst differenzieren (Abb. 30 und 31) und daß mit der Verlängerung der Kanälchen die Bildung der Henleschen Schleifen und der Tubuli contorti einhergeht. Die ersten nach ihrer morphologischen Differenzierung scheinbar funktionsfähigen Glomeruli finde ich bei einem Embryo von 2 cm größter Länge. Die Entstehung der Henleschen Schleifen, die sich zwischen die Verzweigungen des Ureterbäumchens und den Vasa arciformia zentralwärts vorschieben (Abb. 30 und 31), führt zur Bildung der Marksubstanz. Die Verlängerung der Tubuli contorti ist dagegen wesentlich für die Zunahme der Masse der Rindensubstanz und für die Zunahme der Abstände der Glomeruli untereinander, die auch beim Neugeborenen noch viel näher aneinander liegen als beim Erwachsenen, „auf demselben Feld, das bei diesem 3—5 zeigt, liegen beim Neugeborenen deren 20" (PETER) und nach KÜLZ (1899) finden sich auf einem gleichgroßen Raum beim Neugeborenen 5mal soviel Glomeruli als beim Erwachsenen. Die Zunahme der Größe der Glomeruli geht offenbar mit der Längenzunahme des zugehörigen Kanälchens der Nephronen parallel, so daß die peripher gelegenen Glomeruli zuerst kleiner sind als die innen gelegenen und die Glomeruli des Neugeborenen kleiner sind als die des Erwachsenen.

11. Zur Frage der Sekretion der Urniere, Nachniere und der Abflußwege des fetalen Harnes

Die morphologische Grundlage für die Bildung fetalen Harnes und seines Abflusses aus dem Körper des Fetus sind die Bildung der Blutgefäße zu den Glomeruli, die Differenzierung der Glomeruli und die Bildung von Lichtungen in den harnableitenden Wegen, sowie schließlich die Öffnung der Ausmündungsstellen, die ja vielfach später als die Bildung der Lichtung in den Kanälchen erfolgt. Der Nachweis der Absonderung von Flüssigkeit kann durch die Füllung der Abflußwege, durch die Behinderung des Abflusses, auch bei Mißbildungen und schließlich durch das Fehlen normalerweise vorhandener Flüssigkeit unter abnormen Umständen erbracht werden.

Die ersten morphologisch reif erscheinenden Urnierenglomeruli finden sich bei Embryonen von etwa 5—6 mm größter Länge im kranialen Teil der Urniere; diese Glomeruli sind schon von Blutgefäßen versorgt, ihre zugehörigen Kanälchen münden offen in den Wolffschen Gang, der ebenfalls bei Embryonen von etwa 5 mm größter Länge seine offene Mündung in die Kloake bekommt (CHWALLA). Daß die Glomeruli der Urniere schon Flüssigkeit sezernieren, ist unter anderem aus dem 1960 von WILTSCHKE beschriebenen Falle (Embryo 9 mm größte Länge) zu schließen (s. auch BOYDEN 1932), in welchem die Ausmündung des Wolffschen Ganges in der Kloake fehlte und der Wolffsche Gang sowie die Ureteranlage mächtig — offenbar durch den Sekretionsdruck der Urniere — erweitert waren. Aus diesem Falle ist auch zu schließen, daß die kranial gelegenen und zuerst gebildeten Glomeruli schon sezernieren, bevor die caudalen Glomeruli voll ausgebildet sind.

Die in der Urniere gebildete Flüssigkeit kann aus der Kloake, da die Kloakenmembran ja noch geschlossen ist, nur in die Allantois abfließen. Die Allantois bildet bei jungen Embryonen einen in den Bauchstiel hineinragenden, blind endigenden Schlauch (Abb. 1—4), der noch bei einem Embryo von 13,8 mm sich nach CHWALLA in seiner Weite kaum von dem vorderen Kloakenabschnitt unterscheidet. Bei anderen Embryonen der Altersstufe von 11,5—15 mm Länge ist schon eine Differenzierung dieses Schlauches in Harnblase, Urachus und Allantoisbläschen erfolgt; das heißt, die Harnblasenanlage ist nur durch einen engen Gang dem Urachus mit dem Allantoisbläschen verbunden. Letzteres wurde

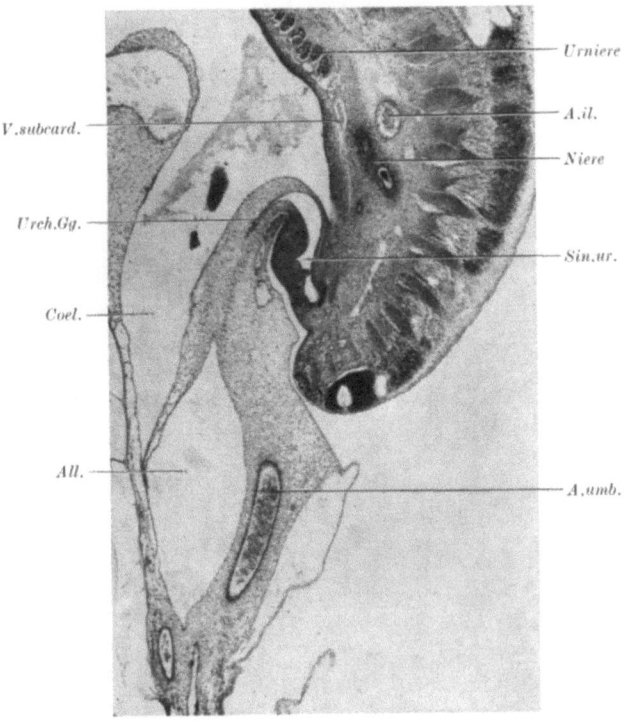

Abb. 32. Sagittalschnitt durch Sinus urogenitalis *Sin.ur.* und Allantoisbläschen *All.* eines Embryo von 11,3 mm Sch.St.Lg. *A.umb.* Arteria umbilicalis; *A.il.* Arteria iliaca communis; *Coel.* Coelom; *Urch.Gg.* Urachus Gang; *V.subcard.* Vena subcardialis

in der Literatur wenig berücksichtigt, weil es, im Bauchstiel gelegen, beim Abtrennen der Nabelschnur zerstört wird. Das Allantoisbläschen ist länglich, d. h. spindelförmig und hat in jeder Richtung einen Durchmesser, der etwa 5mal so groß ist als der entsprechende Durchmesser der Harnblasenanlage (Abb. 32), so daß sein Volumen mindestens 100mal so groß ist als das der Harnblasenanlage. Es kann also eine beträchtliche Menge embryonalen Harnes in diesem Bläschen angesammelt werden. Ob etwa im Allantoisbläschen überdies Harn resorbiert wird, darüber können keine Vermutungen ausgesprochen werden. Der Verschluß des Urachusganges erfolgt, wie in der Literatur schon angegeben (CHWALLA), bei Embryonen von etwa 13—15 mm Länge, etwa gleichzeitig erfolgt aber eine eigenartige Veränderung der Kloakenmembran. Während zuerst die Kloakenmembran eine vielschichtige Epithelplatte darstellt (Abb. 33), wandelt sie sich nun in ein dünnes Epithelhäutchen um, das nach außen vorgewölbt ist, offenbar durch den Druck des fetalen Harnes (Abb. 34). Bei Embryonen von etwa 16 mm

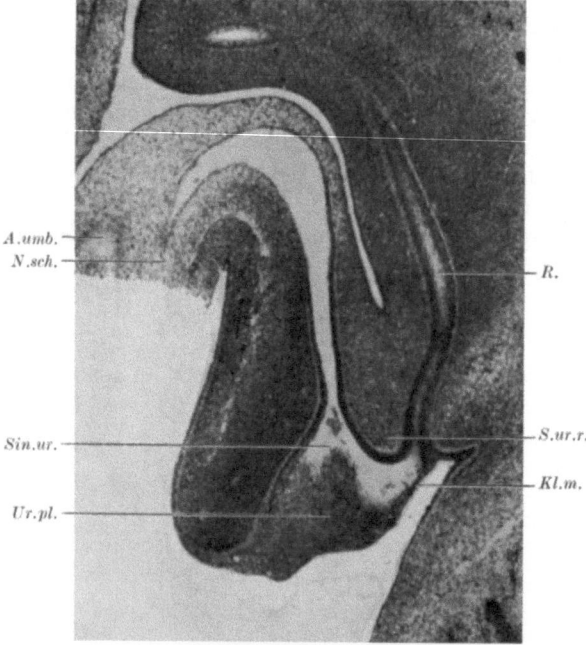

Abb. 33. Medianschnitt durch den Sinus urogenitalis eines Embryo von 13,4 mm Sch.St.Lg. mit noch dicker Kloakenmembran *Kl.m.*; *A.umb.* Arteria umbilicalis; *N.sch.* Nabelschnur; *R.* Rectum; *S.ur.r.* Septum urorectale *Sin.ur.* Sinus urogenitalis; *Ur.pl.* Urogenitalplatte

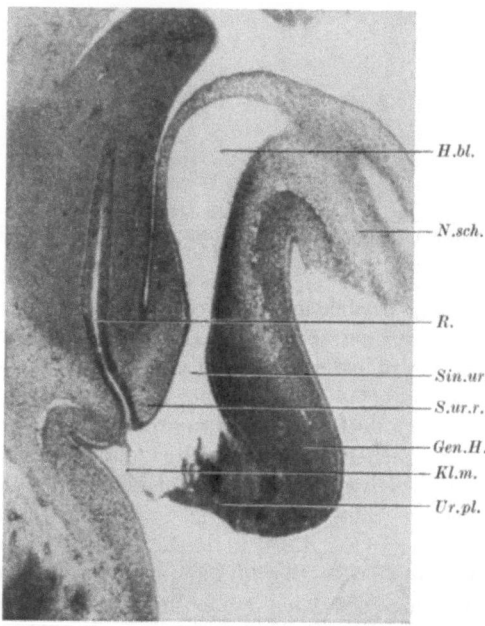

Abb. 34. Medianschnitt durch den Sinus urogenitalis eines Embryo mit 13,3 mm Sch.St.Lg. mit sehr dünner Kloakenmembran *Kl.m.*; *Gen.H.* Genitalhöcker; *H.bl.* Harnblase; *N.sch.* Nabelschnur; *R.* Rectum; *S.ur.r.* Septum urorectale; *Sin.ur.* Sinus urogenitalis; *Ur.pl.* Urogenitalplatte

Länge wird die Kloakenmembran in ihrem dorsalen Teil dehiszent, so daß eine Urogenitalöffnung zustande kommt. Der Urnierenharn hat damit freien Abfluß in die Amnionhöhle.

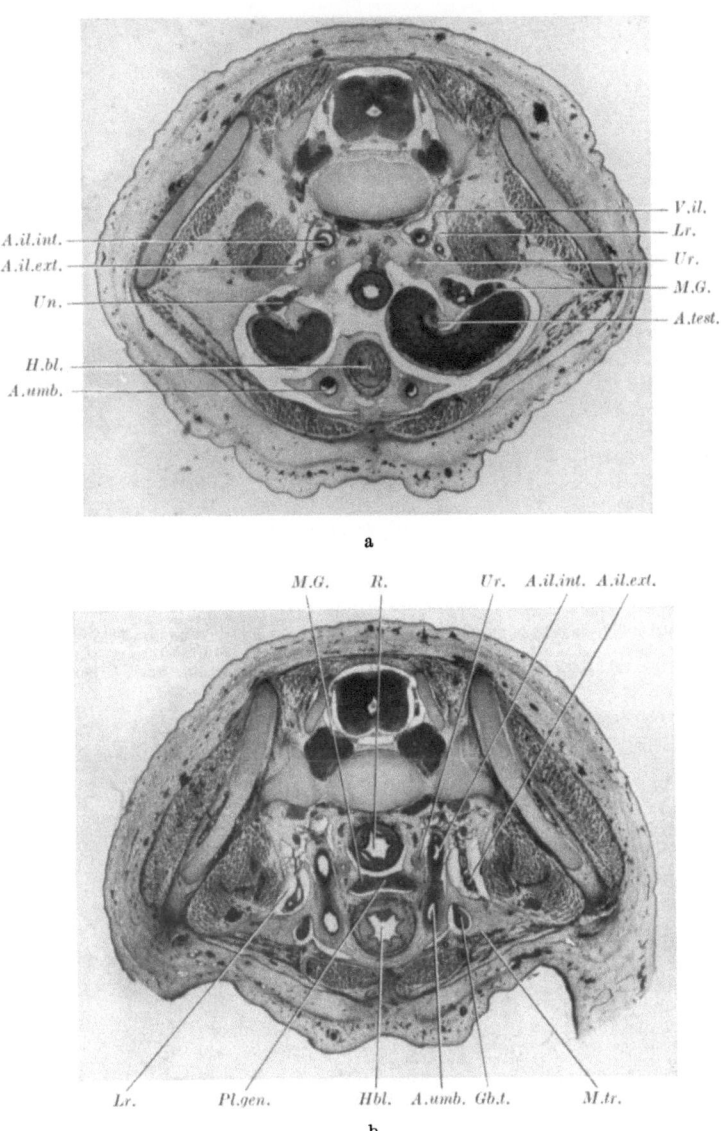

Abb. 35a u. b. Querschnitte durch das Becken eines männlichen Embryo von 46,6 mm Sch.St.Lg. mit extrem kontrahierter Harnblase. *A.il.ext.* Arteria ilica externa; *A.il.int.* Arteria ilica interna; *A.test.* Arteria testicularis; *A.umb.* Arteri aumbilicalis; *Gb.t.* Gubernaculum testis; *H.bl.* Harnblase; *Lr.* Lymphärume; *M.G.* Müllerscher Gang; *M.tr.* Musculus transversus abdominis; *Pl.gen.* Plico genitalis; *R.* Rectum; *Un.* Urniere; *Ur.* Ureter; *V.il.* Vena ilica

Wenn auch die Rückbildung von Urnierenglomeruli nach FELIX (1911) schon bei Embryonen von etwas über 20 mm Länge beginnen soll, so finden sich doch bei Embryonen von über 40 mm Länge, wie schon BREMER (1916) beschrieben, offenbar funktionsfähige Urnierenglomeruli (Abb. 36). Damit reicht die Sekretionsfunktion der Urniere bis in jenes Stadium hinein, in welchem die bleibende Niere auf Grund ihres Baues die Sekretion allein übernehmen kann.

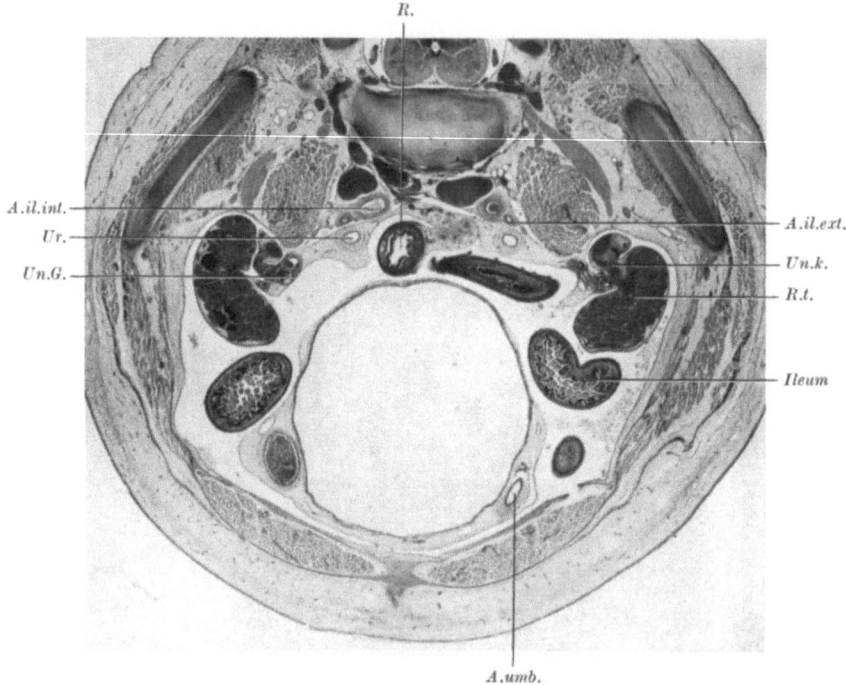

Abb. 36. Querschnitt durch das große Becken eines männlichen Embryo von 58 mm Sch.St.Lg. mit extrem gefüllter Harnblase (7,5fach). *A.il.ext.* Arteria ilica externa; *A.il.int.* Arteria ilica interna; *A.umb.* Arteria umbilicalis; *R.* Rectum; *R.t.* Rete testis; *Ur.* Ureter; *Un.G.* Urnieren Glomerula; *Un.k.* Urnierenkanälchen

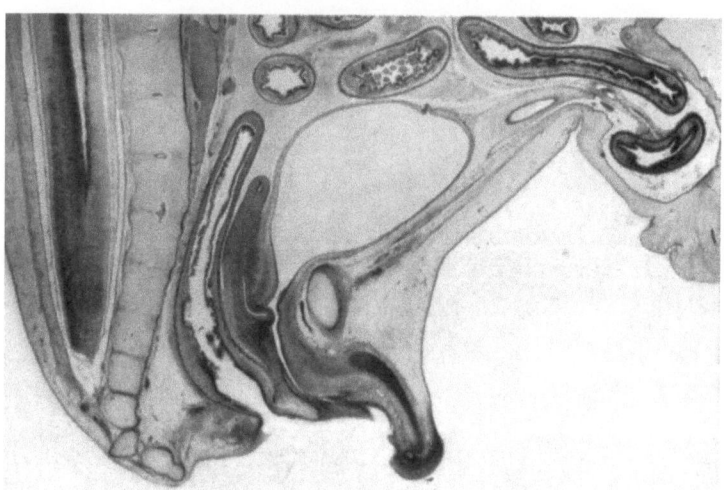

Abb. 37. Medianschnitt durch das Becken eines weiblichen Embryo von 43 mm Sch.St.Lg. mit extrem gefüllter Harnblase (7,5fach)

Das Vorkommen homogener Massen, die man als Sekret ansprechen möchte, in den Urnierenkanälchen, zeugt auch von der Sekretion der Urniere. Schon KORNFELD (1926) beschreibt solche Massen bei einem Embryo aus dem 3. Fetalmonat und ich finde kolloidartige Konkremente in den Urnierenkanälchen eines Embryo von 28 mm Länge, Gebilde, die ich als ein Urnierenkonkrement bezeichnen möchte (Abb. 29). FRANKENBERGER (1922) beschreibt die Sekretion von Methylenblau, das bei Schweineembryonen von 25 und 32 mm Länge in die Vena umbilicalis injiziert worden war, durch die Epithelzellen der Urnierenkanälchen.

Eine zusammenfassende Darstellung der einander widersprechenden Meinungen über die Frage der Sekretion der Urniere findet sich bei WILTSCHKE (1960).

In der Nachniere finden sich die ersten morphologisch reifen Glomeruli bei Embryonen von etwa 20 mm Länge, zwar sind in diesem Stadium auch die ersten Nierenkanälchen schon durchgängig, aber der Ureter besitzt an seinem Anfang am Nierenbecken (HOCHSTETTER, Embryo 2 cm), sowie an seinem Harnblasenende noch keine Lichtung. CHWALLA (1927) beschreibt eine physiologische Atresie des Ureterendes durch Epithel bei Embryonen von 12,5—28 mm Länge, später ist die Uretermündung in die Blase offen. Den verschiedenen Füllungs-

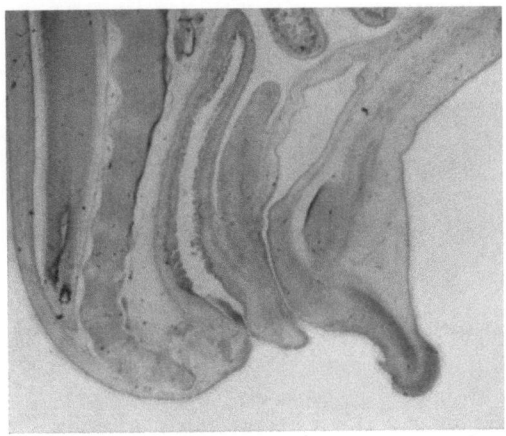

Abb. 38. Medianschnitt durch das Becken eines weiblichen Embryo von 47 mm Sch.St.Lg. mit kontrahierter Harnblase (7,5fach)

zustand der Harnblase beschreiben TAKAGI (1927) bei 40 Embryonen und HOCHSTETTER (1954) bei 57 Embryonen von 4—13,7 cm Länge und sie schließen daraus, daß die Niere sezerniert und daß sich die Harnblase regelmäßig entleert. Abb. 35 und 36 zeigen von 2 Embryonen der Sammlung HOCHSTETTERs Extremzustände der kontrahierten Blase eines Embryos von 4,6 cm Länge und der gedehnten Blase eines Embryos von 5,8 cm Länge an Querschnitten. Die mächtig gedehnte Blase eines Embryos von 4,3 cm Länge (Abb. 37) reicht fast bis zum Nabel, der offene Abflußweg durch Urethra und Sinus urogenitalis ist gleichfalls zu erkennen. Daß die Amnionflüssigkeit im wesentlichen von fetalem Harn stammt, schließen HAMMER und HASENWINKEL (1930) aus einem Falle von Arenie, in welchem nicht nur die Harnblase klein und leer war, sondern ein Mangel der Amnionflüssigkeit mit Extremitätenmißbildungen gefunden wurde. Nach CAMERON und CHAMBER (1938) haben die proximalen Teile der Harnkanälchen von Embryonen von $3^{1}/_{2}$ Monaten in der Gewebskultur schon die Fähigkeit, Phenolrot aus der Umgebung in diesen Kanälchen zu konzentrieren und dort auch ein niedrigeres p_H zu erzeugen. Daraus ist zu schließen, daß im fetalen Harn bestimmte Stoffe konzentriert abgegeben werden. FRITSCHEK (1928) hat einem Kaninchen am 22. Graviditätstag in utero Carminlösung injiziert und nach Verweilen des Fetus durch 5 Std in utero den Fetus durch Laparotomie gewonnen. Er konnte Speicherung von Karminkörnchen in Nierenkanälchen feststellen und schließlich daraus auf eine Sekretion der fetalen Niere schließen. Harnstoff und Harnsäure wurde von GUTHMANN und MAY (1930) im Fruchtwasser nachgewiesen, worauf ebenfalls auf die intrauterine Nierensekretion geschlossen wird.

IV. Die Differenzierung des vorderen Kloakenabschnittes in Harnblase, Urethra und Sinus urogenitalis bei Embryonen von 16—50 mm Länge

Die Differenzierung des vorderen Kloakenabschnittes in die aus ihm entstehenden Abschnitte steht in engster Beziehung zur gegenseitigen Verlagerung der Uretermündungen zu den Mündungen der Wolffschen Gänge und der Entstehung des Trigonum vesicae. Denn bei Embryonen bis zu 16 mm Länge liegen die Mündung der Urnierengänge und Ureteren noch in einer transversalen Ebene und erst wenn die Urnierengänge relativ zu den Ureteren caudalwärts verlagert sind (Abb. 39), entsteht das Trigonum vesicae und die Einschnürung, welche später als Orificium vesicae die Harnblase von der Uretra abgrenzt. Die Frage, ob das Trigonum vesicae entodermaler oder mesodermaler Natur ist, wurde von verschiedenen Autoren behandelt, aber durch die gründliche Untersuchung CHWALLAS (1927) dahin entschieden, daß das Trigonum wie die übrige Blasenauskleidung aus dem Entoderm entsteht. Denn schon bei Embryonen von etwas über 12 mm Länge ist die Uretermündung durch eine Epithelplatte verschlossen, die auf der Harnblasenseite den Charakter des entodermalen Kloakenepithels, auf der Ureterseite den Charakter des mesodermalen Epithels besitzt. Auch in der Gegend der offenen Mündung des Urnierenganges ist der Unterschied zwischen mesodermalem und entodermalem Epithel nach CHWALLA bei Embryonen von etwas über 20 mm Länge deutlich erkennbar, und zwar ist sie „stellenweise bald in den Sinus, bald in das Endstück des Wolffschen Ganges verschoben". Später jedoch findet sich im ganzen Sinus und der Harnblasenwand ein einheitliches Epithel vom Charakter des entodermalen Sinusepithels. Wenn auch an der Trennungsleiste oder dem Sporn zwischen Uretermündung und Urnierengangmündung zuerst das Epithel deutlich den Charakter des Epithels des Wolffschen Ganges zeigt, so findet sich später auch dort ein Epithel (CHWALLA), „das genauso aussieht wie das Epithel der primitiven Harnröhre und des entodermalen Trigonumanteiles".

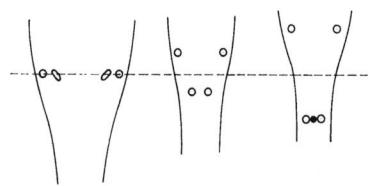

Abb. 39. Schema der Lageveränderung der Mündungen der Wolffschen Gänge und Ureteren bei Embryonen von 16 mm, 24 mm und 32 mm, etwa 50fach

Die Verlagerung der Mündungen der beiden paarigen Gänge, die zur Bildung des Trigonums führt, die in Abb. 39 nach CHWALLAS Modellen und Angaben gezeichnet wurde, besteht in Wachstumsvorgängen und ist unabhängig von den schon in diesem Entwicklungsstadium vorhandenen Kontraktionszuständen. Die beiden Ureterenmündungen nähern sich einander, während die Urnierengangsmündung sich relativ dazu caudalwärts verlagern und sich einander ebenfalls nähern (von 0,5 auf 0,1 mm). Daß in diesem Stadium sich noch der Müllersche Gang zwischen den beiden Urnierengängen an das Sinusepithel verlagert, ist hier schon zu erwähnen.

Die Abgrenzung des vorderen Kloakenanteiles in primäre Urethra und Sinus urogenitalis ist zwar durch die Einmündung des Wolffschen Ganges frühzeitig gegeben, aber die am Modell (Abb. 41) sichtbare Abknickung an dieser Stelle ist

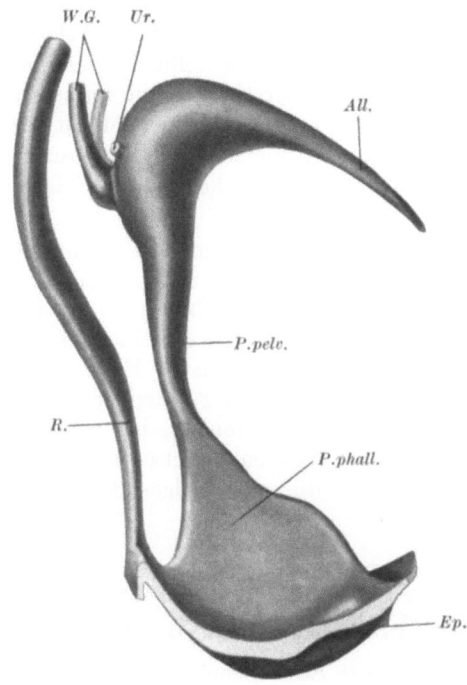

Abb. 40. Modell der Anlage der Harnblase und des Sinus urogenitalis eines Embryo von 17 mm Länge nach CHWALLA. *All.* Allantois; *Ep.* Epithelhöcker; *P.pelv.* Pars pelvina sinus urogenitalis; *P.phall.* Pars phallica sinus urogenitalis; *R.* Rectum; *Ur.* Ureter; *W.G.* Wolffscher Gang

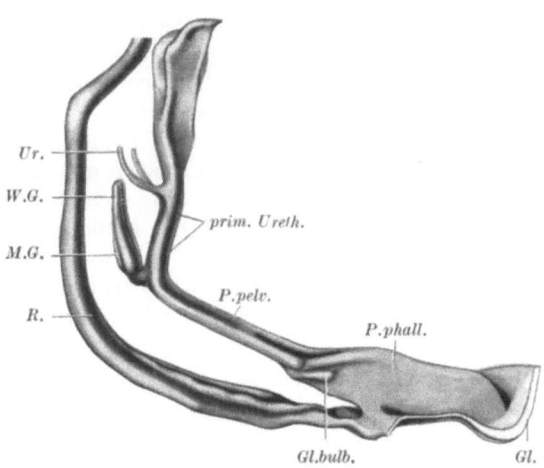

Abb. 41. Modell der epithelialen Anlage des Urogenitalapparates eines männlichen Embryo von 24 mm Länge nach CHWALLA. *Gl.* Glans penis; *Gl.bulb.* Glandula bulbourethralis; *M.G.* Müllerscher Gang; *P.pelv.* Pars pelvina sinus urogenitalis; *P.phall.* Pars phallica sinus urogenitalis; *R.* Rectum; *Ur.* Ureter; *W.G.* Wolffscher Gang

keineswegs immer vorhanden; vielmehr verlaufen Urethra und der anschließende Teil des Sinus urogenitalis bei älteren Embryonen in einer fast Geraden (Abb. 40) und auch die Weite der Lichtung zeigt keinen Unterschied. Der distal von der Einmündung der Wolffschen Gänge bzw. der Anlagerungsstelle des Müllerschen Ganges gelegene Abschnitt des Sinus urogenitalis läßt einen engen proximalen Teil unterscheiden, der im Beckenraum gelegen ist (Pars pelvina) und den sich trichterförmig erweiternden Abschnitt zwischen den Anlagen der Schwellkörper (Pars phallica, Abb. 40 und 41). Beim Manne bildet die Pars pelvina die Anlage des Teiles der Harnröhre, der zwischen Colliculus seminalis und Eintritt in den Bulbus urethrae gelegen ist. Bei der Frau ist die Pars pelvina des Sinus urogenitalis später nicht mehr erkennbar, sie verschwindet mit der relativen Annäherung der Mündung der Vagina (des Müllerschen Ganges) an die schon beim Embryo von 24 mm Länge (Modell Abb. 41) erkennbaren Anlage der Glandulae bulbourethrales.

Das Oriticium vesicae dagegen beginnt sich an der Lichtung schon bei Embryonen von 32 mm Länge abzuzeichnen und ist bei 43 mm Länge (Abb. 37) bei gefüllter Harnblase deutlich erkennbar (CHWALLA); in diesem Stadium der Entwicklung beginnt sich auch die Muskulatur der Harnblase so weit zu differenzieren, daß man den Sphincter vesicae und das distale Ende der Längsmuskulatur an der ventralen Wand proximal vom Sphincter erkennen kann (Abb. 37, 38). Gleichzeitig mit der Abgrenzung der primären Urethra von Harnblase und Sinus urogenitalis beginnen sich bei Embryonen von etwa 40 mm Länge von ihrem Epithel aus Drüsen zu bilden, welche die erste Anlage der Prostata bzw. der Urethraldrüsen darstellen (s. S. 38).

V. Die Entwicklung des Sinus urogenitalis (Vestibulum vaginae) der Frau bei Embryonen über 50 mm Länge

Bei Embryonen von einer Steiß-Scheitellänge unter 50 mm zeigen sich noch keine charakteristischen Unterschiede in der Ausbildung des Sinus urogenitalis, wobei unter Sinus urogenitalis jener Teil des vorderen Kloakenabschnittes bezeichnet wird, der distal von der Einmündungsstelle der Wolffschen Gänge und der Anlagerungsstelle des Müllerschen Ganges gelegen ist. Am Sinus urogenitalis ist in diesem Stadium die enge schlauchförmige Pars pelvina von der sich nach außen öffnenden Pars phallica zu unterscheiden, wobei die Pars pelvina fast doppelt so lang ist als die Hinterwand der Pars phallica. Bei der Umwandlung dieses schlauchförmigen Sinus urogenitalis (Abb. 40, 42) in die flache Grube der Vulva bei Embryonen von etwa 15 cm St.Sch.L. spielen nun Lage- und Längenveränderungen eine Rolle, die bisher in der Literatur nicht berücksichtigt scheinen; es handelt sich um die Lage der Mündung des Müllerschen Ganges in den Sinus gegen den M. levator ani, gegen die Anlagen der Urethraldrüsen, gegen die Anlagen der Bartholinschen Drüsen und gegen das Perineum. Gegen alle diese Gebilde wandert der Müllersche Gang nicht nur relativ, sondern auch absolut gemessen caudalwärts.

Sowohl PALLIN (1901) als auch CHWALLA (1927) geben an, daß die ersten Anlagen der Urethraldrüsen nicht nur kranial, sondern auch caudal vom Müllerschen Hügel bei Embryonen von etwa 50 mm Länge gebildet werden; später finden sich aber solche Drüsen nur mehr kranial vom Hymen.

Der Müllersche Hügel liegt bei Embryonen bis zu 50 mm Länge noch weit kranial von den Levatorschenkeln [wie ich an einem Embryo von 55 mm (Abb.42) an paramedianen Sagittalschnitten beobachten kann], hat sich bei einem Embryo von 106 mm Länge in die Höhe der Levatorschenkel verlagert und liegt bei einem Embryo von 140 mm caudal von diesen Schenkeln.

Die absolute Entfernung des Müllerschen Hügels von der Anlage der Bartholinschen Drüsen (die schon bei Embryonen von etwa 25 mm erkennbar sind) nimmt bei Embryonen zwischen 50 und 100 mm Länge absolut ab. Ebenso verkürzt sich die absolute Länge des Sinus urogenitalis bis 100 mm Länge nach

CHWALLA (1927) und TAKAGI (1927) mißt die Länge der Hinterwand des Sinus urogenitalis bei 47 mm Embryonallänge mit 2,3 mm und bei 90 mm Länge mit 1,5 mm.

Daraus, daß gleichzeitig der Abstand des Orificium vesicae vom Perineum nur von 2,8 mm auf 5,5 mm zunimmt, etwa auf das 2fache, die Länge der Urethra dagegen von 0,5 auf 9 mm, also auf das 8fache (TAKAGI), möchte ich schließen, daß eine Verschiebung der Mündung des Müllerschen Ganges an der Hinterwand des vorderen Kloakenabschnittes stattfindet, die seine Verlagerung bei der Bildung des Trigonum vesicae fortsetzt. Ebenso wie dort ist der Mechanismus dieser Verlagerung unklar. FISCHEL (1929) gibt an, daß sich Harnröhre und Vagina

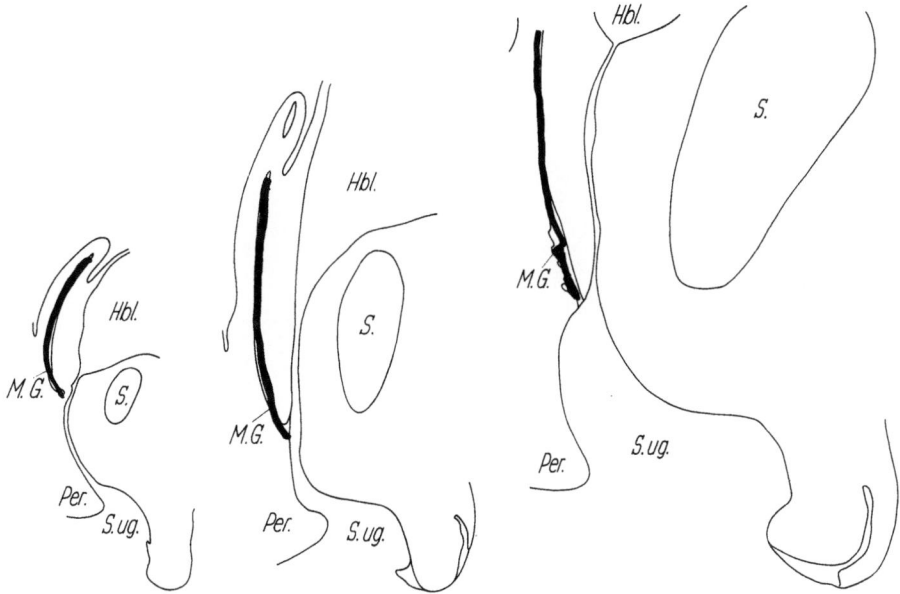

Abb. 42. Drei Medianschnitte durch den Sinus urogenitalis von Embryonen mit 55, 80 und 140 mm Länge zur Darstellung der Verkürzung der Hinterwand des Sinus und des Herabwanderns des Müllerschen Hügels. *Hbl.* Harnblase; *M.G.* Müllerscher Gang; *Per.* Perineum; *S.* Symphyse; *S.ug.* Sinus urogenitalis

auf Kosten der Pars pelvina sinus urogenitalis verlängern, indem sie durch „eine bindegewebige Scheidewand, das Septum urethro-vaginale, voneinander getrennt" werden. Für die Bildung so eines Septums scheint mir auch die Tatsache zu sprechen, daß der Müllersche Hügel bei Embryonen von 40—50 mm Länge (Abb. 37 und 38) noch weit oberhalb des perinealen Endes der Längsmuskulatur des Rectum gelegen ist, bei Embryonen von etwa 100 mm Länge in Höhe dieser Endigung, doch bedarf die Frage der Bildung eines solchen Septums noch einer näheren Untersuchung. Mit dieser Verlagerung hängt die Frage der Herkunft des Epithels im unteren Vaginalabschnitt enge zusammen (s. S. 46). Eine Einmündung der Vagina in die Urethra wird ja ausnahmsweise als Mißbildung beobachtet (BLUM 1904, MIJSBERG 1926, WALTER 1935).

VI. Die Entwicklung der Prostata und der Glandulae urethrales der Frau

Die Einzeldrüsen der Prostata entsprechen den Glandulae urethrales der Frau und beide Drüsen zeigen auch eine gleichartige erste Entwicklung. Ihre erste Anlage findet sich nach CHWALLA (1927) bei Embryonen von 40 mm Länge an in Form halbkugeliger Epithelknospen, während LOWSLEY (1912) diese Knospen bei einem Embryo von 50 mm Länge noch nicht sah. Diese Epithelknospen wachsen bei männlichen (Abb. 43) und weiblichen Individuen in gleicher Weise in die dicke mesenchymale Wand der Urethralanlage vor, ohne daß ein wesentlicher Unterschied zu erkennen wäre. Die ganze Prostata ist vom entwicklungsgeschichtlichen Standpunkt nichts anderes als die verdickte Wand der Urethra, die sich von der Wand der weiblichen Urethra durch die Größe und Zahl der Drüsen und durch die reichlichere Menge von Muskulatur und Bindegewebe unterscheidet. Zuerst werden Epithelknospen an der ventralen Wand gefunden, dann auch lateral und dorsal. Die lateralen Knospen entspringen bei beiden Geschlechtern von einer Epithelleiste (PALLIN 1904, Abb. 44), so daß sie in einer fast geraden Linie liegen. Die dorsalen Knospen liegen etwas lateral, teils in Höhe der Mündungen der Urnierengänge, teils caudal davon, wobei sich hier schon ein

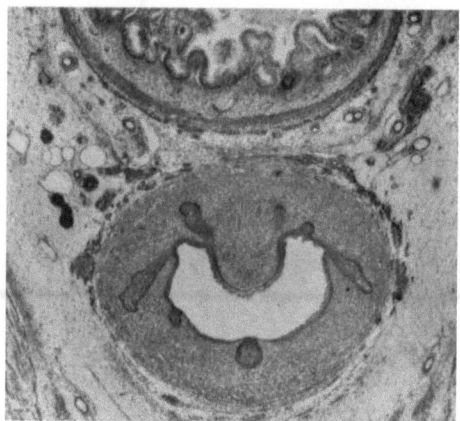

Abb. 43. Querschnitt durch die Urethra eines männlichen Embryo von 73 mm Länge mit Anlagen von Prostatadrüsen, die in das Mesenchym vorwachsen

Geschlechtsunterschied zeigt, indem bei männlichen Embryonen von etwa 50 mm Länge etwa 10 caudale Knospen gefunden werden, bei weiblichen nur weniger (PALLIN, CHWALLA). Bei weiblichen Embryonen von etwa 100 mm Länge finden sich aber nur mehr kranial von der Mündung des Uterovaginalkanals Drüsenanlagen. Es erhebt sich daraus die Frage, ob durch die Verlagerung der Vaginalmündung in den Sinus urogenitales diese Drüsen später kranial von der Vaginalmündung in die Uretra münden. Für diese Deutung sprechen ja Mißbildungen, bei welchen die Vagina in die Urethra mündet (BLUM 1904, MIJSBERG 1926, WALTER 1935). Von den Drüsen des Mittellappens findet CHWALLA bei 60 mm Länge sechs entwickelt, LOWSLEY bei 7,5 mm Länge schon zehn. Sie münden zwischen Colliculus seminalis und Orificium vesicae nahe der Mitte aus und ihre Verzweigung reicht von hier lateralwärts. Die cervicalen und die subtrigonalen Drüsen findet LOWSLEY schon bei einem Fetus von 16 cm Länge angelegt. Die Gesamtzahl der angelegten Prostatadrüsen beträgt nach LOWSLEY etwa 60, während ich die Zahl der beim weiblichen Individuum angelegten Urethraldrüsen nach den untersuchten Schnittserien von Embryonen zwischen 55 und 130 mm Länge auf höchstens 40 schätze. Bei einem Neugeborenen, von dessen Prostatadrüsen LOWSLEY ein Modell hergestellt hat (Abb. 45), lassen sich die Drüsen entsprechend den Prostatalappen ihrer Lage nach gut auseinanderhalten. Dieser Autor unterscheidet daran 10 Drüsen des Mittellappens, 37 der Seitenlappen, 8 des

Hinterlappens und 9 des Vorderlappens, sowie 12 subcervicale und 6 subtrigonale Drüsen. Letztere beschreibt CHWALLA (1927) schon bei einem Embryo von 100 mm Länge

Die Anlage des muskulös bindegewebigen Körpers der Prostata ist schon bei Embryonen von etwa 20 mm als eine, aus dichtem embryonalen Bindegewebe bestehende Wandschicht des vorderen Kloakenabschnittes zu erkennen und noch

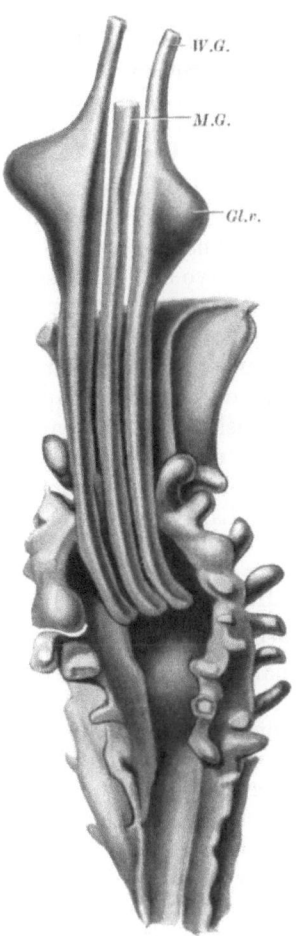

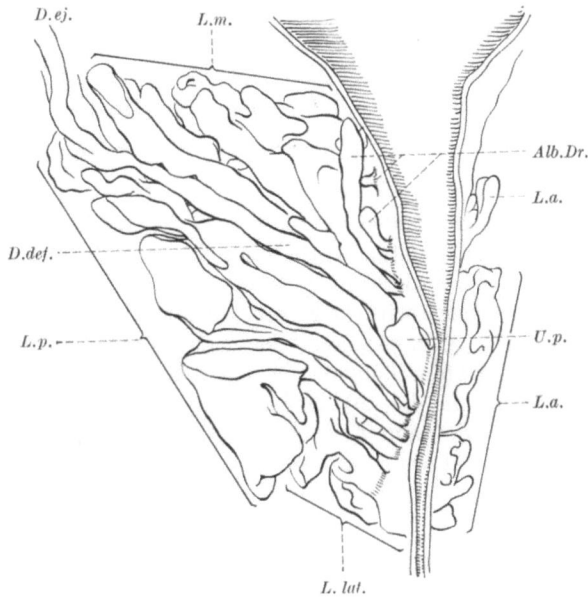

Abb. 45

Abb. 44. Modell des Sinus urogenitalis mit Prostataanlagen und Wolffschen Gängen eines Embryo von 6 cm Länge nach PALLIN (1901). *M.G.* Müllerscher Gang; *Gl.v.* Glandula vesiculosa; *W.G.* Wolffscher Gang

Abb. 45. Medianschnitt durch die Urethra eines Neugeborenen mit den Prostatadrüsen (Umzeichnung nach LOWSLEY 1912). *Alb.Dr.* Albarransche Drüsen; *D.def.* Ductus deferens; *D.ej.* Ductus ejaculatorius; *L.a.* Lobus anterior; *L.lat.* Lobus lateralis; *L.m.* Lobus medius; *L.p.* Lobus posterior; *U.p.* Utriculus mortaticus

Abb. 44

bei Embryonen von etwa 70 mm Länge besteht kein wesentlicher Unterschied zwischen männlichen und weiblichen Individuen, indem die Wand der Urethra feminina fast gleich dick ist wie die Prostataanlage, abgesehen von der verschieden starken Ausbildung der Drüsen. Die Drüsen wachsen in das embryonale Bindegewebe hinein vor, das sich gleichzeitig zu Muskelfasern zu differenzieren beginnt. LOWSLEY findet die ersten glatten Muskelfasern bei 12 cm Länge, während ich schon wie CHWALLA bei einem Embryo von 7,3 cm quergestreifte Muskelfasern im vorderen Teil des Prostatakörpers finde und die teils langgestreckten Zellkerne schon die Richtung der glatten Muskelfasern an manchen Stellen erkennen lassen. Auch beim weiblichen Individuum wachsen die Drüsen zwischen die Muskelfasern vor, so daß die Prostata von diesem Standpunkt gesehen als verdickte Wandpartie der Urethra mit vermehrten Drüsen und Muskelfasern betrachtet werden kann. Daß die Prostatadrüsen ihre volle Ausbildung erst mit der Pubertät erlangen (d. h. daß erst dann typische sezernierende Epithelzellen erkennbar sind), erwähnt schon HENLE (1873) und ist im Gegensatz zu den Glandulae bulbourethralis zu betonen, die schon beim Neugeborenen voll ausgebildet sind.

VII. Die Entwicklung der Samenblasen und Ampullae ductus deferentis und der Glandulae bulbourethrales und Vestibules majores

1. Samenblasen und Ampullae ductus deferentis

Die Samenblasen entwickeln sich (PALLIN 1901, LOWSLEY 1912, BURKL 1953) schon bei Embryonen von etwa 50 mm Länge als spindelförmige Erweiterungen des senkrechten Verlaufsstückes des Wolffschen Ganges knapp oberhalb der Stelle, wo dieser nach vorne umbiegt. Bei einem 6 cm Embryo stellen sie schon eine blasige seitliche Erweiterung des Epithels des Wolffschen Ganges dar (CHWALLA 1927) (Abb. 44), aus der sich dann die schlauchförmige Anlage entwickelt (80—90 mm Länge), die sich schon bei etwa 140 mm Länge zu verzweigen beginnt und bei 20 cm Länge die reichliche Verzweigung des Drüsenschlauches zeigt wie beim Erwachsenen. Die Anlage der starken Muskelwand der Samenblasen ist schon an ihrer ersten Anlage, also bei 6 cm Länge des Embryo in Form einer dicken Lage embryonalen Bindegewebes mächtig ausgebildet. Die Ampullae ductus deferentis sind bei Embryonen von etwa 140 mm Länge an als unregelmäßige Ausweitungen des Wolffschen Ganges erkennbar.

2. Glandulae bulbourethrales und vestibulares majores (Cowpersche und Bartholinsche Drüsen)

Als erstes Merkmal der Stelle, an welcher diese einander homologen Drüsen entstehen, findet CHWALLA (1927) bei einem Embryo von 24 mm Länge (Abb. 41) eine Falte in der Seitenwand der Pars phallica des Sinus urogenitalis, die MYSBERG (1924) bei älteren Embryonen als Bartholinsche Seitenwandfalte (oder -rinne) beschrieben hat. Wenig hinter der Mitte dieser Falte findet sich ebi Embryonen von 32 mm Länge eine halbkugelförmige Epithelvorragung, welche die Anlage der Drüse darstellt. Diese halbkugelige Anlage wächst zu einem kolbig verdickten Strang aus, der sich bei 54 mm Länge zu verzweigen beginnt (CHWALLA 1927 und POLITZER 1952). Der Ausführungsgang mündet in eine Rinne an der Seitenwand des Sinus urogenitalis, die Bartholinsche Seitenwandrinne (MYSBERG 1924, POLITZER 1952). Beim männlichen Individuum wird mit dem Schluß des Sinus urogenitalis zum Kanal die Mündung an die hintere Wand verlagert.

Die weitere Entwicklung der Cowperschen Drüsen hat LICHTENBERG (1906) untersucht und von 2 Embryonen (21 und 28 cm Länge) abgebildet (s. BRAUS-ELZE, II. Bd.). Außer den Hauptdrüsen findet dieser Autor noch proximal davon jederseits eine akzessorische Drüse bis 21 cm Länge, zwei solche bis 28 cm Länge. Die Verzweigungen des Drüsenganges liegen zum Teil zwischen den Anlagen der beiden Hälften des Bulbus cavernosus, zum Teil in seiner Anlage und großenteils dorsal davon, so daß LICHTENBERG einen interbulbären, einen intrabulbären und einen extrabulbären Teil unterscheidet. Weitere Angaben über die Entwicklung der Bartholinschen Drüsen an Hand von Modellen finden sich bei BLOOMFIELD and FRAZER (1927) und bei DELMAS (1939).

VIII. Die Entwicklung des äußeren Genitales
1. Indifferentes Stadium

In der Entwicklung der Teile des äußeren Genitales ist wie bei der Entwicklung des inneren Genitales ein indifferentes Stadium vom späteren Stadium zu unterscheiden, in welchem schon von außen her das Geschlecht an verschiedenen Merkmalen festgestellt werden kann und die einzelnen Autoren haben unter Zuhilfenahme der früher erfolgenden Differenzierung der Keimdrüsen (SZENES) versucht, bei möglichst jungen Embryonen das Geschlecht am äußeren Genitale zu erkennen. Die gründlichste Untersuchung an 116 Embryonen liegt von SZENES (1925) am Material von Prof. HOCHSTETTER vor, der später (1954) eine Sammlung von 150 Photographien vom äußeren Genitale menschlicher Embryonen hinterlassen hat. Gewisse Schwierigkeiten entstehen bei der Beurteilung des photographischen äußeren Reliefs dadurch, daß die Dicke der Epithelmassen, welche die Kloake und ihr Derivat, den Sinus urogenitalis, verschließen, wechselt (Abb. 33 und 34) und die Urogenitalmembran sich vorübergehend vorwölbt (Abb. 34), so daß die seitlich davon entstehenden Wülste verschiedentlich in der Mitte voneinander abgegrenzt sind.

Als erste Vorwölbung im Bereich der Anlage des äußeren Genitales findet sich schon bei Embryonen von etwa 6 mm größter Länge eine flache Vorwölbung, der Kloakenwulst (Abb. 6—10), der in seinem mittleren Teil vom Epithel der Kloakenplatte, in seinem seitlichen Teil aber vom embryonalen Bindegewebe (s. S. 7) gestützt wird. Dieser flache Kloakenwulst vergrößert sich in der Folge, indem er den ganzen Raum zwischen Nabelschnur, Schwanz und Extremitätenanlagen einnimmt (Abb. 21) und läßt bei Embryonen von etwa 10 mm Länge (nach SZENES) eine Differenzierung in jederseits drei flache Wülste vorne erkennen, von denen der laterale die Anlage des Genitalwulstes, der caudale die des Analhöckers und der größte, der kraniale, die Anlage von Glans und Genitalfalten darstellen soll.

In der Medianen findet sich eine vom Nabel bis zur Schwanzwurzel reichende flache Furche, die in der Mitte ihrer Länge durch einen kleinen Epithelhöcker unterbrochen erscheint (Abb. 10); ein Höcker, der die erste Anlage der Tourneuxschen Epithelquaste darstellt, die sich bei Embryonen von 15—45 mm besonders deutlich an der Unterfläche der Glans findet (Abb. 46a—j). Der kranial von dem Epithelhöcker gelegene Teil der Erhebung und die Kloake stellt also die Anlage der Glans dar und die flache Furche verschwindet mit der Bildung der Glans. Der caudal vom Epithelhöcker gelegene Teil der Furche ist als Sulcus urogenitalis zu bezeichnen, da sich hier der Sinus urogenitalis nach außen öffnen wird. Bei Embryonen von etwa 10—12 mm Länge ist der Grund der Furche noch durch die dicke Epithelmasse der sagittal stehenden Kloakenplatte verschlossen; bei Embryonen von über 13 mm Länge findet sich nur im ventralen Teil eine solche sagittale Epithelplatte (Abb. 34), die Urogenitalplatte, während der dorsale Teil der Furche durch die dünne Urogenitalmembran (Abb. 34) verschlossen ist, die bald (15—16 mm Länge) deshiszent wird.

In der gleichen Zeit, in der diese Umbildungen der Kloakenmembran erfolgen, ändern sich auch die Größe und Form der flachen Wülste in ihrer Umgebung. Der mediokraniale der drei genannten Wülste bildet mit dem der anderen Seite den kegelstumpfartigen Genitalhöcker, der nur mehr an seiner Unterseite eine Furche — die Urogenitalfurche — mit der später (15—16 mm Länge) gebildeten Urogenitalspalte trägt (Abb. 46a). An diesem Genitalhöcker ist schon die fast kugelige Anlage der Glans zu erkennen. Die Glans trägt einen kleinen Epithelhöcker (TOURNEUX). Proximal der Anlage der Glans findet sich an der Unter-

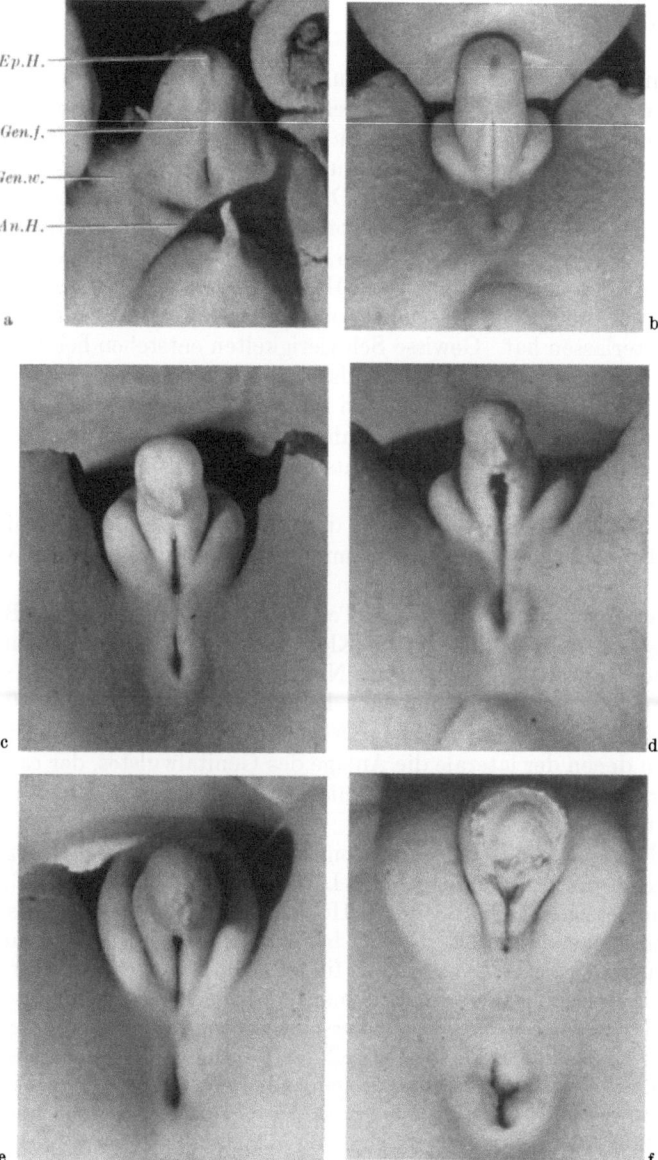

Abb. 46a—k. Die Entwicklung des äußeren Genitales, Photos von HOCHSTETTER. a Indifferentes Stadium bei einem Embryo von 15,8 mm Länge. *An.H.* Analhöcker; *Ep.H.* Epithelhöcker am Geschlechtsglied; *Gen.f.* Genitalfalte; *Gen.w.* Genitalwulst. b Indifferentes äußeres Genitale eines männlichen Embryo von 34 mm Sch.St.Lg. c—f Weibliche Embryonen: c 41 mm Sch.St.Lg. nur mehr flache Furche zwischen Anus und Sinus urogenitalis im Bereiche des Dammes. d 43 mm Sch.St.Lg. Varietät, kein äußerer Damm gebildet. e 51 mm Sch.St.Lg. f 85 mm Sch.St.Lg. Praeputium in Bildung. g—h Männliche Embryonen: g 38 mm Sch.St.Lg. Annäherung der Genitalwülste. h 45 mm Sch.St.Lg. Verschiebung der Urogenitalöffnung auf das Geschlechtsglied; j 46 mm Lg. Bildung der Raphe scroti; k 64 mm Lg. Ostium urogenitale mit Epithelhöcker am Rande der Glans

seite des Geschlechtshöckers die Urogenitalspalte, die beiderseits durch die Urogenitalfalten begrenzt ist. Die Analhöcker (Abb. 46 b, c, d) haben sich vergrößert und die ebenfalls größer gewordenen Genitalwülste sind durch eine deutliche Furche — die Anlage des Sulcus nympholabialis — vom Geschlechtshöcker getrennt.

Die Urogenitalfurche setzt sich — wenn die Urogenitalmembran verschwunden ist — über den primären Damm hinweg mittels einer flachen Furche in den Analtrichter fort, so daß die querstehende Analfurche mit der Urogenitalfurche eine T-Figur bildet. Die über den primären Damm hinwegziehende Furche bezeichnet POLITZER (1932) als Genitoanalfurche. In ihrem Bereich finden mit dem Verschwinden dieser Furche nach POLITZER eigenartige Epithelverlagerungen statt, indem das kleinzellige Epithel von lateral her durch großzelliges Epithel überlagert und schließlich offenbar ganz ersetzt wird. POLITZER macht

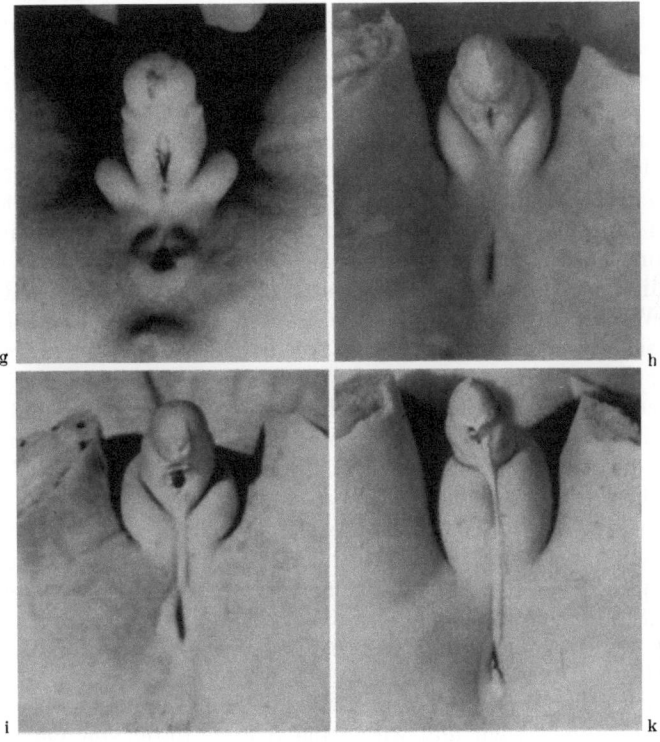

Abb. 46 g—k

es sehr wahrscheinlich, daß so das entodermale Epithel des primären Dammes durch ektodermales Epithel ersetzt wird. Der mediane Schleimhautstreifen, der als Fehlbildung gelegentlich gefunden wird und vor der Vulva über den Damm gegen oder sogar bis zum After zieht (KERMAUNER 1924) wird von POLITZER (1932) durch Erhaltenbleiben des entodermalen Epithels wenigstens mit großer Wahrscheinlichkeit erklärt (Abb. 46d).

Bis zu einer Länge der Embryonen von 35 mm sind keine wesentlichen Geschlechtsunterschiede regelmäßig an dem mir zur Verfügung stehenden Material zu erkennen, wenn auch SZENES solche Unterschiede beschreibt. So zeigt Abb. 46c und g zum Vergleich das äußere Genitale eines männlichen und das eines etwa gleich langen weiblichen Embryo. Das Geschlechtsglied ist jetzt mehr zylindrisch — nicht mehr kegelstumpfförmig — und daran die Anlage der Glans deutlich abgegrenzt. Die Geschlechtswülste ragen stark vor und sind durch eine ventral scharfe Furche — die Anlage des Sulcus nympholabialis — vom Phallus abgegrenzt. Der erste deutliche Unterschied ist — wie SZENES schon angibt — daß diese Furche beim männlichen Embryo flacher werdend über die Medianebene hinweg in die der anderen Seite übergeht und so die Geschlechtsfalten von der Analregion abgrenzt, während beim weiblichen Embryo die Nympholabialfurche die Mediane nicht erreicht und daher die Geschlechtsfalten von der Analregion nicht durch eine Furche abgegrenzt sind.

2. Männliche Embryonen von 38 mm Länge aufwärts

Bei Embryonen von 38 mm Länge an beginnt der für das männliche äußere Genitale charakteristische Verschluß der Urogenitalspalte vom Perineum gegen die Glans zu fortschreitend, indem im Anschluß an die Raphe perinei zuerst die Raphe scroti und dann die Raphe penis gebildet wird. Die Raphe scroti entsteht, indem die mediodorsalen Teile der Geschlechtswülste sich immer mehr vorwölben und die zuerst zwischen ihnen gelegene mediane Furche — offenbar durch Einwachsen von Bindegewebe von lateral her — immer mehr eingeebnet wird. Zugleich werden Genitalwülste jederseits der Medianebene durch eine deutliche Furche von der Analregion abgegrenzt, die — offenbar dem Kontraktionszustand der glatten Muskulatur der Tunica dartos entsprechend — verschieden scharf das Scrotum vom Perineum abgrenzt. Bei 38 mm Länge sind zwar die Genitalwülste median nicht mehr voneinander abgegrenzt (Abb. 46g), eine Raphe scroti, die durch Wachstumsvorgänge im Bindegewebe unter dem Epithel entstanden ist, findet sich deutlich sichtbar bei 43 mm Länge und besonders scharf hervortretend bei 45 mm Länge (Abb. 46h). An die Unterseite des Penis hat sich die mediane Verwachsung und damit die Bildung einer Raphe penis bei 64 mm Länge (Abb. 46k) fortgesetzt. Die Urogenitalspalte liegt aber immer noch proximal von der Glans, die Anlage der Fossa navicularis ist noch von Epithelmassen verschlossen. Erst bei Embryonen von etwa 70 mm Länge und darüber verschiebt sich die Urogenitalspalte teils in den Bereich der Glans, indem diese Spalte proximal zuwächst und das Epithel distal dehiszent wird, wobei unregelmäßig höckrige Epithelmassen die Spalte umgeben. Erst bei Embryonen von etwa 100 mm St.Sch.-Länge verschiebt sich die Spalte völlig in den Bereich der Glans, so daß aus der Urogenitalspalte das Orificium urethrae externum in definitiver Lage wird (Politzer 1950).

Die Aufrichtung des Geschlechtsgliedes beginnt bei Embryonen von etwa 50 mm deutlich zu werden und wird nach Szenes durch die Verwachsung der Geschlechtswülste bedingt. Die Bildung des Praeputium beginnt bei 55—60 mm Länge, wobei seine Anlage natürlich immer mit der Glans epithelial verbunden ist. Der ventrale Abschluß des Praeputium kann natürlich erst entstehen, wenn das Orificium externum an der Glans gebildet ist.

3. Weibliche Embryonen von 38 mm Länge aufwärts

Bei den weiblichen Embryonen gehen die Veränderungen in der weiteren Entwicklung langsamer vor sich und sind weniger tiefgreifend. Die Urogenitalspalte bleibt offen. Die dorsomedialen Enden der zu den Labia majora werdenden Genitalwülste bleiben flach und grenzen sich gegen die Analregion nicht durch Furchen ab (Abb. 46c—f). Doch nehmen die Genitalwülste an Größe deutlich zu, so daß das Geschlechtsglied ihnen gegenüber im Wachstum zurückbleibt. Das Geschlechtsglied beginnt sich schon bei etwa 40 mm nach vorne abzusenken und legt sich bei Embryonen von etwa 80 mm Länge so zwischen die Labia majora, daß es von vorne her gesehen die Genitalfalten völlig verdeckt.

Offenbar als Varietät finde ich bei 8 Embryonen eine mediane Furche, die über das Perineum hinwegziehend die Urogenitalspalte mit dem Analtrichter verbindet (Abb. 46d), eine Furche, die vermutlich ein Vorstadium des medianen Schleimhautstreifens (KERMAUNER, POLITZER) darstellt, der als Fehlbildung gelegentlich gefunden wird, während meist an dieser Stelle eine mediane Raphe zwischen den hinteren Enden der Geschlechtswülste schon bei Embryonen von 50 mm aufwärts gefunden wird.

Das Praeputium entwickelt sich später als bei männlichen Embryonen, aber in der gleichen Weise. Es beginnt bei Embryonen von etwa 70 mm Länge über die Glans vorzuwachsen und bedeckt diese bei 120 mm Länge fast vollständig, wobei aber das Cavum praeputii noch nicht besteht, vielmehr das Praeputium mit der Glans epithelial verbunden ist.

4. Müllerscher Gang, Vagina und Utriculus prostaticus

Die erste Anlage des Müllerschen Ganges entsteht bei Embryonen von etwa 10 mm Länge (FELIX 1911, CHWALLA 1927) in Form einer flachen Grube des Cölomepithels des Urnierenwulstes lateral vom Wolffschen Gang in der Höhe des 3. Thorakalsegmentes. Aus der Grube bildet sich dann ein Trichter, der caudalwärts zum Gange verlängert wird, indem er sich zwischen Cölomepithel und Wolffschen Gang vorschiebt (FELIX 1911, POLITZER 1952). Nach GRÜNWALD (1938) besteht offenbar eine Abhängigkeit des Müllerschen Ganges vom Wolffschen Gange, welcher dem ersteren als Leitgebilde dient, eine Ansicht, welche die Entstehung einiger Mißbildungen des weiblichen Genitalschlauches verständlich zu machen scheint (GRÜNWALD 1938). Der vorwachsende Gang bildet bei Embryonen von 12—17 mm Länge caudalwärts einen Epithelstrang, der sich teilweise gar nicht durch eine Basalmembran vom Wolffschen Gange abgrenzt (BURKL und POLITZER 1952). Aus den paarigen Urogenitalfalten wachsen die beiden Müllerschen Gänge in den unpaaren Urogenitalstrang vor, wo sie sich einander nähern und bei einer Embryonallänge von 21—22 mm einander parallellaufend bis in die Höhe der Uretermündungen reichen (CHWALLA 1927). Sie verschmelzen in dem Urogenitalstrang zuerst proximal (KEIBEL 1896), später auch im Bereich ihrer caudalen Enden und erreichen gleichzeitig (etwa 27 mm Länge) das Epithel des Sinus urogenitalis (Abb. 37, 38) in der Mitte zwischen den Mündungen der Wolffschen Gänge (KEIBEL 1896, CHWALLA 1927). Wenn bei 32 mm Länge eine Basalmembran zwischen diesen Epithelien nicht mehr erkennbar ist, so unterscheiden sich die Epithelien doch noch in ihrer Struktur.

Der durch die Vereinigung der beiden Müllerschen Gänge entstandene unpaare Kanal wird als Utero-Vaginal-Kanal bezeichnet, die nicht verwachsenden Teile der Müllerschen Gänge stellen die Anlage der Tube dar. Schon bei seiner Entstehung ist der Utero-Vaginal-Kanal mit den ihn begleitenden Wolffschen Gängen von zellreichem embryonalem Bindegewebe umgeben, das sich scharf gegen das zellarme Bindegewebe seitlich davon abhebt und als Anlage der mesodermalen Wand des Uterus bzw. der Samenleiter zu bezeichnen ist.

Bei männlichen Embryonen von etwa 35 mm Länge beginnt die Rückbildung des Utero-Vaginal-Kanals (CHWALLA), später (Abb. 44) findet sich nur mehr ein lumenloser Strang und nur das dorsoventral verlaufende Endstück bleibt bei Embryonen von über 49 mm als Anlage des Utriculus prostaticus erhalten (CHWALLA 1927) (Abb. 45). Die Struktur des Epithels dieser Anlage zeigt im Laufe der weiteren Entwicklung ein verschiedenartiges Aussehen; VILAS (1933) schließt aus dem Aussehen des Epithels, daß das Epithel des Müllerschen Ganges vollständig durch Epithelzellen aus der Wand des Sinus urogenitalis ersetzt werde und also die Epithelauskleidung des Utriculus prostaticus entodermaler Herkunft sei.

Bei weiblichen Embryonen findet, nachdem sich der Müllersche Gang zwischen den Wolffschen Gängen an den Sinus urogenitalis angelegt hat (Abb. 41), eine Verschmelzung der Epithelien dieser Gänge statt (MIJSBERG 1924, KEMPERMANN 1930, VILAS 1932, 1933), so daß eine frontal eingestellte Epithelplatte entsteht, an deren Bildung Wolffsches, Müllersches und Sinusepithel beteiligt ist. Die Einzelheiten der Entwicklungsvorgänge, die zuletzt VILAS abweichend von den früheren Autoren schildert, sollen hier nicht wiederholt werden. VILAS schließt aus den Beobachtungen, daß nicht nur das ganze Epithel der Vagina, sondern auch ein Teil des Uterusepithels vom vordringenden Sinusepithel gebildet wird und daß das Müllersche Epithel sich in den Uteruskörper zurückzieht. Der Hymen liegt danach wohl an der Stelle des Müllerschen Hügels, während sein Epithel beiderseits vom Sinusepithel gebildet wird. KOFF (1933) dagegen beschreibt auf Grund seiner Untersuchungen an zahlreichen Embryonen, daß nur ein kleiner Teil der Vagina vom Sinus urogenitalis, der größere Teil dagegen von dem Müllerschen Gang gebildet werde; die Wolffschen Gänge seien nicht beteiligt. Diese Angaben über die Beteiligung des Sinusepithels an der Vagina stehen im Gegensatz zu älteren Arbeiten, zuletzt BLOOMFIELD and FRAZER (1928), nach denen die ganze Vagina vom Müllerschen Gang gebildet wird und die Grenze des entodermalen Sinusepithels am Hymen gelegen sein soll. Die Mißbildungen dagegen, bei welchen der Ureter in die Vagina (SAMUELS 1922) in den Fornix (v. RIHMER 1936) oder in den Uterus (KUDJI 1927) mündet, sprechen für eine Beteiligung des Wolffschen Ganges an der Bildung des Uterovaginalkanals. Jedenfalls erscheint diese Frage noch nicht völlig geklärt, so wie auch die Fälle, in denen die Urethra in die Scheide einmündet (weibliche Hypospadie, BLUM 1904, MIJSBERG 1926, WALTER 1935), noch keine sichere entwicklungsgeschichtliche Deutung erfahren konnten.

IX. Die weitere Entwicklung der Harnblase

Die Harnblase differenziert sich aus dem ventralen Kloakenabschnitt (Abb. 33, 34), indem sie sich allmählich gegen die Urethra und den Urachusgang abgrenzt. Noch bei einem Embryo von 32 mm Länge ist das Orificium vesicae nur als leichte Einschnürung zu erkennen, auch bei 45 mm Länge (Abb. 37, 38) findet sich noch ein trichterförmiger Übergang der Harnblase in die Urethra und die Muskulatur beider Gebilde läßt sich nicht deutlich abgrenzen. Erst bei 55 mm Länge bildet das Orificium eine scharfe Grenze der engen Urethra gegen die Harnblase und auch die mächtige Muskulatur der Urethra und des Sphincter tritt deutlich hervor.

Wenn auch CHWALLA (1927) schon bei einem Embryo von 10 mm Länge eine stellenweise Obliteration des Allantoisganges findet, so ist dieser Gang doch meist bei Embryonen bis 13 oder 14 mm Länge offen (Abb. 32). Die Obliteration beginnt offenbar an mehreren Stellen, so daß dazwischen Bläschen des Allantoisganges erhalten bleiben können (CHWALLA 1927 bei einem Embryo von 24 mm), die offenbar Anlaß zur Bildung der sog. Urachuscysten des Erwachsenen geben. Dieser erste Verschluß des Allantoisganges erfolgt innerhalb der Nabelschnur. Die Obliteration schreitet nach FELIX (1911) und CHWALLA (1927) blasenwärts fort, so daß auf Kosten der Harnblase der Urachusstrang gebildet wird, der später die Harnblase mit dem Nabel verbindet.

Die Harnblase wächst bei Embryonen von 20—100 mm Länge stärker als der ganze Embryo, nämlich auf das 10fache ihrer Länge (von 1 mm auf 10 mm), während die Länge des Trigonum nach CHWALLA sogar auf das 40fache anwächst (von 0,1 auf 4 mm).

Eine besondere Differenzierung des Epithels beginnt bei 38 mm Länge mit einer dunkleren Tingierung einer Deckschicht. Bei 54 mm Länge ist schon ein typisches Übergangsepithel ausgebildet.

Die Muskulatur wird zuerst bei etwa 18 mm Länge erkennbar und zwar als Längsmuskulatur an der noch nicht bestimmbaren Grenze von Urachus und Blase. Bei 19 mm erscheint auch Ringmuskulatur, die auch in der weiteren Entwicklung hinter der Längsmuskulatur zurückbleibt. Letztere reicht bei 30 mm vom Urachus bis zum unteren Rand der Symphyse. Bei 54 mm Länge sind schließlich alle 3 Schichten der Muskulatur ausgebildet (CHWALLA 1927), die dorsale Längsmuskulatur reicht bis zur Linea interureterica, die ventrale bis zum Orificium vesicae; die Muskulatur des Trigonum ist noch nicht erkennbar, während der Sphincter vesicae deutlich hervortritt und seine Fortsetzung in die glatte Muskulatur an der Ventralseite der Urethra findet.

Die Beziehung der Harnblase zur vorderen Leibeswand ändert sich im Laufe der Entwicklung wesentlich, indem sie zuerst (Embryo bis zu 14 mm Länge) mit den Arteriae umbilicales in der vorderen Leibeswand liegt, d.h. vor dem glatt über diese Gebilde hinwegziehendem Peritoneum (FELIX 1911, GROSSER 1951). Bei Embryonen von etwa 14 mm Länge beginnt sich das Peritoneum zwischen Nabelarterien und vorderer Bauchwand in Form einer Tasche einzuschieben (CHWALLA 1927, GROSSER 1951), die sich an den Nabelarterien vorbei weiter an die Vorderfläche der Harnblase bis nahe zur Mitte vorschiebt. Dadurch wird die kraniale Hälfte der Harnblase fast völlig von der vorderen Bauchwand gelöst, nur in der Mitte bleibt eine mehr oder weniger schmale Gekröseplatte bestehen (Abb. 35 und 36), die als Mesocystium oder Mesourachium bezeichnet wird. Diese Gekröseplatte reicht caudal nur soweit die Nabelarterien der vorderen Bauchwand anliegen, weiter caudal ist die Harnblase breit an der vorderen Bauchwand angeheftet. GROSSER (1951) hat darauf hingewiesen, daß dieser Zustand gelegentlich auch beim Erwachsenen erhalten bleibt und zu Fehldiagnosen Anlaß gegeben hat.

Die Topographie der Harnblase zur vorderen Bauchwand steht in engstem Zusammenhang mit dem Wachstum dieser Region. Ist doch die Entfernung der Nabelschnur vom Geschlechtshöcker bei Embryonen von 20 mm Länge geringer als die Länge dieses Höckers. Das starke oben erwähnte Längenwachstum der Harnblase auf das 10fache geht nicht ganz parallel mit dem Längenwachstum der Bauchwand, so daß der Scheitel der Harnblase sich im Durchschnitt gegen den Nabel caudalwärts verschiebt (Abb. 37), während das Orificium vesicae seine Lage etwas ober der Mitte der Symphyse etwa beibehält. Dabei ist, wie TAKAGI (1927) gezeigt hat, die Lage der Blase schon bei Embryonen stark von ihrem Füllungsgrad und dem des Rectum abhängig. So steht bei einem Embryo von 175 mm Sch.St.Länge mit extremer Füllung beider Organe das Orificium fast in Höhe des oberen Randes der Symphyse, der Vertex in Nabelhöhe, wobei der Urachusstrang fast senkrecht auf die vordere Bauchwand vom Nabel zu seiner Befestigung an der fast kugelförmigen Harnblase zieht. Bei kontrahierter Harnblase liegt dagegen der Vertex vesicae bei Feten von etwa 100 mm bis zum Neugeborenen etwa in der Mitte zwischen Nabel und Symphyse.

X. Die Entwicklung des Hodens und Nebenhodens

Als erste Anlage der Keimdrüse kann man bei Embryonen von etwa 5 mm Länge das Keimdrüsenfeld der Urogenitalfalte bezeichnen, d.h. die ventralwärts gerichtete Oberfläche dieser Falte, die in ihrem lateralen Teil die Urniere enthält und medial durch eine Furche vom Mesenterium des Darmes abgegrenzt wird

(Abb. 17). Das ganze Feld reicht von der Höhe des caudalen Randes der linken Lungenanlage bis in die Lendenregion. Das Epithel ist ein- bis zweischichtig und unregelmäßig höckrig gegen das unterliegende, etwas verdichtete embryonale Bindegewebe abgegrenzt.

Bei 9—10 mm Embryonallänge reicht die Keimdrüsenanlage vom 6. bis zum 12. Thorakalsegment (FELIX). Das Bindegewebe ist stark verdichtet (Abb. 19) und in dieses ragen zapfenförmige Vorragungen des dicker gewordenen Epithels vor, in welchem einzelne besonders helle Zellen erkennbar sind. Diese hellen Zellen stellen die Urgeschlechtszellen (Urkeimzellen) dar und sind also die Stammzellen sämtlicher später gebildeten Keimzellen (BERENBERG-GOSLER 1914, FISCHEL 1930, POLITZER 1933, 1954). Diese Urgeschlechtszellen sind aus dem Epithel des Darmrohres aktiv in das Keimdrüsenfeld ausgewandert. Im Entoderm des Darmrohres wurden diese Zellen bei verschiedenen Embryonen im Urwirbelstadium (z.B. 7 Urwirbel, POLITZER 1930) beschrieben und sogar schon bei einem Embryo von 0,6 mm Länge von FLORIAN (1931).

Das langgestreckte Keimdrüsenfeld (Abb. 19) wölbt sich an der Urogenitalfalte immer mehr ventralwärts vor, gliedert sich durch Furchen medialwärts von den Gebilden der Retroperitonealregion, darunter der Nebennierenanlage, lateral von der Urniere durch immer tiefer werdende Furchen ab. Diese Keimdrüsenanlage (Abb. 27) wird gleichzeitig dicker und kürzer (von etwa $2^{1}/_{2}$ mm Länge bei 15 mm auf etwa $^{1}/_{2}$ mm bei 20 mm) und verlagert sich caudalwärts, so daß sie bei etwa 20 mm Embryonallänge von Th 11—L 3 reicht. Die linke Keimdrüse steht dann in Kontakt mit der Milzanlage und weiter caudal mit der Pankreasanlage (Abb. 27), welche Berührungsflächen wegen einer gelegentlich vorkommenden Mißbildung, nämlich der Verbindung von Milzgewebe mit den Hoden oder dem Ovarium (SNEATH 1913, TALMANN 1926, WILTSCHKE 1929, BENETT-JONES 1952, HOCHSTETTER 1953, KREIZUR 1952) von Bedeutung erscheint. Die rechte Keimdrüse steht in Kontakt mit der Leber, doch sind Verbindungen mit diesem Organ offenbar nicht beobachtet worden.

Schon bei Embryonen von 13—15 mm Länge lassen sich in der Keimdrüsenanlage Geschlechtsunterschiede erkennen und zwar unterscheiden sich die männlichen Embryonen von den auf dem indifferenten Stadium verbleibenden weiblichen Embryonen durch das Auftreten von Epithelsträngen (Hodensträngen) und einer Tunica albuginea (FELIX 1911, SZENES 1927, FISCHEL 1930, STIEVE 1930). Die Hodenstränge stellen die Anlage der Hodenkanälchen dar, sie sollen nach FISCHEL teils aus dem Mesenchym, teils von den Urkeimzellen gebildet werden. Etwas später (20 mm Länge) lassen sich nahe dem Hilus der Organe weitere netzförmig angeordnete Epithelstränge (Markstränge) erkennen, die ebenfalls aus dem Mesenchym entstehen und die Anlage der Rete testis (Abb. 29) darstellen (FISCHEL). Diese Stränge treten bei Embryonen von etwa 60 mm St.Sch.Länge in Kontakt mit der am weitesten gegen die Keimdrüse vorragenden Umbiegung von Urnierenkanälchen an der Grenze von Tubulus secretorius und Tubulus collretivus und zwar handelt es sich um die 10—12 kranialsten der in diesem Stadium noch vorhandenen Kanälchen. Sobald die Lichtung der Retekanälchen mit denen der Tubuli collectivi der Urniere in Verbindung getreten ist, werden letztere als Ductuli efferentes testis bezeichnet. Sie beginnen sich (FELIX) im 4. bis 5. Embryonalmonat an ihrem dem primären Harnleiter nahe gelegenen Ende stark zu schlängeln und bilden so die als Coni vasculosi bezeichneten Teile des Nebenhodenkopfes. Die Hodenstränge (Keimstränge) wachsen weiterhin stark in die Länge und legen sich in Windungen (Tubuli contorti). Zwischen drei bis vier solcher gewundener Kanälchen bilden sich bindegewebige Scheidewände, die Septula testis. In den Keimsträngen, die aus indifferenten Epithelzellen und den

Geschlechtszellen bestehen, sollen sich schon im 4. Fetalmonat (FISCHEL) teilweise Lumina bilden und zwar zuerst in den peripher im Hoden gelegenen; doch findet man auch beim Neugeborenen noch zahlreiche Stränge solide. Die Geschlechtszellen werden, sich stark vermehrend, zu den Spermiogonien, die indifferenten Zellen zu den Sertolizellen. Die zwischen den Keimsträngen gelegenen Mesenchymzellen zeigen schon frühzeitig, bei Embryonen von 5 cm Länge (FISCHEL, STIEVE, KITAHARA 1923) eine Differenzierung in kleine Bindegewebszellen und die großen Zwischenzellen. Die frühe und rasche Ausbildung der Zwischenzellen bildet nach FISCHEL einen der Unterschiede der Entwicklung zwischen Hoden und Ovarium. In der zweiten Hälfte der Schwangerschaft nimmt die Menge der Zwischenzellen relativ zu den Keimsträngen ab, ein Verhalten, das auf das starke Wachstum der Keimstränge zurückzuführen sein dürfte. Die Entwicklung des Hodens in den späteren Fetalmonaten wird von STIEVE (1930) genauer geschildert.

XI. Das Gubernaculum testis und der Descensus des Hodens

Schon bei Embryonen von 13—14 mm Länge findet sich am unteren Pol der Urniere — dort wo die Plica urogenitalis von der hinteren Bauchwand nach medial gegen das kleine Becken umbiegt — eine Peritonealfalte, welche lateralwärts zur Bauchwand zieht, die Plica (Conus) inguinalis. Diese Falte ändert mit der Ausbildung der vorderen Bauchwand ihre Richtung mehr nach vorne, lateral von der Arteria umbilicalis zur Leistengegend und gleichzeitig bildet sich in ihr zellreiches Mesenchymgewebe als Anlage des Urnieren-Leistenbandes. Dieses Band (Chorda gubernaculi, FELIX) (Abb. 29) gewinnt, dorsal von den Müllerschen und Wolffschen Gängen vorbeiziehend, Beziehung zum caudalen Pol der Keimdrüse und findet schon bei Embryonen von etwa 20 mm Länge seine Fortsetzung durch die 3 Muskelschichten der Bauchwand zum verdichteten subcutanen Gewebe der Leistengegend, das als Ligamentum scroti (FELIX) bezeichnet wird. Schon bei 26 mm Embryonallänge bildet sich ventral die Chorda gubernaculi, umfassend eine flache Peritonealfurche (FELIX), die bald tiefer werdend das Band bis auf ein schmales dorsales Gekröse (Abb. 35, 46 mm St.Sch.Länge) umfaßt und so den Processus vaginalis peritonei bildet. Das Gubernaculum bildet nun als breiter Wulst die Fortsetzung des Hodens und der zum Nebenhoden gewordenen Urniere; die Hoden und Nebenhoden trennende Furche endet am Übergang beider Organe in das Gubernaculum. Die Muskelfasern des M. transversus abdominis zeigen in diesem Stadium ein besonderes Verhalten zum Processus vaginalis. Von lateral her kommende Fasern dieses Muskels biegen, wenn sie in die Gegend des lateralen Rectusrandes gekommen sind, nach hinten um den Processus vaginalis um (Abb. 35) und endigen offenbar in der medialen Peritonealwand dieser Ausstülpung. Etwas weiter caudal finde ich auch von medial her kommende Fasern des Transversus um den Rectusrand herum gegen die mediale Wand des Processus vaginalis peritonei einbiegen. Ob diese Muskelfasern etwa imstande sind, den Peritonealfortsatz in die Bauchwand hineinzuziehen, ist natürlich fraglich. Der gleiche Entwicklungsvorgang ist soweit bei männlichen wie bei weiblichen Embryonen festzustellen. Der Processus vaginalis peritonei schiebt sich später (100 mm Länge) in die Bauchwand hinein vor und durch diese hindurch in den Mons pubis hinein (5. Monat, 20 cm St.Sch.Lg.s. Der in den Processus vaginalis hinein vorragende Teil des Gubernaculum ist in diesem Stadium ungefähr gleich dick und gleich lang wie Hoden und Nebenhoden zusammen (Abb. 47). Distal vom Ende des Processus vaginalis fasert sich das Gubernaculum auf in zarte Faserzüge, die sich durch das lockere Bindegewebe des Scrotum gegen sein Septum und seinen unteren Pol verfolgen lassen (Abb. 47). Diese Faserzüge verschwinden bald und beim reifen Neugeborenen kann ich keine deutlichen Reste des Gubernaculum außerhalb des Cavum vaginale erkennen. Der Processus vaginalis schiebt sich in den folgenden Fetalmonaten bis in das Scrotum vor und der Hoden steigt im 7.—9. Monat durch den Leistenkanal in das Scrotum (BLECHSCHMIDT 1954). An Stelle von Gubernaculum ist dann am unteren Pol des Hodens und Nebenhodens noch ein kurzer, dicker Wulst erkennbar, der die Umbiegung des Nebenhodenganges in den Ductus deferens enthält. Der Processus vaginalis peritonei schließt sich in der Regel in den ersten Monaten nach der Geburt, kann aber auch schon bei besonders großen Neugeborenen geschlossen sein.

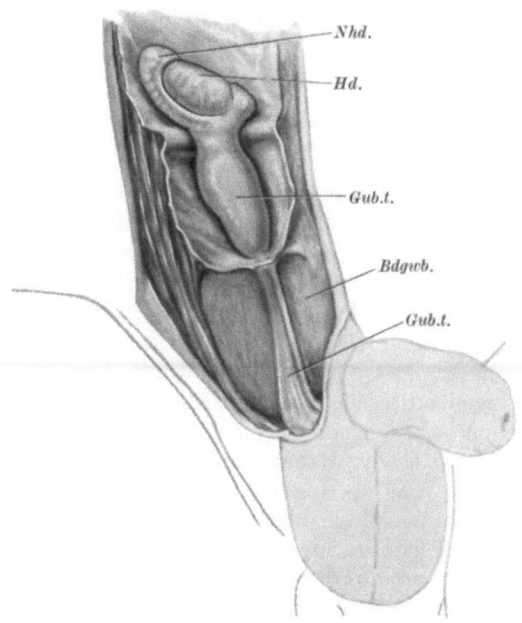

Abb. 47. Leistengegend eines Fetus von 23 cm Sch.St.Lg. Hoden noch in der Bauchhöhle oberhalb des Eingangs in den Processus vaginalis peritonei. *Bdgwb.* lockerer Bindegewebsraum; *Gub.t.* Gubernaculum testis; *Hd.* Hoden *Nhd.* Nebenhoden

Literatur

ATWELL, W. J.: A human embryo with 17 pairs of somites. Contr. Embryol. Carneg. Instn 118 (1930).
BENNETT JONES, M. J., and C. A. HILL: Accessory spleen in the scrotum. Brit. J. Surg. 40, 259—262 (1952).
BERENBERG-GOSLER, H. v.: Über Herkunft und Wesen der Urgeschlechtszellen der Amnioten. Anat. Anz. 47, 241—264 (1914).
BLECHSCHMIDT, E.: Wachstumsfaktoren des Descensus testis. Z. Anat. 118, 175—182 (1954).
BLOOMFIELD, A., and J. FRAZER: The development of the vagina. J. Anat. (Lond.) 62, 9—32 (1927).
BLUM, V.: Die Hypospadie der weiblichen Harnröhre. Mber. Urol. 9 (1904).
BOYDEN, E. A.: Congenital absence of kidney. Anat. Rec. 52, 352—368 (1932).
BREMER, J. L.: The interrelations of mesonephros, kidney and ploemte indifferent classes of mammals. Amer. J. Anat. 19, 179—205 (1916).
BROCKMANN, W. A.: Form und Lageentwicklung der Niere. Morph. Jb. 77, 605—640 (1938).
BURKL, W.: Über die Entwicklung der Samenblasen und der Ampulli des Ductus deferens des Menschen. Z. Anat. 117, 155—165 (1953).

BURKL, W., u. G. POLITZER: Genetische Beziehungen des Müllerschen Ganges zum Wolffschen Gang. Z. Anat. **116**, 552—572 (1952).
CAMERON, GL., u. R. CHAMBER: Direkter Beweis der Tätigkeit der Niere bei einem frühen menschlichen Fetus. Amer. J. Physiol. **123**, 482 (1938). Nach Anat. Ber. **39**, 5 (1939).
CHWALLA, R.: Ein Fall von angeborenem Verschluß des vesicalen Ureterendes. Z. urol. Chir. **23**, 189—199 (1927).
— Über die Entwicklung der Harnblase und der primären Harnröhre. Z. Anat. **83**, 616—733 (1927).
— Einige Fälle von Ureterenverdoppelung bei menschlichen Embryonen. Z. Anat. **84**, 1—30 (1927).
CLARA, M.: Entwicklungsgeschichte des Menschen, 2. Aufl., S. 280. Leipzig 1940.
DELMAR, A.: Development de la glande de Bartholin. Ann. anat. path. **16**, 373—376 (1939).
ELZE, C.: Beschreibung eines menschlichen Embryo von 7 mm Länge. Anat. H. **106**, 410—492 (1907).
FERNER, H.: Zur Differenzierung der Rumpf-Schwanzknospe beim Menschen. Z. mikr.-anat. Forsch. **45**, 555—564 (1939).
FISCHEL, A.: Über die Entwicklung der Keimdrüsen des Menschen. Z. Anat. **92**, 34—72 (1930).
FLORIAN, J.: Urkeimzellen bei einem 625 µ langen menschlichen Embryo. Verh. anat. Ges. (Jena) **40**, 266 (1931).
— The early development of man special of the cloacal membrane. J. Anat. (Lond.) **67**, 263—276 (1933).
—, u. O. VÖLKER: Über die Entwicklung des Primitivstreifens der Kloakenmembran und der Allantois. Z. mikr.-anat. Forsch. **16**, 75—100 (1929).
FRANKENBERGER, Z.: Ma mesonefros ssavcich embryi exkretor; kon funkei? Rospr. Ceske Akad. **30**, II. Kl. 47 (1922). Nach Anat. Ber. **1**, 438 (1922).
FRITSCHEK, F.: Zur Kenntnis der Nierenfunktion des Säugerfötus. Z. mikr.-anat. Forsch. **13**, 61—71 (1928).
GROSSER, O.: Das Gekröse der Harnblase und des Urachus (Mesocystium, Mesourachium). Z. Anat. **115**, 452—458 (1951).
GRÜNWALD, P.: Entwicklungsmechanik des Urogenitalsystems. Wilhelm Roux' Arch. Entwickl.-Mech. Org. **136**, 862 (1937).
— Entwicklung des Müllerschen Ganges. Beitr. path. Anat. **100**, 309 (1938).
GUTHMANN, H., u. W. MAY: Intrauterine Nierensekretion. Arch. Gynäk. **141**, 450—459 (1930). Nach Anat. Ber. **21**, 177.
HENLE, J.: Handbuch der systematischen Anatomie, 2. Aufl., Bd. II. Braunschweig: Vieweg 1873.
HEUSER, CH.: A human embryo with 14 pair of somites. Contr. Embryol. Carneg. Instn, **131** (1930).
— A presomite human embryo. Contr. Embryol. Carneg. Instn **138** (1932).
HOCHSTETTER, A. v.: Milzgewebe im linken Ovarium. Virchows Arch. path. Anat. **324**, 36—54 (1953).
HOCHSTETTER, F.: Über den Einfluß der Entwicklung der bleibenden Nieren auf die hinteren Cardinalvenen. Anat. Anz. **3**, 938—940 (1888).
KEIBEL, F.: Zur Entwicklungsgeschichte des menschlichen Urogenitalapparates. Arch. Anat. (Lpz.) **1896**, 55—157.
KEMPERMANN, C. TH.: Beitrag zur Genese der menschlichen Vagina. Morph. Jb. **66**, 485—531 (1931).
KITAHARA, Y.: Über die Entstehung der Zwischenzellen der Keimdrüsen des Menschen. Arch. mikr. Anat. **52**, 550—615 (1923).
KOFF, A. K.: The development of the vagina in the human fetus. Contr. Embryol. Carneg. Instn **24**, 59 (1933).
KORNFELD, W.: Über einen Fall von einseitigem Nierenmangel bei einem menschlichen Embryo. Anat. Anz. **60**, 497 (1926).
KOZLIK, A., u. B. ERBEN: Form und Differenzierung menschlicher Urnierenkanälchen. Z. mikr.-anat. Forsch. **38**, 483—502 (1935).
KREIZUR, L. W.: Accessory spleen in the scrotum. J. Urol. (Baltimore) **68**, 759—762 (1952).
KUDJI, N.: Intrauterine Ausmündung eines Ureters. Zbl. Gynäk. **51**, 1182—1184 (1927).
LEWIS, F. T.: Die Entwicklung des Darmes und der Atmungsorgane. In KEIBEL-MALL, Handbuch der Entwicklungsgeschichte des Menschen, Bd. II. Leipzig 1911.
LICHTENBERG, A.: Beiträge zur Histologie und Entwicklung des Urogenitalkanals des Mannes und seiner Drüsen. Anat. H. **31**, 63—134 (1906).
LÖWY, H.: Die Rückbildung der Allantois beim Menschen. Arch. Anat. (Lpz.) **1905**, 159—176.
LOWSLEY, O.: The development of the human prostate glands. Amer. J. Anat. **13**, 299—346 (1912).

Mijsberg, W. A.: Über die Entwicklung der Vagina, des Hymen und des Sinus urogenitalis. Z. Anat. 74, 684—760 (1924).
— Über die formale Genese einiger Entwicklungsfehler der weiblichen Genitalien. Z. Anat. 79, 513—537 (1926).
Pallin, G.: Beiträge zur Anatomie und Embryologie der Prostata und der Samenblasen. Arch. Anat. (Lpz.) 1901, 135—176.
Pernkopf, E.: Zur Entwicklung der Form des Magen-Darmkanals beim Menschen. 1. Teil. Z. Anat. 64, 96—275 (1922).
Peter, K.: Untersuchungen über Bau und Entwicklung der Niere. Jena: Gustav Fischer 1909.
Politzer, G.: Über einen menschlichen Embryo mit 7 Urwirbelpaaren. Z. Anat. 93, 386—426 (1930).
— Die Keimbahn des Menschen. Z. Anat. 100, 331—361 (1933).
— Über die Entwicklung des Dammes beim Menschen. II. Teil. Äußere Geschlechtsteile und Fehlbildungen. Z. Anat. 97, 622—660 (1952).
— Das Schicksal des Sinus urogenitalis beim Weibe. Z. mikr.-anat. Forsch. 59, 6—28 (1952).
— Die Entwicklung des Wolffschen Ganges beim Menschen. Acta anat. (Basel) 18, 343—360 (1953).
— Die dystropische Mündung des Ureters und ihre formale Genese. Frankfurt. Z. Path. 64, 324—342 (1953).
— Der gegenwärtige Stand der Lehre von der Keimbahn des Menschen. Wien. klin. Wschr. 66, 747—749 (1954).
— Über die Entwicklung der Harnröhre in der Eichel. Anat. Anz. 103, 98—105 (1956).
—, u. H. Sternberg: Über die Entwicklung der ventralen Körperwand. Z. Anat. 92, 279—379 (1930).
Rihmer, B. v.: Gabelung des linken Ureters und Einmündung eines Zweiges in die Vagina. Z. urol. Chir. 29, 55—59 (1930).
Rossenbeck, H.: Ein junges menschliches Ei, Peh. 1-Hochstetter. Z. Anat. 68, 325—368 (1923).
Samuels, A.: Supernumerary kidney with ureter into the vagina. Surg. Gync. Obstet. 35, 599—603 (1922).
Sneath, W. A.: An apparent third testicle consisting of a scrofal spleen. J. Anat. (Lond.) 47, 340—342 (1913).
Starkenstein, W.: Über die Anlage und die Wanderung der Nachniere des Menschen. Morph. Jb. 81, 8—20 (1938).
Sternberg, H.: Beschreibung eines menschlichen Embryo mit 4 Urwirbeln. Z. Anat. 82, 142—241 (1927).
— Zur formalen Genese der Bauchblasenspalte. Virchows Arch. path. Anat. 263, 159—173 (1927).
Stieve, H.: Männliche Genitalorgane. In Handbuch der mikroskopischen Anatomie von Moellendorff, Bd. 7, Teil 2. Berlin: Springer 1930.
Szenes, A.: Geschlechtsunterschiede am äußeren Genitale menschlicher Embryonen. Morph. Jb. 54, 65—136 (1925).
Takagi, T.: Über die Form- und Lageveränderungen der Beckenorgane in späteren Embryonalleben. Z. Anat. 83, 339—362 (1927).
Talmann, J. M.: Nebenmilzen im Nebenhoden. Virchows Arch. path. Anat. 259, 237—241 (1926).
Thompson, P.: Embryo mit 23 Urwirbeln. Zit. nach Clara.
Torrey, T. W.: The early development of the humen nephros. Contr. Embryol. Carneg. Instn 35, 231—241 (1954). Nach Excerpta med. (Amst.) 10, Nr 1777.
Vilas, E.: Über die Entwicklung der menschlichen Scheide. Z. Anat. 98, 263—292 (1932).
— Über die Entwicklung des Utriculus prostaticus. Z. Anat. 99, 599—621 (1933).
— Über die Entwicklung des Müllerschen Hügels. Z. Anat. 101, 752—767 (1933).
Wassermann, F.: Modelle zur Entwicklung der Prostata. Verh. anat. Ges. (Jena) 35, 272 (1926).
West, C. M.: A human embryo of 8 somites. Contr. Embryol. Carneg. Instn 119 (1930).
Wicke, A.: Inselbildung in der hinteren Hohlvene und Durchtritt des Harnleiters. Z. Anat. 84, 524—533 (1927).
Wiltschke, H.: Erweiterung des Wolffschen Ganges durch Fehlen der Ausmündung in die Kloake und Sekretion der Urniere. Z. Anat. 121, 536—549 (1960).
Wiltschke, L.: Nebenmilzen in einem Strang zur Mesosalpinx. Virchows Arch. path. Anat. 273, 742—746 (1929).

Die Anatomie der Harn- und Geschlechtsorgane

H. Ferner, A. Gisel, H. v. Hayek, W. Krause und Christine Zaki

A. Makroskopische Anatomie der Nieren und der Nebennieren

W. KRAUSE

Mit 26 Abbildungen

I. Die Nieren

1. Die Niere als Ganzes

a) Orientierung

Die Niere (ren, νεφρός, kidney, rein) ist ein paariges parenchymatöses Organ von der bekannten Bohnen- oder Nierenform, die durch eine einseitige Einziehung in der Mitte ihrer Längsausdehnung charakterisiert ist. Das Gebiet dieser Einziehung stellt den Hilus des Organs dar und soll seiner Einstellung nach als nach medial gerichtet bezeichnet werden; die längste Achse des Organs hat im wesentlichen eine cranio-caudale Orientierung. Somit ergibt sich für die Niere ein lateraler konvexer Rand, eine vordere und eine hintere Fläche und ein oberer und ein unterer Pol, wobei allerdings das Wort „Pol" keineswegs immer nur auf den fiktiven Endpunkt der längsten Achse angewandt wird, sondern ebenso auch auf das gesamte Stück Nierensubstanz oberhalb bzw. unterhalb des Hilusgebietes, und gelegentlich auch auf die, individuell äußerst variabel ausgebildete, nach medial gerichtete Vorwölbung oberhalb bzw. unterhalb des Hilus.

Die oben gebrauchten Richtungsbezeichnungen sollen auch im folgenden angewandt werden, obwohl die genauere Betrachtung zeigt, daß eine gewisse Neigung des Organs gegen alle Hauptrichtungen des Körpers besteht, da die sog. vordere Nierenfläche immer auch deutlich — bis zu 45° — nach lateral (s. Abb. 7) und kaum merklich nach cranial gerichtet ist, und da die Längsachsen der beiden Nieren leicht nach cranial konvergieren. Das Ausmaß dieser Konvergenz ergibt sich daraus, daß der oberhalb des Hilus am weitesten nach medial vorragende Punkt ca. 1 cm näher der Medianen liegt als der entsprechende Punkt unterhalb des Hilus. Dabei ist zu beachten, daß der Vertikalabstand dieser beiden medialsten Punkte voneinander wesentlich kleiner ist als der Vertikalabstand der beiden — nur eben nicht genau in ihrer Lage definierbaren — Organpole, und daß somit auf der längeren Strecke von Pol zu Pol auch eine wesentlich stärkere Annäherung an die Mediane, und daher um so mehr an die andere Niere erfolgt. So gibt AUGIER den Abstand der beiden oberen Nierenpole voneinander mit 8 cm, den der beiden unteren Pole mit 12—15 cm an. Die geschilderte Stellung der Nieren wird aber erst während des extrauterinen Lebens erworben, da beim Neugeborenen die Vorderfläche der Niere ziemlich genau frontal eingestellt ist, und da die Längsachsen der beiden Organe nach cranial — statt zu konvergieren — divergieren (HEIDERICH).

b) Gewicht und Maße

Bei der Bestimmung des Organgewichts ergeben sich natürlich wesentliche Unterschiede, je nachdem, ob man ausgeblutete oder nicht ausgeblutete Nieren verwendet. So erklärt schon SAPPEY die Tatsache, daß er, der ein Ausbluten verhinderte, mit 170 g ein wesentlich höheres Durchschnittsgewicht erhielt als andere Autoren. Aber auch unter gleichen Arbeitsbedingungen ist eine große individuelle Variabilität des Gewichts zu beobachten, was sehr deutlich durch die von HUSCHKE gefundenen Extremwerte von 110—170 g für eine Niere illustriert wird. Das Durchschnittsgewicht beider Nieren zusammen ergibt sich nach den Untersuchungen WALDs für Männer zwischen 20 und 60 Jahren mit ungefähr 300 g, für Frauen der gleichen Altersklasse mit ungefähr 255 g. Nach dem 60. Jahr konnte er eine Gewichtsabnahme feststellen. Bei Kindern sind die Nieren im Vergleich zur Gesamtmasse des Körpers relativ wesentlich schwerer. So gibt MECKEL das Nierengewicht des reifen Foetus mit 1/80, das des durchschnittlichen Erwachsenen mit 1/240 des Körpergewichts an — wobei er seine Wägungen wohl an unausgebluteten Organen durchgeführt hat. EMERY u. MITHAL fanden als durchschnittliches Gewicht beider Nieren beim reifen Neugeborenen 26 g. Aus ihren genauen Angaben über Körper- und Nierengewicht ergibt sich, daß keine konstante Relation zwischen diesen beiden Größen besteht, sondern daß die Niere einen um so größeren Anteil am Gesamtgewicht hat, je leichter das Individuum ist: 1/90 bei der Gewichtsklasse 1400 g gegen 1/114 bei der Gewichtsklasse 4000 g. Innerhalb einer Altersklasse zeigt sich also dasselbe Prinzip wie bei dem Vergleich der verschiedenen Altersklassen, nämlich daß die Zunahme des Nierengewichts gegenüber der Zunahme des Körpergewichts zurückbleibt.

Für die Bestimmung der Organmaße gilt natürlich ähnliches wie für die Bestimmung des Gewichts. Überdies ist dabei zu berücksichtigen, daß das unkonservierte Organ seine Form ändert, sowie es aus seiner Nachbarschaft gelöst und auf eine flache Unterlage gelegt wird. Daher sind wohl Messungen an konservierten Nieren verläßlicher, wenn auch andererseits das Organ durch die Konservierung vielleicht in allen Dimensionen etwas aufgebläht wird. ARASES Vergleich der Maße von frischen und fixierten Nieren zeigt, daß das weiche Organ gegenüber dem gehärteten um über 30% an Dicke zurückbleibt, dafür aber in den beiden anderen Dimensionen um 6—9% gewinnt. Der cranio-caudale Durchmesser fixierter Nieren schwankt zwischen 8 und 13,5 cm, der medio-laterale zwischen 4,5 und 7 cm und die Dicke zwischen 3 und 4,5 cm. Die Durchschnittswerte dieser drei Durchmesser wurden von HOU-JENSEN mit 10,6 cm, 5,6 cm und 4 cm berechnet, wobei er allerdings für das cranio-caudale Maß eine geringere Variationsbreite zugrunde legt. Zu ähnlichen Durchschnittswerten kommt ARATE, der dabei charakteristische, wenn auch recht geringe Unterschiede zwischen rechts und links feststellen konnte, die summarisch auf ein leichtes Überwiegen der linken Niere hinauslaufen. Während sich die bisherigen Angaben auf autoptisches Material beziehen, unternahmen es PANICHI u. BONECHI, auf röntgenologischem Wege Maße vom Lebenden zu bestimmen, wobei sie die, durch die Divergenz der Strahlen und durch die Schrägstellung der Niere bedingten Fehler rechnerisch auszugleichen versuchten. Es versteht sich, daß bei der zweidimensionalen Abbildung die Dicke des Organs nicht bestimmt werden konnte. Sie errechnen für den cranio-caudalen Durchmesser bei Männern einen Mittelwert von 11,9 cm (Variation: 9,7—13,5 cm), bei Frauen 11,2 cm (Variation: 8,9—13,1), für den medio-lateralen Durchmesser bei Männern 5,5 cm (Variation: 4,5—6,5 cm), bei Frauen 5,1 cm (Variation: 4,1—6,4 cm). Sie bestimmten auch die ganze Aufrißfläche beider Nieren — von ihnen fälschlich „superficie renale totale" genannt — und fanden, daß der Quotient aus dieser Fläche (in cm^2) dividiert durch die Körperoberfläche (in m^2) eine gewisse Konstanz aufweist; als Extremwerte dieses „indice nefrosomatico" fanden sie 55,0 und 65,9, als Mittelwert 58,6. Daß sie keine statistisch verwertbare Beziehung zwischen Nierenaufrißfläche und Körpergewicht feststellen konnten, ist keineswegs verwunderlich, nachdem ja oben dargelegt wurde, daß auch das Nierengewicht zum Körpergewicht in keiner einfachen Proportion steht.

c) Sinus und Hilus

Der geschilderte Körper besteht aber nicht durch und durch aus Parenchym, sondern dieses bildet eine dicke, taschenartige Schale um einen Bindegewebsraum, den Nierensinus (*13*, auf Abb. 1), in dem sich vor allem die Ramifikation der Nierengefäße und des Nierenbeckens findet, und der sich nach medial am Nierenhilus öffnet. Die größte cranio-caudale Ausdehnung des Sinus hat Hou-Jensen mit durchschnittlich 6,2 cm (Variation: 4,5—7,5 cm) bestimmt. Diese größte Ausdehnung findet sich meistens ziemlich nahe dem Grunde der, durch den Sinus repräsentierten Tasche; von hier gegen den Hilus zu verkürzt sich der Sinus auf durchschnittlich 3 cm; wenn Hou-Jensen die Variationsbreite für die Länge des Hilus mit 2—4,5 cm angibt, so scheint nach eigenen Beobachtungen der obere Grenzwert zu niedrig gegriffen. Die Tiefe des Sinus beträgt durchschnittlich 2,9 cm (Variation: 2,5—3,2 cm), seine durchschnittliche Dicke 1,4 cm (Variation: 0,8—2,0 cm). Der Vergleich dieser Maße mit den entsprechenden Maßen des Gesamtorgans lehrt, daß der Sinus in cranio-caudaler Richtung 50—60%, in medio-lateraler Richtung 45—60% und in ventro-dorsaler Richtung 26—44% der entsprechenden Dimensionen des ganzen Organs erreicht. Aus den zuletzt genannten Zahlen ergibt sich, daß das Parenchym an den dünnsten Stellen der Vorder- und der Hinterwand doch noch 28—37% der Organdicke ausmacht.

Der Name „Hilus", der ursprünglich für die Niere geprägt und erst sekundär auch auf andere Organe übertragen wurde, bezeichnet bekanntlich jenes Gebiet, an dem alle, das betreffende Organ betretenden und verlassenden Gebilde aufzufinden sind. Bei der Niere handelt es sich darum, daß Nierenbecken, Blut- und Lymphgefäße und Nerven durch den Hilus den Sinus betreten, um von hier aus mit dem Parenchym in Beziehung zu treten. Eine Ausnahme von dieser Regel stellen allerdings die Aa. aberrantes dar, die extrahilär in das Nierenparenchym eintreten. Die Regel, daß sich ein einziger Sinus durch einen einzigen Spalt nach außen öffnet, daß also nur *ein* Hilus existiert, hat meistens auch in jenen Fällen Gültigkeit, in denen aus einer Niere zwei Nierenbecken und zwei Ureteren hervorgehen. Allerdings gibt es auch Nieren, bei denen überhaupt kein wohl definierter Sinus und Hilus existiert; das sind jene atypisch geformten und gelagerten Organe, bei denen das Nierenbecken von vorne her in eine indistinkte Vertiefung der Niere eintritt (Abb. 16, links), und die als Hemmungsbildungen durch Ausbleiben der normalen Nierenrotation zu deuten sind[1]. Aber auch an einer im allgemeinen normal geformten und gelagerten Niere konnte Halbfas-Ney das Fehlen von Sinus und Hilus beobachten, da von einem extrarenal gelegenen Nierenbecken drei Calices maiores in der Weise in das Organ eintraten, daß sie durch Parenchymbrücken voneinander getrennt waren.

Auch beim normalen Hilus ist eine ziemlich große Variabilität der Form zu berücksichtigen, die auch eine Variabilität der Lage impliziert: Ein stärkeres Zurückweichen der ihn vorne begrenzenden Parenchymlippe — kurz vordere Hiluslippe genannt — ergibt eine ventrale Lage des Hilus und umgekehrt. Die häufigste Form des Hilus, die Hou-Jensen in etwas mehr als 50% seines Materials

---

[1] Wenn in dem vorliegenden *normal* anatomischen, also die Teratologie nicht berücksichtigenden Beitrag dennoch immer wieder auch auf diese eine atypische Nierenform eingegangen wird, so deshalb, weil es sich um derart häufige Bildungen handelt, daß die Bezeichnung „Mißbildung" fehl am Platze scheint. Nur ganz am Rande sei erwähnt, daß Chauvin diesen „nicht rotierten" Nieren mit ventralem Hilus die invers rotierten mit lateralem Hilus und die hyperrotierten mit dorsalem Hilus als Analoga an die Seite stellt.

fand, schildern ALBARRAN u. PAPIN als eine x-förmige Überkreuzung der beiden Hiluslippen, derart, daß die vordere Lippe kontinuierlich aus dem unteren Pol hervorgeht und von hier allmählich nach oben zurückweicht, wo sich dann der obere Pol scharf gegen sie absetzt, wohingegen die hintere Lippe vom oberen Pol nach unten zurückweicht, um sich dann gegen den unteren Pol scharf abzusetzen. Die Existenz des solcherart dorsocaudal entstehenden spitzen Winkels bringen die Autoren in sinnvollen Zusammenhang mit der dorsalen Lage des Nierenbeckens, das nach caudal in den Ureter übergeht. Bei dieser Form hat also der Hilus in seinen oberen Anteilen eine ventrale, in seinen unteren Anteilen eine dorsale Lage. Bei den zahlreichen Fällen, die nicht diesem Typus entsprechen, scheint häufiger die ventrale Hiluslippe zurückzuweichen, also der Hilus eine ventrale Lage zu haben. Die Angabe LÖFGRENs, daß diejenige Nierenfläche stärker gewölbt sei, an der sich der Hilus findet, ist dahin zu ergänzen, daß auch bei jener Mehrzahl von Nieren, bei denen nur der obere Anteil des Hilus eine ventrale Lage hat, die ventrale Fläche des Organs die stärkere Wölbung aufweist; d. h. eine stärker gewölbte dorsale Fläche findet sich nur in einer Minorität der Fälle.

2. Das Parenchym

a) Rinde und Mark

An einem Schnitt durch die Niere (Abb. 1) kann man die Struktur des Parenchyms und seine Beziehung zu den Gebilden des Sinus erkennen. Am Parenchym des frischen Organs kann man eine mattere, weil körnig strukturierte, rötlichgelbe Rindensubstanz (substantia corticalis) und eine mehr glänzende, kompaktere, mehr oder minder deutlich streifig strukturierte Marksubstanz (substantia medullaris) unterscheiden; am konservierten Präparat ist die Marksubstanz gegenüber der Rindensubstanz vor allem durch ihre dunklere Farbe ausgezeichnet. Die Marksubstanz besitzt keine Kontinuität in sich, sondern besteht aus einer variablen Zahl von Einheiten, die voneinander durch Rindensubstanz vollständig getrennt werden, und die seit MALPIGHI als Nierenpyramiden (pyramides renales) bezeichnet werden. Für die Anteile von Substantia corticalis, welche die einzelnen Pyramiden voneinander trennen, wird der Name „Columae renales BERTINI" (z. B. *2* auf Abb. 1) gebraucht, obwohl es sich dabei natürlich keineswegs um einzelne Säulen handelt — die ja niemals eine vollständige Trennung durchführen könnten — sondern um kontinuierliche Septen. Diese Septa schneiden bis an den Nierensinus durch und erreichen ihn in Gebieten, wo der Inhalt des Sinus aus Fett und Bindegewebe mit eingelagerten Gefäßen besteht. Dort hingegen, wo Marksubstanz an den Sinus grenzt, findet sich in diesem ein Zweig des Nierenbeckens, ein Nierenkelch (z. B. *15* auf Abb. 1), in den die Pyramidenspitze, die Papille (*1* auf Abb. 1), vorragt.

b) Die Pyramiden

Daß die Pyramidenspitze zur Papille abgerundet, ja bei alten Individuen recht flach ist, ist der geringste Unterschied gegenüber dem geometrischen Begriff der Pyramide. Eine Pyramide hat bekanntlich eine Basis und Seitenflächen. Das primäre Konzept der Malpighischen Pyramide ist nun, daß die Basis der Nierenoberfläche zugekehrt sei, die Seitenflächen den Columnae renales. Daß zwischen Basis und Seitenfläche der Malpighischen Pyramide — zum Unterschied von der geometrischen Pyramide — im allgemeinen keine spitzen Winkel bestehen, sondern ein abgerundeter Übergang, versteht sich von selbst. Vielfach aber ist dieser Übergang derart stark abgeschliffen, daß die Begriffe Basis und Seitenfläche überhaupt ihren Sinn verlieren, und daß es sich eher um einen Kolben als um eine Pyramide handelt. Keinen Wesensunterschied gegenüber der geometrischen Pyramide würde es bedeuten, daß die Basis — soferne man von einer solchen sprechen kann — eine sehr unregelmäßige, ja eine lappige Gestalt haben kann; ein ganz wesentlicher Unterschied hingegen ist es, daß die Kontinuität der Basis durch einschneidendes Rindengewebe vollständig unterbrochen sein kann. Und

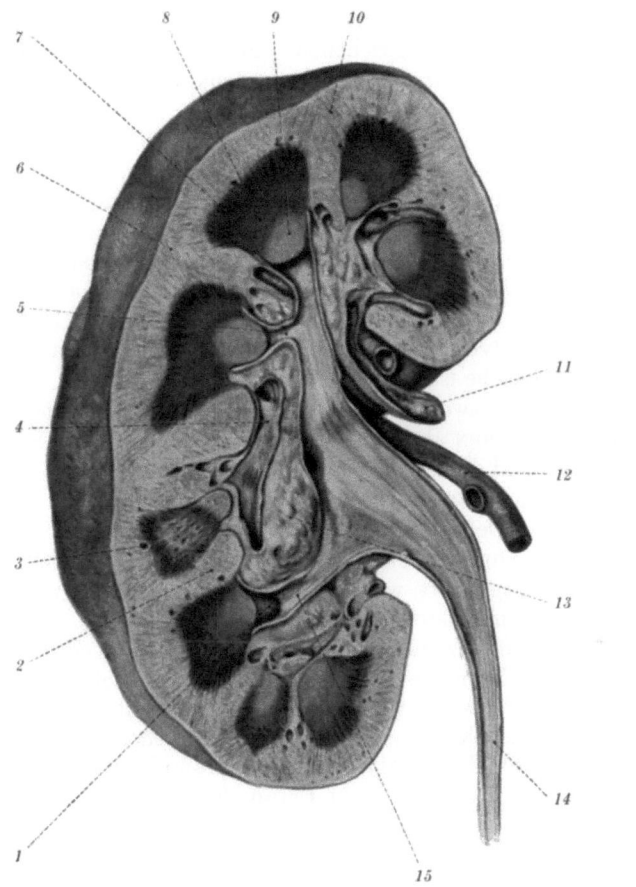

Abb. 1. Schnitt durch Niere von konvexem Rand gegen Hilus. *1* Eine Papille in Kelch vorragend, *2* eine Columna renalis, *3* eine Arteria arcuata an Grenze zwischen Rinde und Mark, *4* eine Vene im Sinus, *5* Hals eines Kelches, *6* „Fischgrätenmuster" der Processus medullares zweier benachbarter Renculi, *7* Grenzschicht der Marksubstanz mit deutlicher Gefäßzeichnung, *8* Außenzone einer Pyramide, *9* Innenzone derselben Pyramide, *10* Gebiet, wo Markstrahlen — zum Unterschied von dem medial anschließenden Gebiet — deutlich wahrnehmbar sind, *11* Nierenvene, *12* Nierenarterie, *13* Fett im Sinus renalis, *14* Ureter, *15* ein lang ausgezogener Kelch

zwar kann es sich dabei ebenso bloß um seichte Rinnen in der Pyramidenbasis handeln, wie um Rindensepten, die bis nahe an die Papille durchschneiden. Selbstverständlich kann nun eine Markmasse, die nur im Papillenbereich zusammenhängt, im übrigen aber durch Rindensubstanz gegliedert ist, mit gleichem Recht als *eine* Pyramide beschrieben werden, die durch das Rindenseptum unvollständig unterteilt ist, wie als *zwei* Pyramiden, die an der Papille vereinigt sind. Diese zwei verschiedenen Ausdrucksweisen für die Schilderung eines *Zustandes* können nun aber auch so gedeutet werden, als würde damit eine Aussage über die Art und Weise gemacht, wie dieser Zustand *entstanden* ist. Aus der ersten Formulierung kann man die Behauptung herauslesen, eine Pyramide hätte sich unvollständig geteilt, aus der zweiten hingegen die Aussage, zwei Pyramiden hätten sich miteinander unvollständig vereinigt. Und so hat sich der rein anatomischen Frage nach der Zahl der Pyramiden in zunehmendem Maße die Embryologie bemächtigt. Am konsequentesten wurde die entwicklungsgeschichtliche Betrachtungsweise von LÖFGREN durchgeführt; er geht von dem Ureterbäumchen eines Embryos von 26,5 mm Kopf-Steiß-Länge aus, und was an der adulten Niere der Lage nach einer Einheit dieses frühembryonalen Ureterbäumchens entspricht, muß eine Pyramide sein. So kann es geschehen, daß zwei Komplexe Marksubstanz, die voneinander vollständig durch ein Columna renalis getrennt sind, für ihn dennoch *eine* Pyramide sind, und andererseits kann eine Markmasse, die nur recht indistinkt durch Furchen gegliedert ist, für ihn dennoch mehrere — 2, 3, 4 oder 5 — Pyramiden repräsentieren. Solchen Spekulationen, die übersehen, daß sich der Begriff „Pyramide" primär auf eine anatomische Bildung bezieht, läßt sich von praktischem und anatomischem Standpunkt aus die ganz einfache, rein deskriptive Definition entgegensetzen, daß jede Einheit von Marksubstanz, die irgendwo, und wäre es auch nur im unmittelbaren Papillenbereich, eine Kontinuität aufweist, als *eine* Pyramide aufzufassen ist. Damit ist erreicht, daß rein definitionsgemäß die Zahl der Pyramiden identisch mit der Zahl der Papillen und identisch mit der Zahl der Kelche ist.

Rindenmassen, die zwei solcherart definierte Pyramiden voneinander trennen, werden von HOU-JENSEN als „echte Columnae Bertini" oder „Septa interpyramidalia" bezeichnet und den „unechten Columnae Bertini" oder „Septa pyramidis" gegenübergestellt, die nur eine unvollständige Trennung einer Markmasse durchführen. Nach dieser Definition ist also der freie Rand einer echten Columna dem Sinus renalis zugekehrt, der einer unechten hingegen jener Markmasse, die von ihr unvollständig gegliedert wird. Dabei ist aber zu bedenken, daß die Entscheidung, ob ein Rindenanteil als echte oder als unechte Columna aufzufassen ist, niemals an einem einzelnen Schnitt durch das Organ getroffen werden kann, da ja die unechten Columnae seitlich immer an echte Columnae anschließen und als leistenförmige Fortsätze der echten Columnae allenfalls bis an den Sinus heran verfolgt werden können. Somit kann es geschehen, daß eine Markmasse, die bei genauer räumlicher Analyse als *eine* Pyramide zu bezeichnen ist, auf dem einzelnen Schnitt als zwei oder mehr Pyramiden erscheint.

Allerdings gibt es Grenzfälle, in denen die hier erläuterten einfachen morphologischen Definitionen nicht ohne weiteres anwendbar sind. Gelegentlich — und zwar nach eigener Erfahrung nicht nur bei Neugeborenen, wie LÖFGREN behauptet hat — kommt es nämlich vor, daß zwei im Bereiche der Pyramidenbasis getrennte Markmassen derart gegen den Sinus konvergieren, daß sie nicht — wie in der bisherigen Darstellung angenommen wurde — im Bereiche der ganzen Papille, sondern nur an der Papillenspitze miteinander vereinigt sind, daß sie also nicht im Bereich der einheitlichen Parenchymschale, sondern erst innerhalb des Kelches zusammenfließen, derart, daß der Kelch zwischen den beiden konvergierenden Anteilen und unter der einheitlichen Pyramidenspitze ein „Cavum subpapillare" (LÖFGREN) bildet (Abb. 2). Soll man in solch einem Falle bei der Namensgebung davon ausgehen, daß der dem subpapillären Raum zugekehrte Rindenanteil den Sinus erreicht und deshalb eine echte Columna ist, womit die zu beiden Seiten dieser Columna gelegenen Markanteile trotz ihrer gemeinsamen Papillenspitze als zwei Pyramiden definiert wären, oder soll man vielmehr die gesamte Markmasse auf Grund ihrer Einheit an der Papillenspitze als *eine* Pyramide bezeichnen, womit die trennende Columna trotz ihrer Beziehung zum Sinus zu einer unechten Columna würde ? Die Tatsache, daß solch ein Verhalten bei Neugeborenen eine gar nicht so ungewöhnliche Variation darstellt, dagegen bei älteren Kindern und Erwachsenen nur ganz ausnahmsweise vorkommt, erinnert daran, daß mit der Geburt die entwicklungsbedingten Strukturveränderungen der Niere noch keineswegs abgeschlossen sind und daß daher die entwicklungsgeschichtlichen Aspekte der vorliegenden Frage nicht als praktisch völlig unwichtig abgetan werden können. Trotz des Interesses, das die Papillen mit Subpapillarraum — so wie jeder Grenzfall — verdienen, ist aber zu bedenken, daß die Zahl derartiger Papillen eine so verschwindende Minorität darstellt, daß dadurch die Brauchbarkeit der oben gegebenen Definitionen für „Pyramide", „echte" und „unechte Columnae" für prinzipielle Erörterungen nicht eingeschränkt ist.

Die Zahl der solcherart definierten Pyramiden ist variabel. Am häufigsten finden sich 7, 8 oder 9 Pyramiden in einer Niere. Die normale Variationsbreite scheint zwischen 4 und 14 zu liegen. Bei geteiltem oder gedoppeltem Ureter

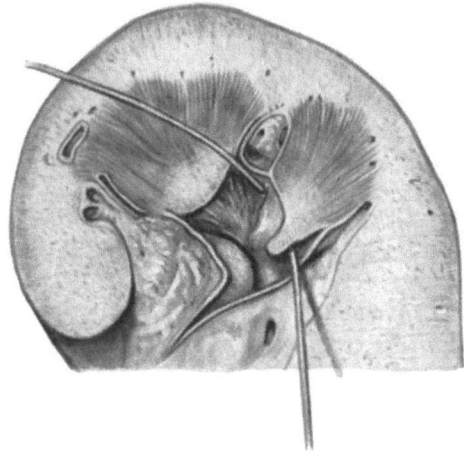

Abb. 2. Kompliziert gestaltete obere Polpyramide mit Bildung eines subpapillären Raums, durch den eine Sonde geführt wurde

kommen noch höhere Zahlen vor. Natürlich finden sich bei Autoren, die den Pyramidenbegriff anders definieren, wesentlich andere Zahlen. So ist etwa bei LÖFGREN die Zahl der Pyramiden definitionsgemäß auf 14 festgelegt. Was sich für ihn ändern kann, ist nur die Zahl der Papillen. Bei Autoren, für die eine Markmasse schon dann eine Pyramide ist, wenn sie auch nur durch unechte Columnae abgegrenzt ist, finden sich selbstverständlich viel höhere Pyramidenzahlen; so beschreibt z. B. MARESCH 21—50 Pyramiden. Die Größe der einzelnen Pyramiden innerhalb einer Niere ist sehr verschieden. Am größten sind fast immer die beiden an den beiden Polen gelegenen, und zwar ist in der Regel die craniale Polpyramide größer als die caudale. HOU-JENSEN gibt für die craniale Polpyramide folgende Maße an: Länge: 34—61 mm (Durchschnitt: 54 mm). Breite: 29—45 mm (Durchschnitt: 38 mm), Höhe: 17 mm. Die entsprechenden Maße für die caudale Polpyramide lauten: 32—55 mm (45 mm), 27—41 mm (36 mm) und 15 mm. Wohingegen für die Pyramiden der Mittelzone nur folgende Werte bestimmt wurden: 10—45 mm (30 mm), 5—24 mm (14 mm) und 8—18 mm (13 mm).

Während also die beiden Polgebiete in der Regel von je einer großen Pyramide eingenommen werden, sind die Pyramiden der Mittelzone meistens in zwei Reihen, einer ventralen und einer dorsalen angeordnet, die somit durch eine axial in cranio-caudaler Richtung verlaufende echte Columna renalis voneinander getrennt sind. Entsprechend der unregelmäßigen Gestalt der Pyramiden hat die

Hauptcolumna natürlich keinen geraden Verlauf, und sie entspricht nicht einfach dem lateralen konvexen Rand der Niere, in dessen Nähe sie sich naturgemäß findet. BRÖDEL betont, daß sie in der Regel ventral dieses Randes verlaufe, so daß sich also die dorsalen Pyramiden weiter lateral erstrecken als die ventralen. AUGIER hinwieder findet die Grenze häufiger dorsal des Nierenrandes. Auf Grund eigener Erfahrungen kommt es gar nicht so selten vor, daß sie in schrägem Verlauf diesen Rand kreuzt, oder in geknicktem Verlauf sogar zweimal kreuzt. Von dieser axialen Columnae Bertini gehen sowohl nach ventral als auch nach dorsal echte Columnae aus, die die einzelnen ventralen bzw. die einzelnen dorsalen Pyramiden voneinander und von den beiden Polpyramiden trennen. Es ist verständlich, daß größere Pyramiden reichlicher durch unechte Columnae gegliedert sind als kleinere. Völlig ungegliederte Pyramiden scheint es überhaupt nicht zu geben. Für die, durch unechte Columnae getrennten Anteile der Marksubstanz verwendet LÖFGREN den Namen „Pyramidenanteile" oder „kleinere Pyramiden". Aus den Untersuchungen MARESCHs ergibt sich — unter Änderung der von ihm angewandten Termini —, daß eine Pyramide mindestens aus zwei, höchstens aus neun Pyramidenanteilen besteht, wobei sich die aus 7, 8 oder 9 Pyramidenanteilen zusammengesetzten Pyramiden ausschließlich am oberen Pol finden.

c) Renculi

Von den Basen der Pyramiden erstrecken sich in die Rindensubstanz hinein strahlenartige Fortsätze der Marksubstanz, die als Processus medullares FERREINI (*10* auf Abb. 1) bezeichnet werden. Wenn auch in die eigentlichen Columnae hinein keine derartigen Ausstrahlungen beobachtet werden können, so finden sie sich aber doch in dem Gebiet, in dem die Columnae mit der oberflächlichen Rinde zusammenhängen. In diesen Gebieten kann man an den Schnitten, die von der Nierenoberfläche gegen den Sinus gerichtet sind, die Markstrahlen der beiden benachbarten Pyramiden unter verschieden großen Winkeln gegen eine Linie konvergieren sehen, die der Mitte der Columna entspricht, derart, daß hier gleichsam ein Fischgrätenmuster gebildet wird (z. B. bei *6* auf Abb. 1).

Ein derartiges Verhalten findet sich nicht nur an der Basis echter Columnae, sondern auch distinkter unechter Columnae. So wird durch diese Markstrahlen jeweils ein bestimmtes Rindengebiet einer bestimmten Pyramide bzw. einem bestimmten Pyramidenanteil zugeordnet. Die Grenzen zwischen solchen, aus je einem geschlossenen Stück Marksubstanz und umgebender Rindensubstanz bestehenden Einheit verlaufen dabei jeweils in der Mitte der betreffenden Columna. An der kindlichen Niere sind nun diese Grenzen an der Oberfläche des Organs durch mehr oder minder deutlich einschneidende Furchen erkennbar, so daß also die kindliche Niere gelappt ist. Da diese Nierenfurchen nicht nur den echten, sondern ebenso den unechten Columnae entsprechen, ist also die Zahl der oberflächlich erkennbaren Lappen wesentlich größer als die oben angegebene Zahl der Pyramiden. Diese oberflächliche Lappung schwindet nach HAUCH im Alter von 4 Jahren. Doch konnte dieser Autor auch schon bei einen $2^1/_2$ Jahre alten Kind eine glatte Nierenoberfläche beobachten. Andererseits kann eine Lappung auch bis ins adulte Leben persistieren. Während eine ausgesprochene Lappenniere (ren lobatus) (Abb. 3) beim Erwachsenen eine ziemlich seltene Variation darstellt, lassen sich aber in der überwiegenden Mehrzahl der Fälle gewisse Überreste der kindlichen Furchung noch bis ins hohe Alter feststellen und zwar als mehr oder minder distinkte Depressionen von leicht weißlichem Farbton, in deren Bereich das umgebende Fett etwas stärker an der Organoberfläche haftet. Vor allem entsprechend der axialen Columna in der Nähe des konvexen Nierenrandes läßt sich meistens solch ein Furchenrest nachweisen, für den KELLY den Namen ,,BRÖDELs white line" vorschlägt. Auch die eine oder andere horizontale Furche ist öfter auf kurze Strecken zu erkennen. Aber auch dort, wo keine Depressionen erhalten bleiben, glaubt BRÖDEL den Verlauf der geschwundenen Furchen daraus erkennen zu können, daß sich in ihrem Bereiche die Zentren der großen Venensterne in der Kapsel finden. LÖFGREN ordnet die durch die am längsten erkennbaren Furchen getrennten Nierenabschnitte seinen embryologisch definierten Pyramiden zu.

Eine Pyramide mit dem ihr zugeordneten Anteil Rindensubstanz wird als ,,Renculus" oder — auf Grund der kindlichen Verhältnisse — als ,,Nierenlappen" bezeichnet. Es versteht sich, daß die verschiedenen Definitionen der ,,Pyramide" ebensoviele verschiedene Definitionen des ,,Renculus" bedeuten, und daß die

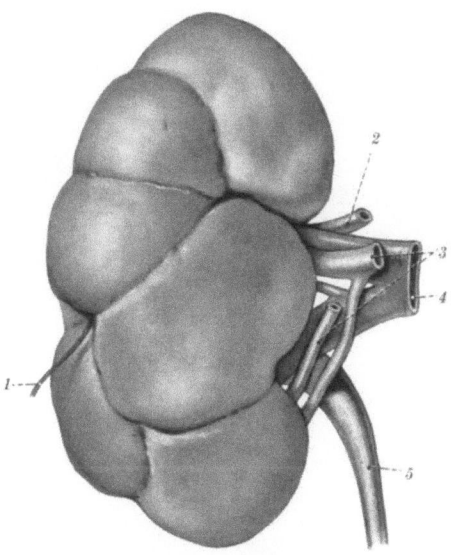

Abb. 3. Ren lobatus vom Erwachsenen. Ansicht von vorne. *1* Eine Arteria perforans, *2* retropelvische Arterie, *3* präpelvische Arterien, in diesem Falle vor den Venen gelegen, *4* Vena renalis, *5* Ureter

Angaben über die Zahl der Pyramiden gleichzeitig Angaben über die Zahl der Renculi darstellen. Die kleinsten und damit meisten Renculi beschreibt wohl MARESCH, der Wert darauf legt, daß man zur Abgrenzung dieser Renculi an der kindlichen Niere auch die wenig distinkten Furchen beachten müsse. HEIDENHAIN hingegen definiert seinen Renculus embryologisch und gliedert diesen — wieder aus entwicklungsgeschichtlicher Perspektive — in kleinere Einheiten, die er ,,Sektoren" nennt, und die ungefähr MARESCHs Renculis entsprechen dürften. Daß bei der hier zugrundegelegten, HENLE und HOU-JENSEN folgenden Definition meistens 7, 8 oder 9 Renculi zu beschreiben sind, ist evident.

Obwohl also der bisher erläuterte ,,Nierenlappen" bei verschiedenen Autoren recht beträchtliche Unterschiede an Mächtigkeit aufweist, ist doch allen diesen Gesichtspunkten gemeinsam, daß der Begriff des Nierenlappens mit dem des Renculus zusammenfällt. Anders bei SYKES; er geht von LÖFGRENs Schema aus, in dem 14 Lappen zu 3 größeren Einheiten, einer ,,Pars cranialis", ,,Pars intermedia" und ,,Pars caudalis" zusammengefaßt sind, und er ändert nun die Terminologie in dem Sinne, daß er die ,,Partes" als ,,lobes" — nämlich: upper, hilar und lower lobe — bezeichnet, während die Lappen bei ihm zu ,,lobules" werden. Es wäre interessant, welche Bezeichnung SYKES für jene — später (S. 66 f.) zu besprechende — Einheit von Nierensubstanz wählt, die gemeiniglich als ,,Lobulus" bezeichnet wird. In wieder anderem Sinne wird das Wort ,,Lappen" von FALLER und UNGVÁRY angewandt, die darunter getrennte

Gefäßbezirke der Niere (vgl. S. 97ff.) verstehen, so daß es bei ihnen einen „Vorder-" und einen „Hinterlappen" gibt; einer Verwechslung mit dem gebräuchlichen Lappenbegriff wollen sie offenkundig dadurch vorbeugen, daß sie das Wort „Lappen" unter Anführungszeichen setzen.

d) Papillen

Der in einen Kelch vorragende apikale Anteil einer Pyramide wird bekanntlich als „Papille" beschrieben. Auf der Spitze der Papille findet sich das Porenfeld,

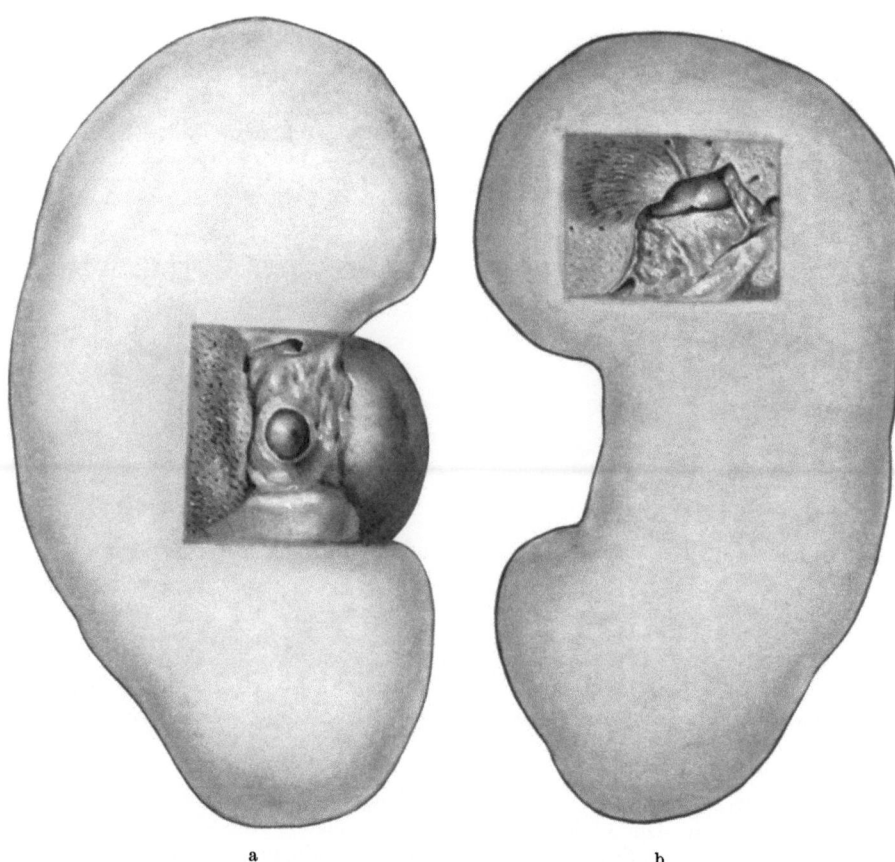

Abb. 4a u. b. Verschiedene Papillenformen. a Einfache Papille aus der vorderen Reihe der Renculi im Mittelbereich.
b Zusammengesetzte Papille der oberen Polpyramide

das „Cribrum benedictum" der Alten, seit P. MÜLLER meistens als „Area cribrosa" bezeichnet, wo sich die Ductus papillares mit Öffnungen, die mit schwachen Lupen — für den Myopen allenfalls mit unbewaffnetem Auge — sichtbar sind, in den Kelch öffnen. Begreiflicherweise entspricht der Unterschiedlichkeit der Pyramiden in ihrer Masse auch eine verschiedene Mächtigkeit der Papillen und eine verschiedene Zahl der Poren in der Area cribrosa. Aber auch die unterschiedliche *Form* der Pyramiden kann sich an den Papillen widerspiegeln. Wenig gegliederte Pyramiden, die aus nur zwei oder drei Pyramidenanteilen bestehen, besitzen in der Regel eine völlig ungegliederte Papille (Abb. 4a). Dasselbe konnte MARESCH auch noch bei manchen Papillen beobachten, denen vier Pyramidenanteile zugehörten. Aber schon sind in diesen Fällen auch Sattel- oder Biskottenformen zu beobachten. Bei noch reicher gegliederten Pyramiden gibt es kleeblattförmige Papillen, da sich manche, durch stark einschneidende unechte Columnae an den Seitenflächen der Pyramiden bedingte Furchen auf die Papillen fortsetzen können. Papillen dieser Art werden als „zusammengesetzte Papillen" (Abb. 4b) bezeichnet. Auf zusammengesetzten Papillen kann es manchmal mehrere getrennte Porenfelder geben, meistens aber bildet die Area cribrosa eine Einheit, entweder entlang der Kämme oder auch über die Abhänge der Papillen. P. MÜLLER fand auf einfachen Papillen 13—24 Poren, auf zusammengesetzen 25—86. Für die gesamte Niere zählte HAUCH 170—216 Poren mit einem Durchschnitt von 200. Gelegentlich finden sich auf der Papille Grübchen, in die jeweils mehrere Ductus papillares einmünden, doch scheint dieses Verhalten nur bei der fetalen und kindlichen Niere, nicht aber beim Erwachsenen eine wesentliche Rolle zu spielen. Am Rande der Area cribrosa beginnt eine radiäre Streifung der Papillenoberfläche.

e) Zonen der Marksubstanz

Obwohl die Marksubstanz von der Mark-Rinden-Grenze bis zur Papillenspitze im wesentlichen eine Einheit darstellt, läßt sich an ihr bei genauerer Untersuchung eines Schnittes doch noch eine Unterteilung in verschiedene Schichten erkennen, und zwar ergeben sich verschiedene Schichtengrenzen, je nachdem, ob man ein blutgefülltes oder ein stark ausgeblutetes, ein frisches oder ein chemisch vorbehandeltes Präparat betrachtet. Am gut durchbluteten Organ hebt sich eine der Rindensubstanz benachbarte, dunklere, durch ihren reichen Blutgehalt deutlich rötliche und durch die radiär verlaufenden Gefäßbündel deutlich gestreifte, von HENLE als „Grenzschicht der Marksubstanz" bezeichnete äußere Schicht (*7.* auf Abb. 1) von der übrigen Markpyramide ab, die im Vergleich dazu heller und fast homogen wirkt, wobei aber zwischen diesen beiden Schichten keine distinkte Grenze sondern mehr ein allmählicher Übergang festzustellen ist. Viel schärfer wird diese Grenze an Präparaten, die — wie das auf Abb. 1 dargestellte — nach der Methode von KAISERLING behandelt wurden, wobei die Blutgefäße nicht nur ihre normale Blutfüllung aufweisen, sondern noch zusätzlich injiziert wurden.

Am ausgebluteten Organ zeigt sich papillenwärts von der soeben beschriebenen Grenzlinie eine ebenfalls recht deutliche Grenze zwischen einer dunkleren rindennäheren Schicht (*8.* auf Abb. 1) und einem helleren Anteil, dem die Papille angehört (*9.* auf Abb. 1). Diese jetzt wahrnehmbare Grenze entspricht, wie PETER nachweisen konnte, einer Grenze in der Kanälchenstruktur, und nicht, wie die von HENLE beschriebene Grenze, einer verschiedenen Gefäßanordnung. An dem nach Kaiserling behandelten, auf Abb. 1 dargestellten Präparat ist diese Petersche Kanälchengrenze in deutlichem Abstand von der Henleschen Gefäßgrenze recht gut erkennbar. Heute ist es allgemein gebräuchlich, ausschließlich die von PETER beschriebene Unterteilung des Markes zu berücksichtigen und für die beiden Schichten die von ihm vorgeschlagenen Namen „Außenzone" und „Innenzone" zu verwenden. Eine weitere Unterteilung der „Außenzone" in einen schmalen „Außenstreifen" und einen breiteren „Innenstreifen" tritt erst nach Behandlung mit HCl deutlich in Erscheinung. PETER allerdings, der auch diese Unterteilung erstmals beschrieb, glaubte sie auch schon am unbehandelten Präparat wahrnehmen zu können. In gleichem Sinne äußert sich AUGIER, der den Außenstreifen als „zone basale", den Innenstreifen als „zone centrale" und die Innenzone als „zone papillaire" bezeichnet.

Die Grenze zwischen Außenzone und Innenzone verläuft bogenförmig ungefähr parallel der Mark-Rinden-Grenze, d. h. sie weicht in den zentralen Anteilen der Pyramide wesentlich stärker gegen die Oberfläche des Organs zurück als an den Seitenflächen der Pyramide. An den Seitenflächen finden wir die Zonengrenze im

Grenzgebiet zwischen jenem Pyramidenanteil, der zwischen die Columnae eingebettet ist, und jenem anderen Anteil, der als Papille in den Sinus vorragt. Es ist ja verständlich, daß an *jeden* Rindenanteil, also auch an den, dem Sinus zunächst gelegenen Anteil der Columna zunächst Außenzone der Marksubstanz anschließt. Das heißt aber nicht, daß Außenzone auch noch in dem frei in den Kelch vorragenden Anteil der Papille zu finden sein müsse. Vielmehr ist zu bedenken, daß zwischen dem Rande der Columna und dem Beginn des Kelch*raumes* ein Streifen liegen muß, wo die *Wand* des Kelches an der Pyramide ansetzt. Es ist das jenes Gebiet, das HOU-JENSEN wohl meint, wenn er feststellt, daß auch suprapapillär die Pyramiden an den Sinus grenzen. Die mögliche Beziehung der Zonengrenze zu der hier in die Kelchwand eingelagerten Muskulatur wird von v. MÖLLENDORFF ausdrücklich erwähnt.

f) Substantia corticalis

Die wesentlichen Tatsachen über die *Rindensubstanz* ergeben sich schon aus dem bis jetzt Gesagten. Der Gedanke AUGIERs, die Namen „substantia corticalis" und „cortex" nicht einfach als synonym zu gebrauchen, sondern als „cortex" nur den Anteil der Rindensubstanz zwischen Organoberfläche und Pyramidenbasis zu bezeichnen und diesem Cortex sensu strictiori die Columnae renales als etwas differentes gegenüberzustellen, konnte sich begreiflicherweise wegen der zu minutiösen Wortdifferenzierung nicht durchsetzen, obwohl er sprachlich durchaus gerechtfertigt wäre, weil sich ja das Wort „Rinde" prinzipiell auf eine oberflächlich gelegene Schicht bezieht. Überdies wäre zu bedenken, daß auch ein gewisser struktureller Unterschied zwischen diesen beiden Gebieten besteht, da sich nur in den, dem Sinus näheren Anteil der Columnae die Substantia corticalis in größerer Ausdehnung unvermischt findet, während sie doch im Cortex sensu strictiori immer wieder durch Ausstrahlungen der Marksubstanz unterbrochen wird. Diese Markstrahlen haben durchschnittlich einen Durchmesser von 0,3 mm. Die Abstände zwischen ihnen sind 2—3mal so groß. Die in diesen Zwischenräumen gelegene eigentliche Rindensubstanz wird seit LUDWIG auch „Rindenlabyrinth" genannt. Bei der Rinde des Neugeborenen reichen die Markstrahlen bis an die Nierenoberfläche heran, später werden ihre peripheren Enden von der Nierenkapsel durch eine etwa 1 mm dicke Lage eigentlicher Rindensubstanz getrennt. Für diese, sich also erst extrauterin entwickelnde Schicht der Rinde, auf deren Existenz HYRTL (1846) hingewiesen hat, wird der Name „Cortex corticis" angewandt. HAUCH betont, daß man bei Erwachsenen auch in der Mitte mancher Columnae renales eine Schicht Cortex corticis zwischen den Enden der von den beiden benachbarten Pyramiden einstrahlenden Processus medullares wahrnehmen kann; aber natürlich kann sich dies nur auf das Übergangsgebiet zwischen Columnae und oberflächlicher Rinde beziehen, in dem es eben überhaupt Markstrahlen gibt.

Während auf einem zur Nierenoberfläche senkrechten Schnitt der Eindruck entsteht, als ob die einzelnen Anteile des Rindenlabyrinths nur durch den Cortex corticis miteinander zusammenhängen, im übrigen aber durch die Markstrahlen voneinander getrennt wären, zeigt ein zur Nierenoberfläche paralleler Schnitt nur ein Punktmuster der Markstrahlen auf dem Grunde der eigentlichen Rindensubstanz, die also überall rings um die Processus medullares Zusammenhänge besitzt. Seit HUSCHKE ist es üblich, je einen Markstrahl mit dem ihn umgebenden Anteil eigentlicher Rindensubstanz als ein Läppchen (Lobulus) zu bezeichnen. Die Grenze zwischen diesen so definierten Lobulis läuft also jeweils mitten durch die eigentliche Rindensubstanz in der Mitte zwischen den benachbarten Markstrahlen. Wo mehrere Läppchen zusammenstoßen, verlaufen ungefähr parallel den Markstrahlen Gefäße, die aber ohne Anwendung von Injektionsmethoden makroskopisch nicht erkennbar sind, und die ihrer Lage nach als Aa. bzw. Vv. interlobulares bezeichnet werden. Schon HENLE hat die Willkürlichkeit der geschilderten Läppcheneinteilung betont, und v. MÖLLENDORFF legt dar, mit gleichem Rechte wie von diesen „Markstrahlenläppchen", deren Achse durch einen Markstrahl und deren Begrenzung durch die Verbindungsflächen zwischen den Gefäßen gegeben ist, könne man auch von „Gefäßläppchen" sprechen, die umgekehrt ihre Achse im Gefäß und ihre Begrenzung in den Verbindungsflächen zwischen den Mitten der Markstrahlen haben. Trotz all dieser berechtigten Vorbehalte gegen den Begriff des Markstrahlenläppchens ist aber die Nützlichkeit dieses Begriffes für das Verständnis des Nierenaufbaus nicht zu leugnen. Vor allem hat es gegenüber dem „Gefäßläppchen" den Vorteil, daß dabei dasselbe Bezugssystem gewählt wurde wie beim Begriff des Nierenlappens, nämlich die Gruppierung um eine Einheit Marksubstanz: beim Lappen um eine Pyramide, beim Läppchen um einen Markstrahl.

Die Dicke der Rinde, wie sie an Schnitten durch das Organ bestimmt werden kann, zeigt oft außerordentliche Schwankungen, wobei sich aber die größten Werte einfach dadurch erklären, daß an den betreffenden Stellen der Cortex schräg geschnitten wurde. In Gebieten, in denen der deutlich strahlenförmige Verlauf der Processus medullares eine schräge Schnittrichtung ausschließt, wird der Wert von 1 cm kaum wesentlich überschritten. An den dünnsten Stellen sinkt die Dicke kaum unter 6 mm; diese dünnsten Gebiete entsprechen in der Regel der Mitte einer Pyramide bzw. eines Pyramidenanteiles.

Angaben über das Massenverhältnis von Rinde und Mark zeigen ein deutliches Überwiegen der Rindensubstanz, allerdings mit starker individueller Variabilität. Extremwerte, die HOLLATZ bei Erwachsenen finden konnte, sind 2,59:1 und 2,06:1. Nur bei Neugeborenen finden sich nach PARADE Werte unter 2:1. Bei diesen Angaben ist aber zu berücksichtigen, daß dabei die Markstrahlen, die doch eigentlich Marksubstanz sind, der Rinde zugerechnet wurden.

3. Das Nierenbecken
a) Die Begriffe Pelvis, Calix, Fornix

Der Name „Nierenbecken" (pelvis renalis, πύελος, bassinet) wurde ursprünglich geschaffen, um damit einen erweiterten Anteil der Harnwege zu bezeichnen, der einerseits in das craniale Ende des Ureters übergeht, und der sich andererseits im Nierensinus in die Nierenkelche aufzweigt, in deren blinde Enden die Nierenpapillen vorragen. Das im Namen ausgedrückte Wesen des solcherart definierten Gebildes liegt also in seiner größeren Weite, und die engeren Kelche sind daher keine Teile dieses Beckens, sondern stehen mit ihm nur in Zusammenhang. Nun ist aber dieser Zusammenhang so innig, der Wandaufbau so gleichartig, daß begreiflicherweise der erweiterte Raum und seine engeren Äste auch gemeinsam erkranken. Die Praxis hat somit das Bedürfnis nach einem gemeinsamen Namen für das gesamte Raumsystem geschaffen, und als dieser gemeinsame Name wurde nun wieder das Wort „Nierenbecken" gewählt, das also in weiterem Sinne jetzt nicht mehr eine von den Kelchen differente Bildung darstellt, sondern dem vielmehr die Kelche als ein wesentlicher Anteil mitangehören. Sehr treffend tragen LAUBER und NARATH dem geschilderten Bedeutungswandel vom ursprünglichen anatomischen, bildhaft begründeten zum klinisch gebräuchlichen Wortsinn Rechnung, indem sie für eine Erweiterung im Zwischengebiet zwischen Ureter und Kelchen, sofern eine solche überhaupt vorhanden ist, die Bezeichnung „anatomisches Becken" (LAUBER) bzw. „true pelvis" (NARATH) gebrauchen. Da die vorliegende Darstellung für Praktiker bestimmt ist, soll hier das Wort „Nierenbecken" in der klinischen Bedeutung — also unter Einschluß der Kelche — verwendet werden, ein Vorgehen, das gegenwärtig vielfach auch schon von anatomischer Seite geübt wird. Für einen erweiterten Anteil dieses Beckens hingegen, in den die Kelche münden, soll gemäß dem Vorschlag von SMYRNIOTIS u. KRAFT die Bezeichnung „Ampulle" gebraucht werden.

Noch komplizierter ist die Bedeutungsgeschichte des Wortes „Kelch" (calix) — sehr häufig liest man auch „calyx", obwohl HYRTL die Unrichtigkeit dieser, vorher von ihm selbst meistens verwendeten Schreibweise ausführlich darzulegen versucht hat. Der erste Autor, der diesen Namen einführt, scheint WINSLOW zu sein, der aber gleich an das Wort „calice" anfügt: „ou entonnoir", und der sich in seiner weiteren Beschreibung immer wieder vorzüglich auf diesen „Trichter" bezieht, also den gleichen Vergleich bevorzugt wie HALLER, der ja auch von einem „Infundibulum" spricht. Die konische Verjüngung um die Spitze der Papille (retrecissement autour de la pointe des mammelons) zu einem Hals (goulot, BRÖDELS „neck", „isthmus") (5. auf Abb. 1) ist es wohl, die diesen Vergleich mit dem Trichter so suggestiv erscheinen läßt. Was aber daneben den Vergleich mit dem Kelch sinnvoll macht, ist die Tatsache, daß der Übergang von der Papillenbasis zur Papillenspitze, und dementsprechend der Übergang vom Trichter- bzw. Kelchesrand zum Hals nicht gerade, sondern gekrümmt erfolgt. Jedenfalls aber ist auch beim Vergleich mit dem Kelch der Existenz des Halses größte Aufmerksamkeit zu schenken, und wenn wir bei diesem „Kelch" etwa an den rituell verwendeten Kelch oder an einen „Römer" denken, so würde also dieser „Hals" der engsten Stelle entsprechen, an der Becher und Fuß aneinander schließen, ein Bild, das offenkundig HICKEL, MAMO u. BERNARD vorgeschwebt hat, wenn sie an jedem Kelch einen „pied", eine „tige" und eine „cupule papillaire" unterscheiden.

Es kann nun sein, daß sich die Ampulle direkt in die solcherart definierten Kelche aufzweigt, es kann aber auch sein, daß diese Kelche erst Äste 2., manchmal 3., ja ausnahmsweise sogar 4. Ordnung darstellen. Vielen Beschreibungen wurde nun das Verhalten zugrundegelegt, daß es sich um Äste 2. Ordnung handelt, und man nennt nun die Äste 1. Ordnung „Calices maiores", die eigentlichen Kelche hingegen „Calices minores". Wenn man bedenkt, daß sich die Calices maiores definitionsgemäß verzweigen, daß dies aber dem Begriff eines Kelches widerspricht, so wird man verstehen, daß z. B. die Jenaer Anatomische Terminologie diese für die Beschreibung sehr bequeme Bezeichnungsweise völlig abgelehnt hat. Einen dazu diametralen Standpunkt nimmt NARATH ein, der jeden Beckenast 1. Ordnung — gleichgültig ob er sich nun weiter verzweigt oder nicht — auf jeden Fall als „Calyx maior" bezeichnet und somit die Tatsache ignoriert, daß der an sich paradoxe Begriff des „Calix maior" nur deswegen geschaffen wurde, weil sich eben meistens Verzweigungen höherer Ordnung finden. Daß allerdings tatsächlich eine klare Abgrenzung der Termini „Calix maior" und „Calix minor" gegeneinander gelegentlich problematisch, ja unmöglich scheint, wird noch später (S. 70f.) darzulegen sein. LEGUEUS gut gewählter Terminus „Tube collecteur" anstelle des diskutablen „Calix maior" kann leider aus sprachlichen Gründen — weil nicht lateinisch — keine allgemeine Verbreitung finden. Prinzipiell sei festgehalten, daß im folgenden das Wort "Kelch" — ohne Attribut — nur für ein unverzweigtes Endstück des Raumsystems, also in der Regel synonym mit „Calix minor", angewandt werden soll.

Der Zusammenhang des Kelches mit dem nächstgrößeren Raum, in den er sich öffnet, also entweder mit dem Calix maior oder mit der Ampulle kann in verschiedener Weise erfolgen:

1. Der Übergang kann unmittelbar am Hals des Kelches erfolgen, ein Verhalten, das also einem Kelch ohne Fuß zu vergleichen wäre (Abb. 5a).

2. Zwischen dem Hals und dem nächstgrößeren Raum findet sich ein Verbindungsstück, das sich unmittelbar ureterwärts des Halses allmählich zu erweitern beginnt, das also durchaus dem Fuß eines „Römers" oder eines rituell verwendeten Kelches entsprechen würde (Abb. 5b).

3. Sehr häufig findet sich ein längeres Verbindungsstück von der geringen Weite des Halses, oder anders gesagt: ein lang ausgezogener Hals. Dieses Verhalten war es wohl, das WINSLOW seinen Vergleich mit einem Flaschenhals (goulot) suggerierte. In diesem Falle wäre also der „Kelch" ein langstieliges Weinglas (Abb. 5c).

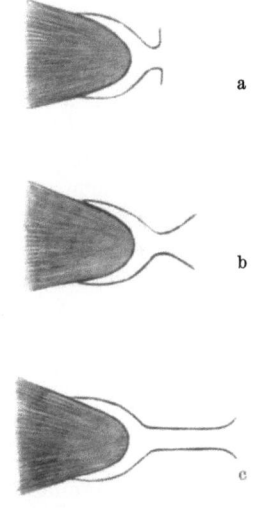

Es ist verständlich, daß man im 2. wie im 3. Falle den — sei es sich verbreiternden, sei es lang ausgezogenen — Fuß des Kelches mit als einen Anteil des Kelches auffassen kann, dies um so mehr, wenn man sein Augenmerk auf die Ramifikation des Beckens richtet, denn dann muß man bestimmt schon von der Basis des Kelchfußes an von einem „Calix minor" sprechen, da ja weiter parenchymwärts keine Verzweigung mehr erfolgt.

Da die Papille normalerweise stark in den Kelchraum vorragt, ergibt sich naturgemäß dort, wo die Kelchwand an der Basis der Papille ansetzt, eine die Papille umgreifende Rinne, der *Fornix* calicis. HYRTL definiert den Fornix als „Umschlagstelle der Calices auf den Rand der Papillen". So weit, so gut; was aber seiner Definition eine verhängnisvolle Bedeutung gab, war ein weiteres Wort: Er spricht nämlich von einer *erweiterten* Umschlagstelle. Nun ist aber klar, daß die Erweiterung nicht erst an der Umschlagstelle erfolgt, sondern schon am Hals des Kelches beginnt. Die Definition beinhaltet also einen Widerspruch in sich. Wer

Abb. 5. Verschiedene Kelchformen (schematisch). Erläuterung im Text

sich im Sinne der hier zuerst gegebenen, sinngemäßeren Erklärung an das Wort „Umschlagstelle" hält, für den ist der Hinweis auf die Erweiterung sinnlos; wer sich hingegen auf den Begriff der Erweiterung stützt, der dehnt damit den Begriff des Fornix von der Umschlagstelle bis an den Hals aus, d. h. alles, was eigentlicher Kelch ist, wird damit zu Fornix. HYRTL ändert nun sprunghaft seine Wahl zwischen der einen und der anderen Deutung seiner Definition. Da findet sich bei ihm eine Kapitelüberschrift: „Fornices ohne Kelche. Kelche ohne Fornices". Der zweite Teil dieser Überschrift bezieht sich auf Verhältnisse, wie sie sich gelegentlich bei alten Individuen finden, bei denen die Papille verflacht und daher die, die Papille umgebende Rinne schwindet, so daß der Ausguß des Kelches statt der Becherform eine Knopfform ergibt. Hier also war für ihn der Fornix die die Papille am Umschlagrand umgreifende Rinne. Seine „Fornices ohne Kelche" dagegen sind nichts anderes als Kelche, die sich in der, oben sub 1 geschilderten Weise ohne Verbindungsstück in den nächstgrößeren Raum öffnen; d. h. hier war plötzlich für ihn der ganze eigentliche Kelch „Fornix". Aber damit nicht genug, sondern dadurch, daß gesagt wird, dieser Fornix habe keinen Kelch, wird ausgedrückt, daß der Fornix nicht — wie es hier ursprünglich dargestellt wurde — ein Teil des Kelches sei, sondern daß unter Kelch etwas anderes zu verstehen sei, nämlich der in diesem Falle fehlende Fuß des Kelches; d. h. der Name „Kelch" wird jetzt plötzlich auf diesen unwesentlichsten Anteil des Kelches eingeschränkt, der, soferne er existiert, gar kein Becher sondern ein Gang ist. Freilich war der Weg zu dieser Sinnentfremdung des Wortes schon durch die Einführung des Begriffes ,,Calix maior" geebnet, der ja auch ein Gang und kein Becher ist. Aber hat HYRTL nicht bedacht, daß auch bei einem seiner ,,Fornices ohne Kelche" im Alter die Papille atrophieren kann, so daß sich dann hier eine Bildung fände, die gleichzeitig ,,Kelch ohne Fornix" und ,,Fornix ohne Kelch", also sprachlich gesehen, ein Nichts wäre ?

Es wäre nun sicherlich nicht der Mühe wert, so ausführlich über eine fast 100 Jahre zurückliegende vereinzelte Entgleisung eines Autors zu diskutieren. Leider aber hat sich HAUCH in seiner grundlegenden Arbeit just an die mißglückte Formulierung HYRTLs geklammert, in der der eigentliche Kelchraum ,,Fornix" und nur der Kelchfuß ,,Calix" heißt, und so wird bei ihm, ebenso wie in zahlreichen, ihm folgenden, Publikationen diese verdrehte Terminologie angewandt. Da HAUCH auch für das, was man normalerweise als ,,Fornix" bezeichnet, einen Namen brauchte, wählte er dafür die Bezeichnung ,,Kragen des Fornix"- während sich bei HICKEL, MAMO u. BERNARD dafür der recht anschauliche Name ,,sinus papillaire" findet. Begrifflicherweise kann HAUCH aus seiner Perspektive HYRTLs ,,Kelche ohne Fornices" überhaupt nicht verstehen und vermutet dahinter Äste des Nierenbeckens, die schon am Kelchhals ohne Bildung eines Bechers enden, und natürlich muß er die Existenz solcher Bildungen verneinen. Kurzum, die Sprachverwirrung ist vollkommen. Bei keiner einschlägigen Publikation kann man heutzutage von vornherein wissen, was der betreffende Autor nun eigentlich unter ,,Calix" versteht.

Deswegen sei hier prinzipiell festgestellt, daß in der vorliegenden Darstellung als wesentlichster Anteil des Kelches jener Raum aufgefaßt wird, der parenchymwärts vom Hals gelegen ist. *Ein* Kelch ist somit, was *einen* Hals hat. In einen solcherart definierten Kelch ragt in der Regel *eine* Papille, sei es eine ,,einfache" oder eine ,,zusammengesetzte" Papille. Bei einer einfachen Papille wird meistens der Kelch kleiner und der Fornix kreisförmig oder elliptisch sein, während die größeren Kelche der zusammengesetzten Papillen meistens einen Fornix von unregelmäßiger Gestalt besitzen. Nur ganz ausnahmsweise findet man zwei oder gar drei Papillen in einen Calix ragen. Ein Zwischending zwischen solchen pluripapillären und normalen unipapillären Kelchen stellen jene oben (S. 60) erwähnten Fälle dar, wo unter Bildung eines subpapillären Raumes zwei Papillen an der Spitze miteinander vereinigt sind. Da aber pluripapilläre Kelche eine seltene Ausnahme darstellen, ist in der Regel die Zahl der Kelche mit der Zahl der Papillen — und auf Grund der zugrunde gelegten Definition auch mit der Zahl der Pyramiden — identisch; d. h. es finden sich bei Nieren mit ungeteiltem Ureter 4—14, meistens 7, 8 oder 9 Kelche. Ebenso implizieren die oben gemachten Angaben über Größe und Lage der Pyramiden und Papillen entsprechende Aussagen über die Kelche; d. h. die größten Kelche liegen polar, dazwischen kleinere ventrale und dorsale Kelche. Die besondere Größe und Kompliziertheit des oberen polaren Kelches ist aber nicht nur dadurch bedingt, daß — wie erwähnt — die obere Polpyramide in der Regel die größte Pyramide überhaupt ist, sondern überdies dadurch, daß sich am ehesten in diesem Kelche mehrere Papillen sowie Vereinigungsvorgänge von Papillen mit Bildung eines subpapillären Raumes beobachten lassen. In diesem Gebiete ergeben sich also fließende Übergänge zwischen dem einen Fall, der einfach eine kompliziert gestaltete Riesenpapille besitzt, dem 2. Fall, bei dem diese Riesenpapille einen subpapillären Raum aufweist, dem 3. Fall, bei dem zwei Papillen in einen Calix ragen, dem 4. Fall, bei dem die zwei Papillen zwar in zwei verschiedene Zweige des Nierenbeckens ragen, diese zwei Zweige aber sich schon knapp unterhalb der Papillenspitzen in der

Weise miteinander vereinigen, daß ein Hals erst ureterwärts von dieser Vereinigungsstelle als gemeinsame Bildung für beide Papillen zu finden ist, und dem 5. Fall, bei dem jeder dieser beiden Beckenzweige einen eigenen distinkten Hals aufweist. Es ist evident, daß diese geschilderte Formenreihe auch einen Übergang zwischen „Calix minor" und „Calix maior" darstellt; denn während in den ersten 3 Fällen der zu dem geschilderten Papillensystem führende Ast des Nierenbeckens eindeutig als Calix minor zu bezeichnen ist, ist er im 5. Fall zweifellos ein Calix maior, während sich im 4. Fall auf Grund der Verzweigung mit gemeinsamem Hals über die korrekte Bezeichnung diskutieren läßt. Diese Tatsache, daß zwischen jenen Fällen, in denen der zum oberen Polgebiet führende Ast des Nierenbeckens ein Calix maior ist, und jenen anderen, in denen er ein Calix minor ist, ein fließender Übergang besteht, findet ihre sinnvolle Ergänzung darin, daß dieser Ast sehr oft auch dann, wenn er wegen weiterer Verzweigung als Calix maior zu bezeichnen ist, dennoch nach Art der Callices minores einen Hals, und zwar einen lang ausgezogenen Flaschenhals, besitzt. Da also in solchen Fällen nur *der* Anteil der Ureterverzweigung, der für die untere Nierenhälfte bestimmt ist, eine Ausweitung zu einem „anatomischen Becken" aufweist, spricht HYRTL (1870) bei einem derartigen Ramifikationstypus von einem „halben Nierenbecken".

b) Beckentypen

Von allgemeinerer Bedeutung als die zuletzt erwähnten, ausschließlich das obere Polgebiet betreffenden Variationen ist die Variabilität bezüglich der Art und Weise, wie der Zusammenhang zwischen den Kelchen und dem Ureter hergestellt wird. Auch diesbezüglich lassen sich die verschiedenen praktisch vorkommenden Möglichkeiten in eine Reihe ordnen:

1. Als Extremfall kann die Ampulle einen sehr weiten Sack darstellen, der bis nahe an jede Papille heranreicht und in den jeder Calix einzeln direkt einmündet (Abb. 6a). LAUBER glaubt allerdings, daß solche Formen immer durch Abflußhindernisse bedingt, also pathologisch seien.

2. Einige der Calices vereinigen sich miteinander, ehe sie in die noch immer geräumige Ampulle münden; d. h. es gibt zwei oder drei kurze Calices maiores, die die Verbindung zwischen einigen oder auch allen Calices minores und der Ampulle herstellen (Abb. 6b).

3. Zwei Calices maiores sind deutlich entwickelt und die Ampulle ist um das kleiner; alle oder zumindest die meisten Calices minores münden in diese Calices maiores (Abb. 6c). Dabei sind die beiden Calices maiores entweder gleich weit, oder aber es handelt sich um den oben (S. 71) erwähnten Typus des „halben Nierenbeckens" (HYRTL), bei dem der obere Calix maior zu einem langen Flaschenhals ausgezogen ist, während der untere als Fortsetzung der Ampulle wirkt.

4. Es gibt überhaupt keine Ampulle, sondern die Gabelung in zwei Calices maiores erfolgt unmittelbar am cranialen Ende des Ureters (Abb. 6d). Wenn dabei keiner der beiden Calices maiores den Ureter an Weite übertrifft, so spricht LAUBER von einem „Fall ohne anatomisches Becken". Sind dagegen beide Calices maiores ausgeweitet, so kann man — ebenso wie bei den beiden folgenden Möglichkeiten — von einem „doppelten Nierenbecken" sprechen.

5. Die Gabelung erfolgt schon im Verlaufe des Ureters: Ureter fissus (Abb. 6e).

6. Schon von der Harnblase weg bestehen getrennte Wege zu den beiden Nierenbecken: Ureter duplex.

Wenn man von den beiden letzten Möglichkeiten absieht, die Ureter-Variationen darstellen, bleiben also 4 Möglichkeiten, von denen die 2. und die 3. am häufigsten zu finden sind. Im 1. und im 2. Falle mit ihren großen Ampullen kann man von einem ampullären Typus — ungefähr entsprechend LEGUEUs ,,bassinet ampullaire" — sprechen, im 3. und 4. Falle mit ihren distinkten Calices maiores hingegen von einem verzweigten Typus — LEGUEUs ,,bassinet ramifié". Aber selbstverständlich bestehen — wie auch schon LEGUEU betont hat — fließende

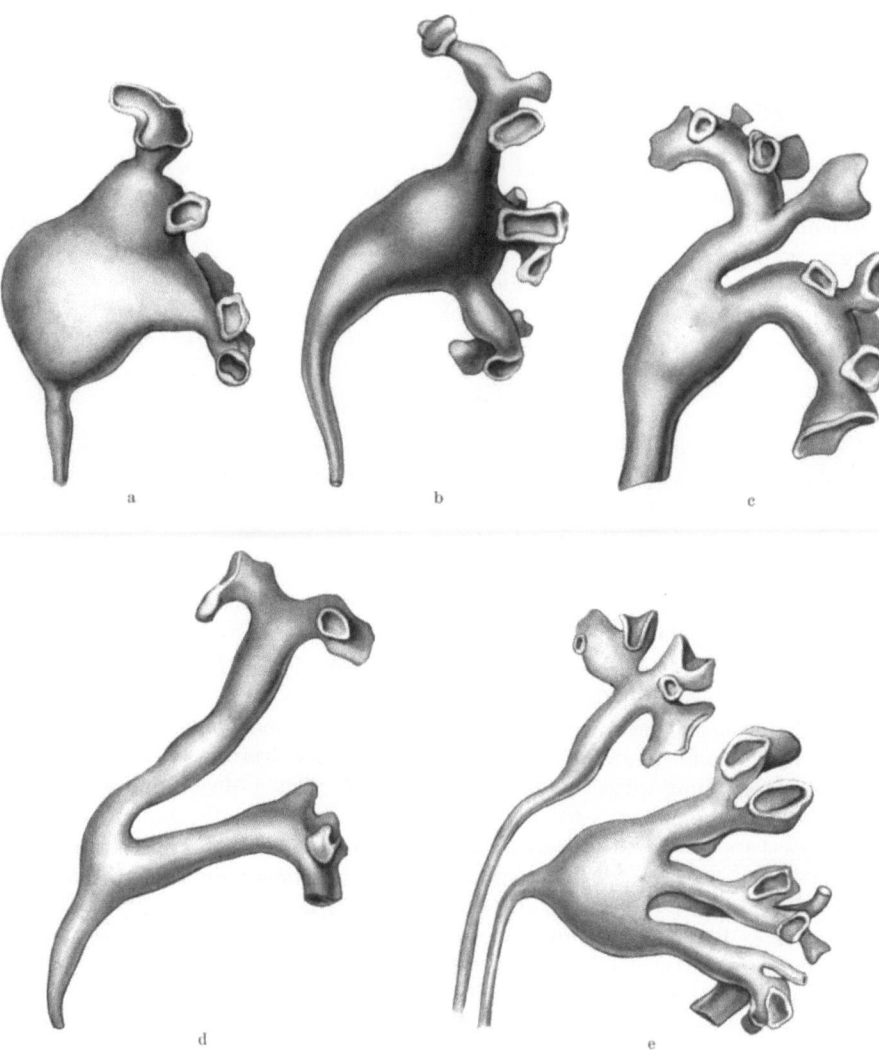

Abb. 6. Beckentypen (nach HYRTL, 1870). Erläuterung im Text

Übergänge, und so ist es recht häufig eine Sache des Gutdünkens, welchem Typus man ein spezielles Präparat zuordnet.

Die gelegentlich unternommenen Versuche, die individuelle Eigentümlichkeit der Nierenbeckenform mit anderen individuellen Charakteren in Korrelation zu setzen, sehen nicht sehr erfolgversprechend aus. So glaubt einerseits CAPONETTO, daß ,,Longitipi" zu einem ampullären, ,,Brachitipi" zu einem verzweigten Nierenbecken neigen, während IVANITZKY gerade im Gegenteil bei breiter unterer Thoraxapertur eine Tendenz zur Bildung einer Ampulle ohne Calices maiores, bei enger unterer Thoraxapertur zur Bildung eines ampullelosen Beckens festgestellt haben will.

c) Calices maiores und Kelchgruppen

Die Zahl der Calices maiores beträgt in der Majorität der Fälle zwei und nur in einem wesentlich kleineren Prozentsatz drei; YAMANOUCHI fand pyelographisch fast dreimal soviel Fälle mit zwei Kelchen 1. Ordnung als solche mit drei Kelchen 1. Ordnung, und aus den Angaben ARASEs ergibt sich ein ähnliches Zahlenverhältnis. Allerdings ist zu berücksichtigen, daß bei diesen Zahlenangaben von der Voraussetzung ausgegangen wurde, daß die Calices maiores Beckenäste 1. Ordnung, die Calices minores Beckenäste 2. Ordnung sind, was aber keineswegs immer der Fall ist. Denken wir etwa an die — von YAMANOUCHI in ca. 27% seines Materials gefundenen — Fälle, in denen manche Calices minores Äste 3. Ordnung sind, so ergeben sich natürlich sehr verschiedene Resultate für die Zahl der Calices maiores, je nachdem ob man nur die Beckenäste 1. Ordnung oder auch die 2. Ordnung als Calices maiores auffaßt. Es ist daher verständlich, daß aus praktischer Perspektive nicht soviel Gewicht auf die Zahl der Calices maiores gelegt wird, als vielmehr auf die Anordnung der Calices minores in Gruppen, und diesbezüglich kann ziemlich regelmäßig von drei Gruppen — einer oberen, einer mittleren und einer unteren — gesprochen werden. Die Calices minores der mittleren Gruppe aber vereinigen sich nur relativ selten zu einem eigenen mittleren Calix maior; in der Mehrzahl der Fälle münden die einzelnen Calices minores dieser Gruppe isoliert in die Gegend des Beckens, wo sich oberer und unterer Calix maior miteinander vereinigen. Solcherart stellt also das regelmäßige Vorkommen dreier Kelchgruppen keinen Widerspruch zu dem Befund dar, daß meistens nur zwei Calices maiores existieren.

d) Das Becken am Hilus

Es kann als Regel angesehen werden, daß das Nierenbecken teilweise innerhalb und teilweise außerhalb des Nierensinus liegt. Aber auch ein völlig im Nierensinus gelegenes Nierenbecken, das schon in der Ebene des — in diesem Falle sehr kurzen — Hilus in den Ureter übergeht, gehört ebenso der normalen Variationsbreite an wie ein Nierenbecken, das sich schon außerhalb des Hilus in die Calices maiores gabelt. Das Ausmaß, wie weit im Einzelfall das Nierenbecken außerhalb des Sinus reicht, läßt sich kaum durch Zahlen ausdrücken; denn man gelangt natürlich zu sehr verschiedenen Resultaten, je nachdem ob man den oberen oder den unteren Kontur mißt, ob man von der vorderen oder der hinteren Hiluslippe ausgeht usw. Wichtig ist, zu bedenken, daß die am Röntgenbild feststellbare relative Lage des medialen Nierenkonturs zum medialen Rand des Beckenschattens keine Auskunft darüber gibt, inwieweit im Einzelfalle das Nierenbecken extrahilär gelegen ist, da sich ja infolge der starken Schrägstellung der Niere gegenüber der Frontalebene ein guter Teil des extrahilären Beckenteils in den Schatten der hinteren Hiluslippe projiziert.

Bezogen auf die übrigen Gebilde des Hilus kann man das Becken als dorsal gelegen bezeichnen, d. h. von ventral her ist es nicht sichtbar, da es durch die Hauptäste der Blutgefäße überlagert ist, während dorsal nur *ein* Arterienast, der retropelvische Primärast der A. renalis gelegen ist. Da dieser in der Regel nur wenig unterhalb des oberen Endes des Hilus an die Hinterseite des Beckens kreuzt und dann, ziemlich eng an die hintere Hiluslippe angeschmiegt, absteigt, um sich zu erschöpfen, ehe er noch das untere Ende des Hilus erreicht hat, ist zumindest der untere Anteil des Nierenbeckens außerhalb des Sinus recht gut von dorsal her zugänglich, es sei denn es handle sich um einen jener wenigen Fälle, in denen das Becken praktisch völlig im Sinus versteckt ist. Von vorne her erreichbar ist das Nierenbecken nur bei jenen — schon (S. 57) erwähnten — Nierenvarietäten

(Abb. 16, links), bei denen es sich durch einen nach vorne gerichteten, sehr weiten Hilus in einen sehr flachen Sinus verteilt, so daß man von vorne her den größten Teil der Beckenramifikation bequem überblicken kann.

e) Muskeln des Nierenbeckens

Der Übergang des Nierenbeckens in den Ureter erfolgt allmählich und „ohne eine deutliche Klappenbildung" (HAUCH), wenn auch — nach STEIGLEDER — die Muskulatur in der Lage zu sein scheint, „jederzeit Formen anzunehmen, die in der Funktion einem Sphincter gleichkommen". Die Wandstärke des gesamten Raumsystems bis an die Kelchisthmen ist ungefähr gleich, wohingegen die die Papillen umgebenden eigentlichen Kelche eine wesentlich dünnere Wand besitzen. Nach BECK ist eine am Isthmus gelegene Muskelverstärkung (Dissescher Muskel) ebenso inkonstant wie ein die Papillenbasis umgreifender Sphincter papillae (Henlescher Muskel), wohingegen NARATH besonderes Gewicht auf einen, sich vom Fornix an der Außenfläche der Pyramide aufwärts erstreckenden M. levator fornicis legt.

4. Nierenkapseln

a) Tela urogenitalis

Die Niere ist in jenen Körper extraperitonealen Binde- und Fettgewebes eingelagert, für den TANDLER den Namen „Tela urogenitalis" geprägt hat, weil dieser Bindegewebskörper retroperitoneal, subperitoneal und im infra-umbilikalen Abschnitt auch praeperitoneal, also überall, wo sich Organe des Urogenitaltraktes finden, stark entwickelt ist. Nach außen zu ist er durch jene flächenhafte, also fascienartige fibröse Textur begrenzt, die die muskuläre Bauchwand an ihrer Innenseite auskleidet, und die deshalb am treffendsten als „Fascia endo-abdominalis" zu bezeichnen wäre, gemeiniglich aber „Fascia transversa" oder „Fascia transversalis" genannt wird, was sie als innere Fascie des M. transversus abdominis charakterisieren soll, dem sie zwar in einem sehr ausgedehnten Bereich, aber keineswegs ausschließlich aufliegt. Die innere Begrenzung des von der Tela urogenitalis eingenommenen Raumes wird vom Peritoneum parietale dargestellt. Dieses ist als seröse Haut zwar eine sehr dünne Membran, immerhin aber fest genug in sich gewebt und locker genug mit der Umgebung verbunden, daß es beim Lebenden und am unkonservierten Präparat möglich ist, den ganzen Peritonealsack auf große Flächen ohne Verletzung aus seiner Umgebung zu lösen. In dem für die Niere wesentlichen retroperitonealen Gebiet ist zu beachten, daß nicht alles Bindegewebe, welches hinter dem dorsalen Peritoneum parietale gelegen ist, der Tela urogenitalis angehört, sondern daß hier im Rahmen der komplizierten Entwicklungsvorgänge des Darmtraktes und seiner Gekröse auch vielfältig eine sekundäre Retroperitonealisation eingetreten ist. Tela urogenitalis aber ist nur, was hinter dem *primären* Peritoneum parietale gelegen ist. Diese Feststellung ist nicht embryologische Spekulation sondern anatomisch-präparatorische Realität. Man kann leicht das Colon ascendens oder das Colon descendens von der hinteren Leibeswand losreißen und wird dann mit dem Darmabschnitt auch das entsprechende, an die hintere Leibeswand angeheftete — aber eben nur lose angeheftete — Dickdarmgekröse losreißen, dessen eine Serosalamelle sekundäres Peritoneum parietale geworden war, und dessen fibröse Grundlamelle mit den eingelagerten Gefäßen und Nerven dadurch retroperitonealisiert wurde. Diese Mesocola ascendens und descendens, die also im Laufe der Entwicklungsvorgänge keineswegs geschwunden sind, sondern nur aus freien Gekrösen in angeheftete Gekröse verwandelt wurden, werden ebensowenig zur Tela urogenitalis zu rechnen sein wie etwa das die Bauchspeicheldrüse und die Pars tecta duodeni umgebende Bindegewebe. Diese sekundär retroperitonealen Gebilde sind nur locker mit dem primär retroperitonealen Gewebe verbunden, was allerdings nicht hindert, daß sich zwischen diesen zweierlei Bindegewebsbeständen auch schwache Gefäßverbindungen ausgebildet haben.

Die Tela urogenitalis ist also vollkommen mit dem Gewebsbestand identisch, den TOBIN, BENJAMIN u. WELLS in ihrer ausgezeichneten Darstellung des Gewebes zwischen osteomusculärer Bauchwand und Peritoneum als „intermediate stratum" bezeichnen, und den sie auch durch seine Lage zwischen einer äußeren und einer inneren Schicht definieren, wobei die äußere Schicht als kontinuierliche Fascie, bestehend aus Fascia transversalis, iliaca, obturatoria, pelvina etc. geschildert wird, und die innere durch ihre Beziehung zum Darmtrakt charakterisiert wird. Wenn dagegen vielfach die Tela urogenitalis oder ein Teil von ihr einfach mit zur Fascia transversalis gerechnet wird und nur als „Fascia transversalis cellulosa" gegenüber der als „Fascia transversalis fibrosa" bezeichneten wirklichen inneren Bauchfascie differenziert wird, so ist das ein Musterbeispiel für die Gedankenlosigkeit, mit der oft anatomische Namen kreiert werden; etwas ist *entweder* eine Fascie *oder* ein lockeres Zellgewebe, aber eine „Fascia cellulosa" ist eine Contradictio in adiecto.

b) Capsula fibrosa

So wie in jedem Körper lockeren Bindegewebes finden sich auch in der Tela urogenitalis Zonen, in denen das Gewebe zu mehr minder flächenhaften, fester gewebten Bildungen verdichtet ist. Eine solche Verdichtung findet sich auf der Oberfläche der Niere als Capsula fibrosa renis, früher — nach der Basler Terminologie — „Tunica fibrosa renis" genannt. Da es sich bei dieser Verdichtung um fibröses Gewebe mit kaum erwähnenswerten elastischen Einlagerungen handelt, ist die Dehnbarkeit der fibrösen Kapsel beschränkt; immerhin betont aber NARATH, daß sie beim Lebenden ein Anschwellen der Niere auf das Doppelte ihres Volumens gestattet. Die Capsula fibrosa ist von der gesunden Niere leicht abziehbar. Was nach Entfernung dieser Kapsel freiliegt, ist aber noch nicht das eigentliche Nierenparenchym, sondern eine mit dem Parenchym eng verwobene, aus Bindegewebe und glatter Muskulatur (EBERTH) bestehende Schicht. In vielen, vor allem älteren Darstellungen (WINSLOW, HENLE) wird deshalb von zwei Schichten, einer Lamina externa und einer Lamina interna der Capsula fibrosa gesprochen, wobei die Lamina interna die dünnere fixierte, die Lamina externa die dickere, leicht abziehbare Bindegewebslamelle darstellt. Das lockere Bindegewebe zwischen diesen beiden Schichten enthält Gewebsspalten, auf deren Bedeutung als Lymphräume später (S. 107) einzugehen sein wird. ROLNICK billigt diesen subcapsulären Lymphspalten überdies eine funktionelle Bedeutung als Gleiträume zu, deren Zerstörung durch Narbenbildung nach Decapsulation daher funktionsstörend sein könne. Der wesentlichste Gleitvorgang zwischen Niere und fibröser Kapsel kommt wohl durch die pulsatorischen Volumschwankungen der Niere zustande. Am Nierenhilus biegen beide Kapselschichten um und kleiden die dem Sinus zugekehrte Fläche des Organs aus. Überdies aber tritt die äußere Schicht am Hilus in Verbindung mit den Bindegewebsverdichtungen, die die Nierengefäße begleiten und ist vor allem auch sehr fest am extrarenalen Teil des Nierenbeckens verankert.

c) Perirenalraum

Rings um die Capsula fibrosa findet sich ein mächtiger Fettkörper, die Capsula adiposa renis (*2* auf Abb. 7, *4* auf Abb. 10, *3* auf Abb. 14). Dieser liegt in einem fibrösen Sack, dessen Wände wieder als Verdichtungen des Gewebes der Tela urogenitalis aufzufassen sind. Der von diesem Sack begrenzte, die Niere umgebende, von dem Fett der Capsula adiposa erfüllte Anteil des Retroperitonealraumes wird sinngemäß als Perirenalraum bezeichnet.

Die vordere und die hintere Wand dieses perirenalen Sackes werden nach dem, von GEROTA mitgeteilten Vorschlag WALDEYERS als „Fascia renalis anterior" (*1* auf Abb. 7) bzw. „posterior" (*4* auf Abb. 7, *2* auf Abb. 9) bezeichnet. So

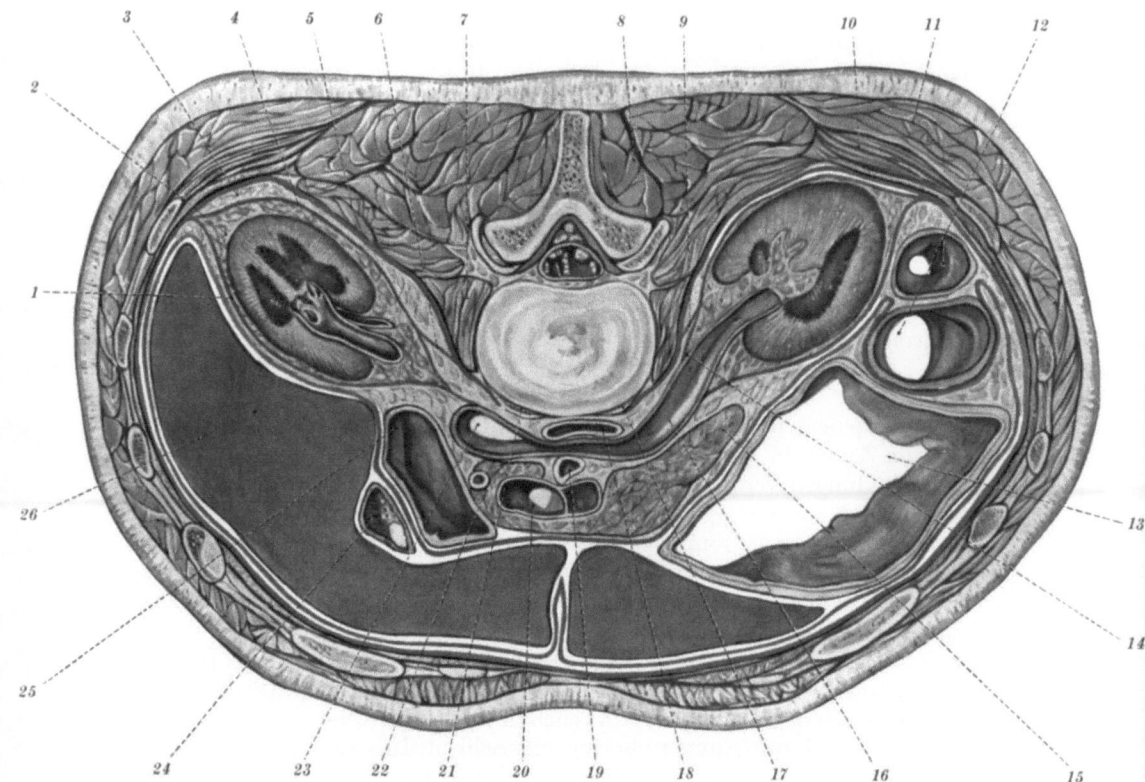

Abb. 7. Halbschematische Darstellung nach einem Querschnitt in der Höhe des Discus intervertebralis L. 1/L. 2. Grün: Peritoneum; blau: die die Bauchwand innen auskleidende Fascie und die Fasciae renales mit ihren Anheftungen. *1* Fascia renalis anterior, *2* Capsula adiposa renis im Perirenalraum, *3* Massa adiposa pararenalis, *4* Fascia renalis posterior, *5* M. quadratus lumborum, *6* Verbindung der rechten Fascia renalis posterior mit der Psoas-Fascie, *7* M. psoas maior, *8* M. erector spinae, *9* Verbindung der linken Fascia renalis posterior mit der Psoas-Fascie, *10* M. serratus posterior inferior, *11* M. latissimus dorsi, *12* Colon zur Flexura lienalis auf- und von ihr absteigend, *13* Magen, *14* die beiden Fasciae renales beim Übergang in die Adventitia der V. renalis, *15* Pankreas am Übergang von Corpus in Cauda, *16* V. renalis sinistra, *17* linker Zwerchfellschenkel, *18* Aorta, *19* A. mesenterica superior, *20* V. portae, wie sie gerade aus V. mesenterica superior und V. lienalis gebildet wird, *21* rechter Zwerchfellschenkel, *22* Caput pancreatis mit Ductus choledochus, *23* V. cava inferior, *24* Gallenblase, *25* Pars descendens duodeni, *26* Leber

wie alle, als „Fascien" beschriebenen Verdichtungen innerhalb des extraperitonealen Gewebes in Bauch und Becken stellen auch diese beiden Fasciae renales keineswegs distinkte Platten von der Festigkeit einer Muskelfascie dar. Auch untereinander sind sie an Stärke verschieden, da sich die Fascia renalis posterior in der Regel als deutliches, ziemlich klar strukturiertes Blatt präparieren läßt, während die Fascia renalis anterior meistens recht dünn ist und besonders in der Gegend vor dem Nierenhilus manchmal so schwach gewebt ist, daß hier ein Durchbruch aus dem Spatium perirenale in die Peritonealhöhle vorkommen kann (MITCHELL, 1950a). Diese Zartheit der vorderen Nierenfascie war wohl der Grund, warum ZUCKERKANDL, der im Jahre 1883 die hintere Nierenfascie als „Fascia retrorenalis" beschrieben hat, als vordere Begrenzung des perirenalen Raums einfach das primäre Peritoneum parietale auffaßte. Aber schon damals erwähnte er auch, daß zuweilen das, nach Entfernung des Peritoneum parietale freiliegende Zellgewebe den Charakter einer Membran annimmt. Und erst auf diese Membran, die also weder mit der mäßigen Bindegewebsverdichtung, welche die binde-

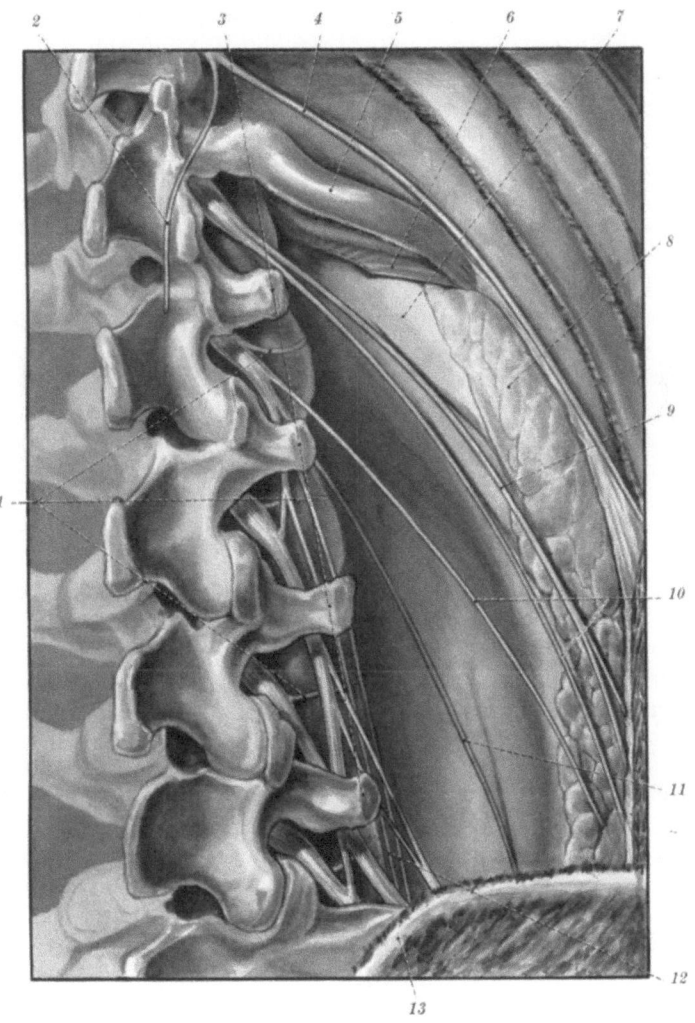

Abb. 8. Rechte Fascia renalis posterior, von dorsal dargestellt. *1* Lumbale Rami communicantes auf ihrem Wege um die Wirbelkörper, *2* R. dorsalis des Segmentalnerven Th. 11, *3* Processus costarii der Wirbel L. 1—L. 4, *4* N. intercostalis XI, *5* 12. Rippe, *6* Crus laterale der Pars lumbalis diaphragmatis, unvollständig erhalten, *7* Fascia renalis posterior, *8* Massa adiposa pararenalis, *9* N. subcostalis, *10* N. iliohypogastricus, der auf dieser Seite in zwei Teilen — aus Th. 12 und L. 1 — entspringt, *11* N. ilio-inguinalis, *12* die zwei Äste des N. genitofemoralis, *13* Crista iliaca

gewebige Grundlage des Peritoneum parietale bildet, noch auch mit irgendwelchen retroperitonealisierten Bindegewebsplatten, wie den Mesocola identisch ist, ist der Name „Fascia renalis anterior" anzuwenden, wie ZUCKERKANDL später (1903) ausdrücklich darlegte. Noch viel weniger ist die Fascia renalis posterior mit der „Fascia transversalis" identisch, sondern zwischen diesen beiden „Fascien" findet sich noch reichlich lockeres Bindegewebe, das vielerorts, vor allem an der Vorderfläche des M. quadratus lumborum, sehr fettreich ist, also eine Fettmasse bildet, die von der Capsula adiposa renis nur durch die Fascia renalis getrennt ist, sich aber überdies von der Fettkapsel der Niere auch durch Struktur und Farbe des Fettes deutlich unterscheidet. Für dieses retroperitoneale, *nicht* der Capsula adiposa renis zugehörige Fett werden die verschiedensten Namen, wie „Corpus adiposum pararenale" oder „Massa adiposa pararenalis" (nach GEROTA) oder — wegen der räumlichen Beziehung zum Colon — „Stratum adiposum pararenocolicum" (nach RUOTOLO) angewandt (*3* auf Abb. 7, *8* auf Abb. 8, *12* auf Abb. 11).

Nach cranial erstreckt sich der von den beiden Fasciae renales gebildete Sack ein wenig über den oberen Rand der Nebennieren, die also innerhalb dieses Sackes gelegen sind. Hier sind vordere und hintere Fascia renalis miteinander fest verbunden, so daß hier der perirenale Raum dicht abgeschlossen ist. Vom Verlötungsrand gehen ziemlich starke Verbindungen zur Zwerchfellfascie. Der laterale Abschluß des Fasciensackes ist ebenfalls dicht und findet sich gut zwei Fingerbreiten lateral des konvexen Nierenrandes. MITCHELL gibt allerdings an, daß er hier manchmal Rupturen erlebt habe. Nach medial zu (*14* auf Abb. 7) gehen beide Fasciae renales in die Adventitiae der Nieren- und Nebennierengefäße, und damit auch in die der Aorta und der V. cava inferior über und sind mit diesen und miteinander so fest verbunden, daß auch hier ein vollständiger Abschluß besteht. Eine Ausbreitung einer Injektionsmasse — und demgemäß wohl auch eines pathologischen Prozesses — vom perirenalen Raum der einen Seite zu dem der anderen Seite ist also nicht möglich. Im Gebiete des Nierenhilus und medial von diesem finden sich stärkere Verbindungen der Fascia renalis posterior mit der Fascie des Psoas und des medialen Zwerchfellschenkels (*6* und *9* auf Abb. 7). Es sei betont, daß diese Ausstrahlungen gegen die hintere Rumpfwand Bildungen sind, die zusätzlich zur Anheftung der hinteren Nierenfascie an die großen Gefäße zu beobachten sind. Wenn im Gegensatz hierzu LISSOVSKAJA in diesen zweierlei medialen Ausstrahlungen der Fascia renalis posterior zwei mögliche Alternativen sieht, so zieht sie daraus sinngemäß den Schluß, daß in den Fällen einer ausschließlichen Verbindung mit den Muskelfascien eine Kommunikation der zwei Perirenalräume miteinander über die Medianebene hinweg bestehe, ein Zustand, den sie vor allem bei Pyknikern zu finden glaubt. Nach caudal zu verjüngt sich der Fasciensack gegen den Ureter, in dessen Scheide beide Fasciae renales übergehen, ohne daß aber hier ein dichter Abschluß zustande käme. Es ist offenkundig auf dem Wege über diesen inkompletten caudalen und caudomedialen Abschluß, daß MITCHELL eine Ausbreitung der in einen perirenalen Raum injizierten Masse nach der anderen Körperseite beobachten konnte. RIVAS glaubt nachgewiesen zu haben, daß an dieser Stelle, an der er ein „ample inferior opening" vermutet, nicht nur ein Übertritt *aus* dem perirenalen Raum, sondern ebenso *in* diesen erfolgen kann.

Der ganze perirenale Raum einer Seite kann als eine Einheit aufgefaßt werden, wenn auch eine gewisse Unterteilung in einen größeren caudalen Sack für die Niere und einen kleineren cranialen Sack für die Nebenniere durch ein „thin perforated septum" (MITCHELL, 1939) angedeutet ist. Nach GANFINI unterliegt dieses Bindegewebsseptum, für das LAUX, MARCHAL, PALEIRAC und PAGES den Namen „Lamina interrenosuprarenalis" vorschlagen, während des extrauterinen Lebens einem Reduktionsprozeß, da er es bei Neugeborenen immer „completo ed unico" fand, bei Erwachsenen dagegen in der Regel nur „sepimenti delicatissimi e numerosi". Das geschilderte Septum, das die Grenze zwischen den *Räumen* für Niere und Nebenniere andeutet, ist aber keineswegs das einzige Gewebe zwischen den beiden Organen selbst, vielmehr kommt auf beiden Seiten dazu eine variable Schichte von Fettgewebe, die IWANOW bis zu einer Gesamtdicke von 3 cm beobachten konnte.

Die Capsula adiposa renis, die den perirenalen Raum zwischen den Fasciae renales und den davon umschlossenen Organen (Niere, Nebenniere, zugehörige Gefäße und Nerven und Anfangsteil des Ureter) erfüllt, ist — zum Unterschied vom pararenalen Fett — ein Baufett, d. h. die Struktur des Fettkörpers ermög-

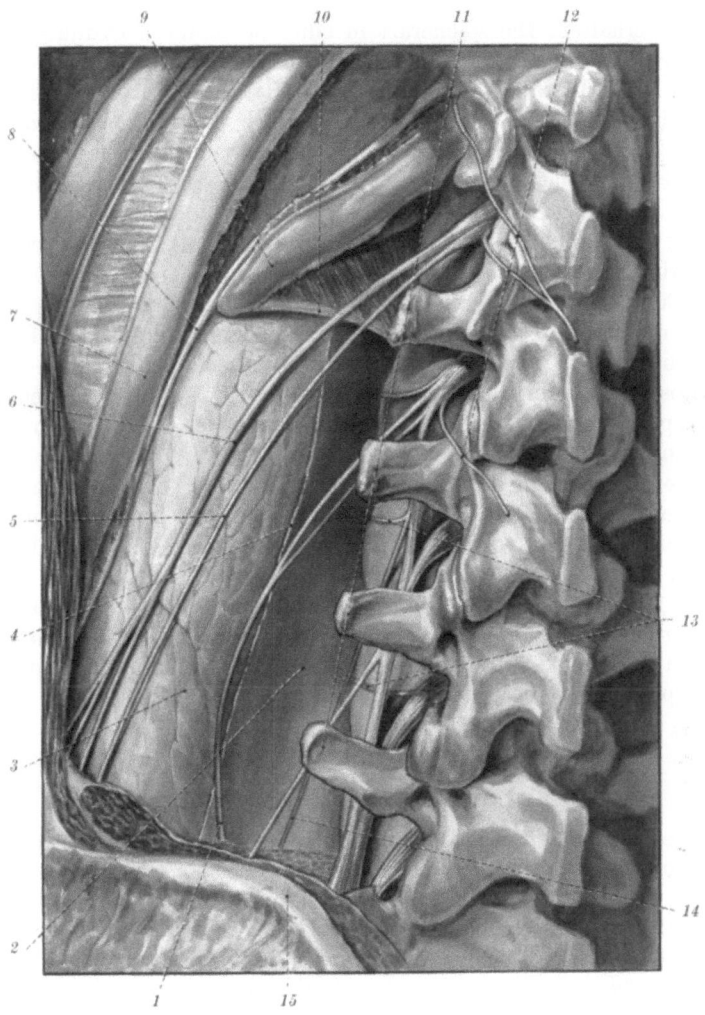

Abb. 9. Linke Capsula adiposa renis, von dorsal her teilweise dargestellt. *1* N. ilio-inguinalis, *2* Fascia renalis posterior, in ihrem medialen Teil erhalten, *3* Capsula adiposa renis, durch Abtragung des lateralen Anteils der Fascia renalis posterior freigelegt, *4* Schnittrand der Fascia renalis posterior, *5* N. iliohypogastricus, auf dieser Seite nur aus Th. 12 entspringend, *6* N. subcostalis, *7* 11. Rippe, *8* N. intercostalis XI, *9* 12. Rippe, *10* Arcus lumbocostalis lateralis, d. h. Ursprungsarkade des Zwerchfells über den — hier abgetragenen — M. quadratus lumborum, *11* Processus costarii der Wirbel L. 1—L. 4, *12* Rami dorsales der Segmentalnerven Th. 11—L. 1, *13* Rami communicantes auf ihrem Weg um die Wirbelkörper, *14* N. genito femoralis, auf dieser Seite noch ungeteilt, *15* Crista iliaca

licht ihm, eine mechanische Funktion zu erfüllen, nämlich im wesentlichen die, die Niere zu tragen. Diese strukturelle Eigentümlichkeit besteht darin, daß sie von stärker gewebten Bindegewebsbündeln durchzogen ist, die die beiden Fasciae renales miteinander und mit der Capsula fibrosa renis verbinden. Die Stärke dieser Bindegewebsbündel darf aber nicht überschätzt werden. Wer versucht hat, sie präparatorisch darzustellen, wird verstehen, daß sie weder imstande sind, die Niere an den beiden Fasciae renales zu suspendieren, noch auch nur, die beiden Fasciae renales miteinander durch das Fett hindurch derart zu verspannen, daß dadurch eine bestimmte Weite des Sackes gewährleistet wäre. Was sie können, ist ausschließlich, in diesem Sack, dessen Form durch den intraabdominellen Druck bestimmt ist, die einzelnen Fettläppchen in einer bestimmten Lage zueinander zu erhalten. Die solcherart in einer bestimmten Ordnung aufeinander ruhenden Fettläppchen sind nun auch imstande, die Niere zu tragen. In dem Augenblick aber, da infolge Erschlaffung der Bauchmuskulatur die Fascia renalis anterior keinen Halt nach vorne hat, sondern sich von der Fascia renalis posterior entfernen kann, werden in dem sich solcherart erweiternden perirenalen Sack die einzelnen Fettläppchen aneinander abgleiten und sind daher auch nicht mehr imstande, die Niere zu tragen. Alle oben geschilderten Verbindungen der Fasciae renales mit der Bauchwand können also die Nephroptose nicht verhindern, weil sich eben die Niere nicht *mit* ihrem Fasciensack, sondern *innerhalb* des Fasciensackes senkt, dessen eine Wand ihren Halt verloren hat. Falls überdies die Erschlaffung der Bauchdecken eine erhöhte Beweglichkeit des ganzen Fasciensackes der Niere bedingt, wie Gerota glaubt nachgewiesen zu haben, dann wäre also die Nephroptose als Summierung aus dem Absinken des ganzen perirenalen Bindegewebskörpers mit der Niere und dem Absinken der Niere innerhalb des perirenalen Bindegewebskörpers aufzufassen.

Am Nierenhilus steht der, den Sinus erfüllende Fett-Bindegewebs-Körper mit der Capsula adiposa renis in Zusammenhang; denn die fibrösen Verbindungen der Capsula fibrosa mit den, am Hilus ein- und austretenden Gebilden bedingen keineswegs einen vollständigen Abschluß des Sinus gegen die Umgebung. Narath, der das in der Hilusebene befindliche fibröse Diaphragma als undurchlässig auffaßt, erkennt einen Zusammenhang zwischen dem Bindegewebe des Sinus mit dem perirenalen Fett nur durch das Nierenparenchym hindurch auf dem Wege interstitieller Spalten an.

5. Topographie der Nieren
a) Unmittelbare Muskelbeziehungen

Entsprechend der retroperitonealen Lage der Niere ist die dorsale Fläche des Organs den, die hintere Leibeswand bildenden Muskeln zugekehrt, von denen sie nur durch eine — individuell variabel dicke — Schicht von Fett- und Bindegewebe getrennt ist. Der obere Anteil der Niere ruht dabei dem Zwerchfell auf, und zwar ist es in der Regel etwas mehr als die Hälfte der dorsalen Fläche, die diese Beziehung aufweist (s. Abb. 10). Dadurch ist eine gewisse respiratorische Verschieblichkeit bedingt, von der man sich meistens bei bimanueller Palpation überzeugen kann und deren Ausmaß nach A. Schmidts pyeloskopischen Untersuchungen bis zu 6 cm betragen kann. Der caudale Anteil der dorsalen Nierenfläche ist medial dem M. psoas zugekehrt, weiter lateral dem M. quadratus lumborum. Die Frage, ob der laterale Rand dieses Muskels von der Niere überschritten wird, so daß auch noch eine Beziehung zur Ursprungsaponeurose des M. transversus abdominis besteht, läßt sich manchmal kategorisch mit „nein" und manchmal ebenso kategorisch mit „ja" beantworten. Dazwischen liegen jene Fälle, bei denen die Antwort zwar negativ ausfallen muß, wenn man an eine Projektion des Organs auf die Leibeswand in rein ventro-dorsaler Richtung denkt, wogegen bei Projektion in einer zur Körperoberfläche normalen Richtung schon eine positive Antwort richtig erscheint. Die Zugehörigkeit des einzelnen Falles zu einer dieser drei Gruppen hängt von mehreren Faktoren ab, nämlich 1. von der

Breite des M. quadratus lumborum, die ihrerseits wieder in einer gewissen Abhängigkeit von der Länge der 12. Rippe steht; 2. von der Breite der Niere und von ihrem Abstand von der Körpermitte und 3. von der Höhenlage des Organs, das den Rand des M. quadratus lumborum dann eher überschreiten wird, wenn es mit seiner größten Breite dem Muskel aufliegt, als wenn diese Auflagerung nur im unteren Polargebiet erfolgt.

b) Skeletotopie

Die Höhenlage der Niere ist äußerst variabel, wobei eine gewisse Schwierigkeit besteht, eine Grenze anzugeben, welche Lagen noch der physiologischen Variationsbreite angehören, und welche schon als Varietäten aufzufassen sind, die durch Hemmung der normalen Entwicklungsvorgänge bedingt sind. Es ist ja zu bedenken, daß die Niere während ihrer Entwicklung einen Ascensus mitmacht, der früher oder später zum Stillstand kommt. Entsprechend der Beziehung der Niere zu den Arterien während ihres Aufstiegs könnte die bloße Existenz von mehr als einer Nierenarterie als Hinweis auf vorzeitig beendeten Ascensus gedeutet werden. In Anbetracht der Häufigkeit des Vorkommens doppelter Nierenarterien scheint es aber unzulässig, alle diese Fälle aus der normalen Variationsbreite auszuschließen; vielmehr scheint eine derartige Beurteilung nur dann zulässig, wenn der Charakter einer Hemmungsmißbildung auch durch andere Stigmata, vor allem durch ein, nach ventral gerichtetes Nierenbecken belegt ist (z. B. linke Niere der Abb. 16).

Aber nicht nur von Individuum zu Individuum ändert sich die Höhenlage der Niere, sondern auch beim einzelnen Menschen mit der Einstellung des Rumpfes im Raum. MOODY u. VAN NUYS konnten bei röntgenologischer Beobachtung gesunder Studenten fast immer ein Absinken der Niere beim Übergang von liegender zu aufrechter Haltung feststellen. Die von ihnen registrierten Höchstwerte waren 9,3 cm für das weibliche und 8,5 cm für das männliche Geschlecht; in der Mehrzahl der Fälle aber sinkt die Niere um weniger als 2,5 cm ab. Durchaus in Übereinstimmung mit den eigenen Beobachtungen an Leichenmaterial ergeben die Untersuchungen dieser Autoren an liegenden lebenden Menschen, daß die Höhenlage des oberen Nierenpols im allgemeinen zwischen dem 11. Brustwirbel und dem 1. Lendenwirbel, die des unteren Pols zwischen dem 2. und dem 5. Lendenwirbel schwankt. ANSON u. DASELER, die sich um noch präzisere Angaben bemühten, fanden den oberen Pol am häufigsten zwischen dem 3. Drittel des Wirbels Th. 12 und dem Discus intervertebralis L. 1/L. 2 mit einer Variationsbreite von der unteren Hälfte des Wirbels Th. 11 bis zum Discus L. 2/L. 3; die häufigste Lage des unteren Pols registrierten sie zwischen den Disci L. 2/L. 3 und L. 3/L. 4 mit einer Variationsbreite vom Discus L. 1/L. 2 bis zum 2. Drittel des Wirbels L. 5. Bedenkt man, daß der 5. Lendenwirbel immer — mehr oder weniger — zwischen die beiden Darmbeine eingesenkt ist, so ergibt sich, daß eine Lage des unteren Nierenpols unterhalb der Crista iliaca durchaus noch als normal zu werten ist. HELM[1] fand bei seinem umfangreichen Leichenmaterial ein derartiges Verhalten nur aus-

---

[1] Wenn hier von einer ausführlichen Zitierung der Untersuchungen dieses Autors, deren Resultate — sei es mit, sei es ohne Quellenangabe — seit 1895 bis zur Gegenwart immer wieder in der einschlägigen Literatur aufscheinen, abgesehen wurde, so deshalb, weil ein Vergleich von HELMS Übersichtstabelle mit dem Text seiner Arbeit deutlich zeigt, daß ihm bei den Angaben betreffend die Lage des oberen Pols der Fehler unterlaufen ist, die Rippen mit den gleichnamigen Wirbeln zu identifizieren, ohne zu bedenken, wie beträchtlich die Rippen — auch schon auf der kurzen Strecke bis zum Nierenpol — absteigen. Vielleicht haben die Aussagen von SH. ADACHI sowie von NAMIKI u. YAMANOUCHI über die im Vergleich zu Europäern tiefere Lage des oberen Nierenpols bei Japanern ihren Grund in einem Vergleich mit den Textangaben HELMS.

nahmsweise bei Männern, während es bei Frauen keineswegs ungewöhnlich war, wie er überhaupt beim weiblichen Geschlecht eine durchschnittlich etwas tiefere Lage des Organs in allen seinen Teilen beobachten konnte. Nur in der Minderzahl der Fälle stehen beide Nieren gleich hoch; in ungefähr $^2/_3$ der Fälle — wieder nach HELM — steht die rechte Niere tiefer (vgl. Abb. 10 mit Abb. 11), und am seltensten steht sie höher. Vom Wahrscheinlichkeitsstandpunkt aus sind also weibliche rechte Nieren am tiefsten, männliche linke Nieren am höchsten zu erwarten.

Bei Kindern ist bezüglich der Höhenlage zu berücksichtigen, daß der oben erwähnte Ascensus zum Zeitpunkt der Geburt noch nicht abgeschlossen ist. Da aber gleichzeitig während der extra-uterinen Entwicklung die Niere stark an relativer Größe gegenüber dem Gesamtorganismus verliert (vgl. S. 56), betrifft der Anstieg während der Kindheit den unteren Pol viel mehr als den oberen Pol. PETRÉN gibt für den oberen Pol einen durchschnittlichen Anstieg von $^1/_2$ Wirbelhöhe — rechts — bzw. etwas weniger als eine Wirbelhöhe — links — an, für die unteren Pole hingegen fast zwei Wirbelhöhen. Praktisch bedeutet dies, daß das Hilusgebiet um so leichter unterhalb der 12. Rippe erreichbar ist, um ein je jüngeres Individuum es sich handelt.

Auch in medio-lateraler Richtung ist eine nicht unbedeutende — wenn auch wesentlich geringere — Variabilität der Lage zu beachten. Für den Abstand des, im oberen Polargebiet gelegenen, medialsten Organpunktes von der Medianen fand ADDISON Werte zwischen 2,5 und 5,5 cm. Wenn HICKEL, MAMO u. BERNARD an ihrem pyelographischen Material für den Abstand der medialsten Nierenbeckenpunkte von der Medianen gar eine Variationsbreite von 2,0—7,5 cm feststellen konnten, so ist beim Vergleich mit ADDISONs Zahlen zu berücksichtigen, daß hier eben neben der Variabilität der Organlage auch noch die Variabilität in der Beziehung des Nierenbeckens zur Niere mitspielt. Der am häufigsten gefundene Abstand des Nierenbeckenrandes von der Medianen betrug 4 cm. Den Mittelwert für den Abstand des medialsten Punktes der Niere von der Medianen errechnete ADDISON mit 3,8—3,9 cm. Für den Abstand des lateralsten Punktes von der Medianen gibt derselbe Autor eine Variationsbreite von 7—12,5 cm an und errechnet einen Mittelwert von 9,6 cm links und 9,8 cm rechts.

In ventro-dorsaler Richtung sind während der frühesten Kindheit wesentliche Lageveränderungen zu beobachten, die wohl mit den grundlegenden Formveränderungen der Wirbelsäule in dieser Entwicklungsphase zusammenhängen. Während bei Neugeborenen der vordere Nierenkontur noch deutlich ventral der Wirbelsäule gelegen ist, hat er sich beim 3jährigen Kind schon bis zur Frontaltangente an die Vorderseite der Wirbelkörper zurückgezogen (HEIDEREICH). Bei ihren röntgenologischen Untersuchungen an Erwachsenen konnten DELL u. BARNWELL feststellen, daß ein normal weites Nierenbecken sich niemals über den vorderen Rand der Wirbelkörper nach ventral erstreckt. Die hintere Begrenzung des Nierenbeckens geben sie in demselben Vertikalniveau an wie den hinteren Kontur der Wirbelkörper.

c) Beziehungen nach dorsal

Aus den geschilderten Tatsachen ergeben sich folgende weiteren topischen Beziehungen der Niere nach dorsal: Im oberen Anteil des Bereiches, in dem sie dem Zwerchfell aufliegt, ist sie durch dieses vom Recessus costodiaphragmaticus (Sinus phrenicocostalis) der Pleurahöhle (*12* auf Abb. 10) getrennt, d. h. daß durch dorso-ventral gerichtete perforierende Verletzungen eine Nierenläsion gemeinsam mit einer Eröffnung der Pleurahöhle verursacht werden kann. Die Beziehung zur 12. Rippe impliziert, daß immer hinter der Niere der N. subcostalis

(*9* auf Abb. 8, *6* auf Abb. 9, *3* auf Abb. 10, *11* auf Abb. 11) vorbeizieht. Meistens besteht aber auch noch eine überzeugende Beziehung zum N. iliohypogastricus (*10* auf Abb. 8, *5* auf Abb. 9, *2* auf Abb. 10, *15* auf Abb. 11), doch ist es bei hoher Lage des Organs durchaus möglich, daß dieser Nerv schon caudal des

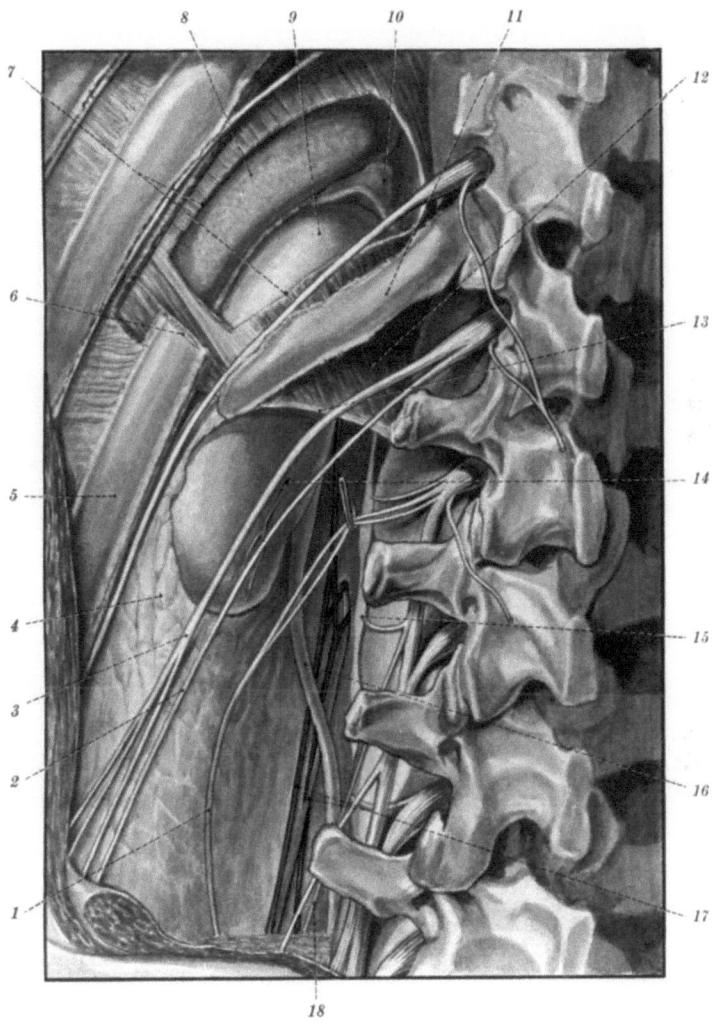

Abb. 10. linke Niere von dorsal her dargestellt. *1* N. ilio-inguinalis, *2* N. iliohypogastricus, auf dieser Seite nur aus Th. 12 entspringend, *3* N. subcostalis, *4* Capsula adiposa renis, soweit sie nicht die Hinterfläche der Niere bedeckt hat, *5* peripheres Stück der 11. Rippe, die in ihrem vertebralen Anteil entfernt wurde, um den oberen Nierenpol sichtbar zu machen, *6* Schnittfläche durch 11. Rippe, *7* Schnittränder des Zwerchfells, in das ein rechteckiges Loch geschnitten wurde, um den oberen Nierenpol sichtbar zu machen, *8* Milz, *9* Oberer Nierenpol, *10* Nebenniere, *11* 12. Rippe, *12* thorakale Oberfläche des Zwerchfells, die, von Pleura überzogen, dem Recessus costo-diaphragmaticus (Sinus phrenico-costalis) der Pleurahöhle zugekehrt war, *13* Arcus lumbocostalis lateralis (Quadratus-Arkade des Zwerchfells), *14* Austritt einer A. perforans aus der Niere, *15* Grenzstrang-Ganglion mit Eintritt eines R. communicans, *16* Ureter, *17* Vasa spermatica, *18* N. genito-femoralis, auf dieser Seite noch ungeteilt

caudalen Pols verläuft. Andererseits wird bei tiefer Organlage auch noch der N. ilio-inguinalis (*11* auf Abb. 8, *1* auf Abb. 9, *1* auf Abb. 10, *16* auf Abb. 11) den caudalen Abschnitt der Niere kreuzen. Hier ist daran zu erinnern, daß sich die Ramifikation des Plexus lumbalis, dem ja die genannten Nerven angehören,

6b Hdb. Urologie, Bd. I

äußerst inkonstant verhält: So kann es ebenso vorkommen, daß sich an Stelle der dem Lehrbuch-Schema entsprechenden Nn. iliohypogastricus und ilioinguinalis nur ein Nerv findet, wie, daß in der zur Diskussion stehenden Gegend an der

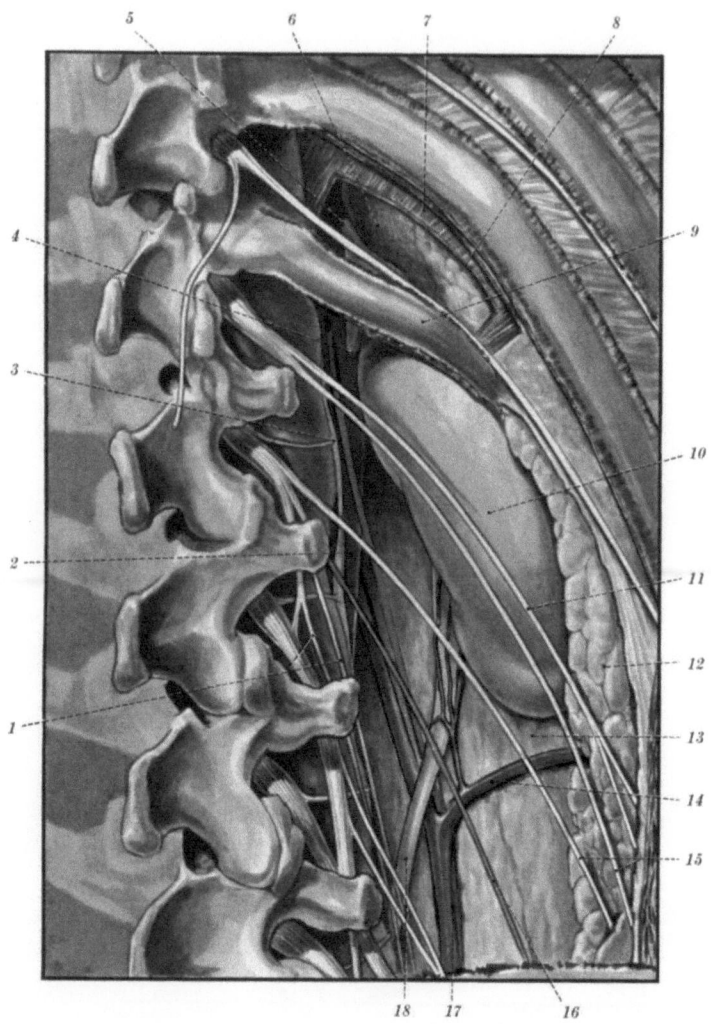

Abb. 11. Rechte Niere von dorsal her dargestellt. *1* Die zwei Äste des N. genitofemoralis, *2* V. cava inferior, *3* Grenzstrang-Ganglion mit Eintritt eines R. communicans, *4* Caudaler Eckpunkt der Nebenniere, *5* Apex suprarenalis, *6* Leber, *7* thorakale Oberfläche des Zwerchfells, die, von Pleura überzogen, dem Recessus costo-diaphragmaticus (Sinus phrenico-costalis) der Pleurahöhle zugekehrt war, *8* Schnittrand des Zwerchfells, durch dessen viereckiges Loch Einblick in den Bauchraum gewonnen wurde, *9* 12 Rippe, *10* Niere, *11* N. subcostalis, *12* Massa adiposa pararenalis, *13* Capsula adiposa renis, soweit sie nicht die Hinterfläche der Niere bedeckt hat, *14* eine Kapselvene, *15* N. iliohypogastricus, auf dieser Seite aus Th. 12 und L. 1 entspringend, *16* N. ilio-inguinalis, *17* Vasa spermatica, *18* Ureter

Vorderfläche des M. quadratus lumborum sogar drei Nerven verlaufen (z. B. auf Abb. 8 und 11).

Außer den schon genannten Muskeln (Diaphragma, M. quadratus lumborum, M. psoas und M. transversus abdominis), denen das extraperitoneale Gewebe direkt anliegt, wird die dorsale Rumpfwand im Lumbalbereich noch durch folgende Muskeln aufgebaut: M. latissimus dorsi, M. obliquus abdominis externus, M.

obliquus abdominis internus, M. serratus posterior inferior und die Masse der autochthonen Rückenmuskulatur, die hauptsächlich durch den M. erector spinae (M. erector trunci) repräsentiert wird. Die Anordnung dieser Muskeln, wie sie sich bei schichtweiser Präparation vom Rücken her zeigt, ist folgende: Die ausgedehnteste oberflächliche Muskelplatte ist der M. latissimus dorsi (*1* auf Abb. 12), der nach medio-caudal in eine sehr starke Aponeurose, die, das Massiv der autochthonen Rückenmuskulatur bedeckende Fascia thoracolumbalis (PNA) [= Fascia lumbodorsalis (BNA)] (*7* auf Abb. 12), übergeht. Neben seinem vom

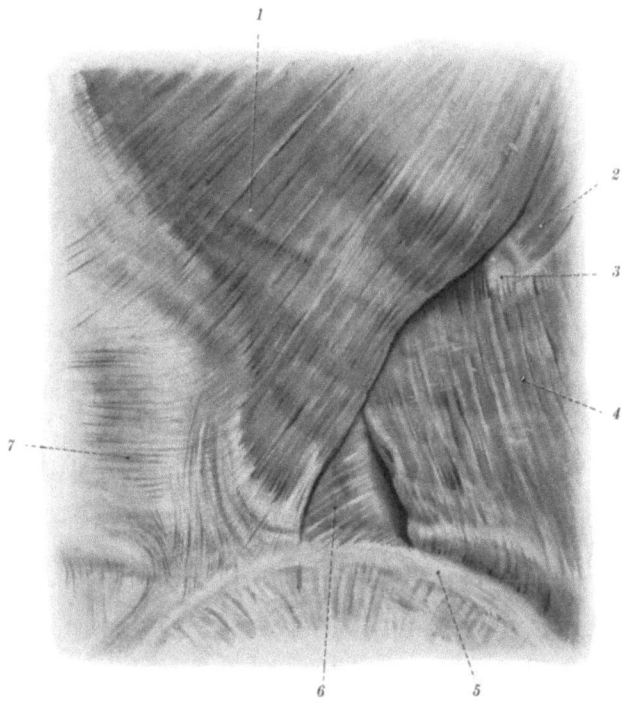

Abb. 12. Muskulatur der Lumbalregion; oberflächliche Schichte. *1.* M. latissimus dorsi in seinem, von der Fascia thoracolumbalis entspringenden Hauptanteil, *2.* Ursprungszacke des M. latissimus dorsi von der 12. Rippe, *3.* Spitze der 12. Rippe, *4.* M. obliquus abdominis externus, *5.* Crista iliaca, *6.* M. obliquus abdominis internus im Bereiche des Trigonum lumbale Petiti, *7.* Fascia thoracolumbalis, das Massiv des M. erector spinae bedeckend

medialen Anteil der Crista iliaca (*5* auf Abb. 12) schräg nach lateral aufsteigenden lateralen Rand erscheint der M. obliquus abdominis externus (*4* auf Abb. 12), dessen Fasern hinwieder vom lateralen Anteil der Crista iliaca nach medial zu aufsteigen. Da am Darmbeinkamm die Ursprünge des Latissimus und des Obliquus externus meistens nicht unmittelbar aneinanderschließen, entsteht so über der Crista iliaca zwischen den nach cranial konvergierenden Rändern der beiden Muskeln ein kleines Dreieck (Trigonum lumbale PETITI), in dessen Bereich der Muskel der nächsten Schicht, der M. obliquus abdominis internus (*6* auf Abb. 12) oberflächlich liegt. Seine Fasern steigen weniger steil als die des Latissimus nach lateral auf. Nur ganz ausnahmsweise ist der dorsocraniale Rand des Obliquus internus lateral vom lateralen Rand des Latissimus sichtbar, derart, daß sich in solchen Fällen in diesem Gebiet eine ungewöhnlich schwache Stelle in der dorsalen Rumpfwand findet, die dann in diesem Bereiche nur von der Ursprungsaponeurose des M. transversus abdominis gebildet wird, so daß es hier zur Entstehung von Lumbalhernien kommen kann.

Normalerweise aber kann die Ursprungsaponeurose des M. transversus erst zur Ansicht gebracht werden, wenn man den M. latissimus dorsi spaltet und abklappt (Abb. 13). Dann zeigt sich auch der M. serratus posterior inferior (*8.* auf Abb. 13), dessen Fasern ziemlich flach von den unteren Rippen nach medial absteigen, um in die Fascia thoracolumbalis überzugehen, was also bedeutet, daß im aponeurotischen Gebiet Latissimus und Serratus posterior inferior nicht vollständig voneinander getrennt werden können. Das Feld, in dem jetzt die Ur-

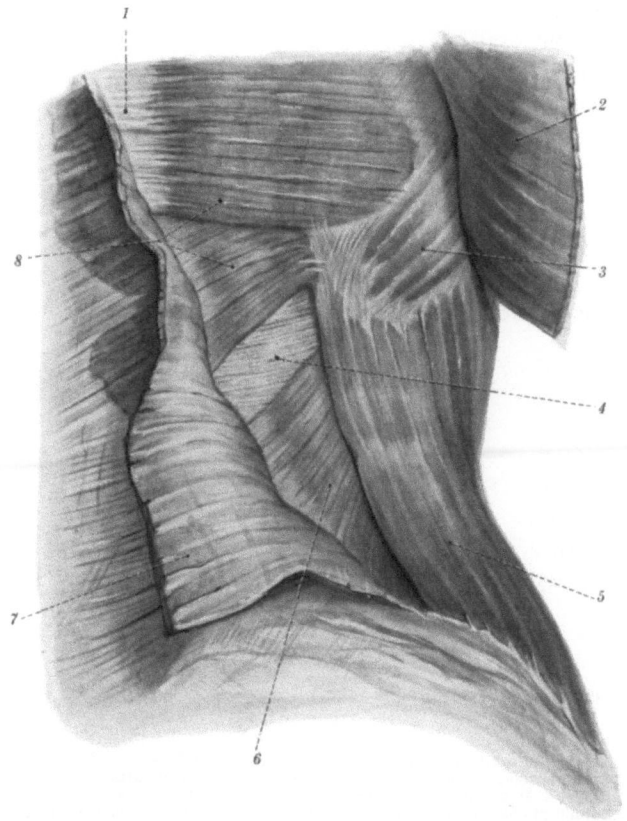

Abb. 13. Muskulatur der Lumbalregion; 2. Schichte. *1* Fascia thoracolumbalis als Ursprungsaponeurose des M. serratus posterior inferior, *2* M. latissimus dorsi; distales Stück seines, von der Fascia thoracolumbalis entspringenden Anteils, *3* Ursprungszacke des M. latissimus dorsi von der 12. Rippe, *4* Ursprungsaponeurose des M. transversus abdominis, im Bereiche des Spatium tendineum lumbale nach Durchtrennung des M. latissimus dorsi freiligend, *5* M. obliquus abdominis externus, *6* M. obliquus abdominis internus, *7* M. latissimus dorsi; proximales Stück seines, von der Fascia thoracolumbalis entspringenden Anteils, *8* M. serratus posterior inferior; zwei in etwas verschiedenen Richtungen verlaufende Anteile

sprungsaponeurose des M. transversus abdominis freiliegt, das Spatium tendineum lumbale (*4* auf Abb. 13) ist im allgemeinen folgendermaßen begrenzt: cranial durch den unteren Rand des M. serratus posterior inferior, caudal durch den medio-cranialen Rand des M. obliquus abdominis internus (*6* auf Abb. 13), lateral durch die hintersten Fasern des M. obliquus abdominis externus (*5* auf Abb. 13), die teilweise auch von der Ursprungsaponeurose des M. transversus entspringen können, und medial durch den lateralen Rand des M. erector spinae (M. erector trunci), der aber hier nicht freiliegt, da an dieser Stelle eine Verbindung zwischen der Fascia thoracolumbalis und der Ursprungsaponeurose des M. transversus abdominis erfolgt, die deshalb auch als tiefes Blatt der Fascia thoracolumbalis aufgefaßt werden kann. Auf Grund der hier geschilderten viereckigen Form hat KRAUSE das Spatium tendineum lumbale als „Tetragonum lumbale" oder „Rhombus lumbalis" bezeichnet. Da aber die Ränder der beiden schrägen Bauchmuskeln und des M. serratus posterior inferior eine nicht unbedeutende Variation ihrer Lage zeigen, die wohl vor allem mit der unterschiedlichen Länge der 12. Rippe zusammenhängt, kann sich die geometrische Form der beschriebenen Fläche auch beträchtlich ändern. So wird z. B. in den soeben erwähnten Fällen, bei denen das Spatium tendineum bis in das Gebiet des Trigonum lumbale reicht, auch die Crista iliaca für eine kurze Strecke als fünfte Seite zu beschreiben sein. Ebenso kann auch die 12. Rippe auf eine kurze Strecke randbildend werden. Andererseits aber kann der M. obliquus abdominis externus von der Begrenzung des Feldes ausgeschlossen sein, so daß eine Dreiecksform resultiert. Diese letzte Variante hat GRYNFELTT (zit. nach POIRIER-CHARPY, Bd. 2, S. 462) seiner Beschreibung zugrunde gelegt und deshalb den Namen „triangle lombo-costo-abdominal" gewählt; es ist also — historisch gesprochen — ein Paradoxon, wenn gelegentlich der Name „GRYNFELTTs Rhombus" gebraucht wird. Daß die Niere zum Spatium tendineum lumbale eine recht unterschiedliche Lagebeziehung aufweist, ist auf Grund der großen Variabilität der Nierenlage verständlich; sicher aber ist, daß sich niemals mehr als das laterale Randgebiet der Niere in dieses Feld projizieren kann. POPOW beschreibt Fälle, in denen die Niere zur Gänze außerhalb des Spatium tendineum liegt, neben solchen, bei denen sie mit ihrem unteren Pol, mit der unteren Hälfte oder gar mit dem Mittelteil von medial her hereinreicht.

Erst nach Spaltung der Ursprungsaponeurose des M. transversus abdominis liegt der M. quadratus lumborum frei. Die oben erwähnten Nerven liegen erst an der Innenfläche dieses Muskels, und zwar der N. subcostalis innig in den Ursprung des Quadratus an der 12. Rippe eingebettet, die Nn. iliohypogastricus und ilioinguinalis locker seiner Vorderfläche angelagert.

d) Beziehungen nach ventral

Nach ventral zu sind die Beziehungen der rechten und der linken Niere natürlich durchaus verschieden, abgesehen davon, daß beiden Organen im Gebiete des oberen Pols die Glandula suprarenalis angelagert ist, die sich mit ihrer basalen Fläche der Niere derart anschmiegt, daß sie einen schmalen Streifen im mediocranialen Anteil der vorderen Nierenfläche bedeckt. Beim Neugeborenen ist auf Grund des wesentlich anderen Größenverhältnisses zu der im Wachstum stark vorausgeeilten Nebenniere der von diesem Organ bedeckte Anteil der Nierenvorderfläche beträchtlich größer. Unmittelbar unterhalb des Anlagerungsgebietes der Nebenniere kann der mediale Rand der rechten Niere auf kurze Strecke mit der unteren Hohlvene in Berührung treten.

Die übrigen ventralen Organbeziehungen sind für die rechte Niere: Leber, Duodenum, Flexura coli dextra; für die linke: Milz, Cauda pancreatis, Magen und Flexura coli sinistra.

Was die Beziehung zur Leber betrifft, so ist zu beachten, daß sich Niere und Nebenniere grundsätzlich verschieden verhalten. Während die rechte Nebenniere im größten Teil ihrer Vorderfläche durch Bindegewebe mit dem serosafreien Feld der Leber verbunden ist, ist die Niere von der Leber durch einen Anteil der Peritonealhöhle getrennt. Die Linie, entlang deren sich das, die Fascia renalis anterior bedeckende Peritoneum parietale in das Peritoneum viscerale der Leber umschlägt, verläuft derart, daß sie in ihrem lateralen Anteil ungefähr dem unteren Rand der Glandula suprarenalis entspricht, nach medial zu aber nicht mit diesem Rande absteigt, sondern zunächst noch eine annähernde horizontale Richtung einhält, bis sie am medialen Rand der Nebenniere auf die V. cava inferior übergeht. Ehe aber diese Umschlaglinie nach kurzem Abstieg entlang des rechten Randes der Hohlvene von hier aus weiter nach links verläuft, bildet sie in zahlreichen Fällen eine nach rechts caudal gerichtete Auszackung, so daß also hier

Abb. 14. Unterer Pol der rechten Niere von ventral dargestellt. *1* Arterielle und venöse Arkade zur Versorgung des Colon ascendens, *2* Colon ascendens, *3* Capsula adiposa renis, soweit sie nicht die Vorderseite der Niere bedeckt hat, *4* Unterer Nierenpol, *5* Rippenbogen, *6* Pars descendens duodeni, *7* R. dexter A. colicae mediae (eine eigene A. colica dextra fehlt hier — wie sehr oft), *8* Vasa mesenterica superiora, *9* Pars (horizontalis) inferior duodeni, *10* V. cava inferior, *11* A. ileocolica, *12* Ureter, *13* Vasa spermatica

eine von der Vorderfläche der oberen Nierenhälfte zur visceralen Fläche der Leber verlaufende Serosafalte entsteht, auf die LUSCHKA, und ihm folgend GISEL, den von anderen Autoren oft in recht unverständlicher Weise für andere Bildungen verwendeten Namen ,,Lig. hepatorenale" oder ,,Lig. hepaticorenale" angewandt wissen möchten. Soferne diese Falte existiert, findet sich hinter ihr eine von rechts her zugängliche Bucht der Peritonalhöhle, ein ,,Recessus hepatorenalis". Die Pars descendens duodeni liegt (*6* auf Abb. 14) in variabler Breite dem medialen Anteil der rechten Niere auf und ist hier direkt mit der in dieser Gegend ziemlich schwachen Fascia renalis anterior verwachsen. Als typisch kann dabei eine Lage des Duodenums vor dem Gebiet des Nierenhilus angesehen werden, doch sind, je nach verschiedener Höhenlage des Zwölffingerdarms einerseits, der Niere andererseits, ebenso auch Beziehungen zum cranialen oder zum caudalen

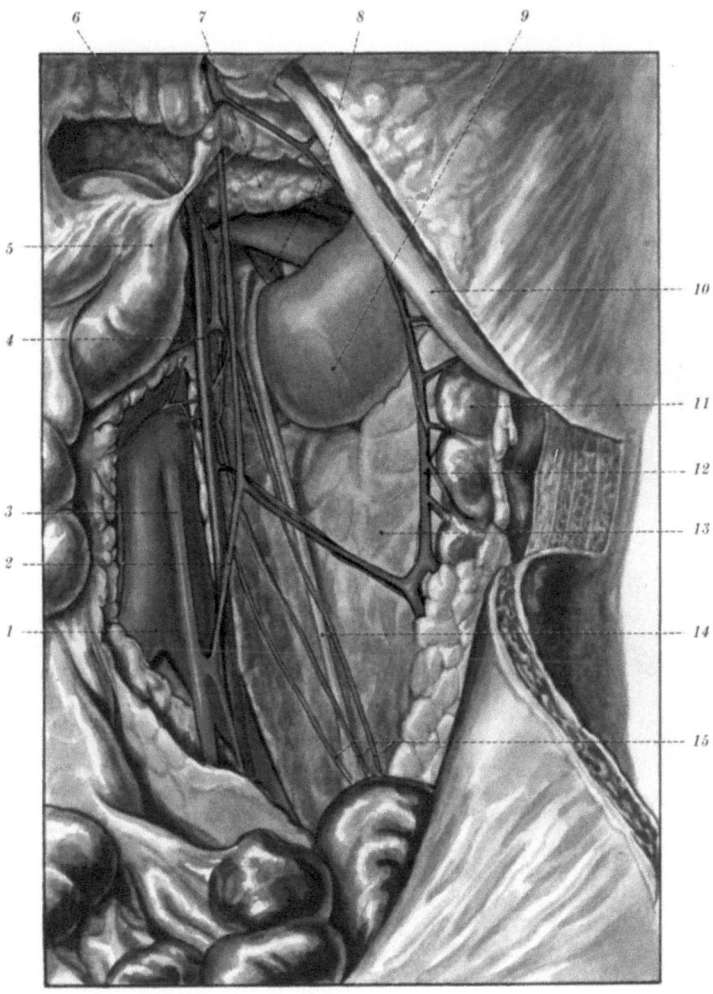

Abb. 15. Untere Hälfte der linken Niere von ventral dargestellt. *1* Aortengabelung, *2* A. colica sinistra, *3* A. mesenterica inferior, *4* V. mesenterica inferior, *5* Flexura duodeno-jejunalis, *6* Mündung der V. spermatica in die V. renalis, *7* Cauda pancreatis, *8* zwei Äste der A. renalis, *9* unterer Nierenpol, *10* Rippenbogen, *11* Colon descendens, *12* Marginale Arkade der Vasa colica sinistra, *13* Capsula adiposa renis, soweit sie nicht die Vorderseite der Niere bedeckt hat, *14* Ureter, *15* Vasa spermatica

Polgebiet möglich. Der Dickdarm kann im Abschnitt der Flexura coli dextra dem unteren Nierenpol aufliegen, häufiger aber findet sich ein Verlauf, der die Niere knapp vermeidet, indem der äußere Rand des Colon dem unteren und inneren Rand der Niere folgt. Mit der Lage des Colon ändert sich natürlich auch die Lage der, der Blutversorgung des Colon dienenden Gefäßarkade (*1* auf Abb. 14).

Noch wesentlich variabler sind die Beziehungen zwischen der linken Niere und dem Gebiet der linken Colonflexur. Hier findet sich der Scheitel der Flexur in der Regel lateral des oberen Nierenpols; er kann aber auch weiter cranial oder weiter caudal liegen. Am häufigsten steigt der Dickdarm zunächst vor der oberen Nierenhälfte schräg zum Scheitel auf, um dann lateral des konvexen Nierenrandes abzusteigen. Der Scheitel kann aber auch in querem Verlauf oberhalb des oberen Organpols erreicht werden, wie auch andererseits in cranial konkavem Bogen unter dem unteren Pol, und der vom Scheitel absteigende Dickdarmanteil kann sich auch auf den lateralen Anteil der Niere auflagern. Die Dickdarmgefäße (*12.* auf Abb. 15) folgen als marginale Arkade in knappem Abstand dem der Körperachse zugekehrten Rand des Colon. Aber auch der Stamm der V. mesenterica inferior (*4.* auf Abb. 15) kann zum medio-caudalen Anteil der linken Niere in direkte Beziehung treten. Die Milz (*8.* auf Abb. 10) ruht auf dem lateralen cranialen Abschnitt der Niere. Der Fundus des Magens, dem praktisch die ganze Vorderfläche der Nebenniere zugekehrt ist, kann in einem kleinen Bereich auch zur Niere in direkte Beziehung treten (*13.* auf Abb. 7). Sowohl der Magen als auch die Milz sind als intraperitoneale Bildungen durch Anteile der Peritonealhöhle — Bursa omentalis einerseits, Saccus lienalis andererseits — von Niere und Nebenniere getrennt. Dasselbe gilt für jene Anteile des Dünndarmkonvoluts, die vor den unteren Nierenpartien gelegen sind. Dagegen ist die Cauda pancreatis (*15* auf Abb. 7, *7* auf Abb. 15), die dem Mittelfeld der linken Niere aufliegt, ein retroperitonealisiertes Organ, das daher bindegewebig mit der Fascia renalis anterior verbunden ist. Das gleiche gilt für die Vasa lienalia, die eng dem Pankreaskörper und -schwanz angeschlossen sind. Die in eine Furche an der Hinterfläche des Pankreas eingebettete V. lienalis läuft daher in nur kleinem Abstand von der V. renalis sin. ungefähr parallel mit dieser, während die A. lienalis meistens einen ziemlich geschlängelten Verlauf in der Gegend des oberen Pankreasrandes nimmt. Erst knapp vor dem Milzhilus verlassen diese Gefäße ihre retroperitoneale Lage, um sich im Lig. phrenico-lienale zur Milz hin zu ramifizieren. Überall dort, wo der Niere kein — primär oder sekundär — retroperitoneales Organ aufliegt, macht sie sich an der hinteren Wand der Peritonealhöhle als Vorwölbung bemerkbar, die je nach der Mächtigkeit des umgebenden Fettkörpers mehr oder weniger distinkt abgegrenzt ist.

e) Organeindrücke

Die hier geschilderten räumlichen Beziehungen der Nieren zu den Nachbarorganen lassen sich unter günstigen Bedingungen an den in situ gehärteten Organen auch durch Facetten an der Oberfläche belegen, deren jede einer bestimmten Anlagerungsfläche entspricht. Wird aber das Organ ohne vorherige Fixierung dem Körper entnommen, so ist nichts von derartigen Abdrücken zu sehen. Es wäre also verfehlt, auf Grund der Beobachtung am fixierten Organ für die Niere eine ähnliche Plastizität wie bei der Leber in dem Sinne anzunehmen, daß das Organ in die von den benachbarten Gebilden frei gelassenen Räume hineinwächst, dort aber im Wachstum zurückbleibt, wo ein Hindernis entgegensteht. Es handelt sich vielmehr um eine Verformbarkeit ähnlich der des Knorpels, also um ein zeitweiliges, rein mechanisches Nachgeben gegenüber den jeweils von außen her wirksamen Kräften. Solcherart kann die Parenchymschale so stark gegen den Sinus zu eingedrückt werden, daß in der betreffenden Gegend der Verlauf der Calices und der Nierenarterien verändert wird, wie es FRIMANN-DAHL bezüglich der von ihm in ca. 10% gefundenen, durch die Milz bedingten Abflachung im oberen Anteil der linken Niere röntgenologisch beobachten konnte. Eine der Plastizität der Leber analoge Wachstumsanpassung der Niere an die Umgebung wäre ja nicht nur angesichts der Tatsache unverständlich, daß doch die Niere ringsum von einer Fettkapsel umgeben ist, sondern auch deshalb, weil die Intimstruktur der Niere um soviel komplizierter ist als die der Leber und daher die Gesamtarchitektur von innen her ohne Rücksicht auf die Umgebung bestimmt werden muß. Deshalb hat zwar die Leber eine echte Impressio renalis, die Niere aber nur eine scheinbare Impressio hepatica.

6. Blutgefäße der Niere
a) Stämme der Vasa renalia

Es wird gemeiniglich als Norm dargestellt, daß jede Niere ihr Blut auf dem Wege *einer* Arterie, der A. renalis, erhält und durch *eine* Vene, die V. renalis abführt. Die beiden Aa. renales entspringen von den Seitenwänden der Aorta abdominalis, meistens in der Höhe des 1. Lendenwirbels, etwas caudal von der Stelle, an der von der Vorderwand der Körperhauptschlagader die A. mesenterica superior entspringt. Nur in der Minderzahl der Fälle liegen dabei die beiden Gefäßursprünge an der Aorta einander genau gegenüber; viel häufiger findet sich eine geringe Differenz der Abgangshöhen, die aber normalerweise nicht das Ausmaß einer Gefäßbreite überschreitet, und zwar zeigt sich in der Regel ein höherer Ursprung der rechten Arterie. Dies drückt sich auch in der normalen Variationsbreite für die Ursprungshöhen der beiden Arterien aus, die EDSMAN rechts zwischen 3. Drittel des 12. Brustwirbels und 2. Drittel des 2. Lendenwirbels, links zwischen Discus intervertebralis Th.12/L.1 und 3. Drittel des 2. Lendenwirbels feststellen konnte. Die Tatsache, daß die rechte Arterie meistens cranialer entspringt als die linke, ist insoferne überraschend, als ja meistens die rechte Niere caudaler steht als die linke. Demgemäß beobachtete BOIJSEN bei der rechten Arterie in 52% einen absteigenden und in 9% einen aufsteigenden Verlauf, bei der linken hingegen in 16% einen absteigenden und in 40% einen aufsteigenden Verlauf. Entsprechend der ganz geringen Linkslage der Aorta während ihres Durchtritts durch den Hiatus aorticus ist die linke Nierenarterie in der Regel um einige Millimeter kürzer als die rechte. In der Ramifikation der rechten und der linken Arterie besteht kein prinzipieller Unterschied.

Die beiden Nierenvenen münden in die V. cava inferior. Hier ist daran zu erinnern, daß die untere Hohlvene nicht einfach rechts von der Aorta abdominalis gelegen ist, sondern daß die beiden Hauptgefäße des Bauches eine räumliche Überkreuzung in der Weise zeigen, daß im Unterbauch die Zuflüsse der V. cava dorsal der entsprechenden Arterien verlaufen, während in der — hier zunächst interessierenden — Oberbauchgegend die Hohlvene auf ihrem Wege zu ihrer mitten im Zwerchfell gelegenen Öffnung ganz deutlich weiter ventral als die, eng an die Wirbelsäule geschmiegte Aorta gelegen ist. Dementsprechend liegen die Nierenvenen ventral der Nierenarterien, die rechte Nierenarterie unterkreuzt die untere Hohlvene (*8* auf Abb. 16) und die Ursprünge der beiden Nierenarterien werden von der linken Nierenvene gedeckt, die hier also vor der Aorta in dem spitzen Winkel zwischen dieser und der knapp darüber entspringenden A. mesenterica superior verläuft (*12* auf Abb. 16, sowie auf Abb. 7 Lage von *16* zwischen *18* und *19*). Da im Gegensatz zu der nur angedeutet asymmetrischen Lage der Bauchaorta die Hohlvene ganz distinkt in der rechten Körperhälfte liegt, besteht im Gegensatz zu der ganz geringen Längendifferenz zwischen den beiden Nierenarterien ein sehr markanter Längenunterschied zwischen den beiden Nierenvenen zugunsten der linken. Diese nimmt die linke Nebennierenvene und die linke Keimdrüsenvene auf, während die entsprechenden Gefäße der rechten Seite direkt in die V. cava inferior münden. Allerdings läßt sich auch rechts eine Einmündung der Keimdrüsenvene in die Nierenvene nicht absolut ausschließen

(z. B. *1* auf Abb. 16). Die V. renalis sinistra steht meistens auch mit der V. hemiazygos und mit den Vv. lumbales in Verbindung.

Abweichungen von dem, soeben als Norm geschilderten Verhalten der Nierengefäße sind aber keineswegs selten. Rund $^1/_5$ der von B. ADACHI statistisch erfaßten Nieren werden statt von einer von zwei Nierenarterien versorgt. Aber

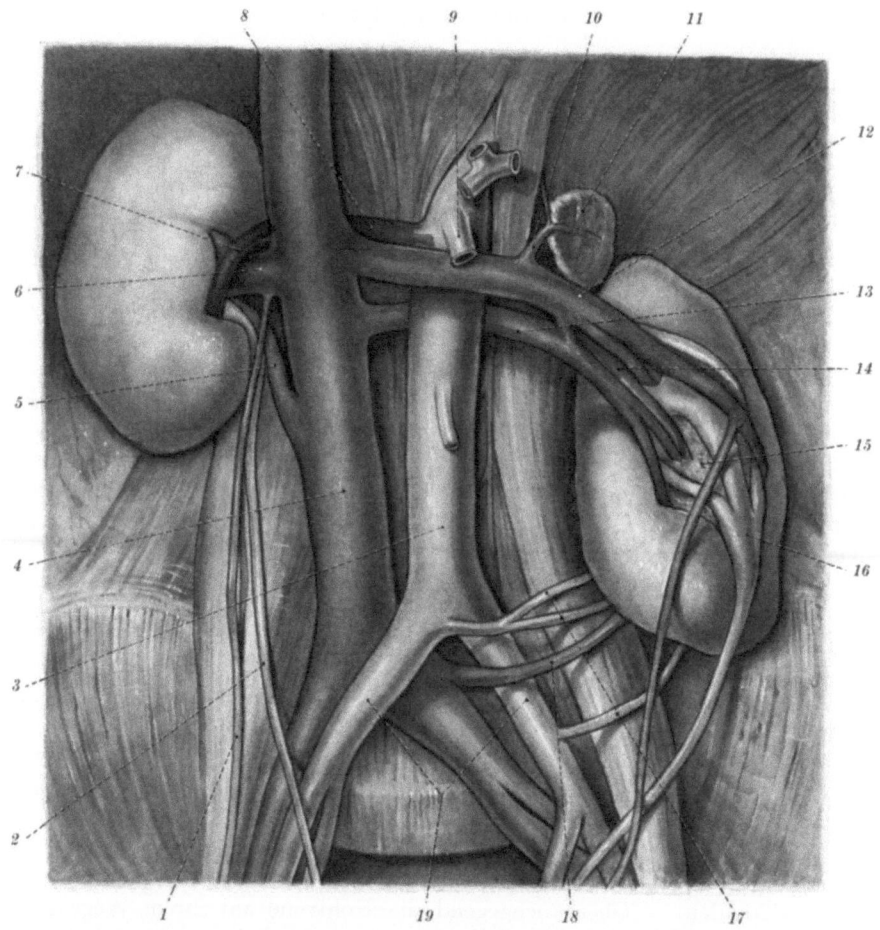

Abb. 16. Die großen retroperitonealen Gefäße mit normaler rechter und unrotierter linker Niere. *1* Rechte V. spermatica, in diesem Falle (atypisch) in die V. renalis mündend, *2* rechter Ureter, *3* Aorta, *4* V. cava inferior, *5* akzessorische rechte Nierenvene, *6* V. renalis, *7* praepelvischer Ast der A. renalis, vor Venen absteigend, *8* A. renalis vor Unterkreuzung der Hohlvene, *9* A. mesenterica superior knapp über linker Nierenvene, *10* V. suprarenalis sinistra mit typischer Einmündung in linke Nierenvene, *11* linke Nebenniere, *12* V. renalis sinistra in typischer Lage vor der Aorta, *13* akzessorische linke Nierenvene, hinter Aorta verlaufend (venöse Ringbildung um Aorta), *14* Äste einer annähernd typisch entspringenden linken Nierenarterie, *15* der ganz seichte Sinus der unrotierten Niere, *16* das nach ventral gerichtete Becken der unrotierten Niere, *17* caudale Nierenarterien, von Aortengabelung und A. iliaca communis entspringend, *18* dritte Nierenvene, in V. iliaca communis mündend, *19* Aa. iliacae communes

auch drei und vier Arterien gehören zum gelegentlichen Beobachtungsmaterial, fünf sind seltene Varietäten und sechs wurden bisher ein einziges Mal (von MACALISTER) beschrieben. Ein symmetrisches Verhalten bezüglich der Zahl der Arterien ist keineswegs zu erwarten, ist aber auch nicht auszuschließen. Im Falle von zwei Arterien zu einem Organ besteht häufig ein wesentlicher Dickenunterschied zwischen den beiden Gefäßen, derart, daß das eine als die eigentliche A. renalis, das andere als A. renalis accessoria beschrieben werden kann. Die akzessorische Arterie kann ebenso wie das Hauptgefäß in den Hilus eintreten, oder aber sie tritt in das Parenchym eines polaren Renculus ein, und zwar finden sich öfter caudale akzessorische Nierenarterien als craniale. Allerdings kann es gelegentlich auch vorkommen, daß eine cranial entspringende akzessorische Arterie zu einer caudalen Polarterie wird, indem sie die Hauptarterie überkreuzt. Aus der oben geschilderten Lagerelation zwischen Aorta und Vena cava ergibt sich, daß rechts craniale akzessorische Arterien immer die Hohlvene unterkreuzen; caudale können, je nachdem wie weit caudal sie gelegen sind, die Hohlvene über- oder unterkreuzen. PARIN gibt an, daß nur $1/4$ bis $1/3$ der rechten akzessorischen Arterien vor der Hohlvene verlaufen.

Der Abstand zwischen den Ursprüngen der beiden Arterien einer Seite kann so klein sein, daß untere Circumferenz des oberen Gefäßes und obere Circumferenz des unteren Gefäßes an der Aorta unmittelbar aneinanderstoßen, daß man also den Eindruck gewinnt, als handle es sich bloß um eine frühestmöglich erfolgende erste Ramifikation einer A. renalis. Andererseits aber kann der Abstand zwischen den beiden Gefäßursprüngen auch eine ganze, ja sogar mehrere Wirbelhöhen betragen, so daß der Abgang einer Nierenarterie bis zur Höhe der Aortenaufteilung möglich ist. Ja es wurden sogar Nierenarterien aus der A. iliaca communis (*17.* auf Abb. 16), der A. iliaca interna, der A. iliaca externa und der A. sacralis media beobachtet. Daß akzessorische Nierenarterien gemeinsame Ursprünge mit einer A. suprarenalis, einer Keimdrüsenarterie (*24* und *29* auf Abb. 21) oder einer A. lumbalis II, III oder IV haben können, ist leicht verständlich. Ausgesprochen verblüffend dagegen sind MACALISTERs Angaben über gelegentliche Ursprünge aus der rechten Leberarterie und aus der A. colica dextra, da es sich doch bei der Niere um ein genuin retroperitoneales Organ, bei der Leber und dem Colon ascendens hingegen um primär intraperitoneale Organe handelt, ja bezüglich eines von der A. hepatica dextra entspringenden Gefäßes muß man sich vergeblich fragen, wie es wohl von seiner Ursprungsstelle im Lig. hepatoduodenale, also von der ventralen Wand des Foramen epiploicum zu seinem dorsal vom dorsalen Peritoneum parietale gelegenen Ziel gekommen sein mag. Über den von PORTAL geschilderten Ursprung der rechten und der linken Nierenarterie aus einem von der Vorderwand der Aorta entspringenden gemeinsamen Stamm meint B. ADACHI sehr treffend: „Leider ist ... nicht angegeben, ob hierbei die beiderseitigen Nieren normale waren oder eine Hufeisenniere bildeten, bei welch letzterer eine solche Ursprungsabweichung der Arterien bekanntlich sehr oft vorkommt". Eine noch viel überraschendere Beziehung zwischen den Arteriensystemen der rechten und der linken Niere aber konnten GUGGEMOS, NYSTROM, PEPPY, SINATRA und BRODY beobachten: Bei einem Patienten, dessen beide Nieren ein nach ventral gerichtetes Nierenbecken hatten — wie es oben (S. 57) als typische Varietät erwähnt wurde — entsprang im Parenchym der aus drei Arterien versorgten linken Niere aus dem untersten dieser Gefäße ein Ast, der den unteren Nierenpol verließ, um quer vor Aorta und Hohlvene zur rechten Niere zu ziehen.

Besondere Beachtung muß von praktischer Seite begreiflicherweise der Lagebeziehung zwischen einer caudalen akzessorischen Arterie und dem Ureter geschenkt werden. Diesbezüglich kann keine Regel aufgestellt werden, sondern die Arterie kann den Ureter sowohl über- wie unterkreuzen (auf Abb. 21 unterkreuzen die Arterien *3.* und *24.* die Ureteren). Die Frage, inwieweit solch eine, in engem Abstand erfolgende Kreuzung — im Sinne von EKEHORN und MERKEL — als Abflußhindernis zu einer Hydronephrose führen kann, fällt außerhalb des Rahmens dieses Beitrags; es sei nur die historische Anmerkung gestattet, daß sich der erste Hinweis auf eine Abflußbehinderung durch ein Gefäß bei ROKITANSKY (S. 438) nicht auf eine akzessorische Nierenarterie bezieht, sondern auf den normalen, am Hilus absteigenden retropelvischen Ast einer normalen Nierenarterie.

Das Auftreten von zwei, seltener von drei und ganz ausnahmsweise von vier (Fall Schilowa) Nierenarterien auf einer Seite kann eine, rein das Gefäß-System betreffende Variation darstellen, während sonst das Organ der Lage und Form nach durchaus normal ist. Bei den oben (S. 57) erwähnten Hemmungsbildungen hingegen, bei denen eine abnorm tiefstehende Niere das Nierenbecken nach ventral gerichtet hat, finden sich niemals weniger als zwei, sehr oft drei Arterien (Abb. 16, links) und bei diesen Fällen sind auch noch mehr Arterien nicht überraschend. Alle Arterien solcher Nieren entspringen weiter caudal als es einer normalen Nierenarterie entspricht, und demgemäß ist auch eine Differenzierung zwischen eigentlicher A. renalis und Aa. renales accessoriae prinzipiell nicht möglich. Keine Regel läßt sich über die Stelle des Arterieneintritts in solche Nieren aufstellen: Der flache nach vorne gerichtete Sinus wird am ehesten von den cranialsten Arterien (*14* auf Abb. 16) erreicht, die anderen können ebensogut am medialen Rand wie an der dorsalen Fläche (*17* auf Abb. 16) oder gar nach Unterkreuzung der Niere am lateralen Rand eintreten; in einem von Nathan beobachteten Fall gelangte solch eine die Niere unterkreuzende Arterie schließlich um den lateralen Rand in den vorne gelegenen Sinus.

Bei diesen Hemmungsbildungen finden sich meistens auch mehrere Nierenvenen. In Fällen normal gelagerter und geformter *rechter* Nieren ist eine Verdopplung oder gar Verdreifachung (Tondo) der Nierenvenen nur äußerst selten (z. B. *5* auf Abb. 16) zu beobachten. Hingegen stellt es eine typische Varietät dar, daß von der *linken* Niere zwei Venen zur unteren Hohlvene ziehen, wovon die eine die typische Lage vor der Aorta hat, während die andere dahinter verläuft (*13.* auf Abb. 16). Da die beiden Venen nahe beim Nierenhilus miteinander in Verbindung stehen, handelt es sich also um einen Venenring um die Aorta. Manchmal ist einer von den beiden Schenkeln des Ringes — häufiger der dorsale — gedoppelt, so daß also dann drei linke Nierenvenen in die V. cava inferior münden. Ausnahmsweise kann es auch geschehen, daß der ventrale Schenkel solch eines Ringes — also die normale V. renalis sinistra — fehlt und daß dann nur eine retroaortale linke Nierenvene existiert. Der Aussage von Odgers, daß Venenringe weniger häufig seien als retroaortale Nierenvenen, kann nach eigener Erfahrung keineswegs zugestimmt werden. Auch Inselbildungen um die A. spermatica sinistra sind manchmal zu beobachten. Eine andere gar nicht so seltene Variation in der Beziehung der Keimdrüsenarterie zur Nierenvene findet sich vor allem — aber nicht nur — bei Verdopplung der Arterie. Die weiter oben von der Aorta entspringende — bzw. die einzige — Arterie kann dann in cranial konvexem Bogen in die Nierenvene eingehängt sein, wobei entweder der aufsteigende oder — nach eigenen Beobachtungen in der überwiegenden Mehrzahl der Fälle — der absteigende Schenkel des Arterienbogens vor der Vene liegt (K. Martin, Notkovich, sowie Cordier, Devos, Delcroix u. Rénier; s. auch *2* und *28* auf Abb. 21).

Die oben (S. 78) beschriebene Anheftung der Nierenfascien an die Nierengefäße einerseits, an die Fascie der Zwerchfellschenkel und des Mm. psoas andererseits bedeutet eine gewisse Fixierung der Gefäße an diese Muskeln auf ihrem Wege zwischen den Hauptgefäßen des Bauches und den Nieren. Eine noch viel direktere Beziehung der Nierenarterie zu diesen Muskeln wollen d'Abreu u. Strickland in zwei Fällen beobachtet haben, nämlich einmal, daß ein Bündel des M. psoas minor über die A. renalis sinistra hinwegzog und sie dadurch einengte und abknickte, und zum andern, daß beide Nierenarterien dasselbe Schicksal durch „musculotendinous fibres" der Crura diaphragmatis gleich neben dem Hiatus aorticus erlitten.

b) Prinzip der Arterienramifikation

Die A. renalis wird seit HUNTER als Typus einer Endarterie beschrieben. Diese Feststellung ist insoferne richtig, als ihre das Parenchym versorgenden Äste im Parenchym keinerlei präcapilläre Anastomosen miteinander besitzen. Doch wird das Prinzip der Endarterien durch die sog. Aa. perforantes (*1.* auf Abb. 3 und *14.* auf Abb. 10) durchbrochen, die aus dem Nierenparenchym in die Nierenkapseln übertreten und dort miteinander und mit den anderen, die Kapsel versorgenden Arterien anastomosieren. Bei manchen dieser Gefäße handelt es sich um Endäste von Arterien, die vor ihrem Übertritt in die Kapsel ein Stück Rinde versorgt haben, wie es W. Z. GOLUBEW durch rückläufige Injektion von der Kapsel aus beweisen konnte, wobei sich kleinste Gefäßbezirke in der Rinde füllten, wohingegen auf andere Aa. perforantes wohl die Schilderung HYRTLs zutrifft, daß sie vom Sinus durch das Parenchym zur Kapsel ziehen, ohne an das Parenchym Äste abzugeben. Ebenso finden sich auch reichlich Anastomosen zwischen den verschiedenen, aus der A. renalis stammenden Rr. nutrientes pelvis (DOUVILLE u. HOLLINSHEAD). Diese außerhalb des Parenchyms existierenden kleinsten Gefäßverbindungen können aber nichts an der Tatsache ändern, daß für praktische Erwägungen von einem Endarteriensystem gesprochen werden kann. Es braucht wohl kaum erwähnt zu werden, daß das Prinzip der endarteriellen Verzweigung auch für die Beziehung zwischen einer A. renalis und einer A. renalis accessoria gilt, daß also das von der akzessorischen Arterie versorgte Stück Nierenparenchym nach Ausschaltung dieser Arterie durch keinerlei Anastomosen von dem Hauptgefäß her ernährt werden könnte.

Die A. renalis beginnt immer schon, sich gegen die Niere hin zu ramifizieren, ehe sie den Hilus erreicht. Wenn im Gegensatz zu dieser unzweifelhaften anatomischen Beobachtung NARATH auf Grund seines röntgenologischen Untersuchungsmaterials behauptet, daß in 65% der Fälle die A. renalis ungeteilt als einzelnes Gefäß in den Hilus eintrete, so liegt der Grund hierfür wohl darin, daß er sein Urteil auf Aufnahmen im ventrodorsalen Strahlengang stützt, der für die Entscheidung der Frage, was außerhalb und was innerhalb des Sinus gelegen ist, einfach unbrauchbar ist; denn auf Grund der Schrägstellung der Niere gegen die Frontalebene bildet die Hilusebene ungefähr einen halben rechten Winkel mit der Sagittalebene, und daher wird ein ventro-dorsaler Strahl, der die hintere Hiluslippe tangential trifft, die Gefäße deutlich medial des Hilus schneiden, d. h. eine noch außerhalb des Sinus gelegene Ramifikationsstelle kann sich in den Nierenschatten hineinprojizieren. Eine röntgenologische Entscheidung über diese Frage könnte für die rechte Niere vielleicht in Fechterstellung, für die linke in Boxerstellung getroffen werden.

Die überwiegende Mehrzahl der Nierenarterienäste läuft gegen den Hilus, um durch diesen in den Sinus zu gelangen und erst von hier aus unter weiterer Ramifikation in das Parenchym einzutreten. Der eine oder andere Ast kann aber auch schon direkt im Hilusbereich in den freien Rand einer Hiluslippe eindringen; vor allem ist dies im Bereich der hinteren Hiluslippe zu beobachten (vgl. Ast *12* auf Abb. 18). Schließlich können auch Zweige existieren, die das Hilusgebiet überhaupt vermeiden und in einem gewissen Abstand von diesem zum Nierenparenchym laufen. Derartige „Aa. aberrantes" können in ungefähr 20% der Nieren beobachtet werden. Meistens ziehen sie zum Gebiet oberhalb des Hilus, können aber auch in die vordere Hiluslippe oder in das Gebiet unterhalb des Hilus eindringen. Manche dieser Aa. aberrantes erschöpfen sich vollständig in dem Parenchymanteil, in den sie eindringen, also meistens als Polarterien, manchmal aber dient ihnen dieser Parenchymanteil im wesentlichen nur als Weg in den Sinus, in dem sie sich dann verhalten wie die Äste, die durch den Hilus eingetreten sind; allerdings geben sie auch in diesem Falle einige Zweige an das Parenchym, das sie durchsetzen (Hou-Jensen). Recht häufig entspringen Aa. aberrantes direkt von der Aorta (z. B. *3* auf Abb. 21). Es wäre aber falsch, deshalb die Begriffe „A. aberrans" und „A. accessoria" einander synonym zu setzen; denn es gibt ebenso aberrierende Arterien mit Ursprung aus der A. renalis (z. B. *8* auf Abb. 21), wie auch Aa. accessoriae, die am Hilus eintreten (z. B. *17* auf Abb. 22).

Ehe ausführlicher auf die extrahiläre Ramifikation der A. renalis eingegangen wird, ist zum Verständnis der damit verbundenen Probleme ein Hinweis auf das Ziel dieser Verästelung nötig. Es sind das jene Äste, die im Sinus an die dem Sinus

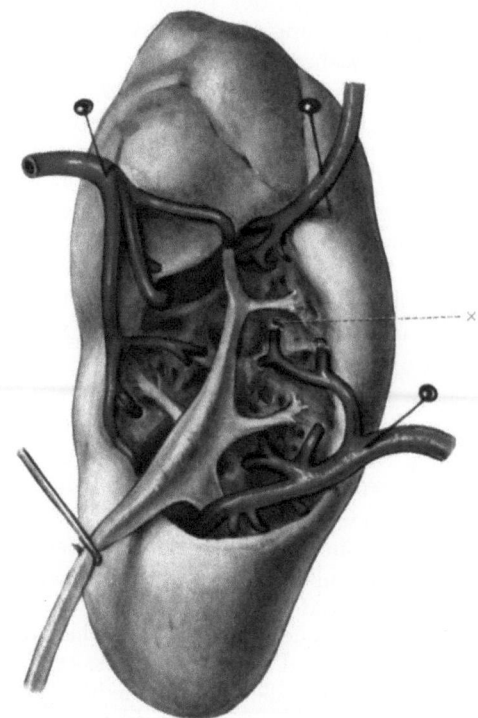

Abb. 17. Die Verzweigung der A. renalis im Sinus zu den Aa. interlobares, die zwischen den Calices ins Parenchym eintreten (Einblick in den Sinus einer rechten Niere). ×) Eine A. interlobaris ist eine Strecke weit bei fast tangentialem Verlauf durch eine dünne Parenchymschicht hindurch zu sehen

zugekehrten Endflächen der Columnae renales herantreten und sich eine Strecke weit an diese anlegen, um ihre Zweige in sie hineinzusenden. Wie Abb. 17 zeigt, schmiegen sich diese letzten im Bindegewebe des Sinus gelegenen Arterienzweige nicht etwa eng an den einen oder den anderen benachbarten Calix an, sondern nehmen eine Mittellage zwischen den benachbarten Calices — und damit auch zwischen den benachbarten Papillen — ein. Sehr treffend werden sie deshalb von Key und Grégoire als Aa. interpapillares bezeichnet. Der viel gebräuchlichere Name „Aa. interlobares" hat den Nachteil, daß man sich darunter Gefäße innerhalb des Parenchyms vorzustellen versucht ist, da doch erst im Parenchym von Lobi geredet werden kann. Immerhin aber erinnert uns dieser Name daran, daß schon in der Dimension der Lappen dasselbe Prinzip gültig ist, wie es oben (S. 67) für die Dimension der Läppchen dargelegt wurde, nämlich, daß die durch die Struktur des Parenchyms und Gangsystems definierten Sektoren einerseits, die, einzelnen Gefäßen zugehörigen Sektoren andererseits einander gesetzmäßig überschneiden, derart, daß also jeder Lappen mehreren Arterienbezirken und die meisten Arterienbezirke mehreren Lappen zugehören.

Es handelt sich also bei der Niere um ein prinzipiell andersartiges Verhalten als etwa bei der Lunge, bei der ja Arterienbaum und Baum des Gangsystems einander durchaus entsprechen. Das Prinzip einer mangelnden Korrelation zwischen Arteriensystem und Gangsystem, das für Aa. interlobulares und Aa. interlobares dargelegt wurde, gilt natürlich auch für die größten — die extrahilären — Nierenarterienäste, bei denen also auch keine eindeutige Zuordnung zu bestimmten Zweigen des Nierenbeckens oder zu bestimmten Nierenlappen versucht werden kann.

c) Segmente und natürliche Teilbarkeit

Die Art der extrahilären Ramifikation der A. renalis ist äußerst variabel, selbst wenn dabei auch nur die Fälle einfacher Nierenarterie berücksichtigt werden. Abb. 18 stellt einen der vielen Verästelungstypen dar, und zwar den Typus, den man vielleicht als klassisch bezeichnen könnte, was aber nicht in dem Sinne zu verstehen ist, daß sich dieses Bild des Arterienbaumes in der Mehrzahl der Fälle bietet; vielmehr ist damit gemeint, daß es sich um einen Grundtypus handelt, von dem aus andere Verzweigungsarten als Modifikationen abgeleitet werden können. In diesem Falle erfolgt die erste Aufteilung in zwei Äste von ungleicher Stärke: Der stärkere Ast kann als „ventraler" bezeichnet werden, weil alle seine Zweige den Nierensinus vor dem Nierenbecken betreten, während der schwächere Ast über das Nierenbecken hinweg an dessen Hinterseite zieht, und deshalb als „dorsaler" oder „retropelvischer" Ast bezeichnet wird. Der ventrale Hauptast teilt sich sofort weiter auf und bei dem in Abb. 18 dargestellten Fall war auch vom dorsalen Hauptast eine Abzweigung überzeugend extrahilär darzustellen, so daß also extrahilär mit Sicherheit fünf Arterienäste festgestellt werden konnten. Hou-Jensen sah in der Hälfte seiner Fälle vier Arterien in der Hilusebene, als Maximum gibt er sechs Arterien an. Jede derartige Angabe ist aber mit einem gewissen Willkürfaktor und Persönlichkeitsfaktor belastet. Theoretisch kann man natürlich den Hilus als jene — meistens windschiefe — Fläche definieren, die den Rand der vorderen Hiluslippe mit dem der hinteren Hiluslippe verbindet, und so eine genaue Grenze zwischen extrahilärem und intrahilärem Bereiche festlegen. In praxi bei der Präparation aber ist zu berücksichtigen, daß — durch die Präparation selbst — geringgradige Dislokationen des Gefäßbaumes erfolgen, so daß eine schon gerade im Sinus gelegene Ramifikationsstelle aus diesem herausgezogen werden kann, oder eine, die extrahilär gelegen war, in den Sinus zurücksinken kann. Diese Fehlerquellen existieren zwar nicht an Aufzweigungsstellen, von denen aus der eine Ast sofort in den Rand der Hiluslippe eintritt (z. B. Ast *12* auf Abb. 18), an solchen Stellen aber ist zu berücksichtigen, daß solch ein kurzer Zweig zwar vom Anatomen, wohl kaum aber vom Chirurgen bei einer Segment-Resektion als eigener extrahilärer Ast dargestellt werden kann. Als „Segment" wird ja seit Graves je ein Stück Nierensubstanz bezeichnet, das von einem extrahilär darstellbaren Arterienast versorgt wird. Für jene größeren Einheiten von Nierensubstanz, die aus je einem der beiden Primäräste versorgt werden, sei hier in Anlehnung an eine in der englisch-sprachigen Literatur gebrauchte Bezeichnung das — gleich geschriebene lateinische — Wort „Area" gebraucht. Die diese beiden Areae trennende Fläche wird seit Hyrtl als „Ebene der natürlichen Teilbarkeit" bzw. im englischen Sprachgebrauch als „bloodless zone" bezeichnet und wurde wegen ihrer Bedeutung für die Nephrotomie in ihrer Lage ausführlichst diskutiert. Obwohl also das Problem der Segmente und das der natürlichen Teilbarkeit ein sehr verschiedenes Alter haben und den Praktiker aus ganz verschiedenen Perspektiven interessieren, sollen sie hier in Zusammenhang abgehandelt werden, da es sich ja bei beiden um dieselbe anatomische Frage, nämlich um die extrahiläre Aufzweigung der A. renalis handelt.

Dafür ist es aber wohl zunächst nötig, die soeben zitierten, allgemein üblichen Termini, deren strenger Wortsinn in allen Fällen ziemlich diskutabel ist, in ihrer genauen Bedeutung kritisch zu betrachten und zu erläutern:

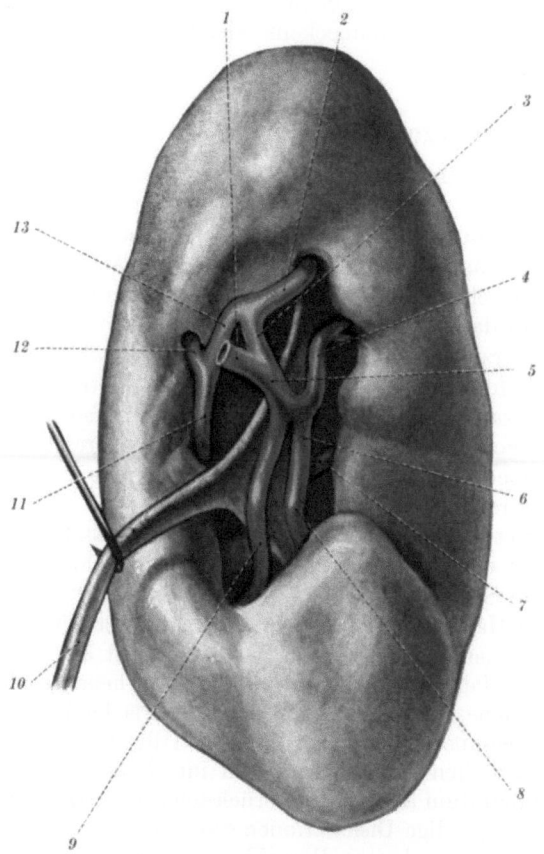

Abb. 18. Aufzweigung der A. renalis vor und bei Eintritt in den Sinus. *1* Stamm der A. renalis, *2* apikale Segmentalarterie, *3* hinterer Primärast der A. renalis, *4* Segmentalarterie zum vorderen oberen Segment, *5* vorderer Primärast der A. renalis, *6* Segmentalarterie zum vorderen mittleren Segment, *7* Subsegmentalarterie der soeben genannten Segmentalarterie, *8* desgleichen, *9* Segmentalarterie zum unteren polaren Segment, *10* Ureter, *11* und *12* Subsegmentalarterien der nächstgenannten Segmentalarterie, *13* Segmentalarterie des hinteren Segments (retropelvische Arterie)

1. Von „natürlicher Teilbarkeit" sprach Hyrtl, um auszudrücken, daß er an seinen Korrosionspräparaten des Gefäßbaumes der A. renalis die zwei Teile dieses Baumes, die dem ventralen und dem dorsalen Hauptast zugehörten, ohne jeden Widerstand voneinander trennen konnte. Daraus könnte man den falschen Schluß ziehen, daß eine gleiche Trennung zwischen den Anteilen des Gefäßbaumes, die kleineren Ästen zugehören, nicht möglich wäre. Tatsächlich wird in der einschlägigen Literatur immer wieder als Beweis für die Richtigkeit der natürlichen Teilbarkeit angeführt, daß zwischen ventraler und dorsaler Area keine Anastomosen zu finden seien. Als ob sie innerhalb einer Area zu finden wären! Es handelt

sich doch um ein endarterielles System, und in diesem muß daher definitionsgemäß jedes noch so kleine Astgebiet aus seiner Umgebung ohne Durchtrennung peripherer Verbindungen herausgelöst werden können. Also, auf die Niere angewandt, ist auch noch das Gebiet einer A. interlobularis von dem der benachbarten Aa. interlobulares „natürlich teilbar". Dafür allerdings, daß die verschiedenen Gefäßbezirke des Parenchyms durch einen bis in den Sinus vordringenden Schnitt voneinander getrennt werden können, muß noch die weitere Bedingung erfüllt werden, daß die, die zweierlei Gefäßbezirke versorgenden Arterien schon vor dem Eintritt in das Nierenparenchym voneinander getrennt sind. Diese Bedingung aber wird naturgemäß nicht nur von den beiden Primärästen erfüllt, sondern ebenso von den Segmentalarterien und deren ersten Verzweigungen (Aa. subsegmentales nach REPCIUC, SIMIONESCU u. DEMETRIAN, z. B. Äste 7. und 8. der Abb. 18), um nicht zu sagen: von allen Interlobararterien. Das heißt, daß eigentlich jede Grenzfläche zwischen einer Gruppe von Segmenten oder Subsegmenten und einer anderen Gruppe von Segmenten oder Subsegmenten für die Nephrotomie als ebenso brauchbar zu erwarten ist, wie die Grenzfläche zwischen den Areae der beiden Primäräste. Darin liegt wohl der Hauptgrund dafür, daß so unterschiedliche Schnittführungen wie der von ZONDEK und von BRÖDEL geforderte Längsschnitt, der Schrägschnitt nach KUPRIJANOFF und der von MARWEDL und neuerdings wieder von FRETHEIM propagierte Querschnitt als gleich erfolgreich gemeldet werden.

2. Eine „bloodless zone" — also in strengem Wortsinn: ein Gebiet ohne Blut — gibt es naturgemäß in keinem Organ, das überhaupt mit Blut versorgt ist; aber, so wie eben allgemein im chirurgischen Sprachgebrauch, soll auch hier dadurch ausgedrückt werden, daß bei einem Einschnitt an der betreffenden Stelle mit der Durchtrennung der wenigsten und dünnsten Blutgefäße und daher mit einer relativ harmlosen Blutung zu rechnen sei. Der Idealfall dafür wäre, daß in diesem Gebiete wirklich nur Capillaren und präcapilläre Arterien durchschnitten würden. Um dieses Ideal zu erreichen, wäre es nötig, a) die Grenze der beiden Gefäßbezirke wirklich genau zu kennen, eine Frage, um deren Lösung sich zahllose Untersuchungen bemüht haben, und b) daß entlang dieser Grenze wirklich ein Schnitt geführt werden könnte; und damit wird die Fragwürdigkeit eines weiteren Begriffes aufgerollt, nämlich:

3. „Ebene" der natürlichen Teilbarkeit: Prinzipiell kann eine Grenzfläche eben sein; sie kann auch eine regelmäßige schwache Krümmung aufweisen. In diesen beiden Fällen kann das schneidende Messer sicherlich der Grenzfläche folgen. Anders, wenn die Grenzfläche wellig oder im zickzack verläuft, oder wenn gar die beiden Gebilde geduldspielartig ineinander verhakt sind. Um eine Verhakung handelt es sich zwar nicht — sonst hätte ja HYRTL die beiden Hälften seiner korrodierten Arterienbäume nicht voneinander „natürlich teilen" können. Aber ein leicht welliger Verlauf der Grenzfläche kann wohl als typisch beschrieben werden, wenngleich FUCHS vielleicht ein bißchen übertreibt, wenn er angibt, daß sich um die Zondeksche Nephrotomielinie eine ca. 1 cm dicke Zone findet, in der sich die Äste des ventralen und des dorsalen Gefäßbezirkes überkreuzen.

4. Der Begriff „Segment" wurde bekanntlich von der Lunge auf die Niere übertragen. Bedenkt man, daß bei der Lunge für die Definition des Segments nicht nur die Zugehörigkeit zu einem bestimmten Arterienast, sondern ebenso zu einem bestimmten Ast des Gangsystems nötig ist, daß diese Bedingung aber bei der Niere — wie oben (S. 96f.) dargelegt — absolut ausgeschlossen ist, so sind die Bedenken von SMITHUIS sowie von MUNKA u. DRAHOVSKY gegen die Anwendung dieses Terminus für die Niere durchaus verständlich. Und tatsächlich sind die Versuche nicht ausgeblieben, unter Ignorierung des architektonischen

Grundprinzips der Niere und gemäß dem grundlegend falschen Satz MOOREs "the portion of the kidney drained by a papilla is the vascular unit of the kidney", eine eindeutige Zuordnung der einzelnen Renculi zu bestimmten Segmenten durchzuführen (SYKES, ABOUL ENEIN); bei BOIJSEN findet sich, ehe eine solche Zuordnung ausführlich beschrieben wird, wenigstens die Einschränkung, daß sie "not exact" sei.

Die klassische Segmentbeschreibung von GRAVES kennt fünf Segmente (Abb. 19), und durch Zufall lassen sich die in Abb. 18 dargestellten Arterien sehr gut diesen Segmenten zuordnen, nämlich Ast 2 dem "apical segment", Ast 4 dem "upper anterior segment", Ast 6 mit seinen Zweigen 7 und 8 dem "middle anterior segment", Ast 9 dem "lower segment" und Ast 13 mit seinen Zweigen 11 und 12 dem "posterior segment".

Vergleicht man aber damit die ganz andersartige Gefäßanordnung der Abb. 17, für die die soeben dargelegte Zuordnung praktisch unmöglich scheint, so versteht man, daß das Segmentschema von GRAVES keineswegs allgemeine Anerkennung gefunden hat. Ganz radikal ist die Auffassung LARGETs, der jede Beziehung zwischen den, am Hilus darstellbaren Gefäßen und der späteren Verteilung im Parenchym leugnet, so daß ihm ein Versuch, sich durch Präparation des Nierenstiels über die segmentale Gefäßversorgung zu informieren, sinnlos und womöglich schädlich erscheint. Ähnlich skeptisch äußern sich VERMA, CHATURVEDI u. PATHAK sowie KHOMENKO, und CARBONI hält eine Segmentresektion nur unter der Voraussetzung für möglich, daß während der Operation eine Nephrangiographie durchgeführt würde. Wieder andere Autoren versuchen, von einem anderen Ramifikationstypus der Nierenarterie ausgehend, andere Segmentschemata aufzustellen. Drei Segmente werden sowohl von TERNON als auch von NARKIEWICZ beschrieben,

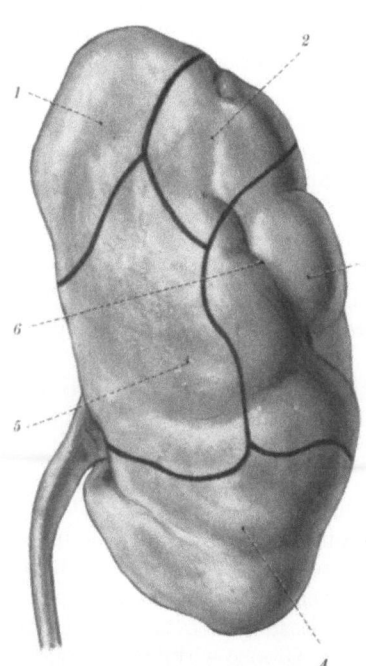

Abb. 19. Latero-dorsale Ansicht einer deutlich lobierten Niere mit Einzeichnung der Grenzen zwischen den Segmenten im Sinne der Segmenteinteilung von GRAVES. *1* Apical segment, *2* upper anterior segment, *3* middle anterior segment, *4* lower segment, *5* posterior segment, *6*. Furche entsprechend der axialen Columna zwischen ventraler und dorsaler Renculus-Reihe

wobei aber nicht klar ist, inwieweit TERNONs Lagebezeichnungen "antérieur", "postérieur" und "inférieur" dem superior", "posterior" und "inferior" von NARKIEWICZ entsprechen. Von vier Segmenten geht CHACON aus, räumt aber ein, daß die Segmentzahl individuell bis sieben gesteigert sein kann. Sieben Segmente, und zwar vier im Gebiet des vorderen Hauptastes und drei in dem des hinteren, sind das Grundschema von FALLER u. UNGVÁRY.

Schließlich konzediert auch GRAVES selbst, daß sein Schema einem hohen Grad von Variabilität unterworfen ist. Abgesehen davon, daß die Stärke der einzelnen Segmentalarterien und damit die Ausdehnung der zugehörigen Segmente individuellen Schwankungen unterliegt, weist er auch darauf hin, daß nicht unbedingt zu jedem Gebiet, das er als *ein* Segment beschreibt, wirklich nur *eine* Arterie verläuft. Diese Einschränkung betrifft nicht bloß die banale Wahrheit, daß sich ein Segmentalgefäß noch vor Eintritt in den Hilus teilen kann, sondern bezieht sich auf die Möglichkeit, daß zu einem Segment des Grundschemas zwei Arterien von verschiedenen Hauptstämmen laufen können. In solchen Fällen ist es dem Gutdünken des Beschreibers überlassen, ob er beiden Arterien den gleichen Rang als Segmentalarterien zubilligt, oder aber, ob er die eine als die Segmentalarterie schlechthin und die andere als supplementäre Segmentalarterie[1] beschreibt, wobei als Kriterium für die Festlegung dieser Rangordnung ebenso die Stärke der Gefäße wie die Art ihres Ursprungs herangezogen werden kann. Die Doppelversorgung eines Segments ist vor allem beim apikalen Segment bedeutsam, das BOIJSEN in 50% seines Materials von je einem Zweig des vorderen und des hinteren Primärasts versorgt fand. Auch ein direkter Zweig aus dem Stamm der A. renalis, oder eine aberrante Arterie, sei es aus dem Stamm der A. renalis entspringend, sei es als obere A. accessoria von der Aorta entspringend, spielt oft eine wichtige Rolle für die teilweise oder vollständige Versorgung des apikalen Segments. Die besonders häufigen unteren akzessorischen Arterien fungieren naturgemäß meistens als Segmentalarterien oder supplementäre Segmentalarterien für das untere polare Segment. Die Segmente der Mittelzone erhalten am seltensten supplementäre Segmentalarterien.

In der Mittelzone ist die Grenze zwischen dem hinteren Segment (5 auf Abb. 19) einerseits und den beiden vorderen (upper anterior und middle anterior) (2 und 3 auf Abb. 19) andererseits naturgemäß identisch mit der Fläche der „natürlichen Teilbarkeit" und zwar mit jenem Teil dieser Fläche, der aus praktischer Perspektive für die — eben im Mittelteil der Niere durchgeführte — Nephrotomie interessiert. Gemäß dem oben dargelegten Prinzip der gesetzmäßigen Überschneidung zwischen Arteriensektoren und Parenchymsektoren kann die Grenze zwischen den Areae der beiden Primäräste nicht mit irgendwelchen Columnae renales zusammenfallen, also kann im Bereiche der mittleren Renculi nicht der axialen Columna entsprechen, die die ventrale und die dorsale Reihe der Pyramiden voneinander trennt. Vielmehr gehören in der Regel auch noch die ventro-lateralen Anteile der dorsalen Renculusreihe dem ventralen Gefäßbezirk an (auf Abb. 19 infolge der Lobierung deutlich erkennbar). BRÖDEL, der die axiale Columna vor dem konvexen Nierenrand angibt, sucht daher die „bloodless zone" für die Nephrotomie etwas hinter dem Nierenrand parallel mit diesem.

Von praktisch geringerer Bedeutung ist der Verlauf der Grenze in der Umgebung der Pole. BRÖDEL ordnet beide Polgebiete zur Gänze dem vorderen Gefäßbezirk zu. Ein solches Verhalten kann zwar für das Gebiet des unteren polaren Segments als typisch betrachtet werden, da sich der, hinter dem Becken absteigende Primärast in der Regel vollständig erschöpft hat, ehe er dieses Gebiet erreicht. Zum apikalen Segment jedoch sendet dieser hintere Primärast meistens vom Scheitel seines, über das Nierenbecken verlaufenden cranial konvexen Bogens einen Ast (z. B. Ast 2 auf Abb. 18), der dieses Segment — wie soeben beschrieben — in der Regel teilweise und gelegentlich — nach BOIJSEN in 20% — zur Gänze versorgt. Trotzdem ergibt sich auch bei einem derartigen Verlauf der Grenzfläche ein deutliches Überwiegen des ventralen Gefäßbezirkes, wie es ja der größeren Stärke des ventralen Hauptastes entspricht. BRÖDEL findet in der Regel ein Verhältnis von 3/4:1/4 zwischen ventralem und dorsalem Gefäßbezirk, gelegentlich 4/5:1/5 oder 2/3:1/3, aber nur äußerst selten 1/2:1/2. Der hier dar-

---

[1] Wenn hier das „supplementary" von BOIJSEN und nicht das „accessory" von GRAVES übernommen wurde, so deshalb, um eine Konfusion zwischen akzessorischen Segmentalarterien und akzessorischen Nierenarterien zu vermeiden. Diese Differenzierung der Worte scheint um so mehr angezeigt, als supplementäre Segmentalarterien tatsächlich als akzessorische Nierenarterien entspringen können — aber eben nur können, keineswegs müssen.

gelegte Verteilungstypus wurde mit geringen Modifikationen von HYRTL, ZONDEK, HOU-JENSEN, BOŚKOVIĆ, MUNKA u. DRAHOVSKY als typisch beschrieben; d. h. nach den Beobachtungen all dieser Autoren kann es als Norm angesehen werden, daß es einen ventralen und einen dorsalen Primärast der A. renalis gebe, und daß die Grenze zwischen den Versorgungsgebieten dieser zwei Primäräste im Mittelstück der Niere ziemlich parallel dem konvexen Nierenrand verlaufe.

Keineswegs als Ausnahme von dieser Norm, sondern vielmehr als ihre konsequenteste Realisierung kann es gedeutet werden, wenn gelegentlich die präpelvische und die retropelvische Arterie getrennte Ursprünge von der Aorta haben; SYKES (1963) beobachtete in solchen Fällen, daß der Ursprung der retropelvischen Arterie cranial und etwas dorsal von dem der präpelvischen gelegen ist. Nicht hingegen fügen sich in das als Norm geltende Ramifikations-Schema jene Fälle, in denen das Resultat der ersten Ramifikation der A. renalis gar nicht der präpelvische und der retropelvische Ast sind. Gar nicht so selten zweigt als erster Ast eine apikale Arterie ab und die retropelvische ist dann der zweite Ast. Ferner gibt es noch die Möglichkeit, daß der Stamm der A. renalis an *einer* Stelle in zahlreiche Äste zerfällt, von denen eben einer der retropelvische ist.

Diese letzte Variante ist die vollkommenste Realisierung dessen, was SCHEWKUNENKO (1922) und seine Schule als „zerstreuten" Ramifikationstypus bezeichnen und dem „magistralen" gegenüberstellen. Der magistrale Typus „zeichnet sich durch das Vorhandensein eines gut ausgeprägten Hauptstammes aus, von dem nacheinander die sekundären Zweige entspringen", während der zerstreute Typus dadurch charakterisiert wird, „daß der Hauptstamm sofort in die Gesamtheit der sekundären Zweige zerfällt". Sehr treffend hat ARKHIPTSEVA in Anwendung dieser Terminologie festgestellt, daß für den vorderen Hauptast der A. renalis der zerstreute, für den hinteren der magistrale Typus charakteristisch sei — wie ja das in Abb. 18 dargestellte Präparat deutlich illustriert. Damit aber hat sie sich von der orthodoxen Lehre der Schewkunenko-Schule entfernt, derzufolge das gesamte Arteriensystem, zumindest eines bestimmten Organs eines bestimmten Individuums, entweder dem einen oder dem anderen Typus entsprechen soll. Diesem alternativen Verhalten wird deshalb Bedeutung beigemessen, weil der magistrale Typus als der vollkommenere angesehen wird, womit ein biologisches Werturteil eingeführt wird. KUPRIJANOFF will dies an den Nieren dadurch bestätigt gefunden haben, daß er den magistralen Typus bei gesunden Nieren in ungefähr $^3/_4$ der Fälle, bei kranken hingegen in nicht einmal $^1/_3$ der Fälle feststellen konnte. Wer allerdings seine aus dieser orthodoxen Schulperspektive dargestellten magistralen Gefäßbäume der A. renalis betrachtet, wird keine Ähnlichkeit mit irgend einem jemals wirklich beobachteten Korrosionspräparat finden können. Für den „unvollkommenen" zerstreuten Typus, der also bei kranken — und daher für die Nephrotomie in Frage kommenden — Nieren vor allem zu erwarten sein soll, gibt nun KUPRIJANOFF an, daß die Ebene der natürlichen Teilbarkeit deutlich schräg von dorso-cranial nach ventro-caudal eingestellt sei, wobei sie mit der Frontalebene einen Winkel von 30—40° bilde. Inwieweit die so vielfach diskutierte, rein theoretische Frage nach der Grenze zwischen den Areae der beiden Primäräste für die Praxis der Nephrotomie von fragwürdiger Bedeutung ist, wurde ja schon oben (S. 99) dargelegt.

d) Topik am Hilus

Wie immer auch der Verzweigungstypus der A. renalis sei, immer wird sich das Gros ihrer extrahilären Äste vor dem Nierenbecken finden, während die Ramifikation des retropelvischen Astes so parenchymnahe erfolgt, daß für praktische Zwecke nur *ein* Ast dorsal des Beckens zu beschreiben ist; nur in ungefähr 10% der Fälle lassen sich überzeugend zwei Äste hinter dem Becken extrahilär darstellen (z. B. auf Abb. 17). Bezüglich der Lage zu den Venen muß davon ausgegangen werden, daß — wie erwähnt — der Stamm der A. renalis normalerweise von der V. renalis überlagert wird. Vom Augenblick der Aufteilung an aber kann sich die Topographie ändern, indem sich ein Arterienast, oder mehrere Äste (*3.* auf Abb. 3), oder der ganze präpelvische Primärast (*7.* auf Abb. 16) mit seiner Ramifikation vor die Vene schlingt. Nur in etwa der Hälfte der Fälle sind auch im Hilusgebiet alle Arterienäste dorsal der Venen. ANSON u. DASELER betrachten es als Regel, daß die vor den Venen gelegenen Arterienäste diese Lage durch *Überkreuzung* der Vene erreichen und dann, soferne sie zum unteren Anteil des Hilus ziehen, vor den Venen absteigen, also sich gleichsam symmetrisch zur retropelvischen Arterie verhalten; nur ganz selten glauben sie gesehen zu haben, daß sich eine Arterie von unten her vor eine Vene schiebt.

e) Arterien im Parenchym

Die Aa. interlobares sind die letzten Äste der A. renalis, die ins Bindegewebe des Sinus eingebettet sind. Nachdem sie seitliche Zweige ins Parenchym abgegeben haben, senkt sich ihre direkte Fortsetzung in dieses ein, und zwar kann dieser Eintritt derart schräg erfolgen, daß das Gefäß zunächst noch auf eine kurze Strecke vom Sinus aus durch das bedeckende Parenchym hindurch erkennbar ist (x auf Abb. 17). Gleich nach ihrem Eintritt ins Parenchym erreichen die Arterien eine Lage zwischen Rinde und Mark, die sie auch in ihrem weiteren Verlauf beibehalten und in der sie an Schnitten durch das Organ deutlich ins Auge springen (*3.* auf Abb. 1). Diese Gefäße, für die REPCIUC, SIMIONESCU u. DEMETRIAN den sehr treffenden Namen „Aa. peripyramidales" vorgeschlagen haben, werden im allgemeinen Aa. *arcuatae* oder Aa. *arciformes* genannt. Bezüglich dieses viel diskutierten Namens ist zu berücksichtigen, daß das Wort „Bogen" (arcus) einerseits dem Wortschatz der Architektur angehört (englisch: arch) und andererseits auch in die Geometrie übernommen wurde (englisch: arc). Ursprünglich war es der Vergleich mit dem auf zwei Pfeilern ruhenden Bogen der Architektur, der zur Benennung der Aa. arcuatae geführt hat, da man sich im Sinne der Beschreibung durch MALPIGHI vorstellte, daß zwischen den, auf verschiedenen Seitenflächen einer Pyramide verlaufenden Arterien arkadenartige Verbindungen über die Mitte der Pyramidenbasis bestünden. Als mit der Erkenntnis vom endarteriellen Charakter der Nierenarterien die grundlegende Unrichtigkeit dieser Vorstellung klar wurde, blieb dem Namen allerdings noch der Rückzug auf den Begriff des geometrischen Bogens; denn es schien doch evident, daß ein Gefäß, das von der Seitenfläche der Pyramide auf deren Basis übergeht, dabei einen bogenförmigen Verlauf nehmen müsse. Demgegenüber aber ist zu beachten, daß diese Aa. arcuatae im freien Rand der Septa pyramidum oder in anderen Furchen der Pyramiden verlaufen und daher nicht den stark gekrümmten Verlauf um die größte Breite der Pyramiden nehmen. So ist es zu erklären, daß man an Korrosionspräparaten des Nierenarterienbaums (Abb. 20) kaum wesentlich stärkere Bögen an den Aa. arcuatae finden kann, als sie an Arterien irgendwo zu beobachten sind.

Durch ihre Lage ist jede A. arcuata einem bestimmten Renculus zugeordnet, nämlich dem, an dessen Rinden-Mark-Grenze sie verläuft. Nur ausnahmsweise kommt es vor, daß eine Arterie schräg durch eine Columna zum benachbarten Renculus wechselt. Je nach der Größe des Renculus variiert die Zahl der Aa. arcuatae, die in ihn eindringen. Durch dichotomische Verästelung entstehen kleinere Gefäße, die noch immer in der Fläche der Rinden-Mark-Grenze verlaufen und die daher weiterhin als Aa. arcuatae zu bezeichnen sind. Beachtet man die hier implizit dargelegten prinzipiellen Unterschiede zwischen den Aa. interlobares einerseits, den Aa. arcuatae andererseits, so wird man es nicht begrüßen können, wenn v. MÖLLENDORFF diese zweierlei Gefäße unter dem einen Namen „Aa. terminales" subsummieren will, abgesehen davon, daß „A. terminalis" eigentlich mit „Endarterie" zu übersetzen wäre, und daher ein nomen generale darstellt, das deshalb nicht auch noch als nomen proprium verwendet werden sollte.

In großer Menge gehen von den Aa. arcuatae verschiedener Ordnungen monopodisch — meistens unter *spitzem* Winkel, wie schon VIRCHOW betont hat, und nicht unter rechtem Winkel, wie es die schematischen Darstellungen im

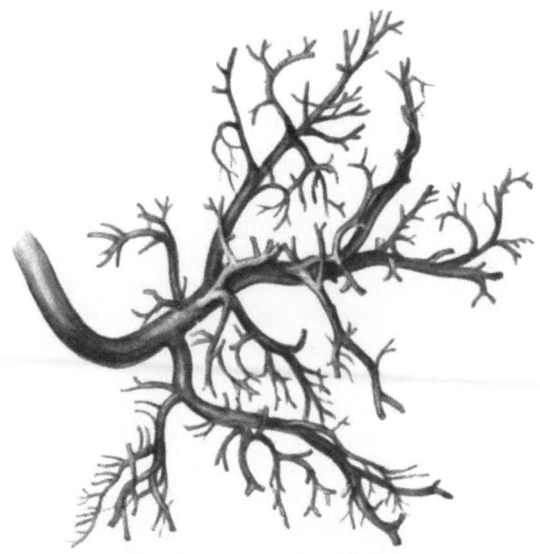

Abb. 20. Der Arterienbaum der Segmentalarterie für das vordere obere Segment, aus einem Korrosionspräparat der Nierenarterienverzweigung herausgelöst

allgemeinen heute noch zeigen — gegen die Rinde zu die Aa. interlobulares [Aa. corticales radiatae (JNA)] ab, die aber nicht nur die Rinde, sondern indirekt auch die Marksubstanz versorgen. Auf die Lage dieser Gefäße jeweils an der Grenze mehrerer Markstrahlläppchen wurde schon oben (S. 67) hingewiesen. Obwohl ihre weitere Verästelung teilweise noch mit makroskopisch-anatomischen Methoden darstellbar ist, soll ihre Beschreibung der mikroskopisch-anatomischen Darstellung überlassen bleiben.

f) Venen

Die streng anastomoselose Ramifikation der Nierenarterie findet bei den Venen des Organs keine Wiederholung, vielmehr wird die fast überall im Körper feststellbare Tendenz des Venensystems zur Geflechtbildung auch hier manifest. So bilden, im Gegensatz zu den Aa. arcuatae, die mit diesen an der Grenze zwischen Rinde und Mark verlaufenden Vv. arcuatae tatsächlich architektonische Bögen um Seitenflächen und Basis der Pyramide. Aber das ist nicht der einzige Unterschied zwischen Aa. und Vv. arcuatae. Während die arterielle Versorgung der Marksubstanz auf dem Umweg über corticale Äste der Aa. arcuatae erfolgt, münden die medullären Venen, die Vv. rectae, direkt in die Vv. arcuatae. Während die von den Aa. arcuatae abzweigenden Aa. interlobulares die Rindengebiete zwischen

Pyramidenbasis und Organoberfläche immer in ganzer Dicke versorgen, sind hier bezüglich des venösen Abflusses zwei Zonen zu unterscheiden: Nur aus der inneren Zone erfolgt der Abfluß direkt durch Vv. interlobulares in die Vv. arcuatae, also von der Oberfläche weg, während aus der äußeren Zone das Blut zunächst gegen die Organoberfläche hin abgeführt wird. Hier erfolgt dann die Einmündung in Gefäße, die unmittelbar subcapsulär oberflächlich verlaufen und sich sternartig miteinander vereinigen, weshalb sie als Vv. stellatae bezeichnet werden. Die Zahl der Läppchen die ihr Blut solch einem Venenstern, einer „stellula Verheynii", zuführen, kann nach SAPPEY 50 übersteigen. Die längsten Strahlen eines Sterns, die W. Z. GOLUBEW auf der Nierenoberfläche verfolgen konnte, waren 7 mm lang. Ausnahmsweise konnte HAUCH Anastomosen zwischen Strahlen zweier Sterne beobachten. Von der Mitte des Venensterns dringt dann die Sammelvene des Sterns, die v. MÖLLENDORFF sehr treffend als V. stellularis bezeichnet hat, in die Tiefe des Organs, um schließlich in eine V. arcuata zu münden. Mit Recht kritisiert es v. MÖLLENDORFF, daß diese V. stellularis meistens als V. interlobularis bezeichnet wird, nur weil sie — ebenso wie die Vv. interlobulares — auch von der Rinde her gegen die V. arcuata zieht. Ob die schwach ausgebildeten — weil rückgebildeten — Klappen, die v. KÜGELGEN u. ZULEGER in den größeren intrarenalen Venen feststellen konnten, eine Klappenfunktion ausüben können, läßt sich schwerlich entscheiden.

Neben dem Kelchrand treten die Vv. arcuatae aus dem Parenchym in den Sinus über und münden hier in Venen, die parallel zu den, dem Sinus zugekehrten Oberflächen des Parenchyms zwischen den Calices verlaufen, die also eine ähnliche Lage wie die Aa. interlobares haben, und die auch — z. B. von v. KÜGELGEN u. GREINEMANN — als Vv. interlobares bezeichnet werden. Während aber die Arterien Äste eines Endarterienbaumes darstellen, stehen die Venen miteinander in netzartiger Verbindung, wobei jede Masche dieses Netzes einen Kelch umgreift. SMITHUIS gibt als typische Form dieser Netzmaschen das Fünfeck an. Naturgemäß kann man im Interstitium zwischen ventraler und dorsaler Kelchreihe aus diesem Netz eine Längsvene herausdifferenzieren, die dem Rande der axialen Columna Bertini vorgelagert ist, und die SMITHUIS als „median vein" bezeichnet. Er irrt aber, wenn er behauptet, die Lokalisation dieser Vene falle in die Ebene der natürlichen Teilbarkeit, da ja niemand diese Teilbarkeitsebene in der axialen Columna suchen kann. Wenn hingegen BRÖDEL betont, daß in der von ihm angegebenen Nephrotomieebene sechs Venen durchtrennt werden, so wird das in sehr vielen Fällen den Tatsachen entsprechen. Ebenso hat er zweifellos recht, wenn er versichert, daß trotz dieser Venendurchtrennung noch ein zureichender Abfluß auf dem Wege der Verbindungen in der Gegend der Polrenculi gewährleistet sei.

Der Abfluß von diesem Venengitter durch den Sinus zur V. renalis erfolgt nun in variabler Weise. SMITHUIS gibt an, daß er bei Verfolgung der V. renalis gegen die Niere hin in 77% seines Materials zunächst eine Gabelung in eine obere und eine untere Sekundärvene fand, deren jede sich in ein ventrales und ein dorsales Gefäß gabelte. v. KÜGELGEN u. GREINEMANN hingegen betrachten es als typisch, daß eine schwächere dorso-caudale und eine wesentlich stärkere ventrocraniale Sekundärvene existieren, wovon die erstgenannte direkt mit den Interlobärvenen in Verbindung tritt, während sich die ventro-craniale zunächst noch in drei Tertiärvenen gabelt. Nicht wesentlich verschieden davon ist die Darstellung von RIGAUD, SOHIER, GOUAZÉ u. ODANO, die ein konstant vorhandenes vorderes und ein inkonstantes retropelvisches Venensystem beschreiben, wobei das ventrale System aus einer unteren polaren, einer oder zwei oberen polaren und zwei einander überlagernden Venen der Mittelregion besteht.

g) Gefäße des Nierenbeckens

Das Nierenbecken erhält seine Arterien letzten Endes alle aus der A. renalis, teils direkt vom Stamm, teils von den Hauptästen, teils von den Aa. interlobares und teils von der obersten A. ureterica. Dabei ist selbstverständlich, daß die Zweige vom Stamm der A. renalis und von der A. ureterica im wesentlichen zur Ampulle ziehen, die von den Hauptästen auch noch zur Ampulle und zu den Calices maiores, soferne solche vorhanden sind, während die Zweige von den Aa. interlobares zunächst an die Calices minores treten, und zwar konnten Douville u. Hollinshead ca. fünf Gefäße für jeden Kelch, insgesamt 22—37 zählen. Aber eine wirkliche Trennung der Versorgungsgebiete besteht nicht, da alle Arterien miteinander ein reiches, für jeden Eingriff zureichendes Netz bilden. Die diesem Netzwerk entstammenden Arteriolen zeichnen sich nach Zucca durch ihre Länge und ihren spiraligen Verlauf aus.

Der venöse Abfluß verhält sich durchaus analog. Daß dem unter der Bezeichnung „pyelo-venöser Reflux" immer wieder beschriebenen Phänomen nicht etwa präformierte Kommunikationen zwischen dem Hohlraumsystem der Calices und dem Venensystem zugrunde liegen, versteht sich wohl von selbst, obwohl man aus manchen Darstellungen (z. B. Lammers, Smithuis u. Lohmann, sowie Sestini) fast dergleichen herauslesen könnte. Inwieweit es sich dabei um normale oder abnorme Absorptionen oder um Rupturen durch Überdruck handelt und inwieweit dabei Inhalt des Calix tatsächlich in das Venensystem und nicht nur in perivasculäre Spalträume übertritt, geht über den Rahmen dieser anatomischen Darstellung hinaus (vgl. hierzu Fuchs, 1927; Staubesand und Narath).

h) Gefäße der Fettkapsel

Die Blutversorgung der Nierenkapseln erfolgt in der Weise, wie sie für ausgedehnte Fettkörper typisch ist, d. h. durch viele dünne Arterien. Schmerber unterscheidet 7 Gruppen von Kapselarterien, von denen die 2 letztgenannten inkonstant seien:

1. Renale Gruppe, also Zweige von Ästen der A. renalis. Je nach der Art des Ursprungs und Verlaufs sind dabei drei Untergruppen zu unterscheiden: a) Arterien mit extrahilärem Ursprung, b) Arterien mit Ursprung im Sinus, den sie rückläufig durch den Hilus verlassen (Hyrtls Aa. recurrentes) und c) die oben (S. 95) erwähnten Aa. perforantes.

2. „Groupe mésentérique", d. h. Zweige der A. colica dextra bzw. sinistra, die nach der Anheftung der betreffenden Darmanteile in das retroperitoneale Gewebe lateral der Niere eingesproßt sind, also Gefäße von geringster Dimension.

3. Suprarenale Gruppe mit Ursprung a) von der A. suprarenalis inferior, b) von der A. suprarenalis media.

4. Spermatische Gruppe. In der Regel steigt die bestentwickelte Arterie dieser, aus der Keimdrüsenarterie entspringenden Gruppe, Hallers A. adiposa ima, lateral der Niere auf und bildet mit einem ihr entgegenkommenden Gefäß der suprarenalen Gruppe eine „Arcade exorénale". Allerdings kann es auch sein, daß das untere Wurzelgefäß dieser Arkade einen anderen Ursprung hat, z. B. aus der A. iliaca externa (Baumann u. v. Niederhäusern).

5. Lumbale Gruppe, aus den ersten drei lumbalen Segmentarterien.

6. Groupe diaphragmatique inférieur.

7. Groupe aortique.

Abgesehen von der soeben beschriebenen Gefäßarkade besteht überhaupt im Bereiche der Nierenkapseln eine starke Tendenz zur Anastomosenbildung, so daß es auch keineswegs wundernehmen kann, wenn z. B. Kazzaz u. Shanklin an einem Präparat eine Verbindung zwischen einer aus der vorderen Nierenfläche austretenden A. perforans mit einer aus der Hinterfläche austretenden Arterie um den konvexen Nierenrand herum beobachten konnte.

Mit Ausnahme der Aa. perforantes, die keine Begleitvenen besitzen, sind alle geschilderten Kapselarterien und Arterienverbindungen von entsprechenden Venen begleitet. Während oben für SCHMERBERs arterielle „Groupe mésentérique" betont wurde, daß es sich auf Grund der Entwicklungsvorgänge wohl immer nur um sehr dünne Gefäße handeln könne, kommt den entsprechenden Venen, die in die Gruppe der Retziusschen Venen gehören, bei Stauungen im Bereich des Pfortaderkreislaufes wesentliche Bedeutung als porto-cavaler Shunt zu. Wird dabei eine der renalen Gruppe zugehörige Kapselvene ausgeweitet, so ergeben sich überraschende Verbindungen der V. renalis mit den Venen der unpaaren Baucheingeweide. So konnte TASCHNER eine Anastomose der rechten Nierenvene mit der V. gastro-epiploica feststellen. In gleicher Weise ist wohl MORIs Befund einer direkten Verbindung zwischen linker Nierenvene und V. lienalis zu deuten. Auch Verbindungen zwischen den Kapselvenen und den Venen in der Muskulatur der dorsalen Leibeswand finden sich an anatomischen Präparaten oft strotzend mit Blut gefüllt, ein Phänomen, das wohl mit der Rückenlage der Leichen während der Konservierung zusammenhängt, so daß daraus keine Rückschlüsse auf eine gleiche Bedeutung dieser Gefäße in vivo gestattet scheinen.

7. Lymphgefäße der Nieren

Wie überall im Körper bilden auch in der Niere die Lymphgefäße ein ziemlich dichtes Netzwerk, das im wesentlichen den Blutgefäßen folgt. So finden sich innerhalb des Parenchyms besonders deutliche Lymphgefäßlager entlang der Rinden-Mark-Grenze, entsprechend den Vasa arcuata. Die hier gelegenen Gefäße erhalten ihren Zufluß sowohl aus der Rinde als auch aus dem Mark, und sie münden in die im Sinus gelegenen Geflechte, die schließlich ihren Abfluß durch den Hilus haben. SSYGANOW betont, daß dies der *einzige* Abflußweg der Lymphe aus dem Nierenparenchym sei. Wenn daneben auch immer wieder die Frage des Abflusses zu den Lymphgefäßen der Nierenkapsel diskutiert wird, so ist zu bedenken, daß die Voraussetzung dafür die Existenz von Lymphgefäßen in der Capsula fibrosa wäre, die die Verbindung zwischen den Lymphgefäßen der Rinde und denen der Capsula adiposa herstellen würden. Aber übereinstimmend müssen KUMITA und SSYGANOW den völligen Mangel an Lymphgefäßen in der fibrösen Kapsel feststellen, und wenn sie trotzdem von „Lymphräumen" in dieser Schicht sprechen, so meinen sie damit das oben (S. 75) erwähnte subcapsuläre System von Gewebsspalten, das sich bei Injektionsversuchen füllt. Da wir nun wohl mit Recht nur einen Flüssigkeitsübertritt aus solchen Gewebsspalten in Lymphgefäße aber nicht in umgekehrter Richtung annehmen dürfen, muß wohl SSYGANOW zugestimmt werden, der ausschließlich einen Abfluß von der fibrösen Kapsel in die Lymphgefäße des Parenchyms, aber keinen Lymphstrom vom Parenchym in die Kapsel anerkennt.

Am Nierenhilus schließen sich den Lymphgefäßen des Parenchyms die des Nierenbeckens an und haben von hier an einen gemeinsamen Weg. Dieser führt hauptsächlich entlang der Blutgefäße, und zwar sowohl ventral der Vene als auch zwischen Vene und Arterie und schließlich auch hinter der Arterie, was STEPHANIS (zit. nach SSYGANOW) als Einteilungsprinzip in drei Schichten verwendet. Überdies aber finden sich meistens auch Lymphgefäße, die von den Blutgefäßen nach caudal zu abweichen.

Alle diese Lymphgefäße erreichen schließlich die äußerst mächtige Gruppe von Lymphknoten, die vor den Lendenwirbelkörpern gelegen ist, und die deshalb als *Nodi lymphatici lumbales* (PNA) [Lymphoglandulae lumbales (BNA), Lymphonodi lumbales (JNA)] bezeichnet werden. Wegen ihrer Beziehung zur Aorta werden sie auch Nodi lymphatici *para-aortici* genannt. Wenn STEPHANIS und, ihm folgend, SSYGANOW lumbale und para-aortale Lymphknoten als zwei verschiedene Gruppen gegeneinander zu differenzieren versuchen, so erscheint das dabei gewählte Einteilungsprinzip unklar und wenig überzeugend, weshalb hier die Gesamtheit der vor den Wirbeln neben der Aorta gelegenen Lymphknoten als Einheit beschrieben werden soll. Die der rechten Seite sind dabei nicht nur in dem schmalen Zwischenraum zwischen Aorta und V. cava inferior zu finden, sondern erstrecken sich — vor allem im caudalen Abschnitt — bis über den rechten Rand der Hohlvene. Daß dabei im cranialen Abschnitt die Lymphknoten im wesentlichen hinter der V. cava, im caudalen hingegen vor ihr zu suchen sind, ergibt sich aus der oben (S. 91) dargelegten Lagebeziehung der beiden Hauptblutgefäße zueinander. PARKER versucht eine Ordnung in die Unsumme lumbaler Lymphknoten zu bringen, indem sie von drei „main vertical lymph channels" spricht, nämlich 1. „left lateral", 2. „interaortico-caval" und 3. „lateral caval". Jene Lymphknoten, die sich ihrer Lage nach nicht in eine dieser Ketten einordnen lassen, werden unter den Bezeichnungen „pre-aortic", „post-aortic", „precaval", „postcaval" und „sacral promontory lymph nodes" in dem Sinne interpretiert, daß sie der Querverbindung zwischen den drei Längsketten dienen. Naturgemäß sind es vor allem die in unmittelbarer Nachbarschaft der Nierengefäße gelegenen Lymphknoten dieser Gruppe, die die Lymphe der Nieren aufnehmen, aber entsprechend dem teilweise auch absteigenden Verlauf mancher Lymphgefäße sind auch weiter caudal gelegene Knoten bis zur Höhe der Aortengabelung zu berücksichtigen.

Die äußerst mächtige Entwicklung der lumbalen Lymphknotengruppe steht wohl damit in Beziehung, daß durch sie die Lymphe praktisch der ganzen unteren Körperhälfte fließt, allerdings größtenteils nachdem schon andere Lymphknoten durchflossen wurden. Für die Nieren sind diese Nodi lymphatici lumbales teilweise die *ersten*, von den Lymphgefäßen des Organs erreichten Lymphknoten, entsprechen also in diesem Falle in jeder Hinsicht dem Begriffe des zuständigen „regionären Lymphknotens", teilweise aber finden sich auch schon auf dem Wege dorthin, also vorwiegend entlang der Vasa renalia, inkonstante kleine Schaltlymphknoten. KUMITA betont, daß nur die vorderen Lymphstämme durch solche Schaltlymphknoten unterbrochen seien, SSYGANOW aber fand sie auch hinter den Nierengefäßen. Kleine Lymphknoten, die KRYMOW (zit. nach SSYGANOW) noch weiter lateral — ventral und dorsal der Niere selbst — in der Fettkapsel fand, liegen entschieden abseits der Strombahn vom Organ zu den lumbalen Lymphknoten und dürften daher in der Regel wohl kaum die Lymphe der Niere selbst, sondern nur die des umgebenden Bindegewebes aufnehmen.

Wenn — wie oben betont wurde — keinerlei Verbindungen zwischen den Lymphgefäßen des Nierenparenchyms und denen der Umgebung durch die Capsula fibrosa hindurch bestehen, so ist das aber die einzige Schranke, die im Lymphgefäß-System des Gewebes zwischen osteo-muskulärer Bauchwand und Bauchfell existiert; d. h. es gibt kein isoliertes Lymphgefäß-System der Capsula adiposa renis, ja nicht einmal der ganzen Tela urogenitalis, sondern dieses steht in engstem Zusammenhang mit den Lymphgefäßen sowohl der Bauchwand als auch des Peritoneums und der meisten Organe, die irgendwo direkten Kontakt mit dem extraperitonealen Gewebe haben. Die Lymphgefäße der Niere, des Nierenbeckens und der Nierenkapsel bilden also ein kontinuierliches Netzwerk nicht nur mit den Lymphgefäßen der beiden auch noch im perirenalen Raum gelegenen Organe: Nebenniere und Ureter, sondern ebenso mit denen von Zwerchfell, Leber, Colon ascendens, Caecum und Appendix sowie der Keimdrüse. Zum Verständnis der Bedeutung, die diesen Verbindungen zukommt, ist die Problematik der Strömungsrichtung in den Lymphgefäßen zu berücksichtigen. Zwar kann immer die Richtung von einem Organ gegen die Lymphknoten als die typische Strömungsrichtung angesehen werden. Bei Lymphgefäßinjektionen aber läßt sich fast immer auch eine Füllung in umgekehrter Richtung beobachten. Und was für die Ausbreitung der Injektionsflüssigkeit gilt, dasselbe gilt wohl auch für die Ausbreitung von Krankheitsprozessen auf dem Lymphwege. Die Lymphgefäße also, die normalerweise die Lymphe von der Niere bis zu einer Stelle bringen, an der sie sich mit den Lymphgefäßen eines anderen Organs treffen, stellen auch einen anatomisch präformierten Weg in entgegengesetzter Richtung für die Ausbreitung von Krankheitsprozessen aus dem betreffenden Organ nierenwärts dar. Aus dieser Perspektive hat BAUEREISEN den Verbindungen der Lymphgefäße des Nierenbeckens mit denen des Ureters und damit indirekt mit denen der Harnblase größte Bedeutung beigemessen. Gleiche Bedeutung wird von HASELHORST der Verbindung der Lymphgefäße der rechten Niere mit denen der gleichseitigen Dickdarmanteile beigemessen. Diese starken Lymphgefäß-Verbindungen lassen sich leicht durch Injektion nachweisen, und zwar in beiden Richtungen; d. h. man kann ebenso von Dickdarm und Peritoneum aus die Lymphgefäß-Geflechte in der Tiefe der Capsula adiposa füllen, wie umgekehrt von den perirenalen Lymphgefäßen aus Verbindungen zu den Lymphknoten im Mesocolon, vor allem am Ileocaecal-Winkel feststellen. Daß auf der linken Seite keine gleichartige Verbindung mit den Lymphgefäßen des Colon descendens besteht, erklärt FRANKE mit der untergeordneten Bedeutung dieses Darmabschnitts für Resorptionsvorgänge, weshalb ein spärliches Lymphgefäß-System genüge. Bezüglich des asymmetrischen Verhaltens der beiden Seiten weist KLEIN überdies auf die Tatsache hin, daß zwar das rechte Nierenbecken, nicht aber das linke, eine eng nachbarliche Beziehung zur Colonflexur haben kann.

Von untergeordneter Bedeutung und nur gelegentlich darstellbar sind Verbindungen zu Lymphknoten in der Gegend des Duodenums. Sie erinnern daran, daß sich Verbindungen zu allen sekundär retroperitonealisierten Organen ausbilden können. Aber auch gegen die Bauchwand zu breitet sich das retroperitoneale Lymphgefäß-Netz erstaunlich weit aus; so ziehen manche Lymphstämme durch das Zwerchfell hindurch zu Lymphknoten, die in der Nachbarschaft der untersten Rippen gelegen sind.

Soweit sich aus der Gesamtheit des retroperitonealen Lymphgefäß-Netzes die Lymphgefäße der Capsula adiposa als ein eigener Anteil herausdifferenzieren lassen, lassen sich meistens Beziehungen zu kleinen, inkonstanten Schaltlymphknoten feststellen. Zu diesen gehören z. B. die oben (S. 108) erwähnten, von KRYMOW beschriebenen Lymphknoten vor und hinter der Niere, die allerdings von diesem Autor sicherlich bezüglich ihrer Konstanz überschätzt werden. Er hält die Lokalisation je eines Knotens hinter dem oberen Pol, hinter dem unteren Pol und vor dem Hilus für typisch und glaubt so eine Beziehung zu drei typischen Lokalisationen paranephritischer Eiterherde herstellen zu können. Wesentlich konstanter scheint nach den Untersuchungen SSYGANOWs ein, vor dem medialen Anteil der Nebenniere gelegener Schaltlymphknoten zu sein. Daß aber der Strom der Lymphe an diesen Lymphknoten vorbeigehen kann, ist ja im Begriff des „Schaltlymphknotens" impliziert, und es versteht sich, daß letzten Endes als konstante regionäre Lymphknoten wieder nur die lumbalen Lymphknoten in Frage kommen. Angesichts der großen Menge von Lymphknoten in der Körpermitte ist es verständlich, daß sich keine Lymphgefäße nachweisen lassen, die unter Umgehung von Lymphknoten die retroperitonealen Lymphgefäße der rechten Seite mit denen der linken Seite verbinden.

8. Nerven der Niere

Das der Innervation der Niere dienende Nervengeflecht, der Plexus renalis, ist ein Teil des kompliziert gebauten abdominalen vegetativen Nervengeflechts, aus dem die Innervation der Baucheingeweide und der dazu gehörigen Gefäße erfolgt. Dieses abdominale Nervengeflecht (s. Abb. 21) besitzt zwei Zentren in Form von Ganglienmassen, die eng der Aorta angelagert sind: das eine im Oberbauch unmittelbar unterhalb des Hiatus aorticus diaphragmatis in dem Gebiet, wo aus der Aorta die Aa. phrenicae (inferiores) (*12*), coeliaca (*15*), suprarenales, mesenterica superior (*10*) und renales (*7* und *20*) entspringen und wo wir in enger Nachbarschaft zueinander das paarige oder unpaare Ggl. coeliacum (*11* und *17*), das Ggl. mesentericum superius (*21*) und die Ggll. aortico-renalia (*9* und *19*) finden, während das zweite Zentrum durch das wesentlich kleinere Ggl. mesentericum inferius (*4.*) am Ursprung der gleichnamigen Arterie repräsentiert ist. Für die Ganglienmassen des oberen Zentrums und die von ihnen ausstrahlenden Nervengeflechte, die präparatorisch weitgehend eine Einheit darstellen, wurde deshalb auch ein einheitlicher Name geprägt, nämlich „Plexus solaris". Obwohl dieser Name heutzutage keinen Platz mehr in der anatomischen Terminologie findet, soll er im folgenden wegen seiner Brauchbarkeit doch angewandt werden. In dieses Sonnengeflecht strahlen von cranial her die thorakalen Nn. splanchnici maiores (*7* auf Abb. 22), minores (*8* auf Abb. 22) und — falls vorhanden — imi, sowie Äste der Nn. vagi (*14* auf Abb. 21) ein, und zwar gelangen die Nerven größtenteils an die präaortalen Ganglien heran, teilweise aber erfolgt die Verbindung weiter lateral mit den Fasermassen des Geflechts. Die Ausstrahlungen zu den Organen hin folgen zu einem großen Teile den Arterien, die durch enge Geflechte umsponnen sind, teilweise aber ziehen die Nerven auch unabhängig von den Gefäßen, und dies gilt vor allem auch für die nach lateral gerichtete Radiation zu Nebenniere und Niere. Naturgemäß werden nicht nur die *Äste* der Aorta, sondern auch die Aorta selbst von einem Nervengeflecht begleitet. In seinem cranialen Anteil bis zum Abgang der A. mesenterica inferior wird dieser Plexus aorticus abdominalis als „Plexus intermesentericus" bezeichnet. Durch die spezielle Benennung dieses Anteils des Aortengeflechts wird die Tatsache hervorgehoben, daß er eine starke Verbindung zwischen Plexus solaris und Ggl. mesentericum inferius darstellt. Es wäre aber irrig, daraus zu schließen, daß der Plexus aorticus abdominalis an diesem Ganglion sein Ende fände, vielmehr setzt er sich an diesem Ganglion vorbei und durch dieses hindurch zur Aortengabelung und über diese hinaus in die Beckenregion fort und bildet hier den Plexus hypogastricus oder N. praesacralis. Ferner ist zu beachten, daß sowohl der Plexus intermesentericus als auch die caudaleren Anteile dieses Nervengeflechts Zweige vom lumbalen Grenzstrang aufnehmen: die Nn. splanchnici lumbales (*12* und *14* auf Abb. 22). Wenn schließlich der Plexus hypogastricus eine Verbindung zum pelvinen Nervengeflecht herstellt, so ist dabei durchaus die Möglichkeit zu berücksichtigen, daß diese Verbindung in *beiden* Richtungen benützt wird, d. h. also, daß nicht nur eine gewisse Beeinflussung der pelvinen Nerven von den abdominalen Zentren her erfolgt, sondern daß ebenso auch manche Fasern der abdominalen Geflechte ihre Zentren im Becken haben können. Diese vielseitigen Beziehungen, die für das abdominale vegetative Nervengeflecht im ganzen gelten, sind auch für den Plexus renalis im speziellen zu berücksichtigen.

Als Plexus renalis bezeichnet man den Anteil des Nervengeflechts, der zur Niere und zu den Nierenkapseln zieht. Naturgemäß steht er mit den ihm benachbarten anderen vegetativen Nervengeflechten im paramedianen Anteil des Retro-

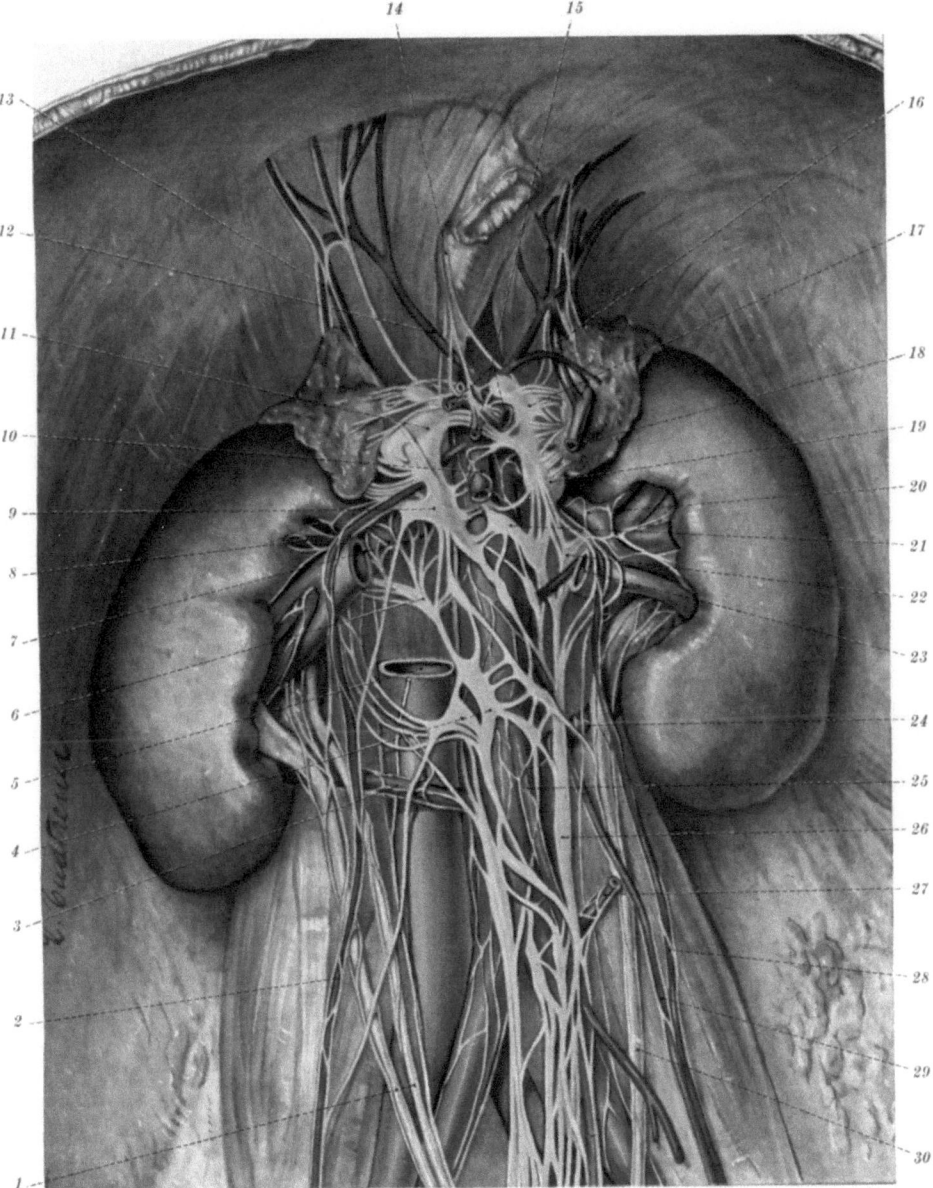

Abb. 21. Retroperitoneale Arterien und Nervengeflechte. Die Venen wurden, soweit sie eine ventrale Lage hatten, abgeschnitten. *1* Ureter duplex der rechten Seite, *2* A spermatica dextra, *3* A. renalis dextra accessoria, *4* Ggl. mesentericum inferius, *5* Schnitt durch V. cava inferior, *6* rechtes Ggl. renale posterius, *7* A. renalis dextra und Schnitt durch V. renalis dextra, *8* zwei aberrierende Äste der A. renalis dextra, *9* rechtes Ggl. aortico-renale, *10* A. mesenterica superior, *11* rechtes Ggl. coeliacum, *12* rechte A. phrenica (inferior), *13* rechte A. suprarenalis superior maior, *14* Zweige des N. vagus, *15* die drei Äste der A. coeliaca, *16* linke V. phrenica, *17* linkes Ggl. coeliacum, *18* linke V. suprarenalis, *19* linkes Ggl. aortico-renale, *20* A. renalis sinistra, *21* Ggl. mesentericum superius, *22* linkes Ggl. renale posterius, *23* Schnitt durch V. renalis sinistra, *24* A. renalis sinistra accessoria, *25* A. mesenterica inferior, *26* wahrscheinlich Rest des Zuckerkandlschen Organs, *27* A colica sinistra, *28* obere A. spermatica sinistra (Varietät), in Nierenvene eingehängt, *29* untere A. spermatica sinistra, *30* Ureter

peritonealraumes, d. h. mit dem Plexus suprarenalis, dem Plexus uretericus und dem Plexus spermaticus in Zusammenhang. Aber auch Nervengeflechte sekundär retroperitonealisierter Organe und Gekröse, wie das des Duodenums und die der Mesocola besitzen schwache Verbindungen mit dem Nierengeflecht. Die Haupt-

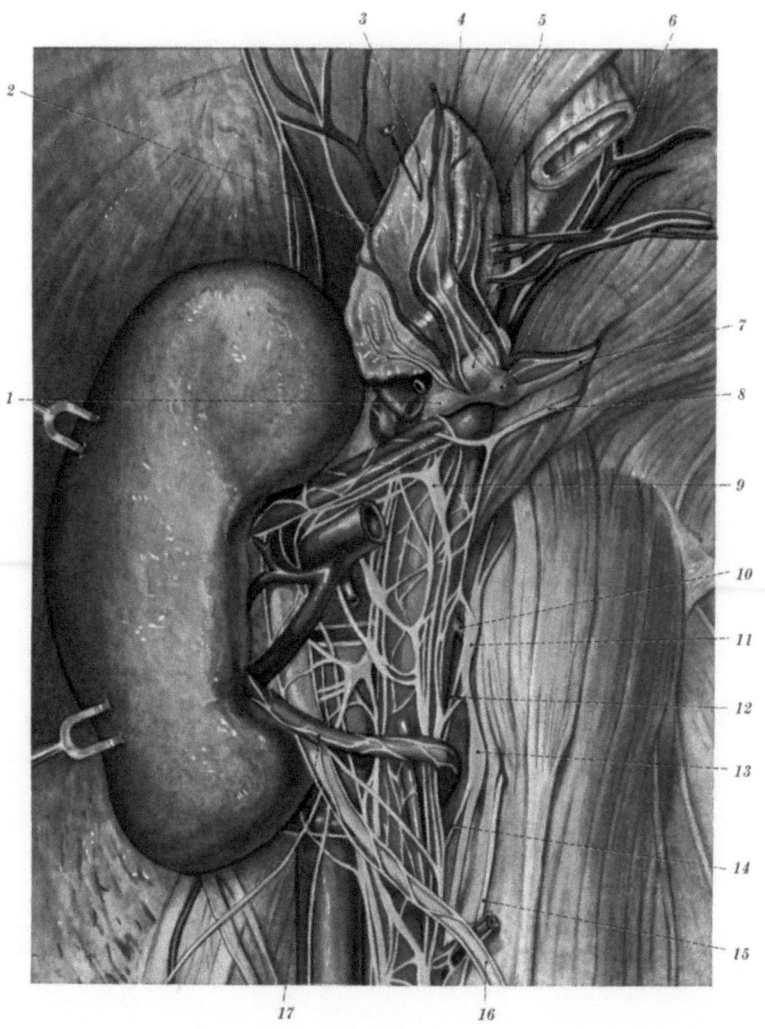

Abb. 22. Dasselbe Präparat wie Abb. 21. Die linke Niere wurde nach rechts und die linke Nebenniere nach rechts oben geklappt. *1* Ggl. aortico-renale, *2* Artère marginale antérieure, *3* Artériole graisseuse basale, *4* Artère marginale postérieure (gehört ebenso wie 2 und 3 dem Gebiet der A. suprarenalis inferior an, obwohl sie hier einen separaten Ursprung hat), *5* Ggl. coeliacum, *6* Ggl. suprarenale, *7* N. splanchnicus major beim Durchtritt durch das Zwerchfell, *8* N. splanchnicus minor, *9* Ggl. renale posterius, *10* eine A. lumbalis, *11* ein Grenzstrang-Ganglion, *12* zwei Nn. splanchnici lumbales, *13* wieder ein Grenzstrang-Ganglion, *14* noch ein N. splanchnicus lumbalis, *15* N. genitofemoralis, *16* Ureter, *17*. A. renalis accessoria

masse des Plexus renalis ist um die A. renalis — bzw. in Fällen mit Verdopplung des Gefäßes: um beide Aa. renales der betreffenden Seite — konzentriert. Mit schwächeren Anteilen aber breitet sich das Geflecht von hier aus so weit caudalwärts aus, daß die untersten Fasern von der Höhe des 3.—4. Lendenwirbels schräg zum unteren Ende des Nierenhilus aufsteigen. Eine Ausbreitung in die dritte Dimension d. h. in das Niveau vor der V. renalis einerseits und hinter dem Nierenbecken andererseits erfolgt in der Regel nur durch ganz schwache Fasern. Diese von MITCHELL (1950c) durchaus zurecht aufgestellte Regel wird aber nach eigenen Beobachtungen in jenen gar nicht so seltenen, oben (S. 94) erwähnten Fällen durchbrochen, in denen eine Keimdrüsenarterie in cranial konvexem Bogen über die V. renalis hinwegzieht, wobei gleichsam von dieser Arterie auch Nerven in das Niveau vor der Vene gebracht werden (vgl. Abb. 21 bds.).

In den Maschen des Plexus renalis finden sich zahlreiche Ganglien, die der Zahl und der Größe nach stark variieren, wobei viele nur mikroskopisch nachweisbar sind, während das größte, das in der Mehrzahl der Fälle vorhandene Ggl. renale posterius (6 und 22 auf Abb. 21; 9 auf Abb. 22) bis über 1 cm lang sein kann. SCHEWKUNENKO (1931) glaubt, beim Plexus renalis — so wie überhaupt beim vegetativen Nervensystem — feststellen zu können, daß die Zahl der Ganglien und die Größe der einzelnen Ganglien in einem reziproken Verhältnis stehen, und so unterscheidet er einen ,,konzentrierten Typus" mit einer geringen Zahl großer Knoten von einem ,,dispersen Typus" mit einer großen Zahl kleiner Knötchen.

Verfolgt man das Geflecht in der Richtung von der Niere weg zu seinen Wurzeln, so ist meistens die auffallendste Beziehung die zum Ggl. aortico-renale, das sich in der Regel am cranialen Abgangswinkel der A. renalis von der Aorta vor diesen beiden Arterien findet. Allerdings kann dieses Ganglion, das normalerweise durch sehr starke kurze Nervenstränge mit dem Ggl. coeliacum verbunden ist, mit diesem völlig konfluieren, so daß es einen latero-caudalen Fortsatz des Ggl. coeliacum darstellt (z. B. auf Abb. 21 bds.), während es in anderen Fällen in mehrere kleine Ganglien aufgelöst sein kann. In der Regel finden sich auch Bündel des Plexus renalis, die knapp über das Ggl. aortico-renale hinweg direkt mit der Hauptmasse des Ggl. coeliacum in Verbindung stehen. Wesentlich seltener — wie z. B. auf Abb. 21 — läßt sich eine direkte Verbindung des Nierengeflechts mit dem Ggl. mesentericum superius nachweisen. Weiter caudal gelegene Bündel des Plexus renalis zweigen vom Plexus aorticus abdominalis ab, und zwar sowohl vom Plexus intermesentericus als auch vom Ggl. mesentericum inferius oder — manchmal — aus dem Gebiete caudal dieses Ganglions. Überdies lassen sich direkte Verbindungen mit den thorakalen und mit den beiden obersten lumbalen Nn. splanchnici darstellen.

Über die Frage, ob der Vagus direkte Zweige zum Plexus renalis schickt, gibt es recht unterschiedliche Meinungen: Während HEITZMANN kategorisch aussagt, daß der Plexus gastricus posterior n. vagi Fasern zur Niere sende, ohne zwischen rechter und linker Seite zu differenzieren, findet HENLE einen derartigen Zweig auf der linken Seite konstanter als auf der rechten, TEITELBAUM erkennt solch eine Verbindung überhaupt nur für die linke Seite an und MITCHELL leugnet sie für beide Seiten. Wenn nun auch auf Grund eigener Beobachtungen dieser letzten Auffassung am meisten beigepflichtet werden muß, so ist aber dabei — abgesehen von der beschränkten Verbindlichkeit jeder negativen Aussage — zu bedenken, daß damit keineswegs eine Leugnung einer vagalen Nervenversorgung der Niere ausgedrückt ist; denn die Beziehung sowohl des Vagus als auch des Plexus renalis zum Ggl. coeliacum steht ja unleugbar fest. Hier ist auch daran zu erinnern, daß der Frage, ob die Verbindung eines Nerven mit dem Nierengeflecht durch direkte Fasern oder nur auf dem Wege über ein Ganglion erfolgt, keineswegs eine so grundlegende Bedeutung zukommt, wie es auf Grund der anatomischen Präparation scheinen könnte, da wir ja auch von den aus dem Ganglion austretenden Fasern nicht mit Sicherheit sagen können, ob sie in diesem Ganglion auch tatsächlich Synapsen hatten oder ob sie nur den Weg über das Ganglion benützt haben.

Diese Gesichtspunkte sind auch bei der Beurteilung der Bedeutung des N. splanchnicus maior für die Niereninnervation zu berücksichtigen. Von diesem

Nerven lassen sich nur recht selten dünne Zweiglein direkt in den Plexus renalis verfolgen, und nur in ungefähr $1/3$ der Fälle konnte MITCHELL an seinem umfangreichen Material einen Ast zum Ggl. aortico-renale darstellen. Trotzdem wird seine konstante Bedeutung für die Innervation der Niere ziemlich allgemein anerkannt, wobei dann eben an den Weg über das Ggl. coeliacum zu denken ist, in das ja die Hauptmasse des N. splanchnicus maior eintritt, und das andererseits mit dem Plexus renalis sowohl direkt als auch insbesondere über das Ggl. aortico-renale in Verbindung steht. Viel klarere Beziehungen ergeben sich für die übrigen Nn. splanchnici: Der N. splanchnicus minor hat seine typische Endigung im Ggl. aortico-renale — auf Abb. 22 durch zwei Zweige, deren einer bis zu seinem Eintritt in das Ganglion zu sehen ist, während der Eintritt des anderen durch den oberen Ast der A. renalis gedeckt ist. Daneben lassen sich ziemlich oft auch direkte Fasern in den Plexus renalis nachweisen — auf Abb. 22 zum unteren Ende des Ggl. renale posterius (9). Soferne ein N. splanchnicus imus vorhanden ist, tritt er meistens unmittelbar in den Plexus renalis ein, wobei eine nahe Beziehung zum Ggl. renale posterius als charakteristisch bezeichnet werden kann; er kann aber statt dessen auch in das Ggl. aortico-renale und in den Plexus intermesentericus übergehen. Eine ähnliche Alternative ist für den 1. und meistens auch für den 2. lumbalen N. splanchnicus zu berücksichtigen, die entweder von hinten her in den Plexus renalis in der Gegend des Ggl. renale posterius gelangen, oder aber in den Plexus intermesentericus nahe dem Ursprung von Fasern des Plexus renalis eintreten. Alle genannten Nn. splanchnici stehen zueinander in einem vikariierenden Verhältnis, d. h. jeder von ihnen kann einen Teil seiner Fasern oder alle seine Fasern an seine beiden Nachbarn abgeben; nur ein vollständiges Fehlen des N. splanchnicus maior kommt definitionsgemäß nicht in Frage, da eben immer der cranialste thorakale N. splanchnicus als N. splanchnicus maior zu bezeichnen ist.

Über die aus dem Plexus aorticus abdominalis abzweigenden Fasern des Plexus renalis ist nur zu sagen, daß sie in der Regel von cranial nach caudal spärlicher werden. Die caudalste Wurzel des Nierengeflechts kann sich in der Höhe des Ggl. mesentericum inferius oder noch weiter caudal bis zur Höhe der Aortengabelung finden.

Die Präparation des Nierengeflechts in der Richtung auf das Organ hin ergibt, daß die überwiegende Mehrzahl der Fasern mit den Gefäßen in den Nierensinus eintritt. In das Nierenparenchym gelangen sie schließlich als perivasculäre Geflechte der Aa. arcuatae, mit denen sie sich dann auch verzweigen. Nach EL ASFOURY enthalten diese Geflechte auch Ganglienzellen, was MITCHELL (1951) aber eher bezweifelt. Das Nervengeflecht der Nierenkapsel erhält seine Fasern teilweise aus jenen schwachen Zweigen des Plexus renalis, die nicht in den Hilus eintreten; überdies bezieht es aber auch je einen stärkeren Zweig aus dem Plexus suprarenalis und aus dem Plexus spermaticus, die mit den entsprechenden Kapselgefäßen um den oberen bzw. den unteren Nierenpol zum konvexen Nierenrand verfolgt werden können, und vor allem kann man bei dem Versuch, Niere und Nebenniere voneinander zu isolieren, immer einige Nervlein feststellen, die die beiden Organe miteinander zu verbinden scheinen, da sie aus der der Niere zugekehrten Fläche der Nebenniere austreten und in die fibröse Kapsel der Niere eintreten. Nach BRAEUCKER entsendet das Nervengeflecht der Tunica fibrosa und der Tunica muscularis „auch Ausläufer in die Rindensubstanz..., die mit den Verzweigungen der intrarenalen Innervation in Verbindung treten."

So wie das gesamte vegetative Nervensystem zeigt auch der Plexus renalis eine sehr starke Variabilität, die sich schon am einzelnen Präparat in einer gewissen Asymmetrie zwischen rechtem und linkem Geflecht bemerkbar macht. Wer eine größere Seziersaalerfahrung besitzt, weiß, daß überall beim vegetativen

Nervensystem nicht nur die Anordnung der Geflechtsmaschen, sondern auch die Verteilung und die Größe der Ganglien außerordentlich inkonstant ist. Es ist wohl naheliegend, anzunehmen, daß dabei gewisse Korrelationen zu allgemeinen konstitutionellen Charakteren bestehen; aber auch Beziehungen zu krankhaften Geschehen lassen sich nicht ausschließen, wobei prinzipiell sowohl eine Veränderung der Ganglien durch die Krankheit wie umgekehrt eine Verursachung oder Mitverursachung der Krankheit durch eine ungewöhnliche Entwicklung der Ganglien möglich erscheint. Jedoch geht es wohl nicht an, mit BRAEUCKER auf Grund von Untersuchungen je *eines* anatomischen Präparats von einem gesunden und einem nierenkranken Menschen apodiktisch zu erklären: „Sowohl physiologische mit Funktionssteigerung einhergehende Vorgänge als auch pathologische Prozesse mit abwegig gewordenen Innervationsvorgängen können morphologische Umwandlungen am vegetativen System hervorrufen."

Schließlich sei daran erinnert, daß die hier gegebene morphologische Beschreibung des Plexus renalis keinerlei Aussagen über die funktionelle Bedeutung seiner Fasern impliziert. Prinzipiell sind ja in Eingeweidenerven dreierlei Arten von Fasern zu erwarten, nämlich 1. viscerosensible, 2. sympathische und 3. parasympathische. Daß zur Niere tatsächlich auch alle drei Arten von Fasern ziehen, wird allgemein anerkannt. Dabei benützen die sensiblen Fasern sicherlich vorwiegend und die sympathischen Fasern wohl ausschließlich den Weg der Nn. splanchnici. Als Segmenthöhe, der die Fasern entstammen, wird meistens das Gebiet Th. 10 bis L. 1 angegeben. Damit erhebt sich die Frage, wie dies mit der allgemein anerkannten Beziehung des Plexus renalis zum N. splanchnicus maior vereinbar ist, der doch in der Regel die untere Grenze seines Wurzelgebietes in der Höhe Th. 9 hat. Auch wenn man mit SZABÓ die Segmenthöhe der Niereninnervation auf den Bereich Th. 9—L. 2 ausdehnt, scheint damit nicht viel gewonnen. Jedoch ist zu bedenken, daß sich unsere anatomischen Aussagen über das Wurzelgebiet des N. splanchnicus maior darauf beziehen, in welcher Höhe er den Grenzstrang verläßt, die funktionellen Angaben über die Segmentinnervation der Organe hingegen auf die Rückenmarkssegmente. Es muß also wohl angenommen werden, daß im N. splanchnicus maior Fasern zum Plexus renalis absteigen, nachdem sie vorher im Grenzstrang von caudaleren Rückenmarkssegmenten aufgestiegen sind. Inwieweit die Innervation einseitig oder beidseitig erfolgt, läßt sich schwerlich entscheiden. Anatomisch steht außer Frage, daß innerhalb des Plexus solaris stärkste Verbindungen zwischen den beiden Seiten bestehen, derart, daß recht oft die beiden Ggl. coeliaca durch die mächtigen Bündel seitenkreuzender Fasern — die LOBKO als Fasern des N. splanchnicus maior aufgefaßt wissen will — zu einem einzigen Ganglion zusammengefaßt scheinen. Ob aber diese seitenkreuzenden Fasern auch für die Niereninnervation Bedeutung haben, ist ungewiß.

Für die parasympathische Innervation kommt vorwiegend der Vagus in Frage. Für den Ureter, das Nierenbecken und die Sammelrohre jedoch scheint MITCHELL (1950c) eine Innervation aus dem sacralen Parasympathicus wahrscheinlicher, wobei er sich den Weg dieser Fasern aufsteigend über den Plexus hypogastricus und die caudalsten Verbindungen des Plexus aorticus abdominalis mit dem Plexus renalis vorstellt.

Literatur

ABOUL ENEIN, A. A. A.: The segmental anatomy of the kidney and its relation to the intrarenal vascular and pyramidal systems. Alexandria med. J. 9, 1123 (1963). Ref. in Excerpta med. (Amst.) Sect. I 17, 1123, Abstr. No 5660 (1963).
ACCONCIA, A.: I linfatici renali. Atti Accad. Fisiocr. Siena 4, Ser. XIII, 435 (1957).
ADACHI, B.: Das Arteriensystem der Japaner, Bd. 2. Kyoto: Verl. d. K. Univ. 1928.

ADACHI, SH.: Über die äußere Form und die Lage der Niere des Japaners. Taiwan Ig. Z. Taihoku **14**, 119 (1925). Ref. in Jap. J. med. Sci. **1**, Abstr. S. (17), No 68 (1928).

ADDISON, CH.: The topographical anatomy of the abdominal viscera in man etc. Part IV. J. Anat. Phys. (Lond.) **35**, 277 (1901).

ALAEV, A. N.: Segmental structure of the arterial system of the kidneys [Russisch]. Tr. Nauch. Konf. Anat. Gistol. i. Embriol. Sredn. Azii i Kaz. **1961**, 217. Ref. in Excerpta med. (Amst.), Sect. I **16**, 374, Abstr. No 2104 (1962).

ALBARRAN, J., et E. PAPIN: Recherches sur l'anatomie du bassinet et l'exploration sanglante du rein. Rev. Gynéc. **11**, 833 (1907); **12**, 215 (1908).

ALCALA SANTAELLA, R.: Estudio anatómico de los vasos y conducts excretores del riñon. Madrid: Morato 1929.

ALLEMAN, R.: Ätiologische und klinische Beiträge zur Hydronephrosefrage. Bruns' Beitr. Klin. Chir. **144**, 385 (1928).

ANDLER, R.: Neuere Erfahrung über die pathologische Bedeutung akzessorischer Nierengefäße. Z. urol. Chir. **19**, 305 (1926).

ANSON, B. J., and E. W. CAULDWELL: The pararenal vascular system. Quart. Bull. Northw. Univ. med. Sch. **21**, 320 (1947).

— — J. W. PICK, and L. E. BEATON: The blood supply of the kidney, suprarenal gland, and associated structures. Surg. Gynec. Obstet. **84**, 313 (1947).

— — — — The anatomy of the pararenal system of veins with comments on the renal arteries. J. Urol. (Baltimore) **60**, 714 (1948).

—, and E. H. DASELER: Common variations in renal anatomy affecting blood supply, form and topography. Surg. Gynec. Obstet. **112**, 439 (1961).

—, and L. E. KURTH: Common variations in the renal blood supply. Surg. Gynec. Obstet. **100**, 156 (1955).

ARASE, S.: Morphologische Studien über das Nierenbecken und die Nierenkelche des Koreaners [Japanisch]. Kaibô Z. Tokyo **2**, 456 (1929). Ref. in Jap. J. med. Sci. **3**, Abstr. S. (37), No 129 (1933).

— Statistische Beobachtungen an Nieren von erwachsenen Koreanern [Japanisch]. Kaibô Z. Tokyo **3**, 729 (1930/31). Ref. in Jap. J. med. Sci. **3**, Abstr. S. (130), No 174 (1933).

ARKHIPTSEVA, M. I.: The internal arterial and venous architectural structural pattern in relation to the excretory apparatus [Russisch]. Tr. Nauch. Konf. Anat. Gistol. i Embriol. Sredn. Azzi i Kaz. **1961**, 569. Ref. in Excerpta med. (Amst.), Sect. I **16**, 374, Abstr. No 2106 (1962).

AUGIER, A.: Les reins et leurs canaux excréteurs; in POIRIER-CHARPY: Traité d'anatomie humaine, 3e ed., vol. 5, p. 37. Paris: Masson & Cie. 1925.

BAKER, G. C. W.: Problems in renal anatomy; Guy's Hosp. Rep. **107**, 416 (1958).

BAUEREISEN, A.: Über die Lymphgefäße des menschlichen Ureters. Z. gynäk. Urol. **2**, 235 (1911).

BAUMANN, J. A., et W. v. NIEDERHÄUSERN: Variations dans la morphologie de la loge rénale en rapport avec la structure des couches graisseuses et l'organogénie. J. Urol. Néphrol. **68**, 872 (1962).

BECK, L.: Konstitutionsanalytische und experimentelle Untersuchungen an der Wand des Ureters und des Nierenbeckens bei Hund, Mensch und Schwein. Morph. Jb. **94**, 238 (1954).

BENEDETTI, G., M. MELIS e G. BALDUZZI: Studio sulla vascolarizzazione arteriosa del rene. Rass. Ital. Chir. Med. **3**, 329 (1954).

BOCHAROV, V. YA.: New data on the anatomy of lymphatics and blood vessels of the human kidney [Russisch]. Tr. Leningradsk. Sanit. Gigien. Med. Inst. **35**, 164 (1956). Ref. in Excerpta med. (Amst.), Sect. I **11**, 208, Abstr. No 1002 (1957).

— Age-conditioned characteristics of the lymphatic system of human kidneys and renal membranes [Russisch]. Tr. III. Nauch. Konf. Po Voz Rastnoi Morf. Fiziol.i Biokhimii **1959**, 546. Ref. in Excerpta med. (Amst.), Sect. I **15**, 302, Abstr. No 1312 (1961).

— Anomalies of the extrinsic renal vessels in man [Russisch]. Tr. Tadzhiksk. Med. Inst. **63**, 34 (1964). Ref. in Excerpta med. (Amst.), Sect. I **19**, 91, Abstr. No 392 (1965).

BOIJSEN, E.: Angiographic studies of the anatomy of single and multiple renal arteries. Acta radiol. (Stockh.), Suppl. **183** (1959).

BOISSONAT, P.: Petit rein métapolaire inférieur pseudo-surnuméraire à vascularisation semi-indépendente etc. J. Urol. méd. chir. **62**, 753 (1956).

BORDAS, P.: Études sur les capsules du rein et les tissus périrénaux; Thèse de Paris. Ref. in Anat. Ber. **17**, 290 Ref. No 919 (1929/30).

BOŠKOVIĆ, M.: O retropijeličnoj vaskularizaciji bubrega. Acta med. jugosl. **3**, 204 (1947). Ref. in Excerpta med. (Amst.), Sect. I **4**, 524, Abstr. No 1789 (1950).

BRAEUCKER, W.: Der Bauchteil des vegetativen Nervensystems mit besonderer Berücksichtigung der Niereninnervation. Anat. Nachr. **1**, 217 (1950).

BRÖDEL, M.: The intrinsic blood-vessels of the kidney and their significance in nephrotomy. Bull. Johns Hopk. Hosp. **12**, 10 (1901).

CANCELLOTTI, L., e C. DAINELLI: L'anatomia dell'arteria renale studiata mediante calchi in resina poliestere in riferimento al problema chirurgico delle resezioni renali. Ann. Fac. Med. Perugia **48**, 416 (1957).

CAPONETTO, A.: Sulla morfologia della pelvi e dei calici renali. Ricerche anatomo-comparative. Arch. ital. Anat. Embriol. **34**, 293 (1935).

CARBONI, R.: Contributo allo studio anatomo-chirurgico dell'arteria renale —brevi considerazioni sul problema della resezione segmentaria del rene. Gazz. int. Med. Chir. **67**, 1851 (1962).

CAYOTTE, J., et PH. HAHN: A propos de trois observations de veines rénales gauches rétroaortiques. C. R. Ass. Anat. **39**, 55 (1952).

CHACON, J. P.: Segmentaçao arterial do rim. Thesis Univ. Sao Paolo 1958. Ref. in Excerpta med. (Amst.), Sect. I **13**, 842, Abstr. No 3731 (1959).

CHARPURE, P. V., and H. I. JHALA: The ratio of the body weight to the weights of the organs. IV. The kidneys, the spleen, the liver, the lungs, the pancreas, the pituitary, the suprarenals, the thyroid and the testes. Indian med. Gaz. **87**, 487 (1952).

CHATTERJEE, S. K., and A. K. DUTTA: Anatomy of the intrarenal distribution of renal arteries of the human kidney. J. Indiana med. Ass. **40**, 155 (1963).

CHAUVIN, E., et H. F. CHAUVIN: Les anomalies congénitales de l'orientation rénale. J. Urol. méd. chir. **56**, 481 (1950).

CHAY, S. A.: Morphologische Einteilung der Pyelogramme [Japanisch]. Nihon Hinyo Gk. Z. Tokyo **23**, 443 (1934). Ref. in Jap. J. med. Sci. **6**, Abstr. S. (79), No 292 (1937).

CONGDON, E. D., and J. N. EDSON: The cone of renal fascia in the adult white male. Anat. Rec. **80**, 289 (1941).

CONTU, P., e B. G. DA HORA: Incidência das artérias renais múltiplas. Fol. clin. biol. (S. Paolo) **27**, 82 (1957).

COPPOLETA, J. M., and S. B. WOLBACH: Body length and organ weights of infants and children. Amer. J. Path. **9**, 55 (1933).

CORDIER, P., L. DEVOS, A. DELCROIX et M. RÉNIER: Variations du trajet de l'artère spermatique. Ann. Anat. path. **15**, 535 (1938).

— — et J. WATTEL: Rapports entre la vascularisation de la capsule fibro-adipeuse du rein et celle des organs génitaux internes. C.R. Ass. Anat. 33e Réun. Bâle 1938, p. 83.

ĆUŠ, M.: Beitrag zur Kenntnis der segmentalen Blutversorgung des oberen Nierenpols beim Menschen. C.R. Réun. Anat. Yougosl. 1961. In: Acta anat. (Basel) **49**, 369 (1962).

CZECH, B., i Z. WEIMAN: Wielokrotne tętnice nerkowe odchodzące od aorty i tętnicy biodrowej wspólnej. Folia morph. (Warszawa) **13**, 171 (1962). Ref. in Excerpta med. (Amst.), Sect. I **17**, 285, Abstr. No 1438 (1963).

D'ABREU, F., and B. STRICKLAND: Developmental renal-artery stenosis. Lancet **1962 II**, 517.

DAVIS, R. A., F. J. MILLOY, and B. J. ANSON: Lumbar, renal and associated parietal and visceral veins based upon a study of 100 specimens. Surg. Gynec. Obstet. **107**, 1 (1958).

DEGE, H. A.: Zur Bedeutung der unteren Nierenpolgefäße. Z. Urol. **33**, 385 (1939).

DEGNA, A. T., C. OKELY e S. FASOLIS: Variazioni del numero e del compartimento delle arterie in una seria di 300 riscontri diagnostici. Folia hered. path. (Milano) **9**, 135 (1960).

DELL, J. M., and C. H. BARNWELL: The normal lateral pyelogram. Radiology **47**, 163 (1946).

DEPREUX, R., M. FONTAINE et CL. DESCAMPS: À propos de huit cas d'anomalies vasculaires du rein. Écho méd. Nord **22**, 52 (1951).

DISSE, J.: Harnorgane. In: BARDELEBEN, Handbuch der Anatomie des Menschen, Bd. 7, Teil 1. Jena: Gustav Fischer 1902.

DOUVILLE, E., and W. H. HOLLINSHEAD: The blood supply of the normal renal pelvis. J. Urol. (Baltimore) **73**, 906 (1955).

DURAN-JORDA, F.: The renal ducts of Bellini. J. Anat. (Lond.) **89**, 464 (1955).

EBERTH, C. J.: Über die Muskeln der Niere. Zbl. (Cbl.) med. Wiss. **10**, 225 (1872).

EDSMAN, G.: Angionephrography and suprarenal angiography. Acta radiol. (Stockh.) Suppl. **155** (1957).

EKEHORN, G.: Die anormalen Nierengefäße können eine entscheidende Bedeutung für die Entstehung der Hydronephrose haben. Langenbecks Arch. klin. Chir. **82**, 955 (1907).

EL ASFOURY, Z. M.: Sympathectomy and the innervation of the kidney. Brit. med. J. **1951 II**, 1304.

ELLWEIN, H.: Beiträge zur Anatomie und Topographie von Niere und Nebenniere. Med. Diss. Tübingen 1936.

EMERY, J. L., and A. MITHAL: The weights of kidneys in late intra-uterine life and childhood. J. clin. Path. **13**, 490 (1960).

ENBARK, P. E.: Extrarenales Nierenbecken. Upsala Läk.-Fören. Förh. **42**, 47 (1936).

ESCANILLA DE SIMON, J.: Contribución al estudio de las variedades de la arteria renal. Arch. Anat. Antrop. (Lisboa) 13, 173 (1930).
ETCHEVERRI, J.: Die tiefen Lymphgefäße der Niere. Anat. Anz. 81, 201 (1935).
FAGARASANU, I.: Recherches anatomiques sur la veine rénale gauche et ses collatérales, leurs rapports avec la pathogénie du varicocèle essentiel et les varices du ligament large. Ann. Anat. path. 15, 9 (1938).
FALLER, J., u. G. UNGVÁRY: Die arterielle Segmentation der Niere. Zbl. Chir. 87, 972 (1962).
FISCHER, K.: Anatomie und Physiologie der Nervi proprii der Nierenkapsel und ihre Bedeutung für die Nierenchirurgie, insbesondere für die Wirkungsweise der Nierenentkapselung. Dtsch. Z. Chir. 222, 228 (1930).
FRANKE, K.: Über die Lymphgefäße des Dickdarms. Arch. Anat. Entwickl. 1910, 191.
FRETHEIM, B.: Transverse nephrolithotomy. Acta chir. scand. 114, 414 (1957).
FRIMANN-DAHL, J.: Normal variations of the left kidney. An anatomical and radiological study. Acta radiol. (Stockh.) 55, 207 (1961).
FUCHS, F.: Untersuchungen über die innere Topographie der Niere. Z. urol. Chir. 18, 164 (1925).
— Wichtige Details aus der inneren Topographie der Niere. Verh. Anat. Ges. 34. Verslg 1925. In Anat. Anz., Erg.-Heft 60, 281 (1925).
— Über den pyelovenösen Reflux der menschlichen Niere. Z. urol. Chir. 22, 435 u. 23, 210 (1927).
FUKAMURA, M.: Zwei Fälle von Nierenbeckenerweiterung infolge abnormer Nierengefäße [Japanisch]. Hifu To Hitsunyo Fukuoka 4, 716 (1936). Ref. in Jap. J. med. Sci. 7, Abstr. S (82), No 362 (1939).
GALLIZIA, F.: Die Lymphgefäße des Harnapparates bei den aufsteigenden Infektionen [Italienisch]. Riv. Pat. sper. 25, 3 (1941). Ref. in Anat. Ber. 44, 403, Ref. No 1224 (1943/44).
GANFINI, C.: Alcune particolarità morfologiche e topografiche delle glandulae suprarenales dell'uomo. Arch. ital. Anat. Embriol. 4, 63 (1905).
GEROTA, D.: Beiträge zur Kenntnis des Befestigungsapparates der Nieren. Arch. Anat. Entwickl. 1895, 265.
GILL, R. D.: Triplication of the ureter and renal pelvis. J. Urol. (Baltimore) 68, 140 (1952).
GILLOT, CL., J. HUREAU, Cl. AARON et M. GUERBET: Étude anatomo-radiologique des veines rénales chez l'homme et chez différentes espèces en particulier le lapin. Arch. Anat. path. 9, A 141 (1961).
GISEL, A.: Der „Recessus hepatorenalis peritonaei". Acta anat. (Basel) 27, 149 (1956).
GOLDENBERG, S.: Estudo anatómico das conexões linfáticas entre o intestino grosso e os rins. Folia clin. biol. (S. Paolo) 28, 143 (1958).
GOLUBEW, A. A.: Zur chirurgischen Anatomie der Nierenarterie. I Sjesd. Chir. Sew.-Kaukas. Kraja 1926, 153. Ref. in Anat. Ber. 10, 484, Ref. No 1318 (1927).
GOBULEW, W. Z.: Über die Blutgefäße in der Niere der Säugetiere und des Menschen. Internat. Mschr. Anat. Phys. 10, 541 (1893).
GRAVES, F. T.: The anatomy of the intrarenal arteries and its application to segmental resection of the kidney. Brit. J. Surg. 42, 132 (1954).
— The renal circulation. Med. Press 236, 455 (1956).
— The aberrant renal artery. J. Anat. (Lond.) 90, 553 (1956).
— The anatomy of the intrarenal arteries in health and disease. Brit. J. Surg. 43, 605 (1956).
GRÉGOIRE, R.: Circulation artérielle et veineuse du rein. Bull. Soc. anat. Paris 8, 193 (1906).
GRIGORJEV, I. V.: Zur Frage über die Innervation der Nieren [Russisch]. I Sjesd Chir. Sew.-Kaukas. Kraja 1926, 156. Ref. in Anat. Ber. 12, 394, Ref. No 1191 (1928).
GROSSMAN, J.: A note on the radiological demonstration of the perirenal space. J. Anat. (Lond.) 88, 407 (1954).
GUGGEMOS, E., J. NYSTROM, S. J. PEPPY, C. SINATRA, and H. BRODY: A rare case of an arterial connection between the left and right kidneys. Ann. Surg. 156, 940 (1962).
HALBFAS-NEY, P.: Über Mißbildung des Nierenbeckens mit extrarenaler Kelchentwicklung. Z. Urol. Chir. 32, 74 (1931).
HALLER, A.: Disputationum anatomicarum selectarum III. 1748.
HASELHORST, G.: Pyelitis gravidarum. Ber. ges. Gynäk. Geburtsh. 18, 369 (1930).
HASUMI, S.: Anatomische Untersuchungen über das Lymphgefäßsystem des männlichen Urogenitalorgans. Jap. J. med. Sci. 2, 159 (1930).
HAUCH, E.: Über die Anatomie und Entwicklung der Nieren. Anat. Hefte 22 (H. 69), 155 (1903).
— Über die Anatomie der Nierenvenen. Anat. Hefte 26 (H. 78), 167 (1904).
HAYNES, J. C.: The basic pattern of the renal fascia. Amer. Ass. Anat. 70th session 1957. Anat. Rec. 127, 306 (1957).
HEGGLIN, R.: Über Organvolumen und Organgewicht etc. Z. Konstit.-Lehre 18, 110 (1934).

Heidenhain, M.: Über die Entwicklungsgeschichte der menschlichen Niere. Arch. mikr. Anat. **97**, 581 (1923).
— Synthetische Morphologie der Niere des Menschen. Leiden: E. J. Brill 1937.
Heiderich, F.: Kopf, Hals, Bauch und Becken des Kindes. In: Peter-Wetzel-Heiderich, Handbuch der Anatomie des Kindes, Bd. 1, S. 321. München: J. F. Bergmann 1928.
Heitzmann, C.: Die descriptive und topographische Anatomie des Menschen, 2. Aufl., Bd. 2. Wien: Braumüller 1875.
Hellström, J.: Über die Varianten der Nierengefäße. Z. urol. Chir. **24**, 253 (1928).
Helm, F.: Beiträge zur Kenntnis der Nierentopographie. Inaug.-Diss. Berlin 1895.
Henle, J.: Handbuch der systematischen Anatomie des Menschen. Braunschweig: F. Vieweg & Sohn 1855—1871.
Hickel, R., L. Mamo et J. Bernard: Anatomie radiologique du rein normal de l'adulte. Presse méd. **71**, 2113, 2371 (1963).
Hodson, C. J.: Physiological changes in size of the human kidney. Clin. Radiol. **12**, 91 (1961).
— J. A. Drewe, M. N. Karn, and A. King: Renal size in normal children. Arch. Dis. Childh. **37**, 616 (1962).
Hollatz, W.: Das Massenverhältnis von Rinde zu Mark in der Niere des Menschen und einiger Säugetiere und seine Bedeutung für die Nierenform. Z. Anat. Entwickl.-Gesch. **65**, 482 (1922).
Hollinshead, W. H., and E. Douville: The vascularization of the normal renal pelvis. Amer. Ass. Anat. 67th session 1954. Anat. Rec. **118**, 426 (1954).
Hou-Jensen, H. M.: Die Verästelung der A. renalis in der Niere des Menschen. Z. Anat. Entwickl.-Gesch. **91**, 1 (1930).
Huard, P., Dô-Huan-Hop et Chuong: Recherches anatomiques sur le rein des Anamites. Trav. Inst. Anat. École Sup. Méd. Indochine, Sect. anthrop. **3**, 148 (1938). Ref. in Anat. Ber. **40**, 81, Ref. No 138f. (1940).
Hunter, J.: Versuche über das Blut, die Entzündung und die Schußwunden, deutsch herausgeg. v. D. E. B. G. Hebenstreit. Leipzig: Sommer 1797 (Engl. Original: London: Nicol. 1794).
Huschke, E.: Lehre von den Eingeweiden und Sinnesorganen des menschlichen Körpers. In: Sömmering, Vom Bau des menschlichen Körpers, Bd. 5, umgearbeitete Ausg. Leipzig: Voß 1844.
Hutter, K.: Zur Röntgendarstellung der Nierenhohlräume nebst Bemerkungen über die Lagebeziehung des Nierenbeckens zum Musculus psoas. Z. urol. Chir. **30**, 256 (1930).
Hyrtl, J.: Beiträge zur Physiologie der Harnsecretion. Z. Ges. Ärzte Wien **2/II**, 381 (1846).
— Das Nierenbecken der Säugethiere und des Menschen. Denkschr. Wien. Akad. Wiss. **1870**, 107.
— Onomatologia anatomica. Wien: Wilhelm Braumüller 1880.
Inouye, Ch.: Studien über die Nierengefäße bei den Japanern [Japanisch]. Tokyo Igk. Z. **46**, 371 (1932). Ref. in Jap. J. med. Sci. **5**, Abstr. S. (26), No 108 (1935).
Ionescu, M., N. Mihail u. C. Ionescu: Blutversorgung der normalen Niere des Menschen durch mehrfache Nierenschlagadern. Anat. Anz. **111**, 399 (1962).
Ivanitzky, M. Th.: Zur Anatomie des Nierenbeckens. 16. Sjesd Ross. Chir. Moskau **1925**, 658. Ref. in Anat. Ber. 8, 264, Ref. No 699 (1927).
Iwanow, G.: Über die Lagebeziehungen der Nieren und Nebennieren beim Menschen. Anat. Anz. **64**, 163 (1927).
Jastrzebski, Cz.: Sur la variabilité des calices renaux. Kosmos **51**, 193 (1926).
Karn, M. N.: Radiographic measurements of kidney section area. Ann. hum. Genet. **25**, 379 (1962).
Kazzaz, D., and W. H. Shanklin: Comparative anatomy of the superficial vessels of the mammalian kidney. J. Anat. (Lond.) **85**, 163 (1951).
Kebort, J.: Apikální tepny ledviny. Sborn. Věd. Prac. Lék. Fak. Karlovy **2**, 543 (1959).
Kelly, H. A.: Methods of incising, searching and suturing the kidney. Brit. med. J. **1902 I**, 256.
Key, A.: Om circulationsförhallandena i njurarne. Förh. Skand. Naturf. 9. Möte Stockholm **1863**, 685
Khomenko, V. F.: Surgical anatomy of the renal arteries [Russisch]. Urologique **3**, 13 (1959). Ref. in Excerpta med. (Amst.), Sect. I **15**, 182, Abstr. No 822 (1961).
Khudaiberdyev, D.: Accessory renal arteries [Russisch]. Zdravookhr. Turkm. **5**, 16 (1962). Ref. in Excerpta med. (Amst.), Sect. I **17**, 1127, Abstr. No 5681 (1963).
Kitagawa, M., u. K. Miyauchi: Über zwei Fälle von durch Gefäßanomalie verursachte Hydronephrose nebst Statistik über die abnormen Nierengefäße [Japanisch]. Nihon Hinyô Gk. Z. Tokyo **20**, 594 (1931). Ref. in Jap. J. med. Sci. **4**, Abstr. S. (37), No 137 (1934).
Kitamura, Y.: Erfahrungen über die intravenöse Pyelographie bei nierengesunden Säuglingen [Japanisch]. Jika Z. Tokyo **407**, 477 (1934). Ref. in Jap. J. med. Sci. **6**, Abstr. S. (81), No 297 (1937).

Klebanovy, E., u. A. Koveschnikova: Altersunterschiede in der Vaskularisation der Niere [Russisch]. Arkh. Anat. Gistol. Embriol. **24**, 209, 272 (1940). Ref. in Anat. Ber. **42**, 157, Ref. No 400c (1941/42).

Klein, E.: Die Lagebeziehung des Dickdarms zur Niere und die Erklärung der häufigeren rechtsseitigen Pyelitis. Anat. Anz. **91**, 225 (1941).

Kondratjew, N.: Zur Lehre von der Innervation der Bauch- und Beckenhöhleorgane beim Menschen. 1. Über unmittelbare nervöse Verbindung zwischen Organen verschiedener Funktionen. Z. Anat. Entwickl.-Gesch. **90**, 178 (1929).

Koveschnikov, V. G., and E. E. Kopteva: Developmental morphology of the renal pelvis and its connection with the pattern of distribution of the renal vessels [Russisch]. Tr. v Konf. Po Vozrastnoi Morfol. Fiziol. i Biokhimii **1962**, 546. Ref. in Excerpta med. (Amst.), Sect. I **17**, 1122, Abstr. No 5658 (1963).

Krause, C. F. T.: Handbuch der menschlichen Anatomie, 3. Aufl. bearbeitet von W. Krause, Bd. 2. Hannover: Hahn 1879.

Kügelgen, A. v., u. H. Greinemann: Die Klappen in den menschlichen Nierenvenen etc. Z. Zellforsch. **47**, 648 (1958).

—, u. S. Zuleger: Nachweis von Venenklappen in der Niere von Hund, Schwein und Mensch. Z. Zellforsch. **47**, 320 (1958).

Kumita: Über Lymphgefäße der Nieren- und Nebennierenkapsel. Arch. Anat. Entwickl. **1909**, 49.

— Über die Lymphbahnen des Nierenparenchyms. Arch. Anat. Entwickl. **1909**, 99.

Kuprijanoff, P. A.: Das intrarenale arterielle System gesunder und pathologischer Nieren. Dtsch. Z. Chir. **188**, 206 (1924).

Lammers, H. J., Th. Smithuis en A. Lohmann: De pyelo-veneuze reflux. Ned. T. Geneesk. **99**, 3237 (1955).

Landing, B. H., and M. L. Hughes: Analysis of weight of kidneys of children. Lab. Invest. **11**, 452 (1962).

Larget, P.: Sur l'anatomie de l'artère rénale et son mode de distribution dans le parenchyme rénal. Arch. Anat. path. **31**, 39 (1955).

Lauber, H. J.: Die Form des normalen Nierenbeckens. Dtsch. Z. Chir. **220**, 418 (1929).

Laux, G., G. Marchal, R. Paleirac et A. Pages: Morphologie et topographie radiologique des glandes surrénales. Montpellier méd. **46**, 162 (1954).

La Villa, G.: Studio anatomo-radiologico delle arterie renali. Rass. Arch. Chir. **1**, 101 (1963).

Layton, J. M.: The structure of the kidney from the gross to the molecular. J. Urol. (Baltimore) **90**, 502 (1963).

Lazarus, J. A.: Hydronephrosis and aberrant renal vessels. Amer. J. Surg. **16**, 515 (1932).

Legueu, F.: L'anatomie chirurgicale du bassinet et l'exploration intérieure du rein. Ann. Mal. Org. gén.-urin. **1891**, 365.

Lehmann, E.: Über die Innervation der Niere mit besonderer Berücksichtigung der Kapselvenen und ihrer Bedeutung für die Dekapsulation. Z. Urol. **20**, 167 (1926).

Lev, I. D.: Nerve supply of the wall of the renal arteries [Russisch]. Tr. Tadzhiksk. Med. Inst. **63**, 70 (1964). Ref. in Excerpta med. (Amst.) Sect. I **18**, 853, Abstr. No 4067 (1964).

Lissovskaja, S. N.: Zur Frage über die Variationen des Nierenfaszienbaues etc. Wjestnik Chir. **7**, 3 (1926). Ref. in Anat. Ber. **8**, 265, Ref. No 701 (1927).

Lloyd, L. W.: The renal artery in whites and American negroes. J. Phys. Anthrop. **20**, 153 (1935).

Lobko, P. I.: Mode of crosswise afferent innervation of the adrenal gland [Russisch]. Vop. Morf. Perif. Nerv. Sist. **3**, 97 (1956). Ref. in Excerpta med. (Amst.), Sect. I **12**, 328, Abstr. No 1635 (1958).

Löfgren, F.: Das topographische System der Malpighischen Pyramiden der Menschenniere. Lund: Gleerupska Univ.-Bokhandeln 1949.

— Embryonalt grundschema för och en topografisk indelning av homonjuren. Nord. Med. **42**, 1479 (1949).

— Some features in the renal morphogenesis and anatomy with practical considerations. Kgl. Fysiogr. Sällsk. Lund Förh. **26**, 1 (1956).

Ludwig, C.: Von der Niere. In: Stricker, Handbuch der Lehre von den Geweben etc., Bd. 1, S. 489. Leipzig: Wilhelm Engelmann 1871.

Luschka, H.: Die Anatomie des Menschen in Rücksicht auf die Bedürfnisse der praktischen Heilkunde, Bd. 2, 1. Abt. Die Anatomie des menschlichen Bauches. Tübingen: Laupp 1863.

Macalister, A.: Multiple renal arteries. J. Anat. Phys. **17**, 250 (1883).

MacDonald, D. F., and J. M. Kenelly jr.: Intrarenal distribution of multiple renal arteris J. Urol. (Baltimore) **81**, 25 (1959).

Malpighius: De viscerum structura exercitatio anatomica. In: Opera omnia. London: Churchill 1697 (Erstausgabe 1659).

MARESCH, R.: Über die Zahl und Anordnung der Malpighischen Pyramiden in der menschlichen Niere. Anat. Anz. **12**, 299 (1896).
MARTIN, C. P.: A note on the renal fascia. J. Anat. (Lond.) **77**, 101 (1942).
MARTIN, K.: Ungewöhnlicher Verlauf einer A. suprarenalis. Acta anat. (Basel) **24**, 48 (1955).
MARWEDL, G.: Querer Nierensteinschnitt. Zbl. Chir. **34**, 875 (1907).
MECKEL, J. F.: Handbuch der menschlichen Anatomie, Bd. 4. Halle u. Berlin: Buchh. des Hallischen Waisenh. 1820.
MELKONIAN, L.: Systématisation de 44 cas d'anomalie des artères rénales. Acta med. jugosl. **8**, 257, 322 (1954).
MERKEL, H.: Die Hydronephrose und ihre Beziehung zu akzessorischen Nierengefäßen. Virchows Arch. path. Anat. **191**, 534 (1908).
MERKLIN, R. J.: Patterns of the renal and suprarenal arteries. Amer. Ass. Anat. 69th session 1956. Anat. Rec. **124**, 334 (1956).
—, and N. A. MICHELS: The variant renal and suprarenal blood supply with data on the inferior phrenic, ureteral and gonadal arteries. J. int. Coll. Surg. **29**, 41 (1958).
MILEJKOWSKIJ, A.: Zwei Fälle von seltener Variation der A. renalis [Ukrainisch]. Dnjepropetrow. Med. Žurn. **9**, 218 (1930). Ref. in Anat. Ber. **22**, 65, Ref. No 277 (1931).
MITCHELL, G. A. G.: The spread of retroperitoneal effusions arising in the renal regions. Brit. med. J. **1939 II**, 1134.
— The renal fascia. Proc. Anat. Soc. in J. Anat. (Lond.) **84**, 76 (1950a).
— The renal fascia. Brit. J. Surg. **37**, 257 (1950b).
— The nerve supply of the kidney. Acta anat. (Basel) **10**, 1 (1950c).
— The renal nerves. Brit. J. Urol. **22**, 269 (1950d).
— The intrinsic renal nerves. Acta anat. (Basel) **13**, 1 (1951).
MIYASHITA, K.: Arterien der Chinesen. 1. Beckenarterien, 2. Ursprungsquelle der großen Äste der Bauchaorta [Japanisch]. Manshu-Igaku Zasshi **22**, 1035 (1935). Ref. in Anat. Ber. **36**, 94, Ref. No 291a (1938).
MIYAUCHI, K.: Über die intrarenalen Gefäße beim Menschen und bei einigen Säugetieren. 3. Arteriensystem, 4. Venensystem [Japanisch]. Nihon Hinyo Gk. Z. Tokyo **23**, 1, 61 (1934). Ref. in Jap. J. med. Sci. **6**, Abstr. S. (81), No 298 (1937).
MOËLL, H.: Size of normal kidneys. Acta radiol. (Stockh.) **46**, 640 (1956).
MÖLLENDORFF, W. v.: Der Excretionsapparat. In: MÖLLENDORFF, Handbuch der mikroskopischen Anatomie des Menschen, Bd. 7, Teil 1. Berlin: Springer 1930.
MÖRIKE, K. D.: Der Verlauf der Nierenarterien und ihr möglicher Einfluß auf die Lage der Nieren. Anat. Anz. **116**, 485 (1965).
MOODY, R. O., and R. G. VAN NUYS: The position and mobility of the kidneys in healthy young men and women. Anat. Rec. **76**, 111 (1940).
MOORE, R. A.: The circulation of the normal human kidney. Anat. Rec. **40**, 51 (1928).
MORI, T.: A case of an anomalous connection between the renal and splenic veins [Japanisch]. Kaiboggaku Zassi **27**, 100 (1952). Ref. in Excerpta med. (Amst.), Sect. I 8, 15, Abstr. No 56 (1954).
MORINO, F., G. SESIA e C. QUAGLIA: Varietà anatomiche e anomalie delle arterie renali rivelate in vivo dall'arteriografia selettiva. Minerva urol. **11**, 1 (1959).
MÜLLER, P.: Das Porenfeld (Area cribrosa) oder Cribrum benedictum der Nieren des Menschen und einiger Haussäugethiere. Arch. Anat. Entwickl. **1883**, 341.
MUNKA, V., a V. DRAHOVSKY: Príspevok k otázke distribućných oblastí vetiev a. renalis. Čsl. Morfol. **6**, 236 (1958). Ref. in Excerpta med. (Amst.), Sect. I 13, 491, Abstr. No 2166 (1959).
MUSCHAT, M.: Musculus spiralis papillae. J. Urol. (Baltimore) **16**, 51 (1926).
NAGASAWA, Y.: Die Nieren und Nierenarterien [Japanisch]. Byorito-Chiryo Tokyo **1**, 1 (1927). Ref. in Jap. J. med. Sci. **2**, Abstr. S. (28), No 116 (1931).
NAGATA, M.: Morphologische Untersuchung über Niere, Nierenbecken, Nierenbecher und Nierengefäße der japanischen Zwillinge [Japanisch]. Kaibô Z. **10**, 266 (1937). Ref. in Jap. J. med. Sci. **7**, Abstr. S. (237), No 394 (1939).
— Untersuchung über die Zahl der Nierenpapillen bei den japanischen Zwillingen. Folia Anat. jap. **16**, 409 (1938).
NAMIKI, S., u. SH. YAMANOUCHI: Über die Lage der Niere und des Nierenbeckens der Japaner [Japanisch]. Jap. J. Derm. **31**, 1332 (1931). Ref. in Jap. J. med. Sci. **4**, Abstr. S. (70), No 254 (1934).
NARATH, P. A.: Renal pelvis and ureter. New York: Grune & Stratton 1951.
NARKIEWICZ, O.: Segmenty tętnicze nerki. Acta biol. med. germ. **4**, 119 (1960). Ref. in Excerpta med. (Amst.), Sect. I **15**, 796, Abstr. No 3529 (1961).
NATHAN, H.: Observations on aberrant renal arteries curving around and compressing the renal vein. Circulation **18**, 1131 (1958).
— Aberrant renal artery producing developmental anomaly of kidney associated with unusual course of gonadal vessels. J. Urol. (Baltimore) **89**, 570 (1963).

Nicolescu, J.: Vaisseaux et ganglions lymphatiques du bassinet. Ann. Anat. path. **6**, 1251 (1929).
— Sur les lymphatiques du rein. Ann. Anat. path. **7**, 503 (1930) (Soc. Anat. Paris 1930).
Niiya, S.: Über den Faserverlauf der fibrösen Kapsel der menschlichen Niere [Japanisch]. Chiba Igk. Z. **15**, 250 (1937). Ref. in Jap. J. med. Sci. **7**, Abstr. S. (237), No 396 (1939).
Notkovich, H.: Testicular artery arching over renal vein; clinical and pathological considerations with special reference to varicocele. Brit. J. Urol. **27**, 267 (1955).
Nuzzi, O.: La vascolarizzazione sanguifera e linfatica del rene dal punto di vista anatomo-chirurgico. Ric. Morfol. Roma **18**, 111 (1940).
— Ulteriore contributo alla connoscenza dell'angio-architettonica renale: determinazione topografica e modalità costitutive dei dispositivi vascolari sopropiramidali. Anat. Anz. **91**, 352 (1941).
Odgers, P. N. B.: Circum-aortic venous rings. J. Anat. (Lond.) **66**, 98 (1931).
Ökrös, S.: Verzweigung der Nierenarterien bei Tabikern [Ungarisch]. Budapesti Orv. Ujs. **43** (1936). Ref. in Anat. Ber. **35**, 464, Ref. No 1778 (1937).
Oesterreich, W.: Studie über den Verlauf der Gefäße der Nierenkapsel. Med. Diss. Düsseldorf 1937.
Omegna, G.: Rapporti dei trigoni lombari con alcuni visceri. Arch. ital. Anat. Embriol. **35**, 216 (1935).
Paalanen, A.: Types of kidney pelves and their frquency in connection with renal calculi. Ann. Chir. Gynaec. Fenn. **38**, 134 (1949).
Palumbo, V.: Studio anatomo-radiologico sul comportamento dell'arteria renale nell'uomo, in relazione specialmente alla nefrangiografia e alla chirurgia conservatrice del rene. Arch. ital. Urol. **25**, 329 (1952).
Panichi, S., e J. Bonechi: Determinazione radiologica delle dimensioni del rene. Valori normali. Minerva med. **49**, 3261 (1958).
Papin, E., and D. N. Eisendrath: Classification of renal and ureteral anomalies. Ann. Surg. **85**, 735 (1927).
Parade, G. W.: Das Massenverhältnis von Mark zu Rinde in der Niere des Kindes. Z. Anat. Entwickl.-Gesch. **81**, 165 (1926).
Parin, B. W.: Zur Morphologie der Nierennebenarterien [Russisch]. Tr. Ischewsk. Med. Inst. **1**, 12 (1935). Ref. in Anat. Ber. **35**, 460, Ref. No 1769 (1937).
Parker, A. E.: Studies on the main posterior lymph channels of the abdomen and their connections with the lymphatics of the genito-urinary system. Amer. J. Anat. **56**, 409 (1935).
Peter, K.: Untersuchungen über Bau und Entwicklung der Niere, 1. Heft. Jena: Gustav Fischer 1909.
Petrén, T.: La situation des rein en hauteur chez l'enfant. Trav. Lab. Anat. Karolinska Inst. Stockholm **1934**, 1.
Piccino, A., e M. Sebastiani: Contributo allo studio delle anomalie vascolari nel reno umano. Gazz. int. Med. Chir. **61**, 710 (1956).
Poirier, P., et A. Charpy: Traité d'anatomie humaine, 3e ed. Paris: Masson & Cie. 1925.
Polkey, H. J.: The normal kidney pelvis. Urol. cutan. Rev. **31**, 339 (1927).
Popow, W. S.: Zur Topographie der Nieren [Russisch]. 2. Congr. Chir. Caucase Nord. **1927**, 238. Ref. in Anat. Ber. **12**, 461, Ref. No 1400 (1928).
— Topographie von paarigen Ästen der Bauchaorta [Russisch]. P. 4. Congr. Zool. Anat. Hist. USSR, Kiew **1930**, 261. Ref. in Anat. Ber. **27**, 460, Ref. No 1511 (1933/34).
Portal, A.: Cours d'anatomie médicale etc., vol. 3. Paris: Baudouin 1804.
Priwes, M. G.: Innere Topographie des arteriellen Systems der Niere und des Nierenbeckens des Menschen und der Haustiere. Z. urol. Chir. **40**, 1 (1934).
Radoievitch, S.: Étude de la veine rénale gauche rétro-aortique. Fréquence, variations morphologiques, importance pratique. Bull. Acad. serbe Sci. Cl. Sci. méd. **23**, 79 (1959).
Reinberg, S.: Die anatomischen Grundlagen der Nephrotomieschnitte. Röntgenographische Untersuchung des intrarenalen Arteriensystems. Ann. Röntg. Radiol. **2**, 98 (1926).
Reis, R. H., and G. Esenther: Variations in the pattern of renal vessels and their relation to the type of posterior vena cava in man. Amer. J. Anat. **104**, 295 (1959).
Remiš, T., a M. Schnierer: Príspevok k morfológii venózneho riečišťá obličky u človeka. Bratisl. lek. Listy **44**, 15 (1964). Ref. in Excerpta med. (Amst.), Sect. I **18**, 719, Abstr. No 3479 (1964).
Repciuc, E., N. Simionescu şi S. Demetrian: Contribuţie la morfologia sistemului arterial intrarenal la om. Morfol. norm. si pat. **5**, 133 (1960). Ref. in Excerpta med. (Amst.), Sect. I **15**, 83, Abstr. No 364 (1961).
Rigaud, A., H. L. M. Sohier, A. Gouazé et R. Odano: À propos des veines du rein. C.R. Ass. Anat. **104**, 693 (1959).
Rivas, R.: Röntgenological diagnosis. Generalized subserous emphysema through a single puncture. Amer. J. Roentgenol. **64**, 723 (1950).

Rodrigues, L.: Innervação renal. Porto Soc. Papelara (Diss. Fac. Med. Porto) 1937.
Rokitansky, C.: Handbuch der speciellen pathologischen Anatomie, 2. Aufl., Bd. 2. Wien: Braumüller & Seidel 1842.
Rolnick, H. C.: Some observations on the renal capsule. J. Urol. (Baltimore) **38**, 421 (1937).
Ronstrom, G. N.: Studies of the arterial arangement in the human kidney with emphasis directed to the crossing over of interlobar arteries in the substance of the kidney. Amer. Ass. Anat. 52nd session 1936. Anat. Rec. **66**, Suppl. 3, 71 (1936).
Rosenbauer, K. A.: Beitrag zur Variation der Vasa renalia. Abnormer Verlauf einer rechten A. renalis unter der Mündung der V. spermatica und Einmündung einer rechten Nierenvene in die V. spermatica. Anat. Anz. **107**, 209 (1959).
Rotter, H.: Dorsaler Ureterverlauf bei Abnormitäten der unteren Hohlvene. Z. Anat. Entwickl.-Gesch. **104**, 456 (1935).
Rozhno, V. A.: Zones of blood vessel distribution in the renal parenchyma [Russisch]. Arkh. Anat. Gistol. Embriol. **33**, 55 (1956). Ref. in Excerpta med. (Amst.), Sect. I **12**, 259, Abstr. No 1300 (1958).
Ruotolo, A.: Contributo allo studio del „corpus adiposum pararenale" di Gerota. Ric. Morfol. **11**, 101 (1931).
Sanctis, A. de: Contributo allo studio dell'apparato vascolare dell' ilo renale. Riv. Anat. pat. **9**, 494 (1955).
Sappey, Ph. C.: Traité d'anatomie descriptive, vol. 4. Paris: Delahaye 1873.
Schewkunenko, V. (W.) N.: Über einige Faktoren, welche auf die Topographie der Körperorgane einwirken. Langenbecks Arch. klin. Chir. **119**, 157 (1922).
— Zur Typenanatomie des Nervensystems [Russisch]. Nov. khir. Arkh. **23**, 477 (1931). Ref. in Anat. Ber. **24**, 338, Ref. No 1175 (1932).
Schilowa, A. B.: Zur Frage über die Multiplizität der Nierenarterien [Russisch]. Arkh. Anat. histol. Embriol. **11**, 240 (1932). Ref. in Anat. Ber. **29**, 127, Ref. No 505 (1934).
Schmerber: Les artères de la capsule graisseuse du rein. Int. Mschr. Anat. Phys. **13**, 269, 273 (1896).
Schmidt, A.: Die Pyeloskopie, ihre physiologischen Ergebnisse und ihre Bedeutung für die Pathologie. Bruns' Beitr. klin. Chir. **139**, 352 (1927).
Schwedt, J.: Anatomischer Beitrag zur Frage der Stieltorsion bei Wandernieren. Z. Anat. Entwickl.-Gesch. **101**, 411 (1933).
Sebastiani, M., e A. Piccino: Contributo allo studio dell'arteria renale. Chir. Pat. sper. **3**, 203 (1955).
Sestini, F.: Tentativi sperimentali per lo studio del reflusso pielo-renale. Atti Accad. Fisiocr. Siena Sez. med.-fis. **4**, 1 (1936).
Šlivić, B., M. Bošković, V. Savić et D. Bogdanović: Sur les rapports topographiques des veines splénique et rénal gauche. C.R. Réunion Anat. Yougosl. 1961. Acta Anat. **49**, 381 (1962).
Smithuis, Th.: Enkele opmerkingen over het vatstelsel van de nier. Ned. T. Geneesk. **99 III**, 3236 (1955).
— The problem of renal segmentation in connection with the modes of ramification of the renal artery and the renal vein. Arch. Chir. neerl. **8**, 227 (1956).
Smyrniotis, P., et F. Kraft: Le radio-diagnostic differentiel des dilatations du bassinet rénal. Acta radiol. (Stockh.) **3**, 28 (1924).
Sohier, H. M. L., A. Gouazé, M. Sentenac et M. Torlois: Recherches sur le système pyramidal du rein humain et sur les relations de ce système avec la morphologie du hile et avec la disposition des branches de l'artère rénale. C.R. Ass. Anat. **43**, 788 (1957).
— — et M. Torlois: La ramescence de l'artère rénale en fonction de la destinée lobaire de ses branches (d'après 200 reins). C.R. Ass. Anat. **43**, 783 (1957).
Sokolowska-Pituchowa, J.: Formy miedniczek nerkowych u człowieka, ich odmiany, najezestizy typ. Folia morph. (Warzawa) **7**, 52 (1956). Ref. in Excerpta med. (Amst.), Sect. I **11**, 209, Abstr. No 1004 (1957).
Southam, A. H.: The fixation of the kidney. Quart. J. Med. **16**, 283 (1923).
Spiridonova, E. P.: Connections of the lymphatic system of the liver and kidneys [Russisch]. Sborn. Nauch. Trud. Ivanovsk. Med. Inst. **22**, 409 (1959). Ref. in Excerpta med. (Amst.), Sect. I **15**, 799, Abstr. No 3537 (1961).
Ssusschčewsky, A. W.: Über die, crus renale und capsulam renalem bildenden Elemente [Russisch]. Arkh. Anat. Gistol. Embriol. **8**, 149 (1929). Ref. in Anat. Ber. **22**, 83, Ref. No 351 (1931).
Ssyganow, A. N.: Über das Lymphsystem der Nieren und Nierenhüllen beim Menschen Z. Anat. Entwickl.-Gesch. **91**, 771 (1930).
Stahl, O.: Anatomie, Physiologie und Chirurgie der vegetativen Nerven der oberen Harnwege und der Niere. Z. Urol. **29**, 298 (1935).

STAUBESAND, J.: Beobachtungen an Korrosionspräparaten menschlicher Nierenbecken. Ein Beitrag zum Reflux-Problem. Fortschr. Röntgenstr. 85, 33 (1956).
—, u. F. HAMMERSEN: Zur Problematik des Nachweises arterio-venöser Anastomosen im Injektionspräparat. Beobachtungen an menschlichen Nierenbecken. Z. Anat. Entwickl.-Gesch. 119, 365 (1956).
STEIGLEDER, G. K.: Konstruktionsanalytische Untersuchungen an den ableitenden Harnwegen. Bruns' Beitr. klin. Chir. 178, 623 (1949).
SUZUKI, M.: Über die Nierenarterien [Japanisch]. Kanazawa Kaibô Gyôseki 27, 1 (1937). Ref. in Jap. J. med. Sci. 7, Abstr. S. (198), No 216 (1939).
SYKES, D.: The arterial supply of the human kidney with special reference to accessory arteries. Brit. J. Surg. 50, 368 (1963).
— The correlation between renal vascularisation and lobulation of the kidney. Brit. J. Urol. 36, 549 (1964a).
— The morphology of renal lobulations and calices and their relationship to partial nephrectomy. Brit. J. Surg. 51, 294 (1964b).
SZABÓ, E.: The innervation of the apparatus uropoeticus and its significance in practice. Acta urol. (Budapest) 1, 44 (1947).
— Innervation of the kidney and its practical significance. Acta urol. (Budapest) 2, 31 (1948).
TANDLER, J.: Lehrbuch der systematischen Anatomie, Bd. 2. Die Eingeweide. Leipzig: Vogel 1923.
TARKIAINEN, J.: Die Form des Nierenbeckens bei der Bevölkerung in Suomi. Ann. Acad. Sci. fenn. A 43, IV. (1935).
TASCHNER, A.: Portokavale Anastomosen über die rechte Nierenvene. Klin. Med. (Wien) 3, 41 (1948).
TEITELBAUM, H. A.: The nature of the thoracic and abdominal distribution of the vagus nerves. Anat. Rec. 55, 297 (1933).
TERNON, Y.: Anatomie chirurgicale de l'artère rénale. Bases d'une segmentation artérielle du rein. J. chir. (Paris) 78, 517 (1959).
TOBIN, CH. E., J. A. BENJAMIN, and J. C. WELLS: Continuity of the fasciae lining the abdomen pelvis and spermatic cord. Surg. Gynec. Obstet. 83, 575 (1946).
TOMIOKA, T.: Studien über die Gefäße im Retroperitonealraum. 1. Über die Vasa suprarenalia, spermatica interna und die Gefäße der Fettkapsel der Niere [Japanisch]. Tokyo IGK. Z. 50, 590 (1936). Ref. in Jap. J. med. Sci. 7, Abstr. S. (82), No 236 (1939).
TONDO, M.: Su di un caso di triplicità della vena renale destra. Boll. Soc. ital. Biol. sper. 16, 654 (1941).
TORTELLA, E. P.: La circulación parenquimatosa renal. Revisión de algunos conceptos de reciente adquisición. Med. clin. (Barcelona) 11, 68 (1948).
UNGVÁRY, G., és J. FALLER: A vese arteriás segmentatiója. Morph. Igazs. Orv. Szemle 2, 252 (1962). Ref. in Excerpta med. (Amst.), Sect. I 17, 281, Abstr. No 1418 (1963).
VALLOIS, H. V., et L. DAMBRIN: Ectopie du rein droit et artère retrorénale. Ann. Anat. path. 5, 1036 (1928).
VERMA, M., R. P. CHATURVEDI, and R. K. PATHAK: Anatomy of renal vascular segments. J. anat. Soc. India 10, 12 (1961).
VIGLIONE, F., e F. VAROL: Ricerche sulla distribuzione dell'arteria renale nell'uomo. Boll. Soc. ital. Biol. sper. 27, 1725 (1951).
VIRCHOW, R.: Einige Bemerkungen über die Circulationsverhältnisse in den Nieren. Virchows Arch. path. Anat. 12, 310 (1857).
WALD, H.: The weight of normal adult human kidneys and its variability. Arch. Path. 23, 492 (1937).
WINSLOW, J. B.: Exposition anatomique de la structure du corps humain. Paris: Desprez & Desessartz 1732.
WISCHNEWSKY, A. A.: Plexus renalis der normalen und hufeisenförmigen Niere. Z. Anat. Entwickl.-Gesch. 87, 798 (1928).
YAMADA, S.: Ein Fall von abnorm großer Kommunikation zwischen der Pfortader und der Nierenvene (Japanisch). Kaibô Z. Tokyo 7, 1088 (1934). Ref. in Jap. J. med. Sci. 6, Abstr. S. (54), No 203 (1937).
YAMANOUCHI, SH.: Über die Form der normalen Nierenbecken im Röntgenbild [Japanisch]. Jap. J. Derm. 31, 1358 (1931). Ref. in Jap. J. med. Sci. 4, Abstr. S. (73), No 263 (1934).
ZAFFAGNINI, B., F. SIRACUSANO e A. FAZIO: Contributo alla conoscenza dell'apparato contrattile del calice renale. Chir. Pat. sper. 4, 614 (1956).
ZONDEK, M.: Das arterielle Gefäßsystem der Niere und seine Bedeutung für die Pathologie und Chirurgie der Niere. Langenbecks Arch. klin. Chir. 59, 588 (1899).
ZUCCA, G.: L'arteriotettonica del sino renale nell'uomo. Rass. med. sarda 66, 503 (1964).

ZUCKERKANDL, E.: Beiträge zur Anatomie des menschlichen Körpers. 1. Über den Fixationsapparat der Nieren. Med. Jb. Wien **1883**, 59.
— Anatomische Einleitung: In: FRISCH-ZUCKERKANDL, Handbuch der Urologie. Wien: Alfred Hölder 1903.
ZUÑIGA LATORRE, R.: Anatomia medico-quirurgica del riñon. Arch. Anat. Antrop. (Lisboa) **12**, 45 (1928).

II. Die Nebennieren
1. Einstellung und Form

Die Nebenniere ist ein paariges Organ, das seinen Namen seiner engen Nachbarschaft zur Niere verdankt, wobei die Art dieser Nachbarschaftsbeziehung durch das lateinische „Glandula *supra*renalis" (engl.: suprarenal body; frz.: glande surrénale) ebenso korrekt ausgedrückt wird, wie durch das deutsche „*Neben*niere", da das Organ dem Gebiete des oberen Nierenpols derart schräg aufgesetzt ist, daß es cranial, medial und ventral von diesem gelegen ist. Allerdings ist dabei eine gewisse individuelle Variabilität in dem Sinne zu berücksichtigen, daß in manchen Fällen mehr die craniale, in manchen mehr die medioventrale Komponente dieser Lagebeziehung in Erscheinung tritt. Eine solche Veränderlichkeit in der relativen Lage der beiden Organe zueinander kann nicht wundernehmen, wenn man die oben (S. 81) geschilderte große Variabilität in der Höhenlage der Niere berücksichtigt, während andererseits der Nebenniere zwar auch eine geringe typenbedingte Variationsbreite der Skeletotopie zukommt, sie aber im wesentlichen doch mit ziemlicher Konstanz in der Höhe des 11. bis 12. Brustwirbelkörpers aufzufinden ist (*10* auf Abb. 10, *4—5* auf Abb. 11).

Mit dem variablen räumlichen Verhältnis zur Niere, an die sich die Nebenniere im Bereich der Kontaktfläche mehr minder anschmiegt, sowie mit einer starken Größenvariabilität des Organs steht eine gewisse Variabilität der Form in Zusammenhang. Trotzdem läßt sich eine Standardform das Organs beschreiben, die allerdings für die rechte und für die linke Seite verschieden ist, von der aber nur ausnahmsweise starke Abweichungen auftreten, so daß die in die normale Variationsbreite einzureihenden Nebennieren voneinander nicht wesentlich mehr verschieden sind als die, angeblich so formkonstanten Nieren.

Für die Beschreibung dieser Form sei von einem Präparat (Abb. 21) ausgegangen, bei dem Niere und Nebenniere durch Präparation des Bauches von vorne her im Zusammenhang dargestellt wurden. Dabei überblickt man natürlich die Facies anterior der Niere und in ihrer Fortsetzung eine Fläche der Nebenniere, die in der offiziellen Terminologie ebenfalls als „Facies anterior" bezeichnet wird. Nun ist aber daran zu erinnern, daß die als Vorderfläche bezeichnete Nierenfläche keineswegs eine wirklich frontale Einstellung hat, sondern deutlich nach ventrolateral gerichtet ist, derart, daß sie mit der Frontalebene einen Winkel bis zu 45° bilden kann. Noch mehr gilt dies für die sog. „Facies anterior" der Nebenniere, die mit der Frontalebene einen Winkel von ungefähr 60° bildet, also de facto vielmehr eine laterale als eine vordere Fläche ist (Abb. 23: Fläche 18 der rechten Nebenniere und die von *9—13* reichende Fläche der linken Nebenniere). Dieser schrägen Einstellung wird in vielen französischen Darstellungen (z. B. DELARME) sehr treffend Rechnung getragen, indem von einer „face antéro-externe" gesprochen wird. In der vorliegenden Darstellung soll an die nötige geistige Korrektur des offiziellen Namens dadurch erinnert werden, daß er — ebenso wie andere Bezeichnungen, für die das gleiche gilt — unter Anführungszeichen gesetzt wird.
LAUX, MARCHAL, PALEIRAC u. PAGES glauben konstitutionelle Unterschiede der räumlichen Einstellung in dem Sinne feststellen zu können, daß sich die Ebene

der „Facies anterior" bei Eurysomen mehr der Frontalen, bei Leptosomen mehr der Sagittalen nähert.

Die Form dieser „Facies anterior" kann nun in der Regel rechts als annähernd dreieckig, links als halbmondförmig beschrieben werden. Das Dreieck — auf der rechten Seite (Abb. 24) — ist derart eingestellt, daß ein, als „Margo medialis" (7) bezeichneter, in Wahrheit medio-ventraler Rand in mehr oder minder deutlich konvexem Verlauf einen cranialen Apex (3) mit einem caudalen Eckpunkt (9) verbindet, der sich in der Umgebung des oberen Endes des Nierenhilus findet und bei einer, relativ zur Niere tiefliegenden Nebenniere oder bei besonders großen Organen in direkten Kontakt mit den Nierengefäßen treten kann. Der dritte Eckpunkt (12) liegt naturgemäß latero-dorsal und findet sich normalerweise auf

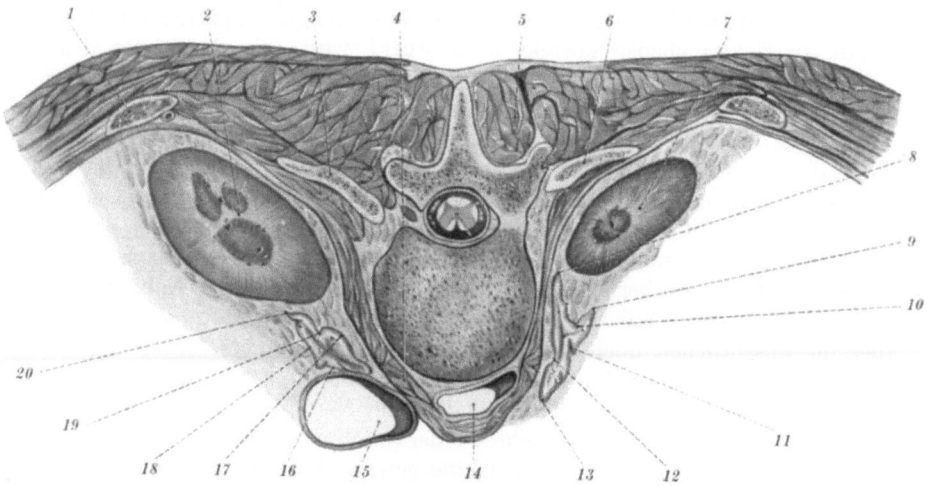

Abb. 23. Aus einem Querschnitt in der Höhe des 12. Brustwirbels. *1* 11. Rippe, *2* rechte Niere, *3* rechte 12. Rippe, *4* Diaphragma, *5* M. erector spinae (trunci), *6* linke 12. Rippe, *7* linke Niere, *8* Rand der hinteren basalen Lippe der linken Nebenniere (= basaler Rand der „Fascies posterior"), *9* Rand der vorderen basalen Lippe der linken Nebenniere (= basaler Rand der „Fascies anterior"), *10* Grund der basalen Furche der linken Nebenniere, *11* Furche an „Facies anterior" der linken Nebenniere, *12* „Facies posterior" der linken Nebenniere mit recht deutlicher Hauptfurche, *13* konvexer Rand der linken Nebenniere, *14* Aorta knapp oberhalb ihres Durchtritts durch den Hiatus aorticus, *15* V. cava inferior, *16* „Facies cavalis" der rechten Nebenniere, *17* „Facies posterior" der rechten Nebenniere, *18* „Facies anterior" der rechten Nebenniere, *19* basale Furche der rechten Nebenniere, *20* basaler Rand der „Facies anterior" der rechten Nebenniere

dem oberen Nierenpol in nur geringem Abstand vom fiktiven Endpunkt der längsten Nierenachse. Der vom Apex zu diesem letztgenannten Eckpunkt in mehr oder minder absteigender Richtung verlaufende, unregelmäßig gestaltete Rand, der also in Wirklichkeit ein dorso-latero-cranialer Rand ist, wird „Margo lateralis" (1) genannt. Die dritte Dreiecksseite, die sich der Niere anschmiegt und daher deutlich konkav ist, wird als basaler Rand (10) bezeichnet. Das Ausmaß, in dem dieser Rand vom latero-dorsalen zum caudalen Eckpunkt absteigt, ist natürlich wieder individuell verschieden.

Vergleicht man mit der soeben geschilderten Form die „Facies anterior" der *linken* Nebenniere (Abb. 25), so erkennt man, daß den Margines „medialis" und „lateralis" des rechten Organs ein einziger, ungefähr kreisförmig gekrümmter Rand (1) entspricht. Der Apex suprarenalis, der rechts die beiden genannten Ränder voneinander trennt, existiert daher links normalerweise nicht. Ausnahmsweise kann er aber auch links mehr oder minder deutlich wahrnehmbar sein.

Ein zum basalen Rand senkrechter Schnitt (Abb. 26) durch das Organ wird gebräuchlicherweise auf die Form eines flachen Dreiecks reduziert, wobei natürlich jeder Dreiecksseite eine Fläche des Organs entspricht, derart daß also neben der schon geschilderten „Facies anterior" noch eine „Facies posterior" (5) und eine Basis (von *11—2*) zu beschreiben sind. Daß die „Facies posterior" in Wirklichkeit eine dorso-mediale Fläche (face postéro-interne) ist, versteht sich nach allem Gesagten wohl von selbst. Sie ist der Pars lumbalis des Zwerchfells zugekehrt (siehe *12* und *17* auf Abb. 23) und ist rechts durch die plumpen Margines „medialis" und „lateralis" und den Apex — bzw. links durch den konvexen Rand — von der „Facies anterior" getrennt, von der sie unter einem ganz kleinen Winkel nach basal zu divergiert.

Die Basis ist der Niere angelagert und überbrückt die Distanz zwischen den basalen Rändern der „Facies anterior" und der „Facies posterior". In der Längsdimension erstreckt sie sich naturgemäß vom latero-dorsalen bis zum caudalen Endpunkt. Aber auf dieser Strecke ändert die basale Fläche ihren Charakter ganz wesentlich, wofür zwei Faktoren maßgeblich sind. Erstens ist zu berücksichtigen, daß — wie erwähnt — die „Facies anterior" der Nebenniere und die der Niere verschiedene Einstellungen zur Frontalebene haben. Gehen wir nun davon aus, daß die Nebenniere im Gebiete ihrer latero-dorsalen Ecke dem oberen Nierenpol ziemlich genau cranial aufsitzt, derart daß sie also ein gleich schmales Stück vor und hinter dem, als Linie gedachten, konvexen Nierenrand bedeckt, so ergibt sich aus der erwähnten Schrägstellung der beiden Organe gegeneinander, daß sich die basale Nebennierenfläche mit Annäherung an die caudale Nebennierenecke immer mehr und mehr auf die Vorderfläche der Niere schiebt und bald keinerlei Beziehung zur Hinterfläche besitzt. Das heißt: In unmittelbarer Nachbarschaft der latero-dorsalen Nebennierenecke sind „Facies anterior" und Facies posterior" ungefähr gleich hoch; mit Annäherung an den „Margo medialis" aber bleibt die „Facies posterior" immer mehr an Höhe hinter der „Facies anterior" zurück, und die Basis muß daher immer schräger eingestellt werden, derart daß der Winkel, den sie mit der „Facies anterior" bildet, immer spitzer wird und ihr Winkel mit der „Facies posterior" schließlich kaum mehr wahrnehmbar ist.

Zum Verständnis des zweiten Faktors, der die Form der Basis und die Veränderung ihres Charakters zwischen ihren beiden Enden bedingt, muß auf eine allgemeine Eigentümlichkeit der ganzen Nebennierenoberfläche hingewiesen werden: Diese ist überall durch ungeordnet angeordnete Höckerchen und Windungen gegliedert, derart, daß man fast von einer Gyrierung ähnlich der der Hirnoberfläche sprechen könnte. Aber ebenso wie am Gehirn die Furchen je nach ihrer Tiefe, Konstanz und Bedeutung als „Fossae", „Fissurae" und „Sulci" unterschieden werden, könnte dies auch an der Nebenniere geschehen. Während die seichten Furchen allenthalben an der Organoberfläche in ihrer Unregelmäßigkeit und Inkonstanz den Eindruck der Zufälligkeit erwecken, läßt sich an jeder der drei Organflächen je eine distinkte und ziemlich konstante Fissur feststellen, wovon allerdings die an der „Facies posterior" am wenigsten verläßlich in ihrer Ausbildung ist (aber auf Abb. 23 bei *12* recht gut wahrnehmbar). Alle drei beginnen knapp bei der latero-dorsalen Ecke der Nebenniere. Die an der „Facies anterior" gelegene Fissur verläuft von hier ziemlich gerade gegen den „Margo medialis" — rechts (*11* auf Abb. 24) — bzw. in cranial konvexem Bogen gegen die caudale Organecke — links (*2* auf Abb. 25) —, ohne aber das eine oder das andere Ziel zu erreichen; vielmehr endet sie an der Stelle, oder in der Nachbarschaft der Stelle, an der die Zentralvene das Organ verläßt. (*6* auf Abb. 24 und *6* auf Abb. 25). Wegen dieser Gefäßbeziehung wurde der Fissur schon immer größte Aufmerksamkeit geschenkt, ja sie wurde deshalb sogar als „Hilus der Nebenniere" bezeichnet, eine Benennung, die mit Recht vielfach Kritik erfahren hat; denn selbst wenn man — wie es auch gelegentlich geschieht — den Namen auf die Austrittsstelle der Vene einschränkt, so ist aber doch zu bedenken, daß zu einem Organhilus mehr als nur der Austritt einer Vene mit Lymphgefäßen gehört. Es kann als Regel angesehen werden, daß links diese Fissur länger ist als rechts, da sie rechts oft kaum die Mitte des Organs überschreitet, während sie links durchschnittlich dreiviertel des Bogens zwischen latero-dorsalem und caudalem Eckpunkt bildet. Die inkonstantere Furche an der „Facies posterior" entspricht in ihrem Verlauf ungefähr der soeben beschriebenen Fissur — natürlich ohne eine Beziehung zur Vene zu besitzen.

Die konstanteste und tiefste Fissur aber ist die an der Basis. Seltsamerweise wird sie in den gebräuchlichen Darstellungen, die dem „Hilus" größte Aufmerk-

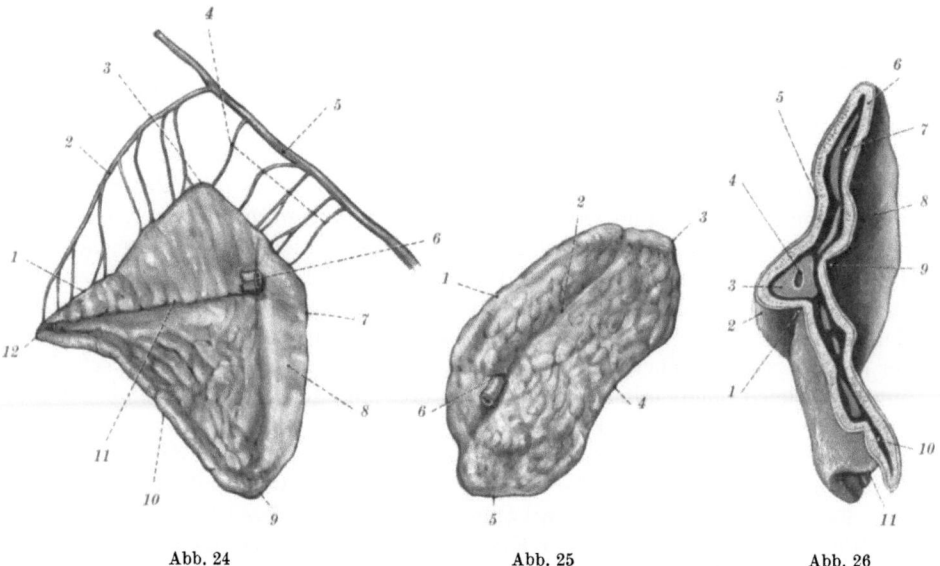

Abb. 24 Abb. 25 Abb. 26

Abb. 24. Blick auf „Facies anterior" einer rechten Nebenniere mit Aa. suprarenales superiores. *1* „Margo lateralis", *2* A. suprarenalis superior maior, *3* Apex, *4* Aa. suprarenales superiores minores, *5* A. phrenica (inferior), *6* V. centralis am Austritt aus dem „Hilus", *7* „Margo medialis", *8* „Facies cavalis", *9* caudaler Eckpunkt, *10* basaler Rand, *11* Hauptfissur der „Facies anterior", *12* latero-dorsaler Eckpunkt

Abb. 25. Blick auf „Facies anterior" einer linken Nebenniere. *1* Konvexer Rand, *2* Hauptfissur der „Facies anterior", *3* latero-dorsaler Eckpunkt, *4* basaler Rand, *5* caudaler Eckpunkt, *6* V. centralis am Austritt aus dem „Hilus"

Abb. 26. Schnitt durch eine rechte Nebenniere. *1* Grund der basalen Hauptfissur, *2* Rand der hinteren basalen Lippe, *3* Marksubstanz, *4* V. centralis, *5* Schnittrand der „Facies posterior", *6* Zonae glomerulosa et fascicularis der Rinde, *7* pigmentierte Zona reticularis der Rinde, *8* „Facies anterior", *9* Hauptfissur der „Facies anterior", *10* pigmentierte Rindenzone, die innerste Schicht des Schnittes bildend, *11* Rand der vorderen basalen Lippe

samkeit schenken, nicht erwähnt. Der Grund dafür liegt wohl darin, daß man geneigt ist, in dieser basalen Fissur — eben wegen ihrer Mächtigkeit — keine den anderen Furchen entsprechende Bildung zu sehen, sondern eine Konkavität der Nebenniere, die der Konvexität des oberen Nierenpols angepaßt ist. Entgegen einer solchen Auffassung ist zu betonen, daß in die Fissur immer reichlich Fett mit Gefäßen eingebettet ist und daß ihr Grund scharf in das Organ einschneidet (*1* auf Abb. 26; *10* auf Abb. 23). Dann allerdings divergieren die Lippen der Fissur gegen die plumpen basalen Ränder der „Facies anterior" und der „Facies posterior" und können solcherart auf den oberen Nierenpol aufgepaßt werden. Ebenso wie die Furche an der „Facies anterior", existiert nun auch diese basale Fissur nur in dem, an den latero-dorsalen Eckpunkt anschließenden Anteil des Organs, und auch diese basale Fissur endet rechts ungefähr auf halbem Wege zwischen latero-dorsalem und caudalem Eckpunkt, während sie links näher an den caudalen Eckpunkt heranreicht. Es ist daher durchaus zutreffend, daß die

Terminologie nicht etwa in Analogie zu den Facies „anterior" und „posterior" auch von einer „Facies basalis", sondern von einer „Basis" spricht. Denn wo wäre hier eine „Facies"? Soweit die Fissur existiert, handelt es sich nicht um *eine* Fläche, sondern um zwei, nämlich je eine vom Grunde der Fissur bis zum basalen Rand der „Facies anterior" bzw. „posterior". Jenseits des Endes der Fissur existiert nun zwar *eine* Fläche, diese ist aber — nach dem oben Gesagten — schon so schräg gestellt, daß sie von der „Facies posterior" kaum mehr unterscheidbar ist.

Aus all dem ergibt sich, daß die Umrißform eines zum basalen Rand senkrechten Organschnitts nicht einfach ein Dreieck darstellt, wie es oben als erste Annäherung angedeutet wurde, sondern daß sie sich wesentlich ändert, je nachdem an welcher Stelle dieses Randes der Schnitt geführt wird: In unmittelbarer Nachbarschaft der latero-dorsalen Ecke ergibt sich bei guter Ausbildung der Hauptfurchen ein flacher Dreistrahl (Abb. 23: 8—13), wobei der nach oben gerichtete Strahl durch die Fissuren an „Facies anterior" und „Facies posterior" undeutlich von den beiden nach unten divergierenden Strahlen getrennt ist, zwischen denen die tiefe basale Fissur einschneidet. Mit zunehmender Entfernung von der latero-dorsalen Ecke zeigt sich in der Schnittfigur ein zunehmender Längenunterschied zwischen den beiden nach unten gerichteten Strahlen, da der Strahl, dem die „Facies anterior" angehört, beträchtlich an Länge zunimmt (Abb. 26), während der andere seine Länge kaum verändert, um dann aber sehr rasch zu schwinden und schließlich den stumpfen Winkel der jetzt dreieckigen — und nicht mehr dreistrahligen — Schnittfigur zu bilden. Bei Schnitten in nächster Nachbarschaft des caudalen Endpunktes ist aber auch dieser Winkel meistens nicht mehr zu erkennen.

Eine weitere Formeigentümlichkeit ist bei der rechten Nebenniere dadurch bedingt, daß sich diese meistens ein gutes Stück hinter die untere Hohlvene zwischen diese und die Pars lumbalis des Zwerchfells von der Seite her einschiebt (Abb. 23 bei *16*). Dadurch wird von der „Facies anterior" ein medialer Anteil abgegliedert, der entsprechend der Form der Vene deutlich konkav ist, und den man als „Facies cavalis" (*8* auf Abb. 24) bezeichnen könnte. Die Leiste, die dieses Hohlvenenbett von der übrigen „Facies anterior" trennt, ist meistens sehr deutlich ausgebildet und läuft in genau cranio-caudaler Richtung zur caudalen Organecke. Daß sich links keinerlei entsprechende modellierende Gefäßbeziehung findet, bedarf wohl kaum der Erwähnung; es wäre ja absolut falsch, wollte man etwa an die Aorta als topisches Äquivalent der Hohlvene denken, da doch im Oberbauch die Aorta viel enger an der Wirbelsäule anliegt als die weiter ventral gelegene V. cava inferior, ja in der Höhe der Nebenniere eben erst durch das Diaphragma hindurchzutreten beginnt, also größtenteils noch durch den Zwerchfellschenkel von der Nebenniere getrennt ist.

2. Gewicht und Maße

Wie erwähnt, sind die Größe und damit das Gewicht des Organs recht variabel: sie sind aber nicht *so* variabel, wie man beim Vergleich der Angaben in den verschiedenen gebräuchlichen Lehrbüchern glauben könnte. Wenn z. B. in mehreren deutschsprachigen Lehrbüchern die Angaben der Originalarbeiten über das Gewicht *beider* Nebennieren so wiedergegeben werden, als handelte es sich um das Gewicht *eines* Organs, so muß man beim Vergleich mit jenen Werken, deren Gewichtsangaben sich wirklich auf *eine* Nebenniere beziehen, begreiflicherweise eine stark übertriebene Vorstellung von der Gewichtsvariabilität bekommen. Oder wenn in einer Publikation durchaus richtig beschrieben wird, daß die Organdicke vom Rand bis zur dicksten Stelle auf das 3—4fache zunimmt, und wenn diese Beobachtung dann in einem Lehrbuch so wiedergegeben wird, als handelte es sich dabei um Grenzwerte der möglichen Organdicke, so muß der Eindruck einer ganz außerordentlichen Dickenvariabilität entstehen, ein Eindruck, der noch weiter gesteigert wird, wenn man daneben auch noch die Dickenangaben jener Autoren hält, die offenkundig für die Dickenbestimmung die Distanz zwischen den basalen Rändern von „Facies anterior" und „Facies posterior" benützt haben, also eine Distanz, die größtenteils nicht durch Drüsengewebe, sondern durch das Fett der basalen Hauptfissur ausgefüllt ist, und die wegen der Divergenz der Lippen dieser Fissur naturgemäß die größte Dicke des Parenchyms beträchtlich übertrifft.

Aus der Fülle der Untersuchungen über das Nebennierengewicht verdienen die von Sasano, Sugawara, Nambu u. Kuroda hervorgehoben zu werden, da sie sich auf das größte Material stützen, nämlich auf 2497 Leichen, Foeten nicht eingerechnet. Allerdings muß erwähnt werden, daß es sich dabei wohl ausschließlich um Leichen von Japanern gehandelt hat. Eine Übertragung der Befunde auf Europäide scheint aber durchaus zulässig, da sich beim Vergleich mit den Resultaten, die Schilf bei seinen Untersuchungen an 1227 Deutschen gewann, keine wesentlichen Unterschiede feststellen lassen. Für Negride allerdings müssen wohl geringere Durchschnittswerte angenommen werden. Ergaben doch die Volumsmessungen Swinyards, daß die Nebennieren von Angehörigen der schwarzen Rasse hinter denen der weißen Rasse im Durchschnitt um ungefähr $1/4$ zurückstehen; in gleiche Richtung weisen die Befunde von Stirling u. Keating sowie von Allenbrook, die allerdings ihre eigenen Untersuchungen nur an Personen rein afrikanischer oder gemischt afrikanischer Herkunft durchgeführt haben. Die von Sasano et al. bestimmten Durchschnittsgewichte der Nebennieren Erwachsener betragen für Männer: rechts 6,08 g $\pm 0,183$; links 6,01 g $\pm 0,02$; für Frauen: rechts 5,20 g $\pm 0,201$; links 5,31 g $\pm 0,207$.

Es zeigt sich also ein signifikanter Gewichtsunterschied der Nebennieren zwischen den beiden Geschlechtern, wie ihn auch Schilf feststellen konnte, der das Durchschnittsgewicht beider Nebennieren bei Männern mit 11,7 g, bei Frauen mit 10,6 g errechnete. Es dürfte nicht angehen, diesen Unterschied einfach damit in Zusammenhang zu bringen, daß eben Männer im Durchschnitt auch schwerer sind als Frauen; denn ebenso wie Schilf ceteris paribus keine Beziehung zwischen Körpergewicht und Nebennierengewicht feststellen konnte, ergaben auch die Berechnungen von Sasano et al., daß der Quotient Nebennierengewicht:Körpergewicht mit zunehmendem Körpergewicht kleiner wird.

Ferner zeigt die obige Aufstellung, daß die Unterschiede zwischen den Durchschnittsgewichten des rechten und des linken Organs nur minimal sind. Es wäre aber verfehlt, daraus den Schluß ziehen zu wollen, daß beim einzelnen Individuum ein ungefähr gleiches Gewicht der beiden Nebennieren zu erwarten wäre. Im Gegenteil fand Ganfini bei 46 Vergleichswägungen der Organe von Personen zwischen 1 und 90 Jahren nur 4mal Gewichtsgleichheit, Delarme bei 28 Vergleichswägungen gar nur ein einzigesmal; in den übrigen Fällen war bald die rechte, bald die linke Nebenniere schwerer. Die außerordentliche Variationsbreite des Organgewichts wird durch die graphische Darstellung Schilfs illustriert, von der ein Minimalwert von 9 g, ein Maximalwert von 20 g für beide Nebennieren abgelesen werden kann. Derselbe Autor untersuchte auch die Beziehung zwischen dem Gewicht der Nebennieren und dem der verschiedensten anderen Organe und konnte dabei einen überzeugenden Parallelismus mit dem Gewicht der Hoden feststellen. Dies liegt auf einer Linie mit der allgemein anerkannten Nebennierenvergrößerung während der Schwangerschaft (vgl. Bachmann). Die

Beziehung der Nebennierengröße zu verschiedenen pathologischen Prozessen liegt jenseits der Grenzen dieser normal-anatomischen Darstellung; allerdings muß zugegeben werden, daß sich ja eigentlich alle hier gemachten Angaben auf krankes Material beziehen, denn gesunde Menschen sterben im allgemeinen nicht, und auch bei Schilfs umfangreichem Soldatenmaterial handelt es sich nicht um Personen, die sofort auf dem Schlachtfeld ihren Verletzungen erlegen sind.

Für die linearen Maße lassen sich ungefähr folgende Durchschnittswerte angeben: An der ,,Facies anterior" beträgt der Abstand zwischen den beiden Endpunkten des konkaven basalen Randes durchschnittlich ca. 5 cm. Auf Grund eigener Beobachtungen wird dieses Maß links meistens überschritten, rechts selten erreicht. Für den Normalabstand des Apex suprarenalis von der Basis findet man an der ,,Facies anterior" meistens Werte um $3^1/_2$ cm. Der entsprechende Wert der linken Seite, d. h. die größte Entfernung zwischen konvexem und konkavem Rand der ,,Facies anterior" schwankt in der Regel um $2^1/_2$ cm; aber bei Andeutung eines Apex können auch hier ähnliche Werte wie rechts erreicht werden. Die größte Dicke findet sich meistens ungefähr an der Stelle, an der die hintere Lippe der basalen Hauptfissur verstreicht. Als Meßwert ist der Normalabstand dieser Stelle von der ,,Facies anterior" zu bestimmen. Hier konnte am eigenen Material meistens ein Überwiegen der linken Seite festgestellt werden, wo Werte von 1 cm — ja selbst darüber — durchaus nicht ungewöhnlich sind, während rechts die 8-mm-Marke kaum überschritten wird. Harrison u. Doubleday versuchten, die Nebennierenmaße in vivo durch Lufteinblasung röntgenologisch im anteroposterioren Strahlengang festzustellen und fanden ein durchschnittliches ,,base measurement" von 2,5 cm rechts und 2,9 cm links, eine ,,height" von 2,2 cm rechts und 2,0 cm links. Die enorme Verkürzung der Basislänge gegenüber den soeben genannten anatomisch feststellbaren Zahlen erklärt sich aus der — oben (S. 125) dargelegten — außerordentlichen Schrägstellung der Organe gegen die Frontalebene, und die Tatsache, daß auch die Höhe gegenüber den anatomischen Maßen zurückbleibt, ist wohl damit zu erklären, daß wahrscheinlich die tiefe basale Furche der Nebenniere auch bis an ihren Grund mit Luft gefüllt wird, so daß im Röntgenbild nur der Abstand dieses Furchengrundes vom Apex als Höhe erscheint.

Der bis jetzt geschilderte Zustand der Nebennieren beim Erwachsenen wird nun aber keineswegs durch eine, dem allgemeinen Körperwachstum parallel verlaufende, progressive postnatale Organentwicklung erreicht. Vielmehr ist die Nebenniere des Neugeborenen ein unverhältnismäßig großes Organ. Während Schilf an seinem Erwachsenenmaterial das Verhältnis zwischen Nebennierengewicht und Körpergewicht mit durchschnittlich 1:4317 errechnet hat, fand er beim reifen Neugeborenen ein Verhältnis von 1:482; man kann also ohne großen Fehler sagen, die Nebenniere des Neonatus sei relativ 10mal so groß wie die des Erwachsenen, und absolut schon mehr als halb so groß. Fast die gleichen absoluten Werte wie beim reifen Neonatus finden sich nach Peter bei Frühgeburten der letzten 2 Monate. Das Organ des Neugeborenen ist auffallend succulent und an der Oberfläche ist außer den Hauptfurchen der Basis und der ,,Facies anterior" kaum eine Gliederung zu erkennen. Knapp nach der Geburt — nach Peter schon in der ersten Lebenswoche — setzt ein starker Massenverlust ein, derart, daß am Ende des 1. Monats die Organe nur mehr ungefähr die Hälfte ihres Geburtsgewichts aufweisen. Dieser Rückbildungsvorgang setzt sich bis zum Ende des 1. Halbjahres fort, so daß im 6. Monat kaum $^1/_4$ des Geburtsgewichts zu verzeichnen ist; Schilf gibt für den Neonatus durchschnittlich 6,98 g, für das Kind des 6. Monats durchschnittlich 1,69 g an. Scammon allerdings nimmt für diese Lebensphase die Hälfte des Geburtsgewichts an. Der geschilderte Schrumpfungsvorgang manifestiert sich auch an der Oberfläche durch eine sehr reiche Fältelung, die das Ausmaß der, für den Erwachsenen typischen Gyrierung weit übertrifft. Im 2. Halbjahr beginnt ein Aufbauprozeß, der nur anfangs dem Körpergewicht etwas vorauseilt, sich aber bald derart verlangsamt, daß das Geburtsgewicht erst ungefähr zur Zeit der Pubertät wieder erreicht wird. Während dieser Entwicklung sind nach Sasano et al. zunächst die Nebennieren von Mädchen schwerer als die von Knaben; erst vom 8. Lebensjahr an eilen die Organe der Knaben denen der Mädchen in der Entwicklung voraus. Nach Hoshi ist ein endgültiges Maximum mit 20 Jahren erreicht, nach Mackevičaite-Lašienné beim Mann mit 30, bei der Frau gar erst mit 50 Jahren.

3. Adrenales und interrenales System
a) Rinde und Mark

Am Schnitt durch das frische Organ zeigt sich zu innerst die weißlich graue Marksubstanz (*3* auf Abb. 26, durch die Konservierung dunkler erscheinend). Um sie herum läuft ein brauner Streifen, der durch starke Pigmenteinlagerungen in der innersten Schicht der Rindensubstanz (Zona reticularis) (*7* auf Abb. 26) zustande kommt. Die äußerste Schicht, die der übrigen Rinde (Zonae glomerulosa et fascicularis) entspricht, hat einen gelblichen Farbton (*6* auf Abb. 26). Die Grenze zwischen Rinde und Mark und damit der hier gelegene pigmentierte Rindenstreifen, verläuft mehr minder parallel der unregelmäßigen Oberfläche des Organs. Die Marksubstanz ist an der dicksten Stelle etwa 3 mm stark und verschmälert sich rasch gegen die Ränder. An marginalen Schnitten trifft man daher die Marksubstanz kaum oder überhaupt nicht, und so erklären sich die häufigen falschen Angaben, das Nebennierenmark sei braun, weil eben an derartigen Schnitten der Kern durch die pigmentierte Innenzone der Rinde gebildet wird (*10* auf Abb. 26). Überdies ist zu berücksichtigen, daß das geschilderte Querschnittsbild nur an sehr frischen Präparaten zu erhalten ist, da bald nach dem Tode Zersetzungsvorgänge vor allem an der Rinden-Mark-Grenze einsetzen, derart, daß nun die Rinde einen flüssigkeitserfüllten Hohlraum umgibt, in dem die Markreste schwimmen. Dies ist wohl der Grund, warum Bartholinus die Nebennieren als „Kapseln" (Capsulae atrabilariae) bezeichnet hat, und obwohl schon kurz nachher Riolanus in seiner Kritik am Werk des Bartholinus ausdrücklich feststellte „falsum est istam glandulam cavam esse" und er demgemäß diesen Namen als „inane sine subjecto" beurteilte, hat sich die Bezeichnung „capsule" sowohl im französischen als auch im englischen Sprachgebiet — ebenso „capsula" im italienischen und „capsola" im spanischen — teilweise bis in die jüngste Zeit gehalten, so daß es oft größter Aufmerksamkeit bedarf, sich klar zu werden, ob in einem bestimmten Zusammenhang von der Nebenniere selbst oder von ihrer Kapsel die Rede ist.

Der Masse nach überwiegt die Rindensubstanz bei weitem über die Marksubstanz, wobei allerdings das Massenverhältnis äußerst variabel ist. Die Extremwerte für den Rinden-Mark-Index, die Swinyard fand, betrugen 4,2:1 und 28,3:1; als Durchschnitt ergibt sich aus seinen Untersuchungen der Wert 13,4:1.

Die oben (S. 130) erwähnten rassischen Unterschiede in der Gesamtmasse der Nebenniere sind nach den Untersuchungen dieses Autors, ebenso wie nach Stirling und Keating und nach Allenbrook in einer unterschiedlichen Entwicklung der Rindensubstanz begründet. Was den Sexualdimorphismus betrifft, so fand Swinyard bei Frauen im Durchschnitt einen größeren Rinden-Mark-Index — also eine relativ geringer entwickelte Marksubstanz — als bei Männern. Der Index, den er beim Neugeborenen errechnete, betrug 213,8:1, das heißt, daß die für diese

Entwicklungsphase charakteristische relative Mächtigkeit des Gesamtorgans ausschließlich in einer besonders starken Entwicklung des corticalen Anteils begründet ist, während das Nebennierenmark kaum einen größeren Anteil des Gesamtkörpergewichts ausmachen dürfte als beim Erwachsenen.

b) Chromaffinität

Wie HENLE (1865) und nach IWANOW schon 1 Jahr früher BETZ beobachtet hat, färbt sich die Marksubstanz bei Behandlung mit Chromsäure oder ihren Salzen deutlich braun und wird deshalb als „chromaffines" (KOHN, 1898) oder „phäochromes" (POLL) Gewebe bezeichnet. Sie hat diese Chromaffinität mit anderen, im Körper verstreuten, größeren und kleineren Gewebsinseln gemeinsam, unter denen das Zuckerkandlsche Organ (wahrscheinlich 26 auf Abb. 21) am Ursprung der A. mesenterica inferior aus der Aorta am beachtlichsten ist. Wegen ihrer Abstammung aus dem Material sympathischer Ganglien werden alle diese Gebilde als „Paraganglien" (KOHN, 1900) bezeichnet. Das Nebennierenmark ist somit das größte chromaffine Paraganglion. Die außerhalb der Nebenniere gelegenen Paraganglien lassen sich in der Regel nur bei Kleinkindern gut darstellen, um während des späteren Lebens immer indistinkter zu werden. Im Gegensatz zu der im allgemeinen vertretenen Lehrmeinung, daß es sich dabei um einen echten Rückbildungsvorgang handle, nimmt COUPLAND an, daß das bis zum 5. Jahr als einheitliches Gebilde wachsende Zuckerkandlsche Organ nachher in kleineren Anteilen auf ein größeres Gebiet zerstreut werde. Aus vergleichend-anatomischer Perspektive werden die chromaffinen Paraganglien auch als Adrenalsystem bezeichnet, wobei auf jene Wirbeltierordnungen Bezug genommen wird, bei denen es keine Nebenniere als einheitliches Organ gibt, sondern die Marksubstanz als Adrenalorgan und die Rindensubstanz als Interrenalorgan — oder Zwischenniere — getrennt existieren. Es sei der Hinweis gestattet, daß das adrenalinproduzierende Adrenalsystem seine genetische Zusammengehörigkeit mit dem bekanntlich adrenergen Sympathicus auch funktionell manifestiert.

c) Akzessorische Interrenalkörper

Während also das Vorkommen eines, dem Nebennierenmark genetisch und funktionell gleichwertigen Gewebes außerhalb der Nebenniere allgemein als typisches Charakteristicum des normalen Körperaufbaus anerkannt wird, konnte sich eine gleiche Einstellung bezüglich des Vorkommens von Nebennierenrinde außerhalb der Nebenniere nicht durchsetzen, eine Tatsache, die in der Benennung solcher Gewebsstücke als „Beinebennieren", als „Beizwischennieren", als „Nebenzwischennieren", als „akzessorische Nebennieren", als „akzessorische Zwischennieren" oder als „akzessorische Interrenalkörper" zum Ausdruck kommt. Allerdings nahm schon im Jahre 1900 AICHEL gegen eine derartige Einschätzung solcher Bildungen Stellung, und faßte sie als „Organe" auf, die „normale Gebilde des menschlichen Körpers ebenso wie der Säugetiere überhaupt" darstellen. Er stützte diese Auffassung vor allem darauf, daß SCHMORL angeblich „mit bloßem Auge in 92% aller untersuchten Fälle" solche Bildungen gefunden habe, wobei er eine Publikation SCHMORLs in ZIEGLERs Beiträgen (1891, Bd. 9, S. 523) zitiert. Diese Zitierung wird dadurch nicht wahrer, daß sie seit der Jahrhundertwende bis in die jüngste Gegenwart immer wieder abgeschrieben wird; wahr ist, daß SCHMORL — zumindest an der angegebenen Stelle — keinerlei auch nur annähernd ähnliche Feststellung gemacht hat. Immerhin soll nicht geleugnet werden, daß akzessorische Interrenalkörper sehr häufig vorkommen. So konnte WIESEL bei der Untersuchung von 15 Hodenpaaren neugeborener Knaben derartige Bildungen an

23 Ductus deferentes finden. Wenn er eine Rückbildung dieser Gewebstücke während des extrauterinen Lebens feststellen konnte, eine Beobachtung, die Peter auf alle akzessorischen Rindenknötchen angewandt wissen will, so handelt es sich dabei um eine Analogie zu den Rückbildungsvorgängen der Paraganglien, so daß sich also auch an diesen räumlich getrennten Bildungen eine gewisse Zusammengehörigkeit manifestiert, wie sie in der räumlichen Vereinigung von Nebennierenrinde und Nebennierenmark am deutlichsten zum Ausdruck kommt. Bei den meisten, in der Literatur beschriebenen akzessorischen Interrenalkörpern handelt es sich um Knötchen von wenigen Millimetern Durchmesser. Doch gibt es auch Bildungen von nur mikroskopischer Größe, während das größte derartige Gebilde eine Scheibe von 15 mm Durchmesser war, das Gunkel — zit. nach Wiesel — im Ligamentum latum eines femininen Pseudohermaphroditen gesehen hat.

Als Lokalisation kommt praktisch der ganze Bauch- und Beckenraum in Frage, wovon aber jene Gegend, in der normalerweise das Hauptorgan liegt, mit ihrer unmittelbaren Umgebung sinngemäß auszunehmen ist; denn was sich hier findet, ist nicht akzessorisches, sondern normales Material. Somit verbleiben als wichtige Fundstätten für akzessorisches Nebennierenrindengewebe:

1. der ganze übrige Retroperitonealraum, vorwiegend die Umgebung der großen Gefäße;
2. der Funiculus spermaticus, vor allem die Stelle, an der die Cauda epididymidis in den Ductus deferens übergeht;
3. das Ligamentum latum, wo die sog. Marchandschen Nebennieren eine besonders enge Beziehung zu Epoophoron und Paraophoron haben sollen (Aichel);
4. schließlich auch Gebiete, die zum Verdauungstrakt in Beziehung stehen, nämlich außer der Leber, die wegen ihrer engen Nachbarschaft zur rechten Nebenniere in anderem Zusammenhang zu erwähnen sein wird, das Pankreas und die Umgebung des Colon transversum (Schmorl).

Sollte es nun auch wahr sein, daß bei jedem Individuum an mindestens einer dieser Stellen Nebennierenrindengewebe zu finden ist, so weiß man aber doch im Einzelfalle nicht, an welcher dieser Stellen, und das ist denn doch ein prinzipiell anderes Verhalten als das des Adrenalsystems, bezüglich dessen man sicher sein kann, daß — zumindest beim Kind — immer z. B. das Zuckerkandlsche Organ (Paraganglion aorticum lumbale) aufzufinden ist. Weiters ist zu berücksichtigen, daß alle Bildungen des Adrenalsystems durch die Phäochromie und durch ihre gemeinsame Genese ganz eindeutig als eine Einheit charakterisiert sind, wohingegen die verschiedenen Bildungen, die dem Interrenalsystem zugerechnet werden können, nur auf Grund einer größeren oder geringeren Ähnlichkeit ihrer histologischen Struktur mit der der Nebennierenrinde eine gewisse Verwandtschaft mit dieser beweisen, wobei sich natürlich darüber diskutieren läßt, wie groß die Ähnlichkeit mit der Nebennierenrinde sein muß, damit eine Zugehörigkeit zum Interrenalsystem überzeugend ist. Und bezüglich der Genese ist zu berücksichtigen, daß es eigentlich dieselbe weit ausgedehnte Matrix ist, in der sich Niere, Wolffscher Körper, Nebennierenrinde und akzessorische Interrenalkörper entwickeln, wobei die akzessorischen Interrenalkörper mit der Nebennierenrinde eigentlich nur auf Grund der negativen Tatsache zusammengefaßt werden, daß sich in ihnen keine Kanälchen differenzieren. Wenn man all diese Vorbehalte gegen die Systemzusammengehörigkeit der akzessorischen Interrenalkörper mit der Nebennierenrinde berücksichtigt, wird es sinnvoll erscheinen, daß diese Gewebsstücke trotz ihrer Häufigkeit auch noch weiterhin als akzessorische Bildungen gewertet werden. Gelegentlich beweisen diese akzessorischen Interrenalkörper ihre Verwandtschaft mit der Nebennierenrinde ganz eindeutig dadurch, daß sie, ebenso wie diese, in enge Verbindung mit Paragangliengewebe treten und solcherart wirklich vollständige akzessorische Nebennieren bilden. Nur auf solche Bildungen, wie sie z. B. von KUBOTA dreimal beobachtet wurden, paßt — streng genommen — der von der Pariser Nomenclatur festgesetzte Name „Glandulae suprarenales accessoriae", der aber vielfach auch für Bildungen angewandt wird, die ihrem Wesen nach bloß akzessorische Interrenalkörper sind. Die Frage, inwieweit auch beim Menschen nach Nebennierenausfall eine Kompensation durch Hypertrophie akzessorischer Zwischennieren erfolgen kann, liegt jenseits des Gebietes dieser normal-anatomischen Darstellung.

d) Juxta-adrenale Rindenknötchen, Duplizität und Heterotopien

Wenn oben die normale Suprarenalregion und deren unmittelbare Umgebung von dem Auffindungsgebiet akzessorischer Interrenalkörper ausgenommen wurde, so war dies deswegen nötig, weil sich auch in dieser Region atypische Bildungen finden, die aber wohl prinzipiell anders zu bewerten sind. Da finden sich z. B. in nächster Nachbarschaft einer normal entwickelten Nebenniere kleine Kügelchen von Rindengewebe, die höchstwahrscheinlich — zum Unterschied von den oben erwähnten Bildungen — durch Abschnürung von dem Hauptorgan entstehen; und während oben auf die postnatale Rückbildung der weit entfernten akzessorischen Körper hingewiesen wurde, konnte DENBER feststellen, daß sich im Gegenteil die neben der Nebenniere gelegenen Körperchen während des extrauterinen Lebens bis zum 6. Lebensjahrzehnt vermehren. Da ist ferner die Möglichkeit, daß sich auf einer Seite zwei Nebennieren finden[1]. Sicherlich mit Recht warnt MONACI davor, eine Duplizität in Fällen als real anzunehmen, in denen in Wirklichkeit nur eine tief einschneidende Fissur die Duplizität vortäuscht. Andererseits aber könnte man in solch einer Pseudo-Duplizität auch einen Hinweis sehen, daß zwischen dem normalen einfachen Organ und der echten Duplizität kein gar so prinzipieller Unterschied besteht. Besonders wichtig sind die Fälle von Heterotopie der Nebenniere, d. h. Fälle bei denen entweder die einzige Nebenniere der betreffenden Seite oder aber — bei Duplizität — das eine Teilorgan mit einem Nachbarorgan in untrennbare Verbindung getreten ist. Als solche Nachbarorgane kommen die Nieren und — rechts — die Leber in Frage. Aber nicht jede innige mechanische Verbindung der Nebenniere mit der Niere ist als anatomische Variation in diesem Sinne aufzufassen. Sagt doch schon ROKITANSKY (S. 480): „Ein gewöhnliches Ereignis ist es, daß die Nebennieren infolge von Entzündung... mit den Nieren verwachsen. Viel seltener aber sehr interessant ist ein angeborener inniger Zusammenhang beider Organe, indem beide ein und dieselbe Tunica albuginea einhüllt." Vielleicht noch wesentlicher als die gemeinsame Kapsel aber ist in solchen Fällen die Tatsache, daß die zweierlei Parenchyme zapfenartig ineinander vordringen. Das muß keineswegs die ganze Kontaktfläche der beiden Organe betreffen; vielmehr gibt es neben dem Gebiete der parenchymalen Kontinuität — z. B. in den Fällen von MILOSLAVICH und von CAYLOR — Gebiete, wo zwischen den beiden Organen eine dünne Bindegewebsschicht existiert. MILOSLAVICH findet adreno-renale Heterotopie immer mit Status thymicolymphaticus oder Thymus persistens kombiniert. WELLER hält die adreno-renale Hetero-

---

[1] Wenn MONACI annimmt, daß Fälle echter Duplizität erstmals von ARCHANGELO PICCOLHOMINI beobachtet worden seien, weil sich bei diesem der Hinweis auf „duae vel plures glandulae" findet, so müßte man konsequenter Weise aus demselben Satz schließen, daß dieser Autor auch Fälle von Aplasie der Nebenniere gesehen habe, da er sagt: „...visuntur nonnunquam..." Sinnvoller scheint es wohl, in dem „vel plures" ebenso wie in dem „nonnunquam" Phrasen der Unverbindlichkeit zu sehen, weil man sich bezüglich des, vor erst relativ kurzer Zeit von EUSTACHIUS entdeckten Organs noch nicht auf ganz sicherem Boden fühlte.

topie für seltener als die adreno-hepatale. Auch für diese ist der parenchymale Einschluß das wesentliche Kriterium; wenn es dagegen RADASCH schon bemerkenswert findet, daß eine Teil-Nebenniere an der Leber haftet, von der sie aber durch „a thick layer of loosely arranged connective tissue" getrennt ist, so ist dem entgegenzuhalten, daß dies die durchaus normale Beziehung zwischen den beiden Organen darstellt. Marksubstanz wird manchmal in heterotopen Nebennieren gefunden, manchmal fehlt sie.

4. Kapseln der Nebenniere

Als extraperitoneale, den Nieren eng benachbarte Organe, liegen die Nebennieren, ebenso wie die Nieren, in dem oben (S. 74f.) als „Tela urogenitalis" beschriebenen Bindegewebsbestand. An der Oberfläche des Organs bildet dieses Bindegewebe eine dünne aber feste Capsula fibrosa, die von der Nebenniere praktisch nicht abgezogen werden kann, da sie zahlreiche Fortsätze in das Organ entsendet. Die nach außen folgende Fettkapsel kann zwar vollständig von der Nebenniere abgelöst werden, doch finden sich immer zahlreiche Fettläppchen, die inniger mit dem Organ als mit dem übrigen Fett verbunden sind, so daß für eine saubere Isolierung der Nebenniere ziemliche Sorgfalt aufzuwenden ist. Nebenniere und umgebendes Fett sind in dem (S. 75ff.) geschilderten, von den Fasciae renales anterior und posterior gebildeten Fasciensack enthalten, in dem die Niere mit ihrer Fettkapsel gelegen ist und der durch ein siebartiges Septum — „Lamina interrenosuprarenalis" nach LAUX, MARCHAL, PALEIRAC u. PAGES — in einen Raum für die Niere und einen anderen für die Nebenniere unterteilt ist. Es ist hier abermals (vgl. S. 78) darauf hinzuweisen, daß GANFINI glaubt, eine Reduktion dieses Septums während des extrauterinen Lebens nachweisen zu können, desgleichen darauf, daß sich außer dem Septum auch eine variabel dicke — nach IWANOW gelegentlich bis 3 cm dicke — Fettschicht zwischen den beiden Organen findet. BLEICHER betont, daß die Nebenniere in ihrem Anteil des Fasciensackes exzentrisch, und zwar weiter vorne gelegen sei. Auf die Tatsache, daß der Fasciensack an seinem oberen Verlötungsrand an die Zwerchfellfascie angeheftet ist, wurde schon (S. 78) hingewiesen. Diese Anheftung ist es wohl, die von LAUX, MARCHAL, PALEIRAC u. PAGES als Lig. phrenicosuprarenale bezeichnet wurde. Ob ihm oder dem Nervengeflecht der Nebenniere eine wesentlichere Funktion für die Erhaltung der Lage des Organes zukommt, sei dahingestellt.

5. Topographie der Nebennieren

Wie schon erwähnt, ist die „Facies posterior" der Nebenniere dem Zwerchfell zugekehrt. Während das relativ mächtige Organ des Neugeborenen größtenteils mit der Pars costalis diaphragmatis in Beziehung steht, hat sich beim Erwachsenen diese Beziehung auf die Pars lumbalis eingeschränkt. Daraus resultiert auch eine enge Nachbarschaft der Nebenniere zu den, durch die Pars lumbalis lateral von deren Crus mediale hindurchziehenden Gebilden, nämlich zum N. splanchnicus maior und allenfalls minor, sowie zur V. lumbalis ascendens, die hier ihren Namen in V. azygos — rechts — bzw. hemiazygos — links — ändert, nachdem sie links mit der V. renalis in Verbindung getreten ist. Der Durchtritt des sympathischen Grenzstrangs durch das Zwerchfell erfolgt nur ausnahmsweise so hoch, daß er noch in direkte Beziehung zur Glandula suprarenalis kommt. Bezüglich jener Gebilde der dorsalen Rumpfwand, die sich zwar nicht in unmittelbarer Nachbarschaft des Organs befinden, die aber für den Zugang von dorsal her von Bedeutung sind, ist auf das zu verweisen, was bei Besprechung der Nierentopographie (S. 82ff.) gesagt wurde.

Die Beziehung der Basis glandulae suprarenalis zur Niere bedarf wohl ebensowenig einer abermaligen Erörterung wie der meistens flächenhafte Kontakt der rechten Nebenniere in ihrem medialen Anteil mit der V. cava inferior. Bei der linken Nebenniere ist in der Regel — bei der rechten nur gelegentlich — etwas oberhalb der caudalen Ecke ein Kontakt mit dem Ggl. coeliacum festzustellen. Wenn die linke Nebenniere sehr weit nach medial reicht, kann es allenfalls unterhalb des Ggl. coeliacum auf kleinstem Gebiet zu einem direkten Kontakt mit der Aorta kommen. Hier ist auch nochmals (vgl. S. 126) auf die gar nicht so seltenen Fälle hinzuweisen, bei denen die caudale Ecke des Organs direkt den Nierengefäßen anliegt.

Die topischen Beziehungen der „Facies anterior" sind naturgemäß rechts und links grundlegend verschieden. Vor allem ist ein völlig unterschiedliches Verhalten des Peritoneums zu berücksichtigen. Links ist die Fascia renalis anterior in dem ganzen oder fast in dem ganzen Gebiet, in dem sie die „Facies anterior" der Glandula suprarenalis überzieht, direkt von dem Peritoneum bedeckt, das die Hinterwand der Bursa omentalis bildet. Nur der unterste Anteil der Nebenniere ist in der Regel vom Schwanz des Pankreas und von den, mit diesem verlaufenden Milzgefäßen überlagert. Der capilläre Spalt der Bursa omentalis trennt die Glandula suprarenalis vom Magen. Rechts dagegen entbehrt die „Facies anterior" größtenteils, wenn nicht sogar völlig der Beziehung zum Peritoneum. Wie schon bei der Besprechung der Nierentopographie (S. 87 f.) dargelegt wurde, verläuft ja die Umschlaglinie des Peritoneum parietale in das Peritoneum viscerale der Leber meistens derart, daß nur die Umgebung des caudalen Winkels der Nebenniere einen Peritonealüberzug erhält, und auch hier kann er mangeln, wenn dieses Gebiet von der oberen Duodenalflexur überlagert ist. Der oberhalb der Serosaumschlaglinie gelegene Hauptteil der Facies anterior glandulae suprarenalis steht naturgemäß in bindegewebiger Verbindung mit dem serosafreien Feld der Leber, an der hier, unmittelbar rechts von ihrem Sulcus venae cavae, eine „Impressio suprarenalis" beschrieben wird. Dieser Name ist nicht ganz zutreffend; denn zum Unterschied von allen anderen Nachbarorganen der Leber, die an dieser wirklich Impressionen bewirken, handelt es sich bei der Nebenniere um eine ebene Kontaktfläche, die also richtiger als „Facies suprarenalis" zu bezeichnen wäre. Die Tatsache, daß sich die sonst überall bemerkbare Plastizität der Leber nicht auch in ihrer Beziehung zu Nebenniere bemerkbar macht, hat ihren Grund wohl darin, daß die Glandula suprarenalis in gleicher Weise ein plastisches Organ ist, was sich am deutlichsten darin äußert, daß die Konkavität des basalen Nebennierenrandes in Fällen fehlt, in denen die Niere wegen Aplasie oder wegen abnorm tiefer Lage nicht modellierend wirken kann, so daß eine abgerundete (HOWDEN, MILOSLAVICH) oder annähernd quadratische (BARTHOLINUS, BOYDEN) Form der Nebenniere resultiert.

6. Nebennierengefäße

a) Arterien

Die Blutversorgung der Nebenniere erfolgt durch eine inkonstante Zahl inkonstant entspringender und inkonstant verlaufender Arterien, die von allen Seiten an das Organ herantreten. Die Terminologie kennt die Namen: A. suprarenalis superior, A. suprarenalis media und A. suprarenalis inferior. Versucht man — wie es meistens geschieht — durch diese Namen bestimmte Gefäße zu bezeichnen, die durch ihren Ursprung definiert sind, so muß man auf Grund der erwähnten Inkonstanz des Ursprungs erkennen, daß es unmöglich ist, ein Gefäß-Schema aufzustellen, das auch nur auf einen halbwegs erwähnenswerten Prozentsatz der Fälle zutrifft, und man muß sich damit begnügen, verschiedene Typen der Gefäßversorgung zu beschreiben, wie es BUSCH getan hat. Anders, wenn man von den Versorgungsgebieten als Definitionsgrundlage ausgeht. Diesbezüglich konnte GÉRARD eine große Konstanz feststellen. Aus dieser Betrachtungsweise heraus sind also durch die Namen der drei Nebennierenarterien nicht Gefäße eines bestimmten Ursprungs und Verlaufs definiert, sondern Gefäße, die ein bestimmtes Versorgungsgebiet haben. GAGNON gibt an, daß 50% der Nebenniere von der A. suprarenalis superior, 20% von der A. suprarenalis media und 30% von der A. suprarenalis inferior versorgt werden. An den Teilen der Organoberfläche, die den einzelnen Versorgungsgebieten zugehören, verzweigen sich die entsprechenden Arterien. Diese Verteilungsgebiete seien für die rechte Nebenniere beschrieben; die Übertragung auf die linke läßt sich dann unschwer durchführen: Das Gebiet der A. suprarenalis superior erstreckt sich vom „Margo lateralis" aus in einem relativ schmalen Streifen auf die „Facies anterior", umfaßt aber den größten Teil der „Facies posterior". Das Gebiet der A. suprarenalis media erstreckt sich vom „Margo medialis" aus nur unwesentlich auf die „Facies posterior", umfaßt aber einen großen Teil der „Facies anterior" bis weit über den Hilus hinaus. Der A. suprarenalis inferior schließlich gehört die ganze Basis an sowie anschließende schmale Streifen an „Facies anterior" und „posterior". Jede Arterie wird also nach diesem Verzweigungsgebiet zu benennen sein, gleichgültig wo sie entspringt, und gleichgültig ob das betreffende Gebiet von diesem einen Gefäß allein oder auch noch von anderen Arterien versorgt wird.

Halten wir daneben die andere Möglichkeit, die leider der Darstellung in den meisten Lehrbüchern entspricht. Da wird angegeben: Die A. suprarenalis superior entspringt aus der A. phrenica (PNA) [= A. phrenica inferior (BNA) = A. phrenica abdominalis (JNA)], die A suprarenalis media aus der Aorta und die A. suprarenalis inferior aus der A. renalis. Aus dieser Perspektive muß man geneigt sein, jede aus der Aorta entspringende Nebennierenarterie als A. suprarenalis media und jede aus der A. renalis entspringende Nebennierenarterie als A. suprarenalis inferior zu bezeichnen. Wenn man nun aber in gar nicht so wenigen Fällen feststellen muß, daß das Versorgungsgebiet des aus der Nierenarterie entspringenden Gefäßes oberhalb des Gebietes des aus der Aorta entspringenden Gefäßes gelegen ist, dann muß man naturgemäß mit BUSCH eine Inkonstanz der Versorgungsgebiete behaupten. Aus der hier an die Spitze gestellten Perspektive GÉRARDs aber stellt sich dieses Beispiel ganz anders dar. Da ist das aus der Aorta entspringende Gefäß auf Grund seines Versorgungsgebietes trotz seines Ursprungs eine A. suprarenalis inferior und das aus der A. renalis entspringende Gefäß aus demselben Grunde trotz seines Ursprungs eine A. suprarenalis media. Das heißt also, ein Nebennierengefäß eines bestimmten Namens kann im Einzelfalle einen atypischen Ursprung haben, der in der klassischen Darstellung als typisch für ein anderes Nebennierengefäß angegeben wird. Fassen wir alle wesentlichen Ursprungsmöglichkeiten zusammen, so ergibt sich: Die A. suprarenalis superior kann außer aus der A. phrenica auch aus der Aorta, aus der A. phrenica der Gegenseite, aus der A. renalis oder aus einer A. renalis accessoria entspringen; die A. suprarenalis media kann außer aus der Aorta auch aus der A. coeliaca, aus der A. phrenica, aus einer A. renalis oder aus einer Keimdrüsenarterie entspringen und die A. suprarenalis inferior kann außer aus der A. renalis auch aus der Aorta oder aus einer Keimdrüsenarterie entspringen.

Bezüglich der Zahl ist zu sagen, daß für die A. suprarenalis media, und ebenso für die inferior, ein einfaches Vorkommen zwar am häufigsten zu beobachten ist, daß aber bei beiden Arterien eine Verdopplung in einem ziemlich hohen Prozentsatz vorkommt. Die höchste Zahl von Aa. suprarenales mediae, die GÉRARD auf einer Seite fand, war 4; bei der A. suprarenalis inferior kommen noch höhere Zahlen vor. Es kann auch sein, daß die A. suprarenalis media und inferior einen gemeinsamen Ursprung haben, ein Verhalten, das von jenen Autoren, die den Ursprung als Kriterium der Benennung nehmen, dann naturgemäß in der Weise ausgedrückt wird, daß das eine oder das andere der beiden Gefäße fehle. Bei der A. suprarenalis superior ist die Frage nach der Zahl nicht so sehr ein Problem der, bei diesem Gefäß nur recht geringen Variabilität, als vielmehr der Terminologie. Erst die Pariser Terminologie kennt *eine* Arterie dieses Namens, während bisher Rr. suprarenales der Zwerchfellarterie beschrieben wurden. Diese Zwiespältigkeit der Benennung ist darin begründet, daß zwar immer von der A. phrenica zahlreiche Äste zur Nebenniere ziehen, einer davon aber die anderen an Mächtigkeit bei weitem übertrifft. Es ist daher wohl am besten, von einer A. suprarenalis superior maior (GÉRARDs artère capsulaire supérieure principale) und zahlreichen Aa. suprarenales superiores minores (GÉRARDs artères capsulaires supérieures accessoires) zu sprechen. Das Anfangsstück der A. phrenica (*5* auf Abb. 24) und in seiner Fortsetzung die A. suprarenalis superior maior (*2* auf Abb. 24) bilden einen cranial-konvexen Bogen, der die Margines „medialis" und „lateralis" der rechten Nebenniere bzw. den konvexen Rand der linken Nebenniere umfaßt. Von diesem Arterienbogen gehen zunächst die Aa. suprarenales superiores minores (*4* auf Abb. 24) zur Gegend des Apex — bzw. dem entsprechenden Gebiet der linken Nebenniere — und dann weitere Zweige von der A. suprarenalis superior maior zum „Margo lateralis" — bzw. dem entsprechenden Randteil links. SOLOTUCHIN hat insgesamt bis 22 Zweige gezählt.

Bei den aus der Nierenarterie entspringenden Gefäßen, also typisch bei der A. suprarenalis inferior, aber gar nicht so selten auch bei der A. suprarenalis media, kommt — bei Nephrektomien — auch der Frage Bedeutung zu, von welcher Stelle der A. renalis der Ursprung erfolgt. Eine Regel läßt sich diesbezüglich nicht aufstellen. Das häufigste Ursprungsgebiet ist der aortennahe Anteil der Nierenarterie, aber auch Ursprünge von den lateralen Anteilen des Gefäßes oder von seinen Ästen finden sich in ziemlich hohen Prozentsätzen. In Fällen, in denen mehrere Nebennierenarterien aus der A. renalis entspringen, besteht eine gewisse Wahrscheinlichkeit, daß die Ursprünge dieser Gefäße über eine längere Strecke der Nierenarterie verteilt sind. Nebennierenarterien, die aus der Aorta oder dem unmittelbar angrenzenden Stück der A. renalis entspringen, nehmen ihren Weg anfangs meistens durch das Ggl. coeliacum oder dessen Ausläufer. Eine eigenartige Verlaufsvariation der rechten A. suprarenalis media hat MARTIN beobachtet: Das Gefäß stieg hinter der Nierenvene ab und schlang sich dann unten um diese, um vor ihr aufzusteigen.

Die typische A. suprarenalis media setzt sich in einen zur Gegend des „Hilus" ziehenden Ast fort, nachdem sie am „Margo medialis" einen aufsteigenden und einen absteigenden Ast abgegeben hat. Die A. suprarenalis inferior bildet regelmäßig zwei Hauptzweige, die sich den beiden Lippen der basalen Hauptfissur anschließen (GÉRARDs marginale antérieure und marginale postérieure) (*2* und *4* auf Abb. 22). Ein dritter wesentlich schwächerer Ast, der mitten in die Fissur verläuft, gibt hier einige Zweiglein ins Parenchym ab, setzt sich aber dann als Gefäß für die Fettkapsel der Niere fort, weshalb er von GÉRARD als artériole graisseuse basale (*3* auf Abb. 22), von SOLOTUCHIN als A. capsulae adiposae renis bezeichnet wurde. Meistens bildet dieser Ast das obere Wurzelgefäß der oben (S. 106) beschriebenen „Arcade exorénale".

Alle genannten Arterien und Arterienzweige ramifizieren sich ausgiebig außerhalb des Organs, so daß kein einziges stärkeres Gefäß in das Parenchym eintritt.

Sie beschränken sich auch nicht auf die Versorgung der Nebenniere, sondern schicken überdies Zweiglein zum umgebenden Fett, zum Zwerchfell, zu den mächtigen Ganglienmassen und zu den Lymphknoten dieser Gegend. Mit den Mitteln makroskopischer Präparation lassen sich oft Anastomosen zwischen den Aa. suprarenales superior und inferior an der latero-dorsalen Ecke des Organs nachweisen. Da GÉRARD bei jugendlichen Individuen überdies am „Margo medialis" eine stufenweise Verbindung zwischen Zweigen aller drei Nebennierenarterien finden konnte, spricht er von einem „cercle arteriel péricapsulaire". Kleinste präcapilläre Anastomosen ebenso wie unmittelbare Verbindungen mit dem Kapselvenensystem werden von SPANNER beschrieben.

b) Venen

Für den Abfluß des venösen Bluts kommen zweierlei Systeme von Venen in Frage: einerseits der Hauptabfluß durch eine mächtige V. centralis und andererseits schwache Begleitvenen der Arterien. Die V. centralis ist an Schnitten durch das Organ sehr gut in jener Gegend zu erkennen, in der die Marksubstanz am stärksten entwickelt ist, und sie verläßt die Nebenniere im Bereiche der „Facies anterior", weshalb ja hier — wie (S. 127) erwähnt — von einem „Hilus" des Organs gesprochen wird. Die immer wieder behauptete Gesetzmäßigkeit, daß diese Austrittsstelle in der Hauptfissur der „Facies anterior" gelegen sei, konnte am eigenen Material nur für die linke Seite als allgemein gültig anerkannt werden, während sich rechts gar nicht so selten ein Abstand bis zu 1 cm fand. An der Stelle, an der die Vene die Hauptfurche verläßt, endet diese Furche, oder genauer gesagt: Sie endet als scharf einschneidende Fissur; in ihrer Fortsetzung aber findet sich eine runde Rinne als Bett für die Vene, die von hier an noch ein Stück weit dem Organ angeschmiegt ist. Auch wenn — rechts — die Vene nicht aus der Fissur austritt, läßt sich eine Beziehung dieser Austrittsstelle zum Ende der Fissur in dem Sinne feststellen, daß die Fissur ziemlich genau caudal vom Venenaustritt ihr Ende findet. Gelegentlich, und zwar am eigenen Beobachtungsmaterial nur bei Venen, die nicht aus der Fissur austreten, kann mit freiem Auge ein Bürzel von Drüsensubstanz festgestellt werden, der die Vene eine kurze Strecke weit begleitet. Die V. suprarenalis sin. (*18* auf Abb. 21) hat von ihrem Austritt an eine fast genau cranio-caudale Richtung. Nachdem sie sich mit der linken Zwerchfellvene (*16* auf Abb. 21) vereinigt hat, mündet sie in die V. renalis sinistra, meistens gegenüber der linken Keimdrüsenvene. Die V. suprarenalis dextra hingegen verläuft horizontal zur V. cava inferior. Auf Grund der eng nachbarlichen Beziehung der rechten Nebenniere zur unteren Hohlvene ist die rechte V. suprarenalis wesentlich kürzer als die linke; das Maß von 1 cm wird kaum jemals wesentlich überschritten, ja auch Werte unter $1/_2$ cm sind keineswegs selten. Meistens mündet die Nebennierenvene in den rechten Umfang der Hohlvene, in Fällen aber, in denen sie die Nebenniere im Bereiche des Hohlvenenbettes verläßt, erfolgt die Mündung mehr minder von dorsal. Eine gemeinsame Einmündung mit einer unteren Lebervene kann vorkommen. Auch eine Einmündung oberhalb der untersten Lebervene ist nicht ungewöhnlich (DONELLAN). Eine Verdopplung der Zentralvene ist rechts häufiger als links; rechts wurde gelegentlich auch eine Verdreifachung beobachtet (FRANKSSON u. HELLSTRÖM, JOHNSTONE).

Die dünnen Begleitvenen der Nebennierenarterien, die also zum Unterschied von der Zentralvene nicht aus der Marksubstanz, sondern aus der Rindensubstanz austreten, bieten das typische Bild, wie wir es von den Vv. comitantes der Extremitätenarterien gewohnt sind, d. h. mit jedem Arterienast laufen zwei Venen, die miteinander in kurzen Zwischenräumen durch Queranastomosen verbunden sind.

Wegen ihres Hauptabflusses in die V. renalis faßt GAGNON (1956) die Begleitvenen der Äste der Aa. suprarenales media und inferior als Vv. suprarenales inferiores zusammen und stellt sie den Vv. suprarenales superiores, den Begleitvenen der gleichnamigen Arterienäste gegenüber, die ihren Hauptabfluß zur Zwerchfellvene haben. Überdies kommen auch Einmündungen in das außerhalb des Organs gelegene Stück der Zentralvene und — rechts — direkt in die Vena cava inferior vor. Naturgemäß aber stehen die oberflächlichen Venen auch mit den Venen aller benachbarten Gebilde in Verbindung, also vor allem mit denen des perirenalen Fetts, aber darüber hinaus auch mit denen des Oesophagus und des parietalen Peritoneums. Wenn KUTSCHERA-AICHBERGEN auf der linken Seite Anastomosen mit der V. lienalis, oder wenn SAPIN Verbindungen mit den Venen des Magens beobachten konnte, so handelt es sich wohl wieder (vgl. S. 107) um Retziussche Venen.

c) Lymphgefäße

In Analogie zu den zweierlei Venensystemen der Nebenniere können auch zwei Systeme von Lymphgefäßen beschrieben werden: Einerseits sammeln sich Lymphgefäße in der Tiefe, um mit der V. centralis auszutreten, andererseits verlassen sie die Rindensubstanz allenthalben an der Organoberfläche. Über den weiteren Verlauf gilt im Prinzip dasselbe, was oben (S. 107ff.) über die Lymphgefäße der Niere gesagt wurde. Also auch hier erfolgen Verbindungen mit den Lymphgefäßen der Kapsel und mit denen aller benachbarten Bildungen. Auch hier fließt die Lymphe im wesentlichen zu den vor der Wirbelsäule gelegenen Lymphonodi lumbales ab, wobei entsprechend der cranialen Lage der Nebenniere vor allem die obersten Knoten dieser Gruppe in Frage kommen. Eine sehr spezifizierte Schilderung der Abflußwege gibt DELAGE. Er unterscheidet 5 Lymphstämme, die er zu 5 distinkten Lymphknoten oder Lymphknotengruppen verfolgt:

1. die mit den Aa. suprarenales superiores verlaufenden Lymphgefäße zu Lymphknoten an der A. coeliaca;
2. die mit der A. suprarenalis media verlaufenden Lymphgefäße zu Lymphknoten am Ursprung der A. mesenterica superior;
3. die mit der A. suprarenalis inferior verlaufenden Gefäße, in der Folge als Begleiter der Nn. splanchnici, mit denen sie durch das Zwerchfell zu Lymphonodi mediastinales posteriores in der Höhe des Köpfchens der 10. Rippe gelangen;
4. die Lymphgefäße hinter der V. centralis zu einem Lymphknoten an der Wurzel des Nierenstiels;
5. die Lymphgefäße vor der V. centralis zu präaortalen Lymphknoten im Winkel zwischen V. cava inferior und V. renalis sinistra. Bezüglich dieses letzten Lymphstammes sei dahingestellt, ob für die rechte Nebenniere nicht doch ein weiter rechts an der Hohlvene gelegener Lymphknoten zuständig ist.

7. Nervenverbindungen der Nebenniere

Die zur Nebenniere ziehenden Nerven gehören zu dem weitverzweigten, als Plexus solaris (S. 110) beschriebenen vegetativen abdominalen Nervengeflecht und werden aus der Gesamtheit dieses Geflechts als „Plexus suprarenalis" herausgehoben, wobei aber durch diese gesonderte Benennung nicht der Eindruck entstehen darf, daß eine strenge Abgrenzung gegenüber benachbarten Geflechtanteilen möglich wäre. Der Plexus suprarenalis kann als der stärkste Anteil des Plexus solaris aufgefaßt werden (s. Abb. 21 und 22). Verglichen mit dem caudal an ihn anschließenden Plexus renalis ist er nicht nur relativ, d. h. bezogen auf die Größe des versorgten Organs, mächtiger, sondern auch absolut, und vor allem ist er wesentlich konzentrierter. In enger Nachbarschaft ziehen zahlreiche Nervenbündel von den in der Umgebung der Aorta gelegenen Ganglienmassen zur Nebenniere, und zwar kommen sie teilweise vom Ggl. coeliacum, teilweise von einem kleinen Ganglion, das in die Endstrecke des N. splanchnicus maior unmittelbar vor seinem Eintritt in das Ggl. coeliacum eingeschaltet ist und das wegen seiner Beziehung zur Nebenniere als Ggl. suprarenale (*6* auf Abb. 22) bezeichnet werden kann, und in kleiner Zahl auch direkt vom N. splanchnicus maior. Die Zahl der präparierbaren Nervenbündel ist rechts meistens größer als links; wenn aber LOBKO (1960) von 16—42 Bündeln rechts und 8—22 Bündeln links spricht, so scheinen nach eigenen Erfahrungen die für die linke Seite angegebenen Zahlen doch ein bißchen zu niedrig gegriffen. Das Lehrbuch von TESTUT-LATARJET weist darauf hin, daß in der Regel die vom Ggl. coeliacum einerseits, die vom Ggl. suprarenale und dem N. splanchnicus maior andererseits kommenden Fasern nicht miteinander in geflechtartige Verbindung treten. Wenn dort aber die Vermutung ausgesprochen wird, daß diese beiden Nervengruppen auch verschiedene Innervationsgebiete hätten, nämlich einerseits die Substantia corticalis, andererseits die Substantia medullaris, so ist zu bedenken, daß die Frage, ob es überhaupt eine Innervation des Rindenparenchyms gibt, noch nicht entschieden ist; eine Innervation der corticalen Blutgefäße allerdings kann sicherlich von niemandem geleugnet werden. Es versteht sich, daß die vom Ggl. coeliacum kommenden Fasern bei der Präparation von ventral her oberflächlicher gelegen sind als die Fasern von dem, erst in dieser Gegend das Zwerchfell durchbrechenden N. splanchnicus maior, dessen anatomische Aufsuchung ja am besten in der Weise durchgeführt wird, daß man die Nebenniere um 180° nach medial umklappt, um dann den sich dabei anspannenden N. splanchnicus maior (*7* auf Abb. 22) gleichsam als ihren hinteren Stiel darzustellen. Auch mit dem N. splanchnicus minor, allenfalls dem N. splanchnicus imus und dem N. phrenicus besitzt der Plexus suprarenalis Verbindungen.

Die außerordentliche Mächtigkeit des Plexus suprarenalis mag mit der Tatsache in Zusammenhang gebracht werden, daß ja das Nebennierenmark ein vom Sympathicus abstammendes Organ ist und auch reichlich Ganglienzellen enthält. Es ist also vielleicht nicht nur als Erfolgsorgan des herantretenden Nervengeflechts, sondern auch als synaptisches Zentrum für Bahnen zu anderen Erfolgsorganen anzusehen. Tatsächlich lassen sich direkte Nervenverbindungen von der Nebenniere zu anderen Organen nachweisen. Auf die immer leicht darstellbaren Nerven zur Niere wurde schon (S. 114) hingewiesen. Überdies konnte KONDRATJEW — und ebenso ZELEZINSKIJ — solche „kurze" Nervenverbindungen auf beiden Seiten zu den Keimdrüsen und zum Peritoneum, auf der rechten Seite zu Duodenum, Caput pancreatis, Leberstiel, Leber und Gallenblase und auf der linken Seite zu Magen, Corpus pancreatis und Flexura duodenojejunalis finden.

Die soeben hervorgehobene Beziehung der Nebenniere zum Sympathicus impliziert aber keineswegs, daß der Plexus suprarenalis nur aus sympathischen Fasern bestehe; vielmehr ist für ihn wohl ebenso wie für jedes andere vegetative Nervengeflecht auch ein Gehalt an parasympathischen und viscerosensiblen Fasern anzunehmen. Die parasympathischen Fasern entstammen sicherlich dem Vagus. Für die Frage, ob Vagusfasern direkt in das Geflecht eintreten, und ob diesbezüglich symmetrische Verhältnisse vorliegen, gilt dasselbe, was (S. 113) über das Nierengeflecht gesagt wurde. Viscerosensible Fasern für die Nebennieren sucht LOBKO (1956) in jenen seitenkreuzenden Bündeln, die die beiden Ggll. coeliaca miteinander verbinden. Als Segmenthöhe für die Nebenniereninnervation wird meistens das Niveau Th. 7—Th. 9 angegeben.

Literatur

AGARKOV, B. G.: Ontogenetic changes in the nervous apparatus of the suprarenal glands in man [Russisch]. Trudy v Konf. Po Vozrastnoi Morfol. Fiziol. i Biokhimii **1962**, 512. Ref. in Excerpta med. (Amst.), Sect. I **17**, 900, Abstr. No 4540 (1963).

AICHEL, O.: Vergleichende Entwicklungsgeschichte und Stammesgeschichte der Nebennieren. Arch. mikr. Anat. **56**, 1 (1900).

ALLENBROOK, D.: Size of adrenal cortex in East African males. Lancet **1956 II**, 606.

ANSON, B. J., E. W. CAULDWELL, J. W. PICK, and L. E. BEATON: The blood supply of the kidney, suprarenal gland, and associated structures. Surg. Gynec. Obstet. **84**, 313 (1947).

—, and E. H. DASELER: Common variations in renal anatomy affecting blood supply, form and topography. Surg. Gynec. Obstet. **112**, 439 (1961).

BACHMANN, R.: Die Nebenniere. In: MÖLLENDORFF-BARGMANN, Handbuch der Mikroskopischen Anatomie des Menschen, Bd. 6, Teil 5, S. 1. Berlin-Göttingen-Heidelberg: Springer 1954.

BADELLINO, F., P. ROSSOTTO, P. M. PASQUERO e G. MASSA: Studio radiologico della vascolarizzazione arteriosa surrenalica. Minerva chir. **13**, 424 (1958).

— P. TRINCHIERI, P. ROSSOTTO e G. MASSA: Architettura arteriosa e venosa capsulare ed intraghiandolare del surrene umano. Minerva chir. **14**, 347 (1959).

BARTHOLINUS, TH.: Historiarum anatomicarum rariorum Cent. II. (Hist. 77); Hafn. 1654.

BARTLAKOWSKI, J.: Über die Lage der Nebennieren zu den Nieren. Anat. Anz. **59**, 508 (1925).

BLEICHER, M.: L'enveloppe fibro-adipeuse des glandes surrénales. C. R. Ass. Anat. **26**. Varsovie **1931**, 54.

BOTTINI, A. C.: Anatomia descriptiva de las capsolas suprarenales. Revista Ass. Med. argent. **60**, 18 (1946).

BOYDEN, E. A.: Description of a horseshoe kidney associated with left inferior vena cava and disc shaped suprarenal glands etc. Anat. Rec. **51**, 187 (1931).

BUSCH, W.: Die arterielle Gefäßversorgung der Nebennieren. Virchows Arch. path. Anat. **324**, 688 (1954).

CAYLOR, H. O.: Suprarenal-renal heterotopia. Report of a case. J. Urol. (Baltimore) **20**, 197 (1928).

CHARPURE, P. V., and H. I. JHALA: The ratio of the body weight to the weights of the organs. IV. The kidneys, the spleen, the liver, the lungs, the pancreas, the pituitary, the suprarenals, the thyroid and the testes. Indian med. Gaz. **87**, 487 (1952).

CHERNIK, B. A.: The anatomy and histology of the adrenal gland. Univ. W. Ont. med. J. **30**, 1 (1960).

CLARK, K.: The blood vessels of the adrenal gland. J. roy. Coll. Surg. Edinb. **4**, 257 (1959).

COUPLAND, R. E.: Post natal fate of the abdominal para-aortic bodies in man. J. Anat. (Lond.) **88**, 455 (1954).

DAHL, E. V., and R. C. BAHN: Aberrant adrenal cortical tissue near the testis in human infants. Amer. J. Path. **40**, 587 (1962).

DELAGE, J.: Les lymphatiques des capsules surrénales chez l'homme. Ann. Anat. path. **4**, 1045 (1927).

DELARME, G.: Organes chromaffines. In: POIRIER-CHARPY, Traité d'anatomie humaine, 3e éd., tome 5, fasc. 2, p. 949. Paris: Masson & Cie. 1912.

DENBER, H. C. B.: Nonencapsulated adrenal cortical tissue in the periadrenal fat. Amer. J. Path. **25**, 681 (1949).

DONELLAN, W. L.: Surgical anatomy of the adrenal glands. Ann. Surg. **154**, Suppl., 298 (1961).

EDSMAN, G.: Angionephrography and suprarenal angiography. Acta radiol. (Stockh.), Suppl. **155** (1957).

ELLWEIN, H.: Beiträge zur Anatomie und Topographie von Niere und Nebenniere. Ned. Diss. Tübingen 1936.

EUSTACHIUS, B.: Tractatio de renibus. In: Opuscula anatomica. Lugduni Batav. 1707 (Erstausgabe Venedig 1563).

FRANKSSON, C., and J. HELLSTRÖM: Bilateral adrenalectomy with special reference to operative technic and postoperative complications. Acta chir. scand. **111**, 54 (1956).

GAGNON, R.: The venous drainage of the human adrenal gland. Rev. canad. Biol. **14**, 350 (1956).

— The arterial supply of the human adrenal gland. Rev. canad. Biol. **16**, 421 (1957).

GANFINI, C.: Alcune particolarità morfologiche e topografiche delle glandulae suprarenales dell'uomo. Arch. ital. Anat. Embriol. **4**, 63 (1905).

GÉRARD, G.: Contribution à l'étude morphologique des artères des capsules surrénales de l'homme. J. Anat. (Paris). **49**, 269 (1913).

Hagopian, A. C.: An abnormal inferior suprarenal artery. Yale J. Biol. Med. **26**, 78 (1953).
Harrison III., R. H., and L. C. Doubleday: Roentgenological appearance of normal adrenal glands. J. Urol. (Baltimore) **76**, 16 (1956).
Henle, J.: Über das Gewebe der Nebenniere und der Hypophyse. Z. Rat. Med. 3. Reihe **24**, 143 (1865).
Hoshi, S.: Statistische Beobachtungen über Postmortem-Material. 1. Über das Wachstum der Nebennieren und des Thymus bezüglich ihres Gewichts sowie das Gewicht des Gehirns [Japanisch]. Ni. Byori Gak. K. Tokyo **17**, 50 (1927). Ref. in Jap. J. med. Sci. **2**, Abstr. S. (50), No 201 (1931).
Howden, R.: Case of misplaced kidney with undescended testicle and rudimentary vas deferens on the same side. J. Anat. Phys. (Lond.) **21**, 551 (1887).
Iwanoff (Iwanow), G.: Beitrag zur Anatomie und Histologie der Interrenalkörper des Menschen. Z. Anat. Entwickl.-Gesch. **82**, 368 (1927a).
— Über die Lagebeziehungen der Nieren und Nebennieren beim Menschen. Anat. Anz. **64**, 163 (1927b).
— Das chromaffine und interrenale System des Menschen. Ergebn. Anat. Entwickl.-Gesch. **29**, 87 (1932).
Johnstone, F. R. C.: The suprarenal veins. Amer. J. Surg. **94**, 615 (1957).
Kohmann, S.: Odmiana tętnicy nadnerczowej. Folia morph. (Warszawa) **10**, 39 (1959). Ref. in Excerpta med. (Amst.), Sect. I **14**, 99, Abstr. No 382 (1960).
Kohn, A.: Über die Nebenniere. Prag. med. Wschr. **23**, 193 (1898).
— Über den Bau und die Entwicklung der sog. Carotisdrüse. Arch. mikr. Anat. **56**, 81 (1900).
Kondratjew, N.: Zur Lehre von der Innervation der Bauch- und Beckenhöhleorgane beim Menschen. 1. Über unmittelbare nervöse Verbindung zwischen Organen verschiedener Funktionen. Z. Anat. Entwickl.-Gesch. **90**, 178 (1929).
Kubota, K.: On three cases of genuine accessory suprarenal bodies in man. Arch. Histol. jap. **11**, 559 (1957). Ref. in Excerpta med. (Amst.), Sect. I **12**, 108, Abstr. No 498 (1958).
Kutschera-Aichbergen, H.: Nebennierenstudien. Frankfurt. Z. Path. **28**, 262 (1922).
Laux, G., G. Marchal, R. Paleirac et A. Pages: Morphologie et topographie radiologique des glandes surrénales. Montpellier méd. **46**, 162 (1954).
Lobko, P. I.: Mode of crosswise afferent innervation of the adrenal glands of man [Russisch]. Vop. Morf. Perif. Nerv. Sist. **3**, 97 (1956). Ref. in excerpta med. (Amst.), Sect. I **12**, 328, Abstr. No 1635 (1958).
— Structure of the nerves of the human adrenal glands [Russisch]. Vop. Morf. Perif. Nerv. Sist. **5**, 111 (1960). Ref. in Excerpta med. (Amst.), Sect. I **16**, 104, Abstr. No 615 (1962).
Mackevičaite-Lašiené, J.: Zur Morphologie der endocrinen Drüsen. 1. Gewichts- und Größenverhältnisse der endocrinen Drüsen in Litauen [Litauisch]. Acta Med. Fac. Vyauti Magni Univ. **3** (1936). Ref. in Anat. Ber. **36**, 4, Ref. No 9 (1938).
MacNeill, M.: The adrenal of the newborn. Ulster med. J. **16**, 41 (1947).
Marchand, F.: Über accessorische Nebennieren im Ligamentum latum. Virchows Arch. path. Anat. **92**, 11 (1883).
Martin, K.: Ungewöhnlicher Verlauf einer A. suprarenalis. Acta anat. (Basel) **24**, 48 (1955).
Materna, A.: Neue Untersuchungen über das Gewicht der Nebennieren. Beitr. path. Anat. **106**, 158 (1941).
Mel, C., et M. Melis: Sur la vascularisation artérielle de la glande surrénale. J. int. Coll. Surg. **34**, 263 (1960).
Merklin, R. J.: Patterns of the renal and suprarenal arteries. Amer. Ass. Anat. 69th session 1956. Anat. Rec. **124**, 334 (1956).
—, and S. A. Eger: The adrenal venous system in man. J. int. Coll. Surg. **35**, 572 (1961).
—, and N. A. Michels: The variant renal and suprarenal blood supply, with data on the inferior phrenic, ureteral and gonadal arteries. J. int. Coll. Surg. **29**, 41 (1958).
Miloslavich, E.: Über Bildungsanomalien der Nebenniere. Virchows Arch. path. Anat. **218**, 131 (1914).
Monaci, M.: Le duplicità vere e false delle ghiandole surrenali. Arch. De Vecchi Anat. pat. **16**, 651 (1951).
Nelson, A. A.: Accessory adrenal cortical tissue. Arch. Path. **27**, 955 (1939).
Ninfo, G.: La vascolarizzazione della surrenale umana. Chir. ital. **9**, 437 (1957).
Ottaviani, G.: Sulla vascolarizzazione venosa delle ghiandole surrenali dell'uomo. Arch. ital. Anat. Embryiol. **36**, 173 (1936).
Pana, C.: Inclusione nel testicolo di tessuto interrenale aberrante. Minerva med. **22**, 76 (1931).
Peter, K.: Die Nebennieren. In: Peter-Wetzel-Heiderich, Handbuch der Anatomie des Kindes, Bd. 2, S. 800. München: J. F. Bergmann 1936.
Piccolhomini, A.: Anatomiae praelectiones. Rom: Bonfadini 1586.

Poll, H.: Die vergleichende Entwicklungsgeschichte der Nebennierensysteme der Wirbeltiere. In: Hertwig, Handbuch der vergleichenden Entwicklungslehre der Wirbeltiere, Bd. 3, 1. Teil, 2. Kap. Teil 2, S. 443. Jena: Gustav Fischer 1906.

Popow, W. S.: Topographie von paarigen Ästen der Bauchaorta [Russisch]. P. 4. Congr. Zool. Anat. Hist. Ussr. Kiew **1930**, 261. Ref. in Anat. Ber. **27**, 460, Ref. No 1511 (1933/34).

Radasch, H. E.: Ectopia of the adrenal. Amer. J. med. Sci. **124**, 286 (1902).

Riolanus, J. (filius): Animadversiones in Caspari Bartholini doctoris medici, theologi ac professoris regii institutiones anatomicas; in Opuscula anatomica nova. London: Flesher 1649.

Rokitansky, C.: Handbuch der speziellen pathologischen Anatomie, 2. Aufl., Bd. 2. Wien: Braumüller & Seidel 1842.

Rossotto, P., F. Badellino e G. Massa: Studio del circolo surrenalico. Minerva chir. **13**, 587 (1958).

Sapin, M. R.: The adrenal intraorgan lymphatic system in man [Russisch]. Arkh. Anat. Gistol. Embriol. **36**, 52 (1959). Ref. in Excerpta med. (Amst.), Sect. I **14**, 960, Abstr. No 4034 (1960).

— Venous blood circulation of medullary substance of the adrenal glands [Russisch]. Arkh. Anat. Gistol. Embriol. **40**, 82 (1961). Ref. in Excerpta med. (Amst.), Sect I **16**, 379, Abstr. No 2119 (1962).

Sasano, N., J. Sugawara, S. Nambu, and M. Kuroda: Statistical study on the weight of adrenal glands in cadavers [Japanisch]. Tohoku Med. J. **54**, 569 (1956). Ref. in Excerpta med. (Amst.), Sect. I **12**, 72, Abstr. No 332 (1958).

Scammon, R. E.: The prenatal growth and natal involution of the human suprarenal gland. Proc. Soc. exp. Biol. (N.Y.) **23**, 809 (1926).

Schilf, F.: Die quantitativen Beziehungen der Nebenniere zum übrigen Körper. Z. Konstit.-Lehre 8, 507 (1922)

Schmorl, G.: Zur Kenntnis der accessorischen Nebennieren. Beitr. path. Anat. 9, 523 (1891).

Solotuchin, A.: Über die Blutversorgung der Nebennieren. Z. Anat. Entwickl.-Gesch. **90**, 288 (1929).

Spanner, R.: Der Abkürzungskreislauf der menschlichen Nebenniere. Zbl. inn. Med. **61**, 545 (1940).

Stirling, G. A., and V. J. Keating: Size of the adrenals in Jamaicans. Brit. med. J. **1958 II**, 1016.

Swinyard, C. A.: The innervation of the suprarenal glands. J. comp. Neurol. 68, 417 (1937).

— Volume and cortico-medullary ratio of the adult human suprarenal gland. Anat. Rec. **76**, 69 (1940).

— Growth of the human suprarenal gland. Amer. Ass. Anat. 65th session 1940. Anat. Rec. **76**, Suppl. 2, 55 (1940).

Teitelbaum, H. A.: The nature of the thoracic and abdominal distribution of the vagus nerves. Anat. Rec. **55**, 297 (1933).

Testut, L., et A. Latarjet: Traité d'anatomie humaine, tome 3e. Paris: Doin, 8e éd. 1930.

Tomioka, T.: Studien über die Gefäße im Retroperitonealraum. 1. Über die vasa suprarenalia, spermatica interna und die Gefäße der Fettkapsel der Niere [Japanisch]. Tokyo Igk. Z. **50**, 590 (1936). Ref. in Jap. J. med. Sci. 7, Abstr. S. (54), No 236 (1939).

Weller, C. V.: Heterotopia of adrenal in liver and kidney. Amer. J. med. Sci. **169**, 696 (1925).

Wiesel, J.: Accessorische Nebennieren im Bereiche des Nebenhodens. Wien. klin. Wschr. 11, 443 (1898).

Wilkinson, I. M. S.: The intrinsic innervation of the suprarenal gland. Acta anat. (Basel) **46**, 127 (1961).

Zelezinskii, G. V.: Nervous connections between the right and left suprarenal glands and abdominal organs [Russisch]. Vrach. Delo. **12**, 33 (1964). Ref. in Excerpta med. (Amst.), Sect. I **19**, 773, Abstr. No 3908 (1965).

Zuckerkandl, E.: Über Nebenorgane des Sympathicus im Retroperitonealraum des Menschen. Verh. Anat. Ges. 15. Verslg., Anat. Anz. **19**, Erg.-Heft 95 (1901).

B. Mikroskopische Anatomie der Nebenniere

H. Ferner

Mit 20 Abbildungen

I. Die Nebennierenrinde, Corpus suprarenale

1. Bemerkungen zur makroskopischen und vergleichenden Anatomie

Die Nebennieren (ca. 4×3×1 cm) liegen primär retroperitoneal, sind der Pars lumbalis des Zwerchfelles angelagert und sitzen beiderseits dem cranialen Pol der Nieren auf. Die rechte Nebenniere ist dreieckig, die linke mehr sichel- oder viertelmondförmig. Sie ist auf den medialen Rand der Niere gegen den Hilus herabgeschoben. Diese Syntopie ist aber eine sekundäre, durch den „Ascensus renis" bedingt. Niere und Nebenniere sind von einer gemeinsamen Fett-Bindegewebskapsel eingehüllt (Fascia renalis, Capsula adiposa). Fettgewebe findet sich jedoch auch zwischen Niere und Nebenniere. Skeletotopisch entspricht die Lage der Nebennieren dem 12. Brustwirbel, aber auch dem 11. Brustwirbel oder dem 1. Lendenwirbel. Die rechte Nebenniere ist außerdem an der Leber und der Vena cava inferior bindegewebig befestigt. Nur die linke ist an der Ventralseite glatt, da von Peritoneum überzogen und keinem anderen Organ adhärent. Die Oberfläche der Nebennieren ist uneben mit vielen Furchen versehen.

Auf einem Querschnitt kann bei frischem Material mit freiem Auge leicht die rötlich-braune Marksubstanz von der intensiv gelben Rinde unterschieden werden. Die Marksubstanz macht 10—20% des Gesamtvolumens aus.

Die gelbe Färbung der Rinde beruht auf dem großen Reichtum der Parenchymzellen an Lipoidtropfen, die bei Alkoholfixierung herausgelöst werden. Die Marksubstanz fällt besonders rasch der Autolyse anheim.

Die vollständige kapselartige Umhüllung des Nebennierenmarkes durch die Nebennierenrinde, die genetisch, morphologisch und funktionell zwei ganz verschiedene Gewebe darstellen, ist für alle Säuger charakteristisch. So tauchte schon bald die Frage auf, ob sie auch funktionell in Beziehung zueinander stünden und diese topographische Situation für die Funktion notwendig sei. Zwingende Beweise sind weder dafür noch dagegen beizubringen. Es wäre an ähnliche Verhältnisse wie bei der Hypophyse zu denken (Neurotropie). Dafür spräche u. a. die besondere Art der Blutzirkulation in der Nebenniere, dagegen der Umstand, daß bei Haien und niederen Wirbeltieren die Rinde (Interrenalorgan) und das Mark (Adrenalorgan) zeitlebens vollkommen voneinander getrennt sind, die grundsätzlichen Leistungen daher auch bei getrennten Anteilen möglich sind.

Bei den Teleostiern (Knochenfischen) kommt es zu einem Zusammenrücken der beiden Anteile, welche sich bei den Amphibien ganz aneinander legen. Bei den Sauropsiden (Reptilien und Vögel) findet dann eine Durchdringung der beiden Komponenten statt, die bei den Säugern und beim Menschen zur endgültigen topischen Situation führt, derart, daß das Mark von der Rinde umschlossen wird.

Das Gewicht beider Nebennieren beträgt zusammen 5—13 g beim gesunden Erwachsenen, 7 (6—9) g beim Neugeborenen. Bei 4 Monaten alten menschlichen Embryonen ist die Nebenniere ebenso groß oder größer als die Niere. Beim Neugeborenen hat sie $1/3$, beim Erwachsenen $1/28$ des Nierenvolumens.

Zu einer ausgesprochenen und rapiden Involution besonders der Nebennierenrinde kommt es während der ersten 5 Tage nach der Geburt, offenbar infolge des plötzlichen Wegfalles des mütterlichen Hormoneinflusses.

2. Die Entwicklung der Nebennieren

Die erste Anlage der Nebennierenrinde wird beim Menschen in der 4. Woche als eine Wucherung des Coelomepithels der dorsalen Leibeshöhlenwand zu beiden Seiten der Gekrösewurzel sichtbar. Die Rinde ist also mesodermaler Herkunft. Die Zellknospen der Rindenanlage lösen sich dann vom Coelomepithel ab und liegen als Blastem im retroperitonealen Bindegewebe zwischen dem cranialen Pol der Urniere und der Aorta (Abb. 1). Später beginnen sich diese Zellmassen zu Strängen zu ordnen.

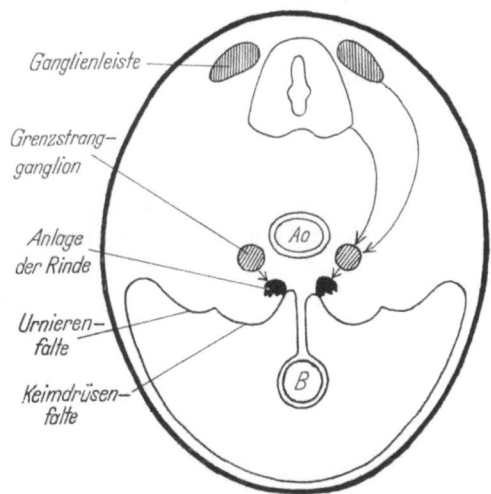

Abb. 1. Schema der Entwicklung der Rinden- und Marksubstanz. Schwarz die Rindenanlage aus dem Coelomepithel, gestrichelt die Anlage des Markes aus dem Grenzstrang. Das Einwandern der Markzellen in die Rindenanlage ist durch kurze Pfeile markiert. (Aus FERNER, 1966)

Aus der Anlage des sympathischen Grenzstranges und seiner Ganglien wandern gleichzeitig Zellelemente aus, welche sich zu Zellhäufchen am dorsalen Umfang der Rindenanlage gruppieren und vom 2. Monat an als „Markzellen" in die Rindenanlage einwandern. Das Nebennierenmark ist also neuroektodermaler Herkunft. Die einwandernden sympathicogenen Elemente differenzieren sich zum großen Teil zu den chromaffinen Zellen des Markes. Ein kleinerer Teil bleibt zweifellos als sympathische Ganglienzellen erhalten.

Im 2. Monat der Entwicklung ist die Nebenniere größer als die Niere; am Ende des 2. Monats sind beide Organe volumenmäßig annähernd gleich, später bleibt die Nebenniere immer mehr gegenüber dem Volumen der Niere zurück.

Akzessorische Nebennieren können für die praktische Medizin und die experimentelle Forschung von großer Bedeutung sein. Meist bestehen sie nur aus Rindensubstanz, genauer nur aus Fasciculatazellen. Sie entstehen dadurch, daß sich einzelne „Zwischennierenknospen" selbständig entwickeln. Sie liegen entweder als kirschgroße Gebilde in unmittelbarer Nachbarschaft der Nebennieren oder können infolge der engen topographischen Beziehung zur Keimdrüsenanlage bei deren „Descensus" mitgenommen werden und im Bereich von Nebenhoden, Hoden und Ovarien gefunden werden. Auch auf dem ganzen Wege der Keimdrüsenverschiebung längs der Vasa spermatica und in der Plica lata ist ihr Vorkommen keine Seltenheit. Da sie auch bei Tieren vorkommen, ist eine experimentelle Entfernung der beiden Nebennieren nicht immer mit einem Totalverlust von Rindengewebe gleichzusetzen.

Die ersten Zellen mit positiver Chromreaktion sind im Nebennierenmark von der Mitte der Fetalzeit an nachweisbar.

Die engen Beziehungen der Nebennieren zum Nervensystem manifestieren sich u. a. in Mißbildungen, bei denen das Fehlen des Gehirns regelmäßig mit einem Fehlen der Nebennieren vergesellschaftet ist.

3. Die Vascularisation der Nebennieren

Der Blutkreislauf der Nebennieren bietet besondere Verhältnisse. Die Blutzufuhr zu jeder Nebenniere erfolgt mindestens durch drei verschiedene Arterien, meist aber noch mehr. Die Blutdurchströmung der Nebennieren ist überaus intensiv (Abb. 2). Die 3—4 Nebennierenarterien kommen als Äste

1. von der A. phrenico-abdominalis,
2. direkt von der Aorta abdominalis,
3. von der A. renalis,
4. seltener aus der A. spermatica interna.

An der Ventralseite der Nebennieren tritt eine einzige, entsprechend große V. centralis bzw. suprarenalis aus dem Hilus aus, welche links in die Nierenvene und rechts direkt in die untere Hohlvene einmündet. Diese Venen sind klappenlos. Inwieweit der Abfluß des venösen Blutes der Nebennieren auch zu den Wurzeln der V. azygos und hemiazygos erfolgt, ist nicht genauer erforscht.

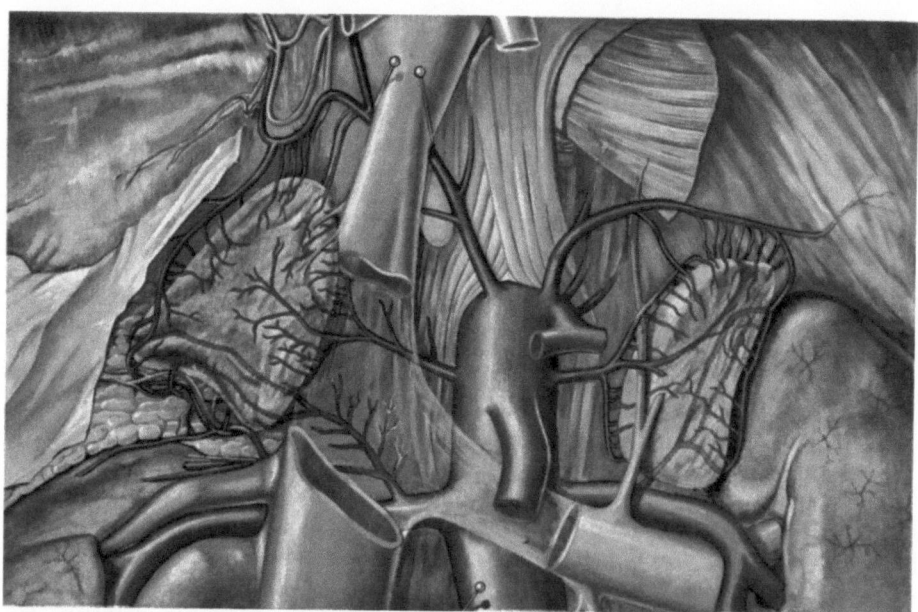

Abb. 2. Arterien und Venen der Nebenniere beim Menschen. (In Anlehnung an PERNKOPF-FERNER: Atlas der topographischen Anatomie des Menschen, 1964)

Die Nebennierenarterien treten cranial, in der Mitte und caudal an das Organ heran, zerfallen in kleinere Äste, welche sich an der Ventral- und Dorsalseite des Organs zu einem engmaschigen *subcapsulären Geflecht* verbinden (Abb. 4). Der

Eintritt der Arterien erfolgt demnach nicht etwa gemeinsam am Hilus, wo nur kleinere Arterienäste (Aa. perforantes) entlang der V. suprarenalis direkt in die Marksubstanz gelangen. Von dem subcapsulären Geflecht aus dringen sodann ubiquitär zahlreiche Arteriolen an der ganzen Oberfläche radiär in die Rinde ein, die dann unmittelbar unter der Kapsel ihre Muskulatur verlieren und in weite Capillaren, sog. Sinusoide übergehen (Abb. 3). Die Übergangsstrecke an der Kapsel ist sehr kurz. Die Capillaren verlaufen dann ziemlich gestreckt in radiärer Richtung zwischen den Zellsäulen der Fasciculata gegen die Marksubstanz vor. In der Reticularis wird das Capillarnetz besonders dicht. Nur gelegentlich sieht man eine durchgehende Arteriole die Rinde durchlaufen und in das Mark eintreten.

In der Rinde findet somit eine konzentrische Blutströmung von der ventralen und dorsalen Oberfläche des Organs gegen die Marksubstanz statt. Es besteht eine

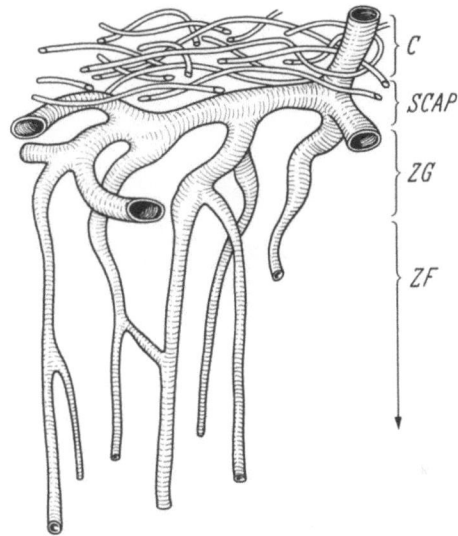

Abb. 3. Ursprung und Anordnung der Rindencapillaren in der Nebenniere der Ratte aus dem subcapsulären Arterienplexus. (Nach J. E. PAULY). *C* Kapsel, *SCAP* subkapsulärer Arterienplexus, *ZG* Zona glom., *ZF* Zona fasc.

gewisse Ähnlichkeit mit dem Blutstrom im Leberläppchen im Hinblick auf eine optimale Länge der Capillarstrecke. An der Rindenmarkgrenze treten die Capillaren in großer Zahl in die Marksubstanz ein und münden in die Wurzeln einer Zentralvene, welche, wie erwähnt, das Organ im Hilus verläßt.

Die Epithelzellen der Rinde und des Markes liegen somit zwischen einem engmaschigen Netz weitlumiger Capillaren (Sinusoide). Die Beziehungen der Parenchymzellen zu den Capillaren sind überaus innige. Die Sinusoide bestehen nur aus einem Epithelrohr ohne Basalmembran, welches Öffnungen aufweist, durch die die Blutflüssigkeit unmittelbar mit der mit Mikrovilli besetzten Oberfläche der inkretorischen Zellen in Kontakt kommt. Das Verhalten entspricht der Situation des Disseschen Raumes in der Leber (NISHIKAWA, 1963). Den Rindencapillaren sind die Markcapillaren nachgeschaltet.

Die Zentralvene und ihre Wurzelgefäße weisen dicke Intimapolster aus längs verlaufenden glatten Muskelzellen auf, die eine vollkommene Abdrosselung des Blutabflusses aus der gesamten Nebenniere bei ihrer Kontraktion bewirken können. Durch Anstauung wird die Hormonkonzentration im Venen- und Capillarblut gesteigert und eine Regelung, eventuell auch eine stoßweise Ausschüttung in den Körper ermöglicht.

Die direkt im Hilus in das Mark eingedrungenen kleinen Arterien zerfallen in Capillaren und münden ebenfalls in die Wurzelvenen der V. centralis ein. Die Vena centralis als Sammelvene mündet in die Nierenvene und die untere Hohlvene ein. Nach SPANNER sollen auch Anastomosen zur Pfortader bestehen, so daß NN-Hormone auch direkt die Leber erreichen können. Auch Lymphgefäße

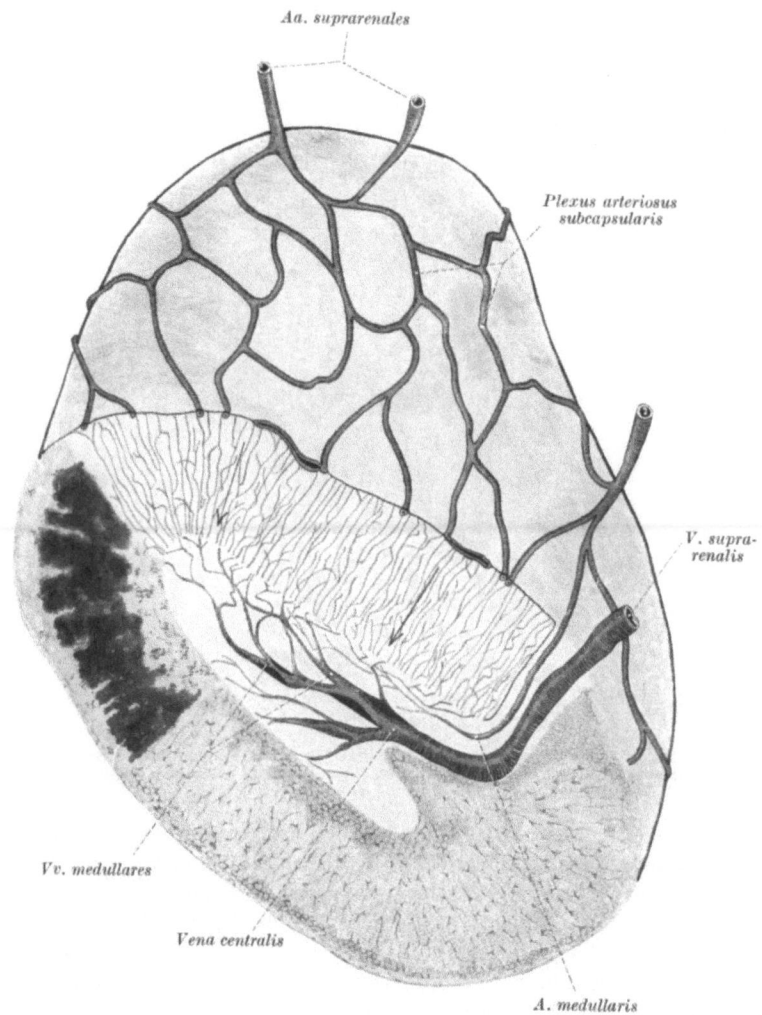

Abb. 4. Vascularisation der menschlichen Nebenniere (Halbschema). Aus dem subcapsulären Arteriennetz an der Vorder- und Hinterfläche der Nebenniere entspringen Capillaren (Sinusoide), welche radiär gegen das Nebennierenmark verlaufen und dort sich zu Markvenen und Drosselvenen sammeln. Am „Hilus" verläßt die Vena suprarenalis das Organ. An der gleichen Stelle dringen eine oder mehrere Markarterien in das Innere ein. Links oben die Fettverteilung in der Nebennierenrinde

sind in der NN vorhanden, doch ist Genaueres über ihr Verhalten nicht bekannt. Jedenfalls verlassen in der Nachbarschaft der Zentralvene auch Lymphgefäße das Organ, welche zu den lumbalen Lymphknoten hinstreben. Ihr weiteres Schicksal ist unbekannt, wahrscheinlich gelangen sie in den Ductus thoracicus.

Die Nerven der NN entstammen dem N. splanchnicus bzw. dem Ganglion cöliacum und erreichen das Organ, nachdem sie den Plexus suprarenalis passiert haben. Es handelt sich dabei um präganglionäre markhaltige Fasern, die den Grenzstrang ohne Umschaltung passiert haben. Ihre erste Synapse scheinen sie erst in der Marksubstanz zu besitzen, wo sie an den Ganglienzellen der Marksubstanz umgeschaltet werden. Durchschneidung des Splanchnicus oberhalb des Ganglion solare hat eine Degeneration der Nebennierennerven zur Folge, ein Beweis, daß sie im Ganglion solare nicht umgeschaltet wurden. Die Nervenfasern der Rinde sind spärlich. Sie steigen aus der Marksubstanz kapselwärts auf. Eine Vagusbeteiligung an der Nebenniereninnervation ist nicht bekannt.

4. Zonengliederung und Cytologie

Die 1—2 mm dicke Nebennierenrinde des Menschen läßt schon bei gewöhnlicher HE-Färbung und schwacher Vergrößerung drei strukturell und cytologisch unterschiedliche Zonen erkennen (ARNOLD, 1866; GOTTSCHAU, 1883). Die oberflächennächste Zone unter der Bindegewebskapsel wird als *Zona glomerulosa* bezeichnet, da sie *beim Menschen* aus Ballen von relativ kleinen Epithelzellen oder torbogenförmig angeordneten Zellsträngen besteht. Das strukturelle Gefüge dieser Rindenregion ist aber schon innerhalb der Säuger so unterschiedlich, daß Bezeichnungen wie *Zona arcuata* oder *Zona multiformis* vorgeschlagen worden sind, welche sich bis jetzt allerdings nicht durchgesetzt haben. Der Zelleib der Glomerulosazellen ist im Vergleich zu den anderen Zonen relativ klein und acidophil, die Kerne sind kugelig, chromatinreich und dicht. Der Zelleib enthält nur spärlich Lipidgranula, gibt eine positive Reaktion auf Ribonucleinsäure (RNS), Diphosphopyridinnucleotide (DPN), Triphosphopyridin (TPN), gebundene Dehydrogenase und Succinodehydrogenase. Er enthält reichlich Mitochondrien und ein dichtes endoplasmatisches Reticulum.

Die mittlere Rindenschicht, deren Grenze zur Glomerulosa nicht scharf ist, ist die breiteste und heißt *Zona fasciculata*. An Stellen, an denen die Glomerulosa fehlt, reichen die Fasciculatazellen bis zur Kapsel. Sie besteht (in Querschnitten der NNR) aus regelmäßigen radiären Säulen großer polygonaler Epithelzellen mit bläschenförmigen Kernen. Die Säulen sind meist nur ein bis zwei Zellen dick. Zwischen den Zellsäulen finden sich zahlreiche, von der Glomerulosa gegen das Mark verlaufende weite Capillaren (Sinusoide), deren Bedeutung im Zusammenhang zu erörtern sein wird. Ihre Wandung soll reticulo-endotheliale Uferzellen enthalten.

Auf oberflächenparallelen Schnitten zeigt sich aber, daß die Fasciculatasäulen nicht wirklich Säulen sind, d. h. nicht rundum abgegrenzt sind. Vielmehr hängen sie vielerorts unmittelbar mit benachbarten Zellen zusammen (Abb. 15), so daß die strenge Säulengliederung nur durch einen Schnitteffekt vorgetäuscht ist.

Bei Gesunden sind die Fasciculatazellen wie vollgestopft von großen tropfenförmigen Einschlüssen, die sich aus Neutralfetten und Lipiden bestehend erwiesen haben. Sie stellen die Trägersubstanz oder das Lösungsmittel für die Steroidhormone der Rinde oder deren Vorstufen dar und sind der Grund für die intensive gelbe Farbe der Rinde. Im histologischen Präparat sind diese Fetttropfen durch die Behandlung mit fettlöslichen Reagentien (Alkohol, Xylol) herausgelöst. Man sieht dann nur mit Canadabalsam gefüllte Vacuolen in den Zellen und hat von „Spongiocyten" gesprochen. Die ganze Zone erscheint dann überaus hell, da sich nur wenig Substrat anfärben konnte.

Die Fasciculatazellen geben nur eine schwache Reaktion auf Ribonucleinsäure, sind arm an sauren und alkalischen Phosphatasen, enthalten aber reichlich Succinodehydrogenaseaktivität. Elektronenmikroskopisch enthalten die Zellen große ovale Lipidtropfen von 1—2 μ Durchmesser, hingegen wenig Mitochondrien und wenig endoplasmatisches Reticulum (Abb. 10).

Die Lipidtropfen der Rinde sind also nicht die Rindenhormone selbst, sie bestehen vorwiegend aus *Cholesterin (doppelbrechend)* und Neutralfetten. Da aber die Rindenhormone in hohem Grade fettlöslich sind (mehr in Fett als im Plasma) ist es wahrscheinlich, daß die Lipoidtröpfchen die Speicherorte der Steroidhormone vorstellen. Somit handelt es sich nicht um paraplasmatisches Fett, also nicht um eine „Verfettung", sondern um eine metaplasmatische Struktur.

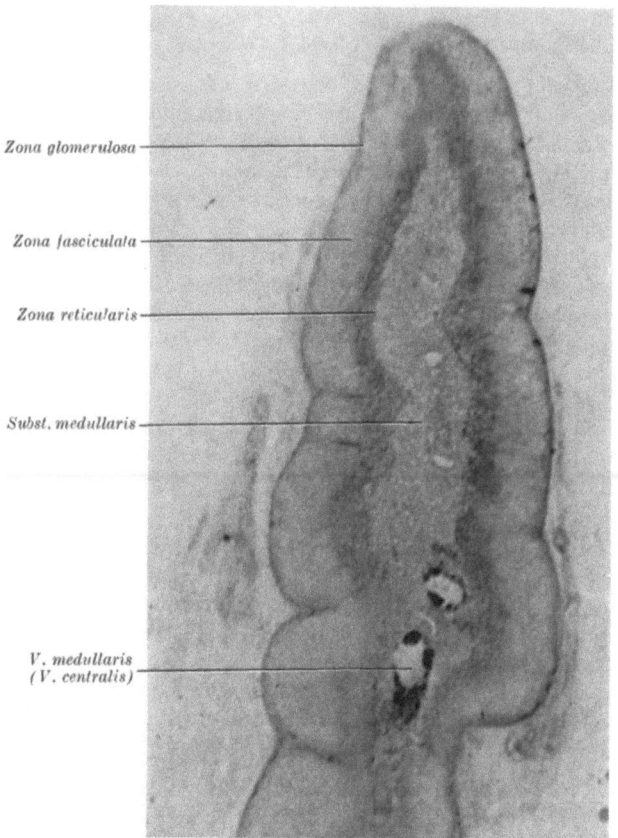

Abb. 5. Querschnitt durch die menschliche Nebenniere mit der Zonengliederung der Rinde und der Marksubstanz (Überblick)

Die innerste Rindenschicht, die *Zona reticularis* schließt sich markwärts an die Z. fasciculata mit deutlicher Grenze an und reicht ihrerseits an die Marksubstanz. Die Grenze ist aber nicht immer gerade, sondern dadurch unregelmäßig, daß sich Rindenteile tief in das Mark hineinerstrecken oder inselförmig (auch Fasciculatazellen) in unmittelbarer Nähe sogar der Zeltralvene zu finden sind (Zentralrinde, versprengte Rinde, inverted cortex).

Die Zellen der Zona fasciculata und reticularis sind an ihrer Oberfläche von Mikrovilli besetzt, welche in den Intercellularspalt hineinreichen und sich mit gleichartigen Gebilden der benachbarten Zellen berühren (CARR, 1958). Sie werden als eine Struktur gedeutet, die in Beziehung zur Sekretion der Rindenhormone steht. Elektronenmikroskopisch sind die Zellen der Zona fasciculata und reticularis

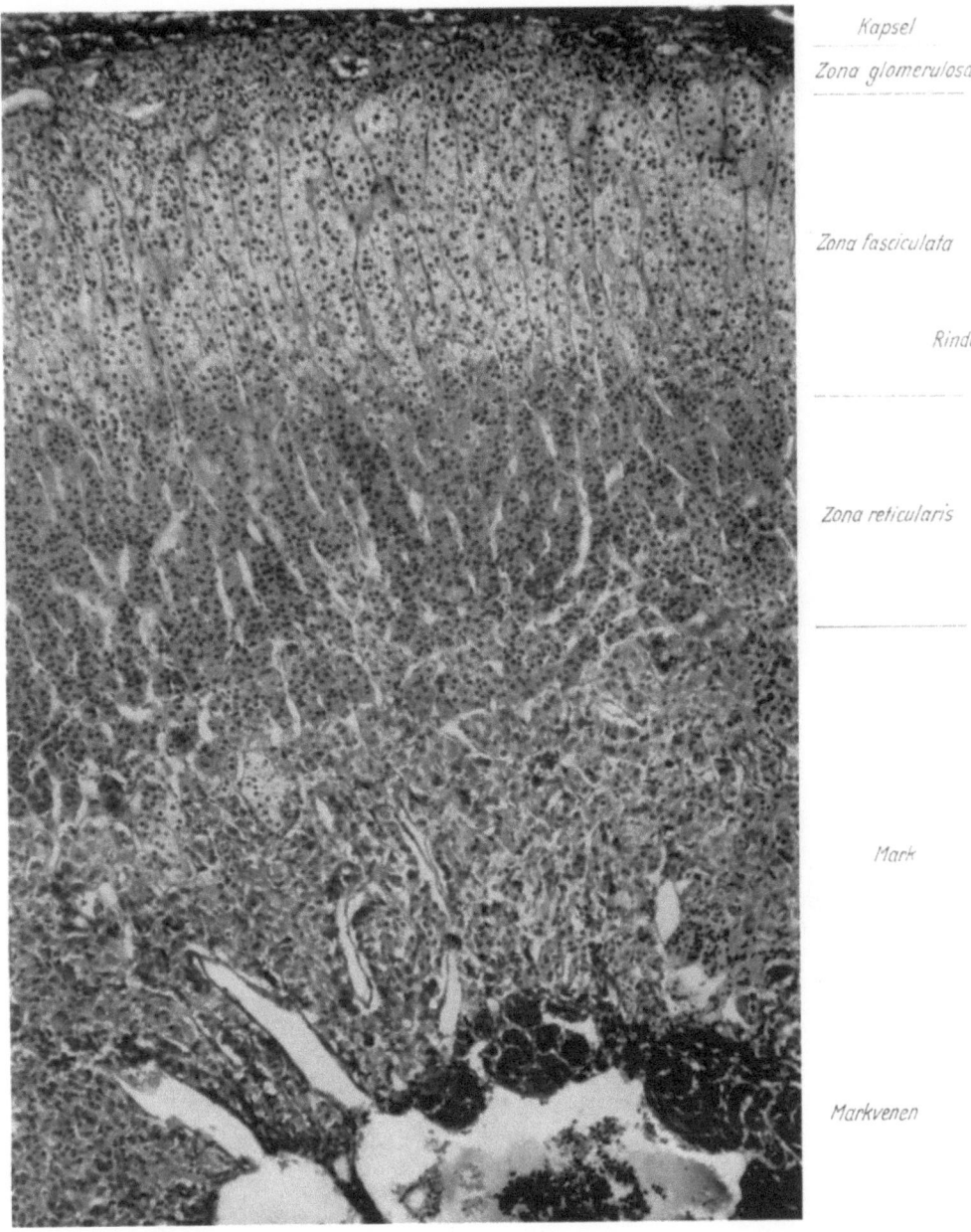

Abb. 6. Nebenniere eines erwachsenen Mannes. Fixierung: Susa, Azan-Färbung, Vergr. ca. 100fach. Charakteristische Zoneneinteilung. Beachte den unscharfen Übergang von Rindengebiet und Markgewebe. Dr. ANDRES fot.

gut zu unterscheiden. Die Reticulariszellen enthalten nur wenig kleine Lipidgranula, dafür aber größere und zahlreiche Mitochondrien; bei den Fasciculatazellen ist es umgekehrt.

Die Reticularis besteht aus unregelmäßigen und netzig zusammenhängenden Zellsträngen kleiner Epithelzellen mit dichten, dunkel sich färbenden Kernen. Das Cytoplasma ist stark eosinophil und enthält viele Lipofuscin- und *Melanin-*

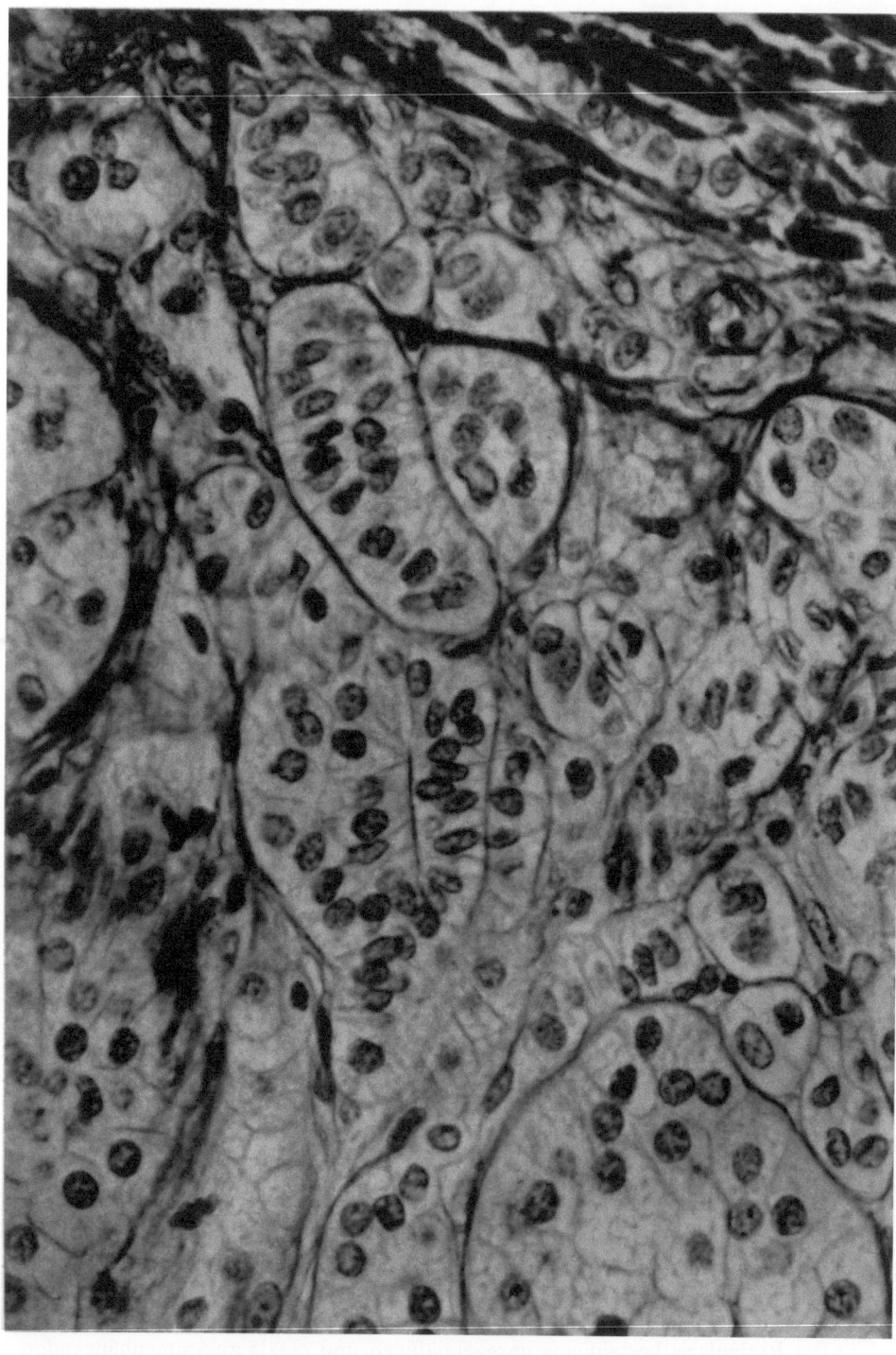

Abb. 7. Zona glomerulosa aus der Nebennierenrinde eines erwachsenen Mannes. Fixierung: Susa, Azan-Färbung, Vergr. 750fach. Oben: subcapsuläre Zone. Dr. ANDRES fot.

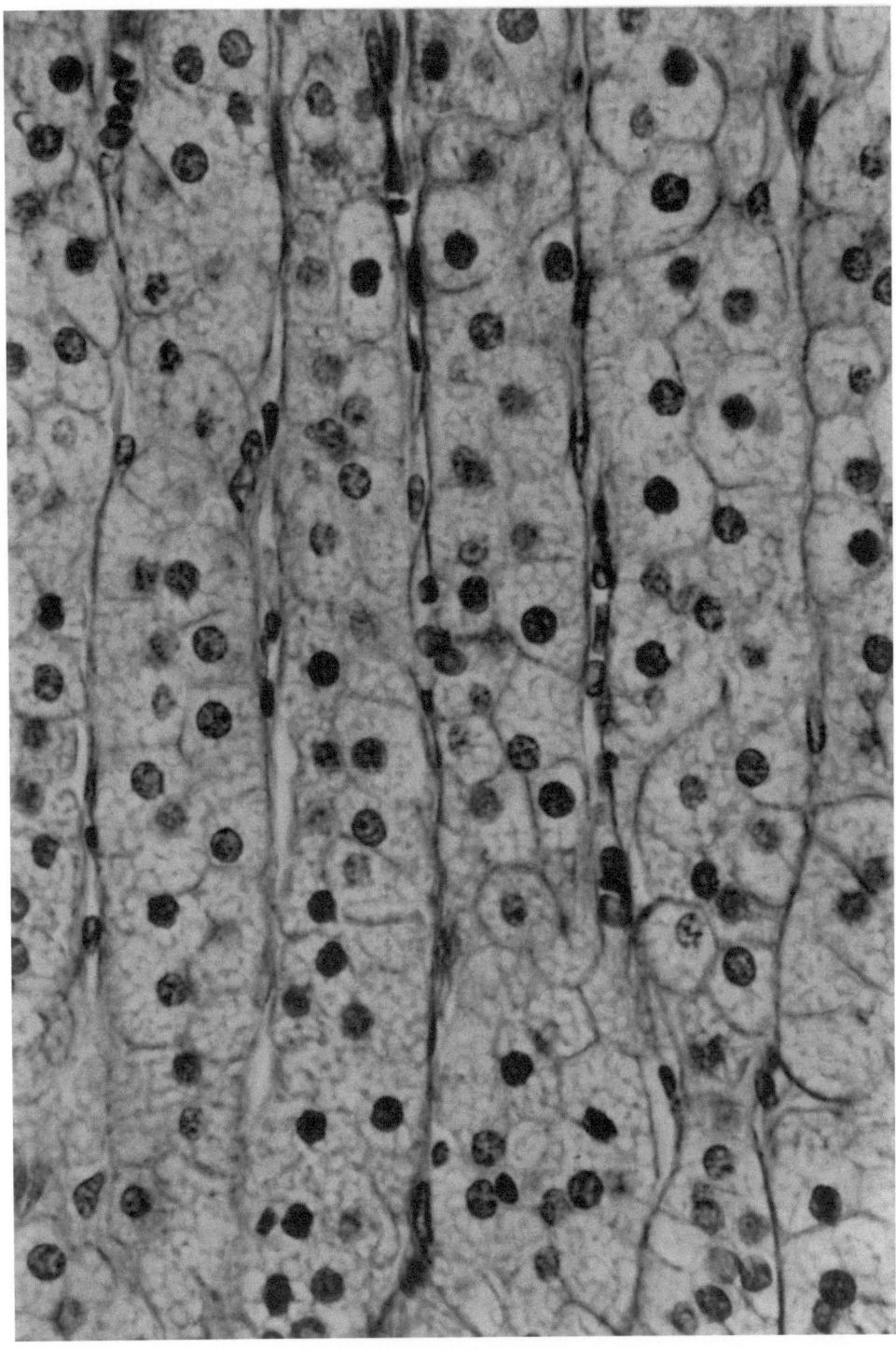

Abb. 8. Zona fasciculata aus der Nebennierenrinde eines erwachsenen Mannes. Fixierung: Susa, Azan-Färbung, Vergr. 750fach. Dr. ANDRES fot.

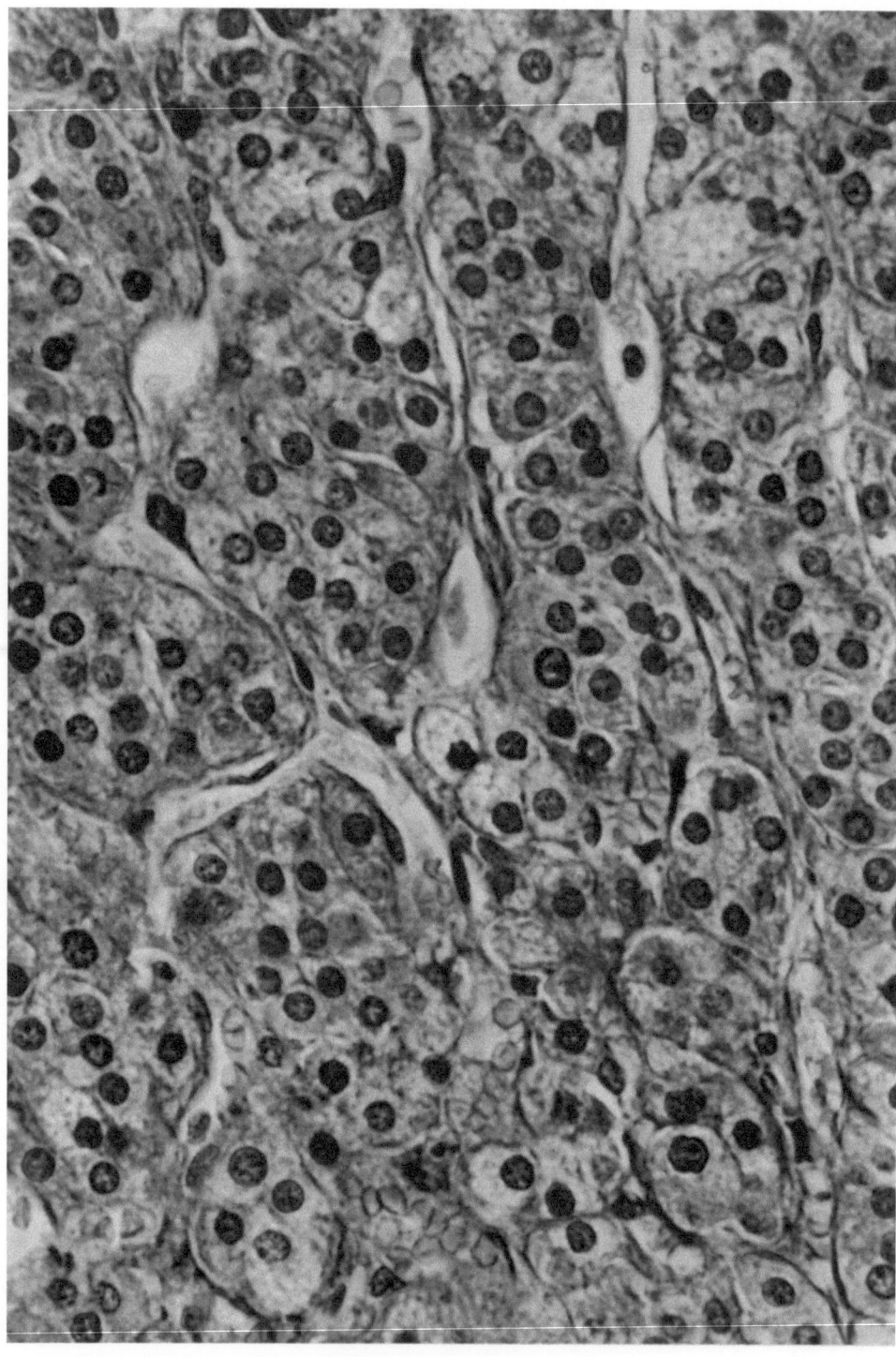

Abb. 9. Zona reticularis aus der Nebennierenrinde eines erwachsenen Mannes. Fixierung: Susa, Azan-Färbung, Vergr. 750fach. Dr. ANDRES fot.

körnchen sowie *eisenhaltiges Pigment*, ist jedoch, wie erwähnt, arm an Lipidgranula. Das Cytoplasma ist granulär und reich an Ribonucleotiden, alkalischer und saurer Phosphatase, unspezifischer Esterase, Succinodehydrogenase, DPN und TPN-Diaphorase. Die Mitochondrien sind zahlreich, ebenso das endoplasmatische Reticulum reichlich ausgebildet. Im Gegensatz zur Zona fasciculata werden hier mitotische Zellteilungsfiguren beobachtet.

Propst und Müller (1966) haben versucht, die Merkmale der Nebennierenrindenzellen bei der Ratte im Hinblick auf ihre Organellen in den einzelnen Zonen elektronenmikroskopisch zu erfassen und die Ergebnisse in der folgenden Tabelle zusammengestellt.

Tabelle. *Die Organellen der NNR-Zellen in den einzelnen Zonen*

Zone	Kern	Liposomen	Mitochondrien	Reticulum	Golgiapparat	Lysosomen	Villi	Besonderheiten
Glom.	oval	in Gruppen	länglich, gebogen, verzweigt tubulär, pseudokristallin	feinvesiculär, glatt	mehrere Golgizonen in 1 Zelle	zahlreich in Zellperipherie	vorwiegend gegen Kapsel und pericapillären Raum gerichtet	Cilien
Fasc.	rund	gleichmäßig verteilt	zahlreich, rund vesiculös	feinvesiculär, glatt	mehrere Golgizonen in 1 Zelle	sehr zahlreich, z.T. aus degenerierten Mitoch. entstanden	sehr zahlreich, nach allen Seiten	helle und dunkle Zellen
Ret.	rund bis polymorph	ungleichmäßig verteilt, sehr unregelmäßig begrenzt	sehr zahlreich, rund vesiculös und tubulär	vesiculär, glatt	mehrere Golgizonen in 1 Zelle	sehr zahlreich, stark beladen	weniger zahlreich	helle und dunkle Zellen, Pigment, reichlich intercelluläre Fibrillen

Bezüglich der Erneuerung (Regeneration) jener Rindenzellen, welche im Zuge der physiologischen Abnützung sich verbrauchen und untergehen, hatte man sich aus gewissen Anzeichen die Vorstellung zurecht gelegt, daß die Zellvermehrung hauptsächlich in der Glomerulosa stattfände. Von hier sollten die Epithelzellen in die Fasciculata und weiter in die Reticularis durch den Wachstumsdruck verschoben werden, wo sie z. T. untergehen sollten. Nach dieser älteren Vorstellung war die Glomerulosa die Geburts-, die Fasciculata die Arbeits- und die Reticularis die Untergangszone der Rindenzellen. Für diesen „Alterungsprozeß" sollte auch das Verhalten der Gitterfasern in den drei Zonen sprechen, das zum Corpus luteum in der Blüte und in der Rückbildung in Parallelität gebracht wurde. In der Glomerulosa werden die Zellballen im ganzen, in der Fasciculata die einzelnen Säulen und in der Reticularis fast jede einzelne Zelle von Gitterfasern umsponnen. Das in der NNR topographisch nebeneinander auftretende Verhalten der Gitterfasern in den drei Zonen ist beim Corpus luteum zeitlich gestaffelt vorhanden (Bachmann).

Die geschilderte Theorie der Zellwanderung in der NNR erfuhr dann durch die Proklamation einer subcapsulären *Zona germinativa* dahingehend eine Erweiterung, daß der Zellnachschub aus einem bindegewebigen subcapsulären

Blastem der Kapsel durch amitotische Zellteilung von Blastemzellen erfolgen würde. Aus diesen entstünden die Glomerulosazellen. Die Kapsel hätte darnach zwei verschieden potente Anteile: eine äußere rein fibröse Organkapsel und eine innere Keimschicht.

Die Entstehung von NNR-Zellen aus mesodermalem Gewebe ist durchaus vorstellbar, entsteht doch die Rinde überhaupt als Epithelknospen des mesodermalen Cölomepithels in der Nähe des cranialen Poles der Urniere.

Gegen die Theorie der Zellmigration von außen nach innen in der Rinde sind gewichtige Bedenken aufgetreten und die Histobiologie der Rinde erscheint heute unter ganz anderen Aspekten.

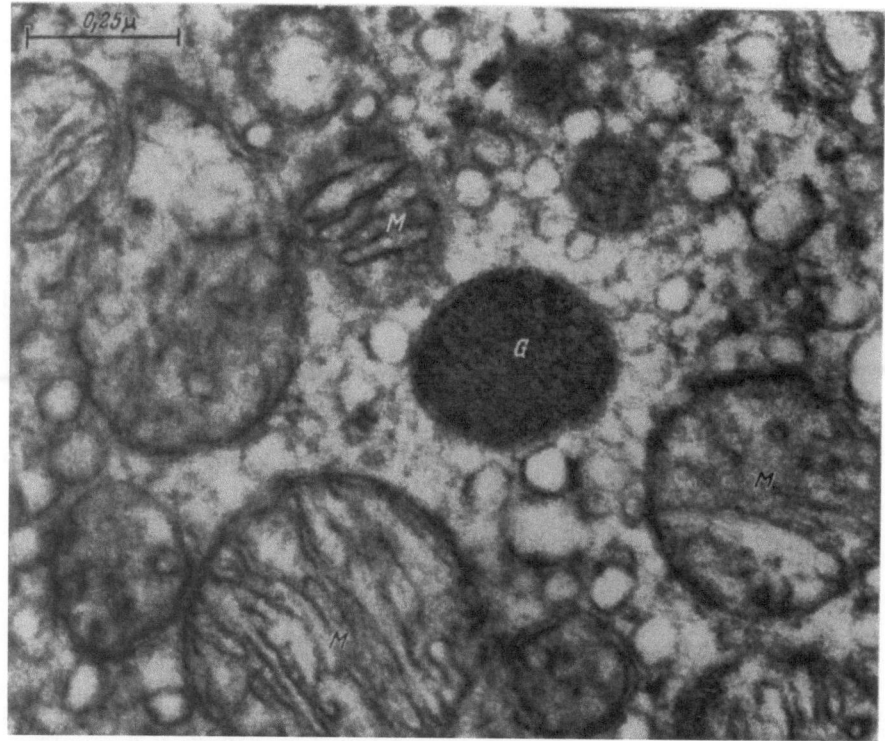

Abb. 10. Ausschnitt aus einer Fasciculatazelle der Maus (nach T. ZELANDER). *G* Lipidtropfen, *M* Mitochondrien

Bemerkenswert ist die Reaktion der menschlichen Nebennierenrinde auf die Injektion von ACTH je nach Menge und Dauer. Schon nach wenigen Minuten kommt es zu vermehrtem Blutabfluß in die Vena suprarenalis und vermehrter Cortisolsekretion. Wenn höhere ACTH-Dosen über mehrere Tage gegeben werden, steigt das Gewicht der Nebennieren an und es kommt zu einer morphokinetischen Reaktion (SYMINGTON, 1962). Die Fasciculatazellen der inneren zwei Drittel wandeln sich in Zellen vom kompakten Typus um und nur an der Oberfläche in der Nachbarschaft der Zona glomerulosa bleibt ein schmaler Streifen typischer Fasciculatazellen erhalten (SYMINGTON, 1962). Die so verwandelte Fasciculata und Reticularis bilden dann eine einheitliche Zone. Sogar Mitosefiguren können in den kompakten Zellen der Zona fasciculata beobachtet werden. Auch elektronenmikroskopisch sind die kompakten Fasciculatazellen nicht von den Reticulariszellen zu unterscheiden, sie enthalten nunmehr reichlich Mitochondrien.

In jüngerer Zeit wurden die Beweise vermehrt, daß Aldosteron in der Zona glomerulosa, die Glucocorticoide und die Sexualhormone (Androgene und Oestrogen) in der Zona fasciculata und reticularis gebildet werden. Es besteht die Möglichkeit, daß in der ruhenden bzw. normal tätigen Nebennierenrinde die kompakten Zellen der Zona reticularis die Glucocorticoide und Androgene bilden, während die hellen Zellen der Zona fasciculata ein Speicherorgan für die zum Aufbau notwendigen Steroidvorläufer darstellen. Im Zuge des Aufbrauchens dieser Vorläufer und als Folge der Abgabe an den Blutstrom werden dann die hellen Zellen der Fasciculata kompakt, wenn die Anforderung anhält. In dieser Erklärung kommt ein Unterschied zu der Lehre von Tonutti zum Ausdruck, dessen Untersuchungen und Deutungen jedoch Ergebnisse von Nagern zugrunde liegen.

5. Dynamische Morphologie und Cytologie der Nebennierenrinde bei Laboratoriumstieren nach Tonutti (1952)

Die Struktur der NNR und ihrer Epithelien kann unter dem Einfluß des adrenocorticotropen Hormones des HVL in eindrucksvoller Weise verändert werden. Die NNR spiegelt unter bestimmten Funktionsbedingungen auch morphologisch und cytologisch eine verminderte oder erhöhte Leistungsanforderung, welche an sie gestellt ist, wider. Das ACTH hat sich als für die NNR morphokinetisch wirksames Prinzip erwiesen und seine experimentelle Anwendung gestattet es, in dieser Hinsicht wohl definierte Funktionszustände durch dosierte Zufuhr zu erzeugen.

Es zeigte sich, daß eine funktionelle Anpassung der NNR auch in einer strukturellen Änderung ihren Niederschlag findet, derart, daß in den bekannten drei Zonen Umbauvorgänge ablaufen (Tonutti, 1953).

Experimentell kann eine erhöhte Anforderung an die physiologischen Funktionen des Organes durch Zufuhr von ACTH erzeugt werden. Sie äußert sich in einer *progressiven Transformation*, während umgekehrt eine verminderte Leistungsanforderung (bei Abnahme der ACTH-Konzentration oder bei Versiegen nach Hypophysektomie) durch eine *regressive Transformation* beantwortet wird (Tonutti).

Die progressive Transformation besteht darin, daß die Zellen der beiden marginalen Rindenzonen (Glomerulosa und Reticularis) „in mehr oder weniger starkem Umfange morphologisch das Aussehen und die Eigenschaften der Fasciculatazellen annehmen". Die Folge davon ist, daß die charakteristische zonale Gliederung verwischt wird oder nahezu ganz verschwindet und die Rinde von der Kapsel bis zur Markgrenze fast einheitlich gebaut erscheint. Zelleiber und -kerne in allen Zonen vergrößern sich, besonders auch in der Fasciculata. Tonutti (1942) deutet diese Veränderungen als Ausdruck für die Vergrößerung der Sekretionskapazität des Rindenorganes.

Die regressive Transformation geht umgekehrt mit einer Verschmälerung der Fasciculata einher, da durch eine Art Entdifferenzierung der Fasciculatazellen die äußere und innere Fasciculatagrenze einander näherrücken, so daß die marginalen Zonen unverhältnismäßig breit erscheinen. Auch die Zelleiber und -kerne aller Zonen, insbesondere auch der Fasciculata, verkleinern sich. Die zonale Gliederung erscheint besonders deutlich ausgeprägt. Erklärung Tonuttis: Verminderte Sekretionskapazität durch Entdifferenzierung und Bereitstellung als wiederum mobilisierbare Reserve.

Das eigentlich leistungsfähige, wenn auch nicht ausschließliche Arbeitsgewebe für die Bildung der Rindenhormone sind also die Epithelien der Fasciculata. Tonutti bezeichnete als „äußeres Transformationsfeld" die äußere Fasciculata und die Glomerulosa mit der Kapsel und als „inneres Transformationsfeld" die innere Fasciculata und die Reticularis. Es kommt darin zum Ausdruck, daß sich auch in den Fasciculatazellen selbst eine „Transformation" abspielt.

Richtung, Ablauf, Geschwindigkeit und Umfang der Transformation der NNR wird durch die im Blut kreisende Menge von ACTH bestimmt. Radioaktiv markiertes ACTH wird schon wenige Minuten nach der Injektion in allen Zonen der Rinde vorgefunden, allerdings verschwindet es in kurzer Zeit wieder, da seine Lebensdauer nur kurz zu sein scheint (SONENBERG u. Mitarb.).

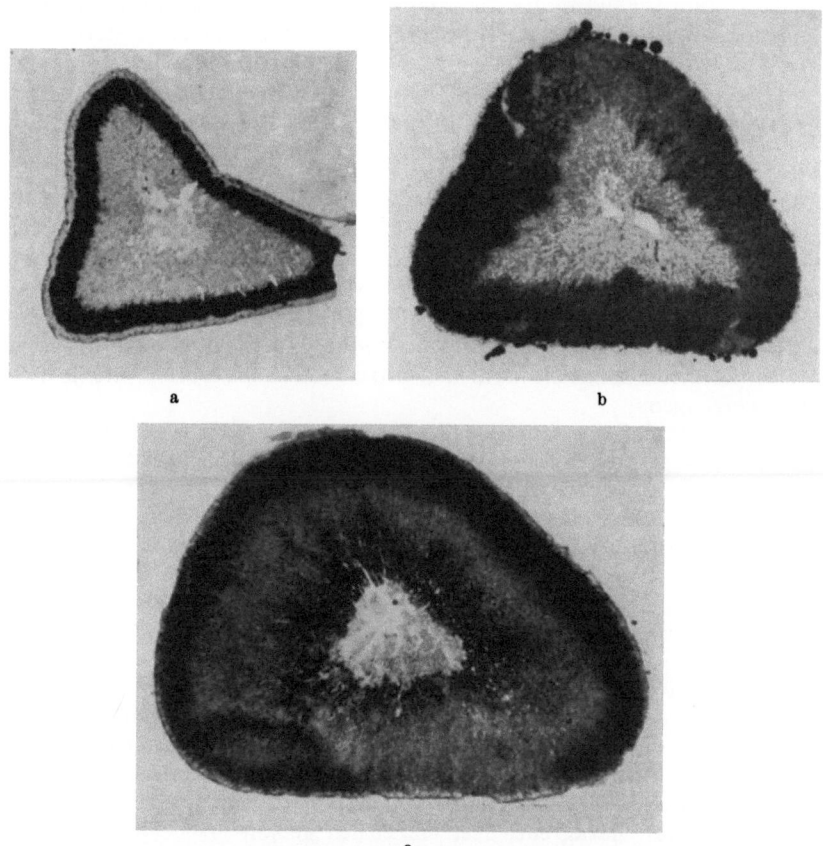

Abb. 11a—c. Querschnitt durch die Nebennieren von Meerschweinchen, Übersicht über Lipoidmenge und Verteilung bei Scharlachrotfärbung. a Regressive Transformation; b Normaltier; c Progressive Transformation nach langdauernder ACTH-Gabe (7 Tage, täglich 3 × 3, I.E.). (Nach TONUTTI)

Aus diesen Beobachtungen erhellt, daß die Aufrechterhaltung der Normalstruktur der Rinde von der kontinuierlichen Abgabe eines bestimmten ACTH-Quantums durch den HVL abhängig ist. Mit der Hypophysektomie setzt eine fortschreitende regressive Transformation ein, welche nach Erreichung eines maximalen Ausbildungszustandes offenbar stillsteht. Umgekehrt bewirkt eine längere, möglichst kontinuierliche Verabreichung von ACTH (kurze Lebensdauer) sowohl beim hypophysenlosen wie beim Normaltier eine progressive Transformation. Eben durch eine solche ACTH-Ausschüttung aus dem HVL als Folge aller möglichen Reize (stress) ist das Adaptationssyndrom von SELYE charakterisiert. Die regressive Transformation macht auf *dem* Entfaltungsstand des Rindenparenchyms halt, der dem aktuellen Stand der corticotropen Beeinflussung entspricht (TONUTTI).

Das morphologische Bild der Rinde, welches sich dem Untersucher in einem bestimmten Moment bietet, ist kein absoluter Indikator für die tatsächliche, in diesem Moment vorhandene Rindenfunktion, sondern eher ein solcher für die Beurteilung einer erhöhten oder verminderten Leistungsanforderung, welche an das Organ gestellt war (TONUTTI). Die Leistung selbst hängt ebenso von den Fermentsystemen und den zur Verfügung stehenden Bausteinen ab. Sie kann durch die Analyse der Erfolgsfunktionen der NNR-Hormone, nicht aber eigentlich an der Quelle ihrer Entstehung selbst beurteilt werden. Die NNR ist das Testorgan für die ACTH-Aktivität des HVL.

II. Das Nebennierenmark und die chromaffinen Paraganglien
1. Zur Geschichte

Die Entdeckung, daß das Nebennierenmark einen Stoff von hoher chemischer Reaktionsfähigkeit enthält, ist schon über 100 Jahre alt. VULPIAN beschrieb 1856, daß sich das Nebennierenmark bei Betupfen mit verdünnter Eisenchloridlösung grün färbt und HENLE beobachtete 9 Jahre später, daß sich die Markzellen in Lösungen von Kaliumbichromat braun färben (*Henlesche Reaktion*). Zellen mit gleicher Eigenschaft beobachtete A. KOHN (1900) in Organen des Retroperitoneums, die heute als chromaffine oder phaeochrome Paraganglien bezeichnet werden.

LEWANDOWSKY und LANGLEY entdeckten, daß Extrakte des Nebennierenmarkes die gleichen funktionellen Wirkungen hervorbringen wie die Reizung des Sympathicus.

ALDRICH und TAKAMINE stellten 1901 unabhängig voneinander das Hormon des Nebennierenmarkes in reiner Form dar. Sie isolierten es in kristallinischer Form. Dieser Stoff, *Adrenalin* genannt, wird tatsächlich durch *Eisenchlorid* grün gefärbt und ist mit den charakteristischen pharmakologischen Wirkungen ausgestattet. Seine Konstitutionsformel, die die synthetische Herstellung ermöglichte, wurde schon 5 Jahre später von FRIEDMANN (1906) gefunden.

HOLTZ und SCHÜMANN (1950) wiesen ein zweites Katecholamin, das Noradrenalin oder Arterenol, nach, dessen Entstehungsort von BÄNDER (1951) und HILLARP und HÖKFELDT (1954) auf einen färberisch definierbaren Zelltypus des Nebennierenmarkes bezogen werden konnte.

2. Cytologie

Das Nebennierenmark findet man mikroskopisch aus Epithelzellen aufgebaut, welche durch weite Capillaren und weite dünnwandige venöse Sinus in Strängen und Ballen angeordnet sind (Abb. 12).

Die rundlichen, polygonalen oder auch länglichen Markzellen sind mehr oder weniger dicht von Körnchen erfüllt, deren verschiedene Dichte in benachbarten Zellen die Zellgrenzen deutlich hervortreten lassen kann. Bei gleichmäßiger dichter Anfüllung sind solche nicht oder schlechter zu erkennen. Die Granulationen erfüllen die Zelleiber gleichmäßig, können aber auch eine Anhäufung auf der Capillarseite erkennen lassen. In gewöhnlichen Schnitten sind somit die „hellen" und „dunklen" Markzellen zu erkennen.

Die Zellkerne variieren sehr stark in ihrer Größe und Gestalt. Sie sind eiförmig bis kugelig, man findet im gleichen Gesichtsfeld kleine, mittlere und große in

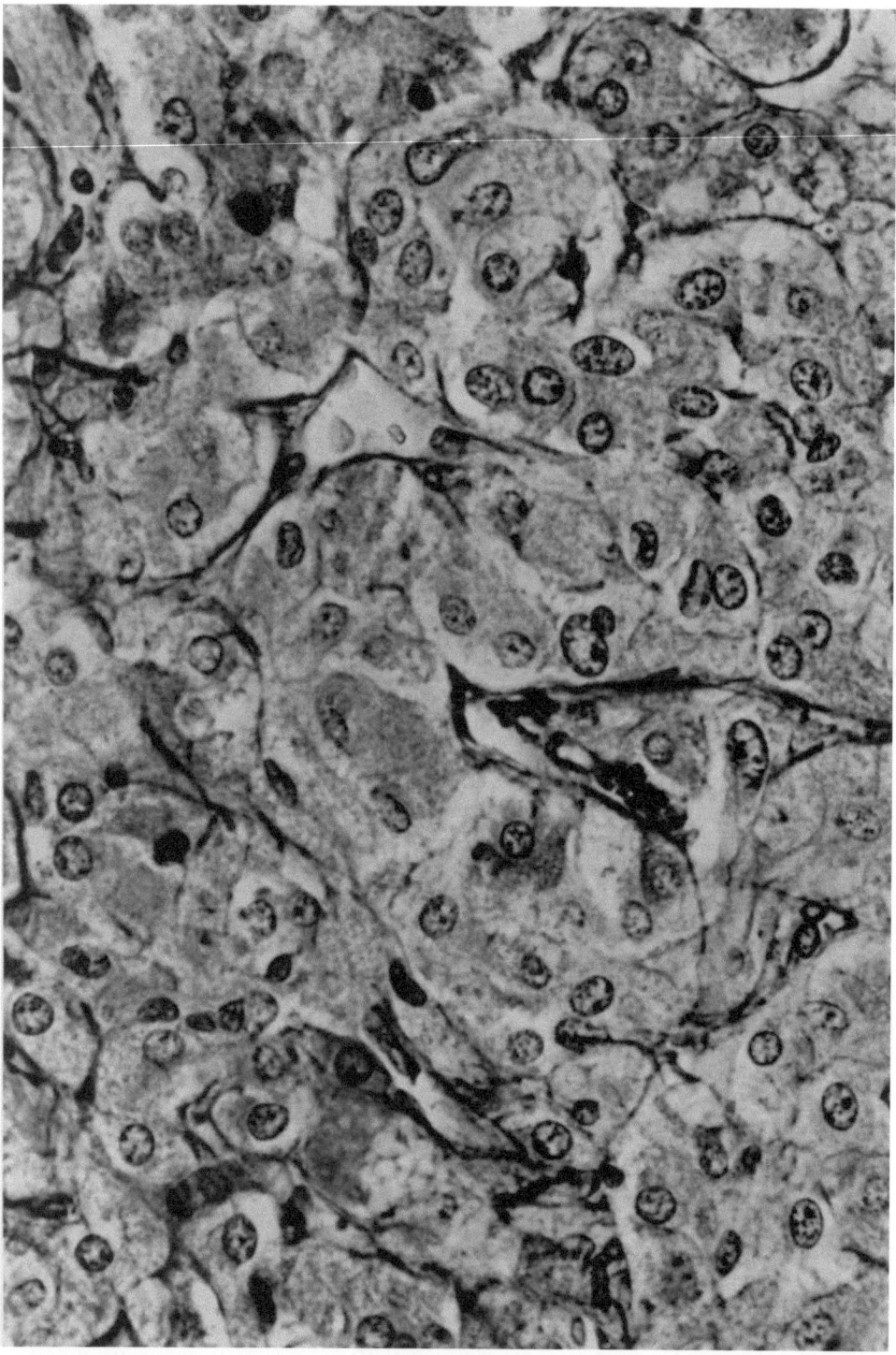

Abb. 12. Marksubstanz der Nebenniere eines erwachsenen Mannes. Fixierung: Susa, Azan-Färbung, Vergr. 750fach
Dr. ANDRES fot.

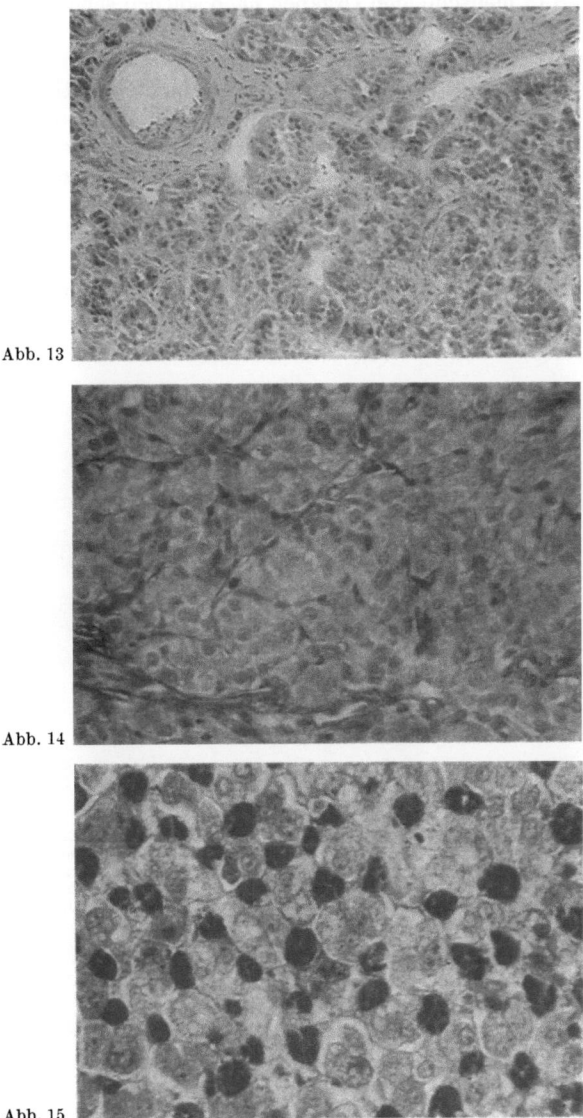

Abb. 13. Nebennierenmark vom Schwein. Vergr. 130×. 10%iges Kaliumjodat, neutrales Formol, Gefrierschnitt-Hämalaun. Die Noradrenalinmarkzellen braun gefärbt (Präp. u. Foto von Dr. SEDLAR)

Abb. 14. Chromaffines Paraganglion vom Kind. Die Zellgruppen sind durch verhältnismäßig reichliches Bindegewebe und Capillaren voneinander getrennt

Abb. 15. Menschliche Nebennierenrinde, Oberflächenparallelschnitt im Niveau der Zona fasciculata. Derartige Tangentialschnitte zeigen, daß es sich nicht um eine wirkliche Säulenkonstruktion handelt. Die Zellstränge sind nur teilweise durch Capillaren getrennt, an vielen Stellen ihres Umfanges hängen sie cellulär zusammen. Vergr. 320×

bunter Reihe nebeneinander. Sie haben eine prall gespannte Kernmembran und sind durch ihre Chromatinarmut auffallend, weshalb sie „bläschenförmig" erscheinen. Die Sinusoide sind von einem sehr deutlichen Endothel begrenzt. An manchen Stellen, besonders in der Nähe größerer Venen, finden sich Nester von kleinen Markzellen mit kleinen, runden, dunklen Kernen. Über ihre Bedeutung ist nichts bekannt (Regenerationsherde?). Die Vermehrung soll nach CLARA durch Amitose erfolgen. Multipolare Ganglienzellen kommen zwischen den Markzellen vor, doch muß man in menschlichen Organen nach solchen schon suchen, sie sind relativ spärlich.

An der Rindenmarkgrenze liegt beim Menschen keine Abgrenzung oder „Kapsel" vor, vielmehr stoßen die Balken der intensiv gefärbten Reticulariszellen unmittelbar an die Markzellen an und werden auch nicht durch Gitterfasern von ihnen getrennt. Die Stränge der Reticulariszellen setzen sich also als Stränge der Markzellen direkt fort, so daß eine unregelmäßige Begrenzungslinie infolge der verschiedenen Farbintensität sichtbar ist, welche als leichte Zackenlinie verläuft.

Es wird heute allgemein anerkannt, daß die chromaffinen Granula der Markzellen tatsächlich *Adrenalin* selbst oder dessen Vorstufe sind. Die Menge der chromaffinen Körnchen entspricht grob auch der Adrenalinmenge, die durch chemisch-analytische Methoden nachzuweisen ist. Die Abgabe erfolgt wohl in

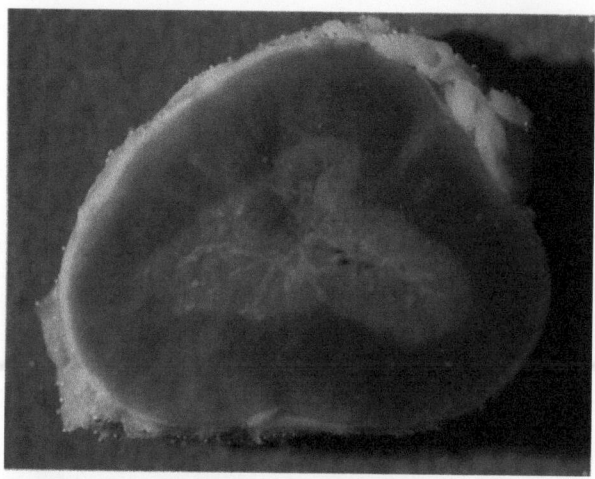

Abb. 16. Quer durchgeschnittene, ins Fixierungsmittel Glutardialdehyd eingelegte Nebenniere eines Rindes. Außen (dunkler) Nebennierenrinde, innen (heller) Nebennierenmark. Das Nebennierenmark zeigt unter der Wirkung von Glutardialdehyd zwei Bestandteile; einen helleren Anteil, astförmig gegliedert, und einen umgebenden dunkleren Anteil. Der weiß-gelbe hellere Markanteil erweist sich nach histologischen und histochemischen Kriterien als Noradrenalinmark, der dunklere Markanteil als Adrenalinmark
(Präp. u. Foto von Dr. SEDLAR)

gelöstem Zustand. Körnchen, welche man in den Lumina der Sinus findet, sind wahrscheinlich durch das Schneiden dorthin gelangt.

Eine *Reizung der Nebennierennerven* hat eine unmittelbare Abgabe von Adrenalin in den Blutstrom zur Folge; die Körnchen werden vermindert. Die Reizung hat aber keinen erkennbaren Effekt auf die Rindenzellen. Auf der anderen Seite vermindert eine Durchschneidung der Nebennierennerven die Adrenalinabgabe, ohne die Rindentätigkeit zu stören. Daraus schließt man, daß die Abgabe der Rindenhormone von der Nerventätigkeit weitgehend unabhängig ist, die des Markes aber durch Nervenreize gesteuert wird.

An den großen, mit mächtigen Polstern von glatter Muskulatur in der Intima ausgestatteten Markvenen, liegen vielfach Glomerulosa und Fasciculatazellen, deren Topik sich aus der Invertierung der Rinde am Austritt der Vena suprarenalis erklärt.

Die Fixierung der Markzellen ist schwierig, am besten gelingt sie durch Durchspülung mit der Lösung des Fixierungsmittels. In schlecht fixierten Organen sind die Markzellen geschrumpft und dann sternförmig.

An Nebennieren, ins Fixierungsmittel Glutardialdehyd eingelegt, unterscheiden sich schon nach wenigen Minuten makroskopisch eindrucksvoll zwei Markanteile: der eine färbt sich satt weißgelb, der andere behält die ursprünglich

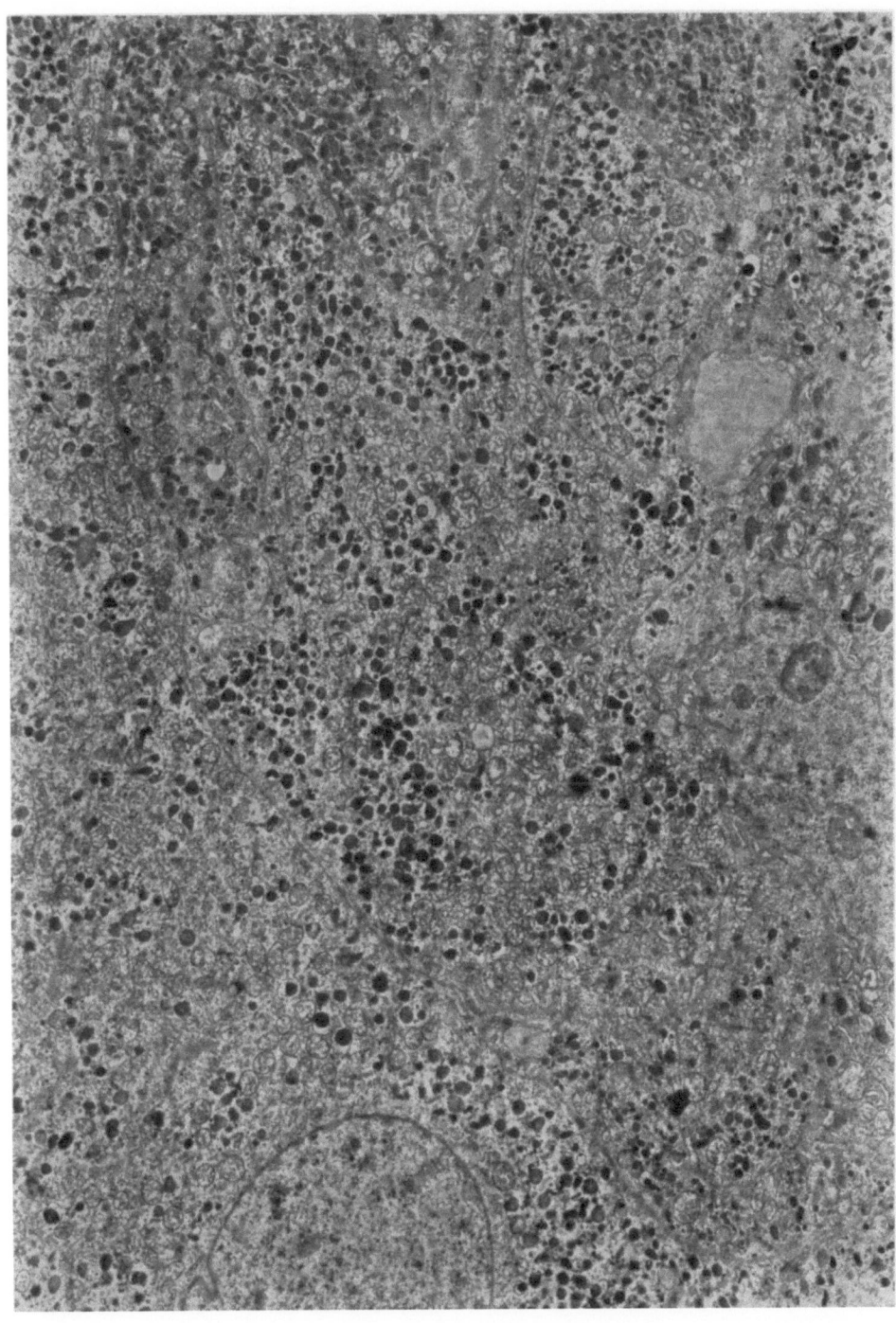

Abb. 17. Phäochromocytom, Mensch. Phäochromocytomzellen, von Katecholamin-Granula in unterschiedlicher Anzahl und Dichte erfüllt. In allen Zellen reichlich Mitochondrien. (Vergr. el.-opt. 2500×, Abb. 6000×)

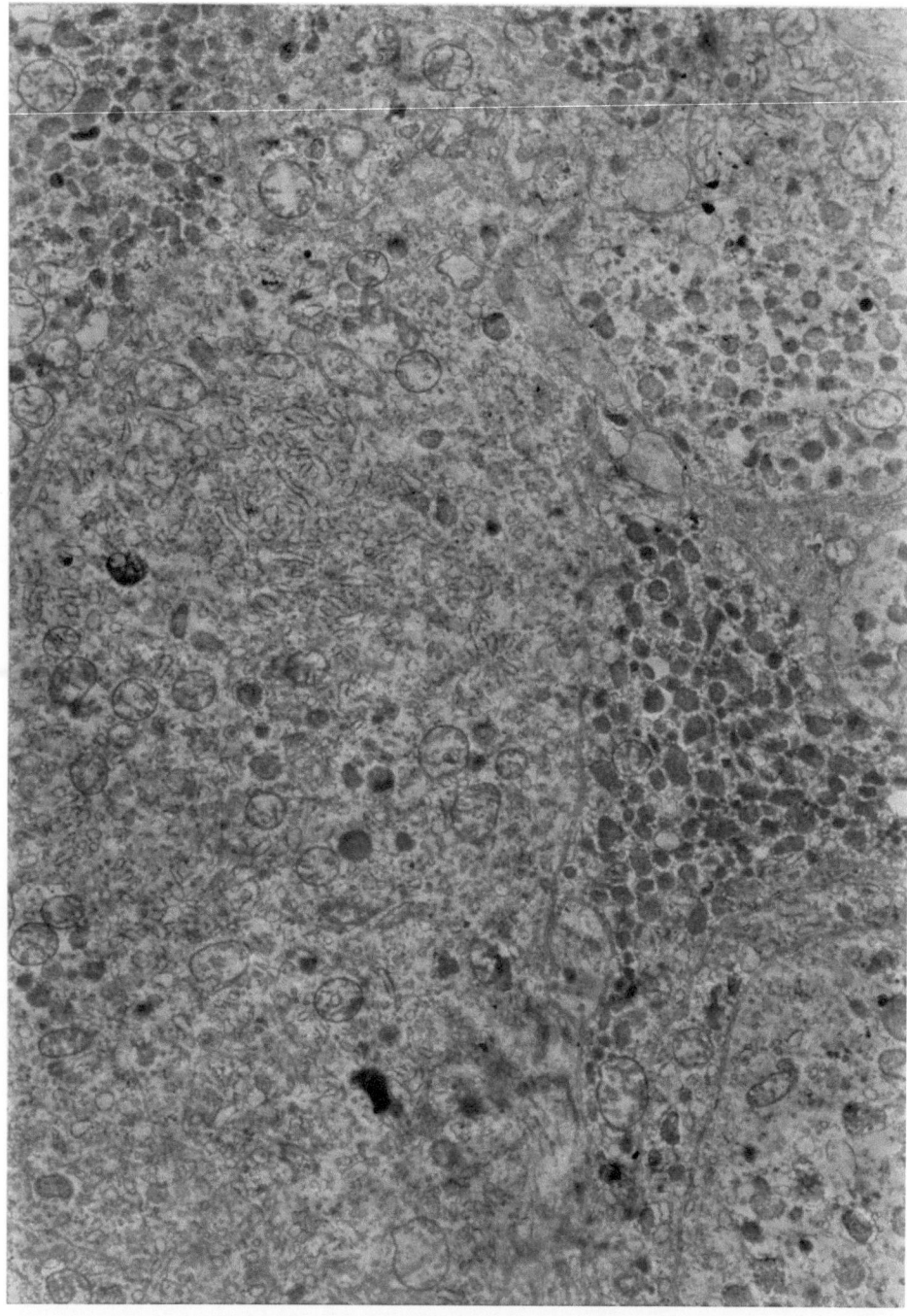

Abb. 18. Phäochromocytom Mensch, elektronenmikroskopische Aufnahme. Verschiedene Zellarten mit unterschiedlicher Dichte und Struktur der Granula. Vergr. 12 000 ×

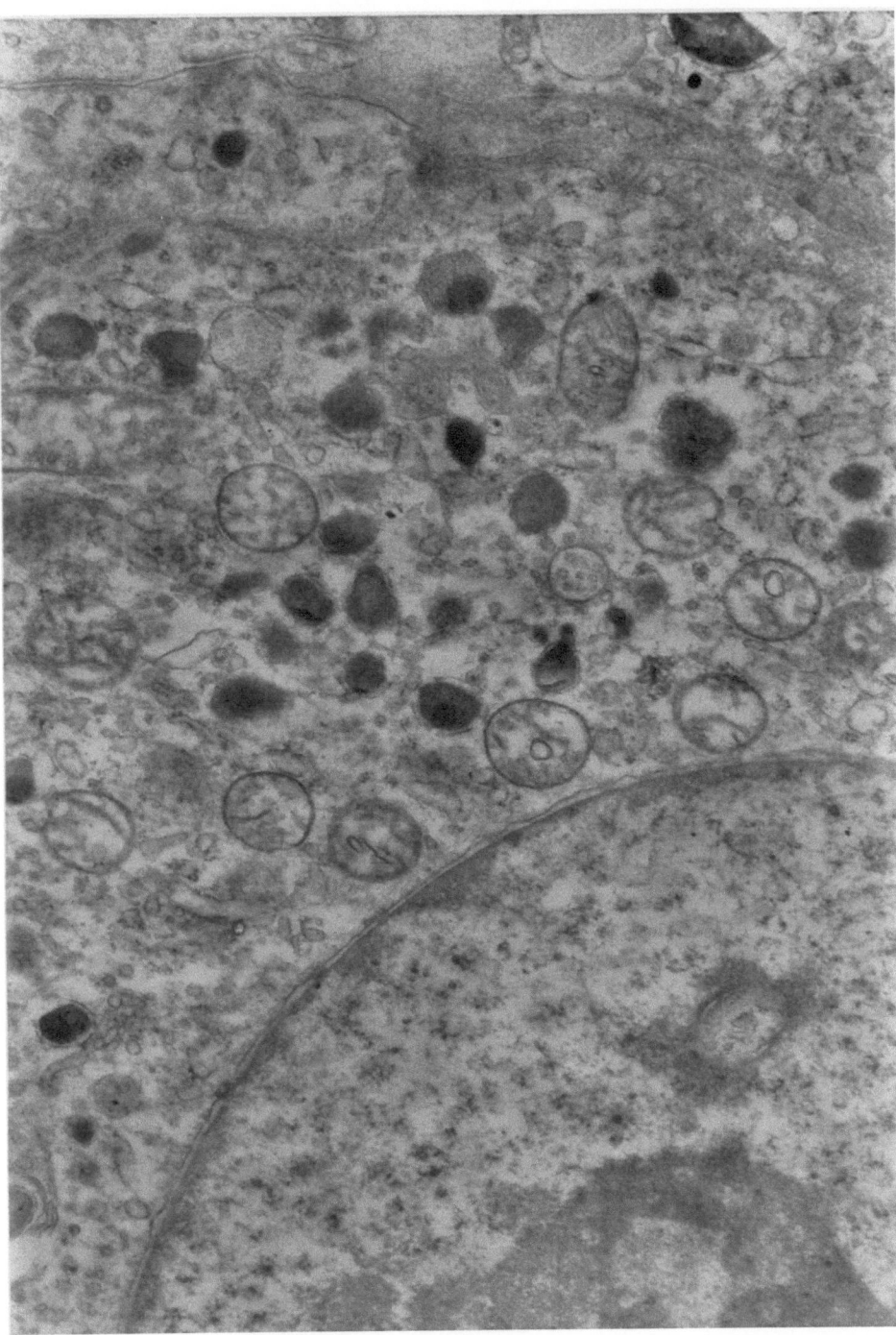

Abb. 19. Ausschnitt aus einer Phäochromocytomzelle des Menschen. Unten: Zellkern mit doppelter Kernmembran. Mitte: Mitochondrien mit Cristae und elektronendichten Granula mit Membran. Oben: Zellmembran.
Vergr. 25 000 ×

dem ganzen Marke eigene, rötlichgraue Farbe. Auch durch tagelange Lagerung der Nebennierenstücke im Glutardialdehyd verwischt sich der Farbunterschied zwischen den beiden Markanteilen nicht. Als Beispiel die Nebenniere des Rindes (Abb. 16). Der weißgelb sich färbende Markanteil erweist sich bei histologischen und histochemischen Vergleichen als Noradrenalinmark, der andere als Adrenalinmark. (Präparate und Aufnahmen von Dr. SEDLAR, Anatomisches Institut der Univ. Heidelberg.) Die Färbung des Noradrenalinmarkes soll nach TRAMEZZANI u. Mitarb. (1964) auf der Bildung von unlöslichem, gelbem Azomethin durch Kondensation von Noradrenalin und Glutardialdehyd beruhen.

Von BÄNDER (1951, 1954) wurden, wie erwähnt, im Nebennierenmark von Mäusen, Katzen und Hunden zwei chromaffine Zellarten dargestellt, weshalb er vermutete, daß Adrenalin und Noradrenalin von diesen verschiedenen Zellen des Nebennierenmarkes gebildet wird. Die hellen Markzellen bezeichnet BÄNDER als Pikrinophile (P-Zellen), die dunklen als Fuchsinophile (F-Zellen). Im Nebennierenmark von Kaninchen, Meerschweinchen und Ratten, welche nur Adrenalin enthalten sollen, soll es nach BÄNDER nur P-Zellen geben. Daraus könnte geschlossen werden, daß die P-Zellen die Quelle des Adrenalin und die F-Zellen die des Noradrenalins darstellen. Diese Deutung ist durch HILLARP und HÖKFELDT weiter wahrscheinlich gemacht worden und wird heute als gesichert angesehen, umsomehr, als sich auch elektronenmikroskopisch Markzellen mit verschiedenen Granula auffinden ließen. Die Unterschiede der Granula beziehen sich auf ihre Größe, aber auch auf die Struktur und Dichte des Granula-Inhalts (MOPPERT, 1966). Die Durchmesser der Granula der hellen Markzellen sind im Mittel 2100 Å, die der dunklen 2600 Å. In den hellen Markzellen sind die Granula feinkörnig, elektronenoptisch weniger dicht und durch einen schmalen Hof von der umgebenden Membran abgesetzt. Die Granula der dunklen Markzellen sind deutlich dichter. Eine Markzelle enthält stets nur einen der beiden Granulumtypen, jedoch sind sonstige Zellorganellen nicht unterschiedlich ausgebildet. Nach Insulingaben wird das Cytoplasma der hellen Markzellen fleckig und teilweise vacuolisiert, das der dunklen bleibt unverändert. Die hellen Zellen sind dann mit bläschenförmig aufgetriebenen Granula erfüllt, die nun optisch leer oder mit einem kleinen elektronendichten Innenkörper erfüllt sind, der exzentrisch in der Nähe der Granulamembran liegt. Die Golgi-Felder sind vergrößert. Auch diese Beobachtungen stützen die Annahme, daß die hellen Markzellen die Adrenalinquelle sind.

Im Zusammenhang mit der normalen Cytologie der Nebennierenmarkzellen interessieren selbstverständlich die Zellelemente des Phäochromocytoms. Eigene diesbezügliche elektronenmikroskopische Untersuchungen erweisen den Aufbau aus Zellelementen, die dem hellen Typus, also dem Adrenalinzelltypus entsprechen. Die Granula bestehen aus verhältnismäßig osmiophilem Material, das den Membranraum ausfüllt und einen hellen Saum frei läßt. Allerdings ist die Dichte der Granula in einzelnen Zellen verschieden. Neben Elementen, vollgefüllt mit Granula, gibt es Zellen mit spärlichen Granula, in denen dafür ein überaus reichliches endoplasmatisches Reticulum vorhanden ist (Abb. 17—19).

3. Die chromaffinen Paraganglien

Das Nebennierenmark (Paraganglion suprarenale) ist nur ein Teil des chromaffinen (= phäochromen) Systems, das außer dem Nebennierenmark die sog. freien chromaffinen Paraganglien umfaßt, deren nächstgrößtes das Zuckerkandlsche Organ (Paraganglion aorticum abdominale) darstellt. Beim 8 Monate alten Fetus enthält das Zuckerkandlsche Organ doppelt soviel Noradrenalin und

Adrenalin wie beide Nebennieren zusammen. Beim Erwachsenen ist das Zuckerkandlsche Organ weitgehend zurückgebildet und hat praktisch kein Adrenalin. Im gesamten Retroperitonealraum gibt es überdies beim Neugeborenen rund 40 freie Paraganglien und zahlreiche kleinere Gruppen chromaffiner Zellen in sympathischen Ganglien und in ihrer Nachbarschaft. Die chromaffinen Paraganglien und Zellgruppen kommen beim Menschen im Säuglings- und Kindesalter im Bereich des Bauch- und Beckensympathicus sehr reichlich vor (WATZKA). Im Bereich des Brust- und Halssympathicus sind chromaffine Körper nur spärlich ausgebildet.

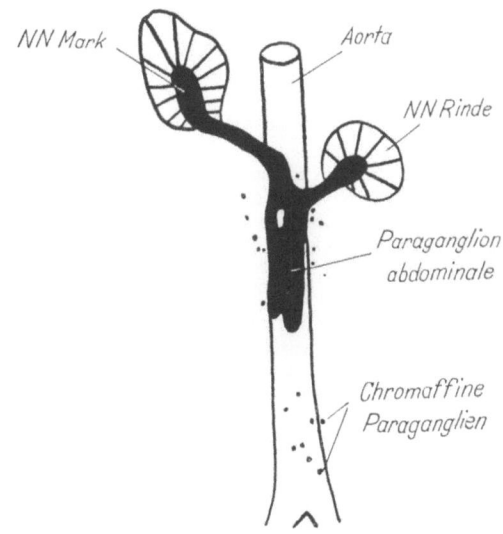

Abb. 20. Chromaffine Paraganglien bei einem neugeborenen Kaninchen (nach WATZKA)

Das Nebennierenmark und die chromaffinen Zellgruppen außerhalb des Markes entwickeln sich embryonal aus dem Blastem der Sympathicusanlage (KOHN). Bei menschlichen Embryonen von ca. 15 mm Länge differenzieren sich Zellen der Sympathicusanlage zu Phäochromoblasten, aus denen die Phäochromocyten hervorgehen. Die Braunfärbung der Nebennierenmarkzellen und der Paraganglien des Bauchraumes mit chromhaltigen Oxydationsmitteln (aber auch anderen) hat zu ihrer Kennzeichnung als chromaffine oder phäochrome Zellen geführt.

Literatur

ARNOLD, I.: Nebennierenrinde. Virchows Arch. path. Anat. **35**, 64 (1866).
BACHMANN, R.: Über die Bedeutung des argyrophilen Bindegewebes (Gitterfasern) in der Nebennierenrinde und im Corpus luteum. Z. mikr.-anat. Forsch. **41**, 433—446 (1937).
— Nebennierenstudien. Ergebn. Anat. Entwickl.-Gesch. **33**, 31—134 (1941).
— Veränderungen der Nebennierenrinde des Hundes bei akuter und chronischer Kreislaufbelastung. Z. Zellforsch. **38**, 1—25 (1953).
— J. KREYSLER, A. SCHWINK u. R. WETZSTEIN: Elektronenmikroskopische Untersuchungen an Sphaeroidkörperchen des menschlichen Nebennierenmarks. Z. Zellforsch. **57**, 827—837 (1962).
BÄNDER, A.: Über zwei verschiedene chromaffine Zelltypen im Nebennierenmark und ihre Beziehung zum Adrenalin- und Arterenolgehalt. Anat. Anz. **97**, Erg.-H., 172—176 (1951) und Naunyn-Schmiedebergs Arch. exp. Path. Pharmak. **223**, 140—147 (1954).
BARGMANN, W.: Über Kolloidbildung im Nebennierenmark. Z. Zellforsch. **39**, 232—240 (1953).
—, u. E. LINDNER: Über den Feinbau des Nebennierenmarks des Igels. (Erinaceus europeus l.). Z. Zellforsch. **64**, 868—912 (1964).

Bourne, G. H.: The mammalian adrenal gland. Oxford: Clarendon Press 1949.
Busch, W.: Die arterielle Gefäßversorgung der Nebenniere. Virchows Arch. path. Anat. **324**, 688 (1954).
Carr, I. A.: Microvilli of the cells of the human adrenal cortex. Nature (Lond.) **182**, 607—608 (1958).
— The ultrastructure of the human adrenal cortex before and after stimulation with ACTH. J. Path. Bact. **81**, 101—105 (1961).
Clara, M.: Über die physiologische Regeneration der Nebennierenmarkzellen beim Menschen. Z. Zellforsch. **25**, 221—235 (1937).
Eichner, D.: Über den morphologischen Ausdruck funktioneller Beziehungen zwischen Nebennierenrinde und neurosekretorischem Zwischenhirnsystem der Ratte. Z. Zellforsch. **38**, 488—508 (1953).
— Zur Frage der Kernvolumenvergrößerung in den Nebennierenmarkzellen der Ratte unter experimentellen Bedingungen. Z. Zellforsch. **44**, 219—224 (1956).
Eränkö, O.: Cell types of the adrenal medulla. In: Adrenergic mechanisens, p. 163—168. London: Churchill 1960.
Erbslöh, Fr.: Über normale und pathologische Histologie der Säuglingsnebennieren. Klin. Wschr. **24/25**, 39/40, 622 (1947).
Ferner, H.: Entwicklungsgeschichte des Menschen. München-Basel: Ernst Reinhardt 1966.
Feyter, F., u. W. Zischka-Konorsa: Über die cyanochrom-granulären Muskelfasern des menschlichen Nebennierenmarks. Z. Zellforsch. **63**, 871—879 (1964).
Fujita, H.: An electron microscopic study of the adrenal cortical tissue of the domestic fowl. Z. Zellforsch. **55**, 80—88 (1961).
Gottschau, M.: Structur und embryonale Entwicklung der Nebennieren bei Säugetieren. Arch. Anat. Physiol. Anat. Abt. 1883, 412—458 (1883).
Halasz, B., u. J. Szentagothai: Histologischer Beweis einer nervösen Signalübermittlung von der Nebennierenrinde zum Hypothalamus. Z. Zellforsch. **50**, 297—306 (1959).
Hett, J.: Ein Beitrag zur Histogenese der menschlichen Nebenniere. Z. mikr.-anat. Forsch. **3**, 179—282 (1925).
Hillarp, N. Å., and B. Hökfeldt: Evidence of adrenaline and noradrenaline in separate adrenal medullary cells. Acta physiol. scand. **30**, 55—68 (1953).
Holtz, P., u. H. J. Schümann: Arterenol, Hormon des Nebennierenmarkes und chemischer Übertragungsstoff sympathischer Nervenerregungen. Schweiz. med. Wschr. **1949**, 252 bis 253.
Ito, T., T. Hoshino, and K. Savauchi: Histological studies of the influences of pregnancy and lactation of the adrenal cortex in mice. Z. Zellforsch. **61**, 883—893 (1964).
Kohn, A.: Anencephalie und Nebenniere. Arch. mikr. Anat. **102**, 113—129 (1924).
Labhart, A.: Klinik der inneren Sekretion. Berlin-Göttingen-Heidelberg: Springer 1957.
Laeschke, R.: Die physiologischen und vom Verhalten der Keimdrüsen abhängenden Veränderungen der Nebennierenrinde des erwachsenen Menschen. Z. mikr.-anat. Forsch. **57**, 1—84 (1951).
Lever, I. D.: Electron microscopic observations on the adrenal cortex. Amer. J. Anat. **97**, 409—430 (1955).
Liebegott, G.: Studien zur Orthologie und Pathologie der Nebennieren. Beitr. path. Anat. **109**, 93—178 (1944).
Merklin, R. J., and N. A. Michels: The variant renal and suprarenal blood supply with data of the inferior phrenic, ureteral and gonadal arteries. J. int. Coll. Surg. **29**, 41—76 (1958).
Moll, J.: Lokalization of brainstem lesions inhibiting compensatory adrenal hypertrophy following unilateral adrenalectomy. Z. Zellforsch. **49**, 515—524 (1959).
Moppert, J.: Zur Ultrastruktur der phaeochromen Zellen im Nebennierenmark der Ratte. Z. Zellforsch. **74**, 32—44 (1966).
Nishikawa, M., I. Murone, and T. Sato: Electronmicroscopic investigations of the adrenal cortex. Endocrinology **72**, 197—209 (1963).
Patzelt, V.: Über die chromotropen Zellen der Nebenniere vom Wasserfrosch. Z. Zellforsch. **41**, 460—473 (1955).
Pernkopf, E.: Atlas der topographischen Anatomie des Menschen. Herausgegeben von H. Ferner. München: Urban & Schwarzenberg 1964.
Propst, A., u. O. Müller: Die Zonen der Nebennierenrinde der Ratte; Elektronenmikroskopische Untersuchung. Z. Zellforsch. **75**, 404—421 (1966).
Rotter, W.: Die Entwicklung der fetalen und kindlichen Nebennierenrinde. Virchows Arch. path. Anat. **316**, 590—618 (1949).
— Das Wachstum der foetalen und kindlichen Nebennierenrinde. Z. Zellforsch. **34**, 547—561 (1949).

Sarter, J.: Histologische Studie über die Innervation der Nebennierenrinde. Z. Zellforsch. 40, 207—221 (1954).
Schaumkell, K., H.-H. Stange u. P. Dörffler: Zum Problem der Säurefuchsinophilie dunkler Zellen in der Nebennierenrinde. Z. Zellforsch. 46, 610—618 (1957).
Sheridan, M. N.: Fine structure of the guinea pig adrenal cortex. Anat. Rec. 149, 73—98 (1964).
Smollich, A.: Zur Morphologie und Genese der sog. dunklen Zellen der Nebennierenrinde von Myocastor coypus (Molina). Z. Zellforsch. 58, 94—106 (1962).
Sonenberg, M., A. S. Keston and W. L. Money: Studies with labelled Anterior Pituitary. Preparations: Adrenocorticotropin Endocrinology 48, 148 (1951).
Symington, I.: Morphology and secretory cytology of the human adrenal cortex. Brit. med. Bull. 18, 117—121 (1962).
Stieve, H.: Über Wchselbeziehungen zwischen Keimdrüsen und Nebennierenrinde. Dtsch. Gesundh.-Wes. 1, 537—545 (1946).
Stöcker, E., K. Kabus u. G. Dhom: Autoradiographische Studien über die DNS-Synthese in der Nebennierenrinde von Ratten. Z. Zellforsch. 65, 206—210 (1965).
Thaddea, S.: Die Nebennierenrinde. Leipzig 1936.
Tonutti, E.: Hormonal gesteuerte Transformationsfelder in der Nebennierenrinde? Z. mikr.-anat. Forsch. 50, 485—501 (1941).
— Zur Histophysiologie der Nebennierenrinde: Bau und Histochemie bei der Atrophie des Organs nach Hypophysektomie. Z. mikr.-anat. Forsch. 51, 346—392 (1942a).
— Die Umbauvorgänge in den Transformationsfeldern der Nebennierenrinde als Grundlage der Beurteilung der Nebennierenrindenarbeit. Z. mikr.-anat. Forsch. 52, 32—86 (1942b).
— Die X-Zonenerscheinung der Nebenniere als regressive Transformation des Rindenorgans, Widerlegung ihrer androgenen Bedeutung. Z. Zellforsch. 33, 336—357 (1945).
— Experimentelle Untersuchungen zur Pathophysiologie der Nebennierenrinde. Verh. dtsch. Ges. Path. 36, 123—158 (1953).
— Normale Anatomie der endokrinen Drüsen und endokrine Regulation. In: E. Kaufmann, Lehrbuch der speziellen pathologischen Anatomie, Bd. I/5. Berlin: W. de Gruyter & Co. 1955.
Tramezzani, J. H., S. Chiocchio, and G. F. Wassermann: A new technique for light and electron microscopic localization of noradrenaline. Acta physiol. lat.-amer. 14, 122—123 (1964).
— — — A technique for light and electron microscopic identification of adrenalin- und noradrenalin-storing cells. J. Histochem. Cytochem. 12, 890—899 (1964).
Vallent, K., J. Fachet, M. Palkovits u. I. Dévényi: Über die Wirkung der Heparinbehandlung auf das histologische Bild der Nebennierenrinde und auf den Index der juxtaglomerulären granulierten Zellen im Nierengewebe. Z. Zellforsch. 63, 728—734 (1964).
Wetzstein, R.: Elektronenmikroskopische Untersuchungen am Nebennierenmark von Maus, Meerschweinchen und Katze. Z. Zellforsch. 46, 517—576 (1957).
Yamori, T. S. Matsuura, and S. Sakamoto: An electron microscopic study of the normal and stimulated adrenal cortex in the rat. Z. Zellforsch. 55, 179—199 (1961).
Zelander, T.: The ultrastructure of the adrenal cortex of the mouse. Z. Zellforsch. 46, 710—716 (1957).

C. Mikroskopische Anatomie der Niere

H. FERNER und CHR. ZAKI

Mit 35 Abbildungen

1. Zur Phylogenese und Ontogenese der Niere

Bei den Wirbeltieren kommen in der aufsteigenden Reihe 3 Nierengenerationen zur Entwicklung, deren Bildungsmaterial die Ursegmentstiele (Nephrotome) sind (Abb. 1). Bei den niederen Wirbeltieren, einschließlich der Knochenfische, funktioniert die *Vorniere* (Pronephros). Ein über mehrere Segmente sich erstreckendes System von Glomerula scheidet den Harn in die freie Bauchhöhle ab, von wo er durch einen mit Flimmerhaaren besetzten Vornierentrichter in den Vornierengang weiterbefördert wird. Bei den Amphibien funktioniert die Vorniere nur im Larvenstadium; im ausgewachsenen Zustand übernimmt die *Urniere* (Mesonephros) die Aufgaben der Ausscheidung. Bei den Reptilien, Vögeln und Säugern ist die *Nachniere* (Metanephros) das definitive Harnorgan, doch wird embryonal immer noch eine Vorniere und Urniere angelegt; die letztere ist auch beim Menschen in der Embryonalzeit tätig. Teile der Urnierenkanälchen werden aber später durch Umbau in den Dienst des Geschlechtsapparates gestellt, wie die Urnierenkanälchen, die zum Teil zu den abführenden Hodenkanälchen (Ductuli efferentes testis) umgebaut werden.

Auch beim menschlichen Embryo entwickelt sich eine rudimentäre Vorniere aus den oberen Ursegmentstielen in Form segmentaler Bläschen, welche aus den Nephrotomen auswachsen und sich zu einem Längsrohr vereinigen, das als Vornierengang, primitiver Harnleiter oder Wolffscher Gang bis zur Kloake vorwächst und sich in diese einpflanzt. Die Einpflanzung des Wolffschen Ganges in die Kloake erfolgt bei 3,5 mm langen menschlichen Embryonen. Der Vornierengang nimmt in den thorakalen und lumbalen Abschnitten die Urnierenkanälchen auf, die sich ihrerseits sekundär in den Wolffschen Gang einpflanzen. Von hier ab heißt er daher auch Urnierengang.

Die bleibende Niere oder Nachniere entsteht beim Menschen aus dem nephrogenen Gewebe des 2. bis 5. Sacralsegmentes. Aus dem Wolffschen Gang sprießt der Anlage eine Ureterknospe entgegen, die den sekundären Harnleiter liefert. Aus der Ureterknospe entwickeln sich 6 Hauptzweige (Stammröhren), nämlich eine obere und untere Polröhre und zwei ventrale und zwei dorsale Zentralröhren. Von den Stammröhren wachsen die Sammelrohre aus, die sich wiederholt an der Spitze durch Spaltung dichotomisch teilen, insgesamt 12mal. Um die primitiven Sammelrohre herum verdickt sich das metanephrogene Gewebe kappenartig und liefert das Material für die Harnkanälchen. Die Lumina der Harnkanälchen und Sammelrohre vereinigen sich sekundär. Die bleibende Niere entsteht somit aus den zunächst völlig getrennten Anlagen, die sich vereinigen müssen: die Ureterknospe liefert den Ureter, das Nierenbecken mit den Kelchen und die Sammelrohre, das Nachnierengewebe liefert die eigentlichen Harnkanälchen. Da das Nachnierengewebe im Zuge der geschilderten Entwicklung kurz nach der Geburt aufgebraucht ist, kann eine Neubildung von Nierengewebe im späteren Leben nicht mehr erfolgen. Die einzelnen Nephrone können sich vergrößern, die Zahl der Nephrone kann nicht mehr erhöht werden.

Da die bleibende Niere in der Höhe der Sacralsegmente, also im Bereich des kleinen Beckens entsteht, muß sie in der weiteren Entwicklung eine Ortsverschiebung durchmachen, einen „Ascensus". Dabei handelt es sich nicht wirklich um einen Aufstieg, sondern um eine Wachstumsverschiebung der Wirbelsäulenanlage, gleichsam an der Niere vorbei nach unten. Der Hilus der Niere, der anfangs rund, breit und nach vorne gerichtet ist, wird im Zuge des Aufstieges medialwärts gewendet, verschmälert und eingebuchtet (Abb. 2).

Wenn die Niere ihre richtige Lage nicht erreicht, sondern auf dem geschilderten Wege liegenbleibt, ergeben sich die Lageanomalien der Niere (Dystopie). So kann

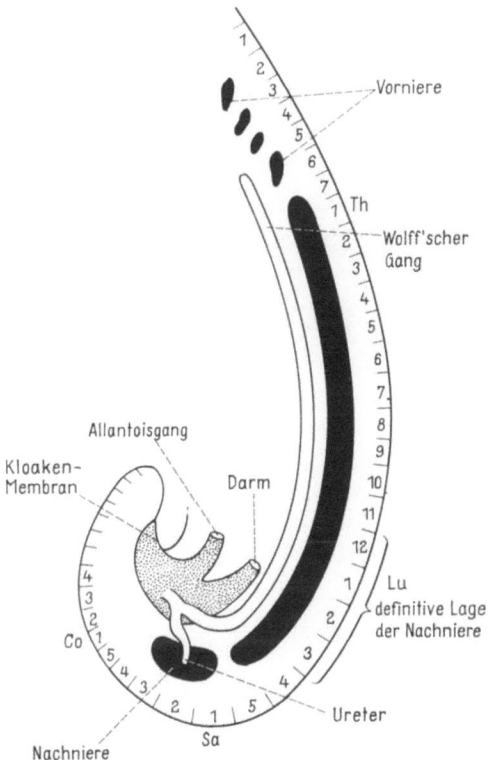

Abb. 1. Entwicklung und topographische Lage der drei Nierengenerationen des Menschen (Schema). (Nach GROSSER)

die Niere bereits im kleinen Becken liegenbleiben. Wegen der engen räumlichen Verhältnisse kann das metanephrogene Gewebe rechts und links verschmelzen, so daß eine gemeinsame Beckenniere im kleinen Becken mit kurzen, stark gewundenen Ureteren resultiert. Die Niere kann aber auch aufsteigen und in der Fossa iliaca liegenbleiben. Wegen ihrer Form und wegen des nach vorne gewendeten Hilus wird eine solche Niere als Kuchenniere bezeichnet. Wenn die Verschmelzung der beiden Anlagen nur am unteren Pol stattfindet, wird der Ascensus durch die Vasa mesenterica inferiora behindert. Die Mißbildung heißt Hufeisenniere. Man teilt die Niere in einen Rindenabschnitt, der alle gewundenen Teile der Nephrone enthält und das Mark sowie die Markstrahlen, mit den in ihnen untergebrachten Schleifenabschnitten und Sammelrohren. Die Rindensubstanz umgibt die Pyramiden der Markstrahlen kappenförmig und von allen Seiten bis zum Sinus renalis. Ihre tiefliegenden wabenförmig angeordneten Abschnitte

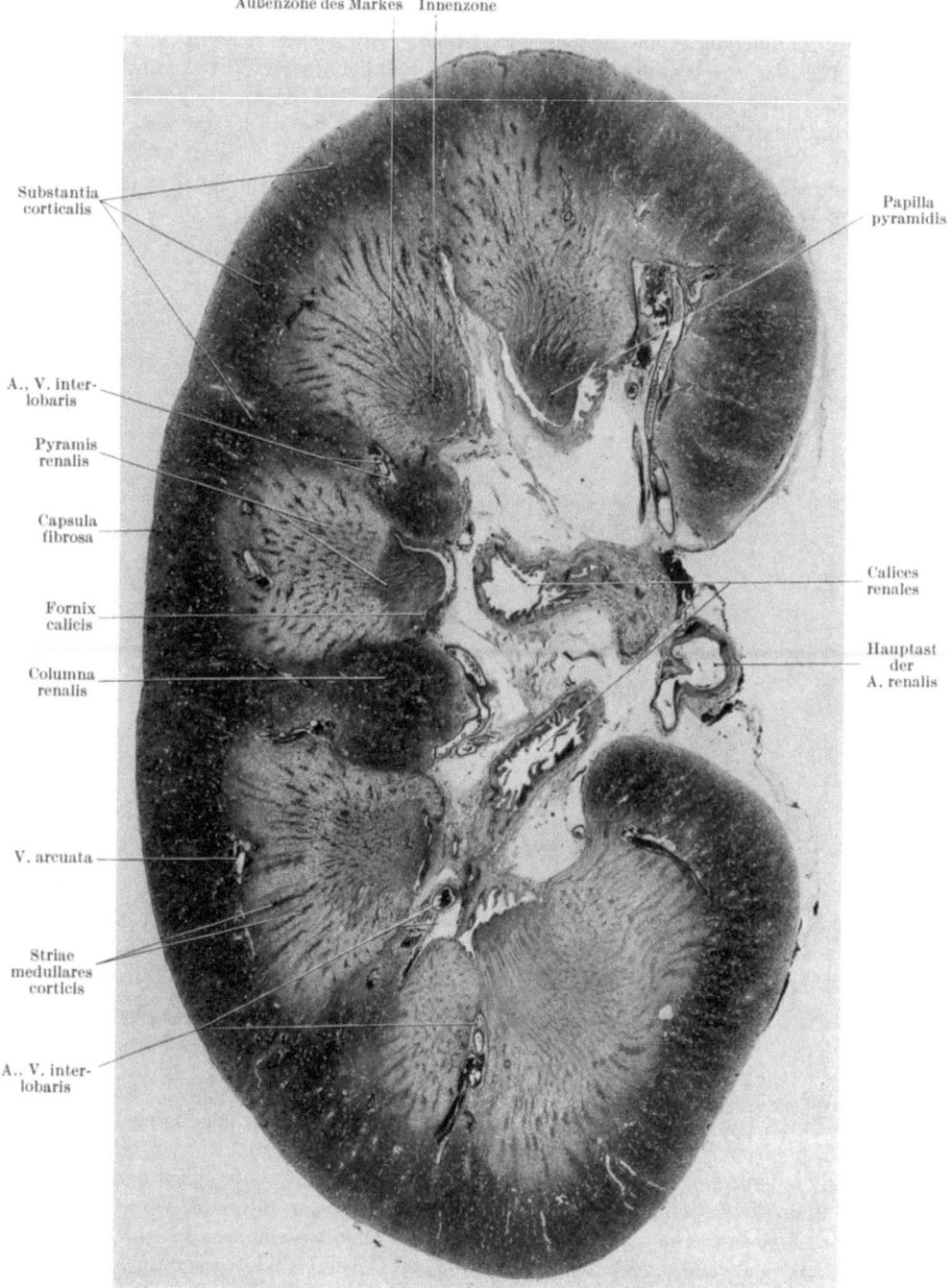

Abb. 2. Totalpräparat einer menschlichen Niere, Frontalschnitt. Architektonik der Rinden- und Marksubstanz

erscheinen im Schnittbild säulenförmig (Columnae renales BERTOLINI). Die Rindensubstanz zwischen den Markstrahlen bezeichnet man als Labyrinth.

Schleife und Sammelrohr eines Nephrons liegen stets im gleichen Markstrahl; niemals greifen die Schlingen benachbarter Nephrone ineinander. In die Außenzone des Markes einstrahlende Schleifen enthalten gestreckte Hauptstückanteile, Überleitungsstück und einen Teil des Mittelstückes. Die Zahl der Schleifen nimmt zur Innenzone des Marks hin ab. Hier sind nur noch die Überleitungsstücke sehr langer Schleifen zu finden, die meist zentralen Nephronen angehören.

2. Die feinere Vascularisation der Niere

Lage und Regulationseinrichtungen der Blutgefäße sind bestimmende Faktoren für die Harnbereitung in der Niere, ihr Blutvolumen mitbestimmend für die Mechanik des Harnabflusses. Volumenschwankungen führen, vom Bindegewebsgerüst der Niere weitergeleitet, zu Erweiterung oder Verengerung der Epithelrohre.

Die Niere läßt sich angioarchitektonisch in eine äußere Rindenzone mit anastomosierenden Capillargeflechten und in eine juxtamedulläre Rindenzone gliedern. Die Arteria renalis führt das Blut zur Niere, sie teilt sich im Sinus renalis in mehrere Äste, deren Zahl und Verlaufsrichtung beim Menschen äußerst variabel ist. Das ventrale Gefäßgebiet ist zumeist stärker entwickelt, kann aber nicht streng vom dorsalen Versorgungsgebiet getrennt werden, da stets einige Zweige von einem zum anderen überwechseln. Man unterscheidet in der Art der Verzweigung einen Typ, bei dem von einem in caudocranialer oder transversaler Richtung verlaufenden Hauptstamm Äste abgegeben werden, und einen zerstreuten Typ, bei dem sich die Nierenarterie sofort in mehrere gleichkalibrige Äste verzweigt. Die unterschiedlich langen Äste der Nierenarterie folgen teilweise den Nierenbeckenverzweigungen und werden während ihres Verlaufes im Sinus von fettreichem Bindegewebe umhüllt. Sie teilen sich öfters noch einmal und umgreifen schraubenförmig die Wand des Nierenbeckens, ehe sie in das Parenchym eintreten. Ihre Eintrittsstelle liegt beim Menschen dicht neben der Pyramide zwischen Rindensubstanz und Calyxrand. SPANNER (1938) fand aufgrund seiner Injektionstechnik besonders in der Nierenbeckenwand, der Rinde und in der bindegewebigen Nierenkapsel zahlreiche arterio-venöse Anastomosen (250 pro cm^2). Diese Befunde konnten von Nachuntersuchern aber nicht bestätigt werden. Nach der Definition stellt eine arterio-venöse Anastomose eine präterminale Verbindung von Arterie und Vene mit spezifischen Zellelementen in der Wandung und besonderer Innervation dar; hierbei handelt es sich jedoch, wie HAMMERSEN und STAUBESAND (1961) feststellen, um Gefäßüberschneidungen, durch postmortale Injektion überdehnte Stromcapillaren oder, in der Kapsel, um sog. Bügelcapillaren. Diese verbinden im Gegensatz zu den vielfach verzweigten Netzcapillaren die Endarterie direkt mit der Venenwurzel, ohne sich im Wandbau von den typischen Capillaren zu unterscheiden. Der Gefäßverlauf innerhalb der Niere ist entsprechend ihrer Lappung ohne Rücksicht auf die Verschiedenheit des Ursprungs der Lappenarterie konstant. Akzessorische Nierenarterien gehören nach MERKLIN und MICHELS (1958) zur Norm. Sie entspringen aus dem Stamm der Nierenarterie oder der Aorta (Abb. 3).

Die Verlaufsstrecken der Gefäße in den Columnae werden als Arteriae interlobares oder renculares bezeichnet. Jeder Renculus wird von mindestens zwei Arteriae interlobares versorgt, die Äste zu den in den Columnae liegenden Glomerula und in die Marksubstanz der Pyramiden abgeben. Diese Arteriae medullares verae verlaufen parallel zu den Sammelrohren. Nahe der Basis der Pyramiden teilen sich die Arteriae interlobares in die in der Rinden-Markgrenze bogenförmig verlaufenden Arteriae subcorticales oder arcuatae. Der bogenförmige Verlauf ist beim Menschen allerdings nur angedeutet oder fehlt überhaupt. Die Arteriae arcuatae bilden keine Anastomosen und entsenden während ihres relativ kurzen Verlaufes von ihrer Konvexität abgehende Arteriae corticales radiatae. Diese geradlinig zur Oberfläche aufsteigenden Äste liegen nach Ansicht der einen Autoren im Grenzgebiet zwischen zwei Rindenläppchen, deren Achse von einem Markstrahl gebildet wird, und werden von ihnen deshalb Arteriae interlobulares genannt. Andere, wie von MÖLLENDORFF (1931), sehen die Gefäße als Zentrum der Lobuli und bezeichnen sie infolgedessen als Arteriae lobulares. Sie stehen mit den Kapselarterien durch Arteriae perforantes in Verbindung. Die 20—50 µ dicken Arteriolae

Abb. 3. Gefäßbaum der Niere eines erwachsenen Menschen, ventraler Teil. Korrosionspräparat. Beachte die vier Segmente und das Fehlen der Arteriae arcuatae

afferentes, die aus ihnen hervorgehen, sind die Hauptträger der Blutversorgung der Rinde (Abb. 4). Es wird diskutiert, ob der Blutweg zu den peritubulären Capillaren allein über die Arteriolae afferentes-Glomerula-Arteriolae efferentes geht, oder ob eine quantitativ ins Gewicht fallende Anzahl direkter Kurzschlüsse vorhanden ist. So beschreibt DEHOFF (1919) Endäste der Arteriae interlobulares, die regelmäßig direkt in das oberflächliche Rindencapillarnetz übergehen. LJUNGQVIST (1963) findet in der äußeren Rindenzone bis zum 4. Embryonalmonat keine postglomerulären Gefäße, während ab 8. Fetalmonat ein typisches Gefäßbild in der juxtamedullären Rindenzone zu erkennen ist. Er schließt daraus, daß die intrarenale Zirkulation bis zum 8. Monat über die innere Rindenzone geschieht. In der äußeren Rindenzone führt eine glomeruläre Degeneration zur Atrophie auch der afferenten und efferenten Gefäße, in der inneren nicht. Aus diesem unterschiedlichen Verhalten der arterioglomerulären Einheiten in den verschiedenen Rindenzonen schließt der Autor auf unterschiedliche anatomische Gegebenheiten. Er vermutet, daß die Einheiten der inneren Rindenzone eine extraglomeruläre Verbindung zwischen Arteriola afferens und efferens besitzen, die denen der äußeren Rindenzone fehlt, und die im Falle einer glomerulären Degeneration einen Blutstrom von Arteria afferens zu efferens gewährleistet. Diese Befunde stimmen teilweise mit denen von MUNKÁSCI u. Mitarb. (1963) überein. Der Autor beschreibt in pathologisch veränderten Nieren Verbindungswege, die in normalen nicht gefunden werden können. Sie entspringen aus den Arteriolae rectae verae in der juxtamedullären Rindenzone. Andere Kurzschlüsse werden von ihm, wenn auch in geringerer Anzahl, in der Gegend der interlobulären Arterien und in der oberflächlichen Rinde gefunden, die wahrscheinlich aus dilatierten Capillaren entstehen. Große Seitenäste der Arteriolae afferentes, die als Umgehungsweg des Blutes um die Glomerula direkt in die Rindencapillaren führen, scheinen jedoch

Abb. 4. Injektionspräparat Niere, Arteriae corticales radiatae, Arteriolae afferentes, Glomerula

nach Ansicht der meisten Autoren nicht oder nur als Ausdruck pathologischer Nierenveränderungen vorhanden zu sein. Trotzdem wird von HAMMERSEN und STAUBESAND (1961) u. a. eine extraglomeruläre Durchblutungsgröße von 5—8% in der gesamten Niere, von DOBY (1952) mit 13%, von SCHIEBLER (1961) sogar mit 50% und mehr angegeben. Die extraglomeruläre Durchblutung wird von HAMMERSEN und STAUBESAND zum großen Teil auf das vom Parenchymkreislauf völlig getrennte Gefäßsystem der Nierenbeckenwand und das der Capsula fibrosa bezogen, von dem aus auch kleine Zweige das oberflächliche Rindengebiet versorgen, ohne daß arterio-venöse Anastomosen vorhanden zu sein brauchen. Diese Kapselgefäße können nach Ansicht der Autoren sogar gelegentlich kleine Glomerula versorgen. ELIŠKA (1963) beschreibt drei Arten von Gefäßverbindungen zwischen Capsula adiposa und Parenchym, die alle die Capsula fibrosa perforieren und durch Anastomosen mit Nierengefäßen einen kollateralen Nierenkreislauf während pathologischer Prozesse ermöglichen können.

1. Rami perforantes, die direkt die fibröse Kapsel durchtreten und in die Arteriae corticales radiatae ziehen. Ihr Durchmesser variiert zwischen 0,2 und 0,5 mm. Sie werden von Venae corticales radiatae begleitet, die oberflächlich in die Venae stellatae münden.

2. Dünne perforierende Äste (0,05—0,1 mm), die von den Rami capsulares arteriae capsulo-adiposae abgehen. Sie teilen sich in der fibrösen Kapsel in einzelne Zweige auf, welche mit Endästen der Arteria corticalis radiata anastomosieren.

3. Rami perforantes, die die Capsula fibrosa und die ganze Dicke der Nierenrinde durchtreten und in Arteriae arcuatae oder interlobares enden. Diese Gefäße haben einen Durchmesser von 0,2—0,5 mm. Sie geben keine Äste an Glomerula ab.

Die Marksubstanz wird zum großen Teil von den Arteriolae efferentes der marknahen Glomerula in der tiefen Rindenzone ernährt, die sich in die lang-

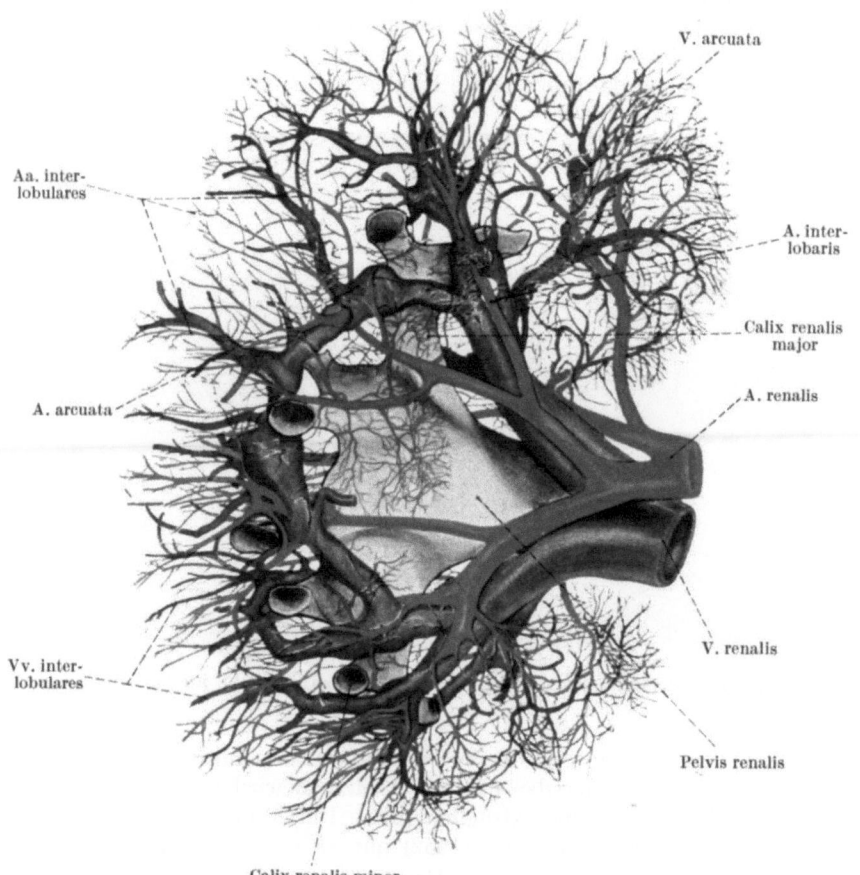

Abb. 5. Korrosionspräparat der menschlichen Niere, Arterien rot, Venen blau, Nierenbecken und Calices gelb

gestreckten Arteriolae medullares spuriae fortsetzen und mit feinen Büscheln die Harnkanälchen in der Marksubstanz mit Blut versorgen.

Die Nomenklatur der Venen entspricht der der zugehörigen Arterien (Abb. 5). Der Blutabfluß aus den oberflächlichen Rindenschichten erfolgt durch die Venae corticales superficiales und die strahlig angeordneten Venae stellatae, die in die Venae interlobulares münden. Aus den tiefen Rindenregionen gelangt das Blut über die Venae corticales profundae und aus dem Mark über die Venae medullares verae (rectae) in die subcorticalen Venen. Die Venae interlobulares fließen in die bogenförmig neben der entsprechenden Arterie verlaufende Vena arcuata. Diese mündet in die Vena interlobaris, welche in die Endaufzweigungen der Vena renalis führt. Es können bei der Vena renalis wie auch bei der Arterie drei Teilungsordnungen unterschieden werden, deren erste meist vor dem Sinus renis erfolgt. Der stärkere, cranial-ventral liegende Ast führt das Blut aus den oberen $^3/_4$ der Niere ab und teilt sich in der Regel in 2—3 Äste 3. Ordnung. Der viel schwächere, dorsal-caudal liegende erhält unverzweigt das Blut aus dem untersten Anteil. Dieser Ast kann auch direkt in die untere Hohlvene münden. Im Sinusbereich erhält in der Regel der craniale Anteil der Vena renalis meist in Höhe der 2. Teilung das Blut aus mehreren kleinen Gefäßen, den nur wenige Millimeter langen Venae pelvicae, deren Mündungsdurchmesser durchschnittlich bei 1 mm liegt, und der Vena ureterica.

Die Blutversorgung der Nebenniere steht zu der der Niere in enger Beziehung, da der die Nierenfettkapsel versorgende Arterienast häufig eine untere Nebennierenarterie abgibt. Diese wiederum kann Äste zum Nierenpol oder zur bindegewebigen Kapsel abgeben. Die Bindegewebskapsel der Niere enthält folgende Blutgefäße (ELIŠKA, 1963):

1. Untere Kapselgefäße, die aus der Arteria und Vena spermatica entspringen.

2. Mittlere Kapsel-Arterien und Venen auf der Vorderfläche der Niere zwischen oberem und unteren Pol.

3. Eine obere Kapselarterie, die aus der Arteria renalis entspringt und zwischen der Niere und der Vorderfläche der Nebenniere verläuft. Die Vene mündet in die Vena renalis.

4. Eine hintere Kapselarterie und Vene, die zwischen der Lamina retrorenalis fasciae renalis und der Hinterfläche der Niere verläuft. Das Netzwerk der Kapselgefäße wird von Gefäßen der Nebenniere vervollständigt.

Das arterielle Gefäßsystem paßt sich neben anderem durch eine Gliederung in zwei Wege genau den Durchblutungsbedürfnissen der Niere an. Der erste Weg führt durch die Glomerula der äußeren Rindenzone. Hier sind die Arteriolae efferentes dünner als die Arteriolae afferentes. Die den Arteriolae efferentes folgenden Capillarnetze umspinnen alle übrigen Abschnitte der Nephrone und auch die Sammelrohre und Markstrahlen. Der zweite und kleinere Weg führt über die Glomerula der juxtaglomerulären Rindenzone, beim Menschen ungefähr 15% aller Glomerula. Die lichte Weite ihrer Vasa efferentia ist mindestens gleichgroß, selten sogar größer als die der Arteriolae afferentes. So kann bei abfallendem Blutzustrom zur Rinde eine größere Blutmenge durch die Nebenbahn geführt werden. Die sich den Arteriolae efferentes anschließenden Gefäßabschnitte ziehen langgestreckt ins Mark und bekommen hier mit allen Teilen der Henleschen Schleifen Kontakt. Der Wandbau der Arteriae rectae entspricht dem von Capillaren, Ihr Lumen ist jedoch weiter. TRABUCCO und MARQUEZ (1953) beobachten direkte Verbindungswege zwischen postglomerulären Arterien und Venen der inneren Rindenzone. Abgesehen von dem zum Teil abrupten Größenübergang der Nierengefäße, der besonders deutlich am Abgang der Arteriae lobulares aus den Arteriae arcuatae sichtbar ist, zeigt auch die Wand der Gefäße Strukturbesonderheiten, die auf die Durchblutungsregulation Einfluß nehmen. Hierbei spielen wahrscheinlich besonders die bereits beschriebenen Polkissen oder die von PICARD und CHAMBOST (1952) bei Katze und Hund untersuchten schließmuskelartigen muskulär-elastischen Gebilde, die in das Lumen des Abgangs einiger Arteriolae afferentes ragen, eine Rolle. Da die Funktion der Epitheloidzellen jedoch letztlich nicht völlig geklärt ist, nimmt man an, daß auch die glatten Muskelzellen in den Arteriolae afferentes die Gefäßweite regulieren können. Weiterhin beschreiben POMPEIANO und CAVALLI (1952) im menschlichen Nierenbecken und Ureter Arterien mit echten Sphincteren und deutlich ausgeprägten Intimakissen. Die Elastica interna der großen Nierengefäße besteht aus mehreren Schichten; die

Tunica media wird hauptsächlich von Ringmuskulatur gebildet, die von dichten kollagenen Bündeln durchzogen wird; die glatte Muskulatur der Arteriae lobulares verläuft spiralig. Die Elastica externa ist sehr stark entwickelt. Viele der Nierengefäße werden durch Wandpolster eingeengt, die aus einer schichtweisen Aufsplitterung der Elastica interna entstehen, welche hier von glatter Muskulatur durchsetzt wird. Diese Polster sind bereits im 5. Embryonalmonat zu erkennen und nehmen im Verlauf des Lebens an Zahl und Größe zu. Sie liegen sporenförmig an den dichotomischen Aufzweigstellen oder als Ringe am rechtwinkligen Abgang von kleinen Gefäßen, wie z. B. der Arteriae lobulares. Bei der Arteria arcuata liegen sie vorwiegend an den Gefäßabgängen der konvexen Seite. An diesen Abgängen kleiner Gefäße lassen sich ziegelförmig angeordnete Lamellen erkennen, die von der Elastica externa zur Elastica interna einstrahlen und auf diese Weise ein Hereinziehen in das Gefäß verhindern. Ferner werden häufig in der Tunica media Lücken, die von Elastica externa, von elastischen Fasern der Media selbst oder von Adventitia ausgefüllt sind, beobachtet. LONGLEY, BANFIELD und BRINDLEY (1960) beschreiben elektronenmikroskopische und histochemische Besonderheiten im Bau der Arteriolae efferentes und den Gefäßen, die vom Mark aufsteigen. Die den Hauptstücken und Henleschen Schleifen anliegenden efferenten Gefäße haben zwei Arten von Endothelzellen, in denen histochemisch Esterase nachgewiesen werden kann. Die vom Nierenmark aufsteigenden Gefäße besitzen ein Endothel, welches esterasenegativ ist. Das Cytoplasma ihrer Endothelzellen erscheint häufig unterbrochen, ohne daß Poren vorhanden sind. Die Zellmembranen kleiden als kontinuierliche Schicht das Gefäßlumen aus.

Von KÜGELGEN u. Mitarb. (1960) fanden bei $2/5$ von untersuchten menschlichen großen intrarenalen Venen Klappen oder Klappenrudimente. Da in fetalen und kindlichen Nieren mehr und besser erhaltene Venenklappen gefunden werden, die Klappen Erwachsener aber verschiedene Rückbildungsformen zeigen, schließt man auf einen generellen Rückbildungsprozeß der Klappen in den großen Nierenvenen. Dagegen findet man regelmäßig voll funktionstüchtige zweisegelige Mündungsklappen an den Venae pelvicae, die das Blut aus dem Venenplexus des Nierenbeckens sammeln und der Vena renalis zuführen. Die Mündungen der Venae pelvicae sind in die Wand der Vena renalis vorgeschoben und haben einen durch die Ursprünge der Segel verstärkten Rand. Die Segel haben charakteristische Form: das distale Segel ist lang und glatt, das proximale gebaucht wie ein Kelch. Diese Besonderheiten lassen sich an keiner anderen Vene in der vorliegenden Kombination erkennen.

Obwohl schon 1787 von MASCAGNI darauf hingewiesen wurde, daß die Niere *Lymphgefäße* enthält, waren lange Zeit Angaben über das Lymphsystem der Niere unzureichend und widerspruchsvoll, da entsprechende Darstellungsmethoden fehlten und auch Lymphspalten ohne Endothelbelag zu den Lymphgefäßen gerechnet wurden. SSYSGANOW (1930), KAISERLING und SOOSTMEYER (1939), später auch andere Autoren wie z. B. RÉMJI-VAMOS u. Mitarb. (1948) vermitteln nähere Kenntnis zu diesem Thema. Durch Unterbindung des Ureters wurde nachgewiesen, daß das Lymphsystem entsprechend dem Blutgefäßsystem aus interlobären, arciformen und interlobulären Gefäßen besteht. Diese laufen paravasculär und weisen den typischen Lymphgefäßaufbau auf. Nur den kleinsten Capillaren fehlen Klappen. Die Lymphcapillaren dringen nicht in die Glomerula ein, sie schmiegen sich jedoch häufig den Malpighischen Körperchen dicht an. Es wird deshalb die Möglichkeit diskutiert, daß die filtrierte Flüssigkeit aus der Bowmanschen Kapsel unter gewissen Umständen in einige Lymphcapillaren unmittelbar übertreten kann. Weiterhin ist die Frage umstritten, ob zwischen den Lymphgefäßen des Parenchyms und denen der Kapsel Anastomosen bestehen, kann aber besonders aufgrund neuerer Untersuchungen von FÖLDI und ROMHANYI (1950) wahrscheinlich bejaht werden. Die bindegewebige Kapsel soll nach RÉMJI-VAMOS gegenüber der lymphgefäßreichen Rinden- und Markzone nur wenige Lymphgefäße enthalten. In der Capsula adiposa befindet sich ein oberflächliches Lymphgefäßnetz, welches direkt unter der Serosa liegt, und ein tiefes, das ins Fettgewebe eingebettet ist. Beide Netze stehen untereinander und mit dem Lymphsystem anderer Bauchorgane in Verbindung, jedoch, nach NICHOLSON (1927) nicht mit dem der Niere selbst. Der blinde Beginn der intrarenalen Gefäße liegt im Interstitium und in der Mucosa der Nierenpapille. Die interlobulär verlaufenden Gefäße münden in die arcuatae, in die auch die rectae einfließen. Die arciformen Lymphgefäße werden von den interlobären ins Pyelum abgeleitet, wo sie sich zu zwei Hauptzweigen vereinigen. Diese verlassen den Hilus am oberen und unteren Teil des Stiels zwischen Arteria und Vena renalis. Hier verlaufen auch kleinere Lymphgefäße, von denen das hinter der Arterie liegende am größten ist.

Die ableitenden Lymphgefäße der Vorderseite der rechten Niere verlaufen nach SHDANOW (1952) quer über die Vena cava inferior zu den präkavalen, interaortokavalen und präaortalen Lymphknoten. Diese liegen von der linken Vena renalis bis zur Höhe der Bifurcatio aortae. Die Lymphgefäße, die sich hinter der Arterie und Vene befinden, verlaufen, die Arteria renalis begleitend, in die retrokavalen Lymphknoten. Die vordere Gruppe der Lymphgefäße der linken Niere zieht zu den präaortalen und linken lateroaortalen Lymphknoten schräg abwärts. Die hintere Gruppe folgt wieder der Arteria renalis und erreicht ebenfalls die linken lateroaortalen Lymphknoten. Die regionären Lymphknoten der rechten Niere erhalten außerdem die Lymphe aus den Gefäßen der rechten Nebenniere, des Ovars bzw. Hodens und von Leber, Gallenblase und Pankreas. Die der linken Niere stehen mit dem linken Hoden bzw. Ovar, der linken Nebenniere, dem Pankreasschwanz und dem Sigma in Verbindung. Es besteht keine direkte Lymphverbindung zwischen beiden Nieren.

3. Das Nephron

a) Form und Lage des Nephron

Zwei Kanalsysteme geben der Niere ihre Struktur: Gefäße und Harnkanälchen, die im Malpighischen Körperchen miteinander Verbindung aufnehmen. Die Gesamtzahl der Glomerula beträgt nach MOBERG (1929) beim Manne etwa 2,5 Mill., bei der Frau 2,2 Mill., unabhängig vom Alter. Sie ist seitengleich und steht in einem direkten Verhältnis zur Nierengröße. Die mittlere Größe der Malpighischen Körperchen ist nach den ersten Lebensjahren, in denen geringe Unterschiede vorkommen, in allen Rindenanteilen übereinstimmend. Sie beträgt bei der Geburt etwa 75 μ und nimmt bis zum Alter von 20 Jahren auf etwa 200 μ zu. Die Verteilung der Glomerula ist bei Individuen, die älter als 2 Monate sind, relativ gleichförmig (Abb. 6); vorher ist die Glomerulumdichte in den inneren Rindenanteilen etwas geringer als in den äußeren. Durch die meist rindenwärts von den Glomerula liegenden gewundenen Hauptstückanteile ist unter der freien Nierenoberfläche ein glomerulumfreier Bezirk gelegen, der Cortex corticis. Am Harnkanälchen ist ein resorbierender und sezernierender Teil des Nephron und das ableitende aber ebenfalls sekretorische Sammelrohr zu unterscheiden, Teile, die entwicklungsgeschichtlich verschiedener Herkunft sind. Das Nephron setzt sich aus vier Hauptabschnitten zusammen, dem Glomerulum, dem Haupt-, Überleitungs- und Mittelstück. Es beginnt mit der Bowmanschen Kapsel, die sich am Harnpol des Malpighischen Körperchens in den engen „Hals" des Harnkanälchens fortsetzt. Funktionell zählt SCHIEBLER (1959) auch die Sammelrohre zur Einheit des Nephron. Die Deckzellen des Glomerulum sind epithelialer Herkunft und hängen am Gefäßpol mit dem äußeren Blatt der Bowmanschen Kapsel zusammen. Das äußere Blatt der Bowmanschen Kapsel besteht aus platten Epithelzellen, die sich am Harnpol direkt in das kubische Epithel des Hauptstückes fortsetzen. Die Malpighischen Körperchen sind entsprechend ihrer zentrifugalen Entwicklung in konzentrische Schichten und in diesen in radiären Reihen angeordnet.

Eine bestimmte Anzahl Nephrone gruppiert sich um eine Arterie, von der sie versorgt werden und bildet mit dieser Zentralarterie ein Läppchen. Die geraden

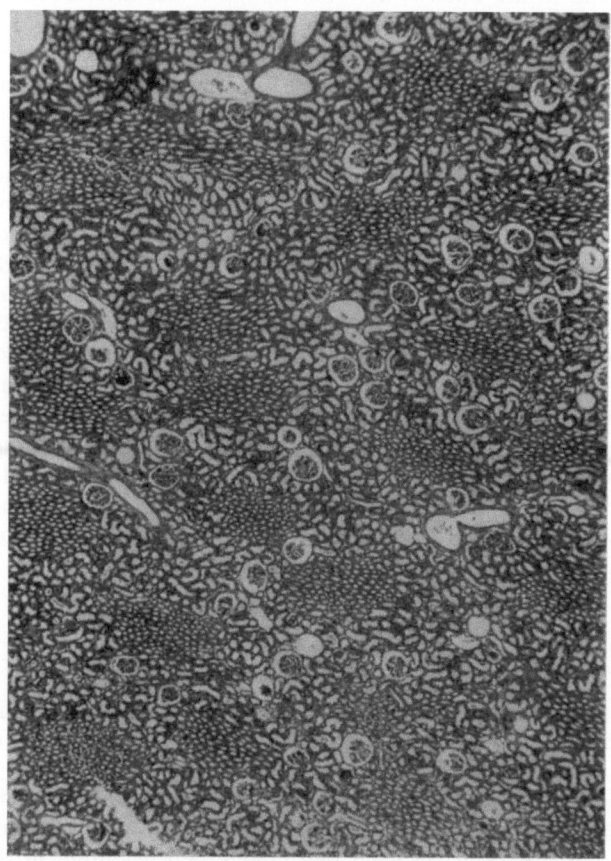

Abb. 6. Tangentialer (oberflächenparalleler) Schnitt durch die Rinde einer jugendlichen menschlichen Niere. Beachte die Läppchengliederung (Kanälchenbündel von Glomerula umgeben)

Kanälchen nehmen im Läppchen eine periphere Lage ein, die Tubuli contorti eine zentrale neben den Gefäßen. SPALTEHOLZ schlägt vor, die Arteria interlobularis aus phylogenetischen Gründen Arteria lobularis zu nennen. Er rechnet zum Nephron auch das Glomerulum selbst mit dem inneren Blatt der Bowmanschen Kapsel, dem Epicytenbelag.

Das Hauptstück des Harnkanälchens windet sich stark auf und bildet einen dichten, länglichen Knäuel über dem Glomerulum (Pars contorta I). Dieser Knäuel beschreibt stets einen Bogen mit peripher gerichteter Konvexität. Hauptstücke und Glomerula liegen in der Rinde. Auf die Pars contorta folgt ein markwärts ziehendes gestrecktes Teilstück des Hauptstückes, die Pars recta I, die sich in die Henlesche Schleife, ein U-förmig gebogenes Kanälchen, fortsetzt. Diese besteht aus einem dünnen, absteigenden Ast mit niedrigem Epithel und einem bei gleicher Lumenweite ein hohes Epithel besitzenden aufsteigenden Schenkel, die dicht nebeneinander verlaufen und in verschiedener Höhe ineinander übergehen. Die Henleschen Schleifen können so lang sein, daß sie bis in Papillennähe reichen. Die kürzeren erreichen kaum die Markgrenze. Auf sieben kurze kommt beim Menschen eine lange Schleife. Selten kommen auch Schleifen vor, die keinen dünnen Abschnitt haben; in solchen Fällen greift der dicke trübe Teil auf den proximalen Schleifenschenkel über. Von PETER (1909) wurden auch nur im Rindenteil liegende Schleifen beobachtet, denen immer die dünnen Anteile fehlten. Diese seltenen Formen werden als eine Bildungshemmung erklärt. Der dicke Schenkel verläßt, aufwärts steigend, wieder den Markstrahl und bildet ein zweites Knäuel, das sich aus Teilen des Mittelstückes zusammensetzt. Seine Windungen legen sich dicht dem Glomerulum an und sind im Bezirk der Macula densa an dieses angekittet (Kontaktpunkt). PETER unterscheidet zwei Formen der Schlingenbildung, wobei entweder mit einem Knick die erste Schaltstückschlinge markwärts, die zweite kapselwärts zieht, um dann ins Sammelrohr zu münden oder zwei tangential gelagerte Schenkel einer doppelten Schlinge einmünden. Die Nephrone sind nie miteinander verflochten.

Die initialen Sammelrohre vereinigen sich im Markstrahl zu größeren und diese wieder zu Sammelgängen, die auf der Area cribrosa in der Papille münden. Etwa eine Million Nephrone konzentriert sich auf ca. 200 Ductus papillares.

b) Das Glomerulum

Das Nierenkörperchen ist ein aus dem eingestülpten blinden Ende des Harnkanälchens bestehendes Bläschen, das ein arterielles Capillarknäuel (Wundernetz), das Glomerulum, umscheidet. Das Volumen eines Nierenkörperchens beträgt etwa 0,0042 mm³. Innerhalb der Niere bestehen keine räumlich charakteristischen Größenunterschiede der Nierenkörperchen.

Das Glomerulum besteht aus einem 200—300 µ großen Knäuel kegelförmig gelappter Capillarschlingen mit einem Durchmesser von etwa 10 µ. Das zu- und abführende Gefäß (Arteriola afferens und Arteriola efferens) bilden eng nebeneinanderliegend den Gefäßpol des Malpighischen Körperchens (Abb. 7). Die Wandstärke der Arteriolae afferentes ist in den oberflächlichen und tiefen Schichten der Rinde etwa gleich (Abb. 8). Beim Neugeborenen besteht die Wandung der Arteriola afferens aus einer Tunica media, die von Fasern der äußeren und inneren elastischen Längsfaserschicht durchzogen wird. Gegen das Glomerulum wird die Elastica interna außerordentlich dünn. Die Arteriola afferens teilt sich nach ihrem Eintritt ins Malpighische Körperchen in 6—9 Capillaren, die nach stark gewundenem Verlauf in ein oder mehrere abführende Gefäße münden. Einige Autoren berichten auch über eine vielfache Weiterverästelung der Capillaren im Glomerulum. ŽLÁBEK (1957) unterscheidet zwei Arten von Glomerulumcapillaren. Nach ihm teilt sich die Arteriola afferens in wenige lange, weitlumige Sinus afferentes, die große Schlingen an der Oberfläche des Glomerulum oder seiner Lappen formen. Das zweite System besteht aus sehr engen Capillaren, die im rechten Winkel von den afferenten Sinus abzweigen und ein Netzwerk innerhalb des Glomerulum oder seiner Läppchen bilden. Diese Ansicht stimmt mit der von BECHER (1937) überein, der mittels Injektionsmethoden feststellte, daß die oberflächlichen Schlingen das stark harnhaltige Blut führen, die zentralen Schlingen harnarmes. Aus ihnen entspringen wieder dickere Gefäße, die Wurzeln der Arteriola efferens. Es ist umstritten, ob die Capillaren untereinander Querverbindungen eingehen; so ist es nach ELIAS (1957) und anderen möglich, daß nur Teilabschnitte der Capillaren zur Harnfiltration herangezogen werden.

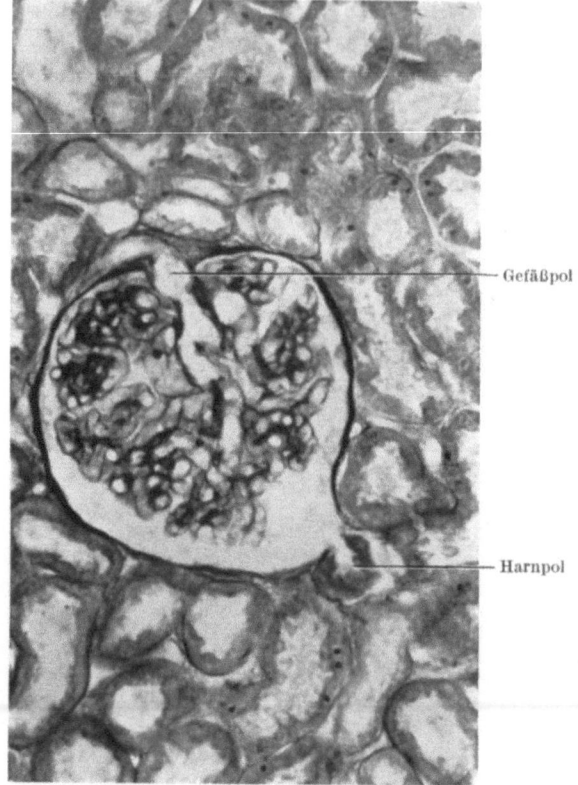

Abb. 7. Menschliche Niere. Glomerulum mit Gefäßpol und Harnpol, umgeben von Tubuli contorti I

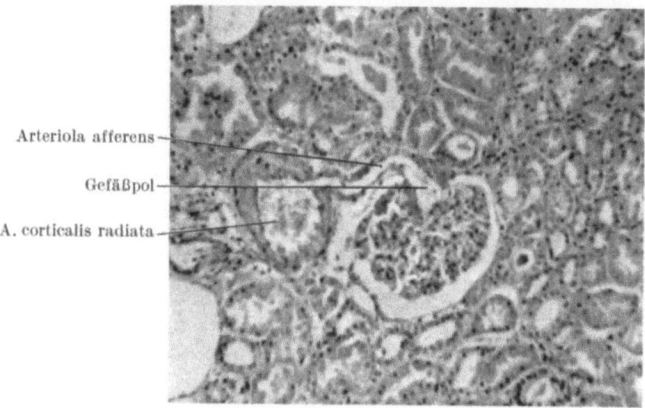

Abb. 8. Menschliche Niere. Arteria corticalis radiata, Arteriola afferens und Glomerulum mit Gefäßpol. Die Arteriola afferens ist in der ganzen Länge vom Ursprung bis zum Glomerulum getroffen

Die Lappung der Capillarschlingen bewirkt eine starke Oberflächenvergrößerung des Glomerulum. Ein Glomerulum hat eine Oberfläche von 0,78 mm², die Gesamtheit aller Glomerula nach SIEGLBAUER (1958) eine Oberfläche von 2,5 m², nach BARGMANN (1931) von 1,5 m², bei einer Länge der einzelnen Capillare von 25 mm und einer Gesamtcapillarlänge von 25 km.

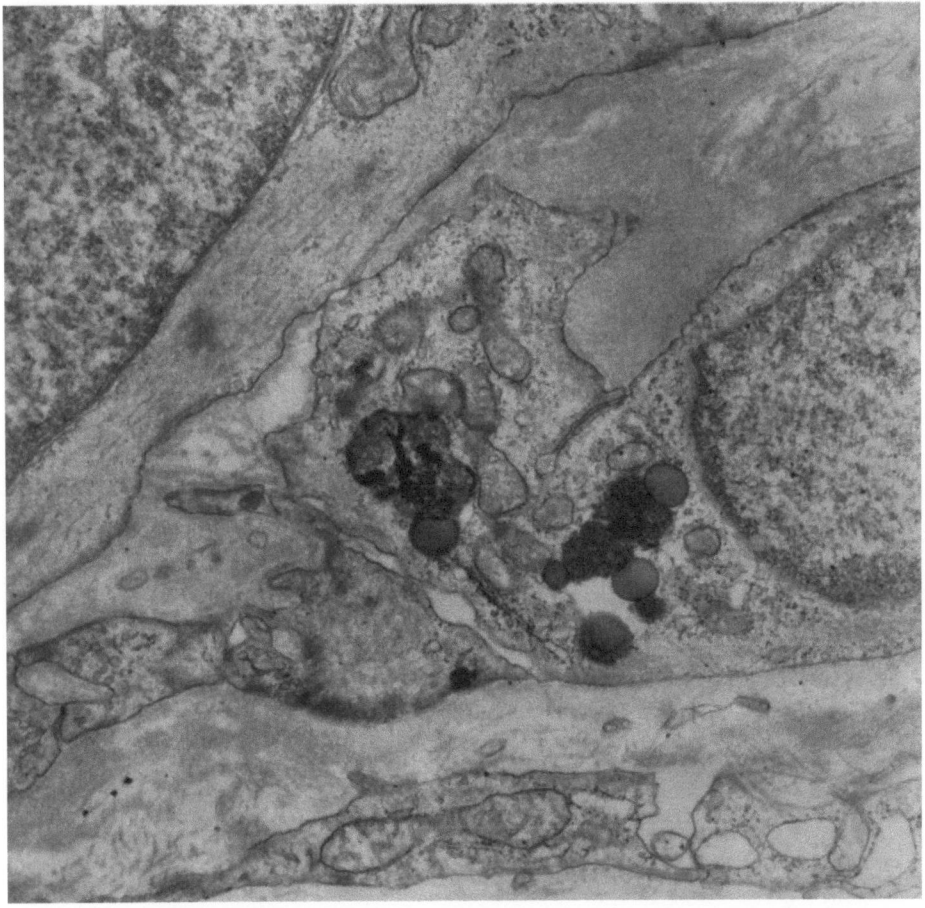

Abb. 9. Elektronenoptische Aufnahme von epitheloiden Zellen am Gefäßpol eines menschlichen Nierenglomerulum. Einstülpungen der Basallamellen zwischen die einzelnen Zellen. Granuläre, tropfige und (schwarz) schollige Cytoplasmaeinschlüsse. Endoplasmatisches Reticulum nur spärlich entwickelt. Vergr. 8000:1. (Präparat: A. BOHLE u. H. SITTE, Aufnahme: G. WERNER)

Die Glomerulumcapillaren besitzen keine contractilen Elemente, die die Lumenweite regulieren könnten. Dafür ist die Arteriola afferens und z. T. auch die Arteriola efferens mit glatten Muskelzellen ausgestattet, die eine bedeutende Rolle bei der Durchblutungsregulation des Glomerulum spielen. Die Tunica media der Arteriola afferens ist nach BECHER (1937) regelmäßig, nach anderen Autoren zu 70% vor ihrem Eintritt in das Glomerulum anstelle der Muscularis konzentrisch durch eine Gruppe großer, heller, epitheloider Zellen verdickt (Polkissen nach ZIMMERMANN, 1933), die am deutlichsten an den oberflächlichen Glomerula ausgebildet sind, nach Angaben von ADEBAHR (1962) aber auch gehäuft in den Vasa afferentia und Vasa efferentia der juxtamedullären Glomeruli vorkommen können. Der Autor beschreibt epitheloide Zellen weiterhin an den Teilungsstellen der Büschelarterien. Die Zellen sollen nach Ansicht der einen aus glatten Muskelzellen oder deren Vorstufen (Leyomyoblasten) entstehen, nach der der anderen aus aktivierten Zellen der Goormaghtighschen Gruppe über verschiedene Zwischenstufen. Die Zellen treten durch kurze Cytoplasmafortsätze miteinander in Verbindung und liegen in einem unterbrochenen Fachwerk von intercellulären Mem-

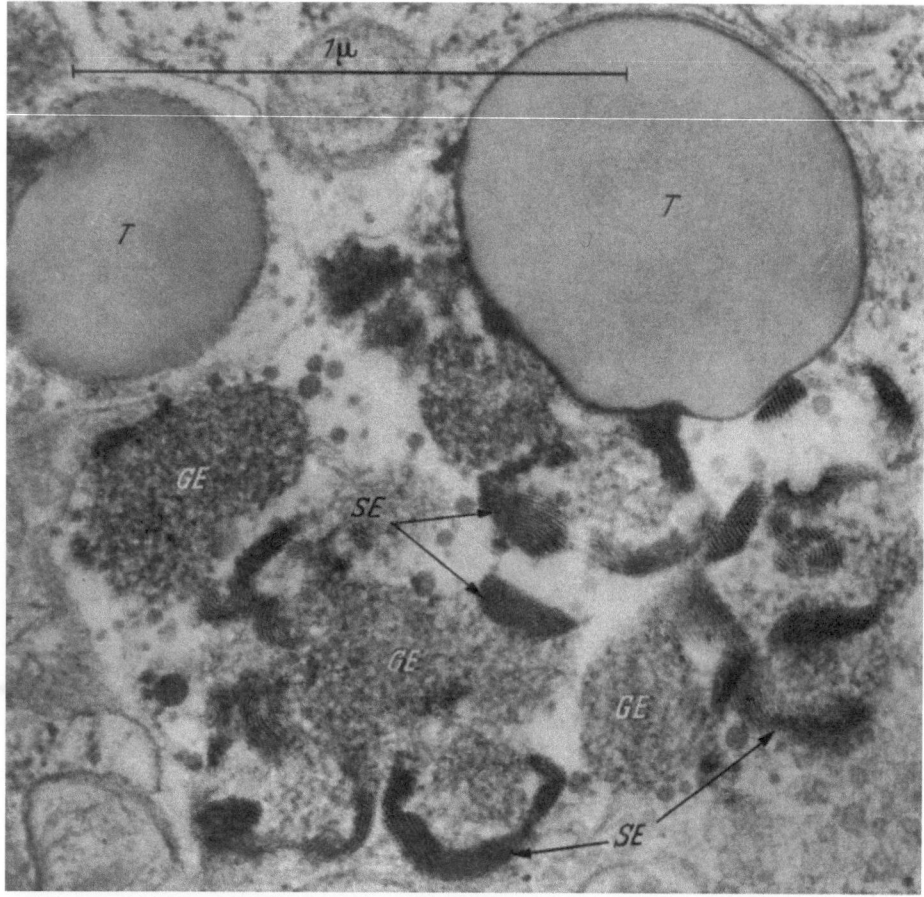

Abb. 10. Elektronenmikroskopische Aufnahme einer epitheloiden Zelle der menschlichen Niere. Granuläre und schollige Cytoplasmaeinschlüsse (*GE* und *SE*), sowie zwei Tropfen (*T*). Die scholligen Einschlüsse zeigen deutlich Myelinstruktur. Vergr. 20000:1 Ausschnitt bei stärkerer Nachvergrößerung. (Aus A. BOHLE und H. SITTE: IV. Symposion d. Ges. f. Nephrologie, Springer 1966)

branen. Charakteristisch für diese juxtaglomerulären Zellen ist ihre mit Kristallviolett darstellbare zarte Granulation, deren Dichte vom Kochsalzhaushalt abhängig ist: Zunahme der Granula erfolgt bei NaCl-armer Kost sowie auch bei Verabfolgung von Gonadotropin bei Vitamin A-Mangel. Die Granula erscheinen im Innern teils homogen und osmiophil, teils hell und flockig, reagieren PAS-positiv und enthalten wahrscheinlich Ketosteroid-Eiweißkomplexe, die aber zum Teil mit Mitochondrien identisch sein sollen. Die Granula werden von einem feinen einschichtigen Häutchen umgeben, sie enthalten oft deutliche Einschlüsse, die von REALE, MARINOZZI und BUCHER (1963) als Granula in granulis bezeichnet werden und ebenfalls in den Basalmembranen vorkommen können. Außer Granula enthalten die epitheloiden Zellen, tropfige und schollige Einschlüsse, sowie gelegentlich Vacuolen mit granulärem Inhalt (Abb. 9). Die oft exzentrisch liegenden Zellkerne haben ellipsoide Form und können von Granula eingekerbt erscheinen. Das Zellinnere ist weiter reich an fibrillären Strukturen (Abb. 10), die nach BUCHER und REALE (1961) gelegentlich Myofibrillen ähneln und an Ribosomen. Der Golgiapparat ist deutlich ausgebildet. Zwischen den epitheloiden Zellen und den glatten Muskelzellen der Gefäßwand gibt es häufig Übergangsformen. Die Funktion dieser „Polkissen" besteht wahrscheinlich in der Regulation der Gefäßweite durch Quellung und Entquellung. Ein Glomerulum kann so völlig aus dem Kreislauf ausgeschaltet werden. Die Flüssigkeit, die für die Quellung notwendig ist, wird dem anliegenden weitlumigen Lymphgefäßnetz entnommen (BECHER, 1937). Einige Autoren vermuten in den Polkissen endokrine Organe, die für die Reninproduktion verantwortlich sind. Andere sehen in ihnen unspezifische Zellanhäufungen, da noch keine genauen Aussagen über die Lokalisation der Reninbildung gemacht werden können. Elektronenoptische Untersuchungen über die Ultrastrukturveränderungen der Epitheloidzellen und ihres Ausscheidungsproduktes lassen jedoch die Tatsache eines Sekretionscyclus mit großer Wahrscheinlichkeit annehmen. Nach BOHLE (1959) ist die Zahl der Epitheloidzellen von der Durchblutungsgröße der Niere abhängig.

Die Elastica interna hört nach BECHER (1937) vor oder spätestens direkt an den Polkissen auf. Nach GOORMAGHTIGH (1932) können ihre Längsfasern allerdings bis ins Glomerulum als ganz dünne Lamelle nachgewiesen werden. APPELT (1939) unterscheidet Arteriolae afferentes vom elastischen und vom Polkissentyp, bestätigt also beide beschriebenen Variationen.

Das Vas efferens kann außer am Gefäßpol das Malpighische Körperchen auch an anderer Stelle verlassen und nach BOENIG (1936) auch in der Mehrzahl vorliegen. Die Arteriola efferens besitzt eine dünne Gefäßwand. Die Intima besteht aus einer dünnen Lamelle, der die Zellen der äußeren Wandschicht mit ihren zahlreichen Fortsätzen als dichtes Netzwerk aufliegen. Sie sind mit ihr durch Ausläufer eng verbunden. Nach BENSLEY (1929) befindet sich kein retikuläres Gewebe zwischen beiden Wandschichten.

Da angenommen wird, daß die Weite der abführenden Gefäße aktiv reguliert werden kann, haben die beschriebenen Zellen entweder die Eigenschaft glatter Muskelzellen oder die contractiler Pericyten. Nach SMITH (1956) kann die Arteriola efferens jedoch einen ganz unterschiedlichen Wandbau aufweisen: bald den von muskelhaltigen Arteriolen, bald den endothelialer Rohre oder enger Capillaren. In der Nähe des Gefäßpols liegt, meistens zwischen Vas afferens und Vas efferens, ein von BECHER (1937) beschriebener Zellkomplex. Er besteht aus kleinen, kompakten Epithelinseln oder kolloidgefüllten Epithelbläschen. Die ersten finden sich ebenfalls an Arteriae corticales radiatae, die letztgenannten nur an der Arteriola afferens, sind nach APPELT (1938) größer und seltener als die kompakten Epithelinseln. Die Körperchen werden von einer bindegewebigen Membran umschlossen und formen sich plastisch nach ihrer Umgebung. Beim Menschen liegen diese Becherschen Zellgruppen oder paraportalen Zellen vorwiegend intertubulär, kommen jedoch auch selbst im Interstitium der Nierenrinde vor. Sie weisen keine Beziehungen zu Glomerula oder Schaltstücken auf; nach anderen Angaben sollen sie hinwiederum den Mittelstücken entstammen. Über die Menge der Zellgruppen liegen Durchschnittswerte von 10^7 pro Niere vor. Ihre Zahl liegt jedoch bei alten Individuen und Hochdruckerkrankten höher. Die Adrenalorgane wirken unter Einfluß des Sympathicus auf den Quellungszustand der Polkissen ein, indem sie Stoffe vom Charakter der Histaminsubstanzen ausscheiden, die auf dem Lymphwege den Vasa afferentia zugeführt werden. Auch die Adrenalorgane werden von mehreren Autoren für Bildungsstätten von Hormonen gehalten.

In dem engen Raum zwischen Macula densa, Arteriola afferens und Vas efferens liegen weiterhin dicht neben den Polkissen von GOORMAGHTIGH (1932) beschriebene Zellhaufen. Sie bestehen aus 20—50 eng aneinander liegenden, cytoplasmaarmen Zellen; ihre Kerne sind lang, schmal und erscheinen vielfach eingebuchtet. Das Chromatin häuft sich an der Kernmembran, so daß die Kerne

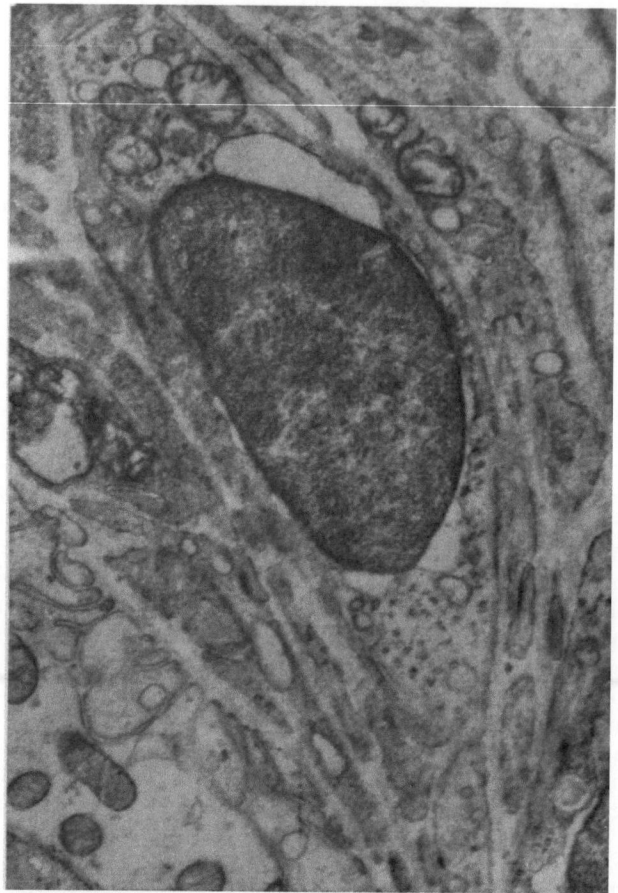

Abb. 11. Elektronenmikroskopische Aufnahme einer Goormaghtighschen Zelle von der Maus. Links unten ist noch das „basale Labyrinth" einer Macula-Zelle sichtbar. Etwa in Bildmitte der Kern der Goormaghtighschen Zelle; der perinucleäre Raum ist erweitert. Der Zelleib ist reich an Ribosomen, die häufig Rosetten bilden; am oberen Kernpol liegt ein Grüppchen von Mitochondrien. In den Maschen des Membranfachwerkes liegen kernlose Fortsätze weiterer Goormaghtighscher Zellen. Fixation in OsO_4 bei Zimmertemperatur. Endvergrößerung etwa 26000fach. (Aus O. BUCHER, und E. REALE, 1961)

lichtmikroskopisch dunkel erscheinen, ihr zentraler Teil ist jedoch elektronenoptisch sogar heller als der der epitheloiden Zellen. Im Inneren der Zelle ist ein zartes, engmaschiges Gerüst zu erkennen, in dem viele Mitochondrien, bevorzugt gruppenweise, liegen. Ferner sind Vesiculae verschiedener Größe eingelagert, die von einfachen Membranen mit aufliegenden Ribosomen begrenzt werden (Abb. 11). Der Golgiapparat tritt nur bei wenigen Zellen angedeutet hervor. Die Zellen sollen nach Ansicht älterer Autoren vasopressorische Empfänger darstellen. Von dieser Hypothese wird in neuerer Zeit jedoch immer mehr abgewichen. KROON (1960) vertritt die Ansicht, daß die Goormaghtighschen Zellen Reserveelemente für die Epitheloidzellen darstellen, da er besonders bei experimenteller Zunahme der epitheloiden Zellen Zwischenstufen, charakterisiert durch zunehmende Schwellung und PAS-positive Granulation ursprünglich Goormaghtighscher Zellen beobachtet. Da das Membransystem, das die epitheloiden Zellen umgibt, sich kontinuierlich in das PAS-positive Fachwerk aus basalmembranartigen Strukturen um die Goormaghtighschen Zellen fortsetzt, nennt die angelsächsische Literatur Goormaghtighsche Zellhaufen und Polkissen zusammen den juxtaglomerulären Apparat.

Es werden also alle beschriebenen Zellanhäufungen sowie auch die später beschriebene Macula densa von verschiedenen Autoren für hormonproduzierende Organe gehalten, die auf die Durchblutungsgröße der Niere einwirken sollen. Diese Annahme stützt sich auf Experimente, in deren Verlauf der Reningehalt bei Zerstörung der Umgebung der Glomerula stark abnehmen soll oder bei Blutdruckanstieg und Hormongaben die genannten Zellen und Zellgruppen Strukturveränderungen zeigen sollen. Einen eindeutigen Nachweis hat man mit diesen Versuchen jedoch noch nicht erbracht.

Der Feinbau der Capillaren im Glomerulum ist grundsätzlich dem aller Capillaren gleich und beginnt bereits nach kurzem Verlauf des Gefäßes innerhalb der Kapsel. Ihre Wand besteht aus einem in drei Schichten übereinandergelagerten Porengitter: einem feinen Endothel, auch Lamina fenestrata genannt, einer Basalmembran und einer Lage von Deckzellen, die die Capillaren umhüllt.

Das Endothel besteht aus zarten Zellen mit kleinen dunklen Kernen. Das Cytoplasma ist lichtmikroskopisch nur in der Nähe des Kerns sichtbar. Elektronenoptisch sieht DALTON (1951) darin eine Streifung parallel verlaufender dichterer und weniger dichter Zonen. In diese sind häufig 0,05—0,1 µ große Vacuolen eingelagert, die von einer 100 Å dicken Membran umgeben werden. Zum Teil kann es sich hierbei auch um Einsenkungen ins Cytoplasma handeln. Im Perikaryon entspringen lange, zum Teil hakenförmige Fortsätze, die kleine Auftreibungen besitzen. In ihnen liegen zahlreiche Mitochondrien. Diese Zellausläufer ragen nach PEASE (1954) bis in die Basalmembran. Die dünne Grenzmembran, die beide Wandschichten voneinander trennt, wird dabei nicht unterbrochen. Am kernnahen Cytoplasma werden auch kleine zarte Zellfortsätze beobachtet. Elektronenoptisch stellt das Endothel keinen geschlossenen Zellverband dar. Es ist von rundlichen bei der Ratte 600—1600 Å großen Poren durchbrochen, durch die das Blutplasma in unmittelbaren Kontakt mit dem Grundhäutchen treten kann, die geformten Blutelemente aber im Gefäß zurückgehalten werden.

Nach LAMBERT (1956) nehmen die Poren etwa 9% der inneren Oberfläche der Glomerulumgefäße ein. Diese Zahlen können für den Lebenden unzutreffend sein, da die Gewebspräparation auf die Porengröße Einfluß nimmt. LATTA, MANNSBACH und MADDEN (1960) beschreiben außer den bekannten Endothelzellen elektronenoptisch in zentralen Teilen des Glomerulum nachweisbare, aber schon früher lichtmikroskopisch beobachtete intercapilläre oder interluminale Zellen, die innerhalb der Basalmembran liegen. Sie trennen zwei von einer gemeinsamen Basalmembran umfaßte Capillaren voneinander.

Die Basalmembran wird als Lamina densa der Lamina fenestrata des Endothels an die Seite gestellt. Ihr zartes Porengitter stellt das entscheidende Ultrafilter beim Filtrationsprozeß des Blutes dar. Nach Ansicht von BOHLE und SITTE (1962) und anderen Autoren entsteht die Basalmembran aus der Verschmelzung der Basalmembran der Bowmanschen Kapsel und der Fortsetzung des Intimagewebes der Arteriola afferens. Beide Wandschichten könne man lichtmikroskopisch wie elektronenoptisch in der Nähe des Gefäßpols trennen. ZIMMERMANN (1933) findet die dichtere Wandschicht der Fortsetzung der Bowmanschen Kapsel immer dort, wo den Capillaren Bindegewebe aufliegt. Elektronenoptisch gesehen ist die Basalmembran eine bei der Ratte 800—1000 Å dicke, graugetönte, gewöhnlich glatt konturierte Wand, die kontinuierlich in die der Bowmanschen Kapsel und der Kanälchenabschnitte übergeht. Manchmal zeigt sie eine verwaschene Fibrillierung. Sie kann nach Ansicht einiger Autoren in eine dichtere 650 Å dicke mittlere und zwei je 300 Å dicke hellere äußere Schichten getrennt werden (Abb. 12). Entgegen der Ansicht früherer Autoren mit lichtmikroskopischen Untersuchungsmethoden lassen sich argyrophile Fibrillen in der Basalmembran elektronenoptisch nicht feststellen. HALL, ROTH und JOHNSON (1953) beschreiben in der Basalmembran 90—110 Å große Poren, die aber von anderen Autoren als Artefakte angesehen werden. Nach histochemischen Berichten besteht die Basalmembran aus einem gelatineartigen Gerüst amorpher oder fibrillär strukturierter Proteinlamellen, in das Lipoidmoleküle in Form von radiär zum Gefäßlumen verlaufenden Lamellen und Mucopolysacchariden eingebaut sind.

Die Lamellensysteme sind für Wasser leicht permeabel. Einige Autoren vertreten die Ansicht, daß es sich bei der Basalmembran um ein sog. Gelfilter handelt, das bei Aufquellung durchlässiger wird. Die obere Grenze der Größe von Mole-

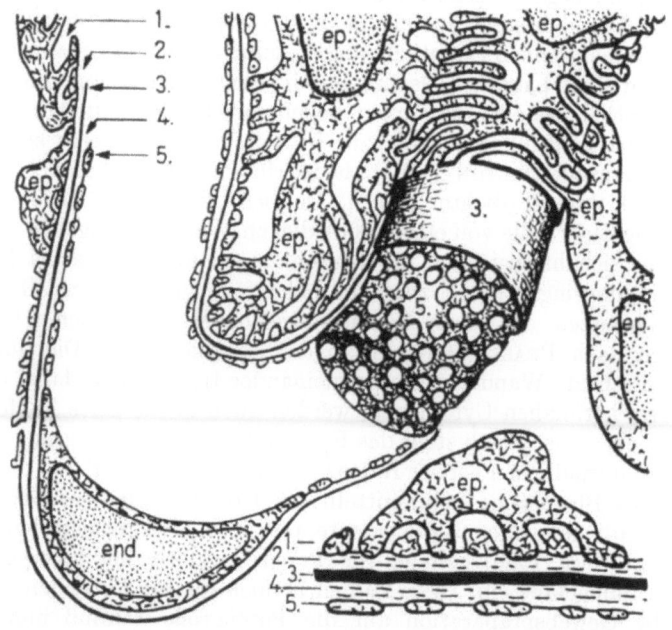

Abb. 12. Schematische Darstellung der Capillarwand eines Glomerulum. *ep* Deckzelle, *end* Endothelzelle, *1.* Schicht der Deckzellausläufer und -füßchen, *2.—4.* 3 Schichten der Basalmembran, von denen die mittlere dichter ist, *5.* Schicht der Endothelzellen. (Aus PEASE, 1955)

külen, die die Basalmembran passieren können, liegt etwa bei einem Molekulargewicht von 70000, dem des Hämoglobin. Die Fähigkeit der Basalmembran, bestimmte Substanzen des Blutes passieren zu lassen oder zurückzuhalten, hängt weiterhin von Alter und Geschlecht des Individuum ab. Ihre Rolle als Träger antigener Substanzen wird diskutiert.

Die die dritte Wandschicht bildenden Epicyten oder Deckzellen sind in ihrer Verknüpfung untereinander und mit der ihnen anliegenden Basalmembran noch heute Gegenstand verschiedener Meinungen. Der Epicytenbelag entsteht nach Ansicht von RANDERATH (1937) und ZIMMERMANN (1933) durch Umgestaltung des Epithels des inneren Blattes der Bowmanschen Kapsel und soll ursprünglich das Glomerulum als geschlossene, dichte Zellschicht überziehen. Jedoch spannt sich, nach Ansicht einiger Autoren, auch beim Erwachsenen zwischen den Deckzellausläufern eine zarte, lichtmikroskopisch nicht mehr wahrnehmbare Cytoplasmamembran aus; es besteht damit nach CASASCO (1954) und KULENKAMPFF (1954) auch dann noch ein geschlossener Capillarüberzug. Der größere Teil elektronoptisch bestätigter Beobachtungen zeigt allerdings das Deckzellennetz als diskontinuierliche Zellage. Die Epicyten selbst sind stark verzweigte, allseits von

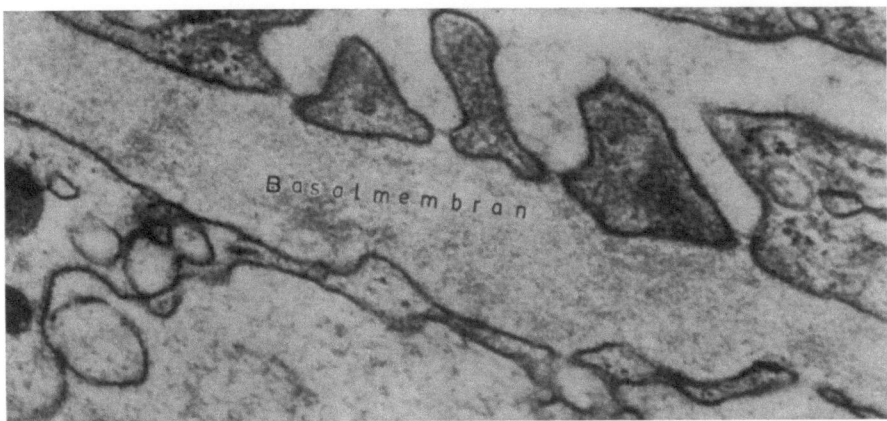

Abb. 13. Elektronenmikroskopische Aufnahme eines menschlichen Glomerulum (Ausschnitt). Im unteren Bildabschnitt das Lumen einer Capillare, oben der Kapselraum. An der unteren Seite der Basalmembran Endothel, an der oberen die Fußfortsätze eines Epicyten. Die Fußfortsätze sind an ihrer Basis durch feine Membranzüge miteinander verbunden ("slit membranes"). Fixation nach PALADE, Schnitt behandelt nach der Methode von KARNOVSKY, Vergrößerung ungefähr 77000fach. (Aus E. REALE, 1962)

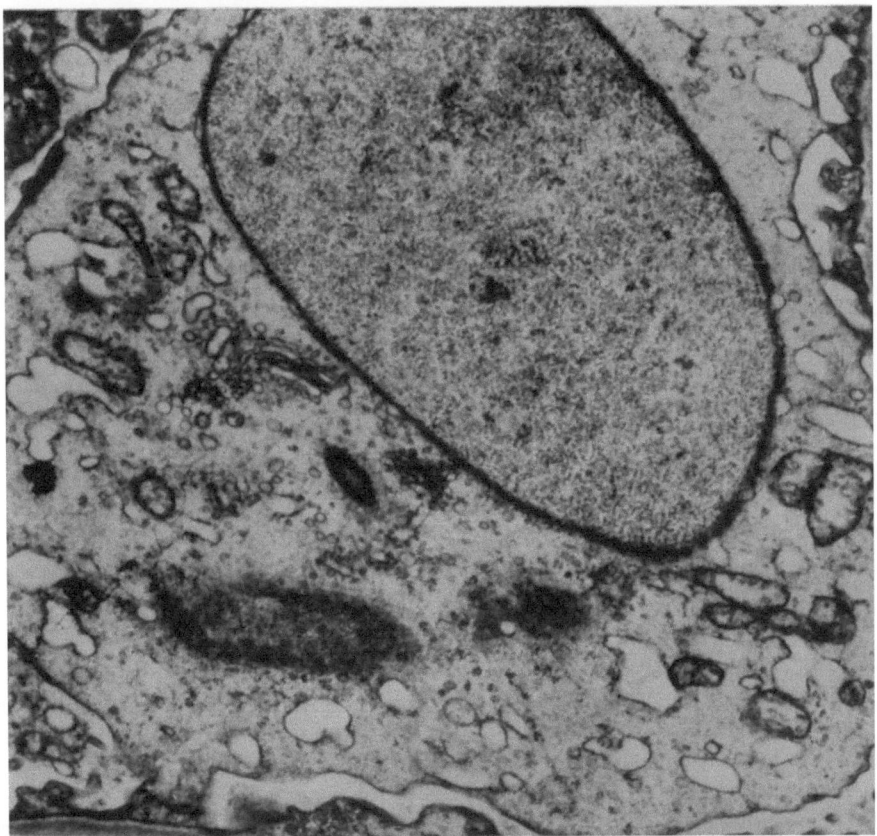

Abb. 14. Elektronenmikroskopische Aufnahme eines Epicyten in einem menschlichen Glomerulum (Ausschnitt). Neben dem Zellkern erkennt man den Golgiapparat, der die Centrosphäre mit dem Centriol umgibt. In den tangential angeschnittenen Kernpartien Poren, die der Kernmembran angehören. Im Cytoplasma Mitochondrien und Ribosomen. Fixation nach PALADE, Schnitt behandelt nach der Methode von KARNOVSKY, Vergrößerung ungefähr 24000fach. (Aus E. REALE, 1962)

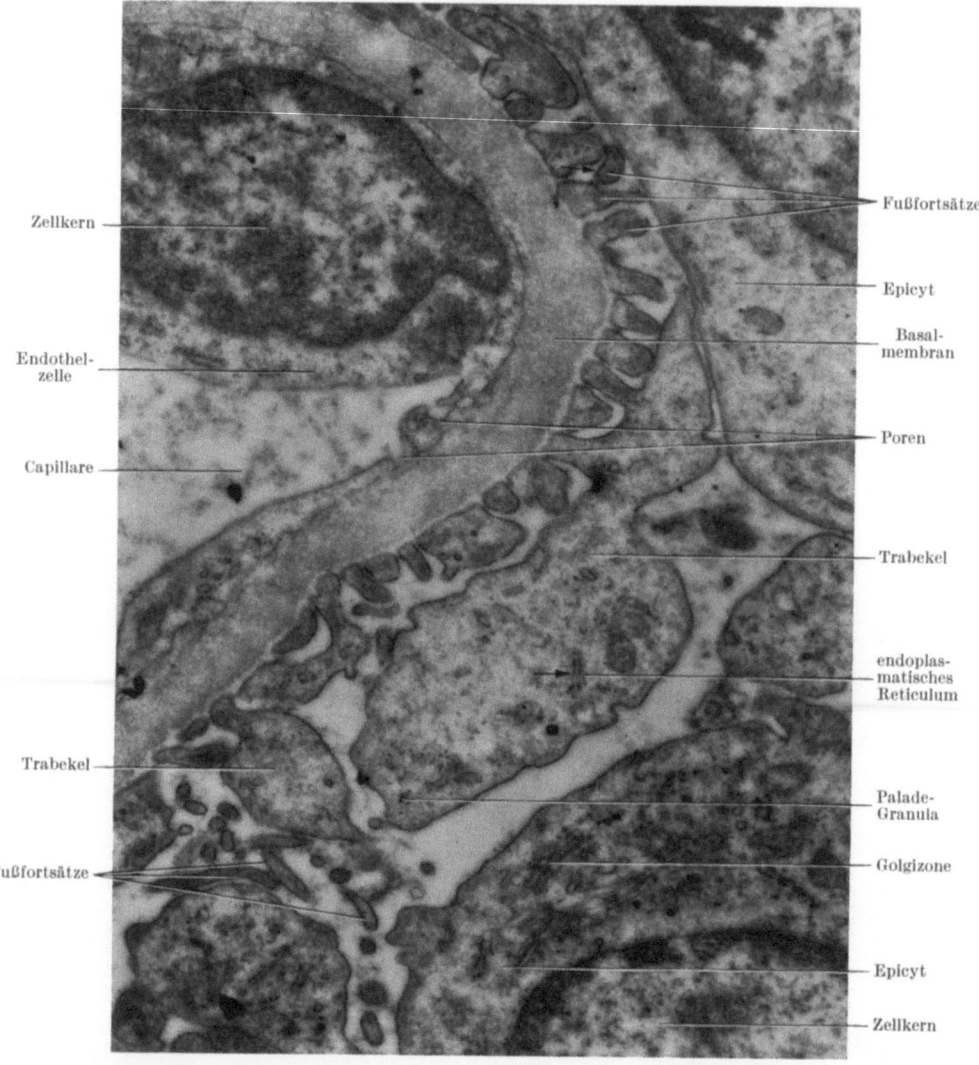

Abb. 15. Elektronenmikroskopische Aufnahme eines Glomerulum (Ausschnitt) vom Menschen (41 Jahre, männlich). Blutcapillare mit Endothelzelle, welche der Basalmembran im peripheren Teil der Capillarwandung anliegt. Epithelzellen (Epicyten) mit Trabekeln und Fußfortsätzen. Im Epicytenplasma: Zellkern, Golgizone, endoplasmatisches Reticulum und Palade-Granula. Im Endothelbelag Poren. El. opt. Direktvergr. 8000:1. (Aus BOHLE und SITTE, 1962)

einer osmiophilen Membran begrenzte Zellen, deren kernhaltige Abschnitte sich in die Lichtung des Kapselraumes vorwölben und deren feinste, nur elektronenoptisch nachweisbare Verzweigungen die Basalmembran umgreifen und ihr mit kleinen Füßchen aufsitzen (Abb. 13). Aus diesem Grunde bezeichnet HALL (1955) Deckzellen auch als Podocyten. Sie bilden auf der Oberfläche der Capillare ein Cytoplasmanetz mit langgestreckten Maschen, deren Durchmesser gewöhnlich bei der Ratte 300—400 Å beträgt, aber im Extremfall (z. B. beim Schock) bis zum vollständigen Verschluß verengt werden kann. Durch dieses Netz gelangt das Ultrafiltrat direkt in den Kapselraum. Im Cytoplasma der Epicyten häufen sich die Mitochondrien in der Nähe des Kerns, neben dem sich auch das Mikrozentrum und

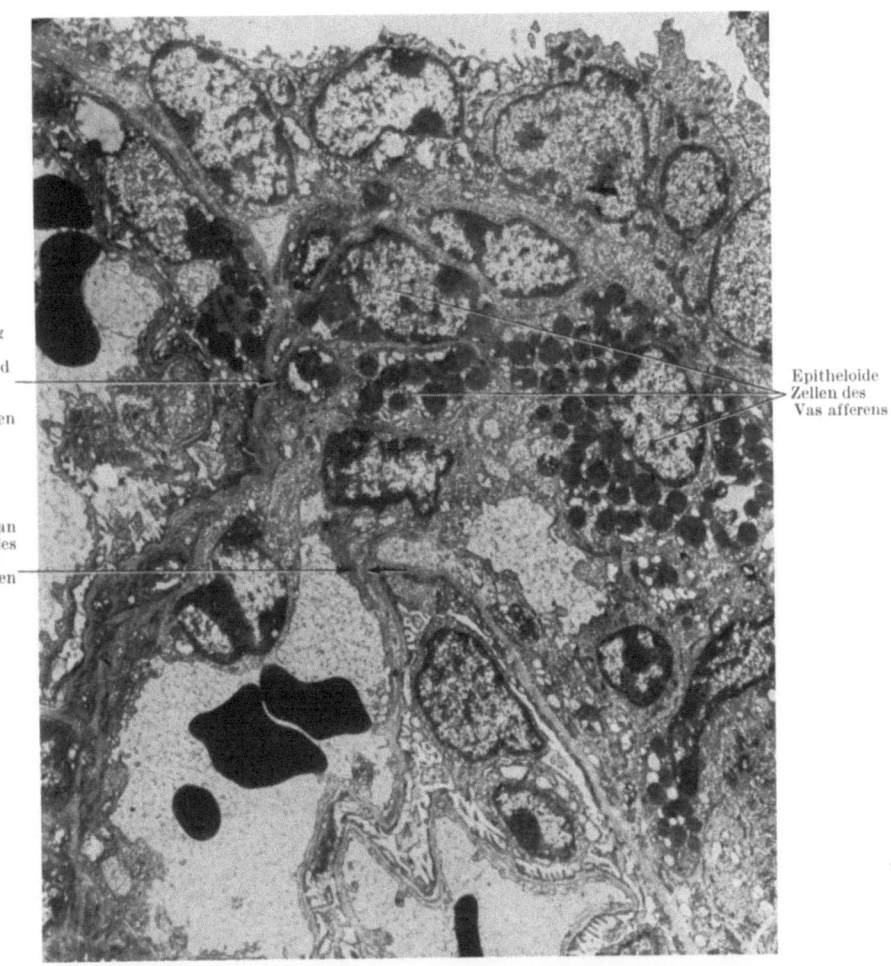

Abb. 16. Elektronenmikroskopische Aufnahme der Region des Gefäßpoles eines Nierenkörperchens von der Maus. Vereinigung von subendothelialer Basalmembran mit dem auf das Hilusgefäß übertretenden parietalen Blatt der Bowmanschen Kapsel im Bereich des Gefäßpols. Subendotheliale Basalmembran und viscerales Blatt der Bowmanschen Kapsel verlaufen zunächst als getrennte Strukturen und in Richtung Glomerulumzentrum. El. opt. Direktvergr. 2600:1. (Aus A. BOHLE, und H. SITTE, 1962)

der Golgiapparat befinden (Abb. 14). Außerdem finden sich größere, inhomogene, osmiophile, vacuolenhaltige Körper unbekannter Bedeutung. Das kernnahe Cytoplasma der Deckzellen entsendet teils kräftige, 1000—2000 Å dicke, vielfach ebenfalls Mitochondrien enthaltende Arme, die sich dichotomisch verzweigen und oft kolbenartig endigen, teils dünne Ausläufer, die direkt aus dem Perikaryon hervorgehen. Stärkere Cytoplasmaarme können auch durch die Bildung gratartiger Plasmabrücken Leitschienen für feine Fortsätze bilden (Abb. 15). Viele Ausläufer verflechten sich mit denen der Nachbarzelle, ohne direkt mit ihnen eine Verbindung einzugehen. Daß sie jedoch mit Leisten verzahnt seien, die sich auf der dem Kapselraum zugewendeten Fläche der Basalmembran erheben würden, wird von jüngeren Autoren angezweifelt. Sie können gelegentlich kleine Einsenkungen der Basalmembran völlig ausfüllen. Nach SUNAGA (1955) können sich die Fortsätze von den Deckzellen abschnüren, welcher Vorgang von ihm im Sinne einer Sekretion gedeutet wird. Nach KULENKAMPFF (1954) weist eine Capillaroberfläche von 10 μ etwa 24—30 Ausläufer auf. Neben den typischen Deckzellen beschreibt Sunaga Oberflächenzellen mit dunklerem Cytoplasma und dicken Mitochondrien.

Angaben über das Mengenverhältnis von Endothelzellen zu Deckzellen variieren von 1:10 zugunsten der Deckzellen bis 1:4 zugunsten der Epithelzellen. Jones (1951) sieht ein Überwiegen der Deckzellen bei jungen Menschen, während im Alter Fibrocyten, Deckzellen und Endothelzellen in gleicher Menge vorkommen sollen. Hall (1955) errechnete folgende Zahlen, die von Bohle und Sitte (1962) bestätigt wurden: 98% der Basalmembran werden von Deckzellen bedeckt, 2% sind frei in Form von Schlitzporen.

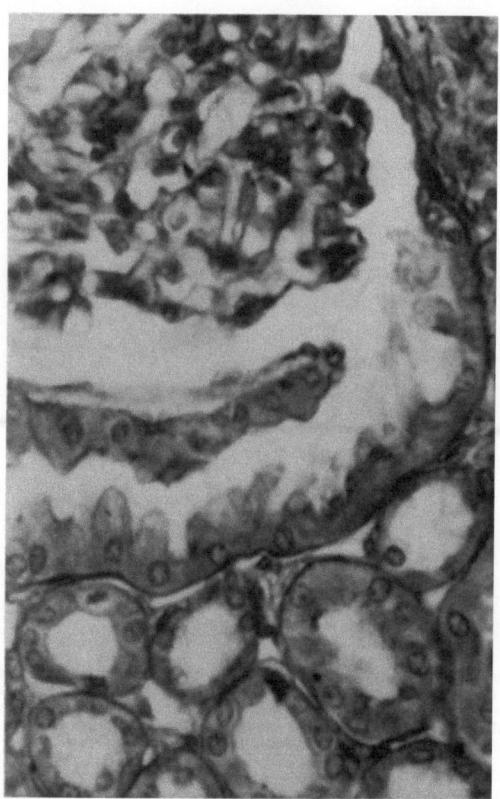

Abb. 17. Menschliche Niere. Glomerulum mit Harnpol. Beachte den Übergang der Bowmanschen Kapsel in das Epithel des Harnkanälchens

Das von vielen Autoren bestätigte, zwischen den Glomerulumschlingen liegende kollagene Bindegewebe, wird als Mesangium bezeichnet. Es dringt am Gefäßpol in das Malpighische Körperchen ein und stützt die einzelnen Capillarschlingen als feine Bindegewebsachse, so daß diese nicht allseits von Deckzellen umgeben werden, sondern mit ihrer Konkavität an das intralobuläre Zwischengewebe gebunden sind (Bargmann, 1938). Sein Vorhandensein wird von Hall (1955) bestritten, die Fibrocyten seien verkannte Endothelzellen. Yamada (1955) wieder hält das auch von ihm elektronenoptisch nachgewiesene intercapilläre Fasernetz für Fibrillen modifizierter Muskelzellen. Der Einfluß des Mesangium auf den Filtrationsprozeß des Blutes ist noch ungeklärt.

Im Nierenkörperchen sind nur wenige Fermente in geringer Konzentration nachzuweisen. Ihren wesentlichen Bestandteil bildet beim Menschen die saure Phosphatase. Die Capillarwände und Zellen der Bowmanschen Kapsel enthalten, im Alter zunehmend, 5-Nucleotidase, Glucose-6-Phosphatase und einige Dehydrasen. Über das Vorkommen von Bernsteinsäuredehydrogenase bestehen Zweifel. Glucuronidase wird nur in embryonalen Glomerula gefunden. Das Nierenkörperchen entfällt anorganische Bestandteile in etwas größerer Menge; besonders Kalium, das in der Gefäßwand und in der Basalmembran lokalisiert ist. Bei alten Individuen liegt die Konzentration höher, die Epithelzellen des Malpighischen Körperchens zeigen dabei nur zum Harnpol hin erhöhte anorganische Rückstände.

Am Gefäßpol geht das Grenzhäutchen in das parietale Blatt der Bowmanschen Kapsel über, das aus einer Basalmembran und einem kapsellumenwärts daraufliegenden einschichtigen platten bis kubischen Epithel besteht (Abb. 16).

Die Epithelzellformen scheinen, wie bei der Maus beobachtet, geschlechtsspezifisch zu sein, die Zellen männlicher Tiere haben eine mehr kubische Form. Die Zellgrenzen sind gut darstellbar, geradlinig oder polygonal. Die freie Oberfläche enthält parallel orientierte Lipoideinlagerungen. Die Zellkerne liegen in unterschiedlichen Abständen und buckeln die Zellen zum Kapsellumen hin vor. In der Zelle liegt neben dem Kern, parallel zur Oberfläche, der wenig differenzierte Golgiapparat. Am Harnpol wandelt sich das Epithel in das typische Hauptstückepithel um (Abb. 17). Die in Kernnähe liegenden Mitochondrien haben nach REALE (1962) und BUCHER (1960) ringförmige Konturen.

Die Basalmembran besteht, ähnlich der der Glomerulumcapillaren, aus einem eiweißartigen Grundgerüst, in das Mucoproteine und bimolekulare Lipoidlamellen, deren Längsachse senkrecht zur Achse des Gerüstes ausgerichtet ist, eingelagert sind. Die Basalmembran ist begrenzt elastisch. Zum Interstitium hin liegt ihr ein dichtes Geflecht von Retikulin und Kollagen an, dessen Fasern sich zu den Kanälchen hin zirkulär orientieren. Aus der Basalmembran ziehen Fasern in das Geflecht und umgekehrt. Die Faserhülle nimmt von der Kapsel über das Hauptstück zu den weiter abführenden Harnkanälchen an Dicke zu; im Gegensatz zu der Basalmembran, die an den Ductus papillares am schwächsten ausgebildet ist. ZIMMERMANN (1933) beschreibt an der inneren Fläche der Basalmembran feine, zirkulär verlaufende Fäserchen, die er Basalreifen nennt. Er vermutet, daß durch sie eine bessere Befestigung der Epithelzellen auf der Unterlage gewährleistet wird. Vielleicht sind die Basalreifen auch mit dem breiten Ende der intraplasmatischen Membranen, die SJÖSTRAND und RHODIN (1953) elektronenoptisch sehen, identisch.

c) Das Nierenkanälchen
α) Das Hauptstück

Das Hauptstück ist der dickste Abschnitt des Harnkanälchens (40—60 µ), mit einer Länge von etwa 14 mm und einer Lumenweite, die in Abhängigkeit von der Funktion schwankt. Am Harnpol ist das Hauptstück oft über eine kurze Strecke etwas eingeengt. Längere Hauptstücke sollen dicker sein als kürzere, ein Befund, dem jedoch von PETER (1909) widersprochen wird.

Das charakteristische Epithel des Hauptstückes beginnt nicht immer direkt an der Bowmanschen Kapsel. Es kann beim Menschen oftmals auf die Kapsel übergreifen, selten erst weiter distal beginnen. Auch MÖLLENDORFF (1931) sieht fließende Übergänge, jedoch stets unmittelbar um den Harnpol. Andere Autoren sehen Epithelverlagerungen als Folgen pathologischer Veränderungen an. Das charakteristische Epithel soll physiologisch immer am Harnpol beginnen.

Die Zellen des Hauptstückes haben bei lichtmikroskopisch betrachteten Schnittpräparaten mit den üblichen Färbemethoden ein intensiv färbbares, durch tropfige Einlagerungen trüb verwaschenes, etwas gekörntes Plasma und undeutliche Zellgrenzen.

Mit der Chromsilbermethode wurden 1895 von BÖHM und DAVIDOFF erstmals die Zellgrenzen in situ beim Meerschweinchen dargestellt. Hier sollen besonders an der Basis komplizierte Fortsätze in ähnliche der Nachbarzelle eingreifen, die nach dem Lumen zu verschwinden. v. MÖLLENDORFF (1931) warf die Frage auf, ob die Verzahnung in Abhängigkeit von der Lumenweite steht. Die Elektronenmikroskopie brachte genauere Aufklärung. Man erkennt eine Verzahnung von Einfaltungen und Ausstülpungen benachbarter Hauptstückzellen an der Basis, die den Spaltraum zwischen Zellmembranen und der das ganze Kanälchen umfassenden Basalmembran labyrinthartig gestalten (Abb. 18). Zwischen den Zellmembranen sieht man öfters größere Hohlräume, in denen sich resorbierte Flüssigkeit sammeln kann, die dann in die angrenzenden Blutcapillaren abgegeben wird. Die Haupt-

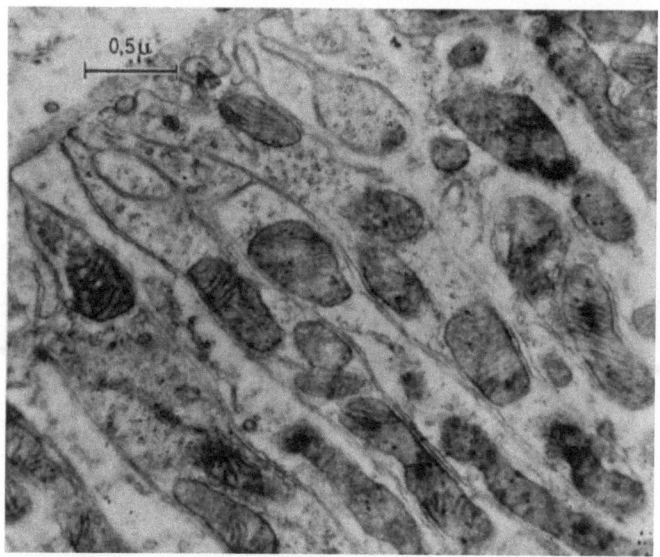

Abb. 18. Nierentubulus der Ratte, Hauptstück. Basalregion einer Tubulusepithelzelle. Beachte die Einfaltung der Zellmembran und die Anordnung der Mitochondrien in Kompartimenten

stückzellen sind in der Pars contorta besonders stark verzahnt. Ihre Kuppen ragen verschieden weit ins Lumen vor. Dagegen weisen Abschnitte der Pars recta geradlinige Zellkonturen auf. Die Verzahnung benachbarter Tubuluszellen fehlt bei der Geburt und tritt erst nach Beginn der Nierentätigkeit auf. Sie ist zunächst nicht in allen Abschnitten des Hauptstückes gleichmäßig ausgeprägt.

Die Basalmembran weist (bei Krallenfrosch und Ratte) eine Dreischichtung auf: Eine äußere osmiophobe Zone, eine schwach osmiophile Mittelzone und eine innere osmiophile Zone. Stellenweise ist lichtmikroskopisch eine zarte senkrechte Streifung der Basalmembran zu erkennen, die durch parallel geordnete Fibrillen entsteht. Die Dicke der Basalmembran beträgt 0,05—0,1 μ. Sie enthält argyrophile Fibrillen, die sich fortschreitend in kollagene umwandeln. Ihre Entwicklung ist erst im zweiten Lebensjahr beendet.

Die Basalmembran und basale Zellgrenze sind 130—200 Å voneinander entfernt. Die seitliche Zellmembran ist nach RHODIN (1955) 60 Å dick und liegt 160—130 Å von der der Nachbarzelle entfernt.

Die Oberfläche der Hauptstückzellen ist durch einen konstant vorhandenen Bürstensaum, der aus zarten, sich zum Zelleib verjüngenden Cytoplasmafortsätzen (Mikrovilli) besteht, stark zerklüftet (Abb. 19). Die Mikrovilli vergrößern die Zelloberfläche erheblich. Sie sind allseits von einer die Zelle begrenzenden Membran umschlossen, die die typische Dreischichtung aufweist, zwei osmierbare Schichten, die eine etwas dickere, nicht osmierbare Schicht einfassen. CLARK (1957) beschreibt, daß bei neugeborenen Mäusen der Bürstensaum fehlt und sich erst in den ersten 14 Lebenstagen entwickelt. Der Bürstensaum zeigt eine Dreiteilung: eine aus kräftig Perjodsäure-Leukofuchsin-positiven Körnchen bestehende basale Zone, eine darüber gelegene schwächere zur Lichtung senkrecht gestreifte Zone und drittens eine etwas stärker gefärbte abschließende körnige Zone. Die Körnchen der Basal-

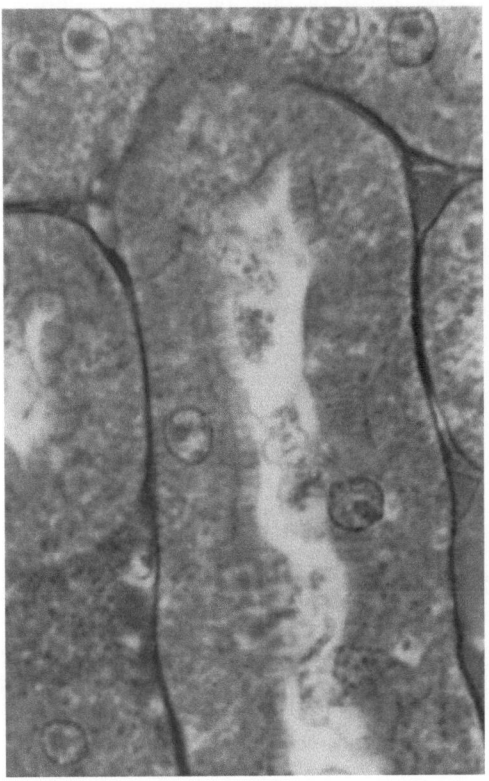

Abb. 19. Hauptstück eines Nierenkanälchens vom Wiesel. Beachte den hohen Bürstensaum und die zahlreichen, in Reihen gestellten Mitochondrien

zone sind nach LEBLOND (1950) mit winzigen Cytoplasmafäden verbunden. Nach Untersuchungen von PEASE (1954) bei Ratte und Maus sind die Fortsätze des Saumes in glomerulumnahen Abschnitten länger und schmäler, in distalen kürzer und breiter. Cytochemische Reaktionen zeigen, daß im Bürstensaum Mucoproteine sowie Fermente, z. B. alkalische Phosphatase, lokalisiert sind, die von Beginn der Nierentätigkeit an auch beim Menschen in allen Abschnitten nachweisbar sind. Die Menge der Phosphatasen schwankt mit dem Zuckergehalt des Harns und der Leistungsfähigkeit der Hauptstückzelle, kann also als Indicator für ihre Tätigkeit gewertet werden. Das Phosphatase-Vorkommen scheint in einem noch nicht näher erforschten Zusammenhang mit den Sexualhormonen und mit der Tätigkeit der Nebennieren zu stehen. Ferner wurden im Bereich des Bürstensaumes Lipoide und Cerebroside, deren genaue Lokalisation jedoch noch nicht geklärt ist, nachgewiesen. Nach BACHMANN und BÖLKE (1955) ist bei einer deutlichen und groben Plasmagranulierung der Bürstensaum kaum nachweisbar, während umgekehrt ein ausgeprägter Bürstensaum mit einer feinen und spärlichen Plasmagranulierung einhergeht. Beide Funktionszustände können im gleichen Abschnitt vorkommen. Zwischen den Mikrovilli des Bürstensaumes dringen, elektronenoptisch bei der Maus nachgewiesen, dünne, z. T. blasig erweiterte Gänge in das Zellinnere vor. Nach älteren Arbeiten kann die Kontinuität des Bürstensaumes temporär unterbrochen werden. Solche Durchbrüche entstehen sehr wahrscheinlich artifiziell durch Fixierungsmittel. Sie dürfen auch nicht mit den von Sjöstrand und Rhodin (1953) bei der Maus beschriebenen bürstensaumfreien „Kuppelzellen" verwechselt werden. Diese Zellen haben als weiteres Merkmal besonders große, lumenwärts gelegene Kerne.

Die Hauptstückzellen zeigen eine basale Streifung, die am deutlichsten in der Pars contorta ausgeprägt ist und z. T. aus einer Kannelierung der Zellseitenflächen besteht. Heidenhain (1937) sieht Stäbchen und seitliche Zellfortsätze nebeneinander und die Elektronenmikroskopie läßt die Streifung als Ausdruck einer Reihenanordnung charakteristisch geformter Mitochondrien erkennen, die in enge Beziehung zu einem komplizierten System bei der Maus nachgewiesener Membranen treten, mit denen sich das Plasmolemm in das Zellinnere fortsetzt (Abb. 20). Die Membranen entstehen durch Einfaltung der basalen Zellgrenzen, sie verzweigen sich und bilden Anastomosen. Ihr Durchmesser beträgt 60—80 Å. Sie bestehen aus zwei dünnen osmiophilen Schichten, die eine etwa doppelt so dicke osmiophobe Schicht einfassen. An ihrem Aufbau sind Proteine und bimolekulare Lipoidschichten beteiligt. In den von den Membranen begrenzten Kammern, Kompartimenten, liegen besonders viele Mitochondrien. Die Kammern haben einen durchschnittlichen Durchmesser von 110—130 Å, können jedoch auch cystisch erweitert sein.

Die Zellkerne sind im Hauptstück der menschlichen Niere recht einheitlich kugelförmig. Sie liegen in weitem Abstand voneinander, so daß auf dem Querschnitt nur 4—5 Zellkerne getroffen sind. Die Kernmembran ist schwach färbbar. Ihre Dicke beträgt etwa 60—70 Å. Sie lagert sich an eine 100 Å weit außerhalb gelegene gleich dicke Cytomembran an. Rhodin (1958) beschreibt etwa 900 Å große ringförmige Strukturen innerhalb der Kernmembran, die Poren entsprechen können. Im Kerninnern liegen Chromatinschollen, die sich vorwiegend an der Kernmembran häufen. Ein oder mehrere Nucleolen können vorhanden sein, sind aber nicht obligatorisch. Elektronenoptisch werden im Kern ovale, etwa 250 Å große Gebilde, deren Randzone stärker osmiophil ist als das Zentrum, beobachtet. Die Kerngröße variiert nach dem Alter der untersuchten Personen. Sie liegt nach Disse (1902) zwischen 5 und 7μ, beim menschlichen Keimling um 6,5 μ. Clara (1935) gibt Kerngrößen beim Embryo um 6,7 μ an, also höhere Werte als die Durchschnittswerte der Erwachsenen. Im Gegensatz hierzu berichten Wermel und Ignatiev (1932), daß sich die Kerngrößen beim menschlichen Embryo zu denen des erwachsenen Organismus wie 1:3 verhalten. Die Kerngröße schwankt zusätzlich funktionell bedingt abhängig von der Tageszeit. Geschrumpfte oder gefaltete Kerne sind Artefakte, jedoch können auch im Ganzen verkleinerte, etwas dunkler gefärbte Kerne vorkommen, sog. „saure Kerne". v. Möllendorff (1931) hält sie für Kerne absterbender Zellen mit veränderter Plasmastruktur. Er findet sie häufiger in der Pars recta. Besonders in der Pars contorta finden sich viele zweikernige Zellen, öfter bei alten Individuen als bei jungen, die nach Clara (1935) durch Amitose, selten auch durch Mitose entstehen. Zwischen Zellkerngröße und Zellfunktion sollen, nach neueren Untersuchungen an verschiedenen Tieren, Beziehungen bestehen, sind beim Menschen aber noch nicht nachgewiesen worden.

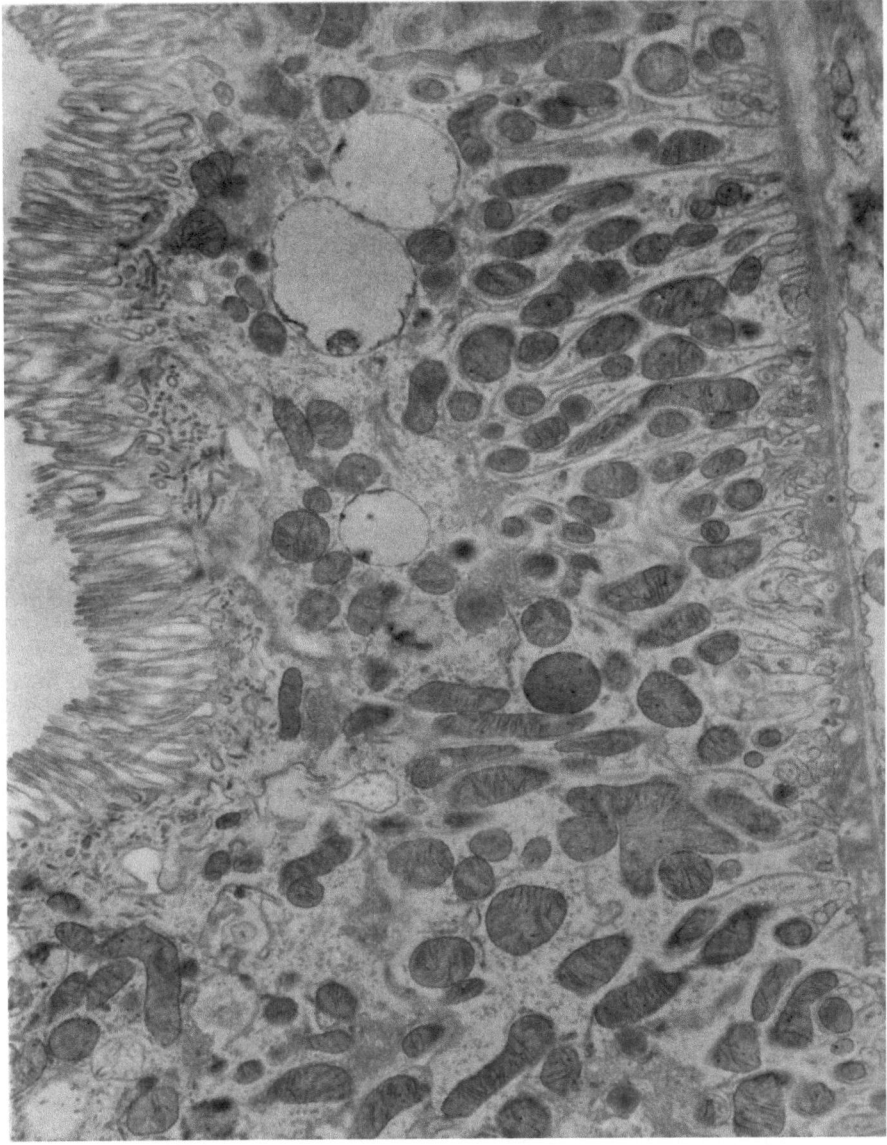

Abb. 20. Elektronenoptische Aufnahme vom Hauptstück im proximalen Konvolut der Rattenniere mit apikalen Einstülpungen der Zellmembran an der Bürstensaumbasis und basalem Labyrinth. An die Basalmembran des Tubulusepithels grenzt das fenestrierte Endothel einer peritubulären Capillare. Fixation nach Mannitgabe in osmotischer Diurese, Vergr. 4000:1. (Präparat: M. STEINHAUSEN u. H. SITTE, Aufnahme: G. WERNER)

Die elektronenmikroskopische Untersuchung zeigt eine komplizierte Durchgliederung des Cytoplasma von einem Netzwerk 40—50 Å dicker, häufig parallel zu den intracellulären Membranen verlaufender Fibrillen und Membranen.

Die Mitochondrien gehören zu den konstanten Zelleinschlüssen und kommen im Hauptstück in großer Zahl vor. Sie sind etwa 0,38 μ dick und verschieden lang. Sie werden nach BARGMANNs et al. Untersuchungen an Krallenfrosch und Ratte (1955) von einer 160 Å dicken dreischichtigen Doppelmembran umschlossen, deren Innenschicht sich in meist transversal orientierte, häufig auch schräg verlaufende und gelegentlich im rechten Winkel umbiegende Doppelmembranen fortsetzt. Im Innern der Mitochondrien liegen (bei der Maus) osmiophile Granula, Granula intramitochondralia. Die Granula variieren in Größe, Struktur und Häufigkeit in den verschiedenen Hauptstückanteilen. Ihr Durchmesser beträgt in proximalen Abschnitten gewöhnlich um 20—70 mµ, im distalen bis 200 mµ. Ihre Häufigkeit nimmt distalwärts ab. In den Granula liegen elektronendichte Partikelchen von etwa 30 Å Durchmesser. Sie sollen nach LUCIANO, BUCHER und REALE (1963) Eisen enthalten.

Nach PALADE (1952) ziehen Leisten durch das Innere der Mitochondrien, die einen zentralen Raum freilassen. Die Mitochondrien sind polarisationsoptisch doppelbrechend, an ihrem Aufbau also verschiedene Eiweiß- und Lipoidschichten beteiligt. An sie sind die für die Energiegewinnung erforderlichen Atmungsfermente, sowie andere Stoffwechselfermente gebunden. Histochemisch können unter anderem SH-Gruppen und Adenosintriphosphate nachgewiesen werden. Die Mitochondrien können zu Ablagerungsstätten von Farbstoffen werden, in den proximalen Abschnitten werden hochdisperse Kolloide, in den distalen feindisperse gelagert. Toxine und funktionelle Belastung führen zu Mitochondrienveränderungen. Bei Peristonspeicherung finden blasig vacuoläre Umwandlungen statt. Die Verteilung der Mitochondrien ist in den einzelnen Hauptstücken je nach Tierart verschieden, beim Menschen jedoch wenig erforscht. In glomerulumnahen Abschnitten sollen die Mitochondrien radiär geordnet sein, in den distalen ungeordnet.

Zu den obligaten Strukturen der Hauptstückzelle gehört weiterhin der Golgi-Apparat, dessen Lage beim Menschen von TERBRÜGGEN (1933) embryonal zunächst nahe der inneren Oberfläche angegeben wird, sich aber später basalwärts schiebt. Er besteht aus einem System von 4—6 parallel apicobasal orientierten Doppelmembranen, die jeweils 210 Å dick sind und 50—200 Å auseinander liegen. Der ganze Komplex ist etwa 1 µ lang und 0,5 µ breit. Er wird von einzelnen oder ungeordnet gruppierten Vacuolen durchsetzt. Lage und Form des Golgi-Apparates sind abhängig vom Funktionszustand der Zelle, seine Aufgabe bei der Zelltätigkeit ist umstritten. Die Ansichten gehen dahin, daß er sekretorische Fähigkeit habe, oder als Sammelstelle resorbierter Substanzen tätig ist. Aufgrund des Nachweises alkalischer Phosphatase in seinem Bereich wird ihm auch eine stoffwechselphysiologische Aufgabe zugeschrieben.

Über den ganzen Zelleib verteilt liegen kugelige oder ovoide „microbodies", deren Länge 0,3 und deren Breite 0,1 µ beträgt und die von einer 45 Å dicken osmierbaren Membran umgeben werden. Daneben finden sich Vacuolen und viele Typen verschieden großer Granula, die teilweise nur elektronenoptisch differenzierbar sind. Am häufigsten finden sich ribonucleinsäurehaltige 0,01—0,03 µ große Körnchen, die teilweise an das endoplasmatische Reticulum gebunden sind.

Größere Granula sammeln sich besonders in der mittleren Zellzone. Ihre Größe schwankt zwischen 0,4 und 1,5 µ, ihre 100 Å dicke Grenzmembran ist dreigeschichtet. Im Innern liegen kleine Granula und teilweise auch kurze ungerichtete Doppelmembranen. Weiterhin werden kleine Granula von Größe und Typ der im Innern der großen Granula liegenden Körnchen und mit verschiedenen Farbstoffen separat anfärbbare Granula beschrieben. Dazu müssen argentophile Körnchen erwähnt werden, die allerdings teilweise mit Pigmentgranula identisch sein oder Stücken vom Golgi-Apparat entsprechen sollen. Nach Größe, Anzahl und Dichte der Granula will SEKI (1931) das Hauptstück in 4—5 Abschnitte teilen. Gesondert ist das mit Eisenhämatoxylin färbbare kolloidchemisch adhärente Granuloid zu betrachten, das besonders in den ins Lumen ragenden Zellfortsätzen lokalisiert ist und Substanzen entsprechen soll, die zunächst rückresorbiert und in der Zelle angereichert werden, dann aber wieder ins Lumen ausgestoßen werden.

Nach BACHMANN und BÖLKE (1955) sind beim Meerschweinchen die Granula im allgemeinen fein und schwach PAS-positiv, können aber gelegentlich groben und stark PAS-positiven Partikeln Platz machen. Zwischen den Körnchen sieht man in unteren Hauptstückabschnitten auch Sphäroidkörperchen unterschiedlicher Größe, die stärker PAS-positiv sind und eine glatte Randbegrenzung haben. Möglicherweise sind sie eins mit den von RANDERATH (1937) beschriebenen hyalinen Tropfen. REALE und BUCHER (1961) beschreiben weiter vacuolenhaltige, 1500—7000 Å große Körperchen, die nicht nur in den Zellen des proximalen Tubulus, sondern auch in denen des distalen Tubus, den Epithelzellen der Arteriolen, interstitiellen Zellen und glatten Muskelfibrillen vorkommen. Beim Menschen sind außerdem regelmäßig Pigmenteinlagerungen zu finden, die vorwiegend in distalen Hauptstückabschnitten liegen und als Lipofuscin angesprochen werden. Für Pigmentgranula vom Typ der Abnutzungsfermente hält HAMPERL (1934) die von ihm fluorescenzmikroskopisch beobachteten braungelben, rund oder eckig begrenzten Körnchen, wogegen SJÖSTRAND (1944) einwendet, daß fluorescierende Körnchen und Pigmentgranula nicht identisch zu sein brauchen. Möglicherweise sind die fluorescierenden Substanzen besondere Pigmente, zu denen der Vitamin B-Komplex gehört.

Weiter gehören die Vacuolen zu den regelmäßigen Bestandteilen der Hauptstückzelle. Sie liegen teils apikal, teils in Kernnähe, sind etwa 0,4—1,5 µ groß und von einer 100 Å dicken Doppelmembran begrenzt. Das Innere erscheint strukturlos. Es wird diskutiert, ob ein Teil der Vacuolen als postmortal entstandene, blasige Umwandlung der apikalen Zellzone gewertet werden muß, womit nicht die unter dem Bürstensaum liegenden Granula enthaltenden Vacuolen gemeint sind. Ebenfalls entstehen Vacuolen häufig unter Sauerstoffmangel oder Einfluß von Atmungshemmstoffen.

ERKOÇAK, REALE, GAUTIER und BUCHER (1963) berichten über vesiculäre Strukturen, die häufig einzeln oder in Ketten in der Nachbarschaft von Zellmembranen als juxtamembranöse Bläschen, seltener im Zellinnern als Bläschenhaufen liegen. Sie kommunizieren manchmal mit dem Zwischenzellraum oder dem endoplasmatischen Reticulum. Ihr Durchmesser beträgt 35—300 µ. Es kann sich hierbei nach Angabe der Autoren um Micropinocytosebläschen handeln oder um ein endoplasmatisches Reticulum von besonderem Aussehen. Auch könnten die im Zellinnern gehäuft liegenden Bläschen ein Labyrinth feiner verschlungener Kanälchen darstellen.

In der Zone des Golgi-Apparates können Fetttröpfchen, Lipoide, Pigmente u.a. in wechselnder Menge gefunden werden. Andererseits werden histochemisch zahlreiche Fermente und Mineralien beschrieben, denen auch heute noch keine genaue cytologische Lokalisation gegeben werden kann. Das Vorkommen und die Aktivität der einzelnen Substanzen in den verschiedenen Nephron-Abschnitten ist dagegen nachweisbar.

Von Fermenten finden sich beim Menschen in der ganzen Hauptstückzelle alkalische Phosphatase und saure Phosphatase. Ihr Vorkommen sowie auch das von Lipase soll in Zusammenhang mit dem Lipoidgehalt der Tubuluszelle stehen. Weiter ist im unteren Zelldrittel Glucose-6-Phosphatase und im Anfangsteil des Hauptstückes in der Regel 5-Nucleotidase vorhanden, hinzu kommen Esterasen, Beta-Glucuronidasen, Dehydrasen, Diphosphor- und Triphosphorpyridinucleotiddiaphorase, Aminopeptidase und Carboanhydrase. Die Oxydaseaktivität der Hauptstückzellen ist beim Erwachsenen (Schwein) relativ schwach, aber stärker als zur Embryonalzeit.

Der Mineralgehalt der Hauptstückzelle wird durch Mikroveraschung erfaßt, ist aber, wahrscheinlich durch die wechselnde Inanspruchnahme der Zelle, unbeständig. Besonders in apikalen Zellteilen sind häufig Calciumrückstände abgelagert; die Asche im supranucleären Bereich ist eisenhaltig. Die Zellbasis hat einen geringen Kochsalzgehalt. Nach DJELALI (1960) kommt es bei Nebennierenexstirpation zur Verminderung der Natriumabsorption besonders im Hauptstück, aber auch teilweise im Mittelstück. Da auch im Kanälchen-Lumen Asche nachweisbar ist, schließen viele Autoren auf eine Sekretion anorganischer Stoffe durch die Hauptstückzellen. EDWARDS (1925) sieht z. B. aufgrund von Untersuchungen mit Preußisch-Blau eine deutliche Exkretion von Eisen in proximalen Hauptstückanteilen. Fluorescenzmikroskopisch gliedert SJÖSTRAND (1944) aufgrund gleichartiger Ergebnisse bei verschiedenen Tierarten die Hauptstückzelle in eine basale, intensiv aufleuchtende Zone mit radiärer Struktur und eine apikale Zone, die homogen erscheint. Darüber hinaus beschreibt er 4 fluorescenzmikroskopisch unterscheidbare Hauptstückabschnitte. Diese Einteilung stimmt im wesentlichen mit der von SUZUKI (1912) überein, die jener aufgrund des verschiedenartigen Mitochondriengefüges und der Vitalfärbbarkeit vornahm. Auch nach SJÖSTRAND (1944) stehen die fluorescenzmikroskopischen Unterschiede der Hauptstückabschnitte in engem Zusammenhang mit Differenzen in der Mitochondrienanordnung.

Die Hauptstückzellen speichern bei Vitalfärbung Farbstoffe, z. B. Trypanblau, intensiv durch Rückresorption. Dieser Vorgang wird als Arthrocytose bezeichnet und findet am stärksten in den glomerulumnahen Hauptstückabschnitten statt, wahrscheinlich, da hier die Konzentration der Farbstoffe noch am stärksten ist. Die Speicherung findet erst statt, nachdem ein Großteil des Farbstoffes ausgeschieden ist und kann erst bei sehr starker und lang anhaltender Konzentration auf die Zellen der Bowmanschen Kapseln übergreifen. Dieser Umstand, sowie eine Verlagerung des zuerst apikal in der Zelle liegenden Farbstoffes nach basal kann als resorptive Tätigkeit gewertet werden, die nur von der gesunden Hauptstückzelle ausgeführt werden kann. Die lichtmikroskopisch sichtbaren Trypanblaueinlagerungen bestehen elektronenoptisch aus Ansammlungen kleiner, innerhalb einer Vacuole gelegener Granula. Diese, und die im normalen Tubulusepithel liegenden Vacuolen zeigen keine strukturellen Unterschiede. Der Golgi-Apparat beteiligt sich nicht an der Speicherung (SCHMIDT, 1960). Einen weiteren Beweis für die Resorptionsfähigkeit der Hautstückzelle liefern fluorescierende Farbstoffe, die zuerst im Kanälchenlumen, später im Zellinnern nachgewiesen werden. Es werden in der gleichen Niere neben diesen arbeitenden auch ruhende Bezirke gefunden, die an der Farbstoffspeicherung nicht beteiligt sind. Dieser Hinweis auf das Resorptionsvermögen der Hauptstückzelle wird gefestigt durch die bereits beschriebenen Schläuche, die zwischen den Mikrovilli des Bürstensaumes ins Cytoplasma vordringen. Ihr Grund kann sich zu 0,3—0,5 µ großen Auftreibungen erweitern, ablösen und zu im Zellinnern gelegenen Blasen umwandeln, die auf diese Weise in die Zelle eingeschleuste Substanzen beherbergen. Die Wände der Vacuolen bestehen aus einer Doppelmembran mit einer Dicke von etwa 40 Å. Dieser Vorgang, Pinocytose, genannt, ist morphologisch gut faßbar und ist besonders bei gesteigerter Hämoglobin-Eiweiß- oder Farbstoffresorption zu beobachten. Das z. B. aus dem Lumen aufgenommene Hämoglobin liegt zunächst in den ins obere Zelldrittel gelangten Vacuolen. Diese werden langsam größer und dichter und in ihre Nähe kommen Mitochondrien zu liegen. 15 Std nach Verabfolgung treten in den Absorbaten der Hauptstückzellen Lamellensysteme und Ferritinniederschläge auf.

Eiweiß wird unter physiologischen Bedingungen nach OLIVER und MACDOWELL (1957) ohne morphologisch faßbare Veränderungen der Hauptstückzellen resorbiert. Nach RANDERATH (1937) erfolgt eine Eiweißresorption beim Menschen nur unter krankhaften Bedingungen. SCHIEBLER (1961) sagt dazu: „Das Auftreten von Eiweißtropfen ist stets ein Zeichen der Störung des Eiweißstoffwechsels im Tubulus". Eine experimentell erzwungene einmalige Eiweißresorption bewirkt eine signifikante Kernschwellung (POLSTER, 1959). Entgegen dieser Darstellung beim Menschen soll bei der Ratte das Eiweiß als komplexe Verbindung in Tropfenform resorbiert und gespeichert werden. Die Einschlüsse bestehen aus Eiweiß und Cytoplasmamaterial und enthalten Fermente und andere Substanzen in auffallend ähnlicher Menge wie die Mitochondrien. Die Tropfenbildung wird bei einem übergroßen Eiweißangebot als Hilfsmechanismus der gesunden Zelle als aktive Resorptionsleistung gewertet. In den verschiedenen Hauptstückabschnitten bestehen quantitative Unterschiede der vorhandenen Mucoproteide, wie verschiedene Autoren bei Katze und Maus beschreiben.

Das Hauptstückepithel ist befähigt, auch andere höhermolekulare Stoffe, die das Glomerulumfilter passieren, zu resorbieren. Wie bereits erwähnt, gehören dazu hauptsächlich Hämoglobin, Gelatinepolymere und Venylverbindungen. Glucose gehört zu den normalerweise hauptsächlich im Hauptstück resorbierten Substanzen, ist aber als Glykogen erst bei krankhafter Steigerung in distalen Hauptstückabschnitten nachweisbar. Das Vorkommen von physiologischen Fetteinschlüssen beim Menschen ist umstritten. Etwa zwei Drittel der Säuglingsnieren sind frei von Fett und Lipoiden, wobei die fettfreien Nieren bei Totgeburten häufiger vorkommen. LÖHNLEIN und FISCHER (1910) dagegen finden Säuglingsnieren fast immer fetthaltig. Beim Erwachsenen ist sowohl Fett als auch Lipoid im Hauptstück nachgewiesen worden, wenn auch seltener als im weiter ableitenden Kanälchensystem.

Neben der resorptiven Fähigkeit der Hauptstückzelle wird immer wieder ihre sekretorische Leistung diskutiert, wie sie bei Amphibien und Fischen mit aglomerulären Nephronen nachgewiesen wurden. BARGMANN (1959) stützt sich mit seiner Sekretionstheorie auf physiologische Versuche mit Diodrast und Phenolrot. Letzteres soll vom Hauptstück der fetalen menschlichen Niere eliminiert werden. Man kann jedoch bis jetzt nicht eindeutig sagen, ob die durch den Bürstensaum ins Kanälchenlumen ragenden cytoplasmatischen Fortsätze eine Deutung im Sinne einer blasigen Sekretion erlauben oder nur Artefakte sind.

β) Das Überleitungsstück

Das Hauptstück setzt sich in den dünnen Teil der sog. Henleschen Schleife, das Überleitungsstück, fort. Es läuft zunächst markwärts, um dann scharf in die Rinde umzubiegen (Abb. 21). Das Lumen dieses Abschnittes ist ebenso weit wie das des Hauptstückes, dennoch hat das Kanälchen hier infolge einer starken Epithelabflachung nur einen Durchmesser von etwa 10—20 μ (Abb. 22). Längere Nephrone haben etwas dickere Überleitungsstücke als dünnere. Im Bereich der Henleschen Schleife kommt es nach BACHMANN und BÖLKE (1955) öfter streckenweise zur Auffüllung des Lumens mit stark PAS-positiven Massen, die zumeist mit einer groben Granulierung der dazugehörigen Hauptstückepithelien einhergehen, also auf eine Sekretion dieser Granula hindeuten könnten.

Die Länge der Überleitungsstücke variiert in weiten Grenzen. Sie wechselt nach Tierart und Schleifentyp zwischen 0,5 und 20 mm. Die Überleitungsstücke kleiner Schleifen sind jedoch immer kürzer als die der größeren.

Zwischen den Zellen des Hauptstückes und denen des Überleitungsstückes gibt es keine Mischformen. Beide Epithelien grenzen nach v. MÖLLENDORFF (1931) unmittelbar aneinander, nur stellenweise sind beide Zelltypen in einem kurzen Bereich vermengt.

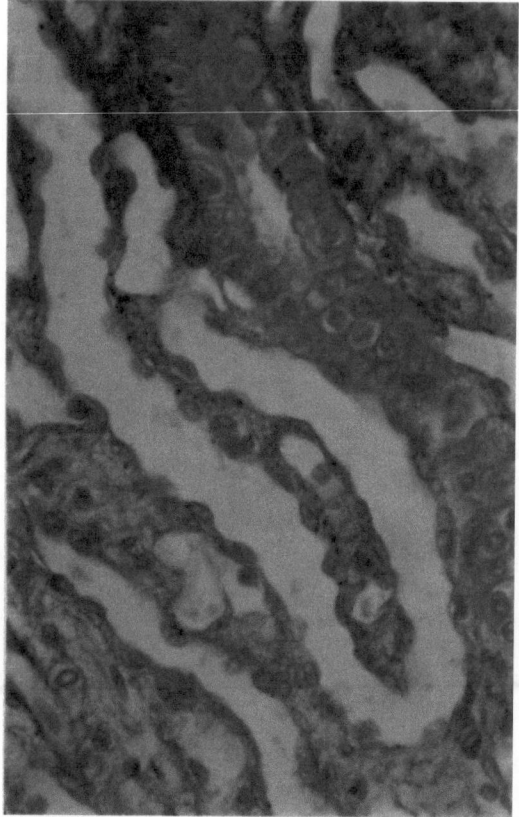

Abb. 21. Menschliche Niere. Henlesche Schleife im dünnen Teil (Haarnadelkurve). Daneben Arteriola corticalis radiata mit epitheloid modifizierten Muskelzellen

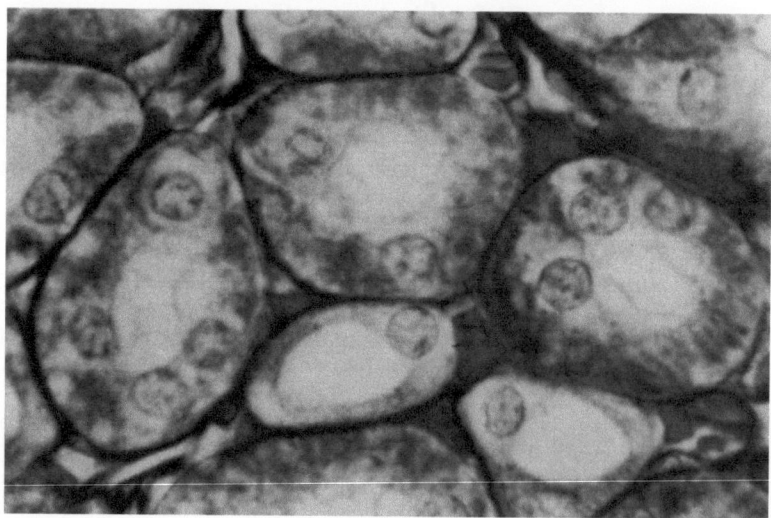

Abb. 22. Nierenmarksubstanz vom Wiesel. Henlesche Schleifen im Querschnitt. Dünne (Überleitungsstücke) und dicke Teile der Henleschen Schleife. Beachte, daß das Lumen im dünnen und dicken Teil der Henleschen Schleife gleich weit ist

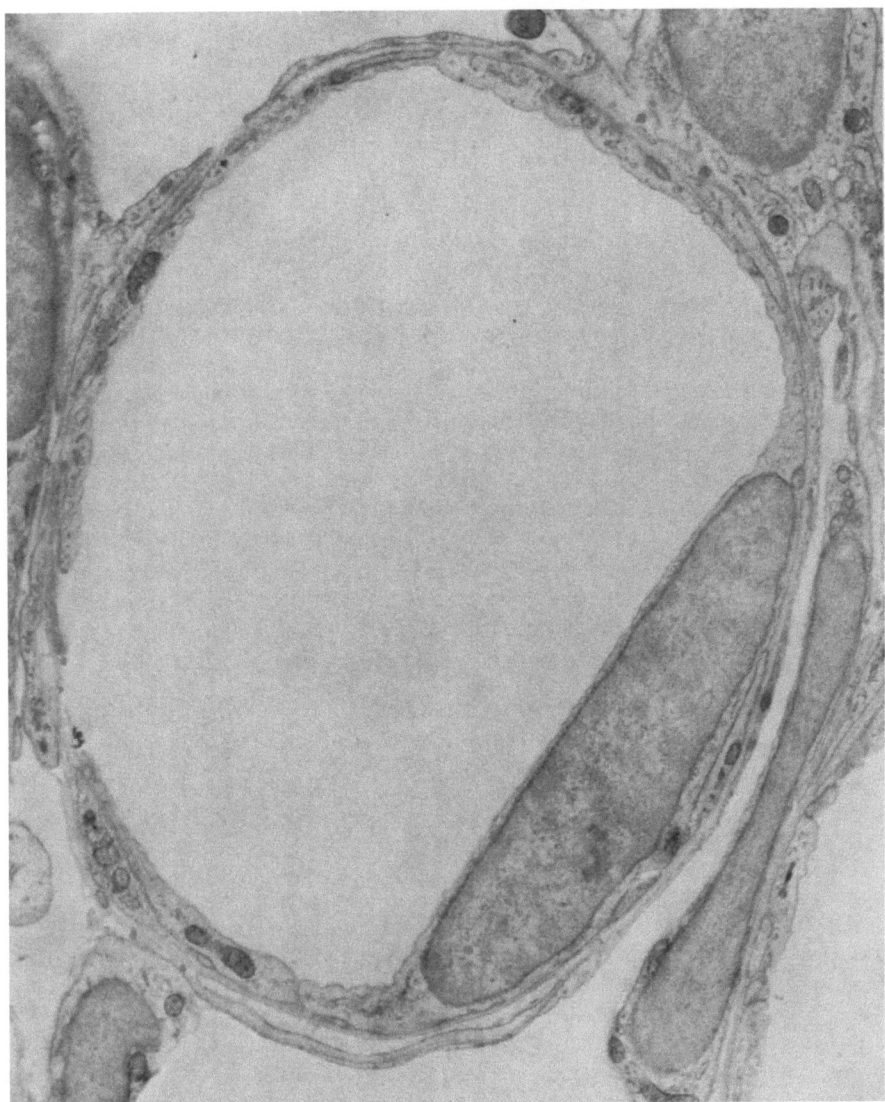

Abb. 23. Elektronenoptische Aufnahme vom Überleitungsstück mit angrenzenden Blutcapillaren aus der Innenzone des Nierenmarkes der Ratte. OsO_4-Perfusionsfixation. Vergr. 2600:1.
(Präparat: H. SITTE, Aufnahme: G. WERNER)

Das Epithel des Überleitungsstückes besteht aus platten Zellen, ihre linsenförmigen Kerne wölben das Cytoplasma ins Kanälchenlumen vor. Die Zellform zeigt bei verschiedenen Tierarten eine mehr oder weniger komplizierte Verzahnung, die zu den distalen Kanälchenabschnitten hin abnimmt, beim Menschen aber noch nicht ausreichend erforscht ist. Bei ihm lassen sich lichtmikroskopisch die Zellgrenzen nur undeutlich erkennen. BACHMANN und BÖLKE (1955) sehen in Überleitungs- und Mittelstück zwei wahrscheinlich funktionell bedingte Zellarten. Die eine ist kleiner und relativ cytoplasmaarm, hat jedoch einen größeren wabig aufgehellten Kern, die andere Art besteht aus größeren Zellen mit hellem Cytoplasma und einem dichten Kern, der schwach Perjodsäure-Schiff-positiv reagiert. Der

Basalmembran, die die Kanälchen der Henleschen Schleife umgreift, liegen außen unmittelbar Capillaren an (Abb. 23).

Elektronenoptisch besitzen die Zellen des Überleitungsstückes kleine, etwa 0,3 μ lange, 600 Å dicke Erhebungen, die in einem Abstand von 700—1000 Å ins Lumen ragen. Die Zelloberfläche ist mit Lipoiden besetzt. Zwischen den Zellen liegen nach SCHIEBLER (1961) schlitzartige, etwa 70 Å große Öffnungen, die bis auf die Basalmembran vordringen. Sie entstehen durch Spalträume zwischen den seitlichen Fortsätzen miteinander verzahnter, benachbarter Zellen.

Das Cytoplasma wird von einem intraplasmatischen Netzwerk durchzogen, das von zahlreichen Einfaltungen der Basalmembran gegliedert wird, die teilweise bis zur Zelloberfläche reichen können. Seitlich neben dem Kern liegen deutlich sichtbar die Centriolen, deren Zentralgeisel ins Kanälchenlumen hineinragt. Der Golgiapparat liegt als streifiges, einfach aufgebautes Gerüst beiderseits neben dem Kern. Es gibt nur wenige, unregelmäßig angeordnete Mitochondrien. Das Überleitungsstück besitzt mit zunehmendem Alter vermehrt Epithelzellen, die reichlich braunes, lipoidartiges Pigment enthalten, ihre Zellkerne zeichnen sich durch eine unregelmäßige Form aus. Dieses Pigment soll analog dem des Hauptstückes sein. Die Zellen des Überleitungsstückes enthalten kein Fett und nur wenige Fermente. Beim Menschen werden Dehydrasen und wenig Glycerophosphatase sowie saure Phosphatase gefunden. Fluorescenzmikroskopisch leuchten die Zellen schwach bläulich auf und erscheinen homogen bis auf wenige orangegelbe Körnchen, die nicht mit dem beschriebenen Pigment identisch sind.

γ) Das Mittelstück

Auf das Überleitungsstück folgt das Mittelstück, das aus dem 22—28 μ dicken, 1,5—11 mm langen, aufsteigenden Schenkel der Henleschen Schleife (pars recta II) und einem in der Rinde liegenden gewundenen Anteil (pars contorta II oder distaler Tubulus contortus) besteht. Dieser letzte Teil hat einen Durchmesser von 39—44 μ und setzt sich aus mehreren Abschnitten zusammen: dem Zwischenstück, Schaltstück und Verbindungsstück.

Die Zellen des Mittelstückes sind kubisch bis zylindrisch, von einer geringeren Höhe als die des Hauptstückes. Sie besitzen zur Basis hin seitliche Zellwülstchen, die mit denen der Nachbarzelle ineinandergreifen. Gelegentlich ragt ihre Oberfläche mit kleinen Ausbuchtungen ins Kanälchenlumen vor. Sie besitzen keinen Bürstensaum, sondern haben nur vereinzelt wenige, 0,3—0,4 μ voneinander entfernte, 0,5 μ lange, 800 Å dicke Mikrovilli. Feine Proteinmembranen, die mit einer Lage senkrecht auf ihnen stehender Lipoidmoleküle versehen sind, bilden die obere Zellbegrenzung. Das Cytoplasma reagiert schwach acidophil und enthält massenhaft Mitochondrien, die, reihenförmig angeordnet, zusammen mit den auch hier vorhandenen Aufwerfungen der auffällig dünnen basalen Cytomembran das Bild der Stäbchenstruktur hervorrufen. Die Mitochondrien sind gegenüber denen der proximalen Nephronabschnitte sehr widerstandsfähig gegen schädigende Agentien wie z. B. Formol. Das Cytoplasma ist etwas heller als das der Hauptstückzellen und die bevorzugt lumenwärts liegenden tageszeitlich leicht in ihrer Größe variierenden Zellkerne sind stärker angefärbt. Der vorwiegend supranucleär gelegene Golgiapparat kann nur selten dargestellt werden. Beim Menschen werden lumenwärts liegende Zentralkörper mit Geisel beschrieben. Die Basis vieler Zellen sendet kleine Ausläufer aus. Die Zellgrenzen werden beim Übergang von der Markregion in den Markstrahl glatter (Abb. 24). Der Basalmembran liegen nach innen ähnliche Basalreifen auf wie beim Hauptstück.

Fluorescenzmikroskopisch leuchtet die basale Zone mit den Mitochondrien blauweiß auf, während sich die apikale Zellzone mit dem Kern indifferent verhält.

Die Zellen des Mittelstückes enthalten beim Menschen folgende Fermente: Esterasen, Glucuronidase und mehrere Dehydrasen, während Phosphatasen nur in geringer Konzentration vorkommen.

Der Beginn des Zwischenstückes liegt im Übergang des Mittelstückes vom Markstrahl ins Rindenlabyrinth, bildet also den Anfang der pars contorta II. Die Zellen sind in diesem Mittelstückanteil am schwierigsten darstellbar. Das basale Stäbchengefüge ist etwas weniger dicht. Auch der Granulagehalt erscheint gegenüber dem breiten Schleifenabschnitt verringert. Bei 10—30% der Nephrone berührt eine der Schlingen das Glomerulum an einer umschriebenen Stelle, dem sog. Kontaktpunkt. Hier findet sich ein ovaler, etwa 60 µ großer, kernreicher Epithelbezirk:

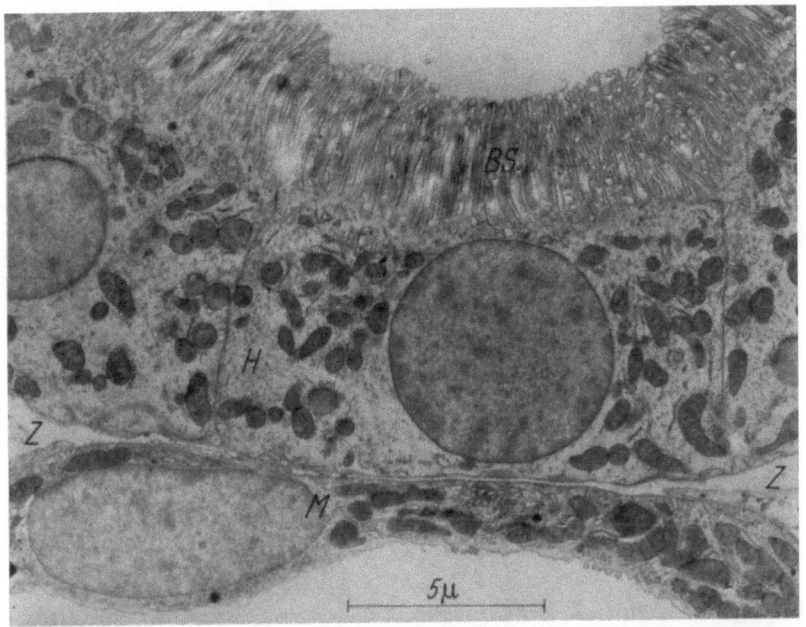

Abb. 24. Elektronenoptische Aufnahme einer Haupt- (*H*) und einer Mittelstückzelle (*M*) an der Grenze zwischen Außen- und Innenstreifen des Nierenmarkes (Ratte). Das basale Labyrinth im Hauptstück fehlt. Zwischen Haupt- und Mittelstück lockeres Zwischengewebe (*Z*). Fixation durch Perfusion mit OsO$_4$, Vergr. 2600:1. [Aus H. SITTE: Funktion und morphologische Organisation der Zelle (Sekretion und Exkretion), Springer 1965]

die von ZIMMERMANN (1933) erstmals bezeichnete und von BUCHER und REALE (1961) u. a. elektronenoptisch beschriebene Macula densa (Abb. 25). Die Zellen dieser Zone sind besonders hoch, hell und locker strukturiert. Sie zeichnen sich durch einen deutlichen, meist infranucleär liegenden Golgiapparat aus. Die Kerne sind groß und ellipsoid und enthalten oft einen gut erkennbaren Nucleolus. Gewöhnlich ist die basale Zellhälfte heller als der den Zellkern enthaltende Abschnitt (BUCHER und REALE). Das Cytoplasma enthält rosettenförmig aneinanderliegende Ribosomen und Bläschen verschiedener Größe, die von einer einfachen Membran mit aufliegenden Ribosomen begrenzt sind. Die reichlich vorhandenen Mitochondrien erscheinen zart und klein gegenüber denen der anderen Mittelstückzellen und liegen in Kernnähe. Die basalen Einfaltungen der Cytomembran in die Zelle sind kürzer als die der Mittelstückzellen, komplizierter verzweigt und zwischen ihnen liegen selten Mitochondrien. Die Zelle enthält weiterhin einige Fermente, wie z. B. Glucose-6-Phosphat-Dehydrogenase, in auffallend hoher Konzentration. Die Basalmembran ist nirgends unterbrochen und weist die schon mehrfach beschriebene Dreischichtung auf.

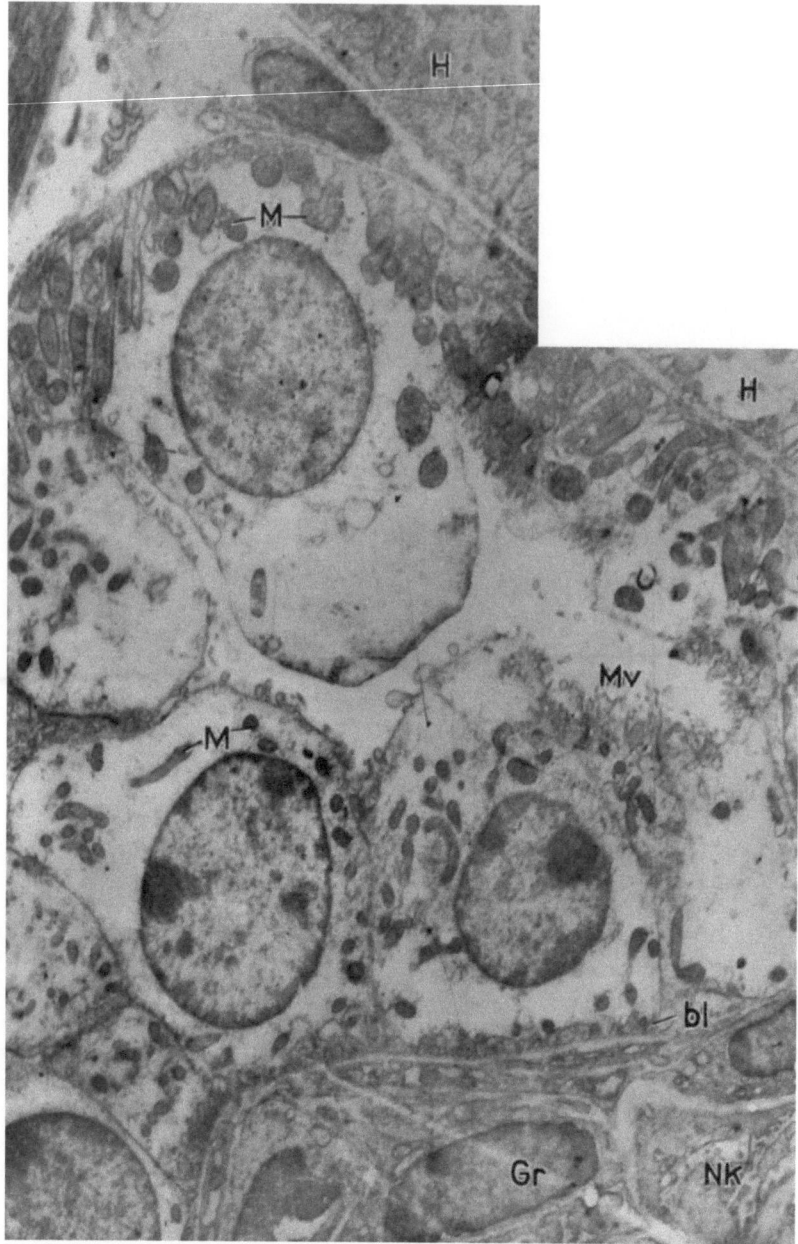

Abb. 25. Elektronenmikroskopische Aufnahme der Pars contorta eines Mittelstückes im Bereiche des Kontaktpunktes und der Macula densa (Maus). In der oberen Hälfte des Querschnittes sieht man gewöhnliche Mittelstückzellen, in der unteren Hälfte einige Macula-Zellen. Man beachte die unterschiedliche Lage und Größe der Mitochondrien (*M*); *Mv* Mikrovilli, *bL* basales Labyrinth, *Nk* Nierenkörperchen, *Gr* Kern einer Goormaghtighschen Zelle, *H* Hauptstück. Endvergrößerung 5800fach. (Aus O. Bucher und E. Reale, 1960)

Auch die Zellen der Macula densa besitzen Mikrovilli. Muylder (1945) beschreibt beim Menschen verschieden geformte, chromophobe oder chromophile Maculazellen, die von anderen Autoren bei verschiedenen Tierarten nicht bestätigt werden konnten.

C. Mikroskopische Anatomie der Niere 209

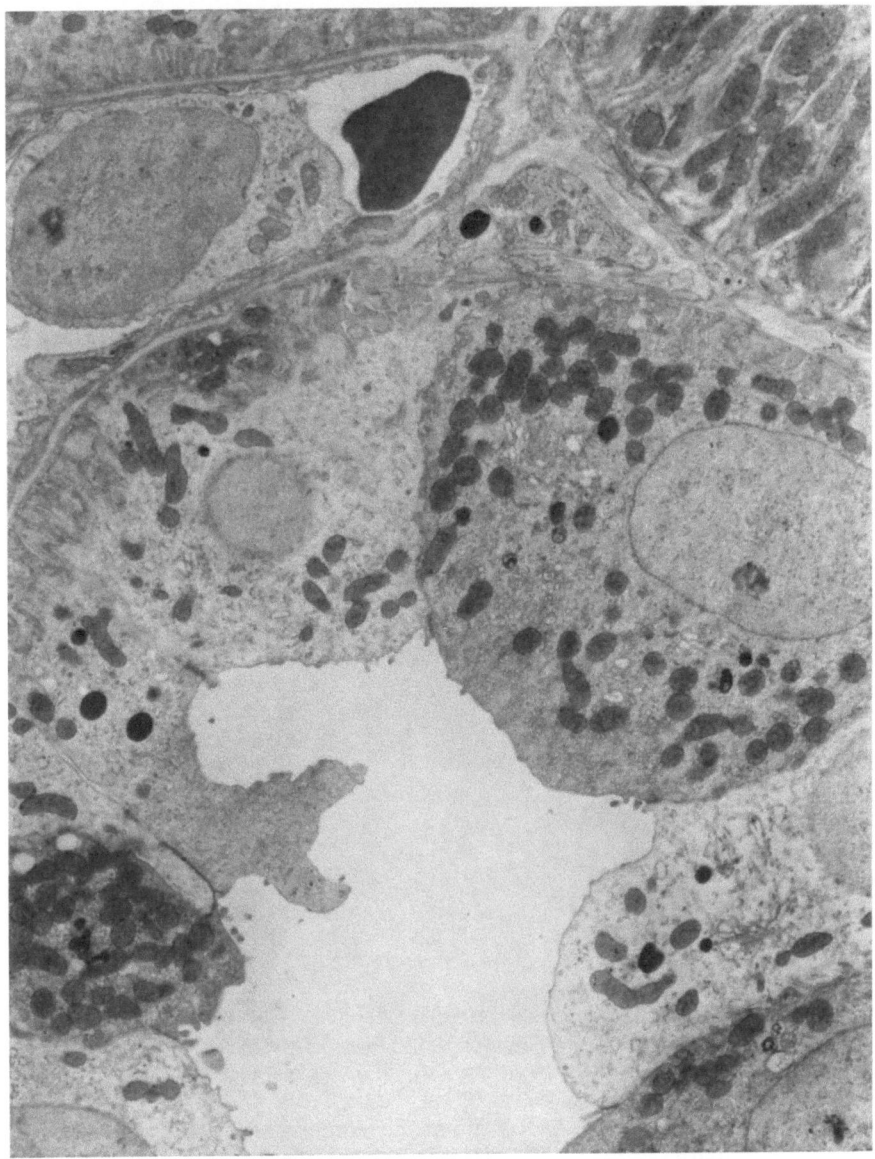

Abb. 26. Elektronenoptische Aufnahme vom Übergang des Mittelstückes zum Rindensammelrohr (Rattenniere). Dunkle und helle Zellen deutlich zu unterscheiden. Blöckchenfixation, Vergr. 2600:1.
(Präparat: M. STEINHAUSEN u. H. SITTE, Aufnahme: G. WERNER)

Die Funktion der Macula densa ist weitgehend ungeklärt. OKKELS (1950) vermutet in ihr einen Regulationsapparat für die Glomerulumdurchblutung; bei Durstversuchen und Flüssigkeitsbelastung sowie auch bei Erhöhung des intratubulären Druckes verkleinert sich der Bezirk.

BACHMANN und BÖLKE (1955) beschreiben beim Meerschweinchen einen weiteren hellen Zelltyp mit dichtem Kern, der reihenförmig an der Berührungsstelle des Zwischenstückes mit dem Glomerulum liegt und weitgehend dem der Macula densa ähnelt. Jedoch ist der Bezirk insgesamt nicht so kernreich wie die Macula densa und kann je nach dem Funktionszustand des Nephron völlig verschwinden. Ebensolche Zellen finden die genannten Autoren vereinzelt an vielen Strecken der Henleschen Schleife.

Das folgende, lichtoptisch dunkler erscheinende Schaltstück ist durchschnittlich 0,5—4 mm lang und hat einen Durchmesser von 30—50 µ. Die Zellen dieses Abschnittes sind etwas höher und haben beim Menschen stärker anfärbbare und etwas kleinere Kerne als die des Hauptstückes, sie sind im Mittel 6,3 µ groß. Manchmal werden auch zweikernige Zellen beobachtet. Centrosomen und Zentralgeiseln werden auch in diesem Abschnitt gefunden, die Zellgrenzen sind glatt. Die

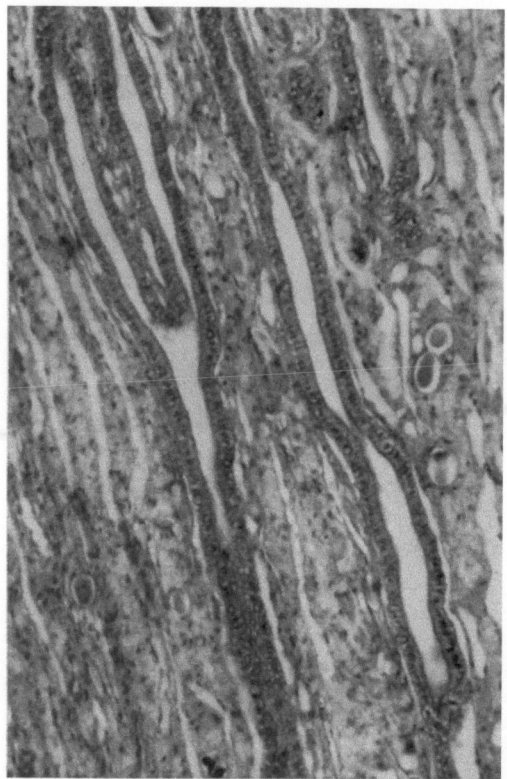

Abb. 27. Menschliche Niere, Vereinigung der Sammelrohre in der Nierenpapille

Schaltstückzellen unterscheiden sich bei bestimmten Färbungen (z. B. Eisenhämatoxylin und Altmannsche Plastosomenfärbung) von den anderen Mittelstückzellen; sie enthalten grobkörnige, unregelmäßig verteilte Lipoide, die positiv auf Smith-Diedrich- und Ciaccio-Reagentien reagieren. v. MÖLLENDORFF (1931) und andere Autoren beschreiben beim Menschen weiterhin Zellanhängsel, die ins Kanälchenlumen ragen und im Beginn des Schaltstückes besonders dicht liegen, jedoch individuell verschieden ausgebildet sind. Manche dieser Auswüchse bilden nur kleine Wandausbuchtungen, andere können sich bis zu dünngestielten, birnenförmigen Anhängseln vergrößern. Sie kommen selten auch im Zwischenstück und im Anfang des Sammelrohrs vor. Ihre Bedeutung wird unterschiedlich erklärt. Der Übergang zum Sammelrohrsystem erfolgt kontinuierlich über das Verbindungsstück. Die genaue Grenze zwischen beiden ist zwar entwicklungsgeschichtlich gegeben, histologisch jedoch nicht abgrenzbar, da die Zellen zum

Teil einen Mischtyp zwischen denen der proximalen Abschnitte und den Sammelrohrzellen darstellen (Abb. 26). Das Cytoplasma der Verbindungsstückzelle enthält im oberen Zelldrittel verstreut liegende Granula. Basal liegt ein niedriges Stäbchengefüge, das dem in Mittelstückzellen gleich ist.

Nach neueren Untersuchungen sind das Überleitungs- und Mittelstück ebenfalls an der Harnbereitung und Regulation des Salz-Wasser-Haushaltes beteiligt. Morphologisch kann man allerdings nur aus dem Feinbau der Epithelzellen Schlüsse auf den Wasseraustausch besonders in der nach dem Gegenstromprinzip arbeitenden haarnadelförmigen Henleschen Schleife ziehen.

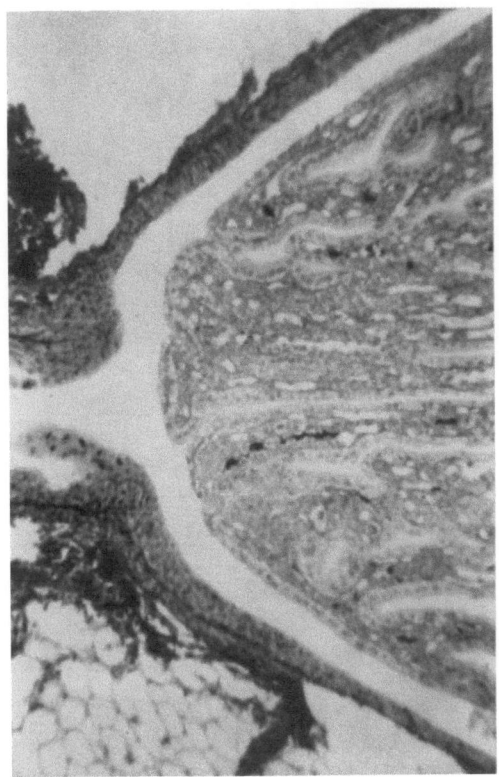

Abb. 28. Spitze einer Nierenpapille mit umfassender Calixwand. Beachte die Ausmündung der Papillengänge (Ratte)

δ) Das Sammelrohrsystem

Beim Menschen liegen die Sammelrohre stets in der Peripherie der Markstrahlen, an der Grenze zum Labyrinth, und nehmen stets nur von einer Seite Nephrone auf. Die Angaben über die Zahl der Sammelrohre schwankt zwischen 2 und 12 (v. MÖLLENDORFF, 1932), da Arkadenbildungen und Zusammenflüsse exakte Zählungen erschweren. Jedes Sammelrohr nimmt ungefähr 9—10 Nephrone auf, so daß auf eine Markstrahleneinheit durchschnittlich 60 Nephrone fallen.

Das Sammelrohrsystem sammelt sich in der Innenzone des Marks in wenigen Ductus papillares, die auf dem Porenfeld der Papille ausmünden (Abb. 28).

Die Sammelrohre sind, im Gegensatz zu den Nephronen, verzweigte Epithelkanälchen (Abb. 27). Die kleinsten Sammelrohre, in die die Verbindungsstücke münden, sind mit kubischem, die größeren mit zunehmend höher zylindrischem

Epithel ausgekleidet, welches sich distalwärts in das Epithel der Nierenpapille fortsetzt (Abb. 29).

Die Sammelrohrzellen haben ein helles, kaum anfärbbares Cytoplasma und deutliche Zellgrenzen. Der gut ausgebildete, runde Zellkern ist zentral gelegen. Auch die Kerngröße nimmt, abgesehen von kleinen Unregelmäßigkeiten distalwärts zu. Die Zellgrenzen werden von Proteinmembranen und Mucopolysacchariden gebildet, die mit wahrscheinlich bimolekular angeordneten Lipoiden besetzt sind. Im Zellinnern sind fädige, schwach doppelbrechende Plasmastrukturen zu erkennen, der Golgiapparat liegt apikal. Mitochondrien liegen nur vereinzelt im

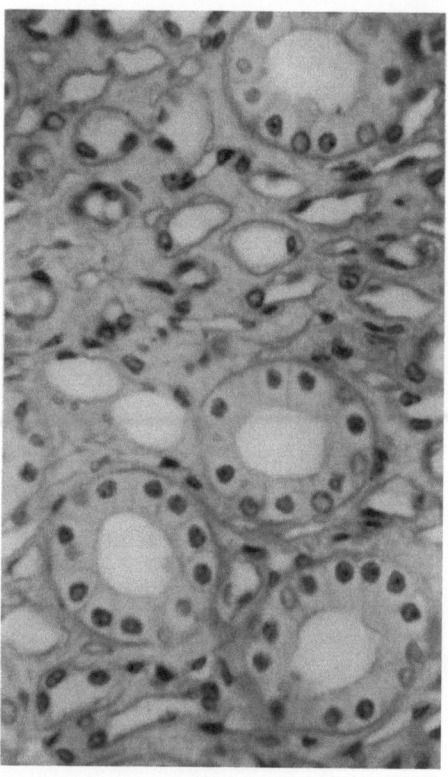

Abb. 29. Menschliche Niere und Nierenpapille (quer) mit Ductus papillares, dünnem Teil der Henleschen Schleife, Capillaren und Venulen

Cytoplasma. An weiteren intracellulären Strukturen werden Granula, Sphäroidkörper und Diplosomen ohne Zentralgeisel beschrieben. Einzelne Zellen der proximalen Sammelrohrabschnitte enthalten nach FISCHLER (1902) reichlich Fettgranula und nach anderen Autoren auch Mucine und Glykogen. Letzteres ist aber nur im Sammelrohrsystem Neugeborener reichlich vorhanden. Auch die Zellen der Sammelrohre besitzen Mikrovilli.

Fluorescenzmikroskopisch leuchten die Sammelrohrzellen bläulich-weiß auf, in Kernnähe liegen oft orange leuchtende Einschlüsse.

Die Sammelrohrzelle enthält, histochemisch nachgewiesen, Glycerinphosphatase, saure Phosphatase und Esterase in geringer Konzentration, Bernsteinsäuredehydrogenase und Triphospho-Pyridin-Nucleotidase nur in Spuren; Diphospho-Pyridin-Nucleotid-Diaphorase ist in höherer Konzentration vorhanden. Der Fermentgehalt ist jedoch gelegentlich in proximalen und distalen Sammelrohrabschnitten verschieden.

Das helle Epithel der Sammelrohre wird, besonders in distalen Abschnitten, von dunkleren „Schaltzellen" mit nach der Basis zunehmenden zackigen Fortsätzen durchsetzt, die von der Basalmembran häufig durch einen schmalen freien Raum getrennt sind (s. auch Abb. 26). Ihr stark acidophiles Cytoplasma ist reich an Granula und wird bei einigen Tierarten von intraplasmatischen Kanälchen durchzogen. Ihr Golgiapparat erscheint besonders deutlich. Die Schaltzellen sind glykogenreich und enthalten vereinzelt Fetttropfen. Ihre Funktion ist noch ungeklärt, die einen Autoren bringen sie mit Regeneration und Vermehrung der eigentlichen Sammelrohrzellen in Zusammenhang, die anderen halten sie für endokrine Organe.

Das Sammelrohrsystem ist wahrscheinlich ebenfalls an der Konzentration des Harns beteiligt. Es besitzt offensichtlich die Fähigkeit, Elektrolyte zu resorbieren, ein Vorgang, der nach GLIMSTEDT u. Mitarb. (1952) mit einer deutlichen Schwellung der Zellkerne einhergeht. Diese ist besonders in dem an den Innenstreifen grenzenden Teil der Innenzone mit 65,6% Volumenzunahme zu erkennen, im corticalen Teil des Markinnenstreifens beträgt diese 32,9%. Durch verschiedene Versuchsanordnungen bestätigt, vermuten GLIMSTEDT, JOHANSON und JONSSON (1952) sowie SMITH (1956), daß hierbei nur die Kationen aktiv rückresorbiert werden. Es wird angenommen, daß Wasser, sofern es im Sammelrohrsystem ebenfalls resorbiert wird, nur auf dem osmotischen, d. h. passiven Wege, in das Zellinnere gelangt.

Weiterhin lassen sich audiographisch Ansammlungen von radioaktivem Phosphor nachweisen. Darüber hinaus sind besonders die Sammelrohre der äußeren Markzone reich an Atmungsfermenten. Außer der Resorptionsfähigkeit sollen die Sammelrohre auch sekretorische Fähigkeit besitzen.

4. Das Bindegewebe der Niere

Am Aufbau der Niere beteiligt sich weiterhin, wenn auch nur in geringem Maße, faseriges und retikuläres Bindegewebe, dessen Zellen schlanke, ausgedehnt verzweigte Fibrocyten sind. Das Bindegewebe findet sich hauptsächlich in der Umgebung der Wand größerer Blutgefäße und in Form einer fibrösen Kapsel. Die Nierenrinde enthält kaum Bindegewebe; nur wenige feine verzweigte Reticulinfasern ziehen in die Glomerula, umspinnen die Tubuli und senden feine Verzweigungen zu den Capillaren, die sie so mit dem Röhrchensystem verbinden. In der Außenzone des Marks verdichten sich die Fasern zu einem stärkeren, um die Sammelrohre gelegenen Flechtwerk, das sich parallel zur Rinden-Mark-Grenze ausspannt. Dazwischen treten bei geeigneten Färbungen deutlich die Gefäßgruppen hervor, da sie mehrfach von Bindesgewebslagen gebündelt sind. Das Bindegewebe gewinnt hier mehr den Charakter der faserigen Ausprägung. In der Innenzone des Marks verspannt sich das Bindegewebsgerüst ohne charakteristische Anordnung, es verdichtet sich zur Papillenspitze hin.

Im Alter lagern sich im Bindegewebe des Nierenmarks Neutralfette und Phosphatide ab. Das intrarenale Faserwerk hängt, wie beschrieben, einerseits mit dem Gefäßbindegewebe, andererseits mit der fibrösen Kapsel und subfibrösen Gitterfaserschicht zusammen. Die Kapsel besteht nach NIESSING (1935) aus kollagenen, in sich gedrehten Bügeln, die von elastischen Fasern umwickelt werden und aufgefasert im Innengerüst der Niere verankert sind. Sie alle bilden ein geschlossenes System, welches bis zu einem gewissen Grade der Niere die Fähigkeit gibt, sich ihren funktionellen Anforderungen anzupassen. Die Kapsel ist an der Hilusumgrenzung der Niere besonders fest verankert.

5. Die Innervation

Die menschliche Niere wird von Spinalnerven, sympathischen und parasympathischen Fasern innerviert. Als wichtigste Ursprungsstätte für die Nierennerven gilt der Plexus coeliacus, der mit dem Ganglion aortico-renale verbunden ist und in allen Abschnitten Vagusfasern enthält. Der hintere Vagusabschnitt kann auch direkte Äste in den Plexus renalis abgeben. Die sympathischen Fasern aus dem 4. Thorakal- bis 4. Lumbalsegment ziehen vom Grenzstrang über das Ganglion coeliacum oder den Plexus mesentericus superior oder inferior zur Niere. Weitere Nervenfasern werden der Niere aus dem Plexus der Nebenniere und aus dem 10.—12. Intercostalnerven sowie über die Nervi splanchnici zugeführt. Der Splanchnicus major verläßt den Grenzstrang als geschlossenes Bündel und zieht zum Ganglion splanchnicum. Seine Ursprungswurzeln liegen in den unteren und mittleren Brustsegmenten. Ein Teil der Fasern wird im Ganglion coeliacum unterbrochen, andere erst in den Renalganglien. Die Spinalnerven und vegetativen Nerven bilden im Sinus renalis den plexus renalis, der aus markhaltigen und markarmen Fasern besteht und eine wechselnde Anzahl kleiner Ganglien enthält. Aus diesem Plexus ziehen feine Äste zum Epithel, zu den glatten Muskelzellen des Nierenbeckens, sowie zur Adventitia seiner Gefäße. Der Hauptteil der jetzt ausschließlich markarmen Nervenfasern zieht jedoch mit den Gefäßen ins Nierenparenchym. KNOCHE (1950) beschreibt nervöse Faserbündel in der Adventitia und Terminalreticula in der Muscularis der Rindengefäße und Arteriae rectae, weiter an den Vasa afferentia mit Polkissen, zu allen als funktionelle Einheit wirkenden juxtaglomerulären Zellanhäufungen und zu den Nierenkörperchen, sowie zu den Capillarschlingen im Glomerulum. Letzteres konnte aber elektronenoptisch nicht bestätigt werden. Nach SCHWALEW (1963) treten die gemischten Nervenfasern gewöhnlich längs des Vas afferens an das Nierenkörperchen heran und geben Terminaläste zu den angrenzenden Harnkanälchen und Blutcapillaren ab. Die Receptorenfasern vereinigen sich im Gebiet der juxtaglomerulären Zellen, an der Kapsel und den anliegenden Kanälchen. Ein Teil dringt auch nach Ansicht des Autors in die Schlingen ein. Die Fasern können jedoch das Malpighische Körperchen auch umgehen und das postglomeruläre Gebiet der Blutbahn versorgen. Die Nephrone, die direkt dem bindegewebigen Gerüst anliegen, können auch von Fasern, die abseits von Blutgefäßen verlaufen, innerviert werden. Fasern, die die Harnkanälchen innervieren, verlaufen teilweise in deren Wandung. Die Receptoren endigen frei im Epithel mit Verdickungen verschiedener Form. Die Verteilung von afferenten und vegetativen Fasern im Organ unterscheidet sich insofern, als die afferenten Receptoren zonenweise angehäuft liegen, die vegetativen Fasern jedoch gleichmäßig verteilt sind. Ein Teil der Nerven stellt eine enge Verbindung zwischen Mark und Rinde her. Die Fasern fassen in der Marksubstanz ganze Kanalsysteme zusammen. Die polyvalenten Receptoren, die die Nephrone mit dem Gewebe des Nierenbeckens verbinden, sollen für eine wechselbedingte Tätigkeit beider Abschnitte mitbestimmend sein.

Die Bildung der Receptoren beginnt beim Menschen im Stroma des Metanephron im 3. Fetalmonat. In der Zeit der intrauterinen Harnausscheidung vergrößert sich ihre Zahl stark. Das Wachstum zieht sich bis in die Zeit nach der Geburt hin. Die Nierenvenen besitzen, entsprechend denen der anderen Organe, ein bis unter das Endothel reichendes Netzwerk feinster Nervenfäserchen. Darüber hinaus wurden auch schon von älteren Autoren Nervennetze in der Basalmembran und im Epithel der Harnkanälchen beschrieben. Auch die Nierenkapsel erhält vom Plexus renalis und der Nebenniere Nervenbündel, die aber nicht gefäßgebunden verlaufen und kleine Ausläufer ins Parenchym abgeben. PIEPER (1951) fand in menschlichen Nierenbecken ein kleinzelliges, umgrenztes Gewebe, das Ähnlichkeit mit neurohormonalem Gewebe aufwies, jedoch bei Kontrolluntersuchungen nicht bestätigt werden konnte.

I. Das Nierenbecken

Das menschliche Nierenbecken faßt durchschnittlich einen Inhalt von 4—7 cm³.

Das Epithel ist im Gebiet des Porenfeldes der Papillen bei normalen Nieren weitgehend dem der Ductus papillares ähnlich. Die kubischen bis zylindrischen

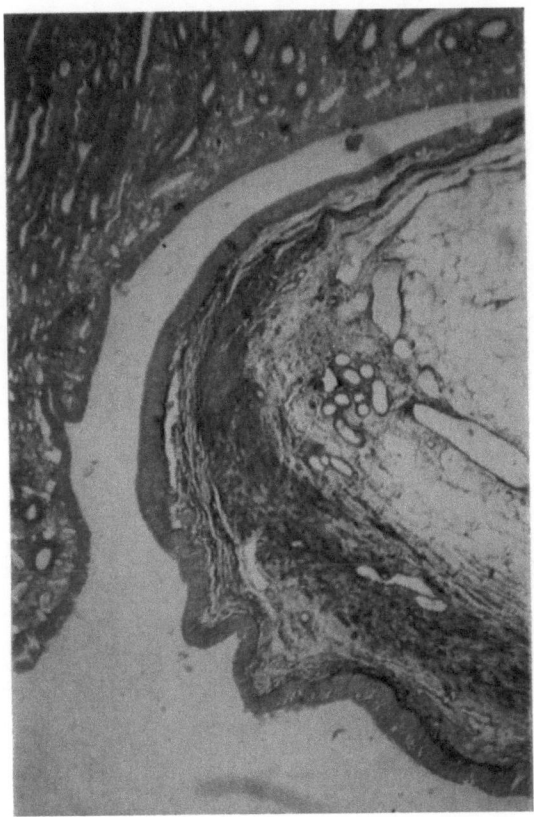

Abb. 30. Calix minor einer menschlichen Niere (Vergrößerung 80×). Beachte die Muskulatur in der Calixwand (insbesondere den Musculus sphincter am Papillenhals)

Zellen sind scharf abgegrenzt. Zwischen ihnen liegen schmale, dunkler gefärbte Zellen unterschiedlicher Form und Zahl, die von der Basalmembran bis zur Oberfläche des einschichtigen Epithels reichen. Ihre gut färbbaren Kerne liegen oft basal- oder oberflächenwärts verschoben. Die Grenze vom ein- zum zwei- bis mehrschichtigen Epithel mit Oberflächensaum ist scharf. Dieser Saum besteht aus einer Cytoplasmaverdichtung aller Zellen, die keinen Kontakt mit der Basalmembran haben und deren Oberfläche an das Lumen grenzt. Die Zellkerne sind meist polygonal, oft enthält eine Zelle zwei oder mehr Kerne. Das subepitheliale Bindegewebe ist nur an der Umschlagsfalte der Papille zum Faserfilz verdickt, im übrigen unterscheidet es sich nicht von dem faserigen Bindegewebe in der Papille selbst. Erst in der Umschlagsfalte beginnt das typische Übergangsepithel der ableitenden Harnwege, das im folgenden Teil beschrieben wird.

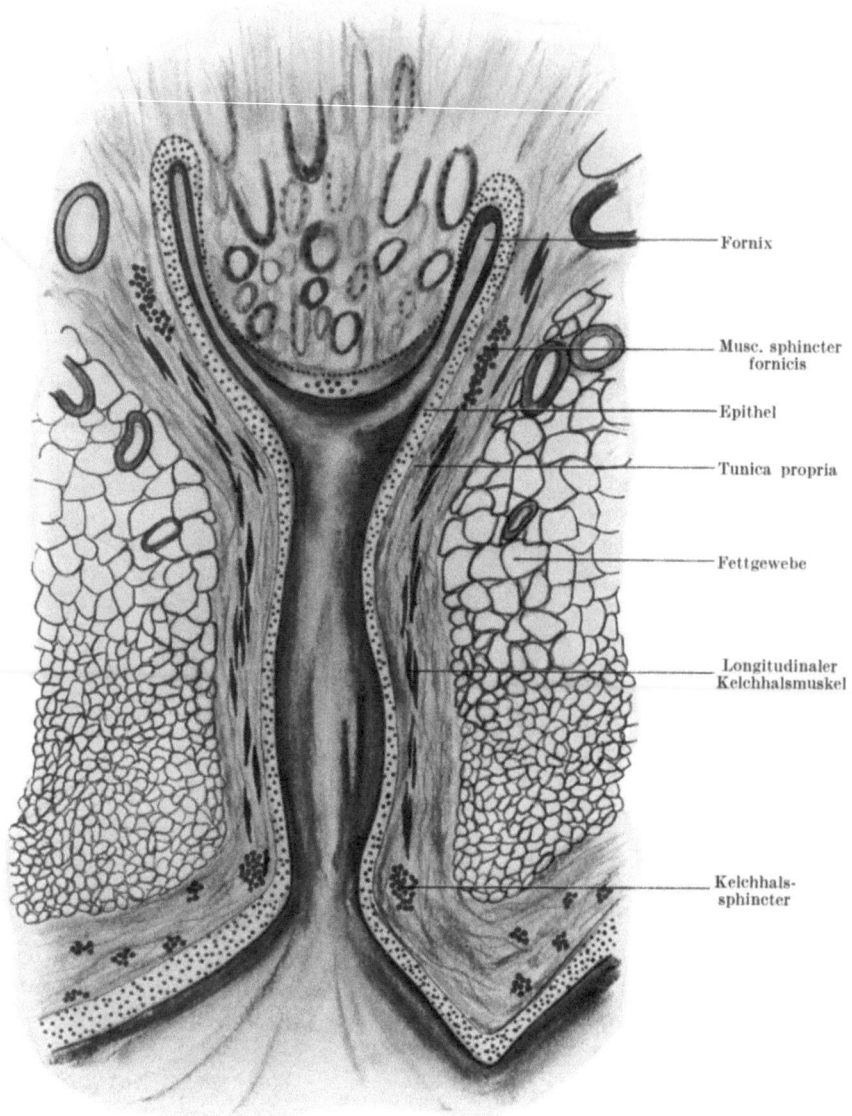

Abb. 31. Wandkonstruktion eines Nierenkelches mit besonderer Berücksichtigung der Muskulatur und der Sphincteren

Zwischen den basalen Zellen liegen ab und zu langgestreckte, schmale Zellen mit unregelmäßig geschrumpften Kernen, die als umgewandelte Epithelzellen anzusehen sind. Die Capillaren verlaufen unter dem Epithel, durch eine feine Faserschicht von diesem getrennt. Dem subepithelialen faserigen Bindegewebe gesellt sich von der Umschlagsfalte an ein dicht unter dem Epithel liegender Gefäßplexus zu, der von elastischen Fasern umsponnen wird. Der darunter liegenden gefäßärmeren Submucosa folgt eine von dichten Muskelzügen durchsetzte Region, die ebenfalls von elastischen Netzen durchflochten wird, die Tunica muscularis. Das Epithel der Nierenkelche erscheint zu Längswülsten aufgeworfen, in deren Achse kleine Gefäße verlaufen, die bis dicht unter das Epithel ziehende Capillarnetze bilden. Die Maschen dieser Netze liegen in den Falten parallel zu diesen, dazwischen quer. Die kollagenen Fibrillen der Tunica propria sind derb, sie enthält nur wenige elastische Fasern. Die einzelnen Lamellen haben einen unterschiedlichen Faserverlauf. In den tiefen Lagen der Submucosa, nehmen die elastischen Elemente wieder zu. Allmählich dringen glatte Muskelzüge zwischen die aufgelockerten Faserlagen. Diese können die kollagenen Bündel derart ineinander verschieben, daß die innersten Wandschichten und das Epithel in Längsfalten gelegt werden. Die Tunica muscularis bildet in der Wand des Nierenbeckens keine abgrenzbaren Schichten. Ältere Untersucher berichten noch über eine zirkulär verlaufende Muskellage, die von einer dicht verlaufenden Längsmuskelschicht nach innen, von wenigen Längsmuskelzügen nach außen begrenzt

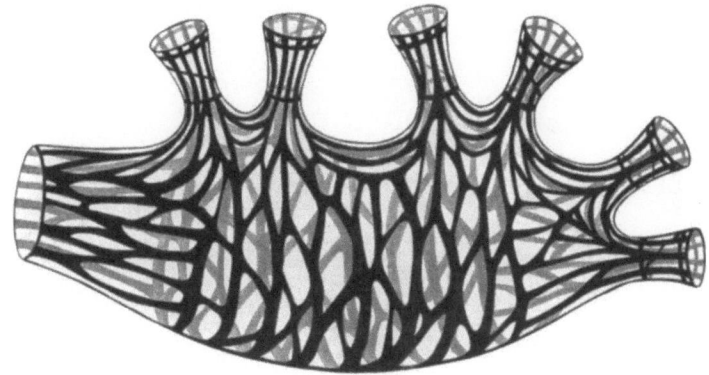

Abb. 32. Schematische Darstellung der Gesamtkonstruktion der glatten Muskulatur eines menschlichen Nierenbeckens vom ampullären Typ, plastisch. (Nach LEUTERT, FLEX und STROBEL, 1960)

würde. Um die Papille und um die Einmündung der Kelche ins Nierenbecken verstärkt sich nach ihren Angaben die mittlere Ringmuskelschicht zu sphincterartigen Muskelzügen, deren einzelne Fasern öfters in die Längslagen umbögen. Alle Muskellagen seien geflechtartig miteinander verbunden und von dichten elastischen Netzen umgeben. Besonders aber in der Wand der Kelche ist oft eine ganz unterschiedliche Verlaufsrichtung der einzelnen Muskelgruppen zu erkennen. Nach neueren Literaturangaben bildet die Tunica muscularis eine einzige spiralig aufgebaute Muskelschicht, deren einzelne Windungen in den äußeren und inneren Anteilen steiler verlaufen als in der Mittellage, wo der Steigungswinkel etwa 45° beträgt (Abb. 31). Die Fasern beginnen meist gebündelt in der Tunica propria und nehmen einen gegensinnigen Verlauf zur Adventitia, so daß es zu einer scherengitterförmigen Verflechtung der einzelnen Muskelzüge kommt. Die von v. MÖLLENDORFF und anderen Autoren (1931) beschriebenen Sphincteren erklären sich durch besonders flach verlaufende Muskelspiralen (Abb. 30). Die Nierenbeckenwand wird durch eine gefäßreiche Bindegewebsschicht mit dem Sinus renalis verbunden, die aus derben kollagenen Bündeln und elastischen Netzen aufgebaut ist. Das gesunde menschliche Nierenbecken besitzt nach v. MÖLLENDORFF (1931) keine Drüsen. Von einigen Autoren inkonstant gefundene drüsenartige Gebilde werden allgemein als pathologische Epithelwucherungen im Sinne einer Reizantwort aufgefaßt.

Die Muskelbündel bilden breite, von reichlich kollagenen Fasern und elastischen Netzen umsponnene muskulo-elastische Systeme. Sie endigen, aufgesplittert, im adventitiellen Bindegewebe. Nur die Wand der kleinen Kelche bildet eine Ausnahme. Sie enthält nur einzelne Muskelzellen und feingebündelte Bindegewebsfasern.

Der Verlauf der glatten Muskelzüge in den Nierenkelchen und im Nierenbecken ist eingehend von LEUTERT, FLEX und STROBEL (1960) untersucht worden. Es ergaben sich für die beiden Extremformen, dem dendritischen und dem ampullären Typ, gewisse Unterschiede im Faserverlauf. In den Kelchen überwiegen einheitlich die Längszüge, wie im dendritischen Typ überhaupt, während im ampullären Sack die zirkulären Muskelzüge vorherrschen (Abb. 32—34). An gewissen Stellen der Calices kommt es mehr oder weniger deutlich zu zirkulärer sphincterartiger

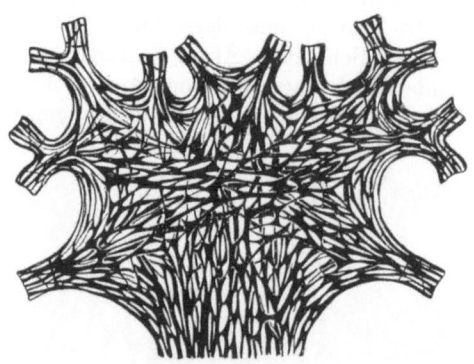

Abb. 33. Muskelkonstruktion eines menschlichen Nierenbeckens vom ampullären Typ, aufgeschnitten. (Nach LEUTERT, FLEX und STROBEL, 1960)

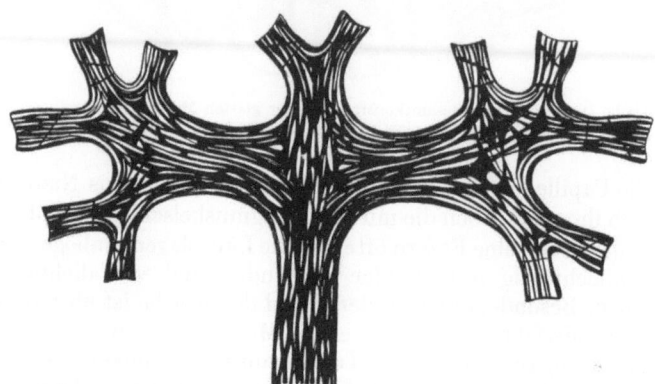

Abb. 34. Schematische Darstellung der Gesamtkonstruktion der glatten Muskulatur eines Nierenbeckens vom dendritischen Typ, aufgeschnitten. (Nach LEUTERT, FLEX und STROBEL, 1960)

Verdickung der Muskulatur, so am Umfassungsrand der Papille durch den Calix minor (Musculus sphincter fornicis) und an der Einmündung der Kelche in das Nierenbecken („Kelchhalssphincter").

II. Der Ureter

Der Harnleiter ist ein zylindrisches Hohlorgan mit sternförmigem Lumen. Seine Wand besteht, wie die aller ableitenden Harnwege, aus einem Übergangsepithel, einer Tunica submucosa und einer Muskelschicht, die von Adventitia umgeben wird; diese ist nur locker mit dem umgebenden Gewebe verbunden. Im Übergangsepithel des oberen Ureterdrittels liegen, wie auch schon im Nierenbecken, schmale dunkle Zellen mit geschrumpftem Kern, als Epithelnester bezeichnet. Das Übergangsepithel besitzt die Fähigkeit, seine Zellen bei Dehnung zu verformen und plastisch umzuordnen, so daß wenige Zellen eine große Oberfläche bedecken können (Abb. 35). Von der Umformung sind hauptsächlich die im Ruhezustand kubischen bis zylindrischen Deckzellen betroffen, die das Ureterlumen begrenzen. Sie platten sich bei Dehnung stark ab. Das Cytoplasma der Deckzellen ist an der Oberfläche durch eine streifige Crusta verdickt. In den tieferen Zellagen sind nicht nur die kleinen, dicht nebeneinander stehenden, dunkleren basalen Zellen in der bindegewebigen Unterlage verankert, sondern auch die höher liegenden Zellschichten erreichen sie mit langen, schmalen Fortsätzen. Sie werden bei Dehnung des Ureters nebeneinander ausgerichtet, so daß es zu einer Verminderung der Schichtenzahl kommt. Das Übergangsepithel ist biologisch sehr aktiv; seine häufig ins Lumen vorgebuckelten Deckzellen enthalten vielfach zwei oder mehr Kerne, die nach Ansicht vieler Autoren durch Amitose entstehen.

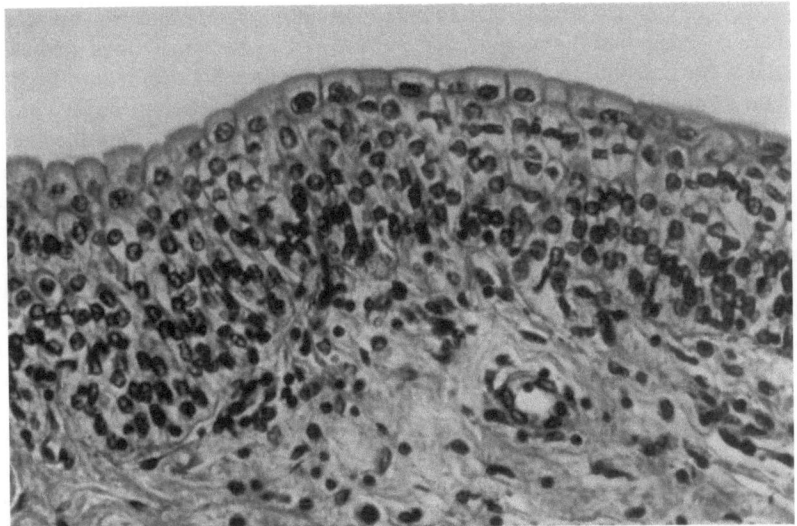

Abb. 35. Übergangsepithel des menschlichen Ureters. H.E.-Färbung

TAKAHASHI (1938) zählt bei 2300 Deckzellen etwa 20% mit zwei, 3,7% mit drei, 1,4% mit vier und 0,7% mit fünf Kernen. Die Kerngröße beträgt beim Menschen ungefähr 10,4 μ. Lumenwärts über dem Kern befinden sich der Golgiapparat und unregelmäßig angeordnete Mitochondrien. Das Epithel kann epithelschützende Schleimstoffe produzieren; die wasserunlöslichen Harnmucoide. Diese Fähigkeit wird einer verschieden häufig zwischen den anderen Zellen liegenden Zellart zugeschrieben, die in der Kernzone gruppierte Granula enthält. Die zarte Oberflächenmembran, die das Übergangsepithel mit muköcem Sekret bedeckt, sei ihr Produkt. Der Ri-Wert der Granula beträgt ähnlich wie der der Fasern der Basalmembran und der Lamina propria 1,532. Die Harnmucoide bestehen aus Polymerisationsprodukten von Galaktose und Acetylglucosamin, welche durch Einlagerung von Eiweiß und Calcium wasserunlöslich werden. Als Ausgangsprodukt wird das beim Menschen in allen Epithelzellen nachweisbare Glykogen, als Aufbereiter die nur in den tieferen Epithellagen vorkommenden Fermente Phosphatase und Diastase angesehen. Weiterhin enthält das Cytoplasma aller Zellen des Übergangsepithels Hyaluronsäure, feintropfige Lipoide, Aneurinpyrophosphatase, Nucleotidase und Vitamin C. Durch Mikroveraschung können Calcium und Kalium vermehrt in den unteren Epithellagen und eine Silicium enthaltende wasserschwerlösliche Ascheschicht im apikalen Cytoplasma der Deckzellen dargestellt werden. Diese Schicht entspricht einer stärker anfärbbaren Cytoplasmazone im gefärbten Präparat. Zwischen Epithel und Tunica propria findet sich eine weitere feingekörnte Aschelinie, die einer Grenzschicht, der Membrana basalis reticulata, zugeordnet werden kann. Ihre Fasern bilden ein festes Geflecht. Die Tunica propria besteht aus in verschiedenen Richtungen verlaufenden lamellären Bündeln kollagenen Bindegewebes, die sich bei Dehnung gegeneinander verschieben. In das Bindegewebe ist, meistens direkt unter dem Epithel, ein Capillarnetz eingelagert. Um dieses spinnen sich kräftige elastische Fasern, die sonst nur spärlich das kollagene Gewebe durchziehen. Die Tunica propria beteiligt sich an der sternförmigen Faltung des Ureterlumens. Die einzelnen Falten sind, wie v. MÖLLENDORFF (1931) beschreibt, durch Verdichtung der Faserzüge in den Vorstülpungen örtlich gebunden, können jedoch bei größerem Füllungszustand verstreichen. Die parallel zur Längsrichtung des Ureters verlaufenden Achsenfalten werden von größeren Gefäßen als Leitstränge benutzt. Als lockere, unscharf abgrenzbare Verschiebeschicht liegt die Submucosa zwischen Tunica propria und muscularis. Sie besteht aus locker aufgebautem, gefäßreichen Bindegewebe, das von einzelnen dünnen Muskelbündeln durchzogen und von elastischen Fasern umgeben wird. Die Tunica muscularis entspricht in allen Teilen der des Nierenbeckens und bildet mit ihr eine morphologische und funktionelle Einheit. Der Harntransport erfolgt durch eine rhythmische Veränderung des Steigungswinkels der Muskelbündel, die, unter Mithilfe des Bindegewebes, die Wand des Ureters längsraffen können. Die Muskulatur des unteren Ureterdrittels nimmt eine Sonderstellung ein. Ihre Windungen verlaufen steiler und verflechten sich mit der Harnblasenmuskulatur. Einzelne Muskelfasern aus der Harnblase steigen steil in den Ureter hoch, andere umziehen fast zirkulär seine Einmündung in die Blase, so daß die Blasenmuskulatur befähigt ist, den unteren Ureterabschnitt zur Harnblase hinzuziehen oder bei zunehmender Füllung sphincterartige Funktion auszuüben. Der untere Ureterabschnitt enthält weiterhin besonders reichlich elastische Netze. Die Adventitia dient zur Stützung des Ureters und befestigt seinen Abgangsort aus dem Nierenbecken. Hier laufen die kollagenen Fasern meist in der Längsrichtung. Ein Teil der dickeren Muskelbündel endet hier in Form kurzer spindelförmiger Ausläufer oder langer schmaler Fasern. In der Adventitia verlaufen die Gefäße und Nerven. Im oberen Abschnitt sind es Seitenäste der Arteria renalis, im unteren solche der Arteria spermatica bzw. ovarica, der Arteria iliaca communis und Arteria iliaca interna, im Einpflanzungsbereich in die Harnblase Äste der Arteriae vesicales. Kleine Seitenäste dieser Gefäßstämme versorgen die subepithelial liegenden Gefäßplexus. Der Ureter wird nervös in allen Teilen gleichförmig von vegetativen Plexus versorgt, die die Gefäße zum Leitstrang nehmen. Sie bilden nach PASQUALINO (1940) und PICARD (1952) in der Adventitia, der Tunica muscularis und der Tunica propria ausgedehnte Geflechte und entsenden feinste Fäserchen bis in die mittleren Epithelschichten. Nach KANTNER (1957) bilden sie weder flächenhafte Netze noch Körperchen. „Gewellte Fibrillen divergieren unter dem Epithel, ohne Ausläufer dorthin abzugeben".

Literatur

APPELT, A.: Untersuchungen über die Arteriolae afferentes und über die Gefäßkörperchen (Goormaghtigh-Bechersche Zellgruppen) in der Niere des Menschen und der Maus. Z. mikr.-anat. Forsch. 45, 179—199 (1939).

BACHMANN, R., u. U. BÖLKE: Die mit Perjodsäure-Leukofuchsin-Reaktion darstellbaren Strukturen der Niere von Meerschweinchen und Kaninchen (Speziell Sphäroidkörperchen). Z. Zellforsch. 42, 423—438 (1955).

BARGMANN, W.: Über Struktur und Speicherungsvermögen des Nierenglomerulus. Z. Zellforsch. 14, 1/2, 73—137 (1931).

BARGMANN, W.: Das Problem der Nierenleistung im Lichte der morphologischen Forschung. Zbl. inn. Med. 60 (49), 881—888 (1939).
— Histologie und mikroskopische Anatomie des Menschen, 6. Aufl. Stuttgart: Georg Thieme 1967.
—, A. KNOOP u. TH. H. SCHIEBLER: Histologische, cytochemische und elektronenmikroskopische Untersuchungen am Nephron (mit Berücksichtigung der Mitochondrien). Z. Zellforsch. 42, 386—422 (1955).
BECHER, H.: Über die Blutzirkulation in der Niere. S.-B. Förder. ges. Naturwissensch. zu Marburg 71 (4), 95—109 (1937a).
— Über Wirkung und Bedeutung besonderer regulatorischer Einrichtungen an der Arteriola afferens der menschlichen Niere. Verh. anat. Ges. (Jena), Erg.-H. Anat. Anz. 83, 134—138 (1937b).
BENSLEY, R. D.: The efferent vessels of the renal glomerulus of mammals as a mechanism for the controle of the glomerular activity and pressure. Amer. J. Anat. 44, 141—169 (1929).
BOHLE, A.: Elektronenmikroskopische Untersuchungen über die Struktur des Gefäßpols der Niere. Verh. dtsch. Ges. Path. 43, 219 (1959).
—, u. H. SITTE: Vergleichende elektronenmikroskopische Untersuchungen zur Struktur des Glomerulum unter Berücksichtigung pathologischer Veränderungen. Glomerul. u. tubul. Nierenerkr. Int. Nierensymp. Würzburg. Stuttgart: Georg Thieme 1962, S. 205—231.
— — Der juxtaglomeruläre Apparat der Niere. Aktuelle Probleme der Nephrologie, IV. Symposion Ges. Nephrol. Berlin-Heidelberg-New York: Springer 1966.
BUCHER, O.: Karyometrische Untersuchungen an menschlichen Nieren. Z. mikr.-anat. Forsch. 65, 180—199 (1959).
— Beitrag zu den karyometrischen Untersuchungen an den Nieren. Z. mikr.-anat. Forsch. 66, 408—422 (1960).
—, u. E. REALE: Zur elektronenmikroskopischen Untersuchung der juxtaglomerulären Spezialeinrichtungen der Niere. II. Über die Macula densa des Mittelstückes. Z. mikr.-anat. Forsch. 67, 514—526 (1961).
CASASCO, E.: La struttura del corpusculo renale. Boll. Soc. med.-chir. Pavia 68, 541—612 (1954).
CLARA, M.: Untersuchungen über Wachstum und Regeneration der Nierenepithelien. Z. Anat. 104, 103—132 (1935).
— Anatomie und Biologie des Blutkreislaufs in der Niere. Arch. Kreisl.-Forsch. 3, 42—94 (1938).
CLARK jr., S. L.: Cellular differentiation in the kidneys of newborn mice studied with the electron microscope. J. biophys. biochem. Cytol. 3, 349 (1957).
DALTON, A. J.: Structural details of some of the epithelial cell types in the kidney of the mouse as revealed by the electron microscope. J. nat. Canc. Inst. 11, 1163—1185 (1951).
DEHOFF, E.: Über den arteriellen Zufluß des Kapillarsystems in der Nierenrinde. Anat. Anz. 52, 6/7, 129—131 (1919).
DISSE, J.: Harnorgane. In: Handbuch der Anatomie des Menschen, Bd. VII/1. Berlin: Springer 1902.
DJELALI, D.: Recherches caryométriques sur l'histophysiologie du rein. Z. mikr.-anat. Forsch. 66, 96—110 (1960).
DOLEŽEL, S.: Histochemische Untersuchung der Niereninnervation mittels der Reaktion auf Cholinesterasen. Z. mikr.-anat. Forsch. 63, 599—608 (1958).
EDWARDS, J. G.: Functional sites and morphological differentiation in the renal tubule. Anat. Rec. 55 (4), 343—362 (1925).
ELIAS, H.: De structura glomeruli renalis. Anat. Anz. 104, 26—36 (1957).
ELISKA, O.: The capsular arteries and veins of the kidney and circulus exorenalis. Excerpta med. (Amst.), Sect. 67, 45 (1963).
ERKOÇAK, A., E. REALE, A. GAUTIER et O. BUCHER: A propos des modifications ultrastructurales dans les tubes initiaux du rein lors de diabète alloxanique. Z. ges. exp. Med. 137, 321—330 (1963).
FISCHER, F.: Über den Fettgehalt von Niereninfarkten, zugleich ein Beitrag zur Frage der Fettdegeneration. Virchows Arch. path. Anat. 170, 100—151 (1902).
FREY, W., u. F. SUTER: Nieren und ableitende Harnwege. In: Handbuch der inneren Medizin, 4. Aufl., Bd. VIII. Berlin-Göttingen-Heidelberg: Springer 1951.
GLIMSTEDT, G., H. R. JOHANSON u. N. JONSSON: Das Sammelrohrsystem der Niere bei Kochsalzbelastung. Anat. Anz., Erg.-H., 99, 182 (1952).
GOORMAGHTIGH, N.: Les segments hemo-neyo-artériales juxtaglomérulaires du rein. Arch. Biol. (Liège) 43, 575—591 (1932).
GRAVES, F. T.: The anatomy of the intrarenal arteries and their application to segmental resection of the kidney. Brit. J. Surg. 42, 132 (1954).
GROSSER, O.: Entwicklungsgeschichte des Menschen. Berlin: Springer 1945.

HALL, B. V.: Discussion contributed by invitation to the symposium on „Histochemistry and elucidation of kidney structure and function". J. Histochem. Cytochem. 3, 310—319 (1955).
— E. ROTH, and V. JOHNSON: The ultramicroscopic structure and minute functional anatomy of the glomerules. Anat. Rec. 115, 315 (1953).
HAMMERSEN, F., u. J. STAUBESAND: Arterien und Kapillaren des menschlichen Nierenbeckens mit besonderer Berücksichtigung der sogenannten Spiralarterien. Z. Anat. Entwickl. Gesch. 122, 314—347 (1961).
HAMPERL, H.: Die Fluoreszenzmikroskopie menschlicher Gewebe. Virchows Arch. path. Anat. 292, 1—51 (1934).
HEIDENHAIN, M.: Synthetische Morphologie der Niere des Menschen. Leiden: E. J. Brill 1937.
JONES, D. B.: Inflammation and repair of the glomerulus. Amer. J. Path. 27, 991 (1951).
KAISERLING, H., u. T. SOOSTMEYER: Die Bedeutung des Nierenlymphsystems für die Nierenfunktion. Wien. klin. Wschr. 52, 1113 (1939).
KANTNER, M.: Beitrag zur Frage der Spezifität nervöser Ausbreitungen. Quad. Anat. prat. 12, 1—4 (1957).
KEREZTURY, S., and MEGYERIT: Histology of renal pyramids with special reference to changes due to aging. Acta morph. Acad. Sci. hung. 11, 205—215 (1962).
KNOCHE, H.: Über die feinere Innervation der Niere des Menschen. I. Mitt. Z. Anat. Entwickl.-Gesch. 115, 97—114 (1950).
KROON, D. B.: Origin of the PAS-positive granulated ε-cells of the juxtaglomerular apparatus. Acta anat. (Basel) 41, 138—156 (1960).
—, u. B. BRAUNGER: Quantitative Untersuchungen über Kapillaren und Tubuli der Hundeniere. Z. Zellforsch. 57, 766—808 (1962).
KÜGELGEN, A. v., u. E. PASSARGE: Das Nierenbeckengefäßsystem als extraglomerulärer Blutweg. Z. Anat. Entwickl.-Gesch. 122, 86—113 (1960).
KULENKAMPFF, H.: Funktionelle Veränderungen an den Deckzellen der Glomeruluskapillaren der Katzenniere. Z. Anat. Entwickl.-Gesch. 117, 520—527 (1954).
LAGARDE, R.: Contribution à l'étude de la morphologie de glomérule vasculaire rénal chez l'homme et quelques mammifères. Thèse de Méd. Clermont-Ferrand 1961, vol. 34.
LAMBERT, P. P.: La perméabilité des glomérules aux protéines. Rev. belge Path. 25, 302 (1956).
LATTA, H., A. B. MAUNSBACH, and S. C. MADDEN: The centrolobular region of the renal glomerulus studied by electron microscopy. J. Ultrastruct. Res. 4, 455 (1960).
LEBLOND, C. P.: Distribution of periodic acid reactive carbohydrates in the adult rat. Amer. J. Anat. 86, 1—49 (1950).
LEUTERT, G., G. FLEX u. T. STROBEL: Die Tunica muscularis des Nierenbeckens. Anat. Anz. 108, 238—248 (1960).
LJUNGQVIST, A.: The intrarenal arterial pattern in the normal and diseased human kidney. Acta med. scand. 174, 401, 1—38 (1963).
LONGLEY, J. B., U. G. BANFIELD, and D. C. BRINDLEY: Structure of the rete mirabile in the kidney of the rat as seen with the electron microscope. J. biophys. biochem. Cytol. 7 (1), 103—106 (1960).
LUCIANO, L., O. BUCHER u. E. REALE: Über die Granula intramitochondrialia. Z. Anat. Entwickl.-Gesch. 123, 543—548 (1963).
MERKLIN, R. J., and N. A. MICHELS: The variant renal and suprarenal blood supply with data on the inferior phrenic, urethral and gonadal arteries. J. int. Coll. Surg. 29, 1 (1958).
MINDER, J.: Lehrbuch der Urologie, 2. Aufl. Bern u. Stuttgart: H. Huber 1953.
MOBERG, E.: Anzahl und Größe der Glomeruli renales beim Menschen nebst Methoden, diese zahlenmäßig festzustellen. Z. mikr.-anat. Forsch. 18, 3/4, 271—310 (1929).
MÖLBERT, E., F. DUSPIVA u. O. v. DEIMLING: Die histochemische Lokalisation der Phosphatase in der Tubulusepithelzelle der Mäuseniere im elektronenoptischen Bild. Histochemie 2, 5 (1960).
MÖLLENDORFF, W. v.: Einige Beobachtungen über den Aufbau des Nierenglomerulus. Z. Zellforsch. 6 (3), 441—450 (1927).
— Zur Architektur der menschlichen Niere. Verh. Anat. Ges. (Jena), Erg.-H. Anat. Anz. 71, 123—125 (1931).
MÜLLER, G.: Untersuchungen über elastische Polster in den Nierenarterien. Z. mikr.-anat. Forsch. 60, 324—336 (1954).
MUNKÁSCI, J., P. GÖNNÖKI, K. KÁLLAY, Z. NAGY, and B. ZOLNAI: Arteriovenous communications of the kidney. Morphological studies. Excerpta med. (Amst.), Sect. 67, 123—124 (1963).
MUYLDER, CH. DE: Nouvelles observations sur les nerfs du rein humain et sur son appareil juxtaglomérulaire. C. R. Soc. Biol. (Paris) 139, 189—191 (1945).
NICHOLSON, G. W.: The kidneys and development. Guy's Hosp. Rep. 77, 362—385 (1927).

NIESSING, K.: Nierenkapsel und Gitterfasersysteme in ihren funktionellen Beziehungen zur Form und Architektur der Niere. Morph. Jb. 75, 331—373 (1935).
OBERLING, CH., A. GAUTIER et W. BERNHARD: La structure des capillaires glomérulaires vue du microscope électronique. Presse méd. 1951, 938—940.
OKKELS, M.: La zone angiotrope du segment III du tube urinaire des mammifères. Observations cytologiques de la région dénommée „macula densa" de l'appareil urinaire. Bull. histol. Techn. micr. 27, 145—148 (1950).
OLIVER, J., M. MACDOWELL, L. G. WELT, M. A. HOLLIDAY, W. HOLLANDER jr., R. W. WINTERS, T. F. WILLIAMS, and W. E. SEGAR: The renal lesions of electrolyte imbalance I. The structurale alterations in potassium depleted rats. J. exp. Med. 106, 563 (1957).
PALADE, G. E.: A study of fixation for electron microscopy. J. exp. Med. 95, 285 (1952).
PASQUALINO, A., and G. H. BOURNE: Histochemical effects of blood serum on oxidative and dephosporylating enzymes. Acta anat. (Basel) 47, 225—232 (1961).
PEASE, D. C.: Further studies of the kidney cortex by electron microscopy. Anat. Rec. 122, 339—340 (1954).
—, and R. F. BAKER: Electron microscopy of the kidney. Amer. J. Anat. 87, 349—390 (1950).
PETER, K.: Untersuchungen über Bau und Entwicklung der Niere, H. 1. Jena: Gustav Fischer 1909.
PICARD, D., et CHAMBOST: Bourrelets valvulaires et sphinctériens à l'origine des artérioles afférentes de certains glomérules renaux. C. R. Ass. Anat. 69, 813—821 (1952).
POLSTER, CHR.: Karyometrische und karyologische Untersuchungen an den Hauptstückepithelien der Rattenniere bei experimenteller Eiweißnephrose. Virch. Arch. path. Anat. 332, 420 (1959).
POMPEIANO, O., e G. CAVALLI: Dispositivi di chiusura nelle arterie dell'apparate escretori del rene umano. Riv. Biol. 44, 57—65 (1952).
RANDERATH, E.: Die Entwicklung der Lehre von den Nephrosen in der pathologischen Anatomie. Ergebn. allg. Path. path. Anat. 32, 91 (1937).
REALE, E.: A propos de la microscopie électronique du glomérule humain normal. Bull. Soc. vandoise Sc. nat. 68, 308, 129—133 (1962).
— V. MARINOZZI et O. BUCHER: A propos de l'ultrastructure de l'appareil juxtaglomérulaire du rein. Acta anat. (Basel) 52, 22—33 (1963).
RÉMJI-VÁMOS, F., F. BALOGH, and Z. SZENDRÖI: The musculature of the calyx renalis. Acta urol. 2, 103—105 (1948).
RHODIN, J.: Correlation of ultrastructural organization and function in normal and experimentally chanced proximal convoluted tubule cells of the mouse kidney. Exp. Cell Res. 8, 572 (1955).
— Anatomy of kidney tubuli. Int. Rev. Cytol. 7, 485 (1958).
RIEDEL, G.: Darstellung der Nierengefäße. Fortschr. Med. 78, 12 (1960).
ROLLHÄUSER, H.: Polarisationsoptische und histochemische Untersuchungen über die Feinstruktur des Nephrons und ihre Beziehungen zur Nierenfunktion. Z. Zellforsch. 44, 57—86 (1956).
SCHIEBLER, TH. H.: Morphologie der Nieren und ihrer Ableitungswege. In: Handbuch der Zoologie, Bd. 8, S. 1—84. Berlin u. Leipzig: de Gruyter 1959.
— Neuere Vorstellungen vom Feinbau der Niere. Materia Medica Nordmark 13 (9), 337—355 (1961).
SCHLEIFER, D.: Histologische Untersuchungen über die Sekretionsleistung einzelner Nierentubuli nach mechanischer Abtrennung von ihren Glomerula. Z. Zellforsch. 57 (4), 597—604 (1962).
SCHMIDT, W.: Elektronenmikroskopische Untersuchungen über die Speicherung von Trypanblau in den Zellen des Hauptstücks der Niere. Z. Zellforsch. 52, 598—603 (1960).
SCHWALEW, W. N.: Innervation des Nephrons. Z. mikr.-anat. Forsch. 70 (4), 17—30 (1963).
SIEGLBAUER, F.: Lehrbuch der normalen Anatomie des Menschen, 8. Aufl. München-Berlin-Wien: Urban & Schwarzenberg 1958.
SITTE, H.: Beziehungen zwischen Zellstruktur und Stofftransport in der Niere. Funktion und morphologische Organisation der Zelle (Sekretion und Exkretion). Berlin-Heidelberg-New York: Springer 1965.
SJÖSTRAND, F. S.: Über die Eigenfluorescenz tierischer Gewebe mit besonderer Berücksichtigung der Säugerniere. Acta anat. (Basel) 1, Suppl. 1, 1—163 (1944).
—, and J. RHODIN: The ultrastructure of the proximal convoluted tubules of the mouse kidney as revealed by high resolution electron microscopy. Exp. Cell Res. 4, 426 (1953).
SMITH, P. J.: Anatomical features of the human renal glomerular efferent vessel. J. Path. 90, 290—292 (1956).
SPANNER, R.: Über Gefäßkurzschlüsse in der Niere. Anat. Anz., Erg.-H., 85, 81—90 (1938).
SSYSGANOW, A. N.: Über das Lymphsystem der Nieren und Nierenhüllen beim Menschen. Z. Anat. Entwickl.-Gesch. 91, 5/6, 771—831 (1930).

Staubesand, J.: Die Blutstrombahn des Nierenbeckens als Quelle renaler Vasa privata. Verh. Anat. Ges. auf d. 54. Verslg in Freiburg i. Br. 1957.
Sunaga, Y.: Cytological studies on the renal corpuscule and the proximal convolution of the renal tubulus in the human kidney. I. Arch. hist. jap. 8, 195—216 (1955).
— Cytological studies on the renal corpuscule and the proximal convolution of the renal tubulus in the human kidney. II. Okajimas Folia anat. jap. 27, 237—252 (1955).
Suzuki, T.: Zur Morphologie der Nierensekretion unter physiologischen und pathologischen Bedingungen. Jena: Gustav Fischer 1912.
Takahashi, T.: Zur Cytologie der Epithelzellen des menschlichen Harnleiters. Okajimas Folia anat. jap. 16, 315—356 (1938).
Tardini, A.: Su la fine struttura del glomerulo di Malpighi. Riv. Anat. pat. 19, 25—45 (1961).
Terbrüggen, A.: Cytologische Untersuchungen zur Frage der Nierenfunktion unter normalen und abgeänderten Verhältnissen. Virchows Arch. path. Anat. 290, 574—647 (1933).
Trabucco, A., y F. Marquez: La conjuncion arteriovenosa de la arteria glomerular. Rev. argent. Urol. 22, 311—326 (1953).
Traut, H. F.: The structural unit of the human kidney. Contr. Embryol. Carneg. Inst. 15, 76; 105—120 (1923).
Wachstein, M., and E. Meisel: Histochemical demonstration of esterase activity in the normal human kidney and in renal carcinoma. Proc. Soc. exp. Biol. (N.Y.) 79, 680—682 (1952).
Wermel, E. M., u. Z. P. Ignatiev: Studien über Zellgrößen und Zellenwachstum. 1. Mitt. Über die Größenvariabilität der Zellkerne verschiedener Gewebearten. Z. Zellforsch. 16, 674—689 (1932).
Yamada, E.: The fine structure of the renal glomerulus of the mouse. J. biophys. biochem. Cytol. 1, 551 (1955).
Zimmermann, K. W.: Über den Bau des Glomerulus der Säugetiere. Z. mikr.-anat. Forsch. 32, 176 (1933).
Zlábek, K.: The arrangement of the intraglomerular blood vessels in the human kidney. Rev. Czech. Med. 3, 4 (1957).

D. Ureter, Harnleiter

ALFRED GISEL

Mit 15 Abbildungen

Partes lumbalis, pelvina, intramuralis

Die Anatomie des „intramuralen", in der Harnblasenhinterwand eingeschlossenen Teils des Ureters ist im Kapitel „E. Die Harnblase" beschrieben.

Allgemeines und Einteilung

Der Ureter drückt den aus dem Nierenbecken zufließenden Harn durch Kontraktionen, die in 10 sec-Intervallen aufeinanderfolgen, Tropfen um Tropfen in die Harnblase. Seine Schleimhaut, Tunica mucosa et submucosa, hat das für harnüberronnene Flächen charakteristische Übergangsepithel; in diesem sind keine drüsigen Elemente eingelagert. Das bindegewebige, schalenartig-lamellär aufgebaute Schleimhautsubstrat (Tunica propria) enthält elastische, meist längsverlaufende Fasern; sie fehlen noch beim Neugeborenen (GUNDOBIN, 1921; zit. nach PETER). Die Submucosa ist besonders im distalen Teil des Ureters locker; durch die umschließende Muskulatur wird sie zu Leisten gepreßt und erzwingt ihrerseits die typische Längsfaltenbildung der Harnleiterschleimhaut. Sie enthält weitlumige Blutgefäße, deren Capillaren bis unter das Epithel reichen und diesem durch reiches Blutangebot die Bildung von Hyaluronsäure (GÖLDI, 1952) ermöglichen, die das Zellcytoplasma gleichsam zur Abdichtung gegen die Urinflut befähigt. Selbst bei jäher und unphysiologisch heftiger Muskelkontraktion bleiben die Gefäße ungeknickt, da sie in Leitbalken des Schleimhautbindegewebes eingelassen sind (v. MÖLLENDORFF, 1930).

Hält man es vertretbar, die von AMON und PETRY (1963) erhobenen Befunde an Säugern auf den Menschen zu übertragen, so kommt dem Übergangsepithel „über die Bedeutung eines reinen Deckepithels hinaus die integrierende Funktion eines Schutzepithels gegenüber den Einwirkungen des Harns" zu. Drei Zellschichten bauen es auf: Deckzellen, Intermediärzellen, Basalzellen. Nur diese sitzen (entgegen sonst geäußerter Darstellung) einer sehr dünnen Basalmembran auf.

Die Muskulatur, Tunica muscularis, ist durchwegs aus glatten Muskelelementen vernetzt aufgebaut, doch ist es üblich (und grob betrachtet, gerechtfertigt), sie als zweischichtig zu beschreiben; auf eine innere, eher lockere Längs- folgt eine äußere massive Ringmuskellage (die aber vor allem in flach-schraubigen Touren gelagert ist) (CARANDO et al., 1950; FERULANO, 1955). Beide Schichten sind ein Kontinuum. Im Beckenteil kommt eine Längsmuskelscheide hinzu (WALDEYER), die, aus der äußersten Harnblasenmuskellage stammend, trichterförmig, gleichfalls in Schraubengängen (KÖRNER, 1964) den Ureter bedeckt und bis zum Beckeneingang hinaufreichen kann. Die außen folgende, bindegewebige Einhüllung, Tunica adventitia, zeigt regionäre Verschiedenheiten, auf die noch hingewiesen werden wird. Für mehr als $2/3$ der Ureterlänge ist auch die Lage zum Bauchfell sowohl wegen diagnostischer als auch wegen chirurgisch-therapeutischer Konsequenzen zu beachten.

Der Durchmesser des Ureterlumens variiert nach GOLDSTEIN (1926) zwischen $1^1/_2$ und 7 mm. Er ist nach unseren Präparaten außerdem regionär verschieden.

Da sowohl die bindegewebige Einbettung als auch die Blut- und Nervenversorgung von topographischen Voraussetzungen abhängt, sei vorerst die raumgebundene Gliederung besprochen.

Der einer 170 cm großen männlichen Leiche entnommene Harnleiter mißt zwischen 30—34 cm; bei einer gleich großen weiblichen mag er um $1^1/_2$ cm länger sein, da er im kleinen Becken stärker lateralwärts ausgreift, allerdings auch meist etwas weiter lateral in die Harnblase eintritt.

Abb. 1. Nierenbecken und Ostium renale ureteris. Liegt der Nierenstein zur Gänze im Nierenbecken oder zum Teil im Ureterhals?

Abb. 2. Obere Ureterschleife. Schwierigkeit, das Ureterostium zu bestimmen

Der Ureterbeginn, Ostium renale ureteris, projiziert sich in der Leiche in der Höhe des unteren Randes des 3. Lendenwirbelkörpers oder knapp darüber; wenn sich das Nierenbecken in Form eines senkrecht stehenden Trichters absenkt, ist es schwierig, das Ostium (in Analogie zum Speiseröhrenbeginn empfiehlt sich als prägnante Bezeichnung: „Uretermund") exakt zu bestimmen. Da viele Autoren diese Stelle als verengt beschreiben: Isthmus ureteris, ist durch dieses Kriterium eine bessere Identifizierung gegeben, als wenn man sich nach dem Abbiegeknick: Curvatura renalis, orientiert, der durch den Winkel zwischen unterer Nierenbecken- und Ureterhinterwandkontur gegeben ist. In anatomischer Hinsicht mag die Abklärung nicht bedeutsam scheinen, aber die Bezeichnungsschwierigkeit in der Diagnostik beim Lebenden soll an Abb. 1, 2 illustriert sein.

Mit dem Ostium renale beginnt die Pars lumbalis = abdominalis des Harnleiters, die bis in die Höhe der Beckeneingangsebene reicht. Wenn er nicht in eine Fettschicht eingebettet ist, liegt die lumbale Strecke des Ureters, durch die aus mehreren zarten Röhren bestehende bindegewebige Adventitia fixiert, auf der Fascie des M. psoas, während sie vorne vom Bauchfell (rechts: ursprüngliches Mesocolon ascendens, links: ursprüngliches Mesocolon descendens) bedeckt und mit diesem verwachsen ist. Die Syntopie der Bauchorgane macht klar, daß der Beginn des rechten Ureters von der Pars descendens duodeni ventralwärts gedeckt sein wird, während hinter ihm oder nur wenig höher der Querfortsatz des 3. Lendenwirbels liegt. Knapp oberhalb des Beckeneingangs wird der rechte Ureter von der letzten, zum Caecum aufsteigenden Ileumschlinge überlagert werden; ebenso kann ihn das geblähte Caecum (mobile) und bei Positio transversa die Appendix vermiformis decken. Da das Mesostenium den rechten Ureter kreuzt, wird er an dieser Stelle keine peritoneale Bedeckung aufweisen und seine Adventitia gleichsam in die Basis der Lamina propria des Dünndarmgekröses eingelassen sein. Der linke Ureter liegt links vom Recessus duodenojejunalis, bzw. links von der die V. mesenterica inf. enthaltenden Peritonealfalte und wird vom Wurzelstreifen des Mesosigma und vom Sigma gekreuzt bzw. bedeckt. Er wirft in der hinteren Wand des Recessus intersigmoideus eine meist nur undeutlich konturierte Falte auf.

Meist ist in der Höhe des 4. Lendenwirbels die Distanz zwischen den Ureteren um $1—1^1/_2$ cm größer als zu Beginn und am Ende der lumbalen Strecke. Beim Neugeborenen und jungen Säugling ist dieser Harnleiterteil geschlängelt; das gilt namentlich für den nierennahen Abschnitt, der, als ob seine Adventitiaröhre zu kurz wäre, in dieser gleichsam gestaucht verpackt erscheint; er ist auch relativ breiter. Die Knickungen verschwinden während der Wachstumsperiode in der zweiten Hälfte des 1. Lebensjahres.

Die Projektion des Nierenbeckens und damit auch des Ureterbeginns wird von den Autoren recht different angegeben. Hiefür werden im anatomischen Schrifttum Konstitutions- und Altersabhängigkeit verantwortlich zu machen sein, in klinischen Berichten kommt wohl noch die respiratorische Verschieblichkeit dazu. Schon 1927 hat SCHMIDT darauf aufmerksam gemacht, daß diese für einen bestimmten Punkt des Nierenbeckens „4—6 cm bei tiefer Ein- und Ausatmung" beträgt und dadurch natürlich auch die Lage des Uretermundes bestimmen wird. Bei tiefer Exspiration und hierdurch bedingtem Nierenhochstand sind die Krümmungen des Ureters wenig auffällig oder nahezu ausgeglichen, während bei durch tiefe Inspiration bewirktem Nierentiefstand die Pars lumbalis des Harnleiters gestaucht wird.

Da bei chirurgischer transperitonealer Aufsuchung des linken Ureters Orientierungsschwierigkeiten bekannt geworden sind, sei betont, daß der Ureter nie am medialen Rand des M. psoas liegt, demnach nie in der schmalen Rinne zwischen diesem Muskel und den vom Lig. longitudinale commune ventrale bedeckten Lendenwirbelkörpern eingelagert sein wird, die als „klassischer" Aufsuchungsort für den linken Grenzstrang gilt.

Die von einer oder zwei Venen begleitete Keimdrüsenschlagader (A. testicularis, ovarica) überkreuzt die Uretervorderfläche in der Höhe des 5. Lendenwirbels.

Über der Ebene des oberen Beckeneingangs legen sich die Ureteren den Iliacalgefäßen medial an, rechts in der Mehrzahl unserer Präparate an die A. iliaca externa, links an die A. iliaca communis. Am konservierten Leichnam ist der Ureter an dieser Stelle plattgedrückt, und erscheint insofern verdreht, als der untere lumbale Teil frontal, der Übergang in den Beckenabschnitt eher sagittal eingestellt ist. Die an der Überkreuzung oft diagnostizierte Verengung ist wohl nur selten anatomisch verifizierbar. Sie ist vielmehr Resultat der oben erwähnten Drehung des Ureters. Hingegen ist dieser oberhalb der Beckeneingangsebene, also im unteren Drittel des lumbalen Abschnittes, oft recht deutlich erweitert; diese

„obere" oder „lumbale" Ureterspindel wird allerdings meist erst bei seitlicher Betrachtung auffällig.

Der Eintritt ins kleine Becken erfolgt über den medialen Rand des Psoas hinweg beim Erwachsenen 3 cm (PERNKOPF) lateral vom Promontoriummittelpunkt, das ist in röntgenologischer Sicht: vor der Articulatio sacroiliaca, bedeutet aber nicht, daß der Ureter unmittelbar der Gelenkkapsel aufliegt. Weil sich die Ureteren ungefähr auf die Articulationes sacroiliacae projizieren, gilt als Regel, daß ihre Distanz voneinander beim Beckeneintritt identisch ist mit dem Breitendurchmesser des ersten Sacralwirbels. Die größere Breite des weiblichen Kreuz-

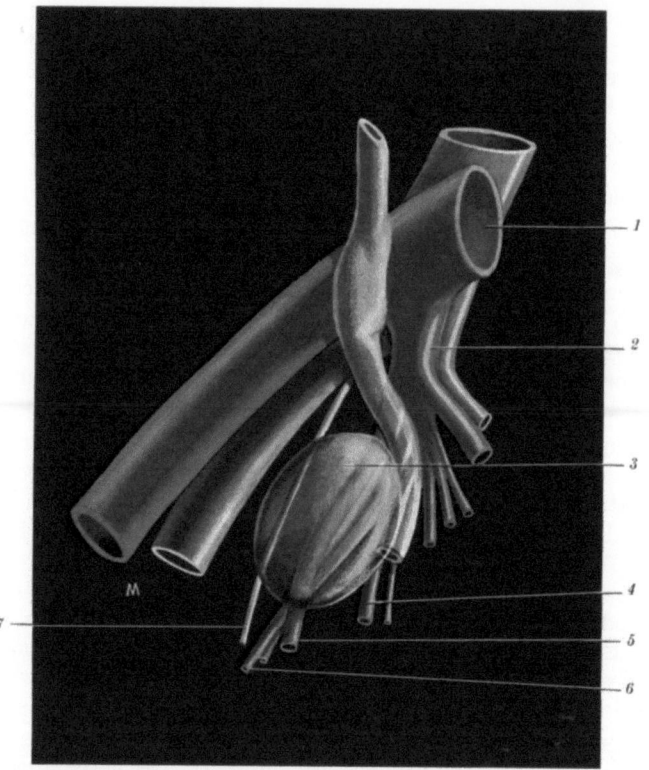

Abb. 3. Ureterspindel an der rechten A. iliaca externa dextra. *1* A. iliaca communis, *2* A. iliaca interna, *3* Ovarium, *4* A. vesicalis inferior, *5* A. uterina, *6* A. vesicalis superior, *7* N. obturatorius

beins bewirkt, daß daher der Ureter bisweilen weiter medial, nämlich vor der Pars lateralis des Sacrum, in das kleine Becken absteigt.

Die Ureterbiegung am Beckeneingang heißt, wahrscheinlich weil dieser von den Lineae terminales gerahmt ist, Flexura terminalis; auch Flexura marginalis ist üblich. Sie stellt den Übergang zur Pars (Curvatura) pelvina ureteris her und liegt, was ausdrücklich betont sei, nicht in der Höhe der Lineae terminales, sondern in Promontoriumshöhe, demnach gut 2 cm über dem Niveau der Beckeneingangsebene.

Verbindet man die dorsalen Punkte der Lineae arcuatae[1] der Hüftbeine, dann quert diese „Diameter" die obersten pelvinen Kreuzbeinlöcher, d.h., daß über *dieser* „Diameter"-Ebene der erste Sacralwirbel liegt. Die aus der Höhe des 4. Lendenwirbels herabsteigende A. iliaca

---

[1] Linea arcuata ossis coxae = Pars iliaca lineae terminalis; sie wird durch die zum Promontorium aufsteigende Pars sacralis lineae terminalis verlängert.

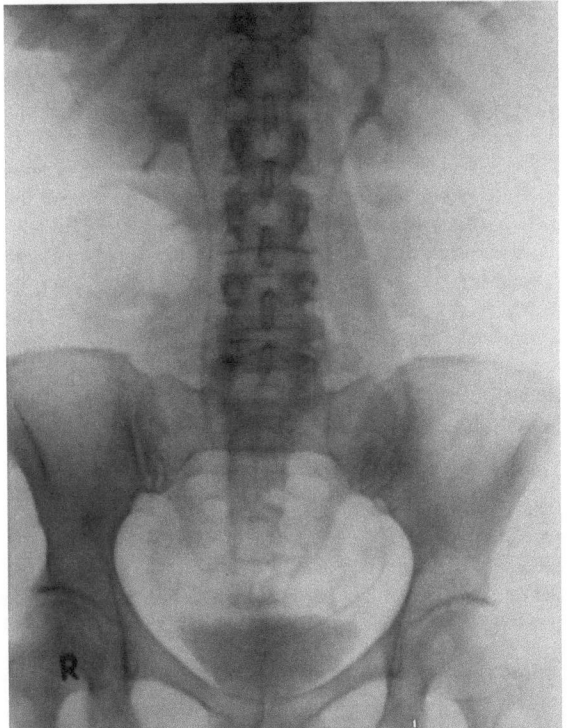

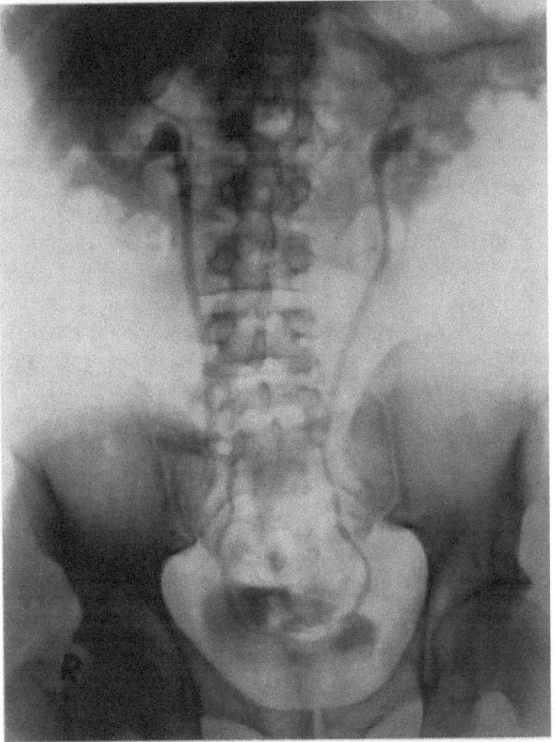

Abb. 4a u. b. Kontrastfüllung normaler Ureteren bei der erwachsenen Frau (a) und beim erwachsenen Mann (b). Man beachte die wechselnde Position des Ureters zu den Querfortsätzen (Processus costarii) oberer und unterer Lendenwirbel sowie zur Articulatio sacroiliaca. Charakteristisch ist auch die umfänglichere Beckenkurve des weiblichen Ureters communis liegt ebenso wie die A. iliaca externa über der oberen Beckenapertur, und so ist die (in der anatomischen Nomenklatur ohnehin nicht offizielle) Bezeichnung: „terminalis" (bezieht man sie auf Linea terminalis) nicht einwandfrei begründet. Flexura marginalis ist empfehlenswerter, Flexura iliaca wäre einwandfrei.

Anfangs liegt der Beckenteil des Harnleiters leicht nach vorne absteigend und sich der seitlichen Beckenwand nähernd, noch direkt dem Bauchfell an und ist mit diesem verwachsen. Aufgeworfen zu einer Plica ureterica, gliedert der Harnleiter die seitliche Peritonealfläche in ein prä- und retroureterisches Areal; er liegt der Seitenwand des Rectum gegenüber. Lateral hinten begleiten ihn die A. iliaca interna, bzw. lateral vorne einige ihrer größeren Äste (Aa. vesicales, A. obturatoria, A. uterina) und die zugehörigen Venenstämme. Der Nervus obturatorius ist der einzige spinale Nerv, der hier den Ureter in nach vorne unten offenem Winkel lateral kreuzt, medial davon sind es Nervenbahnen aus dem Plexus pelvicus, die nach vorne hin am Ureter vorbeiziehen. Nun wendet er sich in nach unten konvexem Bogen ventralwärts. Hier hat er die Beziehung zum Peritoneum verloren und liegt in geformten Platten des Beckenbindegewebes. Diese sind im wesentlichen frontal gestellt; der Ureter zieht durch sie von hinten oben nach vorne unten in annähernd sagittaler Richtung hindurch.

Die Pars pelvina des Ureters ist zwischen 14 und 16 cm lang, beträgt also ziemlich genau die Hälfte der Gesamtlänge. Die Distanz zwischen den beiden Beckenureteren ist am größten im Niveau der Spinae ischiadicae, im weiblichen Becken größer als im männlichen. Am meisten nähern sich die Ureteren einander bei ihrem Eintritt in die Harnblasenhinterwand (Distanz: 4—5 cm männliche, 5—6 cm weibliche Harnblase). Da die Harnleiter intramural konvergieren, sind ihre Innenöffnungen nur 3—4 cm voneinander entfernt.

Bei Positio descendens kann eine lange Appendix vermiformis den rechten Ureter unterhalb der Flexura marginalis decken.

1. Einengungen und Ausweitungen („Spindeln") der Ureteren

Schon Fuchs (1927) hat darauf hingewiesen, daß die klassische Beschreibung der beiden zwischen drei Engen liegenden „Ureterspindeln" nicht als repräsentativ anzusehen ist.

Zwischen den Engen: oberes Ureterostium — Flexura marginalis erstreckt sich die obere, zwischen Flexura marginalis und der „juxtavesicalen" Enge liegt die untere Spindel. Diese muß aber in denjenigen Fällen als „obere pelvine" Spindel bezeichnet werden, bei denen unterhalb der juxtavesicalen Enge, also zwischen ihr und der Harnblasenhinterwand, eine dritte Aufweitung vorhanden ist, die dann „untere pelvine Spindel" heißt.

Oft sind weder alle hier aufgezählten Engen, noch die Spindeln nachweisbar. Andererseits finden wir im anatomischen Präparat auch Ureteren, die mehr als die „typischen", physiologischen Engen aufweisen, ohne daß diese als pathologische Strukturen gewertet werden können. Wir sahen sie einige Male in der lumbalen Strecke des rechten Ureters.

Abb. 5. Topographie und Wurzeln der arteriellen Versorgung des rechten Ureters. Erwachsener junger Mann; wenige Stunden nach dem Tode wurde in den Leichnam achtprozentige Formaldehydlösung injiziert. Die Blutgefäße sind mittels gefärbter Gummimasse überdehnt gefüllt. *1* R. uretericus lumbalis sup. (ae. renalis); *2* R. uretericus lumbalis medius (ae. testicularis);
3 A. ureterica (ae. iliacae) ⟨R. ascendens = R. lumb. inf.
R. descendens = R. pelv. sup.;
4 A. vesicalis superior, Rr. ureterici pelv. (inf.); *5* A. vesicalis inferior, Rr. ureterici pelv. (inf.); *6* A. iliaca int. dextra; *7* A. sacralis mediana. Die A. testicularis wurde, entgegen dem Präparat, in einer die V. cava inf. unterkreuzenden Position (seltener Fall!) dargestellt

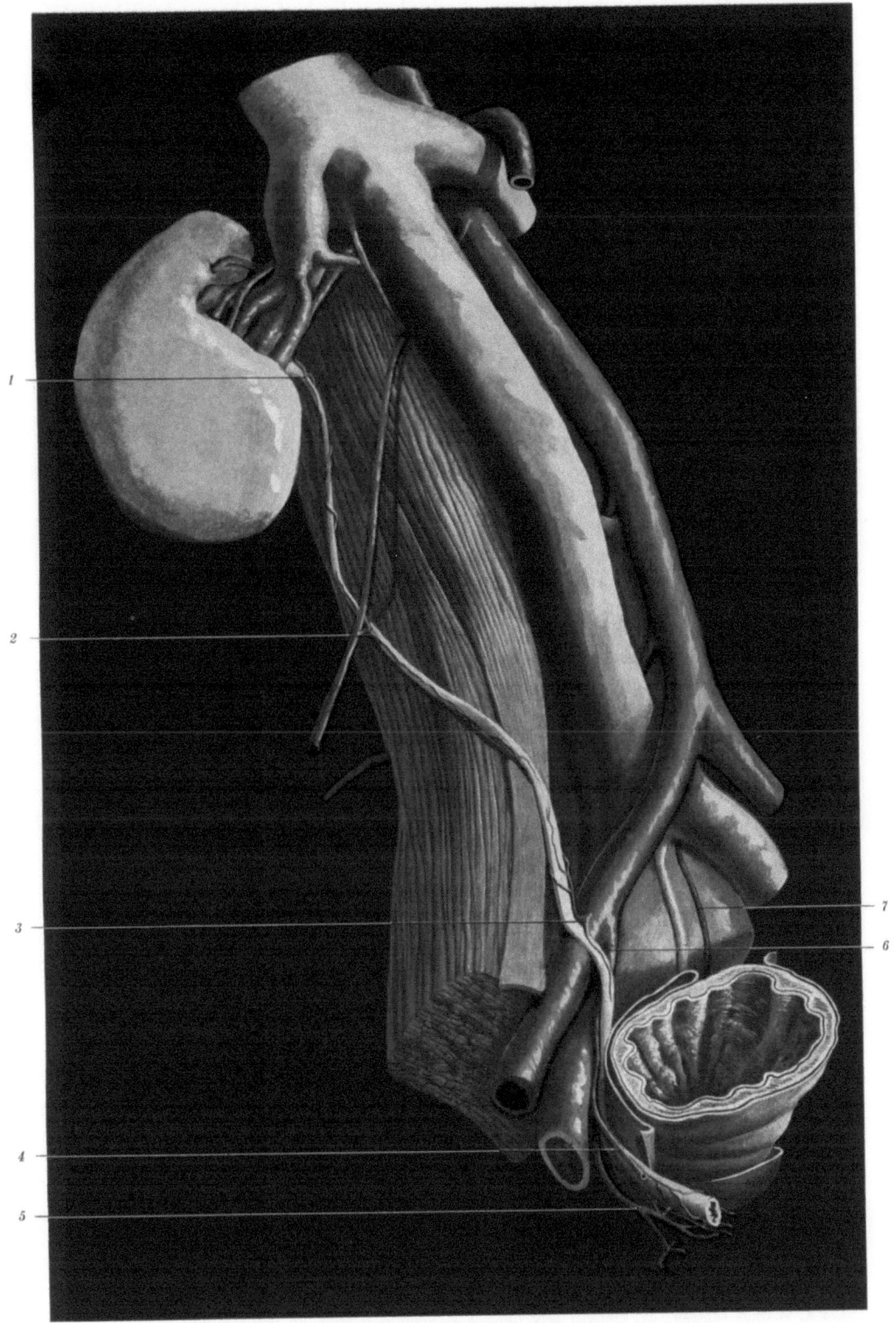

Abb. 5 (Legende s. S. 230)

Fuchs fiel auf, daß an Ureteren, die in ihrem Verlauf mehrere physiologische Engen aufweisen, die am meisten nierenwärts gelegenen stets enger sind als die blasenwärts gelegenen.

Stein und Weinberg (1962) machten auf Veränderungen in der Ureterwand aufmerksam, die als Alterungserscheinungen aufzufassen sind. Von diesen wird die Muskulatur der Masse nach betroffen; zunehmende fibröse Umwandlung, Dilation und Schlaffwerden durch Elastizitätsverluste im Bindegewebe bestimmen gleichfalls Form und Lage des Harnleiters.

2. Krümmungen des Harnleiters

Die postmortale Kontraktion der glatten Muskulatur läßt den Ureter als runden Strang erscheinen; sieht man ihn als Band, richtiger: als einen etwas plattgedrückten Schlauch an, dessen Breitendurchmesser etwa 5 mm beträgt, so lassen sich leichter seine Drehungen, Wendungen und Krümmungen beschreiben.

Seine erste, auf das Nierenbecken und die Flexura renalis[2] folgende Strecke ist flächenhaft an die Seitenfläche des M. psoas angelehnt, demnach fast sagittal eingestellt. Ungefähr in der Höhe der Zwischenwirbelscheibe zwischen L3 und L4 wendet er sich mehr nach hinten und schmiegt sich tiefer in die Fossa lumbalis ein.

Verläuft der rechte Ureter mehr gestreckt, dann kann er in der Höhe des 4. Lendenwirbels bis an den rechten Rand der V. cava inferior herankommen. Der linke Ureter taucht meist nicht so tief in die Fossa lumbalis ein, da das Colon descendens, das der Wirbelsäule mehr genähert ist als das Colon ascendens, Platz beansprucht.

In der Höhe der Aortengabelung, also in der unteren Hälfte des 4. Lendenwirbels, zieht er nach vorne-medialwärts über den Wulst der Psoates major und minor hinweg und wendet seine bisherige laterale Fläche nach vorne. Dann überbrückt er absteigend ein von Fett und Bindegewebe erfülltes Spatium von 2 cm Breite, gelangt an die A. iliaca externa (oder noch an die A. iliaca communis), biegt um sie knieförmig herum, tritt weiterhin absteigend über die V. iliaca externa hinweg ins kleine Becken ein und nähert sich leicht dorsal-lateralwärts strebend der Articulatio sacroiliaca bis auf ungefähr 2 cm. Auf die seitliche Beckenwand projiziert, liegt er, je nach dem Ausmaß seiner dorsalen Krümmung, vor dem Foramen ischiadicum majus, oder zumindest nahe dem vorderen Rand dieser Beckenöffnung. In flachem Bogen[3] wendet er sich nun im Niveau des Foramen ischiadicum minus (durch welches er [theoretisch] erreichbar wäre) nach vorne, taucht ins Beckenbindegewebe ein, durchzieht die frontalen Leitplatten (Septum rectovesicale, Lig. cardinale), in die die zentralen Beckenorgane (Vesiculae seminales, Uterus) eingelagert sind und weiter im paravesicalen Bindegewebe nach vorne medialwärts[4], wobei die Richtung, je nach dem Füllungszustand der Harnblase, außerdem eine leicht ab- oder aufsteigende sein kann.

---

[2] Pernkopfs Flexura I, Flexura prima.
[3] Pernkopfs Flexura II, Flexura secunda.
[4] Pernkopfs Flexura III, Flexura tertia.

Ob die Numerierung der Flexuren I, II, III für den Kliniker brauchbar ist, ist anzuzweifeln. So bleibt z.B. die lumbale Krümmung, die wir in den Abb. 5, 6 darstellen, bei solcher Kennzeichnung unberücksichtigt.

Abb. 6. Topographie und Wurzeln der arteriellen Versorgung des linken Ureters. Dasselbe Präparat wie in Abb. 5. *1* R. uretericus lumbalis sup. (ae. renalis); *2* R. uretericus lumbalis medius (ae. testicularis); *3* A., V. testicularis sin.; *4* A. ureterica (ae. iliacae) ⟨R. ascendens = R. lumb. inf.; R. descendens = R. pelv. sup.⟩; *5* A. vesicalis superior, Rr. ureterici pelv. (inf.); *6* A. vesicalis inferior, Rr. ureterici (inf.); *7* A. sacralis mediana; *8* A. mesenterica inf.; *9* A. testicularis dextra (überkreuzt [Regelfall!] die V. cava inf.)

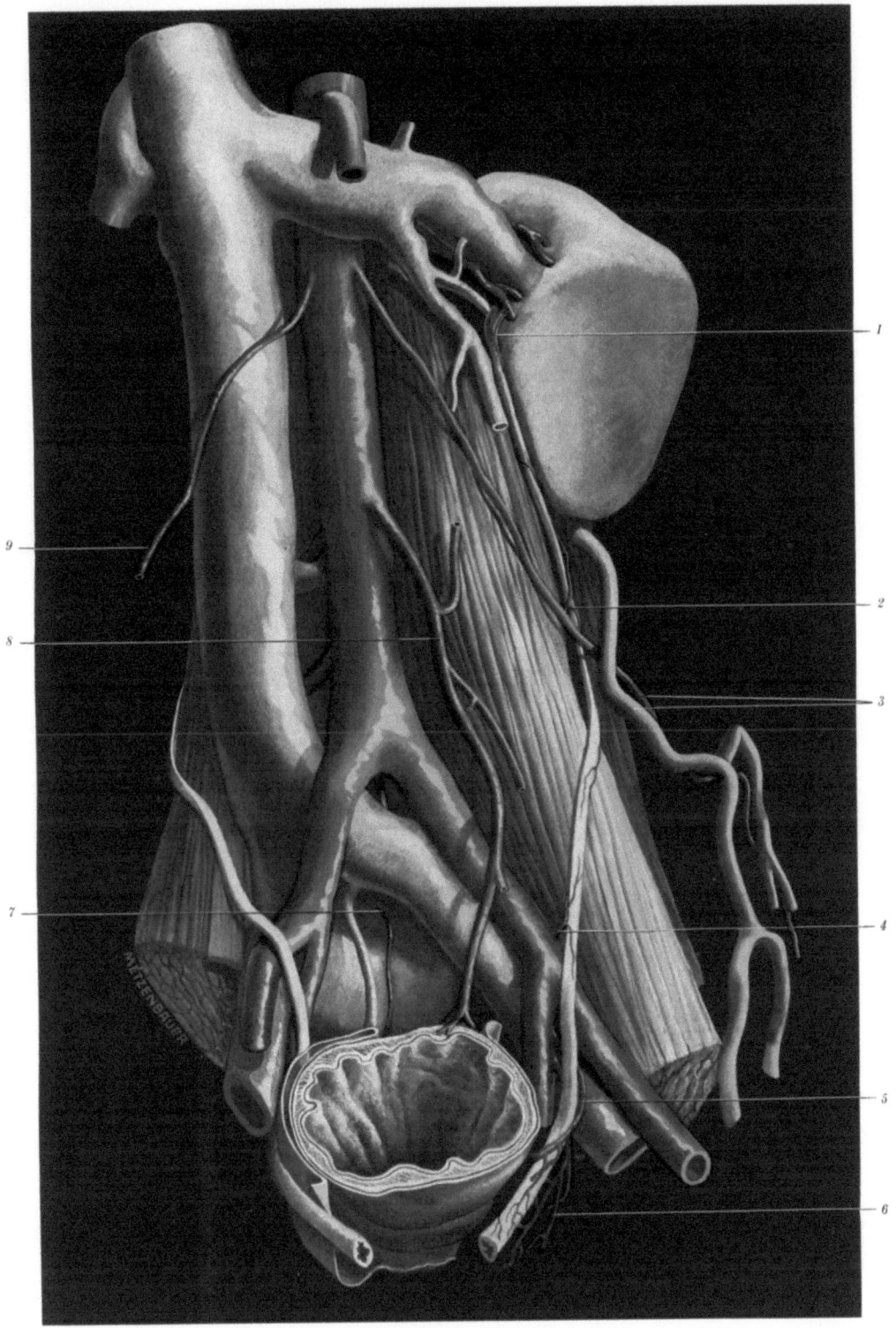

Abb. 6 (Legende s. S. 232)

Wir haben eben einen Uretertypus beschrieben, wie wir ihn an unseren Studienleichen am häufigsten sehen. Wir wollen uns aber Fuchs (1926) anschließen, der betont hat, es gäbe keinen „Normaltypus" unter den Ureteren. Ebenso war Sestini (1931) nicht imstande, eine Typisierung charakteristischer Punkte des Ureters in ihrer Lage zur Wirbelsäule vorzunehmen.

Die Positio des Ureters hängt stark von platzfordernden benachbarten Organen ab, sie ist aber auch durch Bauchwandspannung, Abmagerung, respiratorische Verschiebung der Nieren und Altersptose Veränderungen ausgesetzt.

3. Überkreuzungen im Rumpf

Der rechte Ureter des männlichen Rumpfes weist folgende wichtige Überkreuzungen auf: bald nach seinem Ursprung ist es ein Ast der A. testicularis, der sich über ihn lateralwärts an die Kapsel des unteren Nierenpols begibt. In der Höhe der Zwischenwirbelscheibe L3/L4 kreuzen ihn ventral die im Mesostenium liegenden rechten Äste der A. und V. mesenterica superior; diese sind aber in der Lamina propria des Gekröses eingeschlossen. Etwas weiter caudal (also L4) kreuzen die Vasa testicularia unmittelbar über die vordere Ureterwand hinweg. Links ziehen außerdem Venen aus dem linken Colonbogen und dem oberen Colon descendens, die sich nach medial zur V. mesenterica inferior begeben, und die A. colica sin. über den Ureter. Unterhalb der Überkreuzung durch die Vasa testicularia verlaufen Arterienäste zum Colon sigmoideum.

Dorsal vom Ureter kreuzt lediglich der N. genitofemoralis, der aus der Vorderfläche des Psoas austritt und nach lateral zieht (Höhe von L4, aber caudal von den Vasa testicularia).

Ersetzt man in der obenstehenden Beschreibung „Aa. testiculares" durch „Aa. ovaricae", so ist damit die Topographie der Überkreuzungen im weiblichen Rumpf wiedergegeben.

4. Der Ureter im männlichen Becken

Im männlichen Becken nimmt der bindegewebig-glattmuskelige Inhalt der Plica transversalis peritonaei, das Septum rectovesicale, das über dem Beckenbodenmuskel zwischen Harnblasenhinter- und Rectumvorderfläche quergelagert ist, die Ureterendstücke, die Ampullen der Ductus deferentes, die Vesiculae seminales und wichtige Gefäße und Nerven auf. In ihm kann auch ein unpaarer peritonealer Blindsack eingeschlossen sein.

Dieser stellt wohl die caudale Aussackung der ursprünglich an der Prostatahinterfläche tief hinabreichenden fetalen Excavatio rectovesicalis (die in diesem Stadium „rectoprostatica" heißen müßte) dar. Nicht selten kommt es durch eine quere nahtförmige Verlötung zu einer Abtrennung des untersten Teiles der Tasche vom oberen, also der typischen Excavatio rectovesicalis. (Ähnlich gliedert sich das Cavum serosum scroti von der Bauchhöhle ab.) Dieser hinter den Samenblasen gelegene und sich hinter der Prostata abwärts erstreckende quergestellte Hohlraum kann vollkommen verlöten, in Resten oder zur Gänze erhalten bleiben, vollkommen abgekapselt sein oder durch kleine Ostia im Grunde der Excavatio rectovesicalis mit der Bauchfellhöhle in Verbindung stehen. Im Extremfall reicht er bis zur Uretereneinmündung hinauf. Betont sei, daß die Vorderwand dieses Spaltraums strenggenommen nicht mit der Prostatahinterfläche, sondern mit der bindegewebig-glattmuskeligen Prostatakapsel verwachsen ist; er liegt also im Spatium rectoprostaticum, das topographisch mit dem „Denonvillierschen Keil" der Kliniker identisch ist.

Der Beginn des ampullären Endes des Ductus deferens überkreuzt in einer sehr markanten Biegung, die bisweilen fast zu einer Öse geschlossen erscheint, den Ureter. Diese Stelle ist kein absoluter Fixpunkt, ihre Position ist vom Füllungszustand der Harnblase, evtl. auch vom Ausmaß der Auswölbung des maximal gefüllten Mastdarmes abhängig[5]. Es scheint daher die Unterteilung des retro- bzw. juxtavesicalen Ureters in einen „prä-" und einen „retrodeferentialen" Abschnitt, wie sie HEISS 1923 vorgeschlagen hat, nur für die Beschreibung des jeweiligen lokalen Situs wertvoll zu sein. Somit trifft die Braus-Elzesche Feststellung: der Ductus deferens kreuze die Pars pelvina des Ureters in dessen Halbierungspunkt, wohl nur in einem Sonderfall zu; denn wir haben in unseren Präparaten prädeferentiale Ureterendstrecken von 11—32 mm Länge gefunden. Auch die Lage zum Peritonaeum ist sehr verschieden. Der Ureter kann tief im Gewebe des Lig. rectovesicale eingebettet sein, er kann aber auch so oberflächlich liegen, daß man ihn am nicht konservierten Präparat in der Plica rectovesicalis als Inhalt der Plica transversalis peritonaei durchschimmern sieht. Je stärker die Harnblase sich auswölbt, um so steiler stellt sich das Ureterendstück ein, weist dann aber ein oder zwei Krümmungen, zumindest Biegungen auf.

5. Der Ureter im weiblichen Becken

Die hintere (mehr senkrechte) Verlaufsstrecke des weiblichen Ureters verläuft im wesentlichen so, wie wir es früher für den männlichen beschrieben haben. „Nach dem Eintritt in das Becken zieht der Ureter längs der seitlichen Beckenwand nach vorne und unten, wobei er der Form des Beckens entsprechend, einen nach außen konvexen Bogen beschreibt. Dicht unter dem Peritonaeum gelegen, wölbt er dasselbe leicht vor, und ist durch dasselbe hindurch leicht sichtbar" (TANDLER und HALBAN, 1901).

Eine Verschieblichkeit kommt ihm dabei nur innerhalb seiner adventitiellen Röhren zu, denn dort, „wo ein Organ oder ein Teil desselben unmittelbar unter dem Peritonaeum liegt, bildet die Bindegewebsscheide des Organs mit der Subserosa eine Einheit, wobei der Zusammenhang der beiden Schichten von der Textur der Subserosa abhängig ist" (TANDLER, 1930).

Es haftet also nicht nur, wie oft beschrieben ist, „der abdominale Teil des Ureters dem Bauchfell ziemlich fest an" (BRAUS, 1956), sondern es gilt dies auch für den oberen Abschnitt des anschließenden Beckenteils. Lateral und hinten[6] liegt dem Ureter die A. uterina an.

Bei normalem Beckenorgansitus der jungen Frau liegt der subperitonaeale Ureter ganz in der Höhe der Basis des Lig. suspensorium ovarii und wird in der Projektion vom freien oberen Rand des Eierstocks bzw. der Ampulla tubae uterinae gedeckt sein.

In nach unten konvexer Biegung tritt der Ureter von hinten ins Parametrium, und zwar ins Ligamentum cardinale ein. Falls die Cervix uteri genau in der Symmetrieachse des Beckens eingestellt ist, zieht der Ureter $1^{1}/_{2}$—2 cm lateral vom Uterus nach vorne und unterkreuzt die an den Uterus herantretende A. uterina. Aus dem geformten Gewebe des Ligamentum cardinale tritt er ins paravesicale Bindegewebe ein, das sich gegen das paracolpische nur undeutlich abgrenzt und gelangt retro- bzw. juxtavesical in leicht nach medial gerichtetem Bogen im Niveau des vorderen Scheidengewölbes an die Harnblasenhinterwand.

Hier ist es nötig, darauf hinzuweisen, daß das obere Scheidendrittel am anatomischen Präparat in der Achse des übrigen Scheidenrohres liegt, so daß in den anatomischen Abbildungen die Scheide gestreckt dargestellt wird. Wir haben uns aber in unserer Beschreibung an die Befunde bei der Lebenden gehalten (RICHTER, 1966) und diese Befunde in unsere anatomischen Abbildungen transponiert.

---

[5] Vgl. hiezu: „Der Peritonaealüberzug der Harnblase" in diesem Buche.
[6] Hat der Ureter die A. iliaca externa gekreuzt, liegt ihm die A. uterina lateral hinten an, kreuzt er die A. iliaca communis, begleitet ihn die Uterina seitlich vorne.

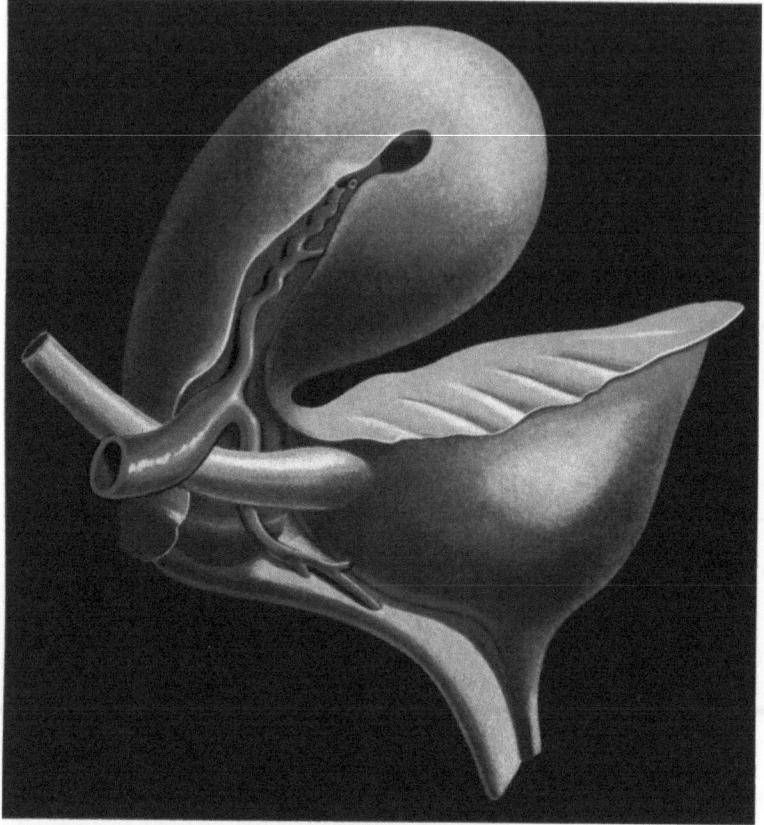

Abb. 7. Die Kreuzung zwischen Ureter und A. uterina. Schema. Lage der Vagina nach der Lebenden in das anatomische Schema übertragen

Vorschlag zur Unterteilung des Ureterverlaufs nach topographischen Gesichtspunkten für klinisch-praktische Anwendung

Es ist bereits bisher üblich, in der *Pars lumbalis* als Unterbegriffe „Ureterhals" und „adrenale" Strecke zu verwenden. — Mir scheint, daß Ureterhals und, wie man wohl richtiger schreiben würde: „ad renale" (oder noch besser „pararenale Strecke") doch weitgehend identisch sind. Von größerer Bedeutung wäre wohl eine „infrarenale" Strecke, die rechts in die „supramesenterielle" übergeht. Unterhalb des Mesenteriums (Mesoileums) schließt dann bis zur Flexura marginalis der „inframesenterielle" Teil an. Links würde das Mesosigmoideum eine Grenze darstellen.

In der *Pars pelvina* würde auf einen „dorsalen pelvinen Abschnitt" ein „unterer' retrovesicaler folgen, der im weiblichen Becken durch die kreuzende A. uterina, im männlichen durch den kreuzenden Ductus deferens unterteilt werden kann.

Pars lumbalis ureteris

dextri:	sinistri:
Flexura renalis	Flexura renalis
Collum ureteris	Collum ureteris
Segmentum infrarenale	Segmentum infrarenale
Segmentum supramesenteriale	Segmentum supra(meso)sigmoideum
Segmentum inframesenteriale	Segmentum infra(meso)sigmoideum
Flexura marginalis	Flexura marginalis

Pars pelvina ureteris

masculini:
Segmentum pelvinum dorsale
Flexura pelvina
Segmentum pelvinum inferius:
   Portio retrodeferentialis
   Portio praedeferentialis
   Segmentum intramurale

feminini:
Segmentum pelvinum dorsale
Flexura pelvina
Segmentum pelvinum inferius:
   Portio retroarteriosa
   Portio praearteriosa
   Segmentum intramurale

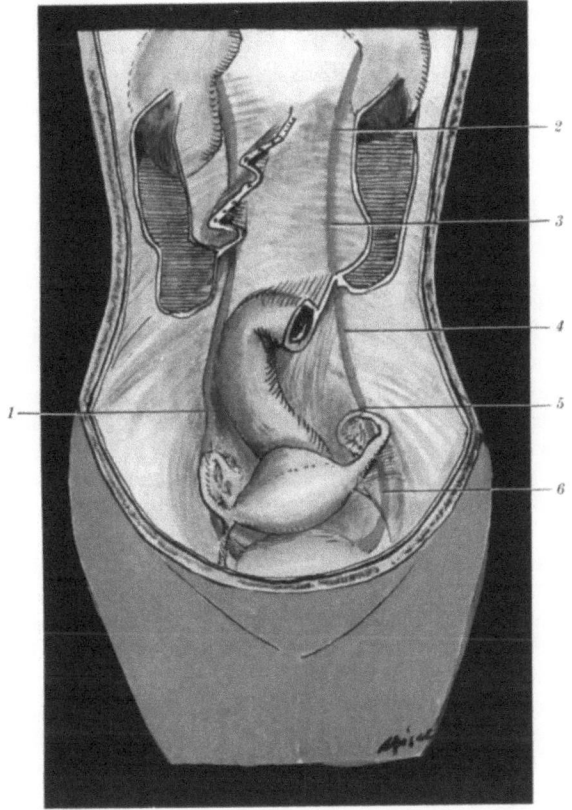

Abb. 8. Schema zur Unterteilung des Ureterverlaufs. *1* Flexura marginalis; *2* Segmentum infrarenale; *3* Segmentum supra(meso)sigmoideum; *4* Segmentum infra(meso)sigmoideum; *5* Segmentum pelvinum dorsale; *6* Segmentum pelvinum inferius

6. Die Arterien des Ureters im lumbalen und dorsalen Beckenbereich

Wenn ein Schlauch von *der* Länge, wie sie der Ureter aufweist, so viele permanente topographische Beziehungen zu großen und kleineren Arterienstämmen aufweist, und diese Lageverhältnisse wiederum durch die Entwicklung (Ascensus des Ren permanens und der Ureterenknospe) bedingt sind, wird eine Versorgung aus mehreren Quellwurzeln verständlich.

Versucht man, die Arterien des lumbalen Ureters darzustellen, so gelingt das im oberen („adrenalen"), nieren(becken)nahen Teil meist leicht. Aus im Hilusgebiet liegenden Ästen steigen Arterien mit einem Durchmesser von 0,6—0,8 mm abwärts, verlaufen auf, bzw. in der äußeren Adventitia und schicken langgezogene, eher unverzweigte Reiser anastomisierend einander zu. Sie sind an den Kanten des Ureters, diesen begleitend, gelagert, bisweilen bis 5 mm von ihm entfernt, dann wieder liegen sie ihm an. Solche aus den Nierenarterien absteigende Wurzeln finde ich meist zwei, eine stammt aus einem vorderen, eine aus einem hinteren Ast. Außerdem können auch Kapselarterien und aus dem unteren Nierenpol austretende dünnkalibrige Parenchymarterien zum Ureter abgehen (FROMOLT, 1928).

Dieses äußere, weitmaschige Arteriennetz anastomosiert in der unteren Hälfte der Pars lumbalis mit Ästen, die aus der A. testicularis (aut ovarica), direkt aus der Aorta oder der A. iliaca communis stammen. Der hier gelegene Netzabschnitt scheint mir engmaschiger, seine Gefäße gewundener zu sein.

FROMOLT glaubt, daß die aus den Keimdrüsenarterien stammenden Uretergefäße sich hauptsächlich unter und in der peritonealen Bedeckung des Ureters verzweigen; von 44 genau untersuchten Harnleitern fand er nur 2 größere Ureterarterien aus diesen Quellen (dies sind dann die „klassischen" Aa. uretericae, ALBRECHT VON HALLER et al.). An unseren Präparaten finden wir die Arterien in etwa $1/_3$ der Fälle, sie sind aber eher dürftigen Kalibers und ihre ernährende Funktion für das Bauchfell ist eindeutig. Bei jüngeren Individuen sind direkte (1 oder 2) Äste aus der Aorta gar nicht selten; aber diese Arterien sind vor allem lymphknotenversorgend, nur ein das lymphatische Parenchym perforierender Ast zieht weiter lateralwärts auf die Harnleiteradventitia. Bei alten Individuen haben wir solche Äste nicht gefunden.

Aus den Gekrösewurzeln (Mesostenium, Mesosigma) stammende Ureterengefäße haben wir nie gesehen, ebenso keine aus der A. rectalis superior. Das stärkste Gefäß wurzelt bei der überwiegenden Mehrzahl unserer Studienleichen (fast durchwegs Hochbetagte, nach langer Bettlägerigkeit Verstorbene) in der A. iliaca communis; der Ursprung liegt in unmittelbarer Nähe der Flexura marginalis, kann auch auf die A. iliaca interna, auf die A. glutea superior oder den Truncus communis für Aa. vesicales und uterina verlagert sein. Immer schickt das Gefäß (auch Vervielfachung ist möglich) einen langen Ast nach aufwärts, einen kürzeren, stärker gewundenen nach abwärts. Nach beiden Richtungen anastomosiert es. Während des Durchtritts durchs Beckenbindegewebe kommen an den Ureter stärkere Äste aus der A. uterina und schließlich vor allem aus den Harnblasenarterien heran, wobei die genaue Präparation ergibt, daß bei manchen Leichen die obere, bei anderen die untere Harnblasenarterie sich stärker an der Versorgung des Ureterendstückes beteiligt. Von der A. deferentialis finden wir nur recht schwache Gefäße zur Ureterscheide ziehen.

Die starken Arterien dieses periureterischen Geflechts liegen lateral und unten den Harnleitern an.

Wir haben betont, daß die äußere Adventitiaröhre eine feste Verbindung mit dem Peritonaeum herstellt. Da die Arterien des äußeren Netzes auf der Adventitia liegen, sind sie bei jeder brüsken Abpräparation des Bauchfells von der Ureterwand gefährdet.

Während im lumbalen und oberen pelvinen Abschnitt die beschriebenen Arterien einer bindegewebigen Adventitia aufliegen, anastomosieren die untersten untereinander recht engmaschig auf der *äußeren Muskelscheide* des Harnleiters. Sie durchsetzen sie und treten mit kurzen, im rechten Winkel abgehenden Ästen in die eigentliche Ureterwand ein.

Anders ist das Verhalten *in* der bindegewebigen Adventitia.

Die Außengefäße, die, wie betont, beim Erwachsenen ein langmaschiges (beim Fetus und Kind engmaschigeres) Netz aufbauen, schicken gleichfalls langlaufende Arterien in die innere Adventitia, die untereinander oft mit relativ stark dimensionierten, immer windungsreichen Verbindungen anastomosieren. Dieses profunde

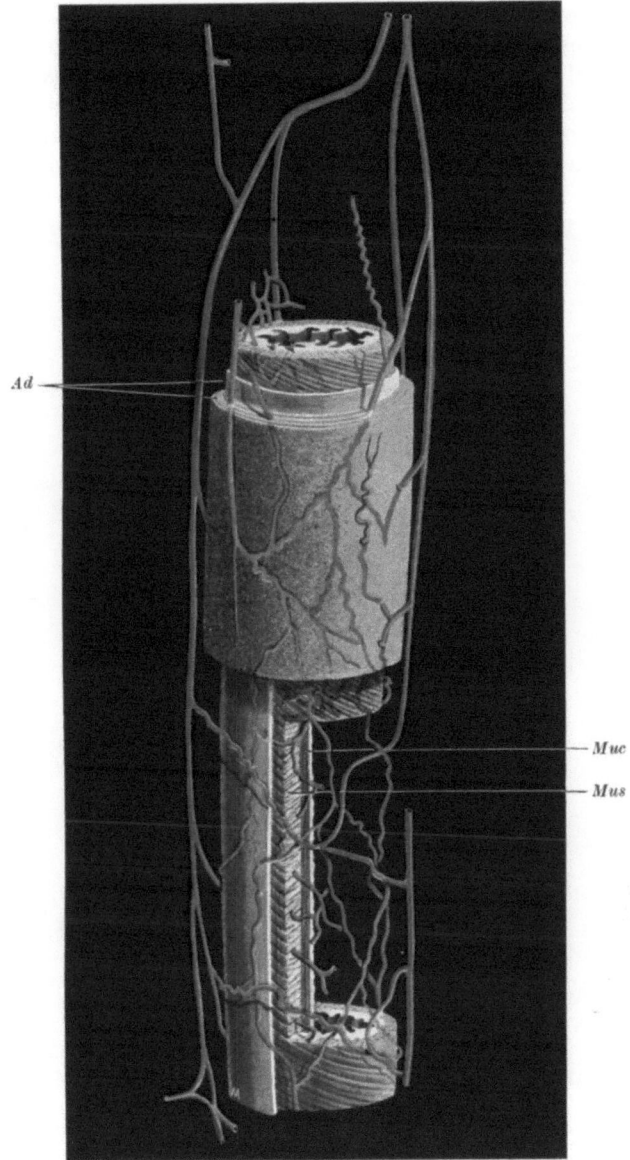

Abb. 9. Arterienschema am lumbalen Ureter (nach eigenen Präparaten). Die bindegewebige, aus mehreren Lagen aufgebaute subperitoneale Ureterscheide (Tunica adventitia) ist teilweise entfernt, ebenso wurde ein Teil der eigentlichen Ureterwand (Muskulatur, Schleimhaut) reseziert. Dunkelrot: die „äußeren", nur selten quer anastomosierenden Längsgefäße; Carmin: das mittlere, in der Adventitia gelegene grobe Gefäßnetz; Hell: das feinmaschige Gefäßnetz in der Muskelwand. *Ad* Tunica adventitia; *Muc* Tunica mucosa; *Mus* Tunica muscularis

Adventitianetz reicht über die ganze Ureterlänge; es scheint in einer großen Zahl von Fällen auch dann zur Ernährung der Ureterwand ausreichend zu sein, wenn die eine oder andere Wurzel des äußeren Adventitianetzes ausfällt.

Vom tiefen Netz treten zahlreiche Äste in die Muskulatur, perforieren diese und gelangen in die Schleimhaut. Muskel und Schleimhaut enthalten ihrerseits Arteriennetze; das im Muskel ist als „präcapilläres Netz" bekannt.

Die langausgezogenen, nur wenig geschlängelten, in ihrem Kaliber stark wechselnden Maschenstrecken des äußeren Netzes — die quergelagerten Stücke sind windungsreicher! — entsprechen demnach einer Versorgungsleitung, die von platzfordernden Abläufen innerhalb der Adventitia kaum betroffen sein wird. Die Anastomosen zum inneren Adventitianetz und dessen Maschen, an denen die betonte Querlage auffällt, sind stark korkzieherartig gewunden und ermöglichen

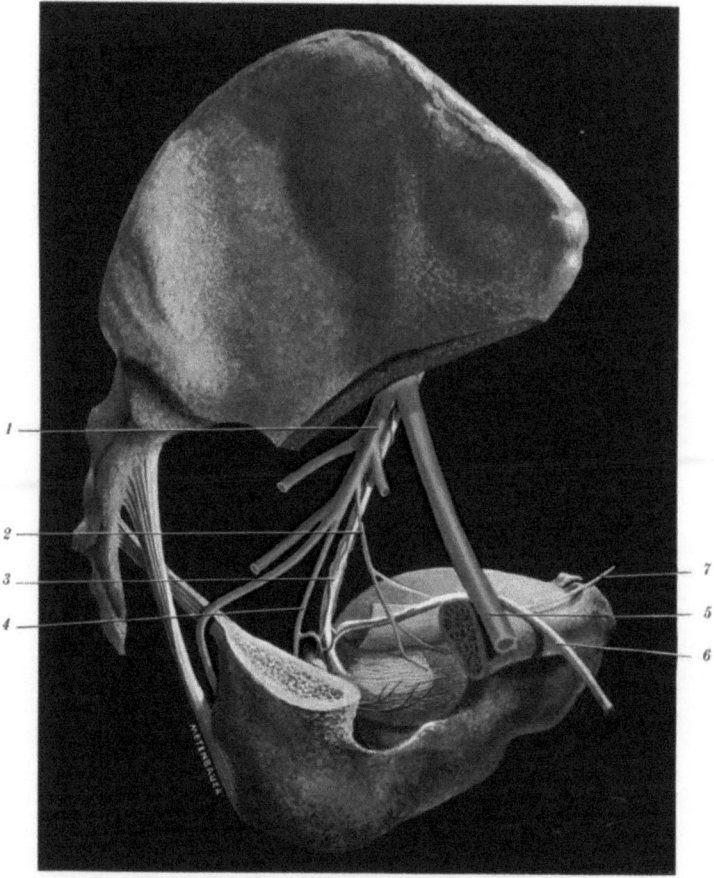

Abb. 10. Aa. uretericae aus den Aa. vesicales. Männliches Becken, rechts. *1* A. iliaca interna, *2* A. vesicalis superior, *3* Ureter dexter, *4* A. vesicalis inferior, *5* A. iliaca externa, *6* Ductus deferens, *7* Lig. umbilicale

vor allem Kontraktionen und Dilatationen im Sinn einer peristaltischen Rhythmik. Beide Netze lassen aber auch Längszusammenziehungen zu, wie sie beim pathologischen Reflux vorkommen. Daß diese Netze überaus durchblutungsökonomisch angelegt sind, ergibt sich aus Tierexperimenten. Nach Abschaltung der Nierenschlagader von der Aorta können Teile des Nierenparenchyms erhalten bleiben, da sie rückläufig aus den Ureternetzen versorgt werden (FROMOLT, 1928). Daher ist auch „eine Zerstörung der im mittleren Teil an den Ureter herantretenden Gefäße belanglos, solange nur die längsverlaufenden Zweige erhalten bleiben und die Blutversorgung am renalen oder vesicalen Ureterende nicht gestört ist". Aber nur von *einer* größeren A. ureterica des Mittelabschnitts oder nur von einem Ende her kann der Ureter wohl nicht funktionstüchtig erhalten werden.

Eine spezielle Problematik in der arteriellen Versorgung bietet das vesicale Ureterende. Wie oben betont, erfährt es ausgiebige Verlagerungen, ist andererseits hinter dem Paracystium, dem harnblasenumschließenden Gewebe, in einer strukturierten Platte aus glatter Muskulatur und Bindegewebe eingelassen („Uretertunnel", „Ureterkanal" im Lig. vesicorectale, im Lig. cardinale), wodurch er, als ob er Inhalt einer Hülse wäre, eine relative Fixierung, besser: Führung, erfährt.

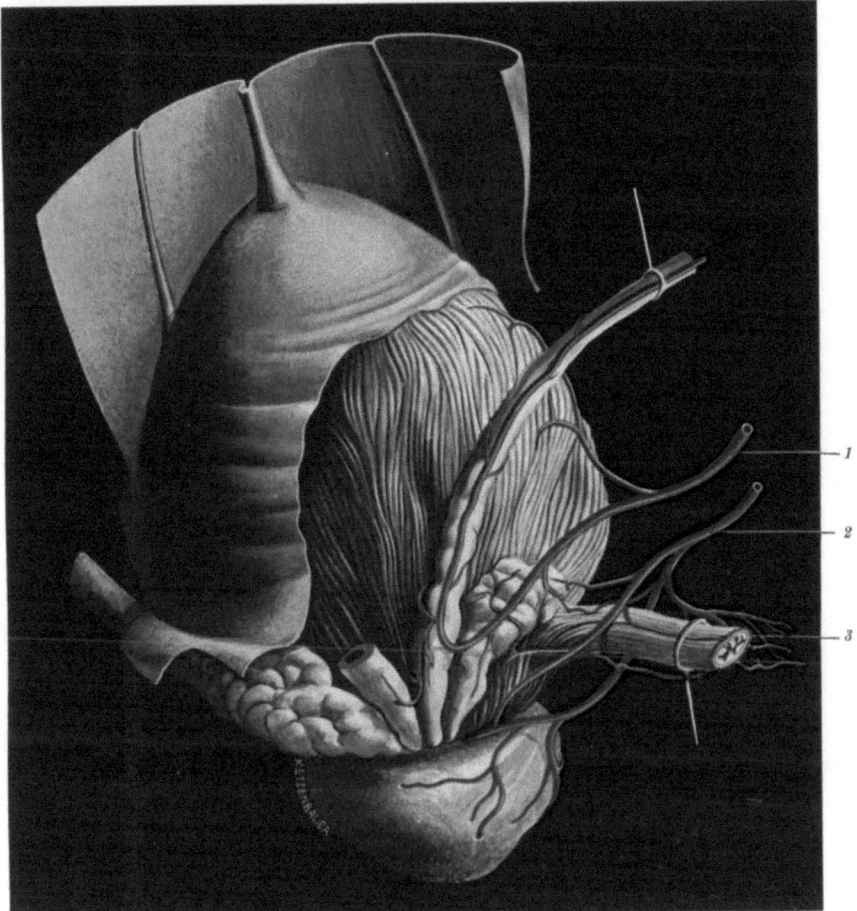

Abb. 11. Gefäße des juxtavesicalen Ureters. Linker Ureter nicht in situ. *1* Truncus communis ae. vesicalis sup. et ae. ductus deferentis, *2* A. vesicalis inferior, *3* „Arkaden" der A. vesic. inf.

7. Die arterielle Versorgung des retrovesicalen Ureters im männlichen Becken

Der vordere, für Beckeneingeweide bestimmte Arterienstamm, den die A. iliaca interna entläßt, spaltet sich in die A. umbilicalis, die postnatal in ihrem peripheren Anteil zum Lig. umbilicale mediale wird, zentral bleibt sie wegsam als A. vesicalis superior; sie gibt meist einige Äste an die vordere Ureterwand ab.

Die *A. ductus deferentis* (A. vésiculodéférent der französischen Nomenklatur) kann direkt Ast der A. hypogastrica, häufiger Ast einer der beiden Aa. vesicales sein. Sie nähert sich der Vesicula seminalis, versorgt sie und legt sich an die hintere Wand der Ampulla ductus deferentis an. Der Wand des Ductus eng angeschmiegt, verläuft sie mit ihm bis zum Nebenhodenschwanz. Wenn überhaupt, gibt sie einen nur schwachen Ast an die Muskelscheide des retrovesicalen Ureters.

Regelmäßig soll sich auch die A. rectalis (früher: haemorrhoidalis) media an der Versorgung des pelvinen Ureters beteiligen; an unseren Präparaten können wir diese Behauptung nicht bestätigen.

Bedeutender, oft am ausgiebigsten, ist der Anteil, den die A. vesicalis inferior zur arteriellen Versorgung leistet. Von lateral her entsendet sie einige Zweige, die sich vor allem der unteren und seitlichen Wand des Ureters nähern. Ihre Anordnung mag entfernt an die in einer Ebene liegenden Gefäßarkaden des Darmgekröses erinnern und hat manchen Autor zum Vergleich mit einem „Meso..." angeregt; daher ist wohl die Bezeichnung: „Mesoureterum" oder „Mesoureter" propagiert worden (FROMOLT 1928, PALMRICH 1961).

Da die Harnblasenarterien in der vorderen Wand des Organs anastomosieren, ist die Möglichkeit gegeben, daß ein Ureter, der von seinen ihn versorgenden Arterien abgeschaltet ist, von den Beckenarterien der Gegenseite Blut zugeführt bekommt. Ob beim Erwachsenen das Kaliber der anastomisierenden Arterien groß genug ist, um den Ureter funktionstüchtig zu erhalten, ist zu bezweifeln, beim weiblichen Ureter halte ich es für unmöglich.

8. Die arterielle Versorgung des retrovesicalen Ureters im weiblichen Becken

a) Aus der A. ovarica

Die in der Fossa iliaca liegende A. ovarica steigt knapp vor dem Ureter in das kleine Becken ab; bisweilen ist die Plica suspensoria ovarii so stark nach hinten aufsteigend eingestellt, daß sie beinahe die Flexura marginalis ureteris erreicht.

TANDLER hat 1923 betont, daß die in der Plica suspensoria absteigende A. ovarica sich dem lateralen Rand des Ureters nähert und ihn „noch einmal auf ihrem medialwärts gerichteten Wege zum Ovar kreuzt".

Die Kreuzung liegt aber nicht unmittelbar der Ureterwand an, so daß wir sie bei den „Überkreuzungen" nicht direkt anführen. Bei operativem Eindringen im lateralen Teil der Plica lata ist natürlich darauf zu achten.

Daher ist es nicht überraschend, bisweilen eine recht ansehnliche A. ureterica zu finden, die erst in diesem Abschnitt der Keimdrüsenarterie, knapp oberhalb oder bereits unterhalb des Beckeneingangs, entspringt, gestreckt nach hinten zieht und an der äußeren Ureterscheide weit hinaufsteigt.

Eine derartige Arterie (wir haben sie noch nie im männlichen Rumpf gefunden) illustriert das Lageverhältnis zweier Organe, von denen eines (Ureter) in Embryone aufsteigt, das andere (A. ovarica) in Fetu absteigt.

Demnach können von der A. ovarica drei Aa. uretericae (eine obere, eine mittlere und eine untere) abgegeben werden. — An dieser Stelle sei betont, daß sich auch die typischen (lumbalen) Aa. uretericae der Keimdrüsenschlagadern nicht immer nur *absteigend* den Ureteren nähern; es gibt auch aufsteigende, die den Harnleiter infrarenal erreichen.

b) Aus der A. iliaca (communis, interna), glutaea superior, rectalis media

In gleicher Weise, wie für das männliche Becken beschrieben, gehen Äste aus diesen Arterien, variabel in Zahl und Stärke, an den dorsalen Abschnitt des Beckenureters.

c) Aus der A. uterina

Die A. uterina begleitet den Ureter, dem sie lateral hinten anliegt, und kann ihm bereits in diesem Abschnitt (selten!) Äste zuschicken. Die eigentliche Ureterarterie gibt sie aber erst ab, wenn sie vom Ureter unterkreuzt wird. Statt eines Arterienstammes haben wir auch einige Male (immer nur bei jüngeren Frauen) Arterienbüschel angetroffen; 4—5 dieser Gefäße waren allerdings fadendünn, nur für die Ureterscheide bestimmt, ein stärkeres zog an die eigentliche Ureterwand. Immer teilt sich der Ureterast der Uterina in einen den Harnleiter begleitenden vorderen und einen hinteren Ast.

Der letztere anastomosiert mit den Arterien, die wir oben unter a) und b) beschrieben haben[7]. Der vordere vernetzt sich mit Harnblasenarterien, meist mit der unteren; das Hauptgefäß für den retrovesicalen Ureter ist, nach der Literatur jedenfalls, — im Normalfall — der Uterinaast; daher die Mahnung, bei der Hysterektomie möge der den Harnleiter versorgende Anteil der A. uterina geschont werden.

Es ist uns nicht gelungen, eigene Arbeiten, die wir schon seit einigen Jahren betreiben, so abzuschließen, daß wir uns zur arteriellen Gefäßversorgung des retrovesicalen Ureters endgültig äußern können. Aber es scheint, daß die A. uterina für den Harnleiter doch nicht die große Bedeutung hat, die ihr ganz allgemein zugeschrieben wird.

Oft genug fanden wir selbst beim anatomischen Präparat junger Frauen keine oder nur überaus schwache Uretergefäße aus der Uterina. Noch häufiger vermissen wir sie in den Beckenorganen von Greisinnen mit atrophischem inneren Genitale und sklerosierenden Veränderungen in der Wand der Uterina. Selbst größere Äste aus der Gebärmutterschlagader bleiben auf der äußeren, muskulösen Harnleiterscheide, versorgen diese ausgiebig und dringen nur mit ganz schwachen Ästen in die Tiefe, d.h. in den Beckenteil desjenigen Arteriennetzes, das im lumbalen Teil das äußere ist.

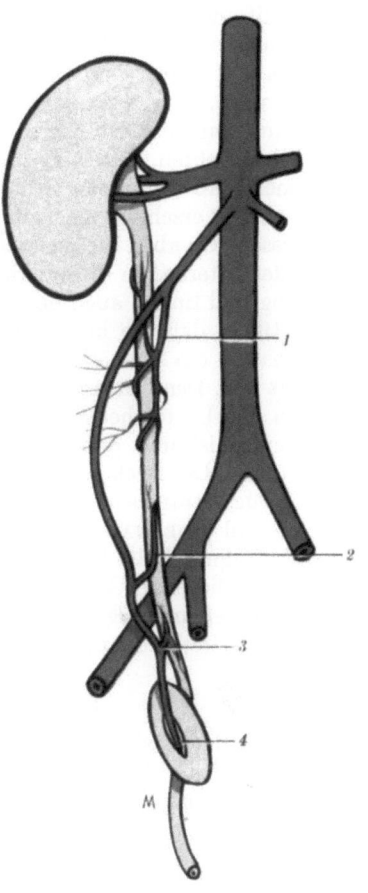

Abb. 12. Aa. uretericae aus der A. ovarica dextra. *1* A. ureterica superior (hauptsächlich Peritonaeum versorgend), *2* A. ureterica media, *3* A. ureterica inferior, *4* Hilus ovarii

Wir glauben daher, daß die eigentliche Ureterwand genauso wie im männlichen Becken hauptsächlich von den Harnblasenarterien versorgt wird. Der Uterinazufluß (er entspricht dem Beitrag, der der A. ductus deferentis zukommt) mag seine große Bedeutung vielleicht in den letzten Wochen der Gravidität haben, doch haben wir zu wenig Kenntnis von den Kaliberveränderungen der Uterinaäste, die zum Harnleiter ziehen. Diese einschränkenden und von der allgemeinen Ansicht abweichenden Sätze sollen aber nicht bisher geübte operative Techniken, die die Uterinaäste sorgsam schonen, in Frage stellen. Wann immer es möglich

---

[7] TANDLERS (1930) „geschlossene Anastomosenkette innerhalb der Adventitia".

ist, mögen die Ureterscheide und ihre Versorgungsleitungen intakt belassen werden[8].

DANIEL und SHACKMANN (1952) machen wegen der Uretereneinpflanzungen im lumbalen Bereich auf die „langen Arterien" aus der Aorta und deren Äste aufmerksam. Mit besonderem Interesse muß die Übersicht aufgenommen werden, die MCCORNACK und ANSON (1950) gaben. Im Durchschnitt treten an den Ureter 5 versorgende Arterien heran, in Extremfällen wurden 3[9], maximal 9 gefunden. 38,4% der Ureterarterien stammen aus den Aa. renales und aus dem oberen Abschnitt der A. testicularis (ovarica); 15,4% aus der Aorta und dem unteren Abschnitt der Keimdrüsenarterien; 8,5% aus der Iliaca communis, der Iliaca interna und Glutaea superior; 12,8% aus der A. vesic. sup. und 12,9% kamen aus der A. vesic. inferior. Nur 12 von je 100 Ureterarterien kamen aus der A. uterina oder aus Harnröhren-, Nierenkapsel- und Nebennierenarterien.

Wir möchten diesen Befunden auch noch bezüglich der Beobachtung zustimmen, daß der Ureter in der Höhe des 4. Lendenwirbels nicht selten weniger gut versorgt erscheint als weiter oben, besonders aber nach unten hin. Nur selten vermissen wir aber bei unseren Präparaten einen Ast aus der Iliaca communis oder der Interna; in dieser Hinsicht distanzieren wir uns von obiger Zusammenstellung und finden auch häufiger Uterinaäste. Andererseits behauptet VARVERIKOS (1952), daß die konstantere Ureterarterie die aus der Kreuzungsstelle der Uterina ist, die in einem Drittel seiner Fälle die einzige Schlagader des Beckenureters war. Den Chirurgen erinnert er, daß im Abdomen die Arterien von medial her an den Ureter herantreten, zur Freilegung das Bauchfell lateral von ihm zu zertrennen ist und daß die äußeren Uretergefäße an der Bauchfellunterfläche fixiert sind. Der Beckenureter wird von lateral her versorgt, die Aufsuchung möge dies berücksichtigen.

Obwohl BURRUANO (1932) die diesbezüglichen Angaben PAPINs und GREGOIRÉs leugnet, halte ich es für vertretbar, das außerhalb der eigentlichen Ureteradventitia liegende Gewebe als besondere Struktur, als „ureterolumbales" Stratum zu bezeichnen. Es enthält z.B. die Vasa testicularia und ovarica und die von ihnen zur Ureteradventitia ziehenden (oberen) Ureterarterien.

9. Der sogenannte „Mesureter"

Die in der Basis des Ligamentum latum uteri verlaufende Ureterscheide ist nach zwei Seiten hin, nämlich einerseits nach oben bzw. vorne, und andererseits nach hinten unten hin, verspannt. In der oberen, recht zarten Bindegewebsplatte liegen Äste aus der Uterina und der Vesicalis superior, auch einige aus der Vesicalis inferior. Wegen der Ähnlichkeit ihrer arkadenartigen Anordnungen, in der diese Äste an die Ureterscheidenkante dieser Arterien herantreten, wird diese Platte „ventraler" („oberer") Mesureter genannt. Als „dorsaler" („unterer") Mesureter ist wahrscheinlich, nach unseren nachprüfenden Präparaten, das Bindegewebe angesehen worden, das sich von der Ureterscheide gegen eine mächtige, vernetzte Venenplatte anspannt, die gleichsam ein Tablett darstellt, auf dem der parauterine Ureter ruht. Es enthält auch einen Teil der Ramifikation der A. vesicalis inferior.

TANDLER beschreibt 1930 die parametrane Uretertopik folgendermaßen: „Während des ganzen Verlaufes sind die beiden Ureteren zueinander konvergent gestellt, eine Einstellung, die in der Pars praearteriosa besonders sinnfällig wird.

---

[8] TANDLER (1930): „Diese eigentümliche Gefäßverteilung innerhalb der Adventitia zeigt, daß die Ablösung der Adventitia vom Ureter eine schwere Gefährdung des Ureterkreislaufes mit sich bringt."

[9] TANDLER (1930) registriert gleichfalls 3 Aa. uretericae: A. ureterica superior (Renalis), media (Iliaca), inferior (Uterina).

Die Kreuzung des Ureters mit der Arteria uterina in dem angeführten Sinn ist eine absolut konstante. An der Kreuzungsstelle selbst ist die bindegewebige Hülle des Ureters und dadurch auch der Ureter selbst mit der Nachbarschaft, vor allem mit der Arteria uterina, innig verbunden. Erst die Lösung dieses Bindegewebes bringt die Beweglichkeit des Ureters gegenüber der Arteria uterina mit sich. An derselben Stelle ist der Ureter in die Maschen des Plexus venosus uterinus aufgenommen, wodurch seine Lagebeziehungen zum Gefäßstiel des Uterus noch intimer wird."

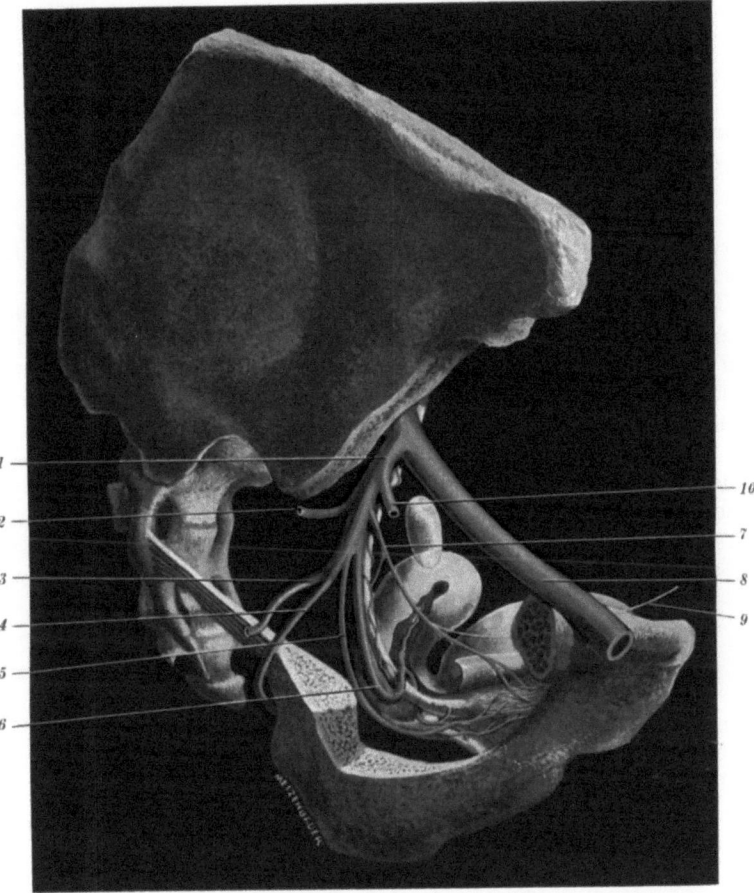

Abb. 13. A. uterina und Aa. vesicales im weiblichen Becken. *1* A. iliaca interna, *2* A. glutaea superior, *3* A. glutaea inferior, *4* A. pudenda interna, *5* A. vesicalis inferior, *6* A. uterina, *7* A. vesicalis superior, *8* A. iliaca externa, *9* Lig. umbilicale, *10* A. obturatoria. Über dem Fundus uteri: Ovarium; der Ureter verläuft hier entfernt von ihm

So prägnant die Bezeichnung „Mesureter" auch sein und sosehr dem Operateur mit ihr gedient sein mag, so müssen doch aus mehrfachen Gründen aus der Sicht des Anatomen Bedenken angemeldet werden.

Ein „Meso" ist eine gefäße- und nervenleitende Bindegewebsplatte, die an der Leibeswand direkt oder indirekt wurzelt, von Serosa überkleidet ist und ein Organ „anbindet".

Der „Mesureter" der gynäkologischen Literatur (sprachlich korrekt wäre „Mesuretericum", jedenfalls „*das* Mesureter" [vgl. „das Mesogastrium"]) ist bestenfalls mit der Lamina propria eines echten „Mesos" vergleichbar. Aber es wird ja gar nicht ein Organ „verbunden", sondern die Ureterscheide nach zwei Seiten hin verspannt.

Durchtrennt man die beiden Platten, werden natürlich einerseits die in ihnen enthaltenen Gefäße zertrennt, andererseits wird der in seiner Scheide eingeschlossene Ureter verlagerbar, er ist nicht mehr „gezügelt". Folgt man dieser Überlegung, so bieten sich einige, „*den* Mesureter" ersetzende Bezeichnungen an, von denen sich „Frenum"', „Habena", „Ligula"', „Vinculum", alle in der Bedeutung: Zügel, Fessel, intensiver empfehlen, allerdings unter Verlust der Anschaulichkeit bezüglich der ernährenden Funktion. — Schließlich wäre auch ein vermittelnd-neutrales „Prä-" und „Posturetericum", auch „Parauretericum", „Adureter" denkbar.

Wenn aber in einem Operationsbericht vom freigelegten *Mes*ureter geschrieben wird, daß er durch Übernähung mit *Mes*ocolon sigmoideum gedeckt werden müsse, heißt das, daß ein eindeutig definierter anatomischer Begriff mehrdeutig verwendet wird.

10. Die Uretervenen; Lymphgefäße und -knoten

Venöse Sammelnetze finden sich in der Submucosa und in der tiefen Adventitia, im Becken entleeren sie sich in den mächtigen Plexus pudendovesicalis, in den der Blasengrund, das Scheidengewölbe die Prostata eingelagert sind und in den die Ampullen der Ductus deferentes, die Vesiculae seminales und die retrovesicalen Ureteren Venen senden. Von der Portio pelvina dorsalis ureteris sind Venen zur V. obturatoria, zur V. ovarica, zum Plexus uterinus und zur V. iliaca interna nachweisbar.

Vom lumbalen Ureter werden Venen an die Keimdrüsenvenen und an die V. cava inferior abgegeben, auch bestehen direkte Verbindungen zur V. renalis.

Große Lymphgefäßbahnen sind den Blutgefäßen angelagert, die regionären Lymphknoten liegen an der Seitenwand des kleinen Beckens (Nodi lymphatici iliaci interni), in der Ebene des Beckeneingangs (Nodi lymphatici iliaci communes) und begleiten die Aorta descendens: Nodi lymphatici lumbales.

11. Die Ureternerven

Von Ästen des Plexus lumbalis treten feine Fäden aus dem N. genitofemoralis und dem N. obturatorius (eigene Beobachtung, D. A.) an den Ureter heran. Bošković fand Ureteräste des Genitofemoralis fast obligat; sie kamen in 65% untersuchten Fälle aus dem Stamm, in 25% aus einem der beiden Äste (R. genitalis, femoralis). Der Ureter liegt dem Nerven im Niveau der Zwischenwirbelscheibe L4/L5 an, die Kontaktfläche fand B. bis 70 mm lang. Die Schmerzausstrahlung bei der Harnleitersteinkolik erfolgt über diese Nervenleitung.

Die Uretermotorik erhält ihre lumbale Zuleitung durch die den Arterien folgenden Plexus testicularis bzw. ovarici, an der Flexura marginalis durch den Plexus iliacus. Der Beckenureter ist streckenweise geradezu eingeschlossen in den von der Aortenwand absteigenden Plexus hypogastricus und hat Verbindungen mit Teilgeflechten, die als Plexus deferentialis, prostaticus, uterovaginalis beschrieben sind. Sicherlich werden ihm aus den in diesen Geflechten eingelagerten Ganglia pelvina (postganglionäre) Fasern zugeleitet.

Lupenpräparationen ergeben eine überaus starke Vernetzung mit den Organplexus der Keimdrüsen und des Bauchfells (WHARTON, 1932); PIEPER (1951) sieht im „Ganglion vesicoureterale", das an der Eintrittspforte des Ureters in der Harnblasenhinterwand liegt, die Zentrale für die nervöse Steuerung des Harnleiters. Intramurale Ganglienzellen wurden lange geleugnet (HRYNTSCHAK), sind inzwischen von DAL ZOTTO u. Mitarb. (1954) und anderen nachgewiesen und

D. Ureter, Harnleiter

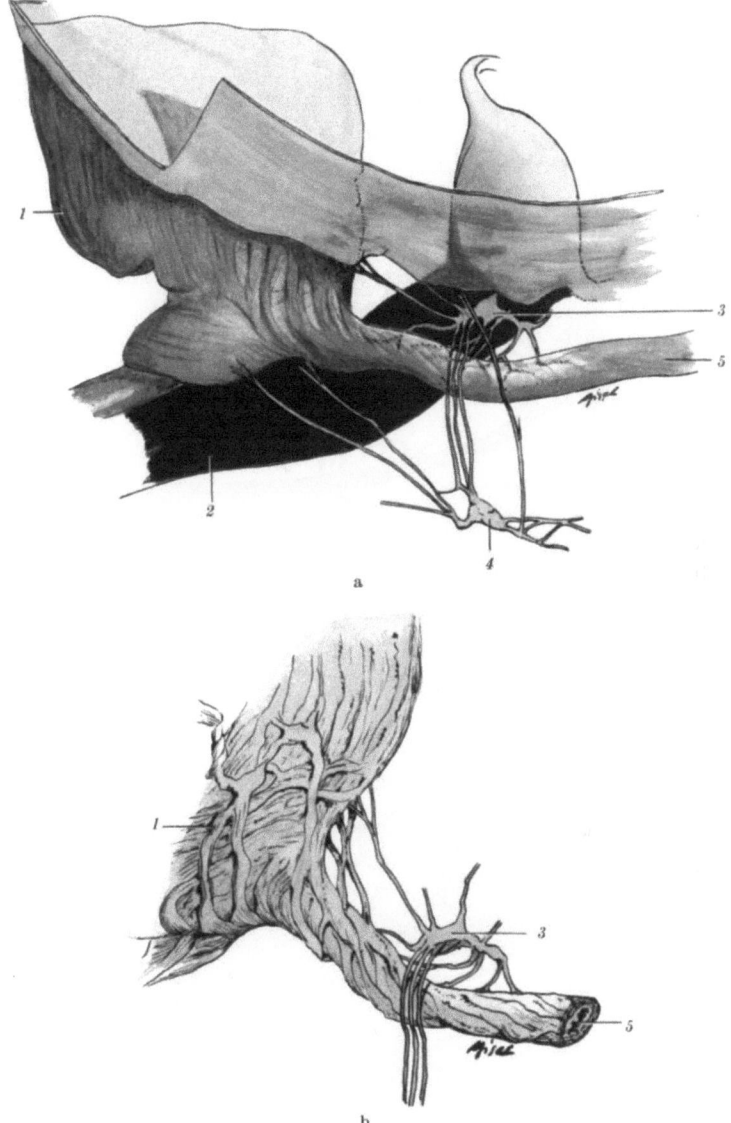

Abb. 14a—d. Topographie der Nerven, Arterien und großen Venen am retrovesicalen Ureter. Dem Leichnam einer 40jährigen Frau wurden die Beckenorgane entnommen, fixiert und alle Nerven und Gefäße dargestellt; Lupenpräparat. Ansicht von links. (Da dem Maler das Zurechtfinden am Präparat nicht zugemutet werden kann, werden hier nur Arbeitsskizzen des Autors in sehr vereinfachter Übersicht reproduziert.) a Stark gedehnte Harnblase, Uterus nach hinten verzogen. Über und unter dem Ureter liegen, etwas weiter medial als dieser, zwei Ganglienknoten, die durch drei den Ureter lateral kreuzende Nervenfäden miteinander verbunden sind. Der obere Knoten (Ganglion uterovaginale superius) entsendet Äste zur Wand der A. uterina (und damit zu Uterus und Vagina), aber auch zur Harnblasenhinterwand und ins Segmentum pelvinum inferius ureteris. Die (fünf) Rr. ureterici treten von oben her in die mediale Fläche der muskulösen Ureterscheide (nahe ihrer oberen Kante) ein und vernetzen sich in ihr. Der untere Knoten (Ganglion uterovaginale inferius) gibt an den Ureter nur *einen* Ast ab. Er erreicht ihn von unten her gerade bei Eintritt in den Harnblasenboden und verbindet sich wohl (von mir nicht untersucht) mit dem intramuralen Ganglion vesicoureterale (PIEPER). Wahrscheinlich führen auch die drei die Ganglia uterovaginalia verbindende Nervenfäden Ureternerven, die sich dem oberen Ganglion nur an- bzw. einlagern. b Das Ganglion uterovag. sup. und seine Rr. ureterici. c Ganglion uterovag. sup., Rami ureterici und Ramifikation der retrovesikalen Arterien entlang der Portio praearteriosa (bezogen auf die A. uterina!) ureteris. d Die größeren Venenbahnen liegen im wesentlichen dem Ureter lateral, bzw. unten an. (Die untere Vene ist etwas nach unten verlagert gezeichnet). *1* Vesica urinalis; *2* Vagina; *3* Ganglion uterovaginale sup.; *4* Ganglion uterovaginale inf.; *5* Ureter sin.; *6* A. vesicalis inf.; *7* A. vesicalis sup.; *8* A. uterina, den Ureter kreuzend; *9* A. uterina am Uterus aufsteigend

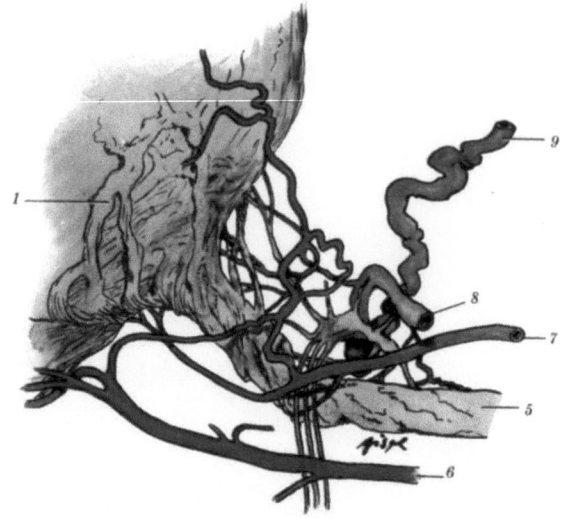

Abb. 14 c

Abb. 14 d

abgebildet worden. Besonders strukturierte neurovegetative Organe hat PIEPER (1953) beschrieben. IVANOV demonstriert am Ureter einen adventitiellen, einen intramuskulären und einen submukösen Plexus.

Das Sympathicuszentrum des Ureters erstreckt sich vom Rückenmarkssegment Th 10—L 2, das Parasympathicuszentrum liegt im oberen Sacralmark.

12. Form- und Lageanomalien des Ureters

Die Spaltung des Ureters, Ureter fissus, die Verdopplung, Ureter duplex, und darüber hinausreichende Vervielfachung sind aus der Tendenz der Ureterknospe zur Teilung zu erklären. Extravesicale Dystopien der Ausmündung an irgendeiner Stelle der einstigen Kloakenwand sind ebenso häufig wie Fehlmündung in einen Kanalabschnitt des Wolffschen Ganges. Atresie des vesicalen Ureterostiums ist Folge einer Persistenz der physiologischen Ureteratresie, die am menschlichen Embryo mit 12 mm SSL auftritt. Verlagerungen der Cervix uteri und des oberen Vaginaldrittels beeinflussen auch die Lage des juxtavesicalen Ureters.

Wenn die V. cava inferior verdoppelt (oder gespalten) ist, kann der rechte Ureter infrarenal hinter die rechte Cavasäule ziehen, tritt links von ihr nach ventral und verläuft über ihre Vorderfläche nach lateral-caudal. Auch sonst kann

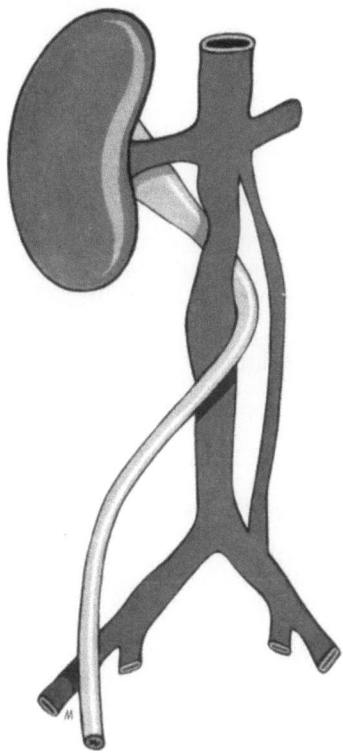

Abb. 15. Retrocavale Position des rechten Ureters. Kompression des pararenalen Ureters, bulbusartige Auftreibung der Cava inferior in der Ureterumschlingung

der lumbale Ureter in Veneninseln eingeschlossen sein, die Residuen der Querverbindungen darstellen, durch die die embryonalen abdominalen Längsvenen (V. post-, V. sub-, V. supracardinalis) verbunden waren. In dieses Venengerüst steigt die Ureterknospe hinauf.

Daß Länge und Lage des Ureters bei Dystopie und Fehlformen der Niere von der Norm abweichen, ist selbstverständlich. Der dilatierte Megaureter des Neugeborenen und jungen Säuglings ist bedeutsam wegen des ureterorenalen Refluxes.

Literatur

Lehrbücher

BARGMANN, W.: Histologie und mikroskopische Anatomie des Menschen, 3. Aufl. Stuttgart: Georg Thieme 1959.
BRAUS, H., C. ELZE: Anatomie des Menschen, 3. Aufl., Bd. II. Berlin-Göttingen-Heidelberg: Springer 1956.
FENEIS, H.: Anatomische Bildnomenklatur. Stuttgart: Georg Thieme 1967.

HAFFERL, A.: Lehrbuch der topographischen Anatomie, 2. Aufl. Berlin-Göttingen-Heidelberg: Springer 1957.
PATURET, G.: Traité d'Anatomie humaine, 1. edit. III. Paris: Masson & Cie. 1958.
PERNKOPF, E.: Topographische Anatomie des Menschen, 1. Aufl. II. Berlin u. Wien: Urban & Schwarzenberg 1941.
TANDLER, J.: Lehrbuch der systematischen Anatomie, Bd. II, 1923; Bd. III, 1926. Leipzig: F. C. W. Vogel.
TÖNDURY, G.: Angewandte und topographische Anatomie, 3. Aufl. Stuttgart: Georg Thieme 1965.

Spezielle Literatur

ANLLO VÁZQUEZ, V.: Acodadura ureteral congénita. Arch. esp. Urol. 9, 1—11 (1953).
BANCHIERI, F. R., e G. MERLO: La rigenerazione degli strati muscolari dell'uretere. Ricerche spermentali. Boll. Soc. piemont. Chir. 26, 480—492 (1956).
— — La tunica muscolare nella stenosi dell'uretere. Bull. Soc. piemont. Chir. 26, 595—602 (1956).
BANIECKI, H.: Über die Dehnbarkeit des fetalen Ureters. Zbl. Gynäk. 52, 1526—1531 (1928).
BIANCO, V., e S. NEGRETTI: La vascolarizzazione dell'uretere. Boll. Soc. piemont. Chir. 22, 567—573 (1952).
BISCHOFF, P.: Betrachtungen zur Genese des Megaureters. Urol. int. (Basel) 11, 257—286 (1961).
BOŠKOVIĆ, M.: Odnos uretera i n. genitofemoralis — a. Acta med. iugosl. 1, 51—61 (1948).
BRASH, J. C.: The relation of the ureters to the vagina. Brit. med. J. 1922 II, 790—792.
BURRUANO, C.: Sulla presunta esistenza del cosi detto meso rene-ureterale ed uretero-lombare. Monit. zool. ital., Suppl. 42, 53—56 (1932).
CAPORALE, L.: A proposito dell'enervazione dell'uretere. Arch. ital. Urol. 5, 574—575 (1929).
CARANDO, M., e G. DELL'ADAMI: Contributo allo studio dell'architettura della muscolatura ureterale. Arch. ital. Urol. 24, 137—146 (1950); Atti Soc. med.-chir. Padova 28, 64 (1950).
CASPER, L.: Pyelo-Ureterogramme, eine kritische Studie. Langenbecks Arch. klin. Chir. 144, 288—309 (1927).
CAUSEY, G., G. F. MURNAGHAN, H. G. HANLEY, F. P. RAPER, and D. I. WILLIAMS: Symposium on lower third of ureter. Proc. roy. Soc. Med. 51, 773—784 (1958).
COVA, E.: Ricerche sulla porzione pelvica degli ureteri nella donna. Monit. zool. ital., Suppl. 42, 37—40 (1932).
D'ALESSANDRO, A.: Sull'origine embriologica e la costituzione delle guaine ureterali. Rass. int. Clin. Ter. 39, 1056—1067 (1959).
DAL ZOTTO, E., e E. ZANELLA: Sul corredo gangliare del metasimpatico ureterale dell'uomo. Chir. Pat. sper. 2, 303—313 (1954).
DANIEL, O., and R. SHACKMAN: The blood supply of the human ureter in relation to ureterocolic anastomosis. Brit. J. Urol. 24, 334—343 (1952).
DEUTICKE, P.: Die Röntgenuntersuchung der Niere und des Harnleiters in der urologischen Diagnostik. München-Gräfelfing: Banaschewsky 1965.
EISENSTAEDT, J. S.: Primary congenital dilatation of the ureters. J. Urol. (Baltimore) 15, 21—27 (1926).
FERULANO, O.: Osservazioni istologiche e considerazioni funzionali sulla tunica muscolare dell'uretere. Quad. Anat. prat. 10, 386—402 (1955).
FROMOLT, G.: Die arteriellen Kollateralen des menschlichen Ureters. VII. Tagg Dtsch. Ges. Urol., Wien 1926. Zbl. Gynäk. 50, 3157 (1926).
— Über die arteriellen Kollateralbahnen am menschlichen Ureter. Zbl. Gynäk. 51, 322—327 (1927).
— Die arteriellen Kollateralbahnen am menschlichen Ureter. Z. Geburtsh. Gynäk. 93, 173—210 (1928).
FUCHS, F.: Zur Morphologie des Ureters. VII. Tagg Dtsch. Ges. Urol., Wien 1926. Zbl. Gynäk. 50, 3167 (1926).
— Zur Anatomie und Mechanik des Ureters. Z. urol. Chir., Originale 21, 201—231 (1927).
FUMIO, Y.: On the innervation (especially sensory) of the bladder and the lower part of the ureter in adults. Tohoku Igaku Zassi 42, 28—36 (1949) [Japanisch].
GOLDSTEIN, A. E., and W. J. CARSON: A study of the urinary tract in autopsy specimens. Correlation of anatomy, pathology and roentgenology. J. Urol. (Baltimore) 15, 155—174 (1926).
GRAVES, R. C., and L. M. DAVIDOFF: Anomalous relationship of right ureter to inferior vena cava. J. Urol. (Baltimore) 8, 75—79 (1922).
GUNDOBIN, N.: Die Besonderheiten des Kindesalters. Berlin 1921.
HANLO, E. A. J. M.: Die oberen Urinwege während der Schwangerschaft. Arch. Gynäk. 147, 797—835 (1931).

HANSSENS, M., u. M. SEBRUYNS: Bezit het overgangsepiteel een basale membraan? Vlaams diergeneesk. T. **26**, 65—75 (1957).
HASCHEK, H., u. H. PUM: Der vesiko-ureterale Reflux. Wien. klin. Wschr. **77**, 496—498 (1965).
HASHIMOTO, T.: Über die feineren Nervenfasern im Urogenitalsystem. III. Mitt. Nervenfasern in den Harnleitern. Kaibô. Z., Tokyo **6**, 1028—1037 (1934) [Japanisch]. Ref. Jap. J. med. Sci. **6** (79), Abstr. No 239 (1937).
HEISS, R.: Beiträge zur topographischen Anatomie der Pars pelvina des Ureters. Z. Anat. Entwickl.-Gesch. **67**, 557—569 (1923).
HOFBAUER, J.: Structure and function of the ureter during pregnancy. J. Urol. (Baltimore) **20**, 413—426 (1928).
HRYNTSCHAK, TH.: Zur Anatomie und Physiologie des Nervenapparates der Harnblase und des Ureters. II. Mitt. Über den Ganglienzellapparat von Nierenbecken und Harnleiter des Menschen und einiger Säugetiere. Z. urol. Chir., Originale **18**, 86—110 (1925).
INGUILLA, W., e P. MANGIONE: Ricerche spermientali sull'intima vascolarizzazione dell'uretere. Riv. Ostet. Ginec. **10**, 513—529 (1955).
ISRAEL, A.: Versuche über die Contractilität des Nierenbeckens und des Harnleiters. Z. urol. Chir., Festschrift Israel **12**, 328—333 (1923).
IVANOV, N. M.: Innervation of the ureters of man and cat. Arkh. Anat. Gistol. Embriol. **47**, 93—98 (1964) [Russisch]. Ref. Excerpta med. (Amst.), Sect. I **19**, 1066, Abstr. No 5468 (1965).
JANISCH, H., u. A. H. PALMRICH: Urologische Komplikationen nach gynäkologischen Operationen aus topographisch-anatomischer Sicht. Geburtsh. u. Frauenheilk. **27**, 599—608 (1967).
JOSEPH, E.: Die Harnorgane im Röntgenbild. Leipzig: Georg Thieme 1926.
KAMNIKER, H.: Veränderungen des Ureters in der Gravidität. Arch. Gynäk. **135**, 232—249 (1929).
— Fortlaufende Nieren- und Ureteruntersuchungen in der Schwangerschaft und im Wochenbett bei denselben Frauen. Zbl. Gynäk. **53**, 236—237 (1929).
KITA, O.: Zur Topographie des Ureters der Japaner. Nihon Geka Hokan, Kyoto **7**, 558—567 (1930) [Japanisch]. Ref. Jap. J. med. Sci. **3** (131), Abstr. No 178 (1933).
KÖRNER, F.: Zur funktionellen Struktur des Ureters unter besonderer Berücksichtigung seines distalen Endes. Anat. Anz. **112**, Erg.-H., 169—177 (1963).
— Strukturanalytische Untersuchungen am Blasentrigonum des Menschen unter besonderer Berücksichtigung der dort vorkommenden Ganglienzellen. Anat. Anz. **113**, Erg.-H., 271—281 (1964).
KUBIK, I.: A húgyhólyag izomzata és az ureterek zárókeśzüleké. Magy. Sebész. **3**, 65—68 (1950).
KÜSTNER, H.: Progressive Wachstumsveränderungen am Ureter während der Schwangerschaft. Z. mikr.-anat. Forsch. **3**, 295—305 (1925).
LANGREDER, W.: Gynäkologische Urologie. Stuttgart: Georg Thieme 1961.
LATARJET, A., et P. BERTRAND: Recherches anatomiques sur l'innervation des capsules surrénales, des reins et de la partie supérieure de l'uretère. Lyon. chir. **20**, 452—462 (1923).
LIEPMANN, W.: Atlas der Operations-Anatomie und Operations-Pathologie der weiblichen Sexualorgane mit besonderer Berücksichtigung des Ureterverlaufes und des Suspensions- und Stützapparates des Uterus in 40 Tafeln; 2. verm. Aufl. Berlin u. Wien: Urban & Schwarzenberg 1924.
LUDWIG, E.: Über Frühstadien des menschlichen Ureterbaumes. Acta anat. (Basel) **49**, 168—184 (1926).
MASSART, C.: Contributo allo studio della mucosa del bacinetto renale e dell'uretere dell'uomo e di alcuni mammiferi. Arch. ital. Anat. Embriol. **38**, 325—355 (1937).
McCORMACK, L. J., and B. J. ANSON: The arterial supply of the ureter. Quart. Bull. Northw. Univ. med. Sch. **24**, 291—294 (1950).
McFARLAND, J., and H. McFARLAND WOODBRIDGE: Human ureter with striated muscle and ciliated epithelium. Arch. Path. **11**, 18—21 (1931).
MINGLEDORFF, W. E., J. R. RINKER, and G. OWEN: Experimental study of the blood supply of the distal ureter with reference to cutaneous ureterostomy. J. Urol. (Baltimore) **92**, 424—428 (1964).
MURPHY, L. J. T.: Retrocaval ureter. A report of two cases. Aust. N.Z.J. Surg. **33**, 23—30 (1963).
NADEIN, A. K., u. M. L. KRYMHOLZ: Zur Topographie des intramuralen Harnleiterabteiles. Zh. Teoret. Prakt. Med. **2**, 463—471 (1927) [Russisch]. Zit. Anat. Ber. **14**, 446, Abstr. No 1431 (1928/29).
NÄÄTÄNEN, E., S. HOTANEN, I. HUOPONEN, and A. RAEVAARA: Some observations on the topography of the ureter. Ann. Acad. Sci. fenn. A **37** (1953). Cit. Excerpta med. (Amst.) Sect. I **8**, 447—448 (1954).
NICOLESCO, J.: Sur les vaisseaux et les ganglions lymphatiques régionaux de l'uretère. Ann. Anat. path. **6**, 331—333 (1929).
— Sur les vaisseaux et les ganglions lymphatiques régionaux de l'uretère (Segment inférieur). Ann. Anat. path. **6**, 847—848 (1929).

Niculescu, I. T., A. Enăchescu u. S. Cossoveanu-Voinescu: Contributie la studiul terminatulor nervoase din vezica urinară si ureter. Bull. şti. Sec. Şti. med. (Buc.) 8, 775—798 (1956).

Palmrich, A. H.: Die Methode der Wertheim-Operation mit Lymphknotenentfernung an der I. Universitäts-Frauenklinik Wien. Geburtsh. u. Frauenheilk. 21, 829—844 (1961).

Peter, K.: Harnorgane. In: K. Peter, G. Wetzel u. F. Heiderich, Handbuch der Anatomie des Kindes, II. München: J. F. Bergmann 1927.

Pieper, A.: Beitrag zur Nervenversorgung des Ureters. Z. Urol. 44, 17—23 (1951).

— Neurovegetative Gebilde in der Wandung des menschlichen Nierenbeckens und Ureters sowie ein Beitrag zur neurogenen Theorie der Nierensteinbildung. Z. Urol. 46, 375—383 (1953).

Pompeiano, O., e G. Cavalli: Dispositivi di chiusura nelle arterie dell'apparato escretore del rene umano. Boll. Soc. ital. Biol. sper. 27, 1462—1464 (1951).

Racker, D. C., and J. L. Braithwaite: The blood supply to the lower end of the ureter and its relation to Wertheim's hysterectomy. J. Obstet. Gynaec. Brit. Emp. 58, 608—613 (1951).

Richter, K.: Lebendige Anatomie der Vagina. Geburtsh. u. Frauenheilk. 26, 1213—1223 (1966).

Routolo, A.: Sul significato morfologico e funzionale della guaina ureterale e della cosidetta fessura del Waldeyer. Urologia 16, 9—14 (1949). Cit. Excerpta med. (Amst.), Sect. I 4, 304—305 (1950).

Ruhland, L.: Zur Innervation des Nierenbeckens und des Harnleiters bei tonogenen Funktionsstörungen. Z. Urol. 49, 697—717 (1956).

Schmidt, A.: Die Pyeloskopie, ihre physiologischen Ergebnisse und ihre Bedeutung für die Pathologie. Bruns' Beitr. klin. Chir. 139, 352—373 (1927).

Sestini, F.: La forma ed il decorso degli ureteri ed i loro rapporti con i processi trasversi delle vertebre lombari, studiati sul vivente a mezzo della radiografia. Monit. zool. ital. 42, 307—317 (1931).

Širca, A.: The arterial supply of the bladder and ureter following radical hysterectomies. Comptes — Rendus de la Réunion Annuelle des Anatomistes Yougoslaves, Ljubljana 1958. Acta anat. (Basel) 38, 172 (1959).

Skamnakis, S. M.: Eine Anomalie der Vena cava inf. und abnormer Verlauf des rechten Ureters. Anat. Anz. 73, 50—56 (1931/32).

Stein, J., and S. R. Weinberg: A histologic study of the normal and dilated ureter. J. Urol. (Baltimore) 87, 33—38 (1962).

Tandler, J.: Anatomie und topographische Anatomie der weiblichen Genitalien. In: Handbuch der Gynäkologie. München: J. F. Bergmann 1930.

— u. H. Halban: Topographie des weiblichen Ureters. Wien u. Leipzig: Wilhelm Braumüller 1901.

Tsukamoto, N.: Über die Arterienversorgung der Harnblase, des Harnleiters, der Prostata, des Samenleiters und des Samenbläschens bei den Japanern. Kaibô. Z., Tokyo 3, 961—978 (1930/31) [Japanisch]. Ref. Jap. J. med. Sci. 3 (119), Abstr. No 144 (1933).

Varvericos, E. D.: The variability of the vascular supply to the ureter. Amer. J. Obstet. Gynec. 63, 774—782 (1952).

Vernet, S. G.: Contribución al estudio de la morfologia del uréter. Rev. méd. Barcelona 6, 417—421 (1926).

Villemin, F., A. Rigaud et A. Gonaze: Variations du croisement de l'urétère et des vaisseaux iliaques en function du sexe. Sem. Hôp. Paris, Suppl. 28, 217—219 (1952).

Voelkel, H. H.: Retrokavaler Verlauf des rechten Ureters. Z. Urol. 56, 49—60 (1963).

Wabrosch, G.: Beitrag zur Klinik und Therapie des retrokavalen Ureters. Z. Urol. 57, 11—21 (1964).

Wadsworth, G. E., and E. Uhlenhuth: The pelvic ureter in the male and female. J. Urol. (Baltimore) 76, 244—255 (1956).

Wharton, L. R.: The innervation of the ureter, with respect to denervation. J. Urol. (Baltimore) 28, 639—673 (1932).

Wicke, A.: Über einen Fall von Inselbildung im Bereiche der hinteren Hohlvene (Vena cava posterior) und Durchtritt des rechten Harnleiters beim Erwachsenen. Z. Anat. Entwickl.-Gesch. 84, 524—533 (1927).

Williams, J. D.: The foetal ureter. Brit. J. Urol. 23, 366—371 (1951).

Wolotzki, A.: Über die Harnleiterabbiegungen und Abknickungen und ihre Folgen für die Niere. Z. urol. Chir., Originale 24, 173—190 (1928).

Woodburne, R. T.: Anatomy of the ureterovesical junction. J. Urol. (Baltimore) 92, 431—435 (1964).

— The ureter, ureterovesical junction, and vesical trigone. Anat. Rec. 151, 243—249 (1965).

Zaffagnini, B., e A. Mangiaracina: Premesse morfologiche alla dinamica della porzione terminale dell'uretere. Chir. Pat. sper. 3, 211—228 (1955).

E. Die Harnblase

H. von Hayek

Mit 25 Abbildungen

Die Harnblase ist ein Hohlorgan, dessen Volumen von seinem Inhalt abhängt, dessen Form aber von verschiedenen Faktoren beeinflußt wird, deren Bedeutung wechselt, je nachdem die Wand prall gespannt oder schlaff ist. Bei praller Spannung der Wand durch extreme Füllung wird für ihre Form vorwiegend das Bindegewebe maßgebend sein, in welches die glatte Muskulatur untrennbar eingebaut ist, sowie der Tonus der Muskulatur. Pralle Spannung der Wand findet sich auch bei Kontraktion der Muskulatur bei der Harnentleerung, aber vor allem, wenn eine Kontraktion der Sphincteren oder sonst ein Hindernis die Entleerung verhindert. Bei schlaffer Wand dagegen wird die Form der Harnblase außer von dem Füllungszustand und von der Befestigung vorwiegend von Faktoren abhängig sein, die bei praller Blase nur eine geringe Rolle spielen, nämlich vom Druck der Nachbarorgane und der verschiedenen Wirkung der Schwerkraft bei verschiedener Körperstellung. Als Nachbarorgane kommen natürlich das knöcherne Becken, der Beckenboden, der Uterus und verschiedene Darmteile in Frage. Daß beim Lebenden die nicht prall gefüllte Blase von den Nachbarorganen beeinflußt wird, geht aus Röntgenbildern hervor.

Die extrem volle Blase zeigt, wenn die Muskulatur nicht kontrahiert ist, beim Lebenden im wesentlichen die gleiche Form wie bei der Leiche, wobei sich meist ein Unterschied zwischen männlichen und weiblichen Individuen ergibt. Die männliche Harnblase ist, wie schon Barkow (1858) angibt, im allgemeinen eher eiförmig mit der Spitze des Eies nach oben, die weibliche Harnblase dagegen breiter als hoch.

Bei der erschlafften Blase wird sich die Form des Blasengrundes nur wenig von dessen Form bei der prall gefüllten Blase unterscheiden, da hier die Blasenwand durch die Urethra, die Prostata bzw. die Vagina, die Ligg. pubovesivalia, die Ureteren und die Lig. uterovesicalia bzw. rectovesicalia fixiert ist. Vorwiegend ist die Form der von Peritoneum überkleideten Wandpartie veränderlich, welche schüsselförmig gegen den Blasengrund eingedellt sein kann, ein Verhalten, das vorwiegend bei Frauen gefunden wird. Auf die Frage der Formänderung der Harnblase durch die Kontraktion bei der Miktion und die Anpassung des Volumens durch die Muskulatur an die Menge des Inhaltes, wird nach Besprechung der Muskulatur einzugehen sein.

An der gefüllten Harnblase nicht scharf voneinander abgegrenzt, sind Abschnitte, die von den Autoren und Nomenklaturen verschieden benannt werden. Der craniale Teil der Blase, an welchem das Lig. urachi (vesico-umbilicale medium), umbilicale medianum PN., haftet, wird als Scheitel oder Kuppel (Hyrtl, Langer), Vertex (B.N.), Fornix, Sommet (Poirier), Summit (Gray) oder zuletzt von der Pariser Nomenklatur als Apex vesicae bezeichnet.

Als Corpus vesicae (B.N., J.N., P.N.), Körper der Blase, Body (Gray) wird das Mittelstück bezeichnet.

Die Bezeichnung Blasengrund oder Fundus (P.N.), base (POIRIER, TESTUT, GRAY) wird in der Literatur nicht konsequent auf einen gleich begrenzten Abschnitt angewendet, sondern manche Autoren verstehen unter diesem Begriff einen kleineren, andere einen größeren Abschnitt. So wird z. B. von HYRTL und TOLDT jener Teil als Blasengrund bezeichnet, der sich der Vagina bzw. der Prostata und dem Rectum zuwendet, ein Abschnitt, der also nicht viel größer ist als innen das Trigonum vesicae und dieses nur seitwärts überschreitet. Andere Autoren rechnen zum Fundus (base) den ganzen dem Perineum zugewendeten Abschnitt, etwa bis zur Anheftungsstelle der Fascia endopelvina mit den Ligg. pubovesicalia, so daß dazu vorne auch das ganze Übergangsgebiet in die Urethra und hinten eine hinter dem Trigonum gelegene Ausbuchtung gerechnet wird, die innen der Fossa retroureterica (bas fond) entspricht. Beim Manne entspricht diesem bas fond bei der Betrachtung von außen der „éspace interséminal" (TESTUT), bei der Frau steht der bas fond (TESTUT) in Kontakt mit der Cervix uteri.

Der Blasenhals, Collum vesicae (P.N.), Neck (GRAY), Col (POIRIER), wurde schon von BARKOW (1858) als Cervix vesicae beschrieben, womit der Übergangsabschnitt der Blase in die Urethra gemeint ist. Andere Autoren wie HYRTL und TOLDT bezeichnen diesen Begriff als überflüssig, eine Ansicht, die mit der Verschiedenheit der Beschreibung und der Form des Orificium vesicae zusammenhängt und bei Schilderung der Schleimhautverhältniss und des Venenplexus diskutiert werden soll.

1. Der Peritonealüberzug der Harnblase

Das Peritoneum ist mit der Oberfläche der Harnblase nur durch lockeres Bindegewebe verbunden, so daß es — mit Ausnahme des extremen Dehnungszustandes der Blase — leicht auf der Muskelwand verschoben werden kann. In der Regel besitzt nur die Hinterfläche des Apex und Corpus vesicae einen Peritonealüberzug, so daß bei leerer abgeplatteter Blase das Peritoneum nicht oder kaum vorgewölbt wird und nur die seitlich von der Harnblase zum Nabel ziehenden, vom Rest der Nabelarterien (Lig. umbilicale laterale, Chorda arteriae umb.) gebildeten schwach vortretenden Peritonealfalten (Plica umbilicalis lateralis[1]) die Gegend, wo die Harnblase liegt, seitlich abgrenzen. Infolgedessen wird sie vielfach auch als „Plica *vesico*-umbilicala lateralis" bezeichnet. Die von Peritoneum überzogene Hinterfläche der leeren erschlafften Blase bildet eien flache Grube im Bereiche der Vorderwand des Beckens und der unteren Partie der vorderen Bauchwand. Auch das vom Apex vesicae zum Nabel ziehende Lig. urachi (Lig. vesico-umbilicale) bildet nur eine schwach vorspringende Peritonealfalte (Plica umb. mediana). Bei gefüllter Blase dagegen wölbt sich die hintere Blasenwand bis zu halbkugelig an der vorderen Beckenwand und dem unteren Drittel der vorderen Bauchwand vor, wobei in der Regel die Blase beiderseits durch eine bogenförmige, von Peritoneum ausgekleidete Furche von der vorderen Bauchwand und Beckenwand abgegrenzt wird. Der obere Teil dieser Furche beiderseits vom Lig. urachi wird als Fovea (Fossa) supravesicalis bezeichnet, welche Grube sich seitlich der Blase ohne Abgrenzung in die Fossa (Fovea) paravesicalis fortsetzt, die nach abwärts bis an die flache Peritonealfalte reicht, welche den Ductus deferens überkleidet. Beide Gruben sind in ihrer Ausdehnung vom Füllungs- und Kontraktionszustand der Blase und von der individuellen Eigenart der Chorda arteriae umbilicalis abhängig. Diese kann enge an der Blase oder weiter von ihr entfernt liegen und bei Rückbildung der Reste der Arteria umbilicalis in mehrere

---

[1] Daß die Pariser Nomenklatur für diese Falte unverständlicherweise die Bezeichnung Plica umbilicalis media einzuführen versucht, verdient kaum erwähnt zu werden.

Stränge zerlegt werden, die fächerförmig divergierend sich teils knapp ober der Blase, teils erst nahe dem Nabel an das Lig. urachi anschließen. Die Kontraktion der Blase bewirkt eine Vergrößerung ihres Abstandes von den seitlichen Bändern, die Fossa supravesicalis wird breiter und flacher.

Die Tiefe der Fossa paravesicalis hängt erstens davon ab, wieweit die Plica vesico-umbilicalis lateralis vorspringt (Abb. 1 und 2). Ob ein besonders starkes Vorspringen dieser Falte etwa auch vom Kontraktionszustand der im Ligament enthaltenen glatten Muskulatur abhängt, ist bisher nicht mit Sicherheit

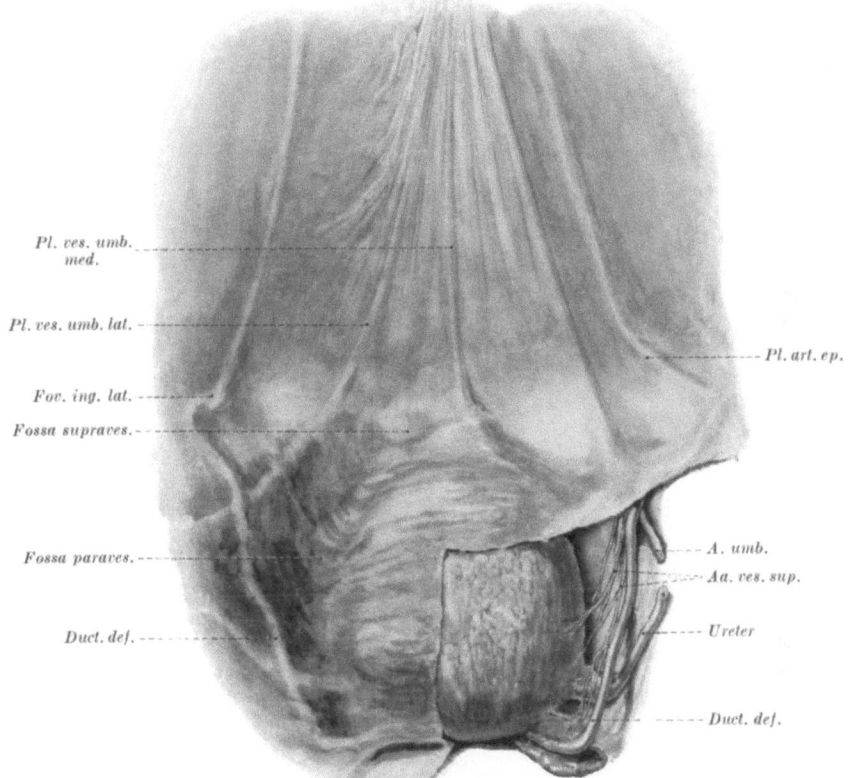

Abb. 1. Peritonealverhältnisse der vorderen Bauchwand mit wenig vorspringenden Peritonealfalten. Harnblase unabhängig davon zu etwa zwei Drittel gefüllt. Überkreuzungsstelle von Ureter und Ductus deferens sehr nahe der Blase

festgestellt worden. Der Kontraktions- und Füllungszustand der Blase spielt aber eine ganz wesentliche Rolle, da das die Grube auskleidende Peritoneum durch die ausgedehnte Harnblase angespannt wird und sich offenbar auch die Lage des Ductus deferens, der Kuppe der Samenblase und des Ureters zum Peritoneum ändern. Bei maximal gedehnter Harnblase liegt jedenfalls der nach hinten konvexe Bogen des Ductus deferens näher der Blase als bei leerer kontrahierter Blase. Bei leerer kontrahierter Blase findet sich überdies die Plica vesicalis transversa (Abb. 2), eine Reservefalte des Peritoneums an der Hinterfläche der Blase, welche, die Fossa paravesicalis in eine obere und eine untere Grube teilend, bis an die seitliche Beckenwand reichen kann und in Extremfällen bis über die Arteria iliaca externa hinaufreicht. PERNKOPF bezeichnet nur die ober dieser Falte liegende Grube als Fossa paravesicalis, während DISSE (1902) die Grube zwischen Plica transversa und Ductus deferens mit diesem Namen belegt. Dieser Teil der Fossa paravesicalis zwischen Plica transversa und Ductus deferens vergrößert sich bei Kontraktion der Harnblase und vertieft sich so (DIXON 1899), daß man hier am Grunde der Grube einen Teil des Ureters und den Pol der Samenblase durch das Peritoneum mindestens tasten oder sogar sehen kann. Der Ductus deferens, der bei voller Blase dieser an der Grenze ihres Peritonealüberzuges anliegt, entfernt sich bei Kontraktion und Entleerung der Blase von ihr besonders mit seinem Knick um den Ureter, so daß die tiefe Fossa paravesicalis

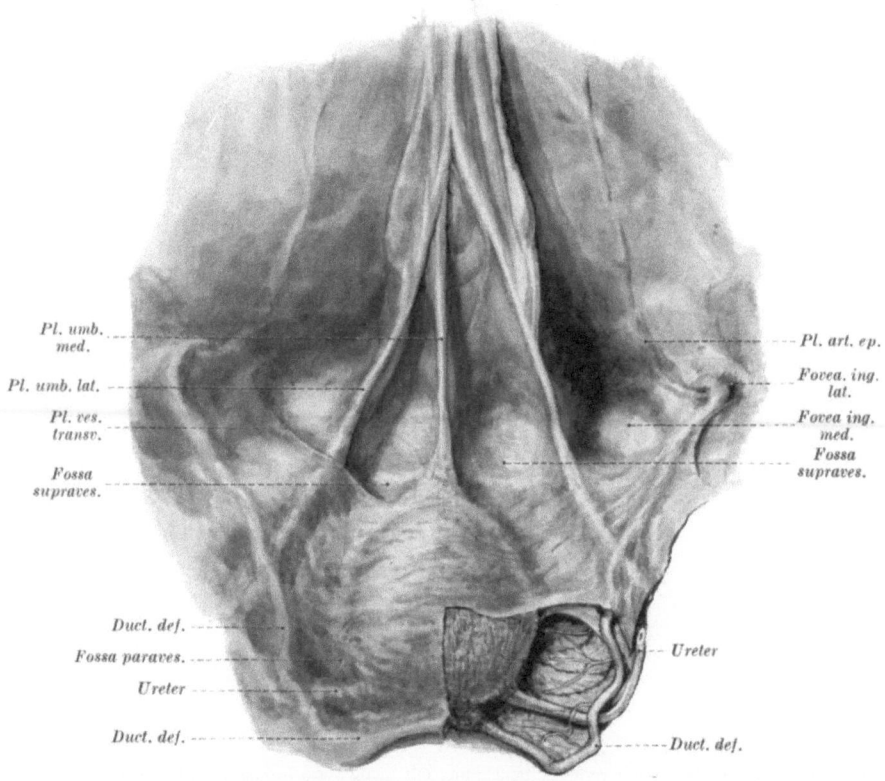

Abb. 2. Die vordere Bauchwand mit besonders stark vorspringenden Peritonealfalten; unabhängig davon die Harnblase wenig gefüllt zur Demonstration der Lage der Überkreuzungsstelle von Ureter und Ductus deferens. Am unteren Ende der Fovea paravesicalis erhebt der Ureter sich in einer flachen Falte

bis an den Ureter heranreicht, ein Verhalten, das nur durch die starke Verschieblichkeit des Peritoneum in dieser Region zu erklären ist. Eine Änderung der Lagebeziehung zwischen Ureter und Ductus deferens soll aber nach RUMMELHARDT (1957) entgegen der Ansicht von TANDLER und ZUCKERKANDL (1922) bei der Blasenfüllung und Entleerung nicht erfolgen. Liegt die Plica vesico-umbilicalis lateralis abnorm weit lateral von der Harnblase, so kann zwischen der Harnblase und dem Lig. umbilicale laterale eine Hernia supravesicalis (Abb. 3) entstehen. KIRSCHNER (1933) unterscheidet mediale und laterale Formen dieser Hernie; die mediale bildet sich durch die Sehne des M. rectus abdominis (transrectale Form) oder durch das Lig. reflexum COLLESI, die laterale zwischen diesem Ligament und dem Lig. arteriae umbilicalis. Die medialen supravesicalen Hernien haben nach KIRSCHNER stets nur einen leeren Bruchsack, während die lateralen supravesicalen Hernien häufig Teile der Harnblase enthalten.

Die seitlich vom Lig. umbilicale laterale gelegene Peritonealbucht zeigt eine starke Variabilität in ihrer angeborenen Ausbildung, die unter Umständen praktisch von besonderer Wichtigkeit ist. In der Regel handelt es sich nur um eine flache gegen die vordere Bauchwand gerichtete Grube oder schräge, fast sagittal verlaufende Furche, deren caudaler Abschnitt als Fovea inguinalis medialis bezeichnet wird. Die Blase und das Peritoneum sind zwischen den Ligg. arteriae umbilicales durch lockeres Bindegewebe in breiter Fläche mit der vorderen Bauchwand verbunden, wobei dieses lockere Bindegewebe des Spatium praevesicale und praeperitoneale die Verschiebung der Blase an der vorderen Bauchwand bei Füllung und Entleerung gestattet.

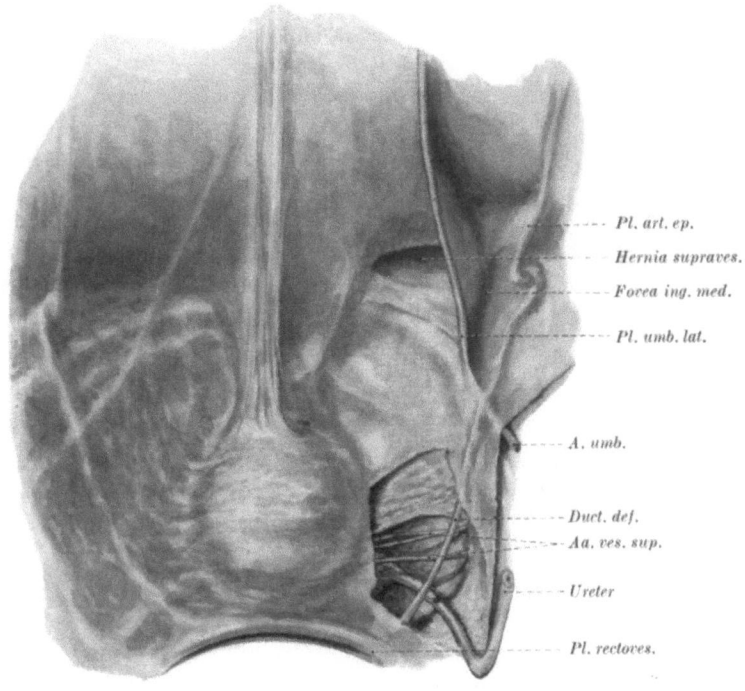

Abb. 3. Hernia supravesicalis dextra bei stark kontrahierter Harnblase. Die rechte A. umbilicalis stark lateralwärts verlagert. Die Überkreuzung von Ureter und Ductus deferens weit entfernt von der Harnblase

Eine tiefe Peritonealtasche seitlich von der Plica umbilicalis lat. medialwärts ragend wird als seltene Varietät beobachtet und wurde speziell von GROSSER (1951) beschrieben. Diese Tasche schiebt sich vor der gefüllten Blase zwischen ihr und der Bauchwand bis nahe an die Medianebene, so daß die Blase mit den Ligg. umbilicalia nur durch eine dünne mediane Peritonealduplikatur (Mesocystium und Mesourachium) an der vorderen Bauchwand angeheftet ist wie beim Fetus (Abb. 36, S. 32). Es besitzt dann also auch die Vorderwand der Blase einen Peritonealüberzug, natürlich mit Ausnahme des medianen Streifens, an welchem das Mesocystium haftet. Dieser Peritonealüberzug kann in extremen Fällen nach abwärts bis in die Nähe der Ligg. pubovesicalis reichen. Die Blase kann dann in gefülltem Zustand wie eine pathologische Cyste weitgehend frei beweglich in die Bauchhöhle vorragen, wobei sie nur durch die vielfach schwachen und in einzelnen Faserbündel zum Nabel ziehenden Ligg. umbilicalia und das Mesocystium ventrale befestigt ist, so daß sie in einem Falle durch klinisch ungünstige Umstände mit einer Cyste verwechselt und exstirpiert wurde (GROSSER 1951).

An der Hinterfläche der Blase reicht beim Manne der Peritonealüberzug nach abwärts bis etwa zu einer queren Linie, welche die oberen Pole der beiden Samenbläschen verbindet und gerade bis an die hier der Blase anliegenden Ductus deferentes (Abb. 1—3). Die zwischen den Ductus deferentes liegende Partie der Blasenwand caudal von dieser Querlinie steht mit dem Rectum in Kontakt. Die Grenze des Peritonealüberzuges kann als Grenze zwischen Corpus und Fundus bezeichnet werden. Als extremen Hochstand beim Manne beschreibt DISSE (1892) die Lage der Excavatio vesicorectalis „1 cm cranial von der Verbindungslinie der Uretermündungen". Ausnahmsweise kann das Peritoneum aber auch beim Erwachsenen auf die Hinterfläche der Samenblasen hinabreichen (DISSE), wie das beim Neugeborenen regelmäßig der Fall ist (TAKAGI 1927), oder sogar bis an die Prostata, wie das sonst nur bei Feten von unter 16 cm St.Sch.L. vorkommt. Einen Fall von „extremem Tiefstand der Peritoneums" beschreibt TRAEGER (1897); das Peritoneum bekleidete die ganze Hinterfläche der Prostata bis an die prärectale Partie des Levator ani. Ob eine solche große Tiefe der Excavatio rectovesicalis sekundär ist oder vom Fetus erhalten bleiben kann, scheint mir nicht mit Sicherheit festgestellt; eine Verwachsung der Peritonealflächen zwischen Rectum und Harnblase (von der gelegentlich gesprochen wurde), die für die Abnahme der Tiefe der Excavatio verantwortlich wäre, konnte ich nicht feststellen, vielmehr scheint die besonders nach der Geburt erfolgende Verschiebung der Peritonealumschlagstelle mit der Verlagerung der Blase in den Beckenraum nach der Geburt zusammenzuhängen.

Wie erwähnt, findet sich an der Dorsalfläche der ganz kontrahierten oder mäßig gefüllten Blase im Bereich des Corpus in der Regel eine quere Peritonealfalte, die Plica vesicalis transversa. Es können aber auch mehrere solcher Falten auftreten. Sie sind Ausdruck für die Verschieblichkeit des Peritoneum gegen die Muskelwand der Blase.

Als Plica rectovesicalis wird eine Peritonealfalte geschildert, welche die Excavatio rectovesicalis seitlich begrenzend, vom Rectum gegen den Fundus vesicae zieht und meist in dessen Nähe über der Hinterfläche des Samenleiters und der Samenbläschen verstreicht (WALDEYER, DIXON).

2. Die innere Fläche der Harnblase

Die innere Fläche der Blase, die von Schleimhaut ausgekleidet wird, ist in maximal gefülltem Zustand glatt, bei geringerer Füllung und besonders im leeren kontrahierten Zustand größtenteils in Falten gelegt, die jedoch im Bereich des sog. Trigonum vesicae (LIEUTAUDI) immer fehlen. Der hintere Rand des Trigonum wird von einem queren Wulst gebildet, dem Torus interuretericus (uretericus WALDEYER), in dessen seitlichen, flach verstreichenden Enden die Uretermündungen gelegen sind. An der kontrahierten Blase (Abb. 4) findet man dagegen die Umrandung der Ureterostien fast zapfenförmig vorspringend und den Torus interuretericus als einen mächtigen queren Wulst, der vorne und hinten von einer deutlichen Furche begrenzt ist. Die vordere Furche verbindet die Ureterostien. Hinter dem Torus uretericus findet sich meist eine Vertiefung, die Fossa retroureterica (franz. bas fond), die bei älteren Individuen nach DISSE stärker ausgeprägt sein soll. Das Orificium ureteris stellt einen schräg auf die Mitte des Trigonum gerichteten Spalt dar, der so geformt ist, daß die hintere Ureterwand ohne scharfe Grenze in das Trigonum übergeht. Lateral dagegen ist das Orificium ureteris durch eine halbmondförmige Falte der Schleimhaut (Plica ureterica) abgegrenzt, welche den medialen Rand eines halbzylindrischen Vorsprunges (des lateralen Endes des Torus), (DISSE) bildet. Die seitliche

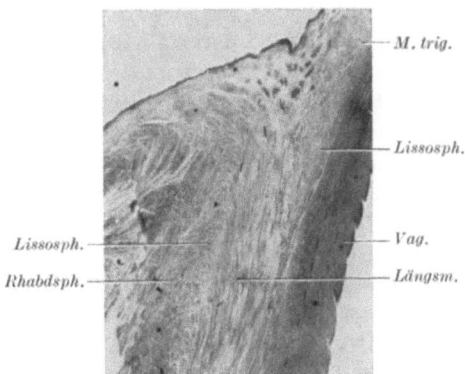

Abb. 5

Abb. 5. Sagittalschnitt neben dem Orificium vesicae eines 14jährigen Mädchens, zur Darstellung des Venenplexus

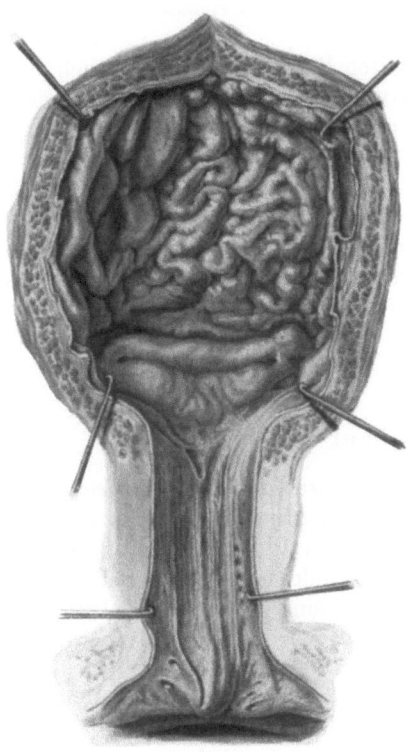

Abb. 4. Harnblase stark kontrahiert und Urethra von der Frau von dentral eröffnet; Torus interuretericus und Umrandung der Ureterostien stark vorspringend

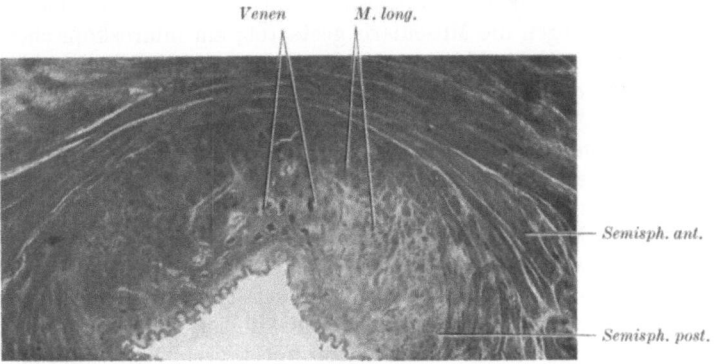

Abb. 6. Querschnitt durch die vordere Hälfte des Orificium vesicae eines 12jährigen Knaben zur Darstellung des submukösen Venenplexus

Begrenzung des Trigonum ist nur an der mäßig gefüllten oder leeren Blase deutlich, an der vollen Blase dagegen unscharf. Deutlich ist aber bei erkennbaren Gefäßen die fächerförmige, gegen das Orificium vesica gerichtete Anordnung der Venen (HEISS) (Abb. 4). Die Entfernung der beiden Uretermündungen voneinander beträgt beim Erwachsenen an der kontrahierten Blase etwa 2,5 cm, an der gedehnten Blase bis zu 5 cm.

Die Spitze des Trigonum liegt im Orificium vesicae (urethrae internum), welches beim Manne meist einen queren Spalt darstellt. Die hintere Begrenzung des Orificium ist flach oder in Form eines schwachen Schleimhautwulstes leicht vorgewölbt (Uvula vesicae, Luette vesicale), welcher die cervicalen, submukösen Drüsen ALBARRANs enthält (Abb. 18).

Das Orificium vesicae ist bei der kontrahierten Blase von einem deutlich ausgeprägten Schleimhautwulst umgeben, den TOLDT als Anulus urethralis bezeichnet. Bei stark ausgedehnter Blase soll der Anulus kaum wahrnehmbar sein. Eine Trichterform des Orificium, welche Anlaß zur Bezeichnung Collum vesicae gegeben hat, findet TOLDT nur an luftgefüllten, getrockneten Harnblasen und meint, so wie HYRTL, daß diese Bezeichnung keine Berechtigung hat. ENGELS (1939) dagegen beschreibt die Trichterform auch im Röntgenbild vom Lebenden und sagt, daß die Trichterform bei der Entleerung verschwindet. Offenbar hängt die Form des Orificium vesicae außer vom Kontraktionszustand der umgebenden Muskulatur auch von der Füllung des submukösen Venenplexus (Abb. 5 und 6) ab, auf den HEISS (1916) als Verschlußmechanismus des Orificium hingewiesen hat.

3. Die Schleimhaut

Die Schleimhaut hat je nach dem Kontraktionszustand der Blase sehr verschiedene Dicke, an der bis zum Verschluß der Lichtung kontrahierten Blase ist die Schleimhaut etwa fünf- bis achtmal so dick wie an der gedehnten Blase; die Dicke der Schleimhaut spielt eine wesentliche Rolle für die Möglichkeit der völligen Entleerung. Bei dünner Schleimhaut wäre eine prozentuell viel stärkere Verkürzung der sich kontrahierenden Muskulatur zur Entleerung notwendig, so daß man die Bedeutung der Schleimhaut für den Verschluß der Lichtung etwa mit den Intimapolstern von gewissen Arterien vergleichen kann.

Wie aus der Beschreibung der Innenfläche der Harnblase hervorgeht, findet man an der kontrahierten Harnblase die Schleimhaut — mit Ausnahme der des Trigonum — in Falten gelegt, woraus hervorgeht, daß im allgemeinen eine Verschiebeschicht — eine Submucosa — vorhanden ist, die eine Verschiebung der Schleimhaut gegen die Muscularis gestattet; am mikroskopischen Bild ist jedoch eine Abgrenzung der Mucosa von der Submucosa an manchen Stellen gar nicht gegeben und oft so undeutlich, daß manche Autoren eine eigene Submucosa nicht anerkennen. Meist findet sich doch ein Unterschied zwischen Mucosa und Submucosa insofern, als daß in der Mucosa dickere Bündel von Bindegewebsfasern dichter gelagert sind als die dünneren Bündel in der Submucosa. Die Submucosa geht ohne scharfe Grenze in das lockere Bindegewebe zwischen den Muskelbündeln der Muscularis über, während umgekehrt einige dünne Muskelbündel in die Submucosa, ja sogar über die fragliche Grenze bis in die Mucosa vorragen. Das Bindegewebe der Mucosa und Submucosa ist kollagen-elastisch. Im Trigonum überwiegen, wie in der zugehörigen Muskulatur, die elastischen Fasern, die hier die Schleimhaut mit der Muskulatur fester verbinden, während in der übrigen Schleimhaut viel weniger elastische Fasern gefunden werden. Die aus der Muscularis zur Mucosa heraustretenden Gefäße und Nerven zeigen natürlich in der Tiefe, also in der Submucosa, größere Stämmchen, die sich gegen die Mucosa in feine Äste verzweigen, ohne daß man daraus eine Grenze der beiden Schichten festlegen könnte. Die Capillaren der Propria mucosae liegen vorwiegend ganz oberflächlich unter dem Epithel und springen leistenförmig gegen dieses vor, was besonders an Präparaten, an denen das Epithel von der Propria abgelöst ist, deutlich hervortritt. Da eine eigene Basalmembran fehlt, scheinen an Flachschnitten parallel der Epitheloberfläche Capillaren intraepithelial zu liegen, wie das z. B. v. MÖLLENDORFF (1930) abbildet (Abb. 9). Wirklich intraepithelial gelegene Capillaren gibt es aber nicht. Auch an der gedehnten Blase bleibt dieses Vorragen der Capillaren in das Epithel erhalten (Abb. 8).

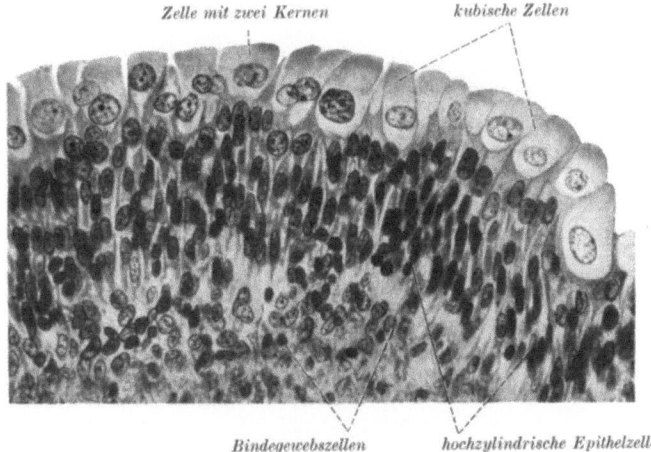

Abb. 7. Übergangsepithel aus einer kontrahierten Harnblase von der Höhe einer Falte etwa 400f.
Aus BRAUS-ELZE, Anatomie, Bd. II, Abb. 218, 1956

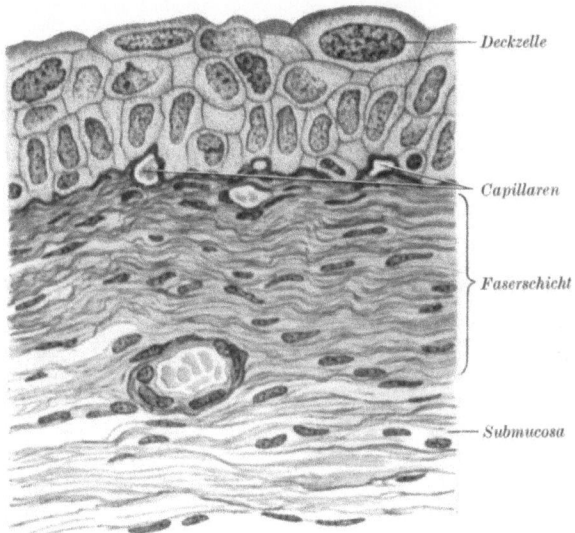

Abb. 8. Querschnitt durch die Schleimhaut einer mäßig gedehnten menschlichen Harnblase. 800f. Aus MÖLLENDORFF, Die Harnblase, in: Handbuch der mikroskopischen Anatomie, Bd. VII/1, Abb. 249, 1930

Das Epithel der Harnblase ist im wesentlichen gleich gestaltet wie im Ureter und wird, wie dort, als Übergangsepithel bezeichnet. An der kontrahierten Blase (Abb. 7) erreicht es eine Dicke von etwa 100 μ, im gedehnten Zustande dagegen nur etwa ein Drittel davon. Das Übergangsepithel wird im allgemeinen als ein mehrschichtiges Epithel beschrieben, an dem im zusammengeschobenen Zustand an der kontrahierten Blase mehr Schichten zu unterscheiden sind als am dünneren Epithel der gedehnten Blase. Tatsächlich handelt es sich aber genau betrachtet nur um ein zweischichtiges Epithel, da von den Epithelzellen nur die einfache Lage der Deckzellen nicht bis an die Basis reicht. Die unter den großen Deckzellen scheinbar in vielen Schichten gelegenen Zellen, reichen alle, auch wenn sie nicht breit an der Basis sitzen, mit mehr oder weniger langen und dünnen Fortsätzen an die Basis des Epithel heran (SCHAFFER 1927), (Abb. 9), wie das

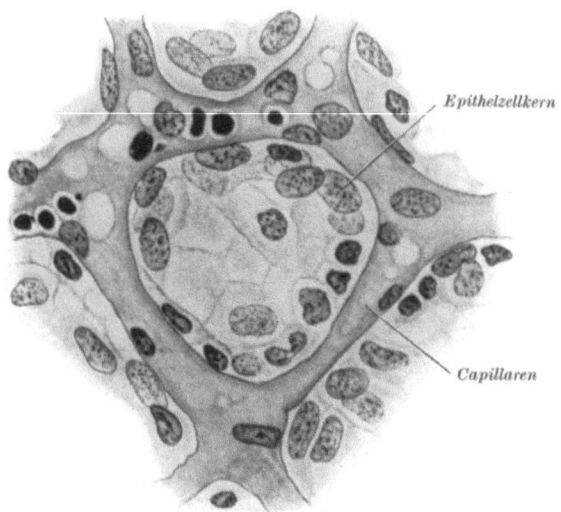

Abb. 9. Flachschnitt durch Capillaren und Epithelbasis von einer gedehnten menschlichen Harnblase. Form. Azan. 800f. Aus MÖLLENDORFF, Die Harnblase, in: Handbuch der mikroskopischen Anatomie, Bd. VII/1, Abb. 250, 1930

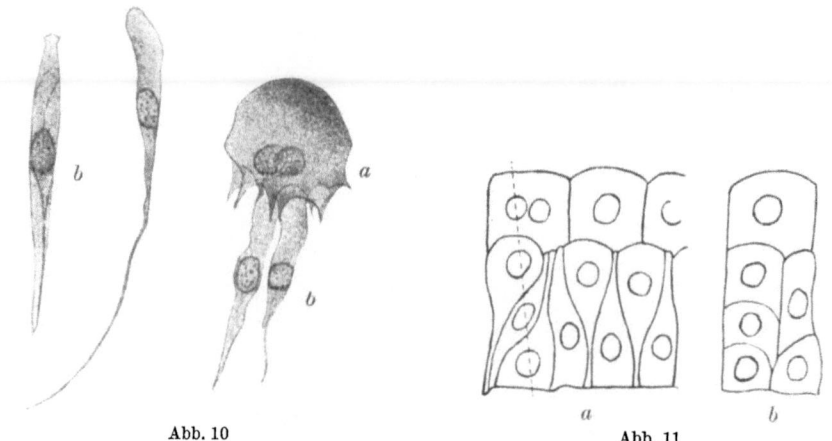

Abb. 10. Abb. 11

Abb. 10. Isolierte Epithelzellen der kontrahierten Blase. MÜLLERs Fl. a Deckzelle mit zahlreichen Drucknischen an der Unterfläche im Profil; b stark verlängerte Zellen der basalen Lage (nach v. EBNER 1899). Aus SCHAFFER, Epithelgewebe, Abb. 22, in: Handbuch der mikroskopischen Anatomie, Bd. II/1, 1927

Abb. 11. a Schema eines zweischichtigen Epithels, welches in der Richtung der gestrichelten Linie durchschnitten, drei- bis vierschichtig erscheinen würde, wie in b (nach NOTKIN 1920). Aus SCHAFFER, Epithelgewebe, Abb. 23, in: Handbuch der mikroskopischen Anatomie, Bd. II/1, 1927

schon EBNER (1899) dargestellt hat (Abb. 10). Je nachdem, ob der Kern oberflächlicher, näher der Deckzelle, oder tiefer im Epithel gelegen ist, wird der zur Epithelbasis reichende Fortsatz länger (bis achtmal so lang als der Kern) oder kürzer sein. Daß bei der Dehnung oder Zusammenschiebung des Epithels sich die Proportionen dieser Zellen stark ändern, ist klar; auch der Kern der Zellen ändert seine Form, bei hohem Epithel ist er länglich oval, wie in einem Cylinderepithel, bei gedehntem Epithel etwa kugelig.

Es wird vielfach angenommen, daß bei der Dickenänderung des Epithels bei der verschiedenen Füllung der Blase eine Verschiebung der Zellen der basalen Schichten gegeneinander stattfindet, doch sprechen gegen eine solche Verschiebung zweierlei Befunde: Kittleisten und Desmosomen. Kittleisten zwischen den Deckzellen und den Basalzellen hat ZIMMERMANN (1898) am Ureterepithel vom Menschen mit Heidenhainschem Hämatoxylin dargestellt. Desmosomen wurden elektronenmikroskopisch von WOLFF (1963) am Harnblasenepithel des Kaninchens gezeigt. Aus beiden Befunden geht hervor, daß sich die Zellen offenbar nicht gegeneinander verschieben können und daß also die verschiedenen Bilder des mehr oder weniger vielschichtig erscheinenden Epithels nur durch Umformung der Zellen zu erklären sind.

Oberflächlich wird das Epithel von einer Lage der großen Deckzellen gebildet, die jede mehrere Zellen der Basalzellen überdecken, so daß am Schnitt eine Deckzelle sich über drei bis vier Basalzellen legt (Abb. 10), in der Gesamtausdehnung daher etwa zehn Basalzellen an eine Deckzelle heranreichen. Die einzelne Deckzelle ist je nach dem Zustand des Epithels kubisch bis platt, besitzt aber immer eine gewölbte freie Fläche, während basalwärts Nischen für die Einlagerung der Basalzellen vorhanden sind. Die Deckzellen enthalten oft zwei Kerne, die durch Amitose entstanden sind, während in den Basalzellen mitotische Teilungen beschrieben wurden (SCHAFFER). An der Oberfläche der Deckzellen, besonders deutlich an zusammengeschobenen Zellen (SCHAFFER), findet sich ein dunkler färbbarer Saum, der als Crusta (BARGMANN) oder cuticulare Deckmembran bezeichnet wird. ZIMMERMANN sowie SCHAFFER sehen in diesem Saum eine Streifenbildung senkrecht zur Oberfläche. Nach den Abbildungen von GÖLDI (1952) enthält die Saumregion der Deckzellen besonders viel Glykogen und Kalium, doch ist bei solcher Feststellung die Möglichkeit der Verlagerung solcher Stoffe bei der Fixierung zu beachten.

Histochemische Untersuchungen über das Epithel der Harnblase vom Meerschweinchen und vom Menschen wurden von GÖLDI (1952) durchgeführt; danach fällt in allen Zellen des Epithels die Reaktion auf Glykogen und auf Hyaluronsäure positiv aus. Durch besondere Reaktion wurde festgestellt, daß der positive Ausfall der Hyaluronsäurereaktion nach HALE auf das Vorhandensein von Harnmucoid zurückzuführen ist, das der Hyaluronsäure nahe verwandt ist. Dieses Harnmucoid soll die Oberfläche der Zellen vor der Einwirkung des Harnes schützen. Von den übrigen histochemischen Reaktionen, die GÖLDI durchgeführt hat, sei noch erwähnt, daß die Deckzellen besonders reich an Calcium sind, während in diesen Zellen im Gegensatz zu den Basalzellen die Reaktion auf alkalische Phosphatase und auf Nucleotidose negativ ausfallen.

Drüsen in der Schleimhaut des Blasenhalses und des Fundus wurden als „kleine Drüsen in Form einfacher birnförmiger Schläuche oder Aggregate von solchen" schon von KÖLLIKER (1852) beschrieben, der auch die erste Abbildung einer solchen gibt. Ähnlich werden sie auch von LUSCHKA (1864) und HENLE (1863) und anderen Autoren beschrieben, bis dann SAPPEY (1889) und QUAIN (1898), die solche Drüsen nicht finden konnten, deren Vorkommen in Abrede stellten. Wenn auch dann von ALBARRAN (1892 und 1902) und ASCHOFF (1894) diese Drüsen wieder genau beschrieben wurden, so herrscht doch in der weiteren Literatur eine gewisse Verwirrung darüber, ob solche Drüsen als normale Bildungen bezeichnet werden dürfen, so daß etwa im Lehrbuch der Histologie von STÖHR in verschiedenen Auflagen das Vorkommen dieser Drüsen einmal beschrieben, dann wieder geleugnet wird, bis sie in der 15. Auflage von SCHULTZE wieder beschrieben werden. Wenn auch in manchen neueren Lehrbüchern der Anatomie der letzten 2 Jahrzehnte die Drüsen nicht erwähnt werden, oder ihr Vorkommen geleugnet wird, so muß dagegen betont werden, daß häufig Drüsen im Bereiche des dem Orificium nahe gelegenen Teil des Trigonum beim Manne vorkommen (Abb. 18 und I. 6, S. 332), wie das insbesondere LENDORF (1901) an gut fixierten Präparaten beschrieben hat.

Die submukösen Drüsen im Gebiet des Trigonum bestehen aus zylindrischen, manchmal verzweigten Schläuchen, von denen am Querschnitt nahe dem Orificium (Abb. 18) etwa ein Dutzend zu sehen sind. Am Sagittalschnitt (Abb. I. 6, S. 332) zeigt sich, daß diese Schläuche fast parallel der Schleimhautoberfläche verlaufen und näher dem Orificium ausmünden. Sie liegen eng benachbart den obersten Prostatadrüsen (den subcervicalen), von denen sie sich nur dadurch unterscheiden, daß letztere sich zwischen die Muskelbündel hinein vorschieben. JORES (1894) spricht demgemäß von ,,akzessorischen Drüsen der Prostata", ,,die schon normalerweise jene submuköse Lage haben".

Außer diesen langen Drüsenschläuchen, die beim Manne nur nahe dem Orificium vorkommen, werden seit BRUNN (1893) drüsenähnliche Bildungen beschrieben, die weiter über den Fundus verteilt sind, Bildungen, die auch bei der Frau vorkommen. Es handelt sich um Epithelzapfen und Krypten, die (LENDORF 1901) bei Dehnung der Harnblasenwand so abgeplattet werden, daß sie dann leicht der Aufmerksamkeit entgehen. LENDORF (1901) hat diese Bildungen an gut fixierten Präparaten von Kindern untersucht und in den Hohlräumen der Krypten Sekret in Form von homogener mit Pikrocarmin hellrot anfärbbaren Massen gefunden. Diese Krypten und Epithelzapfen sollen sich beim Erwachsenen zu wirklichen kleinen, in die Mucosa vorragenden Drüsen umbilden, die LENDORF außer im Fundus auch vereinzelt im Corpus gefunden hat. Diese Drüsen sollen, wie schon KÖLLIKER (1852) abbildet, von Cylinderepithel ausgekleidet sein. Die von ASCHOFF diskutierte Frage, wie weit diese Brunnschen Epithelzapfen sich unter pathologischen Bedingungen verändern oder überhaupt nur pathologische Bildungen seien, gehört nicht hierher.

4. Die Muskelwand (Muscularis) der Harnblase

Die glatte Muskulatur der Harnblase besteht aus Muskelzellen, die durch Bindegewebe zu dickeren oder dünneren Muskelfasern oder -bündelchen und dickeren Strängen zusammengefaßt sind, welche sich verzweigen und netzartig zusammenhängen. Man kann zwar verschiedene Schichten und Faserzüge der Blasenwand unterscheiden, doch darf man bei der Beschreibung der Schichten verschieden gerichteter Faserzüge nicht vergessen, daß die Bündel sich verzweigen und oft von einer Schicht in die andere übertreten; ein Verhalten, das schon BARKOW (1858) und SAPPEY (1873) betont haben und das von verschiedenen Autoren (z. B. TOLDT 1900, PETERFI 1914, DE WITT 1954) gegenüber der einseitigen Beschreibung dreier Schichten oft betont wurde. Die Muskulatur der Blase hängt kontinuierlich mit der Muskulatur der Ureteren, des Lig. urachi, der Urethra und Prostata, sowie der Befestigungsbänder der Blase zusammen, so daß das Einstrahlen der Muskulatur von diesen Gebilden in die Harnblasenwand auf deren Muskulatur einen Einfluß besitzt und vielfach auch als Ursprung der Harnblasenmuskulatur bezeichnet wird.

Unterschiedlich ist die Dicke der Muskelbündel und die Festigkeit und Menge des die Muskelbündel zusammenfassenden bzw. trennenden Bindegewebes. So finden sich besonders dünne Muskelbündel am Übergang des Ureters in die Blasenwand, im Trigonum vesicae und in der inneren Schicht der Muskulatur. Die unter der Schleimhaut gelegenen Muskelbündel sind überdies aus besonders dünnen Muskelzellen aufgebaut (Abb. 12) und ich möchte nach meinen bisherigen Beobachtungen schließen, daß diese Muskelzellen sich von denen der dicken Muskelbündel im Feinbau unterscheiden, so wie es ja auch Unterschiede etwa gegenüber der glatten Muskulatur der Gefäßwand gibt.

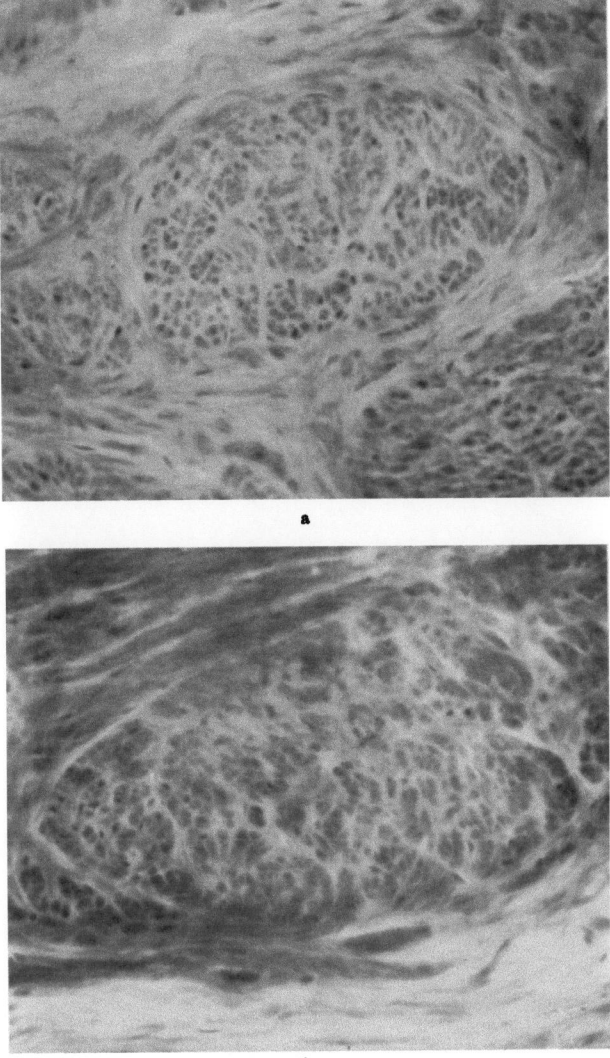

Abb. 12a u. b. Glatte Muskelbündel der Harnblasenwand. a Aus der Interna (submukös), b aus der dicken Muscularis, derselbe Schnitt, benachbarte Stellen, gleiche Vergrößerung

Während ältere Autoren nur zwei Schichten der Harnblasenmuskulatur unterscheiden, scheint BARKOW (1858) der erste gewesen zu sein, der drei Schichten der Muskelwand unterscheidet; er gibt eine sehr gute Beschreibung der Faseranordnung mit zahlreichen Einzelheiten, die teils wieder übersehen wurden, so daß sie von späteren Autoren als neu beschrieben wurden. Wir unterscheiden danach eine äußere Längsmuskelschicht, eine mittlere Ringmuskelschicht und eine innere Schicht von netzförmig angeordneten Muskelzügen (Stratum externum, Stratum medium, Stratum internum, B.N.).

Das Stratum externum ist naturgemäß bei der Präparation der Blase von außen leicht darstellbar und läßt an der Vorder- und Hinterfläche Längsfaserzüge M. longitudinalis anterior und posterior (BARKOW), an der Seitenfläche schräg nach vorne aufsteigende Faserzüge (Fibrae obliquae, BARKOW) unterscheiden. Sämtliche Faserzüge der äußeren Schichte werden seit SPIEGHEL (1645) als Detrusor zusammengefaßt und haben diesen Namen seither behalten.

Die vorderen Längsfasern, M. longitudinalis anterior, ziehen, die ganze Vorderfläche bedeckend, gegen den Vertex vesicae, die mittleren Fasern können auf das Lig. urachi weiter verfolgt werden; seitlich von diesen ziehen die übrigen vorderen Längsfasern an dem Ligament vorbei, um es bogenförmig zu umfassen und sich hinter dem Urachus mit den Fasern der anderen Seite bogenförmig zu vereinigen (Funda superficialis, BARKOW).

Abb. 13. Das Stratum internum der Hinterwand der Harnblase. Präp. GABLER, gez. SCHROTT

In der Mitte der Vorderfläche kreuzen gelegentlich (BARKOW) einige Fasern die Seite und tauchen in die Tiefe, wo sie in die Ringfaserschicht verfolgt werden können (regelmäßig nach HUNTER).

Der seitliche Rand des M. longitudinalis anterior tritt dadurch besonders hervor, daß die Fasern des M. long. posterior und die an der Seitenfläche oberflächlich gelegenen Fibrae obliquae sich unter den M. long. anterior schieben.

Der M. long. posterior läßt sich gegen den Vertex unter dem M. long. anterior teils bis in den Urachusstrang verfolgen, teils umfassen seine Fasern den Vertex und den Urachus vorne, hier eine Funda profunda (BARKOW) bildend. Die lateralen Fasern des M. long. posterior ziehen an die Vorderfläche der Blase, um dort in das Stratum medium (Ringfasern) einzustrahlen (BARKOW 1858, DE WITT 1954).

Als M. obliquus oder Fibrae obliquae werden Faserzüge bezeichnet, die an der lateralen Fläche der Blase vom Fundus schräg nach vorne aufsteigen, teils vor, teils hinter dem Ureter vorbeiziehend, in die vordere Wand unter dem M. long. anterior einstrahlen und sich in die Ringfaserschicht fortsetzen. Ein Teil der vor dem Ureter ziehenden Fasern biegt dagegen cranial von diesen nach hinten um, so daß diese Fasern die hinter ihm vorbeiziehenden cranial vom Ureter spitzwinkelig überkreuzen (Abb. 20).

Alle Fasern der äußeren Schicht haben eine Endigung oder einen Ursprung im Bereich des Blasenfundus oder seiner Umgebung. Man kann mit PETERFI (1914) drei konzentrische Ursprungslinien unterscheiden. Die äußere Linie wird gebildet: vorne vom Os pubis neben der Symphyse und seitlich davon vom Arcus tendineus fasciae pelvis; die Längsfasern entspringen als M. pubovesicalis vom Os pubis und mittels der Fascia pelvis von der oberen Fascie des M. levator ani.

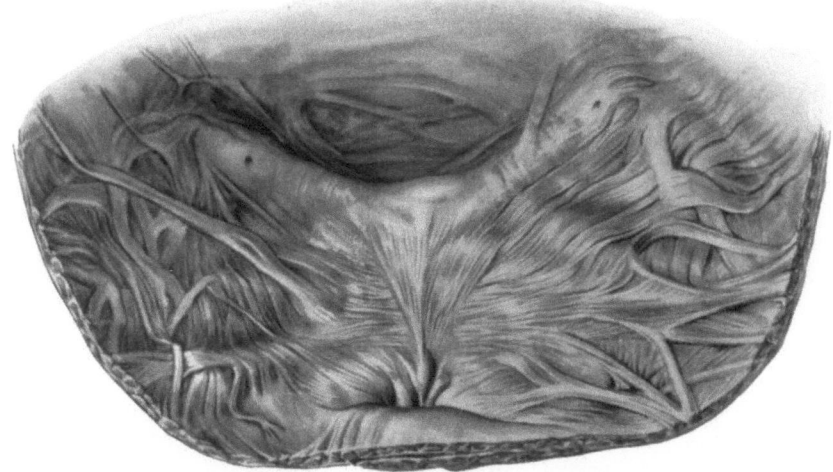

Abb. 14. Die Muskulatur des Trigonum; die oberflächlichen zum Orificium konvergierenden Längsfasern überdecken die seitlich in das Stratum internum übergehenden Querfasern. Präp. GABLER, gez. SCHROTT

Ein zweiter Ursprungsring findet sich an der Prostata, während bei der Frau die Längsfasern in die äußere Muskelschicht der Urethralmuskulatur übergehen. Der innerste, unvollständige Ursprungsring liegt im Bereiche des Sphincter vesicae, zwischen dessen Faserbündel die Längsfasern einstrahlen (HENLE 1875, HEISS 1939) und sich zum Teil in die innere Längsfaserschicht der Urethra fortsetzen. Andere Faserzüge des M. long. posterior lassen sich, medial vom Ureter in der Wand des Fundus weiterziehend und umbiegend, nach vorne verfolgen, wo sie in die Ringmuskulatur übergehen; so bilden sie eine, den Ureter von caudal umfassende U-förmige Schleife. PETERFI betont, daß diese drei Ursprungslinien schematische Begriffe sind und „daß in der Umgebung des Orificium urethrae internum ein zusammenhängendes Muskelnetz gelegen ist, dessen dichtere Teile als die Ursprungslinien der Blasenmuskulatur zu betrachten" sind. Die Beziehung dieser Fasern zur Prostata und Urethra sollen bei Besprechung dieser Gebilde (Abb. 11, S. 337) geschildert werden.

Zur äußeren Muskelschicht rechnet BARKOW noch einen M. deferentiovesicalis, welcher vom Ductus deferens teils abwärts, teils in querer Richtung an der hinteren Blasenwand unter dem Peritoneum verlaufen soll. Ich kann auch bei mikroskopischer Untersuchung solcher Faserzüge nur Bindegewebe finden, so wie HENLE den Zusammenhang von Ductus deferens und Blase nur durch Bindegewebe vermittelt findet.

Die Ringmuskulatur, Stratum medium (Abb. 16), umkleidet die ganze Harnblase vom Vertex bis zum Fundus als kräftige Schicht querverlaufender Faserbündel, hinten reicht sie nur bis in die Höhe der Uretermündung, während vorne Ringfasern bis an das Orificium vesicae darstellbar sind. In diese Ringfaserschicht strahlen aus der äußeren Längsfaserschicht und aus dem Stratum internum Bündel ein.

Aus dem M. longitudinalis anterior setzen sich die in der Medianebene kreuzenden Bündel in die Ringfasern fort (BARKOW, DE WITT); außerdem biegen absteigende tiefe Bündel in die hinteren Ringbündel um, weiter strahlen die an der Seitenfläche nach vorne aufsteigenden Fibrae obliquae unter dem M. long. anterior in die Ringfaserschicht ein (BARKOW, DE WITT).

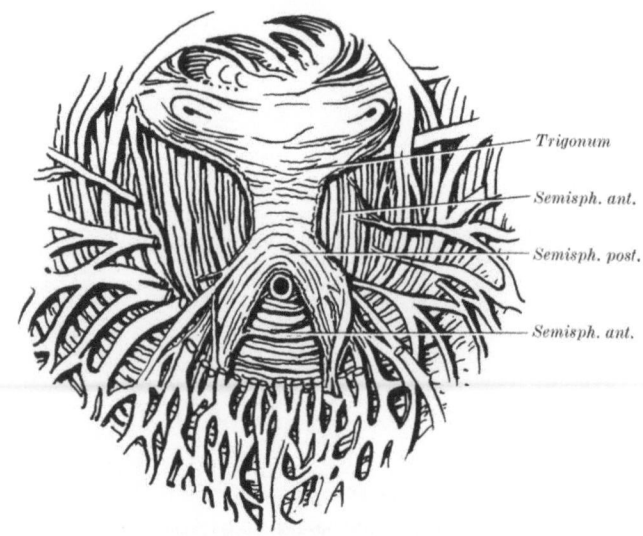

Abb. 15. Die Harnblasenmuskulatur um das Orificium vesicae von innen her dargestellt, nach Wegnahme der radiären Faserzüge zum Orificium. Der Semisphincter posterior (Sphincter trigonalis) bedeckt den Semisphincter anterior. Die Querfasern des Trigonum teilweise seitlich abgeschnitten, um den Semisphincter anterior zu zeigen.
(Umzeichnung nach HEISS 1928)

Aus der inneren Schicht strahlen an verschiedenen Stellen einzelne Bündel in die mittlere Schichte ein.

An der Hinterfläche sind die Bündel nahe dem oberen Rand des Trigonum sehr kräftig, die letzten Bündel biegen lateral um den in die Blasenwand eintretenden Ureter U-förmig nach caudal und medial um (BARKOW 1858, KUBIK 1950).

Die Querfasern der Vorderfläche bilden also nur mit den oberhalb der Basis des Trigonum gelegenen Querfasern wirkliche Ringzüge um die Blase; caudal anschließend finden sich feiner gebündelte Querfasern, die teils schon im Bereich der Urethra liegen und nur einen nach hinten offenen Halbring um die Blase und das Orificium vesicae bilden. BARKOW (1858) spricht von einem Semisphincter. Diese Faserzüge ziehen, lateral aufsteigend und außen die Trigonalmuskulatur bedeckend (Abb. 15 und 16, LÜDINGHAUSEN 1932) an die Hinterfläche der Blase und lassen sich dort, wie HEISS (1915) beschrieben hat, in die äußere Längsmuskulatur auslaufend, verfolgen. HEISS (1928) nennt diese, das Orificium vorne bogenförmig umfassenden Fasern, wie HENLE (1862) Sphincter vesicae internus und betont die Periorität seiner Beschreibung von 1915 gegenüber WESSON (1920), der diese Fasern als Musculus arcuatus externus bezeichnet hat.

DENNING (1926) nennt diese Bogenfasern mit ihrer Ausstrahlung in die Längsmuskulatur Detrusorschleife. Es wurden also folgende Namen gleichbedeutend verwendet:

Semisphincter (BARKOW).
Sphincter vesicae internus (HEISS, HENLE).
M. arcuatus externus (WESSON).
Detrusorschleife (DENNING).

Diesem Semisphincter an der vorderen Seite des Orificium vesicae (Semisphincter anterior) gegenüber liegt an der hinteren Seite des Orificium der zur inneren Schicht der Harnblase und daher anschließend zu beschreibende Sphincter trigonalis, der als Semisphincter posterior bezeichnet werden kann. Wenn auch bei der Präparation deutlich zu zeigen ist (Abb. 15 und 16), daß seitlich sich der Semisphincter anterior außen auf den Semisphincter posterior legt und

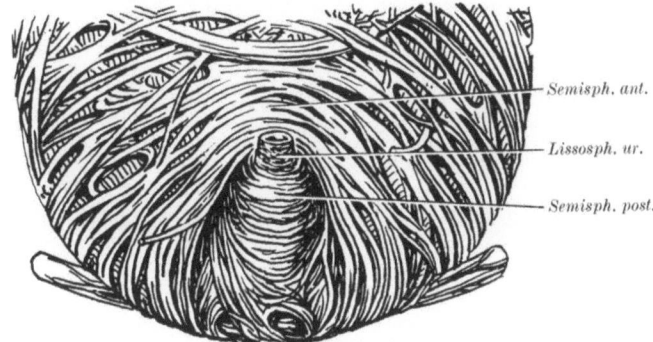

Abb. 16. Die Harnblasenmuskulatur um das Orificium vesicae von außen her dargestellt, nach Entfernung der äußeren Längsmuskelschicht. Der Semisphincter anterior S.sph.a. liegt lateral vom Orificium außen vom Semisphincter posterior S.sph.p., der in der Gegend des Trigonum freiliegt. Der Lissosphincter urethrae umfaßt das Anfangsstück der Urethra. (Umzeichnung nach TOLDT 1900)

damit die Hauptmasse der Fasern keinen wirklich einheitlichen kreisförmigen Sphincter bildet, so zeigt doch die feinere Lupenpräparation und insbesondere das mikroskopische Bild einen Zusammenhang beider Semisphincteren seitlich vom Orificium. Es verzweigen sich nämlich Bündel des Semisphincter anterior und zwar so, daß der eine Zweig lateralwärts zieht, der andere dagegen in die innere Schicht, also den Semisphincter posterior übergeht, so daß richtige Kreisfaserzüge glatter Muskulatur dargestellt werden können. Der Semisphincter anterior, wie der Semisphincter posterior liegen an der Grenze von Harnblase und Harnröhre, so daß eine scharfe Definition, wieweit sie einem dieser Gebilde angehören, nicht getroffen werden kann. Da die Fasern des Semisphincter anterior nach lateral und hinten aufsteigen, liegt der vordere Teil dieses Muskels vorne im Bereich des Orificium und der Urethra, d. h. beim Manne im Bereich der Prostata, so daß der Sphincter internus von HENLE als Teil der Prostata beschrieben wird.

Zur inneren Schicht der Blasenmuskulatur sind die netzförmig angeordneten Bündel im größten Teil der Blase und die Muskulatur des Trigonum zu rechnen. Die vielfach verzweigten Bündel der inneren Schicht bilden ein unregelmäßiges Netzwerk (Stratum plexiforme, PETERFI), an dem eine regelmäßige Anordnung nicht zu erkennen ist (Abb. 13), einmal überwiegen Querfasern, einmal Schrägoder Längsfasern. Immer ist das Einstrahlen von Bündeln in die Ringfaserschicht festzustellen. In der Nähe des Orificium vesicae sind die Bündel radiär auf dieses orientiert (Abb. 14) und lassen sich in die innere Längsmuskelschicht der Urethra weiter verfolgen.

Die Muskulatur des Trigonum unterscheidet sich von der übrigen Blasenmuskulatur nicht nur durch die feine Bündelung, sondern auch durch den Mangel an lockerem, verschieblichen Bindegewebe (HENLE) und die feste Zusammenfassung der Bündel durch vorwiegend elastische Bindegewebsfasern (LÜDINGHAUSEN 1932). Der dem Torus interuretericus zugrunde liegende quere Muskelwulst (M. ureterum) schließt enge an die untersten Querbündel des Stratum

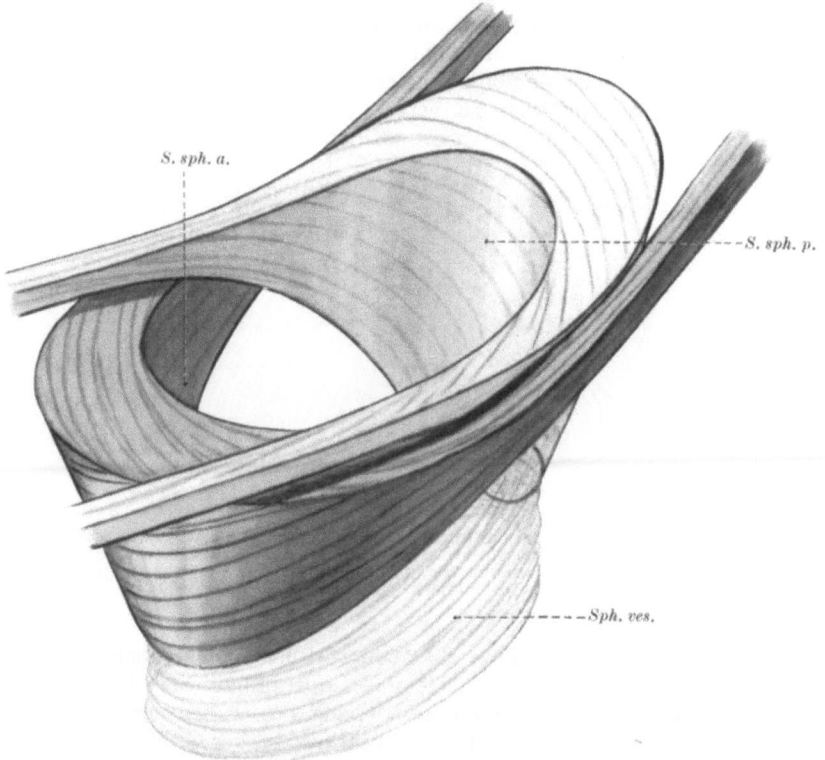

Abb. 17. Schema der Semisphincteren am Orificium vesicae und des Lissosphincter urethrae (in Anlehnung an LÜDINGHAUSEN 1932). Semisphincter anterior = S.sph.a. dunkel, Semisphincter posterior = S.sph.p., hell, Lissosphincter urethrae = Sphincter vesicae int. (HENLE L. sph. u. vgl. dazu die Präparationsbilder Abb. 15 von außen und Abb. 14 von innen)

plexiforme an, mit dem sie zusammenhängen und an das Stratum circulare, von dem sie sich jedoch leicht präparatorisch trennen lassen (Abb. 23). Seine Muskelbündel lassen sich in die dünnen Bündel der Uretermuskulatur weiter verfolgen (HENLE 1862, SAPPEY 1873). Oberflächlich, d. h. unter der Mucosa, liegen in der Mitte fächerförmig (HEISS) aus dem Querwulst gegen das Orificium vesicae konvergierende Längsfaserbündel (Abb. 14). Darunter liegende quere Faserbündel lassen sich oberflächlich über das Trigonum hinaus in die innere plexiforme Schicht lateralwärts verfolgen. Die tieferen Querfasern biegen lateral um das Orificium nach vorne (HEISS 1928, LÜDINGHAUSEN 1932), (Abb. 15), um dort größtenteils in die innere netzförmige Schicht überzugehen. Diese das Orificium vesicae von hinten bogenförmig umfassenden Fasern werden von KALISCHER (1900) als Sphincter trigonalis bezeichnet. DISSE (1902) rechnet sie zum Sphincter vesicae internus.

Wenn auch bei der makroskopischen Präparation dieser Sphincter trigonalis sich nach vorne nur in die innere Schicht verfolgen läßt, so zeigen mikroskopische Querschnitte oberhalb des Orificium vesicae doch zahlreiche Gabelungen von Faserbündeln der vorderen Bogenfasern, von denen ein Faserzug in die mittlere Schicht verfolgbar ist, ein anderer aber in die Richtung des Sphincter trigonalis ausbiegt. Der Sphincter trigonalis hängt also mit einem Teil seiner Fasern mit den vorderen Bogenfasern zusammen, so daß dadurch wenigstens einige Faserbündel kreisförmig das Orificium umschließen (Abb. 18). Beide Semisphincteren — der vordere Bogen des M. arcuatus und der hintere Bogen des Sphincter trigonalis — sind in der Mitte besonders breit und umfassen daher

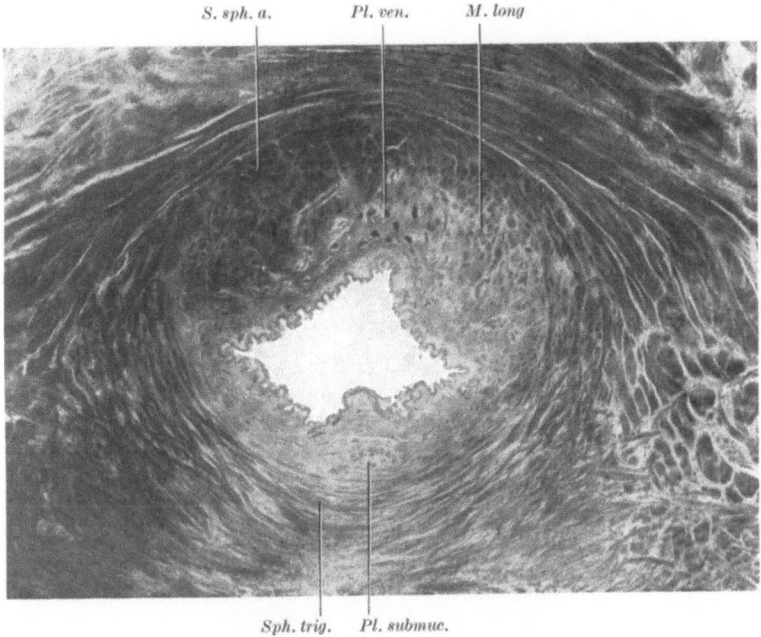

Abb. 18. Querschnitt durch das Orificium vesicae; 12 Jahre, männlich. Der feingebündelte Sphincter trig. und der grob gebündelte Semisphincter anterior

das Anfangsstück der Urethra, wie LÜDINGHAUSEN das auch schematisch gut darstellt (Abb. 17); d. h. vorne schon im Bereich der Urethra gelegene Bogenfasern steigen nach hinten in die Harnblasenwand auf und umgekehrt steigen hinten um die Urethra gelegene Bogenfasern innen von den vorigen zum Stratum internum nach vorne auf. An beide Bogen schließen distal ringförmig die Urethra umfassende Faserzüge der eigentlichen Urethralmuskulatur.

5. Die Muskulatur am Uretereintritt

Der Ureter durchsetzt bei seinem Eintritt in die Harnblasenwand die äußere und mittlere Schicht der Blasenmuskulatur (Pars intramuralis ureteris Waldeyer) und die Ureterwand findet ihre Fortsetzung in dem festen Gewebe des Trigonum. Die feingebündelte Uretermuskulatur läßt sich am Schnitt deutlich von den groben Muskelbündeln der beiden äußeren Schichten der Blasenmuskulatur unterscheiden und auch makroskopisch leicht herauspräparieren. Ebenso läßt sich die Muskelplatte des Trigonum, wie schon HENLE (1862) gezeigt hat, von der

Abb. 19. Durchtritt des Ureters durch die grobgebündelte Blasenmuskulatur; äußere und innere Uretermuskulatur von dichtem Bindegewebe zusammengefaßt

Abb. 20. Schema der den Ureter umfassenden Blasenmuskulatur; links Stratum externum entfernt und das Stratum medium dargestellt (in Anlehnung an KUBIK 1950 und BARKOW 1858)

außen von ihr gelegenen Ringmuskelschicht ablösen, so daß Ureterwand und Trigonum eine feste strukturelle Einheit bilden, die in letzter Zeit KÖRNER (1962) näher untersucht hat. Die Bündel der äußeren Schicht der Blasenmuskulatur, die vor und hinter dem Uretereintritt vorbeiziehen, gehören den Fibrae obliquae (BARKOW 1858) an; sie überkreuzen sich cranial vom Uretereintritt, so daß die vorne vorbeiziehenden Bündel unter die hinten vorbeiziehenden in die Tiefe treten. Auch caudal vom Uretereintritt kommen Kreuzungen der Bündel vor, doch beschreibt KUBIK (1950), daß Bündel, U-förmig den Ureter von caudal umfassend, aus den hinteren Bündeln in die vorderen übertreten. Cranial vom Ureter zieht ein tiefes in der Harnblasenwand gelegenes Bündel ebenfalls U-förmig um den Ureter herum; es gehört der mittleren (Ringfaser-) Schicht der Harnblasenwand an und wurde schon von BARKOW (1858) beschrieben. Seine Fasern ziehen medial und lateral vom Ureter abwärts, um gegen die Prostata bzw. den

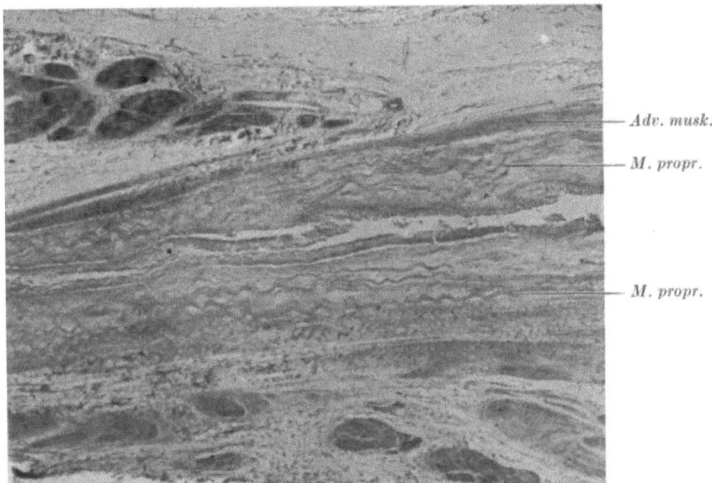

Abb. 21. Längsschnitt durch den intramuralen Ureterabschnitt. Adventitiamuskulatur (Adv. musk.) gestreckt, Eigenmuskulatur (M.propr.) gewellt; dichtes Bindegewebe der Ureterwand im Gegensatz zum lockeren Bindegewebe zwischen den groben Muskelbündeln der Blasenwand

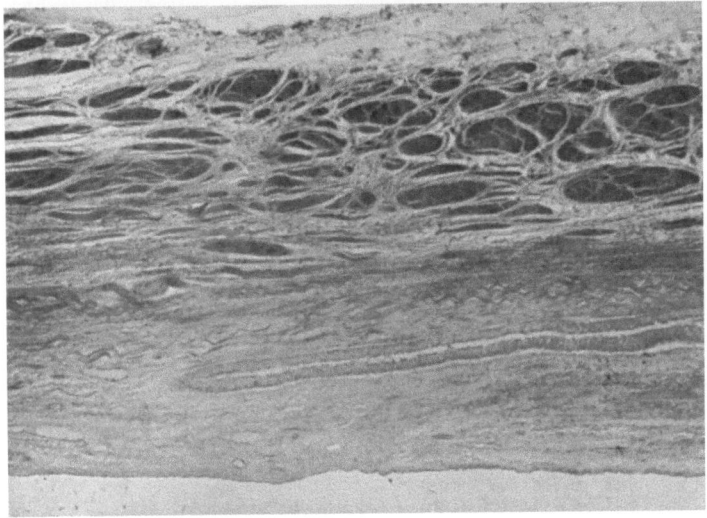

Abb. 22. Die feingebündelte Uretermuskulatur am Übergang zum Trigonum im Gegensatz zur grobgebündelten Blasenmuskulatur. (Blasenepithel abgelöst)

Blasenhals auszustrahlen (KUBIK); beide U-Fasern werden zuletzt auch von KÖRNER (1962) beschrieben (Abb. 20).

Zwischen den dicken Muskelbündeln des Stratum externum und medium zieht der Ureter hindurch und seine Wand setzt sich in die innere Schicht der Blasenwand fort. Einzelne Bündel der äußeren Schicht biegen in die äußere Bekleidung des Ureters (Detrusor fascicles onto ureter, WOODBURNE 1964), um hier mit dem sie zusammenfassenden Bindegewebe, wie WALDEYER (1892) beschreibt, eine 0,5—0,75 mm dicke Scheide (die Ureterscheide WALDEYERs) zu bilden, deren Muskelbündel sich etwa 4 cm weiter proximal in Bindegewebe um die Muskulatur des Ureters verlieren. Die Ureterwand hebt sich durch ihre feingebündelte Muskulatur, die durch dichtes elastisches und kollagenes Bindegewebe zusammengefaßt

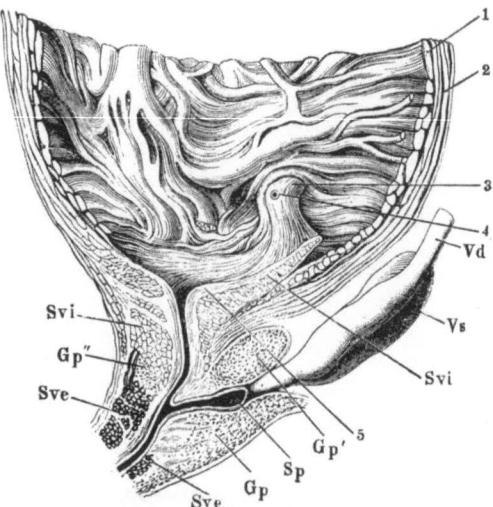

Abb. 23. Medianschnitt durch den unteren Teil der Harnblase mit Darstellung der Muskulatur. Aus HENLE, Anatomie, Bd. II, 1862. *1* Innere, *2* äußere Muskelschicht der Blase, *3* Längsmuskulatur des Ureters, *4* Uretermündung, *5* innerste Längsmuskelschicht des Trigonum, *Svi* Sphincter vesicae internum, *SVe* Sphincter vesicae externus (Rhabdosphincter), *Gp, Gp'* und *Gp''* Hinter-, Mittel- und Vorderlappen der Prostata, *Vd* Vas deferens, *Vs* Vesicula seminalis. Die Muskulatur des Trigonum von der Ringmuskelschicht abgelöst

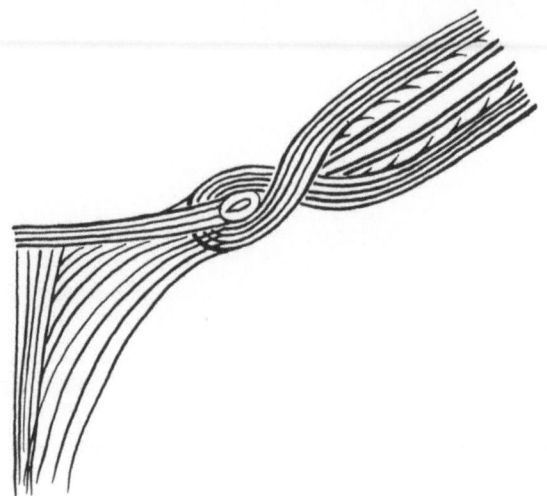

Abb. 24. Die Beziehung der Uretermuskulatur zu der des Trigonum. (Verändert nach KÖRNER 1962)

ist, besonders deutlich von der grobgebündelten Muskulatur der beiden äußeren Schichten der Blasenwand ab, mit denen sie nur durch lockeres Bindegewebe verbunden ist (Abb. 19, 21, 22). Dieses lockere Bindegewebe setzt sich zwischen Uretermuskulatur und Ureterscheide proximalwärts etwa 4 cm weit fort; der von ihm erfüllte Raum läßt sich wie WALDEYER (1892) bechreibt, injizieren. Diese kurze Beschreibung WALDEYERs gab Anlaß zu Verwechslungen. Während CUNNINGHAM (1935) die Unterschiede in dem oben besprochenen Sinne beschreibt, bezieht WOODBURNE (1964) das Wort „Scheide" (im Sinne von scheiden gleich trennen) auf dieses lockere Bindegewebe, das die Uretermuskulatur von der Ureterscheide und von der Blasenmuskulatur trennt.

Während also die beiden U-förmigen Bündel der äußeren und mittleren Schicht der Blase keinen direkten Zusammenhang mit der Uretermuskulatur besitzen (DISSE 1902), setzt sich die innere Blasenmuskulatur des Trigonum in die Uretermuskulatur fort. Schon HENLE (1862) und SAPPEY (1879) beschreiben wie KÖRNER (1962), daß sich die Uretermuskulatur in zwei Richtungen im Bereich des Trigonum weiter verfolgen läßt. Ein Teil der Muskelbündel des Ureters zieht in den Torus interuretericus und bildet dort den queren Muskelwulst zwischen den Ureterostien (Abb. 23, 24), welcher Wulst nach HENLE (1862) schon von BELL als Musculus ureterum bezeichnet wurde und den BARKOW (1858) Lig. elasticum interuretericum genannt hat. Andere feine Muskelbündel aus dem Ureter verlaufen im Trigonum vesicae gegen das Orificium vesicae zu und setzen sich in der inneren Längsmuskulatur der Urethra fort (HENLE 1862, M. uretericus s. triangularis infundibuli, BARKOW 1858). Ein weiterer Teil der Muskelbündel des Ureters soll nach DISSE (1902) in der Blasenschleimhaut um das Ureterostium herum endigen. Nach den Untersuchungen KÖRNERs (1962) sollen es die Bündel der inneren Längsmuskulatur des Ureters sein, die in den Torus interuretericus übergehen, während die Muskelbündel aus der Ureterscheide, den Ureter schraubenförmig umfassend, um das Ostium herum eine Schlinge bilden (Abb. 24, nach KÖRNER).

6. Das Ligamentum vesico-umbilicale (Chorda urachi)

Vom Scheitel der Harnblase zum Nabel zieht in der Plica (vesico-) umbilicalis media ein Strang, der in der neuen Nomenklatur (P.N.A. 1955) als Ligamentum umbilicale medium bezeichnet wird. Er entsteht aus dem Urachusgang (s. S. 29), der beim Embryo die Anlage der Harnblase mit dem Allantoisbläschen verbindet (Abb. 32, S. 29) und wird aus diesem Grunde in der französischen Literatur als „Ouraque" (SAPPEY, POIRIER) bezeichnet, im englischen Schrifttum als „middle umbilical ligament". In der deutschen Literatur finden wir für diesen Strang die Bezeichnungen: Harnstrang, Lig. vesicale medium, Lig. vesico-umbilicale, Chorda urachi, Lig. urachi und Lig. umbilicale medianum, von welchen Bezeichnungen der Name Lig. vesico-umbilicale mir am besten erscheint, da dieser Strang der einzige ist, welcher die Harnblase mit dem Nabel verbindet; die beiderseits der Harnblase vorbeiziehenden Lig. arteriae umbilicalis (umbilicalia lateralia) verbinden ja nicht die Blase mit dem Nabel, da sie nicht direkt an der Blase befestigt sind. Die vom Überrest der Nabelarterie vorgewölbte Peritonealfalte ist als Plica vesico-umbilicalis lateralis zu bezeichnen, im Gegensatz zur medianen Plica vesico-umbilicalis media, die vom Lig. vesico umbilicale vorgewölbt wird.

Das Ligamentum vesico-umbilicale besteht aus glatter Muskulatur und Bindegewebe und enthält in variabler Weise Reste des Urachusepithels (Abb. 25). Beim Neugeborenen bildet das Ligament regelmäßig einen selbständigen von der Blase zum Nabel ziehenden Strang, der aber im Laufe der weiteren Entwicklung oft Beziehungen zu den beiden Ligg. art. umbilicalis gewinnen kann.

Das Lig. vesico-umbilicale medium ist in der Regel beim Erwachsenen ein weißlicher fibrös erscheinender Strang von etwa 12 cm Länge und etwa 2 mm Dicke, der den Nabel mit der Blase verbindet. DELBET (1901) gibt an, daß der Strang in der Regel massiv ist und betont das im Gegensatz zu LUSCHKA (1862), der als regelmäßigen Befund von Epithel ausgekleidete Hohlräume im Ligament beschrieben hat. LUSCHKA beschreibt, daß im Ligament „gewöhnlich" ein 5 bis 7 cm langes Epithelröhrchen gefunden wird, das einen mannigfach gewundenen Verlauf mit zahlreichen Ausbuchtungen zeigt. Das Epithel erinnert an das mehrschichtige Übergangsepithel der Harnblase. Als Inhalt des Kanälchens findet sich eine blaßgelbliche bis rötlich-braune Flüssigkeit, die degenerierte Zellen enthält. Außer oder statt den Kanälchen finden sich im Ligament einzelne Epithelbläschen, Epithelstränge oder Epithelperlen.

Eine gleichartige Beschreibung des Epithels im Lig. urachi gibt auch MÖLLENDORFF (1930), der den Inhalt der Hohlräume als mit Azan färbbar bezeichnet. Schon beim reifen Neugeborenen finde ich das Verhalten des Epithels im Urachusstrang sehr variabel (Abb. 25). Es kann eine Lichtung enthalten, als massiver Strang ausgebildet sein, oder auch vollkommen fehlen, eine Variabilität, die durch

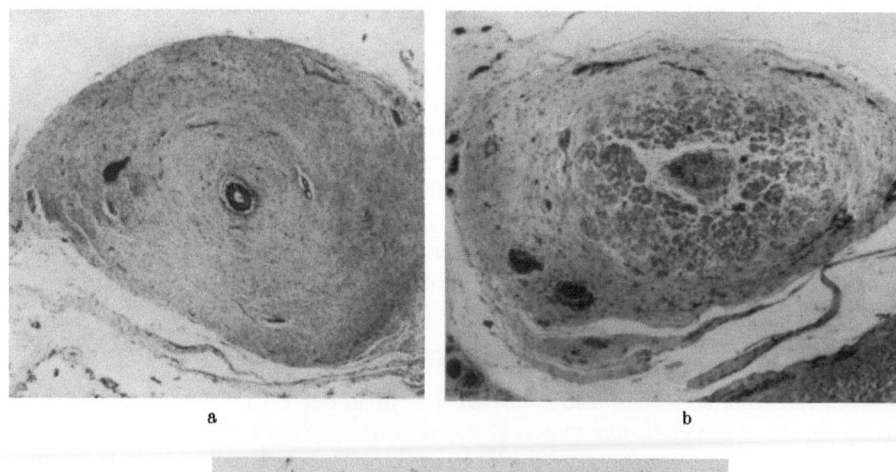

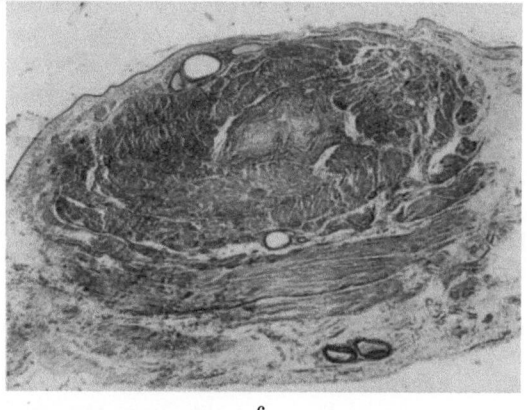

Abb. 25a—c. Querschnitt durch die Chorda Urachi vom reifen Neugeb.; etwa 30f. a Epithelschlauch und Bindegewebe. b Epithelstrang und glatte Muskulatur. c Zentraler Bindegewebsstrang und glatte Muskulatur

die drei beigegebenen Photos belegt sei. Einen gewundenen Verlauf mit Ausbuchtungen, wie die Autoren vom Erwachsenen beschreiben, habe ich jedoch beim Neugeborenen nie gefunden, so daß es wahrscheinlich ist, daß das beim Neugeborenen gerade gestreckte Epithelrohr erst postfetal zu einem geschlängelten Gebilde wird. Bemerkenswert erscheinen die zahlreichen Arterien und Venen, die den Urachusstrang begleiten. Eine Verbindung des Kanälchens mit der Lichtung der Harnblase wird als pathologischer Befund beschrieben (DELBET 1901).

Etwa 5—6 cm vom Nabel ist der Strang beim Erwachsenen häufig muskelfrei und löst sich in eine Anzahl sehniger Fäden auf, welche sich meist unsymmetrisch mit den beiden Ligg. umbilicalia verbinden und mit diesen ein ganzes Netzwerk bilden.

Das Nabelende des Ligamentes, meist rein sehnig, ist mit dem narbigen Gewebe des Nabels fest verbunden und hängt durch dieses mit den Ligg. umbilicalia lateralia und den Ligg. teres hepatis zusammen. Gelegentlich hebt sich, wie schon Luschka (1862) beschreibt, einer der Stränge des Lig. vesico-umbilicale heraus, um sich direkt in das Lig. teres hepatis fortzusetzen.

Als Übergang des Ligamentes in die Blasenwand findet sich am Vertex vesica ein 12—15 mm langer Kegel, der im wesentlichen von Muskelbündeln des M. longitudinalis anterior vesicae gebildet wird, dessen Fasern sich in das Ligament fortsetzen. Aber auch einzelne Bündel der inneren Blasenmuskulatur lassen sich in das Ligament verfolgen.

Literatur

Albarran, J.: Maladies de la prostate. Paris 1902.
— Médicine opératoire des voies urinaires. Paris 1908.
Barkow, B. C.: Anatomische Untersuchungen über die Harnblase des Menschen. Breslau 1858.
Colles: Zit. nach Disse.
Delbet, P.: Appareil urinaire. In: Poirier et Charfy, Traité d'Anatomie. Paris 1901.
Dennig, H.: Die Innervation der Harnblase. Monogr. aus dem Gebiet der Neurolog. u. Psychiat. H. 45, Berlin 1920.
Disse, J.: Harnorgane. In: Bardelebens Handbuch der Anatomie, Bd. VII. Teil 1. Jena 1902.
— Untersuchungen über die Lage der menschlichen Harnblase. Anat. H. 1, 1—76 (1892).
Dixon, P. F.: The form of the empty bladder and its connection with the peritoneum. J. Anat. (Lond.) 34, 182—197 (1900).
Ebner, V. v.: Harnblase. In: Köllikers Handbuch der Gewebelehre, 6. Aufl., Bd. III. Leipzig 1902.
Engels, H.: Formwechsel beim Funktionsgeschehen im Bereich des Blasenbodens. Z. Urol. 33, 709—724 (1939). Zit. nach Anat. Ber. 41, 250 (1941).
Göldi, Kl.: Histochemische Reaktionen der normalen Harnblasenschleimhaut. Z. mikr.-anat. Forsch. 58, 256—288 (1952).
Gray, H.: Anatomy of the human body, 24th ed. by W. H. Lewis. Philadelphia 1942.
Grosser, O.: Das Gekröse der Harnblase und des Urachus (Mesocystium, Mesourachium). Z. Anat. Entwickl.-Gesch. 115, 452—458 (1951).
Heiss, R.: Beiträge zur Anatomie der Blasenvenen. Arch. Anat. u. Physiol. 1915, 265—276.
— Über den Sphincter vesicae internus. Arch. Anat. u. Physiol. 1915, 367—384.
Henle, J.: Handbuch der systematischen Anatomie, Bd. 2, Eingeweidelehre. Braunschweig 1862, 2. Aufl. 1873.
Hyrtl, J.: Lehrbuch der Anatomie des Menschen, 6. Aufl. Wien 1859.
Jores, L.: Über die Hypertrophie des sog. mittleren Lappens der Prostata. Virchows Arch. path. Anat. 135, 224—247 (1894).
Kirschner, M.: Chirurgische Operationslehre, Bd. 5, Bauchbrüche. Berlin 1933.
Körner, Fr.: Zur funktionellen Struktur des Ureters unter besonderer Berücksichtigung seines distalen Ende. Verh. Anat. Ges., 57. Verslg 1962.
Kubik, J.: Die Blasenmuskulatur und die Schließvorrichtung der Harnleiter. Ungar. Chirurgie 1950, 1—4.
Langer, C.: Lehrbuch der Anatomie. Wien 1865.
Lendorf, A.: Beiträge zur Histologie der Harnblasenschleimhaut. Anat. H. 17, 55—180 (1901).
Lüdinghausen, H.: Die anatomischen Grundlagen des Verschlußmechanismus der Harnblase. Z. Anat. Entwickl.-Gesch. 97, 757—766 (1932).
Luschka, H.: Über den Bau des menschlichen Harnstranges. Virchows Arch. path. Anat. 23, 1—6 (1862).
— Die Anatomie des Menschen, Bd. II, Teil II, Das Becken. Tübingen 1864.
Möllendorff, W. v.: Der Exkretionsapparat. In: Möllendorffs Handbuch der mikroskopischen Anatomie, Bd. VII, Teil 1. Berlin: Springer 1930.
Pernkopf, E.: Topographische Anatomie des Menschen, Bd. II. Berlin u. Wien: Urban & Schwarzenberg 1941.
Peterfi, T.: Die Muskulatur der menschlichen Harnblase. Anat. H. 50, 633—675 (1914).
Poirier, P., et A. Charpy: Traité d'Anatomie humaine, T. 5, Organes genito-urinaires. Paris 1901.

Rummelhardt, S.: Über juxtavesicalen angelhakenförmigen Ureterverlauf. Z. Urol. **50**, 214—231 (1957).
Sappey, V.: Traité d'Anatomie. Paris 1873.
Schaffer, J.: Epithel und Drüsengewebe. In: Möllendorffs Handbuch der mikroskopischen Anatomie, Bd. II, Teil 1. Berlin: Springer 1927.
Spiegelius: Zit. nach Barkow.
Takagi, T.: Form- und Lageveränderungen der Beckenorgane. Z. Anat. Entwickl.-Gesch. **83**, 339—362 (1927).
Tandler, J., u. O. Zuckerkandl: Studien zur Anatomie und Physiologie der Prostatahypertrophie. Berlin: Springer 1922.
Testut, L., et O. Jacob: Traité d'Anatomie topographique, 5. ed. Paris 1931.
Toldt, C.: In: Lehrbuch der Anatomie, 6. Aufl. Wien 1897.
— Anatomischer Atlas, Bd. II. 1. Aufl. Wien 1900, 23. Aufl. Wien 1962.
Traeger, F. P.: Über abnormen Tiefstand des Bauchfelles im Douglasschen Raum. Arch. Anat. u. Physiol. **1897**, 316—334.
Waldeyer, W.: Das Trigonum vesicae. Sitzgsber. Preuß. Akad. Wiss. Berlin 1897.
— Das Becken. Bonn 1899.
Wesson, M. B.: Anatomical and embryological studies of the trigone and neck of the bladder. J. Urol. (Baltimore) **4** (1920).
DeWitt, and T. Hunter: A new concept of urinary bladder musculatur. J. Urol. (Baltimore) **71**, 695—704 (1954).
Wolff, J.: Mechanische Aspekte der Feinstruktur der Harnblase. Ber. Med. **14**, 665—674 (1963).
Zimmermann, W.: Beiträge zur Kenntnis einiger Drüsen und Epithelien. Arch. mikr. Anat. **52**, 552—707 (1898).

F. Die Muskulatur des Beckenbodens

H. VON HAYEK

Mit 5 Abbildungen

1. Das Centrum perinei

Die Schwierigkeit in dem Verständnis der Beckenbodenmuskulatur liegt darin, daß von diesen Muskeln der Levator ani, der Transversus perinei profundus und der Sphincter urethrae, sowie deren Fascien reichlich mit glatter Muskulatur durchsetzt sind und die meisten Autoren, die sich mit jener Muskulatur beschäftigt haben, die glatte Muskulatur entweder gar nicht oder nur am Rande erwähnen, mit der einzigen Ausnahme von HENLE, dessen Beschreibung (1873) die einzige zutreffende ist, wie ich an Hand zahlreicher Präparate feststellen konnte.

Das mechanisch wichtigste Zentrum der ganzen Konstruktion bildet die zwischen Rectum und Urethra beim Manne, zwischen Rectum und Vulva bei der Frau, gelegene Gewebsmasse, das Centrum perinei, welches den Hiatus urogenitalis des Levator (das Levatortor) vom Hiatus analis des Levator (Analschlitz) trennt. Diese Gewebsmasse, eben das Centrum perinei, hat als Grundlage eine kräftige Platte quer verlaufender glatter Muskelfasern (Levator prostatae, HENLE), welche die beiderseits der Mitte gelegenen Bündel des Levator miteinander verbinden und zusammenhalten. Diese Platte — das Centrum perinei — wird vielfach auch als Centrum tendineum perinei bezeichnet (zuletzt z. B. in BRAUS-ELZE 1956 und KISS-SZENTAGOTHEI 1960); demgegenüber ist zu betonen, daß dieses Zentrum aus glatter Muskulatur besteht. In diese Platte strahlen Längsfasern des Rectum ein (HENLE 1862, M. rectourethralis, ROUX 1881), sowie glatte Muskelfasern der medialen Levatorfascie, der Prostatakapsel (bzw. Vaginalwand) und besonders der Fascie am Hinterrande des M. transversus perinei profundus dazu in enger Beziehung stehen.

Diese glatte Muskulatur bildet einen wesentlichen Teil der keilförmigen Gewebsmasse, die zwischen Rectum und Anus einerseits, Prostata und Bulbus urethrae andererseits (bzw. Vagina und Vulva) gelegen ist; die frontal stehende scharfe Kante des Keiles ist beckenwärts gerichtet, während die breite Basis sich der Haut des Perineum zuwendet. Diese keilförmige Gewebsmasse wird von PERNKOPF (1941) als Perinealkeil (Septum rectovaginale) oder Corpus perinei bezeichnet, wobei er noch die Namen „Massa perinealis", „Centrum tendineum" und „Raphe perinei" als Synonyma anführt. Der Perinealkeil, wie ihn PERNKOPF versteht, enthält außer dem aus glatter Muskulatur bestehenden Centrum perinei auch quergestreifte Muskulatur, und zwar Teile des Sphincter ani, des Bulbo-cavernosus, des Transversus perinei profundus und superficialis, sowie die vor dem Anus die Seite kreuzenden Fibrae praerectales des Levator. Die sehnige Raphe des M. bulbocavernosus ist mit den daran ansetzenden Sehnen des M. transversus perinei superficialis und des Sphincter ani superficialis zu einer kleinen Sehnenplatte verstärkt, die als „Centrum tendineum perinei" (TANDLER u. a.) bezeichnet werden kann. Dieses „Centrum tendineum" ist also zunächst der Haut des Perineum gelegen und ist daher deutlich verschieden von der in der

Tiefe gelegenen Bildung aus glatter Muskulatur zwischen Rectum, Prostata und Bulbus urethrae, die als Centrum lissomusculare perinei bezeichnet werden soll. Für die quergestreifte Beckenbodenmuskulatur ist dieses Centrum lissomusculare perinei von Bedeutung, weil es durch die glatten Muskelzüge des Levator prostatae die Levatorschenkel zusammenfaßt und dadurch den Hiatus analis vom Hiatus urogenitalis trennt; weiter, weil durch die Verbindung mit den Fascien besonders den Levator ani mit dem Diaphragma urogenitale zusammenhält, ein Verhalten, das bei der Besprechung des Beckenbindegewebes näher erläutert werden soll.

2. Der Musculus levator ani

Der Musculus levator ani bildet mit dem Musculus coccygeus und den beiderseitigen Fascien dieser Muskeln das trichterförmige Diaphragma pelvis. Die Basislinie dieses Trichters verläuft vorne am Os pubis in der Höhe der Mitte der Symphyse liegend über die Innenfläche des M. obturator internus zur Spina ischiadica und weiter längs des Ligamentum sacrospinosum zum 4. Sacralwirbel; die Spitze des Kegels liegt im Bereiche des Anus. Die vordere zum Urogenitalapparat in Beziehung stehende Wand wird von der Pars pubica des Levator gebildet.

Die Pars pubica des Levator entspringt vom Os pubis, der Fascie des M. obturator, der inneren Fascie des Levator und der inneren Fascie des M. transversus perinei profundus und bildet mit den Levatorschenkeln die Umrandung des Levatortores (Hiatus urogenitalis), sowie des — von diesem durch das Centrum perinei getrennten — Analschlitzes (Hiatus analis). Die Ursprungslinie vom Os pubis verläuft zuerst parallel der unteren Hälfte der Symphyse etwa $1^1/_2$ cm von dieser entfernt abwärts dann quer nahezu parallel dem Pecten ossis pubis bis zur Mitte zwischen Symphyse und Canalis obturatorius; näher oder weiter von diesem Kanal geht sie auf die Fascie des M. obturator über, die meist durch den Levatorursprung zu einem Sehnenbogen, dem Arcus tendineus musculi levatoris verstärkt ist. Dieser Sehnenbogen verbindet sich dorsalwärts meist mit dem Arcus tendineus fasciae pelvis, d. h. der Befestigung der Fascia pelvis an der Obturatorfascie (Abb. 1). In dem nach hinten spitzwinkelig begrenzten Feld zwischen beiden Sehnenbogen ist der Levator nur von dünner Fascie bedeckt. Die Verstärkung der Obturatorfascie am sehnigen Ursprung des Levator fehlt gelegentlich, so daß an Abbildungen in manchen Büchern der immer gut ausgebildete Arcus tendineus fasciae pelvis als Arcus tendineus levatoris bezeichnet wird. Einige Faserbündel des Levator entspringen auch von seiner inneren Fascie nahe dem mit dieser Fascie verwachsenen Arcus tendineus fasciae pelvis.

Unterhalb von den vordersten vom Knochen entspringenden Bündeln finde ich meist einige Bündel von der oberen Fascie des M. transversus perinei profundus entspringen, Bündel, die neben dem Rectum vorbei und beckenwärts von der Raphe anococygea bis zum Os coccygis ziehen und mit weiter seitlich am Os pubis entspringenden Bündeln zusammen als M. pubococcygeus bezeichnet werden können [sie wurden auch schon von HENLE (Abb. 409) dargestellt und beschrieben].

Die Levatorschenkel, die am Os pubis enge neben der Symphyse entspringen, verlaufen als einheitliche Masse von Muskelbündeln seitlich vom Hiatus urogenitalis bis nahe an den Anus, hier aber seitlich vom Sphincter ani profundus spalten sich die Levatorschenkel auf, um diesen Muskel und den Anus vorne und hinten zu umfassen (Abb. 1 und 2 vom Mann und vom Weib). Dieses Divergieren der Faserbündel der Levatorschenkel an die Vorder- und Hinterseite des Anus wurden

F. Die Muskulatur des Beckenbodens

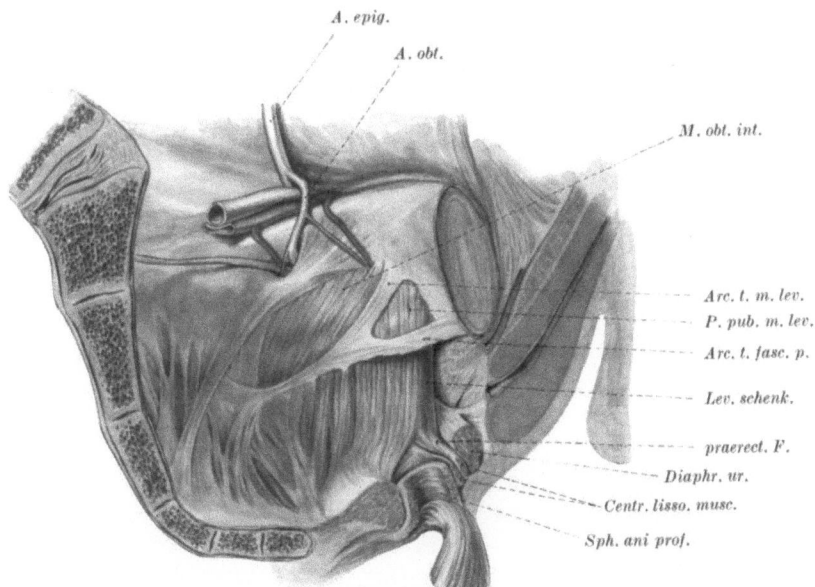

Abb. 1. Der M. levator ani des Mannes, besonders die Abzweigung der praerectalen Fasern vom Levatorschenkel und ihre Beziehung zum Diaphragma urogenitale. Der Arcus tendineus fasciae pelvis sowie der Arcus tendineus m. levatoris

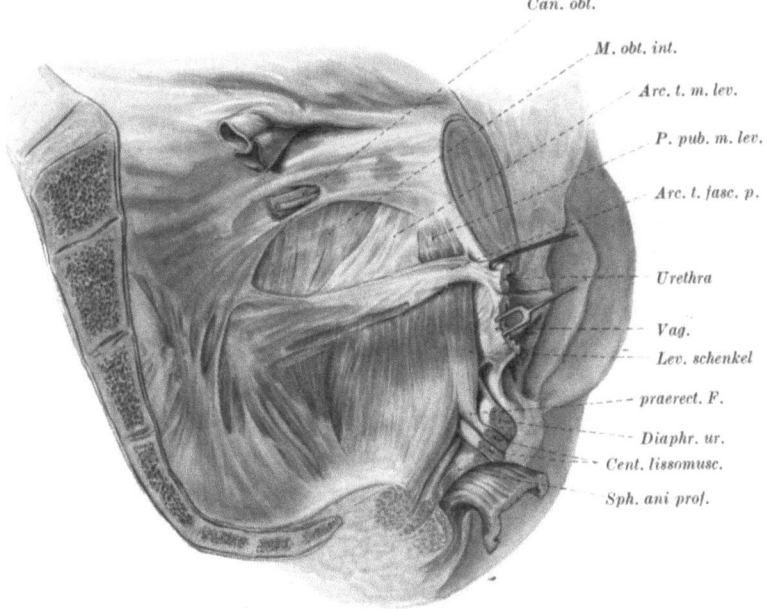

Abb. 2. Der M. levator ani der Frau

zwar schon von HENLE (1873, Abb. 409) und HOLL (1897, Abb. 10 und 12), sowie von KALISCHER (1900) abgebildet, ohne daß diese Autoren aber die kräftige, an die Vorderseite des Anus ziehende Portion im Text beschrieben haben. Diese kräftige Portion der Levatorschenkel (Abb. 1 und 2) setzt sich in die glatte Muskulatur des Centrum lissomusculare fort, so daß dadurch die Levatorschenkel mit der glatten Muskulatur zusammen eine Schlinge bilden (Abb. 1 und 3, KALISCHER), die von HENLE (1862) als M. levator prostatae Santorini bezeichnet wird. Bei der Frau ist die entsprechende Muskelschlinge als M. levator vaginae zu bezeichnen. In einer von EBERTH (1904) wiedergegebenen schematischen Abbildung KALISCHERs (1900) ist diese Platte glatter Muskulatur gut dargestellt, aber nicht bezeichnet (Abb. 3). Dadurch, daß aber HOLL (1897) in seinem Handbuchartikel diese Platte glatter Muskulatur als fibrös-elastisch bezeichnet, ist offenbar die unrichtige Bezeichnung Massa fibrosa oder Centrum tendineum in die Literatur aufgenommen worden, die sich unter anderem auch bei TANDLER, PERNKOPF, BRAUS-ELZE usw. findet.

Außer dieser vor dem Anus (also praerectal) gelegenen Verbindung der beiden Levatorschenkel beschreibt HOLL (1897) als „praerectale Fasern" dünne Bündel quergestreifter Muskulatur, die oberflächlich gelegen die Seite kreuzen

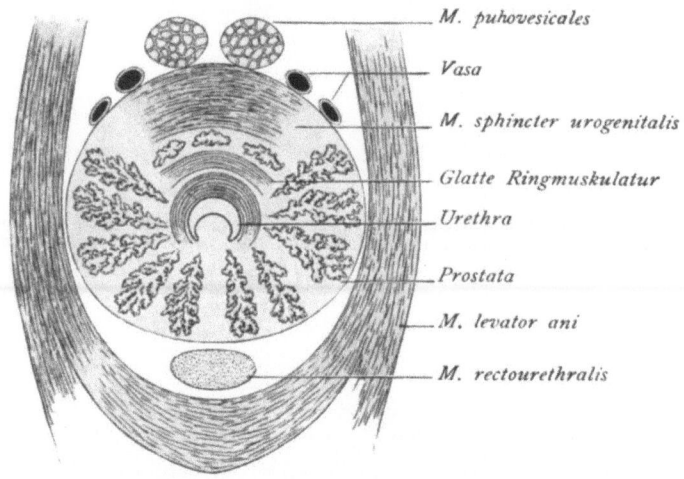

Abb. 3. Die Schlinge des glatten M. levator prostatae (nicht bezeichnet) zwischen den Schenkeln des M. levator ani. Schema von KALISCHER aus EBERTH (1904)

und in den M. transversus perinei superficialis der anderen Seite übergehen. TANDLER beschreibt, daß sie sich in den M. sphincter ani externus superficialis fortsetzen. Diese Bündel sind offenbar sehr variabel und von geringerer Bedeutung als die kräftigen Bündel zum Centrum lissomusculare. Die Platte glatter Muskulatur, welche die Levatorschenkel zusammenfaßt, also der M. levator prostatae, grenzt also den Hiatus urogenitalis des Levator vom Hiatus analis ab; sie bildet einen Teil des Centrum perinei, mit dessen übrigen Gebilden er — aber leicht präparatorisch trennbar — zusammenhängt, so besonders mit dem Hinterrand der Fascie des M. transversus perinei profundus und der Fascie des Levator. Das Abtrennen des M. levator prostatae vom Hinterrand des Diaphragma urogenitale, wie es bei der perinealen Prostatektomie geschieht (Abb. G. 3, S. 292), erfolgt am leichtesten, wenn man etwas seitlich von der Mitte die Levatorschenkel — durch Einschneiden der Fascie — freilegt und die Ränder der Levatorschenkel durch einen Schnitt verbindet; dieser Schnitt in das Centrum perinei trennt den hinteren Teil dieses Zentrums — eben den Levator prostatae vom vorderen Teil — den Rand des Diaphragma urogenitale. Daß durch diesen Schnitt der M. rectourethralis, der am vorderen Teil des Centrum perinei, also am Diaphragma urogenitale mit der Urethra haften bleibt und anschließend durchschnitten werden muß, hat RYDYGIER (in KÜMMEL) gut dargestellt (s. Abb. G. 3, S. 292).

Seitlich enge anschließend an die Fibrae praerectales finden sich die Bündel des M. puborectalis (M. sphincter recti, HOLL), welche den Analkanal enge fast sphincterartig umschließen und hinter dem Anus mit den Bündeln der anderen Seite durch die Raphe anococcygea verbunden sind. Sie sind mit der Wand des Analkanals durch ein festes, fibrös erscheinendes, aber glatte Muskelfasern enthaltendes Gewebe verbunden. Beckenwärts, d. h. oberhalb von dieser Schlinge des Puborectalis liegen die oben genannten Bündel des M. pubococcygeus (HOLL), die ebenso fest mit der Wand des Analkanals in Verbindung stehen und vom glatten M. rectococcygeus begleitet werden. Der ,,fibröse" Halbring durch den M. puborectalis und pubococcygeus mit der Wand des Analkanals verbunden, stellt nach STELZNER (1960) einen wesentlichen Anteil des Verschlußmechanismus des Anus dar.

Die zur Raphe anococcygea ziehenden Faserbündel, welche die Rectumschleife bilden, werden unverständlicherweise von manchen Autoren als M. pubococcygeus bezeichnet. Als iliococcygeus wird in der Literatur die mittels der Fascia obturatoria von den Linea terminalis ossis ilei entspringende Levatorportion bezeichnet, die mit ihrem vorderen Anteil zur Raphe anococcygea, mit ihrem hinteren Anteil zum Os coccygis hinzieht. Da diese Fascie dorsal bis gegen die Spina ischiadica reicht, wird die dort entspringende Levatorportion als Pars (Musculus) ischiococcygea bezeichnet, während andere Autoren die Bezeichnung M. ischiococcygeus für den M. coccygeus verwenden, der mit dem Ligamentum sacrospinale von der Spina ossis ischii zum Os coccygis und Os sacrum verläuft und mit dem Levator ani die muskuläre Grundlage des Diaphragma pelvis bildet.

Die mediocraniale Fascie des Levator ani (Fascia diaphragmatis pelvis superior) wird durch den Arcus tendineus fasciae pelvis unterteilt in einen zarten fibrösen oberen Teil, von dem auch Muskelfasern des Levator entspringen und einen unteren Teil, der glatte Muskelfasern enthält. Der Arcus tendineus fasciae pelvis setzt sich medialwärts fort in die zur Harnblase ziehende Fascia pelvis, welches das Gefäßbündel des Plexus pudendovesicalis bedeckt (Abb. G. 1, S. 291); ventralwärts endigt der Arcus tendineus fächerförmig ausstrahlend am Os pubis und steht hier mit dem Musculus pubovesicalis in untrennbarer Verbindung. Um den Levatorschenkel herum setzt sich die Fascia superior in die Fascia inferior fort, den Levatorschenkel mit einer leicht von diesem trennbaren Hülle umfassend; diese Hülle des Levatorschenkels besteht aus einer dünnen Platte glatter Muskulatur (Abb. G. 6, S. 296), die in die obere Fascia des Diaphragma urogenitalis einstrahlt und die laterale Prostatakapsel bildet (Abb. G. 1, S. 291). Gegen das Centrum perinei geht diese aus glatter Muskulatur bestehende Levatorfascie in dieses Zentrum über (Abb. G. 2, S. 291). Überdies strahlen aus dem Centrum perinei glatte Muskelbündel zwischen die an ihm vorbeiziehenden Levatorbündel ein, so daß hier die ,,Fascie" vom Levator nicht ohne weiteres, sondern nur scharf mit dem Messer unter Durchschneidung der glatten Muskelbündel getrennt werden kann. Da die untere, glatte Muskeln enthaltende Fascie der Levatorschenkel gleichzeitig die obere Fascie des Diaphragma urogenitale bildet, ist es diese gemeinsame Fascie beider Muskeln, von welcher die oben (S. 280) erwähnten Levatorbündel entspringen.

3. Der M. transversus perinei profundus und der M. sphincter urethrae

Diese beiden quergestreiften Muskeln werden vielfach als eine Einheit beschrieben, die aber nicht nur — wie in den meisten Büchern angegeben — aus einer queren Platte im Angulus bzw. Arcus pubis besteht, sondern die quergestreiften Muskelfasern setzen sich noch etwa in Form eines Zylinders (HENLE) auf Urethra und Prostata bzw. Vagina fort. Dieser Zylinder ist cranialwärts unregelmäßig zackig abgeschnitten; er reicht beim Manne an der Vorderfläche der Prostata bis nahe an den M. pubovesicalis — besitzt hier also eine Höhe von etwa 2 cm —; schickt seitlich einige Faserbündel noch weiter cranialwärts und umhüllt auch noch die hintere Fläche der Prostataspitze. Bei der Frau reicht er vorne ebenso weit hinaus, bildet aber hinter der Vagina nur einige schwache durch glatte Muskulatur ergänzte Bündelchen. Der Sphincter unterscheidet sich vom Transversus perinei durch seine Farbe und Struktur (HENLE), indem der Transversus deutlich rot und seine Fasern in Bündel gesondert sind, während der Sphincter blasser ist und seine Fasern durch reichlich Bindegewebe fest zusammengehalten werden. Die mikroskopische Untersuchung zeigt, daß der Sphincter meist aus dünneren quergestreiften Muskelfasern besteht (HAYEK 1960), deren Durchmesser am Querschnitt nur etwa $1/3$ der Fasern des Transversus beträgt. Die ganze Einheit M. transversus plus sphincter urethrae ist in den verschieden Teilen mehr oder weniger mit glatten Muskelfasern durchsetzt und grenzt sich cranialwärts dadurch, daß die glatten Muskelfasern an Zahl zunehmen und die quergestreiften an Zahl abnehmen, nur unscharf von der glatten Muskulatur der Prostata, Harnröhre und Vagina ab. Die letzten einzeln liegenden quergestreiften Muskelfasern sind nur im Mikroskop zu erkennen. Eine zusammenhängende Einheit bilden der M. transversus perinei profundus und der M. sphincter urethrae tatsächlich an der Vorderfläche der Urethra, wo ebenso makroskopisch wie am mikroskopisch untersuchten Mediansagittalschnitt eine scharfe Trennung nicht erkennbar ist. Getrennt sind diese beiden Muskeln dagegen bei der Frau lateral von der Urethra durch glatte Muskelbündel, welche aus der Längsmuskulatur der Urethra in die obere Fascie des Transversus schräg absteigend einstrahlen (Abb. H. 5, S. 319) und beim Manne dorsal von der Urethra durch glatte Muskulatur welche diese Fascie bildet und mit der Muskelwand der Urethra zusammenhängt (HAYEK 1961, Abb. G. 4, S. 293) (s. S. 292).

Als M. transversus perinei profundus (HENLE) des Mannes wird die dreieckige Muskelplatte bezeichnet, die im Angulus pubis gelegen ist und mit ihren beiden Fascien (der oberen und der unteren) das Diaphragma urogenitale (HENLE) bildet, welches diesen Winkel abschließt. Der vordere Rand dieses Diaphragma wird vom Lig. transversum pelvis, HENLE (praeurethrale, Nom. anat. Jena, Transversum perinei Nom. anat. Paris) gebildet; das Lig. transversum pelvis wird von älteren Autoren (HYRTL 1859 bis SAPPEY 1873) vom dem Lig. arcuatum pubis (HENLE 1873) nicht getrennt, sondern beide werden unter einem Namen zusammengefaßt (Lig. arcuatum pelvis, Lig. arcuatum pubis, Lig. souspubien). Nahe seinem hinteren Rande finden sich zwischen die quergestreiften Muskelfasern eingelagert im Diaphragma die Glandulae bulbourethrales (COWPERI). Die obere wie die untere Fascie, sowie die den hinteren Rand bildende Fascie enthält reichlich glatte Muskulatur, die mit der übrigen glatten Muskulatur des Perineum in enger Beziehung steht. Die ganze Platte des Diaphragma und somit auch der Muskel wird durchsetzt von der Urethra, deren Wand mit dem Muskel und seinen Fascien eine enge Verbindung aufweist.

Seitlich entspringt die Masse der Muskelbündel am Knochen des Angulus pubis mittels einer Sehnenplatte, zwischen deren Blättern dicht am Knochen der N. dorsalis penis, die A. dorsalis penis und Venen verlaufen, welche Gebilde teilweise das Diaphragma von vorne nach hinten durchsetzen, so daß im Ursprung des Muskels Öffnungen gelegen sind, die von kleinen Sehnenbogen begrenzt werden.

In extremer Ausbildung des Muskels können mit HENLE drei durch den Faserverlauf unterschiedene Schichten wahrgenommen werden, und zwar eine oberste transversale, eine mittlere schräge und eine unterste sagittale, wobei zwischen die hinteren Abschnitte der transversalen und der schrägen Faserschicht die Cowperschen Drüsen eingelagert sind. Die transversalen Fasern vereinigen sich

F. Die Muskulatur des Beckenbodens

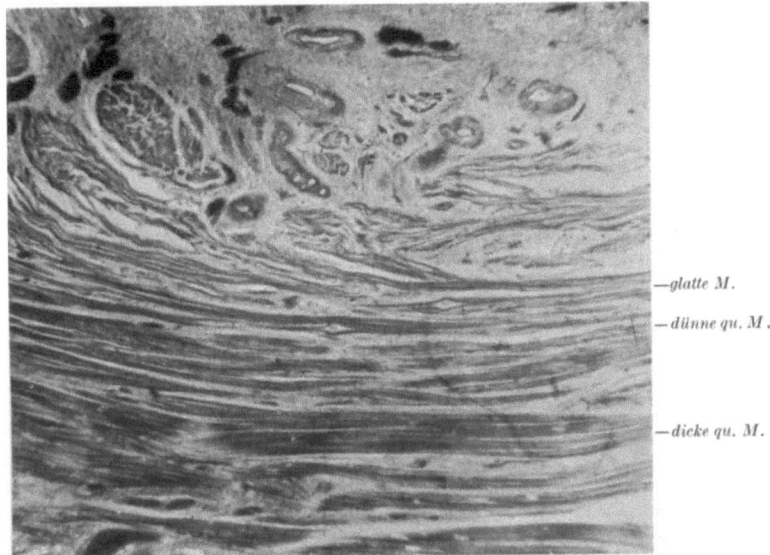

Abb. 4. Dicke und dünne quergestreifte Muskelfasern an einem Querschnitt durch die weibliche Urethra

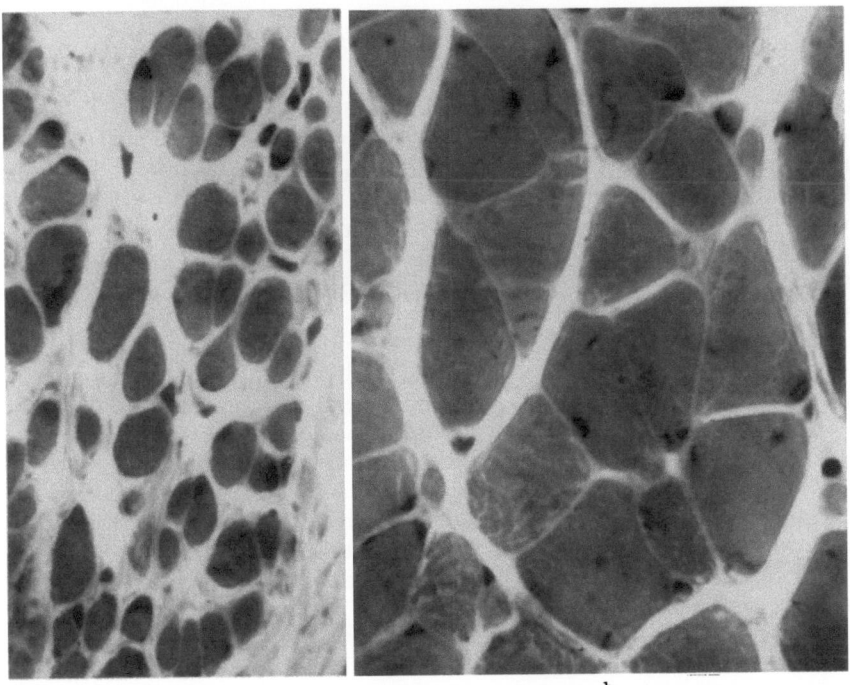

Abb. 5a u. b. a Dünne quergestreifte Muskelfasern aus dem Rhabdosphincter urethrae infraprostaticus im Vergleich zu b den dicken quergestreiften Muskelfasern aus dem M. transversus perinei profundus. Aus HAYEK, Z. Anat. Entwickl.-Gesch. **121**, 457 (1960), Abb. 2a und b

hinter der Urethra mit denen der anderen Seite durch eine mediane sehnige Raphe. Die schrägen Fasern verlaufen fast parallel dem Ursprung des Muskels am Knochen, vereinigen sich vor der Urethra mit denen der anderen Seite (manchmal ebenfalls durch eine Raphe die Linea alba HENLEs) und können unter dem Lig. transversum pubis bis an die Dorsalfläche des Bulbus urethrae verlaufen. Die sagittalen Fasern liegen an der Unterfläche des Muskels, umfassen von links und rechts die Urethra, indem sie vorne im Winkel zwischen den beiden Crura penis hinten am hinteren Rande des Diaphragma endigen. Sie bilden einen Übergang zum M. bulbocavernosus. Vielfach ist eine solche Aufgliederung des Muskels in drei Schichten, wie sie HENLE beschreibt, nicht darstellbar und die Fasern überkreuzen sich in dünneren Blättern unregelmäßig, insbesondere finden sich Bündel, die die Urethra vorne und hinten bogenförmig umfassen und sich weitlich von ihr spitzwinkelig überschneiden. Die hinter der Urethra verlaufenden Querfasern werden gelegentlich (SAPPEY 1873) als Guthriescher Muskel bezeichnet, während es offenbar die Schrägfasern HENLEs sind, die SAPPEY den Wilsonschen Muskel nennt, doch ist WILSONs Beschreibung so unklar, daß DELBET (in POIRIER et CHARPY) sie zitiert und meint, sie treffen die vorderen Levatorfasern. Jedenfalls sind schon TOLDT (in LANGER-TOLDT 1897) und DELBET (1901) der Meinung, daß die Beschreibung eines Wilsonschen Muskels und eines Guthrieschen Muskels als selbständiges Gebilde nicht berechtigt ist und aus der Literatur verschwinden sollte.

Von diesen drei Schichten getrennt durch die obere Fascie (glatte Muskulatur) des Diaphragma urogenitale finden sich zirkuläre Bündel um die Urethra, die den Rhabdosphincter oder Sphincter urethrae externus bilden. „Präpariert man die Pars membranacea in herkömmlicher Weise aus dem Diaphragma urogenitale heraus, indem man die Muskulatur des letzteren soweit wegnimmt, als sie deutlich rot und nach Art gestreifter Muskeln in Bündeln gesondert ist" — so sagt HENLE — „so enthält die Schicht, die man als Wand der Urethra übrigläßt, immer noch gestreifte Fasern". Diese quergestreiften Fasern des Sphincter urethrae sind nach HENLE heller und weniger in einzelne voneinander ablösbare Bündel gesondert. Am Zupfpräparat zeigt sich (HAYEK 1960), daß die Sphincterfasern durch reichlich Bindegewebe fest zusammengefaßt werden, ebenso tritt dieses Bindegewebe am mikroskopischen Querschnitt besonders deutlich hervor (Abb. H. 1, S. 316). Die Sphincterfasern sind überdies dünner (30—60 μ) als die Transversusfasern (140—250 μ). Über die funktionelle Bedeutung dieses deutlichen morphologischen Unterschiedes ist noch nichts bekannt.

An die zirkulären Sphincterfasern, die knapp über dem Diaphragma urogenitale gelegen sind, schließen sich blasenwärts über diese Ebene vorragend quergestreifte Faserbündel an, welche in so enger Beziehung zur Prostata stehen, daß die am Präparat der Prostata vielfach unbeobachtet geblieben sind und bei der Beschreibung der Prostata nicht erwähnt werden (z. B. TANDLER, SIEGLBAUER). Doch wurden diese quergestreiften Muskelfasern im Körper der Prostata schon von KOHLRAUSCH (1854) als Sphincter urethrae prostaticus" beschrieben und von HENLE (1862) dem „Sphincter urethrae externus" zugerechnet. KALISCHER (WALDEYER) bezeichnet diesen Muskel als „Sphincter urogenitalis pars prostatica".

Die untersten dieser Bündel Rhabdosphincter urethrae infraprostaticus umfassen die Pars membranacea urethrae und schließen sich kegelförmig über das Diaphragma vorragend an dieses an (Abb. 283 in TOLDT, Atlas, Abb. I. 15, S. 340). Sie sind aber hinter der Urethra von den Transversusfasern abgegrenzt durch eine Lage glatter Muskelbündel, welche eine Verbindung des Centrum perinei über die oberen Transversusfascien mit der glatten Muskulatur der Urethra bilden. Vor der Urethra dagegen bilden die Bündel quergestreifter Muskelfasern des Transversus mit denen des Sphincter urethrae und des Sphincter urethrae prostaticus eine einheitliche Platte (Abb. I. 14 und 15, S. 340).

Weitere Fasern dieses Rhabdosphincter infraprostaticus umfassen ringförmig die Spitze der Prostata (Abb. I. 15, S. 340). Cranialwärts liegen quere oder längs schräg nach hinten aufsteigende Fasern an der Vorderfläche der Prostata (Abb. I. 15, S. 340) (Rhabdosphincter prostaticus, HENLE, BRAUS-ELZE, Abb. 248; KALISCHERs Rhabdosphincter urogenitalis pars posterior; die seitwärts im Bindegewebe des Drüsenkörpers endigen, oder sich in glatte Muskelbündel fortsetzen. Die langen schräg aufsteigenden Bündel liegen tief in den Körper der Prostata eingegraben, so daß sie am Querschnitt durch diesen (Abb. I. 3, S. 330) vorne von dicken, glatten Muskelbündeln, hinten vom Drüsenparenchym mit dem lockeren Netzwerk glatter Muskulatur begrenzt sind. Diese Bündel reichen seitlich bis in die Furche zwischen Blase und Prostata, den oberen Rand der Prostata bildend. Die obersten Muskelbündel verlaufen wieder mehr quer und sind kürzer, so daß sie nur einen Teil der Vorderfläche der Prostata einnehmen (Abb. I. 15, S. 340). Während die Schrägbündel aus einer einheitlichen Masse quergestreifter Muskelfasern bestehen, mischen sich in den oberen Querbündeln harnblasenwärts immer mehr glatte Muskelfasern zwischen die quergestreiften (HENLE), bis zuletzt nur mehr einzelne quergestreifte Muskelfasern zwischen den glatten gefunden werden. Die obersten quergestreiften Fasern projizieren sich nach hinten auf den Colliculus seminalis und liegen vorne knapp unter dem M. pubovesicalis. Die an der Vorderseite der Prostata gelegenen Fasern (Abb. I. 14, S. 340) können mit KOHLRAUSCH am besten als Sphincter urethrae prostaticus oder Rhabdosphincter prostaticus bezeichnet werden. HENLE rechnet diese Fasern zum Sphincter vesicae externus, nachdem der Name Sphincter prostatae bereits von KÖLLIKER für den glatten inneren Sphincter vergeben wurde. Statt Sphincter urethrae prostaticae wäre der Name Rhabdosphincter prostaticus vor Verwechslungen sicher.

Außer diesen mehr oder weniger quer verlaufenden Faserbündeln des Sphincter externus finden sich oberflächlich im Körper der Prostata zwischen den Querfasern auch längs zur Urethra verlaufende Fasern, die aus der Platte des Transversus perinei profundus ausbiegend, im Körper der Prostata seitlich parallel der Urethra gelegen, zwischen deren glatter Muskulatur und zwischen den Drüsen gelegen sind, Fasern, die auch schon HYRTL beschreibt.

4. Der M. sphincter ani externus

Der M. sphincter ani externus läßt durch seine Insertion und weil er von zwei Lamellen fibrös elastischen Gewebes (HOLL) durchsetzt wird, in der Regel drei deutlich abgrenzbare Abschnitte unterscheiden, den Sphincter subcutaneus, den Sphincter superficialis und den Sphincter profundus. Diese Bindegewebslamellen ziehen von der Bindegewebshülle des Rectum durch den Sphincter ani zur Haut und fixieren so diesen Muskel an der Analhaut.

Der Sphincter subcutaneus (HOLL) liegt, wie sein Name sagt, durchwegs direkt unter der Haut und endigt in der Cutis vorne teils in die glatte Muskulatur übergehend, die sich vom Perineum gegen die Wurzel des Scrotum erstreckt (HENLE). Ein Teil der Fasern kann auch zur Fascie des M. bulbocavernosus hinziehen. Die hintere Hautinsertion ist nicht so beständig wie die vordere, so daß hinten die Fasern der einen Seite oft bogenförmig in die der anderen Seite übergehen (HENLE). Die Fasern dieser Muskelpartie ziehen die perianale Haut tamponierend in den Analkanal hinein, so den Verschlußmechanismus ergänzend.

Der Sphincter superficialis besteht fast durchwegs aus sagittal verlaufenden Fasern, die hinten an der Steißbeinspitze, vorne an der medianen Sehne des M. bulbocavernosus befestigt sind; einige Fasern überkreuzen sich vorne wie hinten. Seine nach vorne zum M. bulbocavernosus ziehenden Fasern verlaufen im Septum anobulbare (s. S. 294). Der Muskel zeigt häufig Faservariationen (HOLL), indem Fasern in den M. bulbocavernosus profundus übergehen, oder zum M. transversus perinei, oder zum Tuber ossis ischii oder zur Fascie des Bulbocavernosus hinziehen.

Der Sphincter (ani externus) profundus bildet um den Analkanal einen fast $1^1/_2$ cm hohen bis zu etwa 8 mm dicken Ring, dessen Fasern kontinuierlich ringförmig zu sein scheinen. Von den meisten Bündeln läßt sich aber nach HOLL nachweisen, daß sie nicht ringförmig angeordnet sind, denn am vorderen und hinteren Umfang des Anus sieht man, wie Bündel mittels feinster Fasern eine Kreuzung eingehen und die gekreuzten an dem benachbarten fibrös-elastischen Gewebe endigen. Der Muskel läßt sich leicht von außen und innen von der Umgebung ablösen, ebenso ist er seitlich vom M. puborectalis durch reichlich Bindegewebe und die an diesem gelegenen Vasa analia getrennt (HOLL). Von vorne können gekreuzte und ungekreuzte Fasern des M. puborectalis von der Fascia inferior des M. transversus perinei profundus kommend in den Sphincter profundus einstrahlen. Von der Fascie des M. bulbocavernosus läßt sich der Sphincter profundus ebenso leicht ablösen wie vom Centrum perinei (glatte Muskulatur), da er von beiden durch lockeres, meist reichlich Fettzellen enthaltendes Bindegewebe abgegrenzt wird, durch das nur wenige stärkere Bindegewebszüge hindurchziehen. HENLE gibt an, daß der weniger deutlich in Bündel unterteilte ringförmige Muskel durch seine blassere Farbe charakterisiert ist. Die funktionelle und chirurgische Bedeutung der drei Anteile dieses Muskels wurden in letzter Zeit von STELZNER (1960) untersucht.

Literatur
zu diesem Kapitel s. S. 312

G. Das Bindegewebe und die glatte Muskulatur des Beckenbodens

H. von Hayek

Mit 18 Abbildungen

1. Allgemeines

Die Beschreibung des Bindegewebes des Beckenbodens wird von verschiedenen Autoren (z. B. Tandler) zu den schwierigsten und kompliziertesten Kapiteln der Anatomie gerechnet, weil zu diesem Bindegewebe auf der einen Seite straffe, fibröse Bildungen, auf der anderen Seite lockeres Verschiebegewebe zu rechnen ist und dieses Bindegewebe zu sämtlichen Beckenorganen in Beziehung steht; daß aber dieses Bindegewebe auch reichlich glatte Muskulatur enthält, wird, wenn überhaupt, meist nur am Rande erwähnt (Pernkopf, Hafferl). Aber gerade die teils in Fascien — in der französischen Literatur „Aponeuroses" — eingewebte meist unberücksichtigt gebliebene glatte Muskulatur dürfte für die wichtige Stützfunktion des „Beckenbindegewebes" (Tandler) von besonderer Wichtigkeit sein. Besonders die als Fascien bezeichneten Gebilde, wie die Fascia levatoris ani, die Fascia m. transversi perinei und besonders die sog. Fascia endopelvina enthalten, wie noch im einzelnen zu beschreiben ist und besonders aus mikroskopischen Präparaten hervorgeht, so reichlich glatte Muskulatur, daß diese über das sonst in Fascien vorwiegende fibröse Bindegewebe überwiegt. Diese glatte Muskulatur hängt mit der glatten Muskulatur der Beckenorgane (Blase, Prostata, Urethra, Vagina, Rectum) ebenso zusammen, wie das Bindegewebe der Fascien mit der bindegewebigen Hülle der Organe.

Nächst den genannten Fascien ist jenes Bindegewebe zu nennen, welches die einzelnen Beckenorgane dort umhüllt, wo ihre Oberfläche nicht fest mit dem Peritoneum verwachsen ist; dieses Bindegewebe ist also teilweise subserös gelegen und wird in Beziehung zu jedem der Organe als perivesicales, perirectales, perivaginales etc. Bindegewebe bezeichnet. Gelegentlich wird aber auch hier von Fascien gesprochen (Fascia vesicalis-Amreich). Die kleineren Gefäße und Nerven verzweigen sich in diesen Bindegewebshüllen. Die Summe der Bindegewebshüllen der Harn- und Geschlechtsorgane wird von Tandler als Tela urogenitalis bezeichnet.

Die größeren Gefäße und die Nerven sind dort, wo sie von der Beckenwand an die Beckenorgane herantreten, von Bindegewebe umhüllt, so daß von einer Gefäßscheide, oder von Pernkopf von einer Gefäßnervenleitplatte gesprochen wird. Die Verbindung des Bindegewebes mit der Adventitia der Gefäße bzw. dem Epineurium der Nerven gibt diesen Gefäßnervenleitplatten eine große Festigkeit, so daß Teile derselben als Ligamente bezeichnet werden. Das Bindegewebe dieser Gefäßnervenleitplatten geht natürlich dort, wo sich die Gefäße und Nerven an den Organen verzweigen, in die Bindegewebshüllen der Organe (z. B. perivesicales Bindegewebe, Prostatakapsel) über. Die kräftige Gefäßnervenleitplatte ist gegen das lockere, leicht verschiebliche Bindegewebe durch eine festere Grenzschicht abgegrenzt, welche Grenzschicht wieder in die Fascia pelvis und die Fascia endopelvina sich fortsetzt.

Schließlich ist noch das lockere Bindegewebe zu nennen, das, zwischen Organen gelegen, deren Verschieblichkeit gestattet. Es läßt sich leicht bei der Präparation oder durch eine Flüssigkeitsansammlung beiseitedrängen, so daß Hohlräume entstehen. Solch ein von lockerem Bindegewebe erfüllter Raum wird am besten als Spatium (AMREICH, PERNKOPF, praevesicale, paravesicale, retrorectale usw.) bezeichnet, um sie von anderen Räumen (Cavum pleurae, peritonei usw.) zu unterscheiden. Doch werden von manchen Autoren (HYRTL, DISSE, TANDLER) auch diese Bindegewebsräume als Cavum bezeichnet (Cavum praeperitoneale, RETZII, HYRTL, Cavum praevesicale, DISSE).

Es sind demnach am Beckenbindegewebe folgende nicht scharf gegeneinander abgegrenzte Gruppen zu unterscheiden:
1. Muskelfascien, teils eine Organkapsel bildend,
2. Organhüllen aus Bindegewebe (auch als Fascie bezeichnet),
3. Gefäßnervenleitplatten (auch als (Fascien bezeichnet),
4. lockeres Verschiebegewebe der mit Bindegewebe erfüllten Spatien.

Eine feste Verbindung der Fascien der Mm. levator ani und transversus perinei profundus und damit dieser Muskeln untereinander und mit der Capsula prostatae wie der glatten Muskulatur von Beckenorganen (Rectum, Urethra und Prostata bzw. Vagina) wird durch das Centrum (lissomusculare) perinei gebildet.

2. Das Centrum (lissomusculare) perinei

Das feste Zentrum, welches das sog. Beckenbindegewebe des Beckenbodens — das, wie gesagt, reichlich glatte Muskulatur enthält — zusammenhält, liegt zwischen Urethra und Rectum und besteht überwiegend aus glatter Muskulatur, es soll als Centrum (lissomusculare) perinei bezeichnet werden. Es verbindet die Muskelfascien (Levator, Transv. per. prof., Bulbocavernosum, Sphincter ani profundus) mit der Kapsel der Prostata und den Organen (Rectum, Urethra, Prostata, Vagina), aus denen glatte Muskelzüge einstrahlen. Die Grundlage des Zentrum bildet eine Platte quer verlaufender glatter Muskelbündel (HENLE 1862), welche bogenförmig zwischen den Levatorschenkeln verlaufend, den Hiatus urogenitale vom Hiatus analis trennt und beim Mann als Levator prostatae bezeichnet wird. Diese Bündel bilden nun nicht nur die Fortsetzung der Bündel der Levatorschenkel, sondern ein Teil setzt sich in die Fascie des Levator fort (Abb. 1) oder strahlt zwischen die seitlich vorüberziehenden Levatorbündel in das Perimysium ein (Abb. 2). In der Mitte schließen die queren Muskelbündel des glatten Levator prostatae dicht an die davor gelegenen queren Bündel der Fascie des Diaphragma urogenitale an, so daß der Kern des Centrum perinei aus solchen quer verlaufenden Bündeln besteht. Die Fascie des Levator ani geht seitlich von der Urethra in das Diaphragma urogenitale über, indem sie zwischen Levator ani und Transversus perinei profundus gelegen, die untere Fascie des Levator und ebenso die obere Fascie des Transversus bildet. Über den queren Faserbündeln und diese teilweise durchsetzend finden sich sagittale Faserbündel glatter Muskulatur, die beim Manne als M. rectourethralis bezeichnet werden. Diese sagittalen Bündel zweigen aus der Längsmuskulatur des Rectum ab und ziehen durch das Centrum perinei gegen die Urethra und die Spitze der Prostata. HENLE (1862) und TOLDT (Atlas) beschreiben Bündel, welche von oben her kommend nach vorne gegen die Prostataspitze ausbiegen (Abb. 4) und daher als M. rectourethralis superior jener schwächeren Fasermasse gegenübergestellt werden müssen, die als M. rectourethralis inferior zu bezeichnen ist (Abb. 4). Sie kommen von der vorderen Wand des Anus und der Flexura perinealis recti und ziehen direkt nach vorne (ROUX 1881), wo sie am Diaphragma urogenitale weiter bis zur Urethra

G. Das Bindegewebe und die glatte Muskulatur des Beckenbodens

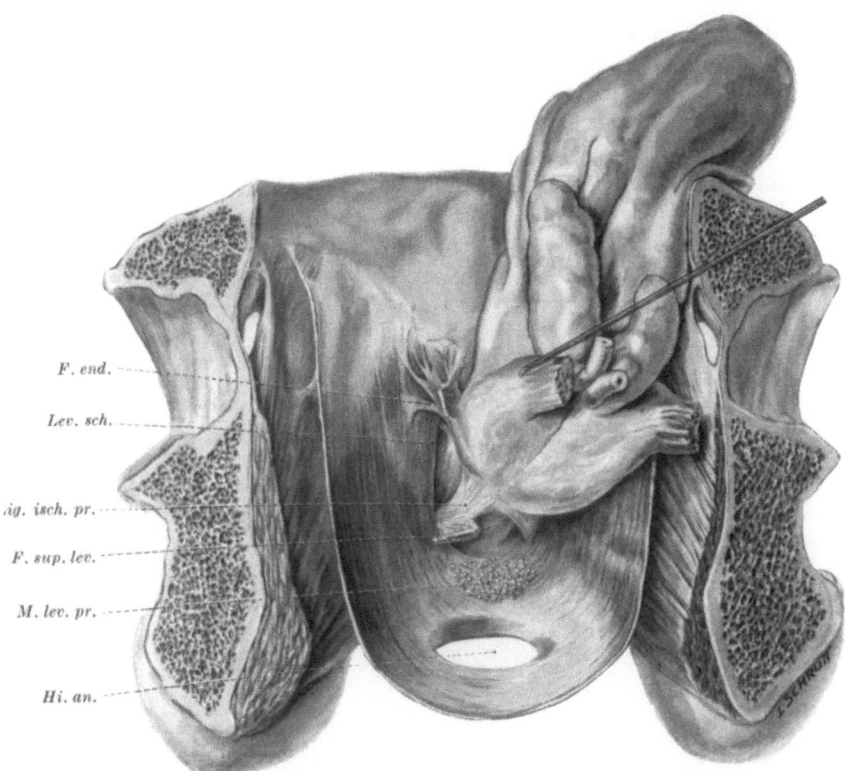

Abb. 1. Der M. levator prostatae als vordere Begrenzung des Hiatus analis durch Ablösen der Fascia superior levatoris ani dargestellt. Diese Fascie hängt mit dem Lig. ischioprostaticum zusammen. Die rauhe Oberfläche des M. levator prostatae ist durch die abgeschnittenen Fasern des M. rectourethralis bedingt. Das Gefäßbündel am lateralen Winkel der Prostata durch einen Haken angezogen. *F. end.* Fascia endopelvina; *Lev. sch.* Levatorschenkel; *Lig. isch. pr.* Ligamentum ischioprostatium; *F. sup. lev.* Foscia superior levatoris; *M. lev. pr.* Musc. levator prostatae; *Hi. an.* Hiatus analis

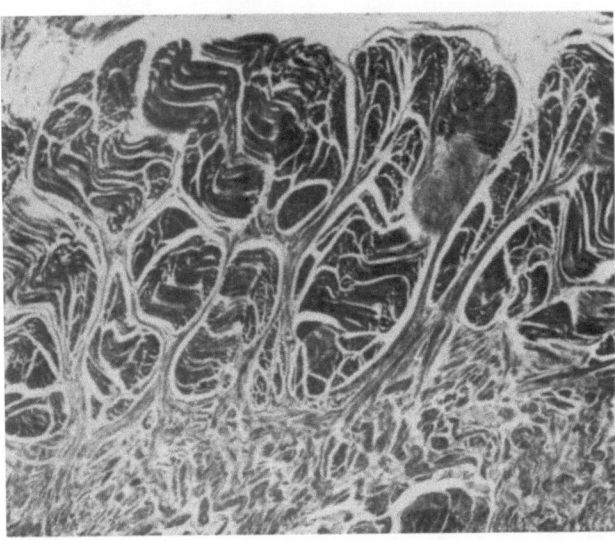

Abb. 2. Das Eindringen glatter Muskelbündel aus dem Centrum perinei lateralwärts in den M. levator. Frontalschntit

verfolgt werden können. Die vom Diaphragma zur Urethra aufsteigenden Fasern, die Roux (1881) abbildet, sind die gleichen, deren Verlauf durch den Rhabdosphincter infraprostaticus in die innere Längsmuskulatur der Urethra bei Besprechung der Urethra beschrieben wurden (Hayek 1962). Die perineale Fläche des M. rectourethralis läßt sich darstellen, wenn man, wie Rydygiers Abbildungen in Kümmels Darstellung (1920) zeigen, vom Perineum ausgehend den Bogen des Levator prostatae vom hinteren Rande des Diaphragma urogenitale ablöst (Abb. 3). Kümmel (1920) beschreibt, sich auf Rydygier stützend, daß erst nach querer Durchtrennung dieses Muskels der Zugang zum Spatium

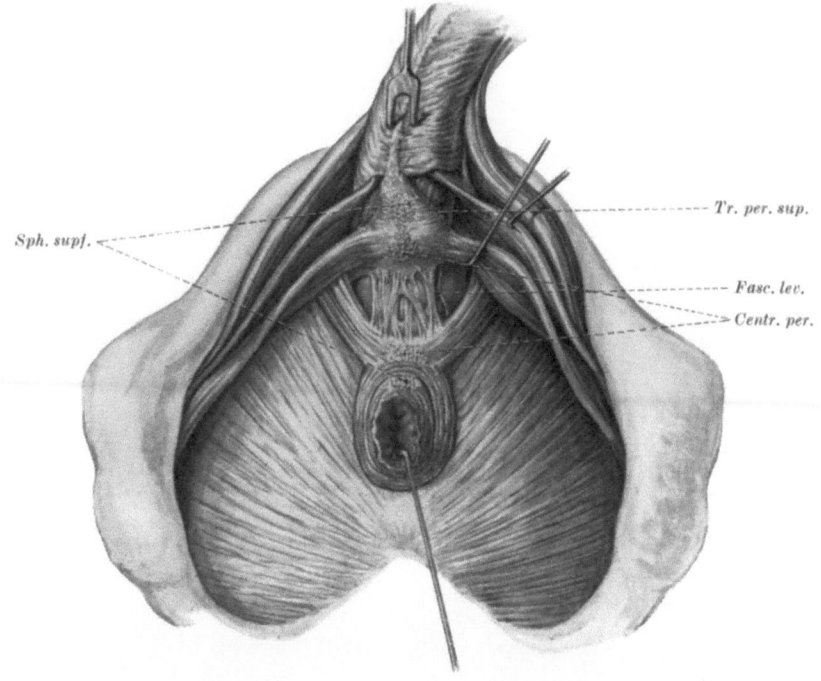

Abb. 3. Der M. rectourethralis zwischen M. levator prostatae und Hinterrand des M. transv. per. prof. dargestellt. Die diese Muskeln verbindenden glatten Muskelzüge des Centrum perinei durchtrennt. Ebenso wurde der Sphincter ani superficialis von der Raphe des M. bulbocavernosus abgetrennt. Der linke Levatorschenkel wurde lateralwärts gezogen, um seine Fascie zu zeigen, deren freier Rand neben dem M. levator prostatae dargestellt wurde. *Sph. supf.* Sphincter ani superficialis; *Tr. per. sup.* M. transversus perinei superficialis; *Fasc. lev.* Fascie des Levatorschenkels; *Centr. per.* Centrum perinei

rectoprostaticum an der Hinterfläche der Prostata frei wird. Seitlich vom Rectum zieht jederseits ein Teil des Treitzschen M. anococcygeus nach vorne, der sich nach Toldt (1897) in dem „die Prostata umgebenden Bindegewebe und in der Fascia prostatae" verliert, während Luschka (1864) und Hyrtl (1882) angeben, daß er das Rectum beiderseits umgreifend, in der Fascia pelvica (i.e. levatoris ani) endigt. Jedenfalls steht auch der Treitzsche Muskel mit der glatten Muskulatur des Centrum perinei in Verbindung.

Mit der hinteren Kante des Centrum perinei stehen noch zwei etwa frontal eingestellte Muskelfascien, welche glatte Muskelbündel enthalten, in Verbindung, und zwar die Fascie an der Vorderfläche des M. sphincter ani profundus und die Fascie an der Hinterfläche des M. bulbocavernosus. Zwischen beiden Fascien findet sich ein mit Fettgewebe erfüllter Raum (Abb. 4), das Spatium adiposum anobulbare, das Kümmel (1920), weil dieser Raum ein leichtes Eindringen

G. Das Bindegewebe und die glatte Muskulatur des Beckenbodens 293

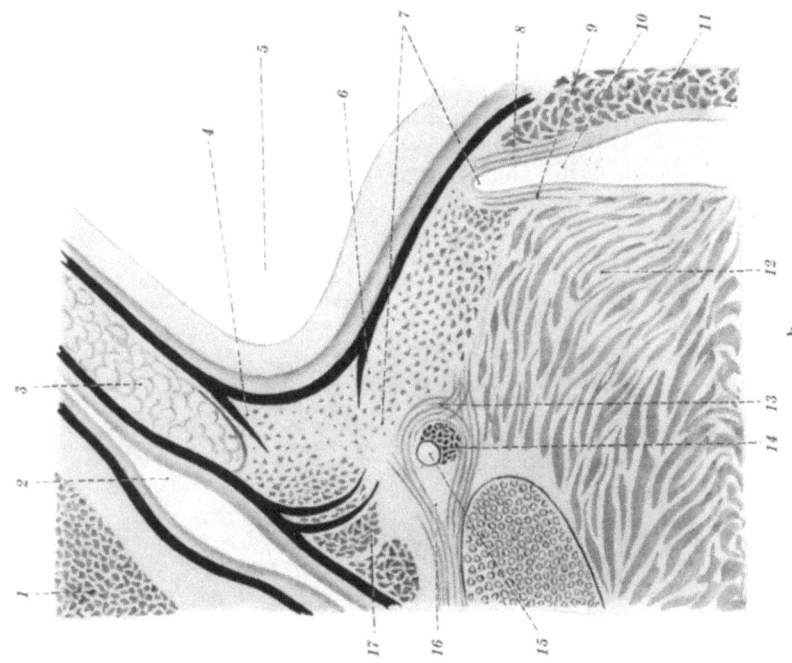

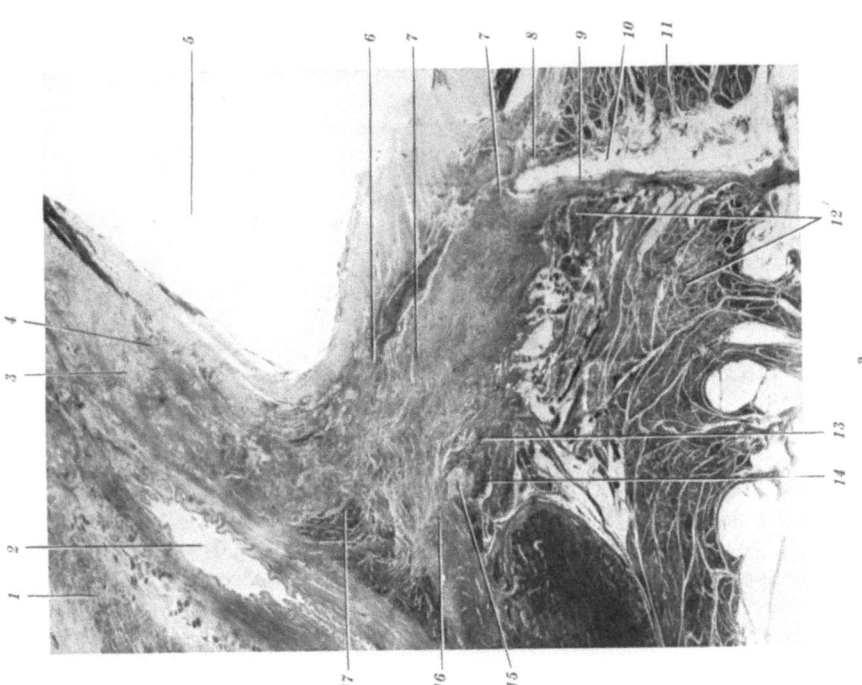

Abb. 4a u. b. Das Centrum fissomusculare perinei am Medianschnitt, etwas seitlich vom Septum anobulbare. Photographie und Schema. *1* Rhabdosphincter prostaticus, *2* Urethra, *3* Prostata, *4* M. rectourethralis superior, *5* Rectum, *6* M. rectourethralis inferior, *7* der glatte M. levator prostatae, *8* glatte Muskeln in der Fascie des Sphincter ani, *9* glatte Muskeln in der Fascie des M. bulbocavernosus, *10* Spatium anobulbare, *11* M. sphincter ani profundus, *12* M. bulbocavernosus, *13* Fascie am Hinterrand des M. transversus perinei prof., *14* M. transversus perinei profundus, *15* Glandula bulbourethralis, *16* obere Fascie des Diaphragma urogenitale, *17* M. rhabdosphincter infraprostaticus mit durchtretender glatter Muskulatur gestattet, als „Spatium decolabile rectobulbare"[1] bezeichnet. In der Medianebene wird das Fettgewebe dieses Raumes von einer muskulofibrösen Platte (Abb. 5) durchsetzt, dem Septum anobulbare, welches auch die vom Anus nach vorne ziehenden Bündel quergestreifter Muskulatur der Mm. sphincter ani superficialis und subcutaneus enthält. Das Septum verbindet von hinten nach vorne den Anus mit dem Bulbus und von oben nach unten das Centrum perinei und die Fascie des M. bulbocavernosus mit der Raphe cutanea perinei.

Bei der Frau ist der Treitzsche Muskel ähnlich ausgebildet wie beim Manne, dagegen gibt es keinen M. rectourethralis. An seiner Stelle aus der vorderen

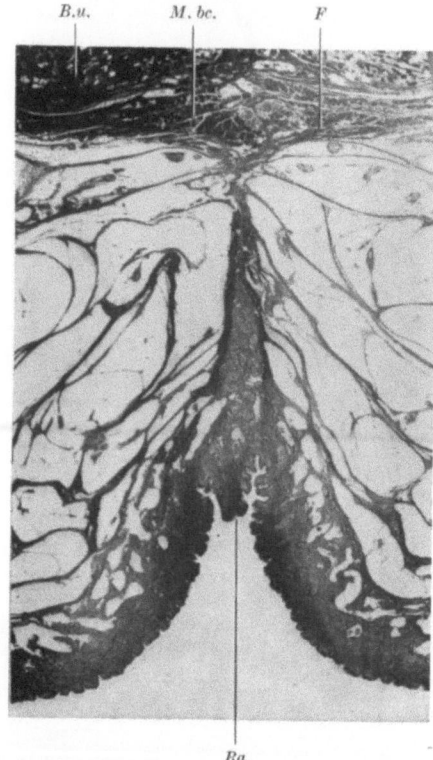

Abb. 5. Frontalschnitt durch das, reichlich glatte Muskulatur enthaltende Septum anobulbare (glatte Muskelzellen hell). *B.u.* Bulbusurethrae; *M. bc.* M. bulbocavernosus; *F.* Fascie; *Ra.* Raphe perinei

Längsmuskulatur des Rectum ausstrahlende kräftige Bündel glatter Muskulatur (M. rectovaginalis) verlassen auch hier die wenigen der Ringmuskulatur des Rectum folgenden Längsfasern, um sich an die Vorderseite der die Mitte kreuzenden quergestreiften Levatorfasern und zu der aus glatten Muskelfasern bestehenden Levatorschlinge (M. leator vaginae) zu begeben. Sie ziehen auch an der Vorderseite des Sphincter ani profundus vorbei und endigen im Gewebe des Dammes, teils nahe den Längsfasern der Vaginamuskulatur am hinteren Rande des Diaphragma urogenitale. Zu beiden Seiten der Vagina strahlen Längsfasern der Vaginamuskulatur in das Diaphragma ein und verbinden so die Vagina fest mit diesem. Auch aus der inneren Längsmuskulatur der Urethra strahlen Bündel glatter Muskulatur lateralwärts in das Diaphragma urogenitale ein (s. S. 318,

---

[1] Das lateinische decolare heißt: durchseihen. Das Spatium müßte décollable heißen, nach dem französischen „décoller" = Geleimtes losmachen, also Spatium decollabile.

Abb. H. 5), Bündel, die den Rhabdosphincter urethrovaginalis vom M. transversus perinei profundus trennen. Durch die Lage der Vagina gibt es bei der Frau kein einheitliches Centrum (lissomusculare) perinei zwischen Urethra und Anus wie beim Manne, das Centrum (lissomusculare) perinei der Frau ist durch die Öffnung der Vagina unterbrochen und gleichsam um die Vagina herum gebildet.

3. Die Fascie des M. transversus perinei profundus

Die Fascie des M. transversus perinei profundus (Aponeurose moyenne, DELBET) enthält durchwegs reichlich glatte Muskulatur und bildet mit dieser eine besonders feste Grundlage des ganzen Beckenbindegewebes. Sie bedeckt den Muskel auf seiner oberen und unteren Fläche und auch seinen freien Hinterrand, wo obere Fascie und untere Fascie ineinander übergehen. Mit dem Muskel zusammen bildet sie das kräftige Diaphragma urogenitale, so daß ihr oberes und unteres Blatt auch als Fascia diaphragmatis urogenitalis superior et inferior bezeichnet werden. Die beiden Fascien sind keine vollständig selbständigen, einheitlichen Blätter, sondern teils fehlen sie an der Oberfläche des Muskels, teils verschmelzen sie untereinander oder mit anderen Fascien.

Eine Fascie fehlt in dem vor der Urethra gelegenen Teil des M. transversus perinei profundus, welcher an das Lig. transversum pelvis anschließt, so daß hier die Bündel dieses Muskels an die proximal und distal gelegenen Bündel der M. rhabdosphincter infraprostaticus und bulbocavernosus unmittelbar anschließen.

Verschmolzen miteinander sind obere und untere Fascie des Muskels in der Mitte hinter der Urethra, so daß hier vor den die Cowperschen Drüsen umfassenden Transversusfasern eine kräftige Platte vorliegt, die aus glatter Muskulatur gebildet (Abb. 7), mit der Hinterwand der Urethra zusammenhängt und den vorderen Teil des Centrum (lissomusculare) perinei bildet. Diese Platte ist, wie schon HENLE (1862) es darstellt, mit dem Bulbus urethrae fest verwachsen, dessen Tunica albuginea ebenfalls reichlich glatte Muskelfasern enthält. Seitlich von diesem Verwachsungsfeld mit dem Bulbus haftet die Fascie des M. bulbocavernosus an der Unterfläche des Diaphragma urogenitale, welche Fascie von der Hinterfläche dieses Muskels sich an den Hinterrand des Diaphragma anheftet (Abb. 4).

Die obere Fascie des Diaphragma urogenitale (Feuillet superieure de l'aponeurose moyenne, DELBET) bildet vorne gleichzeitig die untere Fascie des Levator (Abb. 6), so daß die den freien Rand der Levatorschenkel umgreifende Fascie sich aus dem Diaphragma aufsteigend durch den Levatorschlitz nach aufwärts umbiegt. Nach lateral und hinten trennen sich aber die Levatorfascie und die Fascie des Transversus voneinander, so daß zwischen ihnen ein Spaltraum entsteht, der von hinten her von der Fossa ischiorectalis aus zugänglich ist und damit das blinde Ende dieser fettgewebsgefüllten Grube bildet.

Der frei nach hinten vorspringende Rand der Fascie des Diaphragma urogenitale reicht wie der Ursprung des M. transversus perinei profundus, den sie umfaßt, bis gegen das Tuber ossis ischii und wird von älteren Autoren (LUSCHKA 1864, HENLE 1862 nach MÜLLER 1836) als Lig. ischioprostaticum bezeichnet (Abb. 1), ein Name, der berechtigt ist, da dieser hintere Rand des Diaphragma einen wesentlichen Teil des Centrum perinei bildet, in welches Muskelbündel aus Prostata (hintere Prostatakapsel) und Urethra einstrahlen. Über das Einstrahlen glatter Muskelbündel in das Diaphragma aus der inneren Längsmuskulatur der Urethra (S. 317) wird später bei Besprechung der männlichen (S. 335) und weiblichen (S. 318) Urethra berichtet, die Verbindung mit der hinteren

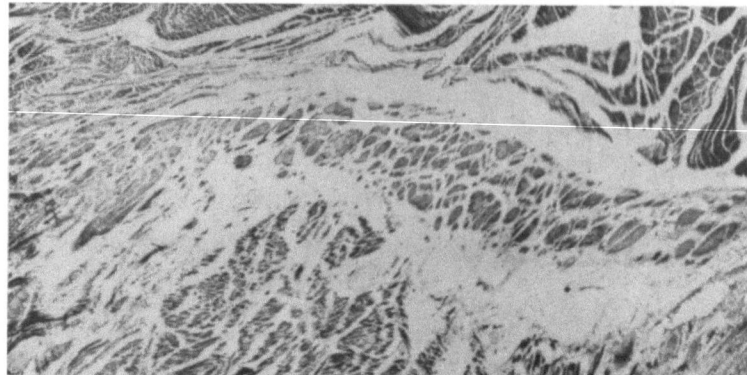

Abb. 6. Querschnitt durch die sog. Fascie zwischen Levatorschenkel und M. transversus perinei profundus. Diese Fascie besteht ganz aus glatter Muskulatur

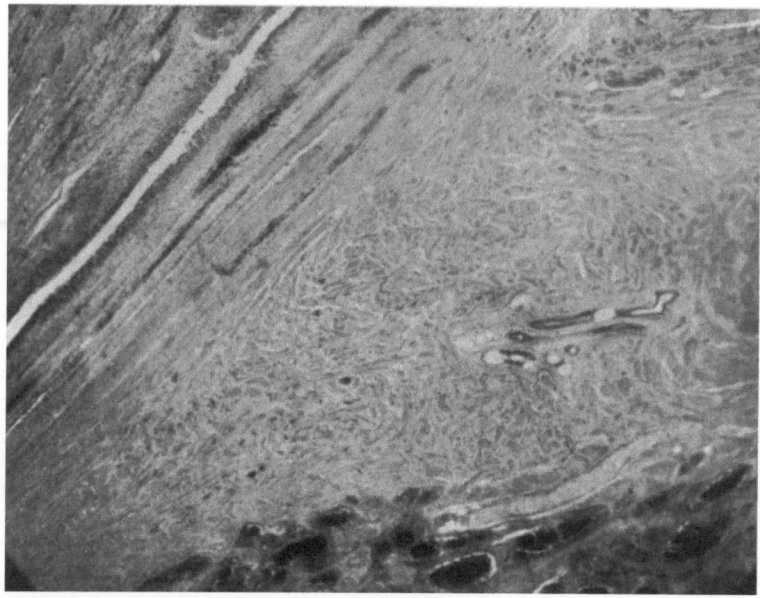

Abb. 7. Mediansagittalschnitt durch die Pars diaphragmatica urethrae und den dahinter gelegenen Teil des Diaphragma urogenitale (Lig. Collesi) zur Demonstration von dessen Reichtum an glatter Muskulatur. Dazwischen Gänge der Gl. bulbourethralis accessoria. Der M. longitudinalis urethrae enthält reichlich Venen. Am unteren Bildrand der Bulbus urethrae

Prostatakapsel wird später bei deren Besprechung geschildert. In der Mitte schließt an den hinteren Rand des Diaphragma die Platte glatter Muskulatur an, welche die Levatorschenkel als Levator prostatae zusammenfaßt, in welche Platte wieder die Fasern des M. rectourethralis (s. S. 292) einstrahlen.

4. Die Fascie des M. levator ani

An der Fascie des M. levator ani kann ein oberes und ein unteres Blatt unterschieden werden, welche Blätter — weil sie anschließend auch den M. coccygeus bekleiden und somit mit diesen Muskeln das Diaphragma pelvis bilden — als Fascia diaphragmatis pelvis superior bzw. inferior benannt worden sind (TOLDT). Das obere, welche die beckenwärts gelegene Fläche beider Muskeln überkleidend, den Beckenraum auskleidet, heißt auch Fascia pelvis. Das untere Blatt dagegen hängt mit der Fascie des M. transversus perinei profundus zusammen und bildet einen Teil der Auskleidung der Fossa ischiorectalis. Beide Blätter hängen am Hiatus urogenitalis des Levator miteinander zusammen und enthalten besonders nahe dieser Stelle reichlich glatte Muskulatur.

Der dorsale Teil der Fascia diaphragmatis pelvis inferior (Fascia caudalis levatoris) überzieht als dünnes Bindegewebsblatt die Unterfläche des M. levator und des M. coccygeus von ihrem Ursprung an der Beckenwand bis zum Anus und Os coccygis. Nur dünne Bindegewebszüge verbinden sie nach außen hin mit dem Bindegewebe zwischen den Fettläppchen des Fettlagers der Fossa ischiorectalis. Dagegen schiebt sich ein stärkeres Bindegewebsblatt nach innen zwischen die Pars puborectalis (Sphincter recti) und den Pubococcygeus ein, den fibrösen Halbring (STELZNER) um den Analkanal verstärkend. Der ventrale Teil der Fascia liegt der Innenfläche des M. transversus perinei profundus auf und trennt so — gleichzeitig die obere Fascie dieses Muskels bildend — die Levatorschenkel von diesem Muskel. Dieses Fascienblatt, welches hier die beiden Muskeln trennt, ist — wie bei Besprechung der Transversusfascie schon gesagt — besonders reich an glatter Muskulatur (Abb. 4) und setzt sich um die Levatorschenkel herum durch den Levatorschlitz in das obere Blatt der Fascie fort.

Die Fascia diaphragmatis pelvis superior (Fascia cranialis levatoris (TANDLER) wird auch als Fascia pelvis (HENLE) oder Fascia pelvina (TANDLER) bezeichnet. Ihr dorsaler Teil erstreckt sich bis an den Hinterrand des M. coccygeus, der dem Lig. sacrospinale aufliegt. Er hängt hier mit dem paarigen glatten Muskelchen zusammen, das beiderseits enge neben der Mitte gelegen vom Steißbein und der oberen Fläche der Fascie entspringend, etwa 1 cm ober dem Fasciendurchtritt an das Rectum herantreten und in dessen Längsmuskulatur übergehen (HENLE; M. rectococcygeus; TREITZ; M. tensor fasciae pelvis, KOHLRAUSCH).

Nahe dem Ursprung des M. levator vom Arcus tendineus musculi levatoris der Fascia obturatoria findet sich ein zweiter sehniger Bogen, der Arcus tendineus fasciae pelvis, der teils mit ersterem verschmolzen sein kann und der Fascia endopelvina zum Ursprung dient. Dieser Bogen besteht wie diese Fascia endopelvina (s. unten S. 280) vorwiegend aus glatter Muskulatur. Der unterhalb dieses Bogens gelegene Teil der Fascia pelvis setzt sich auf den freien Rand der Levatorschenkel fort und über diesen in die Fascia caudalis levatoris. Hier an den Levatorschenkeln bildet die muskelreiche Fascie die Kapsel der Prostata, sie „verknüpft" die Prostata mit dem Rectum (TOLDT), indem aus der vorderen Wand des Rectum Muskelbündel in sie einstrahlen (HENLE, TOLDT). Sie ist also wesentlich am muskulösen Centrum perinei (glatte Muskulatur) beteiligt und geht in die glatte Muskulatur über, welche die Levatorschenkel zusammenrafft.

5. Die Prostatakapsel

Die Prostatakapsel ist, wie aus der Beschreibung der Levatorfascie hervorgeht, kein selbständiges Gebilde, sondern sie wird zum Teil eben von der Levatorfascie beigestellt, welche die seitliche Prostatakapsel bildet. Außerdem kann noch an der hinteren Fläche der Prostata eine Membran als kapselartiges Gebilde abpräpariert werden, während an der Vorderfläche eine einheitliche Kapsel nur künstlich dargestellt werden kann.

Seitlich von der Prostata lassen sich makroskopisch (Abb. 8) wie mikroskopisch an der Levatorfascie mehrere muskelreiche Bindegewebsblätter unterscheiden, zwischen denen im Bereich der Mitte des Prostatakörpers kleine Venen liegen (Abb. 9). Diese Bindegewebsblätter sind nicht nur untereinander fest verbunden, sondern das medialste ist so fest an der Prostata befestigt, daß es, wie schon SAPPEY (1867) sagt, einen Teil derselben zu bilden scheint. Neben dem Apex prostatae und an der Basis — das ist im Winkel zwischen Blase und Prostata — liegen die großen Venen des Plexus pudendovesicalis zwischen solche Bindegewebsblätter eingebettet (Abb. 13). Nach hinten zu vereinigen sich diese Bindegewebsblätter untereinander und mit der spitzwinkelig einstrahlenden hinteren Prostatakapsel zu der dorsal von der Prostata einheitlichen Levatorfascie, so daß mittels dieses Teiles der Levatorfascie die Prostatakapsel am Kreuzbein aufgehängt erscheint (Abb. 8). Ventral von der Prostata hängt die seitliche Prostatakapsel — das ist also die muskelreiche Levatorfacie —

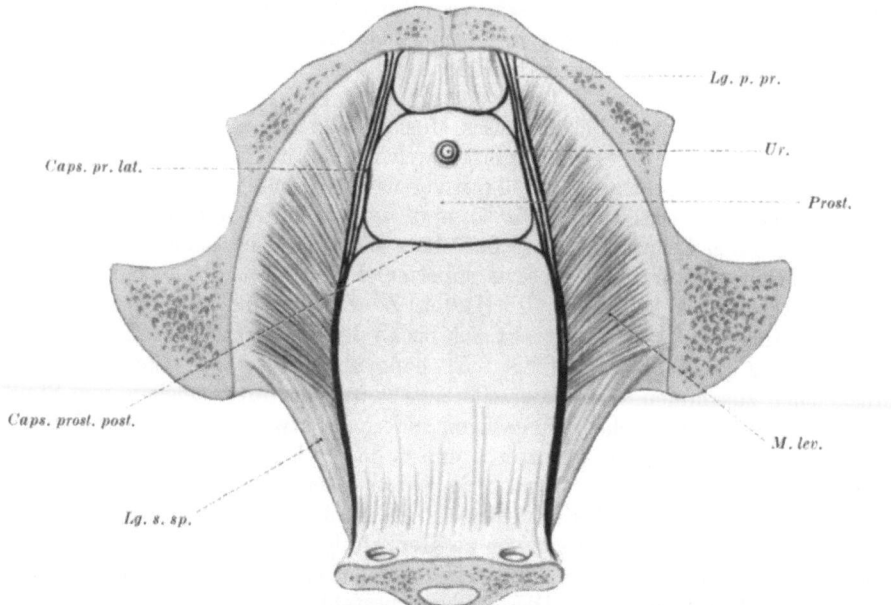

Abb. 8. Die Fixation der Prostata im Becken an der Fascie des Levator, an einem Horizontalschnitt durch das Becken dargestellt. Die hinten einfache Fascie wird dort, wo sie die Prostatakapsel bildet, mehrblättrig. Vgl. Photo Abb. 9. *Lg. p. pr.* Ligamentum puboprostaticum, *Ur.* Urethra, *Prost.* Prostata, *M. lev.* M. levator, *Caps. pr. lat.* Capsula prostatae lateralis, *Caps. prost. post.* Capsula prostatae posterior, *Lg. s. sp.* Ligamentum sacrospinale

in einige Blätter aufgefasert (Abb. 9b) mit den aus der vorderen Prostatakapsel und dem Lig. puboprostatica (M. puboprostaticus) zusammen. Gegen das Diaphragma urogenitale zu divergieren die Blätter der lateralen Prostatakapsel, in dem eines lateral um den Rand des Levator umbiegend, in das Diaphragma einstrahlt, während das medialste der Blätter die Verbindung des Apex prostatae und der Urethra mit dem Diaphragma verstärkt.

Der Teil der Fascie, der seitlich von der Prostata gelegen ist, weist eine so feste Verbindung mit dieser auf (Abb. 9), daß SAPPEY (1873) richtig sagt, daß die Fascie hier einen Teil der Prostata zu bilden scheint. In diese Fascie und die Seitenfläche der Prostata sind einzelne Venen eingebaut; der Plexus pudendovesicalis liegt ober dieser Verbindung von Prostata und Fascie im Winkel zwischen Prostata, Harnblase und Fascia endopelvina, und nicht, wie manche Autoren angeben und sogar wie PERNKOPF schematisch abbildet, an der ganzen Seitenfläche der Prostata zwischen ihr und der Fascie.

G. Das Bindegewebe und die glatte Muskulatur des Beckenbodens

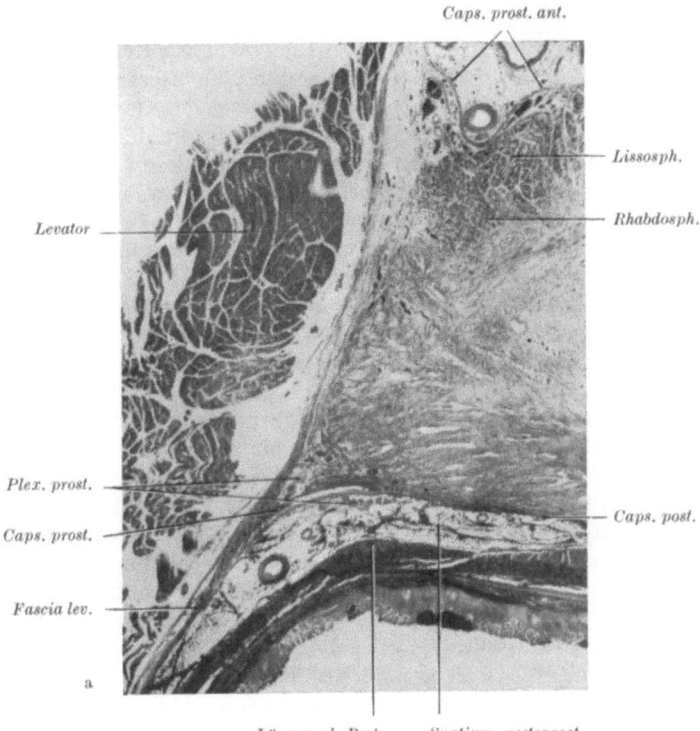

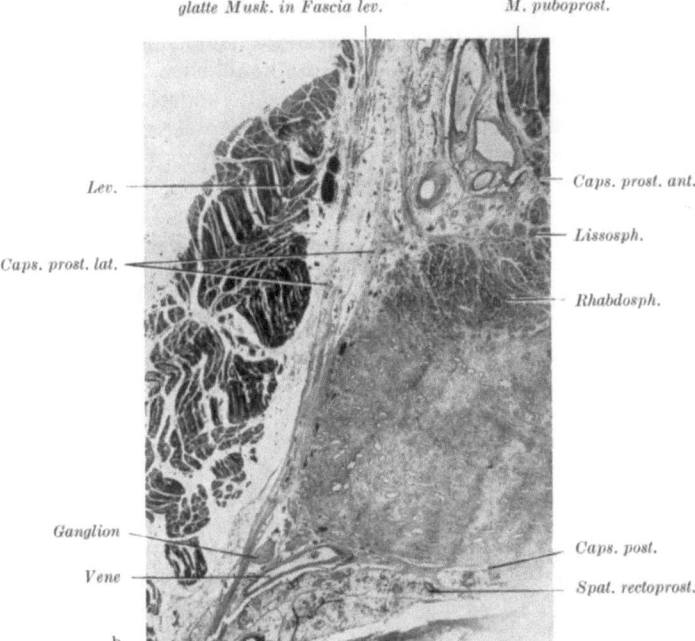

Abb. 9a u. b. Facsia M. levatoris als Capsula prostatae. Horizontalschnitte durch die Prostata und ihre Kapsel; Schnitt b cranial von Schnitt a. Aufhängung der Prostata an der Fascie des Levator

Die hintere Prostatakapsel ist eine mit der Prostata fester verbundene muskulös-bindegewebige Lamelle, die vom Rectum dagegen durch eine Schichte aus lockerem Bindegewebe und Fettgewebe getrennt ist, durch welche Schichte Nerven und Gefäße an die Prostata herantreten. Nach cranial geht die hintere Prostatakapsel in das Bindegewebsblatt über, welches die Ductus deferentes und Vesiculae seminales bedeckt und diese Gebilde umhüllt und somit bis an das Peritoneum reicht. Nach beiden Seiten setzt sich diese Lamelle in den hinter der Prostata gelegenen Teil der Levatorfascie fort und zwar so, daß hier ein am Querschnitt dreieckiger Fettgewebsraum entsteht, der zwischen lateralem Rand des Prostatakörpers, der Levatorfascie und der eben genannten Verbindung der hinteren Prostatakapsel mit der Levatorfascie liegt (Abb. 9). In diesem Raum liegen charakteristischerweise in Fettgewebe eingebettet Ganglien und Nerven. Die hintere Prostatakapsel wird gelegentlich als Denouvilliersche Fascie bezeichnet, welcher Autor zwar die ganze Prostatakapsel im wesentlichen richtig beschrieben hat, doch wie schon SAPPEY (1873) sagt, ihren Gehalt an glatter Muskulatur nicht erkannt hat. Daß die Meinung DENONVILLIERs, die hintere Prostatakapsel entstehe aus zwei miteinander verschmolzenen Peritonealblättern des beim Embryo tief hinabreichenden Douglasschen Raumes nicht richtig ist, hat schon WESSON (1922) erkannt. Zwischen hinterer Prostatakapsel und Rectum liegt ein mit Fettgewebe erfüllter Raum (Spatium rectoprostaticum), das von KÜMMEL (1920) als Spatium decolabile (besser decollabile) rectoprostaticum bezeichnet wird. Das Binde- und Fettgewebe dieses Raumes läßt sich nach KÜMMEL in zwei Blätter spalten, zwischen welchen der richtige Weg für das Eindringen bei der Prostatektomie gelegen sein soll. Das Spatium rectoprostaticum reicht nach unten bis an den in das Centrum perinei einstrahlenden M. rectourethralis, der also beim perinalen Vorgehen (Abb. 3) gegen die hintere Prostatafläche durchschnitten werden muß.

6. Das perivesicale Bindegewebe

Das die Harnblase umgebende perivesicale Bindegewebe ist nicht scharf abgegrenzt, sondern zeigt einerseits einen allmählichen Übergang in lockeres Verschiebegewebe (prävesical und subperitoneal), andererseits setzt es sich in festere Bindegewebsstrukturen fort (Prostatakapsel, Gefäßnervenleitplatte, Ureterleitplatte, Fascia umbilicovesicalis, Fascia endopelvina), die teils als Fascien bezeichnet werden.

Die Vorderfläche der Blase vom Apex bis abwärts zu den Ligg. pubovesicalia und der an diese anschließenden Fascia endopelvina wird von einem meist fettreichen Bindegewebe überkleidet, das fest an der Blase haftet, wenn man die Blase von der vorderen Beckenwand und Bauchwand ablöst. Bei Eröffnung des Spatium praevesicale bleibt natürlich etwas lockeres Bindegewebe, das dieses Spatium erfüllt und die Verschieblichkeit der Blase gestattet, am perivesicalen Bindegewebe haften. Das perivesicale Bindegewebe an der vorderen Blasenfläche erscheint nach Ablösung der Blase von der vorderen Bauchwand durch eine feste Grenzschicht gegen das daran haftende lockere Gewebe abgegrenzt. Lateralwärts reicht das perivesicale Bindegewebe bis an die A. umbilicalis bzw. gegen den aus ihr entstandenen Strang (Abb. 10) und eine Fortsetzung dieses Gewebes reicht vom Apex vesicae, das Lig. urachi einhüllend, aufwärts gegen den Nabel. Diese ganze dreieckige Platte von Bindegewebe, die zwischen den Aa. umbilicales ausgespannt ist und die Vorderfläche der Blase überkleidet, sowie den Urachusstrang enthält, wird als Fascia umbilicovesicalis (Delbetsche Fascie) bezeichnet.

G. Das Bindegewebe und die glatte Muskulatur des Beckenbodens

Eine Spaltbarkeit dieses perivesicalen Bindegewebes an der vorderen Blasenfläche in zwei Blätter, kann ich nicht feststellen; DELBET (1901) und AMREICH (1930) unterscheiden hier eine Fascia vesicalis und eine Fascia umbilicovesicalis, die beide lateralwärts bis zum Lig. art. umbilicale reichen. Die Beschreibung zweier Blätter von DELBET (1901) beruht offenbar auf einer irrigen entwicklungsgeschichtlichen Vorstellung, nach der beiderseits der Mitte der Peritonealüberzug der Blase und der A. umbilicalis (vgl. Abschnitt Entwicklung Abb. 36, S. 32) mit dem Peritoneum der vorderen Bauchwand verwachsen soll, so daß aus der Verschmelzung beider Peritoneallamellen die Fascia vesicoumbilicalis entsteht. Ich bin dagegen zur Meinung gekommen, daß sich in der Regel das Peritoneum aus dem Recessus praevesicalis zurückzieht (s. auch S. 257).

BORGHESE (1939) hat die Entwicklung des perivesicalen Bindegewebes vor und nach der Geburt untersucht. Auch er lehnt die Vorstellung ab, daß prävesical durch Verwachsung zweier Peritonealblätter zwei Bindegewebsblätter entstehen.

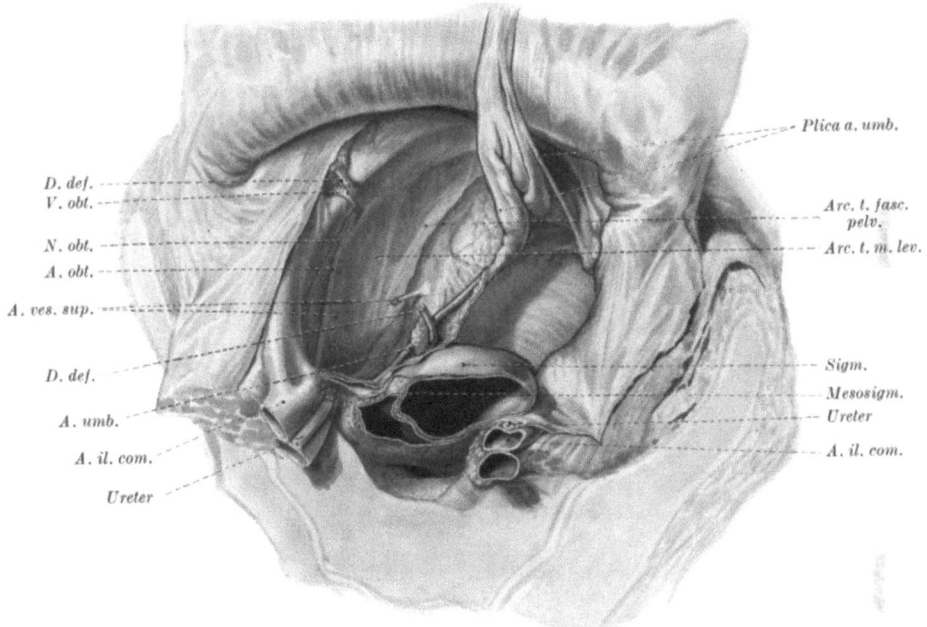

Abb. 10. Das Spatium paravesicale eröffnet. Die Gefäßnervenleitplatte ist bis an den Abgang der Arteria obturatoria von der Beckenwand abgelöst. Im cranialen Rand der G.n.pl. das Lig. art. umb. Eine A. vesicalis superior entspringt aus der A. obturatoria (Var.), sie ist durchschnitten. Der Ductus deferens durchtrennt, die V. obturatoria, mündet in diesem Fall (Var.) über die Linea terminalis aufsteigend in die V. il. ext. Am Boden des Spatium paravesicale der Arcus tendineus fasciae pelvis und seitlich davon der Arcus tendineus levatoris ani, mit ersterem nach hinten konvergierend

Nach abwärts reicht das perivesicale Bindegewebe der vorderen Blasenfläche bis an die glatten Muskelbündel, die aus der Blasenwand in die Ligg. pubovesicalia und die Fascia endopelvina ausstrahlen. In dem Bindegewebe liegen kleinere Gefäße, von denen die Arterien von den aus der A. umbilicalis entspringenden Arteriae vesicales superiores hervorgehen, so daß das Blasenbindegewebe längs dieser Arterien in die Gefäßscheide übergeht.

Das perivesicale Bindegewebe an der Hinterfläche der Harnblase bildet nur eine dünnere Schicht, die meist kein Fettgewebe enthält. Es liegt direkt unter dem Peritoneum, das gegen das perivesicale Bindegewebe verschieblich ist (s. S. 258). Lateralwärts und am Apex vesicae geht die perivesicale Bindegewebsschicht in die oben geschilderte Fascia umbilicovesicalis über. Näher der Basis setzt sie sich in die Gefäßnervenleitplatte über, in deren freiem Rand der Ductus deferens verläuft. Das vordere und hintere perivesicale Bindegewebe mit der

Fascia umbilicovesicalis wird von TANDLER als der zur Harnblase in Beziehung stehende Teil der Tela urogenitalis bezeichnet. Gegen den Fundus vesicae geht das hintere perivesicale Bindegewebe in die Hülle der Ductus deferentes und der Glandulae vesiculosae über und setzt sich weiter in die hintere Prostatakapsel fort.

7. Der M. pubovesicalis und die Fascia endopelvina

Der Blasengrund ist vorne und seitlich mit der Beckenwand durch eine starke Gewebsplatte verbunden, welche dem im lockeren prävesicalen Bindegewebe vordringenden Finger einen festen Widerstand entgegensetzt. Der vordere Teil dieser Platte, der zu beiden Seiten der Symphyse am Os pubis befestigt ist, wird als Lig. pubovesicale bezeichnet, während die anschließende Platte als Teil der Fascia endopelvina benannt wird.

Das Lig. pubovesicale oder puboprostaticum besteht vorwiegend aus glatter Muskulatur und wird daher auch als M. pubovesicalis oder puboprostaticus bezeichnet; eine Unterscheidung, ob ein Teil mehr aus fibrösem Bindegewebe besteht und der andere mehr aus Muskulatur, ist makroskopisch nicht möglich. Die beiden Ligg. pubovesicalia ragen rechts und links von der Mitte vor (Abb. 11), zwischen sich eine mediane Grube freilassend, deren Boden zwar auch von Bindegewebe und glatter Muskulatur gebildet wird, aber dünner ist als die Ligamente und regelmäßig ein oder auch zwei Löcher für den Durchtritt von Venen aufweist. Die Ligamente bilden eine Fortsetzung der Muskelbündel der äußeren Längsmuskulatur der Harnblase, die mittels dieser Stränge am Os pubis haftet. Die Betrachtung einer größeren Zahl von Präparaten des Lig. pubovesicale beim Manne und bei der Frau hat gezeigt, daß diese Bänder einen charakteristischen Unterschied bei den beiden Geschlechtern zeigen. Beim Manne findet sich in der Regel jederseits ein kräftiger sagittaler Strang, der von der Blase nach vorne zieht (Abb. 11) und am Os pubis gemeinsam mit dem Arcus tendineus fasciae pelvis ansetzt. Medial davon ziehen Muskelbündel bogenförmig von der Blase und Prostata nach vorne, so die mediane Grube seitlich begrenzend. Bei der Frau wird die Verbindung der Blase mit dem Os pubis von einer Platte gebildet, welche vorwiegend aus quer verlaufenden Muskelbündeln besteht, die seitlich am Arcus tendineus festhaften (Abb. 12). Der Arcus tendineus fasciae pelvis ist ein sehnig muskulöser Strang, der vorne am Os pubis gemeinsam mit dem Lig. pubovesicale befestigt ist und als Verstärkung in die Levatorfasciae eingelagert erscheint. Einige Zentimeter vom Os pubis vereinigt sich der Strang in der Regel mit dem Arcus tendineus m. levatoris ani, an welchem der Levator entspringt. Die beiden Sehnenbogen schließen damit einen nach vorne offenen Winkel ein, der durch das Os pubis zu einem Dreieck abgeschlossen wird (Abb. F. 1 und 2, S. 281). Im Bereiche dieses Dreiecks wird der hier entspringende Anteil des Levator nur von einer ganz dünnen Fascie bedeckt, die so durchscheinend ist, daß der Levator frei zu liegen scheint. Lateral vom Lig. pubovesicale ist die Harnblase mit dem Arcus tendineus durch eine dünne Gewebsplatte, die Fascia endopelvina verbunden, die sich nach rückwärts auf die mächtige Gefäßnervenleitplatte fortsetzt, welche auch als frontales Beckendissepiment bezeichnet wird. Der von lockerem Bindegewebe erfüllte Raum vor und seitlich der Harnblase (Spatium praevesicale et paravesicale) reicht also nach unten bis an die Fascia endopelvina, welche die Harnblase mit dem Arcus tendineus verbindet, und nach hinten bis an das frontale Beckendissepiment. Unterhalb des Lig. pubovesicale und der Fascia endopelvina liegt der Venenplexus (Plexus pudendovesicalis), (HENLE 1862), in den vorne die V. dorsalis penis einmündet und der nach hinten mit den Venen in der Gefäßnervenleitplatte in Verbindung steht. Die die Fascia endopelvina vorwiegend bildenden Muskelfasern verlaufen teils quer von der Harnblase zum Arcus tendineus, großenteils aber schräge von vorne medial nach hinten lateral, so daß sie spitzwinkelig in den Arcus einstrahlen (Abb. 11 und 12).

Der M. pubovesicalis und die Fascia endopelvina spielen außer für die Fixation der Harnblase auch durch das Einstrahlen der Längsmuskulatur für die Entleerung derselben eine Rolle. HENLE (1862) meint, sie haben „offenbar die Aufgabe, die Venen gegen übermäßigen Zug und Druck zu schützen".

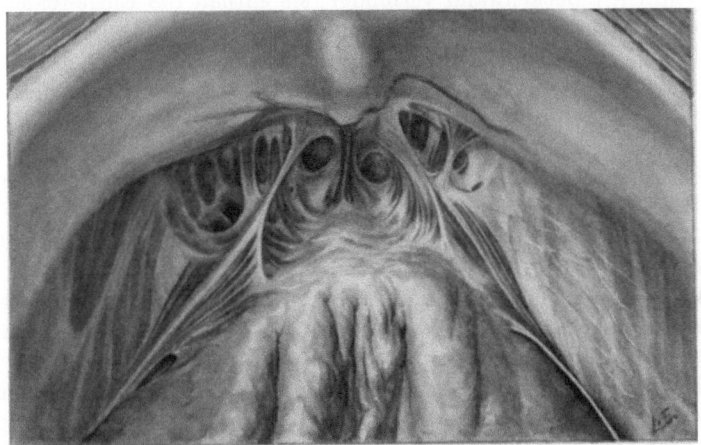

Abb. 11. Der M. pubovesicalis und der Arcus tendineus fasciae pelvis; typisches Verhalten beim Manne

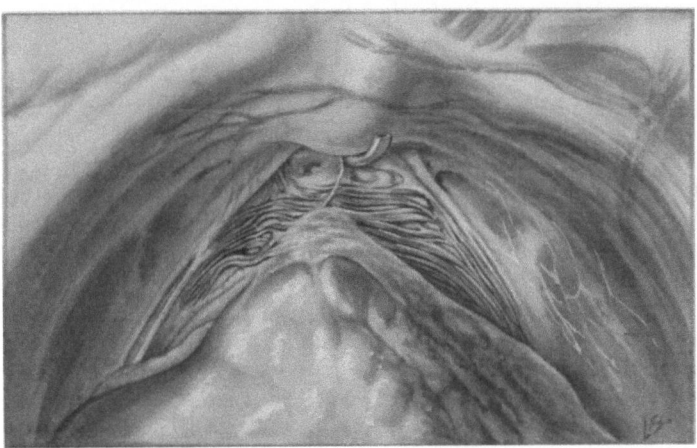

Abb. 12. Der M. pubovesicalis und der Arcus tendineus fasciae pelvis; typisches Verhalten bei der Frau mit Vorwiegen querer Muskelbündel

8. Die Gefäßnervenleitplatte

Die Gefäßnervenleitplatte stellt eine die Gefäße und Nerven umhüllende mächtige Bindegewebsmasse (Bindegewebsgrundstock, AMREICH) dar, welche entsprechend der Verzweigung der Gefäße und Nerven an den Beckenorganen sog. Pfeiler zu den Beckenorganen entsendet (Blasenpfeiler, Rectumpfeiler, Cervixpfeiler etc.) und andererseits entsprechend dem Verlauf der Nerven und Gefäße zwischen Beckenwand und Beckenorganen an der Beckenwand in der Gegend des Foramen ischiadicum majus und des Sacrum an der Fascia pelvis befestigt ist. Die Fascia pelvis geht an den Befestigungsstellen der Leitplatte in die Grenzlamelle der Leitplatte über, welche die feste Leitplatte gegen das lockere, umgebende Bindegewebe abgrenzt.

Die Hauptmasse der Leitplatte läßt sich leicht darstellen, wenn man vorne die Harnblase (Abb. 10) und hinten das Rectum von der Beckenwand ablöst, indem man in dem lockeren Bindegewebe des Spatium praevesicale und paravesicale bzw. pararectale vorgeht; man erhält so die etwa frontal stehende Leitplatte (auch frontales Beckendissepiment genannt), welche die Beckenorgane mit der seitlichen Beckenwand verbindet; sie enthält die Eingeweideäste der A. und V. hypogastrica (ilica interna), welche Gefäße an der Beckenwand durch ihre parietalen Äste (Vasa pudenda et glutea) und die Fascia pelvis fixiert sind, so daß die ganze Leitplatte an der seitlichen Beckenwand im Bereiche eines etwa 2 cm breiten Streifens haftet, der von der Gegend des Ursprunges der V. hypogastrica aus den Vv. ilica comm. bis zum Beckenboden reicht. Der vordere Rand dieses Streifens wird durch den Winkel zwischen den an der Beckenwand weiterziehenden Vasa obturatoria und den Vasa hypogastrica gekennzeichnet, während hinten die Leitplatte bis an den Winkel zwischen Vasa hypogastrica und Vasa glutea superiora isoliert werden kann.

Die Leitplatte enthält außer den Verzweigungen der Vasa hypogastrica zu den Beckeneingeweiden auch die Nervengeflechte, Lymphgefäße und Lymphknoten, sowie den blasennahen Abschnitt des Ureters und des Ductus deferens. Der obere Rand der Leitplatte enthält das Lig. art. umbilicalis, bis zu welchem also der Ductus deferens in der Leitplatte liegt, während er von der Kreuzung mit dem Lig. art. umb. bis zum inneren Leistenring ohne Fixation an der Beckenwand durch eine Leitplatte im subperitonealen Bindegewebe verläuft. Das ähnlich wie der Ductus deferens verlaufende Lig. teres uteri (uteroinguinale) ist mit der Leitplatte nicht durch festes Bindegewebe verbunden, doch beschreibt AMREICH (1930) hier unter der Subserosa ein senkrecht vom Lig. teres in craniocaudaler Richtung zum Lig. art. umb. in die Tiefe ziehendes Bindegewebsblatt.

Medialwärts verhält sich die Leitplatte beim Manne und bei der Frau verschieden. Beim Manne läßt sich ein kleinerer Rectumpfeiler, der nach hinten gerichtet ist, von dem größeren Blasenpfeiler unterscheiden, welcher sich nach vorne der Blase und der Prostata zuwendet. Dieser zur Blase ziehende Teil der Leitplatte ist beckenbodenwärts besonders mächtig, dort wo er die Gefäße von Prostata und Blasengrund enthält. Der obere Teil der Leitplatte der Harnblasengefäße, wecher die A. vesicalis superior und das Lig. art. umb. enthält, ist wesentlich schwächer. Zwischen diesen beiden Teilen ist der der Blase zustrebende Teil der Leitplatte sehr dünn, so daß er oft bei der Präparation vernachlässigt werden kann und das Gefäßnervenbündel zu Blasengrund und Prostata selbständig von der Gefäßleitplatte der Art. ves. superior darzustellen ist. Medialwärts liegt zwischen dem Blasenpfeiler und dem Rectumpfeiler das Spatium rectoprostaticum.

Bei der Frau lassen sich von der einheitlich an der seitlichen Beckenwand entspringenden Gefäßnervenleitplatte ausgehend medialwärts drei Pfeiler unterscheiden, der Blasenpfeiler, der Uterovaginalpfeiler und der Rectumpfeiler, von denen der mittlere der mächtigste ist. Sie sind voneinander getrennt wie diese Organe selbst — durch das Spatium vesico-cervicale und das Spatium rectovaginale. Das Bindegewebe des Uterovaginalpfeilers, welches insbesondere die A. uterina enthält und vom Ureter durchsetzt wird, nennen die Gynäkologen meist Lig. Mackenrodt.

Beckenbodenwärts breiten sich die Gefäße der Harnblase nach vorne und die des Rectum nach hinten zu aus, so daß die ganze Leitplatte über dem Diaphragma pelvis sich nach vorne bis zur Symphyse und nach hinten bis zum Sacrum ausdehnt. Die Gefäße der Harnblase und Prostata liegen seitlich von diesen beiden Gebilden in einer annähernd horizontalen Leitplatte (horizontaler Bindegewebsgrundstock, AMREICH), die außer von diesen Organen von der Levatorfascie und der Fascia endopelvina begrenzt wird. Die Fascia endopelvina — die zwischen Harnblase und Beckenwand ausgespannt ist — bildet eine Fortsetzung der vorderen Grenzschicht, der frontalen Gefäßnervenleitplatte und kann dementsprechend als Grenzschicht der Gefäßnervenleitplatte der unteren Blasengefäße bezeichnet werden; doch ist die Fascia endopelvina durch den nach vorne zu immer stärker werdenden Gehalt an glatter Muskulatur ausgezeichnet. Die vordere Grenzschicht der frontalen Leitplatte und die Fascia endopelvina begrenzen — ineinander übergehend — das lockere Bindegewebe des Spatium paravesicale.

Nach hinten zu breiten sich beckenbodenwärts die Verzweigungen der Vasa hypogastrica zum Endabschnitt des Rectum aus (Vasa rectalia inferiora = Vasa haemorrhoidalia media). Sie werden bedeckt von der vom Rectum zur Beckenwand ziehenden Partie der Fascia endopelvina als Fortsetzung der hinteren Grenzschicht der frontalen Gefäßnervenleitplatte und so vom lockeren Bindegewebe des Spatium pararectale abgegrenzt. Dieser seitlich vom Rectum am Beckenboden gelegene Teil der Leitplatte wird verstärkt durch die vom Sacrum aus eintretenden Nervi pelvici.

Die Beziehung der Gefäßnervenleitplatte zum Ureter ist deswegen besonders zu schildern, da dieser zwar teils in der Leitplatte gelegen ist, teils aber sich dieser nur anlagert und ein eigenes Bindegewebsblatt des Ureters unterschieden wird (AMREICH). Der blasennahe Abschnitt liegt in der Leitplatte und wird beim Manne hier vom Ductus deferens (Abb. 1—3) der A. deferentialis und eventuell einem Ast der A. vesicalis inferior überkreuzt und außerdem von den Nervenästen des Plexus pelvicus (Abb. R. 1, S. 513) zu Harnblase und Ductus deferens umfaßt; er liegt also auch hier nahe dem Peritoneum. Bei der Frau dagegen wird er von der A. uterina und deren Begleitvenen überkreuzt, so daß er tief in der Gefäßnervenleitplatte liegt, mit welcher er jedoch nicht fest verbunden ist, sondern offenbar in seiner Längsrichtung verschieblich ist, da er nach AMREICH leicht herausgelöst werden kann.

Der proximal der Überkreuzung mit dem Ductus deferens bzw. der A. uterina gelegene Teil liegt der Leitplatte und den daran gelegenen Verzweigungen der Vasa hypogastrica zwar enge an, ist aber leicht davon ablösbar. Hier läßt sich ein dünnes Bindegewebsblatt darstellen (Bindegewebsblatt des Ureters, AMREICH), das subperitoneal gelegen nach hinten und unten an die Seite des Rectum zieht; es enthält in seinem distalen Teil die Nervenäste des Plexus pelvicus zum Ureter, sowie beckenbodenwärts den Plexus pelvicus selbst. Dieses Bindegewebsblatt des Ureters hängt mit dem sog. Rectumpfeiler der Leitplatte basalwärts zusammen, wird durch die darin gelegenen Nervenäste des dorsalen Abschnittes des Plexus pelvicus und den Plexus hypogastricus verstärkt. Daß in diesem Bindegewebsblatt des Ureters die variablen Arterienäste zum Ureter (s. S. 241 f.) gelegen sind, ist selbstverständlich.

9. Die Beckenbindegewebsräume

An mit lockerem Bindegewebe erfüllten Räumen sind folgende zu unterscheiden:
1. Das Spatium praevesicale mit dem
   Spatium paravasicale und dem
   Spatium praeperitoneale
2. Das Spatium pararectale und retrorectale

3. Das Spatium rectoprostaticum beim Mann
4. Bei der Frau das Spatium vesicocervico-vaginale und das Spatium rectovaginale
5. Das Spatium subfasciale (interfasciale paraprostaticum bzw. paraurethrale)
6. Die Fossa ischiorectalis.

Das *Spatium praevesicale* (Abb. 1) bildet mit dem Spatium paravesicale und dem Spatium praeperitoneale einen mit lockerem Bindegewebe, Gleitgewebe oder Verschiebegewebe erfüllten Raum, der die Verschiebung der Harnblase, besonders bei ihrer Füllung bzw. Entleerung, gegen Beckenwand und vordere Bauchwand ermöglicht. Dieses Bindegewebe wird auch als lamellös bezeichnet, oder als Zellgewebe — wie das Unterhautzellgewebe —, weil sich zwischen den verzweigten Lamellen Luft oder Flüssigkeit wie in kleinen Zellen ansammeln kann. Das Spatium als Fibrosum zu bezeichnen (PERNKOPF) scheint mir nicht angängig, da als fibröses Bindegewebe ja ein faserreiches Bindegewebe mit großer mechanischer Festigkeit bezeichnet wird (z. B. fibröse Texturen). Vielmehr ist das lockere Bindegewebe dieser Räume eher einem Schleimbeutel (DISSE) zu vergleichen, besonders bei Kindern, bei denen das Bindegewebe besonders locker ist und RETZIUS spricht dementsprechend von einem Cavum präperitoneale. DISSE (1902) beschreibt besonders das Cavum praevesicale und betont, daß dieses Cavum etwas anderes sei als das Cavum praeperitoneale Retzii, doch ist dazu zu sagen, daß es sich um einen einheitlichen Raum handelt, von dem RETZIUS offenbar besonders den präperitonealen Abschnitt oberhalb der kontrahierten Blase hervorheben wollte, indem er diesen Raum als Cavum praeperitoneale bezeichnet.

Begrenzt wird der lockere Bindegewebsraum, der durch Ablösen der Harnblase entsteht, vorne von der Fascia transversalis der vorderen Bauchwand, der Symphyse und dem Os pubis, an dessen Periost noch Gefäße angeheftet sind. Andererseits findet sich als Begrenzung des Spatium das perivesicale, meist fettreiche Bindegewebe, das sich seitlich und nabelwärts bis an die obliterierten Nabelarterien als Fascia umbilicovesicalis der Tela urogenitalis fortsetzt. Nabelwärts wird die Verbindung dieser Fascie mit der vorderen Bauchwand sukzessive immer fester, so daß eine scharfe Abgrenzung des Spatium praeperitoneale nabelwärts nicht gegeben ist, doch kann gesagt werden, daß, soweit besonders lockeres Bindegewebe vorhanden ist, bei der regelmäßigen Verschiebung der Blase bei ihrer Füllung sich Blase und Peritoneum gegen die vordere Bauchwand verschieben. Daß beim Kleinkind daher das lockere Gewebe des Spatium weiter nabelwärts reicht, ist selbstverständlich. Nach abwärts reicht das Spatium praevesicale, wie das Spatium paravesicale, bis an die zwischen Blase und Beckenwand ausgespannte Fascia endopelvina und deren Verstärkung, die Lig. pubovesicalia (Abb. 11 und 12). Median zwischen diesen Bändern tritt in der Regel eine Vene durch, welche sich meist in die Venen des perivesicalen Bindegewebes und die an das Os pubis angehefteten Venen fortsetzt, so daß sie leicht beim Ablösen der Harnblase einreißen kann.

Lateral und hinten reicht das Spatium paravesicale bis an die frontale Gefäßnervenleitplatte und damit bis in den Abgangswinkel der Vasa obturatoria von den Vasa hypogastrica. Die Vasa obturatoria mit dem N. obturatorius liegen seitlich vom Spatium paravesicale, durch etwas festeres Bindegewebe an der Beckenwand angeheftet (Abb. 10). Im Bereich des Einganges des Canalis obturatorius haftet, besonders bei älteren Frauen, nicht selten das perivesicale Fettgewebe oder die fettreiche Fascia umbilicovesicalis an der Beckenwand, weil solches Fettgewebe in den Kanaleingang vorragt, wo es aber in der Regel nicht fixiert ist, sondern leicht herausgezogen werden kann.

Das *Spatium pararectale* ist der Gleitraum für Füllung und Kontraktion des Rectum; sein hinter dem Rectum, d. h. zwischen ihm und dem Sacrum und Steißbein, gelegener Abschnitt wird auch als Spatium retrorectale bezeichnet. Der Raum liegt zwischen der Fascia pelvis — welche auch den M. piriformis und die durch das Foramen ischiadicum majus austretenden Gebilde bekleidet — und dem perirectalen Bindegewebe. In diesem perirectalen Bindegewebe liegen außer den Gefäßen aber auch die Nervenstränge des zum Plexus pelvicus ziehenden Plexus hypogastricus. Durch die Verbindung des Plexus pelvicus mit dem Ureter hängt seine Leitplatte am perirectalen Bindegewebe; das Spatium pararectale liegt also seitlich vom Bindegewebsblatt des Ureters.

Beckenbodenwärts reicht das Spatium pararectale bis an die das Rectum — in der Höhe seiner Flexura perinealis — mit dem Beckenboden verbindenden Fascia endopelvina, die eine Verbindung des perirectalen Bindegewebes mit der Fascia pelvis darstellt.

Nach vorne reicht das Spatium pararectale bis an die frontale Gefäßnervenleitplatte und deren Fixation an der seitlichen Beckenwand durch die austretenden Vasa glutea.

Das *Spatium rectoprostaticum* ist ein zwischen Rectum und Fascia prostatae gelegener Bindegewebsspaltraum, der meist Fettgewebe enthält (Abb. 9), das durch dünne Bindegewebsblätter unterteilt ist. Von der Fascia prostatae läßt sich dieses fettgewebsreiche Bindegewebe meist leicht ablösen, so daß es, am Rectum haftend, zum perirectalen Bindegewebe zu rechnen ist. Seitwärts reicht dieser mit Fettgewebe erfüllte Raum zwischen Rectum und Fascia prostatae bis zur Levatorfascia, in welcher ja die hintere Prostatakapsel übergeht (Abb. 8 und 9). Seitlich und cranialwärts endigt der Raum zwischen den Gebilden der frontalen Gefäßnervenleitplatte.

Nach unten zu reicht der Raum bis an den M. rectourethralis superior (s. S. 292), der aus der Längsmuskulatur des Rectum in die hintere Urethralwand bzw. die Spitze der Prostata und das Centrum lissomusculare perinei einstrahlt (Abb. 4). Beim Versuch der Eröffnung des Spatium rectoprostaticum vom Perineum aus muß daher auf die vollständige Durchtrennung des M. rectourethralis (Abb. 3) (auch des superior) besonders geachtet werden und es wird von Vorteil sein, enge an die hinteren Prostatakapsel vorzugehen, um das Rectumgefäße enthaltende perirectale Bindegewebe am Rectum zu belassen. Auf Grund der Lage des M. rectourethralis superior reicht der Raum von cranial her nur bis zum Beginn der Flexura perinealis recti. Eine eigene Bindegewebsplatte zwischen Rectum und Prostata, die als Aponeurose prostato-peritoneale (DELBET) zu bezeichnen wäre und einen zweiten Raum zwischen Rectum und Prostata abgrenzt, kann ich nicht unterscheiden; die Unterscheidung zweier Spalträume zwischen diesen beiden Organen scheint mir nicht möglich, so wie ich auf Grund eigener Untersuchungen die Idee, daß die Aponeurose prostatoperineale durch Verwachsung zweier Peritonealblätter entstehe, nicht anerkennen kann.

Als *Spatium vesicocervico-vaginale* oder *vesicogenitale* (AMREICH) wird der mit wenig lockerem Bindegewebe erfüllte Spaltraum zwischen Harnblase und Urethra einerseits, Vagina und Cervix andererseits bezeichnet, der vom Peritonealumschlag zwischen Harnblase und Cervix aus erreicht werden kann und ein Ablösen der Harnblase und des oberen Teiles der Harnröhre von der Cervix und der Vagina gestattet. Da die distalen zwei Drittel der Harnröhre fest mit der Vagina verbunden sind (besonders durch den Rhabdosphincter urethrovaginalis, s. S. 322), läßt sich nur das proximale Drittel der Urethra von der Vagina vom Spatium vesicovaginale aus ablösen, der lockere Bindegewebsraum des Spatium vesicovaginale setzt sich in ein Spatium urethrovaginale fort. Lateralwärts reicht das Spatium vesicovaginale bis an den Blasenpfeiler der Gefäßnervenleitplatte, der den Ureter enthält (Lig. vesicouterinum, AMREICH), so daß vom Spatium vesicovaginale lateralwärts der Ureter erreicht werden kann. Das Spatium vesicovaginale wird von einem cranial davon gelegenen kleinen subperitonrealem Spatium vesicocervicale (AMREICH) durch eine kräftige Bindegewebsmasse getrennt, welche hinten am cervicovaginalen Winkel und vorne am Fundus vesicae zwischen den Ureteren befestigt ist („hinterer Zipfel der Blasenfascie", AMREICH); diese transversal gelegene Bindegewebsmasse oder -platte wird von AMREICH (1930) als Septum supravaginale bezeichnet. Dieser Autor betont, daß oberhalb und unterhalb dieses Septum supravaginale die Ablösung der Harnblase leicht möglich sei; erst nach Durchtrennung dieses Septum erhält man ein einheitliches Spatium vesico-cervico-vaginale durch Verbindung des Spatium vesicovaginale mit dem Spatium vesicocervicale.

Als *Spatium subfasciale* oder interfasciale wird jener Bindegewebsraum bezeichnet, der zwischen Fascia endopelvina und Levatorfascien gelegen ist und besonders den Plexus venosus pudendovesicalis enthält; er liegt lateral von der Prostata bzw. Urethra und erscheint am Frontalschnitt (Abb. 13 und 14) dreieckig. In der Furche zwischen Harnblase und Prostata bzw. Urethra gelegen, wird er unten dort abgegrenzt, wo sich die Levatorfascie an die Prostata (deren Kapsel bildend) bzw. Urethra anlegt. Das Bindegewebe, das die Gefäße und Nerven in diesem Raume umhüllt, setzt sich mit diesen Gebilden nach hinten in die große frontale Gefäßnervenleitplatte fort, so wie sich die Fascia endopelvina in die vordere Grenzlamelle dieser Platte fortsetzt (s. S. 304).

Von oben her kann der Raum leicht durch einen Einschnitt in die Fascia endopelvina zwischen Harnblase und Beckenwand eröffnet werden; von unten wird beim lateralen Perinealschnitt zur Prostatektomie der Raum nicht eröffnet, weil ja die hier die Prostatakapsel bildende Levatorfascie auf den Prostatakörper zu nahe der Prostataspitze durchschnitten wird und der Raum erst weiter seitlich und cranial durch Abweichen der Levatorfascie von der Prostatakapsel sich öffnet.

Die *Fossa ischiorectalis* ist ein mit Fettgewebe erfüllter Raum, der sich zu beiden Seiten des vom Diaphragma pelvis gebildeten Trichter zwischen diesem und dem Tuber ossis ischi gelegen ist. Das zwischen Anus und Bulbus urethrae ausgespannte Septum anobulbare (s. S. 294, Abb. 5) trennt das Fettgewebe der beiderseitigen Fossae ischiorectales voneinander, das sich in dem Spatium anobulbare (Abb. 4) beiderseits bis an dieses Septum vorschiebt. Dieses Spatium anobulbare ist vorne und hinten von zwei Fascien begrenzt, die beide glatte Muskulatur enthalten und in der Tiefe mit dem Centrum lissomusculare zusammenhängen, und zwar vorne von der Fascie des M. bulbocavernosus und hinten von der Fascie des M. sphincter ani profundus. Medial ist die Fossa ischiorectalis von der Fascie des Levator und der Fascie des Sphincter ani begrenzt; lateral findet sich die Fascie des M. obturator internus, die gegen das Tuber ossis ischii in den Processus falciformis des Lig. sacrotuberosum übergeht, und so den Alcockschen Kanal gegen die Fossa ischiorectalis abschließt. Hier wird die Fascie des Obturatorius von zahlreichen Gefäßen und Nerven durchbohrt, die als Äste der im Alcockschen Kanal gelegenen Gebilde (N. pudendus und Vasa pudenda) durch das Fettgewebe der Fossa ischiorectalis in Bindegewebsblätter eingeschlossen zum Anus und zum Perineum hinziehen. Das Fettgewebe der Fossa ischiorectalis hängt zwischen Sphincter ani und dem Rande des M. glutaeus maximus breit mit dem subcutanen Fettgewebe zusammen und die ganze Fossa ischiorectalis ist als ein subcutan gelegener Raum zu betrachten. Nach vorne gegen das

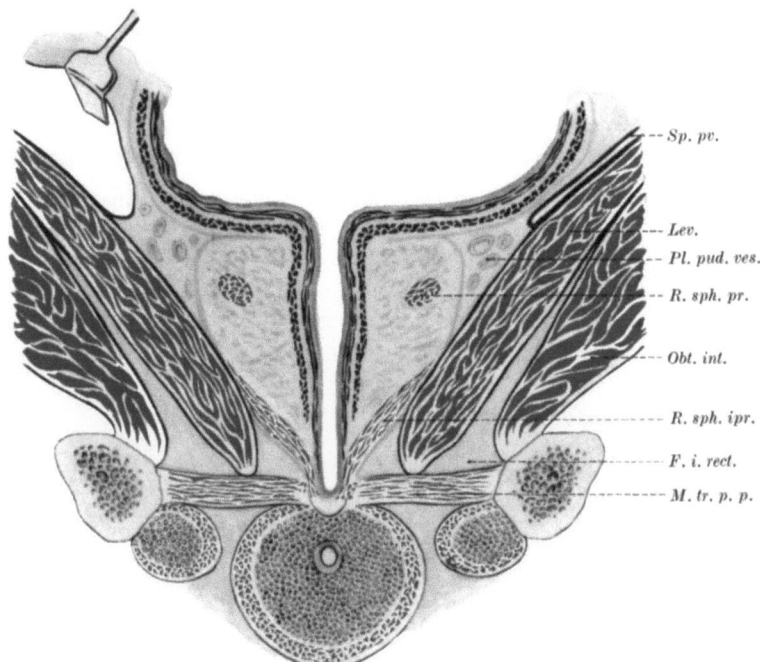

Abb. 13. Frontalschnitt durch die männliche Urethra und die Prostata und ihre Beziehung zu den Beckenbodenmuskeln und Fascien. *Sp. pv.* Spatium paravesicale, links durch Haken erweitert, *Lev.* Levator ani, *R. sph. pr.* Rhabdosphincter prostaticus, *Obt. int* M boturator internus, *R. sph. ipr.* Rhabdosphincter infraprostaticus, *M. tr. p. p.* M. transversus perinei profundus, *Pl.pud. ves.* Plexus pudendo vesicalis, *F. i. rect.* Fossa ischiorectalis

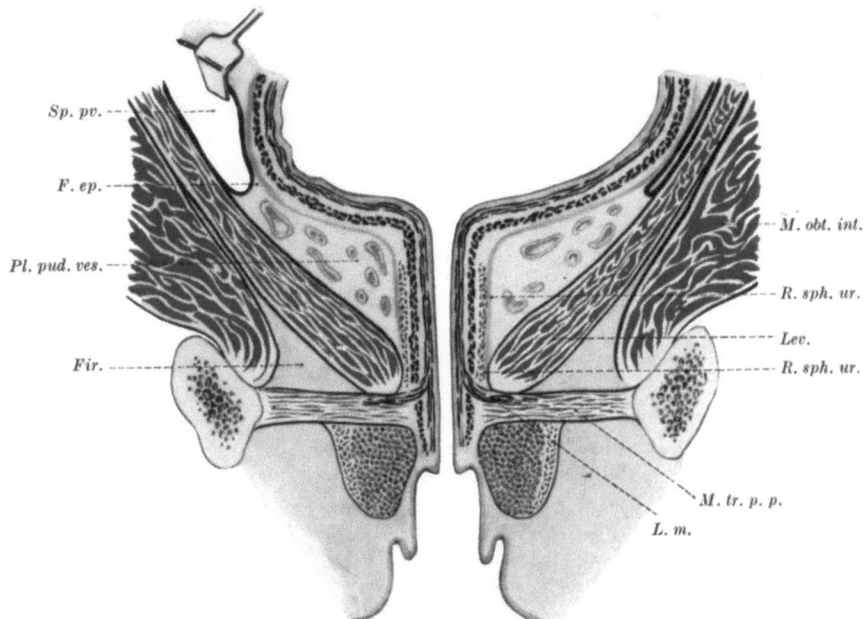

Abb. 14. Frontalschnitt durch die weibliche Urethra und den Beckenboden. *M. obt. int.* M. obturator internus, *R. sph. ur.* Rhabdosphincter urethrae, *Lev.* Levator ani, *Dia. ur.* Diaphragma urogenitale, *in. Lig. m.* innere Längsmuskulatur der Urethra zwischen Rhabdosphincter *ur. vag.* und *M. tr. p.p.* in die Fascie des Diaphr. ur. einstrahlend, *Sp. pv.* Spatium paravesicale, auf einer Seite durch einen Haken erweitert, *F. ep.* Fascia endopelvina, *Fir.* Fascia ischiorectalis, *Pl. pud. ves.* Plexus pudendo vesicalis

Os pubis zu reicht ein Recessus der Fossa ischiorectalis in den Winkel zwischen Diaphragma pelvis und Diaphragma urogenitale hinein, soweit diese beiden Diaphragmen nicht miteinander verwachsen sind, was ja medial neben dem Durchtritt der Urethra der Fall ist (Abb. 13 und 14).

10. Die sagittale Gurtung des Beckenbodens durch glatte Muskulatur

Die zusammenfassende Betrachtung der aus glatter Muskulatur bestehenden Gebilde des Beckenbodens, die bisher nur zum Teil als Muskeln, zum Teil als

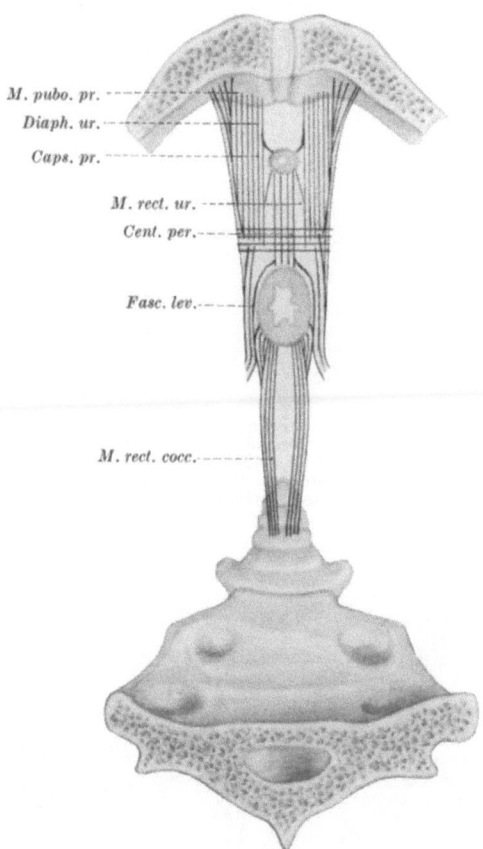

Abb. 15. Schema der sagittalen Gurtung des Beckenbodens durch glatte Muskulatur beim Manne. Beckenansicht

Fascien oder Ligamente beschrieben wurden, ergibt, daß um die Ausmündungen der Beckenorgane eine zusammenhängende Masse glatter Muskulatur vorhanden ist, die vom Os coccygis bis zum Os pubis reicht und als sagittale Gurtung des Beckenbodens durch glatte Muskulatur bezeichnet werden kann.

Beim Manne wird sie durch folgende Muskelzüge glatter Muskulatur (Abb. 15 und 16) gebildet. Der M. rectococcygeus strahlt wohl teilweise in die Wand des Rectum ein, andere Züge dieses Muskels umfassen seitlich das Rectum und gewinnen teils Beziehung zur Fascia m. levatoris und zum M. rectourethralis und damit zum Centrum lissomusculare perinei. Der M. rectourethralis verbindet die Längsmuskulatur der Vorderwand des Rectum mit der inneren Längsmuskulatur der Urethra und bildet so einen wesentlichen Teil dieses Centrum perinei. Der

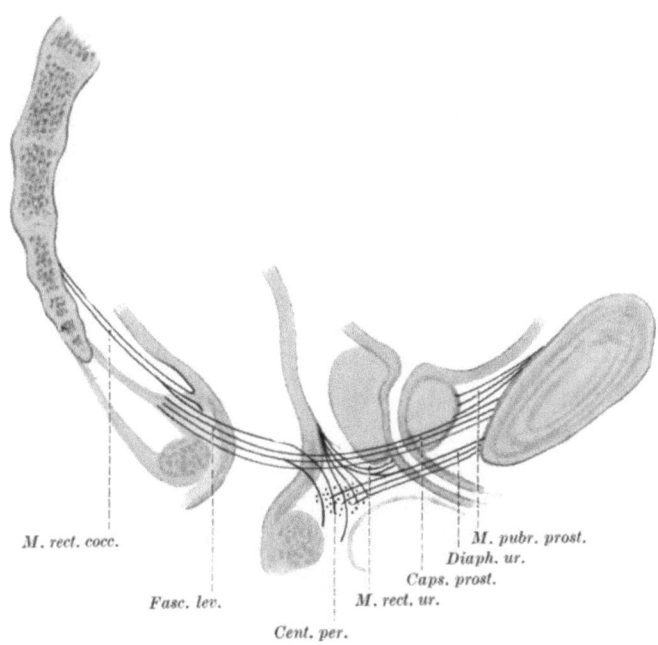

Abb. 16. Schema der sagittalen Gurtung des Beckenbodens durch glatte Muskulatur beim Manne. Seitenansicht

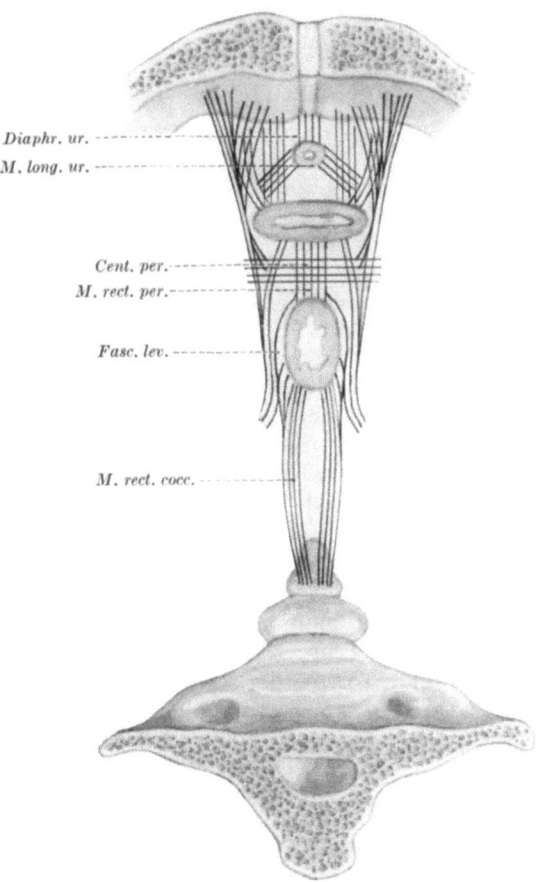

Abb. 17. Schema der sagittalen Gurtung des Beckenbodens durch glatte Muskulatur bei der Frau. Beckenansicht

glatte M. levator prostatae verbindet die Levatorschenkel beider Seiten sowie deren Fascie untereinander, sowie mit dem vorher genannten M. rectourethralis. Die Levatorfascie wieder bildet einen wesentlichen Teil der Prostatakapsel und hängt mit der glatten Muskulatur des Diaphragma urogenitale zusammen, das am Os pubis befestigt ist. Schließlich ist die Prostata und ihre Kapsel durch den M. puboprostaticus auch noch mit dem Os pubis verbunden.

Bei der Frau (Abb. 17 und 18) können wie beim Manne die Züge des M. rectococcygeus außer zum Rectum seitlich von diesem vorbei bis in das Centrum lissomusculare perinei verfolgt werden. Sie hängen auch mit der Levatorfascie zusammen, in die auch der die Grundlage dieses Zentrum bildende glatte M. levator vaginae einstrahlt. Der M. rectoperinealis verbindet Rectum und Vagina über

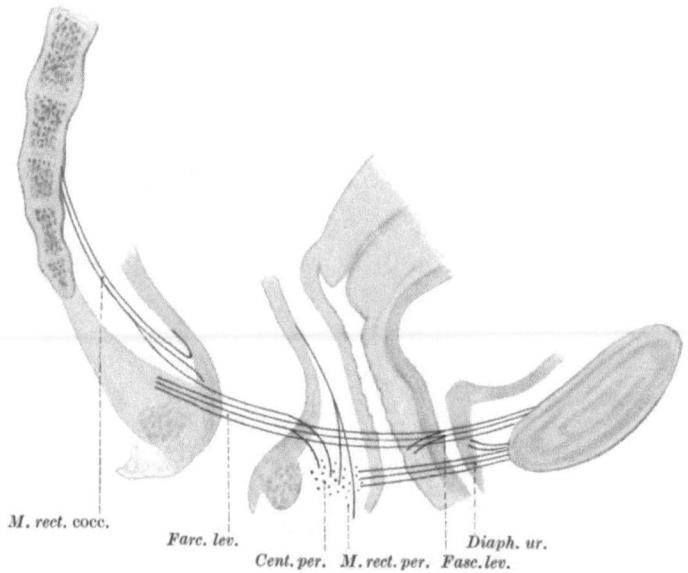

Abb. 18. Schema der sagittalen Gurtung des Beckenbodens durch glatte Muskulatur bei der Frau. Seitenansicht

dieses Zentrum hinweg. Die Fascia levatoris hängt mit der Vaginalwand zusammen und mit der Fascia des Diaphragma urogenitale. In diese Fascie des Diaphragma urogenitale strahlen aus der Längsmuskulatur der Urethra schräge lateralwärts Muskelbündel ein. Andererseits hängt die Muskulatur der Urethra am Ligamentum praeurethrale, und am Übergang der Urethra in die Harnblase zieht der M. pubovesicalis zum Os pubis.

Alle diese Muskelzüge aus glatter Muskulatur hängen vielfach auch, ohne daß es in der schematischen Zeichnung dargestellt werden konnte, untereinander zusammen und bilden die sagittale Gurtung des Beckenbodens durch glatte Muskulatur, die sicher für die Lage der Beckenorgane zusammen mit der quergestreiften Muskulatur und dem Bindegewebe eine wichtige Rolle spielt. Besonders bei Untersuchungen der Ptosen und Prolapse der Beckenorgane wäre die Rolle der glatten Muskulatur des Beckenbodens noch gründlich zu untersuchen.

Literatur

AMREICH, J.: In: H. v. PEHAM u. I. AMREICH, Gynäkologische Operationslehre. Berlin: Karger 1930.

BARBILIAN, N.: Sur les muscles recto-urethrales. Bull. Mém. Soc. anat. Paris 95, 156—157 (1925).

BORGHESE, EL.: La morfologia del connetivo perivesicale. Ric. morf. 16, 265—330 (1939).
BRAUS, H., u. C. ELZE: Anatomie des Menschen, Bd. 2, 3. Aufl. Berlin-Göttingen-Heidelberg: Springer 1956.
DENONVILLIERS, CH.: Propositions et observations d'Anatomie. 3. Anatomie du périné. Paris 1837.
EBERTH, C. J.: Die männlichen Geschlechtsorgane. In: BARDELEBENs Handbuch der Anatomie, Bd. 7, Teil 2, Abt. 2. Jena 1904.
GRAY, H.: Anatomy of the human body, 24 th ed. by W. H. LEWIS. Philadelphia 1942.
HALBAN, J., u. J. TANDLER: Anatomie und Ätiologie der Genitalprolapse beim Weibe. Wien: Braunmüller 1907.
HAYEK, H.: Das Faserkaliber in den Mm. transversus perinei und Sphincter urethrae. Z. Anat. Entwickl.-Gesch. 121, 455—458 (1960).
— Zur Anatomie des Sphincter urethrae. Z. Anat. Entwickl.-Gesch. 123, 121—125 (1962).
HENLE, J.: Handbuch der systematischen Anatomie des Menschen, Bd. II, 2. Aufl. Braunschweig 1873.
HOLL, M.: Die Muskeln und Fascien des Beckenausganges. In: BARDELEBENs Handbuch der Anatomie, Bd. 7, Teil 2, Abt. 2. Jena 1897.
KALISCHER, S.: Die Urogenitalmuskulatur des Dammes. Berlin 1900.
KOBELT, G. L.: Die männlichen und weiblichen Wollustorgane. Freiburg i. Br. 1844.
KOHLRAUSCH, O.: Zur Anatomie und Physiologie der Beckenorgane. Leipzig 1854.
LUSCHKA, H.: Die Anatomie des Menschen, Bd. II, Abt. 2, Das Becken. Tübingen 1864.
RETZIUS, A.: Über das Lig. pelvioprostaticum oder der Apparat, durch welchen die Harnblase, die Prostata und die Harnröhre an der unteren Beckenöffnung befestigt sind. Arch. Anat. u. Physiol. 1849, 182—190.
ROUX, C.: Beiträge zur Kenntnis der Aftermuskulatur des Menschen. Arch. mikr. Anat. 19, 720—733 (1881).
SAPPEY, PH. C.: Traité d'Anatomie. Paris 1867.
TOLDT, C.: Anatomischer Atlas. 1. Aufl. Wien 1900, 22. Aufl. Wien 1959.
TREITZ, W.: Der Musculus rectrococcygeus. Vjschr. prakt. Heil. 1, 124 (1863).
WESSON, M.: Anat. and embr. studies of the perineum. Calif. St. J. Med. 20, 269—272 (1922).

H. Die weibliche Harnröhre, Urethra muliebris (feminina)*

H. von Hayek

Mit 8 Abbildungen

Die Urethra muliebris ist ein dickwandiges 3—4 cm langes Rohr, das eine Fortsetzung der Harnblasenwand bildend, mit dem Ostium (Orificium) urethrae internum beginnt und mit dem Orificium externum in der Vulva endigt, wobei die Wand der Urethra in die Wand des Vestibulum vaginae übergeht. Ein selbständiges Rohr ist nur das proximale Drittel oder Viertel, der anschließende Teil ist mit der Vorderwand der Vagina fest verwachsen und etwa das distale Viertel fest mit dem Diaphragma urogenitale verbunden. Soweit die Urethra ein selbständiges Rohr bildet, ist die Vorderwand viel dicker als die Hinterwand und weiter distal die Vorderwand so dick wie Urethralwand und Vaginalwand zusammen.

Der Verlauf der Urethra ist fast gerade, im allgemeinen leicht nach vorne konkav, manchmal ist diese leichte Konkavität auf die proximale Hälfte beschränkt und die distale Hälfte gerade oder sogar leicht nach vorne konvex, so daß Disse ihre Form als leicht S-förmig gekrümmt beschreibt.

Statt von einer Weite der Harnröhre ist besser die Rede von der Erweiterungsfähigkeit, da in der Ruhe die Schleimhautfalten enge einander anliegend das Lumen verschließen. Die engste, d. h. am wenigsten erweiterungsfähige Stelle soll an der Grenze von proximalem und mittlerem Drittel (Barkow) gelegen sein, dort, wo Virchow die Grenze von Pars superior und inferior ansetzt und der untere Rand des Rhabdosphincter urethrae gelegen ist; diese Stelle fällt also auch mit dem cranialen Rande des gemeinsamen U-förmigen Rhabdosphincter für Urethra und Vagina und dem cranialen Rand der festen Verbindung von Urethral- und Vaginalwand zusammen. Die Unterscheidung einer Pars superior und inferior der Harnröhre begründet Aschoff (1894) außerdem noch durch die verschiedene Ausbildung der Drüsen in diesen beiden Abschnitten, welche im folgenden im Anschluß an die Schleimhaut besprochen wird.

1. Die Schleimhaut

Die Schleimhaut der Urethra, bestehend aus Epithel und bindegewebiger Propria, läßt sich nicht scharf von der unterliegenden Muskelwand abgrenzen, da einerseits einzelne Muskelbündel stark vorragen, andererseits die Drüsen teilweise zwischen die Muskelbündel hineinreichen und auch das Venennetz von der Schleimhaut zwischen die Längsmuskelbündel hineinreicht.

---

* Urethra mit th geschrieben nach allen drei offiziellen anatomischen Nomenklaturen (BN, JN, PN); Hyrtl begründet diese Schreibweise nach dem griechischen des Hippokrates mit theta. Ebenso geschrieben von allen deutschen Autoren von Lehrbüchern der Anatomie mit Ausnahme Henles; in der englischen Literatur urethra, in der französischen Literatur teils urèthre (Testut) teils urètre (Poirier).

Vom Epithel betont auch schon Aschoff (1894), daß es auch beim Neugeborenen so variabel ist. daß keine Urethra der anderen gleicht. Teils findet sich typisches Ubergangsepithel wie in der Harnblase mit den großen, oberflächlich gelegenen Zellen und drei bis vier Lagen kleinerer Zellen in den tieferen Zellagen; teils findet sich mehrschichtiges Cylinderepithel (manchmal auch mit Becherzellen) und oft gleich daneben Übergangsepithel, ohne daß eine Regel erkennbar wäre; schließlich findet sich an derselben Urethra in gleicher Höhe auch mehrschichtiges Plattenepithel, das sich vom Übergangsepithel dadurch unterscheidet, daß die oberflächlich gelegenen Zellen die gleiche Größe haben wie die der tieferen Schicht. Einschichtiges Cylinderepithel bildet Langreder (1956) vom mittleren Drittel der Urethra ab. Dieser Autor findet im proximalen Drittel vorwiegend Übergangsepithel, im mittleren Drittel variabel einschichtiges Cylinderepithel, sowie Übergangs- und Plattenepithel, im distalen Drittel unverhorntes mehrschichtiges Plattenepithel, wie in der Vulva.

Alle drei Epithelarten sind nach Langreder (1956) cyclischen Veränderungen unterworfen, die er an Abstrichpräparaten feststellte. Die „ruhende Cyclusphase" ist durch geringe Desquamation kleiner Zellen verschiedener Art gekennzeichnet, während der Proliferationsphase nehmen Zellzahl, Kern- und Zellgröße zu, das Plasma ist stärker basophil; in der sekretorischen Phase treten längliche Zellformen hinzu, es treten gefältelte Zellen auf, das Plasma ist heller.

An das Oberflächenepithel schließen Lacunen und Drüsen an. Als Lacunen oder Krypten (Disse) werden Ausbuchtungen zu bezeichnen sein, die vom gleichen Epithel wie die Urethra ausgekleidet sind, also von mehrschichtigem Platten- oder Cylinderepithel. Sie sind meist nur wenig tiefer als breit und im oberen Drittel etwas weniger zahlreich, sie ragen nur in die oberflächliche lockere Schicht der Propria mucosae zwischen die muskellosen Venen vor, niemals zwischen die Muskelbündel.

Die Drüsen bilden längere, manchmal verzweigte und gewundene Gänge, deren Endstücke mit einer Zellage ähnlich den Schleimdrüsen ausgekleidet sind. Jedenfalls steht der Kern dieser prismatischen Zellen basal. Die Gänge oder Schläuche ragen oft durch die Längsmuskelschicht bis in die Ringmuskelschicht, ja sogar zwischen die quergestreiften Ringmuskelzüge vor und haben engen Kontakt mit dem Venennetz. Die Zahl der Drüsen ist nahe dem Orificium externum besonders groß.

Den Urethraldrüsen sehr ähnlich sind die Skeneschen Gänge oder Skeneschen Drüsen, die enge neben dem Orificium urethrae externum etwas lateral und hinten von diesem in die Vulva ausmünden (Abb. E. 4, S. 259). Die Gänge mit ihren verzweigten Drüsenendstücken reichen lateral in der lateralen hinteren Wand der Urethra, etwa 2 cm nach aufwärts, so daß sie an Querschnitten durch die Urethra nicht von Urethraldrüsen unterschieden werden können. Die Länge der Gänge mit ihren Verzweigungen beträgt etwas mehr als ein Drittel der Länge der Urethra. Aschoff (1894) zitiert, daß diese Skeneschen Gänge schon von R. de Graaf (1672) und nicht erst von Skene (1880) beschrieben worden seien, so wie sie nach Aschoff auch von Morgagni (1742) bis Luschka (1841) nach R. de Graaf beschrieben werden. Entwicklungsgeschichtlich betrachtet, können die Urethraldrüsen und die Skeneschen Gänge der Prostata des Mannes als homolog bezeichnet werden, wenn auch die Bezeichnung weibliche Prostata (R. de Graaf, Aschoff) nicht sinnvoll erscheint, da ja das Sekret der Prostata des Mannes der Samenflüssigkeit bei der Entleerung beigemengt wird und die Prostata des Mannes daher den Geschlechtsorganen zugerechnet werden muß. Zu betonen ist noch, daß die Skeneschen Drüsen keine Beziehung zu den Wolffschen Gängen haben, sondern sich erst entwickeln, wenn das distale Ende dieser Gänge rückgebildet oder umgebildet ist.

Die Propria der Mucosa, mit dem reichen Netzwerk von Venen (Abb. 1 und Q. 8, S. 509), läßt eine oberflächliche und eine tiefere Schicht dadurch unterscheiden, daß die oberflächliche Schicht zellreicher und faserärmer als die tiefere Schicht ist. In beiden Schichten bilden in gleicher Weise Venen mit muskelfreier Wand ein Netzwerk, das eine Fortsetzung des Venennetzes am Orificium internum und der anschließenden Harnblasenwand bildet. Die Drüsen verschwinden an Zahl gegenüber den zahlreichen Venenquerschnitten in der ganzen Länge der Urethra mit Ausnahme des Orificium externum, wo die Zahl der Drüsen überwiegt. Auch Arterien mit

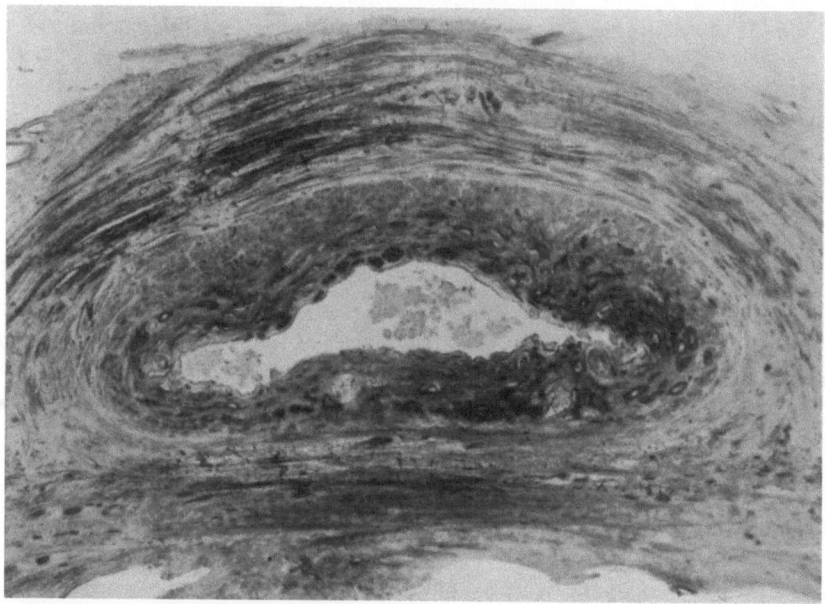

Abb. 1. Querschnitt durch die Urethra mit der Vorderwand der Vagina knapp oberhalb des Diaphragma urogenitale durch den Rhabdosphincter urethro-vaginalis. Die vorne besonders dicke Längsmuskelschicht und die Schleimhaut zeigen das nur teilweise blutgefüllte Venengeflecht

mehrschichtiger Muskelwand sind in der Mucosa zwischen den Venen zu finden (entgegen Angabe DISSE, der das Fehlen von Arterien betont). Im proximalen Drittel ist das Venennetz am stärksten entwickelt und nimmt distal an Stärke ab.

Das Venennetz (s. S. 508, Abb. Q. 8) reicht in gleicher Dichte zwischen die innere Längsmuskelschicht hinein und zum Teil auch in die Ringmuskulatur. So bildet das Venennetz mit der Muskulatur — also praktisch die ganze Wand der Urethra — einen gefäßreichen Körper, der von KOBELT (1844) als Corpus spongiosum bezeichnet wurde. Die durch die äußere quergestreifte Ringmuskulatur zuführenden Arterien zeigen einen stark geschlängelten Verlauf (Abb. Q. 8), ja gelegentlich sogar Intimapolster. Außerdem ist der Reichtum an Nerven auffallend. Der Reichtum an Arterien, sowie die Intimapolster lassen es mir als möglich erscheinen, daß auch arterio-venöse Anastomosen vorhanden sind und das Venennetz sowie ein Schwellgewebe unter arteriellem Blutdruck gefüllt wird. Schon HENLE (1873) gibt an, daß sich die Arterien in die venösen Hohlräume öffnen. Doch ist seither der Nachweis solcher arterio-venösen Anastomosen nicht geführt. Auf die Bedeutung des Venennetzes für den Abschluß der Harnblase und Urethra weisen besonders HEISS (1915) und LANGREDER (1956) hin.

2. Die Muscularis der weiblichen Urethra

Die Muskulatur der Urethra besteht aus glatten und quergestreiften Muskelfasern und zeigt eine Anordnung in mehreren Schichten, so daß z. B. HENLE (1873) eine innere Längsfaserschicht, eine mittlere Ringfaserschicht und eine äußere Längsfaserschicht unterscheidet. LANGREDER (1956) betont dagegen, daß die sog. Ringfaserschicht nur aus in Spiralformen angeordneten Faserzügen besteht, wozu gleich zu bemerken ist, daß er nicht eine ebene Spirale, sondern eher eine Schraubenlinie oder Schneckenlinie meint. Solche schräg zur Achse

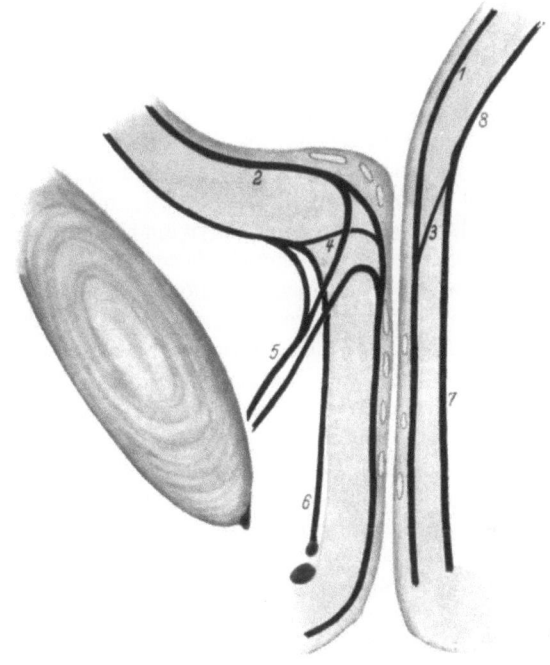

Abb. 2. Die Längsmuskulatur der weiblichen Urethra und die einstrahlenden Muskelzüge. Schema gezeichnet nach Schnitten einer kindlichen Urethra. *1* Längsmuskulatur des Trigonum, *2* vordere innere Längsmuskulatur der Harnblase, *3* M. longitudinalis vesicae posterior, *4* M. longitudinalis vesicae anterior, *5* M. pubovesicalis, *6* äußere Längsmuskulatur vorne vom Lig. transversum pelvis entspringend, *7* äußere Längsmuskulatur hinten mit der Vagina verbunden, *8* äußere Längsmuskelschicht der Harnblase

der Urethra verlaufende Bündel glatter Muskelfasern, wie LANGREDER sie beschreibt, finde ich in der Grenzschicht zwischen innerer Längsmuskulatur und Ringmuskulatur.

Die Längsmuskulatur wie die Ringmuskelschicht bilden im wesentlichen eine Fortsetzung der entsprechenden Schichten der Harnblasenwand. Quergestreifte Muskelfasern finden sich vorwiegend in der äußeren Schicht der Ringmuskulatur im Rhabdosphincter urethrae und im Rhabdosphincter urethrovaginalis, sowie auch in Form von Längsmuskelbündeln. Den Reichtum der ganzen Muskelwand an elastischen Fasern betont schon HENLE (1873).

Die innere Längsmuskelschicht ist so wie die Schleimhaut von dem reichen Netzwerk muskelloser Venen durchsetzt und wurde von ARNOLD (1844) und KOBELT (1844) als Corpus spongiosum bezeichnet, wenn auch die Abgrenzung dieses Venengeflechtes keineswegs mit der Grenze zwischen Längs- und Ringmuskulatur zusammenfällt, sondern zahlreiche Venen auch in der Ringmuskelschicht gefunden werden (Abb. 1). Am Orificium urethrae internum setzen sich die Bündel der inneren Längsmuskelschicht in die innere Muskelschicht der Harnblase fort, insbesondere in die Faserzüge, die im Bereich des Trigonum gegen das Orificium konvergieren. Schließlich finde ich noch Muskelbündel, welche sich in Fortsetzung des M. long. posterior der Harnblase, schräg den hinteren Sphincterhalbring durchsetzend, in die innere Längsmuskelschicht der Urethra verfolgen lassen (Abb. 2); die schräg in diesen Halbring von hinten eintauchenden Faserbündel entspringen aber nicht alle in diesem Halbring wie LÜDINGHAUSEN (1932) und HUNTER (1954) das beschrieben haben und wie es HEISS (1928) durch die Bezeichnung Retractor uvulae zum Ausdruck bringt, sondern die Bündel des M. long. posterior vesicae entspringen sozusagen teilweise in der inneren Längsmuskelschicht der Urethra (HENLE 1862).

Außerdem strahlen in die vorderen Längsmuskelzüge Faserbündel aus dem Lig. pubovesicale ein, Faserbündel, die an der Grenze von Harnblase und Urethra zwischen die queren Muskelbündel eintreten und um den cranialen Rand des Rhabdosphincter urethrae umbiegend, in die innere Längsmuskelschicht verfolgt werden können. ZACHARIN (1963) nennt dementsprechend das Lig. pubovesicale „pubourethral ligament" (Abb. 2). Distal endigt ein Teil der inneren Längsmuskelfasern in der Schleimhaut der Vulva am Orificium urethrae externum, ein wesentlicher Teil der inneren Längsmuskelfasern jedoch divergiert distalwärts nach lateral und zieht zwischen den quer verlaufenden glatten und quergestreiften Muskelbündeln zum Diaphragma urogenitale, um in dessen craniale muskelreiche Fascie einzustrahlen (Abb. 5); diese Fasern trennen den Rhabdosphincter urethrovaginalis vom M. transversus perinei profundus.

Die äußere Längsmuskelschicht bildet eine Fortsetzung der äußeren Längsmuskulatur der Harnblase. Vorne bedeckt diese dünne Schicht — am Blasenhals die in die Ringmuskelschicht eintretenden Fasern des Lig. pubovesicale kreuzend — von außen die quer verlaufenden Bündel des Rhabdosphincter urethrae und Rhabdosphincter urethrovaginalis; diese Längsmuskelfasern endigen am Lig. praeurethrale (transversum pelvis), das deutlich eine Zweiteilung — einen cranialen und einen caudalen Strang — unterscheiden läßt, wobei nur der craniale Strang dem Ansatz der Längsmuskelfasern dient (Abb. 2).

Seitlich endigt die äußere Längsmuskelschicht in der oberen muskelreichen Fascie des Diaphragma urogenitale, so die Urethra fest an diesem Diaphragma verankernd. Hinten vereinigt sich die äußere Längsmuskelschicht, dort wo Urethra und Vagina fest miteinander verbunden sind, mit der Längsmuskulatur der Vaginalwand, so daß in den distalen zwei Drittel die Urethral- und die Vaginalmuskulatur nicht mehr zu trennen sind (wie auch schon HENLE das abbildet). Distal endigt die hintere Längsmuskulatur der Urethra ebenfalls in der Fascie des Diaphragma urogenitale.

Die sog. glatte Ringmuskulatur soll nach LANGREDER (1956) nur das schräg zur Längsachse der Harnröhre verlaufenden Muskelbündel bestehen, die etwa in einem Winkel von 45° schraubig (LANGREDER sagt spiralig) die Harnröhre umlaufen, wobei die Bündel sich in gegenläufigen Schrauben überkreuzen. Dabei soll ein Bündel „etwa fünf- bis achtmal um das Urethrallumen herumziehen". Ich finde dagegen nur in der inneren Schicht der „Ringmuskulatur" solche Schrägbänder locker angeordnet, die ein Netzwerk bilden (Abb. 6), in der äußeren Schicht dagegen zeigen Frontalschnitte richtig quer verlaufende Muskelbündel fast völlig parallel zueinander angeordnet (Abb. 6).

Eine genauere Untersuchung dieser dünnen Schicht schräg verlaufender Muskelbündel zeigt, daß sich diese Bündel vielfach verzweigen (Abb. 6), wobei ein Teil in reine Querbündel übergeht. Es handelt sich keinesfalls nur um sich überkreuzende in Schraubentouren verlaufende Bündel. Sicher ist, daß außen

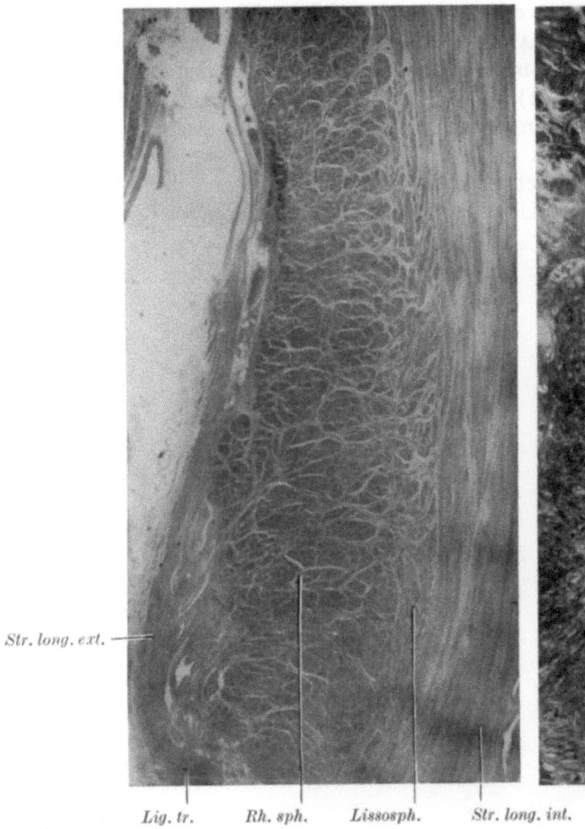

Str. long. ext. —

Lig. tr.   Rh. sph.   Lissosph.   Str. long. int.

Abb. 3

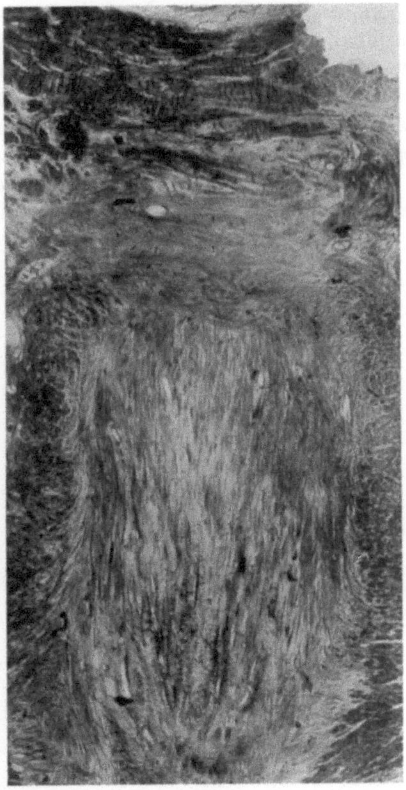

Abb. 4

Abb. 3. Sagittalschnitt durch die Vorderwand der weiblichen Urethra mit der inneren und äußeren Längsmuskelschicht (*Str. long. int.*, *Str. long. extr.*); die äußere entspringt vom Lig. transversum pelvis (*Lig. tr.*); die quergestreifte (*Rh. sph.*) und glatte (Lissosphinct.) Ringmuskulatur. 14jährig. Vgl. Abb. Q 2, S. 505 von der Erwachsenen

Abb. 4. Frontalschnitt durch die Vorderwand der weiblichen Urethra. 14jährig. Parallelfaserige Anordnung der inneren Längsfaserschicht

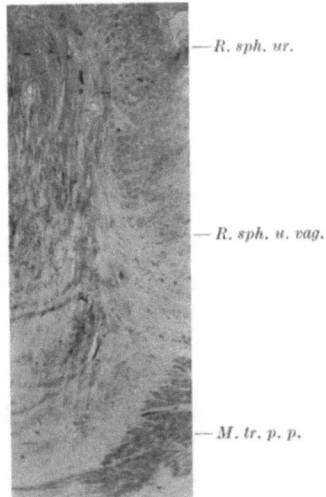

— *R. sph. ur.*

— *R. sph. u. vag.*

— *M. tr. p. p.*

Abb. 5

Abb. 5. Frontalschnitt durch die weibliche Urethra, distaler Abschnitt. Ausstrahlen von Bündeln der glatten inneren Längsmuskulatur schräg lateralwärts zwischen Rhabdosphincter urethrovaginalis (*R. sph. vag.*) und M. transv. per. prof. (*M. tr. p. p.*); *R. sph. ur.* Rhabdosphincter urethrae

von diesen schräge verlaufenden Bündeln noch rein quer verlaufende Bündel liegen, an die außen die ebenfalls quer verlaufenden Bündel des Rhabdosphincters anschließen. Entgegen der Ansicht LANGREDERs (1956) muß hier noch einmal betont werden, daß die innere Längsmuskelschicht größtenteils aus rein längs verlaufenden Fasern besteht (Abb. H. 4) und auch nichts mit der dünnen Schrägfaserschicht zu tun hat. Die Funktion dieser Schrägfaserschicht erscheint entgegen LANGREDER nicht geklärt.

Die reinen Ringfasern schließen sich enge an den distalen Rand der beiden Semisphincteren an und umfassen die Urethra, hier einen Lissosphincter (Sphinc-

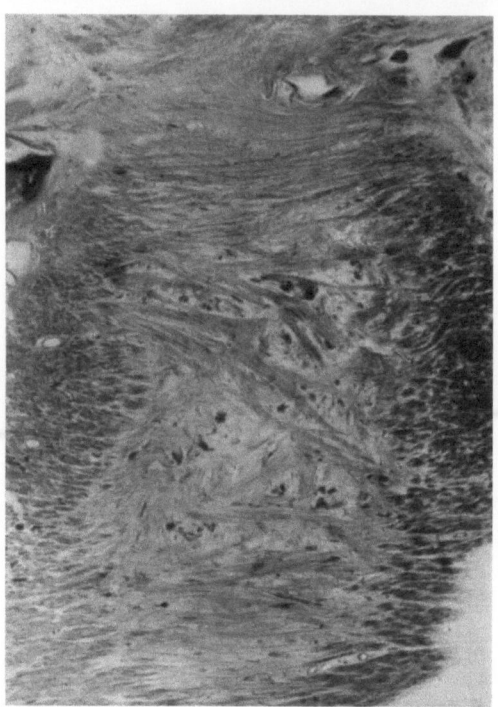

Abb. 6. Frontalschnitt durch die Vorderwand der weiblichen Urethra. Das Netzwerk glatter Muskelbündel an der Grenze von Ringfaserschicht tangential getroffen. Außen der Rhabdosphincter; obere Harnblasenwand und rein quer verlaufende glatte Muskelbündel; unten (distal) rein quere Muskelbündel

ter vesciae internus, HENLE) bildend. Hinter der Harnröhre liegen die Fasern enge an dem Semisphincter posterior, der von der Trigonummuskulatur gebildet wird (Abb. E. 17), so daß HEISS (1928) diese Fasern auch zum Sphincter trigonalis rechnet, obwohl diese Fasern vorne an den vorderen Semisphincter anschließen (Abb. E. 17). Diese das proximale Stück der Urethra umfassenden Ringfasern entsprechen dem Sphincter vesicae internus HENLEs (1862, S. 332) und dem Sphincter prostatae KÖLLIKERs (Mikr. Anat. II, S. 406) und sollen als Lissosphincter urethrae bezeichnet werden, um sie von den beiden Semisphincteren (an die sie zwar anschließen) zu unterscheiden.

3. Die quergestreifte Muskulatur der weiblichen Urethra

Quergestreifte Muskelfasern finden sich in der Vorderwand der Urethra als eine dicke Platte quer verlaufender Bündel, die, etwa drei Viertel der Länge der Urethra einnehmend, von der Höhe der einstrahlenden Fasern des Lig. pubo-

H. Die weibliche Harnröhre, Urethra muliebris (feminina) 321

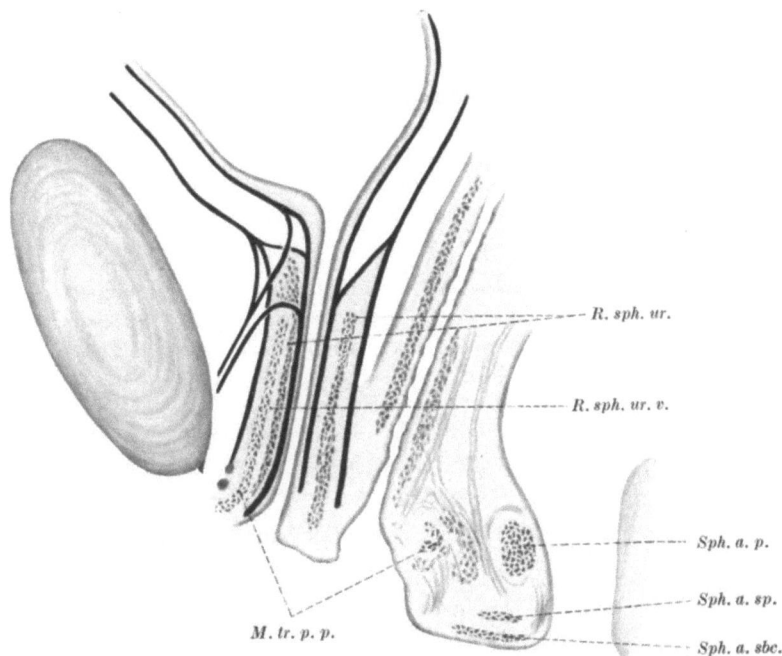

Abb 7. Medianschnitt durch die weibliche Urethra — Beziehung der glatten Längsmuskulatur zur quergestreiften Muskulatur. *R. sph. ur.* Rhabdosphincter urethrae, *R. sph. ur. v.* Rhabdosphincter urethrovaginalis, *Sph. a. p.* Sphincter ani profundus, *Sph. a. sp.* Sphincter ani superficialis, *Sph. a. sbc.* Sphincter ani subcutaneus, *M. tr. p. p.* M. transversus perinei profundus

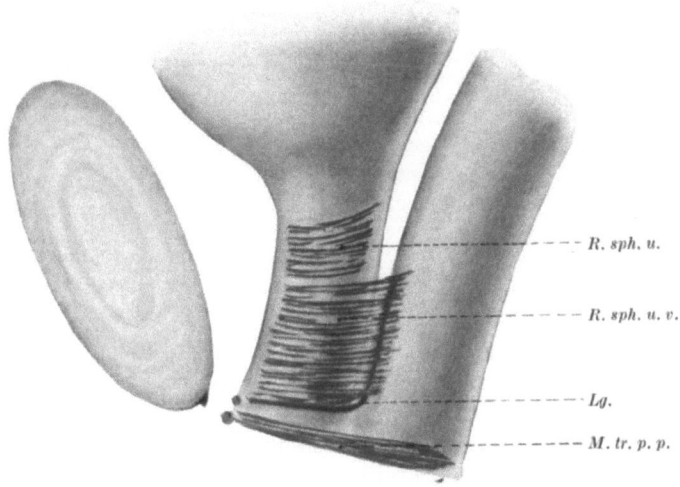

Abb. 8. Die quergestreifte Muskulatur der weiblichen Urethra. Seitenansicht. *R. sph. ur.* Rhabdosphincter urethrae, *R. sph. u. v.* Rhabdosphincter urethrovaginalis, *M. tr. p. p.* M. transversus perinei profundus. *Lg.* Längsbündel in der Furche zwischen Vagina und Urethra

vesicale bis zum Orificium urethrae externum reicht. Außerdem finden sich in der seitlichen Furche zwischen Urethra und Vagina auch längsverlaufende, quergestreifte Muskelbündel.

Die am Mediansagittalschnitt (Abb. 7) besonders deutliche Platte querverlaufender Fasern gliedert sich seitlich in drei Muskelindividuen — von caudal nach cranial aufgezählt — den M. transversus perinei profundus (HENLE), den M. rhabdosphincter urethrovaginalis und den Rhabdosphincter urethrae. Der M. transversus perinei produndus wird seitlich von der Urethra von den beiden proximal davon liegenden Muskeln durch seine Fascie getrennt, in welche glatte Muskelbündel aus der inneren Längsmuskelschicht der Urethra einstrahlen. Er enthält auch Fasern, die sicher eine Verengung oder Verschlußwirkung auf die Urethra ausüben können und daher als Sphincter diaphragmaticus zu bezeichnen sind. Er soll mit den Beckenbodenmuskeln besprochen werden (S. 283).

Die Mm. rhabdosphincter urethrae und Rhabdosphincter urethro-vaginalis, die cranial vom Diaphragma urogenitale gelegen sind, wurden schon von HENLE (1862), LUSCHKA (1864), TSCHAUSSOW (1885), VIRCHOW (1894) und DISSE (1902) gut beschrieben. Dennoch wurden diese Muskeln in der anatomischen und klinischen Literatur weitgehend vernachlässigt, so daß sie als „bisher nicht beschrieben" (PALMRICH 1954) von RICCI (1950) und von POWERS (1954) gleichsam neu entdeckt wurden. Ich kann aus eigenen Untersuchungen die Angaben der alten Autoren bestätigen.

Der Rhabdosphincter urethrae und der Rhabdosphincter urethro-vaginalis liegen cranial vom Diaphragma urogenitale in der Wand der Urethra und teilweise der der Vagina. Vorne werden beide von der äußeren Längsmuskelschichte der Urethra bedeckt. HENLE (1862) beschreibt beide Muskeln im ganzen richtig, wenn er sagt: „Nur bis zur Mitte der Urethra, von der Harnblase an gerechnet" umgreifen die transversalen animalischen Fasern die Urethra vollkommen ringförmig; unterhalb der Mitte nehmen sie nur einen Teil, bald nur die vordere Hälfte ein" und endigen in der Seitenwand der Vagina. Ein Rhabdosphincter urethrae (Abb. 7) ist als nur im proximalen Abschnitt der Urethra (nicht ganz der Hälfte) vorhanden, wobei aber seine Fasern nach TSCHAUSSOW (1885) hinter der Urethra sich überkreuzen und verfilzen. Dem ist hinzuzufügen, daß diese Fasern keine geschlossenen Ringe bilden, sondern diese Ringe hinten nahe der Mitte mehr oder weniger weit offen sind, so daß am Medianschnitt hinter der Urethra nur einzelne Faserbündel oder einzelne Fasern zwischen der glatten Ringmuskulatur gefunden werden. Wenn TSCHAUSSOW sagt „verfilzen", so ist dem hinzuzufügen, daß sie zwischen der dicht gelagerten glatten Muskulatur in dem dichten Bindegewebe endigen. Die Abgrenzung des quergestreiften Ringmuskels gegen den glatten Ringmuskel ist nicht scharf, sondern wo sie aneinandergrenzen, sind glatte, zwischen quergestreifte Fasern zwischengelagert.

In der distalen Hälfte der Urethra — also dort, wo sie mit der Vaginalwand fest verbunden ist — umfassen die quergestreiften Muskelbündel nur halbkreisförmig die Urethra von vorne und endigen in der Wand der Vagina, teils in der Seitenwand, teils in der Hinterwand; am Medianschnitt werden in der Hinterwand der Vagina nur einzelne quergestreifte Muskelfasern (nicht Muskelbündel) gefunden. Die Bündel quergestreifter Fasern setzen sich in Bündel glatter Muskelfasern fort. Diese, an den in der proximalen Hälfte der Urethra gelegenen Rhabdosphincter urethrae anschließenden Bündel die Urethra und Vagina umfassen, bezeichnet LUSCHKA (1864) als M. sphincter vaginae atque urethrae oder Sphincter urethrae atque vaginae, TSCHAUSSOW (1885) nennt sie M. sphincter vagino-urethralis und HOLL (1897) M. sphincter urethrovaginalis. Die quer verlaufenden Muskelfasern beider Muskeln weichen von der rein transversalen Richtung etwas ab, so daß sie sich in ganzen spitzen Winkeln überkreuzen. LANGREDER (1956) bildet diese Überkreuzung an einem Frontalschnitt durch die Urethra ab, bezeichnet aber die quergestreiften Muskelfasern als dem M. transversus perinei profundus zugehörig.

Literatur zuerst von ARNOLD (1844) und KOBELT (1844) für die Wand der weiblichen Urethra verwendet, wobei zu betonen ist, daß sich das Corpus spongiosum urethrae muliebris von den Corpora cavernosa unter anderem besonders durch das Fehlen einer Tunica albuginea unterscheidet und dem Corpus spongiosum (P.N.A.) = Corpus cavernosum urethrae des Penis nicht homolog ist. Die Pariser Nomenklatur hat sich hier also einerseits nicht an die sonst in der Nomenklatur übliche Regel der Priorität gehalten, andererseits den Venenplexus der weiblichen Urethralwand nicht berücksichtigt. Die Pars membranacea (P.N.A. und B.N.A.) wird von der J.N.A. (Jenaer anatomische Nomenklatur) als Pars diaphragmatica bezeichnet, während WALDEYER (1899) und andere von einer Pars trigonalis sprechen und diesen wohl heute obsoleten Namen mit dem Durchtritt dieses Abschnittes durch das Trigonum urogenitale (Diaphragma urogenitale) begründen. HENLE (1873) führt für die Pars membranacea noch folgende Namen an: Pars muscularis (AMMUSSAT), Pars intrafascialis (THOMPSON), Portion symphysaire (POTAL) und Pars nuda (aut.).

In der französischen Literatur (z. B. POIRIER et CHARPY 1901) wird noch der Name Sinus prostatique für die Erweiterung der Pars prostatica urethrae verwendet; in der älteren Literatur heißt dagegen der Utriculus prostaticus „Sinus prostaticus Morgagni" (HENLE 1862). Die Pariser Nomenklatur (1955) bezeichnet als Sinus prostaticus jene Bucht (Recessus), in welche seitlich vom Colliculus seminalis die Prostatadrüsengänge ausmünden. Wegen dieser verschiedenartigen Verwendung des Namens „Sinus prostaticus" wäre es vorzuziehen, diesen Namen überhaupt nicht zu verwenden.

Von einer Weite der Urethra zu sprechen scheint im allgemeinen nicht zweckmäßig, da in der Ruhe ihre Wände einander anliegen und am Querschnitt entweder ein gerader oder leicht gebogener Spalt oder ein sternförmiger Spalt erkennbar ist. So findet sich im Bereiche des Orificium externum und der Fossa navicularis ein sagittaler Spalt, im Bereiche der Pars cavernosa dagegen ein Spalt in Form eines unregelmäßigen Sternes. Die Breite der bei aufgeschnittener Harnröhre ausgebreiteten Schleimhaut beträgt nach EBERTH (1904), nach ROLLET (1862) am Orificium externum 7—8 mm, in der Fossa navicularis 10—11 mm, in der Pars cavernosa 9—10 mm, in der Fossa bulbi 12—14 mm, in der Pars membranacea 9 mm und in der Pars prostatica 10—15 mm. Der Durchmesser des zum Zylinder erweiterten, also gedehnten Rohres beträgt am Metallausguß im Durchschnitt 10,5 mm (EBERTH), wobei das Orificium externum, die Pars membranacea und das Orificium internum als engere Stellen hervortreten. Die stärkste zulässige Ausdehnung an den engsten Stellen soll 10 mm betragen und dürfte sich von der Dehnbarkeit in vivo etwas unterscheiden.

Die beiden Krümmungen der Urethra haben eine sehr verschiedene Bedeutung. Die distale im Bereiche der Pars cavernosa gelegene Krümmung ist leicht veränderlich, sie wird bei der Erektion sowie beim Anheben des Penis gegen die vordere Bauchwand ausgeglichen. Sie liegt entsprechend der Fixation des Penis durch die Ligg. fundiforme und suspensorium penis vorne und unten von der Symphyse; nur HYRTL bezeichnet diese Krümmung als Curvatura infrapubica, während sie meist als Curvatura praepubica benannt wird. Die proximale Krümmung (Curvatura subpubica) ist gegen den Unterrand der Symphyse konkav und liegt im Bereich der Pars fixa urethrae (LUSCHKA); an ihr sind die Pars prostatica, membranacea und cavernosa beteiligt. Die Entfernung des Bogens vom Unterrand der Symphyse beträgt am Scheitel des Bogens, das ist im Bereiche des Durchtrittes durch das Diaphragma urogenitale, 18—20 mm. Diese Stelle, d. h. der Durchtritt durch das Diaphragma ist der am wenigsten bewegliche Teil der Urethra, sie kann hier etwa 7 mm nach vorne und nach rückwärts verlagert werden. Über die Verschieblichkeit der Pars cavernosa im Bereiche der Fixation durch die Ligg. fundiforme und suspensorium penis wird bei der Besprechung des Penis zu berichten sein. Die Pars prostatica besitzt eine etwas stärkere Verschieblichkeit, ihre Lage hängt wie die Lage des Orificium internum von der Füllung der Blase und des Rectum ab (LUSCHKA). Bei leerer Blase und vollem Rectum wird sie mehr gegen die Symphyse gedrängt und die Curvatura subpubica dadurch verstärkt; bei leerem Rectum und extrem voller Blase wird die Pars prostatica und das Orificium nach hinten und unten gedrängt und die Curvatura subpubica dadurch abgeflacht.

2. Die Pars prostatica urethrae und die Prostata

So wie die Lichtung des von der Prostata umfaßten Abschnittes der Harnröhre eine Fortsetzung der Lichtung der Harnblase bildet, so kann man, wie LUSCHKA (1864) sagt, die Prostata „füglich als eine modifizierte Fortsetzung der gesamten Blasenwand betrachten" und den derben Körper der Prostata als besonders mächtig differenzierte Wand der Urethra bezeichnen. Dies gilt vom Standpunkt der Entwicklung her, aber auch weil in der Prostata die gleichen Bauelemente (Drüsen, glatte und quergestreifte Muskulatur) vorhanden sind, wie in der Wand der weiblichen Urethra und schließlich, weil besonders die glatte Muskulatur der Prostata in Fortsetzung der verschiedenen Schichten der glatten Muskulatur der Harnblase eine funktionelle Einheit als Muskulatur der Pars prostatica urethrae bildet (Abb. 11). HENLE (1862) sagt, daß die Prostata drei Organe in sich vereinigt, nämlich 1. eine Anzahl traubiger Drüsen, die zusammen als Glandula prostatica bezeichnet werden, 2. den aus glatten Muskelfasern bestehenden Schließmuskel der Blase und 3. einen quergestreiften Schließmuskel, wozu noch 4. die äußere Umhüllung der Prostata kommt, die mit dem Fixationsapparat der Prostata zusammenhängt, so daß die seitliche Abgrenzung des Organs gegenüber dem Fixationsapparat immer eine künstliche ist. Ebenso ist es ein Kunstprodukt, wenn man die Urethra aus der Prostata herauspräpariert, am Medianschnitt einen Spalt zwischen Prostata und Wand der Urethra darstellt (TANDLER), oder einen Canalis urethralis beschreibt, denn bei einer solchen Präparation werden nicht nur die aus der Längsmuskulatur der Urethra zwischen die Prostatadrüsen einstrahlenden Muskelbündel, sondern auch die Drüsenausführungsgänge durchschnitten.

Unter dem Namen Prostata versteht man den abgeplatteten kegelförmigen Körper von festem Gefüge, der, am Ausgang der Harnblase gelegen, von der Lichtung der Urethra durchsetzt wird. Die Basis des Kegels ist von der Harnblasenwand nur künstlich unter Durchschneidung zahlreicher Muskelbündel zu trennen, doch wird dennoch gelegentlich von einer Facies vesicalis gesprochen. Die Spitze des Kegels (Apex prostatae, Extremitas urethralis) setzt sich in die Pars diaphragmatica urethrae fort und steht mit dem Diaphragma urogenitale in Verbindung (HENLE 1862). Der größte Durchmesser des abgeplatteten Kegels steht frontal, so daß eine vordere Fläche, Facies anterior (pubica) und eine hintere Fläche, Facies posterior (rectalis) unterschieden werden können. Die nach beiden Seiten am weitesten vorspringenden Teile der Prostata werden als Seitenlappen (Lobi oder Partes laterales) bezeichnet, ohne daß eine scharfe natürliche Abgrenzung gegen die medianen Abschnitte gegeben wäre. Der vor der Urethra gelegene Teil heißt Pars praeurethralis oder Vorderlappen. Der dorsal von der Urethra gelegene Teil wird durch die breite Furche für den Eintritt der Ductus ejaculatorii unterteilt, so daß caudal davon der gegen das Rectum schauende Hinterlappen (Pars posterior) unterschieden wird und zwischen dieser Furche und der Harnblase der Isthmus prostatae oder Mittellappen liegt. Die Bezeichnung Mittellappen stammt nach HENLE von HOWE (1811), der Name Isthmus prostatae von HUSCHKE (1844). Die Bezeichnung Lappen für die Teile der Prostata entspricht nicht dem, was man bei anderen Organen unter Lappen versteht, es fehlt eine scharfe Abgrenzung, doch hat sich diese Bezeichnung völlig eingebürgert. Nur der Seitenlappen erscheint nach vorne zu deutlich abgegrenzt, wenn die quergestreiften Muskelbündel, welche schräg nach hinten oben aufsteigen, herauspräpariert werden, wie HENLE das schon abgebildet hat.

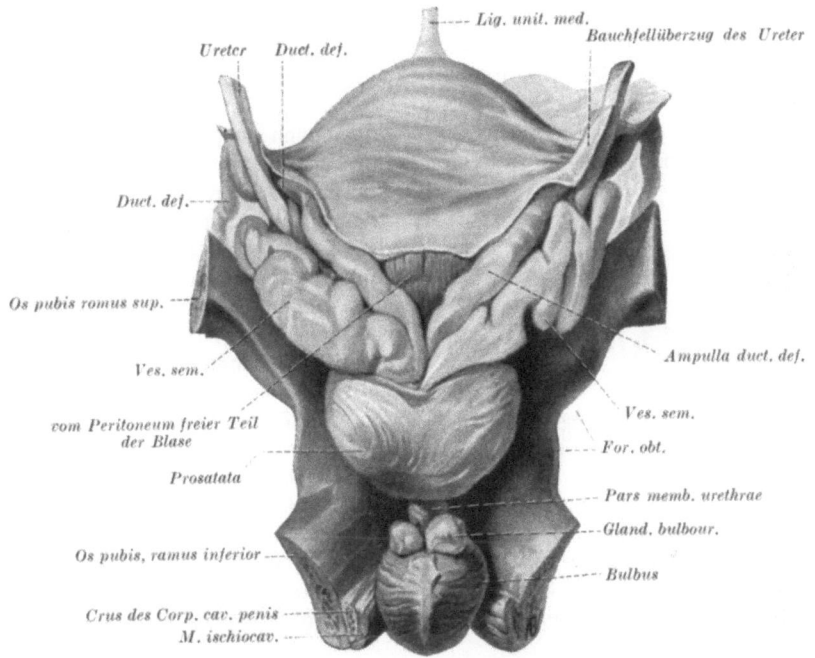

Abb. 1. Hinterfläche der Harnblase mit Prostata und Bulbus urethrae in Beziehung zum Os pubis. Das linke Samenbläschen ist nicht aus seiner Bindegewebshülle auspräpariert, rechts dagegen sind die einzelnen Gänge präparatorisch isoliert. Aus BRAUS-ELZE, Bd. II

3. Das Schleimhautbild der Pars prostatica urethrae

In die Pars prostatica urethrae wölbt sich von hinten her der Colliculus seminalis vor, der sich distalwärts regelmäßig in eine Leiste, die Crista urethralis, fortsetzt. Daraus ergibt sich, daß der Querschnitt durch die Pars prostatica urethrae im Bereich des Colliculis seminalis und distal davon die Form' eines halben Kreisringes zeigt. Der länglich ovale Colliculus seminalis mit der Crista urethralis wird in der englischen Literatur zusammengefaßt als urethral crest. In der französischen und amerikanischen Literatur findet man vielfach noch die nach HYRTL (1880) auf HALLER zurückführende Bezeichnung Veru montanum, ein Name, von HYRTL als wenig sinnvoll kritisiert, da das lateinische Veru Wurfspieß bedeutet. Das populäre Caput gallinaginis des R. DE GRAAF ist nach HYRTL nur ein verbessertes Caput gallinaceum des EUSTACHIUS, da der Colliculus seminalis mit der längeren, distal geteilten Crista urethralis sehr einem Schnepfenkopf mit dem langen Schnabel gleichen soll als dem Kopf eines Hahnes (Abb. J. 2, S. 346).

Die Schleimhaut an der Oberfläche des Colliculus zeigt meist feine Falten, die sich nach HENLE (1862) bei Anschwellung der Venennetze ausgleichen. In der Mitte des Colliculus findet sich die meist längliche spaltförmige Öffnung des Utriculus prostaticus (P.N.A.) oder Sinus prostaticus Morgagni (HENLE). Zu beiden Seiten davon, oder etwas proximal verschoben, liegen die meist kreisrunden Mündungen der Ductus ejaculatorii, nicht selten von einem wulstförmigen Saum umgeben. Am distalen Abhang des Colliculus seitlich von der Mündung des Utriculus münden jederseits eine größere und mehrere kleinere Prostatadrüsen mit punktförmigen Öffnungen. Weitere kleinere Mündungen von Prostatadrüsen liegen in der Furche seitlich vom Colliculus, welche Furche in der Pariser Nomenklatur von 1955 (P.N.A.) ungeschickterweise als Sinus prostaticus bezeichnet wird. Die auf dem Colliculus und seitlich von ihm gelegenen Mündungen von Ductuli prostatici stammen aus dem Hinterlappen und den Seitenlappen der Prostata. MACMAHON (1938) berichtet über weitere Einzelheiten der Variabilität der gegenseitigen Lage der Mündungen der Ductus ejaculatorii und des Utriculus prostaticus (Abb. 2; s. auch Abb. J. 2, S. 346).

Proximalwärts gehen vom Colliculus seminalis noch meist drei flache Schleimhautfalten aus, von denen die mittlere am weitesten reicht und sich über das Orificium urethrae hinaus bis in das Trigonum vesicae fortsetzen kann. Die beiden seitlichen Falten ziehen lateralwärts aufsteigend gegen das Orificium vesicae vielfach noch seitwärts kleinere Falten abgebend. Proximal vom Colliculus seminalis findet man noch die nur mit der Lupe erkennbaren kleinen Mündungen der submukösen Drüsen, deren Ausführungsgänge von der Gegend des Orificium vesicae bis nahe an den Colliculus absteigen und die Ausführungsgänge des Mittellappens (GRIFFITH 1889, ASCHOFF 1894, LOWSLEY 1912). In den lateral vom Colliculus seminalis und der Crista urethralis gelegenen Furchen finden sich die Mündungen der Drüsen der Seitenlappen der Prostata, während an der Vorderwand nur die wenigen Drüsenmündungen des Vorderlappens gefunden werden.

Abb. 2. Die Variabilität der Lage der Mündungen der Ductus ejaculatorii zu der des Utriculus prostaticus auf dem Colliculus seminalis. Umzeichnung nach MCMAHON

4. Der Bau der Schleimhaut

Die etwa $1/2$—2 mm dicke Schleimhaut ist nicht überall gleich dick und läßt sich nicht scharf gegen den Körper der Prostata abgrenzen, da einzelne dünne Bündel der Längsmuskulatur vielfach in das Bindegewebe der Schleimhaut eingebettet erscheinen und Venen der Schleimhaut zwischen die Muskelbündel hinreichen; eine eigene Submucosa läßt sich am mikroskopischen Bild nicht unterscheiden, doch zeigt sich bei Dehnung der Harnröhre, daß die Falten der Schleimhaut sich ausgleichen und die tieferen Schichten eine Verschieblichkeit der festeren oberflächlichen Schicht gestatten, so daß man diese tiefere Schicht der Schleimhaut, so wie in der Harnblase, auch als Submucosa betrachten kann. So spricht z. B. VIRCHOW (1894) von submukösen Drüsen und gleich danach von Schleimhautdrüsen, in beiden Fällen dieselben Drüsen unter diesen beiden Bezeichnungen verstehend.

Dünnwandige, muskellose Venen finden sich reichlich in der Schleimhaut in Fortsetzung des Venennetzes am Orificium vesicae, besonders auch im proximalen Teil des Colliculus seminalis. Dazwischen finden sich zahlreiche Arterien, die durch ihre dicke Muskelwand auffallen. An den mir zur Verfügung stehenden Präparaten sind diese Arterien alle bis zum völligen Verschluß der Lichtung kontrahiert, ohne daß aber eine besondere Verschlußeinrichtung, etwa in Form von Intimapolstern vorhanden wäre. HENLE (1873) bezeichnet die von zahlreichen Venen durchsetzte Propria der Schleimhaut, die auch reichlich elastische Fasern enthält, als „kavernöses Gewebe" und meint, daß dieses Gewebe bei der Erektion dem Samen den Weg in die Harnblase verlegt. STIEVE (1930) spricht von einem kompressiblen Schwellkörper, dessen Füllungszustand unabhängig sei von der Füllung des Corpus cavernosum urethrae. Da dieses Venennetz, sowie das des Corpus spongiosum urethrae muliebris mit dem Venennetz am Orificium vesicae zusammenhängt, könnte es zum Unterschied vom Corpus cavernosum urethrae des Penis auch als Corpus spongiosum bezeichnet werden. Die Blut-räume sollen während des Lebens immer gefüllt sein und sofort entleert werden, wenn Flüssigkeit durch die Harnröhre fließt (STIEVE). Der Rückfluß des Samens in die Harnblase werde nur durch die Muskulatur verhindert.

Die innere Längsmuskelschicht der Urethra ist gegenüber der Schleimhaut nicht durch eine glatte Fläche abgegrenzt, sondern einzelne dünne Muskelbündel ragen mehr oder weniger weit in die Propria vor, so daß ein allmählicher Übergang von Muskelschicht und Schleimhaut erfolgt; nur an einer Stelle ragt eine Muskelleiste bis knapp unter das Epithel der Schleimhaut vor, und zwar im distalen Abschnitt des Colliculus seminalis und anschließend in der Crista urethralis. Über die Endigung dieses Bündels im Colliculus und seine Funktion ist nichts bekannt, doch dürfte es für die Weite der Mündungen der Ductus ejaculatorii von Bedeutung sein.

Das Epithel der Pars prostatica urethrae, wie besonders VIRCHOW (1894) hervorhebt, ein wechselndes Verhalten und eine gewisse Variabilität. In der Regel finden wir, wie auch STIEVE (1930) in seiner gründlichen Beschreibung angibt, im proximalen Abschnitt Übergangsepithel, wie in der Harnblase, dann folgt mehrschichtiges Plattenepithel, welches näher dem Colliculus seminalis durch mehrschichtiges Cylinderepithel abgelöst wird. TOLDT (1877) und SCHAFFER (1933) beschreiben auf dem Colliculus seminalis mehrschichtiges Plattenepithel. Diese verschiedenen Formen mehrschichtigen Epithels haben eine Dicke von 60—90 μ, während am Colliculus und distal davon meist ein dünneres (25—35 μ) mehrreihiges Cylinderepithel gefunden wird. Die Übergänge zwischen den einzelnen Epithelarten sind so mannigfaltig, sagt VIRCHOW, „daß keine Harnröhre der anderen gleicht". Alle Epithelarten sind durch eine Basalmembran (Faserfilz reticulärer Fasern) von der Propria abgegrenzt.

Die Propria der Schleimhaut ragt in das vielschichtige Epithel mit Papillen und Leisten vor, die im distalen Teil im Bereiche des mehrreihigen Epithels immer niedriger werden. Diese Leisten werden in der älteren Literatur (VIRCHOW 1894) als Brunnsche Leisten bezeichnet.

Abgesehen von den Glandulae prostaticae und den submukösen Drüsen münden in die Urethra auch kleinere Drüsen, die zwar von zahlreichen Autoren (VIRCHOW 1894) erwähnt werden, aber von STIEVE (1930) erst für die Pars prostatica speziell genauer beschrieben werden. Er unterscheidet intraepitheliale Drüsen und solche, die in die Propria der Schleimhaut hineinragen, wobei allein der Größe nach alle Übergänge zu den Prostatadrüsen gegeben sind. Die größeren Drüsenschläuche zeigen den Bau der Prostatadrüsen; die kleineren Drüsenschläuche mit einer Länge bis zu 200 μ haben ein mehrschichtiges Epithel, dessen innerste Zellage von hohen zylindrischen Zellen mit basal gestelltem Kern gebildet wird. Der Lichtung nahe enthalten diese Drüsenzellen reichlich „mukoide Massen" (STIEVE). Der Ausführungsgang dieser Drüsen verhält sich verschieden, er ist nämlich vom selben Epithel ausgekleidet wie der Abschnitt der Urethra, in den er mündet, d. h. es sind mehrere Lagen polygonaler oder zylindrischer Zellen übereinander geschichtet. Ausführungsgänge mit Zellen des Übergangsepithels fand STIEVE nie.

5. Die Drüsen der Prostata

Die Prostata enthält eine große Zahl von selbständig in die Urethra ausmündenden Einzeldrüsen (Glandulae prostaticae), welche zwischen den Balken glatter Muskulatur liegen und außerdem in der Submucosa der Urethra liegende Drüsen (Glandulae submucosae). Nach der Anordnung in den Lappen kann man Drüsen des Hinterlappens, der Seitenlappen, des Vorderlappens und des Mittel-

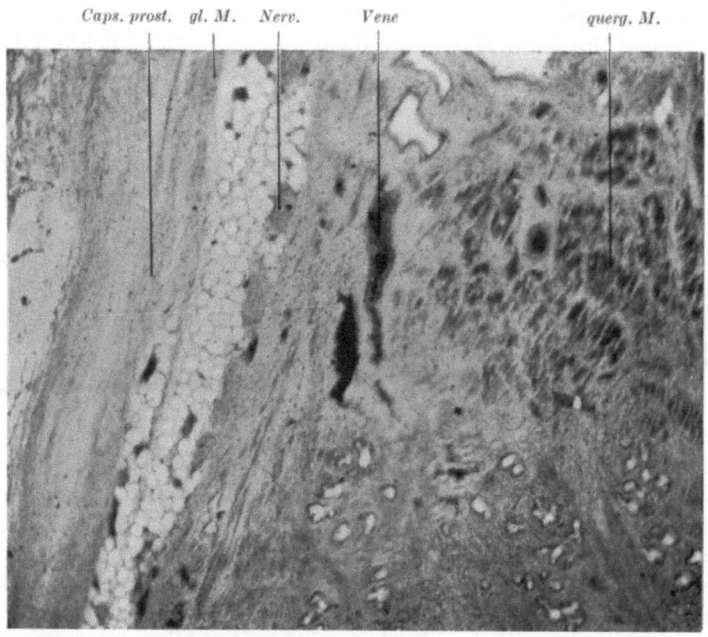

Abb. 3. Aus einem Querschnitt durch die Prostata eines 12jährigen. Vgl. Abb. G. 9, S. 299. Enge Beziehung der quergestreiften Muskulatur zu den Drüsenschläuchen. Die Prostatakapsel ist hier zweiblättrig, dazwischen Fettgewebe und Nerven

lappens unterscheiden, wobei die Glandulae submucosae vielfach zu letzteren gerechnet werden. Nach LOWSLEY (1912) gibt es durchschnittlich etwa 60 Glandulae prostaticae (zwischen 53 und 74) und 18 Glandulae submucosae (zwischen 8 und 28). Die Zahl der Drüsen in den einzelnen Lappen beträgt durchschnittlich im Hinterlappen 10, in den beiden Seitenlappen zusammen 37, im Vorderlappen 9 und im Mittellappen (ohne Glandulae submucosae) 10.

Die in der Furche neben dem Colliculus seminalis ausmündenden Drüsen der Seitenlappen bilden die Hauptmasse der Prostatadrüsen, ihre Gänge umfassen vielfach die Urethra bogenförmig, indem sie von ihren vorne gelegenen Endstücken seitlich an die Urethra heranziehen und von hinten her in diese einmünden (HENLE). Die Drüsen des Vorderlappens sind klein aber regelmäßig vorhanden, so daß es nicht berechtigt ist, die Prostata als einen vorne offenen nur durch glatte und quergestreifte Muskulatur geschlossenen Halbring zu beschreiben, wie LUSCHKA (1873) das auch abbildet. LOWSLEY (1912) beschreibt 2—14 vordere Drüsen und auch ich finde solche Drüsen regelmäßig. Daß LOWSLEY bei dem einen untersuchten Neugeborenen im Gegensatz zu den untersuchten älteren Feten nur zwei solche besonders kleine Drüsen findet, scheint mir ein Ausnahme-

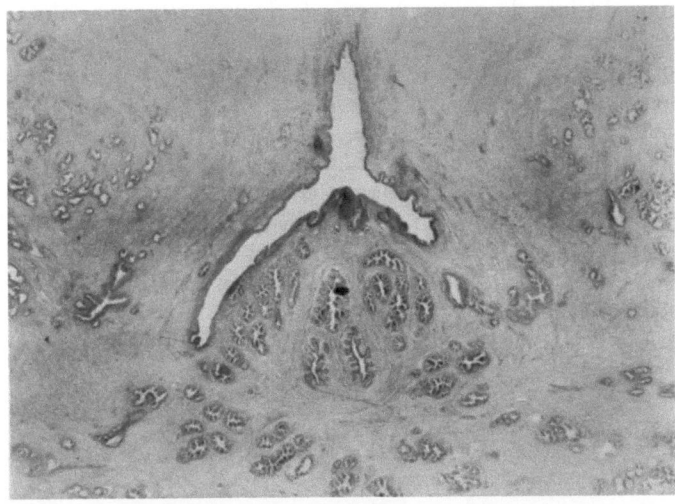

Abb. 4. Querschnitt des Colliculus seminalis distal von den Mündungen der Ductus ejaculatorii. Rechts eine hohe Schleimhautfalte angeschnitten. Im Colliculus Drüsen, an seiner Oberfläche Ausmündungen solcher Drüsen

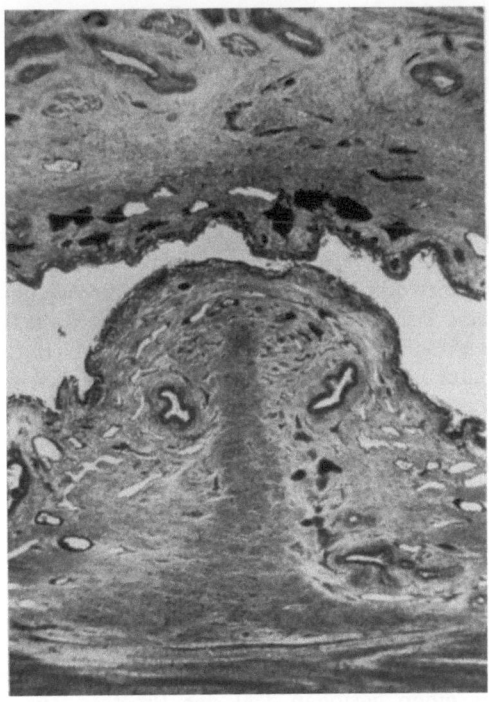

Abb. 5. Crista urethralis mit zwei Ductus prostatici seitlich von der medianen Muskelleiste; submuköses Venennetz und Drüsen des Vorderlappens der Prostata

fall zu sein. Vielmehr finde ich diese vorderen Drüsen stark entwickelt und manche bis in die quergestreifte Ringmuskulatur hineinragend.

Bei den im Bereiche des Mittellappens gelegenen Drüsen sind durch ihre Lage zur Muskulatur die submukösen von den eigentlichen Prostatadrüsen zu unterscheiden. Die submukösen Drüsen werden vielfach nach ALBARRAN (1902)

Albaransche subtrigonale und subcervicale Drüsen genannt, obwohl Aschoff (1894) diese Drüsen schon genau beschrieben und als Schleimhautdrüsen der Urethra bezeichnet hat. Aschoff (1894) unterscheidet an diesen Drüsen mit der Beschreibung am Orificium vesicae beginnend proximal „ganz kleine Ausstülpungen, dann kurze Drüsenschläuche, späterhin etwas größere, nahe in der Tiefe der Submucosa gelegene Drüsenhaufen mit schräg nach abwärts steigenden Kanälchen". Die kleinen Ausstülpungen und kurzen Drüsenschläuche Aschoffs entsprechen den subtrigonalen Albarans, die größeren Drüsen den subcervicalen Drüsen Albarans.

Beide Typen der submukösen Drüsen reichen an der Hinterwand des Orificium vesicae bis in die Submucosa der Harnblase (Abb. 6), doch kann hier natürlich die Grenze von Harnblase und Urethra nicht auf Millimeter genau festgelegt werden, so daß auch nicht angegeben werden kann, ob diese Drüsen 1 oder 3 mm

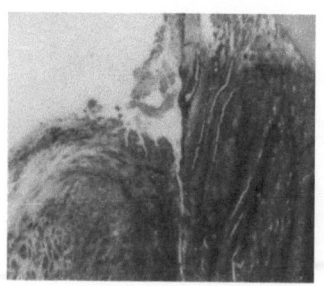
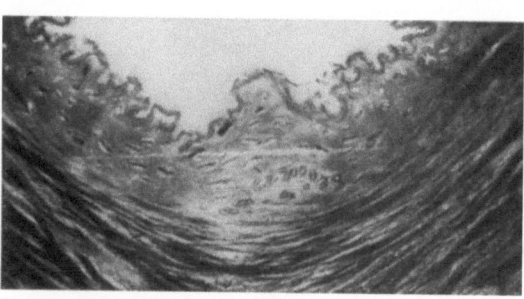

a   b
Abb. 6 a u. b. Die Glandulae submucosae a eines 6jährigen am Sagittalschnitt und b eines 12jährigen am Querschnitt

bis in die Harnblasenwand vorragen. Jedenfalls liegen diese Drüsen in der Submucosa jenes Bereiches, in dem sich die Uvula vesicae an der Grenze von Harnblase und Harnröhre vorwölbt. Den Glandulae submucosae am Orificium urethrae internum entsprechen bei der Frau an der gleichen Stelle gelegene Glandulae urethrales. Die Glandulae prostaticae des Mittellappens unterscheiden sich von den Glandulae submucosae nur durch ihre Lage zwischen den glatten Muskelbündeln der Prostata.

Die Drüsen der Prostata zeigen den gleichen Bau wie die submukösen Drüsen (Glandulae subtrigonales und subcervicales), worauf schon Virchow (1894) hingewiesen hat. Henle (1862) war nach Langerhans (1874) offenbar der erste, der darauf hingewiesen hat, daß sich die Drüsen der Prostata nach dem Eintritt der Pubertät auffallend verändern. Moore (1936) spricht von der Reifung in Abhängigkeit von den Genital- und Hypophysen-Hormonen und fand, daß die Drüsen dann durch etwa 25 Jahre unverändert bleiben, bis im 5. Jahrzehnt der Beginn der Rückbildung erkennbar wird. Die Histologie der Prostata von Neugeborenen und Kindern beschreibt Diaca (1940). Bei Knaben machen die Drüsenbläschen nur einen geringen Teil der Prostata aus und erscheinen als einfache kolbige Anschwellungen (von etwa 60 μ Dicke) der Ausführungsgänge (Durchmesser 30 μ). Beim Erwachsenen können die Drüsenbläschen 1 mm Durchmesser erreichen, während die bindegewebig-muskulösen Septa nur 0,1 mm dick sind. Diese Veränderung des Mengenverhältnisses zwischen Drüsen und Zwischengewebe wird auch von Stieve (1930) betont, der angibt, daß beim Kind das Volumen des Zwischengewebes bis viermal so groß ist als das der Drüsen, während beim Erwachsenen die Drüsenschläuche etwa zwei Drittel bis vier Fünftel der ganzen Drüsenmasse einnehmen. Diese Angabe Stieves (1930)

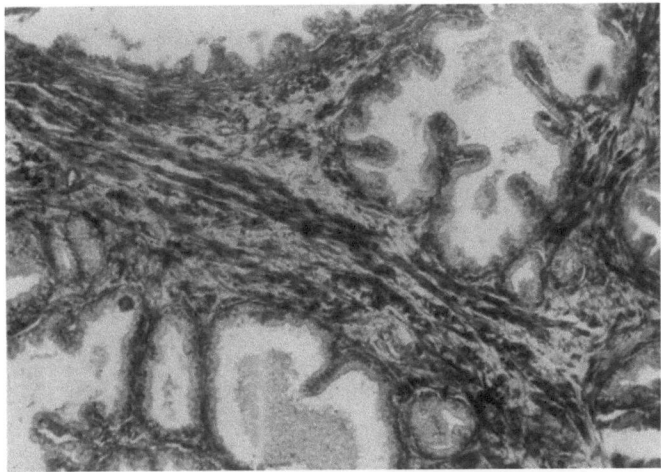

Abb. 7. Prostata eines jungen Mannes (Material Anatomie Würzburg). Darstellung der Muskulatur zwischen den Drüsenbläschen. Azan, etwa 100f.

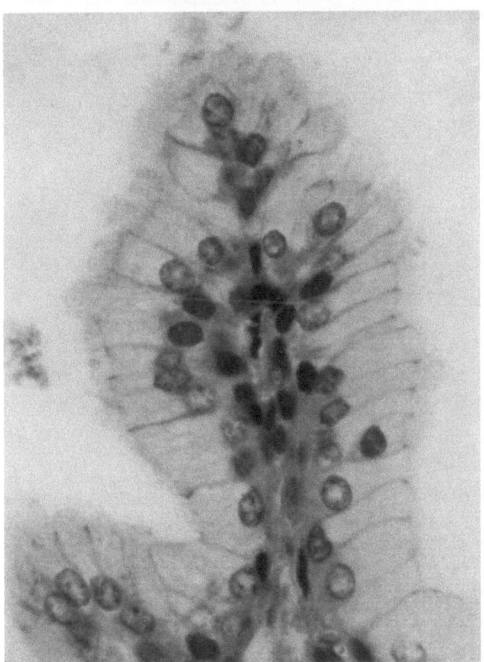

Abb. 8. Aus derselben Prostata wie die vorhergehende Abbildung. Falte eines Drüsenschlauches mit hohem Epithel mit Schlußleisten und Protoplasmafortsätzen. Einzelne Zellen mit dunklen runden Kernen. Azan, etwa 350f.

scheint in Widerspruch zu stehen mit der anderer Autoren, doch meint STIEVE offenbar nur die Drüsenmasse der Prostata, während die anderen Autoren (KÖLLIKER 1852, EBNER 1902) den ganzen Körper der Prostata meinen, wenn sie angeben, daß die Drüsen nur ein Drittel davon ausmachen.

Die einzelnen Drüsen sind tubulo-alveoläre Drüsen, d. h. Gebilde mit einem baumförmig verzweigten Gang und bläschenförmigen Endigungen. Nur der letzte in die Urethra einmündende Abschnitt des Ganges ist als Ausführungsgang

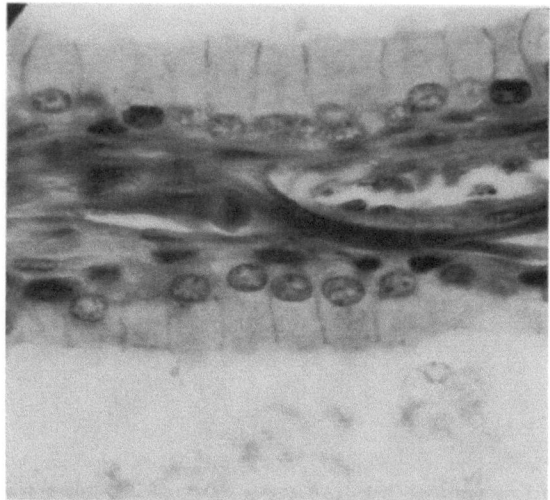

Abb. 9. Septum zwischen zwei durch Sekret gedehnten Prostatadrüsen. Epithelkerne etwas abgeflacht. Im Septum Muskelbündel und kleine Arterie. Etwa 350f.

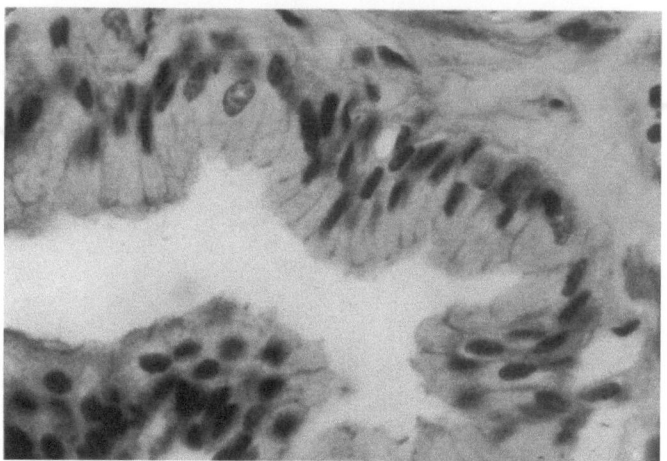

Abb. 10. Präparat wie Abb. 7. Aus einem erschöpften Drüsenschlauch der Prostata. Dunkle stäbchenförmige Epithelkerne. Schmale Zellen ohne lappenförmige Protoplasmafortsätze

zu bezeichnen, er trägt Cylinderepithel wie die Urethra; im übrigen findet man in dem verzweigten Gang das gleiche Epithel wie in den Bläschen. Je nach dem Grade der Füllung der Drüsen ist die Lichtung entweder glatt begrenzt, oder das Epithel ragt mit Falten, Leisten und Zotten gegen die Lichtung vor. Die Falten und Zotten enthalten Bindegewebe, die Leisten sind dagegen nur von besonders hohen Cylinderzellen gebildet.

Ausgekleidet werden die Drüsenschläuche und Bläschen von einfachen, manchmal auch zweireihigen (SCHAFFER 1922) Epithel, das funktionell Verschiedenheiten in bezug auf Form und Struktur zeigt. In erschöpftem Zustand, in erweiterten Drüsen, sind die Zellen kubisch, sonst dagegen hoch prismatisch (STIEVE 1930). Der Feinbau der Zellen ändert sich, wie STIEVE (1930) und WESKI (1903) berichten, mit den verschiedenen Stadien der Absonderung. Die Abhängigkeit des Epithels von Oestrogen erschließen BRODY und GOLDMANN (1940) daraus, daß sich bei Feten von 23 cm Länge aufwärts vorkommendes Plattenepithel in den Drüsenschläuchen findet, das einige Tage nach der Geburt rückgebildet wird. Die Sekretion der Zellen erfolgt (RÖHLICH 1939), in dem an den Zellen zuerst in die Lichtung kuppelartig vorragende Protoplasmafortsätze gebildet werden, die sich dann in Bläschen umwandeln.

6. Der Utriculus prostaticus

Auf der Höhe des Colliculus seminalis findet sich zwischen den Mündungen der Ductus deferentes die Mündung eines kleinen Säckchens, das als Utriculus prostaticus (HENLE 1862, P.N.A.) bezeichnet wird, aber auch unter zahlreichen anderen Namen bekannt ist. HENLE (1862) führt als solche Namen an: Sinus prostaticus (MORGAGNI), Vesicula prostatica s. Sinus pocularis (HYRTL), Uterus masculinus (E. H. WEBER), Vagina masculina (H. MECKEL) und Webersches Organ (LEUCKART). Das Säckchen ist meist birnförmig und wenige Millimeter bis 1 cm lang und schiebt sich median dorsal und cranialwärts zwischen die glatten Muskelbündel ein. Es ist ausgekleidet (STIEVE 1930) von einschichtigem Cylinderepithel, oder auch von Plattenepithel oder Flimmerepithel (SCHAFFER 1922). Das Epithel zeigt häufig Leisten und Falten wie die Prostatadrüsen. Die Einmündung von Prostatadrüsen in dieses Säckchen bildet SCHAFFER (1922) ab. VINTENBERGER (1920) gibt an, daß diese Drüsenschläuche erst zur Zeit der Erlangung der Geburtsreife gebildet werden, PERICA (1925) findet sie schon im späteren Fetalalter und nennt die Summe dieser Drüsen „lobe utriculaire". Wie schon WEBER (1851) gezeigt hat, handelt es sich in diesem Organ um ein Analogon der Anlage von Vagina und Uterus. Aus der Entwicklung ist auch verständlich, daß gelegentlich, wie schon HYRTL (1841) beschrieben hat, die beiden Ductus ejaculatorii in einen vergrößerten Utriculus prostaticus einmünden können.

7. Die Muskulatur der Prostata und Harnröhre

Die Muskulatur der Prostata besteht aus glatten und quergestreiften Muskelfasern und läßt in ihrer Anordnung zur Längsrichtung der Urethra Querfasern, Längsfasern und unregelmäßig angeordnete Fasern unterscheiden. Im allgemeinen kann man sagen, daß die unregelmäßig sich überkreuzenden Fasern vorwiegend zu den Einzeldrüsen in Beziehung stehen, daß die Ringfasern im wesentlichen ein Sphinctersystem der Harnblase und Harnröhre bilden und außerdem mit der Fixationseinrichtung der Prostata in Verbindung stehen und daß die Längsfasern außer für die Fixation der Urethra und Prostata für die Entleerungsfunktion eine besondere Bedeutung haben. An der kindlichen Prostata, von der mir Schnittreihen in verschiedener Richtung zur Verfügung stehen, lassen sich die Muskelbündel leichter analysieren als beim Erwachsenen, weil ja die Drüsen noch nicht so mächtig entwickelt sind.

Unregelmäßig zu den beiden Hauptrichtungen verlaufende Faserbündel finden sich überall zwischen den Drüsen in allen Richtungen sich überkreuzend, teils bogenförmig die Drüsen umfassend, diese überkreuzend und zum Teil parallel zu den Drüsengängen verlaufend. Einige Bündel strahlen radiär vom Colliculus seminalis in den Körper der Prostata ein. An der Längsmuskulatur kann man im wesentlichen innerhalb und außerhalb der Ringmuskulatur eine innere und eine äußere Längsmuskulatur unterscheiden, die aber untereinander und mit von außen einstrahlenden Muskelzügen in Verbindung stehen (Abb. 11).

Die innere Längsmuskulatur stellt eine geschlossene Schicht dar, die proximalwärts eine Fortsetzung der inneren Schicht der Harnblase bildet und sich distal in die Längsmuskulatur der Pars diaphragmatica (membranacea) und cavernosa der Urethra fortsetzt. Aus der Harnblase sind es vorwiegend Fasern aus der Muskulatur des Trigonum (Abb. E. 3, S. 257), die sich hier verfolgen lassen, wie sie in enger Beziehung zu den submukösen Drüsen in die Urethra einstrahlen. MAC-MAHON (1938) beobachtete, daß das fibromuskuläre Gewebe des M. trigonalis sich hier in den Colliculus fortsetzte und dort die Ductus ejaculatorii umfaßte. Er meint, daß dadurch eine Constrictorwirkung der Trigonalmuskulatur auf die Ductus ejaculatorii möglich ist. Die dünnen Längsmuskelbündel der vorderen Blasenwand (Abb. 11) liegen dicht unter dem Venennetz am Orificium vesicae. Von hinten her strahlen Faserzüge aus der äußeren Längsmuskulatur (M. longitudinalis vesicae posterior) ein (HENLE 1862), die HEISS (1915) als Muskulatur retractor uvulae bezeichnet hat (Abb. 11). Diese Fasern durchsetzen die dorsal das Orificium und die Urethra umfassenden queren Bogenfasern.

Der M. longitudinalis vesicae anterior (Abb. 11) setzt sich, die vorderen Bogenfasern des Sphincter durchsetzend, in die innere Längsmuskelschicht der Urethra fort (HENLE 1862); die senkrechte Überkreuzung der Bogenfasern und Längsfasern ist an Querschnitten besonders schön zu sehen. Der M. longitudinalis anterior setzt sich außerdem in dem M. pubovesicalis (Abb. 11) fort und in die äußere Längsmuskelschicht der Urethra (Abb. 11), die vom Lig. transversum pelvis in einzelnen Bündeln entspringend, aufwärts zieht. Der M. pubovesicalis (Abb. 11) strahlt aber auch in die innere Längsmuskulatur der Urethra ein, und zwar auf zweierlei Weise, schräg nach aufwärts gegen das Orificium urethrae internum und außerdem, indem er den Sphincter urethrae internus bogenförmig an seinem cranialen Rand umfaßt, oder ihn durchsetzt, um in die distale Richtung in die Längsmuskulatur einzustrahlen. Von dorsal her treten in die innere Längsmuskulatur Muskelbündel ein (Abb. 11), die aus dem Innern der Prostata oder von ihrer dorsalen Oberfläche her stammen und im Prinzip eine Fortsetzung der äußeren Längsmuskulatur der Harnblase bilden. Distalwärts strahlen im Bereiche des Apex prostatae Bündel glatter Muskulatur aus der inneren Längsmuskelschicht zum Centrum perinei (Abb. 14), wobei diese Bündel den Rhabdosphincter infraprostaticus durchsetzen. Schließlich findet sich noch im Bereiche der Pars membranacea eine Verbindung der inneren Längsmuskulatur mit den beiden Fascien des Diaphragma urogenitale (Abb. 11, 14). Diese beiden unter 9 und 10 genannten Muskelzüge verbinden die Urethra fest mit der zwischen Rectum und Urethra gelegenen Masse glatter Muskulatur, dem Centrum perinei, in das von der Längsmuskulatur des Rectum glatte Muskelbündel einstrahlen (Abb. 11, 14), die ROUX (1881) als M. rectourethralis bezeichnet hat. Daß Bündel der inneren Längsmuskulatur im Bereich der Crista urethralis gegen die Schleimhaut leistenförmig vorragen (Abb. 5), wurde schon oben erwähnt.

Die äußere Längsmuskulatur bildet keine geschlossene Schicht, sondern wird von einzelnen Bündeln gebildet, die teils wieder von Querbündeln der sog. Prostatakapsel überlagert werden. Die vom M. longitudinalis posterior vesicae in die Prostata einstrahlenden Bündel lassen sich in deren Muskelnetz vielfach nicht weit verfolgen. Die in den hinteren Semisphincter einstrahlenden Fasern, die HEISS (1915) als Retractor uvulae bezeichnet, setzen sich durch diesen Muskel in die innere Längsmuskelschicht der Urethra fort. Ein an Querschnitten auffallendes medianes Bündel zieht knapp ventral von den sich einander nähernden Ductus ejaculatorii in die Tiefe, um sich hier in einzelne Fasern aufzulösen (Abb. 12); HENLE (1862) gibt an, daß dieses Bündel sich vom Grunde des Sinus prostaticus Morgagni auf- und rückwärts fortsetzt. Gegen den Apex prostatae liegen die Längsbündel wieder dichter und strahlen teils in die innere Längsschicht, teils in das Centrum perinei ein, während sie seitlich mit der Prostatakapsel und Levatorfascie zusammenhängen.

I. Die Harnröhre des Mannes, Urethra masculina

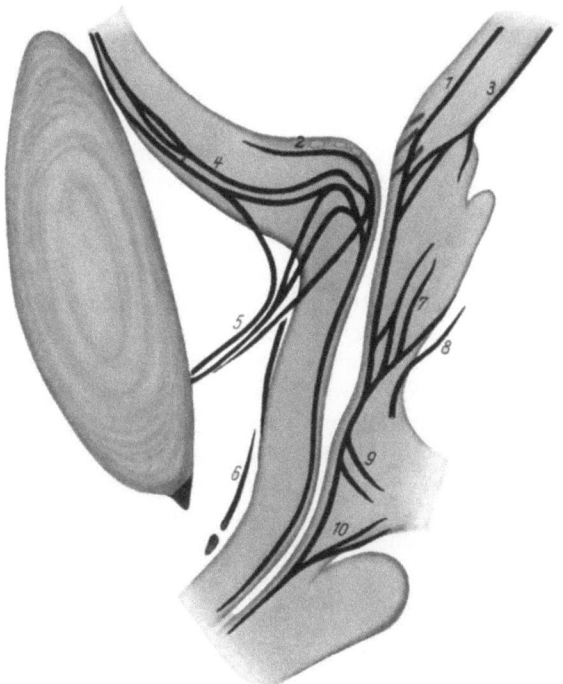

Abb. 11. Die Längsmuskulatur der männlichen Urethra und die einstrahlenden Muskelzüge. Schema, gezeichnet nach Schnitten einer kindlichen Prostata. *1* Von der Muskulatur des Trigonum, *2* innere Längsmuskulatur der Harnblase vor dem Orificium, *3* M. longitudinalis vesicae posterior, *4* M. longitudinalis vesicae anterior, *5* M. pubovesicalis, *6* vom Lig. transversum, *7* aus der Prostata, *8* von der Längsmuskulatur des Rectum zum Centrum perinei, *9* zum Centrum perinei absteigend durch den Rhabdosphincter infraprostaticus, *10* zu den beiden Blättern des Diaphragma urogenitale und zum Centrum perinei

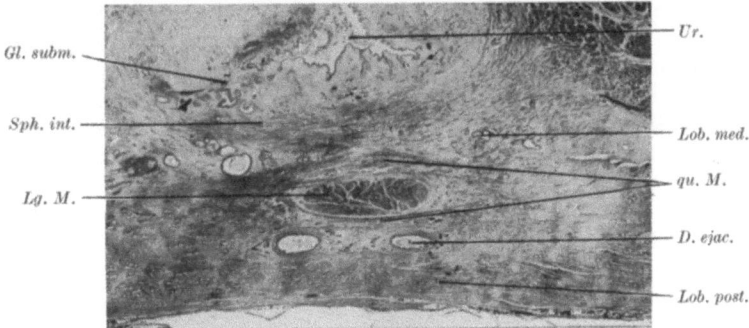

Abb. 12. Querschnitt durch die Prostata proximal vom Colliculus seminalis. Das mediane Längsmuskelbündel, *Lg.M.* ventral von den Ductus ejaculatorii (*D.ejac.*) zwischen quer verlaufenden Muskelbündeln (*qu.M.*). 12jährig

Die äußere Längsmuskulatur besteht an der Vorderfläche der Prostata und Pars membranacea urethrae nur aus einzelnen Bündeln (Abb. 11), die vom Lig. transversum pelvis entspringen und den Rhabdosphincter vorne bedeckend, cranialwärts ziehen; einige Bündel lassen sich in den M. longitudinalis anterior vesicae weiter verfolgen.

Die quer zur Längsachse der Urethra verlaufenden Muskelbündel bestehen teils aus glatter, teils aus quergestreifter Muskulatur, wobei letztere außen liegen und den Rhabdosphincter prostaticus und infraprostaticus bilden. Die queren, glatten Muskelbündel bilden am Übergang der Blasenwand in die Prostata den

Sphincter vesicae internus (Lissosphincter), wobei eine scharfe Abgrenzung, wie weit dieser Sphincter in der Prostata oder Blase liegt, nicht getroffen werden kann. Der Sphincter besteht vorwiegend, wie oben (S. 269) besprochen, aus zwei U-förmigen Semisphincteren, von denen der vordere nach hinten offen außen gelegen ist, der hintere nach vorne offen der inneren Schicht angehört. Der Scheitel des hinteren Semisphincters liegt in der Medianebene am Orificium, d. h. an der Grenze von Harnblase und Prostata. Von der Schleimhaut aus ragen die cranialsten Prostatadrüsen des Mittellappens zwischen seine Fasern hinein; er wird von den von HEISS (1915) als Retractor uvulae bezeichneten Fasern durchsetzt, die sich aus dem M. longitudinalis posterior vesicae in die innere Längsmuskulatur verfolgen lassen. Der vordere Semisphincter unterscheidet sich am Medianschnitt von der Ringmuskulatur der Harnblase durch die feinere Bündelung (EBERTH 1904) und wird überdies von der Blasenringmuskulatur durch die bogenförmig zur inneren Längsmuskulatur einstrahlenden Fasern (Abb. 11 und 14) abgegrenzt. Daß aus beiden U-förmigen Semisphincteren durch Teilung von Faserbündeln einzelne ringförmig verlaufende Bündel abzweigen, wurde schon oben bei Besprechung der Blasenmuskulatur betont. Anschließend an die Semisphincteren ist oberhalb des Colliculus ein richtiger Faserring glatter Muskelbündel um die innere Längsfaserschicht herum gelegt. Dieser Ring glatter Muskelfasern, den schon KÖLLIKER (S. 406) als Sphincter prostatae bezeichnet, ist schon nach HENLE (1862) der eigentliche Sphincter vesicae. Der Muskelring kann vorne vom vorderen Semisphincter nicht abgegrenzt werden; hinten wird er von dem in die innere Längsmuskelschicht einstrahlenden Retractor uvulae und den Drüsen des Mittellappens durchsetzt. Näher dem Colliculus verliert sich hier die regelmäßige quere Anordnung der Fasern zwischen den Ausführungsgängen der Drüsen. Distal vom Colliculus findet man eine Schicht von Ringfasern bis in die Pars membranacea (EBERTH 1904). Die ganze Ringfaserschicht ist vorne und im Bereich des Apex prostatae rundum gegen die Querfaserschicht quergestreifter Muskulatur nicht scharf abgegrenzt, sondern einzelne quergestreifte Muskelfasern schieben sich in die glattmuskelige Schicht vor und umgekehrt. Ja man findet sogar gemischte, aus quergestreiften und glatten Fasern gebildete Bündel. Reichlich vertreten ist die quer verlaufende glatte Muskulatur auch am hinteren Rand des Mittellappens, also vor den Ductus ejaculatorii, sowie diese auch von hinten her, d. h. am oberen Rande des Hinterlappens von queren Bündeln glatter Muskulatur umgriffen werden (Abb. 12). HENLE (1862) spricht von einer Schicht transversaler Fasern hinter der Urethra, welche die Ductus ejaculatorii und den Utriculus prostaticus vor deren Mündung im Colliculus seminalis zwischen sich fassen. Schließlich findet sich am Übergang des Apex prostatae in die anschließende Urethralwand ein Lissosphincter infraprostaticus. In die quer verlaufenden Bündel an der hinteren (rectalen) Fläche der Prostata strahlen Muskelbündel aus der Fascie des Levator ein, so die Prostatakapsel bildend.

Die einen wesentlichen Teil des Körpers der Prostata bildenden quergestreiften Muskelfasern werden zwar auch in neuerer Zeit an Schnitten durch die Prostata gelegentlich abgebildet (TOLDT, Atlas; BRAUS-ELZE 1956), aber sie werden meist in ihrer Anordnung nicht richtig dargestellt oder ganz vernachlässigt, seitdem EBERTH (1904) in seinem Handbuchbeitrag betont hat: „Eine besondere physiologische Bedeutung hat der Muskel nicht." Eine gute Beschreibung liegt dagegen von HENLE (1862) vor, er rechnet diese proximal vom Diaphragma urogenitale gelegenen quergestreiften Muskeln zum Sphincter vesicae externus, HENLE unterscheidet ringförmig angeordnete Fasern in der Spitze der Prostata von den halbringförmig die Urethra von vorne umgebenden Fasern, die weiter proximal im Körper der Prostata liegen. Der Faserring in der Spitze der Prostata liegt distal von den Prostatadrüsen und sei als Rhabdosphincter infraprostaticus bezeichnet, im Gegensatz zu dem weiter distal im Diaphragma urogenitale gelegenen Rhabdosphincter diaphragmaticus und dem weiter proximal gelegenen halbringförmigen Rhabdosphincter prostaticus. Alle drei Muskeln sind zwar an der Ventralseite der Urethra nicht scharf voneinander getrennt, ja sogar die nach vorne übergreifenden Fasern des M. bulbocavernosus bilden hier mit diesen drei Muskeln eine einheitlich erscheinende Muskelplatte (HAYEK 1962, Abb. 14), die sich erst lateral in die vier genannten Muskeln differenziert. Sie wird im ganzen von KALISCHER (1900) als Rhabdosphincter urogenitalis bezeichnet. Die Ringfasern des Rhabdosphincter infraprostaticus werden vom Rhabdosphincter diaphragmaticus durch die obere muskelreiche Fascie des Diaphragma urogenitale getrennt. HENLE (1861) beschreibt richtig bei der Verfolgung einer Querschnitt-

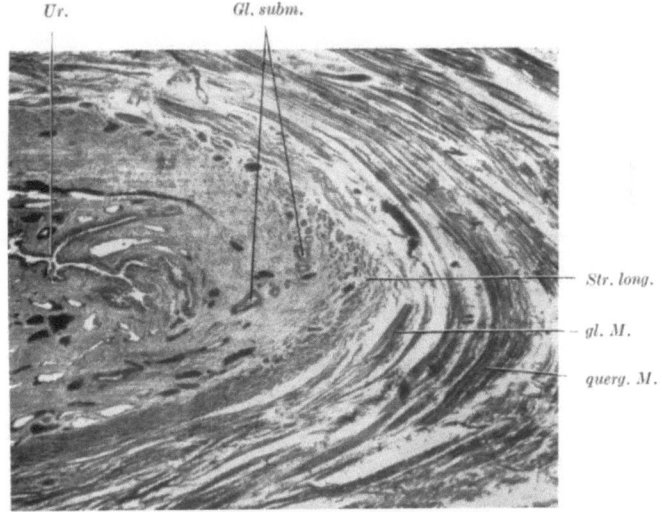

Abb. 13. Querschnitt durch die Spitze der Prostata eines 12jährigen. Glandulae submucosae, Endstücke noch nicht differenziert. Längsmuskulatur — *Str. long.* glatte und quergestreifte Ringmuskulatur

serie von proximal nach distal, daß solche Fasern erst dicht über dem Eintritt der Urethra in das Diaphragma hinter der Urethra gefunden werden, zuerst vereinzelt „teils zwischen der Urethra und dem drüsigen Teil der Prostata, teils hinter dem letzteren, also oberflächlich an der hinteren Seite der Prostata". DELBET bildet in POIRIER-CHARPY (1901, Fig. 106) diese Fasern richtig ab (nicht dagegen den Rhabdosphincter prostaticus) und bezeichnet ihn an einer Abbildung als „Muscle de Guthrie". Dorsal von der Urethra werden die Ringzüge des Rhabdosphincter infraprostaticus von Längsbündeln glatter Muskulatur durchsetzt, die aus der inneren Längsmuskelschicht der Urethra dorsalwärts in das Centrum perinei ausstrahlen (Abb. 14), deren caudalste den Rhabdosphincter infraprostaticus vom Rhabdosphincter diaphragmaticus trennen (HAYEK 1962) (Abb. G. 4, S. 293).

Der Rhabdosphincter prostaticus reicht vom Rhabdosphincter infraprostaticus mit seinen transversalen Bündeln, wie schon HENLE (1862) angibt, bis „dicht unterhalb des Orificium vesicale urethrae"; seine Bündel haben „ihren Ursprung beiderseits in dem festen Bindegewebe, welches unter dem seitlichen Venenplexus der Blase die Furche zwischen der Blase und dem oberen Rande der Prostata ausfüllt". Die Bündel steigen von ventral nach dorsal auf, gleichsam zwischen den

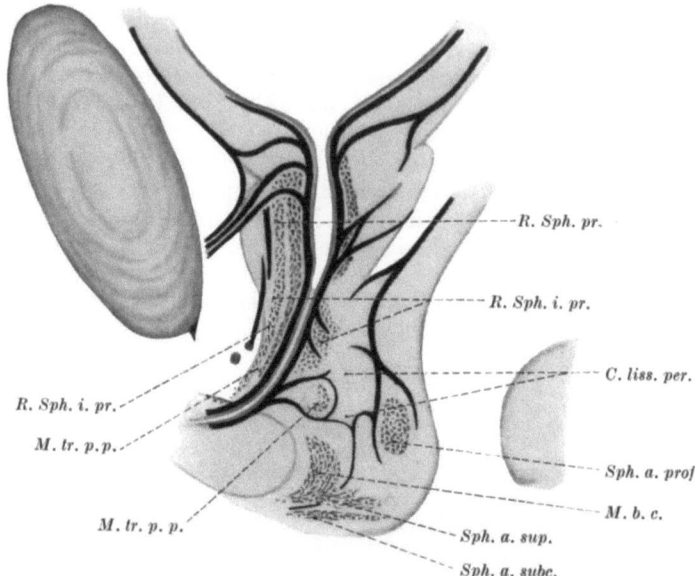

Abb. 14. Die Längsmuskulatur der männlichen Urethra in Beziehung zur quergestreiften Muskulatur (vgl. Abb. G. 4, S. 293, und 11) am Medianschnitt. *R.Sph. pr.* Rhabdosphincter prostaticus, *R.Sph. i. pr.* Rhabdoaphincter infraprostaticus, *C. liss. per.* Centrum lissomusculare perinei, *Sph. a. prof.* Sphincter ani profundus, *M. b. c.* M. bulbocavernosus, *Sph. a. sup.* Sphincterani superficialis, *Sph. a. subc.* Sphincter ani subcutaneus, *M. tr. p. p.* M. transversus perinei profundus

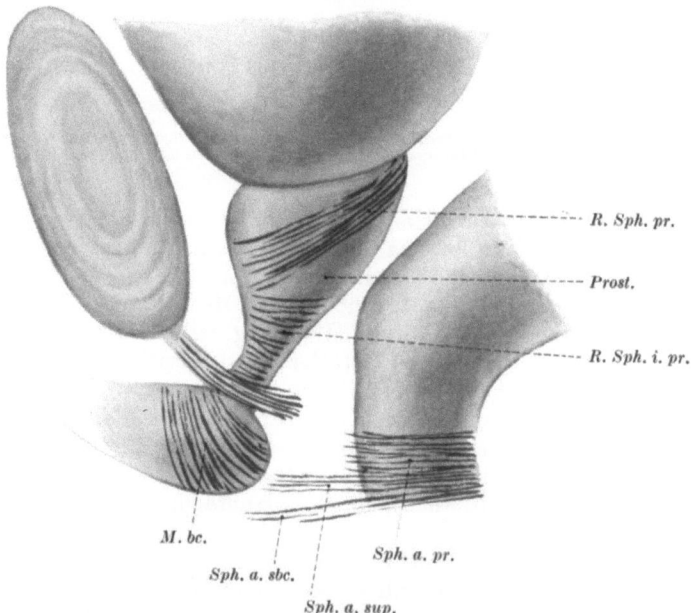

Abb. 15. Die quergestreifte Muskulatur der männlichen Urethra in Seitenansicht. *Sph. a. pr.* Rhabdosphincter prostaticus; *R. Sph. ip.* Rhabdosphincter infraprostaticus; Diaphragma urogenitale mit Rhabdosphincter diaphragmaticus (nicht bezeichnet); *M. bc.* M. bulbocavernosus; *Sph. a. sbc.* Sphincter ani subcutaneus; *Sph. a. sup.* Sphincter ani superficialis; *Sph. a. pr.* Sphincter ani profundus

ventralen Semisphincter und die Drüsenmasse eingebettet (Abb. 15). An Querschnitten (Abb. 3) findet man diese schräg lateral aufsteigenden Bündel als dichte quergestreifte Muskelmasse zwischen der dorsal davor gelegenen Drüsenmasse der Prostata und der ventral gelegenen glatten Sphinctermuskulatur. Zwischen den fast quer oder schräg aufsteigenden Fasern findet man regelmäßig an der Vorderseite der Prostata einzelne parallel der Längsrichtung der Urethra verlaufende Bündel (HENLE 1862), die weiter caudal aus den Querbündeln des Rhabdosphincter infraprostaticus in die Längsrichtung umbiegen.

Literatur

ALBARRAN, J.: Maladies de la prostate. Paris 1902.
ARNOLD, F.: Handbuch der Anatomie des Menschen. Freiburg 1843—1851.
ASCHOFF, L.: Beitrag zur normalen und pathologischen Anatomie der Schleimhaut der Harnwege und ihrer drüsigen Anhänge. Virchows Arch. path. Anat. 138, 119—161, 195—220 (1894).
BARKOW, H. C.: Anatomische Untersuchungen über die Harnblase des Menschen. Breslau 1858.
BRODY, H., u. ST. GOLDMANN: Metaplasie des Epithels der Prostata, des Utriculus und der Urethra bei Feten und Neugeborenen. Arch. Path. 29, 4 (1940).
DELBET, P.: Vessie, Urétre, Prostate. In: P. POIRIER u. A. CHARPY, Traité d'Anatomie. Paris 1901.
DIACA, C.: Histologie der Prostata bei Neugeborenen und Kindern. Virchows Arch. path. Anat. 306, 1—24 (1940).
DUZEN, R. E. VAN, W. W. LONEY, and C. N. DUNCAN: Development of prostata. J. Urol. (Baltimore) 41, 473—481 (1939).
EBERTH, C. J.: Die männlichen Geschlechtsorgane. In: BARDELEBENs Handbuch der Anatomie, Bd. VII/2, 2. Jena 1904.
EBNER, V. v.: Bd. III von KÖLLIKERs Handbuch der Gewebelehre, 6. Aufl. Leipzig 1902.
GRIFFITH, J.: The anatomy of the prostate. J. Anat. and Physiol. 23, 374—386 (1889).
— The prostate gland: Its enlargement or hypertrophy. J. Anat. and Physiol. 24, 236—246 (1890).
HEISS, R.: Die mechanischen Faktoren des Verschlusses der Harnblase. Schriften d. Königsberger Ges., Nat. Kl. 5, 133—144 (1928).
HENLE, J.: Handbuch der Anatomie, Bd. II. 1. Aufl. 1862, 2. Aufl. 1873.
HOWE, E.: Practical observations on the treatment of the diseases of the prostate. London 1811.
HUSCHKE, C. H.: Eingeweidelehre. In: SOEMMERIN-WAGNER, Anatomie des Menschen, 2. Aufl. Leipzig 1844.
HYRTL, J.: Eine unpaare Geschlechtshöhle beim Manne. Öst. med. Wschr. 1841, A. 45.
— Onomatologia anatomica. Wien: Braumüller 1880.
KALISCHER, A.: Die Urogenitalmuskulatur des Dammes. Berlin 1900.
KEIBEL, P.: Zur Entwicklungsgeschichte des Urogenitalapparates. Arch. Anat. u. Entwickl.-Gesch. 1896, 55—156.
KIRSCHNER, M.: Chirurgische Operationslehre, Bd. V, Teil 1, Bauchbrüche. Berlin: Springer 1933.
KOBELT, G. L.: Die männlichen und weiblichen Wollustorgane des Menschen. Freiburg 1844.
KÖLLIKER, A.: Mikroskopische Anatomie, Bd. II. Leipzig 1852.
LANGERHANS, P.: Die accessorischen Drüsen der Geschlechtsorgane. Virchows Arch. path. Anat. 61, 1—22 (1874).
LOWSLEY, O. S.: The development of the human prostate gland. Amer. J. Anat. 13, 299—346 (1912).
LUSCHKA, H.: Anatomie des Menschen, Bd. II, 2, Becken. Tübingen 1864.
MOORE, R. A.: The evolution and involution of the prostate gland. Amer. J. Path. 12, Nr 5 (1936).
PENA, G.: Lobe utriculaire la prostate. C.R. Ass. Anat. 20, 317—322 (1925).
RETZIUS, A.: Über das Lig. pelvioprostaticum. Müller Arch. 1849, 182—190.
RÖHLICH, K.: Die Prostatasekretion. Z. mikr.-anat. Forsch. 43, 451—465 (1958).
ROUX, C.: Beiträge zur Kenntnis der Aftermuskulatur des Menschen. Arch. mikr. Anat. 19, 721—733 (1881).

SAPPEY, PH. C.: Traité d'Anatomie, 4. Aufl. Paris 1873.
SCHAFFER, J.: Lehrbuch der Histiologie. 1. Aufl. 1920, 3. Aufl. Berlin 1933.
STIEVE, H.: Männliche Genitalorgane. In: MÖLLENDORFFs Handbuch der mikroskopischen Anatomie, Bd. VII,2. Berlin 1930.
TANDLER, J.: Studien zur Anatomie und Klinik der Prostatahypertrophie. Berlin: Springer 1922.
—, u. O. ZUCKERKANDL: Anatomie und Klinik der Prostatahypertrophie. Folio urologica 5, 587—598 (1911).
TOLDT, C.: Lehrbuch der Gewebelehre, 3. Aufl. Stuttgart 1888.
VINTENBERGER, B.: L'utricule prostatique. Arch. Anat. (Strasbourg) 5, 533—578 (1926).
WALDEYER, W.: Das Becken. In: Lehrbuch der topographisch-chirurgischen Anatomie von G. JOESSEL. 2. Teil. Bonn: F. Cohen 1899.
WEBER, E. H.: Ancrobationes anat. et physiol. Leipzig 1851.
WESKI, O.: Beiträge zur Kenntnis des Baues der Prostata. Anat. H. 21, 61—96 (1903).

J. Die Pars cavernosa (spongiosa) urethrae

H. von Hayek

Mit 13 Abbildungen

Wenn auch in der älteren Literatur (z.B. Winslow 1732 und Meckel 1820) beide Namen gleichbedeutend verwendet werden, so wurde in der deutschen Literatur durchwegs die Bezeichnung „cavernosa" verwendet (s. auch internationale Nomenklatur Basel 1895); der Name Corpus spongiosum wurde im Gegensatz dazu speziell (s. S. 316) für das Schwellgewebe der weiblichen Urethra von Arnold und Kobelt 1844 eingeführt. Aber auch in der Pars prostatica und der Pars membranacea der männlichen Urethra enthält die Schleimhaut Venennetze (s. S. 329), die gelegentlich als spongiös bezeichnet werden. Demgemäß erscheint die Bezeichnung Pars cavernosa urethrae für den im Penis gelegenen Teil der Urethra besonders gerechtfertigt im Gegensatz zur Pars membranacea und Pars prostatica, die ein dichtes spongiöses Venennetz in der Schleimhaut besitzen. Daher ist es vorteilhaft die Bezeichnung Pars cavernosa beizubehalten, die wie in der deutschen auch in der englischen Literatur meist gebraucht wird, wenn auch in der internationalen Pariser Nomenklatur von 1955 der Name Corpus spongiosum urethrae wie in der französischen Nomenklatur angeführt wird. Nötigenfalls muß neben das Wort cavernosum das Wort spongiosum in Klammer gesetzt werden.

So wie die Lichtung der Pars cavernosa die Fortsetzung der Lichtung des Beckenabschnittes der Harnröhre bildet, stellt die Wand der Pars cavernosa die Fortsetzung der Wand der proximalen Teile der Urethra dar; die Schleimhaut läßt sich durchgehend verfolgen und die Muskelwand des Beckenteiles findet ihre Fortsetzung in dem Corpus cavernosum, in welches die Faserbündel der Längsmuskulatur besonders deutlich weiter verfolgt werden können.

Die Pars cavernosa urethrae hat eine veränderliche Länge, die vom Füllungszustand des Corpus cavernosum urethrae und dem Kontraktionszustand seiner Muskulatur abhängt. Die größte Länge beträgt etwa 16 cm, die geringste Länge etwa 10 cm.

1. Die Lichtung der Pars cavernosa urethrae und die Oberfläche ihrer Schleimhaut

Im erschlafften Zustand des Corpus cavernosum urethrae ist die Lichtung der Urethra dadurch geschlossen, daß einander gegenüberliegende Abschnitte der Schleimhaut sich aneinanderlegen, und zwar im etwa 2 cm langen distalen Abschnitt in Form eines glattwandigen, sagittalen Spaltes der Fossa navicularis; proximal davon bildet die Schleimhaut Längsfalten, so daß die Lichtung am Querschnitt die Form eines sternförmigen Spaltes erhält. Dieser Stern hat gleich hinter der Fossa navicularis die Form eines gestürzten Buchstaben T, anschließend einen besonders großen transversalen Durchmesser und in der Fossa bulbi die Form eines aufrecht stehenden Buchstaben T. Durch Füllung der Harnröhre mit Flüssigkeit (etwa Formol oder erstarrender Masse) verschwinden die Längsfalten fast vollständig und es entsteht anstelle des im Querschnitt sternförmigen, ein fast kreisrundes Lumen (HENLE, DELBET, STIEVE). Ähnlich dürfte sich die Harnröhre beim Durchfluß von Harn verhalten, wobei es vermutlich von der Stärke des Harnstrahles abhängen wird, wieweit die Falten ausgeglichen werden. Bei Erektion des Corpus cavernosum wird die Lichtung etwas erweitert, die Falten werden abgeflacht und berühren sich nicht mehr, ohne jedoch ganz zu verschwinden. Die Lichtung der Fossa navicularis wird bei Füllung der Harnröhre wie bei Erektion etwas erweitert, ohne jedoch ihre sagittale Spaltform zu verlieren.

Die Längsfalten sind unregelmäßig, etwa 4—6, ausgebildet, wobei an der oberen (d.h. der dem Dorsum penis zugewendeten) Seite entweder eine mediane Falte, oder zwei zwischen sich eine mediane Furche freilassende Falten beobachtet werden. Wegen des Vorhandenseins der Längsfalten und ihrer verschiedenen Höhe bei verschiedenem Dehnungszustand der Harnröhre kann man nicht von einer Weite der Harnröhre, sondern nur von einer Erweiterungsfähigkeit sprechen. Am geringsten ist die Erweiterungsfähigkeit im Bereich des Orificium urethrae externum, da hier die Schleimhaut vom fibrösen Gewebe der Tunica albuginea des Schwellkörpers der Glans gestützt wird. Das Orificium kann beim Erwachsenen nur bis zu einem Kreis von etwa 6 mm Durchmesser erweitert werden, wenn es normal gebaut ist, d.h., auch nicht der häufig vorkommende geringe Grad einer Hypospadie vorhanden ist. Die Fossa navicularis kann bis auf 8—9 mm erweitert werden; der anschließende Teil der Pars cavernosa zeigt im erweiterten Zustand eine langsame Zunahme des Durchmessers von 7—8 mm bis zu 10 mm im proximalen Teil der Pars cavernosa; dieser stark erweiterungsfähige Abschnitt wird als Fossa bulbi bezeichnet. Ihre Lagebeziehung zum Bulbus des Corpus cavernosus wird bei der Besprechung des Schwellkörpers geschildert. Daß die anschließende Enge im Bereich der Pars diaphragmatica durch die dort vorhandene glatte und quergestreifte Ringmuskulatur bedingt ist, ergibt sich aus der oben gegebenen Beschreibung der Muskulatur.

An der aufgeschnittenen Pars cavernosa urethrae sieht man zahlreiche Löcher verschiedener Größe, die als Drüsenausführgänge, Lacunen, Krypten, Foramina oder Foraminula bezeichnet werden.

Die Ausführungsgänge der Glandulae bulbourethrales (Cowperi) münden etwa 6 cm vom Colliculus seminalis entfernt in die Fossa bulbi von unten her ein. Die Mündung ist enge, schlitzförmig und wird von proximal her von einer dünnen Schleimhautfalte überdeckt. Da die Schleimhaut im frischen Zustand durchscheinend ist, kann man die Mündungen dann nicht immer ohne weiteres erkennen, wenn es nicht gelingt, durch Druck auf die Drüsen Sekret auszupressen. Die beiden Ausführgänge münden gewöhnlich nur 2—3 mm voneinander entfernt nebeneinander oder hintereinander (HENLE), doch besitzen sie gelegentlich auch eine gemeinsame Mündung (HENLE), die dann etwa in der Medianebene liegt. Distal von der Mündung der Cowperschen Drüsen finden sich zahlreiche Öffnungen, die MORGAGNI (1706, 1719) als Foramina und Foraminula bezeichnet und als Mündungen von Drüsen „excretoria oscula" beschreibt. Es handelt sich dabei um die Ausmündungen der Drüsen, die LITTRE (1700) schon beschrieben hat, ohne daß offenbar seine Beschreibung MORGAGNI bekannt war.

Als Lacunae (Sinus, DELBET) urethrales (MORGAGNI) werden später die von MORGAGNI 1719 als Foramina bezeichneten Gebilde zitiert. Es handelt sich um Öffnungen in der Medianebene an der dem Dorsum penis zugewendeten Seite von etwa 1—3 mm Weite, welche, wie MORGAGNI sagt, der Größe eines Getreidekornes entsprechen können. Ihre Anzahl beträgt, wie auch MORGAGNI schon richtig beschrieben hat, selten nur 3 oder 4 oder 10 oder 11, d.h. meist 5—9. Sie finden sich von dem proximalen Abschnitt der Fossa navicularis bis gegen

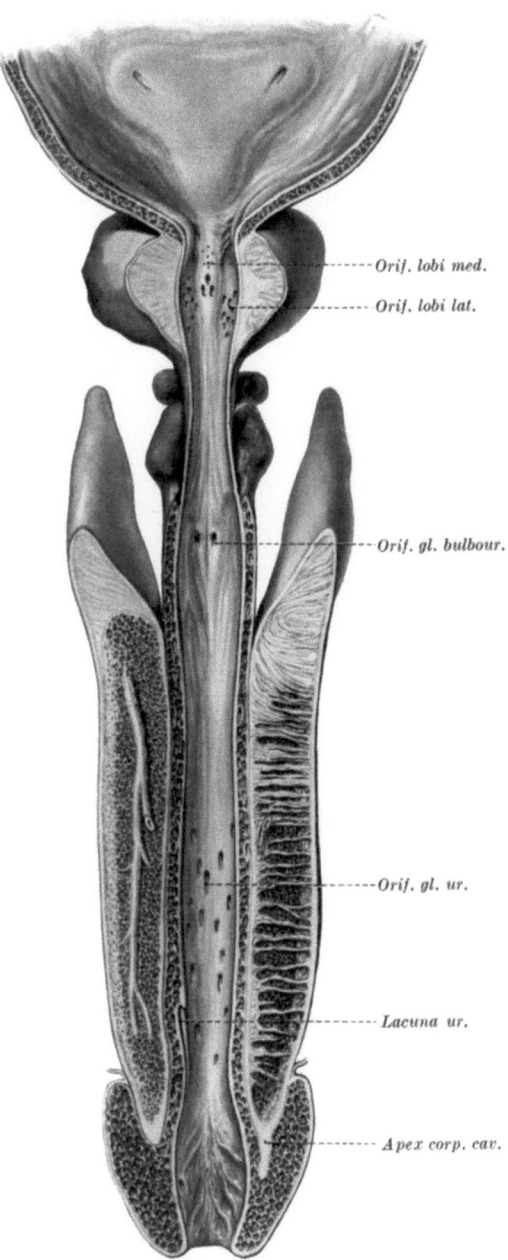

Abb. 1. Urethra median aufgeschnitten mit Darstellung der Orificia der Drüsen, einer Lacuna urethralis und des Apex der Tunica albuginea des Corpus cavernosum penis. Das Lig. pectiniforme von einer Anastomose der Arterie durchsetzt

die Mündung der Cowperschen Drüsen oder, wie MORGAGNI beschreibt, daumenbreit bis 7 Fingerbreiten vom Orificium urethrae entfernt. Die Öffnungen sind elliptisch bis spitzwinkelig mit größerer Ausdehnung in der Längsrichtung der Urethra und distalwärts gerichtet, wie das MORGAGNI abbildet. Die größte der Lacunen kann beim Aufschneiden der Urethra von unten her wie eine zweite

Urethra imponieren; ihre Lage ist sehr variabel (Abb. 3), sie kann bis etwa 7 cm vom Orificium urethrae entfernt gefunden werden oder auch am proximalen Ende der Fossa navicularis. Die nach distal konkave Schleimhautfalte, die den Eingang einer solchen großen Lacune begrenzt, wurde von GUERIN (1849) besonders beschrieben und wird nach ihm als Guerinsche Falte (Plica oder Valvula fossae navicularis) bezeichnet, die große Lacune auch Sinus de Guerin (DELBET) genannt. Die große Lacune (Lacuna magna z. B. TANDLER, GRAY) soll, wie zahlreiche Bücher (z. B. DELBET) nach GUERIN beschreiben, am hinteren Ende der Fossa navicularis oder in dieser Fossa gelegen sein; das ist jedoch keineswegs die Regel. Häufiger finde ich, wie schon MORGAGNI abbildet, die große Lacune

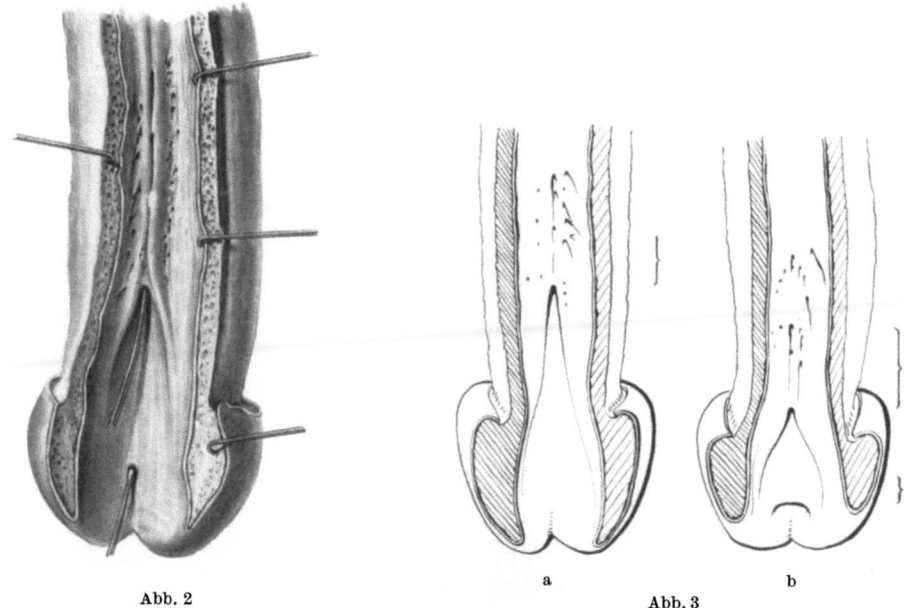

Abb. 2   a   b
                Abb. 3

Abb. 2. Harnröhre von unten her aufgeschnitten, median die Lacunen, seitlich die Mündungen der Glandulae urethralis. Die Lacuna magna über 1 cm tief, der Knopf der eingeführten Sonde durch die Schleimhaut erkennbar. Eine ganz flache Lacune im Bereich der Fossa navicularis durch den Knopf einer Sonde gekennzeichnet

Abb. 3a u. b. Wie Abb. 2. Darstellung der extremen Variabilität der Lage und Tiefe der Lacuna magna. Die Tiefe der Lacunen durch die Klammern dargestellt. Entfernung der Lacuna magna vom Orificium bei a $4^{1}/_{2}$ cm

weiter proximal gelegen, abgesehen davon, daß deutlich mit freiem Auge erkennbare Lacunen überhaupt fehlen können, was nach GUERIN in etwa $1/_7$ der Fälle vorkommt. Die Tiefe der Lacunen variiert sehr stark; von einer gerade mit dem Knopf einer Sonde darstellbaren Grube bis zu einem Kanal, in den die 2 mm starke Sonde 12 mm tief hineingleitet (Abb. 2). Es erscheint daher nicht sinnvoll, wenn in der internationalen Pariser Nomenklatur (1955) die Bezeichnung „Plica fossae navicularis" als Varietät also in Klammer angeführt ist, da die damit gemeinte Falte ebensooft oder öfter als im Bereich der Fossa navicularis weiter proximal gefunden wird. Vielmehr wäre die Bezeichnung „Lacuna magna" einzuführen und eventuell dazu die Bezeichnung „Plica lacunae magnae". Wenn EBERTH (1904) Schleimhautgänge beschreibt, die eine Länge von 8—12 mm und eine Weite von 0,5 mm haben und parallel der Oberfläche dicht unter der Schleimhaut nach rückwärts verlaufen und er diese Gänge Paraurethralgänge (Ductus paraurethrales B.N.A.) nennt, so meint er damit offenbar die großen Morgagnischen Lacunen. SCHAFFER (1933) nennt die gleichen Gebilde juxtaurethrale Gänge.

Weiter ist zu betonen, daß keineswegs immer die distalste der Lacunen die größte ist, wie das in manchen Büchern beschrieben wird; vielmehr findet sich häufig in oder am proximalen Ende der Fossa navicularis eine weniger tiefe Lacune und einige Zentimeter weiter proximal eine große tiefe Lacune, die von einer stärkeren Falte begrenzt wird (Abb. 3b), welche als Guerinsche Falte bezeichnet werden kann. Schneidet man die eine große Lacune begrenzende Falte durch und eröffnet die Lacune, so findet man an der Wand der Lacune kleine nadelstichgroße Öffnungen, eben Foraminula, wie auch MORGAGNI sie schon beschrieben hat.

Als Foraminula werden nach MORGAGNI nadelstichfeine Öffnungen in der Urethralschleimhaut bezeichnet, die unregelmäßig auf die Schleimhaut verteilt, gerade noch mit freiem Auge sichtbar sind. Sie liegen meist zwischen den Falten, werden aber auch in den Lacunen gefunden, wenn man, wie oben erwähnt, die bedeckende Schleimhautfalte aufschneidet. Es handelt sich bei diesen Foraminula, wie MORGAGNI sagt, um die Mündungen von Drüsen (Glandulae urethrales).

Querfalten als unverstreichbare Bildungen, ähnlich den Falten am Eingang der Lacunen, werden seitlich von der Mitte gelegentlich gefunden. Sie haben eine Höhe von kaum 1 mm und begrenzen keine Bucht oder Lacune.

2. Die Struktur der Schleimhaut
Das Epithel

Die Pars cavernosa urethrae besitzt vorwiegend ein mehrschichtiges Cylinderepithel; doch findet sich zum Teil auch ein einschichtiges kubisches Epithel oder auch ein mehrschichtiges Plattenepithel an verschiedenen Stellen, so daß an Präparaten abgestoßener Epithelzellen sehr verschiedenartige Zellformen gefunden werden können.

Das mehrschichtige Cylinderepithel, das den Hauptteil der Auskleidung der Pars cavernosa urethrae einnimmt (Abb. 4), unterscheidet sich nicht wesentlich von dem der Pars diaphragmatica. Das Epithel mit 3—6 Zellagen hat je nach dem Füllungszustand des Schwellkörpers (STIEVE) eine Dicke von 40—70 μ. Zu äußerst der Basalmembran angelagert finden sich etwa kubische Basalzellen von 9—10 μ Höhe mit einem der Kugelform genäherten Kern von 4—6 μ Durchmesser. Darüber finden sich spindelförmige, d.h. nach beiden Seiten hin zugespitzte Zellen mit walzenförmigem Kern, von denen nur einzelne einen Kontakt mit der Basalmembran erkennen lassen. Die innerste Schicht besteht aus schmalen etwa 5 μ breiten Cylinderzellen von bis 30—40 μ Länge, die einen dünnen Plasmafortsatz basalwärts schicken, von dem aber auch STIEVE niemals mit Sicherheit feststellen konnte, daß er mit der Basalmembran in Verbindung stünde. Die Kerne von 2—3 μ Dicke und 10—15 μ Länge liegen nicht in gleicher Höhe, aber 12—20 μ von der Oberfläche entfernt, so daß an allen Zellen nebeneinander ein freier innerer Protoplasmaabschnitt deutlich hervortritt, der eine feine schaumige Struktur zeigt (STIEVE). Die freie Oberfläche jeder Zelle ist leicht vorgewölbt, einem Sekretionsvorgang ähnelnd. Kittleisten zwischen diesen Vorwölbungen sind deutlich. In der Fossa navicularis — soweit sie Cylinderepithel trägt — zeigen die oberflächlichen Zellen ein wabiges Protoplasma mit Schleimtröpfchen, die teils an der Oberfläche austreten. Wenn die Zahl der Tröpfchen in der Zelle groß ist, kann der Kern in seiner Form beeinträchtigt sein (STIEVE), so daß auch von Becherzellen (BARGMANN) gesprochen wird.

Als intraepitheliale Drüsen im mehrschichtigen Cylinderepithel werden von LICHTENBERG (1908) und STIEVE (1930) kleine Gruben oder Schläuche bezeichnet,

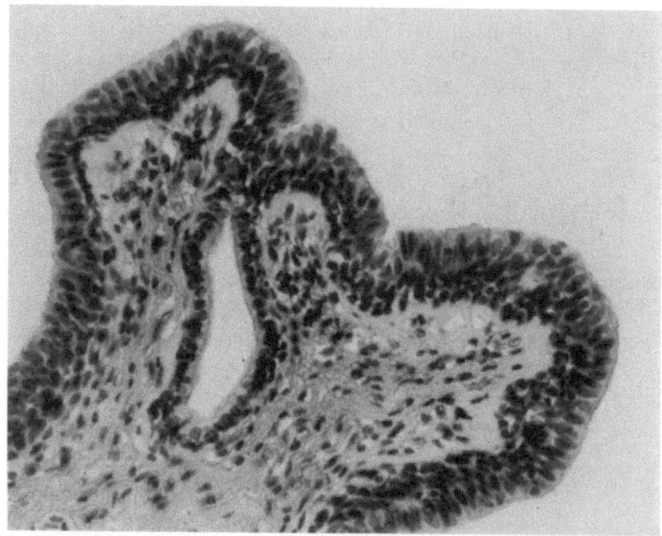

Abb. 4. Epithel der Urethra links zweireihig, sonst Schrägschnitt. Hämatoxylin-Eosin, Vergr. 300fach

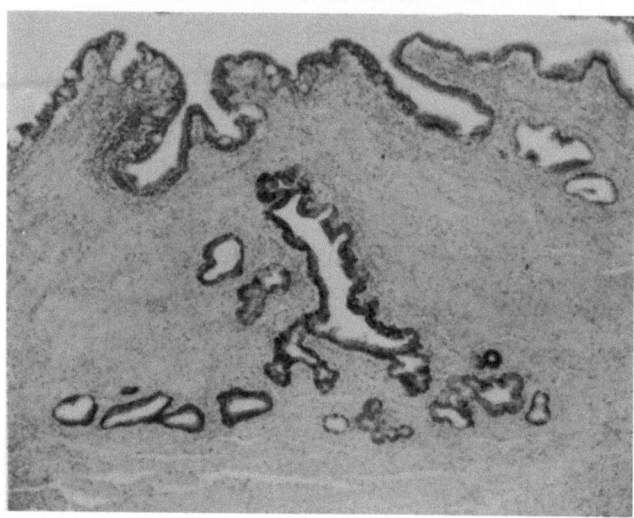

Abb. 5. Schleimhaut der Urethra mit Glandula urethralis. Urethralepithel mit Kolloidcysten, junger Mann. Hämatoxylin-Eosin, Vergr. 40fach

die von einer einfachen Lage hoher zylindrischer Zellen ausgekleidet sind, aber über die Basalmembran nicht vorragen.

Mehrschichtiges Plattenepithel findet sich regelmäßig in der Fossa navicularis und unregelmäßig verstreut in der übrigen Harnröhre. Das mehrschichtige Cylinderepithel reicht bis in den proximalen Teil der Fossa navicularis hinein und zeigt eine scharfe Grenze gegen das Plattenepithel (STIEVE 1930); bei einer Länge der Fossa navicularis von 20—25 mm sind an der dem Dorsum penis zugewendeten Seite 12—20 mm von Plattenepithel ausgekleidet, an der unteren Seite dagegen nur 6—10 mm (STIEVE), eine Anordnung der Grenze, die am frischen Präparat in Form eines kleinen Wulstes erkennbar sein soll. Das nicht verhornte Plattenepithel hat beim Erwachsenen eine Dicke von 100—250 μ und besteht aus 20—25 Zellschichten. Die unregelmäßig polygonalen Zellen der unteren 5—6 Schichten zeigen deutliche Intercellularbrücken und ein dunkleres Protoplasma gegenüber den helleren meist abgeplatteten Zellen der oberen Schichten. Gelegentlich fand STIEVE in dem vielschichtigen Epithel auch intraepitheliale Drüsenschläuche. Außer flachen Bindegewebspapillen finden sich auch hohe, fast bis an die Oberfläche des Epithels reichende Papillae, so daß, wie STIEVE abbildet, die darin gelegenen Gefäßschlingen am Schnitt intraepithelial gelegen erscheinen.

Kleinere Inseln von geschichtetem Plattenepithel kommen nach STIEVE nur in ganz seltenen Fällen in den distalen Teilen der Pars cavernosa vor, dagegen beschreibt dieser Autor außerdem, daß eigentlich in jeder Harnröhre größere oder kleinere Bezirke gefunden werden, in denen die innerste Lage des Epithels von platten Zellen gebildet wird, ohne daß aber die ganze Dicke des Epithels den Charakter eines Plattenepithels zeigen würde.

An Schnitten durch die Urethra eines reifen Neugeborenen finde ich solche Stellen fast in jedem Schnitt; die oberflächlichen platten Zellen sehen so aus, als ob sie kurz vor der Ablösung stünden.

3. Das Stratum proprium (Membrana propria) Mucosae

Das Stratum proprium, kurz auch die Propria genannt, wird auch als Grundmembran oder Eigenhaut (STIEVE) der Schleimhaut (franz. Chorion) bezeichnet. Die Propria ist nicht scharf gegen das unterliegende kavernöse Gewebe des

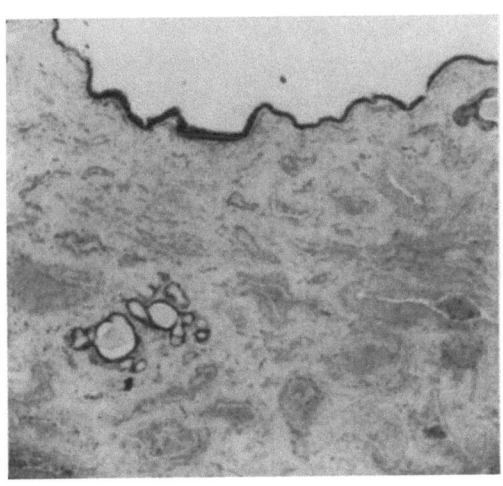

Abb. 6. Schleimhaut der Urethra gegenüber Abb. 7. Unscharfe Abgrenzung der normalen Schleimhaut gegen das Schwellgewebe. Vergr. 37fach

Schwellkörpers abgegrenzt und läßt sich von diesem Gewebe auch nicht präparatorisch ablösen, sie ist aber so verformbar und verschieblich, daß sie mit dem Epithel die veränderlichen Schleimhautfalten bildet, welche bei Füllung der Harnröhre ausgeglichen werden. Sie zeigt eine ziemliche Dehnbarkeit, aber auch eine große Festigkeit in der Längsrichtung, während sie bei querer Dehnung leicht Längsrisse bekommt. Die Grundlage der Propria wird von einem Faserfilz von elastischen und kollagenen Fasern gebildet, worin die elastischen Fasern überwiegen. In den Faserfilz des Bindegewebes eingebaut finden sich reichlich Venen, die mit den Venenräumen des Schwellkörpers zusammenhängen, ohne daß hier eine scharfe Grenze gezogen werden könnte; doch fehlen den Venen der Propria im Gegensatz zu den Venenräumen des Schwellkörpers im allgemeinen Muskelbalken (EBNER). Glatte Muskelbündel finden sich nur im proximalen Teil der Propria (in Fortsetzung der glatten Längsmuskulatur der Pars diaphragmatica) und bilden hier mit einem dünnen Bündel teilweise die Grenze der Propria gegen den Schwellkörper. Diese Grenze ist aber auch hier nicht scharf, da das Venennetz der Mucosa der Pars diaphragmatica im Bereiche der Fossa bulbi reichlich Verbindungen mit dem Schwellkörpergeflecht zeigt. Trotz des Fehlens einer präparatorisch darstellbaren Abgrenzung der Propria gegen den Schwellkörper ist am Querschnitt des injizierten Penis ein deutlicher Unterschied zwischen der Propria mit den kleinen Venenräumen und reichlich Bindegewebe gegen den Schwellkörper mit wenig Bindegewebe zwischen den großen Venenräumen erkennbar (Abb. 6 und 7).

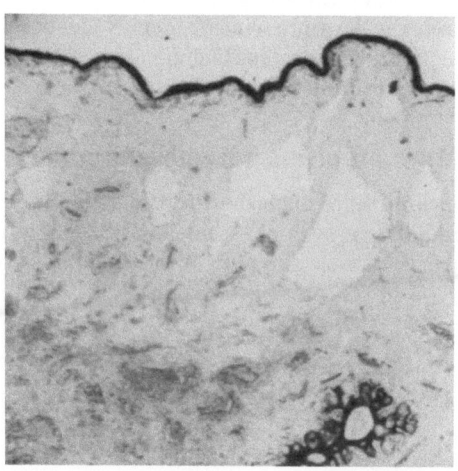

Abb. 7. Schleimhaut der Urethra, ödematös aufgelockertes Gewebe der Propria mit großen Lymphräumen. Unten Schwellgewebe scharf gegen die Schleimhaut abgegrenzt. Vergr. 37fach

4. Die Glandulae bulbourethrales, Cowpersche Drüsen

Die Glandulae bulbourethrales wurden, wie schon LUSCHKA (1864) angibt, von MERY (1684) entdeckt und dann von COWPER (auch COOPER oder COUPER geschrieben) (1699) genauer untersucht. WINSLOW (1753) nennt sie „Antiprostatae", DUVERNEY „prostatae inferiores" (DELBET). In der älteren Literatur auch als „Mèrysche Drüsen", oder „Duverneysche Drüsen" bezeichnet, wurden sie von GUBLER (1849) Glandulae bulbourethrales genannt, welchem Namen in der Basler Nomenklatur von 1895 in Klammer noch die Bezeichnung „Cowperi" beigefügt war.

Die Cowperschen Drüsen sind paarige, etwa erbsengroße Gebilde, welche dorsocranial vom Bulbus urethrae etwa 4 mm von der Medianebene im hinteren Rande des Diaphragma urogenitale gelegen sind; ihre Ausführungsgänge haben eine Länge von durchschnittlich 4 cm und münden von unten in die Fossa bulbi der Urethra. Die Körper der Drüsen sind variabel in Größe und Form. Ihr Durchmesser soll 4—9 mm (HENLE) betragen, wobei fraglich ist, wie weit das größte angegebene Maß auf pathologische Veränderungen zurückzuführen ist. Sie sind zuweilen kugelrund und oft abgeplattet, aber manchmal auch gelappt durch Einlagerung von Muskelfasern des Diaphragma. Durch ihre weiße Farbe und ihre festere Konsistenz heben sie sich bei der Präparation von dem umgebenden

J. Die Pars cavernosa (spongiosa) urethrae

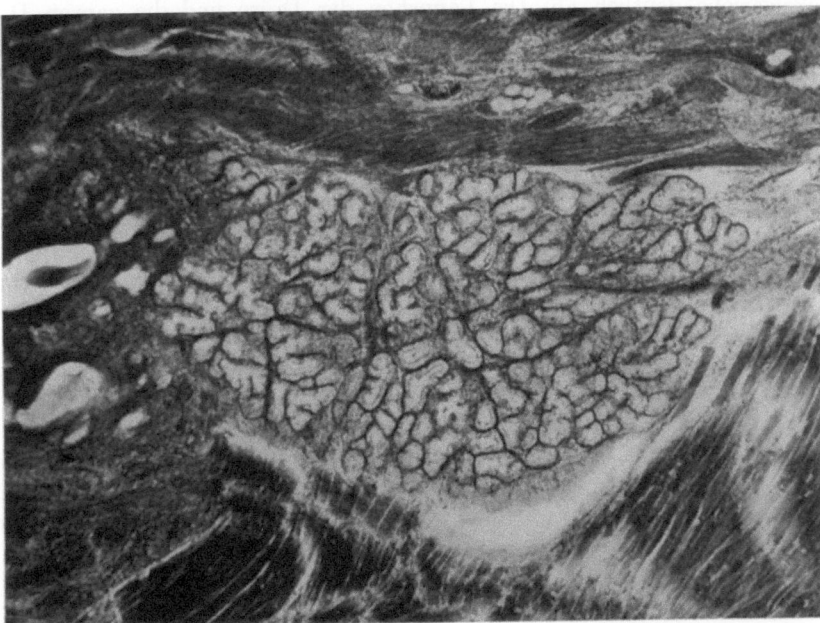

Abb. 8. Sagittalschnitt durch den Körper der Glandula bulbourethralis einer 12jährigen. Links die weiten Ausführgänge. Die Drüsen von glatter und quergestreifter Muskulatur des Diaphragma urogenitale umfaßt

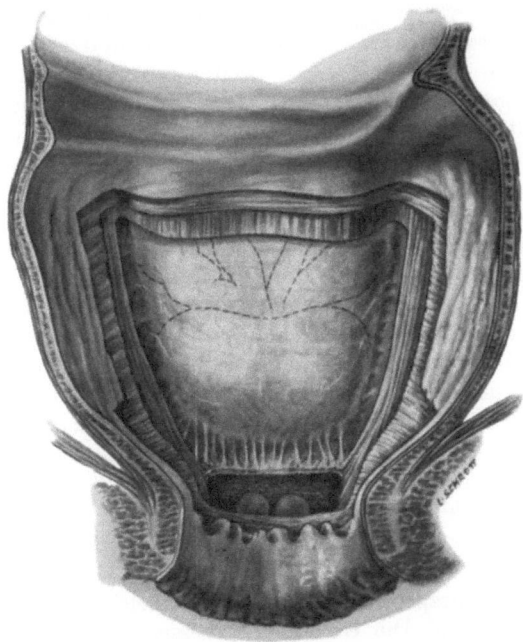

Abb. 9. Darstellung der Glandulae bulbourethrales vom Rectum aus durch schichtweises Abpräparieren seiner Wandschichten. Oberhalb der Drüsen die Bündel des M. rectourethralis vom distalen Ende der Prostata ausstrahlend. Lage des oberen Prostatarandes, der Samenbläschen und Ductus deferentes punktiert

Muskelgewebe deutlich ab. Die Läppchen der Drüse und die ganzen Drüsen sind von einem reichlich elastische Fasern enthaltenden Bindegewebe zusammengefaßt und dadurch leicht von den quergestreiften Muskelfasern des M. transversus perinei profundus abzupräparieren, welche die Drüse charakteristischerweise von hinten her fast wie eine Kapsel umfassen (Abb. G. 4, S. 293, und J. 8).

Topographisch betrachtet ist die Lage der Glandulae bulbourethrales eine solche, daß sie nicht leicht von außen zugänglich sind; denn der M. bulbocavernosus, der bei jüngeren Individuen sehr kräftig ausgebildet ist, hängt mit seinen den Bulbus umfassenden Bündeln mit dem hinteren Rande des Diaphragma urogenitale zusammen und beschränkt die Tastbarkeit der Drüsen vom Perineum aus so sehr, daß sie durch die Haut hindurch normalerweise nicht tastbar sind. Dagegen kann man die Drüsen durch den freigelegten Muskel hindurch von hinten her tasten, wenigstens wenn die Drüsen groß und resistent sind. Die bekannte Möglichkeit, die Drüsen von der Flexura perinealis recti aus zu tasten, beruht auf folgender Lagebeziehung. Die Drüsen projizieren sich auf die Vorderwand des Rectum knapp oberhalb des Anulus haemorrhoidalis (Abb. 9) und die aus der vorderen Längsmuskulatur des Rectum zum Centrum perinei und weiter zur Urethra ziehenden Muskelbündel des M. recto-urethralis ziehen oberhalb der Drüsen und des Diaphragma urogenitale bogenförmig nach vorne; dadurch ist zwischen Flexura perinealis recti und den Drüsen nur eine dünnere Längsmuskelschicht des Rectum vorhanden als weiter proximal (Abb. G. 4, S. 293).

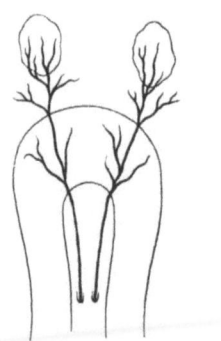

Abb. 10. Schema der Cowperschen Drüsen und ihrer Lage zum Hinterrand des Diaphragma urogenitale und zum Bulbus penis mit Darstellung der innerhalb und außerhalb des Bulbus gelegenen Glandulae bulbourethrales accessoriae. (In Anlehnung an JARJAVAY nach eigenen Präparaten)

Außer diesen geschilderten erbsengroßen, im Diaphragma urogenitale gelegenen Drüsen mit dem langen Ausführungsgang hängen an demselben Ausführungsgang noch kleinere Drüsen, die 1—2 cm von dem von Bindegewebe abgeschlossenen Drüsenkörper entfernt weiter distal gelegen sind. Man könnte diese als Glandulae bulbourethrales accessoriae (HOGGE) den bekannten erbsengroßen Cowperschen Drüsen, Glandulae bulbourethrales gegenüberstellen. In den Ausführungsgang münden nämlich im Bereiche des Bulbus 2—3 wieder verzweigte Seitenzweige ein, die Ausführungsgänge kleiner Drüsen darstellen; JARJAVAY (1856) hat diese Verzweigungen des Ausführungsganges schön dargestellt (Abb. 10) und HOGGE (1893) spricht von einer ,,Partie accessoire bulbaire", die nur mikroskopisch sichtbar und enge an das mediane Septum des Bulbus angelegt sei. Am mikroskopischen Präparat finde ich aber außer solchen am Septum liegenden Glandulae accessoriae solche, die seitlich von der Eintrittsstelle der Urethra in den Bulbus in der glatten Muskulatur des Diaphragma urogenitale gelegen sind (Abb. G. 7, S. 296). Alle diese kleinen Glandulae accessoriae münden mit kurzen, oft einige Millimeter langen Ausführungsgängen in den Hauptausführungsgang ein und unterscheiden sich dadurch deutlich von den Gruppen von Drüsenzellen, die — wie gleich zu besprechen — in der Epithelauskleidung dieses Ausführganges gefunden werden. Die Glandulae accessoriae stehen zum Teil in enger Lagebeziehung zur A. bulbi urethrae und es sind diese, die gleichsam auf der Arterie reiten und nicht die große Drüse, von der DELBET sagt ,,à cheval sur l'artère bulbeuse". Bei der sog. dritten Cowperschen Drüse, die KÖLLIKER (1852) beschreibt und dabei auch Cowper zitiert, handelt es sich offenbar um eine der Glandulae accessoriae.

Die Endstücke der Glandulae bulbourethrales zeigen das Bild tubulo-alveolärer Schleimdrüsen. Die verzweigten Schläuche und die alveolenartigen Endigungen derselben sind ausgekleidet von kubischen Zellen mit basal gelegenen Kernen, so daß die Lichtung von der kernfreien Zone der Zellen umgrenzt ist. Schaffer (1917) beschreibt dreierlei verschiedene Bilder der Sekretion dieser Zellen. Stieve (1930) gibt an, daß Zellen, deren Plasma sich deutlich mit Mucicarmin und bei der Azanfärbung sich violett anfärbt solchen gegenüberstehen, deren Plasma sich nur schwach mit Mucicarmin und bei der Azanfärbung sich

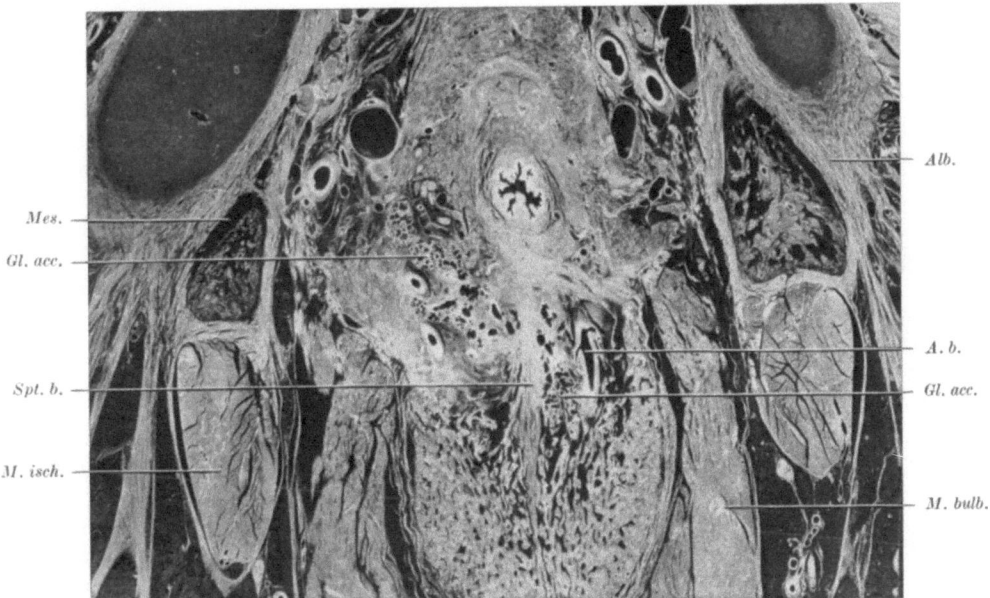

Abb. 11. Frontalschnitt durch die Radix penis und die Urethra zwischen Diaphragma urogenitale und Bulbus von reifen Neugeborenen. Die Albuginea des Crus penis (*Alb.*) geht in das Perichondrium des Arcus pubis über. Im Crus penis neben Schwellgewebe Mesenchymgewebe (*Mes.*), Glandulae bulbourethrales accessoriae (*Gl.acc.*), seitlich im Winkel zwischen Urethra und Bulbus sowie im Bulbus Septum bulbi (*Spt.b.*), A. bulbi (*A.b.*), M. ischiocavernosus (*M.isch.*), M. bulbocavernosus (*M.bulb.*)

rot anfärbt. Nach Stieve (1930) handelt es sich aber nur um eine Zellart, „die uns in verschiedenen Formen der Absonderung entgegentritt". Es sollen sich fließende Übergänge zwischen den extrem verschieden erscheinenden Zellformen finden. Das Sekret ist nur als schleimähnlich zu bezeichnen; es gerinnt in Alkohol, löst sich in Kalilauge und Essigsäure und stellt, wie schon Henle (1873) festgestellt hat, eine eiweißartige Substanz dar. Die charakteristischen Bilder sezernierender Drüsenzellen werden wie beim Erwachsenen, wie schon Henle (1873) angibt, bei Kindern der ersten Lebenswochen und schon beim Neugeborenen gefunden, so daß man daraus eine Bedeutung der Drüsen für die Beanspruchung der Urethralschleimhaut durch den Harn erschließen kann. Stieve (1930) betont dagegen, daß es sicher ist, daß die Drüsen während der geschlechtlichen Erregung stärker absondern. Gleichartige Drüsenzellen findet man in Form von flachen Alveolen oder Nestern in das Epithel der Ausführungsgänge eingeschaltet.

Der Ausführungsgang hat eine Länge von 3—4 cm und soll nach Henle gelegentlich eine Länge von 5—6 cm erreichen. welcher Autor auch Cruveilhier zitiert, der ihn einmal 8 cm lang sah. Die beiden Ausführungsgänge durchsetzen die glatte Muskulatur, welche die obere Fläche des Bulbus mit dem Diaphragma urogenitale verbindet und treten von hinten oben im Winkel zwischen Urethra und Bulbus in diesen ein, indem sie sich dabei der Medianebene und damit gegeneinander stark nähern. Im Bulbus verlaufen sie zuerst enge am Septum im kavernösen Gewebe, dann weiter in der Schleimhaut, an welcher sie etwa in der Mitte zwischen der Eintrittsstelle der Urethra in den Bulbus und der Curvatura praepubica ausmünden. Ungleichmäßig verteilt über dem Verlauf in der glatten Muskulatur und im Corpus cavernosum nimmt der Gang die Ausführgänge der Glandulae accessoriae auf. HENLE (1873) zitiert, daß GUBLER ein Präparat beschreibt, an welchem die Ausführungsgänge beider Drüsen sich sogleich nach dem Ursprung zu einem unpaaren Gang vereinigten. Eine gemeinsame Ausmündung beider Ausführgänge in einem Grübchen kommt nach JARJAVAY öfters vor.

Abb. 12. Das Epithel des Ausführungsganges der Glandula bulbourethralis. Zweischichtig mit kubischen Basalzellen und oberflächlichen Cylinderzellen

Am fixierten Präparat sind die Ausführgänge in der Nähe der Drüsenendstücke (wie auch schon HENLE beschreibt) weit (Abb. 8) und enthalten ein Gerinnsel, im Gegensatz zum distalen Abschnitt, der meist ganz eng ist.

Die Ausführungsgänge sind entsprechend der Anordnung der Glandulae bulbourethrales accessoriae verzweigt und haben eine Lichtung von 1—2 mm Weite. Ihre Wand wird außen teilweise von glatter Muskulatur gebildet, und zwar dort, wo der Ausführungsgang durch die glatte Muskelplatte des Diaphragma urogenitale durchtritt. Obwohl die glatten Muskelbündel teils in Form eines Halbringes um den Gang angeordnet sind, lassen sie sich nicht von der umgebenden glatten Muskulatur abgrenzen. Die dünne Bindegewebswand ist durch eine Basalmembran mit dem Epithel verbunden.

Das Epithel der Ausführgänge wird, abgesehen davon, daß Gruppen von Drüsenzellen in Form von Alveolen oder Platten in die Wand des Ganges eingeschaltet sind, sehr verschieden beschrieben. Es soll teils einschichtig, teils vielschichtig sein. Ich erkenne, wo das Epithel rein senkrecht zur Oberfläche geschnitten ist, meist ein charakteristisches zweischichtiges Ausführgangsepithel mit einer basalen Schicht kubischer Zellen mit kugeligen Kernen und einer oberflächlichen Schicht hochprismatischer Zellen mit länglich ovoiden Kernen (Abb. 12). In dieses Epithel sind regelmäßig verstreut von der Drüse bis in das Corpus cavernosum hinein größere und kleinere Gruppen der gleichen Drüsenzellen, wie sie die Drüse zeigt, eingelagert, und zwar teils in der Fläche des Epithels, teils in Form flacher oder tiefer Gruben oder Alveolen (Abb. 5).

5. Die Glandulae urethrales

Als Glandulae urethrales werden kleine 1—2 mm große Drüsen bezeichnet, die in der Pars cavernosa urethrae bis zum proximalen Ende der Fossa navicularis in großer Zahl (Abb. 1—7, 13) in die Urethra, teils in die Lacunae urethrales einmünden. In der Jenaer Nomenklatur von 1935 und so auch im Handbuchartikel von STIEVE werden diese Drüsen als Glandulae paraurethrales bezeichnet. Vielfach werden sie aber auch Littresche Drüsen genannt. Diese Benennung ist aber, wie HENLE (1873) und DELBET (1923) betonen, nicht zutreffend; denn LITTRE (1700) hat nach HENLE einen 26 mm breiten und 5 mm dicken Ring um die Pars membranacea beschrieben und als Ansammlung von Drüsen bezeichnet, einen Ring, der offenbar nichts anderes ist als der Rhabdosphincter. Dennoch will es die Gewohnheit, daß der Name LITTRE konserviert wird (wie DELBET sagt) und an Drüsen geheftet wurde, die erst später beschrieben wurden. MORGAGNI (1719) hat offenbar die Mündungen der Glandulae urethrales gesehen, wenn er außer den Foramina (Lacunae) auch Foraminula beschreibt, welche die Mündung von gelegentlich gefüllten Bläschen darstellen.

Die Größe der Drüsen ist sehr verschieden; die größeren, welche die Mehrzahl bilden, liegen mit ihren Verzweigungen in dem Balkenwerk des Schwellkörpers, oft — besonders dorsal — bis an die Albuginea heranreichend, während sich kleinere Drüsen in der Propria mucosae verzweigen; die kleinsten Drüsen haben nur eine Länge des Schlauches von etwa $^1/_2$ mm. Die Ausführgänge der

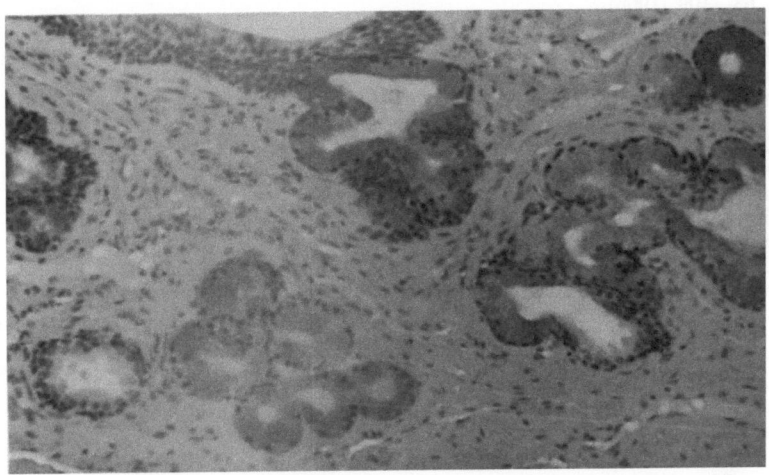

Abb. 13. Glandulae urethrales aus dem Schwellkörper. Verschieden intensiv gefärbte Zellen der Schleimschläuche und links unten ein Schlauch mit apokriner Sekretion. Am unteren Rande spaltförmige kavernöse Räume. Hämatoxylin-Eosin, Vergr. 150fach

Drüsen stehen vielfach fast senkrecht auf die Längsachse der Urethra oder ziehen etwas schräg distalwärts; die Mündung ist, wie EBERTH (1904) betont, oft ,,leicht trichterförmig, darauf folgt eine engere Halspartie und dann der übrige annähernd gleichweite Gang" mit den Drüsenendstücken.

Die Endstücke der Urethraldrüsen sind verzweigte Schläuche mit Schleimzellen, ähnlich wie in den Glandulae bulbo-urethrales. STIEVE (1930) betont jedoch, daß er nichts sehen konnte, was auf verschiedene Zustände der Absonderung der Drüsenzellen hinweisen würde wie in den Bulbourethraldrüsen. Er schließt daraus, daß die Drüsen dauernd ziemlich gleichmäßig absondern.

Literatur

ARNOLD, F.: Handbuch der Anatomie des Menschen. Freiburg 1844.
BARGMANN, W.: Histologie und mikroskopische Anatomie, 5. Aufl. Stuttgart: Georg Thieme 1964.
COWPER, W.: Glandularum quarundum super detectorium descriptio. London 1702.
DELBET, P.: Urètre. In: P. POIRIER et A. CHARPY, Traité d'anatomie humaine, 3ed., vol. 5, Appareil urinaire, p. 227—269. Paris 1923.
DUVERNEY: Zit. nach DELBET, p. 251.
EBERTH, C. J.: Die männlichen Geschlechtsorgane. In: BARDELEBENs Handbuch der Anatomie, Bd. 7, Teil 2, Abt. 2. Jena: Gustav Fischer 1904.

Ebner, V. v.: Männliche Geschlechtsorgane. In: Köllikers Handbuch der Gewebelehre, 6. Aufl. Leipzig: Wilhelm Engelmann 1902.
Gray, H.: Anatomy of the human body, ed. by W. H. Lewis, 24ed. Philadelphia: Lea & Febiger 1942.
Gubler: Thèse de Paris 1849. Zit. nach Delbet, p. 251.
Guèrin, A. F.: Valvula fossae navicularis. Gaz. méd. Paris 1849, No. 30 et 55.
Henle, J.: Handbuch der systematischen Anatomie, Bd. 2, Eingeweidelehre. Braunschweig 1. Aufl. 1861, 2. Aufl. 1873.
Hogge, A.: Quelques mots sur l'anatomie de l'urèthre etc. 2. Session Ass. franç. Urol. Paris 1897.
Hyrtl, J.: Corrosions Anatomie. Wien: Wilhelm Braumüller 1873.
Jarjavay, J. F.: Recherches anatomiques sur l'urètre de l'homme. Paris 1856.
Kiss, F.: Anatomisch-histologische Untersuchungen über die Erektion. Z. Anat. **61**, 455—521 (1921).
Kobelt, G. L.: Die männlichen und weiblichen Wollustorgane. Freiburg i. Br. 1844.
Kölliker, A.: Mikroskopische Anatomie, Bd. II, S. 409. Leipzig 1852.
Lichtenberg, A.: Beiträge zur Histologie des Urogenitaltraktes des Mannes. Anat. H. **31**, 63—109 (1906).
Littré, A.: Description de l'urèthre de l'homme. Mem. Acad. roy. Sci. Paris 1700.
Luschka, H.: Die Anatomie des menschlichen Beckens, von Luschka, Anatomie des Menschen, Bd. 2, Abt. 2. Tübingen 1864.
Meckel, J. F.: Handbuch der menschlichen Anatomie, Bd. 4, S. 557. 1820.
Méry: Journal des savants 1684, p. 304. Zit. nach Delbet, p. 251.
Morgagni, J. B.: Adversaria anatomica I, Tafel IV. Patavii 1719.
Schaffer, J.: Das Epithelgewebe. In: Handbuch der mikroskopischen Anatomie, Bd. 2, Teil 1. Berlin: Springer 1927.
— Lehrbuch der Histologie und Histogenese, 3. Aufl., S. 442ff. Berlin u. Wien: Urban & Schwarzenberg 1933.
Stieve, H.: Männliche Genitalorgane. In: Handbuch der mikroskopischen Anatomie des Menschen, Bd. 7, Teil 2. Berlin: Springer 1930.
Tandler, J.: Lehrbuch der systematischen Anatomie, Bd. 2, Eingeweide, S. 250. Leipzig: F. C. W. Vogel 1923.
Winslow, J. B.: Anatomische Abhandlungen von dem Bau des menschlichen Leibes, Bd. 3 u. 4. Berlin: Rüdiger 1733.

K. Der Penis

H. VON HAYEK

Mit 25 Abbildungen

1. Allgemeines

Das männliche Geschlechtsglied oder Begattungsglied (Membrum virile), der Penis, ist ein Organ, das mit sehr vielen verschiedenen Namen bezeichnet wird. Das Wort „Penis" soll nach HYRTL von „pendere", „hängen", abgeleitet sein. Auf deutsch werden die Wörter Schwanz, Schweif und Rute dafür verwendet auf lateinisch Cauda, Virga, Colis (von Caulus = Stengel) und für den erigierten Penis Phallus und Priapus; französisch wird das Wort „verge" gebraucht. HYRTL berichtet, daß PIERER und CHOULANT im anatomisch-physiologischen Reallexikon (6. Band, S. 134) 97 lateinische Synonyma aufführen, wozu er selbst noch weitere 13 lateinische Synonyma hinzufügt, die dichterisch gebraucht wurden.

Wenn auch der Name Penis ursprünglich nur für den im nicht erigierten Zustand frei herabhängenden Teil des Begattungsgliedes galt, so wird jetzt dieser Teil als Pars pendula des Penis bezeichnet, oder als Pars libera oder Pars mobilis. Der Funktion als Begattungsorgan kann der erigierte Penis dadurch gerecht werden, daß er am Skelet mit seiner Wurzel, Radix penis, fixiert ist, welcher Teil — teils durch das Scrotum verdeckt — als Pars oculta, Pars fixa oder Pars perinealis bezeichnet wird. Die Grundlage des ganzen Penis wird von Schwellgewebe in Form der Schwellkörper gebildet, wozu noch der Hautüberzug der Pars libera penis hinzukommt. Die Abgrenzung zwischen Pars libera und Pars fixa ist im nicht erigierten Zustand nur durch die mögliche Abknickung im Bereich der Befestigung der Aufhängebänder (Ligg. suspensorium und fundiforme) gegeben. Die Verschieblichkeit der Hautbedeckung läßt eine Abgrenzung unter diesem Gesichtspunkt nicht zu, besonders da sich die Haut je nach dem Zustand der Erektion und dem Kontraktionszustand der glatten Muskulatur der Tunica dartos verschieden weit den Schwellkörpern anlegt. Der Winkel zwischen Pars libera und Pars fixa penis ist außer von der Körperstellung (aufrecht, vorgebeugt oder liegend) auch vom Kontraktionszustand der Tunica dartos abhängig, da durch deren Kontraktion die Hoden von unten her in den Winkel zwischen diesen beiden Teilen eingedrängt werden, so daß der Winkel größer wird und dann die Pars libera gehoben wird und mehr nach vorne absteht. An der Pars libera ist die obere Fläche, das Dorsum penis zu unterscheiden, das bei erigiertem Glied dem Bauch zugewendet ist und die untere Fläche, die sich nach hinten in das Scrotum fortsetzt, die als Facies urethralis bezeichnet wird, da die von ihrem Schwellkörper umgebene Urethra — ja sogar der Harnstrahl in ihr — sich hier durchtasten läßt.

2. Das Schwellgewebe (Allgemeines)

Als Schwellgewebe können Gewebe bezeichnet werden, welche durch ihren Reichtum an Blutgefäßen, besonders an Venen, und deren verschiedenem Füllungszustand in verschiedenen Funktionszuständen einen verschiedenen Zustand der Schwellung und damit ein verschiedenes Volumen besitzen. Jedes Schwellgewebe kann auch als erektiles Gewebe bezeichnet werden. Auf Grund der Morphologie wird von kavernösem oder spongiösem Gewebe oder einem kavernösen Venenplexus gesprochen, während auf Grund der Funktion das Schwellgewebe auch als erektiles Gewebe bezeichnet wird. Dort, wo das Schwellgewebe durch eine mehr oder weniger starke Bindegewebshülle umschlossen ist, spricht man von einem Schwellkörper, Corpus cavernosum oder spongiosum.

Nach verschiedenen Gesichtspunkten ergeben sich verschiedene Einteilungsprinzipien, worauf schon HENLE (1873) hingewiesen hat.

1. Nach der Abgrenzung des Schwellgewebes gegen das umgebende Gewebe:

a) Mit Abgrenzung durch eine Bindegewebshülle: Corpora cavernosa oder spongiosa

b) ohne scharfe Abgrenzung: diffuses oder einfaches Schwellgewebe.

2. Nach dem Bau der Abflußwege

a) kompressibles Gewebe mit unbehindertem Blutabfluß,

b) mit Einschränkung des Blutabflusses nicht kompressibles (oder erektiles im engeren Sinne) Gewebe.

3. Nach dem vorherrschenden Zustand der Gefäßfüllung

a) im Ruhezustand Turgescenz durch Füllung der Venen, so daß die submukösen Venenplexus eine schleimhautausgekleidete Lichtung einengen (Oesophagusmund, Anus, Orificium vesicae, Urethra feminina), wobei der Zustand des Kollapses durch Kompression der Venen nur vorübergehend beim Durchtritt von Inhaltsmassen durch die schleimhautausgekleidete Lichtung eintritt,

b) im Ruhezustand Kollaps der Gefäße und Erektion bei Erregung,

c) abwechselnd Kollaps und Turgescenz, ohne daß von Ruhe oder Erregungszustand gesprochen werden kann (Nasenschleimhaut).

Solche Venengeflechte, die als plastische Polster im Makro- oder Mikro-Bereiche eine Rolle spielen, sind ja im menschlichen Körper vielfach ausgebildet. So weist schon HYRTL (1882) darauf hin, daß das Vorkommen der Venengeflechte im kleinen Becken mit der Veränderlichkeit des Volumens der Beckenorgane zusammenhängt, ,,so daß die Venengeflechte von Blut strotzen, wenn die betreffenden Organe sich verkleinern und umgekehrt; Ausgleichung wechselnder Raumverhältnisse wird durch sie gegeben". Eine ähnliche Aufgabe als plastische Polster für die Verlagerung des Rückenmarkes besitzen sicher die im Wirbelkanal epidural gelegenen Venengeflechte (HAYEK 1935). Das gleiche gilt sicher auch für die bei manchen Arterien zwischen Media und Adventitia gelegenen Venennetze (HAYEK 1935) und für das hinter dem Kiefergelenk gelegene Venengeflecht (ZENKER (1956) und manche andere.

Im Urogenitalapparat finden sich die verschiedensten Formen von aus Venengeflechten aufgebauten Schwellgewebe von den kleinen Venennetzen im Colliculus seminalis (s. S. 328) und um die Ductus ejaculatorii über die Venengeflechte am Orificium vesicae (s. S. 506), dem Corpus spongiosum der weiblichen Urethra (s. S. 316) bis zu den mächtigen Schwellkörpern des äußeren männlichen Genitale.

3. Die Schwellkörper des Penis

In der älteren Literatur bis etwa 1860 (WINSLOW, MECKEL, HENLE) werden die lateinischen Namen Corpus cavernosum und Corpus spongiosum gleichbedeutend gebraucht; nachdem aber von KOBELT (1844) und ARNOLD (1844) der Name Corpus spongiosum für das Schwellgewebe der weiblichen Urethra allein verwendet wurde, findet sich für die Schwellkörper des Penis in der späteren deutschen Literatur durchwegs der Name Corpus cavernosum. Auch in der englischen Literatur findet sich vorwiegend die Bezeichnung Corpus cavernosum für beide Schwellkörper, während in der französischen Literatur das Corpus cavernosum penis vom Corpus spongiosum urethrae unterschieden wird. Die Internationale Nomenklaturkommission hat nun 1955 in Paris beschlossen, diese bisher in Frankreich gebrauchte Bezeichnung als international gültig zu bezeichnen. Wegen der Priorität von KOBELT (1844), den Namen Corpus spongiosum für das Schwellgewebe der weiblichen Urethra zu reservieren, erscheint diese Entscheidung der Nomenklaturkommission denkbarst ungünstig, so daß sich nicht vermeiden läßt, den Namen Corpus spongiosum urethrae femininae neben Corpus spongiosum urethrae masculinae beizubehalten. Die histologische Nomenklatur (Wiesbaden 1965) hält an dem Namen Corpus spongiosum urethrae femininae fest.

Die Grundlage des Penis wird von zwei erektilen Schwellkörpern gebildet, von denen jeder von einer starken fibrösen Hülle, der Tunica albuginea, abgeschlossen ist; beide sind miteinander teils durch Verbindungen ihrer Albuginea und durch eine Fascie zusammengehalten, es sind dies das Corpus cavernosum penis und das Corpus cavernosum (spongiosum) urethrae. In manchen Büchern (von HENLE bis SIEGLBAUER) wird dagegen unrichtigerweise von drei Schwellkörpern und darunter von zwei Corpora cavernosa penis gesprochen, weil ungenauerweise nicht berücksichtigt wird, daß das Schwellgewebe im Corpus cavernosum penis über die Medianebene hinweg kontinuierlich zusammenhängt und die Unterteilung in zwei symmetrische Hälften nur oberflächlich und unvollständig ist. [Zwei völlig getrennte Corpora cavernosa penis finden sich nur bei den primitiven Säugetieren, bei Kloakentieren und manchen Monodelphier (WEBER)].

Das Corpus cavernosum penis ist ein walzenförmiges Organ, das nicht nur am proximalen Ende median gespalten erscheint, sondern auch im Bereich seines Mittelstückes, dem Schaft, oben und unten eine mediane Furche aufweist. Dabei ist unter oben die dem Dorsum penis zugewendete Furche zu verstehen, die dementsprechend auch als Sulcus dorsalis bezeichnet wird, während die untere Furche, in welche sich der Schwellkörper der Urethra einlagert, Sulcus urethralis des Corpus cavernosum penis heißt. Das Vorhandensein beider Furchen, die im erigierten Zustand stärker ausgebildet sind, hängt damit zusammen, daß die Tunica albuginea sich hier in ein unvollständiges, durchlöchertes medianes Septum, das Septum pectiniforme (Abb. J. 1, S. 345) fortsetzt, welches das Schwellgewebe innerhalb des Schwellkörpers in eine linke und rechte Hälfte unvollständig scheidet. Der Sulcus urethralis ist wesentlich tiefer als die andere Furche und schneidet am distalen Ende in das in diesem Abschnitt nicht durchlöcherte Septum pectiniforme so tief ein, daß dieses Septum in zwei Blätter aufgespalten ist und daß die beiden Hälften des Schwellkörpers nur dorsal durch eine Platte der Albuginea miteinander verbunden sind. Das Schwellgewebe der beiden Hälften des Schwellkörpers endigt jederseits mit einer gegen die Glans vorragenden Spitze, während die Albuginea des Schwellkörpers sich in die Glans mit einer Bindegewebsmasse fortsetzt (Abb. J.1), die mit dem Bindegewebe an der Dorsalseite der Fossa navicularis urethrae bis gegen das Orificium urethrae reicht. In diesem Bereich läßt sich also die Glans vom Corpus cavernosum penis nur künstlich mittels Durchschneiden fibrösen Gewebes abpräparieren. Auch weiter proximal findet sich (Abb. 2) stellenweise in der Medianebene ein fester Zusammenhang der Albuginea des Corpus cavernosum urethrae mit der des Corpus cavernosum penis, während an anderen Stellen im Sulcus urethralis zwischen den Schwellkörpern Venen gefunden werden (Abb. 1). Lateral von dieser medianen Verbindung findet sich dagegen zwischen den Schwellkörpern lockeres, leicht präparatorisch entfernbares Verschiebegewebe, in dem auch Vater-Pacinische Lamellenkörperchen vorkommen (Abb. 2).

Das proximale Ende des Corpus cavernosum penis ist tief gespalten und setzt sich in die divergierende Crura fort, durch welche der Schwellkörper am Knochen des Arcus ischiopubicus befestigt ist. Jedes Crus besitzt von der medianen Spalte an gemessen bis zu seinem zugespitzten Ende eine Länge von etwa 5 cm. Am Übergang des Schaftes in die divergierende Crura findet sich an der lateralen Fläche des Schwellkörpers eine flache Furche, welche den Schaft von dem im Erektionszustand etwas dickeren distalen Teil des Crus abgrenzt, der von EBERTH (1897) als Bulbus des Corpus cavernosum penis bezeichnet wird. Die Furche liegt dort, wo die Muskelzüge der Mm. ischiocavernosus und bulbocavernosus von der Unterseite des Penis um diesen herum auf sein Dorsum hinüberziehen. Im Winkel zwischen den beiden Crura liegt die Eintrittsstelle der Urethra in das Corpus spongiosum urethrae, so wie hier die Gefäße der Corpora cavernosa gefunden werden (Abb. 1).

Diese Gefäße, d.h. die Aa. und Vv. profundae penis sind zwischen Diaphragma urogenitale und Crura penis eingelagert in eine kräftige dreieckige Bindegewebsplatte, die KISS (1921) als Lamina intercruralis bezeichnet. Die Seitenränder dieser Platte sind mit der Tunica albuginea der Crura verwachsen. Ihr hinterer Rand entspricht etwa der mittleren Entfernung zwischen dem Lig. arcuatum pubis und der Pars membranacea urethrae. Die obere Fläche der Lamina intercruralis „liegt dem unteren Teil der Symphyse, dem Lig. arcuatum pubis und zu beiden Seiten davon den unteren Ästen des Schambeines an, von welchen sie sich leicht abpräparieren läßt" (KISS 1921). Der hintere Teil der Lamina ist dagegen mit dem Diaphragma urogenitale verwachsen, so wie ihre untere Fläche fest mit dem Bulbus urethrae zusammenhängt, so daß die Lamina intercruralis die Anheftung des vor der Urethra gelegenen Teiles des Bulbus am Diaphragma urogenitale vermittelt. Der vorderste Teil der dreieckigen Platte zwischen den Crura wird durch sehnige Fasern gebildet, welche die Seite kreuzen und nach HOLL (1897) der medialen Partie des M. ischiocavernosus entstammen und von diesem Autor als Ligamentum intercrurale bezeichnet werden.

Die Befestigung der Crura am Knochen wird von den verschiedenen Autoren verschiedenartig und meist unrichtig dargestellt. So sagt EBERTH (1904), daß die fibröse Spitze des Crus bis zur Tuberosis ischii reicht, JOESSEL (1899) gibt an, daß die Corpora cavernosa nur bis zur Synostosis ischiopubica reichen. PERNKOPF (1941) verlegt die Befestigung an die „Crista phallica", während die meisten Autoren von der inneren Fläche des Os pubis (HENLE 1861), der Arcade ischiopubien (POIRIER 1923) oder des Pubic arch (PIERSOL 1923) sprechen. Dazu ist folgendes zu sagen: Die Synostosis ischiopubica ist beim Erwachsenen in der Regel nicht mehr erkennbar. Die sog. „Crista phallica" PERNKOPFs ist eine nach ventral vorragende Knochenleiste des Os pubis, an welcher jedoch der M. gracilis entspringt. Die Befestigung des Crus penis liegt an der medialen Fläche des Os pubis medial von der „Crista phallica" von dieser und damit dem Ursprung des M. gracilis durch einen dem Periost anliegenden Fettgewebswulst getrennt.

Die Befestigung des Crus an Knochen und Periost nimmt nur eine ovale Fläche von etwa 1:2 cm Größe ein und liegt etwa 3 cm von der Symphyse entfernt. Von einem „fibrösen spitzen Ende ohne Schwellgewebe, das bis zum Tuber ischiadicum reicht", wie JOESSEL (1899) und EBERTH (1904) das beschreiben, kann ich nichts finden, höchstens ist das Periost dort etwas verdickt.

Das Corpus cavernosum (spongiosum) urethrae ist ein langgestrecktes, walzenförmiges Gebilde, das an seinen beiden Enden proximal zum Bulbus urethrae und distal zur Glans penis aufgetrieben ist. Der ganze Schwellkörper liegt dem Corpus cavernosum penis eng an und ist an der Anlagerungsfläche mit letzterem teils fest verwachsen, teils durch lockeres gefäßhaltiges Gewebe verbunden, so daß sich die Schwellkörper an manchen Stellen leicht, an anderen Stellen nur nach Durchschneidung fibröser Verbindungen voneinander abpräparieren lassen, wenn die die beiden Körper außen gemeinsam umhüllende Fascie entfernt wurde. Das Mittelstück, der Schaft des Corpus cavernosum urethrae liegt im Bereich der Längsfurche an der Unterseite des Corpus cavernosum penis diesem eng an und zeigt dort, wo diese Furche proximal etwas tiefer ist, eine gegen diese Furche vorragende Leiste, während in der Pars libera penis der Querschnitt fast gleichmäßig oval ist. Nur am distalen Ende wieder findet sich am Corpus cavernosum urethrae wieder eine Art Crista, die sich zwischen die Spitzen des Corpus cavernosum penis von unten her vordrängt.

Das proximale Ende des Corpus cavernosum urethrae bildet eine kolbige, nach hinten und unten vorragende Auftreibung des Bulbus, die sich ohne scharfe Grenze aus dem Schaft entwickelt und am schlaffen Glied stärker hervortreten kann als am erigierten Schwellkörper. Die Wölbung ist oft nicht gleichmäßig halbkugelig, sondern es findet sich meist eine von hinten her einschneidende flache Furche, welche den Bulbus in zwei Vorwölbungen unterteilt, welche KOBELT (1844) als Hemisphaeria bulbi bezeichnet. Auch eine zwischen diesen in der Mitte gelegene unpaare Vorwölbung (Colliculus intermedius) wird von KOBELT als gelegentlich vorkommend beschrieben. Doch können diese Vorwölbungen wenigstens am nicht erigierten Schwellkörper vollkommen fehlen. Die zwischen den Vorwölbungen gelegenen Furchen werden offensichtlich durch die bindegewebigen Septa im Schwellkörper hervorgerufen, die eine Dehnung an ihrem Ansatz an der Tunica albuginea verhindern.

Der Bulbus geht mit seiner perinealen Oberfläche und seinen Seitenflächen ohne Abgrenzung unmerklich in den Schaft des Schwellkörpers über, an der beckenwärts gerichteten Fläche dagegen kann man die Eintrittsstelle der Urethra als Grenze zwischen Bulbus und Schaft bezeichnen. Die Urethra tritt schräg von hinten und oben etwa in einem Winkel von 30° in die beckenwärts gerichtete Fläche des Schwellkörpers ein und der Bulbus überragt die Mitte der Lichtung der Eintrittsstelle der Urethra nach hinten — je nach dem Füllungszustand des Schwellkörpers — um $1^{1}/_{2}$—2 cm. Der Bulbus ist mit der Unterfläche des Diaphragma urogenitale verwachsen und kann dessen hinteren Fand im Füllungszustand etwas überragen.

Das distale Ende des Corpus cavernosum urethrae hängt mit dem Schwellkörper der Glans penis zusammen und läßt sich mit dieser zusammen leicht vom Corpus cavernosum penis abpräparieren. Nur die distalen Spitzen des Corpus cavernosum penis stehen mit der Innenfläche der Glans durch etwas fibröses Bindegewebe zusammen (s. S. 359). Das Corpus cavernosum glandis überdeckt wie der Mantel eines schiefen Kegels das distale Ende des Corpus cavernosum penis, wobei die Höhe des Kegelmantels dorsal größer ist, während an der Unterseite der Kegelmantel an das Corpus cavernosum urethrae anschließt und hier eine mediane Furche zeigt, die von einem im Schwellkörper gebildeten Septum herrührt. Der Rand der Glans ist wulstartig verdickt und wird als Corona glandis bezeichnet. Die proximal von der Corona glandis gelegene Furche, welche die Corona vom Schaft des Penis abgrenzt, heißt Sulcus coronarius glandis.

4. Der Bau der Schwellkörper

Das Corpus cavernosum penis zeigt von außen eine sehr kräftige Tunica albuginea, welche, wie schon HENLE (1861) angibt, am erschlafften Schwellkörper eine Dicke von etwa 3 mm (Abb. 1), am erigierten Schwellkörper von nur $^{1}/_{2}$—1 mm besitzt. Sie besteht vorwiegend aus kollagenen Fasern, zwischen denen nach STIEVE (1930) ein grobmaschiges Netz zum Teil recht dicker elastischer Fasern vorhanden sein soll. Doch ist die Armut der Tunica albuginea an elastischen Fasern gegenüber der Fascia penis, die reichlich elastische Fasern enthält, sehr auffallend (Abb. 7). Die Anordnung der nicht dehnbaren kollagenen Fasern gestattet die Volumzunahme des Schwellkörpers bei der Erektion, die mit einer Abnahme der Dicke der Tunica einhergeht. Die starke Wellung der kollagenen Faserbündel am erschlafften Schwellkörper (die entgegen der Angabe STIEVEs viel gröber ist als in einer Sehne) gestattet durch Streckung der Wellen eine Dehnung der Tunica albuginea auf etwa das Doppelte in jeder Richtung, über welchen Zustand hinaus eine Dehnung und Vergrößerung des Schwellkörpers ohne Zerreißung von kollagenen Fasern unmöglich ist. Eine genaue Untersuchung der Anordnung der Fasern in bezug auf die Veränderung bei der Erektion fehlt

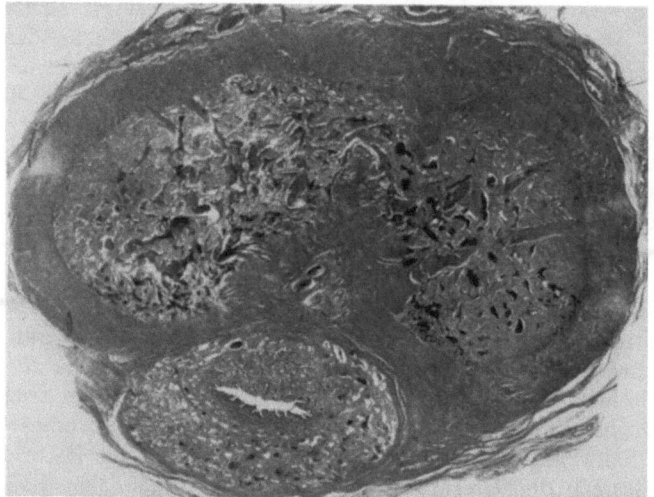

Abb. 1. Querschnitt durch einen kollabierten Penis mit teilweise blutgefüllten Kavernen. Die Fascia penis teilweise abgelöst

noch, obwohl STIEVE (1930) angibt, daß die Mehrzahl der Fasern besonders in den äußeren Schichten in das Längsrichtung verläuft und daß in der inneren Schicht aber auch ringförmig und schraubenförmig angeordnete Fasern gefunden werden.

Von der Tunica albuginea ausgehend findet sich im Innern des am Querschnitt etwa nierenförmigen Schwellkörpers eine mediane aber unvollständige Scheidewand (Septum pectiniforme) im Schwellgewebe; das Septum besteht aus vorwiegend senkrecht zur Längsachse des Penis stehenden Bindegewebsbalken die proximal sehr dicht nebeneinander angeordnet sind, weiter distal aber in immer größeren Abständen voneinander stehen. Diese Bindegewebsbalken bestehen aus dem gleichen fibrösen Gewebe wie die Tunica albuginea. Einzelne fibröse Balken durchziehen das Schwellgewebe auch in unregelmäßig schrägen Richtungen (Abb. 13). Zwischen den Balken des Septum besteht eine Verbindung des kavernösen Gewebes von links nach rechts, aber auch Arterien treten durch das Septum, mittels welcher die Arterienstämme des Schwellkörpers über die Mitte anastomosieren.

Das kavernöse Gewebe, das von der Tunica albuginea umschlossen ist, enthält unregelmäßig nach allen Richtungen des Raumes sich verzweigende venöse Bluträume, die untereinander durch den ganzen Schwellkörper zusammenhängen.

Im Zentrum des Schwellkörpers sind die Räume größer (im erigierten Zustand 1—3 mm) als in der Peripherie (0,2—0,5 mm) an der Tunica albuginea (Abb. 2), worauf besonders KISS (1921) hinweist. Die zentralen großen Biuträume werden als Vv. cavernosae bezeichnet, die außen gelegenen Räume bilden das sog. Rete venosum corticale profundum. Als Rete haemocapillare corticale superficiale wird ein Netz von Capillaren bezeichnet, das als zwischen den Biuträumen und der Albuginea gelegen schon von LANGER (1862) beschrieben wurde. Im kollabierten

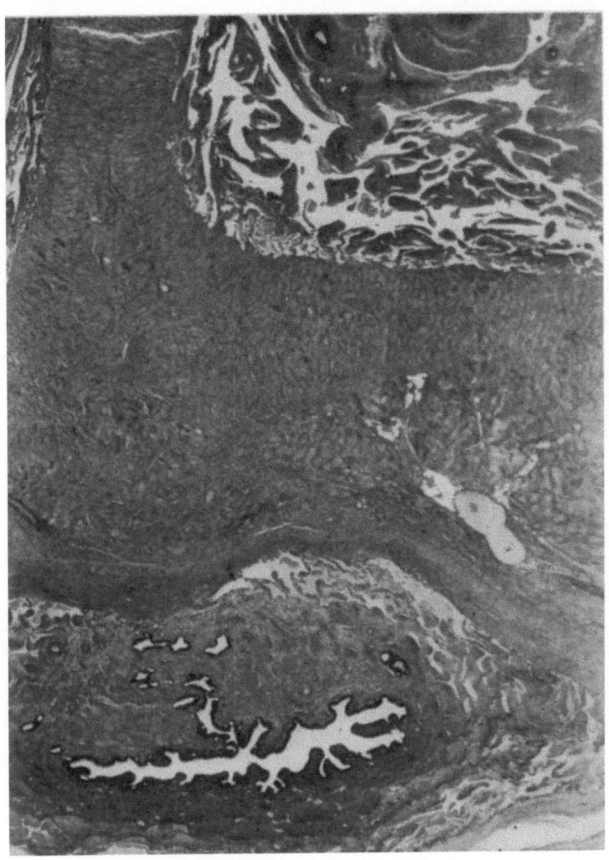

Abb. 2. Aus dem Querschnitt eines Penis vom Erwachsenen. Zusammenhang der Tunica albuginea beider Schwellkörper, dazwischen zwei Lamellenkörperchen

Zustand sind alle Räume spaltförmig (Abb. 4). Durch das, wie gesagt, unvollständige Septum pectiniforme hängen die kavernösen Räume der beiden Hälften miteinander zusammen.

Die Biuträume sind ausgekleidet von Endothel, welches die zwischen Biuträumen gelegenen Gewebsbalken überkleidet.

Die zwischen den Biuträumen gelegenen Gewebsbalken bestehen aus faserarmem lockeren Bindegewebe und Bündeln glatter Muskulatur und einige enthalten außerdem noch Arterien, aber keine Blutcapillaren, wie STIEVE betont. Die glatte Muskulatur läßt keine regelmäßigen Beziehungen zu den venösen Biuträumen erkennen, wie das bei Venen zu erwarten wäre. Die Muskelbündel sind durch reichlich Bindegewebe voneinander getrennt, das etwa das gleiche Volumen einnimmt wie die Muskulatur. Die in den Balken gelegenen größeren

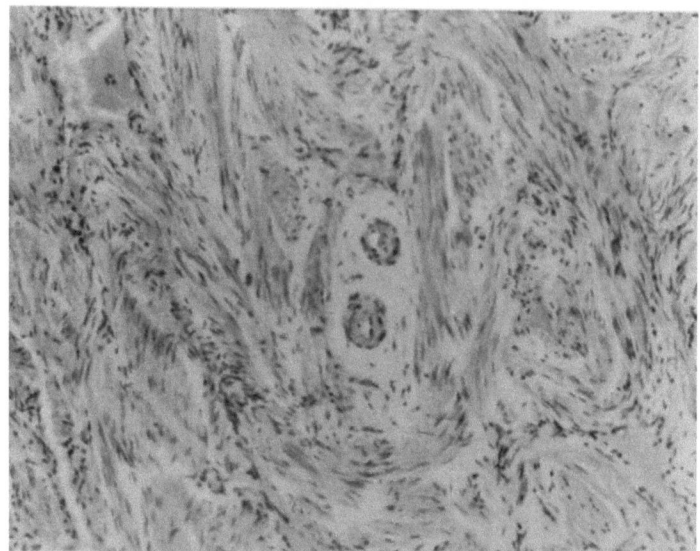

Abb. 3. Zwei kleine Aa. nutriciae zwischen Muskelbündeln des Corpus cavernosum. Vergr. 150fach

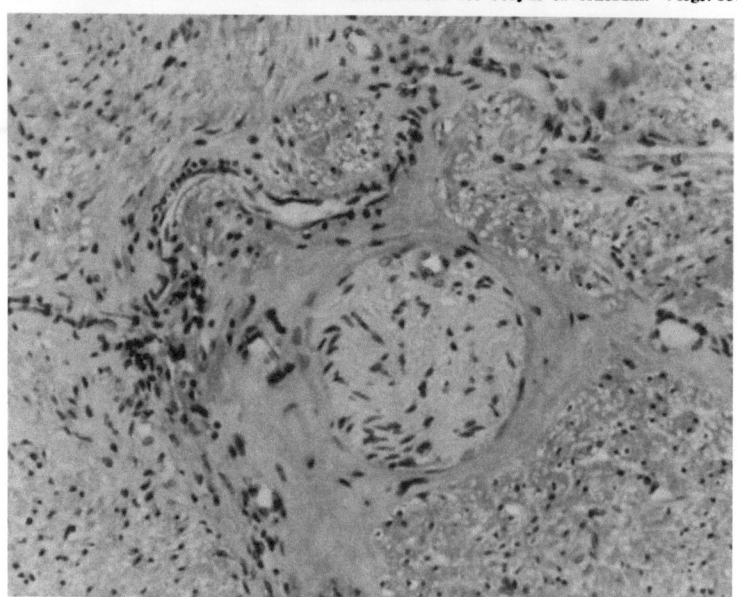

Abb. 4. Nerv aus marklosen Fasern mit weiter Blutcapillare neben spaltförmig enger Kaverne des Corpus cavernosum penis. Vergr. 200fach

und kleineren Arterien sind von reichlich Bindegewebe umgeben (Abb. 3) und werden durch diese von den Muskelbündeln oder dem Endothel getrennt. Bei den größeren Arterien handelt es sich um faserreiches Bindegewebe wie in der Tunica albuginea, das eine kräftige Adventitia der Arterien bildet. An der Grenze von Adventitia und Media der A. profunda penis finden sich Vasa vasorum, die schon LANGER (1862) beschreibt. In der Adventitia finden sich Nerven — aus durchwegs marklosen Nervenfasern —, welche die Arterien begleiten. Außerdem finden sich aber auch abseits von den Arterien relativ dicke Nerven in den Balken

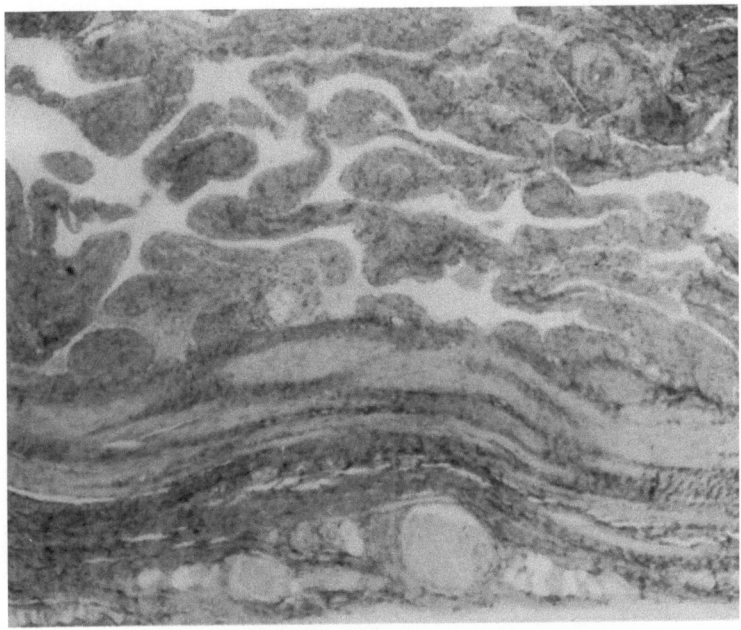

Abb. 5. Tunica albuginea an der Unterseite des Corpus cavernosum urethrae mit dicken Bündeln glatter Muskulatur. Orcein. Vergr. 40fach

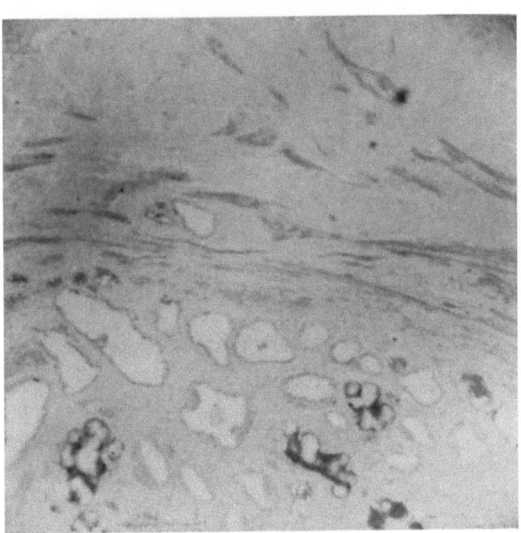

Abb. 6. Tunica albuginea des Corpus cavernosum urethrae mit Bündeln glatter Muskulatur, gegen den Sulcus urethralis des Corpus cavernosum penis. Vergr. 20fach

(Abb. 4), in denen ich auch bei spaltförmigen kavernösen Räumen meist dünnwandige offene Gefäße finde.

Beim Neugeborenen ist überraschenderweise nicht der ganze von der Tunica albuginea umschlossene Raum von Schwellgewebe erfüllt, sondern ich finde im Crus penis an der dem Perichondrium des Arcus ischiopubicus zugewendeten Seite eine dicke Schicht lockeren Gewebes (Abb. J. 11, S. 353), das durch seine Zellarmut und Faserarmut auffällt. Es handelt sich um ein ähnliches Gewebe, wie es etwa in der ersten Anlage der Sinus paranasales und der Trommelhöhle zwischen Schleimhaut und Knochen beim Neugeborenen und bei jüngeren Feten zwischen Pleura parietalis und Thoraxwand gefunden wird. An diesen Stellen bildet dieses lockere Gewebe sozusagen einen Platzhalter für die später erfolgende Ausdehnung der von Schleimhaut bzw. Pleura ausgekleideten Hohlräume. Ebenso dürfte dieses lockere flüssigkeitsreiche Gewebe im Crus penis einen Platzhalter für die spätere Ausdehnung des Schwellgewebes bilden.

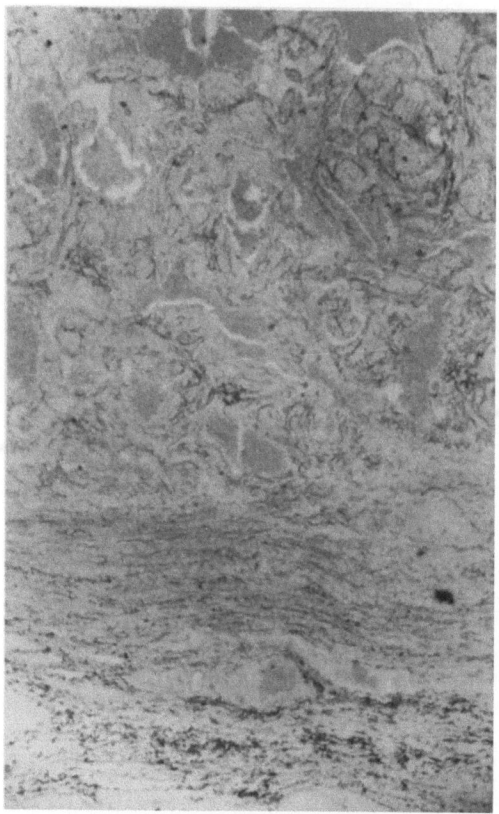

Abb. 7. Elasticadarstellung in der Außenzone des Corpus cavernosum urethrae, reichlich elastische Fasern nur in der Fascia an demselben Schnitt wie Abb. 8. Orcein. Vergr. 48fach

Das Corpus cavernosum (spongiosum) urethrae unterscheidet sich in seinem Bau vom Corpus cavernosum penis in verschiedener Hinsicht. Die Albuginea ist viel dünner und hat im gedehnten Zustand nur eine Dicke von etwa $1/3$ mm. Sie enthält reichlich glatte Muskulatur, und zwar teils nur an der dem Corpus cavernosum penis zugewendeten Seite (Abb. 6), teils auch an der Unterfläche (Abb. 5). Die Abgrenzung des Schwellgewebes, die im Corpus cavernosum penis überall scharf durch die Tunica albuginea erfolgt, ist im Corpus cavernosum urethrae durch die Einlagerung der Urethra gegen deren Schleimhaut nicht scharf ausgebildet; man findet bei gefüllten Blutgefäßen alle Übergänge zwischen den kleinen kreisrunden Querschnitten der kleinsten Venen nahe dem Epithel und den großen, ebenfalls fast kreisrunden Querschnitten der kavernösen Räume, vom Epithel nach außen fast der Größe nach nebeneinander liegend; außerdem reichen ja die Drüsen vielfach bis nahe an die Tunica albuginea. Deutlicher ist

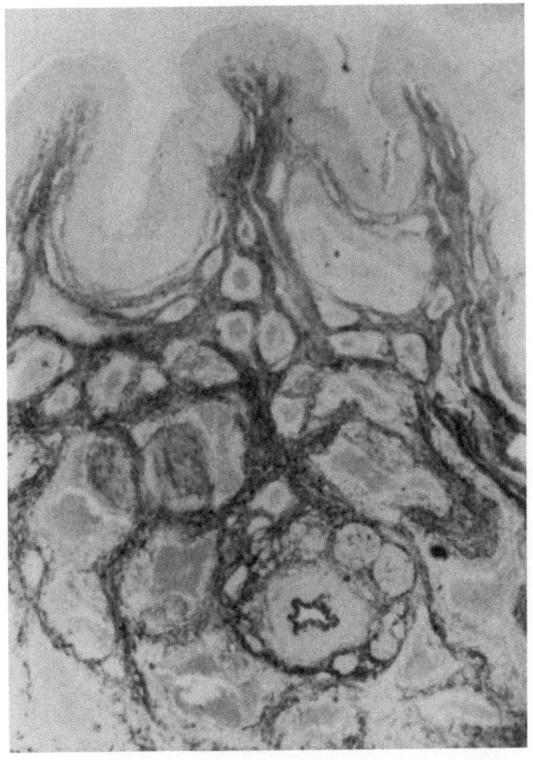

Abb. 8. Elasticadarstellung in der Urethralschleimhaut und der Innenzone des Corpus cavernosum urethrae. Orcein. Vergr. 48fach

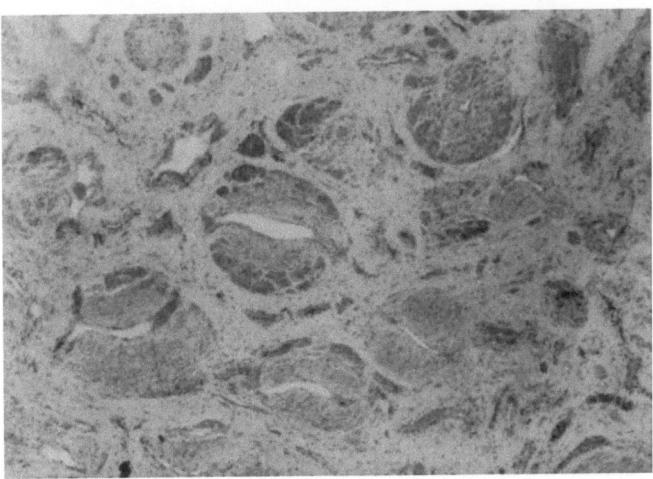

Abb. 9. Innenzone des Corpus cavernosum urethrae, charakterisiert durch die dicke Muskelhülle jeder Kaverne. Vergr. 48fach

die Abgrenzung im nicht erigierten Zustand und wenn ausnahmsweise wie in Abb. J. 7, S. 350 das faserarme Bindegewebe der Schleimhaut durch Flüssigkeitsaufnahme gequollen ist. Das reiche Netz der elastischen Fasern der Schleimhaut setzt sich in die angrenzende Schicht des Schwellgewebes fort (Abb. 8).

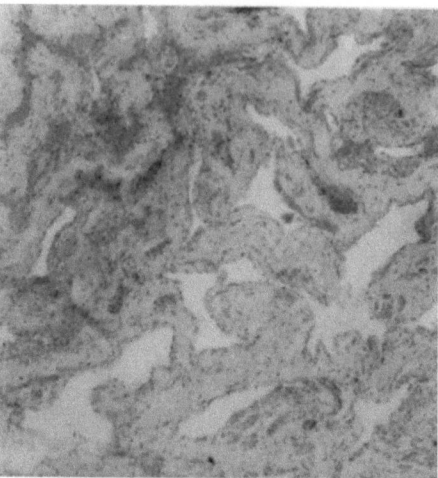

Abb. 10. Außenzone des Corpus cavernosum urethrae vom selben Schnitt wie die vorherige Abbildung mit nur wenig Muskulatur. Vergr. 48fach

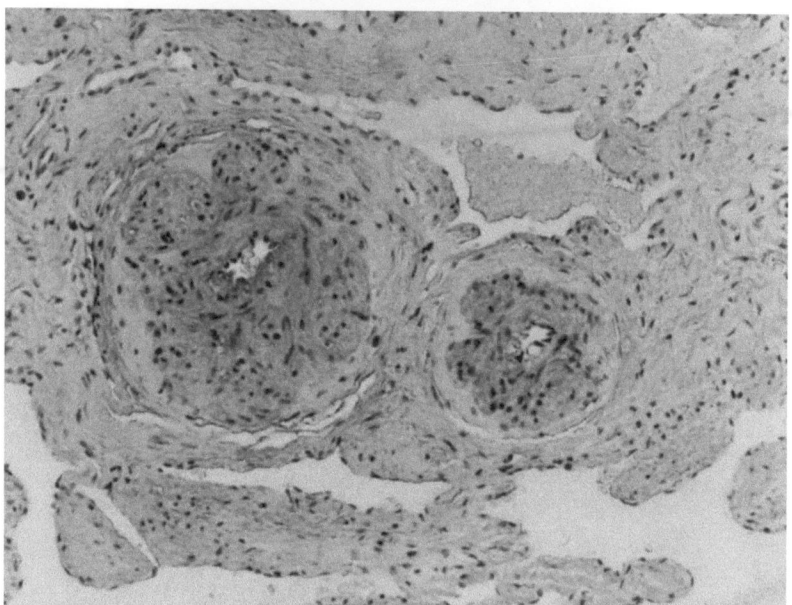

Abb. 11. Zwei kontrahierte Venen mit einer Bindegewebshülle um die Längsbündel der Muskulatur. Corpus cavernosum urethrae. Vergr. 150fach

Im Gegensatz zu den in allen Richtungen verzweigten Bluträumen des Corpus cavernosum penis zeigen die Bluträume des Corpus cavernosum urethrae eine Erstreckung in der Längsrichtung mit wenig Verzweigungen, so daß am Querschnitt des gefüllten Schwellkörpers vorwiegend runde Lichtungen zu sehen sind; nur in der Peripherie ist die Zahl der Verbindungen benachbarter Räume größer (Abb. 13).

Das Grundgewebe des Schwellkörpers läßt im nicht erigierten Zustand an Schnitten mit färberischer Differenzierung der glatten Muskulatur deutlich eine innere und äußere Zone unterscheiden. In der Innenzone ist die Muskulatur

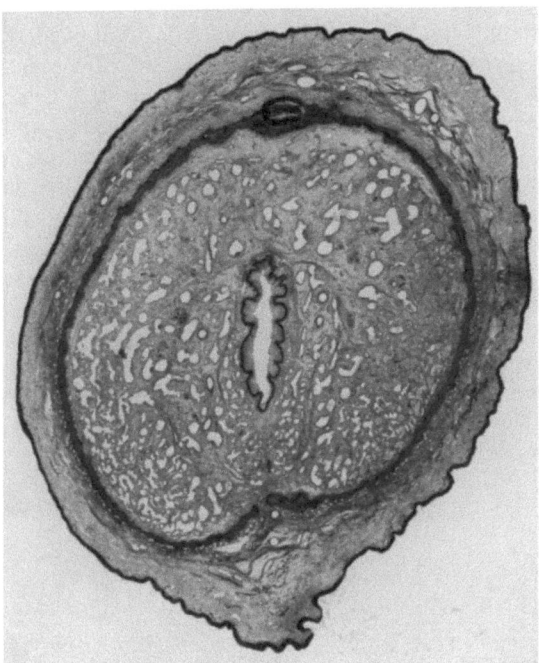

Abb. 12. Querschnitt durch die Glans penis eines reifen Neugeborenen. Beginn der Eröffnung des Cavum praeputii an der Dorsalseite; das hohe Epithel der Fossa navicularis mit hohen Bindegewebspapillen. Die Grenze des Corpus cavernosum urethrae. Vergr. 6fach

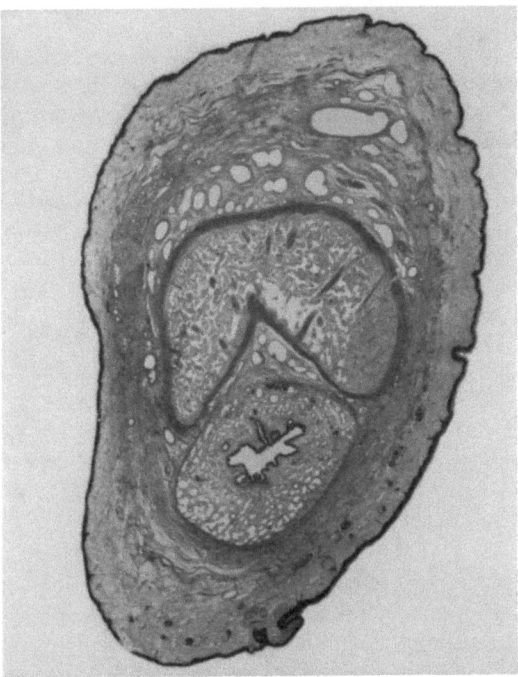

Abb. 13. Querschnitt durch den Penis eines reifen Neugeborenen, knapp hinter der Glans. Der Plexus venosus retroglandaris, die Tunica dartos, im Corpus cavernosum penis schräg verlaufend Bindegewebsbalken. Vergr. 6fach

vielfach in dicken Bündeln in der Längsrichtung um die Bluträume angeordnet und jeder Blutraum mit der umgebenden Muskulatur ist vom gleichartigen Nachbargebilde durch reichlich Bindegewebe getrennt (Abb. 9). Die Muskelbündel verlaufen wie die Bluträume annähernd in der Längsrichtung des Schwellkörpers und sind von reichlich elastischen Fasernetzen durchsetzt (Abb. 8), so daß sich die Innenzone des Schwellkörpers in ihrem Gehalt an elastischen Fasern von der Schleimhaut fast nicht unterscheidet. In der Außenzone ist weniger glatte Muskulatur vorhanden und sie zeigt keine regelmäßige Beziehung zu den Bluträumen, die auch von weniger Bindegewebe voneinander getrennt sind (Abb. 10). Die Außenzone enthält auch wenig elastische Fasern in den Balken.

Besondere Bildungen in der Innenzone des Schwellkörpers, die bisher offensichtlich nirgends beschrieben wurden, sind Bluträume, die von Längsbündeln glatter Muskulatur umgeben sind, die wiederum von einer Bindegewebsschicht aus Zirkulärfasern zu einem Gebilde wie eine Vene zusammengefaßt werden (Abb. 11). Offenbar handelt es sich um die Übergangsstücke zwischen den kavernösen Räumen und den abführenden Venen.

5. Der Bau der Glans penis

Das Schwellgewebe des Eichelschwellkörpers ist von einer Bindegewebshülle, Tunica albuginea, umschlossen, welche an der freien Außenfläche der Glans gleichzeitig die Lederhaut (das Corium) der Glans bildet. Entsprechend der Beziehung des Corium zum Epithel der Glans kann man an diesem Corium ein oberflächlich gelegenes Stratum papillare unterscheiden, das mit dem ebenfalls gefäßreichen Stratum subpapillare als Stratum vasculosum zusammengefaßt werden kann und diesem ein Stratum fibrosum gegenüberstellen. Genau genommen sollte man nur dieses Stratum fibrosum als Tunica albuginea glandis bezeichnen.

Das Epithel an der Oberfläche der Glans ist ein vielschichtiges Plattenepithel, das in variabler Weise eine geringe Verhornung und Pigmentierung zeigt. Nur die basalen Zellen (Stratum cylindricum) zeigen Pigmentkörner; das Stratum germinativum besteht aus 3—4 Zellschichten, das Stratum granulosum nur aus 1—2 Zellschichten, über denen die individuell verschieden dünne Lage der verhornten kernlosen Hornschuppen sich findet. An der Grenzfläche von Epithel und Corium ragen Leisten des Epithels zwischen den leistenförmigen oder zapfenartigen Papillen des Corium vor, HORSTMANN (1952) spricht von zarten Spiralen, in denen diese Leisten verlaufen und bildet die Unterfläche eines Stückchens Epithels von der Glans ab.

Die Papillen des Corium sind reich an Capillaren, nach EBERTH (1904) sollen auch Tastkörperchen in den Papillen gefunden werden, besonders große Papillen mit weiten Capillaren (25 µ) finde ich an den Lippen des Orificium urethrae.

Nach HENLE (1873) stehen die Papillen in Längsreihen, die gegen das Orificium urethrae konvergieren. Größere Papillen, die durch die Epidermis durchschimmern, finden sich an der Corona glandis. Die Glandulae praeputiales, auch Tysonsche Drüsen genannt, werden im Zusammenhang mit dem Praeputium besprochen.

Das Stratum subpapillare enthält reichlich Gefäße, auch Arterien mit zwei Lagen Ringmuskulatur und Nerven, sowie sensible Nervenendorgane.

Das Stratum fibrosum ist praktisch frei von Blutgefäßen, soweit solche nicht aus dem kavernösen Gewebe zum Stratum subpapillare durchtreten. Die drei Schichten unterscheiden sich zwar durch die Struktur, sind aber nicht unabhängig voneinander, sondern fest und untrennbar miteinander verbunden. An der nicht

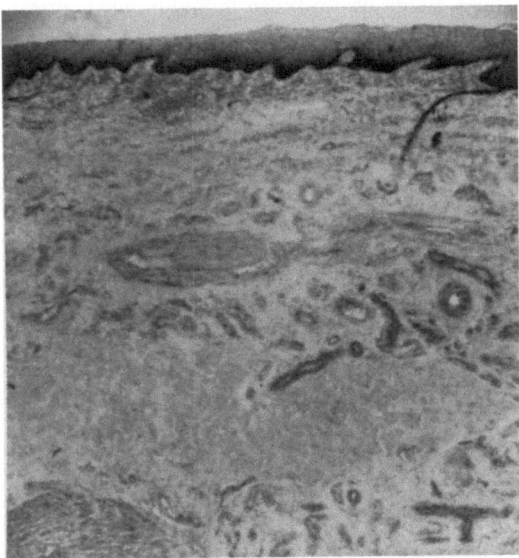

Abb. 14. Schnitt durch die Oberfläche der Glans penis. Die subepithelialen Capillaren völlig kollabiert, ein venöser Raum mit dicker Muskelhülle. Vergr. 36fach

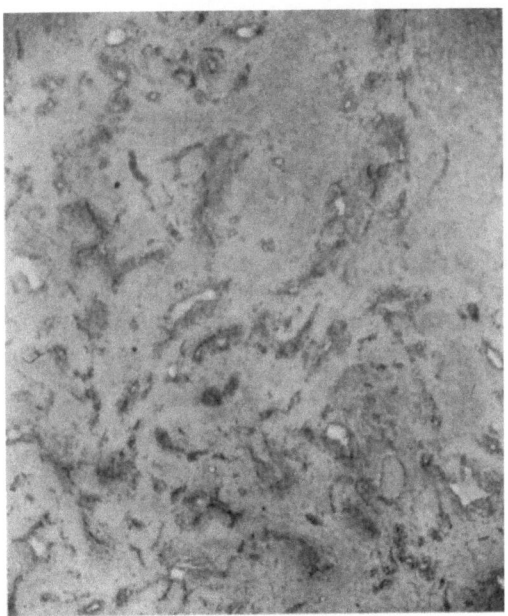

Abb. 15. Schnitt durch die tiefe Schicht der Glans. Wenig Muskulatur und viel Bindegewebe zwischen den kavernösen Räumen. Vergr. 36fach

von Epidermis überzogenen Fläche der Albuginea der Glans, also dort wo die Glans vom Schwellkörper des Penis präparatorisch abgelöst werden kann, ist die Albuginea dünn und bildet eine Fortsetzung des Stratum fibrosum. Im Gegensatz zur Albuginea des Harnröhrenschwellkörpers enthält die Albuginea der Glans reichlich elastische Fasern, aber keine glatte Muskulatur. Ein kräftiges Bindegewebsgerüst (Skelet, HENLE) der Glans, das von Ausstrahlungen der Albuginea der Corpora cavernosa penis et urethrae gebildet wird, durchsetzt das von der Albuginea umgebene Schwellgewebe der Glans. An diesem Bindegewebsgerüst kann man ein medianes Septum und ein die Urethra umfassendes Rohr unterscheiden, die beide distalwärts an Stärke abnehmen. Das Bindegewebsrohr um die Urethra, welches das Schwellgewebe der Glans in eine äußere und eine innere Schicht (HENLE) teilt, ist nichts anderes als eine Fortsetzung der Albuginea des Corpus cavernosum urethra und wird von EBERTH (1904) als Urethralring bezeichnet. Es löst sich distalwärts in einzelne Balken auf, die in der Umgebung des Orificium urethrae die Albuginea der Glans erreichen. Zwischen diesen Balken liegen die aus dem Harnröhrenschwellkörper in den Eichelschwellkörper übertretenden Arterien und Venen. Dorsal an dieses Rohr anschließend findet sich eine aus Bindegewebsbalken bestehende durchlöcherte Platte (Septum glandis, HENLE), die von einer Fortsetzung der Albuginea des Corpus cavernosum penis gebildet wird. Wo dieses Septum in das Bindegewebsrohr des Harnröhrenschwellkörpers übergeht, findet sich ein kräftigerer Bindegewebskörper aus einem derben Filz kollagener und elastischer Fasern (STIEVE 1930), der am fixierten Präparat sich fest wie Knorpel anfühlt. Beim Menschen enthält dieser Körper aber, wie schon HYRTL (1860) betont hat, niemals Knorpelgewebe, dagegen findet sich an der gleichen Stelle beim Rind (EBERTH 1904) ein Knorpel und bei anderen Säugetieren ein Penisknochen (STIEVE 1930). Auch an der Ventralseite ist das Bindegewebsrohr mit der Albuginea der Glans verbunden, und zwar proximal breit weiter distal durch ein wenig hohes Septum.

Das Schwellgewebe der Glans läßt, wie oben gesagt, eine äußere und eine innere Schicht (HENLE 1862) unterscheiden, von denen letztere nichts anderes darstellt, als das distale Ende des Corpus cavernosum urethrae. Die Trennung beider Schichten durch das Bindegewebsrohr des Corpus cavernosum urethrae ist nicht vollständig, vielmehr bestehen zahlreiche Verbindungen der kavernösen Räume beider Schichten; weiter proximal sind es nur einzelne Venen, die das Bindegewebsrohr durchsetzen, weiter distal, wo das Bindegewebsrohr sich in einzelne Balken auflöst, ist dagegen eine Grenze zwischen beiden Schichten durch die zahlreichen Verbindungen zwischen den kavernösen Räumen kaum mehr zu erkennen, so daß das Blut — z.B. bei Kontraktion des M. bulbocavernosus — aus dem Schwellkörper der Urethra in den der Glans überströmen kann.

Das Schwellgewebe der äußeren Schicht der Glans enthält verhältnismäßig dicke Bindegewebsbalken mit wenig glatter Muskulatur zwischen den kavernösen Räumen. Besonders arm an glatter Muskulatur ist das Gewebe nahe der Tunica albuginea.

6. Die Anordnung der Arterien des Penis

Die A. pudenda, aus welcher die Arterien des Penis hervorgehen, entspringt in der Regel, d.h. in etwa der Hälfte der Fälle (ADACHI 1928) aus einem gemeinsamen Stamm mit der A. glutea inferior; in etwa $1/3$ der Fälle als selbständiger Ast des Anfangsstückes der A. umbilicalis und schließlich in seltenen Einzelfällen aus einem gemeinsamen Stamm mit der A. glutea superior oder auch der A. obturatoria. Sie verläuft dann meist vor dem Plexus sacralis zum Foramen infrapiriforme (im Gegensatz zu den anderen Beckenwandästen der A. hypogastrica, die den Plexus durchsetzen), aber in etwa 10% der Fälle fand ADACHI (1928) auch die A. pudenda zwischen den Strängen des Plexus durchtretend.

Um die Spina ischiadica umbiegend gelangt sie gemeinsam mit den N. pudendus an die mediale Seite des Tuber ischiadicum, liegt aber hier nicht frei in der Fossa ischiorectalis, sondern im sog. Alcockschen Kanal (Canalis fascialis obturatorius) (Abb. 16). Dieser Kanal wird von der Fascia m. obturatoris interni gebildet, die, aus zwei Blättern bestehend, den Kanal bildet; beide Blätter sind unten am Processus falciformis des Lig. sacrotuberale befestigt. Die Arterie liegt (mit den Venen und Nerven) in dem Fascienkanal und wird nur von unten her, wie HENLE (1868) angibt, geschützt durch den Processus falciformis. Die Äste der Arterie durchsetzen (gemeinsam mit Venen und Nerven) medialwärts die

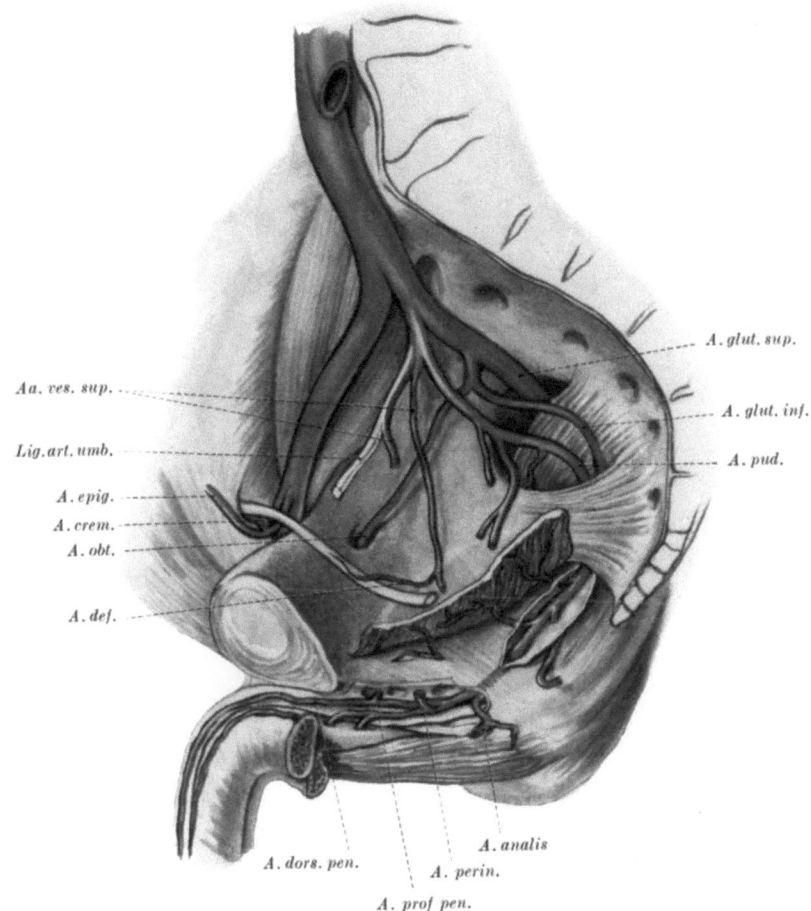

Abb. 16. Die Verzweigungen der A. hypogastrica und der A. pudenda an der rechten Beckenwand von medial her dargestellt. (Umzeichnung nach Atlas von TOLDT)

Fascia obturatoria, um in die Fossa ischiorectalis zu gelangen und deren Fettgewebe zu durchsetzen. Es handelt sich um ein bis drei Aa. anales (haemorhoidales inferiores) und die A. perinealis. Die Aa. anales versorgen Haut, Muskulatur und zum Teil die Schleimhaut des Anus; sie anastomosieren mit denen der anderen Seite und auch der A. rectalis inferior (haemorhoidalis media). Die A. perinealis versorgt die vordere Partie der Afterregion, die Mm. bulbocavernosus und ischiocavernosus und gibt eine größeren Ast zur Hinterfläche des Scrotum ab (Abb. 17).

Als A. penis wird die Fortsetzung der A. pudenda interna — nach Abgang der A. perinealis — bezeichnet. Diese A. penis zieht in den vorderen Recessus der Fossa ischiorectalis zwischen Diaphragma pelvis und Diaphragma urogenitale (s. S. 308), um dann das Diaphragma urogenitale nahe dem Ansatz des M. transversus per. prof. zu durchbohren und sich in ihre Äste zum Penis zu verzweigen (Abb. 16 und 18).

Die Äste der A. penis sind die A. bulbi urethrae, die A. urethralis, die A. profunda penis und die A. dorsalis penis.

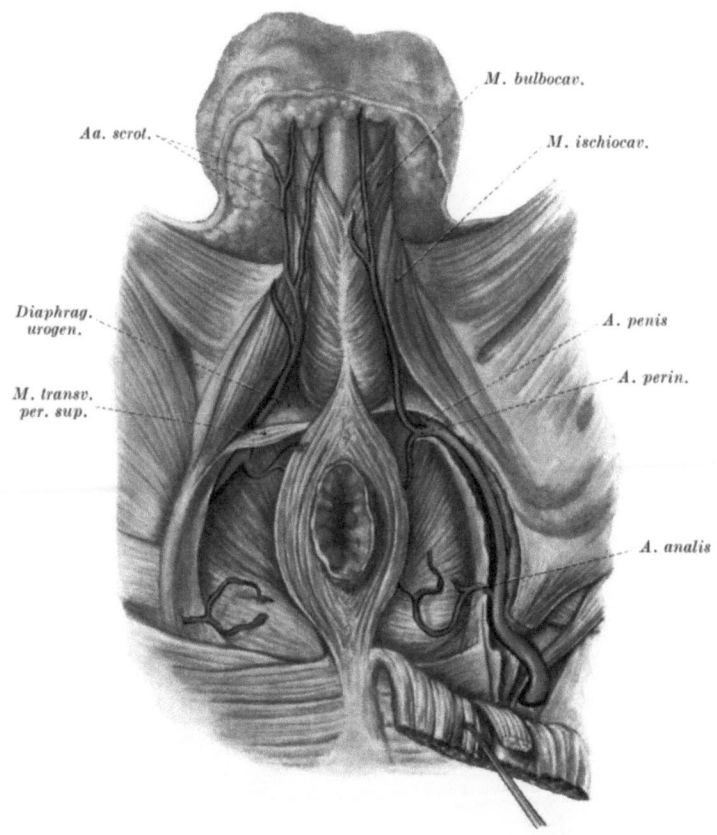

Abb. 17. Der Verlauf der A. pudenda bis zu ihrer Teilungsstelle in A. penis und A. perinealis. An der linken Körperseite wurden zwecks Darstellung des Verlaufes der Arterien der M. gluteus maximus, das Lig. sacrotuberale und die Wand des Alcoquschen Kanals durchschnitten, sowie der M. transversus perinei superficialis weggenommen

Eine A. pudenda accessoria, die ADACHI (1928) in etwa 10% der untersuchten Leichen gefunden hat, kann in variabler Weise ein oder zwei der genannten Arterien abgeben, wie auch schon HENLE (1868) beschrieben hat. Alle Formen dieser Arterie haben gemeinsam, daß die A. pud. acc. von ihrem Ursprungsgebiet — von einem der Äste der A. hypogastrica ohne das Becken durch das Foramen infrapiriforme zu verlassen, innerhalb des Beckens gegen den unteren Rand der Symphyse hinzieht, um sich dort in ein oder zwei Äste zum Penis aufzuzweigen. Die Arteria kann weit hinten im Becken vom Stamm der A. hypogastrica, der A. obturatoria oder der A. pudenda entspringen, oder auch ganz weit vorne beim Eingang in den Canalis obturatorius von der A. obturatoria. Auch ihr Verlauf in der Beckenwand ist verschieden, sie kann im M. obturator, unter seiner Fascie, innerhalb seiner Fascie oder sogar zwischen Bündeln des M. levator ani verlaufen (ADACHI 1928). Dadurch, daß sie unter Umständen sehr nahe an der Prostata verläuft, kann sie bei Prostataoperationen oder wie schon HENLE (1868) betont, ,,beim Seitensteinschnitt der Verletzung ausgesetzt" sein. Die A. pud. acc. einer Körperseite kann auch Schwellkörperarterien der anderen Körperseite liefern.

Die Aa. bulbi urethrae (auch A. bulbosa Henle) entspringt aus der A. penis meist gleich nach deren Austritt aus dem M. transv. per. profundus, biegt nach

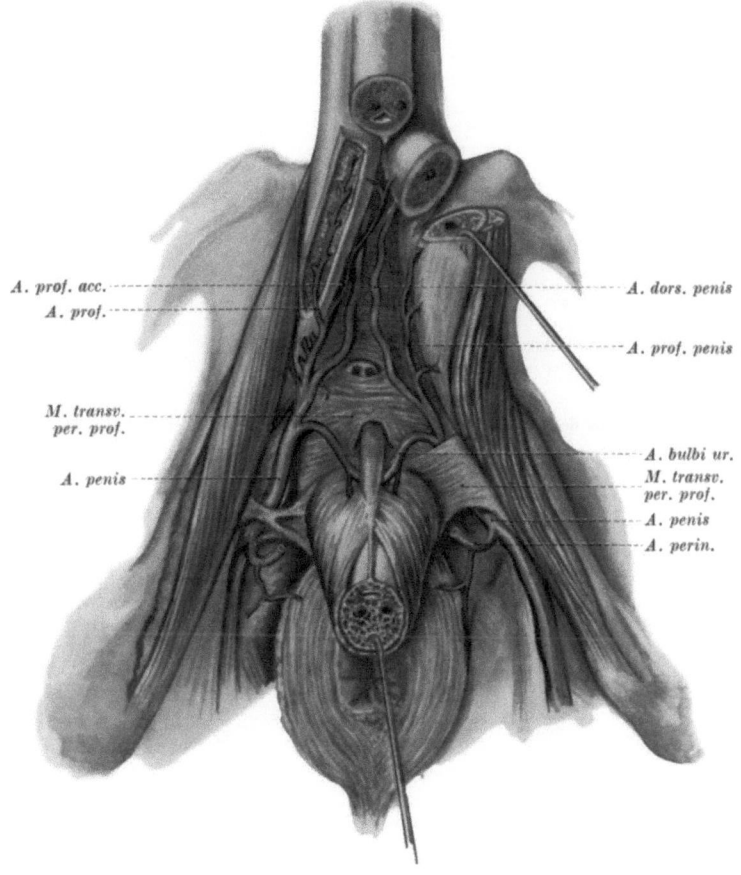

Abb. 18. Die Verzweigungen der A. penis. An dem Präparat der Abb. 17 wurde das Corpus cavernosum urethrae quer durchschnitten und der proximale Teil gegen den Anus zurückgeklappt, um den Verlauf der Arterien im Bereiche der Lamina intercruralis zu zeigen

medial um und tritt beiderseits enge neben der Urethra von oben in den Bulbus urethrae ein (Abb. J. 11, S. 353).

Wenige Zentimeter distal davon findet sich meist aber in sehr variabler Stärke eine A. urethralis, die nach kurzem Verlauf distal von der vorigen in das Corpus cavernosum urethrae eintritt. Beide Arterien des Corp. cav. urethrae bilden im Schwellkörper einen Längsstamm, der zu beiden Seiten der Mitte unter der Urethra verlaufend, an Schnitten (Abb. 1) bis ganz nach vorne zur Glans verfolgt werden kann.

Die A. profunda aund dorsalis penis ziehen in dem Winkel zwischen den beiden Crura penis in der Lamina intercruralis (s. S. 360) nach vorne. Die A. profunda penis gibt mehrere Äste ab, meist einen größeren und einige kleinere, die in das Crus penis durch die Albuginea eintreten, wobei ein Ast auch über

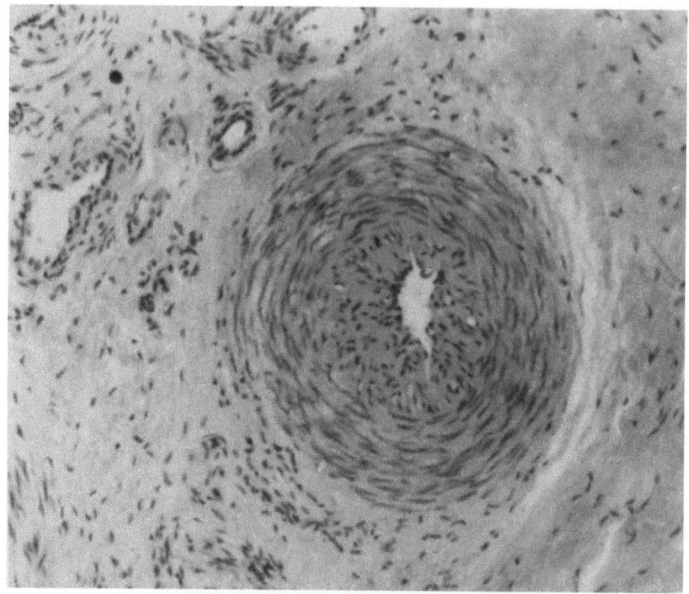

Abb. 19. Arterie aus der Glans penis, kontrahiert mit dicker zellreicher Intima. Vergr. 150fach

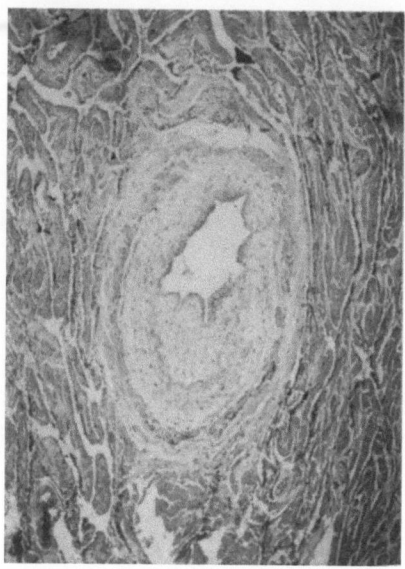

Abb. 20. Arterie aus dem Corpus cavernosum penis mit dickem Intimapolster und äußerer Längsmuskelschicht. Vergr. 30fach

die Mitte hinweg zum anderseitigen Schwellkörper ziehen kann (TOLDT 1900). Innerhalb des Corp. cav. penis verlaufen die Arterien der beiden Seiten des Septum pectiniforme, untereinander durch dieses Septum anastomosierend (HENLE) distalwärts, ein kleinerer Ast zieht im Crus penis proximalwärts (HENLE 1868).

Die A. dorsalis penis gelangt mit dem gleichnamigen Nerven zwischen Lig. suspensorium und Lig. fundiforme zum Dorsum penis, wo sie unter der Fascia penis zwischen V. dorsalis penis profunda und N. dorsalis penis bis an die Glans penis hinzieht. Im Sulcus dorsalis penis gibt sie zahlreiche Äste ab, die — den Penis lateral umgreifend — zum Corp. cav. urethrae hinziehen. Der Endast der A. dorsalis penis tritt in die Glans ein und bildet in der Corona glandis eine stärkere bogenförmige Anastomose mit der gleichnamigen Arterie der anderen Seite (HENLE 1868), aus welcher Ästchen zum Praeputium ziehen. Die Arterie anastomosiert außerdem in der Glans mit den Endästen der A. urethralis.

7. Sondereinrichtungen der Schwellkörperarterien

Besondere Strukturen der Wand der Schwellkörperarterien, die mit der Regelung des Blutstromes in Zusammenhang gebracht werden, finden sich in verschiedenen Abschnitten und in verschiedener Ausbildung.

Was die Lokalisation betrifft, so können wir solche Spezialstrukturen an den Arterien außerhalb der Schwellkörper (A. penis, A. prof. penis, A. bulbi, A. dorsalis penis), an den größeren Arterien in den Schwellkörpern und schließlich an den kleinen Aa. helicinae, d.h. der letzten Verzweigung unterscheiden. Die Strukturen bestehen durchwegs aus Polstern innen von der Ringmuskulatur, die aus Bindegewebe, glatter Muskulatur oder Epitheloidzellen bestehen. Durchwegs handelt es sich um mehr oder weniger lange oder kurze Polster, die mit Arterienabschnitten mit dünnerer Intima abwechseln. Die Intimapolster können zirkulär oder einseitig ausgebildet sein.

Außerhalb der Schwellkörper finden sich solche Polster in der A. penis, der A. profunda penis und der A. dorsalis penis.

Vielfach findet sich eine Verdoppelung der Elastica interna (EBNER 1902, STIEVE 1930) mit Einlagerung von Längsmuskulatur zwischen beiden Blättern; diese Art der Polster ist meist zirkulär um das Lumen der Arterie ausgebildet (KISS, STIEVE, A. penis und A. bulbi). Einseitig gelagerte Längsmuskelpolster zeigen innerhalb der Längsmuskelfasern nur eine besonders dünne Elastica. Ein Bindegewebspolster, welches innerhalb der Elastica interna liegt und dem eines Präparates von KISS ähnelt (bei STIEVE), zeigt Abb. 20 an einer größeren Arterie im Corpus cavernosum penis. Eigenartig sind an dieser Arterie die Längsmuskelbündel in der Adventitia. Gleichmäßig rund um das Lumen angeordnete Intima-Längsmuskulatur zeigt Abb. 19 von einer Arterie aus der Glans penis.

Als A. helicinae wurden schon von MÜLLER (1835) kleine stark geschlängelte Äste der A. profunda penis von etwa $1/10$ mm Durchmesser innerhalb des Schwellkörpers bezeichnet, die in büschelförmiger Verzweigung auftreten und direkt in die kavernösen Räume ausmünden. Diese Arterien finden sich im Corpus cavernosum penis und im Bulbus. Sie verlaufen vielfach in völlig frei umgreifbaren Balken des Schwellgewebes, nur von etwas adventitiellem Bindegewebe umgeben, dem außen das Endothel des kavernösen Raumes aufliegt. Ihre Muskelwand läßt eine dünne Ringmuskelschicht aus 1—2 Zellagen und eine innere Längsmuskelschicht (EBNER 1902) unterscheiden, die vielfach wulstartig gegen die Lichtung vorspringt. Die Muskelzellen sind dick und kurz, so daß die Kerne sehr eng beieinander liegen und man am Schnitt fast ein Bild wie von einem Epithel bekommt (Abb. 22), so daß CLARA (1922, 1939) von epitheloiden Muskelzellen spricht.

Die Endäste der A. helicinae münden direkt in die kavernösen Räume (EBNER 1902, CLARA 1922, STIEVE 1930), wie man an glücklich geführten Schnitten wie Abb. 23 zeigen kann. Die Muskulatur hört abrupt auf, so daß die Arterie fast knopfförmig endigt und ihr Endothel von der Muskulatur auf das Bindegewebe übergeht, das in Fortsetzung der A. adventitia die Wand des kavernösen

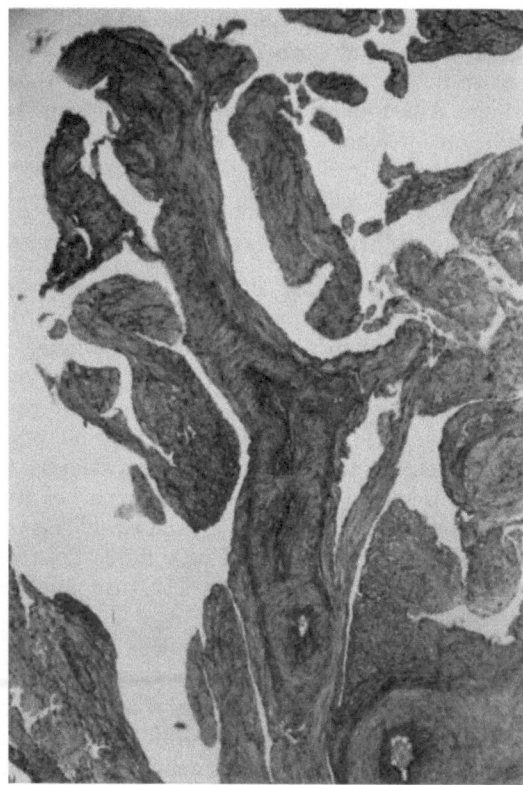

Abb. 21. Baumförmig verzweigte A. helicina am Längsschnitt. Ein Muskelbalken zieht frei vom Stamm zu einem Ast. Vergr. 48fach

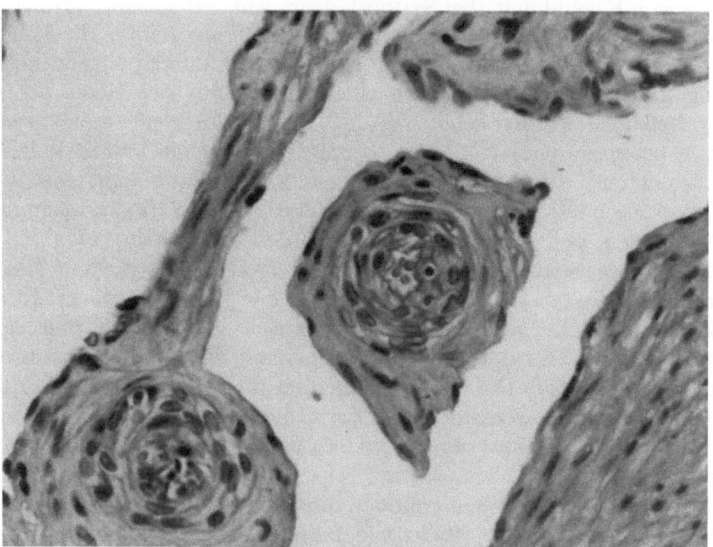

Abb. 22. A. helicina mit Epitheloidzellen in einem frei umgreifbaren Balken im Corpus cavernosum penis von einem jungen Mann. Präparat des Histologisch-embryologischen Institutes Wien wie die Abb. 2—11, 14, 15, 21 u. 23. Vergr. 384fach

Raumes bildet. Es handelt sich bei diesem Übergang der Aa. helicinae in die kavernösen Räume um typische arteriovenöse Anastomosen, die mit anderen solchen Anastomosen (CLARA 1939) „alle wesentlichen Merkmale dieser Gefäßabschnitte (Fehlen der Elastica interna, epitheloide Elemente in der Wandung und starke Aufknäuelung des Gefäßes) aufweisen".

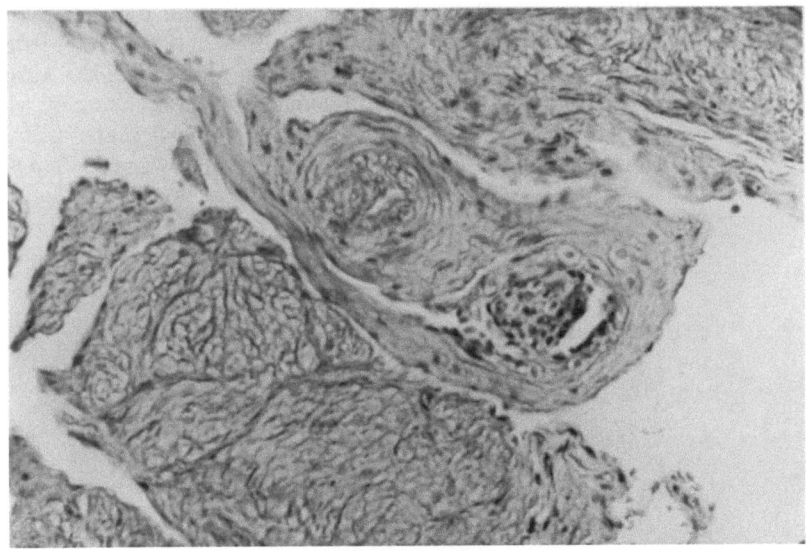

Abb. 23. Einmündung einer epitheloidzelligen A. helicina in einem kavernösen Raum (arteriovenöse Anastomose). Vergr. 240fach

8. Die Venen der Schwellkörper

Die das Blut aus den Schwellkörpern abführenden kleinen Venen sammeln sich in zwei Hauptgefäßen in der V. profunda penis und in der V. dorsalis penis, von denen die erstere das Blut aus dem Corpus cavernosum penis, die letztere das Blut aus der Glans und dem Corpus cavernosum urethrae aufnimmt. Die Austrittsstellen der kleinen Venen aus dem Corpus cavernosum penis finden sich vorwiegend im Winkel zwischen den beiden Crura, also im Angulus intercruralis, um sich dort in der Lamina intercruralis (KISS) zur V. profunda penis zu sammeln. Die Austrittsstellen des Blutes durch die Albuginea der Schwellkörper werden als Emissarien bezeichnet. Vielfach findet sich in so einem Emissarium eine Vene allein, während in anderen Emissarien in ihrer Begleitung eine Arterie oder ein Nerv, oder beide gefunden werden. Manche Autoren (KÖLLIKER, LANGER) betonen, daß die Venen schräg durch die Albuginea durchtreten und schreiben diesem Umstand eine besondere Bedeutung für die Hemmung des Blutabflusses zu; KISS (1921) dagegen betont, daß er ein solches Verhalten in einem Drittel der Fälle vermißt hat und man daher diesem schrägen Durchtritt nicht eine besondere Rolle für die Erektion zuschreiben könnte.

Die Emissarien des Corpus cavernosum penis sammeln das Blut aus Kavernen, die peripher, d.h. direkt unter der Albuginea gelegen sind, die KISS (1921) als postkavernöse Venen bezeichnet. Ihre Wandung besteht nur aus Bindegewebe und zwischen diesen Venen finden sich wenige Muskelbündel. Die postkavernösen Venen bilden eine besondere Schicht, die von älteren Autoren als Rindenzone beschrieben wurde und entsprechend der Lage der Emissarien, wie schon LANGER (1862) beschreibt, hauptsächlich in der Peniswurzel vorkommen.

Die austretenden Venen besitzen nach Kiss (1921) im Bereich der Albuginea fast gar keine Muskulatur, ,,die wenigen Muskelbündel, die man manchmal hier antrifft, gesellen sich den Venen aus der Muskulatur der Trabekel hinzu". In einzelnen Fällen fand Kiss (1921) besondere Intimaverdickungen, welche offenbar den Blutstrom hemmen. Entweder handelt es sich um ein zirkuläres bindegewebiges Intimapolster, oder um eine Vergrößerung eines solchen Polsters zu einer trichterförmigen Bildung. Die Zahl der Vv. emissariae, die durchweg aus der muskelfreien Partie des Crus penis hervortreten, soll nach Kiss (1921) jederseits 5—6 betragen; sie entspringen mindestens 1,5 cm von der Spitze des Crus entfernt; ihre Weite beträgt 1—3 mm. Wenn auch Kiss (1921) angibt, daß er am Corpus cavernosum penis keine Vv. emissariae gefunden habe und daher angibt, daß die Emissarien an den Crura den einzigen Abflußweg aus dem Corpus

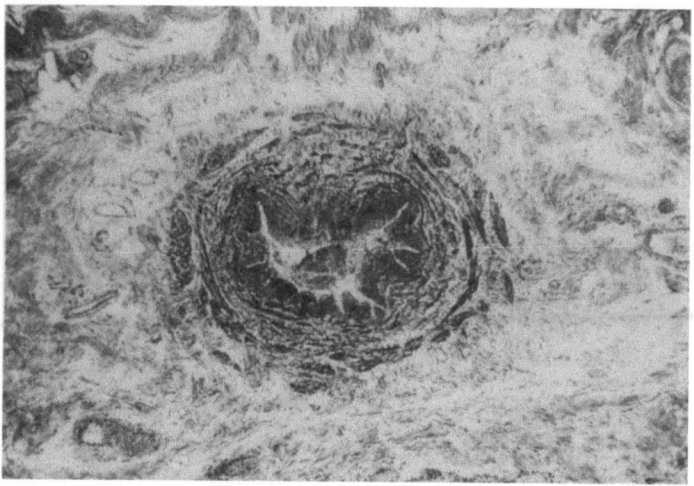

Abb. 24. Schnitt durch die V. dorsalis penis vom Erwachsenen, mit hohen Intimawülsten und locker angeordneter Ringmuskulatur

cavernosum penis darstellen, so bestätigt dagegen Stieve (1930) die Angabe älterer Autoren (Müller 1835, Langer 1862), daß Emissarien am freien Teil des Penis häufig vorkommen. Es sind außer den Emissarien an den Crura noch Vv. emissariae superiores und inferiores zu unterscheiden. Die Vv. emissariae superiores münden auf kurzem Wege in die V. dorsalis penis subfascialis, die Vv. emissariae inferiores treten aus der Furche zu beiden Seiten des Corpus cavernosum urethrae aus und umfassen den Penis als Vv. circumflexae, um ebenfalls in die V. dorsalis penis subfascialis einzumünden.

Dadurch, daß der Schwellkörper der Glans mit dem der Urethra zusammenhängt, können die aus einem dieser Schwellkörper abführenden Venen dem Blutabfluß aus beiden Schwellkörpern dienen, es sind dies die V. dorsalis penis profunda und die Vv. bulbi, die in die V. profunda penis münden. Die aus diesen Schwellkörpern austretenden Venen zeigen keine Einrichtungen, welche zu irgendeiner Behinderung des Blutabflusses führen könnte; Glans und Corpus cavernosum urethrae sind ja auch kompressible Schwellkörper, aus welchen durch Druck von außen das Blut zum schnellen Abfluß durch die Venen gebracht werden kann.

Die Wurzeln der V. dorsalis penis profunda bilden zahlreiche baumförmig verzweigt angeordnete Venen, die im Sulcus coronarius glandis (retroglandaris) aus dem Schwellkörper der Glans austreten, um sich zur V. dorsalis profunda zu vereinigen. Die Vene liegt zwischen Fascie und Schwellkörper und wird daher auch als V. dorsalis penis subfascialis bezeichnet. Die Venen der Glans stehen mit den Venen des Praeputium in Verbindung, die sich zur V. dorsalis penis subcutanea sammeln, so daß auch diese als Abflußweg aus der Glans in Betracht zu ziehen ist. Die mit zahlreichen Klappen versehene (HENLE 1868) V. dorsalis profunda nimmt am Dorsum penis noch eine Anzahl Vv. circumflexae (KOHLRAUSCH 1954) auf, welche den Penis seitlich umfassend das Blut aus dem Corpus cavernosum urethrae zuführen, aber auch einzelne Ästchen aus dem Corpus cavernosum penis erhält.

Die V. dorsalis penis subcutanea, die im Erektionszustand des Penis prall mit schnell strömendem Blut gefüllt ist, teilt sich nahe der Symphyse in die beiderseitigen Vv. pudendae externae, die nahe der Fossa ovalis in die V. saphena ausmünden.

Die V. dorsalis penis profunda (subfascialis) durchsetzt das Lig. suspensorium penis und zieht zwischen Lig. arcuatum pelvis und Lig. transversum pelvis (praeurethrale) in das Becken zum Plexus pudendovesicalis (SANTORINI). Es ist zu bemerken, daß die Pariser Nomenklatur trotz dieser deutlichen Unterschiede nur eine V. dorsalis penis nennt.

Die Vv. bulbi verlassen den Bulbus an seiner oberen Fläche, wo er sich dem Diaphragma anlegt und münden mittels eines Geflechtes in die V. profunda penis.

Die V. profunda penis mündet neben der A. penis verlaufend, in die im Alcockschen Kanal liegende V. pudenda interna, steht aber andererseits durch das Diaphragma mit den inneren Beckenvenen als dem Plexus pudendovesicalis in Verbindung.

9. Die Lymphgefäße des Penis und der Urethra

An Lymphgefäßen sind im Penis solche der Haut und der Glans und solche der Urethra zu unterscheiden, die aber im Bereich des Orificium urethrae externum miteinander kommunizieren (SAPPEY 1869). In der Glans unterscheidet SAPPEY ein oberflächliches und ein tiefes Lymphgefäßnetz. Das oberflächliche ist zusammengesetzt von capillaren Wurzeln, offenbar im Stratum papillare gelegen. Das tiefe oder submuköse Netz SAPPEYs liegt im Stratum subpapillare und wird von größeren Lymphgefäßen gebildet. Beide Netze kommunizieren mit den Lymphgefäßen der Urethra. Die tiefen Gefäße konvergieren gegen das Frenulum, von wo aus sie sich mittels eines seitlich vom Frenulum gelegenen Plexus zu beiden Seiten auf die Dorsalseite des Penis fortsetzen, wo sie wieder kommunizieren, so daß die Basis der Glans im Sulcus coronarius von einem Ring von Lymphgefäßen umgeben ist. Dieser Ring nimmt auch die zahlreichen besonders großen Lymphgefäße des Praeputium auf und entläßt manchmal in der Medianebene ein großes dorsales Lymphgefäß des Penis, manchmal aber zwei paarige Gefäße, die am Dorsum penis zu beiden Seiten der Vene proximalwärts verlaufen. Die Lymphstämme am Dorsum penis nehmen Lymphgefäße von der Haut des ganzen Penis auf. Im Bereich des Ligamentum suspensorium penis setzen sich diese Lymphstämme in zwei lateral divergierende Gefäße fort, die mit einem caudalwärts konkaven Bogen die medialen superfiziellen inguinalen Lymphknoten beiderseits erreichen. Gelegentlich ziehen, wie SAPPEY angibt, alle Lymphgefäße des Dorsum penis nach einer Seite. HYRTL (1882) gibt an, daß auch Gefäße unter dem Schambogen die Fascien durchsetzend zu den Lymphonodi hypogastrici gelangen.

Die Lymphgefäße der Urethra bilden nach SAPPEY (1869), der mit seinen Präparaten die Beschreibung älterer Autoren bestätigt fand, ein zylindrisches Netz um die ganze Urethra, das meist aus sehr weiten Lymphgefäßen besteht

(Abb. J. 7, S. 350). Dieses Netz kommuniziert distal mittels zweier großer Lymphgefäße zu beiden Seiten des Frenulum praeputii mit den Lymphgefäßen der Glans, auf welchem Wege es nach SAPPEY zum Lymphabfluß zu den inguinalen Lymphknoten kommen kann. Proximalwärts reicht dieses zylindrische Lymphgefäßnetz bis in die Prostata und steht nach GEROTA (1896) mit den Lymphgefäßen des Trigonum vesicae in Verbindung. SAPPEY betont außerdem die Verbindung mit den Lymphgefäßen längs des Ductus deferens und der Vesiculae seminales, von wo aus ein Abflußweg mit den Lymphgefäßen der Harnblase zu den Beckenlymphknoten besteht.

10. Die Fascia penis

Die Fascia penis ist eine Bindegewebshülle, welche eng an die Schwellkörper angeschlossen, das Corpus cavernosum penis und das Corpus cavernosum urethrae zusammenfaßt. Im nichtfixierten Zustand ist die Fascie durchscheinend, so daß man nicht nur die blutgefüllten Venen, sondern auch die subfascial gelegenen Arterien und Nerven durch sie hindurch deutlich sehen kann. Das lockere subcutane Bindegewebe mit den darin gelegenen Gefäßen läßt sich von der Fascie leicht stumpf abpräparieren, so daß eine glatte Oberfläche der Fascie entsteht. DELBET (1901) nennt die Fascia penis auch Fibreuse commune, Enveloppe fibroelastique oder Enveloppe elastique. Entsprechend den beiden letztgenannten Namen enthält die Fascie — im Gegensatz zu den Tunica albugineae — reichlich elastische Fasern (Abb. 7) und ist gummielastisch dehnbar, so daß sie sich in jedem Zustand der Schwellkörper diesen faltenlos anlegt. Zwischen ihr und den Schwellkörpern liegen, in lockeres Bindegewebe eingebettet, die V. dorsalis penis subfascialis (profunda), die A. dorsalis penis und der N. dorsalis penis, sowie deren Äste, besonders die Vv. und Aa. circumflexae; weiter finde ich hier ein Vater-Pacinisches Lamellenkörperchen, sowie in den Furchen zu beiden Seiten des Corpus cavernosum urethrae etwas Fettgewebe.

Von dem Hautüberzug des Penis ist die Fascie durch das besonders lockere subcutane Bindegewebe — das die V. dorsalis subcutanea enthält — abgegrenzt, wodurch die starke Verschieblichkeit der Haut ermöglicht wird. Die Fascie besteht aus mehreren Bindegewebsblättern, die REISSIG (1965) mittels Trockenpräparaten besonders deutlich gezeigt hat, ohne daß er im Bereich der Pars libera penis eine Fascia profunda von einer Fascia superficialis unterscheiden konnte, wie es die Pariser Nomenklatur tut.

Distalwärts endigt die Fascie im Sulcus coronarius glandis an der Albuginea der Glans. Proximalwärts spaltet sich die Fascia penis in der Höhe des Ansatzes der Mm. bulbocavernosus und ischiocavernosus an der Albuginea in ein oberflächliches und tiefes Blatt. Das tiefe Blatt dient dem Ligamentum suspensorium penis als Ansatz und wird am Dorsum der Peniswurzel von der V. dorsalis subfascialis auf ihrem Wege unter die Symphyse durchsetzt und reicht bis zur Lamina intercruralis (s. S. 360). Das oberflächliche Blatt setzt sich in die Fascie fort, welche die genannten Muskeln bedeckt und dient dem Ligamentum fundiforme als Ansatz.

11. Die Bänder der Peniswurzel

Von der Gegend der Linea alba des Unterbauches und den benachbarten Teilen der Aponeurose des M. obliquus abdominis externus zieht an die Peniswurzel eine Bandmasse, welche den Penis soweit fixiert, daß erst distal davon die Pars libera penis frei beweglich ist und der distale Rand der Bandmasse die Curvatura penis praepubica bedingt. Diese Bandmasse läßt mehrere Teile erkennen, die durch lockeres Bindegewebe und etwas Fettgewebe getrennt sind, so daß mancher Autor (HENLE, DELBET u.a.) mehrere Teile des Ligamentum suspensorium penis unterscheiden, während andere Autoren die seitlichen Teile als ein eigenes Ligamentum fundiforme penis anführen.

Der mittlere Teil, Fibrae profundae internae (DELBET) oder das eigentliche Ligamentum suspensorium (Abb. 25) (Lig. susp. mediale Henle) ist eine dreieckige, median sagittal stehende Platte in Form eines etwa gleichseitigen Dreieckes aus wenig dehnbarem Bimdegewebe, die an der Vorderfläche der Symphyse und darüber auf 2—3 cm an der Linea alba befestigt ist; sie ist am Dorsum

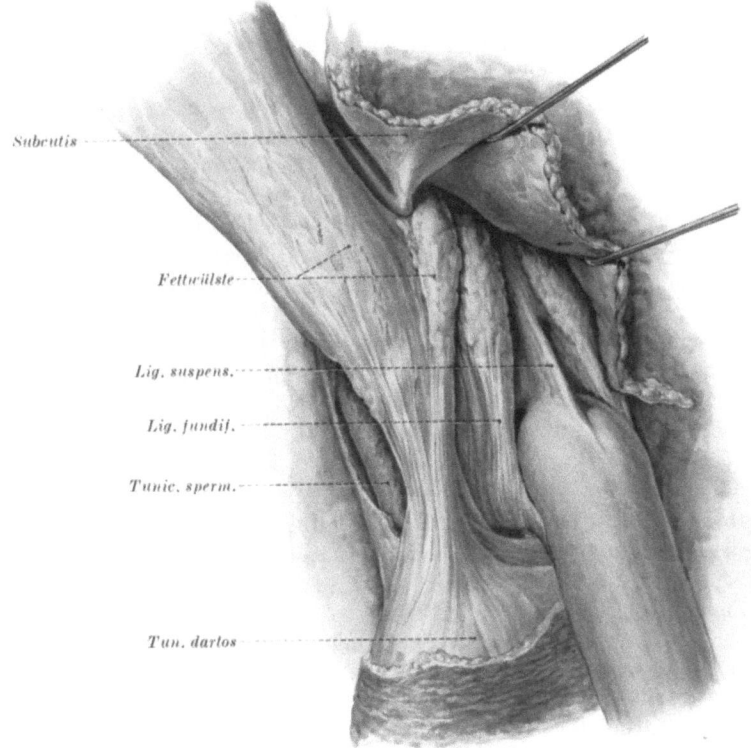

Abb. 25. Die Bänder an der Radix penis

penis der Peniswurzel an der Fascia penis angeheftet und wird hier von der V. dorsalis penis subfascialis sagittal durchsetzt; der vordere Rand der dreieckigen Platte ist frei und ragt gegen das Gewebe des Mons pubis vor. Zu beiden Seiten dieses Ligamentes verlaufen die Aa. und Nn. dorsales penis.

Als Ligamentum fundiforme penis wird von EISLER (1912) das Ligamentum suspensorium laterale (HENLE 1861) oder superficiale elasticum (LUSCHKA 1864) bezeichnet; der Name Lig. fundiforme wird zwar in der neueren deutschen und englischen Literatur verwendet, wurde aber nicht in die Pariser Nomenklatur aufgenommen. Das Lig. fundiforme ist ein sehr variabler Bindegewebsapparat, dessen Faserzüge durch Fettgewebe voneinander getrennt von der Rectusscheide und der Externusaponeurose zu beiden Seiten der Peniswurzel abwärts ziehen und diese schlingenartig umfassen. Ein Teil der Fasern zieht zwischen den Bündeln des M. ischiocavernosus zur Fascia penis, andere lassen sich gegen das subcutane Gewebe des Scrotum und in das Septum scroti verfolgen. Lateral ist das Band durch einen mehr oder weniger mächtigen Fettgewebsstreifen begrenzt, der sich zwischen dem Band und dem Samenstrang vom Mons pubis in das Scrotum erstreckt. Die Elastizität des Bandes wird seine Spannung weitgehend der Volumänderung des Penis anpassen, andererseits aber auch eine, wenn auch geringe Verschiebung der Flexura praepubica von der Symphyse weg gestatten.

12. Die Muskeln der Peniswurzel
Mm. bulbocavernosus et ischiocavernosus

Diese beiden Muskeln werden in der Regel gemeinsam betrachtet, obwohl sie in ihrer Anordnung und demgemäß in ihrer Funktion und offenbar in ihrem Feinbau sich wesentlich voneinander unterscheiden. Der Ischiocavernosus entspringt hauptsächlich vom Knochen und setzt nur am nicht kompressiblen Corpus cavernosum penis an, der Bulbocavernosus entspringt dagegen nirgends vom Knochen und steht vorwiegend zum kompressiblen Corpus cavernosum urethrae in Beziehung. Dementsprechend wird schon in der alten Literatur (HENLE 1873) der erstere als Erector oder Sustentator penis bezeichnet und der letztere dagegen als Ejaculator seminis oder Accelerator urinae. Diese Annahme einer solchen Verschiedenheit der Funktion ließ vermuten, daß der Feinbau der Muskeln einen Unterschied zeigen würde. Tatsächlich zeigten die mir derzeit zur Verfügung stehenden Schnitte von einem Individuum im M. bulbocavernosus Muskelfasern von $1^1/_2$fachem Durchmesser der Fasern des M. ischiocavernosus. Untersuchungen, ob dieses Verhalten regelmäßig ist und ob etwa auch Unterschiede in bezug auf die motorischen Endplatten vorhanden sind, erscheinen interessant.

Der M. ischiocavernosus (Abb. J. 11, S. 353) ist ein parallelfaseriger Muskel, der das Crus penis großenteils umhüllt; er entspringt am Knochen rund um die Befestigungsstelle des Crus am Arcus ischiopubicus und setzt an der Albuginea des Corpus cavernosum penis an. Die Hauptmasse des Ursprunges reicht proximal vom Crus penis an der medialen Fläche des Os ischii bis an das Tuber ischiadicum. Eine schmale Ursprungsportion entspringt lateral vom Crus ebenfalls an der medialen Seite des Arcus ischiopubicus und eine etwas größere Portion medial vom Crus, welcher Teil mit seinem Ursprung nach HENLE auch auf die Fascie des Obturator internus und die Unterfläche des Diaphragma urogenitale sich ausdehnen kann. Letztere Partie zieht, wenn sie stärker ausgebildet, gegen das Ligamentum intercrurale (s. S. 360). Die nach distal etwas divergierenden Fasern ziehen zur Unterfläche, Seitenfläche und Dorsalfläche des Schwellkörpers des Penis, wo sie am Übergang des Crus in das Corpus in einem unregelmäßigen proximal konkaven Bogen befestigt wird. HENLE (1873) unterscheidet eine untere, eine mediale und eine laterale Portion. Letztere zeigt gelegentlich einen Abschnitt der medial und ober dem Ligamentum suspensorium penis zum Dorsum penis zieht und dort mit der entsprechenden Portion der anderen Seite eine Schleife über der V. dorsalis penis bildet.

Über die Funktion des M. ischiocavernosus kann wenig gesagt werden. Sicher scheint nur, daß er dem proximalen Teil des Schwellkörpers komprimieren und so die Erektion verstärken kann. Der Gedanke, daß die laterale über die V. dorsalis penis hinwegziehende Portion die Erektion veranlaßt, ist sicher abwegig, da diese Portion oft fehlt.

Der M. bulbocavernosus umfaßt mittels schräg divergierender Faserzüge den Bulbus und das proximale Ende des Corpus cavernosum urethrae, bis zu der Gegend, wo dasselbe unter dem Schambogen hervortritt und sich eng an das Corpus cavernosum penis anlegt. Ein kleiner distaler Abschnitt umfaßt auch noch das Corpus cavernosum penis. Die Muskelfasern entspringen an der Unterseite und der Hinterseite des Bulbus von einem sehnigen Apparat, an dem HENLE (1873) ein frontales und ein medianes Septum unterscheidet. Das frontale Septum stellt eine Zwischensehne zwischen Bulbocavernosus und Sphincter ani superficialis dar, während das mediane Septum — auch Raphe des Muskels genannt — an der Unterseite des Bulbus gelegen, dem fiederförmigen Ursprung der beiden Mm. bulbocavernosi dient. Die Raphe ist fest mit der Albuginea des Bulbus verbunden, läßt sich aber dennoch präparatorisch ablösen.

Der Ansatz der distalen Partie des Muskels (Constrictor radicis penis; HOLL 1897) findet sich von der Seitenfläche des Corpus cavernosum penis distal vom Ansatz des Ischiocavernosus, während der Hauptteil des Muskels in der Furche zwischen den Schwellkörpern an dem dort befindlichen straffen Bindegewebe und den Schwellkörpern endigt (Constrictor bulbi proprius HOLL). HENLE (1879) unterscheidet drei Schichten von Muskelbündeln, von denen die mittlere sich mehr der Längsrichtung nähert, während die tiefste Schicht aus fast quer um den Bulbus ziehenden Fasern besteht, die den Eintritt der Urethra distal umfassen und von HOLL (1897) mit KOBELT (1844) als Compressor hemisphaerium bulbi bezeichnet. Alle drei Teile des Muskels werden gemeinsam den Bulbus zusammenpressen können, wodurch der Inhalt ausgepreßt wird. Dabei wird das Blut distalwärts in die Glans gedrückt und deren Erektionszustand erhöht. Der Muskel kann den Harnstrahl beschleunigen oder die letzten Tropfen Harnes aus der Fossa bulbi austreiben, und schließlich beteiligt sich der Muskel durch rhythmische Kontraktion an der Ejaculation.

13. Die Fascia perinei

Als Fascia perinei wird die dünne Fascienschicht bezeichnet, welche die Mm. bulbocavernosus und ischiocavernosus gemeinsam überkleidet; distalwärts setzt sich diese Fascia über den Ansatz der Muskeln an den Schwellkörpern in die Fascia penis fort und wird daher auch (DELBET 1901) als oberflächliches Blatt der Fascia penis bezeichnet. Nach dorsal zu spannt sich die Fascia perinei von den beiden genannten Muskeln bis auf den M. transversus perinei superficialis, den sie umhüllt. Die Fascie perinei überdeckt zwischen diesen drei Muskeln einen von Bindegewebe erfüllten Raum, den PERNKOPF (1941) als Spatium bulbocrurale bezeichnet. Die Breite dieses Raumes ist je nach der Stärke der Muskeln sehr verschieden, d.h. bei kräftig ausgebildeten Muskeln sehr eng. Beckenwärts reicht das Spatium bis an die untere Fascia des Diaphragma urogenitale, während die Fascia perinei den Raum vom subcutanen Bindegewebe trennt, das auch (DELBET 1901) als Fascia perinei superficialis bezeichnet wird, in welchem die Gefäße und Nerven zur Hinterfläche des Scrotum verlaufen. In der Tiefe des Spatium bulbocrurale kann man im Winkel zwischen den die Schwellkörper bedeckenden Muskeln bis an die A. bulbi vordringen.

14. Die Haut des Penis und das Praeputium, die Tysonschen Drüsen

Die Hautbekleidung (Cutis) der Pars libera penis ist durch die geringe Dicke der Epidermis und des Corium sowie durch ihre starke Verschieblichkeit charakterisiert, welche durch die besonders lockere fettgewebsfreie Subcutis bedingt ist. Der Übergang in die Haut des Mons pubis ist dadurch gekennzeichnet, daß diese dicker ist, eine starke dichte Behaarung durch die Crines aufweist und ein subcutanes Fettpolster mit Retinacula cutis besitzt, welche den Mons pubis relativ unverschiebbar festhalten. Der Übergang in die stark verschiebliche Scrotalhaut ist ein allmählicher, eine scharfe Abgrenzung besteht nicht und die

Übergangszone kann je nach dem Kontraktions- oder Dehnungszustand der Tunica dartos zur Bedeckung des Penis als Teil des Scrotalsackes Verwendung finden. Die im Bereich des Scrotum lockere Behaarung durch Crines kann auf das proximale Stück der Haut der Pars libera penis übergreifen, während das distale Stück nur feinste Lanugohärchen aufweist.

Am distalen Ende ist die Haut des Penis im Sulcus coronarius glandis an der Albuginea der Schwellkörper befestigt und bildet an der Unterseite der Glans eine mediane Falte, die an der Unterseite der Glans befestigt ist und bis an das Orificium urethrae heranreicht, das Frenulum praeputii.

Im erschlafften und kontrahierten Zustand der Schwellkörper ist der Hautüberzug länger als diese, so daß die Haut — durch das Frenulum distal festgehalten eine ringförmige Falte oder Duplikatur bildet — das Praeputium — welches die Glans mehr oder weniger vollständig bedeckt. Das Praeputium besteht am erschlafften Penis also aus zwei einander eng anliegenden Hautblättern, von denen das äußere sich an einem kreisförmigen Umschlagsrand am Orificium praeputii in das innere Blatt fortsetzt, das der Glans anliegt. Das innere Blatt des leicht verschieblichen Praeputium geht am Sulcus coronarius glandis in die unverschiebliche Hautschicht des Überzuges der Glans über. Wenn das Praeputium — was in der Regel der Fall ist — im Ruhezustand die Glans größtenteils bedeckt, zeigt das Epithel des inneren Blattes mehr den Charakter eines Schleimhautepithels, d.h. es zeigt nur einen sehr geringen Grad der Verhornung und ist auch wesentlich weniger stark pigmentiert. Wenn das Praeputium auf den Penisschaft zurückgezogen wird, zeichnet sich die Grenze beider Blätter je nach dem individuellen Pigmentreichtum mehr oder weniger deutlich ab, weil das äußere Blatt stärker pigmentiert ist.

An der Unterfläche des Penis zeigt die Haut einen medianen Streifen, die Raphe, die vom Orificium praeputii bis an das Scrotum reicht und je nach dem Kontraktionszustand der Tunica dartos ein verschiedenes Bild zeigt. Bei Kontraktion der Tunica dartos bildet die Raphe einen leistenartigen medianen Wulst, der aus eng aneinanderschließenden Höckerchen besteht, bei erschlaffter Dartos und gedehnter Penishaut wird der Wulst eingeebnet und die Raphe ist nur durch einen geringen Farbunterschied gegenüber der übrigen Penishaut gekennzeichnet.

Am Hautüberzug des Penis kann man drei Schichten unterscheiden, die Epithelschicht der Epidermis, das Bindegewebe der Lederhaut (Corium) und die glatte Muskulatur der Tunica dartos.

Das mehrschichtige Plattenepithel der Epidermis ist sehr dünn und besitzt eine sehr dünne Hornschicht. Die Pigmentierung des Stratum basale ist schwach, aber bei Angehörigen der weißen Rasse regelmäßig stärker als die der übrigen nicht regelmäßig der Sonnenbestrahlung ausgesetzten Haut. Die an die Epidermis angeschlossenen Gebilde — Haare und Drüsen — nehmen im Mittelstück an Zahl ab; in der Pars libera finden sich nur feinste Lanugohärchen, die im distalen Abschnitt meist vollkommen fehlen. Außer den an die Haarbälge angeschlossenen Talgdrüsen finden sich — distalwärts ebenfalls an Zahl abnehmend — freie Talgdrüsen und Knäueldrüsen.

Ob es sich bei den Knäueldrüsen um sog. kleine ekkrine Schweißdrüsen (e-Drüsen) oder große apokrine Schweißdrüsen (a-Drüsen) handelt, wird nirgends angegeben. Die a-Drüsen sollen sich im allgemeinen erst in der Pubertät entwickeln (SCHAFFER). Ich finde aber am Präparat vom reifen Neugeborenen in den sezernierenden Zellen der Knäueldrüsen die für a-Drüsen charakteristischen Körnchen im Protoplasma und lappenförmigen Protoplasmafortsätze gegen die Lichtung des Drüsenschlauches vorragen. Also handelt es sich um a-Drüsen, die entgegen den Angaben schon beim Neugeborenen vorhanden sind. Daß die

Frage aufgeworfen wurde, ob sich e-Drüsen in a-Drüsen umwandeln können, berichtet SCHAFFER. Die Knäueldrüsen schieben sich tiefer in das Corium vor als die Talgdrüsen.

Das Corium ist sehr dünn und enthält vorwiegend elastische Fasern, woraus seine starke Dehnbarkeit — etwa bei Vergrößerung des Inhaltes des Scrotum — verständlich wird.

Die Tunica dartos penis besteht aus Bündeln glatter Muskulatur, die dicht unter den Knäueldrüsen verlaufen. Die äußeren Muskelbündel verlaufen vorwiegend annähernd quer, die tiefen zum Teil eher längs oder schräg. Im Praeputium liegen die Bündel so, daß am mikroskopischen Präparat nicht zu unterscheiden ist, wo die Grenze zwischen den Bündeln der beiden Blätter liegt. RUOTOLO (1939) beschreibt die Entwicklung und den Aufbau der Tunica dartos nach Schnittserien besonders von Feten genauer.

Als Glandulae praeputiales oder Tysonsche Drüsen wurden Gebilde bezeichnet, deren Existenz als selbständige — wirkliche — Drüsen bezweifelt und deren Beschreibung aus einer Verwechslung mit Epidermisfaltungen erklärt wurde. Schon HENLE (1873) berichtet über den Meinungsstreit älterer Autoren. Nachdem aber TANDLER (1899) — sich auf eine Bestätigung seiner Befunde durch SCHAFFER berufend — und SCHAFFER (1933) daran festhalten, daß es sich bei den fraglichen Gebilden um wahre Drüsen handelt, kann an deren Vorkommen kein Zweifel bestehen. Es handelt sich nach HENLE (1873) und SCHAFFER (1933) um Talgdrüsen, die in variabler Zahl auf der Glans, besonders am Collum sowie am inneren Blatt des Praeputium vorkommen. Gelegentlich sollen diese Drüsen in vivo als gelbe Flecke oder Vorwölbungen sichtbar sein.

Literatur

ADACHI, B.: Das Arteriensystem der Japaner. Kyoto 1928.
ARNOLD, F.: Handbuch der Anatomie des Menschen. Freiburg 1844.
BARTELS, P.: Das Lymphgefäßsystem. In: BARDELEBENs Handbuch der Anatomie, Bd. III. Jena 1909.
BENDA: Struktur der Vena dors. penis. Anat. Anz., Erg.-Heft zu Bd. 21, S. 220—225. 16. Verslg Anat. Ges. Halle 1902.
CLARA, M.: Kleine histologische Mitteilungen. Anat. Anz. 55, 399—410 (1922).
— Die arterio-venösen Anastomosen. Leipzig: Johann Ambrosius Barth 1939.
DELBET, P.: Vessie, Urètre, Prostate. In: A. CHARPY et B. POIRIER, Traité d'Anatomie. Paris 1901.
EBERTH, C. J.: Die männlichen Geschlechtsorgane. In: BARDELEBENs Handbuch der Anatomie, Bd. 7, Teil 2, Abt. 2, S. 1—310. Jena: Gustav Fischer 1904.
EBNER, V. v.: Gewebelehre. Bd. 3 der 6. Aufl. von KÖLLIKERs Handbuch der Gewebelehre. Leipzig: Wilhelm Engelmann 1902.
EISLER, P.: Die Muskeln des Stammes. In: BARDELEBENs Handbuch der Anatomie, Bd. 2, Abt. 2, Teil 1. Jena: Gustav Fischer 1912.
GEROTA, D.: Über die Lymphgefäße und die Lymphdrüsen der Nabelgegend und der Harnblase. Anat. Anz. 12, 89—91 (1896).
— Bemerkungen über die Lymphgefäße der Harnblase. Anat. Anz. 13, 605 (1897).
HENLE, J.: Handbuch der systematischen Anatomie, Bd. 2, Eingeweidelehre. 1. Aufl. 1861, 2. Aufl. 1873. Bd. 3, Teil 1, Gefäßlehre. Braunschweig: F. Vieweg & Sohn 1868.
HOLL, M.: Die Muskeln und Fascien des Beckenausganges. In: Handbuch der Anatomie, Bd. 7, Teil 2, S. 161—294. Jena: Gustav Fischer 1897.
HORSTMANN, E.: Die Haut. In: Handbuch der mikroskopischen Anatomie, Bd. 3, Teil 3, S. 61 u. 236. Berlin: Springer 1957.
HYRTL, J.: Lehrbuch der Anatomie des Menschen, 6. Aufl. Wien 1859.
— Handbuch der topographischen Anatomie, 7. Aufl. Wien 1882.
JOESSEL, G., u. W. WALDEYER: Lehrbuch der topographisch-chirurgischen Anatomie, Teil 2. Bonn 1899.
KISS, F.: Anatomisch-histologische Untersuchungen über die Erection. Z. Anat. 61, 455—521 (1921).

Kobelt, G. L.: Die männlichen und weiblichen Wollustorgane. Freiburg i. Br. 1844.
Kölliker, A.: Bemerkungen über die Tysonschen Drüsen. Verh. Anat. Ges., 11. Verh., S. 8. Erg.-Bd. Anat. Anz. **13** (1897).
— Handbuch der Gewebelehre, 6. Aufl., Bd. 3, herausgegeb. von V. v. Ebner. Leipzig 1902.
Kohlrausch, O.: Zur Anatomie und Physiologie der Beckenorgane. Leipzig 1854.
Krompecher, St.: Zur Histologie der Absonderung des Smegma praeputii. Anat. Anz., Erg.-H. zu Bd. 75. Verh. anat. Ges., 41. Verslg 1932, S. 176—185.
Langer, C.: Über das Gefßäsystem der menschlichen Schwellorgane. S.-B. Akad. Wiss. Wien, math.-nat. Kl. I, **46**, 120—169 (1862).
Luschka, H.: Die Anatomie des Menschen, Bd. 2, Abt. 2, Das Becken. Tübingen 1864.
Meckel, J. F.: Handbuch der menschlichen Anatomie. Halle 1815.
Müller, Joh.: Entdeckung der bei der Erection des männlichen Gliedes wirksamen Arterien. Müller's Arch. Anat. Physiol. **1835**, 202—213.
Pernkopf, E.: Topographische Anatomie des Menschen, Bd. 2. Wien: Urban & Schwarzenberg 1941.
Piersol, G. A.: Human anatomy, 8. ed. London 1923.
Poirier, P., et A. Charpy: Traité d'anatomie humaine. T. 5. Fasc. 1. Appareil génital de l'homme. Paris 1925.
Reissig, D.: Untersuchungen über die Fascia penis mit Hilfe von Trockenpräparaten. Anat. Anz. **116**, 364—369 (1965).
Ruotolo, A.: Sul dartos del pene. Ric. Morf. **17**, 131—141 (1939), AB 40, 22.
Santorini, G. D.: Observations anatomicae. Venedig 1724. Zit. nach Henle.
Sappey, Ph. C.: Traité d'anatomie descriptive, T. 2. Paris 1869.
Schaffer, J.: Das Epithelgewebe. In: Handbuch der mikroskopischen Anatomie, Bd. 2, Teil 1. Berlin: Springer 1927.
— Lehrbuch der Histologie und Histogenese, 3. Aufl., S. 442ff. Berlin u. Wien: Urban & Schwarzenberg 1933.
Sieglbauer, F.: Lehrbuch der normalen Anatomie des Menschen, 9. Aufl. Wien: Urban & Schwarzenberg 1963.
Stieda, J.: Die Tysonschen Drüsen. Anat. Anz., Erg.-Bd. **13** (1897). Verh. Anat. Ges., 11. Verslg 1897, S. 6.
Tandler, J.: Über die Tysonschen Drüsen. Anat. Anz. **16**, 207—208 (1899).
Toldt, C.: Anatomischer Atlas, Bd. II, 1. Aufl. Wien 1900; 23. Aufl. Wien 1961.
Weber, M.: Die Säugetiere. Jena: Gustav Fischer 1927.
Winslow: Expositio anat. corporis humani, T. 4. Francoforti 1753.
Zenker, W.: Das retroarticulare Polster des Kiefergelenkes und seine mechanische Bedeutung. Z. Anat. **119**, 375—388 (1956).

L. Hoden (auch Hode), Testis, Nebenhoden (auch Nebenhode), Epididymis

A. GISEL

Mit 17 Abbildungen

Der Hoden ist ein eiförmiger Körper, dessen oberer Pol, Extremitas superior, vom Nebenhodenkopf überlagert ist. Der untere Pol, Extremitas inferior, wird vom Nebenhodenschwanz zum Teil umgriffen und ist indirekt durch ein kurzes, von diesem wegziehendes Band, dem Rudiment des Gubernaculum testis, im Grund seiner scrotalen Tasche einigermaßen fixiert. Die nur wenig abgeplatteten Flächen (Facies medialis, lateralis) gehen vorne in einem stumpfen Margo anterior (früher: liber) ineinander über, der Margo posterior (früher: mesorchicus) ist vom Nebenhodenkörper und -schwanz (Corpus et Cauda epididymidis) gedeckt, die ihm durch Verwachsung angelagert sind.

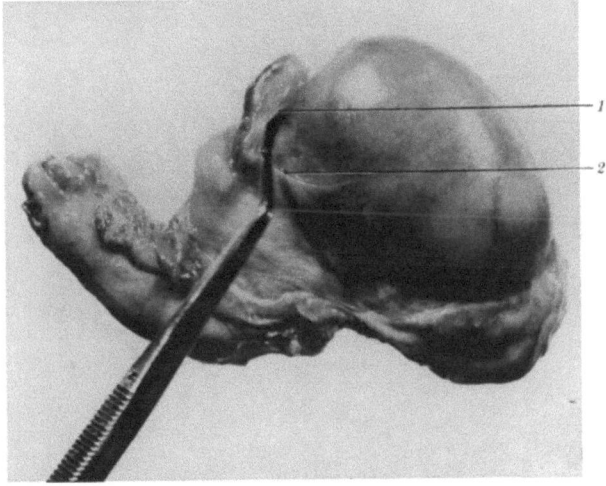

Abb. 1. Einblick in den Sinus epididymidis. *1* Lig. epididymidis sup., *2* Lig. epididymidis inferius

Durchschnittswerte an Hoden und Nebenhoden von Männern unter 60 Jahren:
Größte Länge: 4,5 cm, verlängert durch den Durchmesser des Nebenhodenkopfs um weitere 1—1,5 cm.
Größte Breite: 2,5 cm.
Größtes Sagittalmaß (Hoden und Nebenhoden): 3,8 cm.
Gesamtgewicht: 30—50 g.
Der peritonaeale, zarte, faltenlose Überzug des Hodens, Lamina visceralis (Epiorchium), der im Hodensack gelegenen Bauchfellkapsel, Tunica vaginalis testis, überzieht auch die laterale Fläche der Cauda und des Corpus, die vordere und obere Fläche des Caput epididymidis unter Auskleidung einer 10—12 mm tiefen, den Organwänden entsprechend gekrümmten lateral gelegenen Spalte:

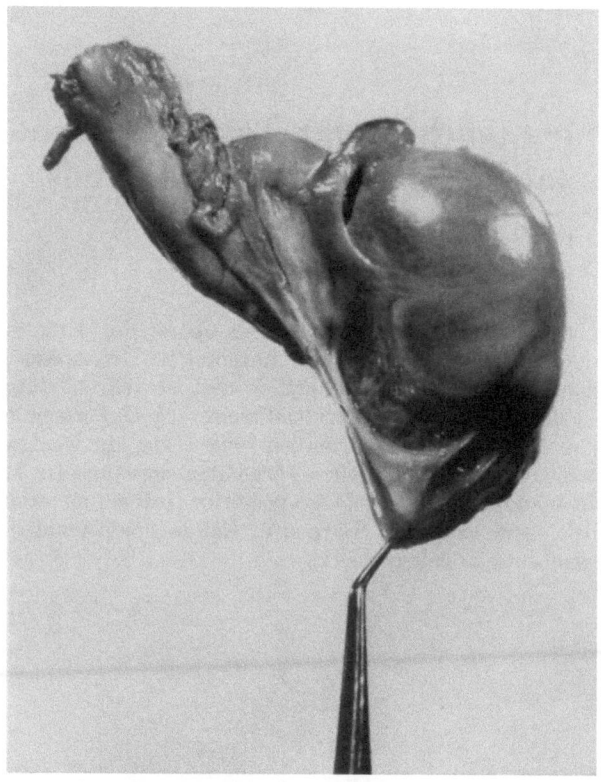

Abb. 2. Rechter Hoden von lateral. Lamina parietalis der Tunica vaginalis testis weggespannt. Der Sinus epididymidis ist unterlegt. Ligg. epid. superius und inferius. Gitterförmige Oberflächenstruktur hinten unten

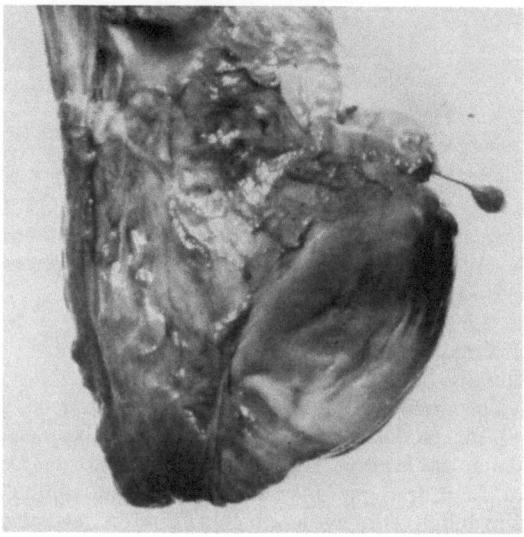

Abb. 3. Linker Hoden eines alten Mannes. Facies medialis. Appendix epididymidis, Appendix testis

Sinus epididymidis (früher: Bursa testicularis). Die Begrenzungsfalten dieser Grube heißen Ligg. epididymidis superius, inferius. Unterhalb des unteren Bandes ist die Serosa oft gitterartig, aber nicht verschieblich, strukturiert (Abb. 2). Die seröse Organtapete geht in der Ebene des Nebenhodenkopfes oder um einiges höher, einen Kuppelraum (Recessus funicularis, inoffizielle Bezeichnung) bildend, in die Lamina parietalis des so umschlossenen und abgeschlossenen Cavum

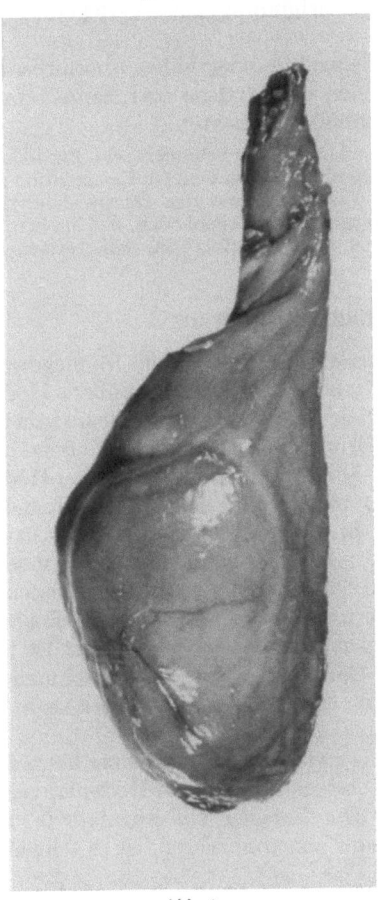
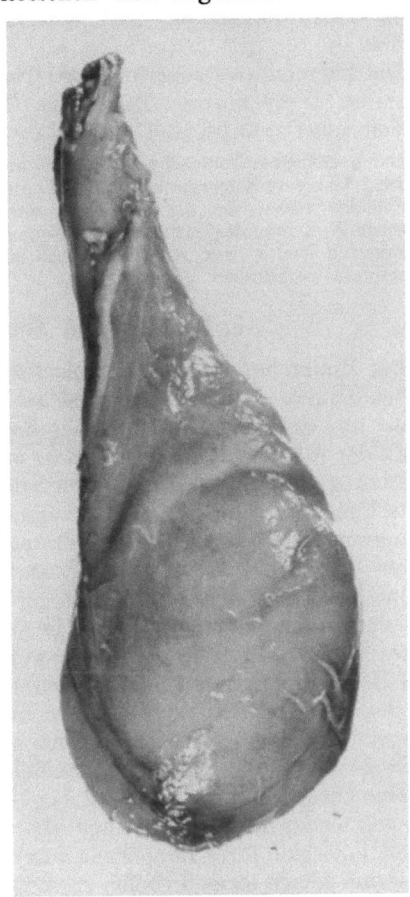

Abb. 4   Abb. 5

Abb. 4. Rechter Hoden in seinen Hüllen eingeschlossen. Facies medialis. Grobmaschige, wenig gewundene Gefäße
Abb. 5. Rechter Hoden in seinen Hüllen eingeschlossen. Facies lateralis. Zirkuläre Cremasterfasern durch die Fascia spermatica externa durchscheinend. Weite Sammelvenen

serosum scroti über. Dieses enthält normalerweise bis 0,5 cm³ eines klaren, etwas fadenziehenden Liquors. Vom oberen Hodenpol kann ein peritonaeal überzogenes, kleines, linsenförmiges Anhängsel ins Cavum vorragen: Appendix testis (MORGAGNI), Rudimentum des Wolffschen Ductus. Ein ähnliches, an einem peritonaealen Stiel hängendes linsenförmiges Plättchen kann vom Nebenhodenkopf herabhängen: Appendix epididymidis, Rudimentum des Müllerschen Ganges. Demnach fehlt dem Hoden und dem Nebenhodenkopf dorsal die peritonaeale Bedeckung; Corpus und Cauda epididymidis haben nur lateral Bauchfellüberzug.

Die Tunica vaginalis testis ist das blinde Endstück einer peritonaealen Ausstülpung, die Inhalt des Leistenkanals und Hodensacks ist. Wenn der fetale Hoden, hinter diesem Bauchfellschlauch absteigend, die definitive scrotale Topik erreicht hat, verödet das in den Samenstrang eingeschlossene Schlauchstück zu einem bindegewebigen Faden: Vestigium, Rudimentum processus vaginalis, Lig. vaginale.

Der Hoden taucht sozusagen am Samenstrang hängend ins Cavum serosum scroti, der linke tiefer als der rechte, ein; der lockere, vielschichtige Bau des Hodensacks, die reichlich geschlängelten Gefäße und die Samenstrangmuskulatur lassen trotz ligamentöser und peritonaealer Verbindung eine Verlagerung des Hodens zu.

Die Extremitates superiores der Testes liegen einander näher und außerdem ventraler als die unteren Hodenpole. Torsionen des Hodens und Samenstrangs wurden von CONRADT (1947) und CARLILE (1926) beobachtet.

Der gemeinsame Descensus von Hoden und Nebenhoden kann behindert sein. PENHALLOW sah 1925 bei einem chirurgischen Eingriff einen Leistenhoden, von dem ein Ligamentum zum Nebenhoden verlief, der am Boden der scrotalen Tasche lag und den Ductus deferens in typischer Weise abgab. ZIPPER beobachtete 1926 einen Leistennebenhoden, der ins Scrotum abgestiegene Hoden war mit ihm durch eine 4 cm breite Platte (wohl dem verlängerten Mesorchium) verbunden.

1. Hoden- und Nebenhodenparenchym

Der Hoden hat eine feste, unelastische, ungefähr 0,6 mm dicke Bindegewebskapsel, Tunica albuginea. Ihr sind an ihrer inneren Oberfläche größere Hodengefäße an- bzw. eingelagert. In ihr liegen viele afferente Nervenfasern; da der Inhalt der Albugineakapsel sie so sehr unter Druck hält, daß er bei penetrierender Verletzung vorquillt, ist die außerordentliche Druckschmerzhaftigkeit bei Hodenquetschung verständlich. Die Albuginea ist im wesentlichen aus gebündelten kollagenen Fasern in solcher Anordnung gewebt, daß dem Innendruck des Parenchyms begegnet werden kann (ROLSHOVEN, 1937). Hoden- und Nebenhodenparenchym bestehen aus gelbbraun gefärbten, gewundenen tubulösen Elementen und sind durch gestreckte Tubuli im Mediastinum testis aneinandergeschlossen. Dieses ist ein zylindrischer Bindegewebskörper, der vielfach kanalisiert ist. Die dem Hoden zugewendeten Öffnungen seiner Gänge, des Rete testis, nehmen die von den Tubuli seminiferi contorti produzierten Spermien auf und leiten sie in das Gangsystem des anliegenden Nebenhodenkopfes über.

Je 2—4 der 400—600 Hodenkanälchen, die zwischen 35 und 60 cm lang, aber auf eine Länge von ungefähr 2—2,5 cm geknäuelt sind, bilden ein Hodenläppchen, Lobulus testis; da die Kanälchen, die einen Durchmesser von ungefähr 0,3 mm haben, innerhalb ihres Läppchens untereinander anastomosieren, ist es schwierig, die wahre Länge eines Tubulus zu messen.

Es anastomosieren auch die Lobuli untereinander. Diese liegen gleichsam in Regalen gelagert, deren Fächer von der Tunica albuginea abstrahlen und gegen das Mediastinum gerichtet an dessen vorderer Fläche enden.

Die gewundenen Hodenkanälchen sind nach LOHMÜLLER (1925) nur selten End-zu-End an ein gerades Retekanälchen durch Vermittlung eines „Schaltstückes" angeschlossen. Häufiger sind „Seit-zu-End"- und „Seit-zu-Seit"-Verbindungen. STIEVE fand 1924, daß die Durchmesser aller Tubuli in einem Hoden im großen ganzen gleich sind.

Das fetale Hodenkanälchen ist lumenlos. In seiner Wand finden sich Ursamenzellen (Spermatogonien) und die sog. Sertolizellen; alle sind endodermales Zellmaterial. Im späten Knabenalter reift die Tubuluswand mit einsetzender Spermiogenese aus, die Tubuli werden länger und dicker.

Das Epithel der Netzgänge im Rete testis stammt zum Teil sicher von den angeschalteten Tubuli seminiferi ab; beim größeren (hinteren) Teil des kanalisierten Raumgitters ist dies zweifelhaft; es kann auch eine spezifisch eigenständige Differenzierung (BERNHARD, 1945) im Zentrum des Hodennetzes angenommen werden.

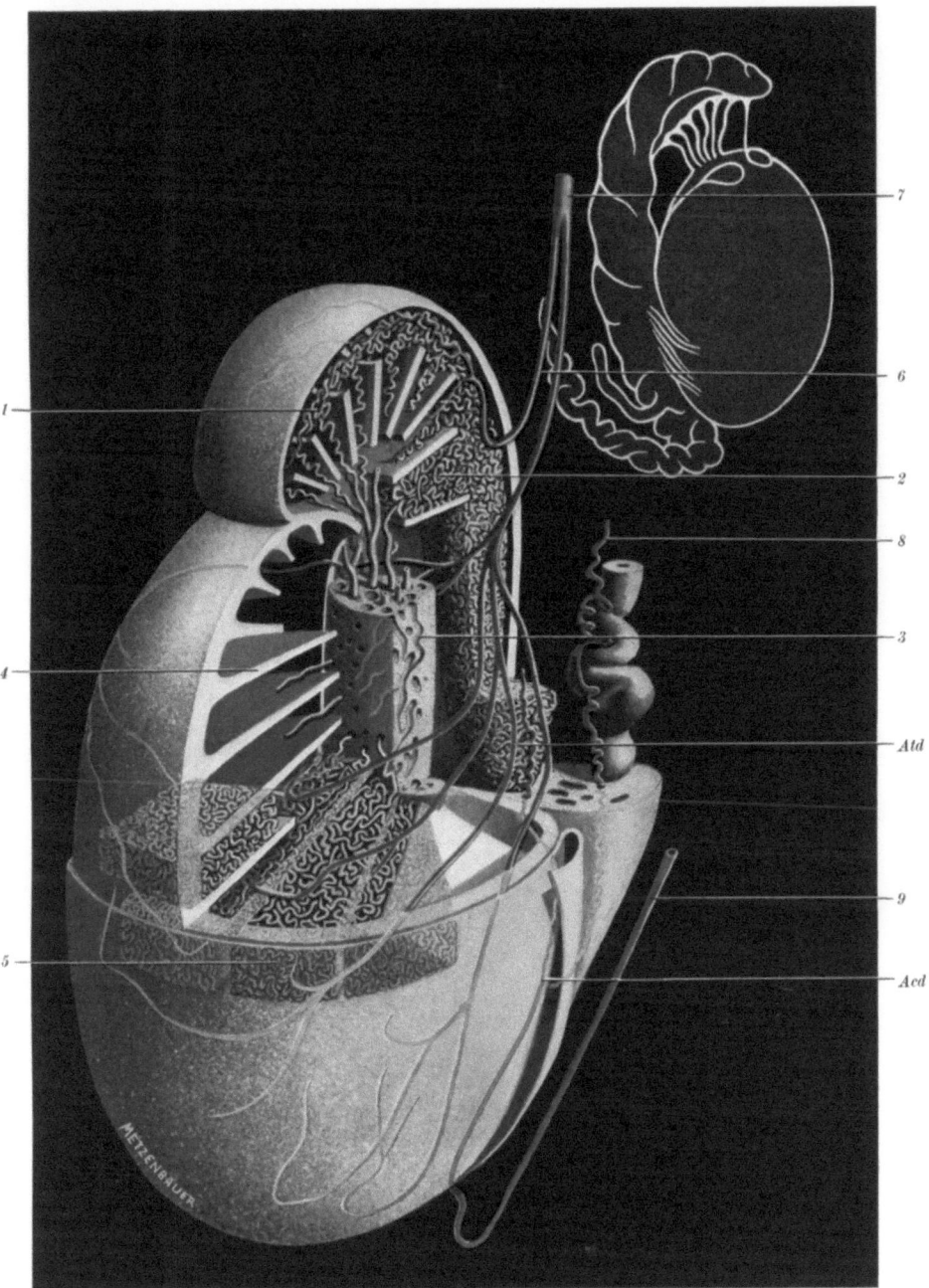

Abb. 6. Rechter Hoden. Schema: *1* Ductus epididymidis, *2* Lobulus epididymidis, *3* Mediastinum testis, *4* Septulum testis, *5* Lobulus testis, *6* A. epididymica, *7* A. testicularis, *8* A. ductus deferentis, *9* A. cremasterica. *Atd* Anastomosis testiculodeferentialis, *Acd* Anastomosis cremastericodeferentialis. Nebenskizze: Caput epididymidis vom Hoden abgehoben. Ductulus aberrans oberhalb der Cauda

12—22 aus Urnierenmaterial stammende Ductuli efferentes übernehmen den Weitertransport der Spermien aus dem Rete testis. Sie haben eine Länge von 20—25 cm, 0,5 mm Durchmesser; jeder Ductulus ist zu einem Schlauch von ca.

1 cm Höhe geknäuelt, der Nebenhodenläppchen, Lobulus epididymidis, genannt ist. Aus seiner Basis tritt das Schlauchende aus, das an den Nebenhodensammelgang, Ductus epididymidis, angeschlossen ist.

Die epitheliale Auskleidung des Lumens in den Ductuli efferentes läßt Sekretionsvorgänge erkennen. Die Nebenhodenläppchen sind also nicht nur Transport-

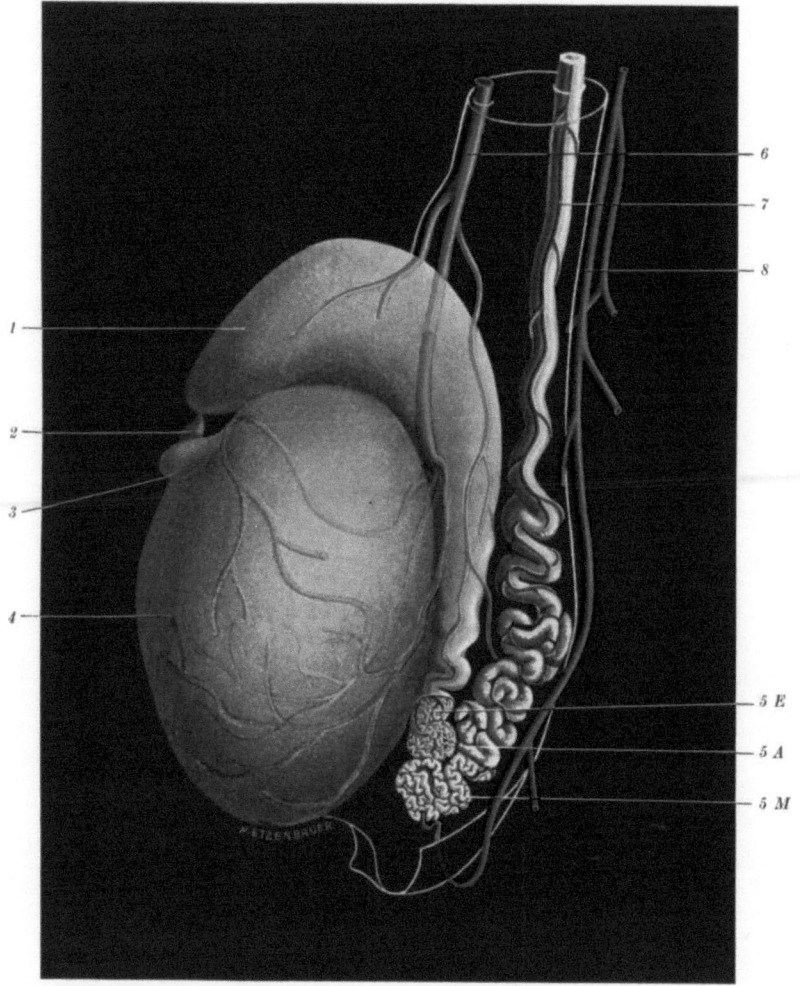

Abb. 7. Arterien des linken Hodens. *1* Epididymis, *2* Appendix epididymidis, *3* Appendix testis, *4* Testis, *5* Cauda epididymidis: *5 E* Eingangs-, *5 M* Mittel-, *5 A* Ausgangsabschnitt. *6* A. testicularis, *7* A. ductus deferentis, *8* A. cremasterica

wege für die Samenzellen, sondern erzeugen auch Samenflüssigkeit. Durch bewegliche, ins Lumen vorragende Zellfortsätze, Kinocilien, regen sie die Spermien zum Anschwimmen und Einschwimmen in den Nebenhodengang an. Dieser ist bei einer Länge von 4—5 m auf 5 cm, demnach überaus windungsreich, zusammengepackt. In seinem Lumen und dem der an ihn angeschlossenen Ductuli aberrantes bleiben die Spermien zur Nachreife deponiert; in seiner bindegewebigen Wand sind bereits Muskelzellen nachweisbar, die sich zu einem Mantel von 20—48 µ Dicke aneinanderschließen.

v. LANZ hat 1934 und mit Mitarbeitern fortsetzend 1935 aus den anatomischen Befunden die Cauda auch beim Menschen als Samenspeicher gedeutet. Sie ist, der groben Struktur nach, aus 3 lappenähnlichen Teilen aufgebaut, die „Eingangs-", „Mittel-" und „Ausgangsabschnitt" genannt werden.

Der Eingangsabschnitt besteht aus den „sehr dünnen", zahlreichen Windungen des Ductus epididymidis, der vom Nebenhodenkörper in den Nebenhodenschweif überleitet. Immerhin sind die Windungen ein wenig dicker als die des Nebenhodenkörpers.

„Wie ein Keil" ist der den unteren Pol der Cauda bildende Mittelabschnitt zwischen die Nachbarabschnitte eingeschoben. Die Dicke der Schlauchwindungen hat zugenommen. Der zum Samenleiter überführende keulenförmige Ausgangsabschnitt besitzt nur wenige, aber sehr dicke Windungen. „Mit ihnen erreicht der Nebenhodengang sowohl seine größte Kanalweite als auch seine größte Mantelstärke."

Der Mittelabschnitt ist dem Volumen nach der größte der 3 Teile. Die starke Bindegewebsschicht, die zwischen Epithel und Muskelwand im Mittel- und Ausgangsteil liegt, läßt in einer Art Submucosafunktion Aufweitung und Verschiebung in den Wandschichten zu, ermöglicht Dehnung und rasche Entleerung des Organs. Der äußere Muskelmantel bekommt eine Dicke bis 280 μ. Im Ausgangsabschnitt lagern sich um die Ringtouren äußere Längsstreifen an, die Muskulatur wird immer mehr der des Ductus deferens ähnlich.

2. Kurzreferat zum Zellaufbau im und um das Kanalsystem des Hodens und Nebenhodens

Die Tubuli seminiferi contorti sind im Säugerhoden in ein Bindegewebe eingelagert, das die Testosteron bildenden „Leydigschen Zwischenzellen" enthält; dieses wirkt auf die Epithelien der Epididymis, der Vesicula seminalis und der Prostata stimulierend ein.

In der Tubuluswand entstehen aus der Spermatogonie Tochterzellen, von denen die des A-Typus den Weiterbestand des Materials garantieren, während die des B-Typus in die akute Phase der Spermiogenese eintreten, zu Spermatocyten werden und von jungen über ältere, schließlich alte Spermatiden zu Spermien reifen. Bevor diese aus der Wandtapete des Tubulus contortus ins Lumen austreten, legen sie sich an Sertolizellen an, die „Residualkörperchen", Protoplasma-„abfälle" des Spermiums aufnehmen. Vielleicht wird durch diesen Vorgang der Impuls zu neuerlicher Spermienproduktion (DENNIS LACY, 1967) ausgelöst.

Alle Tubuli contorti eines Hodens aneinandergeschlossen ergeben eine Länge von 300 m, Extremfälle werden mit 250 bzw. 450 m errechnet (v. LANZ und NEUHÄUSER, 1963).

Das Verhältnis des Tubulusparenchyms zum Interstitium schätzen die beiden Autoren auf Grundlage ihrer Präparate mit 58:42.

Da der Durchmesser einer Spermatogonie 14 μ beträgt, ist in der Tubulustapete Platz für 1000 Millionen dieser Zellen, woraus sich auf eine Tagesproduktion von 200 Millionen Spermien in einem Hoden schließen läßt. Die Reifungsdauer der Spermien beträgt 7 Wochen. Fast die Hälfte der reifenden Spermien geht vorzeitig zugrunde. Ein Ejaculat von 3,4 cm^3 Masse enthält, abhängig von der Menge des im Nebenhoden deponierten Vorrats, zwischen 95—765 Millionen Spermien (alle Angaben nach v. LANZ und NEUHÄUSER, 1963).

Physiologische Nebenbemerkung: Das von der Adenohypophyse erzeugte Luteinisierungshormon wirkt auf die Zwischenzellen, ihr follikelstimulierendes Hormon auf die Reifungsvorgänge in der Tubuluswand ein.

3. Ductus deferens

Der Nebenhoden verjüngt sich hinter dem unteren Hodenpol zur Cauda. Der Ductus epididymidis wird windungsärmer, gewinnt an Durchmesser und geht in den Ductus deferens über. Dessen Durchmesser beträgt 3 mm, seine Länge ungefähr 30—40 cm; zieht man seine anfänglichen Windungen auseinander, kommt man auf 50 cm. Da die Weite des Lumens kaum 0,4 mm beträgt, ist die Wandstärke beträchtlich. Die Wand ist aus glatter Muskulatur aufgebaut (außen und

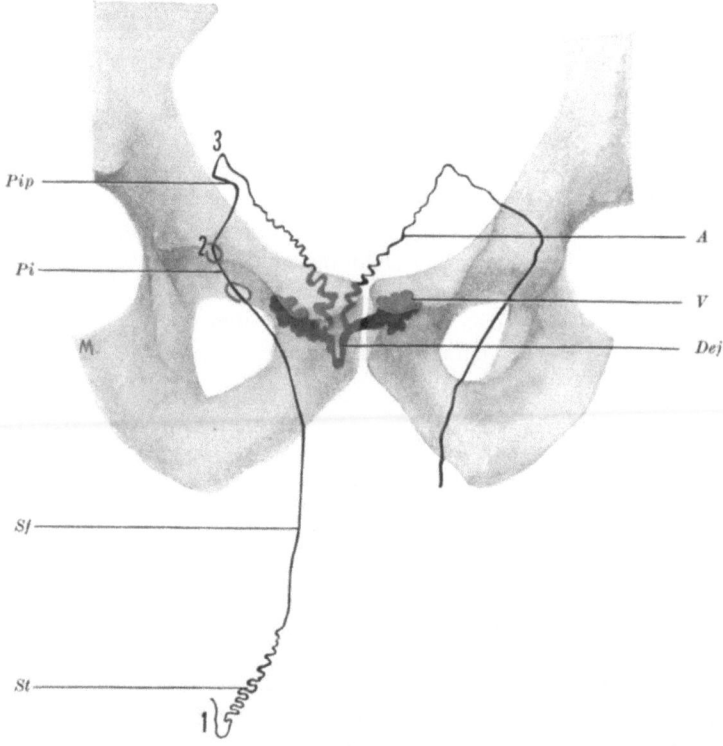

Abb. 8. Ductus deferentes et Vesiculae seminales. Nach eigenem Präparat ergänzte Abb. 163/S. 556 im 3. Band der Topograph. Anatomie des Menschen von E. PERNKOPF. *1* Flexura prima (subtesticularis) ductus deferentis; *2* Flexura secunda (retroanularis) ductus deferentis; *3* Flexura tertia („Angulus") ductus deferentis. *St* Segmentum testiculare partis scrotalis; *Sf* Segmentum funiculare partis scrotalis; *Pi* Pars inguinalis (intramuralis), inter anulos inguinales; *Pip* Pars intrapelvina; *A* Ampulla ductus deferentis; *V* Vesicula seminalis; *Dej* Ductus ejaculatorius

innen längs, dazwischen zirkulär gelagert) und an elastischem Fasergerüst aufgehängt. GERTH (1934) und GOERTTLER (1934) klärten auf, daß die glatte Muskulatur des Samenleiters schraubig angeordnet ist, auf eine außen steil aufsteigende Strecke eine flach-geneigte zirkuläre Schleife folgt und diese wiederum sich unter der Schleimhaut, also innen. steil weiter fortsetzt. Hierdurch entsteht der Eindruck der Dreischichtigkeit. Die Schleimhaut, durch spärliche Submucosa an die Muskulatur geheftet, ist in Längsfalten gelegt, das Epithel ist zweireihig. Eine Adventitiaröhre mit eingewebten elastischen Fasern bindet die versorgende Arterie, A. ductus deferentis, an die Wand.

Durch die Kontraktionen der Muskulatur wird einerseits im angeschlossenen Nebenhoden ein Sog hervorgerufen, weil sich der nebenhodennahe Abschnitt des Samenleiters verkürzt und erweitert, anderseits wird das herangeholte Spermavolumen zum Leistenkanal weiterbefördert und schließlich durch den Ductus ejaculatorius in die Pars prostatica urethrae entleert. Daher ist topographisch der Ductus deferens zu unterteilen in einen scrotalen, also extrapelvinen, aufsteigenden Abschnitt, in einen die Bauchwand durchsetzenden, fast horizontalen, intramuralen und schließlich in den intrapelvinen absteigenden. Die Scheitelhöhe dieser Schleife liegt über dem oberen Ast des Schambeins.

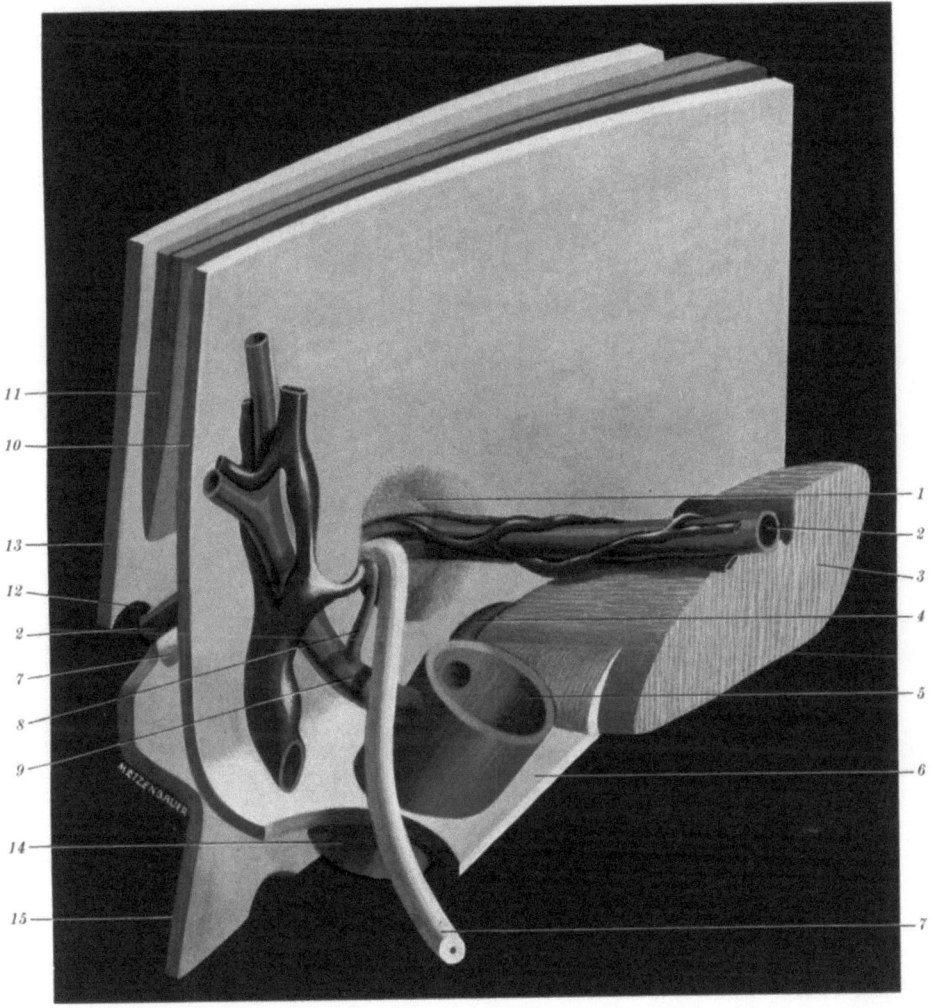

Abb. 9. Die Gefäße in und um den inneren Leistenring. Schema. *1* Anulus inguinalis profundus, *2* A., Vv. testiculares, *3* M. psoas, *4* A. circumflexa ilium profunda, *5* A. iliaca externa, *6* Septum femorale, *7* Ductus deferens (A. ductus def. nicht gezeichnet), *8* A. cremasterica, *9* A., V. epigastrica inferior, *10* Fascia transversalis, *11* Mm. obliquus abd. internus und transversus, *12* Anulus ing. superficialis, *13* M. obliquus abd. externus, *14* A. femoralis, *15* Fascia lata

Im extrapelvinen und inguinalen Segment ist der Ductus deferens in den Funiculus eingebettet; seine knorpelähnliche Konsistenz vermittelt bei der digitalen Aufsuchung den Eindruck eines Drahtes, nicht den eines Schlauches.

Im inneren Leistenring trennt sich der Samenleiter von den großen Blutgefäßen des Samenstranges (einige Lymphgefäße und seine Arterie begleiten ihn weiter!), und zieht entlang der seitlichen Harnblasenwand subperitoneal nach hinten. Dabei steigt er auch steil beckenbodenwärts ab, wenn die Harnblase entleert ist. So überkreuzt er also die A. epigastrica inferior, die gleichsam die Schwelle

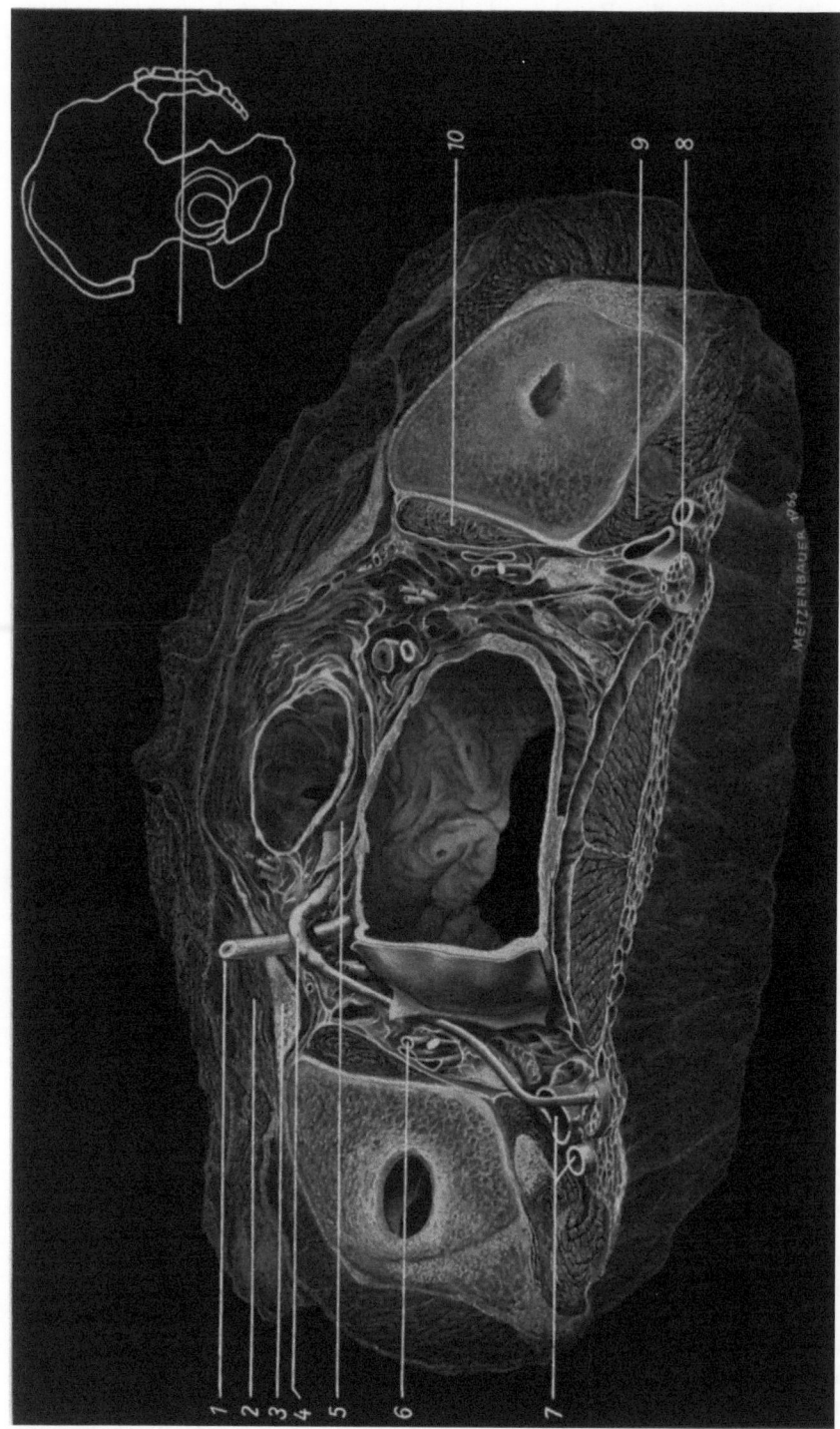

Abb. 10. Die Flexurae 2 und 3 des Ductus deferens bei stark gedehnter Harnblase. Horizontalschnitt durchs männliche Becken. Höhe oberhalb des Acetabularandes. Stark gedehnte Harnblase. *1* Ureter, *2* M. glutaeus max., *3* N. ischiadicus, *4* Ampulla ductus deferentis, *5* Excavatio rectovesicalis, *6* Vasa obt., N. obt., *7* Vasa iliaca externa, *8* Funiculus spermaticus in inguine, *9* M. iliopsoas, *10* M. obt. internus

ins Becken darstellt, sodann die Vasa iliaca externa, Vasa obturatoria und N. obturatorius und gelangt in *die* Frontalebene, in der die Harnblasenhinterwand liegt. Nun begibt er sich in mehr oder weniger winkeliger Abknickung über den Ureter und erweitert sich ampullär. Die Ampulle ist 3—6 cm lang, der Durchmesser beträgt ca. 10 mm, die Wand ist grob gebuckelt. Die Buckel enthalten Muskelschalen, die entsprechende Schleimhautalveolen, Diverticula ampullae,

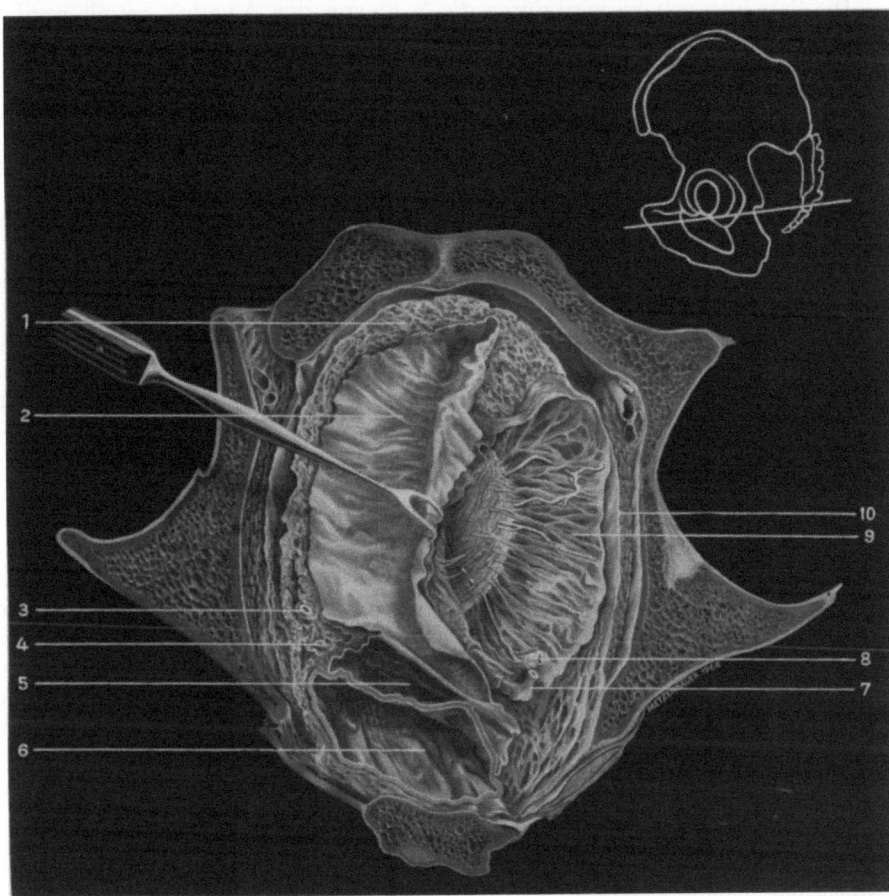

Abb. 11. Die Lage des juxtavesicalen Ureters und die Ampulla ductus deferentis bei maximal kontrahierter Harnblase. Horizontalschnitt durch die Incisura acetabuli. *1* Beckenbindegewebe, *2* Peritonaeum, *3* Ureter sin., *4* Ampulla ductus def. sin., *5* Excavatio rectovesicalis, *6* Rectum, *7* Ampulla ductus def. dext., *8* Ureter dexter, Ramus vesic. sup., *9* Paracystium, *10* Fascia m. obt. inf.

umfassen. Die beiden Ampullen sind schräg zur Medianebene absteigend eingestellt, so daß sie ein V bilden, dessen Spitze auf den Halbierungspunkt des oberen Prostatarandes weist.

Seitenständig mündet hier die Vesicula seminalis ein, so daß der Ductus ejaculatorius ein Crus commune für Samenblase und Samenleiter ist.

Demnach sind am Ductus deferens 3 Flexuren feststellbar: Die Flexura prima hinter dem caudalen Hodenpol, die Flexura secunda in der Ebene des tiefen Leistenringes, die Flexura tertia (Angulus ductus deferentis) in der Kreuzung über dem juxtavesicalen Ureter.

Die zwischen diesen Biegungen liegenden Samenleiterstrecken sind nach topischen Gesichtspunkten weiter unterteilbar:

Die Pars scrotalis: in ein testiculares (3 cm) und ein funikuläres Segment (7—8 cm). Nach dieser infrainguinalen, chirurgisch leicht erreichbaren Strecke geht der Ductus deferens in gerundetem Bogen durch den äußeren Leistenring in die inguinale Pars über (4—5 cm).

Die Pars intrapelvina wird durch die 3. Flexur, den Angulus, geteilt werden können in den vorderen, längeren, subperitonaealen und den hinteren Abschnitt, der prägnant als Ampulle zu benennen ist.

4. Die Gefäße des Hodens, Nebenhodens, Samenleiters und Samenstrangs

Eigentlich ist das geringe Kaliber der Arterien, die die Organe des äußeren Genitales des Mannes zu versorgen haben, auffällig. Umsomehr imponiert der gewaltige Querschnitt aller zugehörigen Venen, die in großer Zahl und vielfacher Vernetzung vorhanden sind.

Der Hoden und der Nebenhoden werden von der A. testicularis (aus der abdominalen Aorta, Ursprung vor dem 2. Lumbalwirbel) versorgt[1]; der Ductus deferens von der A. ductus deferentis (früher: A. deferentialis, aus der A. iliaca interna; sie ist homolog mit der A. uterina). Die Hüllen des Samenstrangs und des Scrotum erhalten Blut aus der A. cremasterica (Ast der A. epigastrica inferior) und aus Aa. pudendae externae (Äste der A. femoralis).

Daß die die Hüllen versorgenden Arterien untereinander anastomosieren, ist selbstverständlich. Über die Anastomosen zwischen Hoden- und Samenleiterarterie sowie die dieser Arterien mit den Hüllenarterien liegen Arbeiten vor, deren Ergebnisse vor allem für den Chirurgen interessant sind. Leider scheint RICHARD (1928) recht zu haben, der zusammenfassend schrieb: „Wir sehen also, daß die Gefäßversorgung des Testis und der Epididymis keineswegs einheitlich und schematisch ist, sondern daß außerordentlich viele Varianten vorkommen. Die Folgen einer Gefäßverletzung können dementsprechend ebenfalls sehr verschieden sein. Auch bei experimentellen Arbeiten am Testis muß die Gefäßversorgung sorgfältig in Betracht gezogen werden." Eingriffe an der Konvexität des Hodens bedrohen dessen arterielle Versorgung am meisten.

Die Samenkanälchen selbst sind gefäßlos; die sie versorgenden Blut- und Lymphgefäße liegen im Interstitium. Demnach kommt den Zellen, die die Tunica propria der Tubuli bedecken, nicht nur eine hüllende, sondern auch eine den Stoffwechsel der Tubuliwandzellen regulierende Funktion zu.

Die Hodenarterie ist im Konvolut der im Funiculus spermaticus eingeschlossenen Venen des frischen Präparats leicht am blassen Farbton ihrer Wand zu erkennen. Ohne Äste abzugeben tritt sie, umsponnen von einem Nervengeflecht, das vom Plexus aorticus abgeht, eingeschlossen im kurzen Hodengekröse, Mesorchium, von hinten oben her ins Mediastinum testis ein.

Im Samenstrang gibt die A. testicularis außer ganz feinen, kaum sichtbaren Zweigen, die zwischen den Venen verlaufen, meist nur eine Nebenhodenarterie ab, bisweilen bereits während sie den Leistenkanal durchzieht; sie treten von medial an den Nebenhodenkopf heran.

Die A. epididymica durchbricht die Nebenhodenhülle, versorgt die Lobuli und anastomosiert nach abwärts (MACMILLAN, 1954) auf dem Nebenhodenschwanz mit

---

[1] In immerhin 5% der Fälle entspringt die Hodenarterie atypisch aus einer A. renalis oder suprarenalis (RADOIÉVITCH, 1931). Retrocavale Kreuzung der A. testicularis dextra ist nicht selten.

L. Hoden (auch Hode), Testis, Nebenhoden (auch Nebenhode), Epididymis

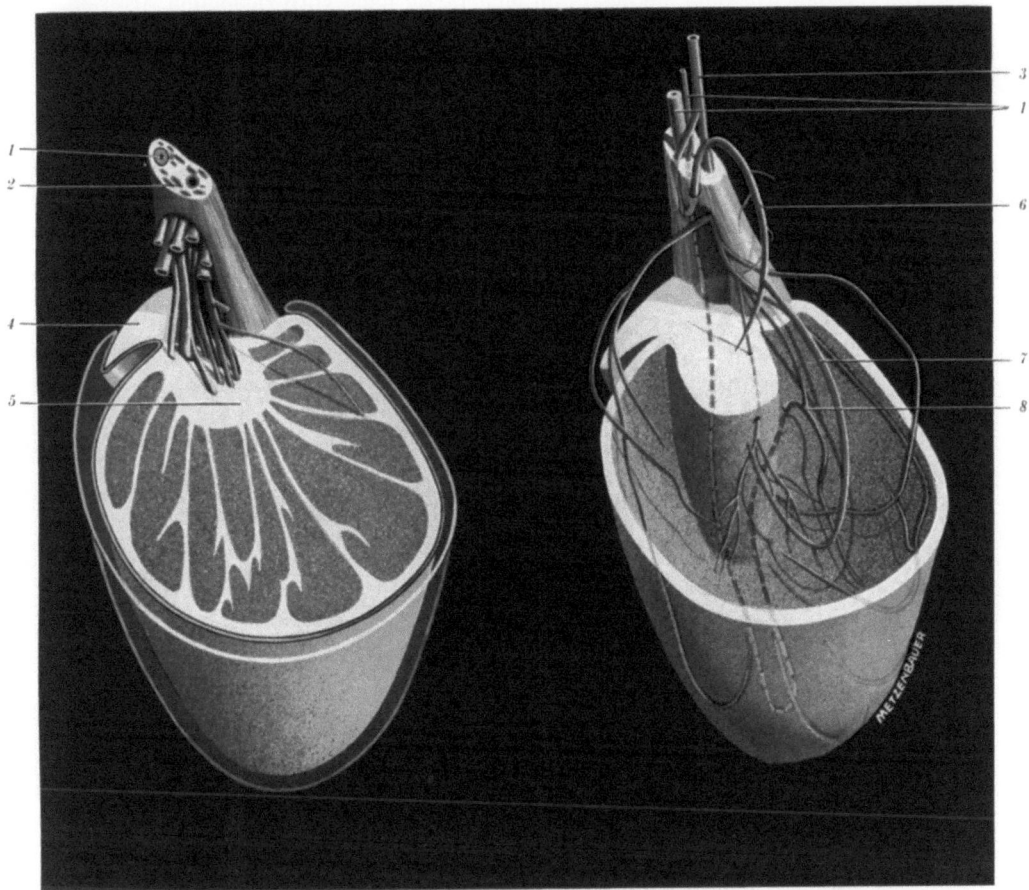

Abb. 12. Horizontalschnitt durch Samenstrang, Nebenhoden und Hoden. Schema 1. Der Ductus deferens liegt nahe der dorsalen Kante des Funiculus, die A. testicularis im Zentrum des Plexus pampiniformis. Ihre Äste treten ins Mediastinum testis ein, die Venen aus diesem aus. Eine Bogenarterie wendet sich der Facies medialis zu. Schema 2. Das Hodenparenchym ist entfernt. Von der A. ductus deferentis geht eine Anastomose zu einem Ast der Hodenarterie. Die A. epididymica entspringt im Samenstrang, verläuft in sagittalem Bogen (im Nebenhodenkopf), tritt mit starkem Ast in den Hoden ein und verläuft in ihm gleichfalls sagittal gestellt gekrümmt. Die aus der Teilung der A. testicularis entstandenen Äste ziehen gestreckt durchs Mediastinum nach vorne oder sie nähern sich im Bogen der Innenfläche der Hodenkapsel. *1* Ductus deferens, A. ductus deferentis, *2* Plexus pampiniformis, *3* A. testicularis, *4* Epididymis, *5* Mediastinum testis, *6* A. epididymica, *7* R. testicularis ae. epididymicae, *8* Anastomosis testiculo-deferentialis

der A. ductus deferentis (Abb. 7). Bei guter Ausbildung tritt einer ihrer Endäste aus der Konvexität des Nebenhodenkopfes nach vorne absteigend ins Mediastinum testis ein (Abb. 12).

Die Nebenhodenarterie verläuft nach HASUMI (1930) noch beim jungen Fetus eigenständig neben der A. testicularis abwärts. Nach Ausbildung einer Anastomose zur Hodenarterie bildet sich ihr proximaler Anteil zurück und die A. epididymica ist damit, variabel in ihrer Ursprungshöhe, Ast der A. testicularis.

Die A. testicularis gelangt schon geteilt in den Bindegewebskern des Hodens, gibt an diesen Äste, die ihn auch nach vorne hin durchziehen und mit der Nebenhodenarterie anastomosieren können. Auffälliger sind die Bogenarterien, die sich der Innenfläche der Albuginea nähern, manche sogar an sie anlegen. Während die oberen mehr in der Horizontalen verlaufen, steigen die unteren schräg gegen den unteren Hodenpol zu ab und biegen dann hakenförmig ins Hodeninnere um. Ihre zarten Endbüschel versorgen die Hodenläppchen.

Die geraden, aus dem Mediastinum fächerartig nach vorn ziehenden Arterien, versorgen mehr die oberen und die zentralen Hodenläppchen, die Bogenarterien (die der medialen Hälfte sind stärker und zahlreicher) hauptsächlich das caudal gelagerte Hodenparenchym.

Je kleiner das Kaliber einer Hoden- und Nebenhodenarterie, um so enger gewunden repräsentiert sie sich.

Abb. 13. Pars inguinalis des rechten Funiculus spermaticus. Die Gefäße sind auf einer Unterlage flächenhaft ausgebreitet. Oben: Ebene des tiefen Leistenringes. Das mediale Venenbündel ist verlagert, es würde den Ductus deferens von oben bedecken. Zahlreiche Anastomosen. *1* Ductus deferens. *2* Corpus cavernosum penis dextrum

Fast regelmäßig steht in irgendeinem Niveau des Nebenhodenschwanzes die A. ductus deferentis — außer durch ihre obligaten Anastomosen mit der A. epididymica — direkt mit einem Ast der Testicularis in Verbindung. Auch oberhalb des Nebenhodenkopfes wurden Anastomosen beobachtet (GOHRBANDT, 1922). Vom Durchmesser dieser Anastomose hängt es ab, ob bei Abschaltung der A. testicularis das Hodenparenchym ausreichend weiter versorgt werden kann oder nicht. Außerdem kann bei „hohem" Abgang der Nebenhodenarterie die Blutversorgung ungestört bleiben, auch wenn die A. testicularis extrapelvin durchtrennt wurde.

Das äußere, grobmaschige Arteriennetz der Hüllen gibt regelmäßig einen Ast zur A. ductus deferentis ab, der im Fixierungsband des unteren Hodenpols

(Gubernaculum, Lig. scrotale testis) zum Nebenhodenschwanz geleitet wird; seine Dimensionierung ist sehr variabel. — Eine direkte Verbindung mit der A. testicularis haben *wir* nie gesehen (Gegensatz zu BRAUS-ELZE, 1956). Über der Hodenkonvexität münden die Hüllenarterien in ein sehr engmaschiges zartes, dichtes Netz ein, das einerseits von den Abstrahlungen der Cremastermuskulatur, andererseits von der Tunica dartos her verformt werden kann. Großlumige grobgeschlängelte Venen leiten das Blut aus diesem Netz ab.

Die großen Venen sammeln sich im Mediastinum testis und bilden im Samenstrang den Plexus pampiniformis. Namentlich die größeren Venen sind muskelstark-dickwandig und anastomosieren durch kurze Querstücke.

Nach Passage des Leistenkanals entsteht aus ihnen durch Zusammenfluß ein die A. testicularis begleitendes Venenpaar; nach wiederholten, zahlreichen Anastomosen, durch die die Hodenarterie geradezu eingesponnen wird, entsteht auf dem Psoas *eine* V. testicularis, die rechts spitzwinkelig in die V. cava inferior, links rechtwinkelig in die V. renalis mündet. Die Einmündung kann, wie LOONEY 1922 nachwies, ganz nahe am Hilus liegen, so daß bei einer Nephrektomie auf die weitere Abflußmöglichkeit des Hodenblutes geachtet werden muß.

Immer treten einige Venen des Plexus pampiniformis durch die Fascia spermatica aus und senken sich in Scrotalvenen, besonders in die des Septum scroti, ein; diese Anastomosen nehmen mit höherem Alter zu. DZIALLAS fand regelmäßig an der Einmündung der rechten V. testicularis eine funktionierende Klappe, links jedoch nur in einem Drittel seiner Fälle. Auch die kleinkalibrigen Venen des Plexus pampiniformis enthalten Klappen, ebenso die Venen der Hodenkapsel.

Die regionären Lymphknoten des Hodensackinhalts liegen an der Umrandung des inneren Leistenrings, bzw. im großen Becken entlang der großen Gefäße. Die Nerven werden von den Arterienplexus abgegeben bzw. aufgenommen. Die Aa. testiculares leiten wahrscheinlich Sympathicusfasern aus bzw. zu dem unteren Thorakalmark (Th 10, 11, 12, L1, 2).

Der Ductus deferens und die ihn begleitende Arterie bringen wahrscheinlich auch sympathische, vor allem aber parasympathische Beckenplexusnerven zum Hoden und Nebenhoden.

Nach WEINs Untersuchungen (1939) an Feten gelangen die Nerven mit den Arterien sowohl an die Albuginea, als auch durchs Mediastinum ins Hodenparenchym. In ihm konnten sie sowohl im Interstitium als auch bis in die Tubuluswand hinein nachgewiesen werden.

5. Endofunikuläre Topik

Der Ductus deferens liegt im scrotalen Abschnitt des Samenstranges dorsal und medial. Seine begleitenden Gefäße liegen ihm dicht an. Die ihn einhüllende Fascia spermatica interna enthält auch glatte Muskulatur (inoffizielle Nomenklatur: M. cremaster internus). Sie erhält feinste Blutgefäße aus der A. testicularis.

Vor dem Deferensareal liegt der Plexus pampiniformis, in seinem Zentrum die Hodenarterie und, bei „hohem" Ursprung, die A. epididymica. Die Ausläufer des R. genitalis nervi genitofemoralis sind topisch uncharakteristisch eingelagert.

6. Scrotum, Hodensack

In das Gewebe (Tunica urogenitalis fibrosa externa) der beiden soliden embryonalen Geschlechtswülste dringen im 7. Fetalmonat die Processus vaginales peritonaei ein und höhlen es aus. Durch Aneinanderlagerung kommt es zur Bildung einer plumpen hautüberzogenen Vorwölbung; eine mediane Hautnaht, Raphe scroti, markiert außen den Verwachsungsbereich, innen unterteilt das sagittal gestellte Septum scroti den Hodensack. Das überaus lockere Bindegewebe enthält dünne Lagen gebündelter glatter Muskulatur, Tunica dartos scroti. Nach außen, gegen die Haut zu, liegt eine zarte, Verschiebung und Verformung zulassende Bindegewebsschicht, daher ist die Tunica dartos keine Hautmuskulatur. Ihre Innenfläche umschließt die Hüllen des Samenstrangs und des Hodens, demnach Fascienröhren und den spinal innervierten M. cremaster.

Das Septum scroti enthält eine rechte und eine linke Dartosplatte, die aufsteigend die Peniswurzel manschettenartig umfassen. Der periphere Rand, den

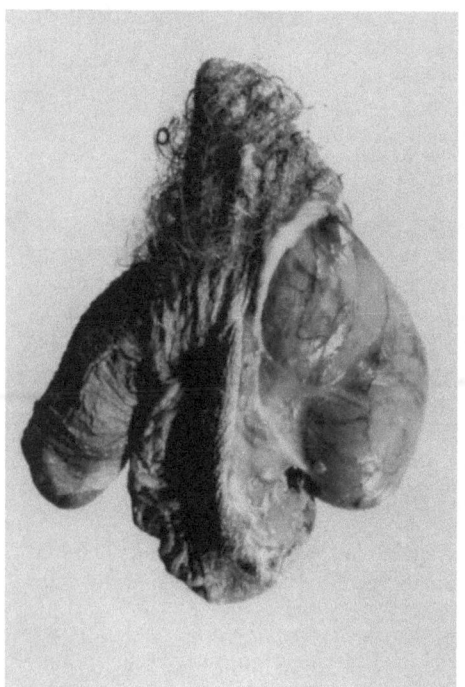 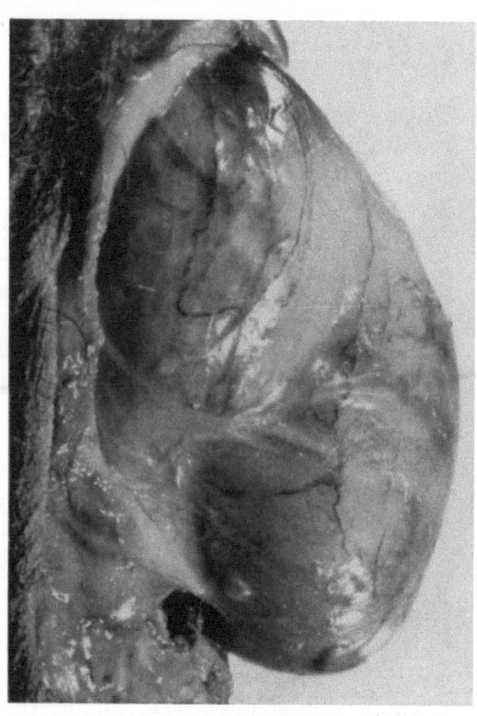

a b

Abb. 14. Vasa cremasterica in situ. Unretuschiertes Photo

der Beutel der Tunica urog. fibr. ext. natürlich haben muß, ist mit der oberflächlichen Becken-, Bein-, Dammfascie verwachsen und läßt sich präparatorisch nicht exakt darstellen. Auch nach Auffüllung des lockeren Gewebes mittels einer ein maximales Ödem vortäuschenden Flüssigkeit bleibt die Abgrenzung undeutlich.

An unseren Präparaten können wir die Angaben in der Literatur (auch bei PERNKOPF, 1941), daß die Züge der Tunica dartos „vornehmlich in der Längsrichtung verlaufen", nur bedingt bestätigen, gestehen aber zu, daß das Präparationsergebnis von der angewendeten Präparationstechnik abhängig ist (Abb. 15).

Schichtenbau der Scrotalwand

Die Haut ist deutlich dunkler pigmentiert, das Unterhautzellgewebe fettlos; durch Kontraktion der Tunica dartos wird reflektorisch Verkleinerung des Hodensacks erreicht, wobei präformierte Quergräben der Scrotalhaut gegeneinanderrücken. Sicherlich kommt es streifenweise, besonders unter dem unteren Hodenpol (Gubernaculum testis!), zur Aneinanderlagerung von Dartosflächen auf Cre-

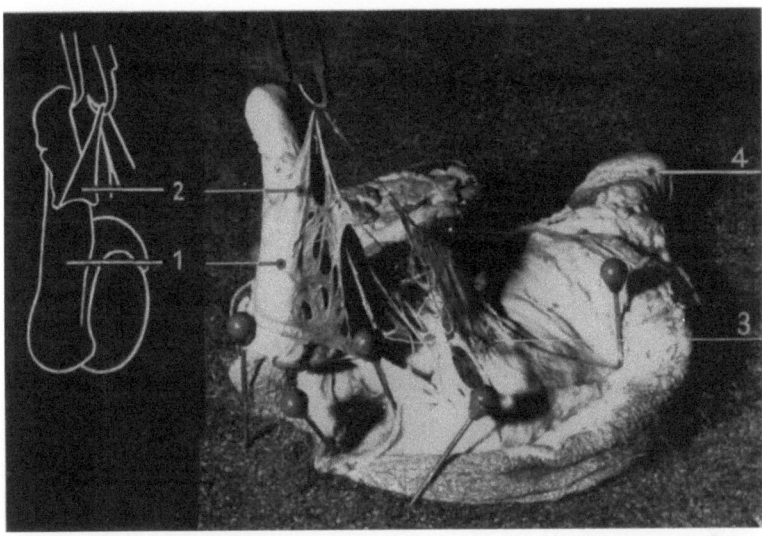

Abb. 15. Rechte Scrotaltasche aufgeschnitten, Aufblick auf die Tunica dartos, die z. T. abpräpariert und hochgezogen ist. Rückseite des Funiculus spermaticus, seine Cremasterfasern sind z. T. abgehoben und gehen an die Tunica dartos heran. *1* Funiculus spermaticus, *2* M. cremaster, *3* Tunica dartos, *4* Glans penis

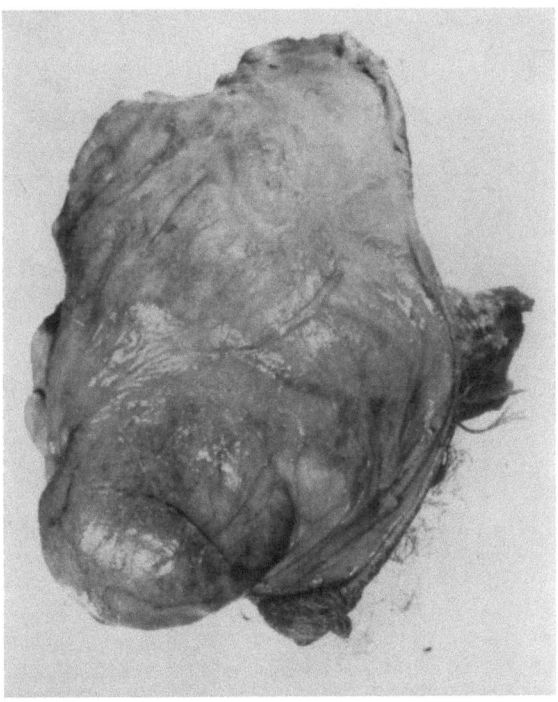

Abb. 16. Untere Hodenhälfte. Das Blutgefäßnetz in und unter der Tunica dartos. Prämortale Blutfüllung. In Bildmitte quer: V. scrotalis

masterbündel, vielleicht auch unter Zwischenschaltung elastischer Elemente zur Vernetzung (Abb. 15).

Die Haut enthält Schweiß-, Duft- und große, promenierende Haarbalgdrüsen. Die subcutanen Gefäßnetze können viel Blut aufnehmen, die Dartosmuskulatur

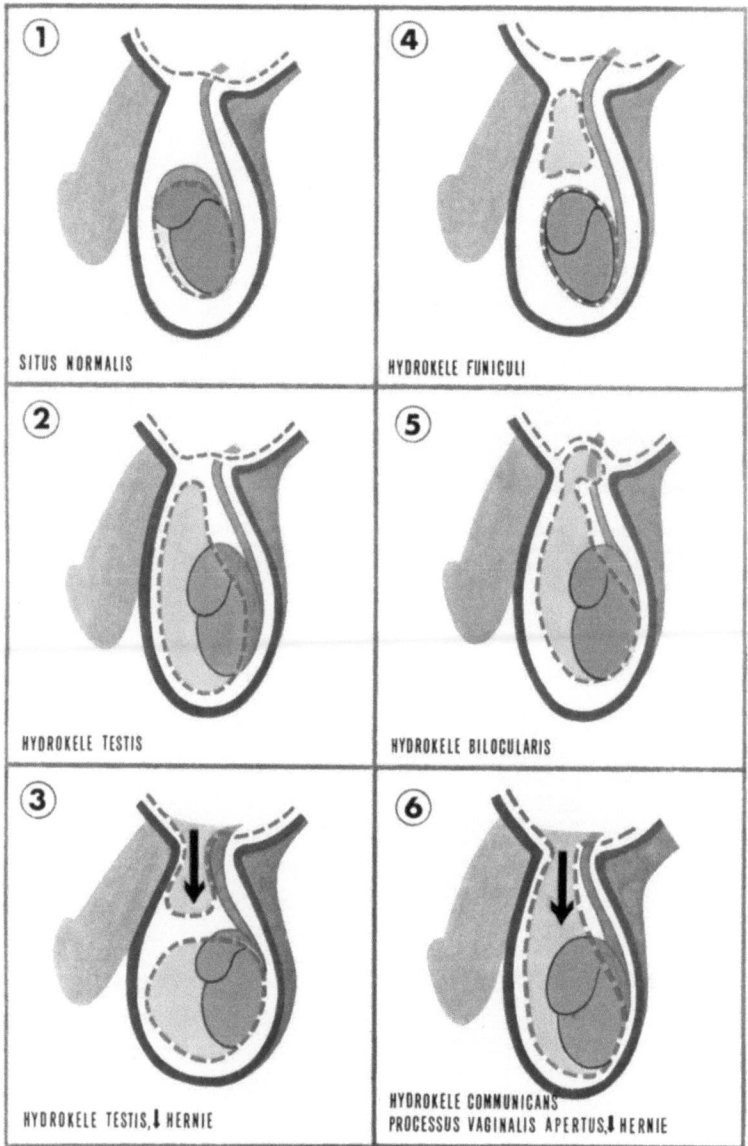

Abb. 17. Situs peritonaealis in scroto

hält die größeren Gefäßbahnen verspannt, kann sperrend, andererseits offenhaltend wirken (NAGEL, 1939).

Vordere Hodensackarterien, Aa. scrotales anteriores, kommen über die Aa. pudendales externae aus der A. femoralis, Aa. scrotales posteriores sind Ausläufer der perinealen Äste der A. pudenda interna. Anastomosen zwischen den Scrotalarterien und der äußeren Samenstrangarterie, A. cremasterica, bestehen.

Mit den Arterien verlaufen weitlumige Venen, auch sie anastomosieren mit Samenstrangvenen.

Die regionären Lymphknoten des Scrotums liegen unterhalb der Leistenbeuge (Tractus horizontalis der Nodi lymph. inguinales), aus dem Septum scroti fließt die Lymphe z. T. den Lymphknoten im kleinen Becken zu.

Der N. ilioinguinalis gibt Nn. scrotales anteriores, der N. pudendus Nn. scrotales posteriores ab.

Im Samenstrang liegen natürlich noch der R. genitalis des N. genitofemoralis, ferner die autonomen arteriellen Begleitplexus. Die Tunica dartos wird wahrscheinlich vom Beckennervenplexus über das begleitende Geflecht der A. scrotales posteriores innerviert.

Eine Übersicht über pathologische Zustände, die durch partielles oder totales Offenbleiben des Processus vaginalis peritonaei im Scrotum auffällig werden, sei an den Schluß (Abb. 17) der makroskopischen Beschreibung gestellt.

Literatur

Lehrbücher

BARGMANN, W.: Histologie und mikroskopische Anatomie des Menschen, 3. Aufl. Stuttgart: Georg Thieme 1959.
BRAUS, H. - ELZE, C.: Anatomie des Menschen, 3. Aufl., Bd. II. Berlin-Göttingen-Heidelberg: Springer 1956.
FENEIS, H.: Anatomische Bildnomenklatur. Stuttgart: Georg Thieme 1967.
HAFFERL, A.: Lehrbuch der topographischen Anatomie, 2. Aufl. Berlin-Göttingen-Heidelberg: Springer 1957.
PATURET, G.: Traité d'Anatomie humaine, 1. Edit. III. Paris: Masson & Cie. 1958.
PERNKOPF, E.: Topographische Anatomie des Menschen, 1. Aufl. II. Berlin u. Wien: Urban & Schwarzenberg 1941.
TANDLER, J.: Lehrbuch der systematischen Anatomie, Bd. II, 1923; Bd. III, 1926. Leipzig: F. C. W. Vogel.
TÖNDURY, G.: Angewandte und topographische Anatomie, 3. Aufl. Stuttgart: Georg Thieme 1965.

Spezielle Literatur

BERGER, A.: Über den histologischen Bau der Arteria und Vena spermatica interna. Med. Diss. Halle 1934.
BERNHARD, H.: Die Frühentwicklung des Rete testis beim Menschen. Diss. Bern 1945.
BLOCH, E., and W. C. MILLER: Anomaly of the vas deferens. Amer. J. Surg. 84, 373—374 (1952).
BOEMINGHAUS, H.: Beitrag zur Physiologie des Vas deferens. Langenbecks Arch. klin. Chir. 139, 563—573 (1926).
BOTÁR, J.: Recherches anatomiques sur les plexus sympathiques pelviens. Ann. Anat. path. 8, 1053—1057 (1931).
BOURGUET, F.: Les nerfs du testicule et de l'ovaire. Déductions médico-chirurgicales. Thèse Montpellier 1933/34.
BRANCA, A.: Les canalicules testiculaires et la spermatogenèse de l'homme. (Etude cytologique.) Arch. Zool. exp. gén. 62, 53—252 (1924).
BRITES, G.: Sur la tunique musculaire du canal déférent de l'adulte. Folia anat. (Coimbra) 6, Nr. 10, 1—50 (1931).
BUCCIANTE, L.: Particolarità strutturali dell'albuginea del testicolo dell'Uomo. Boll. Soc. ital. Biol. sper. 17, 509—510 (1942).
BUKOFZER, E.: Über das Verhalten der Krystalle und Krystalloide im Hoden bei den verschiedenen Erkrankungen und Altersstufen. Virchows Arch. path. Anat. 248, 427—449 (1924).
BUSCH, F. M., and E. S. SAYEGH: Roentgenographic visualization of human testicular lymphatics: a preliminary report. J. Urol. (Baltimore) 89, 106—110 (1963).
CARLILE, H.: Über die Torsion des Samenstranges. Med. Diss. Berlin 1926.
CIRILLO, N.: Ricerche anatomiche sulla disposizione delle tonache muscolari in corrispondenza delle vie spermatiche. Scritti biol. 8, 173—189 (1933).
— Sulla struttura delle vie spermatiche umane. Scritti biol. 9, 3—29 (1934).
CLEGG, E. J.: The arterial supply of the human prostate and seminal vesicles. Proc. Anat. Soc. Gr. Britain Ireland, Liverpool 1953. J. Anat. (Lond.) 87, 455—456 (1953).
CONGDON, E. D., and J. M. ESSENBERG: Subcutaneous attachments of the human penis and scrotum. Amer. J. Anat. 97, 331—357 (1955).

CONRADT, J.: La torsion testiculaire chez l'adulte. (Drame trop souvent méconnu.) Meet. Belg. Soc. Med. Surg. 1947. Rev. méd. Liège **2**, 229—232 (1947).

CORDIER, G.: Note sur les lymphatiques de la vésicule séminale. Ann. Anat. path. **8**, 293—294 (1931).

CORDIER, P., L. DEVOS, A. DELCROIX et M. RÉNIER: Variations du trajet de l'artère spermatique. Ann. Anat. path. **15**, 535—536 (1938).

DENNIS, L.: Die Sammelkanälchen der Säuger. Endeavour **26**, 101—108 (1967).

DJAIA, M., and B. NEGOVANOVIĆ: Morphological variations in the spermatic veins. Medical Youth, Medicinsko Podmladak, Belgrade **1**, 19—26 (1949).

DZIALLAS, P.: Über eine bisher unbekannte Variation der Vena spermatica dextra. Anat. Anz. **96**, 348—352 (1947/48).

— Über die Klappenverhältnisse der Venae spermaticae des Menschen. Anat. Anz. **97**, 57—63 (1949/50).

ELIŠKA, O.: Venae et arteriae spermaticae a jejich variabilita. Čs. Morfol. **9**, 200—208 (1961).

ELZE, C.: Zur Anatomie der Leistengegend. Verh. Anat. Ges., 47. Verslg Budapest 1939. Anat. Anz., Erg.-H. **88**, 183—186 (1939).

FAVARO, G.: La Fascia cremasterica. 6. convegno soc. ital. Anat. Roma 1934. Monit. zool. ital., Suppl.-No **45**, 204—208 (1935).

FISCHER, A. W.: Nebenhoden, Samenwege, Prostata, akzessorische Geschlechtsdrüsen. In: M. HIRSCH, Handbuch der inneren Sekretion, Bd. 1, S. 281—336. Leipzig: Curt Kabitzsch 1932.

FLANAGAN, M. J., J. H. MCDONALD, and J. H. KIEFER: Unilateral transposition of the scrotum. J. Urol. (Baltimore) **86**, 273—275 (1961).

GERTH, R.: Die Leitstruktur der Muskelfasern im menschlichen Samenleiter. (Untersuchungen an Embryonen vom 3. bis 9. Monat.) Morph. Jb. **74**, 325—335 (1934).

GOERTTLER, K.: Die Konstruktion der Wand des menschlichen Samenleiters und ihre funktionelle Bedeutung. (Als Beispiel eines eigenartigen, unbekannten Förderungsmechanismus des Inhalts in einem glattmuskeligen Rohr.) Morph. Jb. **74**, 550—580 (1934).

GOHRBANDT, E.: Über das Verhalten des Hodens nach Unterbindung der Vasa spermatica mit Ausnahme des Ductus deferens und der Art. deferentialis. Langenbecks Arch. klin. Chir. **120**, 637—646 (1922).

GOLDER, O.: Die Arterien des menschlichen Hodens und Nebenhodens, ihre Anastomosen und deren Bedeutung in der Chirurgie. Z. urol. Chir., Orig.-Arb. **45**, 406—422 (1940).

GOSIMA, K.: Morphologie der Vesicula seminalis und Ampulla ductus deferentis mit Berücksichtigung der Mündung des Ductus ejaculatorius. Fukuoka Ika. Daig. Z. **25**, 557—693 (1932) [Japanisch]. Ref. Jap. J. med. Sci., I. Anatomy **5** (50), Abstr. No 204 (1935).

GUILBO, I. S.: The arteries of human male genital gland. Arkh. Anat. Gistol. Embriol. **34**, 106—114 (1957) [Russisch]. Zit. Excerpta med. (Amst.), Sect. I **12**, 618, Abstr. No 3043 (1958).

HABERLAND, H. F. O.: Experimentelle Untersuchungen am Hoden nebst klinischen Bemerkungen. Langenbecks Arch. klin. Chir. **123**, 67—104 (1923).

HARRISON, R. G.: The distribution of the vasal and cremasteric arteries to the testis and their functional importance. J. Anat. (Lond.) **83**, 267—282 (1949).

—, and G. A. MCGREGOR: Anomalous origin and branching of the testicular arteries. Anat. Rec. **129**, 401—405 (1957).

HASEGAWA, M.: Appendices testis et epididymidis. Tohoku Ig. Z., Sendai **10**, Suppl. 64—66 (1927), S.-B. [Japanisch]. Ref. Jap. J. med. Sci., I. Anatomy **2** (28), Abstr. No 117 (1931).

HASHIMOTO, T.: Über die Nervenfasern in der Wand des Ductus deferens. Acta derm. (Kyoto) **22**, 214—215 (1933), S.-B. [Japanisch]. Ref. Jap. J. med. Sci., I. Anatomy **5** (152), Abstr. No 231 (1935).

HASUMI, S.: Auffindung der von den Urnierenarterien ausgehenden Arteria epididymicy. Jap. J. med. Sci., I. Anatomy **2**, 151—158 (1931).

— Anatomische Untersuchungen über das Lymphgefäßsystem des männlichen Urogenitalsystems. Jap. J. med. Sci., I. Anatomy **2**, 159—186 (1931).

HILGENBERG: Über Hodenverpflanzung. 46. Verslg Dtsch. Ges. Chir., Berlin 1922. Langenbecks Arch. klin. Chir. **121**, 300—302 (1922).

HOCHSTÄDT, O.: Über einen Sphincter im Ductus ejaculatorius und seine Bedeutung für die Funktion der Vesiculae seminales. Z. ges. exp. Med. **80**, 775—781 (1932).

HOCHSTETTER, A. v.: Eine Schleife der Arteria epigastrica inferior im Canalis inguinalis. Anat. Anz. **109**, 221—224 (1961).

HOSHIAI, G.: A. et V. spermatica interna der japanischen Feten. Kaibô. Z. **11**, 365—375 (1938) [Japanisch, dtsch. Zus.fass.]. Zit. Anat. Ber. **37**, 195, Abstr. No 761 (1938).

HOVELACQUE, A.: Les vésicules et leur loge. Arch. Mal. Reins **6**, No 1, 28—51 (1931).

—, et H. EVRARD: Note sur les rapports de l'épididyme, du déférent et de la vaginale. Arch. Mal. Reins **6**, No 3, 365—382 (1932).

Hovelacque, A., et A. Sourdin: Les artères des vésicules séminales. Ann. Anat. path. **7**, 1003—1008 (1930).
Hutchinson, L., and L. E. Koop: The relationship of testis and processus vaginalis testis in the infant. 69th annu. Sess. Amer. Ass. Anat., Milwaukee 1956. Anat. Rec. **124**, 310 (1956).
Jaffé, R., u. F. Berberich: Hoden. In: M. Hirsch, Handbuch innere Sekretion, Bd. 1, S. 197—280. Leipzig: Curt Kabitzsch 1932.
Jamieson, R. W., V. L. La Swigart, and B. J. Anson: Points of parietal perforation of the ilio-inguinal and ilio-hypogastric nerves in relation to optimal sites for local anaesthesia. Quart. Bull. Northw. Univ. med. Sch. **26**, 22—26 (1952).
Jayle, G. E.: L'anatomie médico-chirurgicale du plexus pelvi-périnéal et de ses branches. Ann. Anat. path. **11**, 701—724 (1934).
Johnson, F. P.: The form of the seminiferous tubule in man. 49th Proc. Amer. Ass. Anat., Cincinnati 1933. Anat. Rec. **56**, 23 (1933).
— Dissections of human seminiferous tubules. Anat. Rec. **59**, 187—199 (1934).
Kaneko, J.: Über den Descensus testiculorum. Jusenkw. Z., Kanazawa **27**, 230—231 (1922), S.-B. [Japanisch]. Ref. Jap. J. med. Sci., Abst. **2**, 84, Abstr. No 119 (1925).
Knaus, H.: Die physiologische Bedeutung des Scrotums. Klin. Wschr. **1932 II**, 1897—1900.
Kraucher, G.: Die Histogenese der menschlichen Scrotalhaut. Z. mikr.-anat. Forsch. **26**, 281—308 (1931).
Kuntz, A., and R. E. Morris: Components and distribution of the spermatic nerves of the vas deferens. J. comp. Neurol. **85**, 33—44 (1946).
Lanz, T. v.: Der Samenspeicher des Menschen. Verh. Anat. Ges., 42. Verslg. Würzburg 1934. Anat. Anz., Erg.-H. **78**, 197—209 (1934).
—, u. G. Neuhäuser: Metrische Untersuchungen an den Tubuli contorti des menschlichen Hodens. Z. Anat. Entwickl.-Gesch. **123**, 462—489 (1963).
— J. Wallraff, V. Handfest u. K. Wimmer: Der Nebenhodenschweif des Menschen als Samenspeicher. Z. mikr.-anat. Forsch. **37**, 259—324 (1935).
Lohmüller, W.: Die Übergangsstellen der gewundenen in die „geraden" Hodenkanälchen beim Menschen. Z. mikr.-anat. Forsch. **3**, 147—178 (1925).
Looney, W. W.: An unusual aberrant right internal spermatic vein. Anat. Rec. **23**, 333—334 (1922).
Macaluso, G., and E. Meinardi: The importance of the section of the lateral spermatic ligament in the surgical correction of cryptorchidism. (Anatomosurgical aspects.). Ateneo parmense **32**, 247—259 (1961) [Italienisch]. Zit. Excerpta med. (Amst.), Sect. I **16**, 695, Abstr. No 3940 (1962).
MacMillan, E. W.: The blood supply of the epididymis in man. Brit. J. Urol. **26**, 60—71 (1954).
May, E.: Kurze Mitteilung über den anatomischen Aufbau der Übergangsstellen der Tubuli contorti in die Tubuli recti im menschlichen Hoden. Virchows Arch. path. Anat. **243**, 474—477 (1923).
Moszkowicz, L.: Das Gubernaculum Hunteri und seine Bedeutung für den Descensus testiculorum beim Menschen. Z. Anat. Entwickl.-Gesch. **105**, 37—71 (1936).
Nagel, A.: Das elastisch-muskulöse System der Tunica dartos. Gegenbaurs morph. Jb. **83**, 201—229 (1939).
Ohmori, D.: Über die Entwicklung der Innervation der Genitalapparate als peripheren Aufnahmeapparat der genitalen Reflexe. Z. Anat. Entwickl.-Gesch. **70**, 347—410 (1924).
Okkels, H., et K. Sand: Nerfs du testicule et glande interstitielle. Bull. Hist. appl. **16**, 295—314 (1939).
Parker, A. E.: Studies on the main posterior lymph channels of the abdomen and their connections with the lymphatics of the genito-urinary system. Amer. J. Anat. **56**, 409—443 (1935).
Patzelt, V.: Zwischenzellen und Samenepithel. Wien. klin. Wschr. **36**, 567—570 (1923).
Penhallow, D. P.: Descent of the globus mayor with retention of testis in the abdominal cavity. Ann. Surg. **81**, 885—886 (1925).
Pfeiffer, E.: Die Entwicklung des menschlichen Nebenhodens von der Geburt bis zum Beginn der Geschlechtsreife. Verh. Anat. Ges., Kiel 1927. Anat. Anz. **63**, Erg.-H., 66—73 (1927).
— Die Entwicklung der keimleitenden Wege des Mannes. I. Die Entwicklung der Schaltstücke, des Hodennetzes und des Nebenhodens von der Geburt bis zur Geschlechtsreife. Z. mikr.-anat. Forsch. **15**, 472—598 (1928).
Priesel, A.: Über das Verhalten von Hoden und Nebenhoden bei angeborenem Fehlen des Ductus deferens, zugleich ein Beitrag zur Frage des Vorkommens von Zwischenzellen im menschlichen Hoden. Virchows Arch. path. Anat. **249**, 246—304 (1924).
Radoiévitch, S.: Contribution a l'étude de l'artère spermatique. Ann. Anat. path. **8**, 94—96 (1931).

Redenz, E.: Nebenhoden und Spermienbewegung. Würzb. Abh., N.F. 4, 107—150 (1928).
Rényi-Vámos, F.: Der Lymphkreislauf der Hoden und Nebenhoden. Acta med. Acad. Sci. hung. 1, Suppl. 6, 38—41 (1954).
Richard, M.: Die Gefäßversorgung der männlichen Keimdrüse. Dtsch. Z. Chir. 210, 267—274 (1928).
Rolshoven, E.: Die funktionellen Strukturen des Hodenbindegewebes. Morph. Jb. 79, 235—274 (1937).
Ruotolo, A.: Sul reale significato dello spazio di Disse nell'Uomo. Ric. Morfol. Roma 17, 23—32 (1939).
— Sulla costituzione e sulla funzione del dartos nell'Uomo. Ric. Morfol. Roma 17, 431—459 (1939).
— Sulla morfogenesi degli strati contrattili dello scroto nell'Uomo. Ric. Morfol. Roma 19, 327—338 (1942).
Scavo, E.: Considerazioni anatomo — chirurgiche sul varicocele essenziale e la sua terapia. Anat. e Chir. 6, 5—48 (1962).
Schinz, H. R., u. B. Slotopolsky: Experimentelle und histologische Untersuchungen am Hoden. Dtsch. Z. Chir. 188, 76—100 (1924).
Skworzoff, M.: Zur Frage über die den Descensus testiculorum bewirkenden Kräfte. Virchows Arch. path. Anat. 250, 636—640 (1924).
Slotopolsky, B., u. H. R. Schinz: Histologische Beobachtungen am menschlichen Hoden. Virchows Arch. path. Anat. 248, 285—296 (1924).
— — Histologische Hodenbefunde bei Sexualverbrechern. Virchows Arch. path. Anat. 257, 294—355 (1925).
Staemmler, M.: Über Arterienveränderungen im retinierten Hoden. Virchows Arch. path. Anat. 245, 304—321 (1923).
Stefko, W.: Über das sekundäre Hinaufsteigen der Hoden beim Manne während der Kinderzeit. Eine konstitutionelle-anatomische Studie. Z. Konstit.-Lehre 10, 289—306 (1925).
Sternberg, C.: Über die Zwischenzellen des Hodens. Wien. klin. Wschr. 35, 633—634 (1922).
Stieve, H.: Untersuchungen über die Wechselbeziehungen zwischen Gesamtkörper und Keimdrüsen. III. Beobachtungen an menschlichen Hoden. Z. mikr.-anat. Forsch. 1, 491—512 (1924).
Szenes, A.: Über Geschlechtsunterschiede am äußeren Genitale menschlicher Embryonen, nebst Bemerkungen über die Entwicklung des inneren Genitales. Morph. Jb. 54, 65—135 (1925).
Taylor jr., H. C.: Contribution to the normal anatomy and physiology of the pelvic autonomic system. Srpski Arkh. 81, 219—229 (1953) [Serbokroatisch]. Zit. Excerpta med. (Amst.), Sect. I 8, 344, Abstr. No 1479 (1954).
Tonetti, E.: Morfogenesi e senescenza dei vasi linfatici dello scroto. Ateneo parmense 27, 511—529 (1956).
Tzulukidze, A.: Beitrag zur chirurgischen Anatomie des Nebenhodens. Z. urol. Chir., Orig.-Arb. 14, 113—118 (1924).
Vasilenkov, V. A.: Interconnections of the internal testicular veins and vein of the pampiniform plexus. Arkh. Anat. Gistol. Embriol. 34, 98—99 (1957) [Russisch]. Zit. Excerpta med. (Amst.), Sect. I 12, 478, Abstr. No 2360 (1958).
Vernet, G.: L'innervation somatique et végétative des organes génito-urinaires. Acta urol. belg. 32, 265—293 (1964).
Vysotskaya, A. A.: Anatomy of human genital ganglia. Nauch. Tr. Vyssh. Ucheb. Zaved. Litry. (Med., 5 Vilnyus), 67—68 (1964) [Russisch]. Zit. Excerpta med. (Amst.), Sect. I 19, 772, Abstr. No 3905 (1965).
Walker, K. M.: The internal secretion of the testis. Lancet 1924I, 16—21.
Wallraff, J.: Der Nebenhodenschweif des Menschen als Samenspeicher. Med. Diss. München 1933.
Wein, D.: Die Nervenversorgung des Hodens. Z. Zellforsch. 29, 227—233 (1939).
Wilson, K. M.: Origin and development of the rete ovarii and the rete testis in the Human Embryo. Contr. Embryol. Carneg. Instn 86, 69—88 (1926).
Winiwater, H. de: Les cellules phéochromes des anexes du testicule humain. C.R. Ass. Anat. 20. Réunion Turin, 1925, p. 401—405.
— Nerfs du testicule et glande interstitielle. Bull. Hist. appl. 17, 25—27 (1940).
Wyndham, N. R.: A morphological study of testicular descent. J. Anat. (Lond.) 77, 179—188 (1943).
Yamada, W.: On the internal cremaster muscle. Yokohama med. Bull., Suppl. 1, 12, 23—36 (1961).
Young, D.: Bilateral aplasia of the vas deferens. Brit. J. Surg. 36, 417—418 (1949).
Zipper, J.: Eine seltene Anomalie des Hodens bzw. des Nebenhodens. Zbl. Chir. I 53, 1182—1184 (1926).

M. Mikroskopische Anatomie des Hodens und der ableitenden Samenwege

H. FERNER und CHR. ZAKI

Mit 48 Abbildungen

I. Mikroskopische Anatomie des Hodens
Einleitung

Ein normaler männlicher Hoden wiegt 20—30 g. Der paarige Hoden (Testis, orchis, didymoi) erweist sich als ein Organ, das aus einem tubulösen „exokrinen" Anteil mit einer mehrschichtigen Wandauskleidung, dem „Samenepithel", und einem intertubulären, durch Abgabe eines den Geschlechtscharakter prägenden Hormons (Testosteron), also einem endokrinen Bestandteil in Gestalt der Leydigschen Zwischenzellen besteht. Dem „Samenepithel" der Hodenkanälchen obliegen die Bildung und Abgabe der Samenzellen und der Flüssigkeit, in welcher sie nach der Freisetzung suspendiert sind. Von manchen Forschern wird in den Sertolizellen die Quelle eines zweiten Hodenhormons, des X-Hormons (Inhibin), mit oestrogener Wirkung vermutet. Die Funktion beider Hodenanteile, die Samenbildung und Testosteronbildung, wird über das Sexualzentrum im Hypothalamus von Hypophysenvorderlappenhormonen, dem ICSH und dem FSH, gesteuert, wobei ersteres vornehmlich auf die Leistungshöhe der Zwischenzellen, letzteres auf die Samenreifung und besonders die Reifungsteilungen einwirkt. (Siehe Schema der Regulation der Hodenfunktion, Abb. 1.)

1. Architektonik und Gerüstwerk des Hodens

Der menschliche Hoden setzt sich aus 200—250 Hodenläppchen zusammen, die durch Septula testis voneinander getrennt sind. Ihre Basen liegen der Tunica albuginea zugewandt, ihre Spitzen konvergieren zum Rete testis. Die Läppchen bestehen jeweils aus 1—4 gewundenen, miteinander anastomosierenden Hodenkanälchen, den Tubuli contorti. Die Scheidewände (Septula testis) zwischen den einzelnen Läppchen sind dünn und haben den gleichen Aufbau wie die innersten Schichten der Tunica albuginea. Sie enthalten jedoch mehr Zellen. Innerhalb der Läppchen breitet sich intertubulär ein zartes (retikuläres) Bindegewebe mit einzelnen kollagenen Fasern aus, die in der Basalmembran der Kanälchen verankert sind. Das Zwischengewebe enthält wenige Fibrocyten, einzelne Mastzellen und in der Umgebung der Gefäße Histiocyten.

Die Hodenkanälchen münden am Mediastinum gestreckt in das Rohrsystem des Rete testis ein. Sie sind leicht zu isolieren. Jedes Kanälchen ist 30—50 mm lang, hat einen Durchmesser von 200—300 μ und wird von einer festen Bindegewebshülle, der Tunica propria umgeben, in der gegen das Mediastinum hin zunehmend einzelne glatte Muskelzellen eingelagert sind. Um seiner Aufgabe, die Spermatogonien in hochspezialisierte Spermatozoen umwandeln zu können, zu genügen, muß das Samenkanälchen derart konstruiert sein, daß begünstigende Umstände zur Vollendung jedes der Stadien der Spermatogenese vorliegen. Zwei

Faktoren charakterisieren diese Struktur. Erstens die Basalmembran, welche die Blutgefäßversorgung außerhalb des Kanälchens von den Samenzellen innerhalb trennt. Das zweite fundamentale Element bilden die Sertolizellen, die in einer regelmäßigen Reihe auf der Basalmembran liegen. Ihre langgestreckten Körper reichen bis zum Lumen und ermöglichen somit eine radiäre Orientierung in der

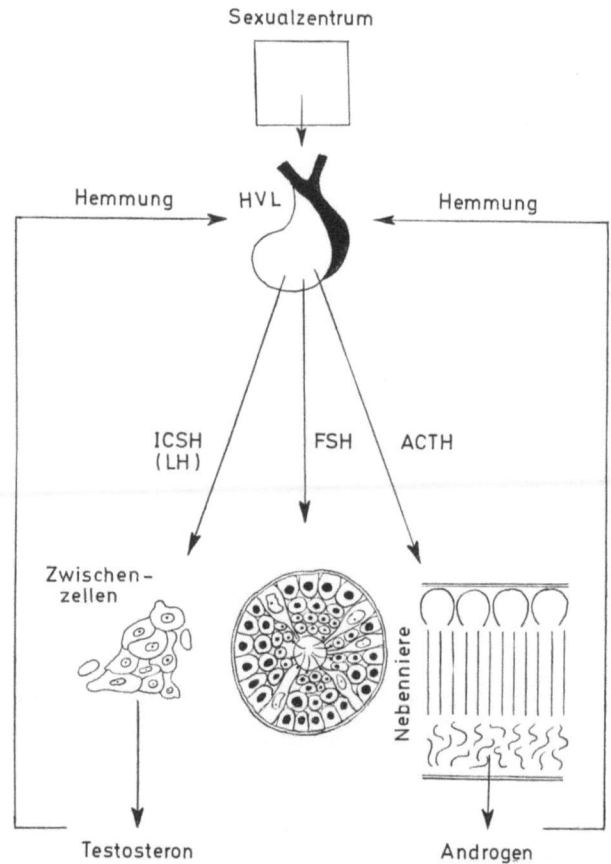

Abb. 1. Schema der hormonalen Steuerung der Spermiogenese

Architektur des Kanälchens. Wenn primäre Spermatocyten gebildet werden, ordnen sie sich in Ringen zu sechs um jede Sertoli-Zelle. Diese Anordnung führt später zu vier Lagen mit Ringen von sechs Spermatiden in jeder. Mit der wachsenden Entfernung der Samenzellen von der Basalmembran wird die Diffusion der außerhalb liegenden Blutversorgung ungenügend, und die Sertolizellen bekommen eine besondere Bedeutung. Die voneinander abhängigen Änderungen von Sertolizellen und der mit ihnen verbundenen Samenzellen führen jede Samenzelle zur Reifung, während sich die Stützzelle für die nächste Generation vorbereitet. Das Lumen der Samenkanälchen im normalen Hodengewebe ist bei der Biopsie oft mit Zellen oder einem Coagulum gefüllt.

Die Tunica albuginea ist etwa 400—600 μ dick und gewährleistet durch ihre Unnachgiebigkeit einen gleichbleibend hohen Hodenbinnendruck, der für die Bildung der Samenzellen und deren Transport in den Nebenhoden von Bedeutung zu sein scheint. Sie besteht beim Erwachsenen aus mehreren Lagen. Außen liegt eine dünne Schicht kollagener Fasern ohne elastische Elemente. Die Schicht ist nicht immer deutlich ausgebildet, manchmal fehlt sie ganz. SPANGARO (1901) gibt ihre Dicke mit 30—50 µ an. Die nächste Lage wird von einem Flechtwerk dicker kollagener Bindegewebsbündel gebildet. Mit ihnen ziehen gesondert feine kollagene Fibrillen, deren Zahl nach innen zunimmt, und die, ineinander verflochten,

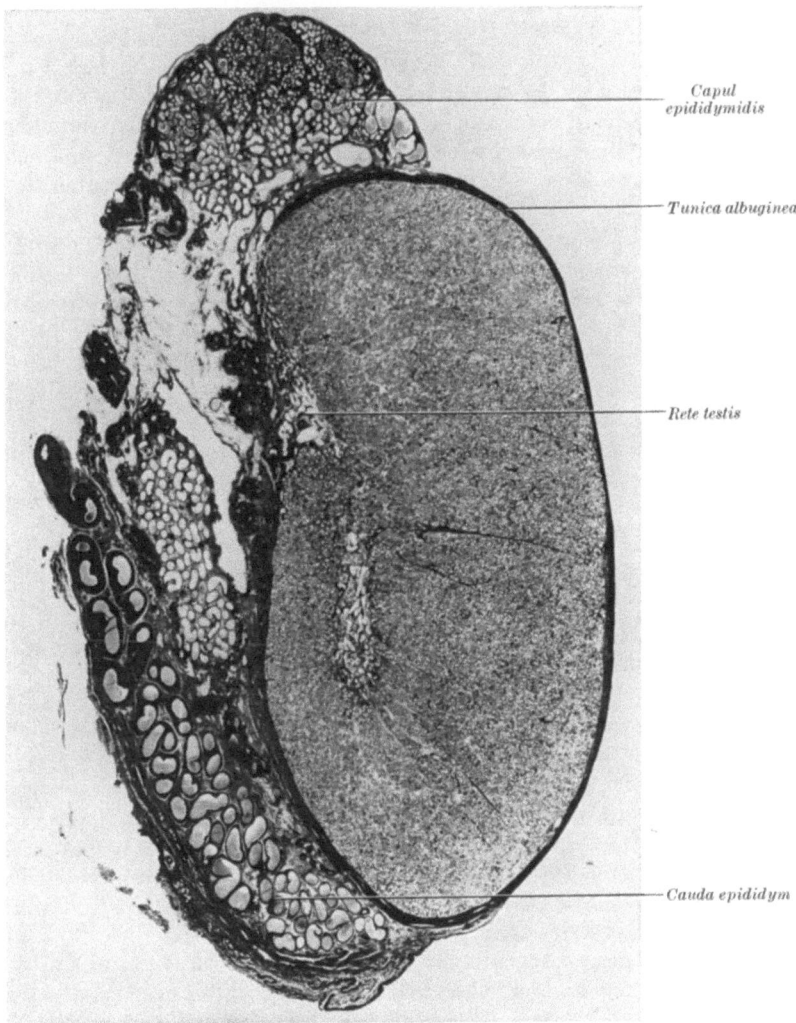

Abb. 2. Hoden und Nebenhoden eines geschlechtsreifen Mannes, saggitaler Totalschnitt. (Aus dem histologischen Laboratorium des Anatomischen Instituts der Universität Heidelberg)

schräg und senkrecht zur Oberfläche ziehen. Zuinnerst wird das Flechtwerk locker, dicke Fibrillen fehlen ganz. Die Schicht wird von wenigen feinen elastischen Fasern durchsetzt, die sich erst mit zunehmendem Lebensalter ausbilden und später erheblich vermehren. Alle Schichten der Tunica albuginea enthalten kleine muskelstarke Arterien und parallel zur Oberfläche ziehende Venen. Es gibt nur wenige Capillaren. Die Zellen dieser Hülle sind hauptsächlich Fibrocyten. Ihre zur Oberfläche abgeplatteten Kerne sind 8—14 µ lang und etwa 1—1,7 µ dick. Histiocyten liegen zumeist im lockeren Bindegewebe um die Gefäße und in den innersten

Schichten. Hier findet man auch öfter kleine Gruppen von Zwischenzellen. MÖLLENDORFF (1928) sieht einige Muskelzellen in der Nähe des Mediastinums. Nach innen zu geht die Tunica albuginea lichtoptisch ohne deutliche Grenze in das Hodenzwischengewebe über.

Über die Bindegewebsstrukturen am Mediastinalkörper des menschlichen Hodens liegt von A. HOCHSTETTER (1956) eine eingehende Untersuchung vor; er gibt die folgende Schilderung:

„Die mit der Albuginea verbundene Basis mediastini hat den Umriß eines Komma. Sie mißt beim Erwachsenen bis zu 25 mm Länge und 4 mm größter Breite. An ihr sind bikonkav begrenzte Verspannungsbänder verankert, welche die tiefste Lage der dorsalen Albugineahälfte bilden. Sie stehen senkrecht zum Rand der Mediastinalbasis, verlaufen daher seitlich, wo sie am längsten sind, rein transversal, am oberen Ende aber radiär. Die Ränder der sich teilweise überlagernden Bänder umschließen Lücken von eiförmigem Umriß, welche durch feinste Ausstrahlungen einen häutchenartigen Abschluß erhalten. Der Fußteil der Bänder strahlt in das bindegewebige Balkenwerk des Mediastinalkörpers und gestaltet seine Architektonik. Ein Teil der Fasern bildet einen Verstärkungszug am Rande der Mediastinalbasis. Durch die Aufteilung dieser Bänder und ihre Querverbindungen entsteht ein Bandnetz, das besonders deutlich die Polgegenden des Hodenkernes kappenförmig überzieht. Dieses, stellenweise deutlich geschichtete Bandnetz geht nach ventral teils in einen Faserzug über, der wesentlich im frontalen Meridian des Hodens liegt, teils in die hier dicht verfilzte Albuginea. Im caudalen Bereiche der Mediastinalbasis sind die Retespalten grundsätzlich längsgestellt, cranial, im Austrittsbereiche („Samenhilus") liegen sie in allen Richtungen. Volumenvermehrung des Hodens führt automatisch zu einem Zug an den Verspannungsbändern und eröffnet so die Retelücken und die durch die Mediastinalbasis austretenden Hodenvenen."

Die Tunica propria besteht nach älteren Angaben aus einer Gitterfasermembran, der nach außen eine Schicht kollagener und elastischer Fasern folgt. Zwischen diesen liegen Fibrocyten und Histiocyten. LEESON und LEESON (1963) beschreiben (bei der Ratte) vier Lagen des Bindegewebes um die Samenkanälchen:

1. eine nicht zellige Lage, welche aus einem Netzwerk kollagener Fibrillen zwischen zwei Basalmembranen besteht,

2. eine innere Lage flacher Zellen, die Ähnlichkeit mit glatten Muskelzellen haben mit intracytoplasmatischen Fibrillen und mikropinocytotischen Bläschen,

3. eine äußere nicht zellige Lage mit locker gelagerten Kollagenfibrillen und einer gewöhnlich einzelnen Basalmembran, und

4. eine äußere Lage mit Zellen ohne Fibrillen. Auf die zweite Lage beziehen sich wohl Angaben von Ross und LONG (1966), die in der Lamina propria sog. contractile Zellen beschreiben, die die Tubuli contorti umwickeln, und von denen man annimmt, daß sie die von ROOSEN-RUNGE (1951) bei Nagern beobachteten Bewegungen der Tubuli bewirken.

Bei der Geburt liegt das Epithel des Samenkanälchens nach LEESON auf einer Basalmembran, welche es von einer Lage milchig kubischer Zellen trennt. Außerhalb liegt eine schmale intercelluläre Zone mit lockerem Bindegewebe und eine Region mit Mesenchymzellen verschiedener Form. 10 Tage postnatal haben sich die 4 Lagen aus einer Lage flacher Zellen außerhalb des Mesenchyms entwickelt. Nach 22 Tagen ist die Bindegewebsentwicklung abgeschlossen. In der Basalmembran der Samenkanälchen und in Pinocytosebläschen in Bindegewebszellen unter den Kanälchen finden TICE und BARNETT (1963) nichtspezifische Phosphatase-Aktivität auf neutrales pH.

2. Blutgefäße, Lymphgefäße und Nerven des Hodens
a) Blutgefäße

Die zum Hoden ziehende A. testicularis bildet im Samenstrang eine Ranke, die von dem Venengeflecht des Plexus pampiniformis völlig umschlossen wird. Die Lymphgefäße liegen in der Peripherie des so entstehenden Samenstranges.

REPCIUC und ANDRONESCOU (1963) beschreiben muskulös-elastische Kissen in der Arteria testicularis, die bisher nur selten und kurz erwähnt wurden (STIEVE, 1930). Diese Gebilde sind diskontinuierlich auf die ganze Länge der Arterie verteilt. Ein Kissen besteht meist aus wenigen, längs angeordneten glatten Muskelfasern, die einerseits der Lamina limitans interna aufliegen, andererseits aber durch eine Abzweigung dieser Schicht gegen die zirkulären Muskelfasern abgegrenzt

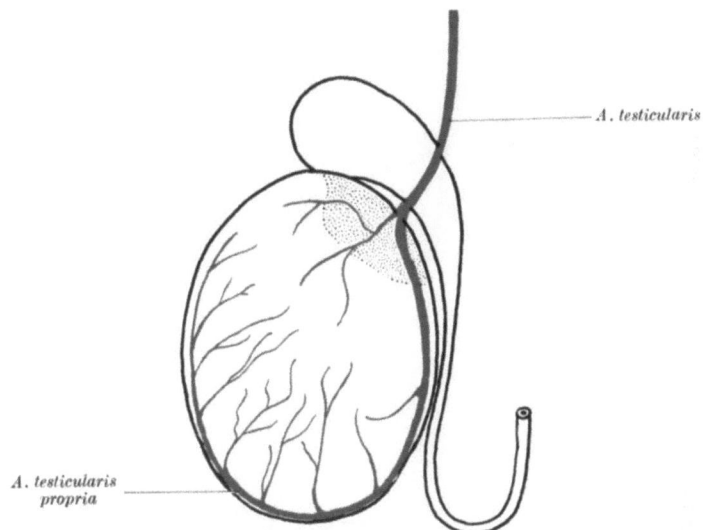

Abb. 3. Schema der Arterienversorgung des menschlichen Hodens

sind. Die äußere elastische Begrenzung ist aufgesplittert, die Längsfasern treten mit den Ringfasern teilweise in Verbindung. Selten sind die Kissen exzentrisch mächtig verdickt. An der Stelle ihres Sitzes erscheint die Arterie abgewinkelt. Einige Kissen liegen jedoch intimawärts von der Lamina limitans interna. Ihre Muskelfasern werden von feinsten elastischen Fäserchen umsponnen. Auch diese Muskelfasern stehen stellenweise mit denen der Media in Verbindung. Solche Kissen sind nur innerhalb des Leistenkanals zu finden. Auch außerhalb der zirkulären Media liegen Längsmuskelbündel, die nicht zum Cremaster internus gehören. Innere und äußere Längsmuskelfasern begleiten also die Arterie in ihrer ganzen Länge. Sie sind am stärksten in Nähe des inneren Leistenringes und im funikulären Teil der Arterie entwickelt. Auch die Arteria ductus deferentis und die Arteria cremasterica besitzen Kissen, sowie sämtliche Arterien innerhalb des Funiculus spermaticus. Ihre Bedeutung wird von REPCIUC und ANDRONESCOU folgendermaßen erklärt: Die Längsmuskelfasern sollen den Arterien ermöglichen, sich beim Geschlechtsakt aktiv zu verkürzen.

In unmittelbarer Nähe der Arteria testicularis oberhalb des Leistenkanals liegen kleine vegetative Ganglien, deren Zellen Abnutzungspigment enthalten. Die von diesen Mikroganglien ausgehenden Nervenstränge ziehen zur Arteria testicularis. Einige ihrer Fasern sind myelinhaltig, wahrscheinlich handelt es sich um sensible Fasern.

Wie beim Säugetier umschlingt auch beim Menschen die dorsocranial an den Hoden herantretende Arteria testicularis propria denselben zunächst an seiner Oberfläche und breitet sich dann von ventrocaudal her am freien Rand mit ihren Ästen aus. Diese dringen, nachdem sie stets vorher ein Stück geschlängelt in

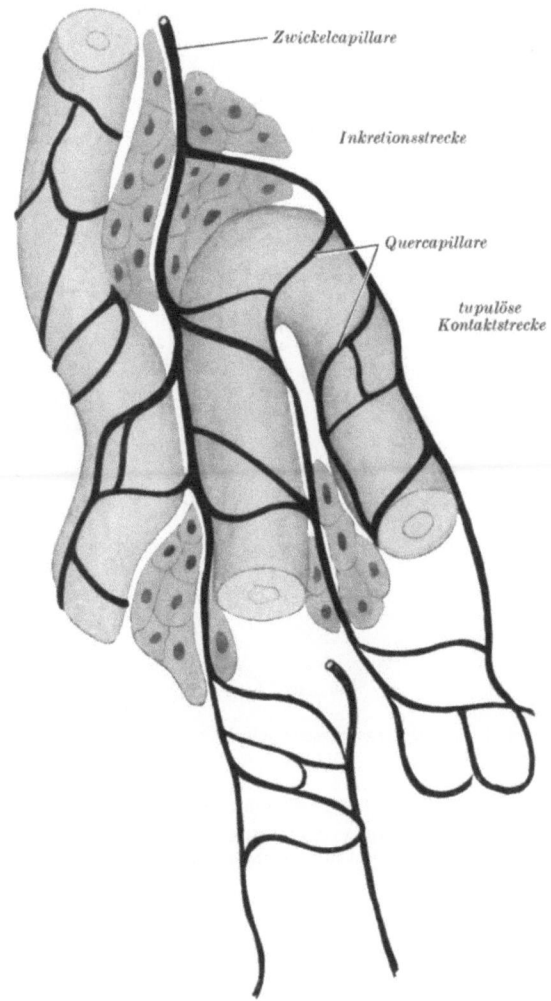

Abb. 4. Capillarsystem des Hodens mit abwechselnden inkretorischen und canaliculären Strecken. Zwickelcapillaren und Quercapillaren folgen mehrfach aufeinander

der Tunica albuginea verlaufen sind, plötzlich senkrecht in das Innere der Gonade ein und laufen dann dorsalwärts auf das Mediastinum testis (Abb. 3) zu. Im Bindegewebskörper lösen sich die zentripedalen Arterienzweige in Rami recurrentes auf, die rückläufig wieder zur Peripherie ziehen. Erst diese Gefäße verteilen sich im Parenchym, sie speisen ein strickleiterförmig die Samenkanälchen umspinnendes Capillarnetz.

Das Capillarnetz des Hodenparenchyms ist einheitlich, d.h. für die beiden Funktionsstrukturen Kanälchen und Zwischenzellen nicht separiert. Die

Samenkanälchen werden von „Zwickelcapillaren" begleitet, die mit „Quercapillaren" verbunden sind. Erstere werden mehr oder weniger von Leydigschen Zwischenzellen umlagert, was sich schon aus räumlichen Gründen ergibt, während die von Zwischenzellen freien Anteile des Capillarnetzes, die „Quercapillaren" mit der Wand der Samenkanälchen unmittelbar in Kontakt treten (FERNER, 1958; Abb. 4).

In dem einheitlichen Capillarnetz um die Samenkanälchen wechseln so Strecken mit Zwischenzellsäumung mit Strecken des unmittelbaren Wandkontaktes ständig ab (Inkretionsstrecke und tubuläre Kontaktstrecke) (Abb. 5). Das von den Zwischenzellen abgegebene Hormon kommt in der unmittelbar folgenden tubulären Kontaktstrecke in hoher Konzentration zur Wirkung. Auf diese Weise wird im Bereiche des ganzen Hodens eine gleichmäßig hohe Testosteronkonzentration erreicht, die höher als der allgemeine Testosteronspiegel des Blutes ist. Diese

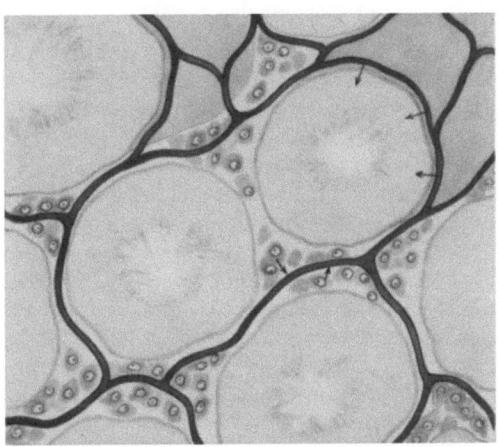

Abb. 5. Das gemeinsame Capillargitter des Hodens, in welchem Inkretionsstrecken für Testosteron (Zwickelcapillaren) und Wirkungsstrecken (Quercapillaren) abwechseln

höhere Testosteronkonzentration ist eine Voraussetzung für die normale Spermiogenese (Nahwirkung, Kontaktwirkung nach FERNER, 1957).

Die Venen des Hodens folgen nicht den Arterien. Sie verlassen die Gonade auf zwei direkten Wegen: teils über periphere Sammelgefäße, teils über zentrale Venen. Beide stehen miteinander in Verbindung und vereinigen sich am Hilus zum Plexus pampiniformis.

b) Lymphgefäße

Über das Lymphgefäßsystem von Hoden und Nebenhoden existieren zahlreiche, sich widersprechende Angaben. Nach Untersuchungen von LUDWIG und TOMSA (1861), TESTUT (1894), STIEVE (1930) und anderer Autoren, die die Organe mittels verschiedener Injektionsmethoden untersuchten, besteht schon zwischen den Tubuli seminiferi ein mehr oder weniger engmaschiges Capillarnetz, das dem Verlauf der Venen folgt und mit den Lymphgefäßen des Funiculus spermaticus in Verbindung steht. Erst in jüngerer Zeit ging man dazu über, das Lymphgefäßsystem des Hodens und Nebenhodens durch Venenstauung darzustellen. RÉNYI-VÁMOS (1954) schreibt dazu: „Jener Teil der interstitiellen Flüssigkeit im Hoden, der das Interstitium über die Lymphgefäße verläßt, strömt durch das Interstitium und dann durch die Septula, um bis zu den Lymphgefäßen zu gelangen." Die Lymphgefäße beginnen nach seiner Ansicht außerhalb des Parenchyms, in der Tunica albuginea. Auch die von BRZEZINSKI (1963) erhobenen Befunde sprechen gegen die Existenz von Lymphcapillaren innerhalb des Hodens und Nebenhodens. Sie verlaufen erst in der Organkapsel bzw. unterhalb in den periphersten Abschnitten der Septula testis. Die initialen Abschnitte beginnen in beiden Organen blind und haben zu den größeren Gefäßen des Samenstrangs Anschluß nach Durchtritt durch die äußeren Kapselschichten. WENZEL (1966), der eine kombinierte Stauungs- und Injektionsmethode anwendet, findet zwar Lymphgefäße in den Septula testis, im Bereich der Rete testis und in allen Schichten der Tunica albuginea, jedoch keine zwischen den Tubuli selbst. Die Wand der Lymphcapillaren wird von einer geschlossenen Endothellage ausgekleidet. Für das Bestehen von Stomata ergibt sich nach licht- und elektronenoptischen Befunden von CASLEY-SMITH und FLOREY (1961) kein sicherer Anhalt. Das Endothel besitzt keine oder nur eine irreguläre Basalmembran.

c) Nerven des Hodens

Die vegetativen Nerven des Hodens stammen aus dem X. Thorakalsegment und gelangen über den Plexus spermaticus oder den Plexus deferentialis zur Keimdrüse. Die sensiblen Nerven laufen zum Nervus pudendus und ilioinguinalis. WATZKA (1947) beobachtet in den chromaffinen Paraganglien des frühkindlichen Plexus prostatico-deferentialis Lamellenkörperchen, die später zusammen mit den chromaffinen Zellen verschwinden. Die Nerven dringen entlang dem Caput epididymidis schräg durch die Tunica albuginea und ziehen gegen den unteren Pol des Hodenparenchyms. Einige Nervenbündel ziehen mit den Gefäßen zum Rete testis, die Hauptmasse der marklosen Fasern aber bildet ein Geflecht zwischen Tunica albuginea und Tunica vasculosa und schickt von hier aus zarte Äste durch die Septula testis in das Parenchym. TIMOFEEW (1894) wird später von anderen Autoren (u. a. PETERS, 1957; STÖHR, 1957) in der Annahme bestätigt, daß die Nerven nach ihrem Eintritt ins Zwischengewebe zuerst unverzweigt entlang den Gefäßen verlaufen. Später umspinnen sie sie dann mit feinen Geflechten. Einzelne feinste Fäserchen zweigen ab und lagern sich den Zwischenzellen sowie der Tunica propria der Samenkanälchen an. Auch sie bilden feine Geflechte; sie endigen mit zahlreichen verschieden geformten Endverdickungen. Sie dringen nach Meinung der Mehrzahl der Untersucher niemals in die Zwischenzellen oder die Kanälchen ein. PETERS (1957) fand jedoch feinste Neurofibrillen auch zwischen den Spermatogenesezellen. Das Vorhandensein zahlreicher Varicositäten in den Faserabschnitten, die den Leydigzellen und Hodenkanälchen anliegen, deutet darauf hin, daß es sich um terminale Faserstrecken handelt (BAUMGARTEN und HOLSTEIN, 1967). Die sympathische Innervation der für die Bildung des Keimdrüsenhormons zuständigen Zwischenzellen läßt sich auch an Leydig-Zellen außerhalb des Hodens (im Samenstrang und Nebenhoden) beobachten (WATZKA, 1955; BAUMGARTEN und HOLSTEIN, 1967). Dickere Fasern endigen keulenförmig im Bindegewebe. Ganglienzellen wurden niemals beobachtet, jedoch beschrieben BERGER (1908) und andere inmitten der Nervenbündel epitheloide Zellen, die wahrscheinlich dem sympathischen Nervensystem zuzuordnen sind und vielleicht mit den Zwischenzellen in Verbindung stehen.

3. Der fetale und der kindliche Hoden

Das Keimdrüsenfeld differenziert sich beim 4—5 mm langen Keimling in einer medialen Abspaltung der Urnierenfalte: Geschlechtsfalte, die, vom 6. Brustsegment ausgehend. sich bis zum 2. Sacralsegment ausdehnt. Durch gleichzeitig in caudaler Richtung fortschreitende Rückbildung wird das Feld später auf die 3—4 caudalen Segmente beschränkt.

Die aus Epithelzapfen der Keimdrüsenanlage ausgewachsenen Keimstränge bestehen beim 13 mm langen Embryo aus den Abkömmlingen des Keimepithels: kleinen, unscharf begrenzten Zellen mit dichten basophilen Kernen unterschiedlicher Form, und vereinzelt größeren helleren Zellen mit rundlichen, locker strukturierten Kernen. Die Stränge werden von polygonal gestalteten Mesenchymzellen umgeben.

Mit der Hodenentstehung sondert sich beim 20—30 mm langen Keimling das Mesenchym, in dem die ersten argyrophilen Fasern auftreten, in einen lockeren

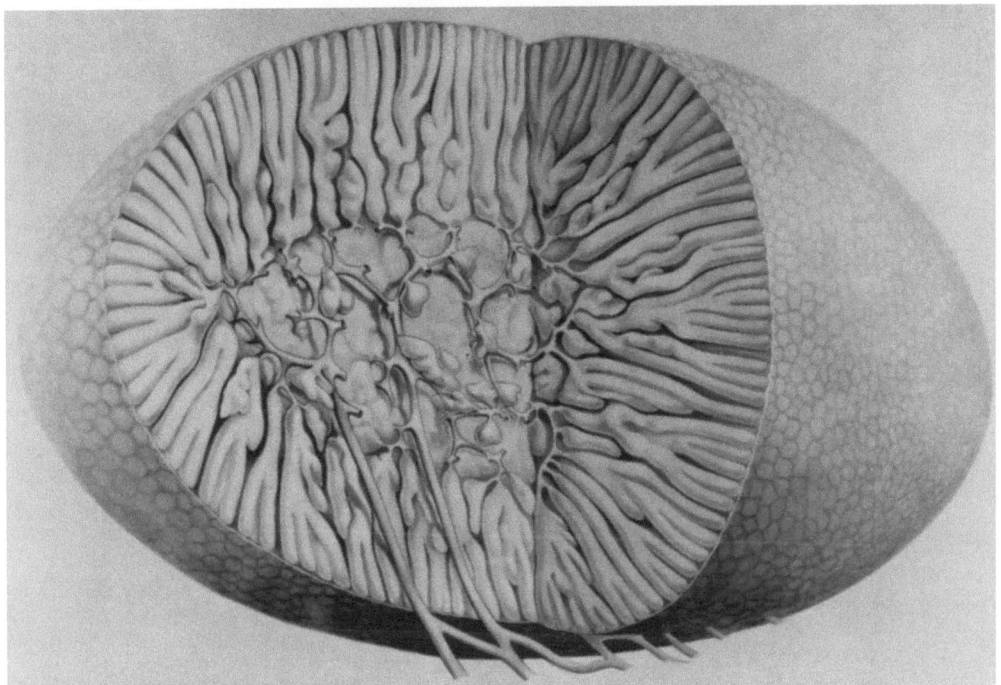

Abb. 6. Halbschematische Darstellung eines aufgeschnittenen Froschhodens. Beachte den radiären Verlauf der Samenkanälchen mit gabelförmigen Teilungen. (Aus FERNER und I. MÜLLER, 1956)

subepithelialen Bindegewebsabschnitt, den Vorläufer der Tunica albuginea, und einen inneren Bezirk, in dem sich die leicht geschlängelten Hodenstränge durch Längenwachstum der Keimstränge differenzieren. Diese wachsen radiär zur Oberfläche, wobei sie sich gabelförmig teilen (Abb. 6). Die unentwickelten Hodenzellen der Stränge sind jetzt etwas größer, ovoid, und besitzen runde bis walzenförmige Kerne, die quer zur Strangachse ausgerichtet liegen. In diesem Stadium differenzieren sich aus dem Mesenchym große dunklere Zellelemente mit ovoiden oder runden Kernen, die eine lebhafte mitotische Aktivität zeigen: die embryonalen Zwischenzellen.

Durch starke Zellvermehrung im Inneren der Hodenstränge wachsen diese weiter in die Länge. Das Längenwachstum bedingt eine stärkere Aufwicklung zu Tubuli contorti, die bis nach der Geburt in der Hauptsache aus soliden Epithelsträngen mit vereinzelten Spermatogonien bestehen (Abb. 7 und 8).

Mit der Geburt ist die Einwirkung der mütterlichen Hormone und damit die Wachstumsaktivität abrupt beendet, und das Organ gerät in ein relatives Ruhe-

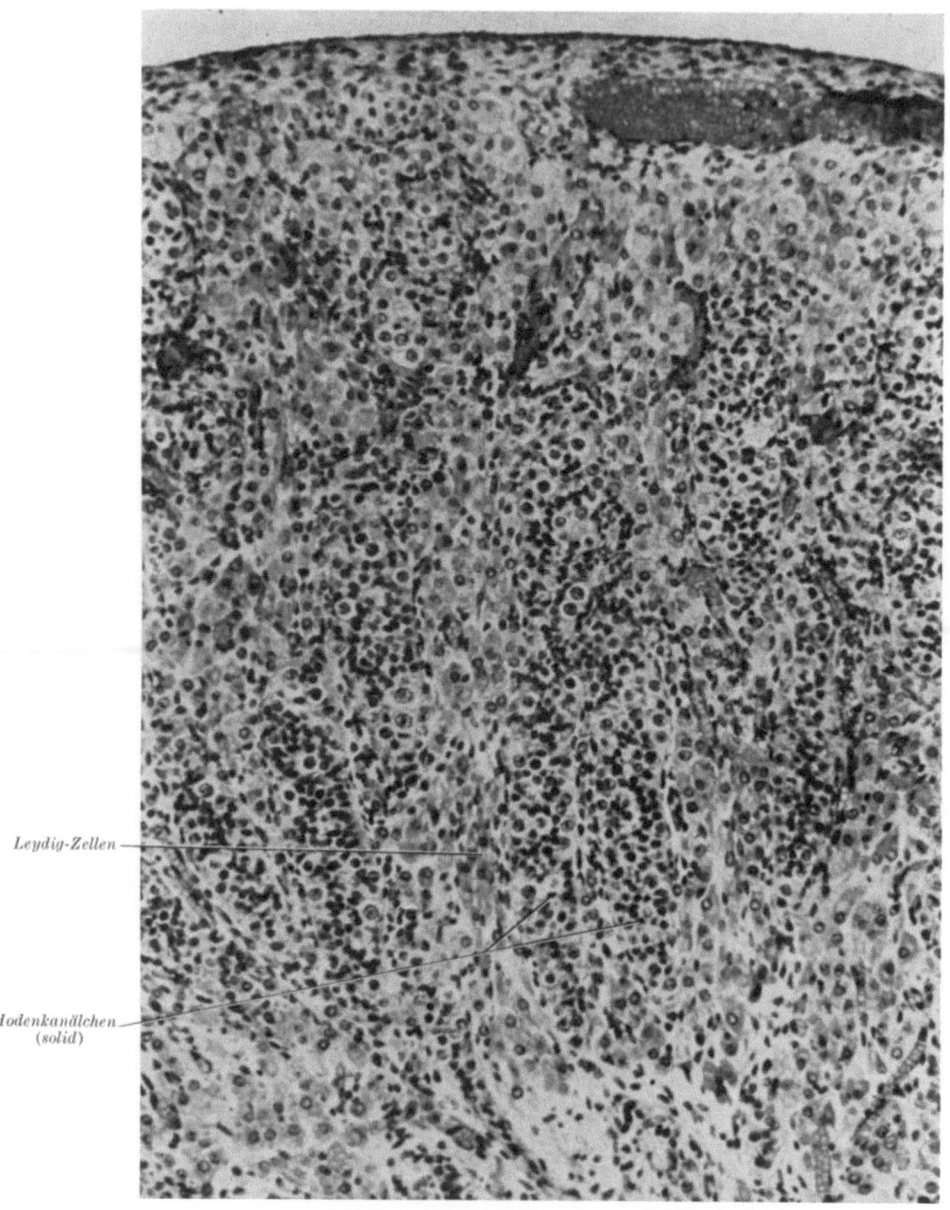

Abb. 7. Hoden eines menschlichen Fetus, 30 cm SSL. H.-E.-Färbung

stadium (Abb. 9). Der Hoden von Knaben im Alter von 3 Wochen bis zu 4 Jahren gesteht aus soliden, leicht gewundenen Hodensträngen, die aus wenigen großen germinativen Zellen und vielen kleinen ovoiden Zellen mit dichten basophilen Kernen bestehen. Daneben sieht man Übergangsformen in allen Stadien. Die Kerne sind in 3 oder 4 unregelmäßigen Schichten konzentrisch gelagert.

Zwischen dem 5. Lebensjahr und der Pubertät bilden die Hodenstränge ein Lumen aus und werden damit erst zu richtigen Kanälchen; die undifferenzierten Zellen sind in 2 Schichten längs der Basalmembran angeordnet. Bei 6—8jährigen

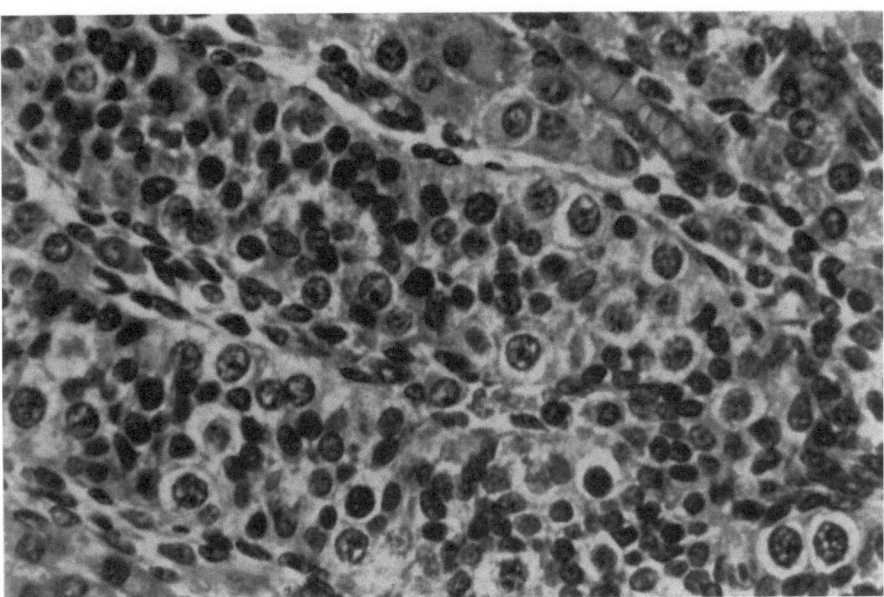

Abb. 8. Hoden eines menschlichen Fetus, 30 cm Länge, Ausschnitt. Man sieht noch die soliden Hodenkanälchen und wohlausgebildeten Zwischenzellen

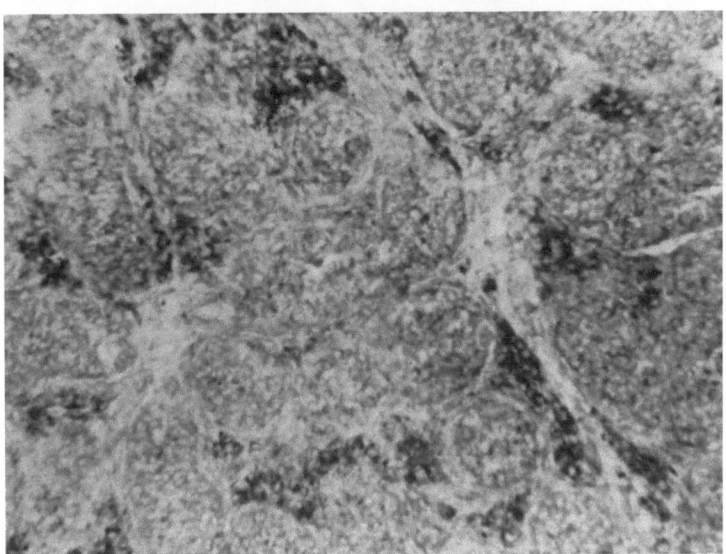

Abb. 9. Hoden eines menschlichen Fetus (40 cm), noch im Leistenkanal gelegen. Sudanschwarz B. Lipide sind in reichlicher Menge in den Leydigschen Zwischenzellen und in Sertolizellen entsprechenden Elementen eingelagert.
(Aus FERNER und RUNGE, 1956)

Knaben erscheinen die Kanälchen noch schmal, aber schon stärker gewunden, ein Lumen ist in der Regel vorhanden.

Es ist wichtig, festzustellen, daß die erste Differenzierung des germinativen Epithels mit 10 Jahren stattfindet und daß diese Entwicklung mit dem Alter zusammenfällt, in welchem erstmalig Gonadotropine und 17-Ketosteroide im Harn in einer schätzbaren Quantität gefunden werden. Einige Jahre also, bevor die Pubertät an der körperlichen Entwicklung sichtbar wird, vergrößern sich die kleinen undifferenzierten Zellen, das Kernchromatin wird weniger dicht, und es werden Kernkörperchen sichtbar. Im Alter von 10 Jahren sind die Samenkanälchen bereits vergrößert, mit einem mittleren Durchmesser von 72 μ, und stark gewunden. Sie werden von mehreren Zellschichten ausgekleidet; die meisten Zellen sind Spermatogonien.

Im Laufe der Pubertät tauchen nun schrittweise Sertolizellen auf, deren Kerne sich zu den charakteristischen Sertolikernen differenzieren. Vom morphologischen Standpunkt ist es denkbar, daß beide, die Sertolizellen und die germina-

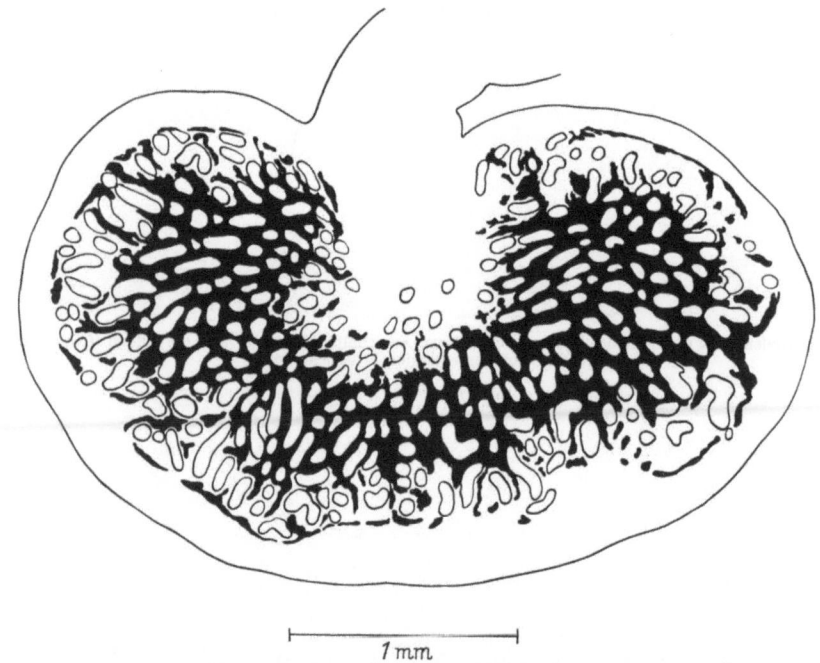

Abb. 10. Hoden eines menschlichen Fetus in der zweiten Hälfte der Schwangerschaft. Topographische und quantitative Verteilung der Hodentubuli (weiß) und der Zwischenzellen (schwarz).
(Aus FERNER u. RUNGE, 1956)

tiven Zellen, ihren gemeinsamen Ursprung in den undifferenzierten Zellen der Kanälchen haben.

Die Reifung des Hodenparenchyms beginnt also mit 10 Jahren und schreitet in einem Zeitraum von 3—5 Jahren weiter fort, bis sie vollendet ist. Mit 11 Jahren hat die mitotische Aktivität merklich zugenommen, man beobachtet Teilungen zu Spermatocyten 1. und 2. Ordnung, gelegentlich sogar bis zu einzelnen Spermatiden. In den Jahren der Pubertät, im Alter von 10—15 Jahren, sind die Samenkanälchen weit, sie haben einen Durchmesser von 100—150 μ (beim Erwachsenen beträgt der mittlere Durchmesser 150—180 μ) und sind stark gewunden. Sie zeigen eine spermatogenetische Aktivität bis zur Produktion neuer Spermatozoen.

Die Ausbildung der Zwischenzellen erfolgt in 2 Schüben. Der erste Schub liegt im 2.—4. fetalen Monat. Bezogen auf die Masse der Tubuli contorti enthält der Hoden des 90—120 mm langen Keimlings die meisten Zwischenzellen (Abb. 10). Morphologisch unterscheiden sich die fetalen Zwischenzellen von den Leydig-Zellen des Erwachsenen insofern, als die fetalen Zwischenzellen zahlreicher sind, weniger Lipoide enthalten und frei von Kristalloiden und Pigmenten sind.

Nach der Geburt bilden sich die Zwischenzellen völlig zurück; schon vom 5. Embryonalmonat an zeigen sie eine nachlassende mitotische Aktivität. Das Mengenverhältnis verschiebt sich gegen Ende der Schwangerschaft immer mehr zugunsten des Kanälchenepithels. Im Hoden des 4—9jährigen Knaben finden sich nur noch Fibrocyten und Histiocyten.

Die zweite Zeit der Ausbildung liegt im 12.—14. Lebensjahr. Erst dann differenzieren sich, gleichzeitig mit der Samenbildung, die Zwischenzellen, in Abhängigkeit von den gonadotropen Hormonen der Hypophyse voll aus. Im Anfang der Pubertät, wenn sich die sekundären Geschlechtsmerkmale auszubilden beginnen und die tubuläre Aktivität bereits ausgesprochen ist, scheinen die interstitiellen Zellen in ihrer Ausbildung nachzuhinken. Sie erscheinen lange undifferenziert. Dieser Eindruck täuscht insofern, als in vielen den Fibroblasten ähnlichen Zellen bereits Lipoidtröpfchen nachzuweisen sind. Wenn man annimmt, daß die Lipoide innerhalb der Zellen eine Hormonproduktion und -speicherung anzeigen, dann ist es einleuchtend, daß die gewöhnlichen Färbemethoden eine Aktivierung des Zwischenzellsystems nicht erkennen lassen. Während der folgenden 2—3 Jahre entwickeln sich aus den Mesenchymzellen aber deutlich die Leydigschen Zwischenzellen in großer Zahl und sind weit mehr vorhanden als im Hoden des Erwachsenen. Beim etwa 17jährigen erreicht das Zwischenzellsystem die Charakteristika desjenigen vom Erwachsenen.

Die normale Leistungsfähigkeit der Kanälchen und der Zwischenzellen als Testosteronquelle hängt von der normalen Funktion der Hypophyse wie von den gegenseitigen Beziehungen zwischen Hoden und Hypophyse ab. Die Anteile des Organs reagieren als Ganzes. Die Zwischenzellen, die Sertolizellen und die germinativen Zellen sind alle zusammen entweder normal oder anormal. Doch wird deutlich, daß die Kanälchenfunktion abhängig ist von den Zwischenzellen, da die Hodenkanälchen niemals der Norm entsprechen, wenn die Leydigschen Zellen abnorm sind oder fehlen.

4. Die Hodenkanälchen
a) Das Samenepithel

Das Schnittpräparat des erwachsenen Hodens zeigt bei spermatogenetischer Tätigkeit kein einheitliches Bild, sondern die benachbarten Kanälchen befinden sich in verschiedenen Stadien der Spermatogenese. Es ist daraus ersichtlich, daß sich die Samenbildung im Verlauf eines Kanälchens in sich periodisch wiederholenden Schüben vollzieht. Diese cyclisch wellenförmigen Schübe laufen beim Menschen nicht so regelmäßig ab wie beim Laboratoriumstier (Abb. 11).

Beim Keimling und beim Knaben bis zur Pubertät besteht die Hauptmasse des Epithels noch aus unentwickelten Hodenzellen (indifferenten Samenzellen). Es sind 10—14 μ große Zellen mit rundem bis eiförmigem, etwa 4—6 μ großem Kern. Dieser ist sehr zart strukturiert und enthält 1—3 Kernkörperchen von 0,25—0,5 μ Durchmesser. Durch die enge Lagerung sind die Zellen gegeneinander abgeplattet. Ihr Cytoplasma ist mit Mitochondrien gefüllt, die stäbchenförmig, mit zunehmendem Lebensalter mehr körnchenförmig sind. Die Sphäre mit dem Zentralkörperchen ist deutlich erkennbar. Aus diesen Zellen gehen sowohl Samenzellen als auch Fußzellen hervor. Unter den letztgenannten versteht STIEVE (1930) vorerst ruhende Zellen verschiedener Form, die später zu Sertolischen Stützzellen ausreifen. Die unentwickelten Hodenzellen vergrößern sich, ehe sie sich teilen; die Nucleolen zerfallen, die vergrößerten Mitochondrien ordnen sich in Kernnähe. Im ganzen gewinnt die Zelle das Aussehen einer Spermatogonie, teilt sich jedoch wieder in zwei unentwickelte Hodenzellen oder, seltener, in Zellen, die diesen völlig

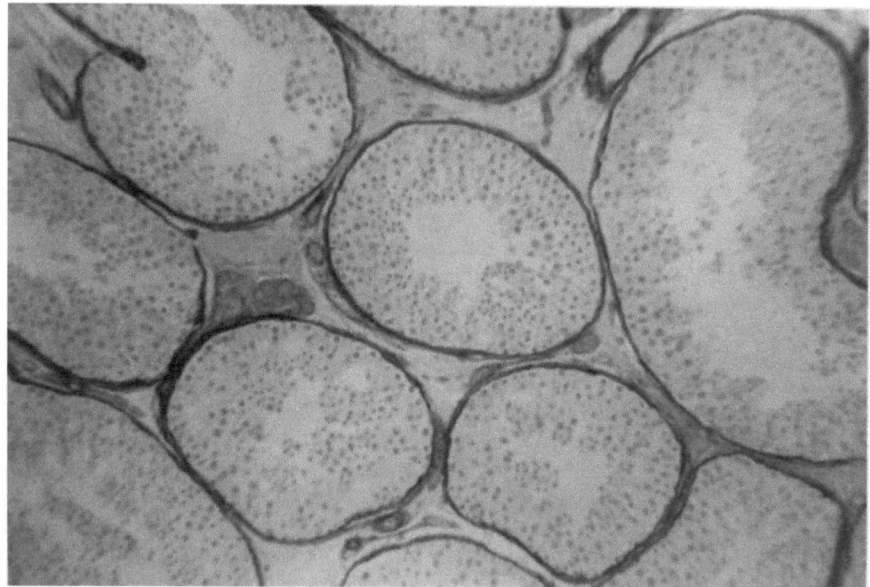

Abb. 11. Hoden vom erwachsenen Menschen. Funktionstüchtig. Azanfärbung. Beachte die dünne Tunica fibrosa

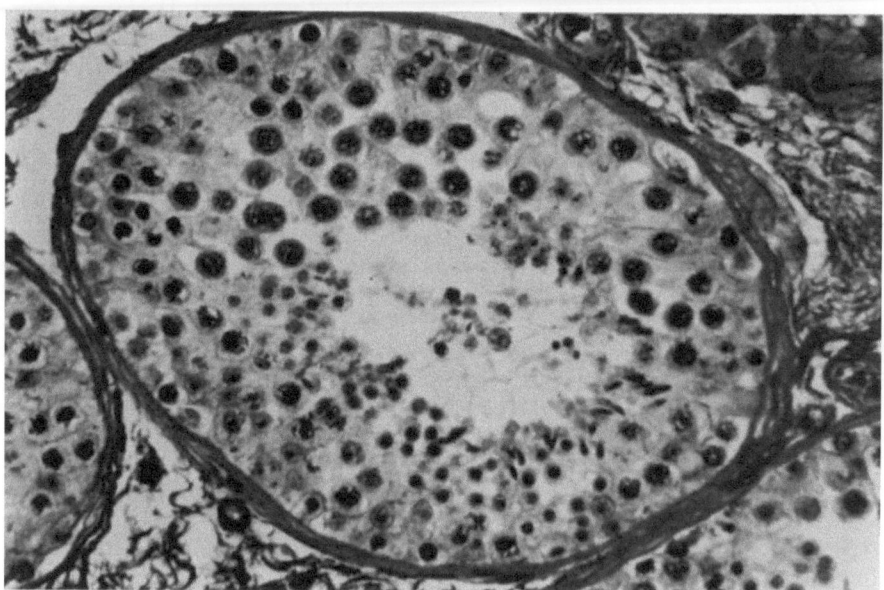

Abb. 12. Hodenkanälchen des erwachsenen Menschen (Eisenhämatoxylin)

gleichen, aber viel größer sind. Solche Gebilde sind bis zu 30 μ groß, das Cytoplasma ist wabig gebaut und enthält einen meist runden, 10—18 μ großen Kern. Diese Zellart geht wohl später zugrunde. Die beschriebenen Zellen wie auch die große Ausgangsform der unentwickelten Hodenzellen werden von älteren Autoren wegen ihrer Ähnlichkeit mit entsprechenden Gebilden des Eierstocks „Ureier" genannt.

α) *Die generativen Zellen (Spermiogenese)*

Die Hauptmasse des Epithels wird im späteren Lebensalter von den verschiedenen Lagen der Keimzellen gebildet (Abb. 12). Diese Zellen sind rund und besitzen einen chromatinreichen Kern. Es können verschiedene mitotische Kernteilungsstadien der Spermatogonien beobachtet werden (Abb. 13).

Schon REGAUD (1909) unterscheidet bei der Ratte nach Gehalt und Verteilung des Kernchromatins Staubzellen und Krustenzellen, die später als A-Spermatogonien und B-Spermatogonien bezeichnet werden. MERKLE (1956) unterscheidet noch einen Übergangstyp, die Intermediärspermatogonien. Die A-Spermatogonie oder Stammzelle findet sich in allen Phasen der Spermatogenese, wenn auch mit unterschiedlicher Häufigkeit und Verteilung. Ihr ovaler Kern liegt mit seiner Längsachse parallel zur Membrana propria des Samenkanälchens. Er hat eine sehr

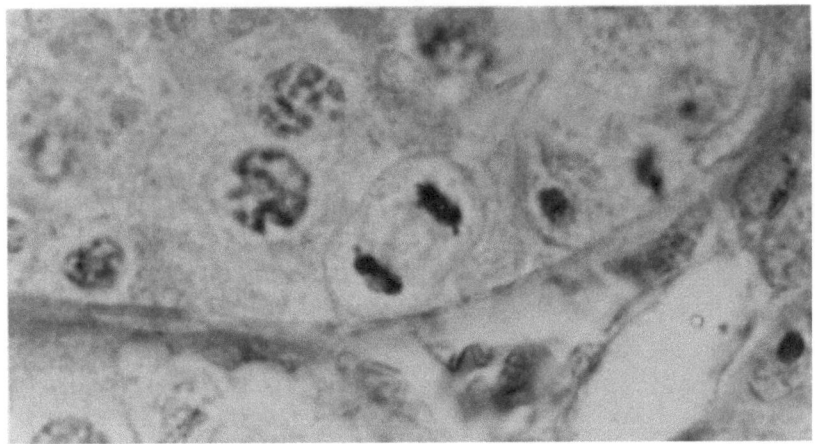

Abb. 13. Hoden vom Wiesel. Mitose einer Spermatogonie

zarte Kernmembran. Durch die vorwiegend gleichmäßig feine Verteilung der Chromatinsubstanz erscheint der Kerninhalt homogen bis auf 1—3 gröbere Chromatinkörnchen. Die A-Spermatogonie teilt sich mitotisch entweder in A-Spermatogonien oder aber in Phase I und II auch zu B-Spermatogonien.

Der Kern der B-Spermatogonie ist teils noch oval, teils schon rund und besitzt eine dicke Membran. Die Intermediärspermatogonie stellt eine Übergangsform zwischen A- und B-Spermatogonie dar, mit beginnender Chromatin- und Größenzunahme der einzelnen Teilchen sowie Verdickung der Kernmembran. Intermediär- und B-Spermatogonien faßt MERKLE zu Spermatogonien I. Ordnung zusammen. Diese teilen sich in einem Mitoseschub während Phase III und IV zu Spermatogonien II. Ordnung, die in Phase V zu sog. Übergangsspermatogonien werden. Diese wachsen im Laufe der Zellentwicklung während der Cyclen um 4 Verdoppelungsschritte an und werden so zu reifen, teilungsfähigen Spermatocyten I. Ordnung ausgebildet (Abb. 14).

Der Kern dieser Zellen erscheint groß und locker strukturiert. Nachdem die Spermatocyten ihre endgültige Größe erreicht haben, teilen sie sich während der 1. Reifeteilung in Spermatocyten II. Ordnung (Präspermatiden), die sich während der 2. Reifeteilung in je zwei Spermatiden teilen. Die Kernvolumina werden während dieser beiden Teilungen jeweils halbiert. Aus jeder Spermatocyte I. Ordnung entstehen also vier Spermatiden, die als Gruppe bis zur vollen Heranreifung zu Samenfäden an der Oberfläche des Keimepithels liegen. Die Spermatiden sind vorerst kleine Zellen mit dichtem runden Kern, der sich im Cytoplasma exzentrisch verlagert.

β) *Spermiohistogenese*

Der Golgiapparat konzentriert sich während der Umbildung der Spermatide zur Spermie, in der Nähe des Zellkerns entsteht eine Vacuole, die eine körnige und kurzfädige Substanz enthält. Diese Vacuole liegt, nur durch eine feine Cytoplasmaschicht getrennt, so eng der Kernmembran an, daß beide sich gegeneinander abflachen. In ihrem zentralen Anteil senkt sich die Vacuole in die abgeflachte Kernoberfläche ein und bekommt hier zuerst das Aussehen des fertigen Acrosoms. Das Golgifeld besteht aus vielen Lamellen, zwischen denen kleinere und größere Bläs-

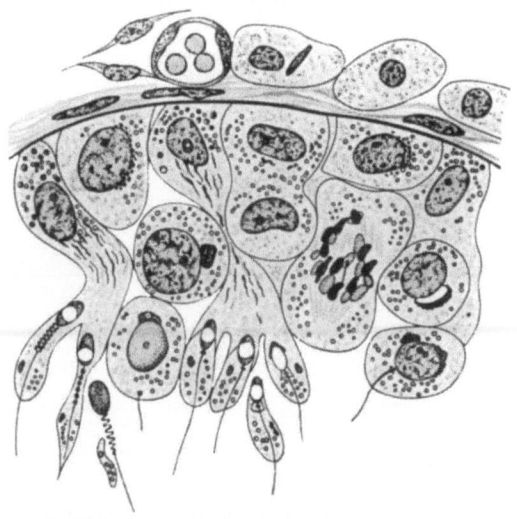

Abb. 14. Schematische Darstellung eines Ausschnittes aus der Wand eines Samenkanälchens mit angrenzendem interstitiellem Gewebe. *1* Spermatogonie, *2* Spermatogonie in Teilung, *3* Spermatocyte I. Ordnung, *4* Spermatocyte I. Ordnung in Teilung, *5* Spermatocyte II. Ordnung, *6* Spermatide, *7* Sertolizelle, *8* Fortsätze einer Sertolizelle mit heranreifenden Spermien, *Z* Zwischenzellen. Vergr. etwa 1000fach. (Aus BARGMANN, 1967)

chen liegen, die sich teilweise in die Acrosomenvacuole eröffnen. Lichtmikroskopische und elektronenoptische Untersuchungen stimmen darin überein, daß der Golgiapparat an der Bildung des Acrosoms beteiligt ist (FERNER u. MÜLLER, 1961) (Abb. 15). Neben diesem Feld liegt ein Gebiet mit dicht aneinander liegenden, etwa 180 Å großen Granula, die sich zum Teil der Acrosomenmembran anlagern. Bei Auftreten der Kopfkappenvacuole verstärkt sich die der Vacuole zugekehrte, flache Kernmembran; sie wird dichter durch senkrecht zur Membran in Reihen stehende kleine Körnchen. Der Kern-Cytoplasmaspalt ist dann gerade noch erkennbar (etwa 250—400 Å breit), auch er erscheint elektronenoptisch dichter. In der Folge wird die zuerst halbkugelige Acrosomenvacuole zum Kern hin abgeflacht und dann eingewölbt, während der Kern sich langsam wieder abrundet. Die so entstandene Kappe umschließt zunächst nur $1/4$—$1/5$ des ellipsoiden Kerns. Mit zunehmender Abflachung verdichtet sich der Vacuoleninhalt zu einer sehr feinkörnigen, fast homogenen Struktur, die auch in der reifen Spermie erhalten bleibt. Gleichzeitig bilden sich kleine Bläschen im Cytoplasma an der Oberfläche der Acrosomenkappe. Der Golgiapparat und die Mitochondrien wandern am Kern vorbei abwärts, und auch das Cytoplasma zieht sich bis auf einen schmalen Saum vom Kopfteil zurück. Während seiner Differenzierung wandert das Acrosom, das sich an dem zur

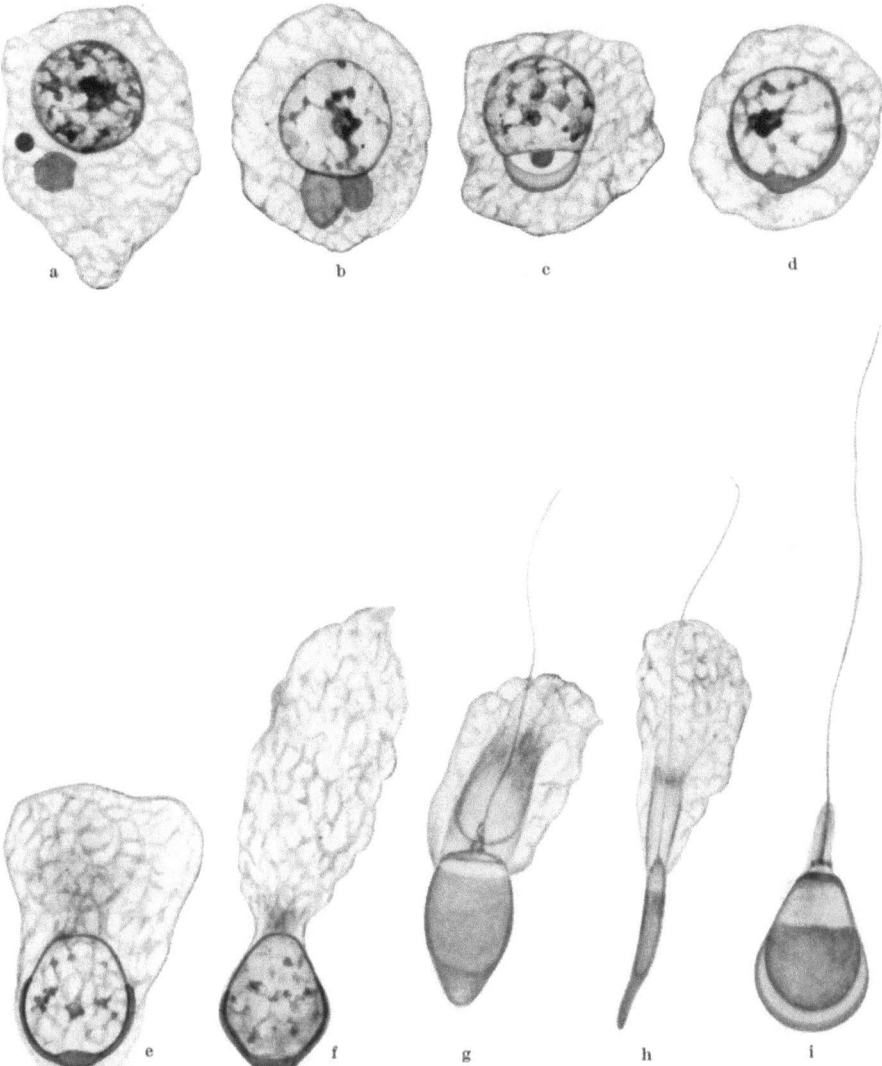

Abb. 15 a—i. Schematische Darstellung der Bildung der Spermienkopfkappe, beginnend mit einem Acrosomtropfen in einer Spermatocyte I. Ordnung. (Aus H. FERNER u. I. MÜLLER, 1961)

Kanälchenlichtung gelegenen Kernanteil bildet, nach basal, es ist beim reifen Spermatozoon mit der Kopfspitze zusammen zur Basis des Tubulusepithels gerichtet (Abb. 16). Die Polarisierung der Spermatide erfolgt nach HORSTMANN (1961) durch eine Kernrotation um 180°. Je reifer die Spermatide, um so weiter umschließt das Acrosom den Kern. Sein Rand ist während des Wachstums zu einem Wulst verdickt, dem nach caudal zeitweise einige cytoplasmatische Vacuolen angelagert sein können. Die Acrosomenkappe erscheint beim reifen Spermatozoon elektronenoptisch etwas gewellt. Das Acrosom wird an der Kopfspitze von außen und innen nur noch von einem dünnen Saum von Cytoplasma umschlossen, der bei der fertigen Spermie unregelmäßig aufgelockert sein kann. Durch die enge Anlagerung der Spermatide an die Sertolizelle findet man also folgende Schichten dicht nebeneinander liegend: Der von zwei Membranen begrenzte Kern-Plasmaspalt ist nach

HORSTMANN 120 Å weit. Darauf folgt der 200—400 Å dicke innere Cytoplasmaüberzug, das von einer einfachen Membran umgebene Acrosom selbst mit einer Stärke von 400—600 Å und der 120—140 Å dicke äußere Plasmaüberzug. Die Zellmembranen der Spermatide und der Sertolizelle sind durch einen 150—200 Å breiten Spalt getrennt. Eine Becherhülse um das caudale Kernende ist elektronenoptisch nicht nachweisbar.

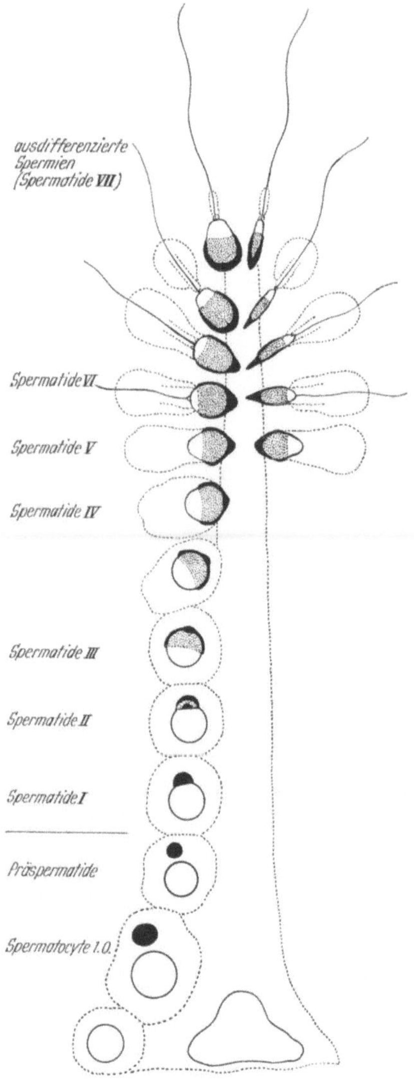

Während der Spermiohistogenese macht das Karyoplasma charakteristische Veränderungen durch, die elektronenoptisch in Phasen einteilbar sind.

Erste Phase: Vor Entwicklung der Acrosomenvacuole ist das Karyoplasma eine locker aufgebaute, fädige, wenig elektronendichte Masse, in der feine Körnchen reihenförmig helleren Spiralen aufsitzen. Der Kern besitzt zwar keinen echten Nucleolus, aber mehrere Körneransammlungen bis zu 0,3 µ Größe, die in der Struktur einem Nucleolus ähneln. Das Karyoplasma ist also das eines Interphasenkerns. Sobald sich die Kopfvacuole ausbildet, verdichtet sich der abgeflachte Teil der Kernmembran, die Ansammlungen des körnigen Materials verschwinden dann langsam. Wenn das Acrosom kappenförmig wird, beginnt sich der Kerninhalt gleichmäßig zu verteilen, er erscheint dann gleichmäßig gekörnt. Besonders dicht liegen die Granula, die 180—200 Å groß sind, der abgeflachten Kernwand an.

Während Phase 2 werden die Körnchen zuerst an der Kernwand gröber (600—800 Å) und die Anlagerungen dichter. Auch im übrigen cranialen Kernabschnitt rücken die Granula näher zusammen, während im caudalen Bereich die Körnchen von der Membran abrücken und sich viele Vacuolen ausbilden. Der hintere Kernraum liegt gleichsam dem Kern als Sack mit hellem Inhalt an.

Abb. 16. Entstehung der Kopfkappe im Zuge der Spermiogenese (Schema)

In der dritten Phase vergrößern sich die Körnchen im cranialen Karyoplasma, die kleinen verschwinden zugunsten von Granula mit 550—700 Å Durchmesser. Diese rücken so nahe aneinander, daß sie fast verbacken erscheinen. Zu gleicher Zeit vergrößern und vermehren sich auch die Vacuolen im caudalen, jetzt nur noch mit unverdichtetem Material gefüllten Karyoplasma. Die Kernmembran kann hier sehr weit aufgetrieben sein. Lichtmikroskopisch imponiert der Bezirk als eine gemeinsame Kernvacuole. Auch innerhalb der Kernsubstanz können unregelmäßig begrenzte, vacuolenartige Gebilde oder kleinere Räume mit weniger dichter Zwischensubstanz entstehen. Im Endstadium dieser Phase ist der Kern der

Spermatide morphologisch gleichwertig der der fertigen Spermie. Er ist durch die Konzentration des Karyoplasmas kleiner geworden. Ob dabei eine echte Massenzunahme der Chromatinsubstanz stattfindet, ist elektronenoptisch nicht nachweisbar. Die Vacuolen verschwinden wieder. Während der Kernumwandlung tritt schon bei jungen Spermatiden Kernmaterial aus Kernporen in das umgebende Gewebe aus. Die Poren liegen in unregelmäßigen Abständen und erscheinen von einer dichten Substanz ausgefüllt. Während sich in diesem Bereich ein neuer Kernplasmaspalt bildet, hebt sich die Kernplasmazone lamellenförmig in mehreren Blättern vom Kern ab. Man kann das so entstandene Bild mit dem Ergastoplasma anderer Zellen vergleichen, allerdings liegt hier anstelle der sonst auftretenden Palade-Körnchen eine verwaschene Substanz zwischen den Lamellen. Die Lamellenstrukturen wandern immer weiter caudalwärts, wobei sich die optisch leeren Spalten zu bizarr geformten Blasen erweitern, in denen eine faserige Substanz auftritt. Diese Strukturen findet man schon in den Anfangsstadien der Acrosomenbildung, dann aber meist am Rande der Vacuole oder daneben. In der zweiten Phase wandern die Lamellensysteme weit ins caudale Cytoplasma. Das Kernmaterial wird nach HORSTMANN (1961) nun auf folgende Weise ausgeschleust. Er vermutet, daß der große Vacuolenbezirk im caudalen Bereich durch Bildung einer neuen Kernmembran vom übrigen Kerngebiet abgeschnitten wird und nach Entleerung seines Inhalts ins Cytoplasma kollabiert. In der Endphase verlängert sich das caudale Cytoplasma zum späteren Mittelstück. Lichtmikroskopisch erscheint die von MEVES (1899) erstmals beschriebene eosinophile Schwanzmanschette, die vom größten Kernumfang bis ans caudale Spermatidenende zieht. Elektronenoptisch besteht sie aus längslaufenden streifigen Zügen mittlerer Dichte, die am Ende der Acrosomenkappe beginnen, den Kern umgeben, soweit er keine Vacuole enthält, und sich nach caudal verlieren. Das Material scheint aus feinen Bläschen und Lamellen zu bestehen. Es ist möglich, daß es dem Kern entstammt.

Nach BRACHET und anderen Autoren enthält das reife Spermatozoon keine oder nur sehr wenig Ribonucleinsäure. Damit stimmt überein, daß der Proteinstoffwechsel der reifen Spermien, wenn überhaupt vorhanden, nur sehr gering ist.

Auch bei den spermatogenetischen Zellen des Menschen findet NAGANO (1962) wie in cilien- oder geißeltragenden Zellen niederer Tierarten peripher liegende Filamente der Cilien oder Geißeln, die direkt in die Filamente der Wand des Basalkörnchens übergehen. Die Wurzel des Fibrillenapparates ist also, wie auch HORSTMANN beschreibt, durch ein aus mehreren Fibrillen aufgebautes Seitenstück verlängert. Das Basalkorn ähnelt in seiner Struktur völlig dem Centriol. NAGANO beschreibt bei einer jungen Spermatocyte quergestreifte Wurzelfibrillen, die aus dem Basalkörnchen kommen und bündelweise nahe dem Golgiapparat zu liegen kommen. Die Breite der Bündel beträgt etwa 100 mμ, ihre Länge 1,5 μ. Einige Fibrillen zeigen eine Kontinuität mit dem Centriol. Sie sind nahezu parallel zu seiner Längsachse angeordnet. Lichtoptisch sieht schon MEVES ein feines seitliches Fädchen aus dem proximalen Zentralkörper stehen.

Während der Spermiohistogenese tritt zunächst eine PAS-positive Färbung des Acrosoms auf, die aber in den letzten Reifephasen abklingt.

Saure Phosphatase-Aktivität ist vergesellschaftet mit dem Golgiapparat aller Samenzellvorstufen. Der Golgiapparat der letztgenannten äußert ebenfalls Aktivität für Nucleosid-di- und tri-phosphate. Auch der Golgiapparat der Sertolizellen äußert dieselbe Aktivität, jedoch nicht für Glycerophosphatase. Triphosphatase wird auch an der Zelloberfläche von einigen Entwicklungsstadien der Samenzellen gefunden. Spermatogonien und Spermatocyten I. Ordnung zeigen Aktivität für ATP und ITP. Wenig Triphosphatase wird an der Zelloberfläche von Sekundärspermatocyten und Spermatiden I. Ordnung gefunden, während eine

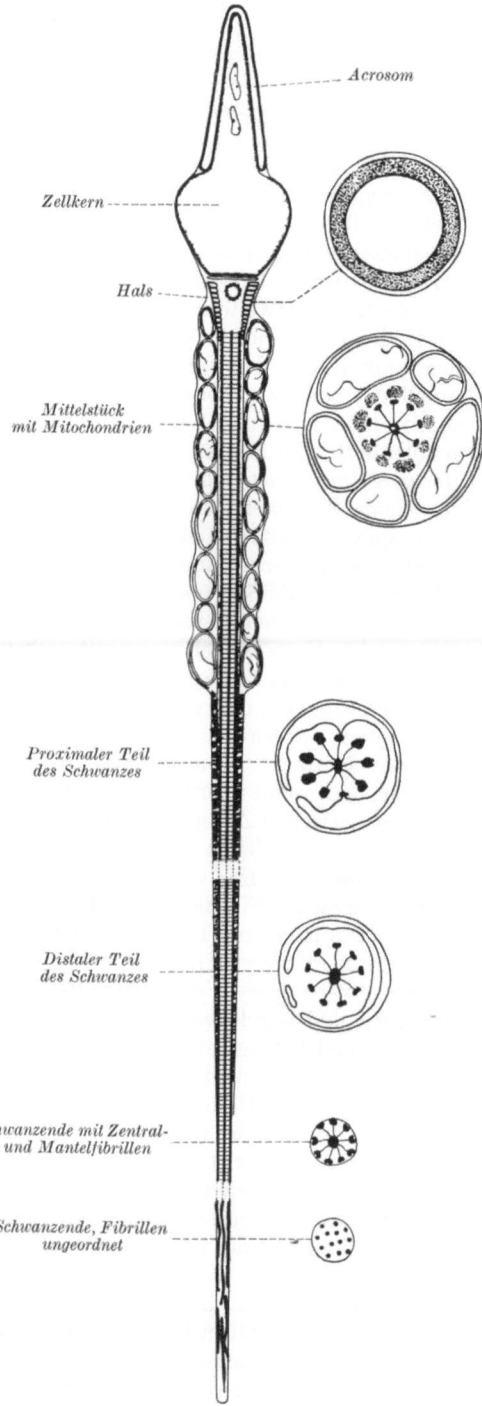

Abb. 17. Feinbau eines menschlichen Spermatozoon, Kantenansicht (Schema). (Aus Ånberg, 1957)

ausgeprägte Aktivität an der Oberfläche der Spermatiden II. Ordnung gefunden wird. Nicht ausgereifte Spermien enthalten nur wenig, reife Spermien viel saure Phosphatase, die sich nur im Kopfteil ablagert.

An der 60 μ langen reifen Samenzelle werden Kopf, Hals, Mittelstück und Schwanz unterschieden, die gleichermaßen von der Zellmembran umschlossen sind (Abb. 17). Der 3—5 μ große, im vorderen Teil abgeflachte Kopf besteht fast ausschließlich aus dem Zellkern und dem den vorderen Abschnitt umhüllenden Acrosom, Galea capitis. Der Übergang zum Hals wird durch eine Basalplatte gebildet. Der Hals enthält bandartige Züge, die bereits am größten Kopfumfang beginnen und sich zum Schwanz hin verlieren. Sie stehen wahrscheinlich mit den Außenfibrillen des Achsenfadens in Zusammenhang (eosinophile Schwanzman-

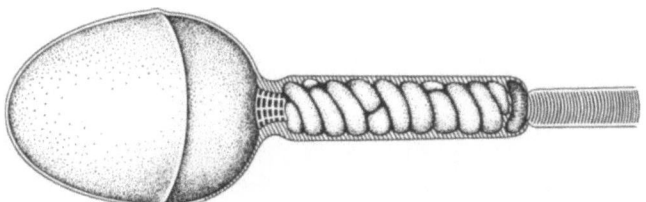

Abb. 18. Feinstruktur eines Spermatozoon vom Menschen. Flächenansicht. Beachte das kappenförmige Acrosom über der vorderen Kopfhälfte, das Halsstück, das Mittelstück mit den aufgewundenen Mitochondrien (Spiralkörper) und den Anfangsteil des Schwanzes. (Von D. W. FAWCETT)

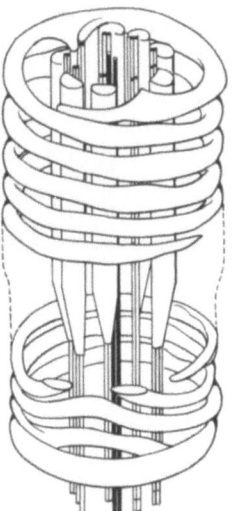

Abb. 19. Übergang vom proximalen zum distalen Schwanzabschnitt des menschlichen Spermatozoon (Schema). (Aus ÅNBERG, 1957)

schette). Vom Hals bis zum Schwanzende erstreckt sich der entsprechend Geißeln oder Cilien von 9 Doppelfilamenten und 2 Zentralfädchen aufgebaute Achsenfaden. Am Schwanzende verlieren die Fibrillen ihre regelmäßige Anordnung. Im Mittelstück und im proximalen Schwanzabschnitt lagern sich den Doppelfilamenten von außen wesentlich dickere, elektronenoptisch homogene Fibrillen an, denen nach außen im Mittelstück ein Mantel von reihenförmig angeordneten Mitochondrien folgt. Diese erscheinen im Lichtmikroskop als kontinuierlicher Spiralfaden (Abb. 18). Im Schwanzbereich wird die Hülle des Achsenfadens von unter der Zellmembran liegenden, spiralig angeordneten, unregelmäßig konturierten, fibrillären Strukturen gebildet, die das Schwanzende freilassen (Abb. 19).

γ) Die Sertolizellen

Die *Stützzellen* sind — entgegen der alten Annahme, daß es sich hierbei um Syncytien handle — selbständige Zellen mit allseits geschlossener Cytoplasmamembran. Sie sitzen der Innenfläche der Basalmembran mit einem fußartig verbreiterten Fortsatz auf und erstrecken sich mit ihrem schmalen, unregelmäßigen, oft fünf- bis sechseckigen Zelleib durch die verschiedenen Lagen des Keimepithels bis an das Lumen des Samenkanälchens. Der Durchmesser des Fußes wechselt nach STIEVE (1930) zwischen 1 und 12 μ. Die ganze Zelle ist 60—80 μ lang; in dem Teil, in dem der Kern liegt, etwa 12—16 μ breit und verjüngt sich zum Lumen hin. Die Basalmembran ist von Lamellen aufgebaut, die eine Anzahl feinster Fibrillen

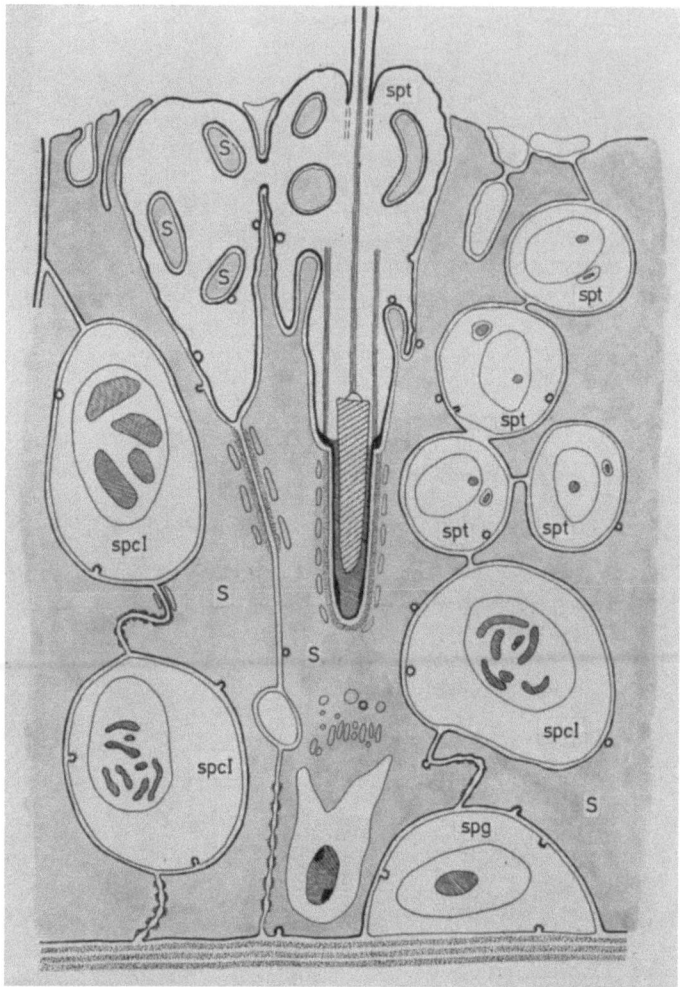

Abb. 20. Schematische Darstellung der verschiedenen Arten von Zellkontakten im Samenepithel (Kaninchen). Die linke Bildhälfte zeigt ein frühes Stadium des Cyclus mit zwei Generationen von Spermatocyten I. Ordnung (*spc I*), die rechte Seite ein etwas späteres Stadium mit jungen Spermatiden (*spt*). *Spg* Spermatogonie, *S* Sertolizellen und ihre Fortsätze, die eine Spermatide durchdringen. (Aus L. NICANDER, 1967)

enthalten (BAWA, 1963). Sie erscheint gewöhnlich glatt, bildet jedoch an einigen Stellen, von NAGANO (1966) elektronenoptisch nachgewiesen, knopfartige Verdikkungen in den basalen Zellteil. Die Zellseitenwände sind je nach Art der ihnen anliegenden Gebilde unterschiedlich ausgebildet. Liegen z. B. zwei Stützzellen nebeneinander, besitzen die Wände oft Komplexe fingerförmiger Ausstülpungen oder sind durch Desmosomen miteinander verbunden. In der Nachbarschaft von Spermatogonien und Spermatocyten erscheinen sie glatt (BAWA, 1963), angrenzende Spermatiden werden von transversalen cytoplasmatischen Ausläufern unvollständig umfaßt (Abb. 20). Ob von BAWA beobachtete feine Unregelmäßigkeiten der Wanddicke fixationsbedingt sind, ist noch ungeklärt. In allen Fällen ist ein deutlicher Intercellularspalt ausgebildet (Abb. 21). Der lumenwärts gerichtete Zellabschnitt endet in fingerförmigen Ausstülpungen. Die Stützzellen haben einen längsovalen oder birnenförmigen, bisweilen eingekerbten chromatinarmen Kern,

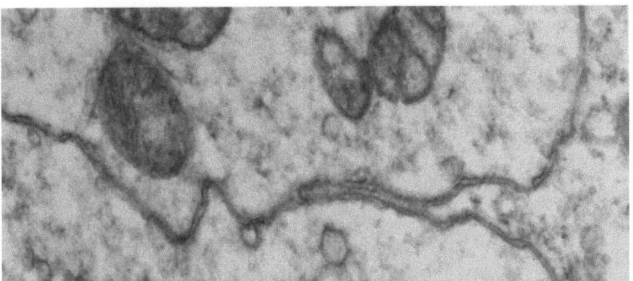

Abb. 21. Elektronenmikroskopische Aufnahme von Abschnitten zweier Spermatogonien, die sowohl von einander als auch von der dazwischenliegenden Sertolizelle durch einen deutlich ausgebildeten Intercellularspalt getrennt sind. Osmiumtetroxyd-Methacrylat. Vergr. 28000 fach. (Aus BAWA, 1963)

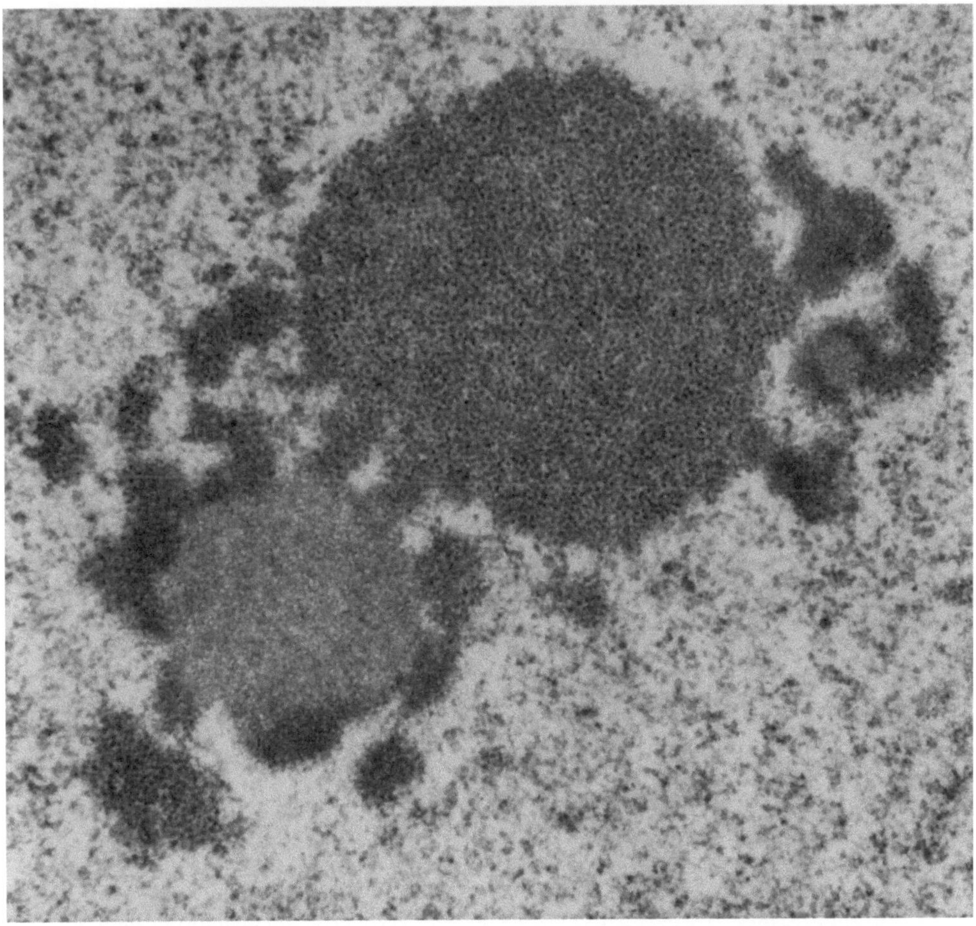

Abb. 22. Elektronenmikroskopische Aufnahme des Nucleolus einer Stützzelle (Mensch), bestehend aus Sphäroidkörperchen mit irregulären Projektionen. Vergr. 65000fach. (Aus T. NAGANO, 1966, unveröffentlicht)

der im basalen Zellteil liegt und etwa 10—13 μ lang und 7—8 μ breit ist. Die Einkerbungen zeigen sich im Elektronenmikroskop als Poren mit einem zentralen Granulum. Der große Nucleolus (2—3 μ Durchmesser), im lichtmikroskopischen Schnittbild deutlich erkennbar, besteht meist aus einem, selten zwei Sphäroidkörperchen neben 2—3 unregelmäßigen Netzen (NAGANO, 1966), lichtoptisch schalenförmige Gebilde, die von Bouin (1899) als Juxtanucleolarkörperchen bezeichnet werden (Abb. 22). Beide Bestandteile setzen sich aus elektronendichten Granula, die von einer weniger dichten Membran umgeben sind, zusammen. Merkle (1958) findet bei der Ratte, daß die Kerngröße als Ausdruck der trophischen Funktion der Sertolizellen in Abhängigkeit vom spermatogenetischen Cyclus schwankt. Der Kern wird um so größer, je weiter sich die Spermien gegen Ende der ersten und anfangs der zweiten Phase ins Cytoplasma schieben. Sein Volumen nimmt

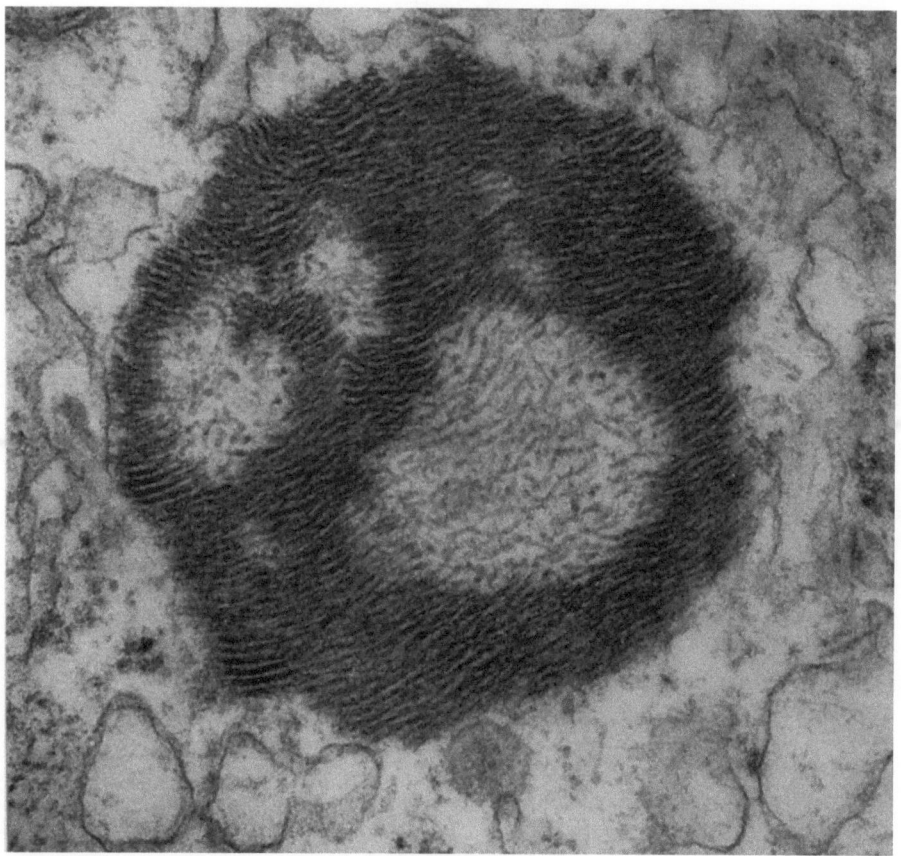

Abb. 23. Elektronenmikroskopische Aufnahme eines Charcot-Böttcherschen Kristalls (Stützzelle, menschlicher Hoden) Die Tonofilamente in den hellen Räumen sind mit den parallel geordneten, teilweise tubulären Kristallfilamenten verbunden. Fixation in Glutaraldehyd. Vergr. 70000fach. (Aus T. Nagano, 1966)

wieder ab, nachdem sie die Zelle wieder verlassen haben. Die trophische Funktion sistiert dann. Diese Kerngrößenveränderungen verzögern sich gegenüber dem Vordringen und Rückwandern der Spermien allerdings um ein bis zwei Phasen. Golgiapparat und kleine Centriolen mit deutlicher Sphäre liegen wie gewöhnlich in Kernnähe. Die Mitochondrien sind gleichmäßig im Cytoplasma verteilt, ein Teil der kleineren ist im lumenwärts gerichteten Zellabschnitt zu Längsreihen angeordnet (Stieve, 1930). Bawa findet im Gegensatz zu Vilar u. Mitarb. (1962) keine morphologischen Unterschiede zwischen Mitochondrien, die spermatogenetischen Zellen anliegen, und solchen im übrigen Cytoplasma. Die Mitochondrien sind größer als die der spermatogenetischen Zellen, sie besitzen eine elektronendichte Matrix. Die kurzen, dichtgelagerten Cristae septieren sie nur

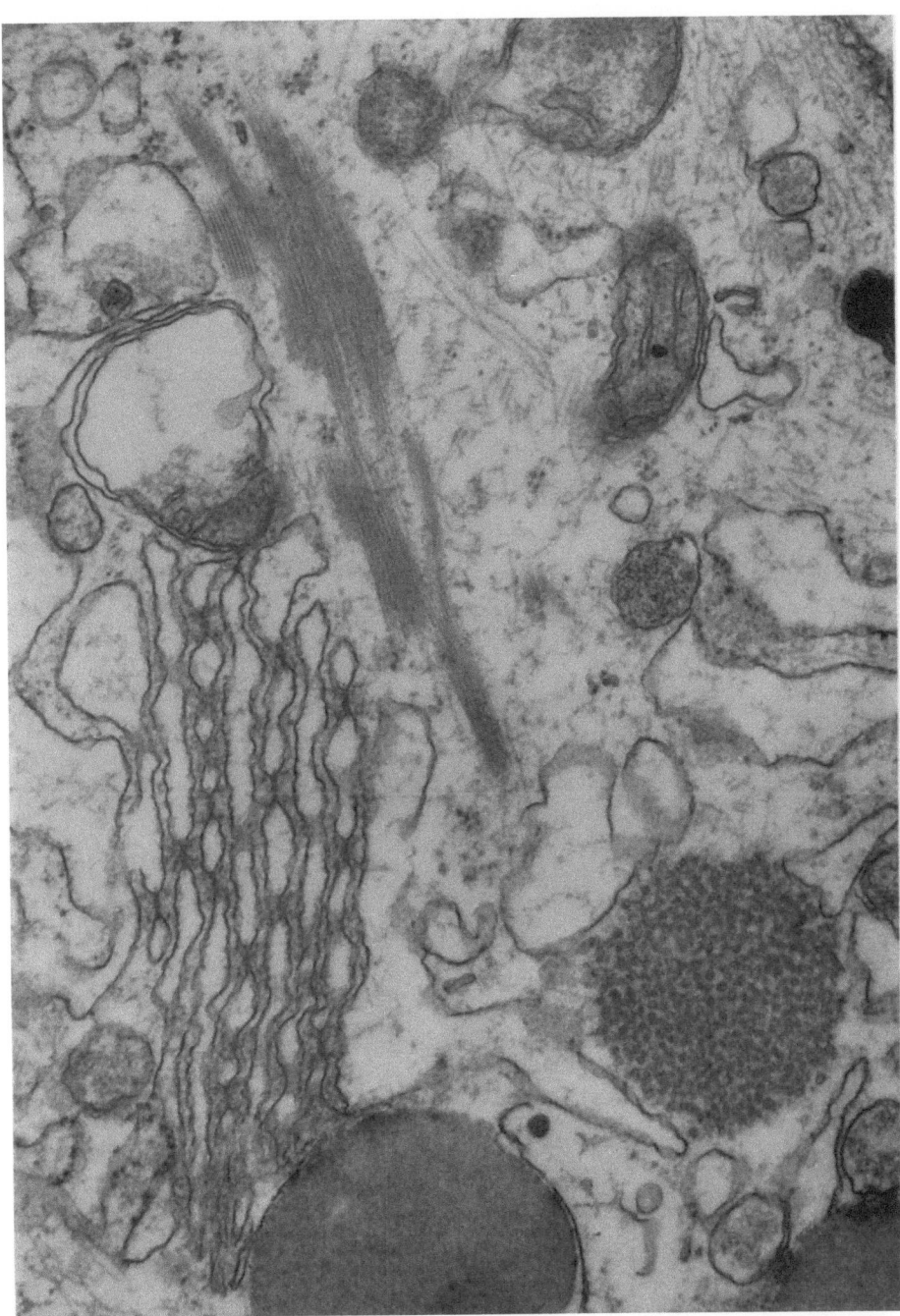

Abb. 24. Elektronenmikroskopische Aufnahme einer Stützzelle (Mensch), mit längs angeschnittenem Charcor-Böttcherschem Kristall und feinen, darumherumliegenden Tonofilamenten. Weiter ein längs angeschnittener Lamellenkörper, Mitochondrien, Lipoidtropfen und eine Anhäufung feiner Bläschen. Fixation in Glutaraldehyd. Vergr. 50000fach. (Aus T. NAGANO, 1966)

unvollständig (BAWA, 1963). Das gut ausgebildete endoplasmatische Reticulum besteht aus engen gewundenen Mikrotubuli mit rauher, unregelmäßiger Ober-

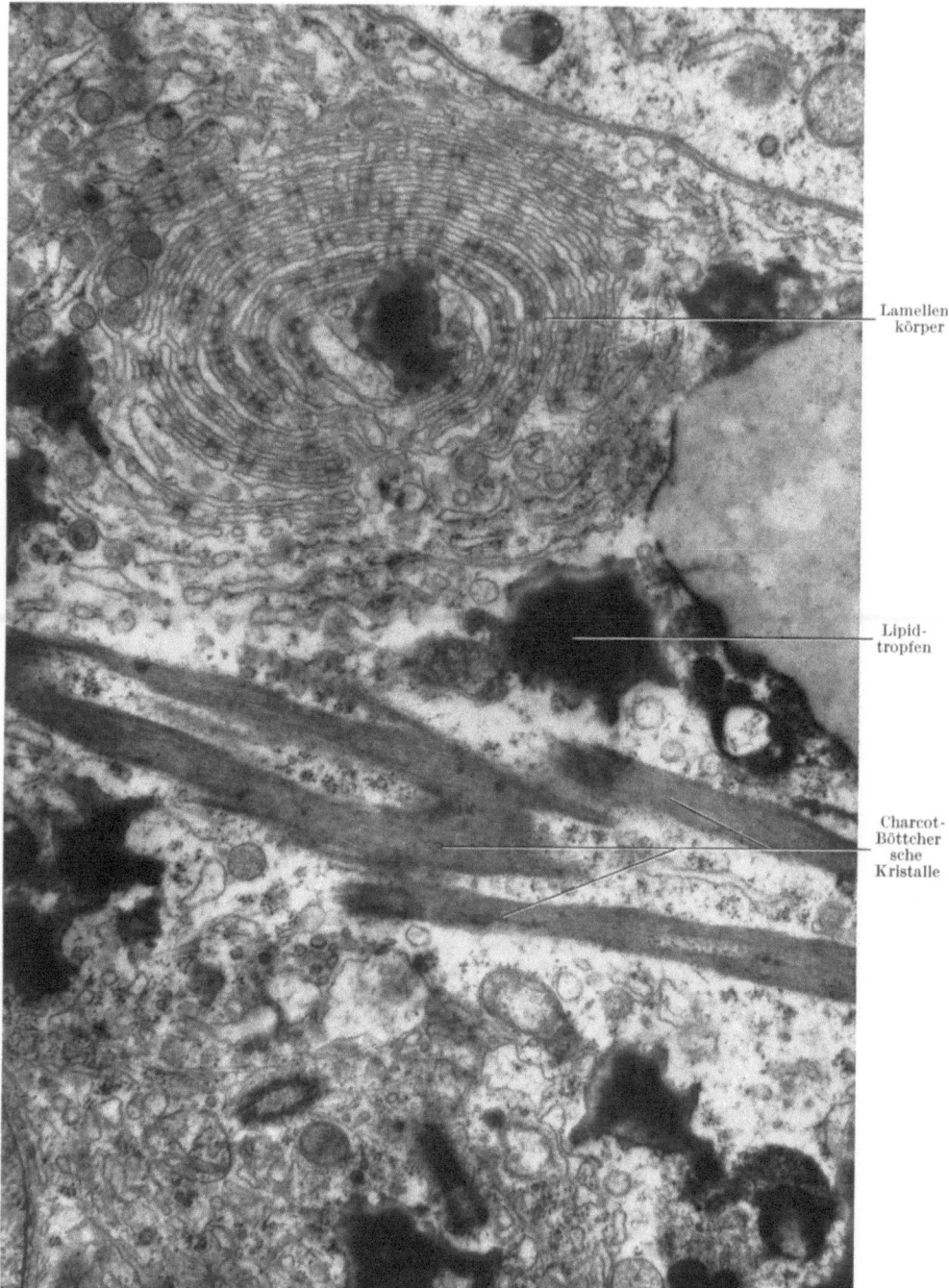

Abb. 25. Elektronenmikroskoposche Aufnahme einer Stützzelle (Mensch). Osmiumfixation. Vergr. 26000fach. (Aus T. NAGANO, 1966)

fläche. Die von LUBARSCH (1896) erstmals beschriebenen oktaedrischen Charcot-Böttcherschen Kristalle liegen als bis zu 25 µ lange (oft aber wesentlich kleinere)

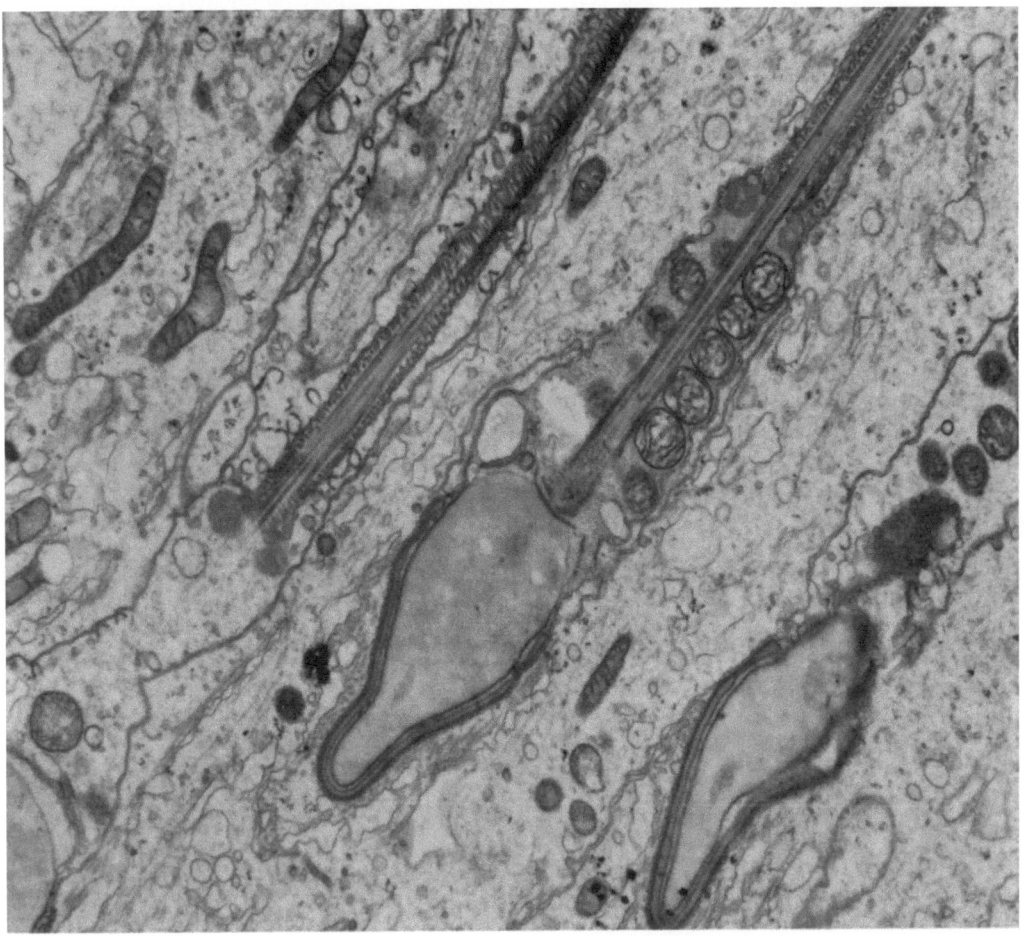

Abb. 26. Elektronenmikroskopische Aufnahme der Kontaktarea einer Stützzelle mit mehreren Spermatiden (Hodenbiopsie Mensch). Die aufgereihten Zisternen des zarten endoplasmatischen Reticulums bilden einen cytoplasmatischen Mantel. Fixation in Glutaraldehyd. Vergr. 19000fach. (Aus T. NAGANO, unveröffentlicht)

an beiden Enden zugespitzte Nadeln meist parallel zur Zellachse. Sie treten nach LUBARSCH erst während der Entwicklungsjahre auf, SPANGARO (1902) sieht sie schon im kindlichen Hoden. Sie ähneln kristalloiden Strukturen in den Spermatogonien, die jedoch viel kleiner sind. Eine besondere Form der Kristalle in den Stützzellen ähnelt mehr feinen Stäbchen (2—5 μ lang und 1 μ breit), die meist paarweise oder zu dritt beieinander liegen. Nach BAWA (1963) ist das Auftreten der Kristalle nur sporadisch. Im Elektronenmikroskop erscheinen sie dicht gepackt mit elektronendichten Längsfibrillen (Durchmesser entwa 150 Å). BAWA nimmt an, daß verstreut liegende Längsfasern sich später parallel lagern und das typische Kristall bilden (Abb. 23). Auch NAGANO sieht die manchmal röhrenförmigen Filamente in einigen Fällen in direktem Zusammenhang mit später gesondert beschriebenen „Tonofilamenten" der Umgebung (Abb. 24). Weiterhin werden in der Sertolizelle Lamellenkörper von 2,5—3 μ Länge und 1,5—2 μ Breite gefunden. Jeder Lamellenkörper besteht aus Tubuli und Membranlamellen, die konzentrisch um die Tubuli angeordnet sind (Abb. 25). Jeweils zwei elektrondichte Membranen fassen einen osmiophilen 200—250 Å breiten Zwischenraum zwischen sich.

Die Lamellen sind stellenweise von 280—400 Å dicken porenähnlichen Öffnungen unterbrochen. Von BAWA beschriebene ringförmige (annulate) aus jeweils zwei Membranen bestehende Lamellen sind den Lamellenkörperchen ähnlich. Sie besitzen wie diese und wie auch die Kernmembran, aus der sie entstehen sollen, Poren (Durchmesser 550 Å), deren Rand von Granula besetzt ist. Die Bedeutung der „annulate Lamellae" und Lamellenkörper ist ungeklärt. Häufig sieht man im Sertolicytoplasma in Guppen liegende Bläschen von etwa 200 Å Durchmesser. NAGANO (1966) unterscheidet im Sertolicytoplasma zwei Arten von Filamenten. Die einen, den Tonofilamenten anderer Zellen ähnlich, haben einen Durchmesser von etwa 50 Å und liegen teilweise dicht der Kernmembran an. Es ist fraglich,

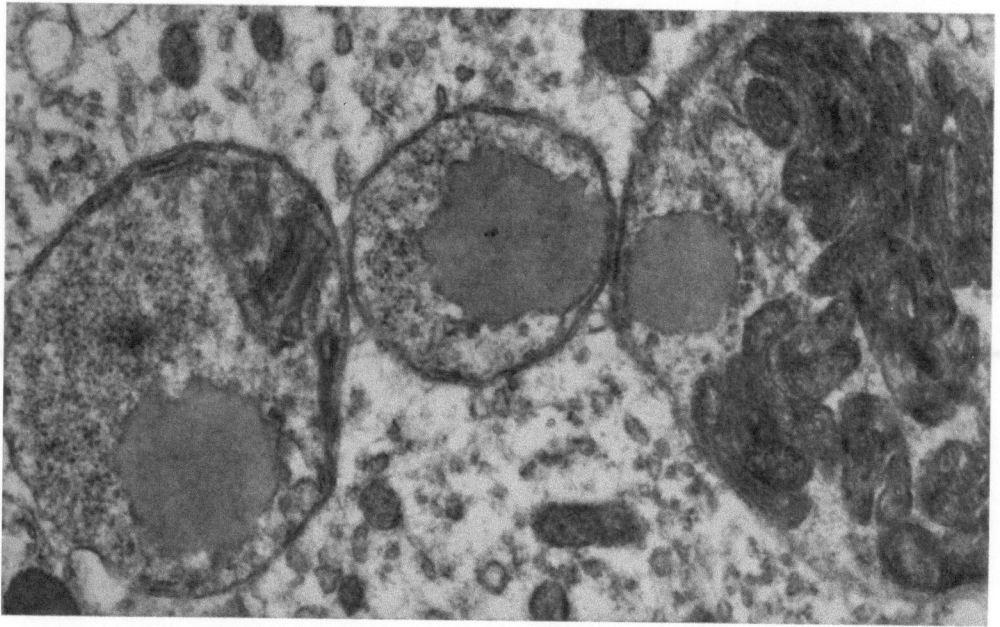

Abb 27. Elektronenmikroskopische Aufnahme einer Stützzelle (Mensch). Cytoplasmaausschnitt mit Körperchen, die phagocytierte Samenzellmitochondrien und lipidähnliche Elemente enthalten. Osmiumtetroxyd-Methacrylat. Vergr. 35000 fach. (Aus BAWA, 1963)

ob sie eine gewisse Kontraktilität der Sertolizelle (ROOSEN-RUNGE, 1951) bewirken. Die anderen sind wesentlich dicker (Durchmesser etwa 300 Å) und liegen als schmales Bündel in der Cytoplasmaperipherie. Im Querschnitt sind diese Filamente dreieckig oder polygonal und scheinen Subfilamente zu enthalten. Sie umgeben den Abschnitt der Spermatide, der sich ins Sertolicytoplasma einsenkt.

Die Beziehung der Sertolizelle zu der spermatogenetischen Zelle wird mit der von Gliazellen zu Neuronen im Zentralnervensystem verglichen. Es bestehen morphologische Anhaltspunkte für einen Transport von Substanzen zwischen Sertolizellen und Spermatogonien sowie zwischen Sertolizellen und Spermatocyten. Während der Reifung ist die acrosomale Region der Spermatiden von einer cytoplasmatischen Lage differenzierten Sertolicytoplasmas bedeckt. Diese ist von der Hauptmasse des Sertolicytoplasmas durch von zartem endoplasmatischem Reticulum gebildete Zisternen getrennt und enthält reichlich stabförmige oder runde Mitochondrien und einige sehr elektronendichte Einschlüsse (Abb. 26). Diese Lage verschwindet mit der Loslösung der Spermie. Ihre Funktion ist wahrscheinlich ein Austausch von Metaboliten sowie Zelladhäsion.

In der Sertolizelle werden während der ersten Phase des Cyclus tropfenförmig eingelagerte Phosphatide und Cerebroside gefunden, die schnell an Größe zunehmen. Manchmal liegen sie dann in Gruppen zusammen und werden von einer gemeinsamen Membran umschlossen. NAGANO findet dichte Granula um die Lipoidtröpfchen. In der zweiten Phase werden dagegen zahlreiche kugelige bis ellipsoide Einschlüsse, besonders basal, nachgewiesen, die aus einer körnigen Substanz bestehen und von einer Membran umgeben sind oder unregelmäßig begrenzt und dann im Innern homogen sind. Sie können Lysosomen ähneln. LACY und LOFTS (1961) sowie BRÖKELMANN (1963) diskutieren einen möglichen Zusammenhang zwischen Lipoidtropfen und Steroidhormonproduktion in der ersten Phase und zwischen Einschlußkörpern und Phagocytose von Restkörpern durch die Sertolizelle in der zweiten. Die Einschlußkörperchen haben unterschiedlichen Inhalt, z. B. abgebaute Mitochondrien oder Lipoidtropfen (Abb. 27). Im Alter überwiegen die Stützzellen immer mehr bei zunehmender Degeneration der Keimzellen und füllen schließlich die Kanälchenlichtung weitgehend aus. Abgerundete Stützzellen können zu Spermiophagen werden. Stützzellen enthalten hauptsächlich saure Phosphatase zwischen Basis und Kern oder in der oberen Zellhälfte; und zwar erstere in Tubuli, die vornehmlich Spermatogonien und Präspermatiden enthalten, letztere in Kanälchen mit überwiegend Präspermatiden und Spermatocyten.

5. Die Zwischenzellen (Leydigsche Zellen) als Testosteronquelle

Die Zwischenzellen sind die Träger der inneren Sekretion des Hodens. Sie liegen teils einzeln, teils in Gruppen intertubulär. Oft werden zwei oder mehr Zellen von feinen kollagenen Fibrillen umwickelt, jedoch werden auch Zellgruppen beobachtet, bei denen jede einzelne Zwischenzelle von argyrophilen Fasern umgeben ist. Die Zellen sind charakterisiert durch Bau und Größe (14—21 μ, manchmal bis zu 30 μ Durchmesser). Ihre Form ist vieleckig und wird von den umgebenden Gebilden wie anderen Zellen, Blutgefäßen oder Kanälchen mitbestimmt. Die Zwischenzellen in der Tunica albuginea sind spindelig bis scheibenförmig. Häufig enthält ein bis zu 60 μ langer Cytoplasmaleib zwei oder mehr Kerne. Der häufig exzentrisch liegende Kern der Zwischenzelle ist 6—11 μ groß und rund bis leicht ellipsoid. CLARA (1928) mißt Durchschnittsgrößen des Kerns von 7,6 μ, des Durchmessers der Zellen von 14,625—18,63 μ. Die Kernmembran ist deutlich erkennbar, durch das Kerninnere zieht ein feines Liningerüst, in das Chromatinschollen eingelagert sind. Der Zwischenzellkern besitzt ein deutliches Kernkörperchen von 1—2 μ Durchmesser, manchmal zwei oder mehrere, besonders in den Fetalmonaten. Bei den gebräuchlichen Fixierungen und Färbungen erscheint das Cytoplasma wabig. In Kernnähe liegt die Sphäre, ein etwas dunklerer Bezirk. Sie legt sich gelegentlich sichelförmig um den Kern. Hier lassen sich bei geeigneten Färbemethoden die Centriolen erkennen. Sie sind klein, rund oder stäbchenförmig, und liegen meist zu zweien innerhalb der Sphäre. Leydigsche Zwischenzellen enthalten nur wenig gleichmäßig im Cytoplasma verteilte Phosphatase. Es existieren, wie CRABO (1963) beim Kaninchen nachweist, vier verschiedene interstitielle Zelltypen: unreife, helle, dunkle und solche mit Lipoidpigmenten. Die Entwicklung geht von indifferenten Mesenchymzellen oder Histiocyten über unreife zu hellen Zellen, die, nach ihrer Ultrastruktur zu urteilen, am aktivsten sein sollen. Nur die unreifen oder fusiformen Zellen (und Histiocyten) färben sich mit Vitalfarben an. Sie sind gekennzeichnet durch geringe Ansammlungen von vesiculärem zartem endoplasmatischem Reticulum und cytoplasmatischen Fibrillen. Die auffälligsten Strukturen in diesen Zellen sind reichlich pinocytotische Bläschen und in einigen Fällen Gebilde, die quergeschnittenen Kinocilien ähneln (DE KRETSER, 1967).

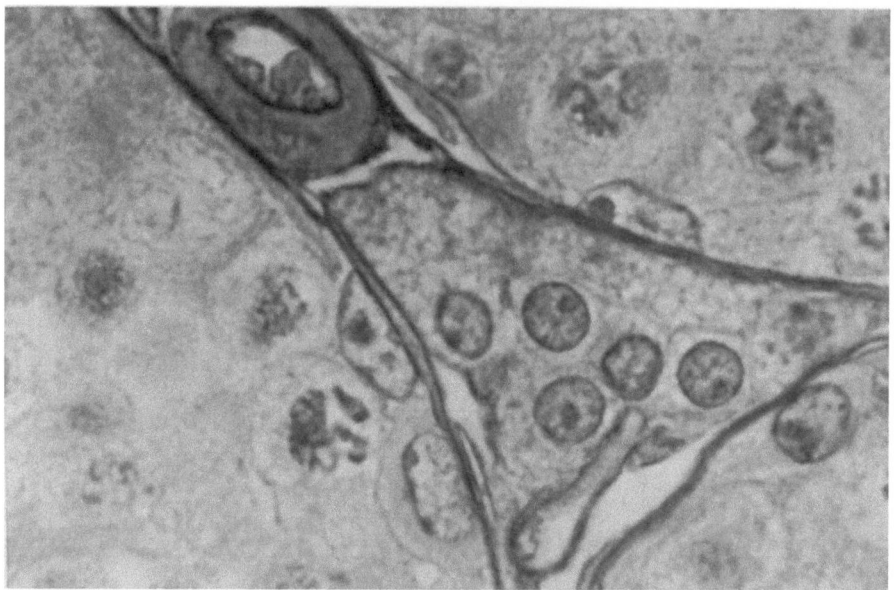

Abb. 28. Hoden vom Wiesel, getötet in der Ranzzeit. Wohlausgebildete Zwischenzellen. Unten Zwickelcapillare, oben Arteriole. Die Zwischenzellen voll gefüllt mit Lipidgranula. Beachte die überaus zarte Tunica fibrosa der Tubuli (inkretorische Kontaktwirkung)

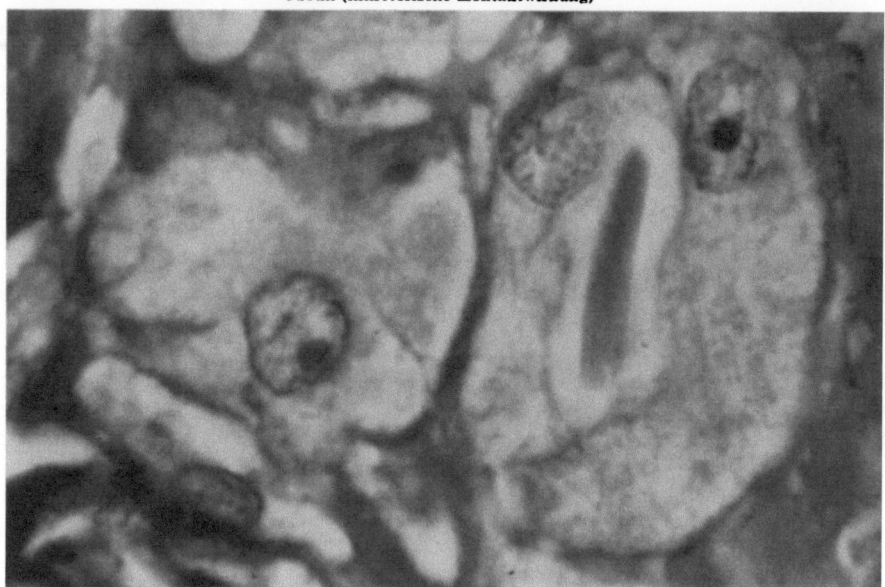

Abb. 29. Leydigsche Zwischenzellen vom erwachsenen Menschen. Die Zellen enthalten Lipofuscin und die mittlere Zelle einen Reinkeschen Kristall, aus Eiweiß bestehend

DE KRETSER beschreibt Übergangsformen dieser Zellen zu contractilen Zellen in der Lamina propria der Samenkanälchen (ROSS und LONG, 1964). In den reifen oder hellen Zwischenzellen erscheinen das agranuläre endoplasmatische Reticulum und die Mitochondrien als die auffallendsten Strukturen. Das Reticulum ist vesiculär nach Osmium-Fixation und tubulär nach Permanganat-Fixation. Es kann ein kompaktes Netzwerk bilden oder nur zart ausgebildet sein. Die Vesikel haben einen Durchmesser von 55—450 mµ, die Tubuli einen solchen von 25—100 mµ. Die Mitochondrien sind meist gleichmäßig im Cytoplasma verteilt; sie sind in der Jugend mehr korn-, im Alter mehr stäbchenförmig. Sie erreichen eine ziemliche Größe (0,5—8 µ) und haben eine tubuläre innere Struktur, ähnlich der von vielen steroidhormonproduzierenden Zellen. Während der Entwicklung wachsen die Mitochondrien, und die zuerst vorhandenen Cristae werden von Röhrchen ersetzt. Kleine Mitochondrien sind dunkler, größere zeigen zentrale Aufhellungen mit intramitochondrialen Granula. Die Succinodehydrogenase und cytochrome Oxy-

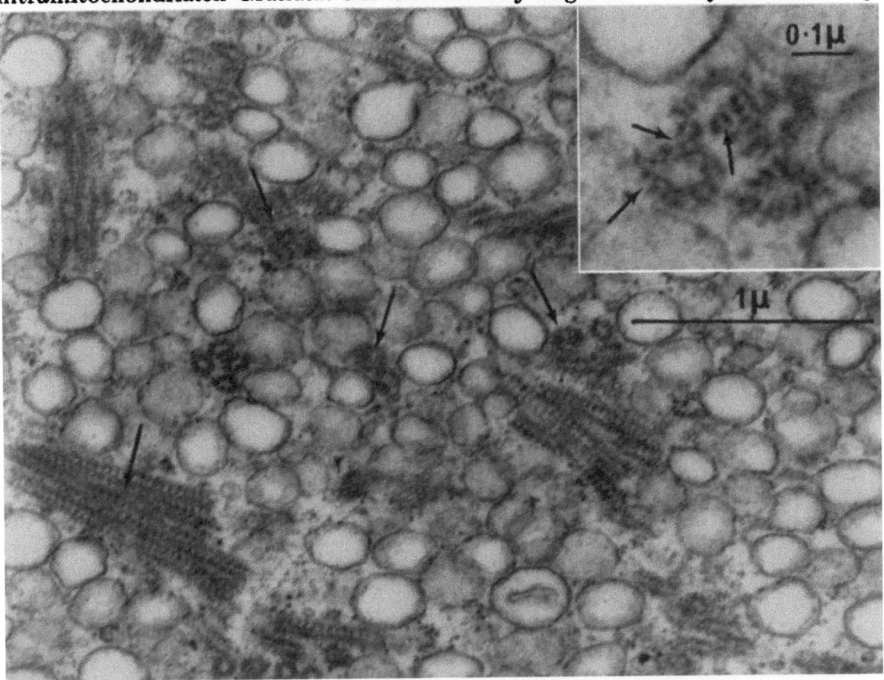

Abb. 30. Elektronenmikroskopische Aufnahme von kristallinen tubulären Inklusionen (Pfeile) einer Zwischenzelle (Hodenbiopsie Mensch). Vergr. 35000fach. Die Struktur der pferdehufähnlichen Wandelnschlüsse ist durch Pfeile bezeichnet. Vergr. etwa 88000fach. (Aus M. DE KRETSER, 1967)

dase nehmen mit steigendem Alter zu. Beide sind mit den Mitochondrien eng verbunden, obwohl etwas Succinodehydrogenase auch extramitochondrial liegen kann. Die Zunahme ist Ausdruck des Wachstums des Leydigzellgewebes, nicht einer cellulären oder mitochondrialen Enzymzunahme (BAILLIE, 1964). Das Cytoplasma ist gefüllt mit verschieden großen, teils einfach, teils doppelt lichtbrechenden Körperchen, die meist rund sind (Abb. 28). Diese färben sich an mit Osmiumsäure, Sudan III, Scharlachrot und Nilblau. Die Einlagerungen sind ein Merkmal aller Zwischenzellen. Die Tropfen werden gelegentlich auch in großen Vacuolen gefunden, oder sind von Membransystemen umgeben. Sie bestehen aus verschiedenen Lipoiden, z. B. Cephalinen. Nach KUNZE (1922) und anderen beteiligen sich auch Cholesterinester in größerer Menge sowie Neutralfette am Aufbau der Tropfen. Phosphatide und Cerebroside kommen nur in geringer Menge vor. In den Zwischenzellen erwachsener Männer lassen sich Eiweißkristalle nachweisen, nach ihrem Entdecker (1896) als Reinkesche Kristalle bezeichnet, die sich kurz nach dem Tod zersetzen (Abb. 29). Sie sind meist einfach lichtbrechend und können bis

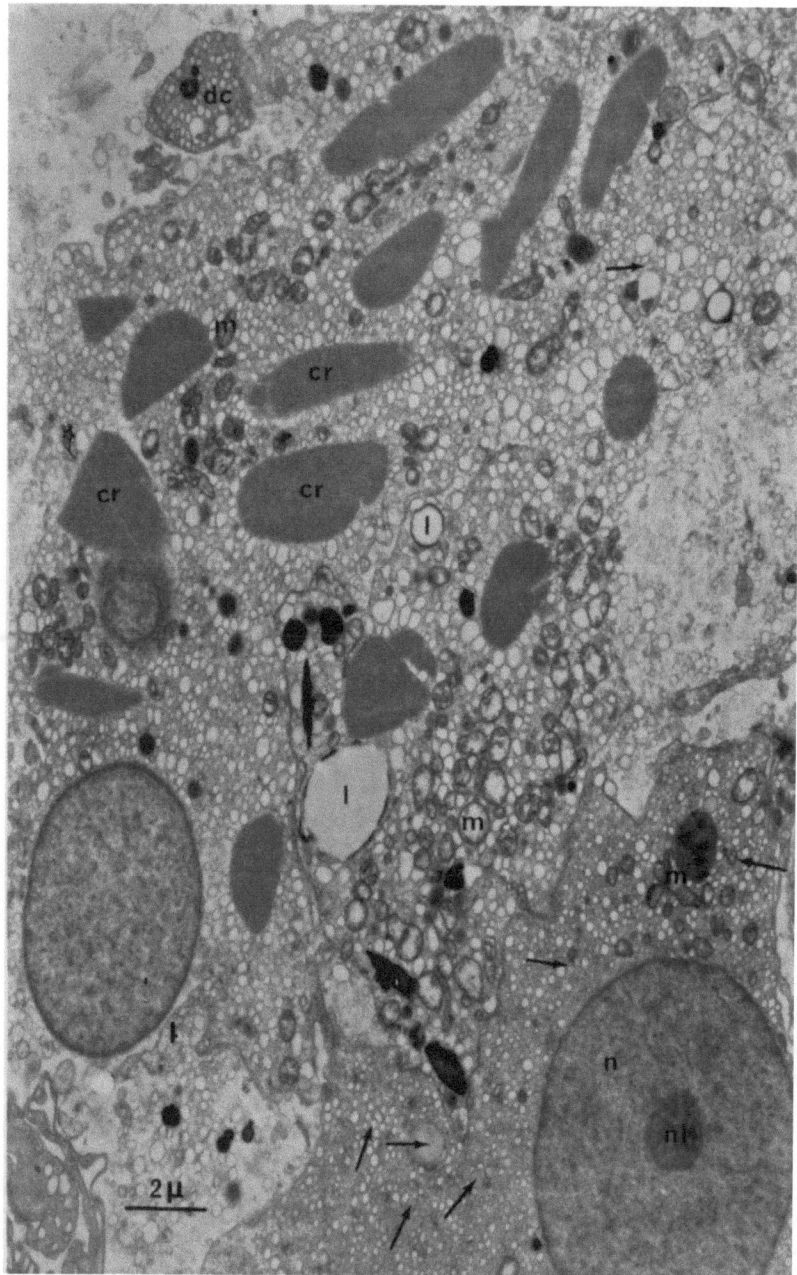

Abb. 31. Elektronenmikroskopische Aufnahme einer Gruppe heller Zwischenzellen (Hodenbiopsie Mensch). Die unterschiedliche Größe der Bläschen des zarten endoplasmatischen Reticulums ist durch Pfeile bezeichnet. *n* Nucleus, *nl* Nuceolus, *l* Lipoidtröpfchen, *m* Mitochondrien, *cr* Reinkesche Kristalle, *dc* Anschnitt einer dunklen Zelle. Vergr. etwa 6700fach. (Aus D. M. DE KRETSER, 1967)

zu 25 μ lang und 3—4 μ dick sein. Ihre Form ist an beiden Enden zugespitzt oder keilähnlich (Abb.30). Die Kristalle zeigen im elektronenmikroskopischen Bild einen regelmäßigen Aufbau von Hexagonen (FAWCETT und BURGOS, 1960). Neben den beschriebenen liegen ähnliche, aber viel kleinere Kristalloide (1—2 μ lang und ¹/₂—1 μ breit) in großer Menge in manchen Zwischenzellen. Es ist wahrscheinlich, daß diese Gebilde, die erstmals von WINIWARTER (1912) gesehen wurden, mit den von DE KRETSER (1967) kristalloiden tubulären Inklusionen identisch sind. Diese Kristalloide sind elektronenoptisch regelmäßig strukturiert; um ein helleres Zentrum liegen sechs pferdehufähnliche Einheiten (Abb. 31). Mehrere Kristalloide können zu Gruppen verschmolzen erscheinen. Die Zwischenzelle des Keimlings enthält wenig Lipoide und keine Kristalloide. Ein weiteres Merkmal der Zwischenzelle, die von BOUIN und ANCEL (1903) erstmals beschriebene Vacuolenbildung, kommt besonders mit der Osmiumsäure-Zinkjodid-Färbung deutlich zum Ausdruck. Es sind scharf begrenzte, große Blasen, von MAZETTI (1911) genauer beschrieben, die nach ROMEIS (1926) u. a. mit einfach lichtbrechenden Kugeln gefüllt sind (Vesikel mit Lipoidtropfen). Die Zwischenzelle enthält regelmäßig Glykogen. Die dunklen Zellen stellen degenerierte helle Zellen dar. Sie zeigen einen höheren Grad von

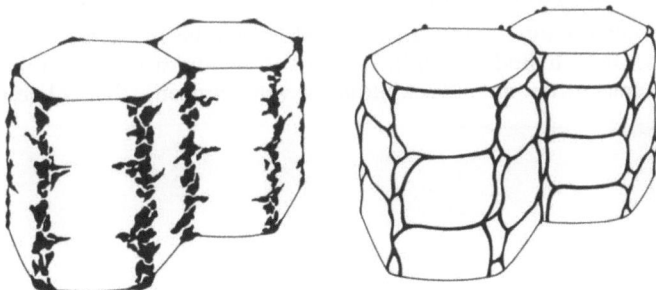

Abb. 32. Topographie der Leydigschen Zwischenzellen (schwarz) und des Capillarnetzes in den Zwickeln zwischen den Hodenkanälchen (Schema)

Osmiophilie und eine unregelmäßige Oberfläche. Die stärkere Elektronendichte leitet sich von dem dichtgepackten, vorwiegend tubulären endoplasmatischen Reticulum ab, wie auch von dunklen glykogenartigen Partikeln, die im Cytoplasma verstreut liegen. Die dunklen Zellen enthalten besonders viele kleine, degenerierte Mitochondrien, in welchen Strukturen erscheinen, die an Lipopigmente erinnern.

Die sporadisch bei geschlechtsreifen Männern auftretenden pigmenthaltigen Zellen scheinen ausgediente interstitielle Zellen zu sein, die nicht degeneriert, sondern zu einem tieferen Differenzierungsstadium zurückgekehrt sind. Sie sind ähnlich dem unreifen Zelltyp, enthalten aber zusätzlich Lipopigmente, die, meist membrangebunden, in Form und Anordnung Mitochondrien ähneln. Zwischen Tunica albuginea und Tunica vasculosa befindet sich nach STACH (1963) eine Schicht von Zwischenzellen, die durch sich plexusartig ausbreitende vegetative Endformationen in immer kleinere Zellaggregate unterteilt wird. Er spricht hierbei von einer Gruppeninnervation. Die vegetativen Fasern der Plexus treten in den reich vascularisierten Leydigzellgruppen gleichermaßen mit den Zwischenzellen und den Capillaren in engen Kontakt. STACH definiert diese engen morphologischen Beziehungen zwischen Axonen und Zellen als „Synapse auf Distanz". Er lehnt ein Terminalreticulum oder plasmatische Verbindungen ab. Die Zwischenzellen vermehren sich durch Neubildung aus Histiocyten, beim Keimling auch durch Mitose.

Im Alter zählt man, bedingt durch die Rückbildung der Samenkanälchen, relativ mehr Zwischenzellen, ohne daß diese absolut vermehrt sind. Jedoch hat die Mehrzahl der Zellen einen kleineren Kern als vorher. SCHINZ und SLOTPOLSKY

(1924) geben Mittelwerte des gesamten Zwischengewebes des Hodens mit 34% an, davon entfallen auf die Zwischenzellen 8—28%.

Außer ihrer androgenen Fernwirkung (Einfluß auf die Geschlechtsorgane, Ausbildung der sekundären Geschlechtsmerkmale) lassen die Zwischenzellen eine androgene Kontaktwirkung auf die Struktur und Reifung des Samenepithels und nach TONUTTI (1953) auch auf den Permeabilitätszustand durch Änderung der Dicke der Basalmembran und Tunica propria erkennen. Für die Spermiogenese ist also eine hohe örtliche Androgenkonzentration Voraussetzung. Sie wird nach FERNER (1958) ermöglicht durch die Einstreuung der Zwischenzellen in kleinen Gruppen zwischen das Samenkanälchensystem. Damit gelingt über das Blutgefäßsystem eine direkte Beeinflussung des „exokrinen" Parenchyms im Sinne einer Kontaktwirkung durch eine grundsätzliche Vorschaltung der endokrinen vor die tubuläre Capillarstrecke (Abb. 32).

6. Rückbildungsveränderungen im Hoden

Beim gesunden Mann kommt die Spermatogenese bis ins Greisenalter nie ganz zum Erliegen. Jedoch finden sich in Hoden von Männern über 25 Jahren bereits Kanälchenquerschnitte mit Rückbildungserscheinungen, die, abgesehen von

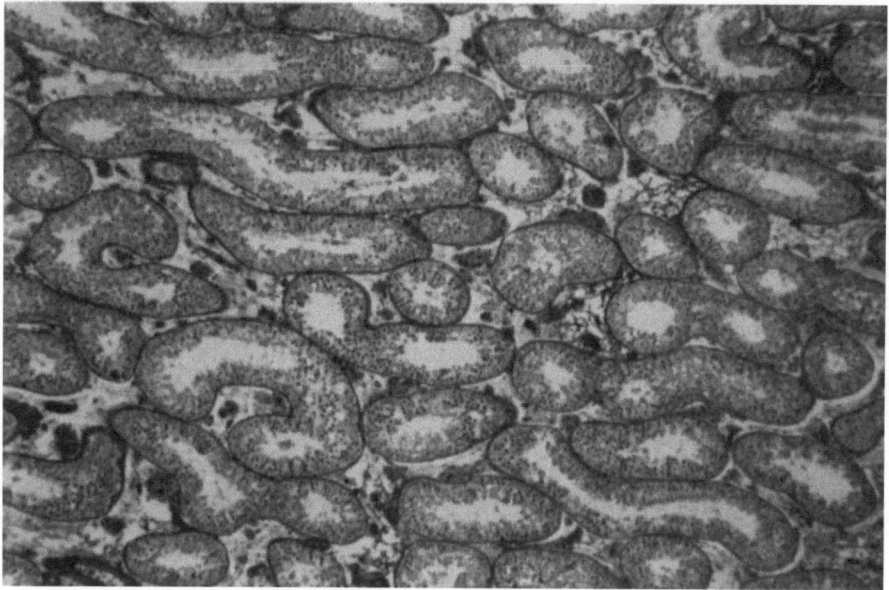

Abb. 33. Normaler menschlicher Hoden (Ausschnitt) mit Samenkanälchen und Zwischenzellen (Übersicht)

Krankheiten oder seelischer Belastung, mit den Jahren an Häufigkeit zunehmen und im Extremfall das ganze Organ ausfüllen können. Die Tunica fibrosa solcher Tubuli erscheint verdickt durch Zunahme an elastischen Fasern (vgl. Abb. 33 mit Abb. 34). Die nur schmale Wandauskleidung besteht aus Elementen, die den Charakter von Sertolizellen oder undifferenzierten Hodenzellen haben; zwischen beiden Zellarten bestehen Übergangsformen. Das Cytoplasma aller Elemente ist wabig und enthält Kristalloide. Zwischen den Zellen liegen vereinzelt große Vacuolen, die sich mit Fettfarbstoffen anfärben lassen (Abb. 35). Bei Spätzuständen der Rückbildung verschwindet das Kanälchenlumen durch Einwachsen bindegewebiger Massen, es entsteht ein schmaler bindegewebiger Strang.

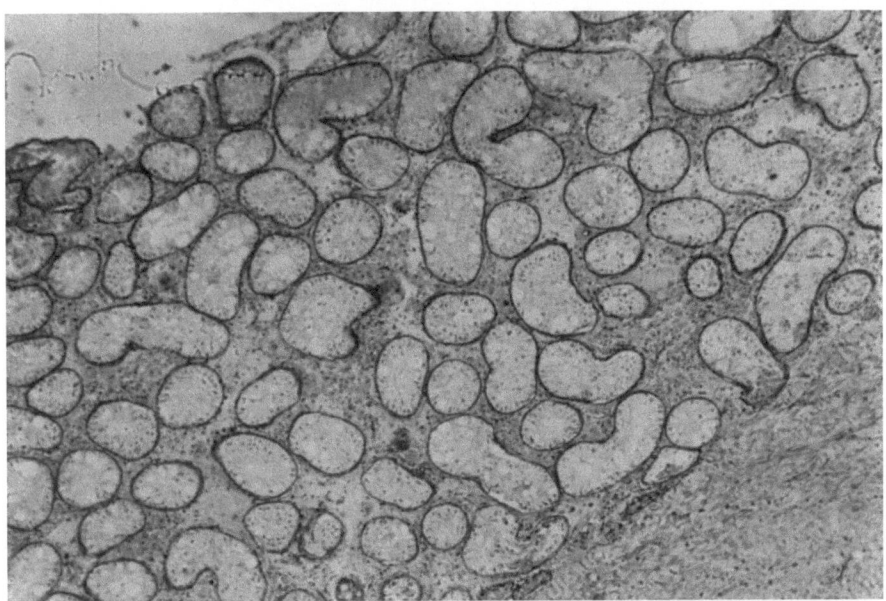

Abb. 34. Menschlicher (erwachsener) Hoden mit totalem Schwund der generativen Zellen. Die Samenkanälchen bestehen nur noch aus Sertolizellen und sind von einer verdickten Tunica fibrosa umgeben

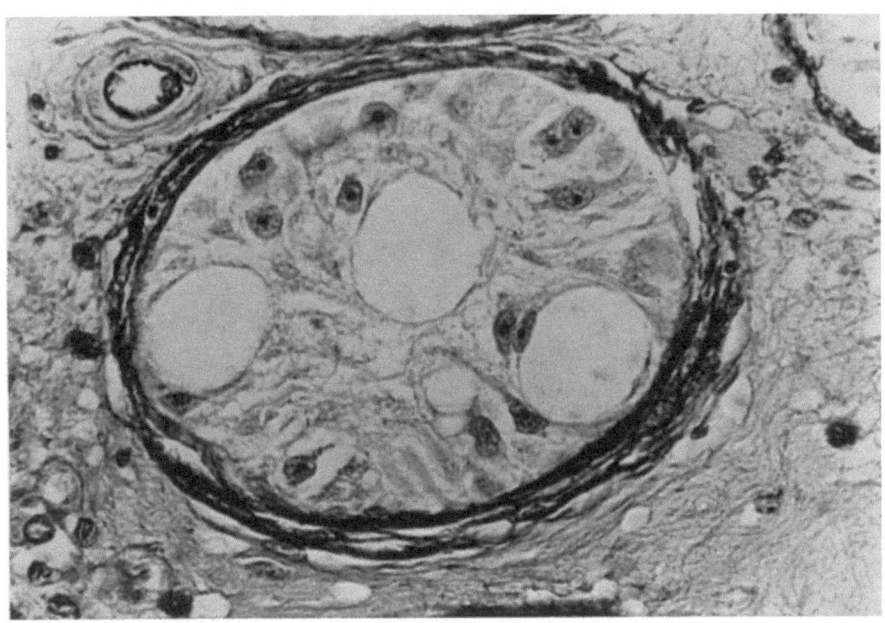

Abb. 35. Hodenkanälchen von einem erwachsenen Mann, totaler Schwund der generativen Zellen. Das auskleidende Epithel besteht ausschließlich aus Sertolizellen, dazwischen große Vacuolen und eine verdickte Tunica fibrosa

7. Hodenanhänge

Als Hodenanhänge allgemein bezeichnet man beim Erwachsenen eine Reihe rudimetär erhaltener embryonaler Gebilde, die gegenüber denen beim Embryo und Kind stark verändert sind. WALDEYER (1899) gruppiert sie wie folgt: 1. Appendix testis (MORGAGNI), 2. Appendix epididymidis, 3. Appendix rete testis, 4. Paradidymis, 5. Ductuli aberrantes und 6. Vesiculae serosae tunica albuginae. Daneben kommen, sehr selten, auch Nebennierenreste, chromaffine Körper und ektodermale Bläschen vor.

Appendix testis

Der Hodenanhang als Rest des cranialen Endes des Müllerschen Ganges ist nicht oft zu finden. Er liegt als glattes oder runzeliges Gebilde verschiedener Größe am cranialen Pol des Hodens. Es sitzt ihm entweder breitbasig auf, oder ist, häufiger, mit ihm durch einen Stiel verbunden. Der Hodenanhang ist vom einschichtigen Plattenepithel des Eingeweideblattes der Tunica vaginalis propria bedeckt. Er besteht aus lockerem fibrillärem gefäßreichem Bindegewebe mit einzelnen Fibrocyten und Histiocyten. Die Gefäße sind hauptsächlich klappenfreie Lymphgefäße und Venen, deren Wand meist nur aus einer Endothellage besteht, weniger Arterien und Capillaren.

Appendix epididymidis

Der Nebenhodenanhang ist dem Hodenanhang sehr ähnlich. Auch er sitzt dem Nebenhoden als birnenförmiges Knötchen, manchmal sogar mehrfach gestielt, selten breitbasig, auf. Er besteht ebenfalls aus lockerem Bindegewebe mit Gefäßen derselben Zusammensetzung wie im Hodenanhang. Sein je nach dem Füllungszustand der Gefäße gefältelter oder glatter Überzug wird vom Peritonealepithel gebildet. Das ganze Gebilde wird beim Neugeborenen und Kind von einem Kanal durchzogen, der von einschichtigem, streckenweise mehrreihigem Cylinderepithel ausgekleidet ist. Diese Auskleidung springt leistenförmig ins Lumen vor. Nach außen folgt eine feine Basalmembran. Beim Erwachsenen ist der Gang gewöhnlich verschwunden. Der Nebenhodenanhang ist ein Überrest des abdominalen Endes des Müllerschen Ganges bzw. besteht aus Kanalresten der Urniere.

Appendices des rete testis

Diese Anhänge gehen von den Räumen des Hodennetzes aus und liegen in der Tunica albuginea. Sie endigen blind. Die Kanälchen sind von einschichtigem Zylinderepithel ausgekleidet, das dem in den Ductuli efferentes ähnelt, jedoch keine Kinocilien besitzt. Das Epithel liegt einer deutlichen Basalmembran auf. Das umgebende Bindegewebe ist reich an Histiocyten. In den Ganglumina liegt eine krümelige Masse mit beigemengten Samenfäden und abgestorbenen Hodenzellen. Die Entstehung der Appendices rete testis führt man auf Sexualkanälchen der Urnieren zurück, die sich später dem Hodennetz anschließen und ihre Kontinuität mit dem Urnierengang verlieren.

Paradidymis

Die Grundsubstanz der kindlichen Paradidymis besteht aus lockerem Bindegewebe, in dem ein vielfach gewundenes Kanälchen zieht. Seine Auskleidung zeigt den gleichen Aufbau wie die der Ductuli efferentes. TOLDT (1891) unterscheidet im Beihoden zwei Anteile. Der proximale Teil liegt als ovoides Gebilde an der ventralen Seite des Ductus deferens oberhalb des Nebenhodenkopfes. Er entsteht aus einem abgeschnürten Kanälchen der Urniere, entspricht bei der Frau dem Paroophoron und ist beim Erwachsenen nur noch selten zu finden. Beim Manne besteht er aus einem blinden Kanälchen, das von einschichtigem bis mehrreihigem Cylinderepithel ausgekleidet ist und dessen Lumen unregelmäßige Längsfalten aufweist. Die Hülle besteht aus derbem fibrillärem Bindegewebe mit vielen Fibrocyten und Histiocyten. Das Gebilde ist durch eine Kapsel vom lockeren Bindegewebe des Nebenhodenkopfes abgesetzt. Der distale Teil ist beim Erwachsenen häufiger zu finden. Er besteht aus einem aufgeknäuelten Kanälchen, das von lockerem Bindegewebe umgeben wird. Dieses ist reich an Gefäßen, besonders an weitlumigen Venen. Der Gang endet entweder blind, oder er ist mit dem Hodennetz oder sogar mit Hodennetz und Nebenhodengang verbunden. Die Schleimhaut besitzt ein- bis zweischichtiges Cylinderepithel und bildet Längsfalten. Selten finden sich auch kleinere Schläuche, die in das Lumen des Ganges münden. Einzelne Zellen besitzen Flimmern, die meisten haben sezernierenden Charakter. Der Gang besitzt eine mehr oder weniger gut ausgebildete Ringmuskelschicht. Das ganze Gebilde wird als vom Nebenhodengang abgelöstes Nebenhodenkanälchen aufgefaßt.

Ductuli aberrantes

Nach WALDEYER (1899) sind die Ductuli aberrantes „größere gewundene gangförmige Anhänge, welche blind endigend im Nebenhoden verlaufen."

Der kleinere obere Ductus aberrans geht vom Hodennetz aus, verläuft aber im Kopf des Nebenhodens. Er ist von anderen Anhängen des Hodennetzes oder den proximalen Anteilen der Paradidymis schwer zu unterscheiden. Jeder Hoden zeigt nämlich von den Räumen des Hodennetzes ausgehende blinde Gänge, die sich in Entwicklung, Ausbildung und Epithel ganz unterschiedlich verhalten. Der größere untere Ductus aberrans entspringt vom Nebenhodengang im Schwanzbereich und windet sich in den Kopf des Nebenhodens hinauf. Er ist gewöhnlich vom nämlichen Epithel ausgekleidet wie die Ductuli efferentes, manchmal auch vom gleichen wie der Ductus epididymidis. Der Gang zieht gelegentlich eine längere Strecke in der Tunica albuginea. Beide Gänge sind ebenfalls Reste von Urnierenkanälchen.

Vesiculae serosae tunicae albugineae

Auch die serösen Hodenbläschen sind Überbleibsel der Urnierenkanälchen. Sie liegen, verschieden groß, in der Tunica albuginea unter der Serosa, meist an der seitlichen Hodenfläche beim Nebenhoden. Die Bläschen sind mit einer wasserklaren Flüssigkeit gefüllt. Beim Kinde besteht die Auskleidung aus Cylinderzellen, die sich mit zunehmender Sekretion zu Flimmerzellen umwandeln und schließlich durch den Sekretstau abflachen und zugrunde gehen. So sieht man beim Erwachsenen meist nur noch die bindegewebige Grundlage mit vielen Histiocyten wie z.B. bei den Hoden- und Nebenhodenanhängen und der Paradidymis. In anderen Fällen bildet das Bläschen an der Oberfläche eine Erhebung und vergrößert sich mit zunehmendem Lebensalter zu einer großen serösen Blase. Steht ein Bläschen mit einem Gang in offener Verbindung, entwickelt es sich ebenfalls zu einem Gang mit derselben Auskleidung wie sie die Ductuli efferentes besitzen.

II. Mikroskopische Anatomie des Nebenhodens
1. Ductuli efferentes testis

Die gewundenen Hodenkanälchen münden unmittelbar in das Hodennetz. Die Kanälchen aus beiden Hodenpolen gehen in kanalartige Ausläufer (Schaltstücke) des Hodennetzes über. Diese sind als Anteile des Hodennetzes vom gleichen einschichtig prismatischen Epithel ausgekleidet, wie dieses selbst. Die Zellen sitzen einer deutlichen Basalmembran auf. Im Bereich der Verbindungsstücke mit den Hodenkanälchen sind die sonst spaltförmigen Lücken des Hodennetzes ziemlich weit (1—3 mm Durchmesser). Die Schaltstücke sind an ihrem dem Hoden zugekehrten Ende siebartig gelöchert, STIEVE (1930) vergleicht sie mit Drainageröhren. Aus den Spalten des Nebenhodennetzes treten 8—15 Kanälchen aus, die zu den Ductuli efferentes werden. Jeder Ductulus efferens ist ein 12—20 cm langes, zunächst gerades, dann spiralig aufgewickeltes Epithelrohr, dessen Windungen im hodennahen Abschnitt großtourig, zum Ductus epididymidis hin immer enger verlaufen. Der anfänglich 1—1,5 mm betragende Durchmesser verkleinert sich, je enger die Windungen werden, immer mehr (bis auf 70—120 μ) der Hohlraum wird sehr schmal. STIEVE unterscheidet mit PFEIFFER (1928) am Ductulus efferens eine Pars testicularis und eine Pars epididymica. Die Kanälchen enden im gleichfalls gewundenen Ductus epididymidis, das oberste End-zu-End (sein Querschnitt bleibt übrigens etwas breiter als der der anderen — 200—400 μ —), die folgenden von den Seiten. Die Ductuli efferentes bilden zusammen mit ihrem zell- und faserreichen Bindegewebsmantel die kegelförmigen Läppchen (Samenkegel des Nebenhodenkopfes, die mit der Spitze dem Hoden anliegen, mit der Basis zum Nebenhoden gerichtet sind. Die einzelnen Samenkegel sind von einer Bindegewebshülle umgeben. Das Zwischengewebe, in dem Gefäße (hauptsächlich dünnwandige Venen) und vereinzelt markarme Nerven verlaufen, ist, wie SCHMIDT (1964) beschreibt, sehr regelmäßig aufgebaut. Elektronenmikroskopisch nehmen Fibrocyten und kollagene Fasern eine etwa gleichgroße Fläche ein. Mit zunehmendem Lebensalter treten auch elastische Elemente hinzu. Innerhalb der Bindegewebszellen liegen neben vereinzelten Mitochondrien und ergoplasmatischen Strukturen vielfach feinste Fibrillen und in Kernnähe Granula von dem Typ, wie er häufig in der Peripherie eines Kerns vorkommt. Der langgestreckte, unregelmäßig konturierte Zellkern besitzt eine nur sehr dünne Kernmembran. Die Zellen sind eingehüllt in einen in feingranuläre Substanz gebetteten Fibrillenmantel. Sehr selten sieht man im gesunden Nebenhodenzwischengewebe Gebilde vom Bau und Charakter der Hodenzwischenzellen (PRIESEL, 1924; STIEVE, 1930); sie treten bei Hodenatrophie vermehrt auf. Um die Ductuli liegen Muskelzellen, die um die gestreckten Anfangsabschnitte schütter angeordnet in Längsrichtung ziehen, um die gewundenen Abschnitte in zunehmendem Maße eine dünne zusammenhängende zirkuläre Muskellage bilden (STIEVE, 1930). In den folgenden Nebenhodenabschnitten treten zu den zirkulären zusätzlich längsverlaufende Muskelzüge. HOLSTEIN (1967) beobachtet bei Kaninchen in vivo schnelle peristaltische und peristolische Bewegungen der Kanälchen, die in peripheren Abschnitten langsamer werden. Auch die Kapsel von Hoden und Nebenhoden zeigt regelmäßig oder unregelmäßig rhythmische Kontraktionen, die von zarten, längsverlaufenden Zellsträngen glatter Muskulatur herrühren (HOLSTEIN, 1967). Die Grundsubstanz des Zwischengewebes verdichtet sich um die Ductuli efferentes zum granulär aufgebauten Grundhäutchen. Von außen liegen ihm zahlreiche Capillaren und vereinzelt Histiocyten und Lymphocyten an. Zwischen Basalmembran und dem Epithel ist ein 20 μ breiter, homogen erscheinender Spaltraum. Das Epithel der Ductuli efferentes beginnt in den meisten Fällen mit einem Wulst, da die gleichmäßig 10—15 μ hohen Zellen der Verbindungsgänge im Nebenhodennetz sich deutlich von dem teilweise wesentlich höheren (bis 45 μ) und unterschiedlich gestalteten Epithel der Kanälchen absetzen. Hier wechseln hohe Epithelabschnitte mit flachen Gruben, so daß das Oberflächenrelief unregelmäßig gestaltet ist (Abb. 36). In seltenen Fällen sind die Zellen des Verbindungsstückes höher und haben wabigen Charakter. Die Grenze zeigt sich bei solchen Kanälchen als eine feine Furche. Die hochprismatischen Zellen des einschichtigen Epithels im Ductulus efferens sind verschieden groß (10—45 μ). Die höchsten springen als Zapfen oder unregelmäßige Leisten ins Lumen vor, die kleineren kleiden 15—20 μ tiefe und 20—30 μ breite

Grübchen oder Furchen aus. Das Relief entsteht durch das unterschiedliche Wachstum der ursprünglich gleich hohen Zellen (PFEIFFER, 1928). Die hohen Zellen stehen oft mit einem langen fadenförmigen Fortsatz auf der Basalmembran, mehrere solcher Zellen liegen meist in Gruppen beieinander. Dazwischen können gelegentlich Zellen ohne Verbindung mit der Fußhaut liegen. Andererseits findet man auch typische Basalzellen von 6—8 μ Durchmesser, die die Oberfläche nicht erreichen. Ihr runder Kern ist oft nur 3—4 μ groß. Die Kerne der übrigen Zellen sind längsoval, 10—15 μ lang und 4—5 μ dick und enthalten 1—3 Nucleolen. Das Kerngerüst ist zarter als das der Basalzellen.

Das hochprismatische Epithel läßt zwei Zelltypen erkennen. Der eine zeichnet sich durch ein sehr helles organellenarmes Cytoplasma und einen runden, struktur-

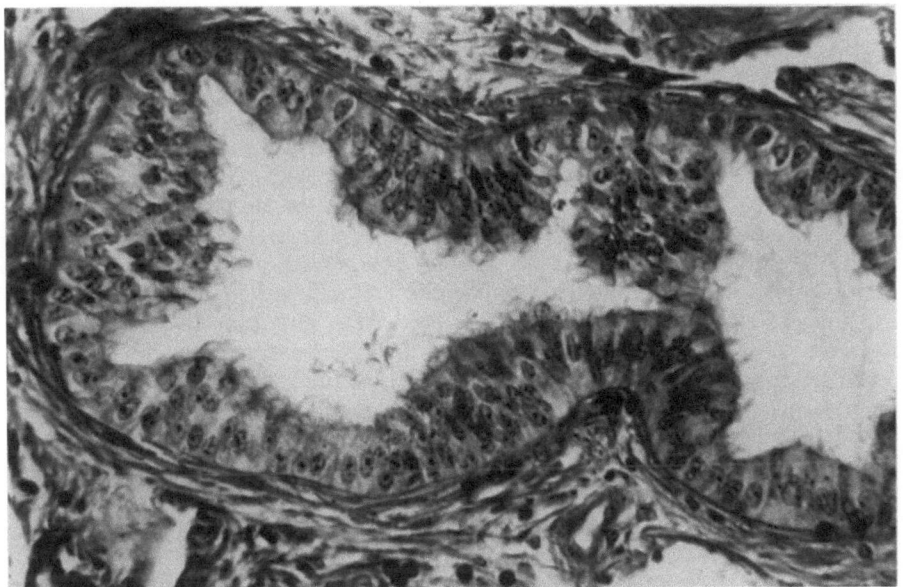

Abb. 36. Menschlicher Nebenhoden. Querschnitt durch einen Ductulus efferens. Beachte die wechselnde Höhe des Epithels und die gutausgebildete Muskelwand

armen Kern aus. Die wenigen vorhandenen Mitochondrien liegen hauptsächlich basal oder apikal. In der Umgebung des Kerns liegen ab und zu 400—500 mμ große Körnchen, die keine erkennbare Oberflächenmembran besitzen. Die hellen Zellen enden zum Lumen hin in 0,3—0,6 mμ langen und 0,1 mμ breiten Mikrovilli, unterbrochen von Kinocilien, deren Länge von SCHMIDT (1964) mit etwa 3 μ, von STIEVE mit 5—12 μ angegeben wird, und deren Dicke 0,2—0,3 μ beträgt. Die Kinocilien sind in typischer Weise strukturiert, sie enthalten zwei Zentralfäden, umringt von 9 Doppelfilamenten. Die Basalkörnchen sind deutlich ausgebildet. Auch die zweite, dunkler erscheinende Zellart ist mit Mikrovilli der beschriebenen Größenordnung ausgestattet, jedoch nicht mit Kinocilien. Die Oberfläche dieser Zellen ist gelegentlich strukturarm und gegen die Lichtung vorgebuckelt. Da im sonst optisch leeren Kanälchenlumen öfters rundliche Gebilde mit ähnlich strukturlosem Inhalt zu sehen sind, bestätigt SCHMIDT elektronenoptisch die Annahme, daß es sich hierbei um Abschnürungsprodukte apikaler Cytoplasmaanteile der dunklen Zellen handelt. Das Verhältnis beider Zellarten wechselt nicht nur in den verschiedenen Organen, sondern auch von Abschnitt zu Abschnitt. Nach STIEVE enthalten die initialen Abschnitte kaum Zellen mit Kinocilien, ebensowenig die letzten Strecken. Zum Nebenhodengang hin wird das Epithel gleichmäßig höher, es enthält weniger Grübchen. So besteht nach STIEVE in der pars epididymica das Epithel der Kanälchen aus einer gleichmäßigen Lage 20—30 µ hoher Zellen, deren Breite dagegen sehr unterschiedlich ist (8—30 µ). Sie besitzen ein deutliches Schlußleistennetz, teilweise schon Büschel, die im Bau den Sezernenten des Nebenhodengangepithels gleichen, und ein feingekörntes Cytoplasma. An der Grenze zwischen Ductulus efferens und Ductus epididymidis zeigen die Zellen der einen Seite noch das für den Ductulus efferens bezeichnende Verhalten, die der anderen schon den Bau wie im Ductus epididymidis, Basalzellen fehlen hier.

2. Ductus epididymidis

Der Nebenhodengang nimmt im Nebenhodenkopf seinen Ursprung und windet sich dann durch den Nebenhodenschwanz, um an dessen Ende in den Ductus deferens überzugehen. Er dient als Samenspeicher und verändert seinen Inhalt durch Resorption und Sekretion. Der Inhalt des Nebenhodenganglumens ist nach LANZ (1924) um pH 1,2 saurer als der Inhalt der Samenkanälchen, die Sperma sind dadurch in ihrer Motilität eingeschränkt. Der Nebenhoden wird von einer zarten, nachgiebigen Bindegewebshülle mit Serosaüberzug umgeben. Über das Epithel des Ductus epididymidis liegen u.a. von HORSTMANN (1962) ausführliche Angaben vor. Das Epithel des Ductus epididymidis sitzt einer lichtmikroskopisch deutlich sichtbaren 0,1 µ dicken Basalmembran auf. Zwischen ihr und den Epithelzellen liegt ein 150—250 Å breiter heller Spalt, der sich in die Intercellularräume fortsetzt. Die basale Begrenzung der Epithelzellen erscheint auch elektronenoptisch nur sanft gewellt. Die Basalmembran hat den gleichen Aufbau wie die Membranen der oben beschriebenen Epithelverbände. Das zweireihige Epithel besteht aus 2 Zelltypen, den kubischen bis runden Basalzellen und den hochprismatischen Hauptzellen. Beide Zellarten fußen auf der Basalmembran (Abb. 37). Die Basalzellen, die häufig als Reservezellen gelten, kommen für einen regenerativen Zellersatz nach Bestimmung ihrer Mitoserate kaum in Betracht. Der Kern der isoprismatischen Basalzellen ist rund und enthält einen nur wenig hervortretenden Nucleolus. Er ist von feinkörnigem Karyoplasma erfüllt, das elektronenoptisch aus spiralig gedrehten Filamenten besteht, denen etwa 150 Å dicke Körnchen reihenförmig aufsitzen. Die begrenzende Doppelmembran ist unregelmäßig von Kernporen durchsetzt. Die Mitochondrien sind ovale Gebilde, deren Querdurchmesser um etwa ein Drittel größer ist als der von Mitochondrien der hochprismatischen Zellen. Sie besitzen deutlich sichtbare, locker angeordnete Cristae, die an den knollig verdickten Mitochondrienenden oft fehlen. Besonders das basale Cytoplasma enthält viele Mitochondrien.

Das Ergastoplasma liegt gleichmäßig verteilt im Cytoplasma, in Form von Polysomen oder als an die Zisternen des endoplasmatischen Reticulum gebundene Granula.

Der Golgiapparat liegt meist in Form kleiner Bläschen, selten als Lamellensystem peri- oder supranucleär. In vielen Basalzellen sieht HORSTMANN feinfibrillierte Cytoplasmabezirke, deren einzelne Filamente sich undeutlich abgrenzen und etwa 60 Å dick sind. Diese Fädchen ziehen von der Zellbasis leicht gewellt zum perinucleären Cytoplasma und von dort weiter um den Kern, dessen Einbuchtungen genau folgend. Stellenweise wickeln sich einzelne Fibrillen zu Wirbeln auf. Die Faserzüge liegen nie der seitlichen Zellwand an.

Weiter werden in den Basalzellen Einschlüsse verschiedener Art und Form beschrieben.

Am häufigsten finden sich rundliche bis ovale, mit Anilinblau anfärbbare Granula, die elektronenmikroskopisch von einem dichteren Mantel umgeben werden und deshalb meist scharf abgrenzbar sind. Ihr Durchmesser beträgt 0,1—1 μ. Ihr Inhalt ist oft homogen. In einigen Fällen erscheint die Schale ungleich dick und granuliert und kann mehrere homogene Granula umschließen. Der zentrale Anteil einzelner Körnchen kann aber auch unregelmäßig gefleckt sein oder als helles Bläschen erscheinen. Die Partikel sind gelegentlich von einer Membran umgeben. Sie kommen selten in solcher Menge vor, daß sie die Zelle fast ausfüllen. Diese Zelleinschlüsse sollen Vorstufen eines Sekretionsproduktes sein, das nicht entleert wird. Neben ihnen sieht man um den Kern herumliegende unregelmäßig gezackte oder sternförmige Einschlüsse, die wahrscheinlich aus Lipoiden bestehen.

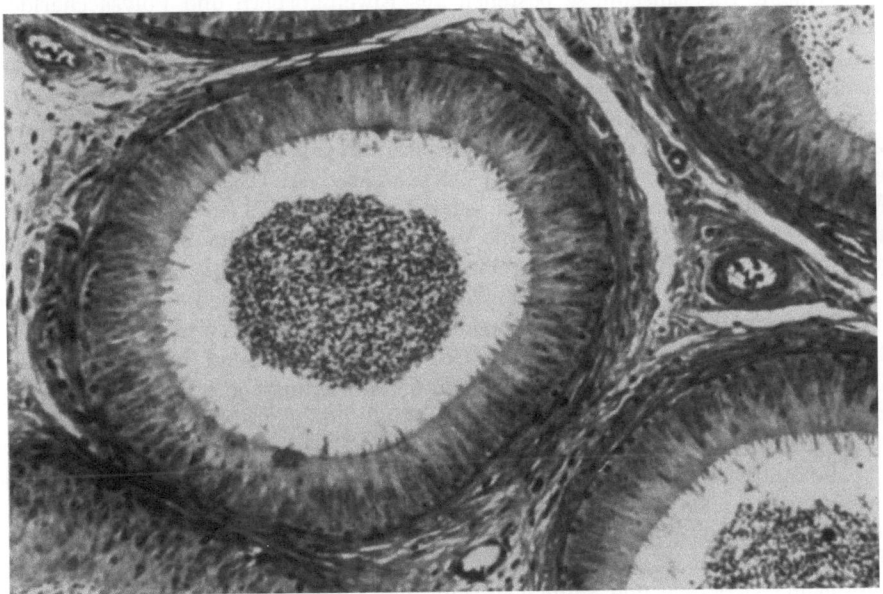

Abb. 37. Nebenhoden Mensch. Ductus epididymidis im Querschnitt

Die Beschreibung der Basalzellen gilt für die meisten Anteile des Ductus epididymidis, jedoch finden sich Corpusanteile des Nebenhodens, in denen die Basalzellen geringfügig anders strukturiert erscheinen. Die Mitochondrien sind hier gleichmäßig in der ganzen Zelle verteilt, der supranucleär liegende Golgiapparat enthält deutliche Lamellen. Die Zelleinschlüsse sind unregelmäßiger geformt und meist von einer Membran umschlossen. Sie verklumpen häufig zu größeren Komplexen, die vorwiegend in unmittelbarer Kernnähe liegen. Sie zeigen, bedingt durch ihren verschiedenen Substanzgehalt histochemisch unterschiedliche Reaktionen. Daneben enthalten die Zellen jedoch auch die oben beschriebenen einfachen Körnchen.

Die hochprismatischen Zellen sind im Bereich ihres Kerns am breitesten. Die Kerne liegen meist in einer Reihe nebeneinander. Zellen mit höher- oder tieferliegendem Kern erscheinen dann in diesem Bereich zu schmalen Cytoplasmaschläuchen zusammengedrückt. Der schmale, langgestreckte Zellkern enthält mehrere rundliche Nucleolen, die dichter als die der Basalkerne und unregelmäßig gefleckt sind. Die Struktur des Karyoplasmas und der Nucleolen ist die gleiche wie die der Basalzellen. Die Zellkerne zeigen elektronenoptisch tiefe Kerben, die in mehr als zwei Drittel des Kernes einschneiden können. Sie verlaufen in verschiedenen Richtungen und sind an ihrem inneren Ende oft blasig erweitert. Diese Einbuchtungen können von mehreren Seiten in gleicher Höhe den Kern durchsetzen. Sie erscheinen im Anschnitt leicht als von Membranen umgebene Kerneinschlüsse. Die Doppelmembran, die den Kern umgibt, enthält zahlreiche Poren, auch im Bereich der Einkerbungen.

Die Kerne der hochprismatischen Zellen beteiligen sich nach Ansicht einer Anzahl Autoren direkt an der Sekretbildung der Zelle durch Ausschleusung von Kernmaterial. Die Ansicht stützt sich auf auch elektronenoptisch nachgewiesene eosinophile Einschlüsse, sog. Kernkugeln, die als veränderte Nucleolarsubstanz aufgefaßt werden, allerdings auch in Basalzellkernen zu finden sind. Die Autoren beschreiben um die größeren Gebilde eine mit dem Lichtmikroskop erkennbare Hüllschicht. Die Einschlüsse bestehen aus Eiweißkörpern und Polysacchariden. Elektronenoptisch zeigen sie sich als unscharf begrenzte Karyoplasmaverdichtungen mit verschiedenartiger Feinstruktur, die frei im sonst unveränderten oder auch frei von Granulierung erscheinenden Karyoplasma liegen. Andere Kernkugeln liegen angesammelt und teilweise zu größeren Gebilden zusammengeflossen in einem helleren Hof, der von einer Membran umgeben ist. Der Durchmesser der einzelnen Einschlüsse wird mit 0,2—0,8 μ angegeben. Die Breite der von einer Membran umgebenen Kugelhaufen beträgt etwa 2—3 μ. HORSTMANN, RICHTER u. ROOSEN-RUNGE (1966) fassen die verschieden strukturierten Kerninklusionen als Stufen einer Differenzierungsreihe auf. Die Reihe beginnt mit kleinen rundlichen Körperchen aus feinfädigem Material und führt über die Ausbildung von Anhäufungen dichter homogener Kugeln zu großen Vacuolen wechselnden Inhalts. Kerne mit Kernkugelansammlungen liegen vorwiegend apikal. Elektronenoptisch findet sich kein Anhalt für ein Entstehen der Einschlüsse aus Nucleolarsubstanz. Eine Unterscheidung zwischen Kerneinschluß und Cytoplasmainvagination in den Zellkern ist oft schwer. Stark sezernierende Zellen haben kleine Kerne.

Man unterscheidet im Cytoplasma der Cylinderzelle folgende Zonen: eine basale Zone, eine infranucleäre Zone, eine Kernzone, eine supranucleäre und eine apikale Zone (Abb. 38). Die schmale basale Zone steht mit vielfach verzweigten Fortsätzen auf der Basalmembran. Ihr Cytoplasma enthält feine Bläschen, wenige rundliche Cytosomen und ähnlich sternförmige Lipoide wie die Basalzelle, aber in größerer Menge. Zahlreiche Zisternen zerklüften das Cytoplasma. In Zellen ohne Zisternen fehlen auch die Lipoideinschlüsse.

Das Cytoplasma besitzt infranucleär eine feine, im Lichtmikroskop gerade noch sichtbare lamellös-faserige längsgestreifte Zone, die hellere Längslücken aufweist. Das Cytoplasma erscheint in diesem Gebiet gleichsam röhrenförmig gebaut. Diese zahlreichen Rohre oder Bläschen sind elektronenoptisch oft zu einem endoplasmatischen Reticulum zusammengeflossen.

In Kernnähe erkennt man bei Querschnittspräparaten eine konzentrische Anordnung der Lamellensysteme. Nach HAMMAR (1897) erinnern die Strukturen an die Basalstreifung der Faserzellen sezernierender Speicheldrüsen. In dieser Zone liegen weniger Mitochondrien als in der basalen, sie bilden kleine Anhäufungen direkt unter dem Kern. Zwischen den Bläschen finden sich feine dichte Körnchen von etwa 150 Å Durchmesser, die in Gruppen zusammenliegen, oder, seltener, die Spalträume des endoplasmatischen Reticulum säumen. Ihre Zahl nimmt zum Kern hin zu. HORSTMANN hält sie für Ribosomen aufgrund der starken Basophilie dieser Zone. Alle anderen, im basalen Cytoplasma beschriebenen Einschlüsse trifft man hier nur selten an.

Supranucleär finden STIEVE (1930) u.a. lichtmikroskopisch einen axial liegenden dichten Cytoplasmastrang, der von einem hellen Mantel umgeben ist. Dieser

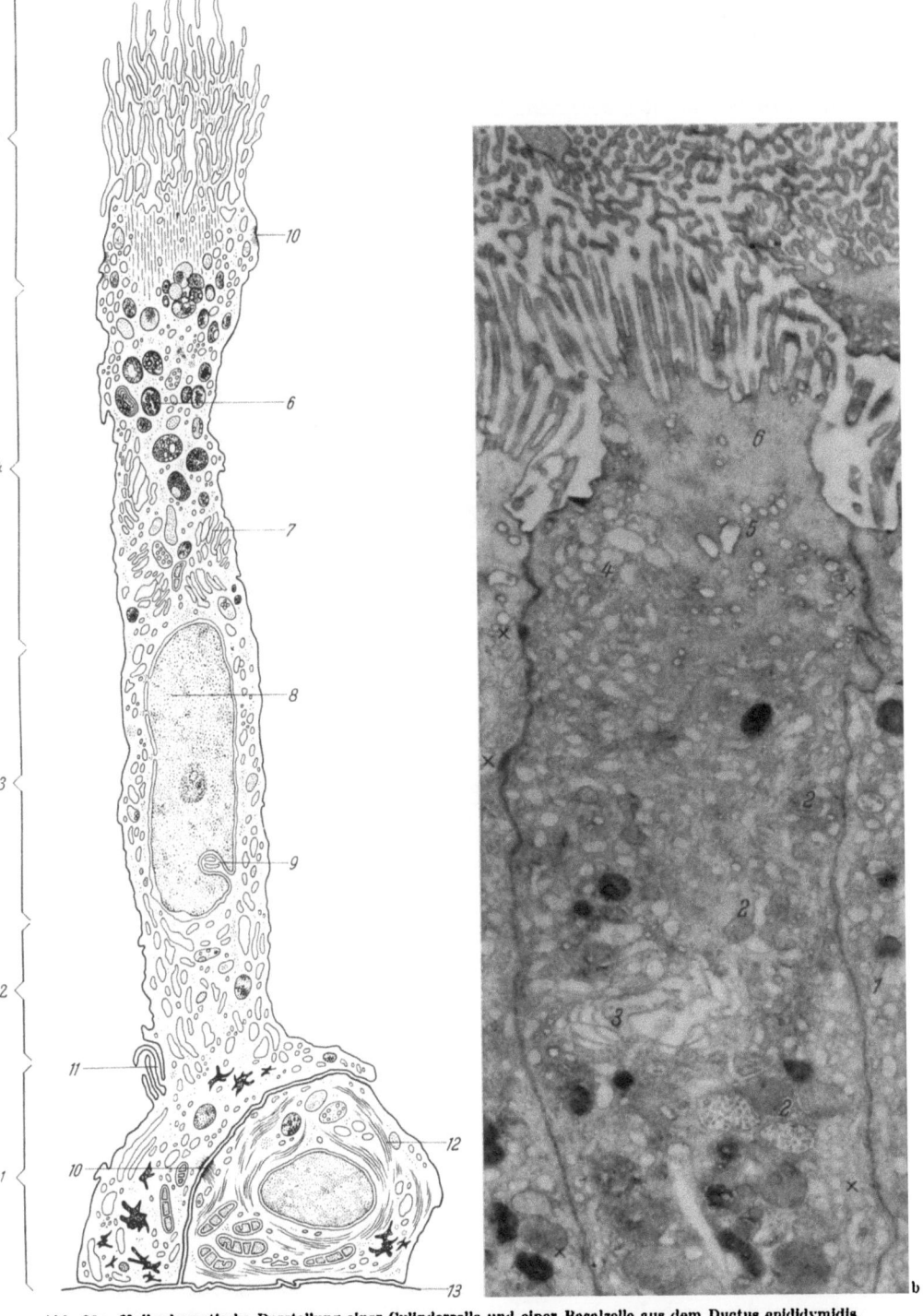

Abb. 38a. Halbschematische Darstellung einer Cylinderzelle und einer Basalzelle aus dem Ductus epididymidis. *1* Basale Zone, *2* infranucleäre Zone, *3* Kernzone, *4* supranucleäre Zone, *5* apikale Zone mit Stereocilienschopf, *6* Cytosom, *7* Golgilamellen, *8* Kern mit Kernporen und *9* Kernbucht, *10* Desmosomen, *11* Verzahnung des Kantenfalzes, *12* fibrillär Cytoplasma der Basalzelle, *13* Basalmembran. (Aus E. HORSTMANN, 1962)

Abb. 38b. Oberer Abschnitt der supranucleären Zone (*1*) einer Cylinderzelle aus dem Ductus epididymidis. *2* Cystosome geringer Dichte, *3* Golgilamellen, *4* Bläschen mit opakem Inhalt, *5* wasserhelle Bläschen der apikalen Zone, *6* Sockel der Stereocilien, *x* Desmosomen. Vergr. 11000fach. (Aus E. HORSTMANN, 1962)

Mantel enthält feine, 0,03—0,7 µ große Körnchen, die wegen ihrer Färbbarkeit mit Eisenhämatoxylin auch Hämatoxylinkörper genannt werden. Sie sind mannigfaltig gestaltet und bestehen elektronenoptisch aus homogenem Material, in das konzentrische Lamellen oder feine Bläschen eingebettet sein können. Die Körper werden gelegentlich durch feinkörnige Auflagerungen vergrößert. Zum apikalen Zellteil hin schließen sich diese Cytosomen zu größeren Komplexen zusammen, die einen Durchmesser bis zu 3 µ haben können. Die von WARTENBERG und STEGNER (1963) als Komplexcytosomen bezeichneten Konglomerate sind meist von einer einfachen Membran umschlossen. Sie erscheinen lichtmikroskopisch als rundliche Körner, die sich mit Eisenhämatoxylin schwächer anfärben und mit

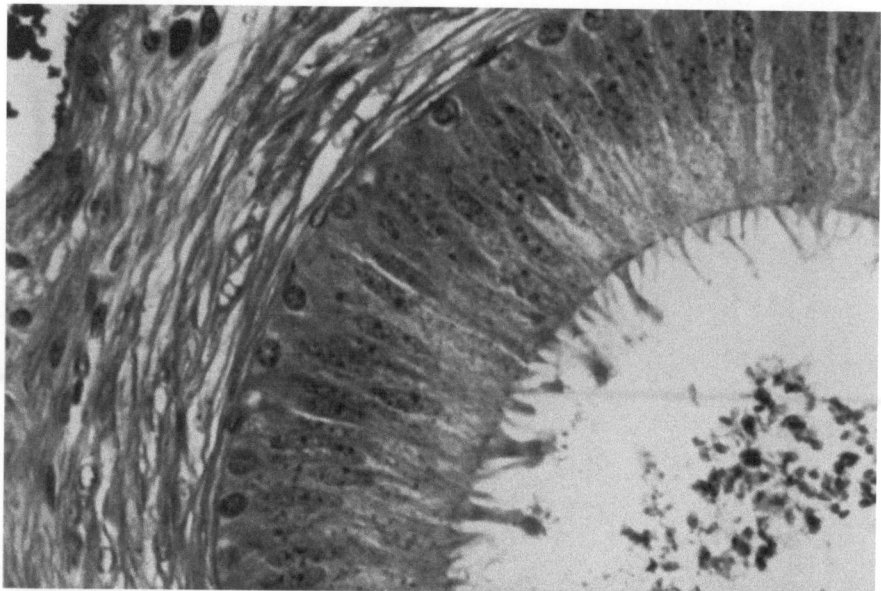

Abb. 39. Nebenhoden Mensch. Ductus epididymidis. Beachte die Stereocilien und die starke Musculoelastica

Azan kräftig blau erscheinen. Die supranucleäre Zone reicht bis etwa 5 µ unterhalb der Zelloberfläche.

In der darüberliegenden apikalen Zone werden elektronendichte Zelleinschlüsse seltener, statt dessen liegen hier zunächst etwa 0,1 µ große Bläschen, deren Inhalt die gleiche Elektronendichte besitzt wie das umgebende Cytoplasma, vorwiegend der seitlichen Zellwand an. Diese Bläschen werden kurz unter der Zelloberfläche ersetzt durch hellere Bläschen, die an nicht von Stereocilien besetzten Stellen in die Lichtung des Ganges übertreten. In der apikalen Zone besitzen die Mitochondrien wieder deutliche Cristae. Neben ihnen liegen hier kleine Ansammlungen von Ribosomen mit einem Durchmesser von etwa 100 Å.

Die Stereocilien, bis über 10 µ lange, fädige Fortsätze, die in Büscheln zusammenkleben, werden von den einen als Bürstensaum, von den anderen als fibrillierte Cytoplasmafahne gedeutet (Abb. 39). HORSTMANN (1961) beschreibt sie wie folgt: Sie entspringen gewöhnlich aus dem apikalen Kegel. Ihr Längsschnitt vermittelt den Eindruck von Mikrovilli. Im Querschnitt erkennt man, daß die Stereocilien untereinander durch Brücken verbunden sind, so daß ein netzartiges Bild entsteht. Die Brücken sind an den Verbindungsstellen mit den Stereocilien so dick wie diese, werden gegen die Spitze zu aber so dünn, daß sie abreißen. So sind die

Stereocilienspitzen fädig, während die Basen aus einem Cytoplasmalabyrinth bestehen. Dieses Durchschnittsbild kann nach beiden Seiten verschoben sein, so daß in einem Fall die schütteren Fortsätze direkt aus der Zelle entspringen können oder gar keine Stereocilien vorhanden sind, im anderen die besonders kräftigen Stereocilien kettenartig blasig verdickt sein können. Die seitliche, von Stereocilien freie Zelloberfläche ist häufig vergrößert zu einem dicken Fortsatz, der in die Lichtung ragt. Sein Inhalt erscheint entweder strukturarm oder ist mit opaken Bläschen gefüllt. Das Cytoplasma der Stereocilien und des Ursprungskegels besteht elektronenoptisch aus einem streifig angeordneten, sonst homogenen Material, an dessen Stelle man lichtmikroskopisch eine Art Basalkorn sieht. Innerhalb der streifigen Zone liegen wasserhelle Bläschen, während die dichteren Bläschen außerhalb dieser Zone liegen. Die hellen Bläschen haben eine dichtere Wand als die opaken. Sie liegen einzeln oder in Ketten, auch innerhalb der Stereocilienansätze. Sie treten häufig in die Nebenhodenlichtung über. Nach Ansicht der größeren Anzahl Autoren ist das hochprismatische Epithel des Nebenhodenganges einer echten Sekretion fähig. HEIDENHAIN und WERNER (1924) bezeichnen unter dieser Voraussetzung den konischen Aufsatz an der Zellspitze (apikale Zone) als pars secretoria oder Sezernenten und den übrigen supranucleären Bereich der Zelle (supranucleäre Zone) als pars praeparatoria oder Präparanten. Der Sezernent wird nach ihrer Ansicht, nachdem er zu einem keulenförmigen Gebilde aufgefüllt ist, von einem Sockelstück abgelöst und aufgelöst. Auf dem Sockel bildet sich der neue Sezernent, der sein Sekret aus dem Präparanten erhalten soll. HORSTMANN (1963) deutet den seitlichen Zellfortsatz sowie die blasigen Stereocilienveränderungen als Sekretionsvorgang. Die Ansicht anderer Autoren geht dahin, daß es zwar einen Molekularstrom in Richtung auf die Nebenhodenlichtung zu gibt, aber keine echte Sekretion. Die eben beschriebenen Sekretionsbilder lehnen sie als Artefakte ab. Auch die Herkunft der Bläschen ist noch ungeklärt, denn aus dem jeweiligen Zustandsbild kann man weder den Schluß ziehen, daß sich die Bläschen aus Cytosomen bilden und dabei apikal wandern, noch den, daß der Vorgang in umgekehrter Richtung abläuft. So werden bei Versuchen NICANDERs (1965) mit Kaninchen Tintepartikel aus dem Lumen in apikale Zellinvaginationen, die sich zu Vesikeln und Vacuolen abschnüren, aufgenommen und langsam in elektronendichtere Körperchen unter dem Golgiapparat, die lysosomalen Charakter zu haben scheinen, transportiert. Der Autor schließt daraus auf pinocytotische Vorgänge und Speicherung oder Verarbeitung der absorbierten Partikel, besonders in caudalen Teilen des Caput epididymidis.

Die Zellmembran ist an der Zelloberfläche etwa 100 Å dick. Sie besteht aus zwei 20 Å dicken dichteren äußeren Lagen und einer etwa 60 Å dicken helleren mittleren Zone. Diese Doppelmembran reicht bis zu den seitlichen Zellbegrenzungen, die einfach sind. Cylinder- und Basalzellen sind gleichermaßen im basalen Bereich auf komplizierte Weise durch etwa 0,1 µ dicke Zellfortsätze mit der Nachbarzelle verzahnt. HORSTMANN beschreibt sogar Cytoplasmaleisten, die von der benachbarten Zelle abgetrennt erscheinen. Er erklärt dieses Phänomen durch eine Ausziehung an den Rändern der blattartigen Fortsätze. Weiter erscheinen gelegentlich die ineinanderverschlungenen Zellwände aufgelöst, aber noch durch eine Kette von Bläschen markiert, deren Inhalt die Dichte des Intercellularspaltes hat. Im supranucleären Bereich besteht nur noch eine einfache Verfalzung, die in der apikalen Zone wieder auf kurze Strecke einer etwas komplizierten Verzahnung weicht. Dann folgt die in Form von Desmosomen ausgebildete Kittlinie und darauf eine kleine Strecke, in der die Membranen der benachbarten Zellen mit einem etwas weiteren Spalt nebeneinander liegen. Bei den Cylinderzellen liegen zwei Desmosomen öfters untereinander. Auch außerhalb der Kittleiste finden sich einige schmale Desmosomen entlang der seitlichen Zellwand, aber nie im Bereich der komplizierten Verzahnung. Sie werden erst breit und zahlreich zwischen Cylinder- und Basalzelle. Hier ziehen lange Fäden von den Desmosomen der Cylinderzelle zum Basalcytoplasma.

Zwischen dem prismatischen Epithel liegende große, hellblasige Zellen, die mit der Basalmembran keine Verbindung haben, werden schon von HEIDENHAIN und WERNER (1924) als besonderer Zelltyp bezeichnet, von nachfolgenden Untersuchern (z.B. STIEVE, 1930) nur als schleimig entartete Elemente angesehen, die aus Cylinderzellen entstehen. KRETH (1965) untersuchte die „hellen Zellen" bei der Ratte, die sich, wie beim Menschen, durch schwache Färbbarkeit mit sauren Farbstoffen und Fehlen von Stereocilien auszeichnen, eingehender. Er unterscheidet zwei Zelltypen. Der erste beträgt etwa 20% des Epithels im unteren Caput epididymidis; er enthält infranucleär große Ansammlungen von Phospholipid. Der zweite, lipidfreie, ist charakteristisch für mittlere Caudaabschnitte; er ist mit Granula gefüllt, die wahrscheinlich Mucopolysaccharide enthalten. Elektronenoptisch lassen beide Zelltypen keine degenerativen Erscheinungen erkennen, auch Anhaltspunkte für eine holokrine Sekretion, von MARTAN und RISLEY (1963) vermutet, bestehen nach KRETH nicht. Vielmehr scheint die Abgabe der Schleimstoffe kontinuierlich zu erfolgen, indem die großen Vacuolen mit ihrem feindispersen Inhalt zum Lumen hinwandern. Abstammung und Bedeutung der Lipidzellen sind noch unbekannt.

Die Epithelien der ableitenden Samenwege besitzen hauptsächlich saure Phosphatase in Abschnitten, in denen eine sekretorische Tätigkeit angenommen wird. Im Ductus epididymidis ist sie gleichmäßig verteilt.

Der Nebenhoden erhält seine Nervenfasern aus denselben Gangliengeflechten wie der Hoden. Sympathische Äste und Sacralnervenanteile sind gleichermaßen an der Innervation beteiligt. KUNTZ und MORRIS (1946) beschreiben ein feines Nervengeflecht, das sich im Bindegewebe ausbreitet, die Muskulatur des Ductus epididymidis versorgt und unter dem Epithel ein zartes Netz bildet. In dem fettfreien Bindegewebe um die Ductuli efferentes sieht man ebenfalls ein zartes Nervennetz, das feine Ästchen zur Membrana propria der Ductuli entsendet.

III. Ductus deferens und Ampulle

Der Samenleiter beginnt am Nebenhodenkopf, zieht entlang dem Nebenhoden zum Samenstrang und in ihm durch den Leistenkanal ins Becken. Hier verläuft er an der Rückseite der Harnblase und durchsetzt als Ductus ejaculatorius die Prostata; zugleich ist dieser der Ausspritzungsgang der Bläschendrüse. STIEVE (1930) unterscheidet folgende Anteile: Pars epididymica, Pars libera, Pars inguinalis, Pars pelvina, Ampulla und Ductus ejaculatorius. Die Wand des Ductus deferens besitzt eine deutliche Dreischichtung. Zuäußerst liegt eine bindegewebige Hülle, deren oberflächlichste Schicht aus vorwiegend gewellten kollagenen Fasern besteht, die sich in verschiedenen Richtungen überkreuzen. Zwischen ihnen liegen zahlreiche Fibrocyten. Die Adventitia geht ohne scharfe Grenzen ins umgebende Bindegewebe über, das besonders an der vom Hoden abgewendeten Seite des Samenstranges Fettzellen enthält. Darunter liegt wie beim Hoden ein Stratum vasculosum mit Nerven und Gefäßen im lockeren Bindegewebe. Hierauf folgt die Muskelschicht ohne scharfen Übergang. Im Querschnitt erkennt man eine äußere Längslage, in der sich Muskelfaserzüge in steilen Längswindungen überkreuzen. Diese geht unter Aufspaltung der Bündel in eine im Querschnitt zirkuläre Zone über, welche ihrerseits unter weiterer Aufsplitterung der Fasergruppen in gegensinnigen Touren in eine wieder steilwinkelige, im Querschnitt als innere Längs-

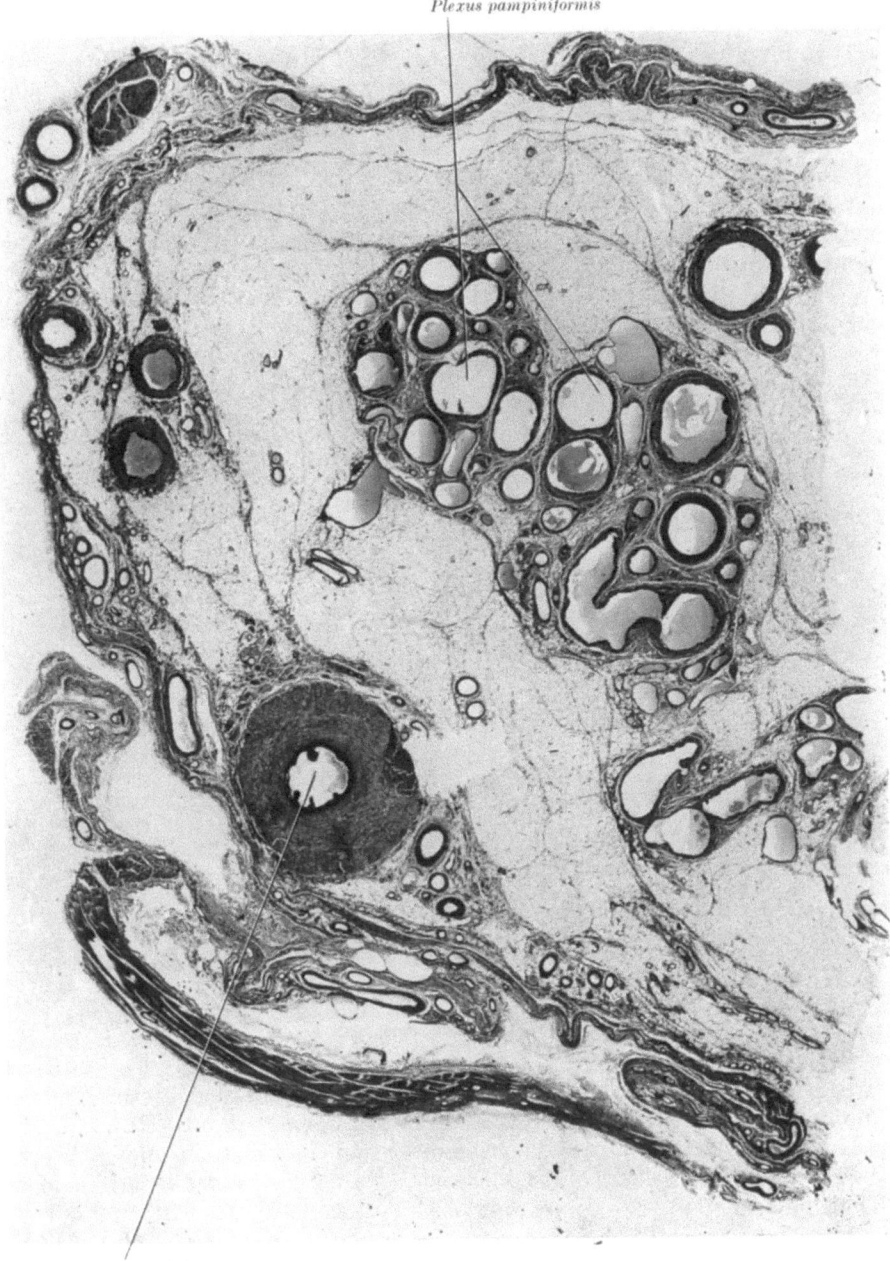

Abb. 40. Samenstrang (Mensch) quergeschnitten. H.-E.-Färbung. Vergr. 15×. (Aufnahme Dr. SEDLAR)

schicht erscheinende Zone übergeht (Abb. 41 u. 42). Die Kerne der Muskelzellen sind 12—15 µ lang und walzenförmig. Der zu einem Kern gehörende Cytoplasmabezirk ist im Samenleiter besonders groß. Besonders in der äußeren und inneren Schicht des freien Abschnittes findet man 200—300 µ lange Zellen, die im Kernbereich 5—6 µ dick sind. Die Dicke der gesamten Muskelschicht beträgt in den ersten

Abschnitten 500—800 μ bei einem Gesamtdurchmesser von 2—3 mm. Im Beckenteil ist die Muskellage dicker, etwa 1000—1200 μ stark, der Durchmesser des Samenstranges nimmt, dadurch bedingt, auf 4 mm zu. Die einzelnen Spiraltouren der Muskelfasern laufen sehr flach, also fast ringförmig; nur noch einzelne schräge Fasern sind in den inneren und äußeren Lagen zu erkennen.

Der Querschnitt des Samenleiters ist im Nebenhodenanteil oval, er liegt mit der Breitseite am Nebenhoden. Der Durchmesser seines Lumens liegt in diesem Anteil bei 500—800 μ. Wenige Schleimhautfalten springen vorwiegend längsgerichtet in die Lichtung vor, ohne das Lumen jeweils ganz zu verschließen. Im freien Abschnitt ist der Ductus deferens kreisrund, sein Hohlraum weit enger und die Schleimhautfalten reichlicher. Sie laufen in verschiedenen Rich-

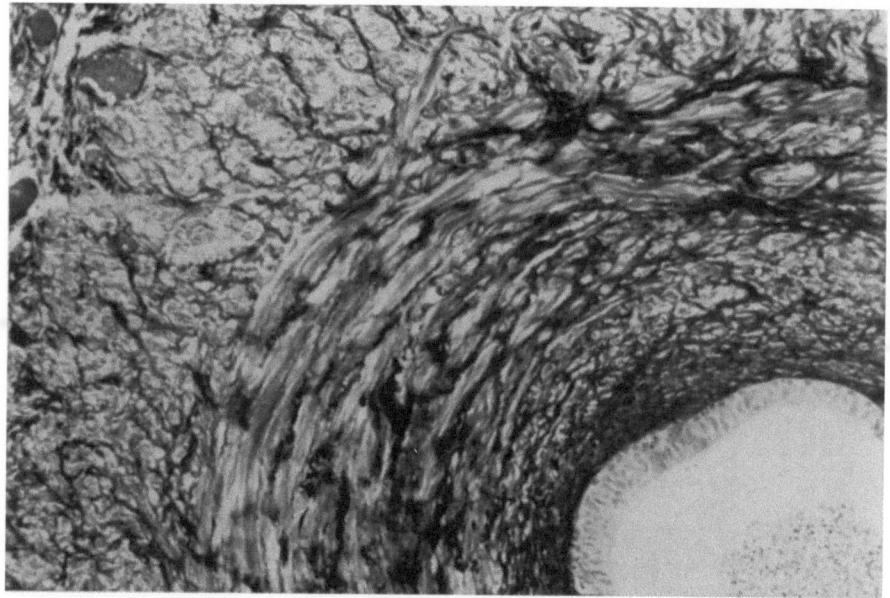

Abb. 41. Ductus deferens Mensch, Ausschnitt aus der Wand. Azanfärbung. Querschnitt. Beachte die Textur der Muskulatur; innere Längsschicht, mittlere Schraubentouren, massive äußere Längsfaserbündel, Übergänge an den Grenzzonen

tungen. Eine Falte ist etwa 100 μ dick und steht auf einem Bindegewebsgerüst der Tunica propria. Die Menge der Schleimhautfalten nimmt im Leistenabschnitt wieder ab — im Beginn des Beckenanteils sind streckenweise nur noch feine Wülste zu erkennen —, um allmählich zur Ampulle hin wieder zuzunehmen. Sie bilden im Verlauf des Beckenabschnittes ein gut ausgebildetes Gitterwerk, dessen einzelne Falten sehr hoch sind, und dessen Gruben bis in die Muskellage reichen können. Das Epithel des Ductus deferens besitzt eine deutliche Basalmembran, auf die eine feine, hauptsächlich von elastischen Fasern gebildete Tunica propria folgt. Die elastischen Fasern bilden zusammen mit sehr wenigen kollagenen Anteilen das bindegewebige Gerüst der Schleimhautfalten. Das elastische Fasernetz geht kontinuierlich in ein feines Geflecht über, das die Muskelfasern umspinnt, und nimmt in der Gefäßschicht der Adventitia wieder zu. Zwischen den Fasern der Tunica propria liegen zahlreiche Fibrocyten, deren Kerne parallel zur Oberfläche abgeplattet sind. Ihre Länge beträgt 8—9 μ, ihre Breite etwa 1 μ. Auch in der Muskelschicht finden sich vereinzelte Fibrocyten. Die Tunica propria enthält viele kleine, vorwiegend längs verlaufende Gefäße.

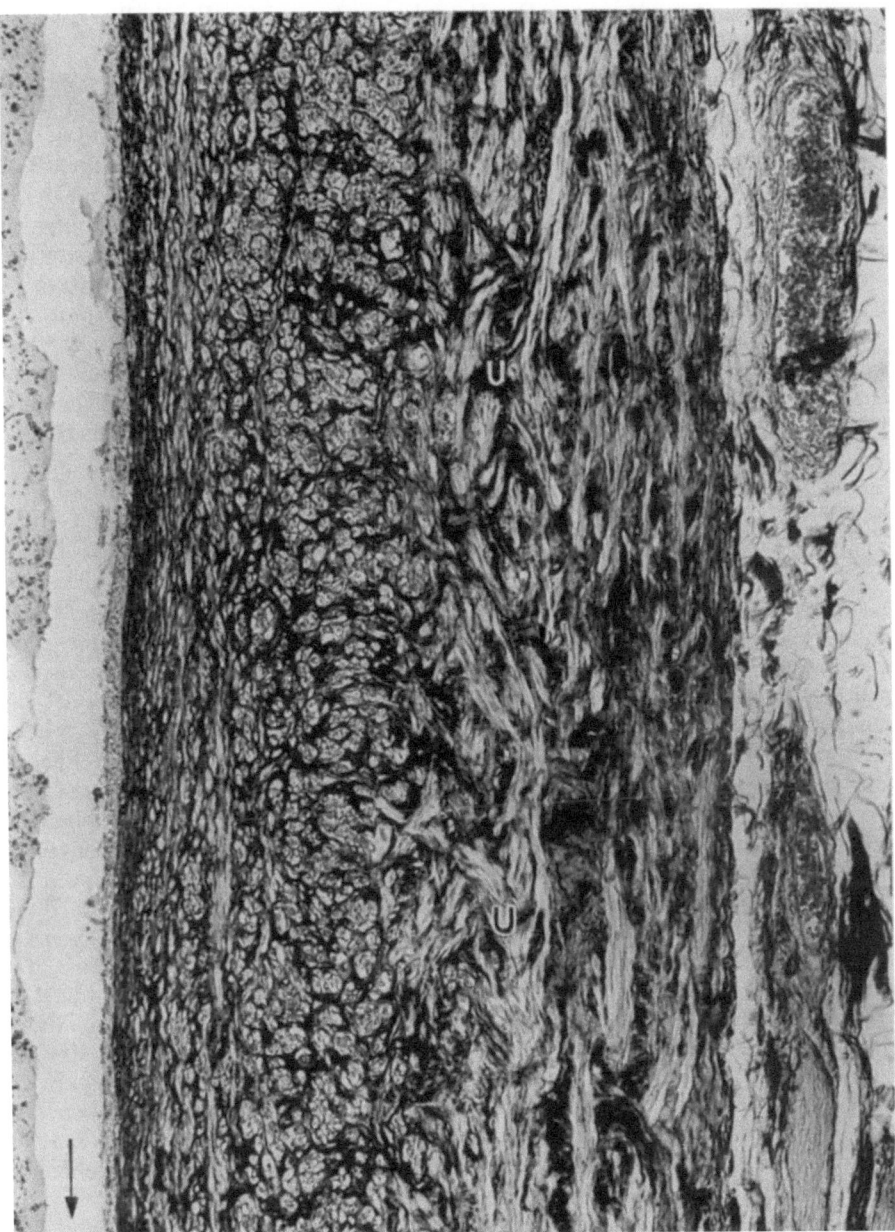

Abb. 42. Längsschnitt eines menschlichen Samenleiters in der Höhe des Nebenhodenkopfes, Azanfärbung, Vergr. 150×, Pfeil (↓) zur Harnröhre weisend. *E* Epithel, *Ilm* innere Längsmuskelschicht, *Rm* Ringmuskelschicht, *Älm* äußere Längsmuskelschicht, *U* aus der äußeren Längsmuskelschicht in die Ringmuskelschicht umbiegende glatte Muskelfasern. (Präp. und Foto Dr. SEDLAR, Anatom. Inst. der Univ. Heidelberg)

Im Epithel gleichen sich alle Samenleiterabschnitte bis zum Becken, Ampulle und Ductus ejaculatorius sind abweichend aufgebaut. Das 25—50 μ hohe, einschichtig zweireihige Cylinderepithel gleicht dem des Ductus epididymidis fast völlig, die einzelnen Zellen sind jedoch etwas kleiner. Die sehr häufigen Basalzellen sind meist kegelförmig, ihr größter Durchmesser beträgt etwa 10 μ. Ihre runden

Kerne sind 7—8 μ groß — im Beckenabschnitt um 1—2 μ kleiner — und von einer feinen Kernmembran begrenzt. Das Cytoplasma der meisten Basalzellen erscheint lichtmikroskopisch hell, feinschaumig. Die Cylinderzellen sind 25—50 μ lang. Ihr langgestreckter, im Bereich der Basalzellen stark verjüngter Leib hat im Abschnitt seiner größten Dicke einen Durchmesser von 7—10 μ. Die walzenförmigen Kerne liegen in verschiedener Höhe. Ihre Länge beträgt 10—18 μ, ihre Breite 5—6 μ. Die apikale Zellzone ist kleiner als im Ductus epididymidis. Sie ist an ihrer Basis genauso breit wie die supranucleäre Zone und läuft in einer Spitze aus. Eine dritte, seltene, kegelförmige Zellart liegt mit der Basis zum Lumen und mit der Spitze zur Basalmembran, ohne diese zu erreichen. Das Cytoplasma dieser Zellen ist lichtoptisch sehr hell. Im Leistenkanalabschnitt des Ductus deferens besitzen die Epithelzellen oft keinen Sezernenten.

In der Ampulle verflechten sich die Muskelzüge in allen Richtungen, vorzugsweise schräg und ringförmig. Nur noch wenige Fasern können an der Außenseite, ähnlich Dickdarmtänien, längs ziehen. Die Muskelzellen sind hier im allgemeinen 150—200 μ lang, besonders große Zellen fehlen. Die Schleimhaut ist in tiefe Gruben gefeldert, die sich verästeln und bis in die Muskelschicht reichen können (Abb. 43). Sie sind durch dünne Scheidewände getrennt, die sich zum Lumen hin teilen, so daß Falten erster, zweiter und dritter Ordnung unterschieden werden können. Vielfach dringt nur ein schmaler Streifen elastischer Fasern einige Mikron weit zwischen die Epithelzellen. Der Hohlraum der Ampulle wird von einem einschichtigen Cylinderepithel ausgekleidet, dessen Zellen unterschiedliche Form und Größe haben. Sie sind etwa 20—40 μ lang, 5—12 μ breit, einige sind lang und dünn, andere fast isoprismatisch. Es finden sich nur wenige Basalzellen. Die Kerne sind walzen- bis eiförmig; sie zeigen den gleichen Bau wie im Beckenabschnitt des Ductus deferens. Sie liegen mittelständig bis basal. Das Cytoplasma erscheint lichtoptisch durchweg wabig hell und ist zum Lumen hin durch ein Schlußhäutchen begrenzt. Teilweise wölbt es sich vor, teilweise läuft es in einem dreieckigen oder kolbenförmigen Fortsatz aus. Die Zellen enthalten alle Pigmentkörner. Die Ampulle verjüngt sich zur Prostata hin allmählich, die Schleimhautfalten werden niedriger. Auch die Weite des jetzt ovalen Hohlraums nimmt ab. Am Einmündungspunkt des Ausführungsganges der Bläschendrüse biegt der Endabschnitt des Ductus dererens, der Ductus ejaculatorius, stumpfwinklig gegen den Samenleiter ab, er erscheint daher wie eine Fortsetzung der Bläschendrüse. Die Mündung des rechten und des linken Ganges erfolgt auf dem Samenhügel in zwei dicht nebeneinanderliegenden feinen Schlitzen. Auf seinem Weg durch die Prostata wird der Ductus ejaculatorius in den Lehrbüchern als muskelfrei beschrieben, er ist jedoch hier, wie schon Henle (1873) beschreibt, von einem in der Tunica propria liegenden venösen Schwellkörper und Lympgefäßen umgeben. Nur in seinen Anfangsteilen besitzt er nach Ansicht der meisten Autoren (Stieve, 1930; Bargmann, 1967 u.a.) ringförmige Muskelfasern. Schlager (1967) beobachtet jedoch glatte Muskelfasern bis in die Endstrecken des Ductus ejaculatorius, die nicht mit der Prostatamuskulatur in Zusammenhang stehen und in zwei Verlaufsformen auftreten. Entweder beobachtet er sie als schwächere Fortsetzung der Muscularis propria des Ductus deferens in der Wand des Ductus ejaculatorius selbst, oft bis zum Colliculus seminalis reichend, oder als scharf begrenzten Muskelstrang zwischen den Wegstrecken der beiden Ductus ejaculatorii. Innerhalb der Prostata werden die Ductus zuerst einzeln, später gemeinsam von einer eigenen Bindegewebshülle mit reichlich elastischen Fasern umgeben. Eine öfters beschriebene Erweiterung des Endteils, die von Felix (1901) als Sinus ejaculatorius bezeichnet wird, entsteht nach Stieve (1930) durch die Herausnahme des Organs. Der Endabschnitt besitzt individuell verschieden zahlreiche und unter-

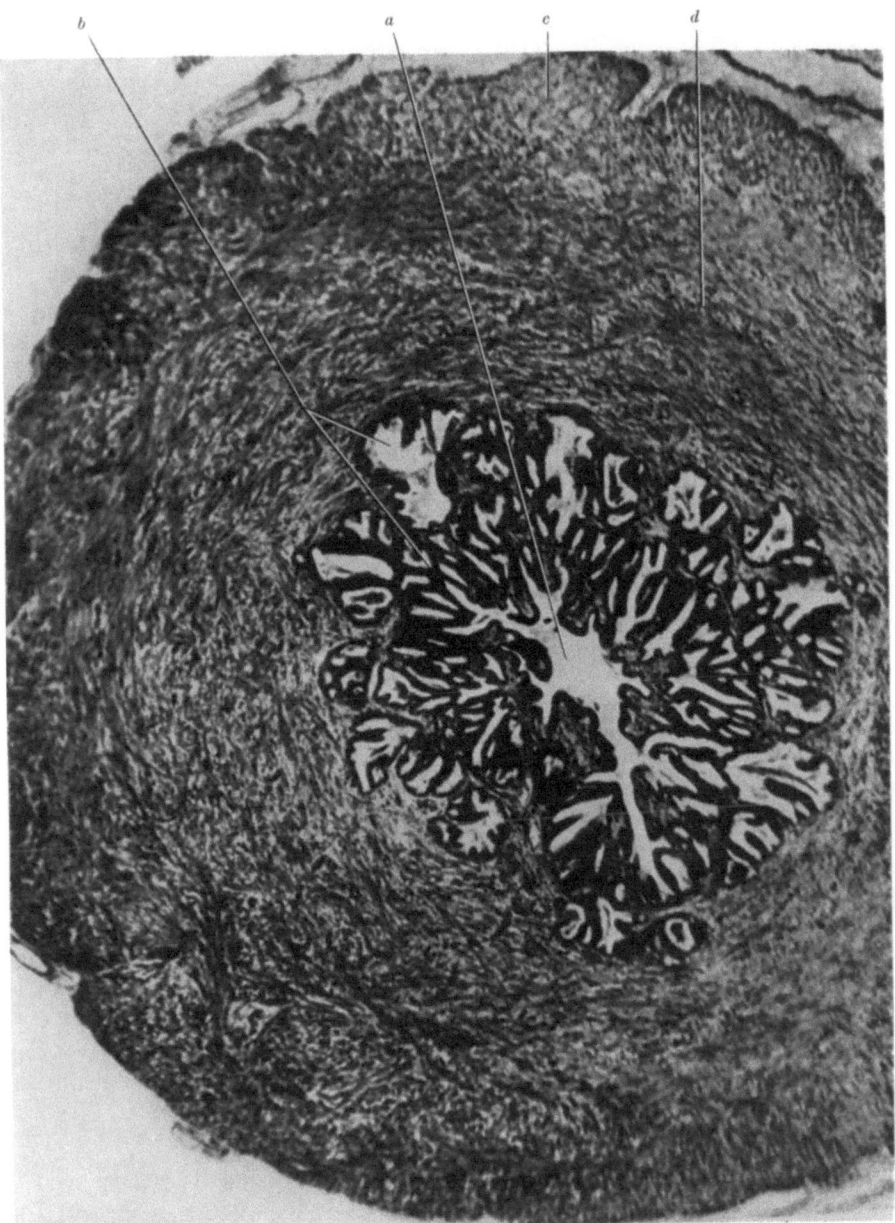

Abb. 43. Ampulle des Ductus deferens. *a* Lichtung des Ganges, *b* Seitenkrypten der Drüsen, die bis in die Muskulatur reichen, *c* äußere Längsmuskelzüge, *d* innere Ringmuskeln. Chromgallein. Vergr. 28fach. (Aus PETERSEN, 1924)

schiedlich gestaltete röhrenförmige Ausbuchtungen, die streckenweise parallel zum Kanal laufen können. In ihren Hohlraum münden verzweigte tubuläre Drüsen.

Der Ductus ejaculatorius wird von einem vorwiegend einschichtigen, 20—40 µ hohen Cylinderepithel ausgekleidet. Die runden Zellkerne liegen basal. Sind mehrere Schichten vorhanden, befindet sich zum Lumen hin eine Lage niedriger

Cylinderzellen mit langem walzenförmigem Kern. Darunter folgen 1—2 Schichten vieleckiger Zellen. An einigen Stellen ähnelt das Epithel dem der Ampulle. Die Schleimhaut bildet auch im Ductus ejaculatorius Gruben und Falten ersten, zweiten und dritten Ranges. Das einfache Cylinderepithel findet sich zumeist in den Buchten, während das geschichtete die Faltenkuppen bevorzugt. Besonders in den größeren Zellen der Leisten finden sich zahlreiche Pigmentkörnchen. Die Drüsen, die in den Gang münden, besitzen ein einfaches Cylinderepithel. FELIX (1901) unterscheidet kleinere submuköse von größeren intramuskulären Ventrikeln. Die letzten können lang und verschlungen sein. Der Endabschnitt des Ductus ejaculatorius besitzt ein zweireihiges regelmäßiges Cylinderepithel. Es ist 20—30 µ hoch, Basalzellen fehlen fast ganz. Die wenigen vorhandenen Gebilde besitzen ein helles Cytoplasma und einen kleinen runden, dunkel angefärbten Kern. Die Cylinderzellen sind 6—7 µ breit und besitzen ein deutliches Schlußleistennetz; ihre Kerne liegen senkrecht in zwei Reihen angeordnet, sie haben längliche Form, sind 8—12 µ lang und 4—5 µ breit. Zum Lumen hin sind alle Zellen annähernd gleich breit und hoch.

Dicke Nervenfaserbündel bilden, wie STACH und SCHULZ (1963) bei Hund, Meerschweinchen und Ratte beschreiben, einen weitmaschigen Plexus in der Adventitia des Ductus deferens, in dessen Zwischenräumen die Fasern teils in steilen Schraubentouren, teils parallel zum Verlauf liegen. Sie ziehen teilweise bis zum Nebenhoden. Der Plexus erscheint zum Nebenhoden hin besonders stark ausgebildet und setzt sich kontinuierlich auf dessen Wand fort. Die anfangs spärliche Zahl der Ganglienzellen wird um die Ampulla ductus deferentis größer, in der Nähe der Prostata liegen sie selbst zu Haufen. Aus dem Plexus zweigen zarte Bündel ab, die ein feineres Geflecht nahe der Muskulatur bilden. Aus diesem Plexus entwickelt sich ein drittes Geflecht, das noch weiter innen liegt. Der Plexus erster und zweiter Ordnung enthält viele markscheidenhaltige Nervenfasern, der Plexus dritter Ordnung nur sehr wenige. Alle drei Plexus liegen in der Adventitia, der Ductus deferens wird jedoch hauptsächlich von Fasern des zweiten Plexus versorgt. Die einzelnen Nervenfasern nehmen die Muskeln zu Leitgebilden und formen innerhalb der Muskelschicht ein einheitliches Geflecht. Das Nervengeflecht der Submucosa geht größtenteils aus dem Plexus muscularis hervor, einige Fasern kommen direkt aus dem Plexus erster und zweiter Ordnung. Viele kleine Fasern ziehen aus diesem Geflecht gegen die Basis des Epithels. Die dickeren präterminalen Stränge der Submucosa verzweigen sich hier zu einer terminalen Formation, die, selten, in das Epithel feinste Neurofibrillen schickt. Die afferenten Endformationen bestehen aus freien, uneingekapselten Endigungen in Form von Knöpfchen, Keulen, Platten oder Büscheln, die hauptsächlich in der Adventitia, der Muskulatur und der Submucosa liegen.

IV. Samenblase (Glandula vesiculosa)

Die Samenblase oder besser Bläschendrüse besteht aus einem 10—20 cm langen, geschlängelten Muskelschlauch, der im Drüsenquerschnitt meist mehrfach getroffen ist (Abb. 44). Die Schlauchwandung zeigt zahlreiche große Ausstülpungen (Abb. 45). Die ganze Drüse ist von einer dünnen Bindegewebshülle umgeben, die, wie auch die feinen Bindegewebsanteile zwischen der Muskulatur, hauptsächlich aus elastischen Fasern besteht. Nur wenige kollagene Züge stellen die Verbindung mit der Umgebung her. Die frühere Einteilung der Muskulatur in drei getrennte Schichten wich der Erkenntnis, daß die Bläschendrüse einen ähnlichen Wandaufbau wie der Ductus deferens besitzt. Die Wand setzt sich aus zwei Muskelspiralen mit entgegengesetztem Drehungssinn zusammen. Die Fasern beginnen längsverlaufend und

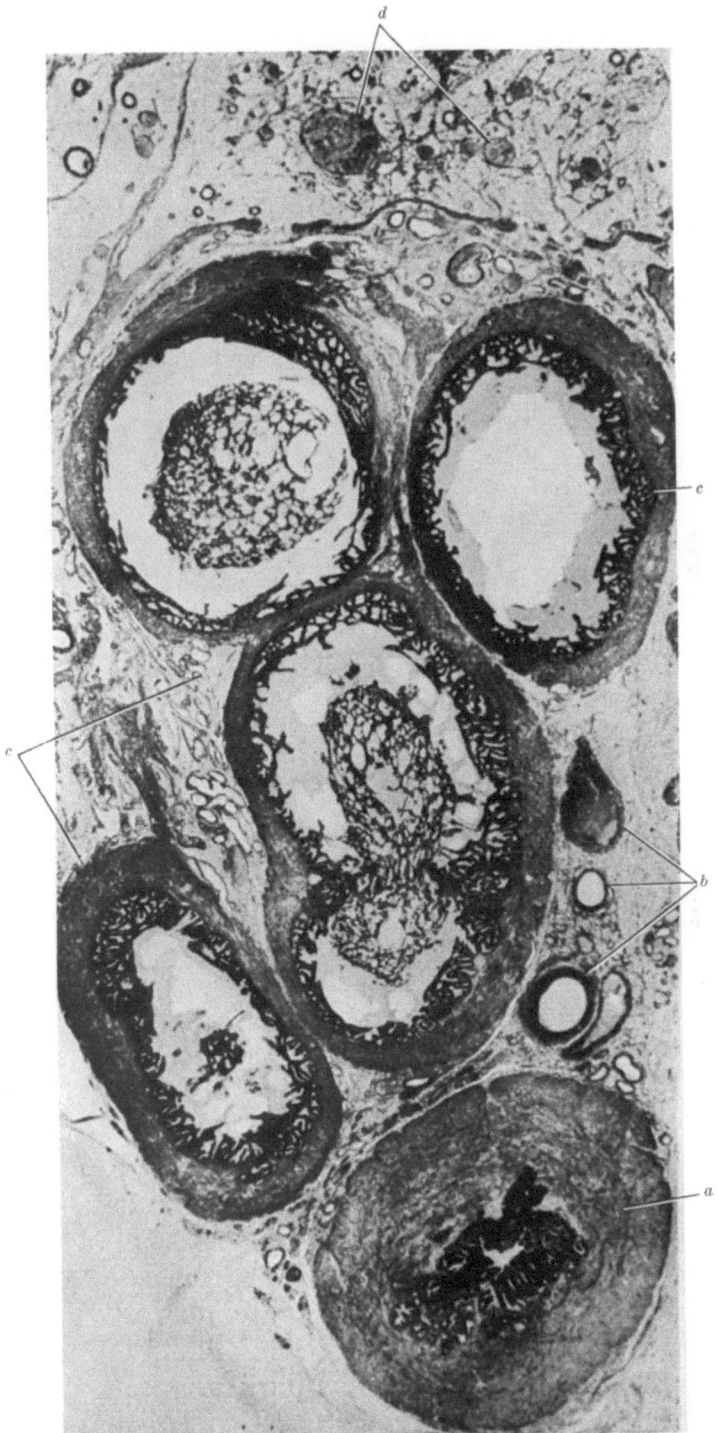

Abb. 44. Glandula vesiculosa und Ampulla ductus deferentis. *a* Ampulle, *b* Blutgefäße, *c* Windungen der Bläschendrüse, *d* Ganglien. Chromgallein. Vergr. 7,5fach. (Aus PETERSEN, 1924)

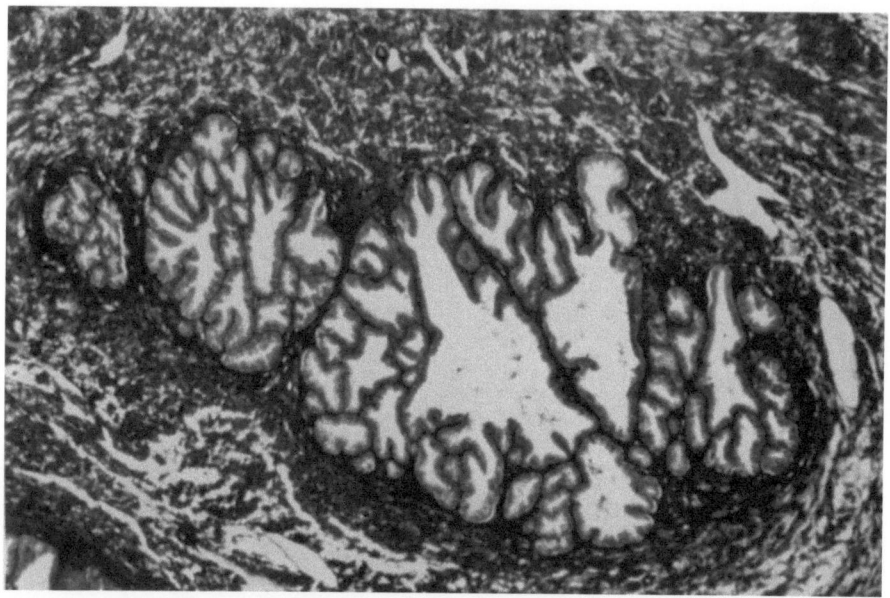

Abb. 45. Samenblase vom erwachsenen Menschen (Ausschnitt). Beachte die typische Kammerung und die starke Muskelwand um die Drüsenalveolen

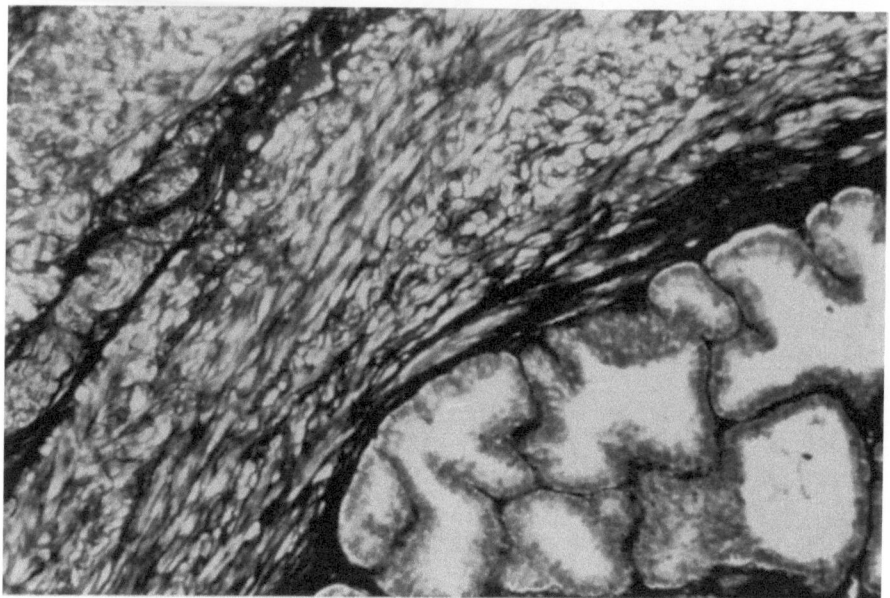

Abb. 46. Samenblase Mensch (Ausschnitt). Rechts Alveolen, links kräftige Muskelwand

gehen dann in Schrägfasern mit einem Neigungswinkel von etwa 30° über. Diese kreuzen sich in einem Winkel von 60°, wodurch in der äußeren Wandschicht ein Scherengitter entsteht. Nach der Kreuzung laufen die Fasern spiralig in sehr flachem Kreuzungswinkel in die Mittelschicht. In der Tunica propria richten sich die Fasern unter schroffer Abknickung wiederum in eine innere Längslage aus (Abb. 46). Die Faltenmuskulatur ist die Fortsetzung der mittleren und inneren Lage. Von der äußeren Lage gehen Züge zu der Muskulatur der gegenüberliegenden Drüse, außerdem zur Blase, zum Mastdarm und zur Prostata. Die einzelnen Muskelzellen sind 150—200 µ lang. Die Muskellage enthält nur wenige Capillaren und ganz vereinzelt größere Gefäße. Die Tunica propria der Glandula vesiculosa besteht aus einem Geflecht derber elastischer Fasern, die den ganzen Gang umscheiden, und von denen aus feine flache Faserzüge nach innen vorspringen und die Grundlage der Falten bilden. Zwischen den Fasern liegen vereinzelt Fibrocyten, öfter Histiocyten. Das ausgedehnte Gefäßnetz in der Tunica propria, dem stellenweise die Epithelzellen direkt anliegen, dringt an vielen Stellen in das Faltenwerk ein. Falten dritter Ordnung bestehen häufig nur aus einer Capillare mit wenig umgebendem Bindegewebe. Der Gang ist von einschichtigem, oft zweireihigem Cylinderepithel ausgekleidet, dessen Bau und Dicke vom Funktionszustand der Drüse abhängt. Die verschiedenen Untersucher messen Epithelhöhen zwischen 5 und 30 µ. STIEVE (1930) unterscheidet drei Zellformen: Basalzellen, Cylinderzellen und Zellen ohne Zusammenhang mit der Basalmembran. Die Basalzellen kommen in ganz verschiedener Zahl und Form vor. Abschnitte mit vielen Basalzellen können mit solchen ohne Basalzellen abwechseln. Die einzelne Zelle kann kegelförmig sein oder sich platt der Basalmembran anlegen. Ihre Dicke schwankt also in weiten Grenzen: zwischen 3 und 8 µ. Die Kerne passen sich der Zellform an. Die Cylinderzellen durchsetzen das ganze Epithel. Ihre Größe hängt von der Epitheldicke ab und schwankt zwischen 10 und 25 µ. Sie sind etwa 6—10 µ dick. Die Kerne sind rund bis längsoval und haben den gleichen Feinbau wie die Basalzellen. Sie besitzen ein bis mehrere Kernkörperchen, und ein feines Liningerüst mit angelagertem Chromatin. Die Zellen sind zum Lumen hin scharf begrenzt; das Cytoplasma erscheint wabig mit teilweise großen Pigmenteinlagerungen. Die dritte Zellart liegt kugel- oder kegelförmig im oberen Epitheldrittel und kann sich ins Lumen vorwölben. Das Cytoplasma dieser Zellen ist besonders hell, enthält aber ebenfalls Pigmentkörnchen. Der runde Kern ist hell mit ganz zartem Liningerüst. In den Epithelzellen der Bläschendrüse liegen die Centriolen der Innenseite der Zelle an. Das der Oberfläche zu gelegene steht mit einer feinen Zentralgeißel in Verbindung, die 3—7 µ weit in das Drüsenlumen hineinragt.

DEANEs und PORTERs Beobachtungen (1960) stehen in Widerspruch zu der bestehenden Ansicht, daß fast alle Ribonucleinsäure, die für die cytoplasmatische Basophilie der Epithelzellen verantwortlich ist, in den Ribosomen enthalten sei. Kastration vermindert und Testosteronbehandlung erhöht die Basophilie. Entsprechende Änderungen finden DEANE und PORTER auch in der ganzen Umgebung der ergoplasmatischen Membranen, aber die Menge der Ribosomen im interstitiellen Cytoplasma bleibt völlig konstant.

Die Glandula vesiculosa ist regelmäßig mit einem mucoiden Sekret gefüllt, das außerdem Pigmentkörner und abgestoßene Zellen enthält. Die häufige Beimengung von Samenfäden zum Sekret erklärt man mit einem Rückstrom des Samens und anschließender Resorption durch das Epithel, die Pigmentkörner stellen Reste von Samenfäden dar.

Die Nerven der Samenblase stammen aus dem Plexus hypogastricus und stehen mit dem Plexus des kleinen Beckens in Verbindung, sowie mit Ästen aus dem 2.—4. Sacralnerven. In der Adventitia der menschlichen Samenblase befindet sich ein reicher Nervenplexus, der eine Anzahl mittelgroßer eingekapselter Ganglien enthält. Diese bilden durch Verbindungen untereinander und mit marklosen Nervensträngen ein Netzwerk, welches der Blasenoberfläche anliegt. Die großen multipolaren Ganglienzellen sind nach BULLON und LOPEZ (1959) einheitlich vom Charakter der Grenzstrangganglienzellen. Die Fortsätze verlassen sternförmig die Zelle, ohne sie zu umschlingen. Das Neurofibrillennetz ist sehr fein, aber deutlich ausgeprägt. Der Kern der Ganglienzellen ist groß und bläschenförmig, er liegt zentral. Bei Silberimprägnation treten manchmal Chromatinklumpen auf. Nach BULLON und LOPEZ sind nur vereinzelte Ganglienzellen zweikernig. WATZKA (1943) und andere Autoren zählen bis zu 14 Kernen in einer Ganglienzelle und bezeichnen die Mehrkernigkeit als häufige Erscheinung. Sie werten solche Gebilde als persistierende Zellelemente aus der Embryonalzeit. Um die Zellen liegt ein Kranz von Mantelzellen mit deutlichem Zellkern, die nach BULLON und LOPEZ zur Gruppe der Spiralzellen gehören. Auch im Innern der Muskelwand liegen Ganglien mit weniger Zellen, die denen der mehr peripher gelegenen Ganglien ähnlich, aber weniger differenziert erscheinen. Sie besitzen besonders viele Fortsätze. Die beschriebenen Ganglien werden von präganglionären Fasern der Nervi pelvici versorgt. Zwischen den Ganglien bilden vorwiegend marklose Faserstränge in der Adventitia und Muscularis Netze, deren Anteile zum größeren Teil unregelmäßig begrenzt erscheinen und bis in die feinsten Verzweigungen von Schwannschen Zellen begleitet werden. Die Anzahl der auf den Muskelfasern sichtbaren Endigungen ist gering. Die Bündel dringen in die Tiefe vor und bilden einen subepithelialen Plexus, der zu den Epithelzellen Endigungen abgibt. In diesem Plexus sieht man auch oft dickere, wahrscheinlich sensible Fasern.

V. Vorsteherdrüse (Prostata)

Die Vorsteherdrüse des erwachsenen Mannes setzt sich nach allgemeinen Angaben (STIEVE, 1930) u. a. aus 30—50 verästelten tubulo-alveolären Drüsen zusammen [v. EBNERs (1902) Zahlenangaben liegen etwas höher]. Die Drüsengänge ziehen, in muskelfaserhaltiges Zwischengewebe eingebettet, zur Gegend des Samenhügels. Das Verhältnis zwischen Drüsen- und Zwischengewebe schwankt. Nach Angaben von WALKER et al. (1954) macht das Drüsengewebe fünf Sechstel des Organs aus, nach STIEVE (1930) nur zwei Drittel bis vier Fünftel. Die Drüsengänge des Vorderlappens und der mittleren Abschnitte des Verbindungsstückes sind relativ kurz und weitlumig, sie münden von der Symphysenseite her in die Harnröhre ein. Diejenigen aus den Isthmus- und Seitenlappenabschnitten ziehen von hinten her darauf zu. Die kleineren Gänge, hauptsächlich den mittleren Teilen des Verbindungsstückes entstammend, münden auf der Höhe des Samenhügels, die größeren der Seitenlappen meist in der Rinne zu beiden Seiten in die Harnröhre ein (Abb. 47). Die Zahl der Ausführungsgänge schwankt zwischen 16 und 50. Das Gewebe zwischen den Drüsenläppchen zeichnet sich durch ein dichtes Flechtwerk glatter Muskulatur aus, das in stark entwickelte elastische Netze des Drüsenbindegewebes eingelagert ist und keinen gerichteten Verlauf zeigt (Abb. 48). Nur breitere Zwischengewebszwickel enthalten manchmal einige parallel verlaufende Muskelzüge, und größere Drüsen werden oft von einer regelmäßigen Muskellage umgeben. Muskelfasern bilden auch einen Teil der Grundlage der Falten in den Drüsenschläuchen. Diese besitzen keine eigene Membrana propria. Sie wird vielmehr von feinsten elastischen Fasern des Zwischengewebes gebildet. Quergestreifte Fasern aus dem Musculus sphincter urethrae ziehen in das Zwischengewebe.

Das ganze Organ wird von einer mehrschichtigen Kapsel umgeben; zuinnerst liegt eine Muskelschicht (Stratum musculare), die mit der zwischen den Läppchen liegenden Muskulatur in enger Verbindung steht. Ihre etwa 60—120 μ langen und 4—6 μ breiten Fasern liegen dicht gedrängt, parallel zur Oberfläche. Die walzenförmigen Kerne haben eine Länge von 8—12 μ. Zwischen den Muskelzellen breitet sich ein Netz elastischer Fasern aus, in das wenige Fibrocyten und Histiocyten eingelagert sind. Auf die Muskelschicht folgt eine derbe Faserhülle (Stratum fibrosum), die nach außen in zunehmendem Maße aus kollagenen Fibrillen besteht, in die noch einzelne Muskelzellen, mit der Muskelschicht in Verbindung stehend, eingestreut sind. Die äußerste Schicht ist eine lockere, gefäßreiche Bindegewebslage, das Stratum vasculosum. Sie wird in besonderem Maße von weiten, wandschwachen Venen durchsetzt, die symphysenwärts in unmittelbarem Zusammenhang mit dem venösen Harnblasen-Prostatageflecht stehen.

Das einschichtige, teilweise mehrreihige Epithel der Drüsenschläuche ragt in Form von Falten und Leisten oder Zapfen in die Drüsenlichtung. Falten ent-

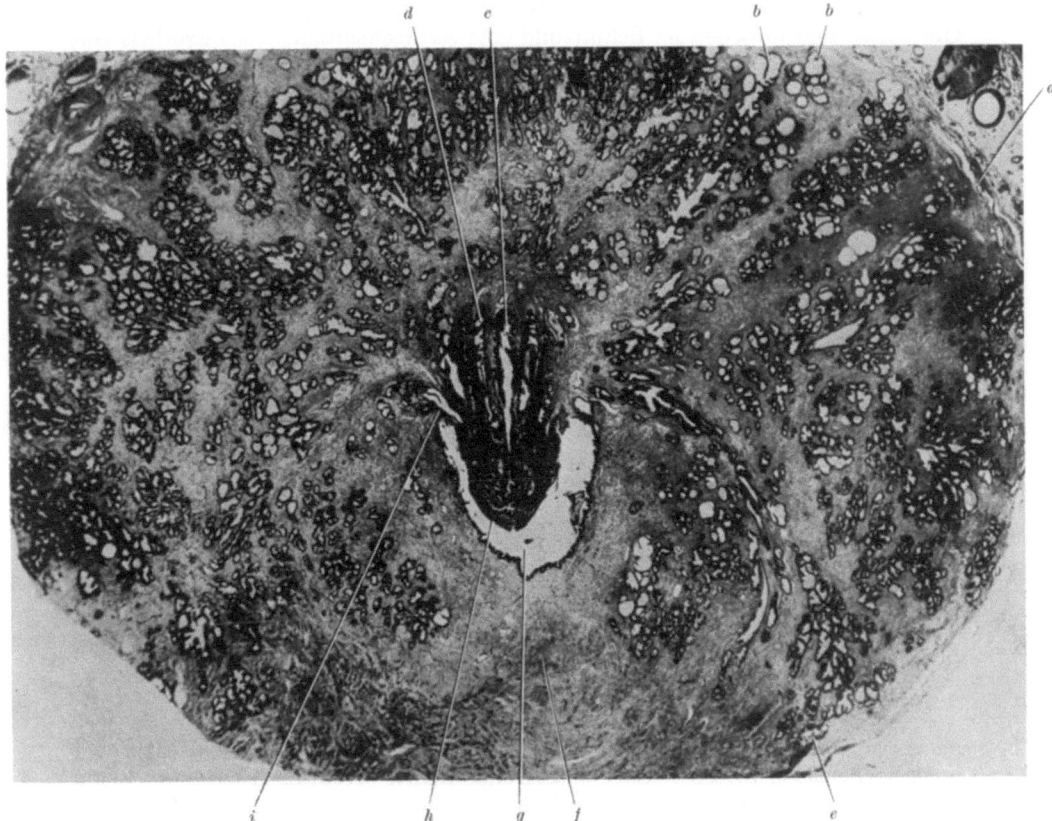

Abb. 47. Querschnitt der Prostata. *a* Kapsel, *b* Drüsenbäumchen, *c* Sinus prostaticus, *d* Ductus ejaculatorius, *e* gebogene Drüsenbäumchen, *f* drüsenfreie Muskelmasse an der Symphysenseite, *g* Pars prostatica urethrae, *h* Colliculus seminalis, *i* gebogene Drüsenbäumchen. Hämatoxylin. Vergr. 6,75fach. (Aus PETERSEN, 1924)

halten eine bindegewebige und muskuläre Grundlage, Leisten und Zapfen werden nur von hohem, mehrreihigem Epithel gebildet. Die Lichtung der Drüsenschläuche wechselt in ihrer Weite sehr stark mit der Funktion; enge Abschnitte (bis zu 50 μ Weite) können mit breiteren abwechseln, die etwa 2 mm lichte Weite besitzen. Solche Strecken findet man besonders häufig im Vorderlappen, mit zunehmendem Lebensalter aber auch im ganzen übrigen Organ. Sie unterscheiden sich meist im Aufbau nicht von den anderen Abschnitten, einige, oft peripher liegende Strecken enthalten jedoch weder Leisten noch Falten, hier sind die Epithelzellen besonders flach.

Die Kerne der recht einheitlich sechsseitig prismatischen Zellen liegen teils basal, teils apikal. Die Zellgröße wechselt zwischen 4 und 60 μ. Die Breite schwankt um 5—10 μ. Zwischen großen und kleinen Zellen gibt es in jedem Drüsenabschnitt alle Übergangsformen, es handelt sich hier nach Ansicht der meisten Autoren um verschiedene Zustandsformen ein und derselben Zellart. Jedoch sind nach PRETL (1943) die Basalzellen (KROMPECHER, 1925) keineswegs nur Ersatzelemente. Diese flaschenförmigen oder dreieckigen bis abgeplatteten Zellen fallen bei gewöhnlichen Färbungen teilweise durch eine helle Färbung des Cytoplasmas auf. Sie lassen sich versilbern, zum Teil auch chromieren und zeigen nach Behandlung mit Formaldehyd Eigenfluorescenz. PRETL leitet aus diesem Verhalten eine endokrine Funktion der genannten Zellen ab. Besonders lang sind die Zellen im Bereich der Leisten. Sie verlaufen hier nicht gerade, sondern oft gewunden oder gebogen zur Oberfläche und täuschen im Schnittbild eine Mehrschichtigkeit des Epithels vor,

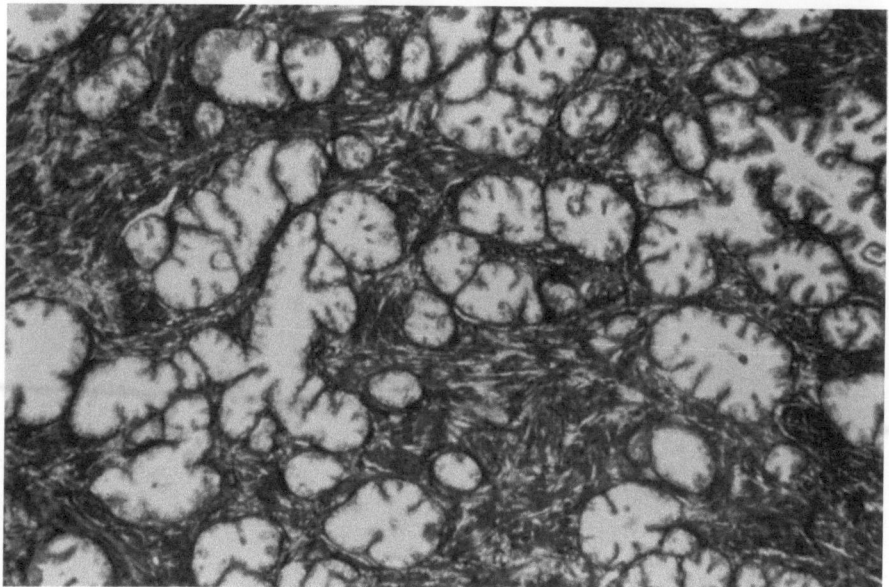

Abb. 48. Prostata vom erwachsenen Menschen (Ausschnitt). Beachte die Drüsenalveolen und die stark ausgebildete glatte Muskulatur im Drüsenstroma

zudem sich gerade in den Leisten sehr viele Basalzellen finden. Es werden aber auch nach beiden Seiten schmal auslaufende Zellen beschrieben (STIEVE, 1930), die weder mit der Oberfläche noch mit der Basalmembran Kontakt haben. In den flachen Strecken zwischen den Falten oder Leisten haben die Zellen mehr isoprismatische Form. Zum Lumen hin wölbt sich das Cytoplasma kuppelförmig vor. Die Verschlußmembran ist, wenn vorhanden, nur dünn; oft zieht ein Cytoplasmafortsatz frei in die Drüsenlichtung. Das ausgeprägte Verschlußleistennetz liegt nicht ganz am freien Rand, sondern ist etwas basiswärts verschoben. Die Zellkerne sind meist rund und 5—6 μ groß, manchmal walzenförmig bis zu 8 μ lang und 3—5 μ breit. Sie besitzen eine deutliche Kernmembran, einen, sehr selten zwei Nucleolen und ein dichtes Kerngerüst. Die Kerne der Basalzellen sind in der Regel kleiner, unregelmäßiger in der Form und etwas dunkler. Der Golgiapparat liegt als geschlossenes System im apikalen Zellteil, dem Kern dicht angelagert, nur bei sehr flachen Zellen kann er seitwärts neben den Kern verschoben erscheinen. Der Feinbau des Cytoplasmas ist in den verschiedenen Drüsenzellen je nach dem augenblicklichen Funktionszustand sehr unterschiedlich. Da die Prostata dauernd in Tätigkeit ist, wobei die verschiedenen Teile der Drüse wechselseitig füreinander eintreten, sieht man in den einzelnen Abschnitten die verschiedensten Zustandsformen von Zellen. Das Cytoplasma der hochprismatischen, im Stadium der Sekretion befindlichen Zellen ist im lichtmikroskopischen Bild grobschaumig. Das Cytoplasma ist reich an saurer Phosphatase — die bei der Spaltung von Phosphorsäureestern eine wichtige Rolle spielt (ihr Wirkungsoptimum liegt bei etwa 5,0 pH) — und gefüllt mit acidophilen Granula und verschieden großen Lipoidtröpfchen. Nach POLICARD und NOEL (1920) bestehen größere hauptsächlich aus Neutralfetten, kleinere aus Phosphatiden. Die histochemische Lokalisation der Gewebslipoide ist nach SEAMAN und STUDEN (1960) abhängig von der verwendeten Fixationsflüssigkeit. Die Lipoide sind bei den verschiedenen Tiergattungen unterschiedlich gebunden, beim Hund z.B. an polysaccharide Komplexe, bei der Ratte an Nucleinsäuren. Daneben können in einigen Zellen vereinzelt basophile Körnchen oder solche mit einem acidophilen Kern und basophiler Hülle vorkommen (STIEVE, 1930). Diese Zellen sind gegen das Lumen scharf begrenzt, andere schlierig ausgezogen, die Cytoplasmaausläufer enthalten dann massenhaft acidophile Granula. Nachdem die Granula zusammen mit einem Teil des Cytoplasmas als Sekret in die Lichtung abgegeben werden, nimmt die Zelle kubische bis platte Form an. Solche Zellen sind dann frei von Granula und scharf zur Oberfläche hin begrenzt; das Cytoplasma ist fein granuliert, der Kern färbt sich dunkler. Es handelt sich dabei um Zellen im Ruhe- oder Erschöpfungszustand. In den Drüsenzellen älterer Individuen beobachtet man neben den anderen Einlagerungen hauptsächlich in apikalen Zellabschnitten verstreut liegende, helle Pigmentkörnchen mit positiver Fettreaktion, jedoch sind diese wesentlich seltener als in der Glandula vesiculosa zu finden; sie werden auch in den glatten Muskelzellen der Prostata beobachtet (PLENGE, 1924/25).

Das alkalische Prostatasekret, in frischem Zustand eine milchartige Flüssigkeit, zeigt sich, da es zum großen Teil mit der Fixationslösung herausgewaschen wird, nur hier und da im histologischen Schnittbild als Gerinnsel, das mit abgestoßenen Epithelzellen, eingewanderten Leukocyten und Lymphocyten vermengt ist. Weiter enthält es, wie STRASSBERG (1914) erstmals beschrieb, blasse, zart umrissene, im Innern lichtoptisch homogen erscheinende Gebilde und runde oder halbmondförmige Lipoidkörperchen, die im Gegensatz zu denen innerhalb der Zellen doppelt lichtbrechend sind. Das Sekret wirkt auf die Samenzellen nicht nur verdünnend und die Beweglichkeit fördernd, sondern auch fermentativ beeinflussend durch seinen Gehalt an saurer Phosphatase, die mit der Pubertät im Samen nachweisbar wird. Mit Beendigung der Pubertät erscheinen in den Lichtungen der Drüsenschläuche in zunehmendem Maße durch Stauung eingedickte Sekretansammlungen, sog. Prostatakörper (-steinchen), die, oft konzentrisch geschichtet, Stärkekörnchen ähnlich sehen und im Zentrum verkalken können. Sie sind unterschiedlich geformt, einige Mikron bis 2 mm groß und enthalten außer Eiweiß Nucleinsäuren, Cholesterol und tertiäres Calciumphosphat. Da der Kern der kleinsten Konkremente meist aus basophilen Körnchen oder Stäbchen besteht, nimmt WESKI (1903) an, daß zumindest ein Teil der Prostatakörper aus den beschriebenen basophilen cytoplasmatischen Granula entstünde. Die Schale dieser Einschlüsse ist meist acidophil, homogen oder leicht geschichtet. Andere haben polygonale oder prismatische Form und sind oxydchromatisch, während die größten Gebilde meist kugelförmig oder ovoid sind und auf dem Schnitt eine deutlich konzentrische Schichtung der Schale aufweisen, wobei helle mit dunklen Lagen abwechseln, während der Kern gleichmäßig hell granuliert ist.

Das histologische Bild des Neugeborenen läßt gegenüber der ausgereiften Prostata schon Ähnlichkeiten erkennen, da die Entwicklung des Drüsen- und Muskelapparates, in Abhängigkeit von der Ausbildung der Geschlechtshormone, schon intrauterin unter dem Einfluß mütterlicher Wirkstoffe beginnt und zur Abgabe eines acidophilen Sekrets stimuliert wird. Die Drüsenschläuche sind jedoch nicht voll ausgebildet und zeigen ein unterschiedliches Verhalten. In den äußeren Anteilen (Seitenlappen- und Isthmusgebiete) sind sie besonders schmal, etwa 40—70 µ breit, und besitzen zum größten Teil noch kein Lumen. Die isoprismatischen Zellen liegen einem feinen Faserfilz auf, nach innen folgen polygonale Zellen mit rundem Kern, die den ganzen Strang ausfüllen. Breitere Stränge enthalten schon streckenweise einen 10—12 µ weiten Hohlraum. Hier besteht das Drüsenepithel aus Cylinderzellen mit langgestrecktem Kern und ähnlichen Cytoplasmastrukturen wie bei den Drüsen des Erwachsenen. Man sieht jedoch noch viele Teilungsfiguren. Nur wenige Drüsenschläuche, man findet sie in Vorderlappen- und cranialen Isthmusabschnitten, zeigen einen anderen Bau. Sie sind wesentlich breiter (200—800 µ breit) und ausgefüllt mit polygonalen Zellen, die sehr scharf gegeneinander abgegrenzt erscheinen, einen kleinen, runden Kern mit glatter oder höckeriger Oberfläche besitzen, und deren schaumiger Zellkörper stets Glykogen enthält. Nur der Basalmembran liegen schmale hochprismatische Zellen auf, die, nachdem die polygonalen Zellen zugrunde gegangen sind, das endgültige Drüsenepithel bilden. Dies umschließt zuerst ein weites Lumen, dessen Inhalt aus einem homogen erscheinenden Kolloid und körnigen Massen besteht, Reste der zerfallenen polygonalen Zellen. Während der ersten Lebenswochen verengern sich die Drüsenschläuche nach Ausstoßung des Vorsekrets sehr schnell und zeigen beim einjährigen Knaben das Bild einer Entwicklungsstufe, das sich bis zum Einsetzen der Reife kaum verändert.

Die Prostata des Kindes wurde erstmals eingehend von STIEVE (1930) untersucht. Die ganze Drüse besteht auch hier noch überwiegend aus jungem Binde- und Muskelgewebe. Die Drüsenschläuche sind recht einheitlich 50—100 µ breit, selten breiter, und enthalten alle einen deutlichen, mit klarer Flüssigkeit und abgestoßenen Epithelien gefüllten Hohlraum. Die Drüsenwände sind unterschiedlich aufgebaut. Zum einen bestehen sie aus einer ein- bis zweischichtigen Lage kleiner schmaler Zellen mit dunklem Cytoplasma und rundem bis eiförmigem Kern. Zum anderen, und zwar hauptsächlich in der Peripherie, liegen die Zellen einschichtig, sind größer und wabig aufgebaut und enthalten einen runden Kern mit deutlichem Kerngerüst. Selten findet man auch Schläuche mit 3—4 Lagen von Zellen, deren Größe zum Lumen hin zunimmt. Die ganze Drüse wächst während der Kindheit nur langsam auf etwa die doppelte Größe an.

Erst während der Pubertät (etwa mit 12 Jahren) beginnt der nächste starke Wachstumsschub, der als Reifeentwicklung dem der Keimlingsentwicklung gegenübergestellt wird. Hierbei wachsen nicht nur die vorhandenen Drüsenschläuche weiter, verzweigen und verästeln sich, sondern es sprossen auch neue Gänge aus den vorhandenen oder dem Epithel der Harnröhre aus. Dies betrifft insbesondere den Vorderlappen, der während der Kindheit nur schwach entwickelt ist. Die Drüsenschläuche der peripheren Prostataabschnitte sind nun zumeist eng (etwa 30 µ breit) und mit nur einer Lage hochprismatischer Zellen ausgekleidet, von denen sich immer einige in Teilung befinden. In zentralen Gebieten überwiegen weite Kanälchen (bis zu 150 µ dick), deren zylindrisches Epithel von einem breiten Saum prismatischer Zellen unterlegt ist. Von diesem Saum wachsen solide Epithelsprossen aus, in denen sich nach kurzer Zeit ebenfalls ein Drüsenhohlraum ausbildet. Mit dem Ausbau des Drüsengewebes unterliegt auch das Zwischengewebe Umwandlungen. Die Muskelzellen werden größer und vermehren sich, das Bindegewebe bleibt im Wachstum zurück, so daß sich das Verhältnis von Drüsen- zu Zwischengewebe langsam zugunsten des ersteren verschiebt, bis, mit etwa 21 Jahren, die Entwicklung abgeschlossen und das Zustandsbild des Erwachsenen erreicht ist.

Unter gewöhnlichen Verhältnissen behält die Prostata ihre Funktionstüchtigkeit bis ins Greisenalter. Im Rahmen des allgemeinen physiologischen Alterungsprozesses wird das Organ jedoch durch Rückbildung der Muskulatur etwas atrophisch. Die dadurch bedingte mangelhafte Drüsenentleerung führt zu einer Zunahme der Zahl und Größe der Konkremente; ihre Verkalkungsrate steigt. Auch die elastischen Fasern im Zwischengewebe sind etwas vermehrt. Abgesehen davon zeigt die Prostata bis ins hohe Alter den nämlichen Bau wie die des Jugendlichen, das Verhalten der Gewebe zueinander verändert sich kaum. Gewöhnlich nimmt die Zahl der weiten, flachzelligen Drüsenschläuche auf Kosten der Strecken, die mit hohem Epithel, Leisten und Falten ausgestattet sind, zu. Die Drüsenzellen erholen sich nach der Entleerung offenbar langsamer. Das Auftreten von hellgelben Pigmentkörnchen im Cytoplasma der Drüsenzellen wurde bereits erwähnt.

Bei völligem Ausfall der Hormone (z.B. durch Kastration) wird das gesamte Drüsenepithel flach, es kommt zu einer Bindegewebsvermehrung bei gleichzeitiger Größenabnahme des Organs. [Kastration in der frühen Embryonalzeit führt, wie Untersuchungen von WELLS u. Mitarb. (1954) bei Ratten ergaben, zu einer Verminderung der Zahl der Prostataanlagen.] Diese Folgen können durch eine sofortige Implantation von Testosteronpropionat verhindert werden. Die Blutgefäße der Prostata, die in und unter der Kapsel sowie zwischen den Drüsenläppchen verlaufen, enthalten in der Intima reichlich Längsmuskelbündel, die Arterien außerdem subendotheliale Epitheloidzellkissen. Diese Strukturen spielen wahrscheinlich bei der unterschiedlichen Durchblutung des Organs eine Rolle. Im Zwischengewebe verlaufen verhältnismäßig wenige Gefäße, zumeist kleine Venen und Arterien, während die Capillaren sich den Drüsenwänden eng anschmiegen und kleine Schlingen in den Drüsenfalten bilden. Die Lymphgefäße der Prostata verlassen das Organ an der unteren und oberen Fläche. Sie stehen mit denen der Harnblase und des Mastdarms in Verbindung.

Am Aufbau des Plexus prostaticus beteiligen sich Äste aus dem Plexus hypogastricus und dem 3. und 4. Sacralnerven. Die den Nervi erigentes entspringenden Fasern vereinigen sich zur einen Hälfte mit Anteilen des Plexus hypogastricus, zur anderen ziehen sie direkt zur Vorsteherdrüse. Sympathische und parasympathische Nerven bilden ein Geflecht, welches in und unter der Organkapsel liegt und feine Bündel in das Innere des Organs abgibt. Die in den prostatischen Plexus gehäuft liegenden, multipolaren Ganglienzellen sind häufig mehrkernig. Die Ansichten über präganglionäre Nervenendigungen sind geteilt. Die einen sprechen von Endigungen verschiedener Form (nach SETO, 1954, verzweigte, unverzweigte, kugelförmige und glomeruläre Endigungen), die anderen finden Netze. Daneben werden einzelne nicht eingekapselte Krausesche Endkolben und knäuel- oder strangförmige Endkörperchen beschrieben. Als eingekapselte Nervenendigungen enthält die Prostata Lamellenkörperchen. JABONEIRO u. Mitarb. (1963) stellten mittels der Osmium-Zinkjodid-Methode die Endstrecken präganglionärer Nervenfasern in den Ganglien der Prostata dar. Die vegetativen Endformationen bestehen aus zwei unterschiedlich angeordneten Bestandteilen, die in kontinuierlichem Zusammenhang stehen. Erstens ein grobes welliges Geflecht plasmatischer kernhaltiger Stränge, die Bündel selbständiger Nervenfasern beherbergen, zweitens zahlreiche varicöse, gebündelte Nervenfäserchen, von denen feine Teile abgehen und zwischen der glatten Muskulatur der Prostata verlaufen, ohne Anastomosen zu bilden. Feine Fäserchen schmiegen sich der Basalmembran der Drüsenendstücke dicht an, um dann in einem kleinen Knopf oder Kolben zu endigen. Sie durchbohren teilweise die Basalmembran, dringen in die Epithelschicht ein und endigen zwischen den Epithelzellen. Feine Nervenfasern begleiten mehr oder weniger gewellt die Gefäße. Die großen Arterien und Venen enthalten nach

CASAS (1958) in der Tunica adventitia reichlich aus sich verbindenden Strängen bestehende vegetative Netze, von denen dünne varicöse Fäserchen abzweigen. Die Tunica muscularis der Arterien enthält lichtmikroskopisch keine Nervenformationen, wohl aber werden elektronenoptisch Einsenkungen von feinsten Fäserchen in die Muscularis beobachtet und feine Endigungen dieser Nerven mit Kontakt zu den glatten Muskelzellen. Kleine Venen und Arterien werden von einem mehr oder weniger dichten Gitterkorb umgeben. Verhältnismäßig selten schmiegen Nervenfäserchen sich den Capillarwänden dicht an oder zeigen einen spiraligen Verlauf. Auch die Drüsenläppchen selbst sind nur spärlich innerviert. CASAS (1958) u. a. vertreten die Ansicht, daß die vegetativen Syncytien mehr durch Regulierung des Blutstroms als durch direkte Wirkung die Zellen der Drüsenläppchen beeinflussen.

Utriculus prostaticus

Der Utriculus prostaticus (Vagina prostatica) ist ein meist nur wenige bis 15 mm langes, nach früherer Ansicht aus dem Rest der Vaginalanlage entstandenes Säckchen, das median im hinteren Teil der Prostata liegt und etwa in der Mitte des Samenhügels mit einer kleinen spaltförmigen Öffnung zwischen den Ductus ejaculatorii ausmündet. VILAS (1932) leitet seine Herkunft aus dem Sinusepithel ab. Es besitzt in seinen oberen Abschnitten die gleiche Epithelauskleidung wie die Prostatadrüsen. Der Utriculus prostaticus ist nur schwer von diesen zu unterscheiden, da er wie sie in das von Muskelfasern durchzogene Grundgewebe eingebettet ist, wenn er nicht bei Sekretstauung durch eine größere Weite des Lumens auffällt. Die Mündung des Utriculus prostaticus wird von dem gemischten Epithel, das auch den Colliculus seminalis bedeckt, überzogen.

Literatur

ÅNBERG, A.: The ultrastructure of the human spermatozoon. Acta obstet. gynec. scand. 36/2, 1—108 (1957).

BAILLIE, A. H.: Age changes in the mitochondria and succinoxidase system of the Leydig cell. Z. Zellforsch. 62, 72—79 (1964).

BARGMANN, W.: Histologie und mikroskopische Anatomie des Menschen, 6. Aufl. Stuttgart: Georg Thieme 1967.

BAUMGARTEN, H. G., u. A. F. HOLSTEIN: Catecholaminhaltige Nervenfasern im Hoden des Menschen. Z. Zellforsch. 79, 389—395 (1967).

BAWA, S. R.: Fine structure of the Sertoli cell of the human testis. J. Ultrastruct. Res. 9, 459—474 (1963).

BERGER: L'ectopie testiculaire de l'adulte. Rev. gén. Clin. et ther. 12, 19 (1908).

BOUIN, P.: A propos du noyau de la cellule Sertoli. Phénomènes de division amitosique par clivage et nucléodiérèse dans certaines conditions pathologiques. Bibliogr. anat. 7, 242 (1899).

—, et P. ANCEL: Recherches sur les cellules interstitielles du testicule des mamifères. Arch. Zool. expl et gen. hist. nat. 4, 437—523 (1903).

BRÖKELMANN, J.: Fine structure of germ cells and Sertoli cells during the cycle of the seminiferous epithelium in the rat. Z. Zellforsch. 51, 820—850 (1963).

BRZEZINSKI, D. K. v.: Neue Befunde mit einer verbesserten Darstellung experimentell aufgefüllter Lymphkapillaren an Niere, Hoden-Nebenhoden, Dünn- und Dickdarm. Anat. Anz. 113, 289—306 (1963).

BULLON, A., u. F. L. LOPEZ: Über die Innervation der menschlichen Samenblase und des homologen Organes beim Hunde. Z. mikr.-anat. Forsch. 65, 133—152 (1959).

CASAS, A. P.: Die Innervation der menschlichen Vorsteherdrüse. Z. mikr.-anat. Forsch. 64, 608—633 (1958).

CASLEY-SMITH and FLOREY: The structure of normal small lymphatics. Quart. J. exp. Physiol. 46, 101—106 (1961).

CHARNY, C. W., A. S. CONSTON, and D. R. MERANZE: Testicular developmental histology. Ann. N. Y. Acad. Sci. 55, 597—608 (1952).

CLARA, M.: Untersuchungen an menschlichen Hodenzwischenzellen. Zugleich ein Beitrag zur Kenntnis des rhythmischen Wachstums der Zellen durch Verdoppelung ihres Volumens. Z. mikr.-anat. Forsch. 13, 72—130 (1928).

Crabo, B.: Fine structure of the interstitial cells of the rabbit testis. Z. Zellforsch. 61, 587—604 (1963).
Deane, H. W., and K. R. Porter: A comparative study of cytoplasmic basophilia and the population density of ribosomes in the secretory cells of mouse seminal vesicle. Z. Zellforsch. 52, 697—711 (1960).
Ebner, V. v.: Männliche Geschlechtsorgane. In: A. Koellikers Handbuch der Gewebelehre des Menschen, 6. Aufl., Bd. 3, S. 402—505. Leipzig: Wilhelm Engelmann 1902.
Fawcett, D. W., and M. H. Burgos: Studies on the fine structure of the mammalian testes. II. The human interstitial tissue. Amer. J. Anat. 107, 245—269 (1960).
Felix, W.: Zur Anatomie des Ductus ejaculatorius der Ampulla ductus deferentis und der Vesicula seminalis des erwachsenen Mannes. Anat. H. 17, 1—54 (1901).
Ferner, H.: Die Dissemination der Hodenzwischenzellen und der Langerhanschens Inseln als funktionelles Prinzip für die Samenkanälchen und das exokrine Pankreas. Z. mikr.-anat. Forsch. 63, 35—52 (1957).
— Über hormonale Nahwirkungen: Die Dissemination endokriner Zellgruppen als funktionelles Prinzip. Dtsch. Med. Wschr. 83, 1468—1470 (1958).
—, u. I. Müller: Die Bildung der Kopfkappe (Acrosom) bei der Spermienentwicklung des Mauswiesels. Z. Zellforsch. 54, 105—117 (1961).
— — Kanälchen und Capillararchitektonik des Froschhodens. Z. Anat. Entwickl.-Gesch. 119, 335—349 (1956).
—, u. J. Müller: Die Bildung der Kopfkappe (Acrosom) bei der Spermienentwicklung des Mauswiesels. Z. Zellforsch. 54, 105—117 (1961).
—, u. W. Runge: Histochemische Untersuchungen zur Frage der endocrinen Aktivität der Hodenzwischenzellen während der Fetalzeit des Menschen. Z. Zellforsch. 45, 39—50 (1956).
Gall, F.: Die Muskulatur der Glandula vesiculosa. Z. mikr.-anat. Forsch. 57, 590—612 (1951).
Gerth, R.: Die Leitstruktur der Muskelfasern im menschlichen Samenleiter. Morph. Jb. 74, 325—335 (1934).
Goerttler, K.: Die Konstruktion der Wand des menschlichen Samenleiters und ihre funktionelle Bedeutung. Morph. Jb. 74, 550—580 (1934).
Hammar, J. A.: Über Sekretionserscheinungen im Nebenhoden des Hundes. Arch. Anat. Entwickl.-Gesch., Suppl., 1—24 (1897).
Heidenhain, M., u. F. Werner: Über die Epithelien des Corpus epididymidis beim Menschen. Z. Anat. 72, 556—608 (1924).
Henle, J.: Männlicher Geschlechtsapparat. In: Handbuch der systematischen Anatomie des Menschen, II. Aufl., Bd. 2, S. 362—445. Braunschweig 1873.
Hochstetter, A. v.: Über Bindegewebsstrukturen am Mediastinalkörper des menschlichen Hodens. Freie Vereinigung der Anatomen an Schweizer Hochschulen, Zürich 1956.
Holstein, A. F.: Elektronenmikroskopische Untersuchungen am Nebenhoden des Kaninchens. Anat. Anz. 113, Erg.-H., 53—61 (1964).
— Muskulatur und Motilität des Nebenhodens beim Kaninchen. Z. Zellforsch. 76, 498—510 (1967).
Horstmann, E.: Die Struktur der Stereocilien des Nebenhodenepithels. Dtsch. med. Wschr. 86, 2484—2485 (1961).
— Elektronenmikroskopische Untersuchungen zur Spermiohistogenese beim Menschen. Z. Zellforsch. 54, 68—89 (1961).
— Elektronenmikroskopie des menschlichen Nebenhodenepithels. Z. Zellforsch. 57, 692—718 (1962).
— R. Richter u. E. Roosen-Runge: Zur Elektronenmikroskopie der Kerneinschlüsse im menschlichen Nebenhodenepithel. Z. Zellforsch. 69, 69—79 (1966).
Hundeiker, M., u. L. Keller: Die Gefäßarchitektur des menschlichen Hodens. Gegenbaurs morph. Jb. B 105, 1 (1963).
Jabonairo, V., M. J. Genis u. L. Santos: Beobachtungen über die osmium-zinkjodidaffinen Elemente der Vorsteherdrüse. Z. mikr.-anat. Forsch. 69, 167—194 (1963).
Kreth, H. U.: Über die hellen Zellen im Ductus epididymidis der Ratte. Z. Zellforsch. 68, 28—42 (1965).
Kretser, D. M.: The fine structure of the testicular interstitial cells in men of normal androgenic status. Z. Zellforsch. 80, 594—609 (1967).
Krompecher, E.: Über Basalzellhyperplasien und Basalzellenkrebse der Prostata. Virchows Arch. path. Anat. 257, 284 (1925).
Kuntz, A., and R. E. Morris: Components and distribution of the spermatic nerves and the nerves of the vas deferens. J. comp. Neurol. 85, 33—44 (1946).
Kunze, A.: Das physiologische Vorkommen morphologisch darstellbarer Lipoide in Hoden und Prostata mit besonderer Berücksichtigung der Haussäugetiere. Arch. mikr. Anat. 96, 387—434 (1922).

Lacy, D., and B. Lofts: The use of ionising radiation and oestrogen treatment in the detection of hormone synthesis by the Sertoli cell. J. Physiol. (Lond.) **161**, 23—24 (1961).

Lanz, T. v.: Der Nebenhoden einiger Säugetiere als Samenspeicher. Anat. Anz. **58**, 106—115 (1924).

—, u. G. Neuhäuser: Metrische Untersuchungen an den Tubuli contorti des menschlichen Hodens. Z. Anat. Entwickl.-Gesch. **123**, 462—489 (1963).

Leeson, C. R., and Th. S. Leeson: The postnatal development and differentiation of the boundary tissue of the seminiferous tubule of the rat. Anat. Rec. **147**, 243—260 (1963).

Leydig, F.: Lehrbuch der Histologie des Menschen und der Wirbeltiere. Frankfurt a. M. 1857.

Lubarsch, O.: Über die im männlichen Geschlechtsapparat vorkommenden Krystallbildungen. Dtsch. med. Wschr. **47**, 755—756 (1896).

Ludwig, C., u. W. Tomsa: Die Anfänge der Lymphgefäße im Hoden. S.-B. Akad. Wiss. Wien, math.-nat. Kl. **44**, 155—156 (1861).

— — Die Lymphwege des Hodens und ihr Verhältnis zu den Blut- und Samengefäßen. S.-B. Akad. Wiss. Wien, math.-nat. Kl. **46**, 221—237 (1862).

Martan, J., and P. L. Risley: Holocrine secretory cells of the rat epididymis. Anat. Rec. **146**, 173—189 (1963).

Mazetti, L.: 3 caratteri sessuali secondari e le cellule interstiziali del testicolo. Anat. Anz. **38**, 361—387 (1911).

Merkle, U.: Untersuchungen über den Ablauf der Spermatogenese im Samenkanälchen bei Ratte und Meerschweinchen. Z. mikr.-anat. Forsch. **62**, 130—152 (1956).

— Volumentrische Befunde an den Samenzellen und den Sertoli-Zellen der Ratte. Z. mikr.-anat. Forsch. **63**, 252—273 (1958).

Meves, Rr.: Über Struktur und Histogenese der Samenfäden des Meerschweinchens. Arch. mikr. Anat. **54**, 329—402 (1899).

Möllendorff, W. v.: Ph. Stöhrs Lehrbuch der Histologie und der mikroskopischen Anatomie des Menschen mit Einschluß der mikroskopischen Technik, 21. Aufl. Jena 1928.

Nagano, T.: An electron microscopic observation on the cross-striated fibrils occuring in the human spermatocyte. Z. Zellforsch. **58**, 214—218 (1962).

— Some observations on the fine structure of the Sertoli cell in the human testis. Z. Zellforsch. **73**, 89—106 (1966).

Nagel, A.: Das elastisch-muskulöse System der Tunica dartos und seine Beziehungen zum Blutgefäßnetz. Gegenbaurs morph. Jb. **83**, 201—229 (1939).

Nicander, L.: An electron microscopical study of cell contacts in the seminiferous tubules of some mammals. Z. Zellforsch. **83**, 375—397 (1967).

Petersen, H.: Über die feinere Innervation des Hodens, insbesondere des interstitiellen Gewebes und der Hodenkanälchen beim Menschen. Acta neuroveg. (Wien) **15**, 235—242 (1957).

Pfeiffer, E.: Die Entwicklung der keimleitenden Wege des Mannes. 1. Entwicklung der Schaltstücke, des Hodennetzes und des Nebenhodens von der Geburt bis zur Geschlechtsreife. Z. mikr.-anat. Forsch. **15**, 472—598 (1928).

Plenge, X.: Lipoide und Pigmente der Prostata. Ref. Zbl. allg. Path. path. Anat. **35**, 271 (1924/25).

Pretl, P.: Zur Frage der Endokrinie der menschlichen Vorsteherdrüse. Virchows Arch. path. Anat. **312**, 392—404 (1944).

Priesel, A.: Über zwischenzellähnliche Zellen im Nebenhoden. Ver.igg Wien. path. Anat., Märzsitzung 1922.

Reinke, F.: Beiträge zur Histologie des Menschen. Arch. mikr. Anat. **47**, 34—44 (1896).

Rényi-Vámos, F.: Neuere Untersuchungen über das Lymphsystem einiger Organe. Diss. Budapest 1954.

— Das Lymphgefäßsystem des Hodens und Nebenhodens. Z. Urol. **48**, 353—372 (1955).

Repciuc, E., u. A. Andronescu: Musculös-elastische Kissen in den Arterien des Samenstranges. Anat. Anz. **113**, 232—239 (1963).

Romeis, B.: Hoden, samenableitende Organe und akzessorische Geschlechtsdrüsen. In: Handbuch der normalen und pathologischen Physiologie, Bd. **14**, S. 693—762. Berlin: Springer 1926.

Roosen-Runge, E. C.: Motions of the seminiferous tubules of rat and dog. Anat. Rec. **109**, 153 (1951).

— Quantitative investigations on human testicular biopsies. I. Normal testis. Fertil. and Steril. **7**, 251—261 (1956).

—, and F. Barlow: Quantitative studies on human spermatogenesis. I. Spermatogonia. Amer. J. Anat. **93**, 143 (1953).

Ross, N., and J. R. Long: Contractile cells in human seminiferous tubules. Science **153**, 1271—1273 (1966).

Rusznyák, J., M. Földi and G. Szabó: Physiologie und Pathologie des Lymphkreislaufs. Jena: VEB Gustav Fischer 1957.

Schinz, H. R., u. B. Slotopolsky: Experimentelle und histologische Untersuchungen am Hoden. Dtsch. Z. Chir. 188, 76—100 (1924).
Schlager, F.: Über die Muskulatur der Ductus ejaculatorii beim Menschen. Z. mikr.-anat. Forsch. 76, 268—276 (1967).
Schmidt, F. C.: Licht- und elektronenmikroskopische Untersuchungen am menschlichen Hoden und Nebenhoden. Z. Zellforsch. 63, 707—727 (1964).
Seaman, A. R., and S. Studen: A comparative histochemical study of the bound lipids of the prostate gland of the dog and the ventral prostate gland of the rat. Acta histochem. 9, (Jena) 304—319 (1960).
Sertoli, E.: Dell' esistenza di particulari cellule ramificate nei canalicoli seminiferi dell testicolo umano. Morgagni 7, 31 (1865).
Simmonds, M.: Männlicher Geschlechtsapparat. In: Aschoffs pathologische Anatomie, 4. Aufl., Bd. 2, S. 571—624. Jena: Gustav Fischer 1919.
Spangaro, S.: Sulle modificazione histologiche del testicolo, del epididimo, del dotto deferente dalla nascità fino alla vecchiaria. Anat. H. Wiesbaden 18, 593—771 (1901/02).
Stach, W.: Zur Innervation der Leydigschen Zwischenzellen im Hoden. Z. mikr.-anat. Forsch. 69, 569—584 (1963).
—, u. E. Schulz: Architektonik und morphologische Beziehungen der vegetativen Endformationen im Ductus deferens. Gegenbaurs morph. Jb. 104, 347—374 (1963).
Stieve, H.: Männliche Genitalorgane. In: Handbuch der mikroskopischen Anatomie des Menschen, Harn- und Geschlechtsapparat. Berlin: Springer 1930.
Stöhr jr., Ph.: Innervation des Genitalsystems. In: Handbuch der mikroskopischen Anatomie des Menschen, Bd. IV/V. Berlin-Göttingen-Heidelberg: Springer 1957.
Strassberg, M.: Zur Frage des Prostatasekretes. Arch. Derm. Syph. (Berl.) 120, 90—100 (1914).
Suiffen, R. C.: Histology of the normal and abnormal testis at puberty. Ann. N.Y. Acad. Sci. 55, 609—618 (1952).
Testut, J. L.: Traité d'anatomie humaine, anatomie descriptive; histologie, developpement, vol. 3. Paris: O. Doin 1894.
Tice, L. W., and R. J. Barnett: The fine structural localisation of some testicular phosphatases. Anat. Rec. 147, 43 (1963).
Timofeew, D.: Zur Kenntnis der Nervenendigungen in den männlichen Geschlechtsorganen der Säuger. Anat. Anz. 9, 342—348 (1894).
Toldt, C.: Die Anhangsgebilde des menschlichen Hodens und Nebenhodens. S.-B. Akad. Wiss. Wien, math.-nat. Kl. 3, 100 (1891).
Tonutti, E.: Über die Strukturelemente des Hodens und ihr Verhalten unter experimentellen Bedingungen. 1. Symp. Dtsch. Ges. Endokrinologie Hamburg 1953, S. 146—158.
Vilar, O., M. J. Perez del Cerro, and R. E. Mancini: The Sertoli-cell as a bridge-cell between the basal membran and the germinal cells. Histochemical and electron microscope observations. Exp. Cell Res. 27, 158 (1962).
Vilas, E.: Über die Entwicklung der menschlichen Scheide. Z. Anat. Entwickl.-Gesch. 98, 263 (1932).
Walker, B. S., H. Lemon, M. Davison, and M. K. Schwartz: Acid phosphatases. A review. Amer. J. clin. Path. 24, 807 (1954).
Wartenberg, H., and H. Stegner: Elektron mikroscopic studies of human ova in various stages of oogenesis. Arch. Gynäk. 199, 515—572 (1963).
Watzka, M.: Zur Kenntnis der menschlichen Bläschendrüse. Z. mikr.-anat. Forsch. 54, 396—418 (1943).
— Die Leydigschen Zwischenzellen im Funikulus spermaticus des Menschen. Z. Zellforsch. 43, 206—213 (1955).
Wells, L. J., M. W. Cavanaugh, and E. L. Maxwell: Genital abnormalities in castrated fetal rats and their prevention by means of testosterone propionate. Anat. Rec. 118, 109—133 (1954).
Wenzel, J., u. P. Kellermann: Vergleichende Untersuchungen über das Lymphgefäßsystem des Nebenhodens und Hodens von Mensch, Hund und Kaninchen. Z. mikr.-anat. Forsch. 75, 368—387 (1966).
Weski, O.: Beiträge zur Kenntnis des mikroskopischen Baues der menschlichen Prostata. Anat. H. 21, 61—96 (1903).
Widmaier, R.: Über den Einfluß von Röntgenstrahlen auf die postnatale Hodenentwicklung und Keimzellreifung bei der Maus. Z. mikr.-anat. Forsch. 71, 229—255 (1964).
Winiwarter, H. v.: Observations cytologiques sur les cellules interstitielles du testicule humain. Anat. Anz. 41, 309—320 (1912).
— Etude sur la spermatogénèse humaine. 1. Cellule de Sertoli. 2. Hétérochromosomes et mitose de l'épithelium séminal. Arch. Biol. (Liège) 27, 91—187 (1912).

N. Hoden, Nebenhoden, Samenstrang und Hodensack des Kindes

ALFRED GISEL

Das Hodengewicht des Neugeborenen beträgt etwa ein Hundertstel (0,2 g), das des Nebenhodens ungefähr ein Zwanzigstel (0,15 g) von dem des Erwachsenen. Sonstige Maße:

mm	Hoden	Nebenhoden
Länge . . .	10	20
Breite . . .	5	6—8
Dicke . . .	6	Caput: 10, Cauda: 3

Zwischen dem rechten und linken Hoden kann ich beim Neugeborenen und bei jungen Säuglingen keine auffälligen Längen- und Gewichtsunterschiede feststellen.

Da mir Hoden-Nebenhodenpräparate von Kindesleichen in genügender Zahl nicht vorliegen, sei eine Tabelle von PETER und GRÄPER (1927) wiedergegeben[1].

Tabelle 1. *Wachstum des Hodens und Nebenhodens nach Wwedenski (Gundobin), MITA, SPANGARO und PETER*

Alter	Autor	Länge	Breite	Dicke	Hodengewicht (ohne Nebenhoden)	Nebenhodengewicht (Ww.)
Neugeborener	Ww.	10,5	4,6	5,9	0,2	0,12
	M.	11	6,6	5,5		
	Sp.	10	3—4	5		
6 Wochen	P.	11	7	5		
3 Monate	Ww.	17,3	5,6	7,6	0,5	0,19
1 Jahr	Ww.	16	7	9	0,71	0,2
	M.	12,7	7,7	6,5		
	P.	13	5	9		
2 Jahre	M.	15	9	8,3		
1—5 Jahre	Ww.	16	7,1	9,5	0,86	0,2
5 Jahre	M.	15,1	9,4	7,4		
	P.	16	8	7		
6 Jahre	M.	16	9,5	8		
	P.	20	10	9		
8—10 Jahre	Ww.	16	7,5	10,8	0,81	0,24
9 Jahre	P.	16	10	9		
11 Jahre	Ww.	16	6,5	11,5	1,25	0,4
	M.	18	11	10,5		
	P.	23	13	8		

---

[1] Hierzu Literatur (zit. nach PETER):

MITA, G.: Physiologische und pathologische Veränderungen der menschlichen Keimdrüse von der fötalen bis zur Pubertätszeit. Beitr. path. Anat. 58, (1914).

SPANGARO, S.: Über die histologischen Veränderungen des Hodens, Nebenhodens und Samenleiters von Geburt an bis zum Greisenalter. Anat. H. 18 (1902); Arch. ital. Biol. 36 (1901).

WWEDENSKI: Die Hoden und Samenblasen der Kinder. Diss. St. Petersburg 1900.

Tabelle 1. Fortsetzung

Alter	Autor	Länge	Breite	Dicke	Hodengewicht (ohne Nebenhoden)	Nebenhodengewicht (Ww.)
12 Jahre	Ww.	23	7,5	13	1,5	0,42
	M.	19,2	11	10		
13 Jahre	M.	29	15	15		
	P.	25	16	14		
14 Jahre	Ww.	20	10,5	12	1,5	0,52
	P.	23	15	13		
15 Jahre	Ww.	33	13,75	21	6,8	1,0
	M.	31	20	18		
	Sp.	30	16	20		
16 Jahre	P.	25	13	11		
17 Jahre	M.	39	21	22		
18 Jahre	M.	40	23	22		
19—45 Jahre		40—50	25—35	20—27	13,5—22,5	1,5—2,5

Der Nebenhoden sitzt nicht breitbasig, wie beim Erwachsenen, der Hodenhinterfläche auf, sondern ist mit ihr gleichsam durch ein Mesenterium, ein „Mesorchium" verbunden; nur am unteren Hodenpol ist die Verwachsung flächenhaftkompakter. Der Sinus epididymidis bildet eine tiefe Tasche; die ihn begrenzenden Ligg. sup. und inf. sind entsprechend lang. Die peritonealen Tapeten der kindlichen Skrotalhöhle scheinen mir am Leichenpräparat reißfester zu sein als Bauchfellareale im Abdomen. Die Dicke der Hodenalbuginea beträgt 150—200 µ.

Die Anhangsgebilde Appendix testis, Appendix epididymidis und die dem Nebenhodenkopf angelagerten Gangstrecken der Paradidymis sind beim Neugeborenen meist deutlich angelegt; Nebennierengewebe an der Cauda des Nebenhodens ist wohl nur mikroskopisch nachweisbar.

Im verhältnismäßig dicken Samenstrang ist immer noch ein recht umfänglicher Rest des peritonealen Processus vaginalis enthalten; der Ductus deferens (etwa 1 mm dick) ist weicher als der des Erwachsenen.

PETER gibt folgende Maße des Ductus deferens an:

	Querschnitt in µ	Lumen in µ
Neugeborener	620	150
Knabe von 4 Wochen	800	170
Knabe von 3 Jahren	740	150
Knabe von 5 Jahren	800	150
Knabe von 11 Jahren	1115	200
Knabe von 14 Jahren	1580	370
Erwachsener	1860	370

Bezüglich des Baues ist zu bemerken, daß sich das Bindegewebe vermehrt, nicht sowohl in der Mucosa selbst, deren Dicke nur wenig zunimmt, als in der Muscularis. Die einzelnen Muskelzellen werden durch Bindegewebssepten voneinander getrennt. Diese Zunahme des Bindegewebes ist schon im ersten Lebensjahre auffällig, im vierten bereits sehr ausgeprägt, hat aber bei einem 14jährigen noch nicht das Maß erreicht, das der Erwachsene erkennen läßt.

Beim reifen Neugeborenen liegen die Hoden schon im Skrotum, oft aber erst in dessen rumpfnahen Teil. Ob tatsächlich der linke Hoden vom geblähten Sigma gepreßt, meist (PETER) tiefer steht als der rechte, kann an unseren Präparaten nicht eindeutig bestätigt werden. In den ersten Lebenswochen obliteriert der Processus vaginalis, der Verschluß kann streckenweise oder zur Gänze (häufiger rechts) unterbleiben. Die Samenstranghüllen liegen recht locker an- und ineinander, daher kann sich Gewebsflüssigkeit ansammeln und den Hodensack des Neugeborenen oft stark ausdehnen. Nach Aufsaugung des Ödems ist das Skrotum schlaff, die Hoden sind gut tastbar. Der Hodensack verfestigt sich, er bleibt aber einpolig, da ihn die Raphe nur wenig, meist gar nicht unterteilt. Erst in der Pubertät verbreitert sich der Fundus deutlich, wird zweipolig und die Haut wird durch Behaarung, Haarbalgdrüsen und Dartosmotorik die Charakteristika der Skrotalhaut des Erwachsenen aufweisen.

Literatur

PETER, K., u. L. GRÄPER: Geschlechtsorgane, Organa genitalia. In: K. PETER, G. WETZEL u. F. HEIDERICH, Handbuch der Anatomie des Kindes II, S. 42—77. München: J.F. Bergmann 1927.

O. Bau und Inhalt des Leistenkanals beim Mann

Alfred Gisel

Mit 11 Abbildungen

Bemerkungen zur anatomischen Nomenklatur

In rascher Aufeinanderfolge wurden die Namen einiger Bauelemente der Leistengegend mehrmals geändert; manche Autoren, besonders Kliniker, bedienen sich aber nach wie vor der früher gebräuchlichen Namen.

Unklarheiten und Verwechslungsmöglichkeiten sind vor allem dann gegeben, wenn eine anatomische Struktur mit einem Namen bezeichnet wird, der in einer anderen Nomenklatur einem anderen Gebilde zukommt.

So wird in der derzeit gültigen Pariser Nomenklatur eine Bauchfellfalte als Plica umbilicalis media bezeichnet, die früher Plica umbilicalis lateralis hieß. Als Arcus inguinalis beschreibt Tandler das Lig. inguinale, Pernkopf einen Knochenrand.

Pädagogisch unbefriedigend und inkonsequent scheint es mir zu sein, daß der Abgangsring der röhrenförmigen Fascia spermatica externa nomenklatorisch nicht ein Anulus inguin. „externus", sondern ein „superficialis" wurde; ebenso entspringt die Fascia spermatica interna nicht von einem Anulus inguin. „internus", sondern von einem „profundus". Weiters: die frühere A. spermatica int. wurde in A. „testicularis" und „ovarica" differenziert; aber bei der Aufzählung der Schichten einer Hernia inguin. obliqua feminae sind wir jetzt gezwungen, eine Fascia „spermatica" zu beschreiben!

Daher scheint es mir notwendig, eine Übersicht und Gegenüberstellung der derzeit im Schrifttum gebräuchlichsten anatomischen Namen der Bauteile des Leistenkanals und seines Inhalts der anatomischen Beschreibung voranzustellen. Die kursiv gesetzten Namen sind die jetzt offiziellen. Statt der empfohlenen Schreibweise „pre"... verwende ich aber weiterhin das klassische „prae".

Derzeit gebräuchliche Synonyma der Bauelemente des Leistenkanals und seines Inhalts

Anulus inguin. superficialis = Anulus inguin. subcutaneaus = medialis = externus
Anulus inguin. profundus = Anulus inguin. praeperitonaealis = internus = lateralis = abdominalis
Appendix epididymidis = gestielte Hydatide
Appendix testis (Morgagni) = ungestielte Hydatide
A. cremasterica = A. musculi cremasteris = A. spermatica externa
A. ductus deferentis = A. deferentialis
A. epigastrica inferior = A. epigastrica caudalis
A. testicularis = A. spermatica interna
Arcus iliopectineus = Lig. iliopectineum = Lig. interlacunare
Cavum serosum scroti = Cavum periorchii
Crus laterale anuli inguin. superfic. = Crus inferius
Crus mediale anuli inguin. superfic. = Crus superius
Ductus deferens = Vas deferens
Falx inguin. = Falx aponeurotica inguin. = Lig. (falciforme) Henle

Fascia cremasterica aus der Internusaponeurose stammende Umhüllung des Samenstrangs[1].

Fascia spermatica externa von der oberflächlichen Bauchfascie und der Externusaponeurose stammende äußerste Hülle des Samenstrangs, früher: Fascia cremasterica (Cooperi)

Fascia spermatica interna = Tunica vaginalis communis testis et funiculi spermatici

Fascia transversalis abdominis et pelvis = praeperitoneale Bindegewebsschicht

Fibrae intercrurales

Fossa inguin. lat. = Fovea inguin. lat. peritonaei

Fossa inguin. med. = Fovea inguin. med. peritonaei

Fossa supravesicalis = Fovea supravesicalis peritonaei

Gubernaculum testis (Hunteri) = Hodenleitband

Incisura iliopubica = Arcus inguinalis (Pernkopf)

Lamina parietalis tunicae vaginalis propriae testis = Peritonaeum parietale testis = Periorchium

Lamina visceralis tunicae vaginalis propriae testis = Peritonaeum viscerale testis = Epiorchium

Ligamentum inguin. = Arcus inguin. (Tandler), Poupartsches Band

Lig. interfoveolare (Hesselbach) = M. interfoveolaris (Hesselbach)

Lig. lacunare (Gimbernati)

Lig. pectineale = Lig. pubicum (Cooperi)

Lig. reflexum (Collesi) = Lig. inguin. reflexum

Lig. scrotale testis = persistierender Anteil des Gubernaculum testis

Lig. umbilicale mediale = Chorda arteriae umbilicalis, Lig. umbilicale lat.

Lig. umbilicale medianum = Lig. umbilicale mediale = Chorda urachi

Plexus testicularis (system. nervos. autonom.) = Pl. spermaticus ext.

Plica semilunaris (fasciae transv.) = Crus verticale anuli inguin. prof. = Crus mediale anuli inguin. prof.

Plica umbilicalis lateralis = Plica epigastrica = Plica ae. epigastriae inferioris

Plica umbilicalis medialis = Plica umbilicalis lat., enthält das Lig. umbilicale mediale, die Chorda arteriae umbilicalis

Processus vaginalis peritonaei embryonal angelegte Ausstülpung der Coelomwand, des späteren Peritonaeums

R. genitalis (n. genitofemoralis) = N. spermaticus externus

Septum femorale (Cloqueti) = Septum anuli femoralis

Tunicae funiculi spermatici et testis = Tunica funiculi spermatici, Tunica testis = Tunica vaginalis comm.

Tunica vaginalis testis = Peri- et Epiorchium = Tunica vaginalis propria testis

Vestigium processus vaginalis = Lig. vaginale

Struktur und Lagecharakteristika des Leistenkanals und Samenstrangs

Leistenkanal

Boden: Lig. inguinale bzw. M. obl. abd. ext.; im äußeren Leistenring außerdem: Lig. reflexum.

---

[1] Scheinbar mache ich mich, wenn ich im folgenden den Namen Fascia cremasterica beibehalte, mit dem in früherer Nomenklatur die äußere Samenstranghülle bezeichnet wurde, des gleichen Fehlers schuldig, den ich im Anfang des Artikels gerügt habe. Da aber die Fascia spermatica externa und die Fascia cremasterica, wie ich später beschreiben werde, schließlich gemeinsam den Überzug des extraabdominalen Samenstranges bilden, müssen die beiden Wurzeln dieser Hülle getrennt beschrieben und benannt werden.

Decke: Freier Rand eines über das mediale Drittel des Leistenbands hinweggespannten teils muskulösen, teils sehnigen Bogens der Mm. obl. int. und transv. („Internus-", „Transversusarkade").

Vordere Wand: Innenfläche der Aponeurose des M. obl. abd. ext.

Hintere Wand: a) Variabel in Zahl und Stärke zum Leistenband absteigende Sehnen- (und Muskel-) streifen der Decke, gleichsam hineingewebt in die b) dahinter liegende Bindegewebsplatte der Fascia transversalis („muskelfreies Leistenfeld", Hiatus inguinalis).

Anulus inguinalis superficialis, äußerer Leistenring: Schräg in der Aponeurose des M. obl. abd. ext. liegender Abgangsring einer bindegewebigen Röhre, lateral und etwas über dem Tuberculum pubicum gelegen.

Anulus inguinalis profundus, innerer Leistenring: In der Fascia transversalis gelegener Abgangsring eines bindegewebigen Trichters, der sich zu einem Schlauch verjüngt, ungefähr $1^1/_2$ cm (Zentrum) über dem Halbierungspunkt der Distanz: Spina iliaca ant. sup. — Tuberculum pubicum situiert.

Der innere Leistenring des geburtsreifen Fetus ist zweischichtig; hinter dem Anulus „fascialis" liegt ein Anulus „peritonaealis". Bald nach der Geburt verengt sich der peritonaeale Ring, verliert sein Lumen und wird zu einer Narbe: Cicatricula.

Beim Neugeborenen kann der innere Leistenring nahe an den äußeren herangerückt sein und die Länge des Leistenkanals der Dicke der muskulösen Bauchwand entsprechen. Statt eines Canalis inguinalis besteht dann ein „Hiatus inguinalis" (Gisel).

Beim Erwachsenen liegt der innere Leistenring ungefähr $4^1/_2$ cm gegen den äußeren nach lateral verschoben: hierdurch wird das „Leistentor" zu einem „Leistenkanal" von 4—5 cm Länge.

Funiculus spermaticus

Elementa propria (spez. Bauteile): Ductus deferens, A. ductus deferentis (aus A. umbil.), Vv. ductus deferentis, A. testicularis, Plexus (venosus) pampiniformis, Plexus testicularis (syst. nerv. autonom.), Vasa lymphatica.

Elementa accessoria (hinzugekommene Bauteile), Tunicae (Hüllen): Fascia spermatica ext., Fascia cremasterica, M. cremaster, Fascia spermatica int., Proc. (bzw. Lig.) vaginalis peritonaei, A. cremasterica, R. genitalis (n. genitofem.).

1. Die Architektur des Leistenkanals

Es ist üblich, Rinnen und Röhren als Kanäle zu bezeichnen. So wird auch der einigermaßen röhrenartige schräge Durchbruch, den die Bauchwand oberhalb der Schenkelbeuge aufweist, als Kanal, Canalis inguinalis, angesehen und beschrieben. Dabei wird allerdings vernachlässigt, daß in diesem Fall die beiden Begrenzungsringe eines die Wand eines Hohlraums durchsetzenden Kanals (der „innere" und „äußere Anulus") (Abb. 1) nicht demselben Substrat angehören; sie liegen in verschiedenen Schichten der Bauchwand und sind aus differentem Material gebildet. „Echte" Begrenzungsringe eines „echten" Kanals sind sie daher nicht.

Da die vordere Bauchwand vielschichtig ist und jede dieser Schichten für den Descensus des Hodens und Nebenhodens sack- bzw. röhrenförmig ausgestülpt wird, ist im Prinzip der Leistenkanal der Abgangsbezirk aller dieser Röhren, die, ineinandergesteckt, Hoden, Nebenhoden und deren Gefäße und Nerven als Hüllen einschließen.

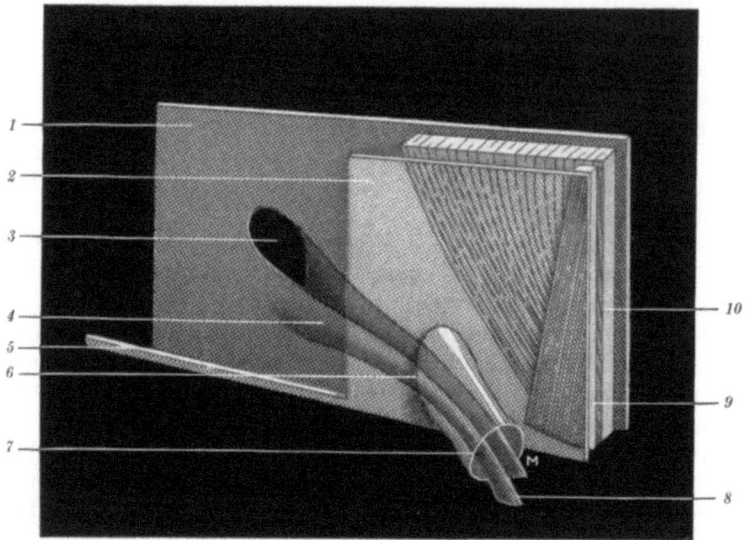

Abb. 1. Schema zur Topik der Leistenringe. *1* Fascia transversalis, *2* Aponeurosis m. obl. abd. ext., *3* Anulus inguin. prof., *4* Nuhnscher Trichter (geöffnet), *5* Lig. inguin., *6* Anulus inguin. superficialis, *7* Fascia spermatica ext., *8* Fascia spermatica int. (geöffnet), *9* M. pyramidalis, *10* M. rectus

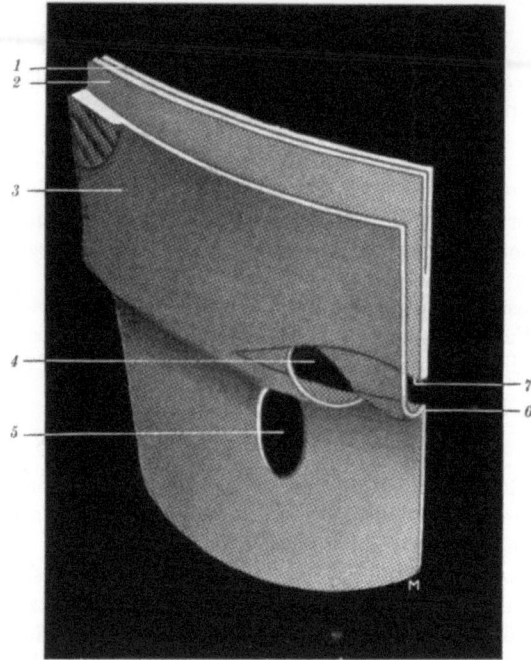

Abb. 2. Der „Hiatus inguinalis" zwischen Arkade und Leistenband. *1* M. transversus, *2* M. obl. abd. int., *3* M. obl. abd. ext., *4* Anulus inguin. superfic., *5* Fossa ovalis („Hiatus saphenus") fasciae latae femoris, *6* Lig. inguin., *7* Transversus- (und Obliquus int.) arkade

Die eigentliche Regio inguinalis hat als caudale Begrenzung einen Bauch und Schenkel trennenden Sulcus, dessen stoffliche Grundlage das Leistenband ist. Nach üblicher Darstellung ist dieses ein fester Bindegewebsstrang (in unseren Abbildungen zu einem Band verbreitert gezeichnet), gleichsam eine Naht zwischen

Fascia iliopsoica (seitlich), Fascia lata femoris (unten) und fascienüberkleideter Aponeurose des M. obliquus abdominis externus (oben). Diese Aponeurose ist beim Knaben straff gespannt, beim Mann wölbt sie sich in der Leistengegend vor, hängt über und nimmt in die so entstehende Konkavität ihrer Innenfläche den Samenstrang auf (Abb. 2).

Als obere Begrenzung des Leistenfeldes wollen wir eine die beiden Spinae iliacae ant. supp. verbindende Horizontale annehmen; die mediale ist identisch mit dem lateralen Rectusrand und ist im Oberflächenrelief unauffällig.

Das Leistenband ist die bindegewebige Fortsetzung des Darmbeinkamms, der im vorderen oberen Darmbeinstachel endet. Von hier biegt der vordere Hüftbein-

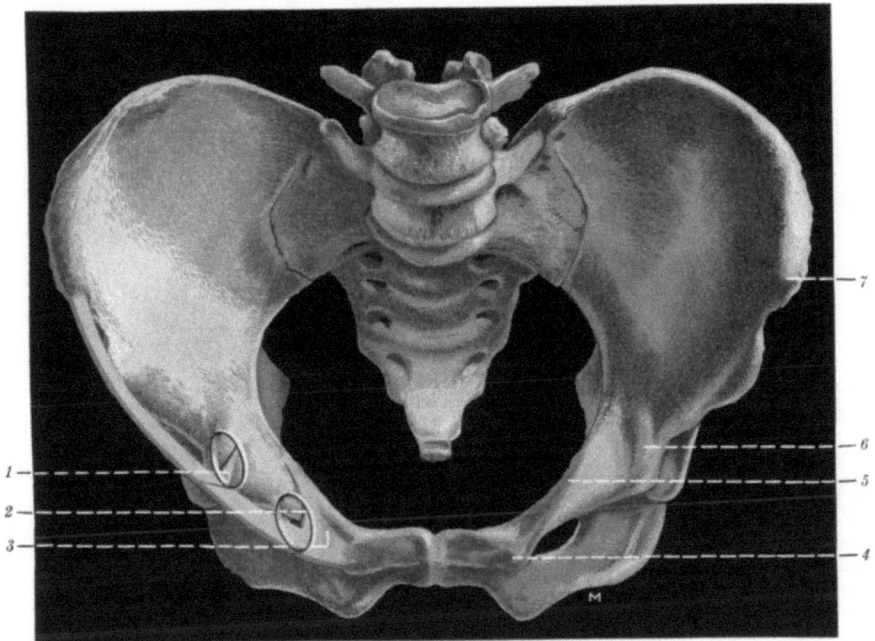

Abb. 3. Das Becken beim aufrecht stehenden Mann. Vor dem rechten Hüftbein liegen die Lacunae musculorum und vasorum. Über dem Leistenband die Position der beiden Leistenringe. *1* Arcus iliopectineus, *2* Ligamentum pectineale Cooperi, *3* Ligamentum lacunare Gimbernati, *4* Tuberculum pubicum, *5* Pecten ossis pubis, *6* Eminentia iliopectinea, *7* Spina iliaca ant. sup.

rand bogenförmig dorsal- und abwärts aus, um schließlich im Tuberculum pubicum wieder einen markanten Eckpunkt zu finden; durch die Spina iliaca ant. inf. und die Eminentia iliopectinea erfährt er eine gewisse Gliederung (Abb. 3).

Seltsamerweise hat man in der offiziellen anatomischen Nomenklatur auf eine Benennung dieses Einschnitts verzichtet; schon aus Gründen der Systematik müßte diese ventrale Incisur benannt werden; ihr kommt im Bauplan eine mindestens ebensogroße Bedeutung zu wie den Incisurae ischiadicae. Nach den beteiligten Knochenteilen empfiehlt sich (die inoffizielle) Benennung in: Incisura iliopubica.

Da der laterale Teil dieser Incisur vom M. iliopsoas überlagert wird und dessen Fascienröhre sowohl an der Eminentia iliopectinea als auch am Leistenband angeheftet ist, wird er zu einer „Lacuna musculorum" (für M. iliacus, psoas und N. femoralis). Der mediale Teil heißt, weil er die Schenkelgefäße enthält, „Lacuna vasorum" und erhält eine zusätzliche bindegewebige Rahmung. Bevor nämlich das Lig. inguinale am Tuberculum pubicum ansetzt, zweigt von ihm eine horizontal gelegene Platte ab, die am Knochen in ca. $1^1/_2$ cm Breite inseriert: Lig. lacunare. Ein von ihm nach lateral hinten aufwärtssteigender und sich verschmälernder Fortsatz wird als Lig. pectineale beschrieben.

Vom Lig. inguinale spannt sich nach dorsal über die Lacuna vasorum eine horizontale Platte des Beckenbindegewebes: Septum femorale hinweg, trennt Bauch und Oberschenkel

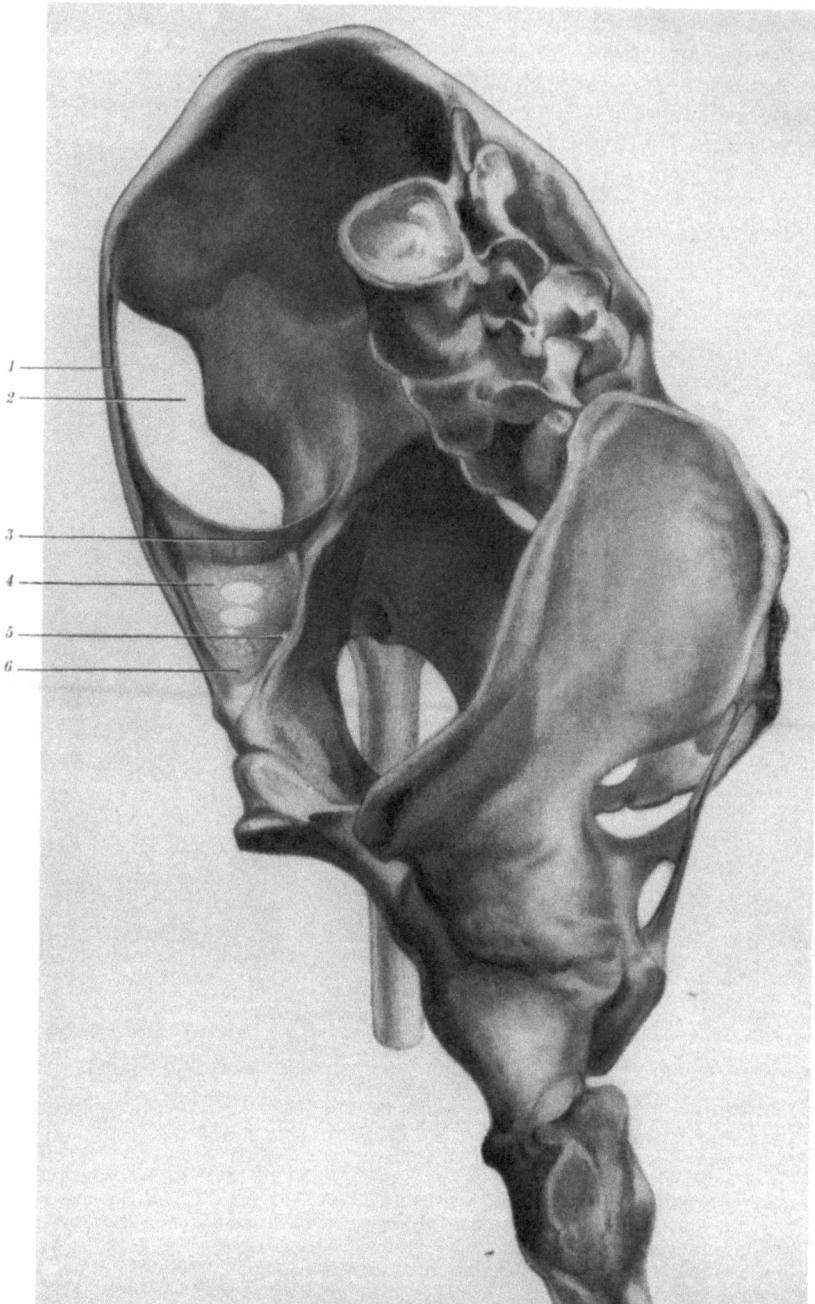

Abb. 4. Die vordere bindegewebige Ergänzung des Hüftbeins. *1* Lig. inguinale, *2* Lacuna musculorum, *3* Arcus iliopectineus = Ligamentum iliopectineum = Interlacunare, *4* Septum femorale (Cloquet), verstopft die Lacuna vasorum — sichtbar die Perforationslücken: medial: „Anulus femoralis", für mehrere Lymphgefäße, anschl.: V. femoralis, lateral: A. femoralis, *5* Lig. pectineale Cooperi, *6* Lig. lacunare Gimbernati

und läßt medial Lymphgefäße, lateral die A. femoralis, zwischen ihnen die V. femoralis durchtreten. Demnach ist die Lacuna vasorum bindegewebig verschlossen (Septum femorale) und bindegewebig gerahmt (Lig. inguinale, Lig. lacunare, Lig. pectineale, Arcus iliopectineus) (Abb. 3 u. 4).

Um der in der inneren Fläche der hinteren Bauchwand entstandenen männlichen Keimdrüse nach ihrem endoabdominalen Descensus den Eintritt ins Scrotum zu ermöglichen, sind knapp oberhalb der Leistenbeuge alle Schichten der Bauchwand röhrenförmig ausgestülpt. Im Hohlraum, der von der innersten Schicht, dem Peritonaeum, umschlossen wird, wird der absteigende Hoden sichtbar; er zieht die Gebilde des Samenstrangs hinter sich her. Hoden und Anhangsteile liegen aber nicht wie freie Körper im peritonaealen Cavum, sondern sie sind, vom Peritonaeum teilweise überkleidet, retroperitonaeal gelagert. Die Mehrzahl der Autoren nennt jedoch eine solche Position „intraperitonaeal ohne Gekröse" und setzt sie bezüglich der Bauchfellverhältnisse gleich mit etwa der des Colon ascendens.

Denkt man sich ein Modell der vorderen Bauchwand des Fetus aus Textilien gefertigt (die die Bauchwandschichten imitieren), geht natürlich aus jeder dieser Flächen eine Röhre ab; die Röhren sind ineinandergesteckt. Die hinterste Schicht und die innerste Röhre entsprechen dem Peritonaeum. Um den Eintritt des Hodens in den Leistenkanal am Modell nachzuahmen, darf nun nicht der Finger durch den — bei Betrachtung von hinten — „peritonaealen Leistenring" in die „peritonaeale" Röhre eingeführt werden, wodurch der Finger einen „peritonaealen" Überzug bekäme, sondern der Finger muß unter das Peritonaeum gelegt und „unter" der peritonaealen Röhre dem Leistenband aufliegend vorgeschoben werden. So hat er eine unvollkommene doppelwandige peritonaeale Bedeckung, und steckt mit dieser in derjenigen Röhre, die von der praeperitonaealen Schicht ausgeht.

Nach dem Hodendescensus wird der Samenstrang zu einem System ineinandergesteckter Gewebsröhren. Die innerste (das Peritonaeum) ist rinnenförmig verformt, in der Rinne liegen die Hoden- und Nebenhodengefäße. Der zentrale Teil dieses Proc. vaginalis schrumpft zu einem Faden, die Hoden- und Nebenhodengefäße verlieren dadurch ihre Beziehung zum Bauchfell und werden in einem das Zentrum des Samenstrangs bildenden Bindegewebskörper, der Fascia spermatica interna, gebettet liegen.

Da jede der Samenstranghüllen die röhrenförmige Ausstülpung einer Bauchwandschicht ist, müßte für jede präparatorisch ein Abgangsring nachgewiesen werden können. Die anatomische Beschreibung begnügt sich aber mit der Kennzeichnung eines äußeren und eines inneren Leistenringes.

2. Topographie des Leistenkanals

Naheliegend wäre es, die topographische Anatomie der Leistengegend nach den Bedingungen des chirurgischen Vorgehens abzuhandeln. Das anatomische Gefüge der Region kann aber viel einprägsamer vorgestellt werden, wenn, wie es nachstehend an schematisierenden Abbildungen geschehen soll, zuerst die innerste, zuletzt die äußerste Schicht beschrieben wird.

Vorerst soll aber die Abb. 3 zeigen, daß das mediale Drittel des Ligamentum inguinale nahezu in der Horizontalen liegt; das gleiche gilt auch für das Lig. lacunare und das die Lacuna vasorum verstopfende Septum femorale.

Nach Abb. 3 und 4 müßte die obere Fläche des Lig. lacunare zur Bodenformation des Samenstrangs gehören; da sie aber vom Lig. reflexum bedeckt ist, wird sie diese Beziehung (s. Abb. 7 und 9) verlieren.

Abb. 5. Denkt man sich alle Schichten der vorderen Bauchwand bis auf die innerste abgetragen, so würde man die der Muskulatur zugewandte Fläche der peritonaealen Tapete sehen. Ihr Mittelteil ist spitzzeltartig eingezogen, die Dimensionierung der Basis ist abhängig vom Füllungszustand der Harnblase. Die Seitenränder der peritonaealen Bucht schließen die Reste der Aa. umbilicales ein, vom Harnblasenscheitel zieht, gleichsam als Mittelstrebe, der obliterierte Urachus zum Nabel hinauf. In der Darstellung unserer Abbildung imponieren diese Gefäßreste als Ligamente. Vom Bauchfellraum her gesehen, sind sie Plicae (peritonaeales);

die Mittelfalte heißt Plica umbilicalis mediana, die seitlichen Plicae umbilicales mediales. Die von ihnen begrenzten Bauchfellflächen sind — gleichfalls füllungsabhängig — seichte oder tiefe Fossae supravesicales.

Seitlich vom Lig. umbilicale mediale steigt, von Venen begleitet, die aus der A. iliaca externa stammende A. epigastrica inferior in der Plica umbilicalis lateralis nach anfangs medialkonvexer Krümmung senkrecht auf. Sie trennt ein peritonaeales Feld, das Fossa inguinalis medialis genannt wird, von der Fossa

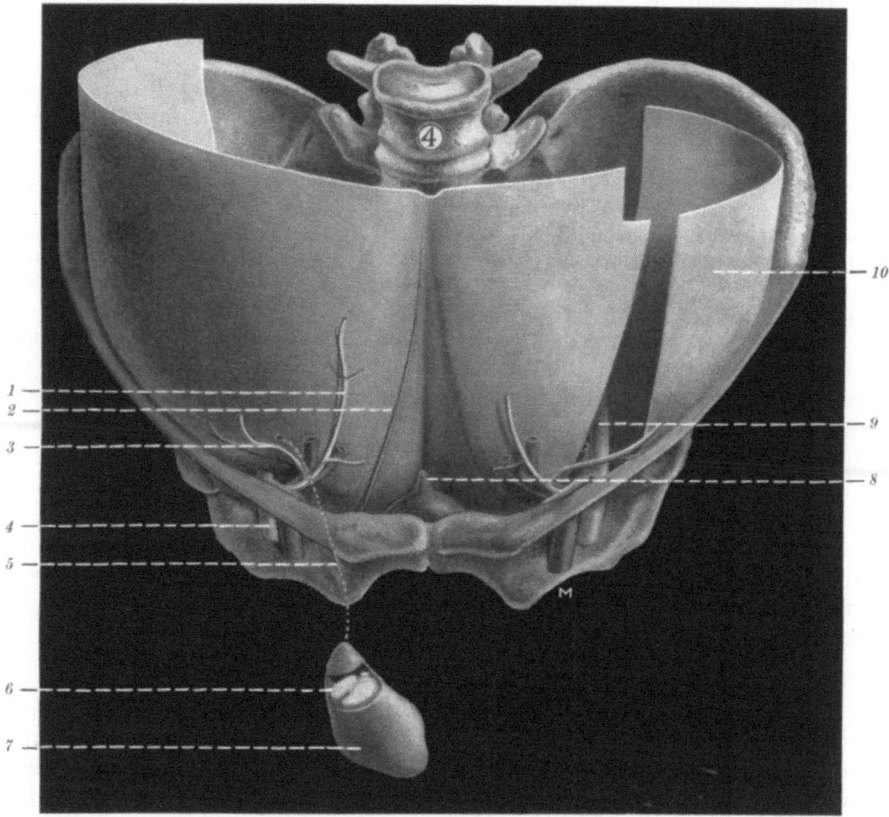

Abb. 5. Die innere = peritonaeale Schicht der ventralen Bauchwand. Praeperitonaeal liegt die Kuppe der mäßig gefüllten Harnblase. Von der A. epigastr. inf. zieht medialwärts ins kleine Becken ein R. communicans zur A. obturatoria. Die Lage des ursprünglichen Processus vaginalis peritonaei dextr. ist durch eine punktierte Linie angegeben. *1* A. epigastrica inferior, Plica umb. lateralis, *2* Ligamentum umbilicale mediale (Chorda arteriae umbil.), Plica umb. medialis, *3* A. circumflexa ilium profunda, hier gemeinsamer Ursprung mit der A. epig. inf., *4* A. femoralis, *5* Position des Vestigium (verödeter Processus vaginalis peritonaei), *6* Schnittfläche durch Epididymis, Testis, Ductus deferens im Cavum periorchii = serosum scroti, *7* Periorchium, *8* Urachus (Lig. umbilicale medianum), *9* A. iliaca externa, *10* Peritonaeum parietale

inguinalis lateralis des Bauchfells, in der beim Fetus der Abgangsring des Proc. vaginalis zu finden war. Somit ist der Bauchfellscheidenfortsatz eine röhrenförmige Ausstülpung der seitlichen Leistengrube. Sein Rest, das Vestigium (Lig. vaginale) kann mit einiger Mühe im Samenstrang, seine zentrale Insertion in der Cicatricula am Bauchfell nachgewiesen werden. Peripher wurzelt das Band in der Kuppe der peritonaealen Hodenhülle, des Periorchiums.

Überm Leistenband kann, entspringend aus der Anfangsstrecke der A. epigastrica inf., die A. circumflexa ilium profunda angetroffen werden (im Normfall geht sie direkt aus der A. iliaca externa hervor). Bekannter ist der Verbindungsast der unteren Bauchdeckenschlagader zur A. obturatoria wegen der Bedeutung, die ihm bei der chirurgischen Versorgung der Hernia femoralis zukommt.

Abb. 6. Die dem Bauchfell vorgelagerte Fascia transversalis befestigt das Peritonaeum am innersten Bauchwandmuskel. Vor den Fossae supravesicales besitzt sie eine gewisse Mächtigkeit. Am formfixierten Präparat kann sich der Übergangsrand, in dem sich der fest strukturierte Teil der Transversusaponeurose gegen den lockerer gefügten absetzt, bogenförmig abdrücken, Linea arcuata.

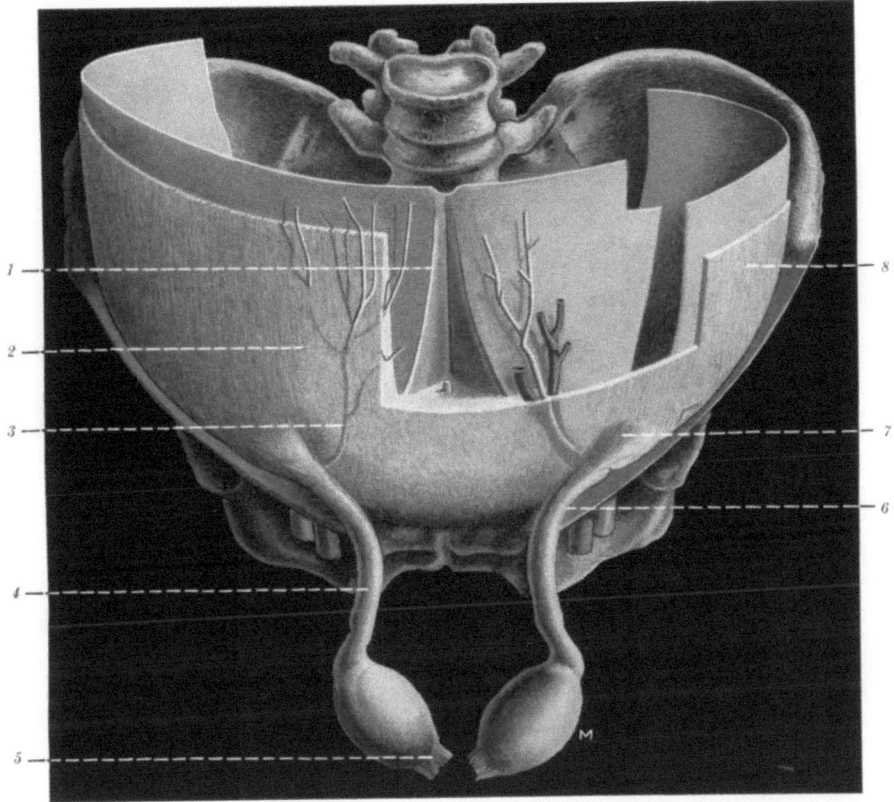

Abb. 6. Die innere Fascie der vorderen Bauchwand, dahinter das Peritonaeum. *1* Lig. umbilicale mediale, *2* Abdruck der Linea arcuata (Linea semicircularis Douglasi), *3* A. epigastrica inferior, *4* u. *6* Fascia spermatica int., *5* Gubernaculum testis, *7* Nuhnscher Fascientrichter, *8* Fascia transversalis abd.

Lateral und oberhalb der ursprungsnahen Strecke der A. epigastrica inferior entläßt die Fascia transversalis einen strangförmigen Bindegewebskörper. Seine Wurzel ist kegelförmig („Nuhnscher Fascientrichter"), sein peripheres Ende (es enthält Hoden und Nebenhoden und ihre peritonaeale Kapsel) ist keulenförmig dimensioniert.

Das schnurförmige Mittelstück dieser Fascia spermatica interna liegt anfangs schräg von hinten außen nach vorne innen gelagert dem inneren Drittel des Leistenbandes auf, um dann (extraabdominal) abzusteigen. Die Zirkumferenz der Basis des Fascienkegels (in unserer Art der präparatorischen Darstellung imponiert er ja nicht als „Trichter") ist der „innere", „tiefe Leistenring". Er liegt also vor der Fossa inguin. lateralis peritonaei und umschließt den Processus vaginalis des Fetus.

Abb. 7 erläutert, daß in inguine die Mm. transversus und obl. int. den Rectus (und den nicht gezeichneten Pyramidalis) nur ventral bedecken, hinten liegt ihm daher direkt der Mittelteil der Fascia transversalis (bzw. überaus verdünntes Sehnengewebe des Transversus) an, in der sich die A. epigastrica inferior verzweigt (rechte Seite des Modells). Durch Abtragen eines gewissen Muskelteils ist die Fascia spermatica int. zur Gänze freigelegt, außerdem sieht man lateral von der A. epigastr. inf. das Bindegewebe vor der Fossa inguin. lateralis, medial das vor der Fossa inguin. medialis. Diese wird medial von der Rectuskante bzw. (wir folgen hier der herkömmlichen Beschreibung) von einem zum Lig. inguinale ab-

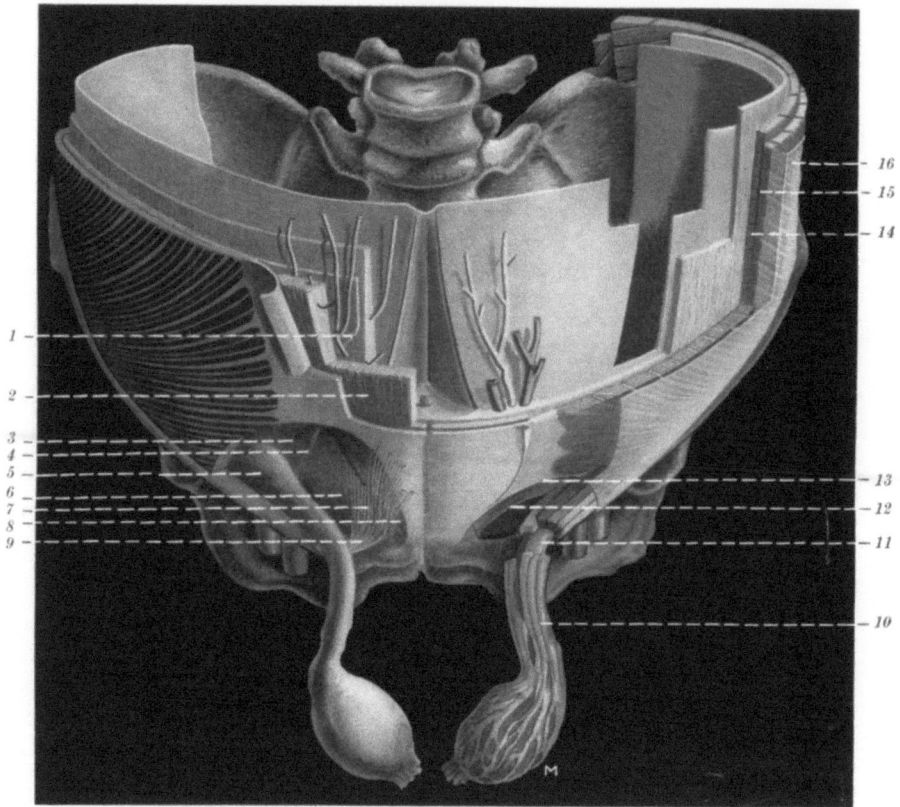

Abb. 7. Das Verhalten der inneren Bauchwandmuskeln (Mm. transversus, obliquus int., rectus) in der Leistengegend. *1* Linea arcuata m. trans. abd., *2* M. rectus abd. dext., *3* lateral von der A. epig. inf. gelegene Fossa inguinalis lateralis, *4* A. epigastrica inferior, *5* Nuhnscher Fascientrichter, *6* Fossa inguinalis medialis, *7* Falx inguin., *8* Rectusansatz, *9* Lig. reflexum = Collesi, *10* M. cremaster, *11* Fascia spermatica int., *12* ,,Transversusarkade", *13* ,,Internusarkade", *14* M. transv. abd., *15* M. obl. abd. int., *16* Fascia m. abl. abd. int.

steigenden Bänderzug: Falx inguinalis begrenzt, der sich nach medial in ein hakenförmiges Ligament verbreitert: Lig. reflexum (s. auch Abb. 9).

Der hintere Schenkel dieses Bandes ist in der (vorderen) Rectusscheide verankert: abgestiegen lagert es sich im Wesentlichen dem Lig. lacunare auf und verwächst innig mit ihm. Von hier steigen die Fasern lateral (vom äußeren Leistenring) in die Aponeurose des äußeren Bauchmuskels eingewebt wieder auf. Das Band umfaßt also bei guter Ausformung die Fascia spermatica interna, als ob diese in ihm aufgehängt wäre.

Die linke Seite des Modells zeigt den typischen Aufbau der dargestellten Schichten. Hinter dem Transversus liegt die Fascia transversalis. Knapp oberhalb des Leistenbands gehen Transversus und Obliquus internus weitgehend ineinander über. Lateral vom Rectus inseriert das Fleisch dieser beiden Muskeln in einer gemeinsamen, den Rectus vorn bedeckenden Sehnenplatte. Beide Muskeln heben sich über dem medialen Drittel, bisweilen schon über der medialen Hälfte des Leistenbands von diesem ab, überbrücken es, besitzen aber meist hier nicht einen gemeinsamen freien Rand, so daß eine „Transversus"- und eine „Internusarkade" unterschieden werden kann. Bevor sich diese medial sehnigen, lateral fleischigen Bögen abheben, entlassen sie in einer „pars pubica" einen Muskel-

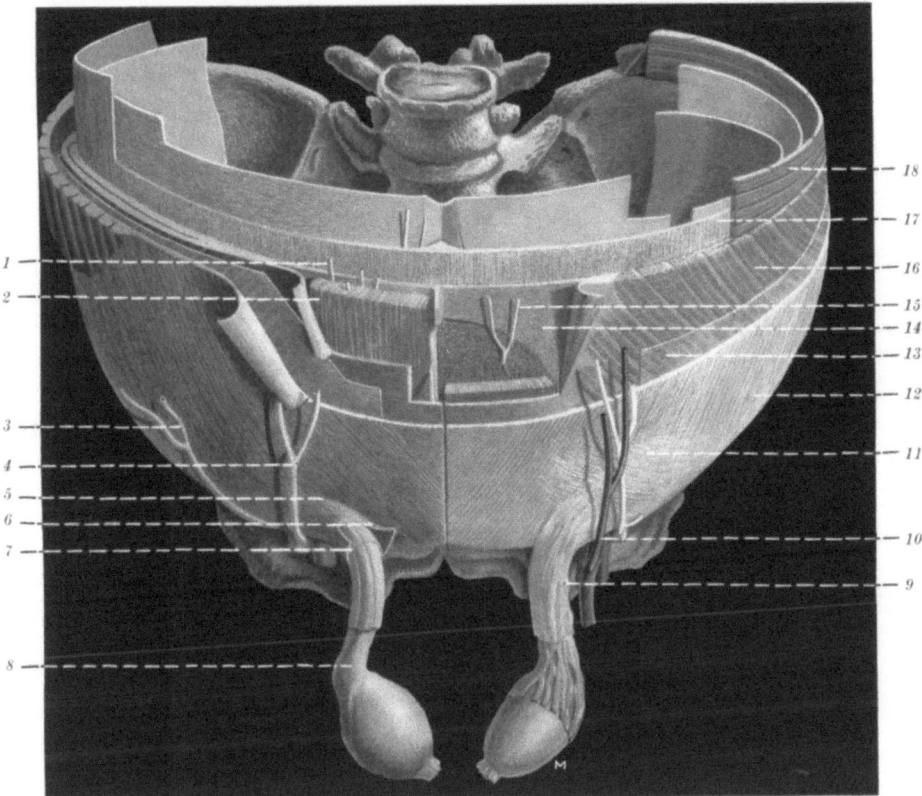

Abb. 8. Der Schichtenbau der vorderen Bauchwand. *1* u. *15* A. epig. inf. in der Rectusscheide, *2* M. rectus abd. dext., *3* A. circumflexa ilium superfic., *4* A epigastrica superficialis, *5* Übergang der Aponeurosis M. obl. abd. ext. in die Fascia spermatica ext. (Anulus inguinalis superfic.), *6* u. *9* Fascia spermatica ext., *7* Fascie des M. obl. abd. int. als Hülle des intramuralen Teils des M. cremaster = Fascia cremasterica, *8* Fascia spermatica int., *10* V. epig. superfic. in die V. saphena magna einmündend, *11* Fibrae intercrurales, *12* Fascia et Aponeurosis m. obl. abd. ext., *13* Fascia m. obl. abd. int., *14* hintere Rectusscheide. Ihre caudale Begrenzung ist die Linea arcuata., *16* M. obl. abd. int., *17* Fascia transversalis abd., *18* M. transv. abd.

streifen, der in die Konkavität seiner Rinne die Fascia spermatica int. aufnimmt: M. cremaster. Wäre der Muskel eine komplette Röhre, müßten die Arkaden und das unter diesen liegende Lig. inguinale den Abgangsring, den Ursprungsring darstellen. Die Röhre ist aber beim Menschen rudimentär; gut entwickelt ist sie nur lateral; einige medialgelagerte Bündel sind oft nachweisbar.

In unserer Abbildung reicht die hintere, also die Transversusarkade tiefer nach abwärts als die Internusarkade; daher lassen sich die Ursprungsbündel des Kremasters leicht beiden Muskeln zuordnen. Transversusarkade und Kremaster plombieren, gleichsam kulissenartig vorgeschoben, die Fossae inguinales lateralis und medialis bzw. ihren bindegewebigen Überzug. Nur weil die Falx inguinalis

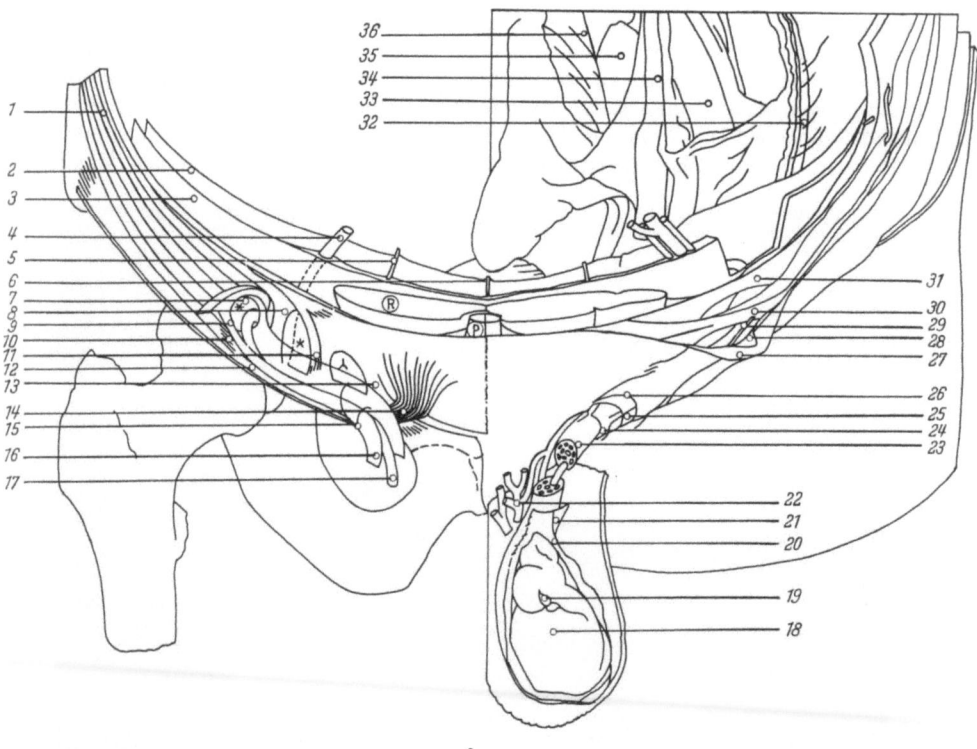

Abb. 9 a u. b. Die Wände des Leistenkanals. Rechte Seite des Präparates: Schema zum Aufbau der hinteren Wand. Der Hiatus inguinalis ist durch Abstrahlungen der Transversusarkade in drei Fenster gegliedert. Linke Seite: Die Leistenkanaldecke (Arkade) wurde in den Transversus- und den Internusbogen zerlegt, gespreizt (diesbezügliche Methodik nach einer Abbildung von Dr. NETTER in The Ciba Collection of medical illustrations III/2, 18, 1962), die Externusaponeurose und die Kremasterfascie lateralwärts fixiert. Im Leistenkanal sichtbar: Die Fascia spermatica interna und ihr Inhalt. *1* M. transversus, *2* Peritonaeum parietale, *3* Fascia transversalis, *4* A. epigastrica inferior in der Plica umbilicalis lateralis, *5* Plica umbilicalis medialis, *6* Plica umbilicalis mediana, *7* Anulus inguin. profundus, *8* Lig. (plica) semilunare = Crus mediale (verticale) anuli inguin. prof., *10* Cremasterursprung, *11* M. interfoveolaris, Lig. interfoveolare, *12* Lig. inguin., *13* Falx inguin., *14* Lig. reflexum, *15* Anulus inguin. superfic., *9, 16, 21* u. *23* Fascia spermatica interna, *17* Ductus deferens, *18* Testis, *19* Appendix epididymidis, *20* Periorchium, *22* Vv. scrotales, *24* M. cremaster, *25* u. *28* Fascia cremasterica, *26* Fascia spermatica externa, *27* Aponeurosis m. obl. abd. ext., *29* R. genitalis n. genitofemoralis, *30* „Internusarkade", *31* „Transversusarkade", *32* Vasa testicularia, *33* A. iliaca externa, *34* Ureter, *35* A iliaca interna, *36* V. iliaca comm.

und das Lig. reflexum entfernt sind, ist der medialste Teil der Fascia transversalis in der Fossa inguin. med. in einigem Ausmaß sichtbar.

Der M. obliquus abd. internus hat eine gut entwickelte Fascie aufgelagert, der eine wichtige Funktion als Verschiebeschicht zukommt. Sie geht sehr gut differenziert als Umhüllung des Kremasters zum Innenrand des äußeren Leistenrings, liegt auch extraabdominal dem Muskel auf und ist als Fascia cremasterica eine anatomische Realität — in den bisherigen anatomischen Beschreibungen ist sie in dieser Struktur übersehen worden. Beim muskelkräftigen Individuum kann man nachweisen, daß ein wesentlicher Teil des Kremasters von dieser Fascie entspringen kann.

Die Abb. 8 informiert schließlich über den Zusammenbau aller Schichten. Die vordere Rectusscheide wird durch die Aponeurose des Externus verstärkt; die hintere Rectusscheide ist caudal im wesentlichen nur von Fascia transversalis gebildet, erst oberhalb der Linea arcuata ist sehniges Transversus- und Internusmaterial beteiligt. Aus der Externusaponeurose (und der ihr aufgelagerten Fascie) geht die äußerste Hülle des Samenstrangs, Fascia spermatica externa, ab und

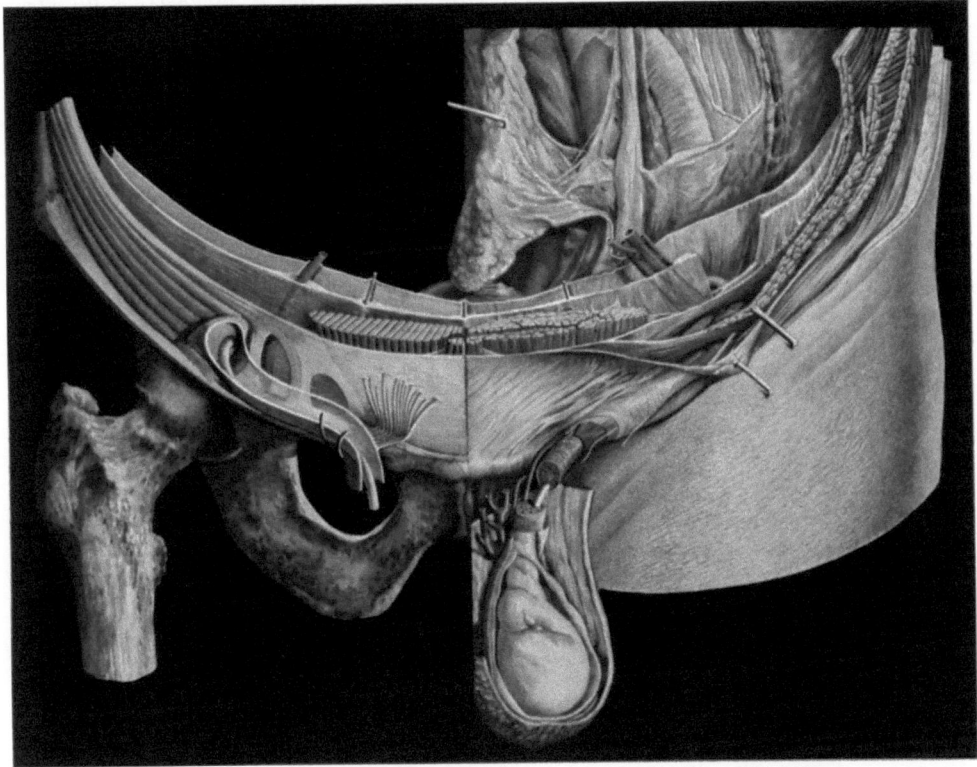

Abb. 9 b

bedeckt, präparatorisch eindeutig trennbar, die Fascia cremasterica. Bei der anatomischen Darstellung ist seiner Struktur nach der Abgangsring des äußeren Fascienschlauchs nicht eindeutig bestimmbar, zumindest nicht der laterale Schenkel dieses Anulus inguin. superficialis. In die Aponeurose eingewebte klammernde Sehnenfasern werden als Fibrae intercrurales beschrieben.

Lateral vom Anulus steigt mehr minder senkrecht die A. epigastrica superficialis (aus der A. femoralis) in der Subcutis auf. [Dem inneren Leistenring liegt eine Arterie (A. epigastrica inferior) *medial* an!]

In der Abb. 9 versuchen wir in der rechten Seite des Modells schematisch die Strukturen des hinteren Wandabschnittes, also der „hinteren" Wand des Leistenkanals zusammenzufassen und konfrontieren sie (links) mit dem typischen anatomischen Präparat, dessen Muskelschichten wir auseinandergezogen und im Aufblick dargestellt haben.

In der schematisierten (rechten) Beckenhälfte sind das Peritonaeum, die Fascia transversalis und der M. transversus dargestellt. Der M. cremaster ist abgetragen. Der (innere) Fascienschlauch, die Fascia spermatica interna ist geöffnet, der Ductus deferens in ihm sichtbar.

Der aponeurotische Anteil des Transversus deckt die Fascia transversalis zwischen Anulus inguin. prof. und lateralem Rectusrand. Er läßt Lücken frei, so daß drei aponeurotische, teilweise muskulös verstärkte Pfeiler absteigend das Lig. inguinale erreichen. Zwischen dem Fascientrichter und der im praeperitonaealen Bindegewebe verlaufenden A. epigastr. inf. ist ein Bandstreifen die stoffliche Grundlage der medialen Begrenzungskante des inneren Leistenrings, der

Plica semilunaris. Er kann sich verbreitert bis vor die A. epigastrica inf. erstrecken, muskulös aus der Transversusarkade verstärkt sein und heißt dann wegen seiner Position zu den Fossae (früher Foveae) inguinales: Lig. interfoveolare (M. interfoveolaris).

Manche Autoren vernachlässigen in ihren Beschreibungen den in der Plica semilunaris enthaltenen Transversusstreifen oder weisen ihn als Teil der Fascia

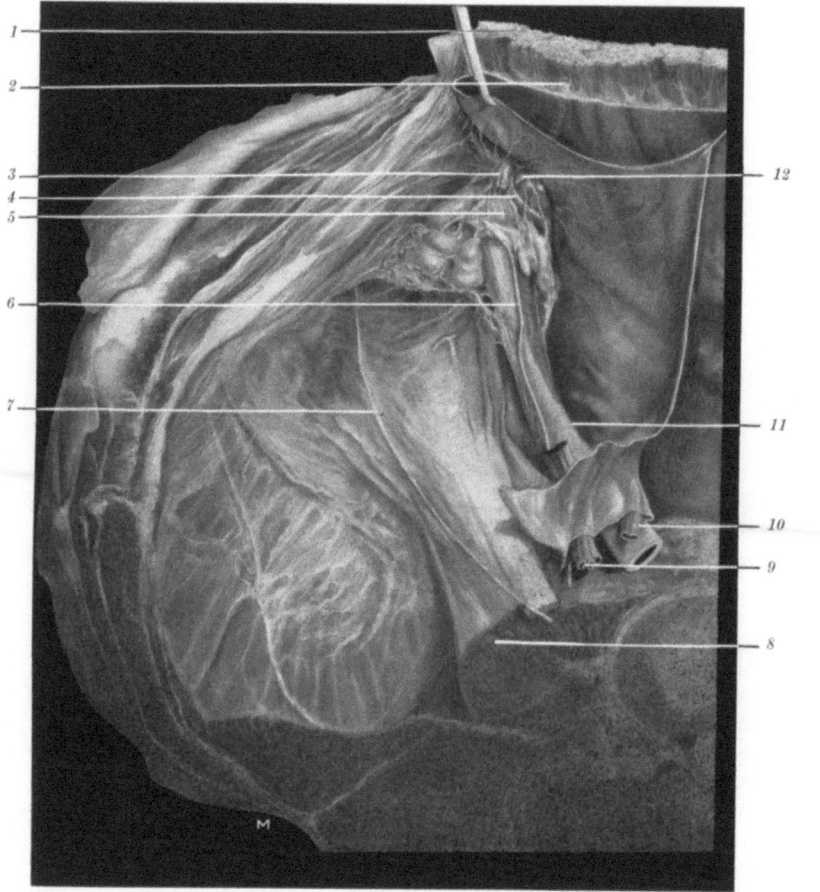

Abb. 10. Praeperitoneale Topographie der Regio inguinalis sin., Anulus inguin. prof. Peritonaeum der Fossa iliaca abpräpariert; Nodi lymphatici iliaci ext. beiderseits der A. iliaca externa. *1* M. rectus, *2* A. epigastrica inf., *3* Vasa testicularia aus dem Anulus inguinalis prof. austretend, *4* Ductus deferens, *5* Nodus lymphaticus regionalis funiculi spermatici, *6* Ramus genitalis nervi genitofemoralis, *7* Ramus femoralis nervi genitofemoralis, *8* M. psoas, *9* Vasa testicularia, *10* Ureter, *11* A. iliaca externa, *12* A. epigastrica inf. unterkreuzt den Ductus deferens

transversalis aus. Sie benennen dann als Lig. interfoveolare alles das, was vor der A. epigastrica inferior als Verstärkungsstreifen präpariert werden kann. Schließlich zieht von der lateralen Rectuskante die Falx inguinalis abwärts und liegt, übergehend in den hinteren Schenkel des Lig. reflexum, hinter dem Anulus inguin. superficialis.

Fehlen die aponeurotischen Transversuspfeiler, ist die hintere Wand des Leistenkanals zwischen innerem Leistenring und Rectuskante bloß von der Transversalfascie und dem Bauchfell aufgebaut; dadurch wird unterhalb der Transversusarkade eine Pforte für Leistenhernien gebildet.

Diese werden je nach ihrer Lage zur A. epigastrica inferior entweder als „indirekte, schräge" oder als „direkte, gerade" Brüche, den Samenstrang komprimierend, gegen die Externusaponeurose gedrückt, bis sie eventuell durch den äußeren Leistenring hindurchtretend, in den Samenstrang hinausgepreßt werden.

Das Präparationsbild der linken Beckenhälfte zeigt das Bauchfell der Fossa iliaca abpräpariert und medialwärts umgeschlagen; an der vorderen Bauchwand ist es erhalten und durch die Umbilicalfalten und die Vasa epigastrica inf. gegliedert. Ein in die Fascia transversalis hineingeschnittenes Fenster erlaubt es, den Ductus deferens bei seinem Austritt aus dem Samenstrang in den Bauchraum zu sehen. Die Transversusarkade besitzt Verspannungen an die Fascia transversalis. Die Internusarkade wurde nach lateral verzogen, unter ihr liegt der von der Fascia spermatica interna bedeckte Samenstrang, lateral schließt sich ihm der Kremaster an. Der R. genitalis n. genitofemoralis liegt zwischen Kremaster und der Internusfascie, die, als Fascia cremasterica fortgesetzt, zusammen mit der Externusaponeurose durch eine Klammer weggespannt ist. Die äußerste Samenstranghülle ist knapp vorm äußeren Leistenring quer durchtrennt, unter ihr liegen die Fascia cremasterica und der M. cremaster. Schließlich wurde der von der Fascia spermatica interna umschlossene „eigentliche" Samenstrang quer durchtrennt, nur der Ductus deferens hält den Zusammenhang mit Nebenhoden und Hoden aufrecht. Im Scrotum sind Fascie und Periorchium teilweise entfernt, das Cavum periorchii eröffnet, aus dem Hodensackseptum steigen zahlreiche Venen auf, einige schließen sich dem Samenstrang an, die anderen münden in Penisvenen ein.

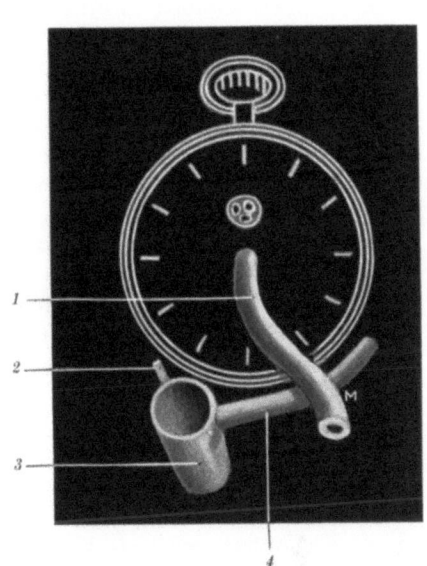

Abb. 11. Symbolik der Gefäßlage im linken inneren Leistenring. *1* Vasa testicularia, Ductus deferens, *2* R. femoralis n. genito-femoralis, *3* A. femoralis, *4* A. epigastrica inf.

Die Abb. 10 illustriert die topographische Anatomie des inneren Leistenringes in der Ansicht von hinten. Das Peritonaeum parietale ist abpräpariert und medialwärts umgeschlagen, nur hinter dem Rectus ist es in situ belassen worden. In der Fascia transversalis sind im Bereich der Fossa inguinalis lateralis die aus dem inneren Leistenring austretenden Gefäße dargestellt. Die Vasa testicularia liegen im Ring ganz oben; sie wurden durchtrennt. Dadurch ist der Ductus deferens besser sichtbar, der sich subperitonaeal nach medial wendet, um über die Linea terminalis hinweg ins kleine Becken abzusteigen. Er liegt dabei in der Konkavität des Ursprungsteiles der A. epigastrica inferior. Unmittelbar der lateralen Begrenzungskante des Anulus benachbart, aber auch den Ductus deferens begleitend, liegen Lymphknoten — in der anatomischen Darstellung des inneren Leistenringes sehr häufig nicht erwähnt! — und zwischen ihnen ein dichtes Netz von Lymphgefäßen. Von diesen lagern sich die medialen, ebenso die A. ductus deferentis und kleine Venen, dem Samenleiter direkt an.

Vergleicht man, um topographisch knapp formulieren zu können, die Zirkumferenz des linken inneren Leistenringes mit einem Zifferblatt (Abb. 11), so tritt bei 12 Uhr das Bündel der Vasa testicularia aus, im Zentrum erscheint der Ductus deferens und wendet sich gegen 5 Uhr. Der Strecke zwischen 5 und 6 Uhr liegt die A. epigastrica inferior an, bei $1/_2 7$ Uhr und etwas tiefer zieht die A. iliaca externa vorbei, auf ihr der Schenkelast des N. genitofemoralis.

Zusammenfassung

Über das mediale Drittel des Leistenbandes spannt sich der Transversus, sehnig werdend und eine Arkade bildend, bis zur Oberkante des Corpus ossis pubis hinüber. Das von diesem Bogen, der lateralen Rectuskante und dem Leistenband begrenzte Areal der vorderen Bauchwand sei „Hiatus inguinalis", bisher „muskelfreies Leistenfeld" der Autoren benannt.

Diese „Leistenpforte" wird vorne durch das feste Bindegewebe der Aponeurose des M. obl. abd. ext., hinten durch das lockere Bindegewebe der Fascia transversalis, in die die A. epigastrica inferior aufsteigt, verschlossen. Lateral von der Arterie liegt in der Fascia transversalis der Anulus inguinalis profundus als Abgangsring eines bindegewebigen Trichters, der sich zum Schlauch der Fascia spermatica interna verjüngt. Medial davon liegt in der Aponeurose des Obliquus externus der Anulus inguinalis superficialis als Abgangsring der Fascia spermatica externa.

Aus dem M. obliquus internus, der sich am Aufbau der Transversusarkade — variabel in Höhe und Stärke — beteiligt, stammt der Hauptanteil des M. cremaster, der von einer Fascia cremasterica eingehüllt ist. Sie ist im äußeren Leistenring an der Fascia spermatica externa befestigt.

Die Leistenringe sind, besonders wenn man ihren Inhalt entfernt hat, von hinten, von der Bauchfellhöhle her, einwandfrei darstellbar; sie sind eine strukturierte Realität, vergleichbar dem Abgangsring des Ärmels vom Rock. — Bei der Präparation von vorne werden vom Präparierenden die Abtrennungsschnitte der Fascienröhren willkürlich gewählt und so die Ringe „konstruiert". Dies erklärt, warum Durchmesser und Lagebeziehungen der Leistenringe so different geschildert werden.

Hinter dem Crus mediale des äußeren Leistenrings liegt die Falx inguinalis; ist sie verbreitert, wird sie kulissenartig vorspringend die mediale Hälfte des Anulus superficialis plombierend verschließen. Auf das Crus laterale des äußeren Leistenrings projiziert sich beim neugeborenen Knaben die A. epigastrica inferior, beim Mann das Lig. interfoveolare. Fehlt dieses, liegen auf eine Strecke von 3 cm lateral vom äußeren Leistenring hinter der Aponeurose des Externus der Kremaster, die Fascia spermatica int. und ihr Inhalt, aber dahinter, also hinter dem in diesem Fall nicht gegliederten Hiatus inguinalis, nur die der Fossa inguinalis medialis peritonaei vorgelagerte Fascia transversalis. Ungefähr $2^1/_2$—3 cm lateral vom Crus laterale wird beim Erwachsenen die A. epigastrica inferior in ihrer bereits aufsteigenden Strecke anzunehmen sein und damit wird auch der mediale Rand des inneren Leistenrings bestimmbar.

Literatur

Anson, B. J., and L. B. Mc Vay: The anatomy of the inguinal and hypogastric regions of the abdominal wall. Anat. Rec. 70, 211—225 (1938).
— E. H. Morgan, and C. B. Mc Vay: The anatomy of the hernial regions. I. Inguinal hernia. Surg. Gynec. Obstet. 89, 417—424 (1949).
Bayer, C.: Gibt es sichere Merkmale für das Angeborensein eines Leistenbruches? Zbl. Chir. 52, II, 2059—2062 (1925).
Bile, S.: Mancanza completa della fascia transversalis di Cooper-Parete posteriore del canale inguinale formata da una lamina fibrosa alla dipendenza del tendine del M. trasverso. — Sviluppatissime fossette inguinali. Monit. zool. ital. 36, 155—160 (1925).
Blunt, M. J.: The posterior wall of the inguinal canal. Brit. J. Surg. 39, 230—233 (1952).
Bush, E. A.: Some anatomic observations in the inguinal region. Amer. Surg. 23, 911—916 (1957).

CATALANO, F. E.: Anomalía muscular de la región inguinal. Pren. méd. argent. **42**, 1042—1043 (1955).
CHANDLER, S. B.: Studies on the inguinal region. II. The anatomy of the inguinal (Hesselbach) triangle. (a) Ann. Surg. **124**, 156—160 (1946); — (b) Anat. Rec. **107**, 93—102 (1950).
—, and M. SCHADEWALD: Studies on the inguinal region. Anat. Rec. **89**, 339—343 (1944).
DOMRICH, H.: Was fühlt man bei der Untersuchung auf Leistenbruchanlage? Anat. Anz. **62**, 386—391 (1926/27).
ELZE, C.: Zur Anatomie der Leistengegend. Verh. Anat. Ges., 47. Verslg Budapest 1939. Anat. Anz., Erg.-H. **88**, 183—186 (1939).
GABAY, A.: Zur Frage über die Lageanomalie des Subkutanrings des Leistenkanals und des Samenstranges. Zbl. Chir. **51**, I, 938—939 (1924).
GALLUZZI, W., e S. MARKOVITS: Studio della fascie superficiali dell' inguine. (Con particolare riferimento alla genesi della situazione topografia del testicolo in malposizione parascrotale.) Arch. ital. Chir. **83**, 31—79 (1957).
GINSBURG, W. W.: Über die Dimensionen der Leistenöffnungen und deren Abhängigkeit von den konstitutionellen Besonderheiten des Individuums. P. 4. Congr. Zool., Anat., Histol. Union S.S.R., Kiev 1930, 227—228 (1931) [Russisch]. Zit. Anat. Ber. **27**, 37, Abstr. No 101 (1933/34).
GORELIK, M. M.: Surgical anatomy of the inguinal canal. Klin. Khir. 8, 76—81 (1963) [Russisch]. Zit. Excerpta med. (Amst.), Sect. I 18, 500, Abstr. No 2289 (1964).
GRAY, F. J.: The applied anatomy of the inguinal region. Aust. N.Z.J. Surg. **30**, 183—190 (1961). Zit. Excerpta med. (Amst.), Sect. I **16**, 694, Abstr. No 3637 (1962).
GUTIÉRREZ, A.: Es real la existencia del orificio inguinal interno? Rev. Cirug. (B. Aires) **6**, 9 p. (1927).
LANZ, T. v.: Praktische Anatomie der Bauchwand. Langenbecks Arch. klin. Chir. **304**, 250—274 (1963).
LEONARDIS, L. DE: Il tendine congiunto nel rapporto tra la sua estensione el' orificio inguinale sottocutaneo. Arch. ital. Anat. Embriol. **53**, 296—324 (1949).
MARTINUZZI, D.: La regione inguino-abdominale e inguino-femorale in rapporto al sesso e alla costituzione. III. Il canale inguinale. Chir. Pat. sper. **11**, 648—668 (1963).
MASEREEUW, J.: Chirurgisch-anatomisch onderzoek van het liesgebied. Ned. T. Geneesk. **105**, 2371—2372 (1961).
— The anatomy of the inguinal region. Arch. chir. neerl. **15**, 219—231 (1963).
McGREGOR, A. L.: The third inguinal ring. Surg. Gynec. Obstet. **49**, 273—307 (1929).
MILLER, R. A.: The inguinal canal of primates. Amer. J. Anat. **80**, 117—142 (1947).
MITCHELL, G. A. G.: The condition of the peritoneal vaginal processes at birth. J. Anat. (Lond.) **73**, 658—661 (1939).
PICARO, A.: Ernie inguinali recidive: rilievi anatomici e considerazioni cliniche su 157 casi. Anat. e Chir. **7**, 47—61 (1962).
RADOJEVIĆ, S.: Anatomie chirurgicale de la région inguinale. Bases anatomiques et signes cliniques de la prédisposition à la hernie inguinale. Acta anat. (Basel) **50**, 208—263 (1962).
RADOGNA, G.: Ricerche morfologiche e morfogenetiche sulle fibre arciformi dell' orificio sottocutaneo nel canale inguinale umano. Ric. Morf. Roma **5**, 139—150 (1925).
SCHLOESSMANN, H.: Physiologisches Operationsverfahren des Leistenhodens. Bruns' Beitr. klin. Chir. **145**, 276—284 (1929).
STRECKER, F.: Irreponibel gewachsene Leistenbrüche. Anat. Anz. **98**, 166—180 (1951/52).
SURRACO, L. A.: Anatomía del canal inguinal. La hernia inguinal. An. Fac. Med. Montevideo **33**, 1104—1190 (1948).
TOBIN, C. E., J. A. BENJAMIN, and J. C. WELLS: Continuity of the fasciae lining the abdomen, pelvis, and spermatic cord. Surg. Gynec. Obstet. **83**, 575—596 (1946).
WADE, H. J.: Efferent fibres in the ilio-inguinal nerve and their relation to incision for appendicectomy. Brit. med. J. **1933** I, 561.
WINCKLER, G.: Etude sur la fixation pelvienne des muscles larges de l'abdomen chez l'homme. Arch. Anat. (Strasbourg) **32**, 1—10 (1949).
— Remarques sur la région inguino-abdominale. C.R. Ass. Anat. **4**, 869—875 (1958).
ZIEMAN, S. A.: Facts about the transversalis fascia. A surgeon's viewpoint. J. int. Coll. Surg. **13**, 224—228 (1950).

P. Ampulla ductus deferentis, Vesicula seminalis und Ductus ejaculatorius

H. v. Hayek

Mit 5 Abbildungen

Von der Gegend der Überkreuzung mit dem Ureter (Abb. I. 1, S. 327) — über deren Lage bei Besprechung der Peritonealverhältnisse der Harnblase gesprochen wurde (Abb. E. 1—3, S. 255—257) — nimmt der äußere Durchmesser des Ductus deferens auf etwa das Doppelte zu, um gegen seine Eintrittsstelle in die Prostata wieder stark abzunehmen. Diese langgestreckte spindelförmige Verdickung wurde von Henle (1861) als Ampulle des Ductus (Vas) deferens bezeichnet. Distal von der Ampulla vereinigt sich der Ductus deferens mit dem Ausführungsgang der Vesicula seminalis zu dem die Prostata durchsetzenden dünnwandigen Ductus ejaculatorius.

Die Vesicula seminalis (Pariser Nomina) wird auch als Glandula vesiculosa (Jenaer Nomina), Bläschendrüse, Samenbläschen oder Seminal vesicle bezeichnet.

Ampulla ductus deferentis und Glandula vesiculosa zeigen im wesentlichen den gleichen Bau. Beide Gebilde sind von einer Bindegewebshülle, Adventitia, überkleidet, welche die Unregelmäßigkeiten der äußeren Form, nämlich Windungen und Divertikel überdeckt, so daß davon nur flache Vorwölbungen erkennbar bleiben. Die Ampulle des Ductus deferens ist in den proximalen zwei Dritteln noch von Peritoneum überkleidet, das von der Hinterfläche der Harnblase nur ein kleines Dreieck freiläßt (Abb. 31), das seitlich von dem peritoneumfreien distalen Drittel der Ampulle begrenzt wird. Die seitlich vom Ductus gelegene Samenblase steht dagegen in der Regel nicht mit dem Peritoneum in Kontakt (Abb. 31), da das Peritoneum von der Ampulla bzw. von der Harnblase direkt auf die Vorderfläche des Rectum hinüberzieht. Die Größe beider ein Sekret produzierenden Hohlorgane ist von ihrem Füllungszustand abhängig, die Samenblase reicht in der Regel nicht ganz bis an den Ureter heran. Ampulle und Samenblase sind in der Regel von vorne nach hinten etwas abgeplattet.

Nach Ablösung der Bindegewebshülle — die auch etwas glatte Muskulatur enthält — zeigen beide Organe eine sehr variable Form in der Ausbildung von Windungen und Divertikeln, die in gleicher Weise an korrodierten Ausgußpräparaten zu erkennen sind, wie sie in Abb. 1 in extremer Form von Hyrtl dargestellt wurden. Manchmal fehlen dem stark gewundenen Ductus größere Divertikel, ein andermal ist er weniger gewunden und besitzt ein oder mehrere größere Divertikel; auch die Samenblase besitzt manchmal (Abb. 1b) einen wenig gewundenen Hauptgang mit zahlreichen Divertikeln oder der an Divertikeln arme Hauptgang ist stark gewunden, in welchen Fällen das blinde Ende des um 180° abgebogenen Ganges bis an die Prostata herabreichen kann und der cranialwärts vorragende sog. Apex von einer scharfen Umbiegung des Ganges gebildet wird. Pallin (1901) hat versucht, die verschiedenen Formen der Samenblase in eine Schema zu bringen und unterscheidet solche

I. mit schwach gewundenem Hauptgang
  1. mit kurzen gleichförmig entwickelten Divertikeln,
  2. mit ungleichförmigen, teilweise stark entwickelten mehrfach verzweigten oder gewundenen Divertikeln.

II. Mit stark gewundenem Hauptgang
1. mit 4—10 gleichförmigen kleinen Divertikeln,
2. mit großen Divertikeln von denen wenige (1—3) sehr stark entwickelt, verzweigt oder gewunden sind.

Die Weite und Länge der Samenblase sowie die Schlängelung ihres Ganges nehmen von der Pubertät bis zum 30.—40. Lebensjahr zu, um dann allmählich wieder abzusinken (NILSSON 1962).

Die Wand der Ampulle und des Samenbläschens besteht aus einer Muscularis und einer Schleimhaut. Die Muscularis bildet die Fortsetzung der Muscularis

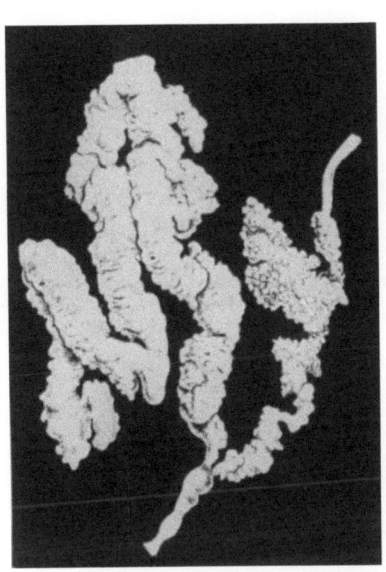
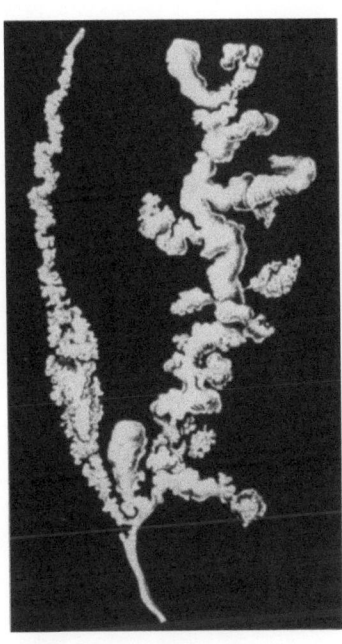

Abb. 1a u. b. Ausgußpräparate der Ampulla ductus deferentis und der Glandula vesiculara aus HYRTLs Korrosionsanatomie; zwei Extremformen. a Ampulla mit Seitenblindsack, stark gewunden, Samenbläschen stark gewunden, b Ampulla mit feinen Windungen, Samenbläschen stark verzweigt

des Ductus deferens und läßt im Prinzip wie diese drei Schichten unterscheiden, wobei die schraubig angeordneten Muskelbündel von einer Schicht in die andere übergehen, aber entsprechend den Krümmungen und Divertikeln eine unregelmäßige Anordnung mit ungleicher Wanddicke zeigen (GALL 1951). Die Längsmuskulatur bildet, wie FELIX (1901) sagt, eine Art von Taenien, also Längsstreifen und fehlt vielfach im Bereiche der Divertikel ganz.

Die Schleimhaut zeigt gegen das Lumen gröbere und feinere Falten, die zusammen ein unregelmäßiges Netz bilden, dessen Maschen unregelmäßige Buchten begrenzen. Vom Grunde dieser Buchten gehen röhrenförmige, gewundene, oft reich verzweigte Gänge in die Tiefe, die manchmal auch bis in die innere Muskelschicht eindringen, an anderen Stellen dagegen fehlen (WATZKA 1943).

Die Hauptmasse der Propria wird von einer elastischen Faserhaut gebildet, die ringförmig und längs angeordnete Elemente erkennen läßt (SCHAFFER 1922). Sie bildet auch mit stärkeren und zarteren elastischen Netzen die Grundlage der Scheidewände zwischen den einzelnen Buchten und Gruben (STIEVE 1931).

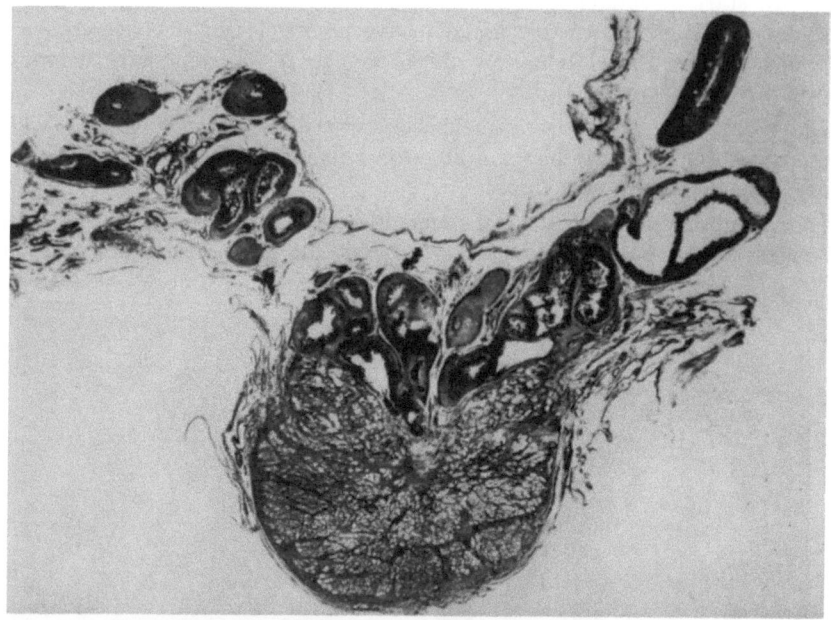

Abb. 2. Frontalschnitt durch die Prostata mit den anschließenden Abschnitten von Ampulla ductus deferentis und Glandula vesiculosa. Samenbläschen teilweise weit, teils eng und kontrahiert. (Präparat und Photo Prof. Dr. GOMEZ OLIVEROS, Madrid)

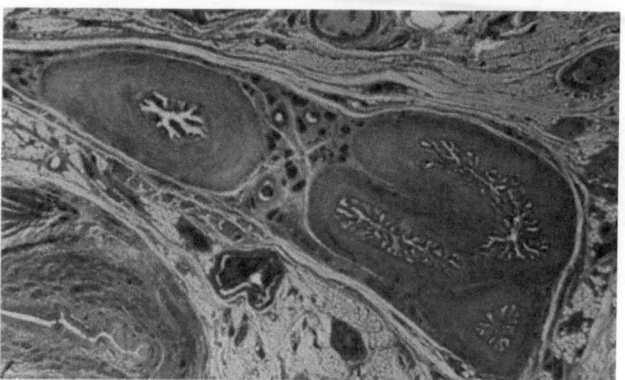

Abb. 3. Ampulla ductus deferentis und Vesicula seminalis begleitet von Gefäßen und Nerven. Links unten der Eintritt des Ureters in die Harnblase

Das Epithel ist überall ein einschichtiges, kubisch bis zylindrisches Epithel mit unregelmäßig geformten Zellen von 20—40 µ Länge. Die freie Oberfläche der einzelnen Zellen ist gegen die Lichtung kuppelartig oder zapfenförmig vorgewölbt und nach STIEVE (1931) durch ein feines Verschlußhäutchen abgegrenzt. Die zapfenförmigen Vorragungen scheinen nach STIEVE manchmal außerhalb des Verschlußhäutchens zu liegen und bilden offenbar Teile des Sekretes, indem wie WATZKA (1943) sagt, ganze „Plasmaflöckchen" abgestoßen werden. Das Protoplasma der Zellen ist schaumig-wabig oder fein gekörnt und zeigt damit offenbar verschiedene Zustandsbilder der Sekretion. Es enthält bei jüngeren weniger, bei älteren mehr Pigmentkörner (HENLE 1873).

Das alkalische, eiweißhaltige Sekret enthält außer Pigmentkörnchen auch abgestoßene Epithelzellen.

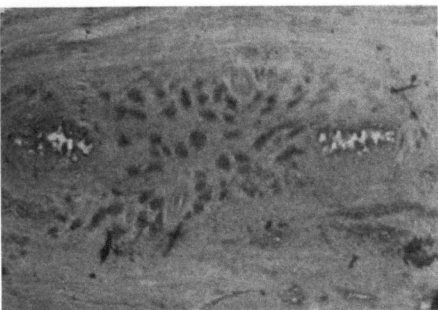

Abb. 4. Die beiden Ductus ejaculatorii innerhalb der Prostata. Die faltenreiche Schleimhaut und enge Lichtung neben dem stark blutgefüllten Venenplexus

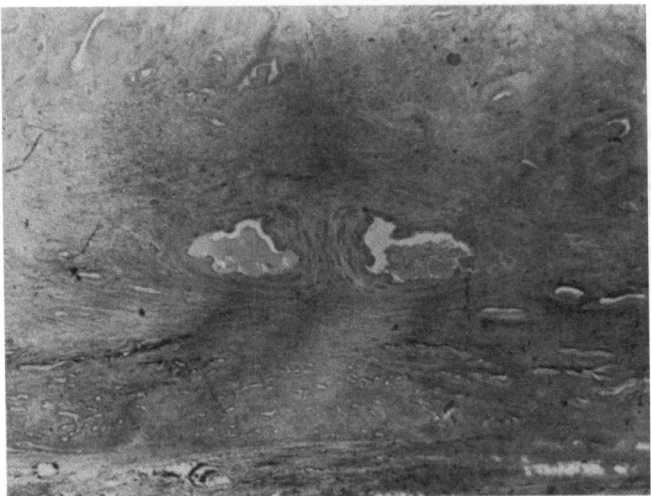

Abb. 5. Die beiden Ductus ejaculatorii innerhalb der Prostata knapp oberhalb des Colliculus seminalis; die zirkulär die weiten Ductus von medial umfassenden Streifen sind kollabierte dünnwandige Gefäße. 12 Jahre

Der Ductus ejaculatorius entsteht in der Gegend des cranialen Randes der Prostata aus der Vereinigung des Ductus deferens und des Ausführungsganges (Ductus excretorius) der Vesicula seminalis. Er unterscheidet sich von beiden durch seine dünne Wand und auch im Zusammenhang damit durch seinen geringen äußeren Durchmesser. Die Vereinigung der beiden Gebilde zum Ductus ejaculatorius erfolgt in verschiedener Weise, und zwar manchmal so, daß er in der Fortsetzung des Ductus deferens, manchmal aber mehr in der Fortsetzung des Ductus excretorius gelegen ist. Die Länge des Ductus ejaculatorius beträgt 18—20 mm. Er läßt sich aus der Prostata leicht herauspräparieren, da er mit deren Gewebe nur durch lockeres Gewebe verbunden ist, welches feine dünnwandige Blutgefäße enthält, so daß Henle (1873) es als kavernöses Gewebe bezeichnet. Die Zahl dieser Gefäße ist im Winkel zwischen den beiden Ductus besonders groß. Henle (1873) sagt darüber, daß das Volumen dieser nachgiebigen Scheide sich, wenn die Ductus ejaculatorii gefüllt werden, durch Verdrängung des Blutes vermindern läßt, sowie auch das Blut leicht nachfließen kann, um den durch den Collapsus der Ductus ejaculatorii entstehenden leeren Raum wieder anzufüllen. Dementsprechend zeigt Abb. 4 blutgefüllte Venen und enge Ductus und Abb. 5 weite Ductus und völlig kollabierte Gefäße; diese umfassen als bogenförmige dunkle Gebilde die mediale Seite der Ductus und können so leicht Anlaß zur Verwechslung mit Muskelbündeln geben. Es gibt jedoch, wie STIEVE (1931) und WATZKA (1943) betonen und ich selbst auch gefunden habe, keinen eigenen Sphincter des Ductus ejaculatorius, wie er von verschiedenen Autoren, die WATZKA zitiert, angenommen wurde. Die Muskelbündel der Prostatamuskulatur, die dorsal und ventral von den Ductus ejaculatorii quer verlaufen (Abb. I. 12, S. 337 und 5), scheinen mir für eine Sphincterfunktion nicht in Frage zu kommen, weil sie dem Muskelgeflecht der Prostata zugehören und weil die Ductus deferentes zwischen diesen Muskelbündeln zusammen dem in lockeres Bindegewebe eingebauten Gefäßnetz eingebaut sind, so daß ein Verschluß der Ductus offensichtlich nicht bewirkt werden kann. Die Ausläufer der Muskulatur der Ductus deferentes und Ductus excretorii, die auf den Anfang des Ductus ejaculatorii übergreifen, zeigen keine solche Anordnung, daß auf eine Sphincterwirkung geschlossen werden könnte.

Die Weite der Lichtung beträgt 0,5—3 mm, bei enger Lichtung legt sich die Wand in hohe Längsfalten (Abb. 2) und flache Buchten. Auf die Beziehung der Weite des Ductus zur Füllung der ihn umgebenden Blutgefäße (Abb. 4 und 5) wurde schon oben hingewiesen. Das Epithel des Ductus ejaculatorius ist nach STIEVE (1931) ein Cylinderepithel, das ein sehr verschiedenes Verhalten zeigt, aber meist einschichtig ist und dem der Ampulla gleicht. An manchen Stellen findet sich auch (FELIX 1900, STIEVE 1931) ein zweischichtiges, mit oberflächlichen niedrigen Cylinderzellen und vieleckigen basalen Zellen. Das einschichtige Epithel soll vorwiegend in den Buchten gefunden werden. Außer den Zellen mit kuppelförmig sich vorwölbender Fläche findet STIEVE (1931) auch solche mit glatter Oberfläche, die durch ein Schlußleistennetz voneinander abgegrenzt sind.

Literatur

FELIX, W.: Zur Anatomie des Ductus ejaculatorius der Ampulla ductus deferentis und der Vesicula seminalis des erwachsenen Menschen. Anat. H. 17, 1—54 (1901).
GALL, F.: Die Muskulatur der Glandula vesiculosa. Z. mikr.-anat. Forsch. 57, 590—612 (1951).
HENLE, J.: Handbuch der Anatomie, Bd. 2, Eingeweidelehre. Braunschweig: F. Vieweg & Sohn, 1. Aufl. 1861, 2. Aufl. 1873.
HYRTL, J.: Die Corrosionsanatomie. Wien: Wilhelm Braumüller 1873.
NILSON, ST.: The human seminal vesicle. Acta chir. scand., Suppl. 296 (1962).
PALLIN, G.: Beiträge zur Anatomie und Embryologie der Prostata und Samenblasen. Arch. Anat. 1901, 135—176.
SCHAFFER, J.: Lehrbuch der Histologie, 2. Aufl. Leipzig: Wilhelm Engelmann 1922.
STIEVE, H.: Männliche Genitalorgane. In: Handbuch der mikroskopischen Anatomie des Menschen, Bd. 7, Teil 2. Berlin: Springer 1930.
WATZKA, M.: Zur Kenntnis der menschlichen Bläschendrüse. Z. mikr.-anat. Forsch. 54, 396—418 (1943).

Q. Gefäße

H. v. Hayek

Mit 8 Abbildungen

1. Die Arterien der Harnblase, der Prostata, der Vesiculae seminales und der Ampulla ductus deferentes sowie der Urethra feminina

Die Arterien der Beckenorgane liegen mit den Venen und Lymphgefäßen in der Gefäßnervenleitplatte, welche das Spatium paravesicale (Abb. G. 10, S. 301) vom Spatium pararectale trennt und die Eingeweide gewissermaßen an der seitlichen Beckenwand fixiert. Denn die Gefäße der Beckeneingeweide entspringen von den Vasa hypogastrica, die selbst durch ihre aus dem Becken durch das Foramen ischiadicum austretenden Äste (Vasa pudendalia und glutea sup. et inf.) festgehalten sind.

Die Arterienversorgung der Harnblase variiert ziemlich stark, so daß kaum an zwei Präparaten ein gleichartiger Verlauf der Arterien gefunden wird und dementsprechend in den verschiedenen Lehrbüchern die Bilder immer wieder andere Anordnungen der Arterien darstellen. Die große Variabilität des Ursprunges der Aa. vesicales steht in Beziehung zur Variabilität der Aufteilung der A. hypogastrica (iliaca interna) und der Größe ihrer Äste, wie sie besonders von Adachi (1928) dargestellt wurde. Die A. hypogastrica teilt sich in der Regel in zwei Äste, einen ventralen und einen dorsalen, von denen der eine oder andere der größere sein kann, je nachdem nämlich, wie die A. glutea inf. und die A. obturatoria entspringen. Die Aa. vesicales sind meist Verzweigungen des vorderen Stammes.

Meist werden Aa. vesicales superiores und eine A. vesicalis inferior beschrieben, zu welchen aber noch ein Ast der A. obturatoria (Abb. 1d) und eine A. vesicoprostatica aus einer Arterie des Rectum hinzukommen kann (Abb. 1c).

Die Aa. vesicales superiores entspringen aus der A. umbilicalis, die distal vom Ursprung der letzten dieser Arterien völlig obliteriert ist, so daß die Reste ihrer Wand als Lig. (Chorda) arteriae umbilicalis oder Lig. vesicoumbilicale laterale bezeichnet wird. Aber auch vor dem Abgang der distalsten A. ves. sup. erscheint der Rest der A. umbilicalis schon als Strang mit einer dickeren Wand, als es der Größe der Lichtung der A. ves. entspricht. Es werden ein bis vier Aa. vesicales superiores gefunden, von denen die erste sehr nahe dem Ursprung der A. umbilicalis aus dieser entspringen kann und die distalste nahe dem Vertex vesicae.

Das Versorgungsgebiet der Aa. vesicales superiores ist dementsprechend sehr verschieden groß. Es kann sich einerseits gelegentlich auf die Dorsalseite des Corpus vesicae beschränken, andererseits nach ventral und caudal weit ausbreiten. So kann die distalste A. vesicalis sup. die ganze Ventralfläche der Blase bis gegen den Blasenhals versorgen. Die proximalste der Aa. vesicales superiores kann den ganzen Fundus versorgen und hier Äste zum Ureter und zum Ductus deferens abgeben, demgemäß wird sie gelegentlich auch den Aa. vesicales inferiores zugezählt (Abb. 1a).

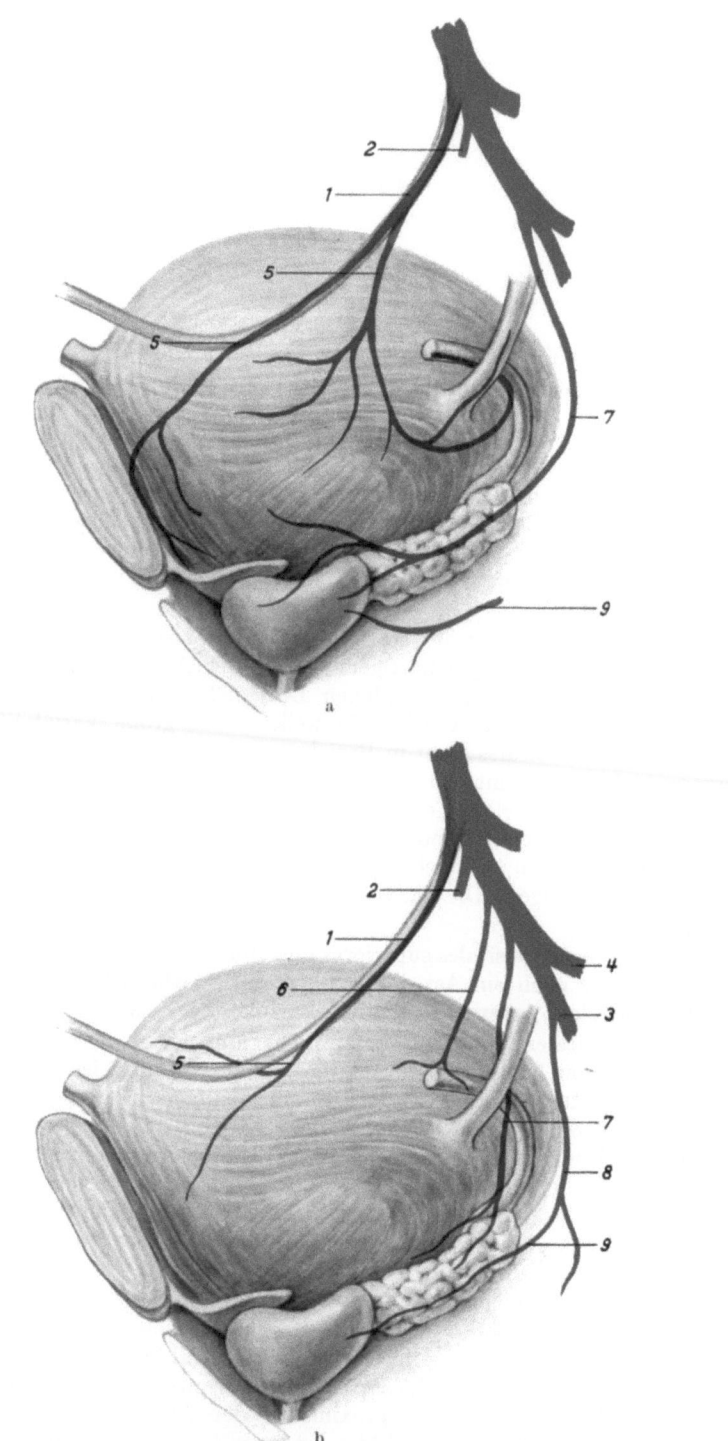

Abb. 1a—d. Die Variabilität der Arterienversorgung der Harnblase. a Zwei Aa. ves. sup. aus der A. umb. mit großem Versorgungsgebiet zu Duct. def. und Ureter, eine A. ves. inf. und eine A. vesicoprostatica; b je eine A. ves. sup. und inf., eine A def. und eine A. ves. prost.; c zwei Aa. ves. sup., eine mit der A. def. gemeinsam entspringende A. ves. inf. und eine A. ves. prost.; d eine A. ves. sup. aus der A. umb., zwei Aa. ves. sup. aus der A. obturatoria. *1* A. umb., *2* A. obt., *3* A. pud., *4*, A. glut. inf., *5* A. ves. sup., *6* A. deferent., *7* A. ves. inf., *8* A. rect. inf., *9* A. ves. prost.

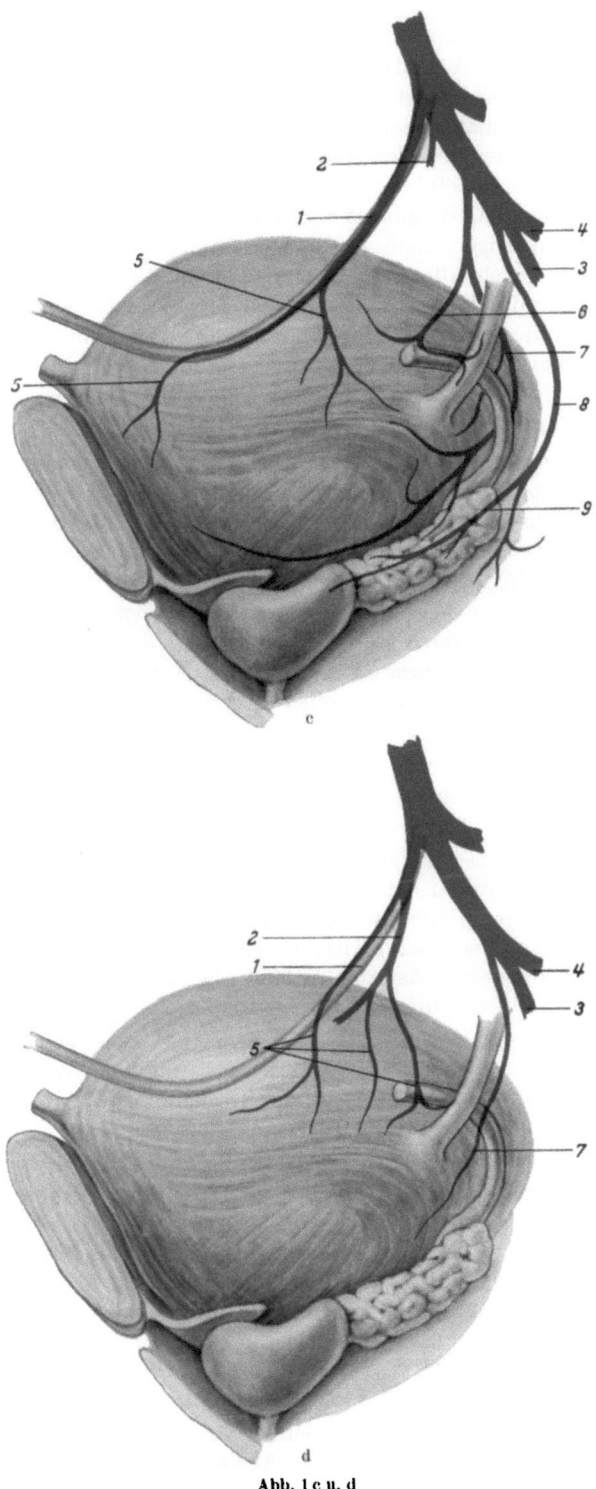

Abb. 1 c u. d

Die A. vesicalis inferior entspringt meist aus dem gemeinsamen Stamm der A. pudendalis und der A. glutea inferior oder aus dem Winkel zwischen diesem Stamm und der A. umbilicalis; wenn kein solcher gemeinsamer Stamm vorhanden ist, aus der A. pudendalis oder der A. glutea inferior. Sie ist ein langes Gefäß, das zwischen den Venen des Plexus pudendovesicalis in den Raum zwischen Fascia pelvis und Fascia endopelvina seitlich von der Prostata bzw. der Urethra nach vorne bis nahe an die Symphysis hinzieht. Sie versorgt meist das Gebiet des Fundus und kann längere Äste an die Ventralseite der Blase abgeben. Äste zur Prostata werden regelmäßig gefunden, aber auch rückläufige Äste zum Ureter, zum distaen Ende des Ductus deferens und zur Vesicula seminalis. Die A. vesicalis inferior kann gemeinsam mit der A. deferentialis aus einem gemeinsamen Stamm entspringen oder auch mit der A. rectalis caudalis (haemorhoid. media) oder auch ganz fehlen. CLEGG (1955) bezeichnet die Arterie als prostato-vescial artery und beschreibt die gleiche Variabilität des Ursprunges.

Eine A. vesicoprostatica findet sich nicht selten als Ast einer Arterie, welche das Rectum versorgt. Da aber die A. mesenterica inferior (caudalis) mit ihrer A. rectalis cranialis (haemorrhoidalis superior) bis zur Flexura perinealis herabreichen kann, wenn diese Flexur nicht vor der A. rectalis inferior (haemorrhoidalis media) aus der A. hypogastrica versorgt wird, wird die A. vesicoprostatica dem Verzweigungsgebiet der Mesenterica oder der Hypogastrica stammen können. Die A. vesicoprostatica versorgt die Prostata und den umschließenden Blasengrund. Aus der A. obturatoria kann auch eine A. vesicalis entspringen, die ein Gebiet versorgt, welches sonst von einer A. vesicalis superior versorgt wird.

Die Gegend der Mündung des Ureters und damit das distale Ureterende kann entsprechend der geschilderten Variabilität der Blasenarterien von einer A. vesicalis superior oder einer A. vesicalis inferior versorgt werden, die an den Ureter einen rückläufigen Ast abgeben.

Das distale Ende des Ductus deferens und die Samenblase werden meist von einer dieser oben genannten Arterien oder der A. vesicoprostatica versorgt. Doch kann auch die A. deferentialis, die meist in der Mitte des Beckenabschnittes des Ductus deferens an diesen herantritt, diesen bis fast zu seinem Ende versorgen und gelegentlich auch einen Ast zum Ureter, abgeben und zwar an der Stelle, wo der Ureter an den Ductus am nächsten herankommt.

Dagegen beschreibt PRIVES (1953) zahlreiche Anastomosen zwischen den Arterien der Prostata sowie einen Arterienring um die Urethra innerhalb des Sphincter sowie ein Längsgefäß längs der Urethra. Die Arterien sollen dann radiär gegen den Utriculus prostaticus hin verlaufen.

Die Prostata wird von der A. vesicalis inferior und wenn eine solche vorhanden ist, von der A. vesicoprostatica aus den Arterien des Rectum versorgt. Die Arterien treten an der Kante zwischen lateraler und hinterer Fläche in die Prostata ein. Doch habe ich auch an der Vorderfläche der Prostata Arterien gefunden, die offenbar aus der A. pudendalis interna stammen, wie das auch PRIVES (1953) beschreibt. In einem Falle fand ich am Schnitt durch eine Arterie eines 12jährigen Knaben eine Intimaverdickung, wie solche sonst nur von den Arterien der Schwellkörper beschrieben werden.

CLEGG (1955) bezeichnet die A. vesicalis inferior als prostato vesical artery, findet aber, daß die Prostata in etwa einem Drittel seiner Fälle von einem Ast einer Arterie des Rectum versorgt wird. An seinen Röntgenbildern zeigt er den fein geschlängelten Verlauf des Arterienästchens an der Oberfläche und innerhalb der Prostata. Zwischen den Arterien der beiden Seiten sollen nur wenige Anastomosen vorhanden sein.

Q. Gefäße

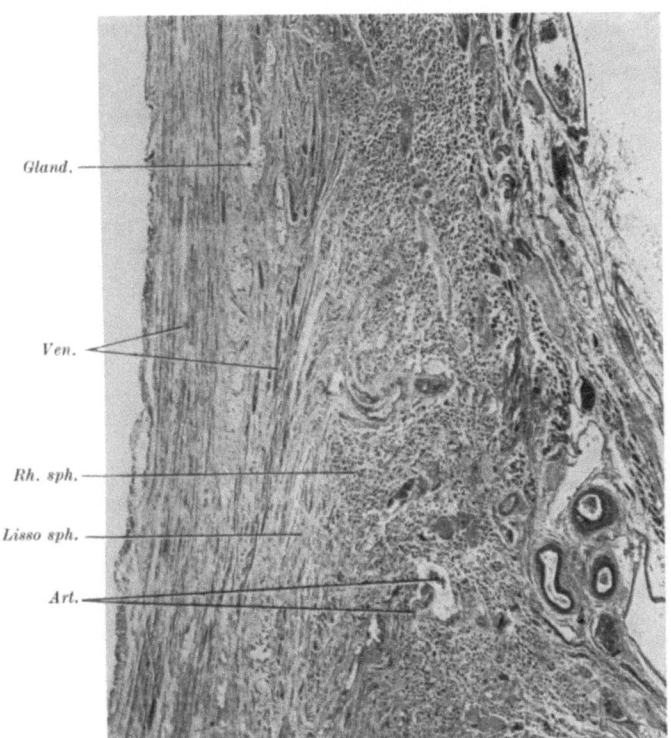

Abb. 2. Sagittalschnitt durch die Vorderwand der weiblichen Urethra, Epithel abgelöst. *Art.* Arterien, *Ven.* Venen teils kollabiert, teils blutgefüllt in der Längsmuskulatur, *Gland.* Drüsen, *Rh. sph.* Rhabdosphincter

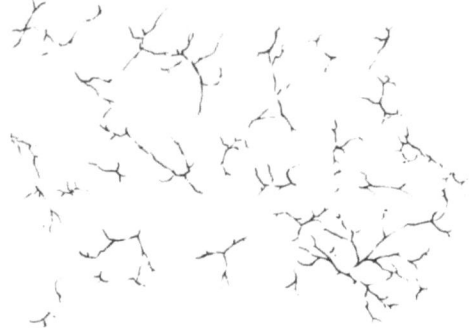

Abb. 3. Die Arterienverzweigungen in der Schleimhaut einer Harnblase im mittleren Dehnungszustand an einem Abschnitt seitlich des Vertex von etwa 4:6 cm. Injektion mit Gummimasse. Natürliche Größe

Die Urethra der Frau wird von den A. vesicales inferiores und Aa. vaginales versorgt, sowie im distalen Abschnitt von einem Ästchen der A. bulbi vestibuli. In der Muskelwand der Urethra feminina zeigen die Arterien bei der erwachsenen Frau einen gewundenen Verlauf (Abb. 2) und versorgen dort das eigenartige Venennetz des Corpus spongiosum urethra. Einige Befunde, die aber noch der Bestätigung bedürfen, lassen mich vermuten, daß hier Sperrarterien und arteriovenöse Anastomosen vorkommen.

Es erscheint nicht notwendig, hier auf die zahlreichen Varietäten der Verzweigungen der A. hypogastrica einzugehen, doch sei darauf hingewiesen, daß deren Varietäten ausführlich von DACHI (1928) beschrieben wurden. Wichtig erscheint nur von diesen Varietäten, daß seitlich von der Harnblase an der Beckenwand eine A. pudenda accessoria gefunden werden kann, die zum Corpus cavernosum penis zieht. Diese A. pudenda accessoria kann entweder unter der Fascia pelvis verlaufen (wie die A. vesicalis inferior zwischen den Venen) oder im Spatium praevesicale Retzii (letzteres besonders, wenn sie aus der A. obturatoria entspringt). Sie tritt nach den Abbildungen ADACHIs öfters zwischen Arcus tendineus musculi levatoris und Arcus tendineus fasciae pelvis hindurch, um dann in jedem Falle „unter der Symphyse" zum Penis zu gelangen.

Die Arterien der Harnblase treten von lateral an die Harnblase heran, verzweigen sich dort außerhalb der Muskelwand, also teils subperitoneal; in der Muskelwand Äste abgebend, durchbohren sie diese, um in die Schleimhaut einzutreten. Größere Ästchen finden sich in der tieferen Schicht der Schleimhaut, feinere in der oberflächlichen Schicht, aber so, daß sie doch noch tiefer gelegen sind als die besonders am Orificium sichtbaren radiären Venen, worauf schon BACHRACH (1914) hinweist. Die Arterien der Schleimhaut können, wenn sie gefüllt sind, von der Lichtung aus als unregelmäßige Sternchen sichtbar sein, wie an dem Injektionspräparat Abb. 3, doch zeigt dieses Präparat mehr feinere Verzweigungen der Arterien als wenn sie etwa nach den Angaben von BACHRACH (1914) in vivo sichtbar sind.

2. Die Venen der Harnblase, der weiblichen Urethra und der Prostata

In der Wand der Harnblase werden vielfach unter Berufung auf PENWICK (1885) drei Venenplexus beschrieben, ein innerer submuköser, ein mittlerer in der Muscularis und ein äußerer subperitonealer. Doch hat schon HEISS (1915) gezeigt, daß in der Muscularis die Venen kein Geflecht bilden, sondern daß nur zahlreiche Venen, aus der Muskulatur Äste aufnehmend, durch die Muscularis durchtreten.

In den tiefen Schichten der Schleimhaut, oder wenn man eine Submucosa überhaupt anerkennt, in dieser, liegt ein klappenloses (HEISS) Venengeflecht, welches das aus den Capillaren der Schleimhaut abströmende Blut aufnimmt. Die mit Blut gefüllten oder künstlich injizierten Venen sind durch die Schleimhaut hindurch sichtbar. HEISS (1915) hat ein besonders schönes Präparat abgebildet (Abb. 4). Eine ähnliche Abbildung findet sich auch bei BACHRACH (1914). Im Bereiche des Corpus und des Vertex vesicae sind die Venen, ein lockeres Geflecht bildend, unregelmäßig angeordnet. Im Bereiche des Trigonum und auch vorne um das Orificium vesicae herum bilden sie ein sehr dichtes Geflecht und verlaufen radiär gegen das Orificium zu, um in die Schleimhaut der Urethra überzugehen (Abb. 4). Am Querschnitt durch das Orificium einer männlichen Harnblase finde ich diese Venen vorne stärker ausgebildet als hinten. Die blutgefüllten Venen bilden im Ruhezustand der Blase offenbar ein Polster, das am Verschluß der Harnblase (HEISS 1915) wesentlich beteiligt ist. Das Blut aus dem Trigonum und der Umgebung des Orificium fließt offenbar größtenteils durch die Venen der Prostata bzw. der Urethra ab.

Durch die Muscularis ziehen die ebenfalls klappenlosen (HEISS) Venen leicht geschlängelt und nehmen Äste aus der Muskulatur auf ohne einen richtigen Plexus zu bilden. Obwohl HEISS (1915) sagt, daß im Bereiche des Trigonum „zwischen dem Detrusor urinae und dem Musculus trigonalis ein Geflecht vorhanden sei, das die Bezeichnung Plexus muscularis verdienen würde", kann ich an dieser Stelle bei der Untersuchung zahlreicher mikroskopischer Schnitte keine größeren Venen finden. Die aus der Muscularis heraustretenden Venen münden in einen

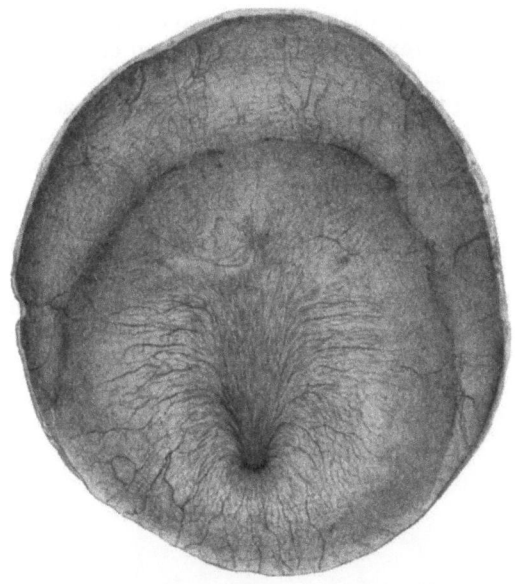

Abb. 4. Die Venen der Harnblasenschleimhaut — Injektionspräparat. Aus HEISS 1915

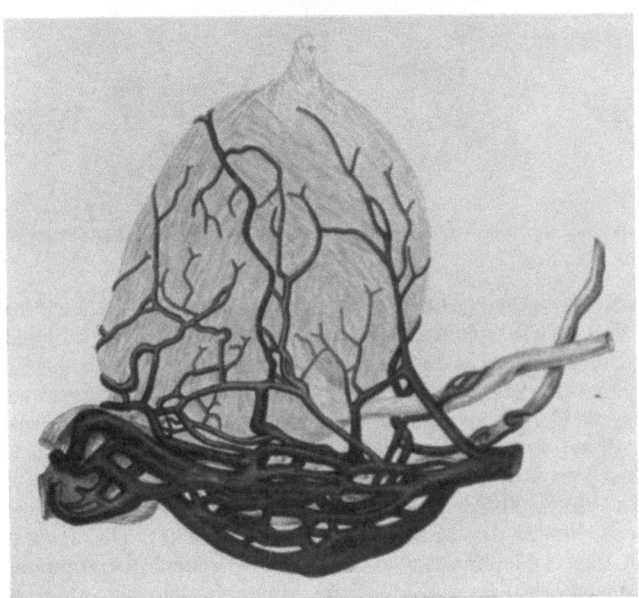

Abb. 5. Die Venen der Harnblase von lateral gesehen; vorne das Lig. pubovesicale. Aus HEISS 1915

an der Außenfläche der Muscularis gelegenen Plexus ein, der, soweit die Blase von Peritoneum bekleidet ist, subperitoneal liegt. Dementsprechend spricht HEISS (1915) von einem Plexus venosus vesicae externus, von dem ein Teil als Plexus subperitonealis bezeichnet werden kann. Die Venen verlaufen durchwegs unabhängig von den Arterien, es gibt keine Begleitvenen der Arterien. Ein Teil der Venen der Blasenwand münden direkt in den anschließend zu besprechenden Plexus vesicopudendalis. An der Ventralfläche der Blase verlaufen die größeren

Stämme des Geflechtes gegen lateral und caudal zum Plexus vesicopudendalis, wobei die vorne vom Vertex herabziehenden Venen entweder paarig parallel zueinander gelegen sind oder sich ein medianer Stamm findet, der sich caudalwärts verkehrt ypsilonförmig teilt (FENWICK, HEISS). Etwa in der Medianebene durchsetzen ein oder zwei kleine Venen den Musculus pubovesicalis, um unter ihm in den Plexus vesicopudendalis einzumünden. Die nach lateral und caudal ziehenden Venen durchsetzen die Fascia pelvis lateral vom Blasengrund, um ebenfalls diesen Plexus zu erreichen. Die Venen der Dorsalfläche der Blase bilden ein lockeres subperitoneales Geflecht, aus dem die abführenden Venen teils vor teils hinter dem Ureter das abführende Geflecht erreichen.

Innerhalb der Prostata findet sich ein Geflecht von Venen im Winkel zwischen den beiden Ductus ejaculatorii und ein Geflecht unter oder in der Schleimhaut

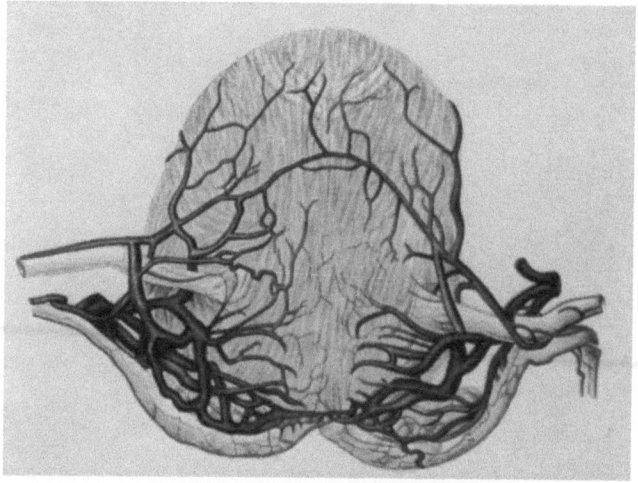

Abb. 6. Injektionspräparat der Venen der Harnblase nach Ablösen des Peritoneums von dorsal gesehen. Aus HEISS 1915

der Pars prostatica urethrae (Abb. I. 5, S. 331). Im distalen Teil der Pars prostatica liegen solche Venen teils schon in den tieferen Schichten der Schleimhaut sich zwischen die Bündel der Längsmuskulatur einschiebend (Abb. I. 13, S. 339), so daß ein ähnliches Bild entsteht, wie es bei der weiblichen Urethra mit zahlreichen größeren Venen als Corpus spongiosum beschrieben wurde. Der Abfluß des Blutes aus der Prostata erfolgt durch annähernd radiär verlaufende Venen teils in den Winkel zwischen Prostata und Blase, teils nahe der Spitze der Prostata.

In der Wand der weiblichen Urethra findet sich ein Venengeflecht, das von der Schleimhaut bis in die Muskelschicht hineinreicht. Die Hauptmasse der Venen liegt in der Schleimhaut, wo meist 3—4 Venen übereinander zwischen Epithel und Muscularis liegen. Zahlreiche Venen finden sich aber auch in der Muscularis, zahlreicher sind sie in der inneren Längsmuskelschicht. HENLE (1862) sagt darüber: „In der Längsmuskulatur sind die Venenräume verhältnismäßig weit; in der Ringfaserschicht sind die Muskelbalken absolut stärker und die Venenräume enger. Deshalb wird die Längsfaserschicht der weiblichen Urethra vorzugsweise als Corpus spongiosum beschrieben (ARNOLD, Anatomie, Bd. II, 1, S. 209, 1847)." Die Venen sind so dünnwandig, daß sie im leeren, kollabierten Zustand nur als zellreiche Gewebsstränge zwischen der Muskulatur oder in der Schleimhaut erscheinen. Die Arterienästchen in der Schleimhaut und der Muscularis sind relativ zu den Venen sehr klein und legen sich den Venen oft enge an

(Abb. 7). HENLE (1862) gibt an, daß sich die Arterien in die Venen „öffnen"; ich selbst habe solche arteriovenöse Anastomosen nicht gefunden, es standen mir nur einzelne Schnitte und keine Schnittserie zur Verfügung, doch sprechen meine Befunde dafür, daß hier tatsächlich arteriovenöse Anastomosen vorhanden sind, wie sie HENLE beschrieben hat, wenn ihm auch diese Bezeichnung noch nicht bekannt war. Daß die Füllung der Venenräume des Plexus die Lichtung der Urethra verengt, geht auch schon aus HENLEs Abbildung des Schnittes durch eine Urethra mit injizierten Blutgefäßen hervor (Abb. 8).

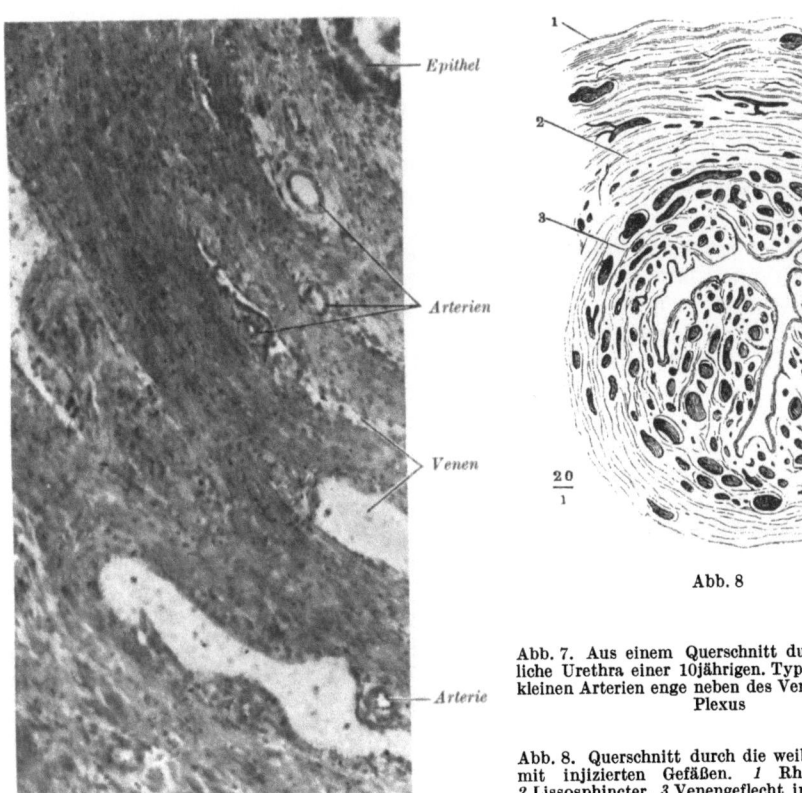

Abb. 7. Aus einem Querschnitt durch die weibliche Urethra einer 10jährigen. Typische Lage der kleinen Arterien enge neben des Venenräumen des Plexus

Abb. 8. Querschnitt durch die weibliche Urethra mit injizierten Gefäßen. *1* Rhabdosphincter, *2* Lissosphincter, *3* Venengeflecht in der Schleimhaut und der Längsmuskellage Corpus spongiosum. Aus HENLE, Anatomie Bd. 22, 1862

Der Plexus vesicopudendalis (Labyrinthus venosus Santorini nach HYRTL) ist ein dichtes Venengeflecht, welches in dem am Frontalschnitt dreieckig erscheinenden Raum seitlich von der Prostata bzw. der Urethra gelegen ist und nach cranial von der Fascia endopelvina begrenzt wird, die von der Beckenfascie (Fascia pelvis) zur Bindegewebshülle der Harnblase hinüberzieht (Abb. G. 13, S. 309 und 14). Der Plexus nimmt außer den Venen der Harnblase und der Urethra bzw. Prostata noch die Vena dorsalis penis (bzw. clitoridis) auf. Die seitliche Prostatakapsel (Fascia prostatae) wird hier von der Fascia levatoris ani (Fascia pelvis) gebildet; in dieser liegt der Plexus, so daß er diese Fascia in mehrere Blätter aufspaltet (Abb. G. 9, S. 299). Dort, wo der Seitenlappen der Prostata am stärksten seitwärts vorragt, sind die Blätter der Fascie aneinandergedrängt und fester miteinander verbunden, so daß der Plexus in einen unteren Teil um die Prostataspitze und in einen oberen Teil in die Furche zwischen Harnblase und Prostata geteilt erscheint, wie das z. B. SPALTEHOLZ in seinem Atlas abbildet. Von vorne her mündet in den Plexus die Vena dorsalis penis, die zwischen Lig. arcuatum pubis und Lig. praeurethrale hindurchtritt und sich gleich nach der Durchtrittsstelle in einen linken und rechten Ast zu den beiden Plexus teilt. Nach hinten zu gehen aus dem Plexus mehrere Venen hervor, die der V. hypogastrica zustreben. Bei der Frau steht der Plexus vesicopudendalis dorsal mit dem Plexus vaginalis und den Vv. uterinae in Verbindung. Bei Mann und Frau kann der Plexus vesicopudendalis vom Spatium para- und praevesicale aus nach Durchschneidung der Fascia endopelvina dargestellt werden.

3. Die Lymphgefäße der Harnblase und der Harnröhre

Die Frage, ob Lymphgefäße in der Mucosa der Harnblase vorhanden sind, wurde mehrfach diskutiert, obwohl schon TEICHMANN (1861), ein solcher Meister der Injektionsmethode sie dort beschrieben hat. Er meint, daß sie im Trigonum zahlreicher seien als in der übrigen Blasenwand. ALBARRAN (1892) gibt an, daß die Lymphgefäße der Harnblase in der Schleimhaut ihren Ursprung haben. GEROTA (1896), Spezialist auf dem Gebiet der Lymphgefäßeinjektion betont, daß die der Lymphgefäße der Blasenschleimhaut mit Ausnahme der des Trigonum sehr schwierig sei, fand aber in der seitlichen Wand ein fast ebenso reich entwickeltes Netzwerk wie am Trigonum. Die gelegentlich (z. B. ROUVIÈRE) auch für die Verhältnisse beim Menschen zitierte Arbeit von HOGGAN (1880) betrifft nur Säugetiere. Später hat LENDORF (1901) in einer sehr gründlichen Arbeit Lymphgefäße und Blutgefäße beim Menschen am selben Präparat dargestellt. Er gibt an, daß sie zwar im Trigonum leichter zu injizieren seien, aber nicht reichlicher sind als in der übrigen Blasenwand. Daß es sich bei seiner Darstellung wirklich um Lymphgefäße der Mucosa handelt, geht erstens daraus hervor, daß an seinen auf Zellkerne gefärbten Häutchenpräparaten keine Muskelfasern zu sehen sind und daß die Lymphgefäße zwischen den Capillaren und den in der Tiefe der Schleimhaut gelegenen Arterien liegen. ROUVIÈRE stützt sich in seinem Buch über die Lymphgefäße auf die Angaben HOGGAN (Säugetiere) und ALBARRAN; BAUM (1924) hat die Lymphgefäße der Mucosa und Submucosa bis zur Querebene der Ureterenmündungen von denen der Prostata aus injiziert und damit die älteren Angaben über Lymphgefäße in der Schleimhaut der Harnblase mit Sicherheit bestätigt. Das Lymphgefäßnetz der Mucosa unterscheidet sich, was seine Klappen, Erweiterungen und Netze betrifft, nicht wesentlich von den anderen Lymphgefäßen und steht durch die Submucosa mit den Netzen in der Muscularis in Verbindung, andererseits auch mit den Lymphgefäßen der Harnröhrenschleimhaut (GEROTA 1896).

An den Lymphgefäßen der Muscularis beschreibt GEROTA ein feines Netz in den oberflächlichen Schichten und DISSE (1902) ein solches in der Muskulatur des Trigonum, aus welchen die abführenden Lymphgefäße der vorderen und der hinteren Blasenwand entwickelt werden, Stämme, die sich durch einen stark gewundenen Verlauf und nur wenige Klappen auszeichnen (GEROTA).

Die abführenden Lymphgefäße führen zu Lymphonodi vesicales laterales, zu Lymphonodi vesicales anteriores und stehen außerdem zur Nabelgegend in Beziehung.

Die Lymphonodi vesicales laterales Gerota (Ganglions laterovesicaux Testut) liegen seitlich von der Blase in dem die Arteria umbilicalis oder den aus ihr entstandenen Strang begleitenden Fettgewebe.

Die Lymphonodi vesicales anteriores Gerota (Ganglions prévesicaux Testut) liegen hinter den Symphyse im prävesicalen Fettgewebe.

Beide Gruppen bestehen aus sehr kleinen Lymphknoten, die normalerweise schwer aufzufinden sind und bekommen ihre Lymphe von der Vorderwand der Harnblase. Der Abfluß aus diesen Lymphknoten erfolgt entweder zu einem Lymphknoten unterhalb der A. iliaca externa oder zu Lymphknoten an der Teilung der A. iliaca communis.

Von der Hinterwand der Blase ziehen nach TESTUT die Lymphgefäße subperitoneal zu den Lymphonodi hypogastrici und auch zu solchen an der Aortenteilung. Daß die Lymphgefäße von der vorderen Blasenwand wenigstens teilweise ventral-caudal von der Arteria umbilicalis vorüberziehen, die übrigen aber dorsocranial von der Arterie, ergibt sich aus Abbildungen von GEROTA und ARGUELLO-CERVANTES (in ROUVIÈRE 1932).

Ein Lymphonodus umbilicalis wird von GEROTA (1896) und später nach TESTUT (1931) von CUNEO et MARCILLE (1901) hinten und seitlich vom Nabelring beschrieben. Ob dieser Lymphknoten mit den von der Harnblase längs der Arteria umbilicalis aufsteigenden Lymphgefäßen zusammenhängt, gibt GEROTA nicht an, doch schreibt TESTUT, daß die Lymphgefäße der Nabelgegend mit denen der Harnblase längs der Chorda urachi zusammenhängen und erklärt damit die Metastasen von Harnblasenkrebs in der Nabelgegend. Die tiefen Lymphgefäße vom Nabel ziehen (GEROTA, TESTUT) vorwiegend längs der Arteria epigastrica durch Lymphonodi epigastrici inferiores (GEROTA) zu Lymphonodi iliaci an der Arteria iliaca externa, außerdem aber auch längs des Lig. teres hepatis zur Leber (GEROTA).

Literatur

ADACHI, B.: Das Arteriensystem der Japaner. Kyoto 1931.
ARNOLD, F.: Anatomie, Bd. II, Teil 1, S. 209. Freiburg 1847.
BACHRACH, R.: Über die Gefäßverteilung in der Blasenschleimhaut. Z. angew. Anat. u. Konstl. 1, 221—225 (1914).
CLEGG, E. J.: The arterialsystem of the human prostate and seminal vesicles. J. Anat. (Lond.) 89, 209—217 (1955).
DISSE, J.: Harnorgane. In: BARDELEBENS Handbuch der Anatomie, Bd. III, Teil 1. Jena: Gustav Fischer 1902.
FENWICK, E. H.: The venous system of bladder and its surroundings. J. Anat. (Lond.) 19, 320—327 (1885).
GEROTA, D.: Über die Lymphgefäße und die Lymphdrüsen der Nabelgegend und der Harnblase. Anat. Anz. 12, 89—94 (1896).
HEISS, R.: Beitrag zur Anatomie der Blasenvenen. Arch. Anat. u. Physiol. 1915, 265—276.
HENLE, J.: Handbuch der Anatomie, Bd. 2, Eingeweidenlehre. Braunschweig: Vieweg 1862.
HOGGAN, G., and F. E. HOGGAN: Comp. Anat. of the Lymphatics of the Mammalian urinary bladdam. J. Anat. (Lond.) 15, 355—377 (1881).
HYRTL, J.: Anatomie, 6. Aufl. Wien: Braumüller 1859.
LENDORF, A.: Beiträge zur Histologie der Harnblasenschleimhaut. Anat. H. 17, 55—179 (1901).
PRIVES, M. G.: Arterial blood vessels of the prostate gland. Nach Excerpta med. (Amst.), Sect. I. Vol., 8, Nr 2066, 504 (1953/54).
ROUVIÈRE, H.: Anatomie des lymphatiques de l'homme. Paris: Masson & Cie. 1932.
SPATLTEHOLZ, W.: Handatlas der Anatomie, 13. Aufl., Bd. II. Leipzig: Hirzel 1933.
TESTUT, L., et O. JACOB: Traité d'Anatomie topographique, Tome II. Livre VI Bossin. Paris: Gaston 1931.

R. Die Innervation der Beckenorgane

H. v. Hayek

Mit 4 Abbildungen

Die Beckenorgane werden vom Plexus pelvicus innerviert, der paarig zu beiden Seiten der Excavatio rectouterina bzw. rectovesicalis dicht unter dem Peritoneum gelegen ist. Er bildet eine durchlöcherte Platte oder ein Netz von unregelmäßig vieleckigem Umriß, dessen vorderer oberer Rand in die Plica rectouterina bzw. rectovesicalis hineinreicht und das wesentlich zur Festigkeit der Bindegewebsmuskelplatte beiträgt, das als Lig. rectouterinum bzw. rectovesicale bezeichnet wird. Der vordere Teil dieses Randes des Plexus umfaßt das distale Ureterende und liegt somit in der von diesem Ureterabschnitt beckenbodenwärts ziehenden Bindegewebsplatte, die in der gynäkologischen Operationslehre (Peham-Amreich 1930) eine Rolle spielt.

Der Plexus pelvicus enthält reichlich Ganglienzellen und wird daher im ganzen auch als Ganglion pelvicum oder Frankenhäusersches Ganglion bezeichnet.

Die Verbindung des Plexus pelvicus mit dem Zentralnervensystem wird vorwiegend durch den Plexus hypogastricus und die Nn. pelvici (erigentes) gebildet.

Der Plexus hypogastricus stellt eine Verbindung des Plexus aorticus abdominalis mit dem Plexus pelvicus dar und zwar so, daß man an ihm einen unpaaren Plexus hypogastricus superior und einen paarigen Plexus hypogastricus inferior (dexter et sinister) unterscheiden kann. Der Plexus hypogastricus superior (Taenia hypogastrica) reicht von der Teilungsstelle der Aorta bis etwas über das Promontorium hinaus und liegt direkt unter dem Peritoneum.

Der Plexus aorticus und der Plexus hypogastricus superior stehen mit den Grenzstrangganglien des Sympathicus durch die schräge von hinten oben nach vorne unten absteigenden Nn. splanchnici lumbales in Verbindung. Meist sind ja vier Ganglien im lumbalen Grenzstrang vorhanden; vom zweiten und dritten dieser Ganglien ziehen die Nn. splanchnici zum Plexus aorticus und vom letzten zum Plexus hypogastricus superior, wobei dieser N. splanchnicus lumbalis die A. iliaca communis nahe ihrem Ursprung überkreuzt. Dieser Nerv steht, wie der Plexus aorticus auch mit dem zarten Plexus auf der A. iliaca communis in Verbindung. Knapp unterhalb des Promontorium finden sich Verbindungsäste des Plexus hypogastricus superior mit dem Plexus mesentericus inferior und den daraus hervorgehenden Plexus rectalis superior und inferior. Der aus der Teilung des Plexus hypogastricus superior hervorgehende paarige Plexus hypogastricus inferior besteht aus drei bis fünf nebeneinander liegenden untereinander verbundenen Nerven und besitzt meist keine direkte Verbindung zu den sacralen Grenzstrangganglien, die aber Äste zum Plexus rectalis entsenden. Der Plexus hypogastricus inferior zieht also meist ohne Äste abzugeben seitlich vom Rectum zum Plexus pelvicus, um sich in ihm zu verzweigen.

Als Nn. pelvici werden die Äste der Sacralnerven bezeichnet, die zum Plexus pelvicus ziehen; die für diese Nervenäste auch verwendete Bezeichnung Nn. erigentes trifft natürlich nur einen Teil der Fasern dieser Nerven, die durch den Plexus pelvicus zu den Schwellkörpern und deren Gefäßen hinziehen. Die Zahl der kleinen Nervenstämmchen, die als Nn. pelvici bezeichnet werden, beträgt meist fünf bis sechs; unter den 50 Präparaten, die Schlyvitsch und Kosintzev

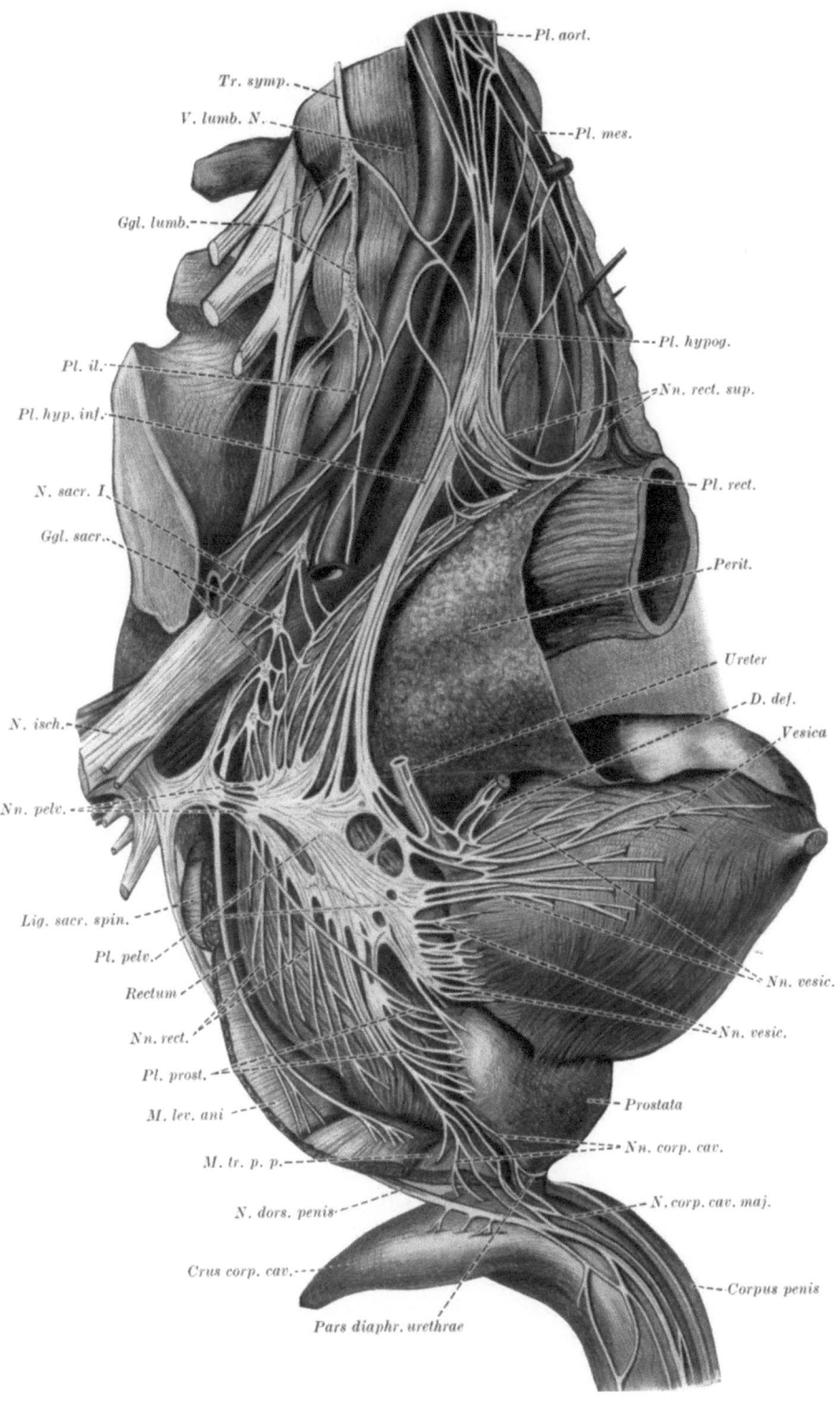

Abb. 1. Der Plexus pelvicus von lateral her dargestellt. Etwas verändert aus TOLDT, Anat. Atlas, Bd. III, 1960

(1939) untersucht haben, fanden sie einmal nur einen (etwa 2 mm dicken) N. pelvicus und einmal neun solche, aber sehr dünne Nervenstämmchen. In der Regel entspringen diese Nerven aus dem 3. und 4. Sacralnerven, in 12% der Fälle fanden sie diese Autoren aus S 2—4 und in 12% aus S 3—5 entspringend. Der Ursprung der Nn. pelvici aus dem Sacralnerven liegt bei S 3 etwa 16 mm vom medialen Rande des Sacralloches entfernt, bei S 4 etwa 6 mm. Die Länge der Nn. pelvici beträgt meist 2,5—3 cm extreme Werte, die die genannten Autoren fanden, waren 14 mm und 57 mm. Verbindungsäste mit dem Grenzstrang des Sympathicus wurden bei einem Fünftel der Fälle festgestellt. Ein Ursprung vom N. pelvici aus einem gemeinsamen Stamm mit dem N. levator ani wurden bei einem Sechstel der Fälle beobachtet.

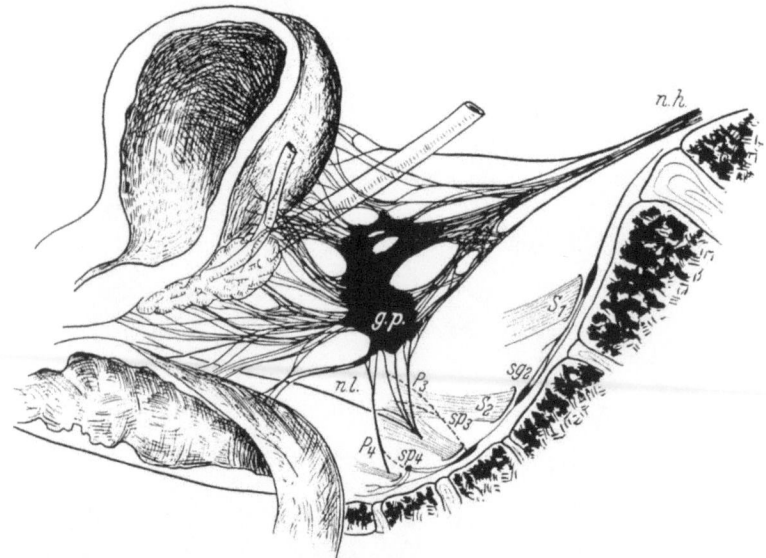

Abb. 2. Halbschematische Darstellung des Ganglion pelvinum *g.p.* mit seinen Wurzeln. *n.h.* Nervus (Plexus) hypogastricus, P_3, P_4 die Nervi pelvici aus den nicht beschrifteten 3. und 4. Sacralnerven und den punktiert dargestellten Sympathicusästen sp_3 und sp_4. *n.l.* Nervus levatoris ani nach SCHLYWITSCH (1939)

Die Nn. pelvici verlaufen im straffen Bindegewebe der Fascia intrapelvina, LUSCHKA (Fascia pubosacralis, HOLL) zur hinteren unteren Ecke des Plexus pelvicus.

Als Plexus pelvicus bezeichnet man die etwa 5—6 cm lange und etwa 3 cm hohe durchlöcherte Nervenplatte, die seitlich vom Rectum gelegen von dessen hinteren Rande bis gegen die Prostata bzw. Vagina reicht. Von hinten und oben strahlt in den Plexus pelvicus der Plexus hypogastricus inferior ein, nach hinten hängt er mit dem Plexus rectalis zusammen, während nach unten und vorne aus dem Plexus pelvicus die Nervenäste zu den Beckenorganen ausstrahlen, sowie die Äste zu den Schwellkörpern.

Vom oberen vorderen Rande des Plexus pelvicus ziehen die oberen Äste zur Harnblase und umfassen, in ihrem ein Geflecht bildenden Verlaufe den Ureter von medial und lateral. Sie geben Äste an den Ureter und den Ductus deferens und die Vesicula seminalis ab. Diese oberen Äste (Nn. vesicalis superioris ziehen subserös und treten im Bereiche des Körpers und des Vertex zwischen die Muskelfasern der Harnblase ein. Nach vorne zu verlassen die unteren Äste zur Harnblase (Nn. vesicales inferiores) den Plexus pelvicus, um an der Seitenfläche des Fundus in die Harnblasenwand einzutreten. Die meisten Nervenäste erhält nach

Disse (1902) das Trigonum vesicae. Nach vorne und unten ziehen eine Anzahl Nn. prostatici, welche die Prostata an ihrer lateralen-hinteren Kante erreichen. Hier findet man sie im Winkel zwischen der seitlichen und hinteren Prostatafascie (Abb. G 9, S. 299). Mit den untersten Prostatanerven von einem gemeinsamen Stämmchen entspringend, finden sich (Toldt 1900, Poirier-Charpy 1901) Ästchen, die in den Levatorschenkel eintreten oder an diesem vorbeiziehend gegen die Corpora cavernosa zu verlaufen. Nur diese letzteren Ästchen sind offenbar als eigene Nn. erigentes zu bezeichnen. Die Äste des Plexus pelvicus zu den Corpora cavernosa konnte Cobriri (1956) schon beim 40 mm langen Embryo beobachten. Äste der Nn. erigentes zum quergestreiften Sphincter urethrae beschreiben Laux et Marchal (1953) beim menschlichen Fetus.

Die Nervenstränge des Plexus hypogastricus sind nach Müller (1924) aus dicken markhaltigen und dünnen marklosen Fasern aufgebaut, während die Nn. pelvici nur dicke markhaltige Fasern enthalten sollen. Peripher vom Plexus pelvicus, also in der Blasenwand und Prostata, finden sich, wie auch Stöhr (1928) beschreibt, dicke und dünne Nervenfasern.

Ganglienzellen finden sich in geringerer Zahl im Plexus hypogastricus (Müller 1924) und besonders zahlreich im Plexus pelvicus, so daß dieser ganze Plexus ja auch als Ganglion pelvicum bezeichnet wird. Wegen seiner engen Beziehung zum Uterus wird er bei der Frau auch als Ganglion cervicale uteri bezeichnet, oder als Frankenhäusersches Ganglion. Die funktionelle Beziehung des Ganglions zu den Geschlechtsorganen wird besonders durch die Beobachtungen von Blotevogel (1928) an solchen Ganglien kastrierter Tiere beleuchtet. An den einzelnen Organen (Ureter, Ductus deferens, Samenblase, Harnblase, Prostata) werden Ganglienzellen einzeln oder verstreut in den Nervengeflechten gefunden (Stöhr 1928). An der Harnblasenwand unterscheidet Müller (1924) extramurale und intramurale, d. h. außerhalb der Muskelwand und in dieser gelegene Ganglien. Stöhr (1928) berichtet vom Vorkommen zahlreicher intramuraler Ganglien in der „Regio trigonalis" der Harnblase, wobei aber die M. trigonalis selbst frei von Ganglien sein soll. An den in der Muscularis und den außerhalb derselben gelegenen Ganglien unterscheidet Stöhr (1928) große multipolare und kleine und unter diesen bipolare und multipolare Ganglienzellen. Mehrkernige Ganglienzellen an der Samenblase nahe der Harnblase beschreibt Watzka (1928); ihre Zahl soll im Alter bis auf 20% zunehmen. Zwischen den Ganglien an der Rückseite des Blasenfundus findet Watzka auch chromaffine Paraganglien, aber nur bei Kindern bis zu 4 Jahren; diese Paraganglien werden dann offenbar rückgebildet, da dieser Autor beim Erwachsenen nur mehr einzelne chromaffine Zellen innerhalb der Ganglien findet. Ich fand dagegen noch beim 12jährigen Knaben ein gut ausgebildetes Paraganglion zwischen den von lateral und dorsal von der Prostata nahe der Harnblase wegziehenden Venen. Das chromaffine System der Harnblase soll nach Bakay (1938) den Höhepunkt seiner Entwicklung schon im Fetalleben erreichen und spätestens bis zur Pubertät vollständig rückgebildet werden.

Von sensiblen Endapparaten in der Blasenwand nennt Stöhr (1928) vom Menschen und verschiedenen Säugetieren das Vorkommen von Vater-Pacinischen Lamellenkörperchen, von knäuelförmigen eingekapselten Endigungen und von freien Endigungen im Epithel. Piccino (1954) beschreibt außer diesen Körperchen noch Endigungen vom „Ruffini-Typus" ohne Kapsel beim Neugeborenen.

In der Muskelwand bilden die feinsten Nervenfasern dichte Geflechte (Stöhr 1928), die der Innervation der glatten Muskelzellen dienen, wobei er Endigungen an den einzelnen Muskelzellen beschreibt. Die die Gefäße begleitenden Nerven sind nach Stöhr nicht nur als Vasomotoren anzusprechen.

In das Epithel eindringende und sich dort wieder basalwärts verzweigende feine Nervenfäserchen beim Kaninchen beschreiben RETZIUS (1894) und SCLAVUNOS (1894). Endapparate, welche Epithelzellen umgeben, beschreibt bei der Katze GRÜNSTEIN (1900); es handelt sich offenbar um die gleichen Bildungen, die LENDORF (1901) beim Schwein, beim Schaf und beim Ochsen als traubenförmige Terminalorgane beschreibt. Diese Terminalorgane sollen an Fortsätzen von Nervenzellen liegen, die dicht unter dem Epithel gelegen sind.

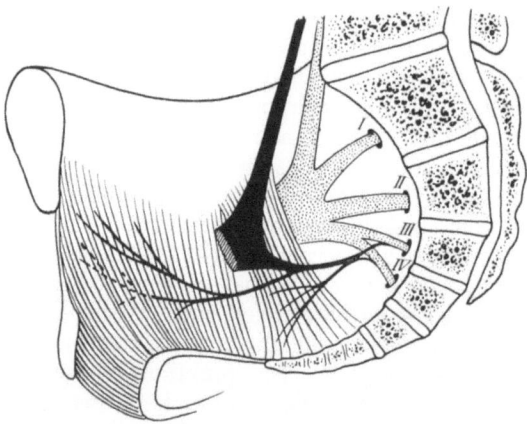

Abb. 3. Variante des Ursprunges des N. levatoris ani und des N. musculi coccygei. Beide entspringen gemeinsam mit dem N. pelvicus aus S₃ und S₄. Ein Teil des N. levatoris durchbohrt den Levatorschenkel. Aus STELZNER 1960

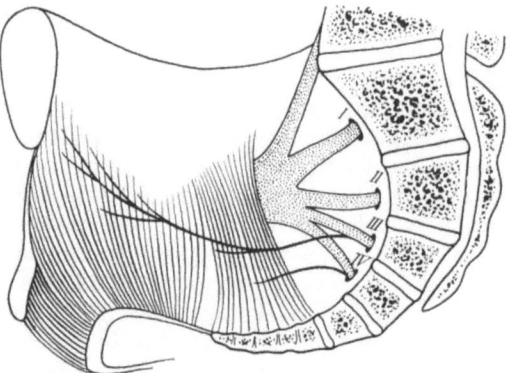

Abb. 4. Der N. levatoris und der N. musculi coccygei entspringen getrennt aus S₃ und S₄. Aus STELZNER 1960

Die Funktion der Endapparate in der Harnblase soll nach LENDORF (1901) weniger auf die Berührungssensibilität als vielmehr auf den Dehnungsreiz abgestimmt sein.

Der M. levator ani wird vom N. levatoris ani versorgt, der in der Regel aus dem 3. und 4. Sacralnerven stammt, wobei der 4. nur einen dünnen Ast an den Stamm sendet, welcher in gleichmäßigen Bogen vom 3. Sacralnerven medial vom cranialen Rand des Lig. sacrospinosum an die Innenfläche der Mm. coccygeus und Levator ani hinzieht (Abb. 3). Wie STELZNER (1960) beschreibt, zeigt der Nerv eine Variabilität, die wegen der Beziehung zum N. pelvicus von Interesse ist. Die Vereinigung der beiden Stämmchen am S 3 und S 4 kann fehlen, wobei dann S 3 den M. levator und S 4 den M. coccygeus und einen Teil des Levator versorgt. Da auch der N. pelvicus meist von S 3 und S 4 gebildet wird (SCHLYVITSCH und KOSISELKY 1938), ist es verständlich, daß N. levatoris ani und N. pelvicus gelegentlich einen gemeinsamen Stamm von 1—2 cm Länge bilden, ein Verhalten, das STELZNER von den aus S3 stammenden Nervenstämmchen abbildet. In der Regel gehen aber die von den Spinalnerven S3 und S4 stammenden Nervenstämmchen zu N. levatoris und N. pelvicus getrennt ab, so daß der N. pelvicus lateral vom N. levatoris aus S3 und S4 entsteht und dann über den N. levatoris hinweg nach medial und cranial in das Innere des Beckens zum Plexus pelvicus hinzieht, während der N. levatoris enge an der hier vom Lig. sacrospinosum und dem hinteren Rand des M. coccygeus gebildeten Beckenwand verläuft. Daß der N. levatoris nur von S4 gebildet wird, wird von HENLE (1871) und HOLL (1897) angegeben. ELZE gibt an, daß der N. pudendus gelegentlich Äste zu diesem Muskel abgibt. Kleinste Ästchen des N. pudendus finde ich von einem zwischen Levatorschenkel und M. trans. per. prof. gelegenen Ast in den Levatorschenkel eintreten, sowie an demselben Präparat auch Ästchen der Nervi prostatici (aus dem Plexus pelvicus) in das vordere Ende des Levatorschenkels eintreten.

Als Nn. corporis cavernosi werden kleine Nervenzweige bezeichnet, die aus dem Plexus prostaticus durch das Diaphragma urogenitale hindurch zu den Corpora cavernosa hinziehen (Abb. 1). Sie treten teils selbständig in das Corpus cavernosum ein, teils anastomosieren sie mit dem N. dorsalis penis, der außer Ästen zur Haut, Ästchen zu den Schwellkörpern insbesondere auch zu Glans penis abgibt.

Der M. sphincter ani externus wird ebenso wie die Mm. transversus perinei, ischiocavernosus und bulbocavernosus vom M. pudendalis aus den Segmenten S3—5 versorgt. Die Erklärung für die verschiedene Innervation des Sphincter und des Levator ani ergibt sich aus der Entwicklung, da der Sphincter ani sich mit den Perinealmuskeln aus einem M. sphincter cloacae entwickelt.

Literatur

BAKAY, L.: Das chromaffine System der Harnblase. Z. mikr.-anat. Forsch. **43**, 131—142 (1938).
BLOTEVOGEL, W.: Sympathicus und Sexualcyclus. II. Das Ganglion cervicale uteri des kastrierten Tieres. Z. mikr.-anat. Forsch. **13**, 625—668 (1928).
CALABRISI, P.: Nerve supply of the erectile cavernous tissue. Anat. Rec. **125**, 713—723 (1956).
DISSE, J.: Harnorgane. In: BARDELEBENs Handbuch der Anatomie, Bd. VII, Teil 1. Jena: Fischer 1902.
GRÜNSTEIN, N.: Zur Innervation der Harnblase. Arch. mikr. Anat. **55**, 1—10 (1900).
LAUX, G., et G. MARCHAL: Participation de l'érecteur a l'innervation des sphincter striéss de l'uretre et de l'anus. C.R. Ass. Anat. **39**, 270—273 (1953).
LENDORF, A.: Beiträge zur Histologie der Harnblase. Anat. H. **17**, 155—190 (1901).
MÜLLER, J.: Über die organischen Nerven der erectilen männlichen Geschlechtsorgane. Berlin 1836.
MÜLLER, L. R.: Die Lebensnerven. Berlin: Springer 1924.
PICCINNO, A.: Sulla innervazion sensitiva e su quella effectrice della vesica umana. Monit. zool. ital. **63**, Suppl. 245—249 (1954). Nach Excerpta med. (Amst.), Sect. I, 11, 80 (1957).
RETZIUS, A.: Kürzere Mitteilungen. Biol. Untersuchungen. Stockholm-Jena **6**, 62 (1894).
SCHLYVITSCH, B., u. A. KOSINTZEW: Über die Morphologie der Rami viscerales Plexus pudendi (N. pelvici) beim Menschen. Z. mikr. Anat. Entwickl.-Gesch. **109**, 421—441 (1939).
SCLAVUNOS, G.: Über die feineren Nerven und ihre Endigungen in den männlichen Genitalien. Anat. Anz. **9**, 42—46 (1894).
STELZNER, F.: Über die Anatomie des analen Sphincterorgans. Z. Anat. Entwickl.-Gesch. **121**, 525—535 (1960).
STÖHR jr., PH.: Das periphere Nervensystem. In: MÖLLENDORFFs Handbuch der mikroskopischen Anatomie, Bd. IV, Teil 1. Berlin: Springer 1928.
TOLDT-HOCHSTETTER: Anatomischer Atlas, Bd. III, 23. Aufl. Wien 1960.
VOLANTE, F.: Innervazione della vesica urinaria. Monit. zool. ital. **37**, 47—54 (1926). Nach Anat. Ber. 9, 280 (1927).
WATZKA, M.: Vielkernige Ganglienzellen an der Samenblase. Anat. Anz. **66**, 321—334 (1928).

Konstitution

Klaus Conrad †

Mit 19 Abbildungen

Überarbeitet von St. Wieser

A. Einleitung

Der Begriff der Konstitution — in der Rechtssprache soviel wie „Verfassung" und in der Sprache der Chemie so etwas wie „Struktur" meinend — hat in der Medizin eine eigenartige Entwicklung genommen. Schon die Ärzte des Altertums verstanden den Begriff der Konstitution im Sinne einer besonderen Beschaffenheit des Individuums, von der seine Art, zu erkranken, bestimmt werde. Auch die Medizin des Mittelalters verwendete ihn reichlich und war recht erfinderisch in der Aufstellung mannigfacher Spezial-Konstitutionen.

Erst zu Ende des vorigen Jahrhunderts verlor er mehr und mehr an Bedeutung, als die Entdeckung der Krankheitserreger das Feld der Medizin vollständig beherrschte. Um die Jahrhundertwende wurde er neu entdeckt und begann, in einer fundierteren und gereinigten Form das Denken neu zu bestimmen. So rückten Virchow, Rosenbach, Hueppe, Gottstein und insbesondere F. Martius den Begriff der Konstitution wieder in den Mittelpunkt, nachdem Cohnstamm, Baumgarten, Behring u. v. a. ihm kaum einen Platz in ihrem System der menschlichen Erkrankungen eingeräumt hatten. Bald stieg die alljährliche Zahl von Schriften über konstitutionelle Fragen ins Ungemessene an, so daß die erste Hälfte unseres Jahrhunderts — wohl vor allem unter dem Eindruck des Begriffes der Ganzheit, der alle Zweige der Wissenschaft faszinierte — als eine Blütezeit des Konstitutionsgedankens bezeichnet werden kann. Die Entdeckung der Erbgesetze durch Mendel, die Aufhellung der inneren Sekretion mit ihrem Einfluß auf den gesamten Körperhaushalt hatten die Erkenntnisse mächtig gefördert, verschiedene Typenlehren wuchsen aus dem Boden wie die Pilze und der Begriff des Konstitutionellen in der Krankheitslehre weitete sich mehr und mehr, bis endlich — als ein Zeichen kritischer Selbstbesinnung — die Frage auftauchte, wie denn nun eigentlich das Konstitutionelle gegenüber dem Anlagebedingten, Dispositionellen, Erworbenen abzugrenzen und wie überhaupt dasjenige zu definieren sei, womit man bisher so sicher und selbstverständlich umgegangen war. Dabei ergab sich bald, daß — so reichlich man den Begriff auch verwendete — gleichwohl niemand ihn genau zu definieren vermochte. Sollte man ihn etwa nur auf das Genotypische, also auf die Erbanlagen beschränken oder umfaßt er auch Erworbenes, also Phänotypisches? Meint er lediglich Dauerndes, vom Beginn bis zum Ende des individuellen Lebens Gleichbleibendes oder auch Abwandelbares, Vorübergehendes? Bezieht er sich nur auf den Organismus als ein Ganzes oder hat er noch einen Sinn, wo nur Teile, Einzelmerkmale, einzelne Organe gemeint sind? Meint er stets Krankhaftes, von der Norm Abweichendes, also etwa Krankheitsanfälligkeiten oder schließt er gerade Krankheiten aus? Meint er stets Morphologisches oder auch Physiologisches, Funktionelles, Psychisches? Wie grenzt er sich gegen verwandte Begriffe

z. B. Genotypus und Phänotypus, Rassetypus oder Geschlechtstypus, Disposition und Variation ab?

Über all diese Fragen wurde in den letzten Jahrzehnten viel diskutiert. Es würde den Rahmen unseres Beitrages sprengen, wollte man auf alle Stimmen näher eingehen, die sich zu diesen Fragen hatten vernehmen lassen. Da aber gegenwärtig der Begriff nicht einheitlich verwendet wird, läßt sich eine kurze begriffliche Vorbemerkung darüber, wie er hier verstanden werden soll, nicht umgehen. Im übrigen verstehe ich den Wunsch der Herausgeber, im Rahmen dieses Handbuches auch über das Problem der Konstitution berichten zu lassen, als Ausdruck der richtigen Erkenntnis, daß *eine Sonderdisziplin wie die Urologie sich nicht aus dem Gesamt der Medizin lösen und den Blick auf den ganzen Menschen niemals vergessen dürfe. Keine Teildisziplin der Medizin bleibt von konstitutioneller Problematik unberührt.* Jedes Spezialfach ist verpflichtet, sich über die Methoden der Erfassung der natürlichen Variabilität des menschlichen Organismus Gedanken zu machen und von seinem Teilaspekt aus beizutragen, das Bild des Ganzen bereichern zu helfen.

In diesem Sinne soll im folgenden ein kurzer Abriß über die gegenwärtige Problemlage auf dem Gebiete der Konstitutionslehre gegeben werden. Es muß dabei auf die zusammenfassenden Darstellungen der letzten Jahre verwiesen werden (CURTIUS, v. PFAUNDLER, HANHART, KRETSCHMER). Dem Wunsche der Herausgeber entspricht es, wenn die Darstellung der persönlichen Anschauung des Autors mitunter einem pedantischen Aufzählen aller möglichen Anschauungen vorgezogen wurde.

B. Geschichtliches und Begriffliches

Der Begriff der Konstitution, wie wir ihn heute gebrauchen, wurde von der Medizin entwickelt und enthält deshalb von jeher engste Beziehungen zum Krankheitsgeschehen. Schon der alten Säftelehre der Hippokratiker, derzufolge die verschiedenartige Natur der Einzelindividuen durch jeweils verschiedene Mischungsverhältnisse der vier Kardinalsäfte des Organismus zu erklären sei, liegt der Konstitutionsgedanke zugrunde. Diese Lehre, wonach das Vorwiegen der gelben oder der schwarzen Galle, des Schleimes oder des Blutes, jeweils einen der vier Temperamentstypen, des Cholerikers, Melancholikers, Phlegmatikers oder Sanguinikers ergab, kann als die erste Konstitutionstypenlehre angesehen werden, der nicht nur eine wesentlich längere Geltungsdauer als je einer der neueren Konstitutionstypenlehren beschieden war — nämlich beinahe $1^1/_2$ Jahrtausende — sondern die auch in ihrer Viergliedrigkeit und ihrem Angriffspunkt in der Schicht der Temperamente einen Weitblick bewies, der bis heute kaum übertroffen wurde.

Auch die neuere Entwicklung des Konstitutionsgedankens ist ausgesprochen medizinisch orientiert, da es vor allem der Arzt ist, der beständig mit der Tatsache konfrontiert wird, daß die Menschen sich voneinander unterscheiden und jede Individualität ihre ganz besondere, nur ihr eigene Morphe, Physis und Psyche besitzt, nach denen sich sein ärztliches Handeln zu richten hat. Denn jede hat ihre besondere Anfälligkeit gegenüber Erkrankungen und ihre besondere Eigenart, auf Heilmaßnahmen anzusprechen.

Diese Herkunft von der Medizin führte nun aber zu sehr verschiedenen Auffassungen der Frage, inwiefern der Pathologie in der Tat eine fundierende Rolle für den Konstitutionsbegriff zukomme. Denn die Variabilität der menschlichen Organismen besteht auch unabhängig von der Pathologie. Es ließe sich gewissermaßen ein vom Medizinischen ganz abgelöster, nämlich anthropologischer Konstitutionsbegriff bilden, von dem die Medizin zwar profitieren kann, den sie aber nicht zu fundieren braucht.

So kann man die zahlreichen Schattierungen, die der Konstitutionsbegriff im Laufe der letzten Jahrzehnte gewonnen hat, in zwei Hauptgruppen ordnen. Die eine Gruppe umfaßt jene Auffassungen, die den anthropologischen Ausgangspunkt nicht aus den Augen verloren, demzufolge der Begriff der Konstitution lediglich aus dem Bedürfnis heraus entstand, die natürliche Variabilität des menschlichen Organismus im Bereiche des Normalen für medizinische Zwecke in den Griff zu bekommen. Die andere Gruppe enthält demgegenüber jene Ansichten, die, gewissermaßen unter Außerachtlassung dieses Ausgangspunktes, den Begriff der Konstitution so weit ins Bereich des Pathologischen vortrieben, daß er durch immer weitergehende Verwässerung beinahe mit dem Begriff des Pathologischen schlechthin identisch wurde.

I. Die enge Begriffsfassung

Wesentlich für diese Fassung des Begriffes ist zunächst die Tendenz, alles Krankhafte im engeren Sinn, also vor allem Krankheitsprozesse mit ihren Folgen, aus dem Begriff des Konstitutionellen auszuscheiden. Denn sinngemäß kann er immer nur Bereitschaften des an sich gesunden Organismus meinen, auf Einbrüche aller Art in einer definierbaren Weise zu reagieren oder nicht zu reagieren. v. PFAUNDLER, ähnlich auch HUEPPE, MARTIUS u. a. sprachen von der individuellen Art der Reizbeantwortung, bzw. von der Beschaffenheit des Körpers, die jene Reizbeantwortung zur Folge hat. Diese Beschaffenheit kann selbst keine Krankheit sein. Immer ist primär *die Beschaffenheit des gesunden Organismus* in seinen vielfältigen Varianten gemeint. Die „Konstitutionskrankheit" ist eine contradictio in adjecto. Den Begriff der Konstitutionsanomalien kann man hingegen gelten lassen, da ja die Norm immer fließend ins Abnorme übergeht: „konstitutionelle Besonderheiten, die an der Grenze von gesund und krank stehen" (SIEBECK).

Danach also dürfte im Kapitel über die Konstitution weder die Basedowsche Krankheit abgehandelt werden, noch auch die Wuchsanomalie beim Kretinen, weder die trophischen Störungen bei der Tabes dorsalis, noch auch die Akromegalie, weder die erbliche Muskeldystrophie, noch auch die chronischen Gelenkerkrankungen, wie dies vielerorts auch heute noch geschieht, u. a. auch bei v. PFAUNDLER und CURTIUS. Demgegenüber gehörte aber im Kapitel über Konstitution durchaus besprochen die vegetative Übererregbarkeit, wie auch gewisse spastische Varianten der peripheren Gefäßregulation oder die Neigung gewisser Organismen zur Fettspeicherung oder auch deren Fehlen, wie auch die anlagebedingte Muskelschwäche (Asthenie) ebenso wie die exsudative oder steinbildende Diathese. All dies sind *Normvarianten*, durch die sich die menschlichen Organismen voneinander unterscheiden und die den Ablauf von Krankheiten mitbestimmen können. Aber es sind als solche keine *Erkrankungen*. Krankheit ist ihrem Wesen nach immer ein Geschehen, ein Prozeß, der irgendwann beginnt, einen Verlauf nimmt und ein Ende hat. Konstitution ist kein Prozeß, nimmt keinen Verlauf und hat kein Ende, sondern bedeutet eine dauernde Beschaffenheit des Organismus, seine ihm individuell zugehörende Reaktionslage.

Diese Eigenart kann natürlich auch ein Zustand herabgesetzter Angepaßtheit sein, aber nicht auf Grund einer Krankheit. Denn *jeder* Krankheitszustand führt zu einer Störung der Angepaßtheit; nur so läßt sich der Begriff der Krankheit überhaupt definieren. Nähme man die infolge Krankheit entstandene Veränderung der Reaktionslage in den Begriff des Konstitutionellen auf — wie dies bei v. PFAUNDLER, CURTIUS u. a. geschieht — dann ist es schwer, ihn überhaupt noch zu begrenzen: jede Erkältung würde dann die Konstitution verändern. Es ist also sinnvoll, zu sagen, *die Konstitution bestimme und beeinflusse die Krankheitsabläufe*, aber es ist sinnwidrig, zu erklären, *Krankheit beeinflusse die Konstitution*. Natürlich ändert jede Krankheit die Reaktionslage des Organismus. Aber die konstitutionelle Reaktionslage wird eben gerade *nicht* durch Krankheit geändert. Im Fieber reagiert jeder Organismus anders als ohne Fieber. Seine Reaktionslage ist durch das Fieber verändert. Aber das Konstitutionelle liegt dahinter. Es äußert sich etwa darin, wie rasch der Organismus mit Fieber reagiert, wie er fiebert und wie sich seine Reaktionslage im Fieber verändert. *Seine Konstitution wird nicht durch sein Fieber verändert, vielmehr enthüllt sein Fieber etwas von seiner Konstitution*. Das gleiche gilt natürlich auch für die Veränderungen infolge chronischer Erkrankungen. Weder die Tabes dorsalis noch die Erkrankung der Schilddrüse beim endemischen Kretinismus verändern die Konstitution, sie schaffen bestenfalls „sekundär" eine so weitgehend geänderte Reaktionslage, daß das eigentlich Konstitutionelle nicht mehr erkennbar ist. Insofern könnte man bestenfalls von einer „sekundären" Überformung der Konstitution sprechen.

Dies führt zur Frage, inwieweit der Konstitutionsbegriff auf Anlagebedingtes zu beschränken sei. Dieser Streit nahm erstmals scharfe Formen an, als TANDLER und BAUER ihn mit dem Begriff Genotypus praktisch identifizierten und alles Erworbene in dem *Begriff der Kondition* zusammenfaßten. Die Majorität der Autoren lehnte diesen Standpunkt ab und man scheint sich dahin geeinigt zu haben, die Konstitution meine stets Phänotypisches, d. h. Anlage- *und* Umweltwirkungen.

Wir glauben indessen nicht, daß es richtig war, auf Grund dieser an sich berechtigten Einigung die bedeutsame Unterscheidung zwischen Konstitution und Kondition im Sinne TANDLERs und BAUERs wieder aufzugeben. Freilich wissen wir, daß kein Merkmal des Organismus allein durch Anlage oder allein durch Umweltwirkungen zustande kommen kann. Fettansatz kann grundsätzlich nur erfolgen bei genügender Fettzufuhr. Anlagebedingt ist also die Bereitschaft des Organismus zur Fettspeicherung bei gegebener Fettzufuhr, umweltbedingt ist die Zufuhr von Fett, ohne die sich die Anlage zur Speicherung nicht manifestieren könnte; wie sich auch Pigmente ohne den Umweltfaktor des Lichtes nicht bilden können. Nun unterscheiden sich die Individuen aber offenbar durch ein verschiedenes Verhalten, z. B. gegenüber dem Fettangebot. Die einen speichern, die andern nicht. Besinnt man sich auf den Ursprung des Begriffes der Konstitution, so liegt hier sein wesentliches Anliegen. Er möchte in vordringlicher Weise diese Variabilität in den Griff bekommen. Entschiede allein der Phänotypus, wäre kein konstitutioneller Unterschied in den folgenden Fällen zu machen: Drei phänotypisch gleich adipöse Körperformen stehen vor uns; bei A hat eine mittlere Fetternährung zur Adipositas geführt; bei B käme es bei mittlerer Fetternährung zu keiner Fettspeicherung, erst ein reichliches, vielleicht schon in der Jugend einsetzendes Fettüberangebot führte zu der Adipositas (Mast); bei C endlich, wo übermäßige Neigung zur Fettspeicherung vorliegt, konnte selbst die fettarme Mangelernährung die Adipositas nicht verhindern.

Die drei Formen mögen sich im Phänotypus kaum unterscheiden. Dennoch sagt unser Sprachgefühl, daß nur bei A und C „konstitutionelle" Fettspeicherung besteht, während sich B von diesen beiden durch andere Konstitution unterscheidet. Die Unterscheidung liegt in der Veranlagung, der gleiche Phänotypus täuscht: er verbirgt das Konstitutionelle. Das gleiche gilt mutatis mutantis auch von einer durch Krankheitsursachen hervorgerufenen Adipositas etwa durch Hirntumor oder erzwungene Bewegungslosigkeit infolge Beinamputation (vgl. später).

Wenn v. PFAUNDLER auch Störungen als konstitutionelle anspricht, die durch exogene Krankheiten erworben wurden, so ist dies zwar konsequent — denn es wäre nicht einzusehen, warum nur erbliche Krankheiten die „Konstitution" in diesem Sinne beeinflussen sollten — aber die Ausweitung des Konstitutionsbegriffes auf Veränderungen durch infantilen Skorbut, nach Kropfoperation, nach Kastration, durch amniotische Abschnürungen, Narben, Cirrhosen und Adhäsionen usw. wandelt den ursprünglichen Konstitutionsbegriff nahezu in sein Gegenteil um. Hier wird nämlich *der Begriff Konstitution* unter völliger Vernachlässigung der Anlagebedingtheit *mit Reaktionslage* schlechthin gleichgesetzt. Gewiß ändert sich die Reaktionslage durch mannigfache erworbene Schädigungen, auch solche, die nur ganz kurze Zeit einwirken, aber der Begriff der Konstitution erhält doch erst seinen Sinn, wenn man darunter das Angelegte und deshalb Überdauernde versteht.

Zu welchen Konsequenzen diese allzuweite Begriffsfassung gezwungen wird, zeigt v. PFAUNDLER selbst (1947, S. 173) in seiner Antwort auf J. BAUER, der v. PFAUNDLERS Standpunkt damit ad absurdum führen wollte, daß auch eine Magenfüllung oder ein Haarschneiden konstitutionsverändernd wirken müßten. v. PFAUNDLER ist gezwungen, diese Frage zu bejahen: die Füllung oder Entleerung von Körperhöhlen oder die Entfernung des Haarkleides könnten im Hinblick auf die damit verbundenen Gefahren für die Gesundheit (Erkältungen, Schlaganfälle) sehr wohl „eine Veränderung der momentanen Konstitution" bewirken. Was hier die „momentane Konstitution" genannt wird, ist *genau das Gegenteil von dem, was dieser Begriff in Wirklichkeit meint*. Es ist nämlich die *Kondition* im Sinne von TANDLER und J. BAUER. Man versteht nicht recht, warum die heutige Konstitutionslehre (v. PFAUNDLER, CURTIUS, HANHART) von dieser klaren und scharfen Unterscheidung der Wiener Autoren abgerückt ist.

Ein drittes Bestimmungsstück des hier dargestellten Konstitutionsbegriffes ist endlich seine „Ganzheitlichkeit". Konstitutionell können danach Merkmale nur genannt werden, wenn sie den Organismus als ein Ganzes betreffen, sowohl hinsichtlich seines körperlichen Habitus wie auch seiner Reaktionslage. Natürlich ist auch diese Bestimmung nicht eindeutig und hat zu mannigfachen Diskussionen Anlaß gegeben.

Das Merkmal der anlagebedingten Myopie betrifft etwa das Auge als einen scharf abgrenzbaren Bestandteil des Organismus, nicht aber den Organismus als Ganzes. Man wird deshalb die Myopie kaum als ein konstitutionelles Merkmal bezeichnen können, es sei denn, man übernähme den — nicht ungefährlichen, weil auch wieder leicht ins Uferlose führenden und das Wesen des Konstitutionsbegriffes in sein Gegenteil verkehrenden — Begriff der „Partialkonstitution". Auch das Auge ist gleichsam ein Ganzes für sich und der Konstitutionsbegriff läßt sich, ähnlich wie auf den gesamten Organismus, auch auf den Organismus des Auges als ein Teil-Ganzes anwenden. In diesem Sinne wäre dann die angeborene Myopie in der Tat eine Konstitutionsanomalie des Auges, d. h. eine Anomalie der Konstitution des Auges.

Mißbildungen einzelner Organe oder Organsysteme wird man bei dieser engen Fassung des Konstitutionsbegriffes gleichfalls nicht als konstitutionelle Anomalie ansehen. Der Klumpfuß, der Wolfsrachen, die Hypospadie usw. sind Hemmungsbildungen einzelner Organsysteme und betreffen nicht den Organismus als Ganzes. Sie sollten deshalb nur dann unter die Konstitutionsanomalien aufgenommen werden, wenn sie ein Zeichen einer das Ganze betreffenden Anomalie, z. B. des Status dysraphicus sind.

Bei *enger* Fassung beschränkt sich der Konstitutionsbegriff also sinngemäß auf die *normale Variabilität* des menschlichen Organismus, so daß die Veränderungen seines Baues und seiner Reaktionslage infolge von Krankheitsprozessen ausscheiden müssen; er beschränkt sich auf *Anlagebedingtes* in dem Sinne, daß den Anlagen eine entscheidende Bedeutung zukommt für alles, was der Begriff der Konstitution decken soll. „Merkmale, die ihren Schwerpunkt in der Anlage haben" (KRETSCHMER), und er beschränkt sich endlich auf Fakten, die den individuellen Organismus im Hinblick auf Bau und Reaktionsweise *als ein Ganzes* charakterisieren.

II. Die weite Begriffsfassung

Dieser engen Fassung des Konstitutionsbegriffes steht nun eine weitere gegenüber, die die oben gesetzten drei Grenzen überschreitet.

So ist es seit langer Zeit üblich, eine Reihe von Krankheitsprozessen als *Konstitutionskrankheiten* (J. BAUER) zu bezeichnen. Waren es anfangs nur Krankheiten von der Art gewisser Stoffwechselstörungen, wie es die Gicht, der Diabetes mellitus, die Arteriosklerose sind, weitete sich der Begriff auf alle Erkrankungen des endokrinen Systems aus, ergriff danach alle überhaupt erblichen Erkrankungen, sprang von da auf alle Funktionsstörungen der inneren Organe und machte schließlich auch vor den Infektionskrankheiten nicht Halt, als sich herausstellte, daß es gewisse angeborene Immunitäten einerseits und Dispositionen andererseits hierfür gab.

Vielfach wird konstatiert, der Konstitutionsbegriff sei überhaupt nur als ein Begriff der allgemeinen Pathologie sinnvoll, er wäre ohne Beziehung zur Pathologie schemenhaft und unbrauchbar (v. VERSCHUER). Schließlich wird nicht mehr diskutiert, inwiefern Krankheitsprozesse den Begriff der Konstitution berühren, vielmehr lediglich die Frage, ob sich die Konstitutionswissenschaft *nur* mit krankhaften Lebenserscheinungen zu befassen habe.

CURTIUS lehnt zwar den Begriff der Konstitutionskrankheit als unfruchtbar ab. „Es ist offenbar sinnlos, von Krankheiten zu sprechen, die ihr wesentlichstes Gepräge von der Individualität des Betroffenen erhalten. Man müßte sonst eine so große Zahl von Erkrankungen einbeziehen, daß der Begriff damit jeden praktischen Wert verlöre. Wenn, wie bei vielen früheren Autoren Konstitutionskrankheit dasselbe bedeutet wie Erbkrankheit, dann ist es erst recht unzweckmäßig, statt dieses klaren das unklare, vieldeutige Wort Konstitutionskrankheit zu verwenden." Dennoch zögert er nicht, eine Reihe von Erkrankungen, etwa Systemkrankheiten, wie die Arteriosklerose, Erkrankungen des Skelets oder des Nervensystems in seine klinische Konstitutionslehre mit aufzunehmen. Noch weiter geht v. PFAUNDLER, der nahezu alle Erkrankungen, die den Körper als Ganzes (einschließlich seiner Reaktionslage) oder auch nur Teilsysteme betreffen — von der Bleivergiftung bis zur progressiven Muskeldystrophie — zu den „Konstitutionskrankheiten idio- und paratypischen Ursprungs" rechnet. Eine der Folgen dieser Ausweitung des Begriffes ins Pathologische ist die, daß, wo immer zusammenfassend über Konstitution berichtet werden soll, die gesamte Pathologie aufgerollt wird, was aber meist aus räumlichen Gründen vollständig nicht möglich ist. So erscheint ein kurioses Sammelsurium von pathologischen Störungen und man versteht nicht ganz, mit welchem Recht andere Kapitel der allgemeinen Pathologie übergangen werden, die an sich das gleiche Recht hätten, zu erscheinen.

Auch die Beschränkung des Begriffes der Konstitution auf Anlagebedingtes wurde vielfach durchbrochen. Folgt man v. PFAUNDLER, so werde heute von Vertretern aller am Konstitutionsbegriff interessierten Zweige der Wissenschaft die von TANDLER vorgeschlagene Beschränkung des Konstitutionsbegriffes auf den Genotypus abgelehnt, sowohl von Klinikern (F. KRAUS, F. v. MÜLLER, HIS, KREHL, BRUGSCH, O. MÜLLER, K. H. BAUER, B. ASCHNER usw.), wie von den führenden Pathologen (LUBARSCH, MARCHAND, RÖSSLE) und Genetikern (F. LENZ, SIEMENS, JUST, v. VERSCHUER usw.) und selbst vormalige Anhänger TANDLERs, wie Thoenissen, Hoffmann, Kahn seien zur phänotypischen Definition übergegangen. Die idiotypische sei weder theoretisch zu begründen, noch praktisch irgendwie durchführbar, sie bringe eine große Erschwerung und sei sehr geeignet, die Probleme zu verdunkeln. Auch wird ausgeführt, J. Bauer sei im Irrtum, wenn er sich zur Stützung seiner Lehre etwa auf Hippokrates berufe, denn auch ihm „war die Konstitution der Inbegriff der gesamten Organisationsverhältnisse des Körpers ohne jegliche Beschränkung auf ererbte Anlagen" (v. Pfaundler 1947, S. 173). Wenige Seiten weiter, allerdings in anderem Zusammenhang, heißt es nun bei demselben Autor: „Der von Hippokrates geschaffene Konstitutionsbegriff basiert bekanntlich durchaus auf der Annahme eines angeborenen, in der Organisation des Individuums verborgenen und im wesentlichen nicht umzugestaltenden Zustandes" (v. Pfaundler 1947, S. 189).

Widersprüche dieser Art schon innerhalb der Schriften eines einzelnen Autors hängen zweifellos zusammen mit der an sich falsch gestellten alternativen Frage: Anlage *oder* Umwelt ? Nichts im Organismus ist *entweder* anlage- *oder* umweltbedingt, vielmehr immer beides. Auch die Pigmentbildung, das Körperwachstum, selbst die Ausbildung der exquisit erbbedingten Fingerleisten oder Blutgruppen könnte man vermutlich durch entsprechende Eingriffe am Fetus — kennten wir den Mechanismus ihres Zustandekommens — verändern.

Dennoch gehen hier, soweit man sich über das Prinzipielle heute auch einig sein mag, die Ansichten recht weit auseinander. Dies mag kurz an einer Diskussion zwischen Curtius und Kretschmer erläutert werden. Curtius kritisiert eine Bemerkung E. Kretschmers, wonach man „einen reinen Milieuerwerb, wie etwa einen amputierten Arm, nicht in den Begriff der Konstitution aufnehmen" könne, indem er bemerkt, „daß eine Armamputation durchaus in der Lage ist, die Konstitution eines Menschen grundlegend abzuändern, z. B. infolge unerträglicher, zum Morphinismus führender Neurinomschmerzen. Die Konstitutionsumwandlung infolge Beinamputation (Fettsucht, relative Herzinsuffizienz usw.) ist jedem Internisten und auch den Betroffenen selbst eine bekannte Erscheinung." Man kann sich des Eindrucks nicht erwehren, als würde hier — will man nicht eine völlige Sprachverwirrung annehmen — manches durcheinander geworfen. Zunächst wird die Feststellung Kretschmers, ein amputierter Arm als reine Milieuwirkung habe nichts mit der Konstitution zu tun, mit dem Hinweis auf den nachfolgenden Morphinismus, in keiner Weise entkräftet. Die *Variante eines einarmigen* bei sonst üblicherweise zweiarmigen Menschen hat, was immer auch nachfolgen mag, *nichts mit einer konstitutionellen Variante* zu tun. Dies meinte Kretschmer! Und dies wird doch wohl auch von Curtius nicht bestritten. Der nachfolgende Morphinismus (durch Neurinomschmerzen) bedeutet nun aber doch auch keine Konstitutionsumwandlung. Gewiß ändert die chronische Intoxikation durch Morphineinnahme die Reaktionslage des Organismus. Was aber hierdurch geändert wird, ist eben gerade *nicht* die Konstitution, vielmehr die Kondition des Organismus. Auch die Verfettung infolge Bewegungsmangels ist keine Konstitutionsänderung, sondern wiederum eine Änderung der Kondition. Die Konstitution spielt genau im umgekehrten Sinn wie bei Curtius eine gewichtige Rolle: Es wird nämlich auch von konstitutionellen Faktoren abhängen, ob nach Beinamputation Verfettung eintritt oder nicht. Denn bekanntlich gibt es viele Beinamputierte, die nicht verfetten. Gerade diese Art von individuellen Unterschieden bezielt der Konstitutionsbegriff. Nur wenn wir davon ausgehen, daß die Konstitution sich durch einen äußeren Eingriff wie Amputation nicht ändert, können wir überhaupt erst sinnvoll fragen. Die Frage, von welchen Faktoren es abhängt, nach Amputation zu verfetten, hebt sich selber auf, wenn hier von Konstitutions*änderung* gesprochen wird. Dasjenige, was *hinter* der Verfettung infolge Stillegung durch Amputation sichtbar wird, ist eben das Konstitutionelle. Dieses hat sich nicht verändert, ist nicht umgewandelt worden, vielmehr wurde es aus einer gewissen Verborgenheit nun erst sichtbar.

Was CURTIUS hier offenbar mit Konstitution gleichsetzt, ist das, was man besser den äußeren Habitus oder die aktuelle Reaktionslage nennen sollte. Diese haben sich durch die Amputation ebenso gewandelt, wie sie sich im Verlaufe jeder Erkrankung wandeln. Das Gleichbleibende, Dahinterstehende, das bewirkt, daß in einem Fall rasche Auszehrung, im andern Fall Ödembildung, im dritten Verfettung erfolgt, ist unter andern wesentlichen Faktoren die Konstitution.

Auch im dritten Kriterium werden von manchen Vertretern der weiten Begriffsfassung die Grenzen überschritten. Konstitutionell werden auch örtlich begrenzt auftretende Schäden, wie etwa bei v. PFAUNDLER amniotische Abschnürungen, Narben, Läsionen, Adhäsionen bezeichnet, wenn auch die Majorität der Autoren sich über die Ganzheitlichkeit des Begriffes einig ist. Auch CURTIUS lehnt den Begriff der Partialkonstitution als unzweckmäßig ab. Erbliche Faktoren, wie etwa die Blutgruppen oder die Papillarlinien gelten im allgemeinen nicht als Eigentümlichkeiten der Konstitution. Erst wenn Partialvariationen, etwa der Längen-Breite-Index der Hand mit größeren, den ganzen Körperbau betreffenden Indices korreliert sind, der Bau der Hand also lediglich ein Teilausdruck einer allgemeinen Wuchsform ist, kann ein solches Detail konstitutionelle Bedeutung erhalten.

III. Grenzbegriffe

Die im Vorstehenden genannten drei Bestimmungsstücke des Begriffes der Konstitution decken nun aber noch eine Reihe weiterer Merkmale, die wir nicht gewohnt sind, in den Begriff des Konstitutionellen aufzunehmen.

1. Rassentypus

Hier ist zunächst jene Gruppe von Merkmalen zu nennen, die die Zugehörigkeit des Individuums zu einer menschlichen Rasse bestimmen lassen. Hautfarbe, Haarfarbe, Haarstruktur, Gesichtsbildung und Körperformen, dazu noch Varianten der inneren Organe und gewisse Organfunktionen lassen große Menschengruppen als Rassen zusammenschließen und gegenüber andern unterscheiden. Hinzu kommen innerhalb einer Großrasse, z. B. innerhalb der indogermanischen Rasse weitere Unterscheidungen, wie diejenige zwischen nordischer, fälischer oder dinarischer Rasse. In diesem Sinn hat man in der Tat von ,,Rassenkonstitution" gegenüber der ,,Individualkonstitution" gesprochen. Zur Abgrenzung dieser morphologischen und physio-psychischen Varianten gegenüber dem Konstitutionellen ist auf zwei Punkte hinzuweisen: 1. Wenn wir auch über den Ursprung der sog. Großrassen noch kaum etwas wissen, so ist es doch wahrscheinlich, daß sie sich von verschiedenen Ausgangsformen herleiten, die schon beinahe den Charakter von Artunterschieden besitzen. 2. Innerhalb dieser einmal entstandenen Großvarianten spielten nun Auslesevorgänge im Sinne von Züchtungsprozessen eine entscheidende Rolle. Die bioklimatisch so enorm verschiedenen Räume der Erde, südliche oder nördliche, Berg- oder Flachzonen, Binnen- oder Küsten-, Wald- oder Steppenzonen, kärgliche oder Luxusböden, offenes oder abgeschlossenes Gelände (Täler) mußten in der Vorzeit, vor der Durchmischung durch Wanderungen und die Hilfsmittel der modernen Zivilisation, eine enorm züchterische Wirkung entfalten, zumal die vorzivilisatorischen Zeiträume unvergleichlich viel längere waren, als die relativ kurze Periode der Zivilisation, die man mit nur etwa 5000—7000 Jahren ansetzen muß. In diese, sich über viele Jahrhunderttausende abspielenden Züchtungsvorgänge spielten nun auch *konstitutionelle*

Faktoren zweifellos mit hinein, da diese von unterschiedlichem Selektionswert waren. Der leptomorphe Läuferhabitus erwies sich etwa in den Berg- und Steppenräumen als dem Pyknomorphen überlegen, umgekehrt der Pyknomorphe durch seine Seßhaftigkeit in der fruchtbaren Tiefebene. Damit erklärt sich der konstitutionstypologische Aspekt gewisser Kleinrassen. Wenn der Kretschmerschen Typologie etwa der Vorwurf gemacht wurde, sie habe lediglich verschiedene Rassentypen beschrieben, so ist dieser Vorwurf natürlich verfehlt. Hat sich doch gezeigt, daß die konstitutionstypischen Unterscheidungen innerhalb *aller* menschlichen Rassengruppen Geltung haben und sogar bis in die höheren Säugetierformen hinabreichen. Ihr unterschiedlicher Selektionswert aber führte dazu, daß sie in der Tat auch in die Rassenbildung mit eingingen.

Es finden wahrscheinlich auch in unserer zivilisatorischen Epoche immer noch gewisse derartige Züchtungswirkungen statt, zwar nicht mehr durch bioklimatische Faktoren in isolierten Räumen wie früher, aber durch andere auslösende Faktoren. So scheint etwa innerhalb des erst in den neuzeitlichen Jahrhunderten besiedelten Raumes von Nordamerika eine deutliche Selektion in Richtung auf gewisse athletische Habitusformen erfolgt zu sein, die sich, wie dies in kolonialen Bezirken verständlich sein mag, durch ihre unreflektierte Aktivität und ihr skrupelloses Unternehmertum als den andern Varianten überlegen erwiesen haben. Die optimistisch-joviale „distanzlos-hemdärmelige" Figur des Yankees in der Sicht des Europäers ist eine solche Konstitutionsvariante von besonderem Selektionswert in der Gründerzeit des amerikanischen Imperiums. Würde sich etwa erweisen, daß konstitutionelle Merkmale — um ein ganz fiktives Beispiel zu nennen: die Rothaarigkeit und die Asthenie — besondere Widerstandskraft gegenüber Strahlenschädigungen der Atombombenversuche besäßen, dann würden bei Fortgang der Versuche während einiger weiterer Generationen diese Merkmale erheblichen Selektionswert bekommen und die Menschheit würde sich in Richtung auf Rothaarigkeit und Asthenie umformen, eine neue rothaarig-asthenische Menschenrasse bildend, die allerdings — im Hinblick auf die weltweite Verbreitung des wirksamen Agens — auch eine weltweite Verbreitung über die ganze Erde hätte.

2. Geschlechtstypus

Auch die Geschlechtszugehörigkeit bedeutet eine körper-seelische Variante, für die zunächst die 3 Kriterien des Konstitutionsbegriffes zutreffen, obwohl wir auch hier Bedenken haben müssen, das typisch „Männliche" gegenüber dem typisch „Weiblichen" als Konstitutionsmerkmal gelten zu lassen oder von der „Konstitution" des Mannes als einer anderen wie derjenigen der Frau zu sprechen. In der Tat hat man auch von „Geschlechtskonstitution" im Gegensatz zur Individualkonstitution gesprochen. Man sagte: eine gewisse die Thoraxbreite überschießende Beckenbreite sei geschlechtskonstitutiv; was bei dem Mann als konstitutionell abnorme Proportion gelten würde, sei bei der Frau normal. Das gleiche gilt im umgekehrten Fall.

Wir registrieren konstitutionelle Zeichen stets auf dem Hintergrunde der Geschlechtszugehörigkeit des Individuums. Wie notwendig es ist, sich hierüber stets klar zu sein, zeigen die Unstimmigkeiten der verschiedenen Konstitutionstypologien in ihrer Auffassung des sog. *athletischen* Habitus, als eines besonderen Konstitutionstypus. Er wird nämlich von zahlreichen Konstitutionstypologen einfach als Geschlechtstypus gekennzeichnet, indem lediglich die körperlichen Attribute, die den Mann von der Frau unterscheiden, für ihn aufgewiesen werden. Es erweist sich dann, daß es ein Äquivalent auf der weiblichen Seite überhaupt nicht geben kann. Damit verliert aber eine solche Typologie ihre universelle Brauchbarkeit, da sie nur für Männer Geltung beanspruchen kann. Demgegenüber haben Kretschmer und seine Schule den athletischen Körper in einer Weise beschrieben, daß er genauso gut auch den weiblichen Körper zu charakterisieren vermag. Dies aber hat Kretschmer die Kritik von Curtius eingetragen, der von dem „ideal-schön proportionierten und modellierten Körper des Athleten, wie ihn die Skulpturen aller Zeiten abbilden", spricht, der keine Beziehungen zu dem Akromegaloiden besitze, „wie KRETSCHMER den athletischen Habitus charakterisiere". Hiergegen ist zu sagen, daß dieser „ideal-schöne Athletiker" — auch bei SCHLEGEL bekommt er neuerdings solch ideale Züge — einfach die ideale männliche Mittelform ist — der Metromorphe im Sinne CONRADs — und eben deshalb *kein* „Typus" im Sinne einer extremen Körperbauvariante. Er ist vielmehr genau das Gegenteil dessen, was wir als „Typus" bezeichnen, nämlich dasjenige, was übrigbleibt, wenn wir in einem unausgelesenen Kollektiv von Männern alles Individualtypische wegfallen lassen, wie man es z. B. durch Übereinanderkopieren zahlreicher Negative erreichen kann.

3. Alterstypus

Endlich ist auch das Alter noch mit zu berücksichtigen, in dem sich das Individuum jeweils befindet. Auch hier gilt wieder, daß man eine „Alterskonstitution" von der Individualkonstitution unterscheiden könnte. Zahlreiche Körperproportionen oder die Zartheit des bindegewebigen Systems ist beim Zwölfjährigen altersbestimmt. Fänden sie sich beim 24jährigen, müßte man sie als charakteristische Konstitutionsmerkmale registrieren. Auch können aus der Überlänge der Beine beim Jugendlichen keine individualtypischen Schlußfolgerungen gezogen werden, weil sich die Proportionen im Laufe des Wachstums mehrfach nicht unerheblich verschieben.

Die wichtigsten Entwicklungsschritte im Verlaufe des Wachstums hat insbesondere ZELLER sehr genau untersucht. Im Hinblick auf die Bedeutung dieser Untersuchungen für die gesamte Konstitutionstypologie sei hier etwas näher darauf eingegangen. ZELLER beschreibt zunächst das Stadium des Kleinkindesalters, charakterisiert durch den Gegensatz zwischen dem großen Kopf und Rumpf einerseits und den kleinen, motorisch unterentwickelten Extremitäten. Das Kleinkindstadium ist nach ZELLER dem Aufbau des Zentralnervensystems und des vegetativen Systems unter Retardierung des motorischen Systems gewidmet. Diese Kleinkindgestalt harmonisiert sich in den folgenden Jahren beständig weiter, bis sie kurz vor dem ersten Gestaltwandel ein Höchstmaß von Harmonie und Ausdruckskraft erreicht habe. Charakteristische Phasen ließen sich in dieser ersten Zeit kaum herausarbeiten.

Im Stadium des Jugendalters werden von ZELLER mehrere Phasen unterschieden. Im Laufe des 6. Lebensjahres setze der *erste Gestaltwandel* ein. Arme und Beine wachsen beschleunigt, die Fettbedeckung wird geringer, Muskeln treten deutlicher hervor, der bis dahin vorstehende Bauch verkleinert sich, die Taille bildet sich aus, der epigastrische Winkel wird spitzer, der Brustkorb flacht sich von vorne nach hinten ab. Die wachsende Schulterbreite hebt sich gegen die sich nun verjüngende Beckenbreite ab. Am Kopf beginnen Mittel- und Untergesicht zu wachsen, so daß die Stirn relativ kleiner wird. Diese sog. vorpuberale Phase, beim Mädchen bis zum $10^1/_2$, beim Knaben bis zum 12. Jahre reichend, stellt nach ZELLER eine Rekapitulation der menschheitsgeschichtlichen Epoche des Frühmenschen dar, der in der Form der familiär gebundenen Horde lebte (FREUD). Die puberale Phase teilt ZELLER in 2 Teilphasen. Die erste puberale Phase beginnt mit dem *zweiten Gestaltwandel*, beim Mädchen mit $10^1/_2$., beim Knaben mit 12 Jahren: eine gewisse Disharmonisierung durch sprunghaftes Anwachsen der Beinlänge, etwas weniger der Armlänge, bei einem relativen Zurückbleiben des Rumpfes; dazu Ausbildung der primären und sekundären Geschlechtsmerkmale; deutliche psychische Veränderungen, die als seelischer Strukturwandel beschrieben werden. Die zweite puberale Phase, beim Mädchen mit der Menarche beginnend, beim Knaben nicht genau fixierbar, führt nun zur Maturität und ist charakterisiert durch eine Harmonisierung der durch die erste puberale Phase entstandenen Disharmonien. Der Zuwachs der Körperlänge wird in dieser Phase fast ausschließlich vom Wachstum des Rumpfes getragen, während des Wachstum der Beine von nun an sistiert. Die Harmonie der Gestalt stellt sich langsam wieder her, Vergröberungen, Verplumpungen und Verzerrungen schwinden. Die generativen Reifungszeichen entwickeln sich dabei gleichmäßig weiter bis zur Maturität. ZELLER unterscheidet schließlich noch ein Stadium der Funktion, das von der Maturität bis zum Abschluß des progressiven Wachstumsabschnittes reicht, in dem aber qualitative Veränderungen nicht mehr zu verzeichnen sind.

Es sei hier schon hervorgehoben, daß zwar jede individuelle Form diese einzelnen Phasen durchläuft, daß aber am Ende dennoch recht unterschiedliche Formen resultieren, daß also schon die Entwicklungsverläufe offenbar sehr verschieden gewesen sein müssen, um am Ende so verschiedene Formen erscheinen zu lassen, wie es etwa der Pyknomorphe und der Leptomorphe, der Astheniker und der Athletiker sind. Wir werden diesen Gedanken später, bei Besprechung der Konstitutionstypologien wieder aufgreifen (vgl. S. 564).

IV. Zusammenfassung

Wir wollen abschließend nochmals die wichtigsten Bestimmungen des Konstitutionsbegriffes zusammenfassen: Im Sinne der alten hippokratischen Definition ist Konstitution *die auf der Anlage beruhende, in der Organisation des Individuums oft verborgene und im wesentlichen nicht umzugestaltende Verfassung des Organismus* hinsichtlich seines Baues und seiner Reaktionsweisen. Die drei wesentlichsten Bestimmungen liegen bereits in dieser Definition: Ausgangspunkt ist stets der nichterkrankte Organismus, seine Konstitution kann Krankheitsverläufe beeinflussen und zu Erkrankungen disponieren, kann aber durch Krankheitsprozesse nicht umgewandelt werden. Denn sie beruht auf Anlagen, wenn sie sich auch stets nur im jeweiligen Phänotypus zu erkennen gibt. Ihre Eigenart ist verborgen und enthüllt sich meist erst unter besonderen äußeren oder inneren Belastungen des Individuums. Wir schließen stets von gewissen phänotypischen Merkmalen oder Reaktionen auf die dahinterliegende Konstitution. Sie betrifft stets den Organismus als ein Ganzes.

Zu trennen ist der Begriff der Konstitution von demjenigen der *Rasse* — in die allerdings konstitutionelle Faktoren infolge ihres Selektionswertes mit eingehen können — ferner vom Begriff des *Geschlechts-* und des *Alters*typus. Die Begriffe Rasse, Geschlecht und Alter sind hinsichtlich der körperlichen Verfassung demjenigen der Konstitution nebengeordnet. Ebenso wie jedes Individuum einer Rasse angehört, dem einen der beiden Geschlechter zuzurechnen ist und jeweils an einem bestimmten Platz seiner Altersentwicklung steht, so auch besitzt jedes eine ihm zugehörige konstitutionelle Verfassung.

Äußere oder innere Änderungen der Reaktionslage innerhalb der durch die Konstitution festgelegten Grenzen bezeichnen wir mit TANDLER und BAUER als *Kondition*, besondere Bereitschaften zu bestimmten Erkrankungen als *Disposition* oder in besonderen Fällen als *Diathesen*. Das Insgesamt aller Anlagefaktoren — ohne spezifische individuelle Kennzeichnung — heißt *Genotypus*, das jeweilige Erscheinungsbild als Resultante aller Umweltwirkungen (innerhalb der durch den Genotypus gesetzten Grenzen) heißt *Phänotypus*. Die aktuelle körperliche Beschaffenheit bezeichnen wir als *Habitus*, die typische Zusammenordnung gewisser abnormer Merkmale meist anlagebedingter Art bezeichnen wir gewöhnlich als *Status*.

C. Konstitution als Problem der Variabilität
I. Vorbemerkung

Da Konstitution — worüber sich wohl alle Forscher einig sind — die individuelle Verfassung charakterisieren will, gibt es ebenso viele Konstitutionen, als es Individuen gibt. Die Unverwechselbarkeit und Einmaligkeit der menschlichen Individualität gilt nicht nur für sein äußeres Erscheinungsbild, sondern ganz ebenso für seine Konstitution. Wenn auch der menschliche Organismus nach einem strengen Kanon gebaut ist, so ist er doch so komplex, daß durch ein Variieren der wirksamen Wuchsprinzipien eine schier unübersehbare Fülle von Varianten resultiert. Und zeigt schon der Körperbau diesen ungeheuren Variationenreichtum, so noch vielmehr das Insgesamt aller Funktionsabläufe. Gerade hier liegt seit altersher das besondere Anliegen der Medizin, hinter der äußeren Verschiedenheit des Menschen die Mannigfaltigkeit seiner Reaktionsweisen zu erkennen.

Von welchem funktionellen System man auch ausgehen mag, überall zeigt die klinische Erfahrung die individuelle Variationsfülle der Funktionsabläufe. Im Stoffwechsel etwa führt der Mangel eines lebenswichtigen Stoffes nicht bei allen Menschen zur gleichen Zeit zum gleichen Störungseffekt, manche Naturen erweisen sich als resistenter wie andere oder verhalten sich anders, etwa gar paradox. Die Zuführung eines schädlichen Agens schädigt nicht alle Menschen gleich stark, gleich schnell und gleichartig. Den Flüssigkeitsentzug vertragen die Menschen höchst verschieden. Auf Schmerzreize reagieren sie sehr ungleich. Die Regeneration von Defekten, z. B. der Haut, erfolgt verschieden schnell.

Auch physiologische Aufgaben bewältigen die Organismen sehr verschiedenartig. Der Magen entleert sich nach Aufnahme gleicher Nahrungsmengen gleicher Zusammensetzung, auch unter sonst gleichen Voraussetzungen, verschieden schnell, der Nahrungsbrei passiert das Darmrohr innerhalb erheblich auseinanderliegender Zeitgrenzen, die Resorptionsgeschwindigkeit ist ebenso verschieden wie überhaupt die „Nahrungsverwertung". Die gleiche Menge Flüssigkeit passiert unter sonst gleichen Umständen den einzelnen Organismus verschieden schnell, sie wird vom einen länger festgehalten als vom andern und daher verschieden rasch wieder ausgeschieden, wobei wir von krankhaften Störungen der Ausscheidung ganz absehen wollen. Dieselbe Variabilität ließe sich bei allen andern Teilsystemen des Organismus zeigen.

Noch deutlicher wären die Unterschiede, würde man den Organismus bis zu seiner Belastungsgrenze erproben können. Der Eintritt von Bewußtlosigkeit bei überstarken Sinnesreizen oder von physischer Erschöpfung bei übermäßiger körperlicher Belastung, der Eintritt und Verlauf krankhafter Störungen bei fortgesetztem Nahrungs- oder Wasserentzug, all dies erwiese sich als variabel und würde Wesentliches über die anlagebedingte Reaktionslage des Organismus, also seine Konstitution, aussagen. Da dem Experiment hier jedoch Grenzen gesetzt sind, ist man in dieser Hinsicht beim Menschen stets nur auf kasuistische Beobachtungen angewiesen, denen die Beweiskraft des Experiments fehlt.

Es ist nun kein Zweifel, daß das Handeln des Arztes durch eine genaue Kenntnis dieser individuellen Unterschiede der menschlichen Konstitution bereichert würde. Die Wirkung aller unserer Heilmaßnahmen, von der Applikation von Wärme oder Kälte, von Salben oder Tabletten bis zur Anwendung von Bädern, Bestrahlungen oder Gymnastik kennen wir nur sehr global. Wir wissen etwas über die gefäßerweiternde, antiphlogistische, blutdrucksenkende oder sedative Wirkung der Medikamente. Über die *Verschiedenartigkeit* ihrer Wirkungen auf die verschiedenen Konstitutionen wissen wir so gut wie nichts und pflegen meist auch nicht danach zu fragen, weil uns niemand eine Antwort geben könnte. Dennoch dürfte die Einbeziehung der Konstitution in unser ärztliches Handeln eine wesentliche Verfeinerung unserer therapeutischen Maßnahmen mit sich bringen.

Der einzige Weg, die unabsehbare Fülle von Varianten menschlicher Konstitutionsformen überblickbar zu machen, und wenigstens erste Orientierungspunkte zu gewinnen, ist die *Aufstellung von Typen*. Es gilt, die Wiederkehr des Ähnlichen zu registrieren, gleichartige Gruppen zu bilden und zu versuchen, das Gemeinsame dieses Gleichartigen zu bestimmen. Es lag nahe, Versuche konstitutioneller Typenbildung unmittelbar von der ärztlichen Erfahrung aus zu unternehmen. Denn sie war ja der Anlaß für solches Fragen. So kam es schon seit alters her zu mannigfachen Versuchen unmittelbar an der Pathologie orientierter Typologien. Aber es ist zweifelhaft, ob dieser Weg methodisch richtig oder mindestens zweckmäßig war. Man kann sich fragen, ob die Forschung nicht zu richtigeren Erkenntnissen käme, wenn sie die Variabilität menschlicher Organismen nicht vom kranken, bzw. gestörten Organismus, sondern vom normalen, gesunden Organismus aus studierte. Denn das Kranke ist die Abwandlung des Gesunden, nicht aber das Gesunde die Abwandlung des Kranken. Schlußfolgerungen vom Kranken auf das Gesunde sind immer mißlich, oft irreführend, wogegen Schlußfolgerungen vom Gesunden auf das Kranke niemals fehlgehen können.

Es zeigen sich also zwei verschiedene Zugangswege zum Problem konstitutioneller Typenbildung. Den einen stellt die Typologie dar, die von der Pathologie herkommt, den andern gehen die von der Anthropologie entwickelten Typologien.

Wir besprechen zunächst, schon aus historischen Gründen und weil sie dem ärztlichen Denken näher liegen, die von der Pathologie ausgehenden Konstitutionstypologien und wenden uns dann erst den von der Anthropologie geschaffenen Typen zu, wobei sich allerdings zeigen wird, daß erst von diesen ein sicheres Fundament für die Konstitutionsforschung gewonnen werden kann.

II. Die von der Pathologie entwickelten Typologien

Vermutlich spielen bei jeder Krankheit konstitutionelle Faktoren eine mehr oder minder starke, mitbestimmende Rolle. Und es gibt kaum eine Krankheit, die uns nicht veranlassen könnte zu fragen: Warum gerade sie? Warum gerade dieses Organ? Gerade diese Symptome? Gerade dieser Verlauf? Aber wir können auf diese Fragen kaum jemals eine Antwort geben. Selbst bei so verbreiteten Krankheiten, wie es etwa die Tuberkulose ist, stehen wir mit unseren Kenntnissen hinsichtlich einer spezifischen Konstitution noch ganz am Anfang, seit die alte Lehre von der „phthisischen Konstitution" zusammengebrochen ist. Auf spekulative oder hypothetische Gedanken, wie sie gerade hier sehr zahlreich sind, einzugehen, fehlt uns der Raum. Ebenso sollen hier nicht die unmittelbar hereditären Erkrankungen besprochen werden. Sie beruhen meist auf der Mutation eines oder mehrerer Gene und manifestieren sich schicksalhaft, ohne daß davon die Rede sein könnte, das jeweils Ganze des Organismus, also seine individuelle Reaktionslage, sei durch diese Krankheitsanlage in besonderer Weise bestimmt.

Vielmehr soll hier eine Reihe von konstitutionellen Typen behandelt werden, die eine erhöhte Bereitschaft zu ganzen Komplexen von z. T. exogen ausgelösten Erkrankungen zeigen. Man pflegt diese mehr oder weniger spezifischen Dispositionen gewöhnlich als *Diathesen* zu bezeichnen.

1. Die allergische Diathese

Nach v. Pfaundler war es der englische Arzt Thomas White, der erstmals 1788 den Begriff der „diathesis inflammatoria" einführte für eine besondere Entzündungsbereitschaft der Kinder, die deshalb später von Virchow als „entzündliche Diathese" in die deutsche Literatur übernommen wurde, bis später Czerny den Ausdruck der „exsudativen Diathese" hierfür prägte, den dann v. Pfaundler übernahm und weiter ausbaute. Die Diathese ist, wie es dem Begriff einer Krankheitsbereitschaft entspricht, zunächst ein klinisch latenter Zustand. Niemand kann es dem Neugeborenen ansehen, ob eine besondere Bereitschaft zu exsudativen Entzündungen bei ihm besteht. Unter der Wirkung ubiquitärer äußerer Faktoren der Ernährung, Temperatur, gewisser Hautreize u. a. treten dann bald die bekannten entzündlichen Erscheinungen an Haut und Schleimhäuten auf, die als Milchschorf, Ekzem, Impetigo, Blepharitis und Conjunctivitis, Laryngitis und Pharyngitis, Enteritis und Colitis, Balanitis und Vulvovaginitis u. a. dem Kinderarzt bekannt sind.

Bald erkannte man auch den Zusammenhang zur kindlichen Skrofulose, zu der wiederum eine bis dahin unabhängig beschriebene, nämlich die „lymphatische Diathese" deutliche Beziehungen besitzt. Die erheblichen Hyperplasien im Bereiche des Rachenringes, der Zungen-, Rachen, Bindehaut- und Darmfollikel, seltener auch des lymphatischen Anteils in Milz und Leber und endlich auch der Lymphknoten beschrieben Paltauf und Escherich als „status thymicolymphaticus". Weitere Beziehungen ergaben sich bald zu einer Diathese, die von Comby als „kindlicher Arthritismus" beschrieben worden war. Kreibich wies dann erstmalig bei diesen Störungsformen auf die anlagebedingte hochgradig gesteigerte Erregbarkeit des neurocapillaren und des die Juckempfindung vermittelnden nervösen Apparates hin (Moro, Czerny), Eppinger und Hess bezeichneten die lymphatisch-exsudative Diathese geradezu als „juvenile Vagotonie". Endlich ergab die Untersuchung der Aszendenz solcher Kinder gehäuft auch Fälle von Gicht, rheumatischen Erkrankungen und Migräne. So weitete sich der Kreis von irgendwie Zusammengehörigem immer weiter aus und die Zahl von einschlägigen Beobachtungen, Sippschaftstafeln, Statistiken, Hypothesen und Theorien ist heute schon so angewachsen, daß sich ein Eingehen schon aus räumlichen Grunden verbietet. Es kann darauf aber auch deshalb verzichtet werden, weil alle diese Vorstellungen als überholt gelten können seit der Entdeckung der Allergie von v. Pirquet und die Aufstellung der „allergischen Diathese" durch Kämmerer.

Die meist parenterale, u. U. aber auch enterale Einführung körperfremder löslicher Substanz („Antigene" oder „Allergene") nimmt der Organismus in den meisten Fällen nicht gleichgültig hin. Er bildet Gegenstoffe („Antikörper"), die streng antigen-spezifisch gebaut sind und im Falle einer erneuten Zufuhr des Antigens mit diesem in Reaktion treten (anaphylaktischer bzw. allergischer Schock). Auch eine eiweißfreie Substanz, sofern sie nur „körperlöslich" ist, kann derartige Reaktionen hervorrufen. Deshalb bezeichnet man alle nach dem Anaphylaxieprinzip ausgelösten Störungen, die durch den gleichen funktionellen Aufbau (Sensibilisierung —Vorbereitungszeit — Auslösung) bestimmt werden, als allergische Reaktion oder allergische Krankheiten. Die auslösenden Substanzen werden gewöhnlich als Allergene bezeichnet (Hansen).

Der Begriff der *allergischen Diathese* bezeichnet nun eine anlagebedingte gesteigerte Sensibilisierungsbereitschaft gegenüber körperfremden Stoffen, einmal auf Grund einer extrem erhöhten Fähigkeit zur Antikörperbildung, zum andern einer gesteigerten Vasolabilität. Auf diese Weise entstehen bestimmte allergische Reaktionsformen, bzw. eine Reihe von Merkmalen, die die allergische Reagibilität offenbar begünstigen oder mit ihr koordiniert sind, wie etwa die allgemeine Vasolabilität (vgl. später), meist verbunden mit neuropathischen oder psycholabilen Zügen. Die charakteristischen Erkrankungen, die hier zu nennen sind, wären etwa das Heufieber, das Bronchialasthma, die Urticaria, das Quinckesche Ödem, Ekzeme mannigfacher Art, die Migräne, Gastritisformen, einschließlich des Ulcus ventriculi, enteritische Verdauungsstörungen und Durchfälle, manche Formen von Muskel- und Gelenkrheumatismus, intermittierender Gelenkhydrops, rheumatische Neuritiden, Cholecystopathie, vielleicht auch die Gicht und gewisse abakterielle Meningitiden (HANSEN).

So läßt sich also heute das gemeinsame Fundament für alles, was bisher als „Neuroarthritismus", „exsudative Diathese", „angioneurotische Diathese", „Idiosynkrasien" usw. bezeichnet worden war, darin erblicken, daß auf Grund einer anlagebedingten gesteigerten Sensibilisierungsbereitschaft für ubiquitäre Stoffe, mit denen der Körper frühzeitig in Berührung kam, Antikörper gebildet werden, auf die bei erneuter Aufnahme des Antigens dann eine der zahlreichen möglichen Antworten des Organismus erfolgt, die wir eben als allergische Reaktion bezeichnen. Für diese Anlage zur abnorm gesteigerten Sensibilisierbarkeit hat HANHART in der Tat einen dominanten Erbgang feststellen können. Bei eineiigen Zwillingen fand WEITZ 100% Kondordanz der allgemeinen Allergiebereitschaft, aber nur 60—80% Übereinstimmung hinsichtlich der speziellen Erkrankungsform.

Wir haben hier also ein gutes Beispiel eines echten, von der Pathologie her richtig entwickelten *konstitutionellen Typus* vor uns. Es handelt sich dabei nicht um eine Krankheit, schon gar nicht um eine Erbkrankheit, vielmehr um eine besondere *Variante der Norm*. Der Träger einer allergischen Diathese ist als solcher nicht krank, er hat seine Diathese auch nicht als Folge einer durchgemachten Krankheit erworben. Da jeder Mensch sensibilisierbar ist, unterscheidet sich der Träger einer allergischen Diathese überhaupt nur quantitativ vom Normalen und stellt in diesem Sinne eine echte Variante dar. Das Maß der Sensibilisierbarkeit ist offenbar unterschiedlich stark angelegt. Man könnte etwa an multiple Allele hinsichtlich dieser quantitativen Anlagestufung denken. Die Träger besonders starker Sensibilisierbarkeit stellen also eine echte Konstitutionsvariante dar. Die Krankheiten, zu denen die allergische Diathese disponiert, sind exogener Art, werden also durch äußere Einwirkungen mannigfachster Art ausgelöst.

Es ist hervorzuheben, daß hiermit das konstitutionelle Problem natürlich nicht gelöst ist. Es wäre weiter zu fragen, welcher Art dasjenige ist, was wir — in Ermangelung besserer Einsicht — als „erhöhte Sensibilisierbarkeit" bezeichneten, oder zu fragen, ob auch für die Organwahl besondere konstitutionelle Faktoren in Frage kommen (vgl. spezielle Stammbäume HANHARTs, in denen ausschließlich Heufieber oder Bronchialasthma auftrat) oder ob dies lediglich Sache der Eintrittspforte des Antigens ist und viele derartige Fragen mehr. Sicher scheint sich keine Korrelation zu bestimmten Körperbautypen finden zu lassen. Auch dieser Frage wird man bei verfeinerter konstitutionsbiologischer Technik weiterhin nachgehen müssen.

2. Der Arthritismus

Trotz einer gewissen Verwandtschaft zum eben besprochenen Konstitutionstypus soll das Problem des „Arthritismus", schon aus historischen Gründen, gesondert behandelt werden.

Die Trias Gicht-Diabetes mellitus-Fettsucht galt schon der älteren Medizin als ein irgendwie zusammengehöriger Komplex. Später wurde hierfür von französischen Autoren die Bezeichnung „Artritismus" eingeführt, für den sich neben den genannten Erkrankungen noch Beziehungen zu weiteren Störungen, wie etwa Konkrementbildung in Gallen- und Harnwegen, vorzeitige Arteriosklerose, Rheumatismus, Neuralgien, Migräne usw. ergaben.

Diese Zusammengehörigkeit verschiedenartiger Erkrankungen hatte sich der klinischen Erfahrung aufgedrängt, doch wissen wir, wie leicht man durch das, was wir „klinische Erfahrung" nennen, in die Irre geführt werden kann. Natürlich kennt jeder Arzt Einzelfälle, bei denen eine der genannten Krankheiten die andere abzulösen scheint, so daß er sich des Eindrucks der Zusammengehörigkeit kaum entziehen kann. Auch im Familienkreis scheinen sich Erkrankungen dieses Formenkreises vertreten zu können. Derartige Einzelbeobachtungen beweisen aber nichts. Man könnte Einzelbeobachtungen über das Koinzidieren beliebigster Erkrankungen beibringen, die sicher nichts miteinander zu tun haben.

Es war deshalb sehr dankenswert, daß CATSCH (1941) sich der Mühe einer genauen korrelationsstatistischen Untersuchung dieser Krankheitsbeziehungen unterzog. Er berechnete an einem Material von 1961 Fällen aus der Inneren Abteilung der Medizinischen Klinik in Lübeck (CURTIUS) die zwischen den einzelnen Erkrankungen bestehenden korrelativen Beziehungen. Diese Berechnung ergab in der Tat durchwegs positive, allerdings nicht allzuweit von Null entfernte Korrelationsziffern, die sich erhöhten, wenn man sie lediglich auf die pyknomorphen Körperbautypen bezog. So kam CURTIUS zu dem Resultat: „Die ausgezeichnete ursprüngliche Erfassung des Arthritismus (RÖSSLE 1940) hat der Kritik standgehalten. Klinische, korrelations- und erbbiologische Befunde lassen erkennen, daß zwischen den Hauptrepräsentanten dieser Erkrankungen, insbesondere der Fettsucht, dem Diabetes, den Arthritiden und der allergischen Diathese Beziehungen bestehen" (vgl. Abb. 1).

Den Zusammenhang zur Gicht hält er indessen nicht für erwiesen. So fanden VIOLLE (1937) nur bei 1%, NAUNYN bei 2,3%, KÜLZ bei 3,4% ihrer Gichtiker einen Diabetes. Von GRUBERs Diabetikern sollen allerdings 9%, von v. NOORDENs 8% gichtkrank gewesen sein. Umgekehrt fand SECKEL unter 430 Diabetikern nur 9 männliche Gichtkranke (2,1%). CANTANI findet Gicht bei Diabetes in 0,5%, SEEGEN in 3,4%, LENNÉ in 4,5%[1]. Auch die Beziehungen zwischen Gicht und Fettsucht halten nach CURTIUS der Kritik nicht stand (THANNHAUSER, LICHTWITZ, GUDZENT u. a.). Letztere stellten unter rund 200 Gichtkranken nur 10mal eine auffällige, 7mal erbbedingte Fettsucht fest. Die seltenen Fälle von Fettsucht bei Gicht lassen sich nach LICHTWITZ ungezwungen auf Überernährung zurückführen.

Die Neigung der Gichtiker zur Bildung von Harnsedimenten werde, wie CURTIUS ausführt, von der modernen Klinik anerkannt (LICHTWITZ), soll aber — im Gegensatz zu alten und noch heute weitverbreiteten Anschauungen — nicht auf der unterstellten „harnsauren Diathese" beruhen (THANNHAUSER). GUDZENT fand unter 78 genau kontrollierten Gichtfällen nur einmal Harnleitersteine. CURTIUS erwähnt auch, daß sich gelegentlich einer Rundfrage BRUGSCH, SCHOEN, HOLLER, KÄMMERER und UNVERRICHT sehr zurückhaltend über eine „uratische Diathese" besonders hinsichtlich der Konkrementbildung, geäußert hätten. Auch die ebenfalls behauptete Neigung der Gichtiker zur Cholelithiasis wird von HANHART als unbewiesen angesehen, da von 50 Gichtikern RAMIREZ nur einer behaftet gewesen sein soll (CURTIUS S. 237).

Die Beziehungen der Gicht zur allergischen Diathese wird allerdings nach den Anschauungen von JONES, WIDAL, LINOSSIER, SCHITTENHELM, MINKOWSKI, GUDZENT, LICHTWITZ und W. BERGER für wahrscheinlich erachtet. Hieraus

---

[1] Literatur bei CURTIUS (1954).

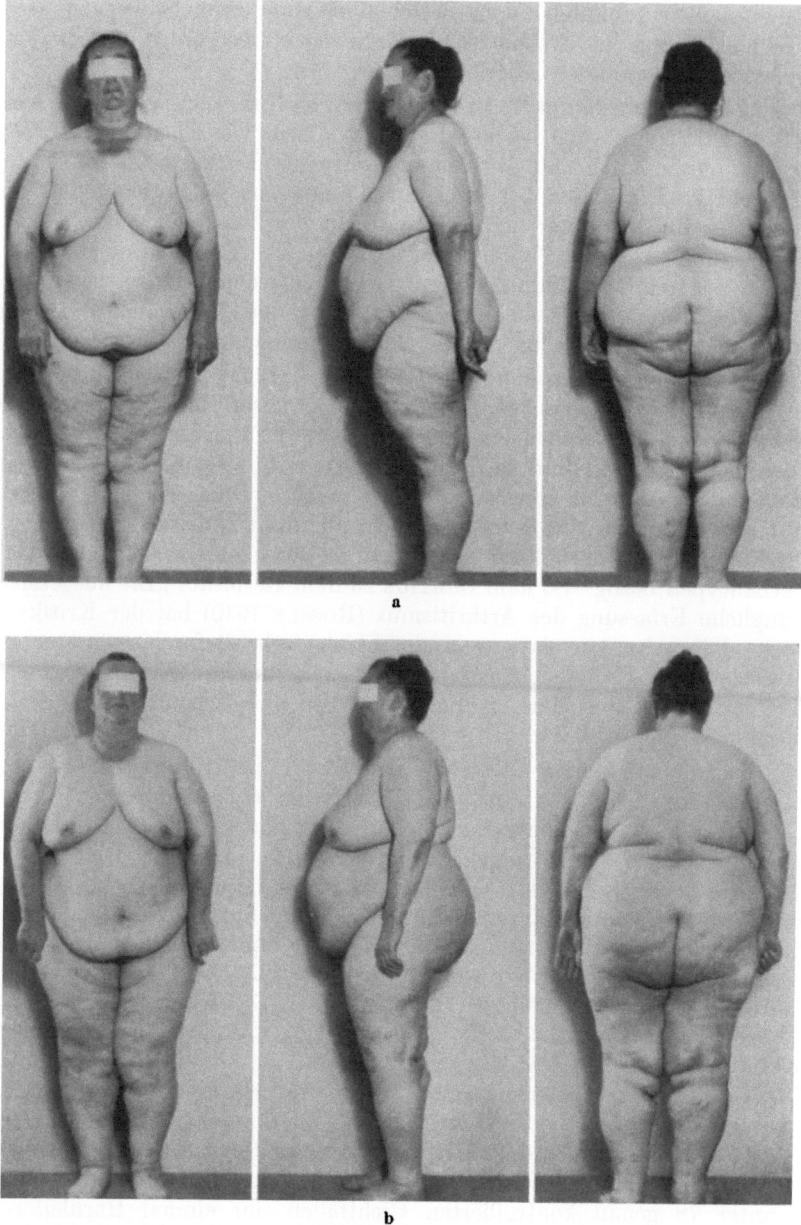

Abb. 1. Konstitutionelle Fettsucht bei eineiigen Zwillingen. Der Vergleich zeigt überaus eindrucksvoll die anlagebedingte Ähnlichkeit nicht nur im Ausmaß, sondern auch in der Verteilung des Fettes.
(Aus CAMERER, J. W., u. R. SCHLEICHER)

ergeben sich auch die Beziehungen der Gicht zu anderen allergischen Leiden, wie etwa der Migräne und dem Heuschnupfen (HANHART, BERGER).

Aus dem kaum übersehbaren Schrifttum zu allen diesen Fragen scheint sich zu ergeben, daß die Gicht viel eher mit dem Konstitutionskreis der allergischen Diathese in Beziehung zu setzen ist, wogegen die im „Arthritismus" vereinigten

Erkrankungen, die Fettsucht, der Diabetes mellitus und gewisse Gelenkerkrankungen, vielleicht auch die Arteriosklerose, eine gewisse Selbständigkeit besitzen.

Hanhart hält übrigens eine Beziehung dieses arthritischen Konstitutionskreises zu einer „Disposition zur Konkrementbildung in den Gallen- und Harnwegen" doch für möglich, wenn dies auch mit Einzelsippschaftstafeln nicht zu beweisen ist.

So scheint sich aus der Fülle zusammengetragener Beobachtungen zu ergeben, daß die alte klinische Erfahrung einer Zusammengehörigkeit von Diabetes mellitus, idiopathischer Fettsucht, vorzeitiger Arteriosklerose und gewissen „altersbedingten" Gelenkveränderungen zu Recht besteht. Alle diese Erkrankungen

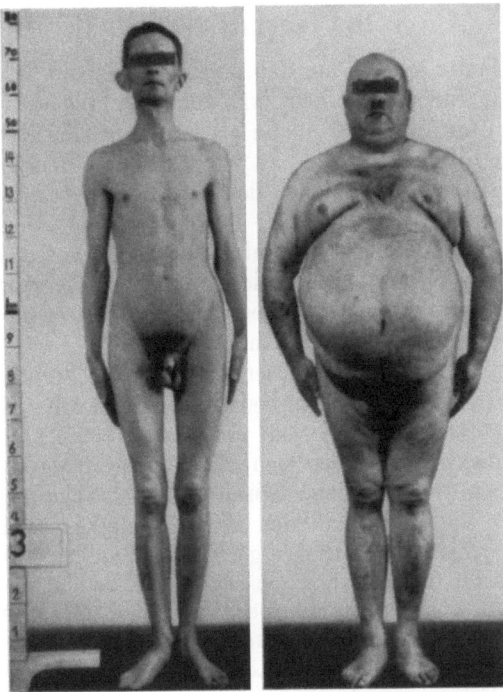

Abb. 2. Extrem hypoplastischer Leptomorpher (Astheniker) neben extrem hyperplastischem Pyknomorphem mit konstitutioneller Fettsucht (Arthritiker)

sind nicht streng aneinander gekoppelt, vielmehr können sie isoliert in Erscheinung treten und müssen auch im weiteren Familienkreis sich durchaus nicht immer mit einer der anderen Erkrankungen kombinieren. Für jede Erkrankung müssen Anlagefaktoren in Anspruch genommen werden, jede bedarf aber wohl zu ihrer Entstehung auch gewisser exogener Faktoren, so daß von reinen Erbmerkmalen nicht die Rede sein kann. Bei allen genannten Störungen spielen Stoffwechselvorgänge eine entscheidende Rolle und hier wieder sind es die Kohlenhydrate und Fette, deren Auf- und Abbau im Organismus betroffen ist.

Auch hier hat die Pathologie somit einen echten „Konstitutionstypus" gesehen und beschrieben. Eine auf die Anlage sich gründende Regulationsstörung des Zuckerstoffwechsels, deren Pathogenese noch keineswegs klar ist, kombiniert sich mit anderen Regulationsstörungen des Fett- und Cholesterinstoffwechsels. Wo der Sitz dieser Regulation zu denken ist, wissen wir heute noch nicht. Das Hypophysenzwischenhirnsystem steht seit einigen Jahrzehnten im Mittelpunkt des wissenschaftlichen Interesses. Es ist möglich, daß zukünftige Untersuchungen den Ort des hier wirksamen Faktors in das Zwischenhirn lokalisieren werden. Es ist aber wohl noch verfrüht, die arthritische Trias als „diencephale Stoffwechseldiathese" zu bezeichnen wie dies geschehen ist.

Eine besondere Note erhält nun dieser ganze Komplex durch seine Beziehung zur pyknomorphen Körperbauform. Insbesondere die korrelationsstatistischen Untersuchungen von CATSCH haben erwiesen, daß diese Beziehung nicht nur auf einem unbewiesenen klinischen Eindruck beruht, sondern sich korrelationsstatistisch belegen läßt. Damit aber erhält dieser aus der Pathologie entwickelte Typus den Anschluß an die anthropologische Typologie und wird möglicherweise von hier aus eine weitere Erhellung erfahren (vgl. Abb. 2).

3. Die vegetative Labilität

Es mutet uns heute seltsam an, daß noch vor wenigen Jahrzehnten die Lehrbücher sowohl der Inneren Medizin wie auch der allgemeinen Pathologie das vegetative System im Anhang, beinahe als unwesentliche Nebensache behandelten, über die kaum Wissenswertes zu sagen sei. In den letzten Jahrzehnten schwoll das Interesse und damit auch das Schrifttum über dieses lange vernachlässigte Gebiet ins Unübersehbare an. Waren es früher die „Säfte" (Humoralpathologie), später die „Zellen" (Cellularpathologie), so ist es heute das feine Fasersystem der vegetativen Innervation mit ihren übergeordneten Zentren in der Medulla und im Diencephalon, in dessen Zeichen unser medizinisches Denken getreten ist (Neural- oder Relationspathologie).

Schon frühzeitig, im Beginn dieser Entwicklung steht der Versuch einer konstitutionellen Typenbildung hochbedeutsamer Art: die Lehre von der *Sympathico- und Vagotonie* von EPPINGER und HESS (1905). Obwohl vom Beginn an kritisiert und bekämpft, haben sich die Begriffe, insbesondere derjenige der Vagotonie, bis heute im klinischen Sprachgebrauch erhalten, ein Zeichen, daß die Autoren, wenn auch noch mit den unvollkommenen und z. T. auch irrigen Vorstellungen ihrer Zeit, Wesentliches gesehen haben. So setzen sich neuerdings einige Autoren wieder für die schon tot gesagte Lehre ein, die für den klinischen Gebrauch verwendbare Begriffe in die Hand gebe (H. HOFF, FREDENHAGEN, HANHART, E. FRANK, LESCHKE, ROMINGER, DESLER, JESSERER, CURTIUS).

EPPINGER und HESS stützten ihre Lehre in erster Linie auf pharmakologische Beobachtungen. Folgen wir der zusammenfassenden Darstellung, die CURTIUS (1954) gibt, so sollen Vagotoniker, d. h. Menschen mit erhöhter Erregbarkeit des gesamten autonomen oder erweiterten Vagussystems, durch eine elektive Empfindlichkeit gegenüber dem vaguserregenden Pilocarpin gekennzeichnet sein. Man findet bei ihnen spontan und verstärkt nach Pilocarpin starke Schweiße, Speichelfluß, Hyperacidität, Eosinophilie, Bradykardie, respiratorische Arrhythmie, arterielle Hypotension, periphere Durchblutungsstörungen und spastische Obstipation. Auf dieser vagotonischen Reaktionslage erwachsen leicht auch gewisse Erkrankungen, wie manche der schon erwähnten allergischen Erkrankungen, aber auch Laryngo- und Kardiospasmus und andere spastische Zustände.

Bei dem Sympathicotoniker bestehe umgekehrt erhöhte Disposition zu solchen Erscheinungen, die durch Adrenalin hervorgerufen bzw. gesteigert werden, wie Neigung zu alimentärer Glykosurie, Hyp- bis Anacidität, Tachykardie, Mydriasis, Blutdrucksteigerung.

Das unbestreitbare und unvergängliche Verdienst von EPPINGER und HESS bleibt es, zu einer Zeit, die noch kaum Interesse für die vegetativen Regulationen zeigte, auf die wichtige Polarität dieses Systems und seine Beziehungen zur Konstitution hingewiesen zu haben. Gleichwohl ist die Entwicklung über die erste Stufe hinweggeschritten. Bald zeigte die klinische Erfahrung, daß zwar jene vagotonischen Typen — CURTIUS beschreibt anschaulich einige praktische Fälle — existieren. Aber der zur spastischen Obstipation neigende Vagotoniker kann zu gewissen Perioden seines Lebens unter plötzlichen Durchfällen leiden oder zumindest seine Obstipation verlieren, ebenso die Bradykardie, die in eine Tachykardie umschlagen oder die Hyperacidität, die sich in eine Anacidität verwandeln kann. Leichtes Schwitzen charakterisiert etwa auch den Sympaticotoniker, wenn auch Unterschiede bestehen mögen insofern, als der eine mehr geneigt ist, nachts im Schlafe zu schwitzen, der andere am Tag bei der Arbeit. Ein und derselbe Mensch kann zu verschiedenen Zeiten gegen die entsprechenden Pharmaka, z. B. Pilocarpin, verschieden empfindlich sein (POLLITZER, WILDER), auch haben sich unsere Vorstellungen über den Angriffspunkt mancher der von EPPINGER und HESS genannten Pharmaka geändert. Endlich ist auf die starke Abhängigkeit der Reaktion vom Zustand der peripheren Erfolgsorgane hinzuweisen (BAUER, ZONDEK). So haben sich zahlreiche unserer Vorstellungen über die Wirkung der von EPPINGER und HESS herangezogenen Pharmaka so erheblich gewandelt, daß schon von diesem Punkte her ,,der Versuch, durch pharmakodynamische Reaktionen vagotonische und sympaticotonische Typen voneinander zu scheiden, als mißglückt zu bezeichnen ist" (E. FRANK).

Die moderne Sicht der polaren Struktur des vegetativen Systems geht auf die fundamentalen Untersuchungen von W. R. HESS zurück und seine hochbedeutsame Unterscheidung zwischen der *ergotropen* und *trophotropen Einstellung* des Organismus. Um das Leben aufrechtzuerhalten, ist nach HESS die ständige Möglichkeit zur Energieentfaltung und Energiebereitstellung erforderlich. Der Organismus muß deshalb in zwei gegensätzlichen Grundrichtungen steuerbar sein.

Die ergotrope Einstellung — wir folgen im Nachfolgenden der ausgezeichneten Darstellung durch REINDELL, SCHILDGE, KLENZIG und KIRCHHOFF (1955) — führt zur Energieentfaltung, die trophotrope dagegen bewirkt Energieaufbau und Energiespeicherung. Ergotrop und trophotrop sind also Begriffe, die in erster Linie auf die Einstellung des Gesamtorganismus abzielen.

In der *ergotropen* Phase werden Energien für die erhöhte Tätigkeit des Kreislaufes, der Atmung und des Skeletmuskels frei, es kommt zu einer Erhöhung des Schlagvolumens und der Frequenz des Herzens, zu Blutdrucksteigerung, Steigerung des gesamten Stoffwechsels, vermehrtem Sauerstoffverbrauch, Temperaturanstieg, Verschiebung im Mineralhaushalt in Richtung des Calciums; neben Eiweißmobilisierung erfolgt auch Zuckermobilisierung, der Blutzuckerspiegel steigt an; Fett- und Cholesterinwerte im Blut sinken ab, Ketonkörper treten vermehrt auf; die Leukocytenzahl steigt an, während die Eosinophilen sich vermindern. Weiter wird in der ergotropen Gesamtumschaltung das Gehirn zu einer gesteigerten Aktivität befähigt, es kommt zur Senkung der Reizschwelle; Sinnesorgane werden schon durch geringe Umweltreize ansprechbar. Der Organismus befindet sich in einem Zustand, der ihn befähigt, in der Auseinandersetzung mit der Umwelt die zur Selbsterhaltung erforderlichen Energien zu mobilisieren. Er ist auf Leistung eingestellt.

In der *trophotropen* Phase ist der gesamte Energieumsatz vermindert und eine Anlagerung von Energiereserven wird ermöglicht. Lediglich die Organe, die dem Energieaufbau dienen, wie der Magen-Darmtractus, befinden sich in Leistungsstellung. Atmung und Kreislauf werden gedrosselt. Körpertemperatur, Pulsfrequenz und Blutdruck sinken. Die Alkalose des Blutes nimmt zu und der Kalium: Calcium-Quotient steigt an, während der Wert für das Gesamt-Serum-Eiweiß abfällt. Der Blutzucker sinkt und die Glykokollsynthese wird aktiviert. Blutfett und Cholesterine nehmen zu und die Blutketonkörper gehen zurück. Die

Leukocytenzahl sinkt, nur die Zahl der Eosinophilen steigt an. In der trophotropen Phase erfolgt vorwiegend die Nahrungsaufnahme, die mechanische und chemische Aufspaltung der Nahrung, die Disponierung der gewonnenen Energien und das Abstoßen der Schlacken. Sinnesleistung und Gedankentätigkeit werden zunehmend ausgeschaltet, so daß sich der Organismus bis zum Schlaf von den Einflüssen der Umwelt ablösen kann. In der trophotropen Phase findet auch das Wachstum des Organismus statt, ebenso die Anlagerung von Depot-Fett als Energiereserve.

Aus dieser Gegenüberstellung ergibt sich, daß die ergotrope Phase nicht einfach als „sympathicotone" Einstellung und die trophotrope nicht als „vagotone" Phase bezeichnet werden kann. Der ergotrope Funktionszustand entspricht gar nicht ausschließlich einer Sympathicusinnervation. So wird — worauf REINDELL u. Mitarb. hinweisen — zwar das Herz vorwiegend sympathisch, der arterielle Kreislauf in tätigen Organen vorwiegend parasympathisch innerviert, in der trophotropen Einstellung umgekehrt. Beide Teilsysteme können innerhalb eines Funktionskreises nicht nur antagonistisch, sondern auch synergistisch arbeiten. Es kann also dem Gegensatz in der lokalen Wirkung ein Synergismus in der kollektiven Leistung entsprechen (W. R. HESS).

Fragen wir uns nun, was uns diese neuen Vorstellungen von der polaren Struktur des vegetativen Systems für die Konstitutionslehre gebracht haben, so ist es zweierlei. Einmal ergibt sich daraus die Möglichkeit — und nach dem Prinzip der allgemeinen Variabilität des Organismus liegt sie sehr nahe — daß es konstitutionelle Varianten geben könnte, bei denen einmal mehr die trophotrope Einstellung als Dauerhaltung überwiegt, die also nach dem *energetischen Sparsystem* organisiert sind und andere, die umgekehrt eine ergotrope Dauereinstellung zeigen und gewissermaßen auf *Leistung* eingerichtet sind. Diese Unterscheidung führt aber aus den von der Pathologie entwickelten Typologien bereits in das Gebiet der anthropologischen Typenbildungen und wird dort nochmals aufzugreifen sein. Zum andern ergibt sich die Möglichkeit des Bestehens einer besonderen, vielleicht abnormen *Labilität* zwischen beiden Einstellungen.

Mit dieser „vegetativen Labilität" sind wir nun in der Tat an jenem Endpunkt der Entwicklung gelangt, den die Lehre von EPPINGER und HESS bis heute gefunden hat. Bekanntlich war es v. BERGMANN, der frühzeitig erkannte, daß auch bei den Typen von EPPINGER und HESS das Wesentliche in der besonderen Labilität der vegetativen Einstellung liegt. Er faßte deshalb diese Formen als „vegetativ-labile" oder auch „vegetativ-stigmatisierte" zusammen; eine der klinischen Bezeichnungen hierfür ist auch die „vegetative Dystonie". Unter diesen etwas modisch gewordenen Schlagworten wurde aber nun sehr rasch so vielerlei und Unzusammengehöriges subsumiert, daß man heute diese Diagnosen nur ungern stellt. DENNIG sagte in der letzten Auflage seines Lehrbuches (1957): „Wenn man die vegetative Dystonie enger faßt und wohlumschriebene Krankheitsbilder, wie Migräne usw., so wie die echten psychogenen Störungen ausschließt, so bleibt folgendes übrig: es gibt Menschen, bei denen Teile des vegetativen Nervensystems besonders leicht erregbar sind. Bei solchen Personen zeigt sich z. B. Tachykardie oder Schweißausbruch oder Tränensekretion oder Erröten schon auf geringe Reize hin, die beim Durchschnitt der Menschen noch keine derartige Wirkung haben. Die wirksamen Reize können verschiedenster Art sein, etwa körperliche Anstrengung, seelische Erregung oder Einwirkung eines Arzneimittels. ... Manchmal sind nur einzelne Teile des vegetativen Systems besonders erregbar (isolierte Neigung zu Handschweiß ...). ... In andern Fällen betrifft die erhöhte Erregbarkeit große Teile des vegetativen Nervensystems. Irgendwelche Regeln lassen sich nicht aufstellen; im besonderen hat sich die Einteilung in Vagotonie und Sympathicotonie nicht halten lassen, da meistens beide Systeme durcheinander betroffen sind.

Eine solche vegetative Labilität ist größtenteils erblich bedingt, doch kann sie durch Erlebnisse oder Krankheiten entwickelt und gesteigert werden. In der Rekonvaleszenz ist sie stärker; in der Jugend pflegt sie im allgemeinen lebhafter zu sein, während sie mit zunehmendem Alter zur Abschwächung neigt. Nur im Klimakterium erreicht die vegetative Erregbarkeit nochmals einen Gipfel."

Der Autor hält auch eine Koppelung psychischer Erregbarkeit und vegetativer Labilität nicht für notwendig. Ganz normale Menschen könnten stark vegetativ labil sein und umgekehrt könnten Psychopathen vegetativ gering erregbar sein. Der Psychiater würde hier allerdings zwischen erregbaren und unerregbaren Psychopathen unterscheiden. Bestimmte Formen psychischer Labilität dürften doch wohl mit erhöhter vegetativer Labilität zusammenfallen, da „Emotionales" und „Vegetatives" überhaupt nur als zwei verschiedene Aspekte ein und desselben angesehen werden dürften.

Es ist nun kein Zweifel, daß die „vegetativ Labilen" einen großen Sammeltopf bilden, der vorläufig recht Verschiedenartiges enthält. Schon bei Besprechung der allergischen Diathese hörten wir, daß ein Teil der gesteigerten Sensibilisierungsbereitschaft auf einer gesteigerten Vasolabilität beruhe (HANSEN). Die allermeisten Allergiker sind in der Tat vegetativ Labile, aber nicht alle vegetativ Labilen zeigen allergische Reaktionen. Die beiden Begriffe sind also getrennt zu behandeln.

Der Sammeltopf enthält aber auch jene Formen, bei denen O. MÜLLER mit Hilfe der Capillarmikroskopie verschiedene abnorme Tonuslagen der Capillaren feststellte: abnorm kontrahierte neben atonischen, d. h. abnorm weiten, erschlafften Capillaren („spastisch-atonische Symptomenkomplexe"). Schon früher hatte CURSCHMANN festgestellt, daß kein grundsätzlicher Unterschied zwischen vasoconstrictorischen und vasodilatatorischen Neurosen bestehe.

Hier eröffnet sich somit ein Kreis charakteristischer konstitutioneller Symptome, die CURTIUS in folgender Liste aufzählt: Hand- und Fußkälte, Totenfinger, Akrocyanose, Akroparästhesien, Claudicatio intermittens, Raynaudsche Krankheit, Pernionen, Cutis marmorata, Erythrocyanosis cutis puellarum, verstärkte Dermographie, Angiospasmus der Fingercapillaren, der Retina, des Gehirns, Angina pectoris vasomotorica, Schwindel, Migräne, vasomotorische Kopfschmerzen oder Ödeme, essentielle Hypertension usw.

CURTIUS u. Mitarb. untersuchten die Beziehungen dieses Konstitutionskreises mit den Cyclusveränderungen bei der Frau, insbesondere der Ovarialinsuffizienz. Sie deckten eine Reihe von wichtigen Korrelationen auf, sprachen von „angiospastischer Diathese" und stellten eine Symptomentrias in den Mittelpunkt ihrer Erörterungen: Vasolabilität, Obstipation und Ovarialinsuffizienz, deren Erbbedingtheit sie an Hand von Zwillingsuntersuchungen nachzuweisen vermögen (CURTIUS und KORKHAUS, v. VERSCHUER, WERNER u. a.). So also stellt der „angiospastische Konstitutionstypus" gewissermaßen eine Sonderform dar, der aus dem hier erwähnten Sammeltopf der „vegetativ Labilen" herauszuheben wäre.

Auf die Beziehungen, die sich von hier zu gewissen endokrinen Varianten (Schilddrüse, Nebenschilddrüse, Nebenniere) ergeben, wird im folgenden Kapitel einzugehen sein.

So können wir zusammenfassend feststellen, daß auch der von der Pathologie entwickelte Konstitutionstypus der *vegetativen Labilität* eine echte Konstitutionsvariante darstellt, indem hier auf erblicher Grundlage eine Sonderform der allgemeinen Reaktionslage vorliegt, die einmal nichts mit Krankheit im engeren Sinne dieses Wortes, schon gar nichts mit Erbkrankheit zu tun hat und die zum andern sich gerade deshalb auch kaum scharf gegenüber der Norm abgrenzen läßt, als das vegetative System bei jedem Menschen auf Reize anspricht und rhythmisches Schwanken von einer in die andere Einstellung zeigt. Nur das Maß dieser Labilität ist bei dem genannten Konstitutionstypus über das Durchschnittliche gesteigert.

4. Die endokrinen Varianten

CURTIUS prägte das ausgezeichnete Wort von der „Befreiung der Konstitutionslehre von der absoluten Vorherrschaft der endokrinologischen Betrachtungsweise" (CURTIUS 1954), die unser heutiges konstitutionelles Denken charakterisiere. In der Tat betrachtete man noch vor 3—4 Jahrzehnten die Konstitution nahezu ausschließlich unter dem Gesichtswinkel der damals erst erkannten hormonalen Wirkungen auf den Gesamtorganismus. Selbst die primären Konstitutionstypen des Pyknikers und Leptosomen im Sinne KRETSCHMERs dachte man sich entstanden einerseits durch Unterfunktion der Schilddrüse und Überfunktion der Keimdrüse und Nebennierenrinde (Pykniker), andererseits durch Überfunktion von Schilddrüse und Hypophyse bei Unterfunktion der Keimdrüse beim Leptosomen (PENDE).

Wir wissen heute, daß derartige Vorstellungen unhaltbar sind, will man nicht in eine dunkle Hormon-Mystik verfallen, die nach Art der Astrologie Hormonwirksamkeiten horoskopartig zusammensetzt: Längenwuchs = Keimdrüsenunterfunktion, Magerkeit = Nebennierenrinde, heitere Grundstimmung = Schild- und Zirbeldrüse usw.

Heute wissen wir, daß die innersekretorischen Hormone relativ spät in die Morphogenese eingreifen, zu einem Zeitpunkt jedenfalls, in dem primäre Determinationen bereits erfolgt sind. Da auch die Folgen von Überproduktion oder Ausfall einzelner Hormone schon ziemlich genau erforscht wurden, weiß man, daß durchwegs abnorme, ja krankhafte Wuchsprinzipien wirksam werden, wenn das eine oder das andere der Inkrete zu reichlich oder zu spärlich in die Blutbahn abgegeben wird. Die Besprechung hormonalbedingter Wuchsprinzipien bringt uns deshalb sogleich in das Gebiet schwerer krankhafter Störungen des Körperwachstums und damit an die Grenzen des Begriffes der Konstitution, wie wir sie uns gesetzt hatten. Freilich kann man auch die schwere Akromegalie beim eosinophilen Adenom der Hypophyse eine „Konstitutionsvariante" nennen, wie dies allgemein üblich ist. Man wird dann aber, wie es gleichfalls mitunter geschieht, eine „sekundäre" von der „primären" Konstitution unterscheiden müssen. Denn bevor der Tumor seine Wirkungen entfaltete, war die Konstitution eine andere. Die neue Konstitution lagerte sich gewissermaßen über die alte, verformte sie eventuell bis zur Unkenntlichkeit. Also besteht ein Bedürfnis nach einer Bezeichnung für das, *was* da verformt und umgewandelt wurde. Es ist die ursprüngliche, eigentliche, anlagebedingte, also „primäre" Konstitution. Das andere ist durch Krankheit entstanden, ist etwas neu Hinzukommendes, Späteres, also auch etwas Sekundäres, wofür von TANDLER der Begriff „Kondition" zur Verfügung steht.

Es unterscheidet diese „sekundäre" akromegale Konstitution sich nämlich prinzipiell nicht von anderen, durch Krankheit entstandenen „sekundären Konstitutionen". Denn es gibt sehr viele Krankheiten, die den Körperbau und seine Reaktionslage sekundär umformen: Der durch Stauung bei Lebercirrhose entstandene Ascites verändert Körperform und Reaktionslage nicht minder, wie es schwere Ödeme bei Herzinsuffizienz oder Nephritis tun, die durch ein Carcinom entstandene Kachexie verändert Körperform und Reaktionslage ebenso, wie die durch eine Lymphogranulomatose entstandene Deformation durch Lymphdrüsenschwellungen. Schließlich müßte auch die durch eine anencephale Mißbildung entstandene Körperform hier besprochen werden, würde man sich nicht hinsichtlich des Konstitutionsbegriffes eine Grenze auferlegen. Um also unser Thema nicht ins Uferlose sich ausweiten zu lassen, schlossen wir die durch Krankheit bedingten Veränderungen der Reaktionslage als konditionelle aus unserer Besprechung aus. Infolgedessen können wir konsequenterweise auch die gestörten Wuchsformen bei Tumoren oder Erkrankungen der Hypophyse, der Schilddrüse oder der Keimdrüse usw. hier nicht besprechen, obwohl sie fast immer im Rahmen konstitutioneller Störungen besprochen werden. Da es im übrigen genügend ausführliche Kompendien über die Erkrankungen des Endokriniums gibt, kann der Interessent an diesen Fragen auf die reiche Literatur verwiesen werden.

Hier bleibt uns deshalb lediglich die Frage zu besprechen, ob es auch im Bereiche des Normalen — also ohne pathologische, krankheitsbedingte Prozeßwirkungen — Varianten der menschlichen Konstitution gibt, die auf normale Variationen inkretorischer Tätigkeiten des Organismus zurückzuführen sind. Diese Frage ist, um es gleich vorwegzunehmen, nicht mit voller Sicherheit zu beantworten. Denn hierzu ist unsere Kenntnis des Blutchemismus noch zu wenig weit vorgeschritten. Wir sind auf Vermutungen angewiesen und können uns nur auf klinische Ähnlichkeiten gewisser Wuchsformen mit den aus der Pathologie bekannten Störungen stützen.

So hat J. BAUER als einer der ersten gewisse endokrine Normvarianten beschrieben und andere sind ihm auf diesem Wege gefolgt, wenn sich auch wohl vieles nicht hat halten lassen. Wir wollen im folgenden kurz darüber referieren.

a) Die akromegaloide Konstitution

Der von J. BAUER geschilderte Typus sei leicht zu diagnostizieren durch: mächtig vortretende vergrößerte oder vergröberte Nase, Unterkiefer, Augenbrauenbogen, Jochbögen, dick gewulstete Unterlippe, vergrößerte Ohrmuschel, Lücken zwischen den Zähnen, große Zunge, Zunahme des Schädelumfanges. Häufig cervicodorsale Kyphoskoliose mit Lordose der Lendenwirbelanteile. Verdickung der Schlüsselbeine, der Rippen und des Sternum. An den Extremitäten nehmen nur die distalen Abschnitte an diesem derben Größenwachstum teil, wodurch es zu tatzenförmigen Händen und gewaltigen Füßen, breiten plumpen Fingern bzw. Zehen kommt. Oft ist auch das Längenwachstum verstärkt. Die Haut ist verdickt und gefurcht, häufig voll Fibrome und Warzen. Die Haare sind dick, hart, Terminalbehaarung fast stets exzessiv entwickelt. Auch an den inneren Organen findet man mitunter Massenzunahme, also Splanchnomegalie bei Herz, Leber, Milz, Nieren, Nebennieren, Pankreas, Magen und Darm, Geschlechtsorganen, Gehirn, Spinalganglien und sogar peripheren Nerven. Mikroskopisch findet man Bindegewebsvermehrung an den inneren Organen. Auf zahlreiche funktionelle Abweichungen soll hier nicht eingegangen werden. Sie betreffen Grundumsatz, Stickstoffausscheidung, Harnsäureausscheidung, Kohlenhydratstoffwechsel, Wasserstoffwechsel, Blutbild. Schließlich finden sich auch psychische Veränderungen.

Trotz dieser an die akromegale Wuchsstörung erinnernden Konstitution soll es sich nach J. BAUER hier nicht um die Folge eines Adenoms der Hypophyse handeln, vielmehr lediglich um eine Normvariante, die bei voller Gesundheit das ganze Leben hindurch bestehen bleibe, u. U. in der Familie erblich auftrete. Die Ähnlichkeit zur echten Akromegalie legt jedoch die Annahme einer abnormen Hypophysenfunktion oder ein abnormes Ansprechen auf das Hypophysenhormon nahe. Eine sehr anschauliche Beschreibung dieser konstitutionellen Variante findet sich bei BLEULER (1954).

b) Die eunuchoide Konstitution

Die wesentlichen Merkmale des Konstitutionstypus sind kurz zusammengefaßt folgende: körperbaulich ist das wesentlichste Merkmal die Überlänge der unteren Extremitäten, die überschießende Beinlänge. Auch die Spannweite der Arme ist oft abnorm groß. Es handelt sich um eine Verspätung des Epiphysenschlusses. Auch die Verknöcherung der Schädelnähte tritt verspätet auf, der Kopf bleibt oft klein, die Schädeldecke dünn. Charakteristisch ist weiter der leicht überschießende Hüftumfang, der größer ist als der maximale Brustumfang, und zwar nicht nur infolge des häufig auch größeren Fettansatzes an den Nates, sondern auch wegen der Konfiguration des Beckens, das in seiner Form eine Mittelstellung zwischen männlichen und weiblichen Becken einnimmt. Hinzu kommt noch ein Zurückbleiben der gesamten Terminalbehaarung und eine häufig abnorme Fettsucht mit Fettansatz vorwiegend an den Nates, der Brust und den Oberschenkeln. Die Keimdrüsen sind oft klein und hypoplastisch und zeigen bei histologischer Untersuchung Zeichen deutlicher Unterentwicklung (TANDLER und GROSS, STERNBERG, GARFUNKEL, SELLHEIM). Die Hodenkanäle gleichen dabei manchmal denen von Kindern. Gewisse Entwicklungshemmungen in der Genitalentwicklung, vor allem mangelhafter Descensus und Kryptorchismus können damit verbunden sein.

Auch hier wieder dürfte es sich nicht um den Folgezustand einer Erkrankung handeln, sondern um eine primäre Konstitutionsvariante, die aber deutlich auf eine Unterfunktion des Keimdrüsensystems hinweist. Es bestehen Beziehungen zum sog. Klinefelter-Syndrom.

c) Die hypothyreotische Konstitution

Nach J. BAUER gibt es Menschen, die mit einem an der untersten Grenze der normalen Variationsbreite sich bewegenden Ausmaß von Schilddrüsenaktivität ausgestattet sind, deren minderwertige Schilddrüse unter Anpassung ihrer Reservekräfte gewissermaßen maximal, statt optimal arbeitet, die nicht krank sind, aber doch gewisse Besonderheiten des Körperbaues und des Temperaments, ihrer ganzen Persönlichkeit, erkennen lassen, die offenbar mit der geringen Lebhaftigkeit ihrer Schilddrüsenfunktion zusammenhängen und durch sie bedingt sind. Es seien meist kleine stämmige, kurz- und dickhalsige wohlbeleibte, phlegmatische Leute mit kurzen Extremitäten, kurzen dicken plumpen Fingern, gut gepolsterten Handrücken, die in ihrem äußeren Aspekt an die bekannten Kretinen erinnern können. Stets fände man bei ihnen eine leichte Herabsetzung des Grundumsatzes, oft um mehr als 10—15%.

d) Die hyperthyreotische Konstitution

Dieser Typus umfaßt gewisse Formen, die an hyperthyreotische Krankheitszustände erinnern; meist große, aber grazile Menschen, mager, nervös und reizbar, mit Neigung zu Schweiß, zu Tachykardie und Durchfällen. Sie fiebern leicht durch geringfügigen Anlaß, haben große glänzende Augen mit weiten Lidspalten, deren Oberlider sich mitunter während eines angeregten Gesprächs über den oberen Cornealrand ruckweise retrahieren. Sie haben ein lebhaftes Temperament und ein unstetes Wesen, sind mehr hitze- als kälteempfindlich und besitzen meist ein übererregbares vegetatives System.

Auch hier wieder liege keine krankhafte Störung vor. Auch sei es sehr zweifelhaft, ob es gerade diese Typen sind, die zur Basedowschen Krankheit disponiert seien. Wegen gewisser Ähnlichkeiten zu dieser Erkrankung läßt sich aber auf eine erhöhte Schilddrüsentätigkeit schließen.

e) Die hyposuprarenale Konstitution

Von der Ähnlichkeit dieser Typen zur Addisonschen Krankheit ausgehend, schildern J. BAUER, PENDE u. a. zart gebaute, schwache und magere Menschen mit habitueller Hypotension, kleinem schwachen Puls, erniedrigtem Blutzuckerspiegel, hypotoner Muskulatur, allgemeiner Kraftlosigkeit und Ermüdbarkeit, Neigung zu Hypothermie und Bradykardie sowie zu Ohnmachtsanwandlungen. Mitunter kommt es zu charakteristischen Magen-Darmstörungen, oft infolge der Enteroptose. Manchmal findet sich auch dunkles Hautkolorit und Lymphocytose im Blut. Das körperbauliche Bild entspricht also sehr weitgehend dem der Asthenie.

Auch hier wieder zeigt auch die pathologisch-anatomische Untersuchung keine Erkrankung der Nebennierenrinde, wohl aber mitunter eine hypoplastisch angelegte Nebennierenrinde, so daß es berechtigt erscheint, die Wuchsform als eine hormopathische Normvariante anzusprechen.

f) Die hypoparathyreoide Konstitution

Nach BAUER findet man sie vorwiegend bei jugendlichen Erwachsenen überwiegend männlichen Geschlechts. Ohne an einer manifesten tetanischen Erkrankung zu leiden oder auch später jemals zu erkranken, zeigen sie dennoch die Zeichen einer latenten Tetanie, vegetative Labilität, Neigung zu Muskelkrämpfen und positives Chvosteksches oder Trousseausches Zeichen. In der Kindheit wurde meist eine Rachitis durchgemacht, die ja, wie Zwillingsuntersuchungen zeigten, nicht nur auf äußeren alimentären Faktoren beruht.

g) Der Infantilismus

Es handelt sich hier um einen in der Literatur noch recht uneinheitlich verwendeten Begriff. Es wäre wünschenswert, wenn es gelänge, einen einheitlichen Sachverhalt darunter zu fassen.

Heute wird darunter einmal der proportinierte Zwergwuchs, die Nanosomia primordialis verstanden, wobei zweifellos die Bezeichnung Infantilismus fehl am Platze ist. Zum andern werden als infantil gewisse Formen genereller Hypoplasie bezeichnet, bei denen gewisse Bildungszeichen wie die Persistenz des Kinderbauches, des Pelzmützenhaares, der geringen Körpergröße an kindlichen Formen erinnern (Hypoplastischer Habitus im Sinne CONRADS). Eine dritte Verwendung der Bezeichnung Infantilismus ist synonym für den hypophysären Zwergwuchs mit seiner Genitalhypoplasie, auf Grund einer Erkrankung der Hypophyse.

Man sollte jedoch den Ausdruck Infantilismus nach KRETSCHMER reservieren für Formen, mit einer abnormen Persistenz einer bestimmten, de norma in kürzester Zeit durchlaufenen Entwicklungsstadiums der psychischen und physischen Sexualkonstitution.

Es handelt sich hierbei um eine weit verbreitete konstitutionelle Variante, die nicht durch grobe Störungen charakterisiert ist, vielmehr lediglich durch leichte Zeichen einer sexuellen Retardierung: bei Frauen spätliegende Menarche, Lanugobehaarung, unterentwickelte Genitalorgane, die aber gleichwohl der Fortpflanzungsaufgabe noch genügen können, bei Männern gleichfalls verspätete Reifezeit, kindliche Gesichtsbildung mit geringem Bartwuchs, häufig auffällig lange, ins höhere Alter hinein jugendlich wirkend, auch in den Interessen und dem Charakter an Jugendliche erinnernd. KRETSCHMER jr. zeigte die engen konstitutionellen Bindungen dieser Konstitutionsvarianten zur Entstehung von Neurosen und hysterischen Reaktionen.

Diese hormopathischen Konstitutionsvarianten (CONRAD 1942) könnte man noch um einige vermehren. Aber die Übersicht zeigt bereits, daß in diesen typologischen Varianten Essentielles der Konstitution nicht erfaßt wird. Es wird immer nur wenige und seltene Varianten dieser Art in einer großen Durchschnittsbevölkerung geben, die ohne Zwang hier eingeordnet werden können. Auch ist man im Grunde auf den Eindruck angewiesen, der nur selten zu objektivieren sein wird. Niemals wird man — wenigstens mit den uns heute zur Verfügung stehenden Mitteln — einen Nachweis von konstitutioneller Über- oder Unterfunktion eines Hormons erbringen können. Die allergrößte Majorität der Formen in einer unausgelesenen Population wird mit Hilfe dieser inkretorischen Varianten kaum zu charakterisieren sein.

5. Der Status dysraphicus und die Stigmata degenerationis

Ausgehend von der Theorie BIELSCHOWSKYs und HENNEBERGs, daß die Syringomyelie das Produkt einer Störung im Schließungsmechanismus des embryonalen Neuralrohres, also einer „Dysraphie" sei, hat BREMER den Begriff des Status dysraphicus aufgestellt. Er fand in Familien von Syringomyeliekranken bei sonst Gesunden gewisse körperliche abnorme Merkmale gehäuft vor, die er als Anzeichen für einen mangelhaften Schluß des embryonalen Neuralrohres auffaßte. Die charakteristischen, immer wiederkehrenden Zeichen sind: Trichterbrust, Kyphoskoliose, Spina bifida, Scapula alatae, Mammadifferenzen, Asymmetrien der Gesichts- und Rumpfbildung, Überlänge der Arme, Akroasphyxie, Krümmungstendenz der Finger, Enuresis nocturna und gewisse im folgenden noch zu besprechende „Degenerationszeichen", wie Gebißanomalien, Spitzbogengaumen, abnorme Behaarung der Kreuzbeingegend, Schwimmhautbildung der Finger und Zehen.

Mit dieser Rückführung einer Reihe sehr verschiedenartiger Abweichungen — Störungszeichen eines harmonischen Ineinandergreifens der Determinationsvorgänge oder wie immer man derartige Wachstumsdisharmonien auch bezeichnen mag — auf ein einziges, zugrunde liegendes Störungsprinzip des Schließungsmechanismus des Neuralrohres gelang es, ein erstes Ordnungsprinzip in eine schier unübersehbare Fülle von Dysmorphien hineinzubringen. Alle diese höchst mannigfaltigen, teils leichteren, teils schwereren Abweichungen des Körpers von einer idealen Norm, pflegt man auch heute vielfach als *Degenerationszeichen*, Stigmata degenerationis oder auch als „Entartungszeichen" zu bezeichnen. Eine wertvolle Untermauerung dieses Status dysraphicus gelang NACHTSHEIM durch den Nachweis des gleichen Status mit allen seinen Varianten beim Kaninchen, der sich auch züchterisch studieren ließ.

Über dieses erste Ordnungsprinzip gelangte man aber vorläufig leider noch nicht hinaus. Zahlreiche weitere „Stigmata" dieser Art führen bis heute ein etwas unklares Dasein in der Konstitutionsbiologie. Von einer Reihe von Autoren werden sie eifrig registriert und „ernst genommen", von andern als gänzlich belanglose Details, Zufallsvarianten u. ä. nicht für der Mühe wert gehalten, notiert zu werden.

HANHART, ähnlich CURTIUS haben sich der Mühe unterzogen, alle diese Mikroabweichungen, sofern sie anlagebedingt sind, gewissermaßen listenmäßig zu erfassen. Aus diesen Arbeiten seien hier, auszugsweise, die folgenden notiert, um auch den Urologen anzuregen, auf etwaige Korrelationen zwischen Deformitäten in seinem Fachgebiet zu anderen, abliegenden derartigen Abweichungen zu achten.

Im *Bereiche des Kopfes:* Cutis verticis gyrata (Längsfalten der Schädelhaut, meist bei Schwachsinnigen); kongenitaler Lückenschädel (oft mit Mikro- oder Hydrocephalus verbunden); Pyrgo-, Turri-, Oxy-, Hypsicephalie (Turmschädel); Pelzmützenbehaarung und Synophris (Konfluieren der Augenbrauen); Rutilismus

(Rothaarigkeit, worunter seltsamerweise von HANHART nicht das Rotblond Tizians, sondern lediglich das Fuchsrot verstanden wird); Heterochromie der Iris (Verschiedenheit der Augenfärbung); Myopie, Astigmatismus, Keratoconus (Brechungsanomalien der Augen und Deformation der Cornae); blaue Skleren (als ein Teilzeichen eines größeren Syndroms, der Osteopsathyrosis); Ectopia lentis (familiäre Linsenluxation); Strabismus und Nystagmus (Störungen der Augenbeweglichkeit); Epicanthus (Mongolenfalte); Henkelohren, Satyrspitze der Ohrmuschel (von DARWIN wegen seiner Tierähnlichkeit als Atavismus gedeutet, auch Darwinsches Höckerchen genannt); angewachsene Ohrläppchen (MOREL hielt es für ein Degenerationszeichen, was aber von den meisten bestritten wird); Sattelnase (mit Hypotrichosis, Anhidrosis und Anosmie als ektodermale Entwicklungshemmung beschrieben); mangelhafte Ausbildung des Kinns (Vogelgesicht). Zahlreiche Gebißanomalien, wie Trema (Lücke zwischen den mittleren oberen Schneidezähnen), Hypsistaphylie (Spitzbogengaumen); Diastema (Lücke zwischen Schneide- und Eckzähnen); Prognathie (Vortreten des Unterkiefers); Kopfbiß, Deckbiß, Kreuzbiß und offener Biß; alle Grade der Pallatoschisis (von der Lippenkerbe bis zum Wolfsrachen); Lingua plicata (Faltenzunge).

Im *Bereiche des Halses:* Caput obstipum (Schiefhals); Kropf, Halswirbelsynostosen (KLIPPEL-FEIL).

Im *Bereiche des Rumpfes:* Dysostosis cleidocranialis; Brustmuskeldefekte, Mammadefekte, Hyper- und Polymastie (überzählige Brustdrüsen), Hypertelie (überzählige Brustwarzen); Mikro- und Makromastie (einseitige Verkleinerung oder Vergrößerung der Mamma); Gynäkomastie (Brustbildung beim Mann); Hohlwarzen; Trichterbrust; Spina bifida (vgl. Status dysraphicus); Kyphosen, Skoliosen, Lordosen, überzählige Rippen (einschließlich der Halsrippe); Zwerchfellhochstand; Ptosis der Eingeweide; Hernien; Kryptorchismus (Leistenhoden); Hypospadie (Verlagerung der Urethralöffnung); Doppelbildungen der weiblichen Genitalorgane, wie Uterus duplex und Septum vaginae.

An den Extremitäten: Polydaktylien, Syndaktylien (Mehrfingrigkeit und zusammengewachsene Finger); Ektodaktylien (überzählige Fingerbildung in abnormer Stellung); Defekte der Röhrenknochen und der Patella; Störungen des enchondralen Knochenwachstums mit seinen zahlreichen Varianten, Bradydaktylie (abnorme Verkürzung der Finger), Hypo- und Hyperphalangien (abnorme Verkürzung oder Verlängerung einzelner Fingerglieder); Achondro- und Oligochondroplasien (Störung der Knorpelbildung), Exostosen und Enchondrome; Überstreckbarkeit der Gelenke; Cubitus valgus (Überstreckbarkeit der Ellenbogen); Genu valgum (X-Beine); Knick-, Senk- und Spreizfüße; kongenitale und habituelle Luxationen, z. B. angeborene Hüftgelenkluxation), Hand- und Klumpfuß; Camptodaktylie (Kleinfingerkrümmung); Arachnodaktylie (Spinnenfingrigkeit); Hammerzehe, Hohlfuß; Dupuytrensche Kontraktur; Vierfingerfurche (abnorme Handlinie, bei der die zwei Querlinien zu einer einzigen verschmelzen, wie beim Affen, deshalb auch „Affenfurche" genannt).

An der Haut: Pigmentflecke aller Art, Naevi pigmentosi und pilosi, vielfach segmentär angeordnet, Hautfibrome.

Allgemeinere Varianten: Halbseitenminderwertigkeit (Wachstumsstörungen der ganzen Körperhälfte); Linkshändigkeit; Situs inversus.

Für abwegig halten wir es, in diese Liste auch funktionelle Störungen aufzunehmen, wie HANHART dies tut: Ejaculatio praecox, Menstruationsstörungen, Situationsohnmachten, Schlaflosigkeit usw. haben u. E. mit den oben aufgezählten morphologischen Irregularitäten keinerlei Gemeinschaft.

Die Frage nach der *Bedeutung* aller dieser Abweichungen von einer Idealnorm ist sehr alt. Die Zeichen würden kaum Interesse finden, bestünde nicht ein alter

Glaube, sie seien Ausdruck einer „defekten" Gesamtanlage des Organismus, die auch die Wesensart und den Charakter des Individuums mit einbeziehe. Man glaubte — und glaubt es vielfach auch heute noch —, aus einem oder gar aus der Häufung mehrerer solcher Zeichen auf eine innere Abnormität, Morbidität, auf Fehlanlagen des Charakters oder gar auf verbrecherische Neigungen schließen zu dürfen.

LOMBROSO war einer der ersten, der hierauf eine Lehre des „verbrecherischen Menschen" aufbaute, da er zu finden glaubte, daß der Schwerkriminelle stets zahlreiche körperliche Mängel dieser Art aufweise. Seither sind viele sorgfältige Statistiken angestellt worden, die von der Lehre LOMBROSOS soviel wie nichts übrigließen. Charakteristisch für diese Nachprüfungen ist etwa die Untersuchung von GORING (1913), der bei 3000 englischen Schwerkriminellen und einer Gruppe von Vergleichspersonen feststellte, daß sich die Kriminellen von den Nichtkriminellen — statistisch betrachtet — lediglich in zwei Merkmale unterschieden: nämlich hinsichtlich Körpergröße und Gewicht; die Kriminellen sind, statistisch betrachtet, kleiner und leichter als die Nichtkriminellen.

Begründeter ist die Annahme von Beziehungen dieser Irregularitäten der Körperform zum *Schwachsinn* und zum *epileptischen Formenkreis*, was mehrfach durch Korrelationsuntersuchungen nachgewiesen wurde. Auch scheinen sie Beziehungen untereinander zu haben, so daß die Häufung mehrerer solcher Stigmata bei einem Individuum nicht selten sind. In diesem Sinn sind also auch Epilepsie und Schwachsinn, die auch untereinander eine erhöhte Korrelation zeigen — vielleicht Ausdruck einer fehlerhaften Hirnanlage —, mit in den Kreis dieser Fehlbildungen zu ziehen.

Es muß nun aber auch daran gedacht werden, daß rein soziale Auslesevorgänge eine biologische Zusammengehörigkeit dieser Merkmale nur vortäuschen können. Es könnte nämlich sein, daß diese Anlagedefekte durch Zusammenheiraten angereichert werden. Ich habe einmal in anderem Zusammenhang ausgeführt[1], daß, wenn in einem Lande durch ein Gesetz Rothaarige immer nur Lahme heiraten dürften und umgekehrt, schon nach wenigen Generationen Klumpfuß oder Hüftgelenkluxation sich überwiegend häufig bei Rothaarigen finden würden, ohne daß zwischen diesen „Stigmen" ein biologischer (innerer) Zusammenhang besteht. Es würde sich überhaupt nicht um einen, die Rothaarigkeit und den Klumpfuß bzw. die Hüftgelenkluxation umfassenden „Konstitutionskreis", sondern in Wahrheit um einen „Konnubialkreis" handeln. Wüßte man nun von dieser, vielleicht einige Jahrhunderte zurückliegenden Gesetzgebung nichts, wäre man leicht geneigt, einen echten, biologischen Zusammenhang zwischen den genannten Merkmalen zu vermuten. Das gleiche könnte nun auch für manche der oben aufgezählten Merkmale gelten, die zwar nicht durch einen Gesetzgeber, aber durch eine viel zwingendere Macht, nämlich das Gesetz der Gesellschaftsbildung, zu Konnubialkreisen vereinigt werden könnten. Dem Minderbegabten, Beschränkten, geistig Undifferenzierten bleibt der Erfolg versagt, er bleibt vom sozialen Aufstieg ausgeschlossen und kann deshalb auch seinen Geschlechts- und Ehepartner nur aus der untersten sozialen Schicht wählen. Da viele der genannten Merkmale auch eine Verletzung unseres ästhetischen Anspruchs darstellen, werden Träger derartiger Anomalien gleichfalls einen geringeren „Marktwert" bei der Partnerwahl haben. So wird im Laufe von Generationen in den unteren sozialen Schichten eine Anreicherung derartiger Merkmale stattfinden, so daß schließlich — durch Häufung dieser Merkmale innerhalb einzelner Sippen oder an einem einzelnen Individuum — eine biologische Zusammengehörigkeit vorgetäuscht wird, die de facto ebensowenig besteht, wie diejenige zwischen Rothaarigkeit und Klumpfuß im oben angezogenen Beispiel.

---

[1] CONRAD, Psychiatrisch-soziologische Probleme im Erbkreis der Epilepsie. Mschr. Rassen- u. Gesellsch.-biologie, **31**, 316 (1937).

Auch die Frage, inwieweit für all diese erblichen Merkmale die Bezeichnung „Degenerationszeichen" berechtigt ist, ist oft diskutiert worden. Wenn in langen Züchtungsreihen, etwa im Tierversuch, namentlich bei Inzucht, Faktoren auftreten, die die Vitalität herabsetzen, etwa gar Letalfaktoren, so kann man von einer „Degeneration" des betreffenden Tierstammes sprechen. Vergleichbar dazu ist das Auftreten gewisser Verfallserscheinungen — Psychosen, Schwachsinn, Epilepsie, Psychopathien oder Neuropathien — in hochgezüchteten Familien, etwa der Aristokratie, offenbar ebenfalls infolge des erheblichen Ahnenverlustes durch Inzucht. Auch hier mag es berechtigt sein, von einer „Degeneration" des Stammes zu sprechen. Dennoch sind die schizophrene Psychose oder die Kyphoskoliose als solche natürlich keine Degenerationszeichen. Sie können ebenso gut auch in biologisch hochwertigen, sozial aufsteigenden Sippen auftreten. Das gilt für alle Arten solcher anlagebedingter Anomalien. Sie können durch gehäuftes Auftreten innerhalb einer Sippe infolge Inzucht in der Tat eine „Minderung des Erbgutes" anzeigen, aber umgekehrt kann nicht aus dem Merkmal selbst auf eine minderwertige Erbanlage geschlossen werden, zumal das einzelne Mikromerkmal sich ohne weiteres mit biologisch „hochwertigen" Anlagen verbinden kann. Die Kleinfingerkrümmung oder das angewachsene Ohrläppchen haben als solche nichts mit „Degeneration" zu tun, ihre Träger sind nicht degenerierter als die Träger eines geraden Kleinfingers oder freien Ohrläppchens, Kleinfingerkrümmung und Ohrläppchen sind einfache Spielarten, Varianten, nichts anderes. Wo das Merkmal die Anpassung des Individuums stört, wie es etwa bei der Hypospadie der Fall ist, sollte der Träger einer derartigen Anomalie sich nicht im gleichen Maße fortpflanzen wie der Gesunde, weil er seine Anomalie weitervererbt und durch Verbindung mit der gleichen recessiven Anlageträgerin schwere Mißbildungen entstehen können. Aber um eine „Degeneration" des Einzelindividuums handelt es sich auch bei diesen schwereren, die Anpassung störenden Anomalien nicht, da immer nur ein Stamm, eine Sippe, ein Geschlecht, also ein „Genus" degenerieren kann, niemals aber ein einzelnes Individuum. Benützt man gar den Ausdruck Entartung, so liegt hierin so etwas wie eine Schuld oder ein Vorwurf: der einzelne „Entartete" ist aber für die Fahrlässigkeit seiner Vorfahren in der Partnerwahl nicht verantwortlich zu machen. Ähnliches gilt auch für die sich noch bei HANHART findenden Ausdrücke wie „minderwertiges Erbgut" oder „Anlageminderwertigkeit". Spricht man von Werten, ist immer zu fragen: wert (oder unwert) *für wen*? Aus den Biographien großer kulturschöpferischer Persönlichkeiten wissen wir, wie häufig Psychopathien, Anfallsleiden, Psychosen, Mißbildungen und Krankheitsanlagen aller Art in deren Sippen auftraten (JUDA, SCHULZ). Hölderlin wäre vielleicht ohne die Schatten, die sein späterer schizophrener Prozeß schon in seine Jugend vorauswarf, nicht der geworden, der er war; auch van Gogh wäre ohne die psychopathische Eigenart seines Wesens nicht van Gogh geworden. Für wen also war das Erbgut „minderwertig?" Man sollte mit Wertbegriffen im Rahmen des Medizinischen sehr zurückhaltend sein.

III. Die von der Anthropologie entwickelten Typologien

Wenn es auch seit Hippokrates zum allergrößten Teil Ärzte waren, die sich bemühten, die Vielfalt menschlicher Varianten in Typen aufzugliedern, so nahmen doch nicht alle Versuche unmittelbar von der Pathologie ihren Ausgang. Vielmehr begann man schon frühzeitig, unter Absehung vom unmittelbar Pathologischen die Verschiedenartigkeit menschlichen Körperbaues, seiner Physis und seiner Psyche, als ein *anthropologisches Problem* zu begreifen.

Tabelle 1

Autoren	pyknomorph	hyperplastisch	hypoplastisch	leptomorph
Französische Schule				
1. Rostan (1826)	Typ digestiv	Typ locomoteur musculaire	Typ neuro-cerebral	Typ circulat. respiratoire
2. Manouvrier (1902)	Brachyskele	Mesatiskele		Makroskele
3. Sigaud (1908)	Typ digestiv	Typ musculaire	Typ cerebral	Typ respirat.
4. MacAuliffe (1926)	Typ rondes			Typ plats
5. E. Schreider (1937)	horizontaler Typus			vertikaler Typus
Italienische Schule				
6. de Giovanni (1878)	3. morphologische Kombination			1. morphologische Kombination
7. Viola (1905) (ähnlich Barbara)	Brachytypus megalosplanchnicus	Normotypus normosplanchnicus		Longitypus mikrosplanchnicus
8. Pende (1929)	Biotypus breviligne anabolisch-hypervegetativ		Biotypus longiligne katabolisch-hypovegetativ	
9. Castaldi (1929) (ähnlich Naccarati)	Sthenotypus		Platitypus	
Amerikanische Schule				
10. Bryant (1913)	herbivore Typen		carnivore Typen	
11. Mills (1917)	sthenischer Typus	hypersthenischer Typus	asthenischer Typus	hyposthenischer Typus
12. Stockard (1923)	lateraler Quertypus		linearer Längstypus	
13. Bean (1923)	hypoontomorpher Typus	mesoontomorpher Typus		hyperontomorpher Typus
14. Sheldon (1939)	endomorpher Typus	mesomorpher Typus	ektomorpher Typus	—
Russische Schule				
15. Virenius (1904)	Typ conjonctiv	Typ musculaire	Typ epithelial-nervös	
16. Tschernorutzky	hypersthenischer Typus		asthenischer Typus	
17. Bounak (1927)	euryplastischer Typus			sthenoplastischer Typus
18. Serobrowskaja (1929)	brachymorph			dolichomorph
Deutsche Schule				
19. Carus (1856)	plethorischer Ernährungs-Typus		cerebral-sensibler Nerventypus	
20. Huter (1880)	Ernährungsnaturell	Bewegungsnaturell	Empfindungsnaturell	—
21. Stiller (1907)	Habitus arthriticus (apoplekt)		Habitus asthenicus	
22. Tandler (1913)	hypertonischer Typus		hypotonischer Typus	
23. Brugsch (1918)	breiter Thorax	mittlerer Thorax		schmaler Thorax
24. J. Bauer (1919)	arthritischer Habitus		asthenischer Habitus	
25. Kretschmer (1921)	pyknisch	athletisch	(asthenisch)	leptosom
26. Matthes (1924)	Jugendform			Zukunftsform
27. Weidenreich (1927)	eurysom			leptosom
28. Rautmann (1928)	hypersthenische Formen		hyposthenische Formen	
29. Conrad (1941)	pyknomorph (konservativ)	hyperplastisch (propulsiv)	hypoplastisch (konservativ)	leptomorph (propulsiv)
30. Schlegel (1956)	gynäkomorph	athletisch	asthenisch	andromorph

Alle diese Versuche im einzelnen hier darzustellen, würde den Rahmen dieses Überblicks sprengen. Eine Synopsis verschiedenartiger dieser Versuche ist jedoch lehrreich, weil sich daran zeigen läßt, daß — in welchem Lande auch immer die Typenlehren entwickelt wurden — es immer wieder auf ähnliche typologische Grundstrukturen hinausläuft. Die Typologien variieren stärker als die Typen.

Dennoch zielen die zahlreichen Versuche, zu einer befriedigenden Typenordnung zu gelangen, nicht auf das Gleiche, wie die Tabelle 1 erkennen läßt. Vielmehr sind es zwei sich voneinander unterscheidende Grundaspekte, die einander gegenüberstehen. Um diese beiden Aspekte zunächst ganz laienhaft zu formulieren: einmal werden einander gegenübergestellt die „kurzen Dicken" gegen die „langen Dünnen", zum andern stehen einander gegenüber die „kleinen Schwachen" und die „großen Starken". Bekannte literarische Beispiele sind für den einen Aspekt Sancho Pansa und Don Quichote, für den andern Aspekt der kleine David und der Riese Goliath. Beschränkt sich eine Typologie nur auf den ersten Aspekt, pflegt sie meist eine dritte Form in die Mitte zu stellen unter der richtigen Vorstellung, wo es Extreme gibt, muß es auch eine Mitte geben (Zweipoliges Typenschema). Betrifft die Typologie beide Aspekte, entstehen vier verschiedene Formen (Vierpoliges Typenschema). Nun aber gibt es auch dreipolige Typenschematas, von denen zwei Formen aus dem ersten Aspekt, die dritte aus dem zweiten stammt. Hier bleibt gewissermaßen eine Stelle unbesetzt bzw. geht irgendwo in einer der beiden andern unter. Wenn wir im folgenden die verschiedenen Versuche kurz etwas näher besprechen, so sind wir uns doch klar, daß die meisten nur noch ein historisches Interesse beanspruchen können, da sich eine Lehre, nämlich diejenige von KRESCHMER, gegenüber den andern durchgesetzt hat und fast in der ganzen wissenschaftlichen Welt akzeptiert wurde. Aber gerade der Vergleich dieser anerkannten Typologie mit anderen, z. T. früherliegenden Versuchen und Systemen zeigt m. E., in welcher Richtung die Lehre KRETSCHMERs weiterentwickelt werden müßte, denn auch andere Autoren haben vieles richtig gesehen, das man in die Typologie KRETSCHMERs mit aufnehmen sollte. Wissenschaftliche „Wahrheiten" bleiben nicht immer, was sie sind; im Laufe der Fortentwicklung unseres Wissens wandeln sie sich. Was heute richtig ist, muß es in 30 Jahren nicht mehr sein und was vor 30 Jahren richtig war, ist es vielleicht heute nicht mehr. Lehrsysteme müssen weiterentwickelt werden, sollen sie am Leben bleiben.

1. Die französische Schule

Schon vor weit über 100 Jahren hat LÉON ROSTAN in einem Lehrbuch der Diagnostik, Prognostik und therapeutischen Indikationen (1826) in genialer Vorausschau 4 menschliche Typenformen skizziert, die auch heute noch Geltung besitzen könnten. Je nach dem Vorwiegen eines der funktionellen Systeme des Körpers unterschied er den „Typ circulatoire-respiratoire", den „Typ digestiv", den „Typ neuro-cerebral" und den „Typ locomoteur-musculaire". Diese vier Formen haben sich in der französisch-sprachigen Medizin bis heute erhalten, weil sie offenbar klinischen Bedürfnissen sehr entgegenkommen. MANOUVRIER (1902) begann als einer der ersten, die Typen auch durch Körpermessungen zu verifizieren. Er arbeitete einen Index aus, mit dessen Hilfe er das Verhältnis der Gliederlänge zur Rumpflänge erfaßte und unterschied danach Langgliedrige (Makroskele) und Kurzgliedrige (Mikroskele), zwischen die er, als einfache Mittelform die Mesatiskelen stellte. Der berühmte Lyoner Kliniker SIGAUD und sein Schüler MACAULIFFE griffen wieder auf das alte Rostansche Schema zurück und bauten es um die vier wichtigsten anatomischen Systeme, nämlich des broncho-pulmonalen, gastro-intestinalen, muskulo-artikuläre und cerebro-spinale System zu der bekannten, heute noch verbreiteten französischen Typologie aus, mit ihren 4 Typen des Typ digestiv, respiratoire, musculaire und cerebrale. MacAuliffe weitete die Lehre weiter aus dadurch, daß er regelmäßige und unregelmäßige Formen und weitere Unterformen bildete. E. Schreider endlich begnügte sich, diese vierpolige Typologie wieder in eine einfache zweipolige umzuformen durch Aufstellung eines „vertikalen" und „horizontalen" Typus.

2. Die italienische Schule

In Italien war es De Giovanni, der schon frühzeitig (1878), wohl unter dem Einfluß der Meister der Renaissance (Lionardo) den menschlichen Körper zu messen und ideale Proportionen und ihre Abweichungen in gewissen Typen zu studieren begann. Durch zahlreiche solcher Messungen glaubte er, verschiedene Idealproportionen zu finden derart, daß die Körperhöhe gleich sein sollte der Spannweite der Arme, der Brustumfang gleich der Hälfte der Körperhöhe, die Höhe des Brustbeines gleich dem Fünftel des Brustumfanges usw. Abweichungen von diesen Idealproportionen führten ihn zur Aufstellung gewisser typischer Kombinationen. Als „erste Kombination" beschrieb er einen Lang-Typus, der genau unserem heutigen Leptomorphen entspricht, als „dritte Kombination" die dem Pyknomorphen entsprechende Kurzform; als „zweite Kombination" eine in der Mitte liegende Proportionsstufe.

Viola ging diesen Weg weiter, führte subtile Messungen am menschlichen Körper durch, berechnete eine Reihe von Indices, mit deren Hilfe genaue Zuordnungen zu bestimmten Typen möglich wurden, die auch wieder auf eine Kurz- und eine Langform hinauslaufen, bei denen er jedoch auch schon die Beziehungen zu den unterschiedlichen funktionellen Verhältnissen erkannte. So unterschied er den Brachytypus megalosplanchnicus vom Longitypus mikrosplanchnicus. Dieser megalosplanchnische Brachytypus nähere sich nun, wie er meinte, vom morphologischen wie funktionellen Standpunkt aus, der kindlichen Konstitution, die, ähnlich wie dieser Typus, schwächer differenziert und anabolisch eingestellt sei; seine auffallenden Züge seien diejenigen der ersten Etappe der Ontogenese; es sei ein „typ hypoévolué". Demgegenüber sei der mikrosplanchnische katabolisch eingestellte Longityp ein „typ hyperadulte" oder „typ hyperévolué".

Barbara (1929) entwickelte die Lehre weiter, indem er das Verhältnis von Rumpf und Extremitäten durch Maßmethoden klarstellte. Es ergaben sich 4 Kombinationen:

1. Rumpf gering, Extremitäten stark ausgebildet (T—<M+)
2. Rumpf stark, Extremitäten stark (T+ = M+)
3. Rumpf mächtig, Extremitäten verkürzt (T+ >M—)
4. Rumpf und Extremitäten schmächtig (T— = M—)

Jede Form erhält eine sie kennzeichnende Grundformel, in der T den Rumpf (Tronc) und M die Extremitäten (Membres) bedeuten.

Pende (1922), der sich eingehend auch mit den subendokrinopathischen Unterformen des Körperbaues beschäftigte, studierte in besonderer Weise die funktionellen Unterschiede der beiden Haupttypen (Lang- und Kurztyp) und fand bei seinem Biotyp breviligne ein Vorherrschen der anabolischen Vorgänge, bei seinem Biotyp longiligne ein solches der katabolischen Vorgänge. Der erstere also speichere in höherem Maße Energien, der andere verbrauche sie in höherem Maße.

3. Die amerikanische Schule

Die amerikanische Konstitutionslehre reicht nicht sehr weit zurück, hat aber eine nicht uninteressante eigenständige Entwicklung genommen. BRYANT schrieb 1913 über „Fleischfresser und Pflanzenfresser beim Menschen". Er unterschied zwei Typen, von denen der „carnivore Typus" niedrigen Blutdruck, gesteigerte Schilddrüsentätigkeit, Überwertigkeit des Parasympathicus und hämoglobinarme Blutkörperchen aufweisen solle, während der „herbivore Typus" umgekehrt erhöhten Blutdruck, normal bis unterwertige Schilddrüse und Keimdrüse, hingegen funktionell überwertige Hypophyse, Pankreas und Parathyreoidea, relatives Überwiegen des Sympathicus und hämoglobinreiche Blutkörperchen besitzen. MILLS (1917) unterschied asthenische Konstitution mit schwacher peristaltischer Aktivität und hypersthenische Konstitution mit starker peristaltischer Tätigkeit. Auch STOCKARD (1923) untersuchte die Frage, warum bei dem linearen Längstyp der Grundumsatz gesteigert und beim lateralen Quertyp vermindert ist und bringt diese Typenformen in einen Zusammenhang zur Schilddrüsentätigkeit. Die Typologie von BEAN (1923) entwickelt einen bedeutsamen neuen Gesichtspunkt, in dem er die Typenunterschiedlichkeit auf Verschiedenheiten der Keimblattanlagen zurückführt. Hierdurch entsteht ein echtes dreipoliges Typenschema, da wir ja drei Keimblätter unterscheiden. Er bezeichnet diese drei Formen als hyperontomorphen oder epitheliopathischen Typus, als mesodermopathischen oder mesoontomorphen und als hypoontomorphen oder endotheliopathischen Typus.

Vermutlich von dieser Lehre beeinflußt, baute schließlich SHELDON (1940) eine Konstitutionslehre auf, der wohl gegenwärtig die größte Bedeutung unter den modernen Studien nach KRETSCHMER zukommt, da sie bestrebt ist, auch methodisch über die alten, klassischen Versuche hinauszukommen. Wir müssen hier deshalb etwas näher auf sie eingehen (Kritik vgl. später S. 562).

Das Problem, in die unendliche Fülle von Varianten eine Ordnung zu bringen, sieht SHELDON darin, das fruchtbarste Schema zu finden, das den biologischen Sachverhalten am nächsten kommt. Er glaubt, dieses Prinzip in den *drei Keimblättern* gefunden zu haben. Aus Messungen an Photographien des entkleideten Körpers von drei Seiten arbeitete er drei Grundkomponenten heraus, die jeden Körper in quantitativ abgestuftem Maß charakterisieren sollen. Die erste oder *endomorphe* Komponente betrifft die Eingeweide und das Fettpolster, das die äußeren Rundungen des Körpers bestimme. Sie beruhe auf dem inneren Keimblatt (Entoderm) und könne mehr oder weniger dominieren. Als zweite beschreibt er die *mesomorphe* Komponente, die die Ausgestaltung von Knochen- und Muskelsystem bestimme, die ja, wie auch die ganze bindegewebige Anlage, mesodermalen Ursprungs sind. Auch sie kann mehr oder weniger die Gesamtharmonie des Körpers bestimmen. Die dritte oder *ektomorphe* Komponente zielt ab auf die aus dem Ektoderm sich ableitenden Gewebe, die Sinnesorgane und das Nervensystem. Auch diese könne sehr verschieden stark ausgebildet sein (vgl. Abb. 3).

SHELDON arbeitete nun eine (sehr komplizierte) Maßmethode aus (Näheres auf S. 562), jede anfallende Form mit Hilfe von 17 Indices, die aus Photogrammen errechnet werden, in der Weise zuzuordnen, daß der Ausbildungsgrad jeder der drei Komponenten, die ja unabhängig voneinander variieren, durch eine Note zwischen 1 (ganz schwach ausgeprägt) und 7 (sehr stark ausgeprägt) ausgedrückt wird. Jeder Organismus muß hinsichtlich jeder Komponente irgendwo zwischen den Noten 1 und 7 einzustufen sein, ist deshalb durch drei Ziffern zu bestimmen. So sagt etwa die Kennziffer 711 aus, daß die erste Komponente sehr stark, die andern beiden extrem schwach ausgeprägt sind, es sich also um einen „reinen"

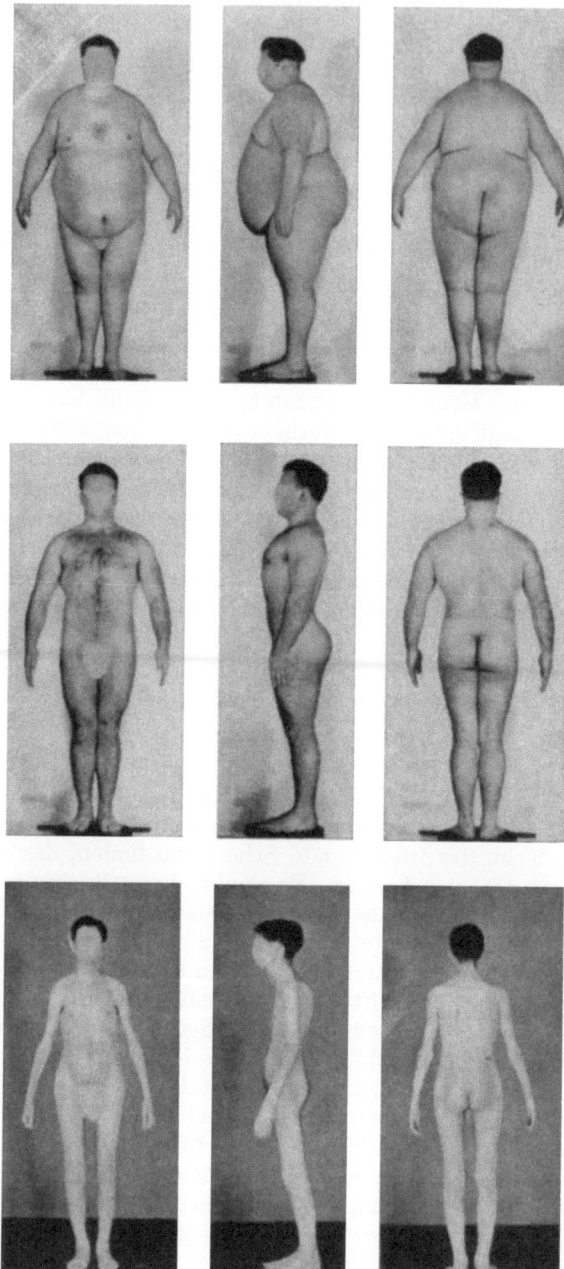

Abb. 3. Die drei extremen Varianten des menschlichen Körperbaues nach SHELDON

Endomorphen handele. Das gleiche gilt für die Extremform 171 eines „reinen" Mesomorphen oder die 117 eines „reinen" Ektomorphen. Dazwischen gibt es nun alle Arten von mittleren Formen, etwa 343 oder 434 usw.

Diese drei extremen Typen haben nun auch korrelative Beziehungen zu bestimmten charakterologischen und funktionellen Spezifikationen, die als Viscerotonie, Somatotonie und Cerebrotonie bezeichnet werden.

Betrachtet man sich die Bilder und Beschreibungen der drei menschlichen Grundformen (Abb. 3), die auf diese Weise errechnet und ermittelt wurden, ist man überrascht, gewisse Züge der drei Kretschmerschen Typen, des Pyknikers, Athletikers und Asthenikers vor sich zu finden, doch weicht namentlich der Endomorphe erheblich von dem Kretschmerschen Pykniker ab. Wir werden kritisch zu dieser Typologie erst Stellung nehmen, wenn die Typologie von KRETSCHMER besprochen wurde.

4. Die russische Schule

Nur kurz sei noch auf Versuche eingegangen, die aus Rußland zu uns kamen. VIRENIUS hat schon 1904, wohl in Anlehnung an die damals moderne französische Typologie, die drei Formen des Typ epithelial, des Typ musculaire und des Typ conjonctiv gebildet. TSCHERNORUTZKI übernahm die Polarität Asthenie-Hypersthenie mit der Normosthenie in der Mitte. BOUNAK (1927) unterschied sthenoplastische, mesoplastische und euryplastische Formen, SEROBOWSKAJA griff auf die alten Rassetypen des dolichomorphen und brachymorphen Typus zurück. Da die Arbeiten im Original nicht zugänglich sind, müssen wir uns mit diesem kurzen Hinweis begnügen, den wir E. SCHREIDER (1937) entnehmen.

5. Die deutsche Schule

Die Beschäftigung mit der Variabilität des menschlichen Körperbaues geht hier bis in die Romantik zurück. C. G. CARUS (1856), Arzt und Naturwissenschaftler, unterschied, vielleicht in Kenntnis der Arbeiten von ROSTAN, die beiden Formen der cerebralen sensiblen, asthenischen Konstitution und der sthenisch-plethorischen Konstitution mit besonderer Entwicklung der Ernährungsorgane.

Schon 1880 entwickelte HUTER diese Lehre weiter und fügte eine dritte Form hinzu, so daß er zu einem Empfindungs-Bewegungs- und Ernährungsnaturell gelangte. Hier scheint die Wurzel der Dreigliedrigkeit zu liegen, die auch heute noch die deutsche Typologie kennzeichnet. STILLER beschrieb 1907 den Habitus asthenicus, dem er den arthritischen oder auch apoplektischen Habitus entgegenstellte, eine einfache Zweiteilung, die als eine aus der Pathologie entwickelte Typologie im vorigen Kapitel hätte besprochen werden können; das gleiche gilt für die Typen von TANDLER (1913) und J. BAUER (1919).

Auf einen typologischen Ansatz sei noch kurz eingegangen, nämlich denjenigen des Innsbrucker Frauenarztes MATTHES (1924), der bei Frauen zwei Typen, die „Jugendform" und „Zukunftsform" unterschied, wobei die erstere der Pyknica, die zweite der Asthenica KRETSCHMERs entspricht. Die Bezeichnung wählte er unter der Vorstellung, daß die erstere eine Art Durchgangsstufe, die zweite eine progressive Endstufe darstelle. Wir werden auf diesen genetischen Gedanken noch zurückkommen (CONRAD).

a) Die Lehre von E. KRETSCHMER

Fragt man sich, warum es unter den zahlreichen, eben besprochenen Typenlehren gerade diejenige von KRETSCHMER war, die eine weltweite Verbreitung erlangen konnte, so liegt dies offenbar nicht in der Beschreibung der Körperbautypen; denn ein Blick auf die Tabelle 1 zeigt, daß so gut wie alle typologischen Versuche in den vergangenen 100 Jahren um ähnliche Formen kreisen. KRETSCHMERs Verdienst bestand hier eigentlich nur darin, die Typenbilder außerordentlich anschaulich beschrieben zu haben, so daß nicht ein abstraktes Schema, ein bloßes Einteilungsprinzip, sondern lebendige Menschen aus Fleisch und Blut vor uns standen, deren überindividuelle Typik gleichwohl deutlich erkennbar wurde; sodann auch darin, für diese Typen einprägsame und prägnante Bezeichnungen gefunden zu haben. Aber seine besondere Bedeutung erhielt das Werk KRETSCHMERs durch die geniale Intuition des Zusammenhangs zwischen Körperbau und Charakter — Titel seines fundamentalen Werkes von 1921 —, die allen bisherigen Typologien neu war. Da im Rahmen dieses Handbuches jedoch die charakterologische Seite des Typenproblems vernachlässigt werden kann — der Interessierte kann sich hier leicht im Original informieren, denn KRETSCHMERs Werk ist nicht veraltet und deshalb auch nicht vergriffen — beschränken wir uns auf die Darstellung der morphologischen und funktionellen Seite des Typenproblems, das wir an Hand der Kretschmerschen Lehre eingehender behandeln wollen.

KRETSCHMER beschreibt selbst, wie er zur Aufstellung von „Typen" gelangt. Sie seien nicht durch bestimmte Leitideen oder Wertsetzungen entstanden, vielmehr „empirisch gewonnen". „Wo eine größere Anzahl von morphologischen Ähnlichkeiten durch eine größere Anzahl von Individuen sich durchverfolgen läßt, da setzen wir ein und stellen die Maßzahl fest." An einer anderen Stelle heißt es: „Wir gehen so vor, als ob wir die Bilder von 100 Personen einer durch gemeinsame Merkmale auffallenden Gruppe auf einer einzigen Bildfläche aufeinander kopierten, wobei sich wiederum die sich deckenden Züge intensiv verstärken, die nicht aufeinanderpassenden aber verwischen. Nur die im Durchschnittswert sich verstärkenden Züge beschreiben wir als ‚typisch'. Wir dürfen nun nicht glauben, daß wir nur hinzusehen brauchen, um einen solchen Typus massenhaft und ohne langwierige Vorübung des Auges in unserem Material zu entdecken; vielmehr finden wir im konkreten Einzelfall den Typus stets durch heterogene ‚individuelle' Züge verschleiert und an manchen Stellen verwischt. Es ist das hier wie in der klinischen Medizin oder in der Botanik und Zoologie. Die ‚klassischen' Fälle, die fast beimischungsfreien und mit allen Hauptsymptomen wohl ausgebildeten Vertreter eines Krankheitsbildes oder eines zoologischen Rassetypus sind beinahe Glücksfunde, die wir nicht alle Tage vorstellen können. Daraus ergibt sich, daß sich unsere Typenbeschreibung, wie wir sie im folgenden geben, nicht nach den häufigsten, sondern nach den schönsten Fällen richtet, nach den Fällen, die das in der Hauptmasse nur verwaschener zu sehende, aber trotzdem empirisch nachweisbare Gemeinsame am deutlichsten zur Darstellung bringen." Er ergibt sich aus dieser Darstellung, daß KRETSCHMER nicht durch ein Denkschema, eine Konstruktion geleitet wird, sondern lediglich durch das Auge. Ganz von selbst springt ihm anschaulich das „Typische" entgegen, wie dem Maler das geeignete Bildmotiv. Daher kommt es, daß der „Typus" nicht eines „Gegentypus" bedarf. Er ist nicht aus der Logik, sondern rein aus der Anschauung geformt.

Auch in den neuesten Auflagen seines Werkes wird der leptosome und der asthenische Habitus noch einander gleichgesetzt. Der erstere ist lediglich der weitere Begriff, in den der andere zur Gänze hineinfällt. Dieser *leptosome (asthenische) Typus* wird etwa in folgender Weise beschrieben: „Das Wesentliche ist kurz gesagt im groben Gesamteindruck: geringes Dickenwachstum bei durchschnittlich unvermindertem Längenwachstum. Diese spärliche Dickenentwicklung geht durch alle Körperteile, Gesicht, Hals, Rumpf, Extremitäten und durch alle Gewebsformen, Haut, Fettgewebe, Muskeln, Knochen und Gefäßsystem hindurch..." (Abb. 4a, b).

In „schweren Fällen" — es überrascht hier eine Formulierung, die man sonst nur bei Krankheitsprozessen gewohnt ist — habe man folgendes allgemeine Eindrucksbild: „einen mageren, schmal aufgeschossenen Menschen, der größer erscheint als er ist, von saft- und blutarmer Haut, von schmalen Schultern, die mageren muskeldünnen Arme, mit den knochenschlanken Händen herabhängend, ein langer flacher, schmaler Brustkorb, an dem man die Rippen zählen kann, mit spitzen Rippenwinkel, ein dünner fettloser Bauch und die unteren Gliedmaßen sowie die oberen. Sehr präzis tritt in den männlichen Durchschnittsmaßen das Zurückbleiben des Körpergewichtes gegen die Körperlänge und des Brustumfanges gegenüber dem Hüftumfang hervor ...." Es wird weiter eine Reihe von kleinen Varianten beschrieben; Fälle, in denen sich in der zweiten Lebenshälfte eine gewisse Verfettung einstellt, die jedoch nicht mit dem Fettansatz des Pyknikers verwechselt werden dürfte, eunuchoide Hochwuchsbildungen oder auch magere sehnig-schlanke Figuren, die noch durchaus unter den weiteren Begriff leptosom, dagegen nicht mehr unter den engeren Begriff asthenisch fallen, der nur die extremeren Grade des schmalen Körperbaues, vor allem auch die eigentlichen Kümmerformen umfasse.

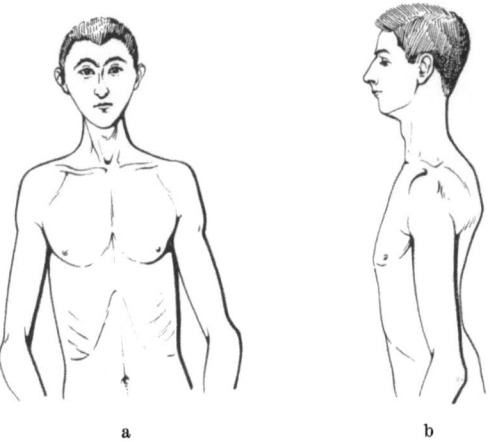

Abb. 4. Leptosomer (asthenischer) Typ (schematisch). Nach KRETSCHMER

Im Längsschnitt der Lebensentwicklung halten sich die Grundeigentümlichkeiten ziemlich konstant, schon als Kinder werden diese Menschen vielfach als schwächlich und zart geschildert, schießen in der Pubertätszeit oft rasch und schmal auf und zeigen auch im Mannes- und Greisenalter nicht die mindeste Neigung zu Muskel- und Fettansatz. Vorzeitiges Altern sei oft zu beobachten. Bei den Frauen sei dieser Typus oft dadurch charakterisiert, daß sie nicht nur mager, sondern auch vielfach kleinwüchsig seien. Diese Gruppe von Frauen sei nicht einfach asthenisch, sondern asthenisch-hypoplastisch: wobei ,,unter hypoplastisch die generelle Unterentwicklung von Körper und Körperteilen, besonders auch mit Einschluß des Längenwachstums" zu verstehen sei.

Den *athletischen Habitus* (Abb. 5a, b) charakterisiert KRETSCHMER nach dem groben Eindrucksbild ,,der schönsten Exemplare" dieser Gattung — hier wird nicht von ,,schweren Fällen", wie beim Astheniker gesprochen — folgendermaßen: ,,Ein mittel- bis hochgewachsener Mann mit besonders breiten, ausladenden Schultern, stattlichem Brustkorb, straffem Bauch und einer Rumpfform, die sich nach unten verjüngt, so daß das Becken und die immer noch stattlichen Beine im Vergleich mit den oberen Gliedmaßen und besonders dem hypertrophischen Schultergürtel zuweilen fast grazil erscheint. Der derbe hohe Kopf, wird auf freiem Hals aufrecht getragen, wobei die schräglineare Kontur des straffen Trapezius von vorne gesehen der Hals-Schulterpartie ihr besonderes Gepräge gibt." Sowohl das Muskel-, wie auch das Knochenrelief trete überall plastisch hervor, sowohl im Gesicht, wie an den Extremitäten erkenne man trophische Akzente, „die in einzelnen Fällen fast ans Akromegale anklingen können". Auch die Haut nehme an der Hypertrophie teil, sie ist besonders im Gesicht oft derb und dick, auch findet sich kaum jemals darunter eine starke Fettschicht. Auch von diesem Typus gibt es Varianten, einmal nach allgemeiner Plumpheit hin, so daß die Gliederung verlorengehe und alles unschön, massiv und klotzig erscheint, zum andern nach gewissen dysplastischen Sonderformen

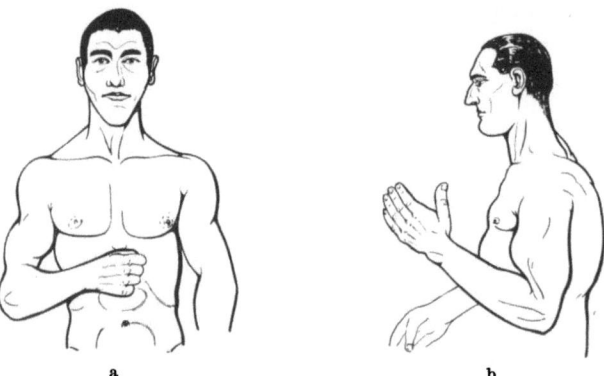

Abb. 5. Athletischer Typ (schematisch). Nach KRETSCHMER

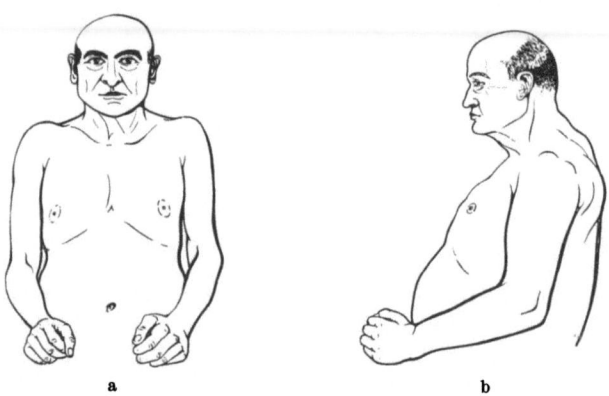

Abb. 6. Pyknischer Typ (schematisch). Nach KRETSCHMER

hin, bei denen sich die athletischen Elemente mit denjenigen aus anderen Formenkreisen vermischen. Klar ausgeprägt sei dieser Typus etwa vom 18. Lebensjahr an und behalte seine Eigenart bis zum Lebensende. Auch bei Frauen lasse er sich feststellen, doch weiche er hier von der männlichen Ausprägung in einigen Punkten ab. Vor allem sei die Fettentwicklung bei athletischen Frauen oft nicht gehemmt, sondern reichlich. Es fänden sich aber auch Frauen mit ausgeprägten Maskulinismen in Gesichtsbildung und Körperbau.

Der *pyknische Habitus* (Abb. 6a, b) endlich wird von KRETSCHMER gekennzeichnet durch die starke Umfangsentwicklung der Eingeweidehöhlen (Kopf-, Brust-, Bauch-) und die Neigung zum Fettansatz am Stamm, bei mehr graziler Ausbildung des Bewegungsapparates (Schultergürtel und Extremitäten). Das grobe Eindrucksbild sei „bei ausgeprägten Fällen" — auch hier sind es nicht „schwere Fälle" — sehr bezeichnend: mittelgroße, gedrungene Figuren, ein weiches breites Gesicht auf kurzem massiven Hals, zwischen den Schultern sitzend; ein stattlicher Fettbauch wächst aus dem unten sich verbreitenden tiefen gewölbten Brustkorb heraus. Es werden weiter die weichen rundlichen Gliedmaßen beschrieben, mit wenig Muskel- und Knochenrelief geformt, öfters ganz zierlich, die Hände weich, mehr kurz und breit. Die Schultern seien nicht breit ausladend, etwas hochgezogen und nach vorne zusammengeschoben. Besonders charakteristisch sei die Brust-Schulter-Hals-Proportion, vor allem infolge des außerordentlich tiefen Brustkorbs. Die Extremitäten seien durchschnittlich eher kurz als lang. Es bestehe fast immer eine Neigung zum Fettansatz, wobei es sich jedoch um eine Stammfettsucht handele. Das Gesicht sei durch seine runden weichen Linien gekennzeichnet, da das Knochenskelet durch die darüberliegende Fettschicht unsichtbar werde. Die Haut sei weder schlaff, wie beim Astheniker, noch straff wie beim Athletiker, sondern weich und anliegend von mittlerer Dicke.

Der morphologische Unterschied zwischen den einzelnen Lebensaltern sei beim Pykniker größer als bei anderen Typen. Er erreiche seine bezeichnendste Form meist erst gegen das 40. Lebensjahr hin und könne sich jenseits des 60. Lebensjahres durch starke Involutionsvorgänge eher wieder verwischen. Dennoch sei der Habitus auch schon in der Jugend deutlich erkennbar.

Bei den Frauen modifiziere sich der pyknische Körperbau ein wenig, doch sei gerade hier der Habitus leicht und sicher zu erkennen.

Neben diesen drei Grundformen stellte KRETSCHMER noch eine Gruppe Sonderformen, die er als „dysplastische Spezialtypen" bezeichnete. Wir treffen hier Körperbauvarianten, die schon im ersten Teil ihre Besprechung gefunden haben, da sie im wesentlichen von der Pathologie aus entwickelt wurden. Es sind etwa zu nennen der eunuchoide Hochwuchs, endokrine Fettwuchsformen mannigfaltigster Art, weiter die Gruppe der Infantilen und Hypoplastischen. Aus diesem großen Gebiet der Endokrinopathien und abnormen Wuchsformen greift KRETSCHMER ziemlich willkürlich einzelne Sonderformen heraus, läßt zahlreiche andere unerwähnt und unbesprochen: es ist dies auch wieder ein Zeichen, daß es ihm nicht um eine logische Ordnung geht, die in die Fülle der Erscheinungen hineinzubringen ist und nicht um die Aufstellung eines Systems, sondern um die Beschreibung typischer Bilder, die nebeneinander stehen, ihre Eigenart besitzen und beliebig vermehrt werden könnten. In diesem Sinne kann die Typologie als eine systemlose bezeichnet werden.

Sehr eingehend wurden von KRETSCHMER und seiner Schule auch die *physiologischen Eigenheiten* der Typenformen studiert.

Hinsichtlich der Steuerung der großen vegetativ-endokrinen Systeme nach der ergotropen und trophotropen Seite hin ergaben seine Untersuchungen bei den Konstitutionsformen etwa folgendes: Die Leptosomen und die Pykniker weichen in ihren endokrin-vegetativen Steuerungen stark, an manchen Punkten direkt antagonistisch auseinander. Auch die Athletiker und Dysplastiker haben ihre eigenartige Gesetzmäßigkeit. Für bestimmte Gruppen experimenteller Reaktionen zeigen die Pykniker einen kräftigen und rasch einsetzbaren Sympathicustonus, während hier die Leptosomen und teilweise auch die Athletiker mehr nach der vagotonen Seite hin orientiert erscheinen. Dies besage aber nicht, daß nicht in anderen, noch zu erforschenden Bezügen, die Konstitutionen gerade umgekehrt zu reagieren vermöchten. Dies würde mit der modernen Physiologie in Einklang stehen, die die scharfe Trennung zwischen rein ergotropen (sympathicotonen) und rein trophotropen (vagotonen) Systemen stark relativiert habe. Bezüglich der zahlreichen Untersuchungen des allgemeinen Stoffwechsels durch die Kretschmersche Schule (HERTZ, HIRSCH, KURAS, MALL, WINKLER, HOEHNE, HIRSCH-

MANN u. a.), muß auf die Orginalarbeit verwiesen werden. Sie zeigen fast durchgehend, daß Leistungskurven aller Art bei Pyknikern und Leptosomen in typischer Weise verschieden verlaufen, die Kurve des Athletikers aber meist eine unklare Mittelstellung einnimmt, so daß man gerne auf ihre Wiedergabe verzichtet oder sie mit der Kurve des Leptosomen zusammenlegt.

Bezüglich der *Krankheitsdispositionen* internistischer Leiden faßt KRETSCHMER das Bestehen folgender gesicherter Korrelationen zusammen: Der leptosome Habitus disponiere zu Lungentuberkulose und zum peptischen Geschwür, dagegen sind seine Beziehungen zum chronischen Rheumatismus (jedenfalls zur Arthritis deformans) negativ. Der pyknische Habitus besitze besondere Anfälligkeit zu chronischem Rheumatismus (genauer gesagt, zur Arthritis deformans), zur Arteriosklerose, Gallensteinen und Diabetes, dagegen relativ geringe Disposition zu Magengeschwüren. Die behauptete Beziehung zwischen athletischem Habitus und Migräne scheint KRETSCHMER noch etwas zweifelhaft, wenn auch gewisse konstitutionelle Teilbeziehungen zu dem ganzen kopfvasomotorischen Formenkreis — Migräne, Augenmigräne, Menière, explosive Affektkrisen — möglich sind. Auf die bekannten Beziehungen der Konstitutionstypen zu Psychosen und zur Epilepsie braucht hier nur hingewiesen zu werden.

b) Zur Kritik der gegenwärtigen Konstitutionslehren

Wie allen fruchtbaren und erfolgreichen Gedanken in der Geschichte der Wissenschaft, blieb auch der Konzeption KRETSCHMERs Kritik — sachliche, wie unsachliche — nicht erspart. Dies ist natürlich und kann einer Lehre nichts schaden, wenn sie angeregt wird, sich lebendig weiterzuentwickeln, um nicht dogmatisch zu erstarren. In diesem Sinne scheint es mir heute beinahe bedauerlich, daß das Gewicht der Kritik nicht schwerer wog. Was nämlich kritisiert wurde, war unschwer zu widerlegen und zu entkräften. So dankte nicht zuletzt dieser reichlichen Kritik das Werk seine enorme Verbreitung. Kritik hat u. E. dann Berechtigung, wenn sie sich nicht im Negativen erschöpft, sondern sich bemüht, den Weg zur Weiterentwicklung frei zu machen, der ohne sie verbaut bliebe. In diesem Sinne wollen auch die nachfolgenden kritischen Bemerkungen verstanden werden.

α) Zweipolige oder dreipolige Typologien?

Es wurde schon mehrfach darauf hingewiesen, daß in der Typologie KRETSCHMERs ein Typus „fehlt". Denn wenn KRETSCHMER auch seine Typen „empirisch" gewonnen zu haben vermeint, beruht doch keinesfalls auf Empirie, wie man das, was man empirisch gefunden hat, ordnet. Hierzu bedarf es gewisser Ordnungsprinzipien. Die Aufstellung von 3 Typen ist schon eine Ordnung, die nicht „empirisch gefunden", sondern „gedanklich gestiftet" wird. Wenn KRETSCHMER den asthenischen Habitus, der sich ihm gewiß als einprägsames Bild aufdrängte, vom leptosomen Habitus nicht scharf trennt, so hat dies nichts mehr mit Empirie zu tun. Es liegt vielmehr ein bestimmtes Ordnungsprinzip zugrunde, dessen Brauchbarkeit jedenfalls nicht von vornherein feststeht.

So eindeutig der pyknische Habitus gezeichnet wurde, so zwiespältig erscheint der Leptosome: Zunächst als eine asthenische Kümmerform — in „schweren Fällen" beinahe schon als pathologische Variante — wandelt er sich auf einmal in eine sehnig-kräftige Streckform um, erscheint als hagerer, hochgewachsener knochiger „Don Quichote" oder als „Langstreckenläufer", der mit der ursprünglichen asthenischen Kümmerform soviel wie nichts mehr gemeinsam hat. Wenn KRETSCHMER den Typus charakterisiert als „eine größere Anzahl von morphologischen Ähnlichkeiten durch eine größere Anzahl von Individuen hindurch verfolgt", so sind mangels dieser Ähnlichkeiten der Leptosome und der Asthenische eben nicht mehr als *ein* Typus zu bezeichnen.

Wenn wir, in etwas primitivierter Form, eingangs den „kurzen Dicken" und den „langen Dünnen" einander gegenüberstellten (vgl. Abb. 7 a und b), so macht diese Gegenüberstellung deutlich, worum es hier geht: Der Astheniker KRETSCHMERs ist gar nicht der „lange Dünne". Die Körperhöhe, die KRETSCHMER für ihn noch in der letzten Auflage angibt (im Durchschnitt berechnet), beträgt 168,4 cm, gegenüber der für den Pykniker (im Durchschnitt) berechneten Körperhöhe von 167,8 cm.

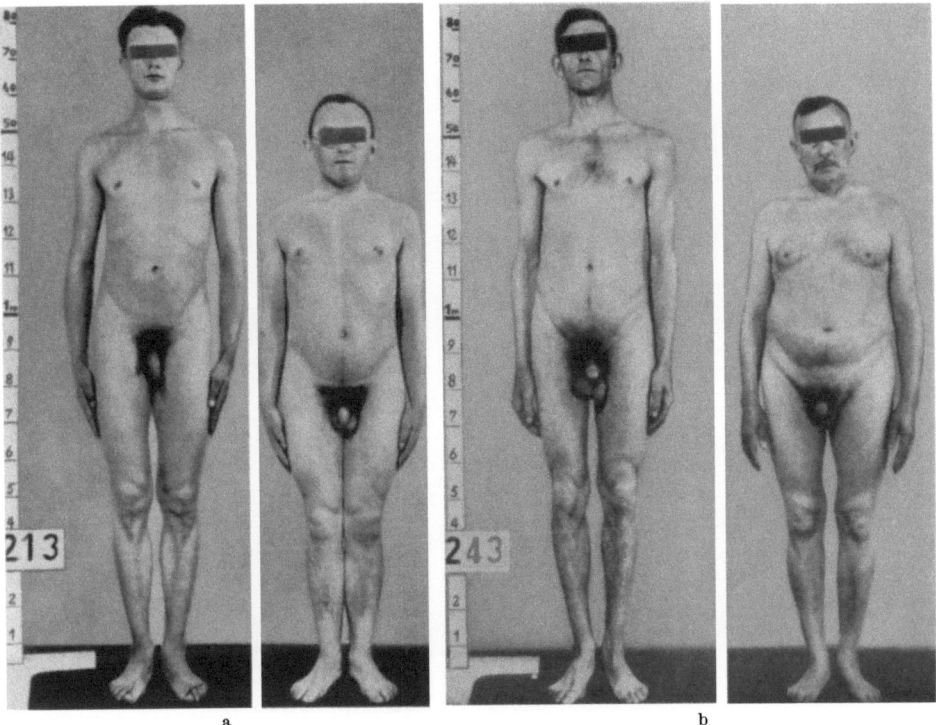

Abb. 7. Typische leptomorphe und pyknomorphe Proportionen a bei jugendlichen, b bei älteren Menschen: Der „lange Dünne" und der „kurze Dicke"

Die Differenz zwischen beiden beträgt also nicht mehr als einen halben Zentimeter! Der Pykniker und der Astheniker sind gleich lang, oder besser gesagt, gleich kurz. Wo also bleibt in der Typologie jener charakteristische Habitus mit den langen Gliedern und dem gestreckten Hals, der niemals dick wird, ohne doch die geringsten Zeichen der Asthenie zu zeigen, mit anderen Worten: der lange Dünne? Betrachten wir die gänzlich andere, jedoch nicht minder wichtige, leicht aufzeigbare Polarität zwischen dem „kleinen Schwachen" und dem „großen Starken", so wird sofort klar, daß hier der Astheniker erscheint, der dem Athletiker gegenübersteht (vgl. Abb. 8).

Mit einem Wort: In der Konzeption des „Leptosom-asthenischen als *eines* Typus verbergen sich *zwei sehr verschiedene Wuchsprinzipien*, die man zweckmäßigerweise trennen sollte: es ist nicht *ein* Typus, sondern in Wahrheit sind es *zwei* Typen. Die Verschiedenheit dieser beiden Typen wurde von früheren Typologien, die leider ganz in Vergessenheit geraten sind, offenbar richtig gesehen. Schon das alte Schema von ROSTAN und die französische Typologie von SIGAUD trugen diesem Unterschied Rechnung. Für sie war der „Typ cerebral" (Astheniker) ein völlig anderer als der „Typ respiratoire" (Leptosomer). In der späteren Folge haben die Typologen meist zwischen dem einen Typenpaar und dem anderen geschwankt. Entweder man hielt sich an die Polarität von kurz-dick und langdünn: dann kam es zu den Typen von der Art des „Brachiskelen und Makroskelen" (MANOUVRIER), „Brachytyp und Longityp" (VIOLA), des Biotyp breviligne und Biotyp longiligne (PENDE), des lateralen und linearen Typus (STOCKARD u. v. a. Oder man hob mehr auf die Polarität schwach-klein und stark-groß ab, dann entstanden Paare von der Art des „Asthenischen und Hypersthenischen"

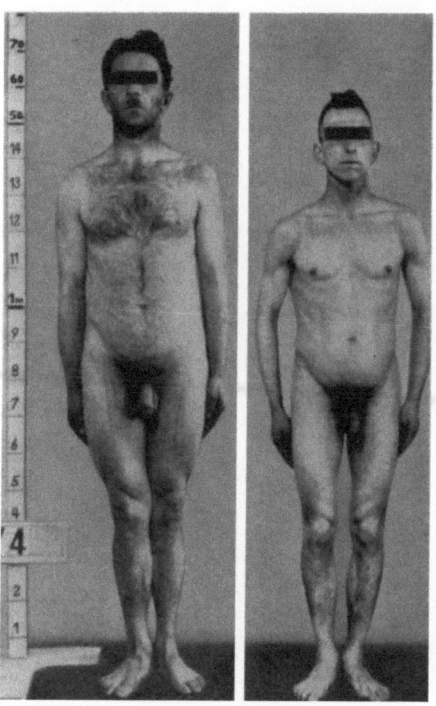

Abb. 8. Hyperplastisch-athletischer Habitus neben einem hypoplastischen Habitus. Der „große Starke" und der „kleine Schwache". Der Unterschied des letzteren zum Leptomorphen in Abb. 7 ist ersichtlich

(MILLS, TSCHERNORUTZKI), „Hypotonen und Hypertonen" (TANDLER) oder des „Cerebralen und Muskulären" (CARUS).

Die doppelte Polarität zweier offenbar ganz verschiedener Prinzipien durchzieht die Typologie der letzten 100 Jahre wie ein roter Faden. Dabei ist schon in dieser primitiven Fassung die jeweilige polare Struktur jedes der beiden Paare deutlich ersichtlich, die aber jeweils unabhängig ist von derjenigen des andern Paares: der „kurze Dicke" kann nicht zugleich auch Züge des „langen Dünnen" haben; eines schließt das andere aus; in gleichem Maße, in dem man sich die Züge des einen abgeschwächt denkt, verstärkt man diejenigen des andern. Es gilt ebenso für den „kleinen Schwachen", der nicht zugleich auch Züge des „großen Starken" haben kann und umgekehrt. Wohl aber kann der „kurze Dicke" gewisse Züge des „kleinen Schwachen" erhalten — es wird dann ein gewisser Zug von Schwächlichkeit hinzutreten — ebenso wie der „lange Dünne" Züge des „großen Starken" erhalten kann. Auch umgekehrt ist die Kombination möglich, mindestens wenn man das Kriterium der Körperhöhe vernachlässigt. Es würde dann der Dicke und Starke dem Dünnen und Schwachen in einer sehr prägnanten Polarität gegenüberstehen, die die Dichter aller Zeiten verwendeten (vgl. Abb. 2 auf S. 535).

Es ist möglich, daß die unklare Stellung des athletischen Habitus in der heutigen Konstitutionstypologie in dieser Diskrepanz zweier verschiedener typologischer Aspekte ihre Wurzel hat. Wenn CURTIUS darunter die ,,ideal-schön proportionierte und modellierte Wuchsform", andere hingegen die ,,plumpakromegaloide Riesenform" verstehen, so scheint in dieser Typik ein innerer Widerspruch auf. Dies erklärt sich damit, daß in der Kretschmerschen Prägung dem athletischen Habitus der Gegentypus zu fehlen scheint. Dieser ,,Gegentypus" ist aber, worauf wir im nächsten Kapitel eingehen werden, Merkmal für Merkmal der asthenische Habitus. Da dieser aber als Gegentypus des Pyknischen festgelegt war, blieb sein Platz gegenüber dem Athletiker unbesetzt.

Die Unklarheit der Stellung des Athletikers wird auch bei den zahlreichen Untersuchungen erkennbar, die zur Feststellung korrelativer Beziehungen zwischen dem Körperbau und gewissen Körperfunktionen, wie Blutzuckerbewegung, Leukocytenbewegung, Blutdruckanstieg auf Drogen usw. angestellt wurden. Wenn hier als Versuchspersonen ,,reine" Typen ausgewählt wurden, blieb immer unklar, ob beim ,,Leptosom-Asthenischen" nun langwüchsige, hagere Streckungsformen von mittelkräftigem Muskelrelief und Knochenskelet oder ob kurzwüchsige, zart-schmächtige und hypoplastische Kümmerformen mit Vogelgesicht und Pelzmützenhaar ausgewählt wurden. Kann man die letztere Form wirklich als eine ,,Steigerung" der ersteren auffassen? Wenn sich nun gleichwohl gewisse korrelative Unterschiede berechnen ließen, so einfach deshalb, weil die heterogene leptosom-asthenische Gruppe im Gegensatz sowohl zum Athleten (durch ihren asthenischen Anteil), wie auch zum Pykniker (durch ihren leptosomen Anteil) stand. So läuft der Athletiker in diesen Versuchen manchmal mit dem Pykniker, dann wieder mit dem Leptosom-Asthenischem. Aber die korrelativen Unterschiede wären zweifellos eindrucksvoller ausgefallen, hätte man die beiden Komponenten getrennt untersucht oder lediglich die beiden sehr entgegengesetzten Kombinationsgruppen des Athleto-Pyknikers einerseits und des Asthenischen-Leptosomen andererseits einander gegenübergestellt.

β) Das Problem der mittleren Formen

Fragt man sich, wieso es kommt, daß trotz ihrer weiten Verbreitung die heutige Konstitutionstypenlehre gleichwohl keinen rechten Eingang in die Klinik gefunden hat, so hat dies, wie ich glaube, auch mit dem Fehlen einer Mitte zu tun. Es gibt keinen Platz für die zahlreichen mittleren und uncharakteristischen Formen. Jede Habitusvariante soll einem der drei Typenbilder zuzuordnen sein; gelingt dies nicht, muß man sie als eine Legierung zweier oder dreier Typen deklarieren. Also nicht Mitte, sondern Mischung. Dies aber ist ein großer Unterschied, wie wir kurz ausführen wollen.

Finden wir in einer Population — etwa in derjenigen der amerikanischen Hauptstadt — einen schwarzhäutigen und einen weißhäutigen Anteil und dazwischen zahlreiche Abstufungen brauner Hautfarbe, so können wir mit einem gewissen Recht diese braunen Formen als durch Mischung entstanden denken. Es sind in der Tat ,,Legierungen" oder, nach einem Ausdruck der Biologie, Bastardierungen. Dieser Schluß war berechtigt, weil wir wissen, daß der Ausgangspunkt reine weiße und schwarze Formen waren, die sich im Verlaufe der späteren Zeit vermischten. Haben wir Gründe anzunehmen, daß in ähnlicher Weise früher einmal nur reine Pykniker, Athletiker und Leptosom-Asthenische existierten, die sich später mischten? Viel wahrscheinlicher ist der umgekehrte Vorgang: Die menschliche ,,Wildform" — dieser Ausdruck sei einmal gestattet — kannte vermutlich keine der extremen Konstitutionsvarianten, weil diese gegenüber der mittleren Habitusform anpassungsvermindert, nämlich spezialisiert sind. Die heutigen Konstitutionstypen sind domestizierte Zuchtprodukte, Spezialtypen, die erst durch das Kulturleben Überlebenswahrscheinlichkeit bekamen. Deshalb haben die mittleren Proportionsstufen ein gewisses Primat über die extremen. Freilich findet fortwährend Durchmischung statt. Aber es besteht kein Anlaß, die ursprünglichen mittleren Formen nicht als das zu bezeichnen, was sie sind, denn kaum jemals sind sie aus der Mischung der extremen entstanden. Der Mann von 172 cm Körperhöhe ist nicht notwendigerweise eine Legierung aus Kurz- und Langwüchsigkeit. Es fehlt also nicht nur eine Bezeichnung für diese mittleren Formen, vielmehr auch ihre begriffliche Einordnung.

Daher kommt es, daß wir bisher mit keiner Methode maßtechnisch jede anfallende Form, gleichgültig, ob sie nach irgendeiner Seite typisch ist oder nicht, zu erfassen vermögen, um sie in ein alle normalen Varianten umfassendes Schema einzuordnen. Zwar hat KRETSCHMER selbst immer vom Maßband Gebrauch gemacht, aber doch auch das viel zitierte Wort geprägt: das Maßband sieht nichts. Man könnte diesen Ausspruch erweitern, und sagen: das Maßband sieht auch nichts hinein; es ist unbestechlich. Gerade für die Berechnung von Korrelationen zu Körperfunktionen oder Krankheitsbereitschaften wäre die Verwendung aller anfallenden Formen unvergleichlich viel wertvoller als diejenige selektiv gewonnener „reiner Typen". Freilich müßte hierzu eine Maßtechnik zur Verfügung stehen, die allen Formen ihren Platz in einem definierbaren System zuwiese. Wir werden im folgenden Kapitel einen Entwurf dieser Art etwas näher ausführen.

γ) Zur Kritik der Somatometrie von SHELDON

SHELDON war sich dieser Notwendigkeit einer somatometrischen Methode bewußt und übte eine sehr scharfe Kritik an der Kretschmerschen Lehre. Es scheint uns jedoch, daß auch seine Methode Anlaß zur Kritik gibt. Er erkannte richtig die Notwendigkeit, maßmethodisch nicht nur „reine" Typen, sondern jede anfallende Form zu charakterisieren. Seine Methode sei kurz skizziert, ohne daß freilich auf Einzelheiten eingegangen werden könnte.

Aus zahlreichen Körpermaßen, die aber nicht direkt vom Körper, sondern von Photographien des entkleideten und in drei Aspekten (vorne, seitlich, rückwärts) aufgenommenen Mannes aufgenommen werden, werden 17 Indices berechnet, indem der Körper in 5 Regionen eingeteilt wird, die jede für sich durch mehrere Indices charakterisiert sind: die Kopf-Hals-Region durch 4 Indices, die Thoraxregion durch 3 Indices, die Arm-Handregion, ebenso wie die Bauchregion durch jeweils 3 Indices und endlich die Bein-Fußregion wieder durch 4 Indices. Hierzu kommt noch Körperhöhe und Gewicht.

Die Prozedur der Bestimmung der einzelnen Körperbauform geht in *fünf Schritten* vor sich. Der *erste* Schritt besteht in der somatoskopischen (eindrucksmäßigen) Einschätzung der Körperform und ihre Zuordnung in das Sheldonsche Typenschema (vgl. Abb. 3 auf S. 552). Es wird also zunächst die Frage entschieden, welche der 3 Komponenten die vorherrschende ist. Nach der Meinung SHELDONS könne dies durch Messung überhaupt nicht entschieden werden, „ebenso wie man ein Pferd von einer Kuh nicht durch Messung unterscheiden könne". Erst nachdem diese, offenbar für den Autor nahezu immer eindeutige Zuordnung getroffen wurde, kann maßtechnisch der genaue Platz der Form bestimmt werden. Bei dieser ersten Einschätzung wird aber nicht nur die vorherrschende Komponente, sondern auch das Verhältnis der beiden übrigbleibenden Komponenten zueinander festgelegt, also etwa: vorwiegend ektomorph, die mesomorphe Komponente geringer ausgeprägt als die endomorphe, daher annäherungsweise Abschätzung der Form: 325. Diese rein durch den Eindruck gewonnene Einordnung gilt es maßtechnisch zu rektifizieren, wobei freilich auch weiterhin die somatoskopische Einschätzung führend bleibt. Der *zweite* Schritt besteht darin, daß der Größen-Gewichts-Index (Körperhöhe geteilt durch die 3. Wurzel des Gewichts mal 100) bestimmt wird. Nun wird in einer Tabelle nachgesehen, welche Somatotypen bei diesem Index vorkommen. Beträgt dieser Index etwa 13,8 so findet man in der Tabelle bei 13,8 die Somatotypen 235 und 325. Nun schaltet man diejenigen aus, die im Hinblick auf Schritt 1 nicht in Frage kommen, weil etwa, wie in unserem Falle, die mesomorphe Komponente, wie sich beim ersten

Schritt ergeben hatte, nicht höher liegen darf, wie die endomorphe. Dasselbe wiederholt man bei den nach oben, wie auch nach unten, anschließenden Indices, also bei 13,7 und 13,6 ebenso wie bei 13,9 und 14,0. So stellt man sich eine Art Rangliste her: Die für den errechneten Größen-Gewicht-Index von 13,8 am nächsten liegende Typenform 325 hat den höchsten Rang, darunter liegen etwa 326 und 415, wieder eine Stufe niedriger 316 und 425 usw. Die auszuwählenden Somatotypen sind nun diejenigen, die nicht mehr als um einen Grad von der ursprünglichen Abschätzung in jeder Komponente abweichen, die keine Umkehrung der Dominanz der drei Komponenten gegenüber der ursprünglichen Abschätzung zeigen und die nicht weiter als höchstens vier Reihen von der errechneten Indexzahl entfernt liegen. Der *dritte Schritt* besteht in der gleichen Abschätzung, wie beim ersten Schritt nun aber hinsichtlich aller 5 Regionen. Für jede wird die wahrscheinlichste Kennziffer bestimmt. Der *vierte Schritt* besteht dann darin, dieselbe Annäherungsmethode, wie sie bei Schritt 2 am Größen-Gewicht-Index dargelegt wurde, für alle 17 Körperindices zu wiederholen. Für jede Region gibt es für jeden Index eigene Tabellen, in denen man nachsieht, welche Typenformen bei dem errechneten Index überhaupt vorkommen, welche sofort auszuscheiden sind und welche Typenformen in den Reihen der angrenzenden Indexzahlen zu finden sind. So ergeben sich in den verschiedenen Rangstufen Kolonnen bis zu 6 oder 7 verschiedene Somatotypen, aus denen nach einem bestimmten Rechenverfahren für jede Region schließlich die wahrscheinlichste Typenformel berechnet wird.

Der *fünfte* Schritt besteht dann einfach darin, aus diesen 5 Teilergebnissen durch einen einfachen Mittelwert den endgültigen Typus zu bestimmen. Ergab sich etwa

               für 1. Kopf-Hals-Region   4,1,5
               für 2. Thoraxregion   4,2,5
               für 3. Arm-Hand-Region   3,2,6
               für 4. Bauchregion   4,3,5
               für 5. Bein-Fuß-Region   4,2,5

so wird für jede einzelne Komponente der einfache Durchschnitt berechnet, woraus sich für die drei Komponenten genau 3,8—2,0—5,2 ergäbe, woraus durch Auf- oder Abrundung nun die endgültige Kennziffer 4,2,5 resultiert. Es ergibt sich, daß diese durch ein kompliziertes Verfahren rektifizierte Ziffer nur sehr unwesentlich von der ursprünglich geschätzten (3,2,5) abweicht; man hatte das Maß der Endomorphie ein klein wenig unterschätzt. SHELDON verzichtet also, wie man sieht, keineswegs auf die unmittelbare Anschauung und Abschätzung, sondern meint ganz im Gegenteil, niemand solle überhaupt seine Methode anwenden, der nicht soweit geübt sei, einen Körper somatoskopisch mit höchstens einem Grad Abweichung innerhalb jeder Komponente abzuschätzen. Ohne diese Abschätzung, gewissermaßen im Blindversuch, ist die Methode überhaupt nicht anwendbar. Auch bei SHELDON also, genau wie bei KRETSCHMER scheint das Bandmaß nichts zu sehen. Die Kompliziertheit des Rechenverfahrens steht nun u. E. in einem solchen Mißverhältnis zum Ertrag hinsichtlich der Rektifizierung des ohnehin beinahe immer richtig abschätzbaren Biotypus, daß wir kaum glauben können, daß die Methode in der Praxis Eingang finden wird. *Man wird sich mit der somatoskopischen Abschätzung begnügen*; zum mindesten dann, wenn sich die Biotypen als solche bewähren.

Betrachtet man nun aber seine Extremformen (Abb. 3 auf S. 552), bei denen jeweils eine Komponente in voller Ausprägung, die andern in Minimalausprägung gegeben sind, entstehen für uns nun neue Bedenken. Seinen extremen Endomorphen würde hierzulande jedermann als eine schwer pathologische Dysplasie, nämlich eine hypophysäre Fettsucht, bezeichnen. Die zweite Form, der extreme Mesomorphe, ist der typische Athlet im Sinne KRETSCHMERs, der hyperplastische Metromorphe im Sinne CONRADs, die dritte Form, der Ektomorphe, ist der typische Astheniker im alten Stillerschen Sinne. Hypophysäre Fettsucht, athletischer und extrem-asthenischer Habitus scheinen uns nun eine seltsame Trias zu bilden, deren Allgemeingültigkeit für eine umfassende Typologie nicht recht einleuchtet. Denn man könnte ohne weiteres etwa eine kretine, rachitische und chondrodystrophische Zwergwuchsform oder einen eunuchoiden oder akromegalen Riesenwuchs hinzufügen, die das gleiche Recht beanspruchen könnten, hier als Extremform zu erscheinen. Wo aber bliebe dann die Theorie der Keimblätter, wo doch nur deren drei zur Verfügung stehen? Die drei Extremvarianten von SHELDON sind zweifellos sehr einprägsame Formen, aber es leuchtet nicht ein, sie als *die* drei Grundvarianten menschlichen Körperbaues anzuerkennen.

Sheldon verzichtet interessanterweise völlig auf die Polarität pyknisch-leptosom im Sinne Kretschmers. Weder der Pykniker noch auch der Leptosome (in unserem Sinne) erscheinen in der Typologie als Extremvarianten, sondern sind hier lediglich mittlere kombinative Varianten. Sheldon betont selbst, seine Extremform 1 (der Endomorphe) sei nicht „pyknisch" im Sinne von „kompakt", sondern „weich und rundlich, schlaff und schlapp". Der Pykniker im Sinne Kretschmers sei eine Mischung von endomorph und mesomorph. Nach unserer Typenordnung sind die drei Extremvarianten Sheldons 1. der dysplastisch verfettete Metromorphe, 2. der hyperplastische Metromorphe, 3. der rein hypoplastisch-magere Leptomorphe. Das Hauptkriterium für die erste Komponente ist die Verfettung, ebenso wie sie für die dritte die Magerkeit ist, für die zweite Komponente sind es Muskulatur und Knochenskelet. Die Typologie polt also im wesentlichen zwischen athletisch und asthenisch, wobei die Komponente der Verfettung als ein dritter Faktor hinzukommt.

Das Vorgehen Sheldons ist demjenigen Kretschmers überaus ähnlich: er verfolgt eine größere Zahl morphologischer Ähnlichkeiten durch eine größere Zahl von Individuen hindurch und fixiert auf diese Weise seine Extremtypen. Nachdem er sich Gedanken über die biologische Fundierung dieser empirisch gefundenen Formen gemacht hat (Keimblatthypothese), ordnet er das Gesamtmaterial nach diesen von ihm etablierten Ordnungsgesichtspunkten. Er macht sich dabei nicht unabhängig von der somatoskopischen Gesamtschau, vielmehr kontrolliert diese beinahe alle seine Messungen. Daß seine Extremtypen, insbesondere sein erster Typus, von demjenigen Kretschmers abweicht, hängt unter anderem vielleicht mit dem Ausgangsmaterial zusammen: bei Sheldon amerikanische Collegestudenten, bei Kretschmer schwäbische Landbevölkerung.

Beide Typologien sind in jeder Beziehung legitim, sie sind außerordentlich wertvolle Ordnungsmethoden, aber sie sind — wie schon ein Vergleich beider zeigt — nicht die einzig möglichen. Genau wie die Kretschmersche oder die Sheldonsche Trias ließen sich auch andere Extremvarianten bilden, nach denen andere Typologien ausgerichtet werden könnten. Niemals geht es um ein „Richtig" oder „Falsch", sondern lediglich um ein mehr oder weniger „Zweckmäßig". Unzweckmäßig ist es, sich allzuweit von den biologischen Wuchsprinzipien zu entfernen; insofern scheint mir die Verwendung krankhaft veränderter Formen für eine solche alles umfassende Typologie unzweckmäßig.

c) Die Weiterentwicklung der Konstitutionstypenlehre unter genetischem Aspekt (Conrad)

Ich habe vor 16 Jahren einige Gedanken entwickelt, wie die gesetzlichen Beziehungen zwischen Körperbau- und Charaktertypus zu erklären sein könnten. Dabei ergab sich die Notwendigkeit, das Typenproblem neu durchzudenken und nach den Entstehungsmechanismen der Körperbauvarianten zu fragen.

Es wurde ausgeführt, eine biologisch-genetische Fundierung der Konstitutionstypologie sei nur möglich, wenn man die Typenformen nicht als statische Gegebenheiten betrachtet, sondern als das Resultat wirkender *Wuchsprinzipien*. Jede gewachsene Form, die wir in der Natur vorfinden, ist einmal geworden; in diesem Werden liegt das Gesetz ihres Seins beschlossen. Auch hört dieses Werden niemals auf; keine Körperform bleibt unverändert bestehen; sie wandelt sich auch nach Abschluß des Wachstums weiter; der Thorax kann sich noch weiten, Fettansatz und Abmagerung formen um, Zeichen der Involution machen sich am Turgor und an der Haltung bemerkbar. So ist das, was wir vergleichen sollten, nicht der mehr oder weniger zufällig gesetzte zeitliche Querschnitt in diesem gesamten Verlauf, sondern eben dieser *Verlauf* selbst. *Nur er ist der eigentliche „Typus".* Wir könnten uns also eine Methode der *Zeitraffung* denken, die uns in die Lage versetzt, diesen ganzen Ablauf von der Wiege bis zum Grabe innerhalb einiger Minuten wie einen Filmstreifen abrollen zu sehen, um die darin liegende Bewegung sichtbar zu machen. Dann erst nämlich würde uns das wirklich Typische der verschiedenen Formen vor Augen treten. Was würden wir bei diesem Film erkennen?

Wir sähen eine menschliche Form zunächst sich aus dem Embryonalen ins Frühkindliche entfalten, wobei wir an diesem ersten Schritt vermutlich kaum besondere Verschiedenheiten auszunehmen vermöchten. Alles ist hier noch keimhaft und uncharakteristisch. Bald aber ergäben sich Unterschiede.

Wir hätten einmal eine Form vor uns, die den nun in gewissen Rhythmen ablaufenden Streckungsprozeß mit seinem mehrfachen „Gestaltwandel", zunächst im 6. Lebensjahr, und nach der hierauf folgenden Harmonisierung wieder erneut vom 12. Lebensjahr an durch die zwei puberalen Phasen (vgl. ZELLER) hindurch bis zu einer erneuten Stabilisierung, gewissermaßen sachte und bedächtig, wenig markant, nicht rasant oder überstürzt, vielmehr zögernd und beinahe zurückhaltend durchlaufen würde. Die Streckungsschübe wären zwar deutlich zu sehen, gäben aber nicht sehr aus und die mit ihnen einhergehenden typischen Verschiebungen der Proportionen von Rumpf und Gliederlänge wären nicht sehr effektvoll. Wäre dann schließlich nach dem Abschluß der Wachstumsperiode die Stabilisierung erreicht, erwiese sich der zurückgelegte Weg als relativ kurz; die nun erreichte Endform ist infolge ihres zögernden Entfaltungstemperaments nicht allzuweit vorgestoßen; sie trägt immer noch gewisse Züge der ursprünglichen Proportionen: den großen Rumpf mit den relativ kurzen Extremitäten, die großen Körperhöhlen mit einem Kopf, der vielleicht noch mehr als $^1/_6$ der Gesamtkörperhöhe ausmacht.

Wir bezeichnen einen Entwicklungsablauf dieser Art als einen *konservativen Entfaltungsmodus* und die resultierende Proportionsstufe als konservative *(= pyknomorphe)* Proportion.

Daneben sähen wir einen sehr andersartigen Verlauf: Schon frühzeitig — vielleicht noch vor dem 6. Jahr — bemerkten wir schon die ersten Anzeichen der Streckung, die dann einen rasanten Verlauf nimmt. Eine Rückschwankung im Sinne einer harmonisierenden Fülleperiode käme kaum zur Beobachtung, weiter und weiter ginge die progressive Umformung, um in der Pubertät nochmals einen gewaltigen Auftrieb zu bekommen. Nach dem Abschluß dieser ontogenetischen Entfaltung wäre eine Proportionsstufe erreicht, zu der der vorhin genannte Verlaufstypus niemals hingelangte: es ist die langgliedrige Streckungsform mit langem Hals, langgestrecktem schmalen flachen Thorax und relativ kleinem Kopf, der etwa $^1/_8$ der Körperhöhe ausmacht. Wir bezeichnen diesen vehementen Entfaltungsmodus als einen *propulsiven* und die resultierende Wuchsform als die propulsive (= *leptomorphe*) Proportion.

Zwischen diesen beiden Extremen würden wir Formen sich entfalten sehen, die denselben Prozeß mit einem mittleren Entfaltungstempo durchmachten: anfangs vielleicht längere Zeit noch zögernd, den ersten Gestaltwandel aber doch mit einer tüchtigen Streckung abschließend, dann aber wieder pausierend mit nachfolgenden Fülleperioden, bis dann in der Zeit des zweiten Gestaltwandels wieder ein mittlerer Streckungsimpuls mit darauffolgender Harmonisierung die endgültige Proportionsform prägt.

Das Resultat läge in der Mitte zwischen den beiden genannten extremen Modi. Wir bezeichnen es als *metromorphe* Proportionsstufe, es ist Ausdruck eines mäßig *progressiven* Entfaltungsmodus.

Wichtig ist auch, sich klarzumachen, daß der Ablauf hier kein Ende findet. Unser Film würde auch weiterhin charakteristische Unterschiede zwischen den beiden Verlaufstypen ergeben. Der konservative Modus etwa würde nach längerer Zeit der Stabilisierung im mittleren Lebensabschnitt eine deutliche Fülle zeigen, ein Wachstum in die Breite und Tiefe bei unveränderter Höhe, die gegen Ende unseres Films wieder zurückginge. Der propulsive Entfaltungsmodus hingegen würde eine solche Fülle niemals aufzuweisen haben, die langgestreckte Form bliebe durch längere Zeit unverändert, um dann gegen Ende unseres Films die Zeichen der Schrumpfung und Beugung erkennen zu lassen. An den mittleren Verläufen ließen sich mannigfaltige Abwandlungen beobachten, die nicht alle aufgeführt werden können.

Es hat gewiß noch niemand den körperbaulichen Wachstums- und Entfaltungsvorgang in Zeitraffung dieser Art verfolgen können. Aber nach unserem Ermessen muß er sich etwa in dieser Art abspielen und es erscheint uns ein legitimes Vorgehen, sich diesen Ablauf, dessen Einzelstufen wir ja genauestens kennen, anschaulich vorzustellen. Niemand wird ernstlich bestreiten können, daß Unterschiede des Entfaltungsmodus bestehen, niemand auch wird leugnen wollen, daß diese Unterschiede in den Begriffen des konservativen und propulsiven Modus zu erfassen sind. Überlegungen dieser Art als „Hypothesen" zu bezeichnen, erscheint mir so naiv, wie wenn man die Behauptung, der Mond drehe sich um die Erde, als eine „Hypothese" bezeichnete, weil niemand die Bewegung als solche — und schon gar nicht während des Tages — sehen könne. Ebensowenig „hypothetisch" ist es, die Endresultate dieser unterschiedlichen Modalitäten der Entfaltung als pyknomorphe und leptomorphe Wuchsform zu bezeichnen. Wir haben absichtlich die Kretschmerschen Begriffe abgewandelt, um keine Sprachverwirrung zu stiften: Der „Pykniker" und der „Leptosome" sind *Konstitutionstypen*, die KRETSCHMER mit zahlreichen charakteristischen Details beschrieb. So gehört etwa die „spiegelnde Glatze" zum Pykniker, das „asthenische Winkelprofil" oder das „Pelzmützenhaar" zum Leptosomen im Sinne KRETSCHMERs. Dahingegen bezeichnet „pyknomorph" in unserem Sinne eine bestimmte Wuchsform, eine Art *Wuchsprinzip*, charakterisiert eben durch ihren konservativen Entfaltungsmodus in der ontogenetischen Proportionsverschiebung. Das gleiche gilt mutatis mutandis für den Leptomorphen. Es geht uns hier nicht um das detaillierte Zeichnen lebendiger Menschenbilder, sondern um die Gegenüberstellung wirksamer Wuchsprinzipien. So ist es also auch keine Hypothese, vielmehr einfach eine Begriffsbestimmung, wenn wir den Pyknomorphen als das Resultat eines konservativen Modus der ontogenetischen Proportionsverschiebung bezeichnen, den Leptomorphen als das Resultat eines propulsiven solchen Modus. Dies ist das *Kernstück unserer Lehre*, die im übrigen schon Vorläufer hatte (VIOLA, MATTHES, vgl. S. 548). Es ist keine Hypothese, denn es wird hier nichts „unterstellt", dessen Wahrheit erst nachgeprüft werden muß. Es ist vielmehr eine *These*, deren Brauchbarkeit hinsichtlich wissenschaftlicher Erkenntnis zu erweisen ist.

Diese Prüfung führten wir durch, indem wir zunächst die Gültigkeit unserer These im Bereiche des Morphologischen, sodann des Physiologischen und Psychologischen untersuchten. Es muß hierzu auf das Original verwiesen werden. Wir wollen hier nur wenige Punkte unserer Beweisführung herausgreifen.

Es gibt eine Reihe weiterer morphologischer Charakteristika, die mit der pyknomorphen Wuchstendenz korreliert zu sein pflegen. Die steile Gesichtslinie, die einen relativ wenig durchformten Gesichtsschädel unter dem breiten Stirnschädel zurücktreten läßt (vgl. Abb. 9, dünne Linie), die wenig markanten Acren in der Gesichtsbildung, die physiologische Kyphose der Halswirbelsäule, an der die Streckungsvorgänge beinahe spurlos vorübergegangen sind, so daß der Hals mitunter so kurz erscheint, daß der Kopf dem Rumpfe direkt aufzusitzen scheint, die schmalen Schultern, die wenig über den Thorax ausladen, die Proportionen der Hand mit ihren kurzen Fingern, die gleichfalls das Wirken eines Streckungsfaktors vermissen lassen, all dies und manches andere erweist sich als Ausdruck der gleichen konservativen Wuchsform, da wir dieselben Züge finden, wenn wir jugendliche Verhältnisse mit denen des erwachsenen Körpers vergleichen. Das Umgekehrte finden wir bei der propulsiven Wuchsform: der Gesichtsschädel wuchs unter dem Hirnschädel hervor, so daß die Profillinie einen stumpfen Winkel bildet (vgl. Abb. 9, dicke Linie), die Kyphose der Halswirbelsäule ist beinahe geschwunden, so daß der Hals viel länger erscheint, der Schultergürtel ladet beträchtlich mehr aus, auch Hand und Fuß zeigen den Effekt der Streckung und der Schwerpunkt ist aus der Mitte des Abdomens, aus Nabelhöhe in die Gegend der Symphyse heruntergerückt.

Es ist also nicht nur das Verhältnis von Rumpf und Extremitäten, vielmehr sind es zahlreiche Züge aller Regionen des Körpers, der Schädel-Hals-Region, der Thorax- und Bauchregion, der Arm-Hand- und Bein-Fuß-Region (SHELDON), in denen sich das gleiche, sei es das konservative oder das propulsive Wuchsprinzip bemerkbar macht. Je stärker es wirksam war, desto einheitlicher wird es in allen Regionen ablesbar sein. Nur dort, wo ein mittlerer Modus vorliegt, können sich gewisse Uneinheitlichkeiten und Differenzen innerhalb einzelner Regionen ergeben, z. B. relativ steile Gesichtslinie nach dem konservativen Modus bei sonst nicht unerheblicher Streckung der

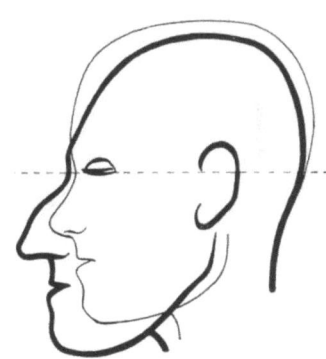

Abb. 9. Die stark gezeichnete Kontur zeigt das Auswachsen des Gesichtsschädels aus den kindlichen Verhältnissen während der Morphogenese. Sie entspricht der Profillinie des Leptomorphen gegenüber derjenigen des Pyknomorphen (dünne Linie). Leicht karikiert

Extremitäten. Immer mischen sich auch Wuchsprinzipien anderer Art mit hinein. So entsteht die unendliche Fülle der Formvarianten, die uns der Alltag beschert.

Unser Anliegen ist also nicht, zwei oder vier Fächer zu beschreiben, in die jede Form einzuordnen ist, sondern *Wuchsprinzipien aufzuspüren, die bei der Gestaltung der einzelnen Körperform am Werke waren.* Jede Form ist natürlich das Resultat zahlreicher wirkender Faktoren, aus denen wir nur wenige, allerdings nicht unwesentliche herauszuheben suchen.

Auch im Gebiete der Körperfunktion versuchten wir, die Brauchbarkeit unserer Thesen zu erweisen. Wenn der Körperbau des Pyknomorphen die Züge eines konservativen Entwicklungsmodus aufweist, lag die Frage nahe, ob sich das gleiche Prinzip nicht auch bezüglich seiner Stoffwechsellage aufweisen lasse, die sich von derjenigen des Leptomorphen in charakteristischer Weise unterscheidet.

Die Einstellung des Stoffwechsels bleibt während der ontogenetischen Entfaltung nicht die gleiche, vielmehr macht sie — ähnlich wie die Proportionen des Körpers — eine charakteristische Verschiebung durch. Die enorme Stoffwechselleistung der Wachstumsperiode ist nach dem Abschluß des Wachstums nicht mehr nötig, es muß eine Umsteuerung erfolgen. Das *Leistungsprinzip* muß in ein *Erhaltungsprinzip* umgewandelt werden. Die Stoffwechsellage des pyknomorphen Körperbaues scheint nun im Sinne des ursprünglichen Leistungsprinzips erhalten zu bleiben, wie sie den jugendlichen Organismus gegenüber dem Erwachsenen charakterisiert. Dies ist jene eigenartige ergotrope Stoffwechsellage des Jugendlichen mit den Zeichen des erhöhten Sympathicustonus, der höheren Pulsfrequenz, der geringen Zuckertoleranz und Adrenalinempfindlichkeit, wie man sie bei Funktionsprüfungen feststellen kann. Erst sie ermöglicht offenbar ein Wachstum. Bleibt nun nach Abschluß des Wachstums diese Stoffwechseleinstellung — natürlich nur zu einem gewissen Grade — bestehen, wird es um so leichter zur Fettspeicherung kommen, wie auch möglicherweise zu gewissen Krankheitsanfälligkeiten, die mit dem Stoffwechsel in Zusammenhang stehen. Auch Eigentümlichkeiten des Wasserwechsels wären so zu erklären: so wie das Kind scheint auch der Pyknomorphe mehr Wasser zu enthalten (Hydrophilie), mehr Wasser zu brauchen (Wasseravidität) und auch das Wasser leichter wieder abzugeben. Umgekehrt verhält sich der Leptomorphe, ähnlich wie der Erwachsene in seinem Verhältnis zum Jugendlichen: er enthält weniger Wasser, braucht weniger Wasser, hält aber das Wenige stärker fest. So ist auch seine Stoffwechsellage mehr eine trophotrope, es ist die *Sparbrennerwirkung* des Organismus, der energetisch nicht mehr aus dem Vollen lebt, deshalb auch kaum mehr speichern kann. Die enorme Energieentfaltung in der Zeit des Wachstums hat hier einem energetischen Sparsystem Platz gemacht.

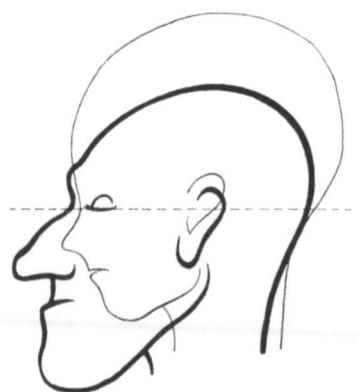

Abb. 10. Die dünngezeichnete Kontur zeigt sehr frühkindliche Verhältnisse (asthenisch-hypoplastische Profillinie), die stark gezeichnete zeigt die athletisch-hyperplastischen Verhältnisse einer späteren Determinationsstufe. Leicht karikiert

Unsere These erwies also auch im Bereich der Körperfunktionen ihre Geltung. Manches wurde verstehbar aus der Eigenart des konservativen oder propulsiven Modus, was bisher lediglich als Tatsache registriert, aber nicht in seinem Zusammenhang begriffen werden konnte. Registriert wurde etwa das typische Zusammenvorkommen der pyknischen Proportionsstufe des großen Rumpfes mit den kurzen Extremitäten und die Neigung zu Adipositas. Nach welchem Gesetz aber dieser gesetzliche Zusammenhang erklärbar sei, darüber wußte man bisher nichts. Unser ontogenetisches Prinzip der verschiedenen Wuchsmodalitäten gibt hier eine Erklärung: Die pyknomorphe Proportionsform entspricht als Ausdruck einer konservativen Modalität der Neigung zu Adipositas, die gleichfalls Ausdruck dieser konservativen Stoffwechselmodalität ist, die gewissermaßen Eigentümlichkeiten der kindlichen Stoffwechsellage konserviert hat. *Proportionsform und Stoffwechsellage erweisen sich also als Ausdruck der gleichen, nämlich konservativen Modalität.*

Auch im Bereiche des Psychischen bewährte sich dieses ontogenetische Prinzip, worauf hier aber nicht näher eingegangen werden soll. Wir kamen zu der Formulierung: die polaren Grundstrukturen des Charakters sind nichts anderes als zwei verschiedene Determinationsstufen im gleichen ontogenetischen Prozeß der fortschreitenden Strukturbildung, den wir mit C. G. JUNG als Individuationsprozeß bezeichnen; die cyclothyme Struktur ist das Ergebnis eines konservativen, die schizothyme Struktur dasjenige einer propulsiven Entwicklung.

Wir haben uns bisher lediglich mit dem pyknomorphen und leptomorphen Wuchsprinzip beschäftigt, die wir als *Primärvarianten* bezeichneten. Nun aber gibt es noch die zweite nicht minder wesentliche Polarität zwischen der asthenischen und athletischen Wuchsform. Hier hat man sich zunächst klar zu machen, daß mit diesen beiden gut definierten Bezeichnungen völlig andere Dinge bezeichnet werden, als die oben beschriebene Modalität des ontogenetischen Streckungsvorganges. Hier geht es um Eigentümlichkeiten der Beschaffenheit des bindegewebigen Apparates, des Knochenskelets und der Muskulatur, es geht um trophische Akzente aller Art. Kaum ein Merkmal, das den athletischen oder asthenischen Habitus charakterisiert, ist zugleich auch charakteristisch für die pyknomorphe oder leptomorphe Wuchsform. Die *beiden Prinzipien sind unabhängig voneinander.* Hier geht es um Ausformung und Ausreifung der Gewebsplastik, dort um Verschiebung der Proportionen im Verlauf der ontogenetischen Streckung.

Auch die Ausformung der *Gewebsplastik* ist keine konstante, sondern unterliegt einem gewissen Wandel während der Ontogenese. Die jugendlichen Verhältnisse

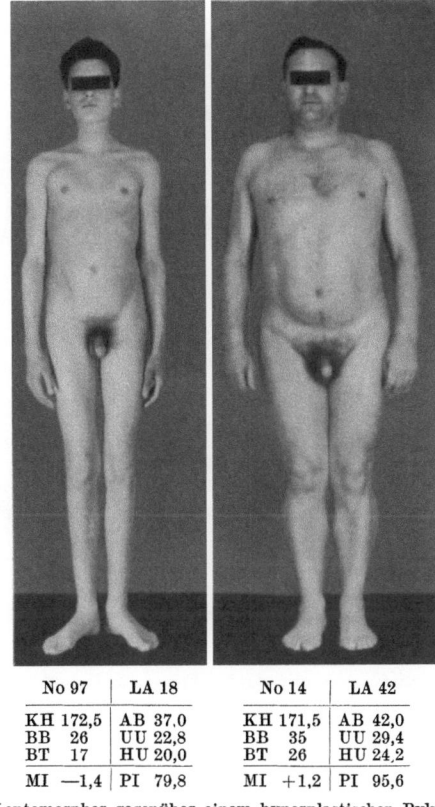

No 97	LA 18	No 14	LA 42
KH 172,5	AB 37,0	KH 171,5	AB 42,0
BB 26	UU 22,8	BB 35	UU 29,4
BT 17	HU 20,0	BT 26	HU 24,2
MI —1,4	PI 79,8	MI +1,2	PI 95,6

Abb. 11. Hypoplastischer Leptomorpher gegenüber einem hyperplastischen Pyknomorphen. Die typologische Verschiedenheit wird in der Diagonale besonders einprägsam [1]

[1] *Zeichenerklärung.* No Laufende Nummer, LA Lebensalter, KH Körperhöhe, BB Brustbreite, BT Brusttiefe, MI Metrik-Index nach STROEMGREN, AB Akromienbreite, UU Unterarm-Umfang, HU Hand-Umfang, PI Plastik-Index (CONRAD-OTT).

unterscheiden sich von denen des Erwachsenen. Der jugendliche Organismus ist charakterisiert durch die zarte Haut, das zarte Bindegewebe, das grazile Skelet mit den schmalen Gelenken, die geringe Muskulatur, die kaum betonten Acren, d. h. also die kleine Nase und das schwache Kinn, die schmalen Schultern und die kleinen Hände (vgl. Abb. 10, dünne Linie). Alle diese Züge charakterisieren nun auch den asthenischen Habitus, der sich damit als eine Wuchsform erweist, die — hinsichtlich der bindegewebigen Körperplastik — jugendliche Verhältnisse konserviert. Wir sprechen also auch hier von einer *konservativen Modalität.* Sie hat aber nichts zu tun mit dem Moment der Proportionsverschiebung, wie bei den Primärvarienten, sondern betrifft eine gänzlich andere Seite der ontogenetischen Umformung.

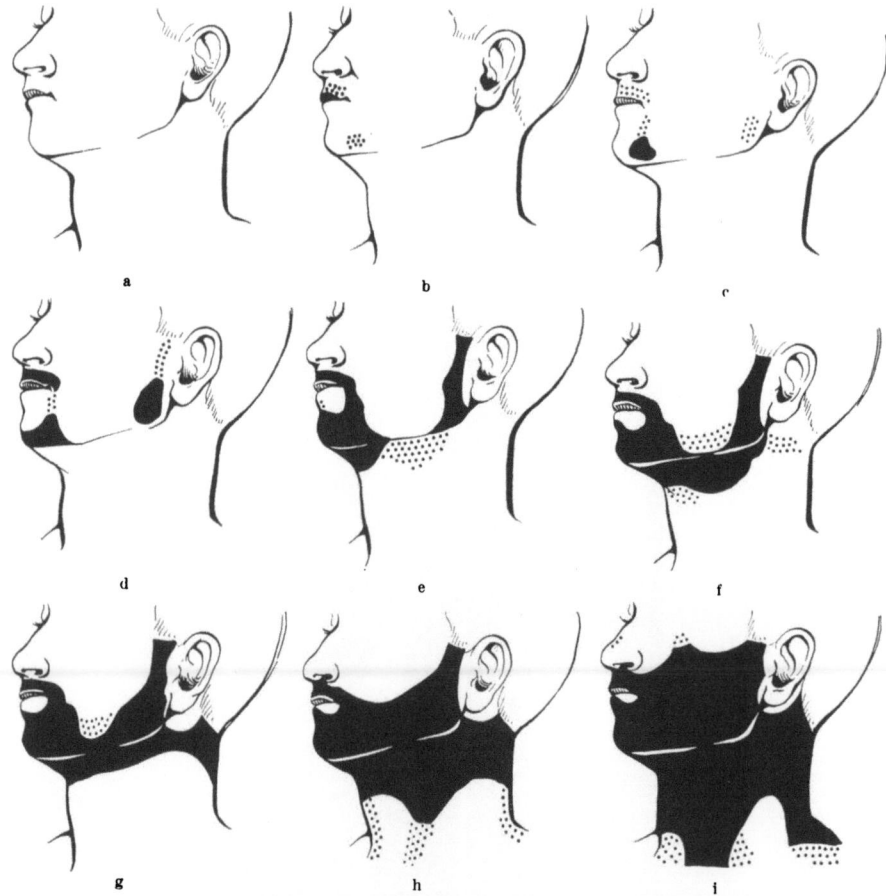

Abb. 12. a u. b. Die Typen der männlichen Terminalbehaarung, a Bartbehaarung

Auf der anderen Seite finden wir derbe Haut und derbes Bindegewebe, kräftiges Skelet mit massigen Gelenken, mächtiges Muskelrelief, betonte Acren, große breite Nase und vorspringendes Kinn (vgl. Abb. 10, dicke Linie), ausladende Schultern, große Hände und Füße. All dies charakterisiert den athletischen Habitus im Gegensatz zum asthenischen.

Wir bezeichnen die extrem konservative Wuchsform als *hypoplastische* und die extrem propulsive, also über die Mitte hinausschießende Wuchsform als *hyperplastische* Variante. Alle dazwischenliegenden mittleren Wuchsformen bezeichnen wir als *metroplastische* Formen, um auch für sie eine Bezeichnung zu haben.

Hieraus wird nun klar, daß jede Form sowohl hinsichtlich der Polarität zwischen pyknomorpher und leptomorpher Proportionsstufe, wie auch hinsichtlich der Polarität zwischen hypo- und hyperplastischer Wuchsform einzuordnen ist. Sowohl der „Athletiker" im Sinne KRETSCHMERs, wie der „Mesomorphe" im Sinne SHELDONs oder der „Typ musculaire" im Sinne von SIGAUD ist zugleich irgendwo zwischen den Polen pykno- und leptomorph einzustufen. Denn seine mächtige Muskel- und Knochengestaltung, sein derbes Bindegewebe, seine Exzessivbehaarung und seine trophischen Akzente hindern uns nicht daran,

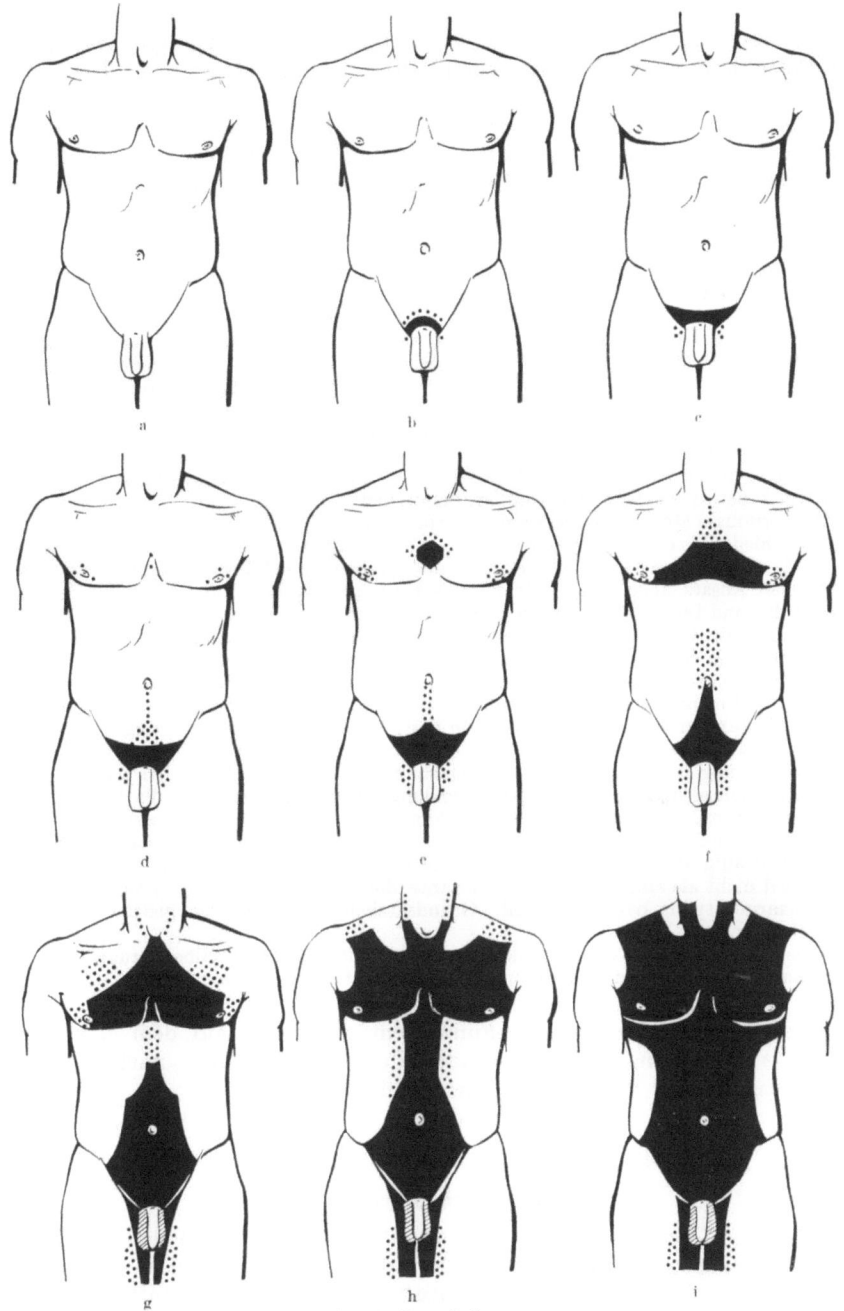

Abb. 12b. Rumpfbehaarung

uns die Frage vorzulegen, wieweit er den ontogenetischen Streckungsvorgang nun durchlaufen hat, bei welcher Stufe er hinsichtlich seiner Rumpf-Extremitäten-Relation stehengeblieben ist. Dies kann frühzeitig geschehen sein, dann handelt es sich um einen pyknomorphen Athleten, es kann ebensogut spät erfolgt sein, dann haben wir einen leptomorphen Athleten vor uns. Das gleiche gilt natürlich auch im umgekehrten Sinn: jeder Pyknomorphe kann zugleich irgendwo zwischen den Polen hypoplastisch und hyperplastisch eingereiht werden. Die Konservativität in der Proportionsverschiebung kann sich mit einer Propulsivität in der Gewebsplastik kombinieren. Gerade diese Kombination des hyperplastischen Pyknomorphen stellt eine besonders prägnante Form dar, die etwa auch literarisch im dicken Ritter Fallstaff ihre Verewigung gefunden hat. Demgegenüber steht die nicht minder prägnante Form des hypoplastischen Leptomorphen, also des eigentlichen „Asthenikers" (STILLER vgl. Abb. 11).

In beiden Aspekten ist also der zentrale Begriff derjenige einer *konservativen* bzw. *propulsiven* Modalität. Diese beiden Begriffe haben u. a. JASPERS zu einer eingehenden Stellungnahme veranlaßt. Obwohl im wesentlichen anerkennend, übt er doch prinzipielle Kritik an dem Grundgedanken: „Wo wir von Stadien reden, ist ein bestimmter Entwicklungstypus vorausgesetzt. Unterscheiden wir von diesem Entwicklungstypus wieder verschiedene Arten, so kann die jeweils besondere Entwicklungsart nicht gut als Stufe ihrer eigenen, nämlich von jeder Art zu durchlaufenden Ganzheit erklärt werden. Oder anders: Man kann das Entwicklungsziel nicht als ein Entwicklungsstadium begreifen, nicht das Ganze der Entwicklung als eine Stufe ihrer selbst..." (S. 555).

Ich halte diesen Einwand nicht für berechtigt und will dies an einem kurzen Beispiel, das auch von konstitutionellem Interesse ist, begründen:

Das terminale Haarkleid des Mannes variiert innerhalb nicht unerheblicher Grenzen. Es gibt verschiedene „Behaarungstypen", d. h. konstitutionelle Varianten der Terminalbehaarung. Man kann diese Varianten einfach als gegeben hinnehmen. Entsprechend unserem genetischen Ansatz aber fragen wir nach der ontogenetischen Entstehung des terminalen Haarkleides und finden einen ersten Beginn zu einem bestimmten Zeitpunkt der Pubertätsentwicklung mit dem Sprossen des ersten Bartes an der Oberlippe und der Pubes. Von hier aus schreitet die Behaarung weiter, ergreift Kinn und Wangen, die Pubes verbreitern sich gegen den Nabel zu, es entsteht das Brustfell, das sich gegen die Axillarbehaarung vorschiebt und mehr und mehr konfluieren die anfänglichen Inseln der beginnenden Stadien, bis irgendwo ein Stillstand erfolgt. Es läßt sich nun statistisch unschwer nachweisen, daß (innerhalb unseres Rassenkreises) die Stufen um e—f der Abb. 12a, b am häufigsten vertreten sind. Mangelbehaarung (a—d) und Exzessivbehaarung (g—i) sind demgegenüber seltener.

Wir kennen also das Ganze der Entwicklung durch seine extremen Varianten. Sowohl Mangelbehaarung, wie Exzessivbehaarung kommen vor. Auch die Exzessivbehaarung hat mit einem völligen Mangel eines Haarkleides begonnen. Sie entwickelte sich nach den in Abb. 12a, b aufgezeigten Stufen. Es scheint mir nun nicht ersichtlich, warum man etwa die Stufe d nicht als eine konservative Variante, die Stufe h nicht als eine propulsive Variante des Behaarungstypus bezeichnen soll. Grundsätzlich gilt genau das gleiche auch für die Körperbautypen.

Eine andere Frage ist es, ob der konservative Modus der Terminalbehaarung mit anderen konservativen Modalitäten korrespondiert oder nicht. Dies kann natürlich nur empirisch geklärt werden.

Hiermit haben wir nun ein Fundament gewonnen, auf dem eine somatometrische Einstufung aller anfallenden Formen, wenigstens nach den beiden näher ausgeführten Wuchsprinzipien, möglich wurde.

6. Die Methoden der Körperbaubestimmung

a) Vorbemerkung

Man pflegt somatoskopische von somatometrischen Methoden der Körperbaubestimmung zu unterscheiden. KRETSCHMERs Methode ist in Übereinstimmung mit der gesamten älteren Konstitutionstypologie im wesentlichen somatoskopisch: Zur Feststellung des Typus genügt es, die entkleidete Körperform zu betrachten und mit dem Typenidealbild, das man im Geiste bei sich trägt, zu vergleichen. Es gilt dabei, das Maß der Annäherung der gegebenen Form an dieses Bild festzustellen. Die Methode SHELDONs, über die wir auf S. 562 eingehender referierten, scheint eine metrische zu sein, ist aber in Wirklichkeit eine eigenartige Mischung beider Methoden. Bisher ging man nur dort, wo man sich mit einem einzigen Index begnügte, rein messend vor, wobei man freilich durch den Verzicht auf die Typenschau das jeweilige Ganze aus den Augen verlor.

Die im Nachfolgenden dargestellte Methode einer somatometrischen Bestimmung des Körperbaues unterscheidet sich von den bisherigen Methoden in einem entscheidenden Punkt: für alle bisherigen Typologien sind die jeweiligen Typen letzte Gegebenheiten, nach deren Sosein *zu fragen* sinnlos wäre. Für SIGAUD etwa unterschieden sich die Menschen durch das Vorherrschen gewisser somatischer Systeme, z. B. des gastrointestinalen oder muskulären Tractus. Die Frage, warum bei dem einen dieses, beim andern jenes System dominiere, erschiene sinnlos. Für SHELDON bildet das letzte Unterscheidende die Variabilität der drei Keimblätter; danach zu fragen, wieso es zu dieser Verschiedenheit kommt, hätte kaum einen Sinn. Bei KRETSCHMERs Typen ist es nicht anders; pyknischer und leptosomer Körperbau sind letzte Gegebenheiten, nach deren Grund zu fragen, bestenfalls eine philosophische, nicht aber eine den Biologen interessierende Frage sein kann. Damit ist in jeder Typologie dieser Art der Anspruch enthalten, den Menschen in seiner Totalität zu erfassen (JASPERS). Jede dieser Typologien gibt gewissermaßen nur unwillig zu, das Besondere der „individuellen" Einzelform nicht erfassen zu können. Sie hilft sich mit Begriffen wie „Typenmischung" oder „Legierung", die in jeder einzelnen Form wirksam seien, doch wird hierdurch die jeweilige Grundgegebenheit des Typus nicht berührt. Immer verlangt die Typologie den ganzen Menschen, weil sie selbst auf „Ganzheit" angelegt ist.

Wir haben — zum Unterschied von diesem Vorgehen — keine eigene Typologie entwickelt. Vielmehr bemühen wir uns umgekehrt, die typologische Ganzheit — „den" Pykniker, „den" Astheniker usw. — zu *zersetzen*, die Typen aufzulösen, um das, was dahintersteht, in den Griff zu bekommen. Wir nennen es, um nichts vorwegzunehmen, „Wuchstendenzen" oder auch „Wuchsprinzipien", die wirksam sein mußten, um diese oder jene Habitusform zu erzeugen. *Diese Wuchstendenzen sind der Gegenstand unseres Forschens.*

Die Erkenntnis, in einem konkreten Fall wären bestimmte Wuchstendenzen wirksam, erlaubt keineswegs, damit das jeweilige „Ganze" zu erfassen. Ein „Pykniker" als Typus im Sinne KRETSCHMERs ist etwas anderes, als eine Körperform, die das Resultat einer „pyknomorphen Wuchstendenz" ist. Das eine ist ein Geschlossenes, Ganzheitliches, Klarbestimmtes, das andere ist offen, lediglich teilbestimmt, es läßt zu, daß andere Wuchstendenzen gleichfalls wirksam waren. Um dies an einem Beispiel aus einem anderen Erscheinungskreis zu erläutern: Es ist etwas anderes, ob wir einen Menschen als einen „Neger" bestimmen (Rasse-Typus) oder ob wir bei ihm einen bestimmten Grad von Pigmentierung oder Kraushaarigkeit feststellen. Die Zuordnung als „Neger" ist etwas letztes, nach dessen Gründen zu fragen (— warum ist er ein Neger? —) sinnlos wäre. Die Frage nach den biologischen Mechanismen der Pigmentierung oder der Kraushaarigkeit (Wuchsformen) ist indessen eine durchaus sinnvolle Frage.

In diesem Sinne treiben wir überhaupt keine Typologie, sondern versuchen zunächst eine quantitative Zuordnung hinsichtlich zweier — wie wir glauben wesentlicher — Wuchstendenzen zu treffen, mit deren Hilfe jede Form bestimmt werden kann.

Hierzu bedienen wir uns zweier einfacher Indices, von denen der eine die Zuordnung zwischen den Polen der pyknomorphen und leptomorphen Wuchstendenz, der andere die Zuordnung zwischen den Polen der hypoplastischen und hyperplastischen Wuchstendenz erlaubt. Wir gelangen auf diese Weise zu einer Art *Koordinatensystem*, in dem jede anfallende Form durch zwei Indexzahlen ihren eindeutigen Platz hat. Damit ist sie noch nicht als „Typus" bestimmt und

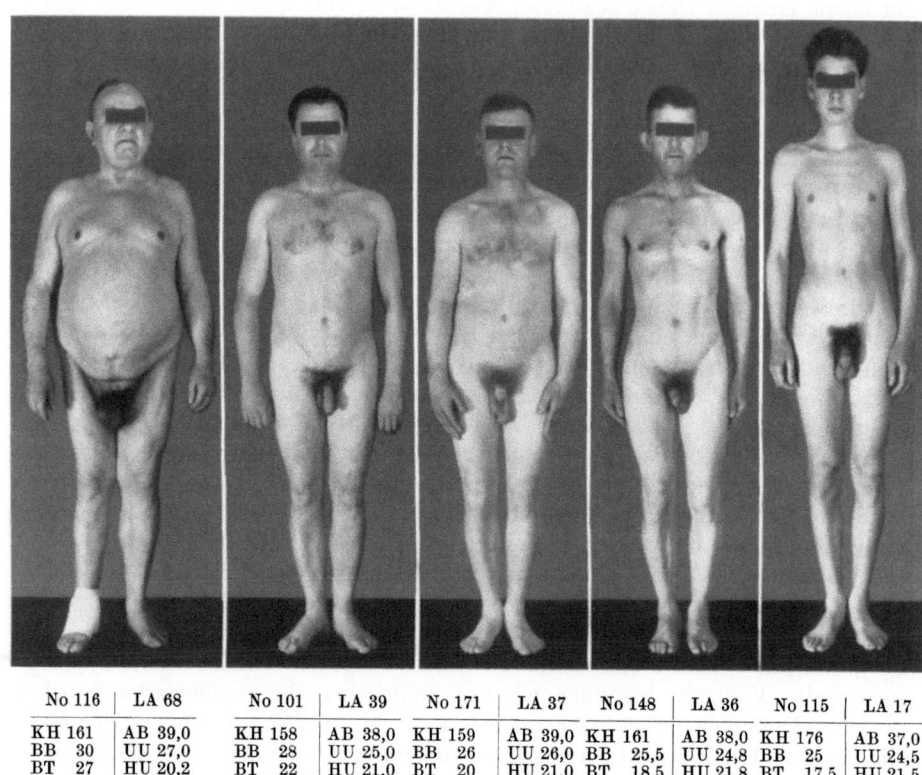

No 116	LA 68	No 101	LA 39	No 171	LA 37	No 148	LA 36	No 115	LA 17
KH 161	AB 39,0	KH 158	AB 38,0	KH 159	AB 39,0	KH 161	AB 38,0	KH 176	AB 37,0
BB 30	UU 27,0	BB 28	UU 25,0	BB 26	UU 26,0	BB 25,5	UU 24,8	BB 25	UU 24,5
BT 27	HU 20,2	BT 22	HU 21,0	BT 20	HU 21,0	BT 18,5	HU 21,8	BT 17,5	HU 21,5
MI +1,1	PI 86,2	MI +0,2	PI 84,0	MI −0,4	PI 86,0	MI −0,9	PI 84,6	MI −1,6	PI 83,0

Abb. 13. Die Reihe repräsentiert die Polarität zwischen extrem pyknomorpher zu extrem leptomorpher Form mit drei mittleren Formen. Hinsichtlich der hypoplast-hyperplast. Wuchstendenz besteht Indifferenz (5-Linie)

die Formen, die auf dem gleichen Platz zu stehen kommen, können recht verschieden aussehen (vgl. Abb. 16a und b S. 579). Durch die Bestimmung wird nicht mehr und nicht weniger ausgesagt, als die Bestimmung selbst zuläßt.

Als *metrischen Index* (M.I.) bezeichnen wir den von STROEMGREN (1937) ausgearbeiteten Index, der 3 Maße benützt: die *Körperhöhe*, die *Brustbreite* und die *Brusttiefe*. In diesen 3 Relationen wird in der Tat das Charakteristische der hier interessierenden Wuchstendenz zentral getroffen (vgl. Abb. 13). Das Problem der dreifachen Relation hat STROEMGREN auf sehr elegante Weise gelöst, in dem er die dritte, gewissermaßen vertikale Ordinate in die Fläche projizierte. Lediglich in der Lage des Null-Punktes wichen wir von ihm ab, in dem wir diesen Punkt um 3 Teilstriche nach der Minus-Seite verschoben. Die metromorphen Proportionen liegen bei uns bei −0,3 der Stroemgrenschen Tabelle. Wir vermuten, daß diese Abweichung sich

Tabelle 2

Stroemgren-Werte			Gruppe	
+0,8 und mehr			A	pyknomorph
+0,7	+0,6	+0,5	B	
+0,4	+0,3	+0,2	C	
+0,1	±0,0	−0,1	D	
−0,2	−0,3	−0,4	E	metromorph
−0,5	−0,6	−0,7	F	leptomorph
−0,8	−0,9	−1,0	G	
−1,1	−1,2	−1,3	H	
−1,4 und mehr			I	

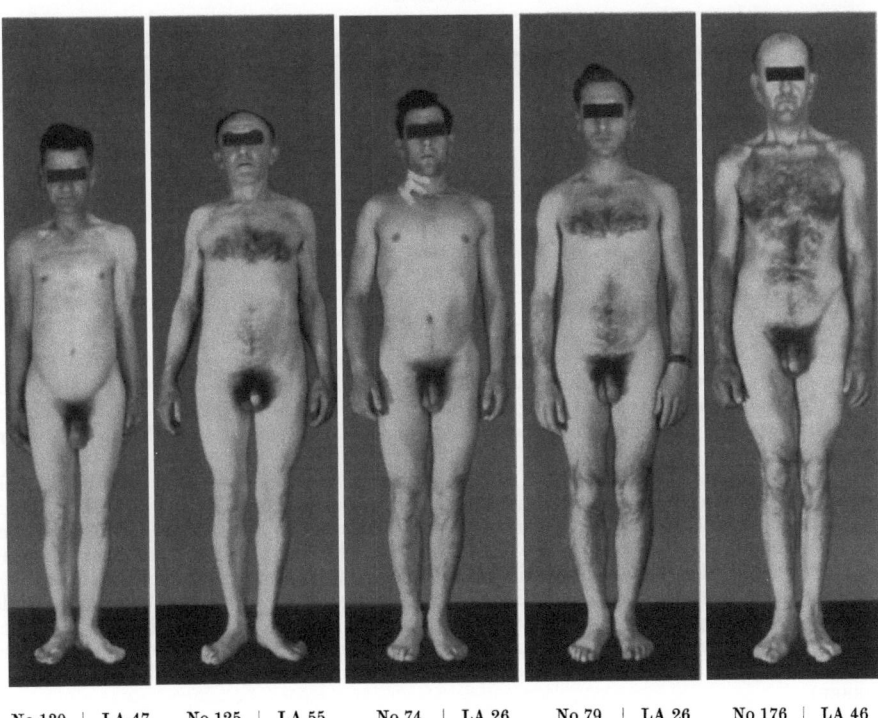

Abb. 14. Die Reihe repräsentiert die Polarität zwischen extrem hypoplastischer zu extrem hyperplastischer Form mit drei mittleren Formen. Hinsichtlich der pykn.-lept. Polarität besteht Indifferenz (E-Linie)

damit erklärt, daß STROEMGREN seine Messungen an der stark nach der pyknomorphen Seite verschobenen dänischen Bevölkerung vornahm. Je 3 Index-Einheiten fassen wir zu einer Gruppe zusammen, die wir mit fortlaufenden Buchstaben von A—I bezeichneten, so daß sich die folgende Tabelle ergab (Tabelle 2).

Mit einem Stroemgren-Index von —0,9 gehört der Habitus also etwa in die Gruppe G und erweist sich damit als Resultat einer stark leptomorphen Wuchstendenz. Mit einem Index +0,5 erweist sie sich durch die Gruppe B als Resultat einer stark pyknomorphen Wuchstendenz. Die Werte von —0,2 bis —0,4 bilden die *metromorphe Mitte*.

Der *plastische Index* (P.I.) soll die Zuordnung des Individuums zwischen hypoplastischer und hyperplastischer Wuchsform ermöglichen (Abb. 14). Hier wählten wir wieder 3 Maße, die uns für die Charakterisierung besonders kennzeichnend schienen: die Breite der Akromien (Schulterbreite) — schon von KRETSCHMER als besonders wichtiges Maß angesehen — der Handumfang — den *Schlegel* neuerdings sogar als einziges Maß für diese Zuordnung benützt, was u. E. nicht angängig ist — und der größte Unterarmumfang, an dem sich die Muskelentwicklung besonders deutlich ausprägt. Diese 3 Maße werden addiert, die Summe verdoppelt und auf die Körperhöhe bezogen. Wir benützen nun aber nicht die Körperhöhe des Individuums, wie man dies gewöhnlich tut und zwar aus dem einfachen Grund, weil auch die Körperhöhe ohne alle Fragen ein konstitutionstypisches Maß ist. Für die Hypoplasie ist der Kümmerwuchs ebenso charakteristisch wie für die Hyperplasie eine gewisse Körpergröße. Durch die Beziehung unserer Meßwerte auf die Körpergröße würden wir also das, worauf es uns ankommt, wieder verwässern. Wir beziehen deshalb unsere Meßwerte auf die Durchschnittsgröße der Population, in der die Messung vorgenommen wird. Diese kann im mitteleuropäischen Raum beim Mann mit 170 cm, bei der Frau mit 160 cm angesetzt werden. Da somit dieser Wert immer gleich bleibt, kann er bei Untersuchungen innerhalb des gleichen Raumes auch ganz weggelassen werden; es genügen die absoluten Werte. Wir bilden nun wieder 9 Gruppen, die mit Ziffern von 1—9 bezeichnet werden (vgl. Tabelle 3).

Tabelle 3

P.-I.-Wert	Schulter + Hand + Unterarm in cm		Gruppe
Bis 89	Bis 76,0		1
90, 91, 92	76,1—78,6	Hypoplastisch	2
93, 94, 95	78,7—81,1		3
96, 97, 98	81,2—83,7		4
99, 100, 101	83,8—86,2	Metroplastisch	5
102, 103, 104	86,3—88,8		6
105, 106, 107	88,9—91,3	Hyperplastisch	7
108, 109, 110	91,4—93,9		8
111 und mehr	94,0 und mehr		9

Die auf die Durchschnittsgröße bezogene doppelte Summe von Schulterbreite + Hand + Unterarmumfang von 90,0 cm läßt das Individuum in die Gruppe 7 einordnen, woraus auf eine hyperplastische Wuchstendenz geschlossen werden kann. Beträgt die Summe dieser Maße nur etwa 78,8 cm, ist mit Gruppe 3 eine hypoplastische (asthenische) Wuchsform wahrscheinlich.

In diesem Zusammenhang soll noch nachdrücklich daran erinnert werden, daß die Normalverteilung der Indices der Plastik- und Metrik-Reihen stammesgemäß unterschiedlich sind. Verteilungsmodi, wie die hier angegebenen, die an saarländischen Bergleuten ermittelt wurden, sind nicht ohne weiteres auf ein beliebiges anderes Kollektiv anwendbar. Jede unausgelesene Population hat bei den Indices ihr spezifisches Häufungsmittel, um welches sich die Individuen im allgemeinen nach den Gaußschen Regeln gleichmäßig verteilen. Es ergibt sich daraus die Forderung, vor Beginn einer konstitutionsbiologischen Studie in einem bestimmten geographischen Raum zunächst die Normalverteilung der Indices der betreffenden Population zu ermitteln und den Mittelwert auf den Index-Skalen neu festzulegen (JUNGKLAAS, MÄRZ u. WIESER).

b) Die Technik der Körperbaubestimmung nach den konstitutionstypologischen Koordinaten

Wir benötigen zur Messung: a) einen Meßstock zur Bestimmung der Körperhöhe, wie er in jeder Klinik im Untersuchungszimmer angebracht ist, um die Körpergröße zu messen und wie er auch in der privatärztlichen Ordination nicht fehlen sollte; b) einen Tasterzirkel nach MARTIN: das Instrument sieht ähnlich aus wie der von den Gynäkologen benützte Beckenzirkel, ist aber etwas größer, da der Beckenzirkel für die Messung der Schulterbreite nicht ausreicht; c) ein Meßband, wie es etwa die Hausfrau beim Schneidern benützt, wenn auch ein medizinisches, automatisch sich aufspulendes Maßband geeigneter ist. Weiter ist es zweckmäßig, sich einen Stempel in der Anordnung von Tabelle 4 anfertigen zu lassen, um seine Meßwerte auf der Patientenkarte eintragen zu können. Die *Körperhöhe* (KH) wird natürlich ohne Schuhwerk gemessen. *Brustbreite* (BB) und *Brusttiefe* (BT) werden mit dem Tasterzirkel in der Form abgenommen, daß man bei *horizontaler*, also nicht gekippter Zirkelhaltung die größte Brustbreite bzw. Brusttiefe des nicht in Inspirationsstellung befindlichen Thorax bestimmt. Hier ist der Tasterzirkel gleitend zu handhaben, man hält sich nicht an eine bestimmte Segmenthöhe. Die *Akromienbreite* (AB) wird, gleichfalls mit dem Tasterzirkel, in der Weise bestimmt, daß man frontal vor dem Patienten stehend, mit den Zeigefingern die Akromien tastet und die beiden Zirkelspitzen an diese Punkte anlegt. Hier also ist die Handhabung des Zirkels eine feste, nicht eine gleitende. Mit dem Maßband wird *Unterarmumfang* (UU) am linken Arm auf die Weise gemessen, daß auch hier gleitend der größte Umfang des abgewinkelten Unterarmes (meist nahe dem Ellenbogen) bestimmt wird. Der *Handumfang* (HU), ebenfalls links gemessen, ist der Umfang des Handkörpers bei abgespreiztem Daumen und gerade vorgestreckten Fingern. Diese 6 Werte werden in das Schema eingetragen, hierzu das Lebensalter (LA) und aus ihnen die beiden Indices bestimmt.

Tabelle 4

No	LA
KH	AB
BB	UU
BT	HU
MI	PI

Der *Metrik-Index* (MI) wird nach STROEMGREN in folgender Weise bestimmt: In seinem Diagramm, das wir hier abdrucken (Tabelle 5), suchen wir mit einem einfachen Stechzirkel auf der Horizontalen den Wert der gefundenen Körperhöhe auf, gehen dann in der Vertikalen soweit nach oben, bis wir den Schnittpunkt mit dem Wert der Brustbreite (linker Rand des Diagramms) erreicht haben. Dort stechen wir unseren Zirkel ein und suchen mit dem freien Zirkelarm die nächste Entfernung zu der entsprechenden Schräglinie der Brusttiefe. Liegt die gefundene Parallele über unserem zunächst festgelegten Schnittpunkt, im Diagramm, so erhält der Indexwert ein negatives Vorzeichen, liegt sie unterhalb, ein positives. Die Größe des Indexwertes wird durch Abtragen des gefundenen Zirkelabstandes an der Skala unter dem Diagramm bestimmt.

So erhalten wir Werte zwischen den extremen Werten $+0,8$ und $-1,4$, für den wir in der Tabelle 2 den zugehörigen Gruppenbuchstaben zwischen A—I aufsuchen können; der Wert $+0,5$ gehört zur Gruppe B, der Wert $-0,9$ zur Gruppe G.

Den *Plastik-Index* (PI) bestimmen wir auf eine sehr einfache Weise: Wir addieren die 3 Werte $AB+UU+HU$ und stellen fest, zu welcher Gruppe zwischen 1—9 der gefundene Summenwert in Tabelle 3 gehört. (Die Berechnung der PI-Werte der linken Hälfte der Tabelle 3 sind nur von Bedeutung, wenn man der Berechnung eine andere Durchschnittsgröße zugrunde legt, als wir es im mitteleuropäischen Raume tun.)

Neuere Untersuchungen (ELSÄSSER 1951, KNUSSMANN 1961; JUNGKLAAS, MÄRZ u. WIESER 1963) lassen erkennen, daß sich die Proportionen über die Pubertät hinaus bis in das hohe Alter in gesetzmäßiger Weise ändern. Dies drückt sich in der Variabilität der Indices der leptomorph-pyknomorphen und hypoplastisch-hyperplastischen Reihe aus. Beim Metrik-Index

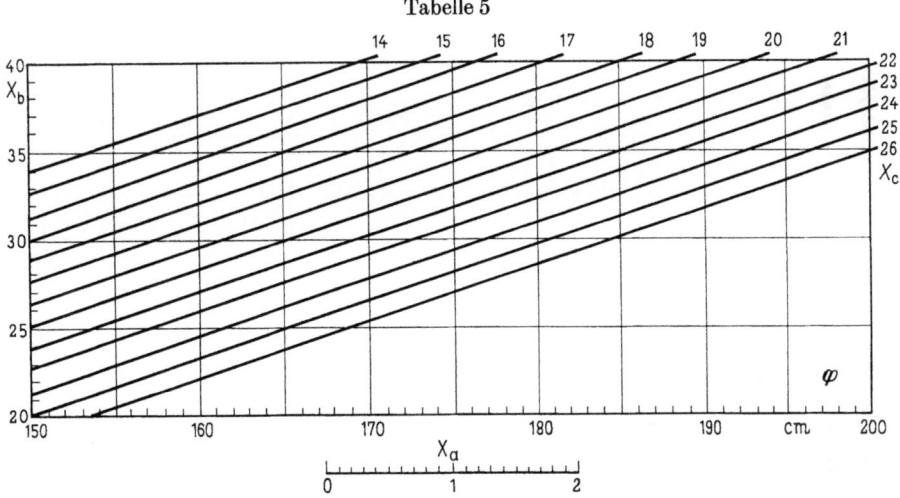

Tabelle 5

verlangsamt sich der fortschreitende Zuwachs der Dimensionen und Proportionen und hört vom 70. Lebensjahr an ganz auf. Dies läuft auf eine fortschreitende phänotypische Pyknifizierung hinaus, die beim Erwachsenen zunächst beschleunigt verläuft und erst im hohen Alter nachläßt. Beim Plastik-Index schreitet die Verschiebung der Dimensionen, aus denen sich der Index zusammensetzt, ebenfalls fort. Die absoluten Ziffern der Körpermaße drücken eine stetige Verschiebung des Habitus auf der Skala der Sekundärvarianten mit zunehmendem Alter aus und zwar zum hypoplastischen Pol hin.

Jede Form kann also mit Hilfe von 6 Meßwerten, die alle am entkleideten Oberkörper abzunehmen sind, in ein Koordinatensystem eingeordnet werden. Mit den 9 Buchstaben A—I wird ihre Stellung zwischen pyknomorpher und leptomorpher Wuchsform, mit den Ziffern 1—9 ihre Zuordnung zwischen hypo- und hyperplastischer Wuchsform (Astheniker-Athletiker) bestimmt. B 5 läßt eine Form erwarten, die stark pyknomorphe Proportionen hat, aber auf der anderen Ordinate in der Mitte liegt. Es handelt sich um einen metroplastischen Pyknomorphen. E 8 ist demgegenüber eine stark hyperplastische (athletische) Form, jedoch hinsichtlich der anderen Ordinate wieder uncharakteristisch, ein metromorpher Athlet (vgl. Abb. 15). Nochmals sei betont, daß weder B 5 noch E 8, noch sonst irgendeine derartige Kennziffer, einen „Typus" bedeutet, wie dies etwa die Kennzeichnung bei SHELDON als 644 oder 361 ist. SHELDON gibt von jedem seiner nahezu 70 „Typen" eine anschauliche Charakterisierung, zeichnet auch die Charaktere, die sich oft schon beim Wechsel einer Teilziffer

Tabelle 6. Die Diagramme 1—4 vermitteln ein Bild über die Altersvariabilität der Metrik- und Plastik-Indizes beim Erwachsenen. Sie dienen zugleich zur Alterskorrektur von gemessenen Werten bei der praktischen Bestimmung des Habitus (nach JUNGKLAASS, MÄRZ und WIESER)

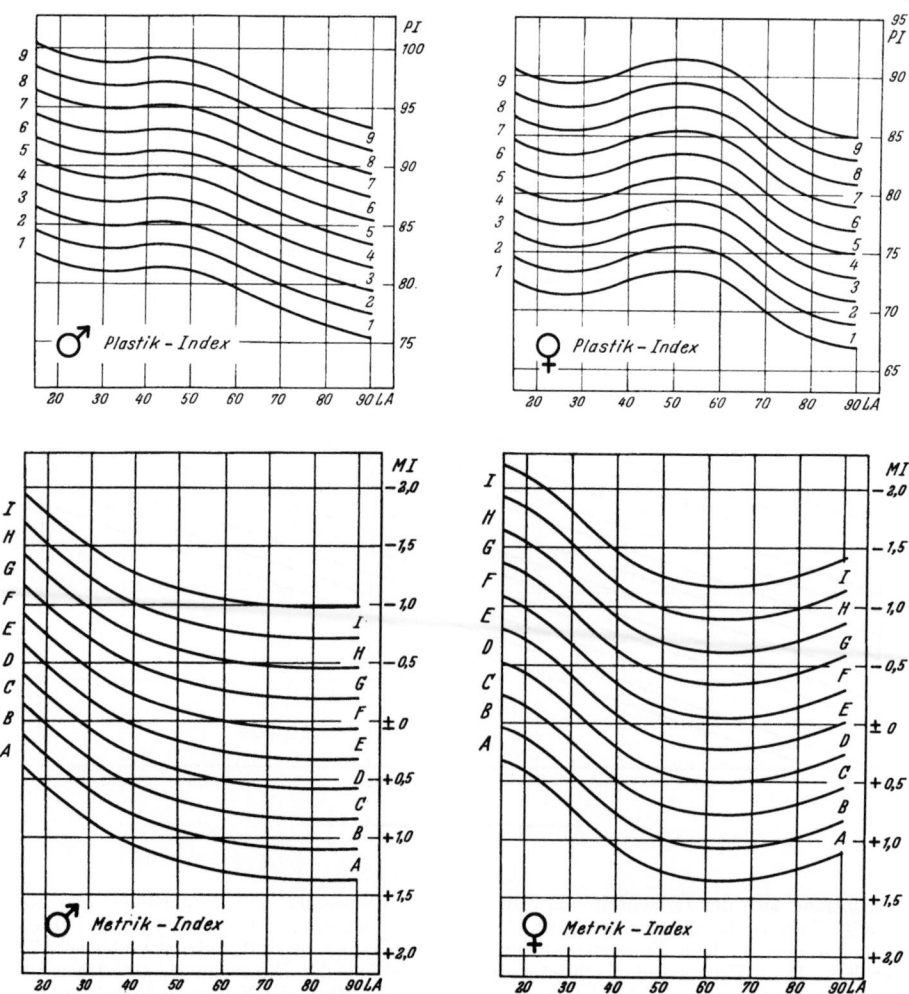

zur nächsthöheren „typisch" ändern. Für ihn also sind alle diese Formen echte „Typen". Die bei uns als B 5 oder E 8 usw. gekennzeichneten Habitusformen können untereinander sehr verschieden sein, zumal immer noch weitere, durchkreuzende Wuchsprinzipien wirksam gewesen sein können, die u. U. sogar irreführen (Abb. 16 und 17). Um nur ein Beispiel zu geben: eine leichte Kyphose (Arbeits- oder Rundrücken) kann durch einen besonders hohen Wert der Brust-Tiefe den M. I. stark nach dem pyknomorphen Pol verlagern, ohne daß hier eine pyknomorphe Wuchstendenz am Werke war. Ebenso können besondere trophische Akzente die Akromienbreite ausnahmsweise so ausladen lassen, daß bei sonst vorherrschender Hypoplasie (Asthenie) dennoch ein hoher Wert im Sinne von Hyperplasie zu resultieren scheint. Die beiden Bestimmungsstücke wollen also nicht mehr sagen, als sie tatsächlich sagen: bei der betreffenden Form liege ein bestimmter Stroemgren-Index-Wert und ein bestimmter Summenwert der verdoppelten Akromienbreite + Hand- + Unterarmumfang vor; *nach Maßgabe der Fehlerbreite dieser Meßmethode kann auf das Vorwiegen gewisser Wuchsprinzpien geschlossen werden.*

Mit dieser Kennzeichnung ist aber, wie die Abbildungen zeigen, immerhin einiges gewonnen. Es ist das Vorherrschen gewisser Wuchstendenzen wahrscheinlich gemacht; es ist, um im oben angezogenen Gleichnis zu bleiben, nichts darüber ausgesagt, ob es sich um einen „Neger" oder gar um eine bestimmte „Negerrasse" handelt, es ist lediglich die „Bräunung" der Haut und die „Kräuselung" der Haare *quantitativ* bestimmt. Für Korrelationsberechnungen, etwa zwischen Habitusform und gewissen physiologischen Arbeitskurven, psychologischen Testergebnissen oder Krankheitsbereitschaften ist eine solche Zuordnung u. U. sinnvoller und exakter, als wenn man von „reinen" Typen ausgeht. Würde eine physiologische Funktion, etwa die Bewegung des Blutzuckers auf eine Insulininjektion in strenger Korrelation zur A—I-Reihe bzw. zur 1—9-Reihe stehen, dann erst wäre sicher erwiesen, daß hier eine konstitutionstypische Differenzierung vorliegt.

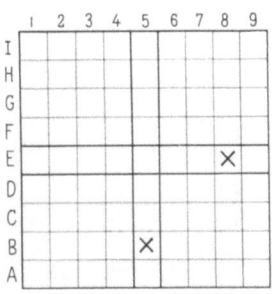

Abb. 15

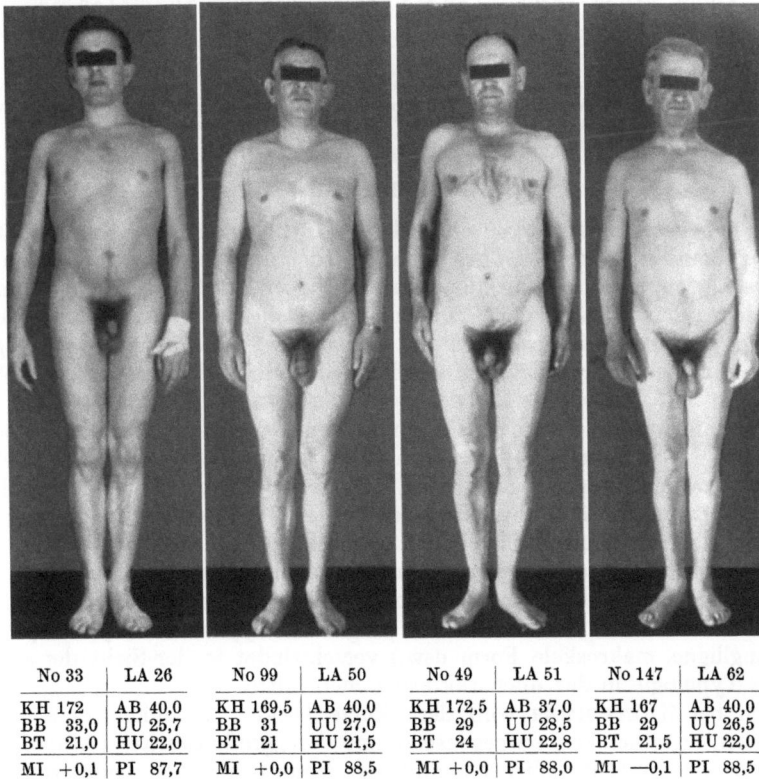

No 33	LA 26	No 99	LA 50	No 49	LA 51	No 147	LA 62
KH 172	AB 40,0	KH 169,5	AB 40,0	KH 172,5	AB 37,0	KH 167	AB 40,0
BB 33,0	UU 25,7	BB 31	UU 27,0	BB 29	UU 28,5	BB 29	UU 26,5
BT 21,0	HU 22,0	BT 21	HU 21,5	BT 24	HU 22,8	BT 21,5	HU 22,0
MI +0,1	PI 87,7	MI +0,0	PI 88,5	MI +0,0	PI 88,0	MI —0,1	PI 88,5

Abb. 16. Vier Formen mit der gleichen Formel (D 6). Von den Formen der Abb. 17 unterscheiden sie sich lediglich durch eine leichte Verschiebung nach dem pyknomorphen Pol, ohne daß man sie schon als Pykniker (i. S. KRETSCHMERs) bezeichnen könnte

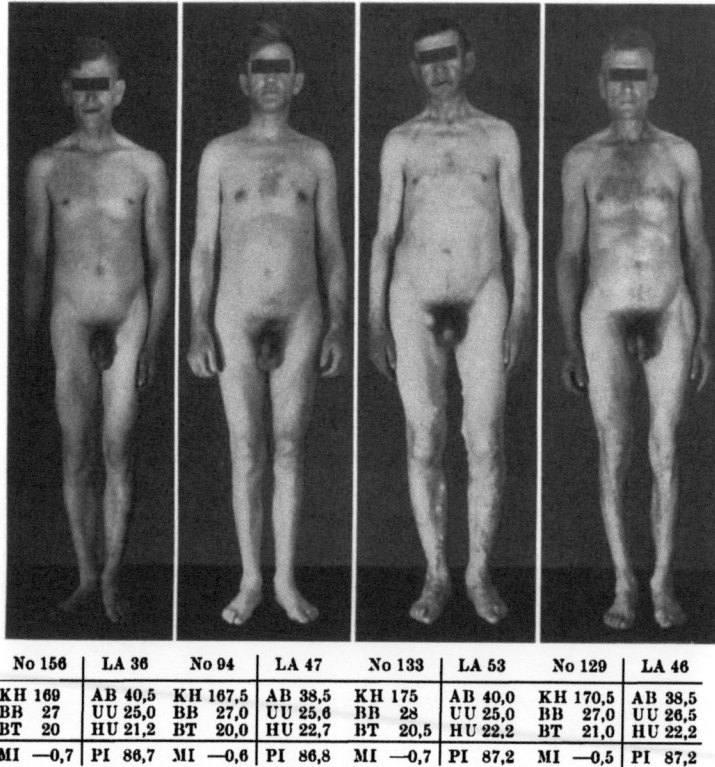

No 156	LA 36	No 94	LA 47	No 133	LA 53	No 129	LA 46
KH 169	AB 40,5	KH 167,5	AB 38,5	KH 175	AB 40,0	KH 170,5	AB 38,5
BB 27	UU 25,0	BB 27,0	UU 25,6	BB 28	UU 25,0	BB 27,0	UU 26,5
BT 20	HU 21,2	BT 20,0	HU 22,7	BT 20,5	HU 22,2	BT 21,0	HU 22,2
MI −0,7	PI 86,7	MI −0,6	PI 86,8	MI −0,7	PI 87,2	MI −0,5	PI 87,2

Abb. 17. Vier mittlere Formen mit der gleichen Formel (F 6). Sie unterscheiden sich untereinander nicht unerheblich. Aber ihre Zuordnung zu einer der bestehenden Typologien wäre in allen Formen schwierig. Unsere Meßformel ordnet sie an einem klaren Platz in unseren Koordinaten ein

7. Zusammenfassung

Die von der Anthropologie entwickelten Typologien — so mannigfaltig sie auch sein mögen — kreisen doch immer wieder um die gleichen Formen. Wir haben sie, grob vereinfachend, den „kurzen Dicken" und den „langen Dünnen", sowie den „kleinen Schwachen" und den „großen Starken" genannt. Es wird jetzt klar geworden sein, inwiefern von keinem der typologischen Systeme gesagt werden kann, es sei richtig oder falsch. Jedes stellt eine bestimmte Polarität stärker ein und vernachlässigt die andern. SHELDON z. B. scheint — um in der grob vereinfachenden Form zu bleiben — den „runden, schlappen Fetten" als Typus gewählt zu haben und ihn sowohl dem „kleinen Schwachen" wie auch dem „großen Starken" gegenüberzustellen. Diejenige Form, die wir den „langen Dünnen" nennen, gerät in die Mitte, denn er ist nicht so klein und schwach, wie es der extreme Ektomorphe ist, nicht so muskelkräftig, groß und stark, wie es der Mesomorphe sein muß und natürlich am wenigsten so fett und rund, wie es dem Endomorphen zukommt. Der Leptomorphe, noch bei SIGAUD, wie auch bei der italienischen Schule eine äußerst prägnante Typenform (Typ respiratoire, Typ longiligne, makroskele Form usw.) verschwindet in der Sicht der amerikanischen Typologie in der uncharakteristischen Mitte.

Auch bei KRETSCHMER wird der „kurze Dicke" (Pykniker) dem „kleinen Schwachen" (Astheniker) entgegengesetzt und der „große Starke" (Athletiker) als dritte Form dargestellt. Wieder nimmt der „lange Dünne" eine unklare Stellung ein, allerdings hier nicht als mittlere Form, sondern als eine Art von ,,Abschwächung" des asthenischen Habitus.

Viele Typologien begnügen sich mit nur zwei Typen und vernachlässigen die Polarität der anderen Variablen. Wieder andere bilden neue Kriterien aus, nach denen die bunte Fülle der Erscheinungen geordnet wird. So hat SCHLEGEL neuerdings versucht, die körperbauliche Polarität von weiblich-männlich nutzbar zu machen. Die ,,fetten Rundlichen" — mit breitem Becken und schmalen Schultern — stellt er als Gynäkomorphe den ,,Sehnig-Hageren" mit dem schmalen Becken und breiten Schultern als Andromorphe gegenüber.

Auf diese Weise lassen sich zahlreiche weitere typologische Entgegenstellungen vornehmen. Keine ist falsch und keine ist richtig, *alle sind möglich*. Es geht immer nur um die Frage der Zweckmäßigkeit. Zweckmäßig ist eine Typologie, wenn ihre Typen gewissen biologischen Grundprinzipien der organismischen Variabilität nahekommen. Ein solches Grundprinzip ist u. E. die Unterscheidung verschiedener Entwicklungsmodalitäten. Denn jede geprägte Form durchläuft eine Entwicklung. Im Hinblick auf sie kann man stets eine *konservative* Variante von einer *propulsiven* unterscheiden. In diesem Sinne haben wir der systemlosen Typenlehre KRETSCHMERs, wie wir glauben, durch den Nachweis ihres genetischen Grundprinzips eine biologische Fundierung geben können.

D. Spezielle Konstitutionsprobleme in der Urologie

Man könnte ebensogut von urologischen Problemen der Konstitutionswissenschaft sprechen, woraus ersichtlich ist, wie sich allenthalben die Problemstellungen im Medizinischen auf das engste verzahnen. Die moderne Urologie ist ein gutes Beispiel dafür, wie ein Zweig der Medizin, zum Spezialfach geworden einfach deshalb, ,,weil der Arbeitsraum zwischen Cystoskop, Röntgenbild und Skalpell so groß geworden war, daß er nicht mehr am Rande einer allgemein-chirurgischen Tätigkeit zu übersehen war" (ALKEN 1957), von sich aus wieder den Weg zur Allgemeinmedizin sucht, weil seine Probleme in der Vereinzelung nicht über eine gewisse Grenze hinaus vorgetrieben werden könnten. Konstitutionelle Problematik tritt damit ganz von selbst wieder in den Vordergrund.

Entsprechend der eingangs gegebenen Begriffsbestimmung dessen, was wir unter ,,Konstitution" verstehen wollen, müssen auch in diesem Abschnitt alle durch Krankheit entstandenen Veränderungen ausscheiden, ebenso alle Mißbildungen, etwa im Bereich der ableitenden Harnwege. Sie finden ihre Besprechung an anderen Stellen dieses Handbuches. Hier sollen nur *Varianten innerhalb des Normbereiches*, sowie funktionelle Anomalien und ihre Korrelationen zu den Konstitutionstypen behandelt werden.

Die *Nieren* zeigen erhebliche Normvarianten in *Form und Lage*. Man unterscheidet ,,gestreckte" und ,,gedrungene" Formen (vgl. Abb. 18). G. GRUBER vermutet, daß diese zwei grundsätzlich verschiedenen Formen dem erblich bedingten Gesamthabitus des Menschen angepaßt sind (M. WERNER). Hier öffnet sich bereits ein interessantes konstitutionelles Problem, das zu lösen nicht in den Aufgabenkreis des Konstitutionsforschers, sondern eben des Urologen gehört. Es besteht darin, zu untersuchen, ob die gestreckte Habitusform der leptomorphen Wuchstendenz mit dem gestreckten Typus der Nieren — und ob umgekehrt die gedrungene Form der pyknomorphen Wuchstendenz korreliert ist. Es liegt im Bereiche des Möglichen, daß sich die Streckungstendenz der leptomorphen Wuchsform den inneren Organen aufprägt, es muß dies aber keineswegs so sein. Planmäßige Untersuchungen darüber liegen bisher nicht vor.

Das gleiche gilt auch für andere Lageanomalien, wie etwa die *Senk- oder Wanderniere*. Sie ist klinisch als ein erworbenes Krankheitsbild anzusehen, das durch Verlust oder durch Schwächung der normalen Befestigungsmittel zu einer abnormalen Beweglichkeit und zur Senkung des primär an normaler Stelle befindlichen Organs führt (ALKEN). Wie von K. H. BAUER, BIER, FLÖRKEN, MARTIUS, PAYR, POSNER angenommen wird, ist diese Lageanomalie Folge einer primären Bindegewebsschwäche, vielleicht nur ein Bestandteil des umfassenderen asthenischen Konstitutionstypus (STILLER), bei dem auch andere Organptosen zu beobachten sind.

Auch bei der sehr variablen Form des *Nierenbeckens* (vgl. Abb. 19) lassen sich vermutlich *konservative* (mit einer Persistenz fetaler Verhältnisse) und *propulsive* Formen unterscheiden. Auch diese Korrelationen näher zu ergründen und ihre

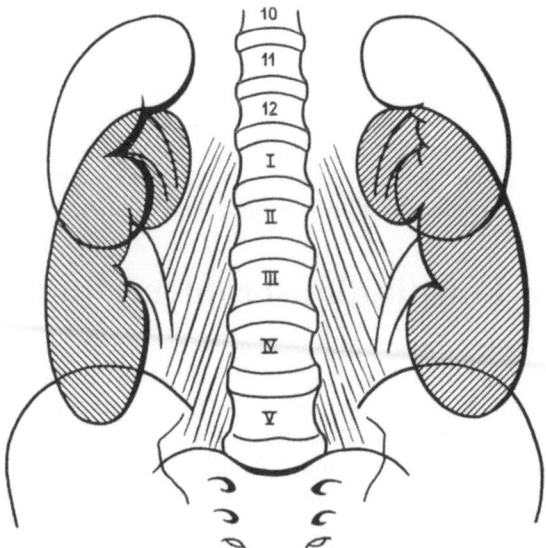

Abb. 18. Extreme der Variationen in der Länge und Lage der Nieren. (Nach CORNING)

Beziehungen zu den Konstitutionstypen, insbesondere zur Hypoplasie und Hyperplasie zu ermitteln, wäre Aufgabe urologischer Untersuchungen.

Die Betrachtung *funktioneller Unterschiede*, die ja gleichfalls zum Gegenstand konstitutioneller Forschung gehört, führt rasch ins Uferlose. Systematische Untersuchungen liegen aber kaum vor, so daß zwar unübersehbar viele Fragen, aber kaum Ergebnisse zu besprechen sind. Sicher ist die normale Variationsbreite der Harnabscheidung recht beträchtlich. Die allgemein bekannte, sehr unterschiedliche Geschwindigkeit, mit der eine bestimmte Flüssigkeitsmenge von verschiedenen Menschen wieder ausgeschieden wird, weist auf deutliche konstitutionelle Unterschiede. Nicht zu übersehen sind dabei natürlich auch epistatische Faktoren, die bei einunddemselben Menschen deutliche Variationen bewirken. Um ein Bild über den konstitutionellen, d. h. anlagebedingten Anteil an der Ausscheidungsfunktion des Harnes zu bekommen, haben CURTIUS und KORKHAUS (1930) bei 32 eineiigen und 18 zweieiigen Zwillingen zunächst die Reaktion des Harnes bestimmt. Sie fanden keine wesentlichen Unterschiede der p_H-Werte bei EZ und ZZ. GEYER führte nach entsprechenden Vorversuchen von CURTIUS bzw. MARX an 14 EZ und 10 ZZ Trinkversuche durch und bestimmte in regelmäßigen Abständen Menge, spezifisches Gewicht und Wasserstoffionenkonzentration (p_H) des ausgeschiedenen Harns, sowie den Hämoglobingehalt des Blutes. Dabei zeigte sich hinsichtlich der nach 1—2 Std ausgeschiedenen Harnmenge und der entsprechenden Wasserstoffionenkonzentration kein wesentlicher „mittlerer Unterschied" zwischen EZ und ZZ, während hinsichtlich der Harnverdünnung (spez. Gewicht) der mittlere Unterschied bei den ZZ etwa 1,4mal und hinsichtlich der Blutverdünnung (Hb-Gehalt) etwa 2,1mal größer war als bei den EZ. Man kann daraus mit H. GEYER zunächst den Schluß ziehen, „daß die komplizierten Austauschvorgänge zwischen Blut und Gewebe von der Erbanlage mit abhängig sind". M. WERNER hat im Zusammenhang mit seinen experimentellen Untersuchungen an 45 Zwillingspaaren über Erbunterschiede bei einigen Funktionen des vegetativen Systems u. a. auch die während eines Tages ausgeschiedenen Urinmengen und die jeweilige Wasserstoffionenkonzentration bestimmt. Dabei

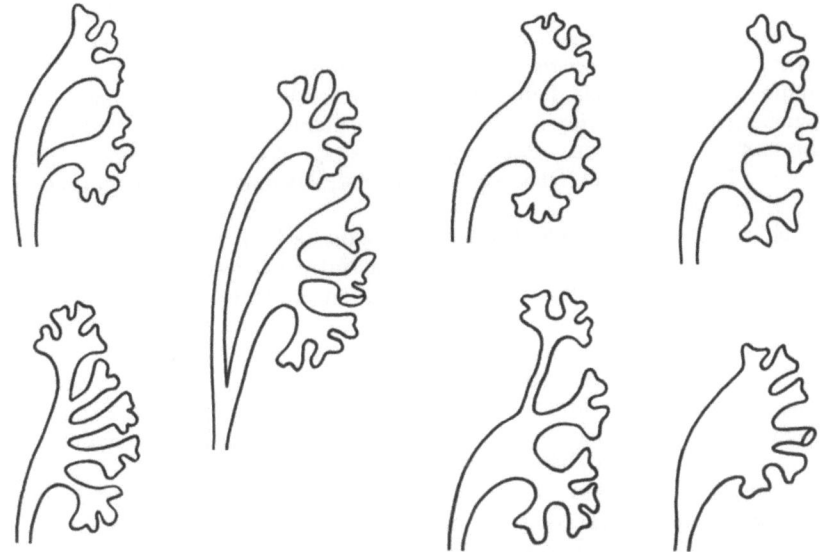

Abb. 19. Verschiedene Formen des Nierenbeckens. (Nach V. GAZA)

erwies sich der mittlere Unterschied der Urinmenge bei den ZZ etwa 2mal so groß und derjenige der Wasserstoffionenkonzentration etwa 3—4mal so groß wiebei den EZ. Er schließt daraus, daß beim Funktionsablauf der Wasserausscheidung und der jeweiligen Wasserstoffionenkonzentration erbliche Einflüsse doch von größerer Bedeutung seien, als aus den Versuchen von H. GEYER hervorgeht.

Nur kurz streifen wollen wir ein sehr dunkles Gebiet konstitutioneller Forschung, das aber doch wohl noch der inneren Medizin zugehört. Es betrifft die eigenartige Beteiligung der Erbanlage bei den *diffusen Glomerulonephritiden*. Wenn auch natürlich epistatische Faktoren, wie Erkältung und Durchnässung und der Infekt die wesentliche Rolle spielen, so zeigen doch Beobachtungen von familiärer Häufung dieser Erkrankung die Wirksamkeit eines konstitutionellen Faktors. Es ist jedoch gänzlich unbekannt, wie man sich die Auswirkung dieser erblichen Veranlagung vorstellen soll. Man hat an eine konstitutionelle Schwäche des Nierenparenchyms gedacht, genügend Histaminase zu bilden. Ein Mangel an Histaminase würde eine allergische Entzündung leichter entstehen lassen (BECHER). „Vielleicht neigen auch manche Nieren auf konstitutioneller Basis leichter dazu, das vasoaktive Prinzip zu bilden oder abzugeben. Nach dem heutigen Stand der Blutdruckforschung wird die vasoaktive Substanz, soweit sie als Renin bekannt ist, in den Nieren selbst erzeugt" (WERNER). Auch könnte eine konstitutionelle Neigung zu erhöhter Acidose erblich bedingt sein, es könnten auch extrarenale Faktoren, vasoaktive Stoffe, bestimmte Reaktionsweisen des vegetativen Systems usw. eine Rolle spielen. Sicher aber hat man sich diesen konstitutionellen Faktor sehr indirekt vorzustellen, als eine besondere Eigentümlichkeit der individuellen Verfassung, die neben zahlreichen anderen Zügen auch der Entstehung der Glomerulophritis Vorschub leistet. In diesem Sinne geht es hier in der Tat um ein echtes konstitutionelles Problem.

Ebenso kursorisch, weil eigentlich nicht ins Gebiet der Urologie fallend, seien einige anlagebedingte *Störungen des Stoffwechsels* erwähnt, lediglich deshalb, um demjenigen, der sie in diesem Abschnitt über Konstitution suchen sollte, darauf zu verweisen, daß sie hier nicht ihren Platz haben können, weil ihre Beziehungen zur Urologie nur scheinbare sind insofern, als ihr wesentliches Symptom darin besteht, daß abnorme Stoffwechselprodukte im Harn ausgeschieden werden. Hierher gehört etwa der *renale Diabetes*, eine seltene, sicher erbliche Konstitutionsanomalie einer das ganze Leben bestehenbleibenden Glykosurie bei normalem Blutzuckergehalt. Verwiesen sei auf Untersuchungen von FOWLER, LÈPINE, KLEMPERER, BÖNNINGER, SALOMON, HJÄRNE, MARBLE, JOSLIN, SCHMIDT, MACLEAN, BRUGSCH und DREHSEL, BOWKOCK, UMBER und ROSENBERG, CONSTAM, E. HOLST.

Auch der konstitutionelle *Diabetes insipidus*, schon von I. P. FRANK (1794) als „anhaltende Polyurie nicht glykosurischer Natur bei gesunder Niere" definiert, wäre hier zu erwähnen. Die heute zur Diskussion stehenden Anschauungen unterscheiden sich nach HANHART grundsätzlich darin, daß die einen das Überwiegen eines die Diurese fördernden Prinzips, die andern das Fehlen von dessen Hemmung, d. h. den Ausfall des Adiuretins verantwortlich machen. Nach den Untersuchungen von MEYER, LICHTWITZ u. a. habe der Organismus die Fähigkeit zur Konzentration des Chlors und damit des Kochsalzes nahezu oder gänzlich verloren. Die Erblichkeit des Symptoms ist durch mehrere sorgfältige Stammbaumuntersuchungen (LACOMBE, GEE, KOMAI, PAIN, ORIS, MCILRAITH, LORITZEN, KNÖPFELMACHER) sichergestellt, vor allem aber durch die sehr genaue Erforschung eines Stammbaumes durch WEIL (1884), die von dessen Sohn 1908 weitergeführt wurde. Dieser letzte Stammbaum enthielt 37 sorgfältig diagnostizierte Fälle von ausnahmslos in frühester Jugend auftretendem Diabetes insipidus.

Weiter ist hier zu erwähnen die *familiäre Oxalurie*, die auch regelmäßig zu Nieren- und Blasensteinen führt. In Dänemark hat H. C. GRAM (1932) in seiner eigenen Familie 15 erwiesene und 4 wahrscheinliche Fälle von Urolithiasis gefunden. Hier würde sich nun auch das Problem der „steinbildenden Diathese" anschließen, doch sei auf die Ausführungen auf S. 533 verwiesen. Die Probleme werden hier so komplex und setzen so viele Spezialkenntnisse des Stoffwechsels voraus, daß eine Erörterung die hier gesetzten Grenzen bei weitem überschreiten würde. Das gilt auch für gewisse erbliche konstitutionelle Enzymopathien von der Art der *Alkaptonurie, Porphyrie, Cystinurie* und manches andere.

Es seien weiter einige Worte über konstitutionelle Störungen der *Blasenfunktion* angeführt. Hier ist es vor allem die *Enuresis nocturna*, das nächtliche Einnässen der Kinder, das häufig auch den Urologen beschäftigt. Die Enuresis ist ein Symptom, keine Krankheitseinheit. Sie kann sehr verschiedene Ursachen haben. Bekannt ist das psychisch bedingte Einnässen als Ausdruck einer kindlichen Regressionstendenz, das mitunter auftritt, z. B. wenn das bisher einzige Kind ein Geschwisterchen bekommt. Daneben gibt es aber zweifellos auch eine konstitutionelle Form, die sich dann mitunter auch gehäuft in „Enuresis-Sippen" findet.

Schon im vergangenen Jahrhundert wurde von Janet (1890), Monro (1896) auf das hereditäre Vorkommen der Enuresis aufmerksam gemacht. Später haben Guyon (1903), Stern (1905), Adler (1907), Oppenheim (1908), Mattauscheck (1909), Troemmer (1910), Roepert (1911), Zappert (1920), Gardner (1920), Posner (1924), Weitz (1925), Hamill (1929), Beverly (1933), Chwalla (1933), Petrowskij (1934), Frary (1935), Thiemann (1936), Lenz (1936), v. Verschuer (1937), Hofmeier (1938), Werner (1940) — wir entnehmen dem letzteren die Literaturzusammenstellung — die erbliche Grundlage der Enuresis hervorgehoben und z. T. auch einzelne Familien angeführt. Wir verweisen auch auf die neueste ausführliche Studie von Hallgren (1957).

Nicht selten findet man diese anlagebedingte, also konstitutionelle Form mit anderen konstitutionellen Symptomen kombiniert. Es ist vor allem der *Status dysraphicus* und die Spina bifida, von der in einem früheren Abschnitt bereits gesprochen wurde (S. 544). In der Tat findet sich auch in den Familien von Dysraphikern (neben anderen Symptomen) die Enuresis nocturna in einem die Durchschnittsziffer wesentlich überschreitenden Maß. Die Sammlung einzelner Zwillingsbeobachtungen ergab unter 9 EZ eine Konkordanz bei 6 Paaren und Diskordanz bei 3 Paaren. Dies entspricht vielleicht dem Häufigkeitsverhältnis von $^2/_3$ organisch bedingten zu $^1/_3$ psychogen-neurotisch bedingten Formen. Doch sind die Zahlen zu klein, um sichere Schlüsse daraus ziehen zu lassen. Die neueste Bearbeitung des Problems des Status dysraphicus stammt von C. Bijl (1957).

Eine eigenartige Variante der Enuresis stellt das *Harnträufeln* dar, das vielleicht aus dem gleichen konstitutionellen Boden erwächst. Posner machte 1924 auf die familiäre Häufung der Blasenschwäche bei Frauen aufmerksam, die mit einer konstitutionellen „Minderwertigkeit der Blase" zusammenhängen solle. Roepert (1911), Jancke (1916, Blum (1917) berichten in Zusammenhang ihrer Untersuchungen über familiäres und hereditäres Vorkommen der Enuresis nocturna auch von Familien, in denen mehrfach der mangelnde Blasenschluß und damit das Symptom des Harnträufelns aufgetreten war.

Das konstitutionelle Problem der *Prostatahypertrophie* wurde mehrfach Gegenstand konstitutioneller Forschung. Dabei soll das Prostata-Carcinom hier außer Betracht bleiben, da es in den viel weiteren Problemkreis der Veranlagung zu bösartigen Geschwülsten hineingehört. K. H. Bauer hat hier 1940 die gesamte Literatur zusammengestellt, erwähnt allerdings in diesem wichtigen Beitrag weder ein familiäres Auftreten noch auch eine Zwillingsbeobachtung beim Prostatakrebs. Er kommt zu dem Schluß, daß eine erbliche Allgemeindisposition zum Krebs bis heute nicht bewiesen und nicht einmal wahrscheinlich sei.

Die Prostatahypertrophie zeigt indessen gewisse konstitutionelle Beziehungen. Die Frage, welche Männer es nun eigentlich sind, die zugleich mit der Involution eine Hypertrophie der Prostata bekommen werden, mußte den Urologen natürlich seit jeher beschäftigen. Spielen konstitutionelle Faktoren hierbei eine Rolle? Schon die Erfahrung am Krankenbett spricht in gewissem Sinne dafür. Mein klinischer Lehrer Chvostek pflegte am Krankenbett die Verdachtsdiagnose Prostatahypertrophie fallen zu lassen, wenn der Kranke kein deutlich entwickeltes „Brustfell", also keine deutliche Brustbehaarung aufwies. Diese „Gesichtsdiagnose" wurde von Chwalla und Pollak bestätigt, die bei Prostatikern meist eine besonders kräftige Rumpfbehaarung feststellten. Alken, Reuter und Ott stellten 100 Prostatiker einer auslesefreien Reihe von Nichtprostatikern gegenüber, um ein Bild über konstitutionelle Besonderheiten zu bekommen. Sie konnten zunächst die Neigung zu leicht erhöhter Behaarung bestätigen: das Maximum lag bei den Prostatikern um eine Stufe — benützt wurde das Schema der Behaarungsstufen von CONRAD — nach dem Behaarungspol verschoben. Auch die Frage nach Korrelationen der Prostatahypertrophie zum Körperbautypus wurde von diesen Autoren untersucht, nachdem schon BLATT (1925) und FLAMM und HOCHMILLER (1926) auf die Häufigkeit pyknischer Formen unter Prostatikern hingewiesen hatten und HUECK und EMMERICH bei 28 Prostatikern 8 Pykniker, 8 Uncharakteristische und nur 3 Leptosome fanden.

Die Ergebnisse von ALKEN, REUTER und OTT zeigt die nachfolgende Tabelle 7:

Tabelle 7

Körperbautypen	Prostatiker %	Kontrolle %
Leptomorph	20	41
Metromorph	24	32
Pyknomorph	51	27
Dysplastisch	5	—
Hyperplastisch	31	30
Metroplastisch	28	23
Hypoplastisch	36	47
Dysplastisch	5	—

Somit erwies sich, unter Einbeziehung der Mischtypen, der *Pyknomorph-Hyperplastische* mit 23% am stärksten vertreten.

Unter den 7 Fällen von Prostatacarcinom, die später noch um einige Fälle angereichert werden konnten, fand sich bemerkenswerterweise kein einziger Leptomorpher.

Diese Ergebnisse sind bedeutungsvoll, weil sie erstmals mit einer exakten metrischen Methode eine deutlich positive Korrelation zwischen einer konstitutionellen Anomalie, nämlich dem Prostataadenom und einer bestimmten Wuchsform nachweisen konnte. Es erscheint sehr hoffnungsvoll, auf diesem Wege weiterzuschreiten.

E. Schlußwort

Konstitution in seiner eigentlichen Wortbedeutung als die auf der Anlage beruhende, in der Organisation des Individuums nicht unmittelbar erkennbare und im wesentlichen nicht umzugestaltende Verfassung des Organismus hinsichtlich seines Baues und seiner Reaktionsweise — und *Urologie* — als eine medizinische Sonderdisziplin, die sich, mehr infolge technischer Spezialisierung, aus dem Gesamt der Chirurgie löste, um sich zu einem eigenen Fach zu verselbständigen — scheinen in keinem natürlichen, sich von selbst ergebenden Nachbarschaftszusammenhang zu stehen, wie es etwa der Fall ist im Verhältnis zwischen Urologie und Gynäkologie oder zwischen Konstitutions- und Vererbungsforschung. Es mußte vielmehr erst eine Beziehung gestiftet werden: man kann nach urologischen Problemen innerhalb der Konstitutionsforschung fragen oder nach konstitutionellen Problemen in der Urologie. Insofern konnte man die Aufgabe eines Abschnitts über „Konstitution" im Rahmen eines „Handbuchs der Urologie" auf sehr verschiedene Weisen zu bewältigen suchen. Sicher aber kann die Absicht, in einem Handbuch der Urologie auch der Konstitution einen Abschnitt zu widmen, als ein bedeutsames Zeichen gewertet werden für das Bemühen, nicht den Anschluß an allgemein-medizinische Problematik zu verlieren bzw. ihn wiederherzustellen. Nur damit wird die lebendige Evolution des Faches gewährleistet.

Wenn ich mich bemühte, einen Gesamtabriß des Konstitutionsproblems zu geben, zunächst ohne spezielle Berücksichtigung urologischer Fragestellung, so deshalb, weil nach meiner Überzeugung es notwendig war, dem Urologen das Problem der Konstitution in seiner Allgemeinheit und Vielfalt näher zu bringen. Denn so häufig der Terminus „Konstitution" heute auch benützt wird, daß er fast schon zur abgegriffenen Münze wurde, so wenig klar sind im allgemeinen die Vorstellungen, die sich sachlich und methodisch damit verbinden. Es schien mir deshalb wichtiger, dem Urologen das Gesamtgebiet konstitutionellen Fragens überhaupt darzustellen, um seine Mitarbeit zu gewinnen, als speziell nur die Detailprobleme des urologischen Fachgebietes zu erörtern, in denen er ohnehin besser zu Hause ist, als es der Konstitutionsforscher jemals sein könnte.

Konstitution meint immer den Blick auf das Ganze der individuellen Organisation, d. h. aber einen Blick *fort von den Partialsystemen*, zu denen auch der Gegenstand der Urologie gehört. Der Spezialist muß immer wieder neu den Blick auf das Ganze zurückzugewinnen suchen, der ihm so leicht abhanden kommt und darf nicht umgekehrt das Ganze lediglich von seinem sehr speziellen Aspekt aus betrachten. In diesem Sinn haben wir bewußt das Problem der Konstitution *in seiner Allgemeingültigkeit für die Medizin* behandelt und erst am Schluß einige Blicke auf das Spezialgebiet getan, dem dieses Handbuch dient.

Literatur

ALKEN, C. E.: Die Senkniere. Z. Urol. **43**, 413 (1950).
— Grundlagenforschung in der Urologie. Helv. chir. Acta **24**, 182 (1957).
— U. H. REUTER u. B. OTT: Die Konstitution des Prostatikers. Z. Urol. **47**, 1 (1954).
ASCHNER, B.: Die Konstitution der Frau und ihre Beziehungen zur Geburtshilfe. München 1924.
BAKWIN, H.: Enuresis in children. J. Pediat. **12**, 757 (1938).
BARBARA, M.: I. fondamenti della tipologia umana. Milan 1929.
BAUER, J.: Die konstitutionelle Disposition zu inneren Krankheiten. Berlin 1921.
BAUER, K. H.: Vererbung und Konstitution. Dtsch. med. Wschr. **1922 I**, 653.
BAUMGARTEN: Zit. nach CURTIUS 1954.
BEAN, B.: The two european types. Amer. J. Anat. **31**, 4 (1923).
BEHRING, E. v.: Zit. nach CURTIUS 1954.
BENEKE, F.: Konstitution und konstitutionelles Kranksein des Menschen. Marburg 1881.
BEVERLY, B. J.: Incontinence in children. J. Pediat. **2**, 718 (1933).
BIELSCHOWSKY, M., u. E. UNGER: Syringomyelie mit Teratom- und extramedullärer Blastombildung. J. Psychol. Neurol. (Lpz.) **25**, 173 (1920).
BIEMOND, A.: Spina bifida occulta. Mschr. Kindergeneesk. **20**, 289 (1952).
BIJL, J.: Status dysraphicus. Utrecht 1956.
BOETERS, H.: Syringomyelie und Status dysraphicus. In Handbuch der Erbbiologie des Menschen, Bd. V, Teil 1. Berlin 1939.
BOUNAK, W.: Des caractères morphologiques indissolublement liés aux variations physiologiques normals. Bul. de la Soc. d'Et. des Formes humaines 1927, IV.
BREMER, F. W.: Klinische Untersuchungen zur Ätiologie der Syringomyelie und des „Status dysraphicus". Dtsch. Z. Nervenheilk. **95**, 1 (1926).
— Die pathologisch-anatomische Begründung des Status dysraphicus. Dtsch. Z. Nervenheilk. **99**, 104 (1927).
— Status dysraphicus und Syringomyelie. Fortschr. Neurol. Psychiat. **9**, 103 (1937); **14**, 109 (1942).
BRUGSCH, TH.: Die Morphologie der Person, aus: Die Biologie der Person, Bd. II. Berlin u. Wien 1931.
BRYANT: The carnivorous types in man. Boston 1913.
CATSCH, A.: Habitus und Krankheitsdisposition, zugleich ein Beitrag zur Körperbautypologie. Z. menschl. Vererb.- u. Konstit.-Lehre **25** (1941).
— Konstitution und allergische Diathese. Z. menschl. Vererb.- u. Konstit.-Lehre **26** (1943).
—, u. H. OSTROWSKY: Konstitution und vegetative Labilität. Z. menschl. Vererb.- u. Konstit.-Lehre **26** (1942).
CHWALLA, R.: Konstitution und Vererbung in der Urologie. Z. Urol. **27**, 731 (1933).
COHNSTAMM, K.: Zit. nach CURTIUS 1954.

Conrad, K.: Der Konstitutionstypus als genetisches Problem. Berlin 1941.
— Konstitution und Vererbung. Fortschr. Erbpath. **5**, 173 (1941).
—, u. B. Ott: Über die somatometrische Bestimmung des Konstitutionstypus. Ann. Sarav. Med. **2** (1954).
Curtius, F.: Multiple Sklerose und Erbanlage. Leipzig 1933.
— Status dysraphicus und Myelodysplasie. Fortschr. Erbpath. **3**, 199 (1939).
— Klinische Konstitutionslehre. Berlin: Springer 1954.
Czerny, A.: Mschr. Kinderheilk. **4**, 6, 7 (1905).
Davison, W. C.: Enuresis. Arch. Pediat. **4**, 867 (1924).
Elsässer, G.: Körperbauuntersuchungen bei endogenen Geisteskrankheiten, sonstigen Anstaltsinsassen und Durchschnittspersonen. Z. menschl. Vererb.- u. Konstit.-Lehre **30**, 307 (1951).
Emmrich, R.: Spina bifida und Bettnässen. Mschr. Kinderheilk. **68**, 87 (1937).
Eppinger, H., u. L. Hess: Die Vagotonie. Berlin 1910.
Frank, E.: Pathologie und Klinik des vegetativen Nervensystems. In Handbuch der Neurologie, Bd. 6. Berlin 1936.
Frary, L. G.: Enuresis. A genetic study. Amer. J. Dis. Child. **49**, 537 (1935).
Fredenhagen, H.: Beitrag zur Pathogenese und Therapie der Ulcuskrankheit. Schweiz. med. Wschr. **1947**, 1251.
Gaza, W. v.: Über Hydronephrose des dreiästigen Nieren-Beckens und ihrer Anlage und Form des Nierenbeckens. Z. Urol. Chir. **10**, 318 (1922).
Giovanni, A. de: Morphologia del corps umano. Milano 1904—1908.
Goldstein, A.: Allgemeine Epidemiologie. Leipzig 1897.
Goring, Ch.: The English Convict; statische Studie, London 1913.
Gram, H. C.: The heredity of oxalic urinary calculi. Acta med. scand. **78**, 268 (1932).
Gruber, B., u. L. Bing: Über Nierenmangel, Nierenkleinheit, Nierenvergrößerung und Nierenvermehrung. Z. urol. Chir. **7**, 259 (1921).
Gruber, G. B.: Mißbildungen der Harnorgane und Erbgang. Med. Klin. **1935 I**.
Gudzent, F.: Gicht und Rheumatismus. Berlin 1928.
Hallgren, B.: Enuresis. A clinical and genet. Study. Kopenhagen 1957.
Hamill, R. C.: Enuresis. J. Amer. med. Ass. **93**, I, 254 (1929).
Hanhart, E.: Allgemeine und besondere Bereitschaften. I. Erbpathologie der sog. Entartungszeichen usw. In Handbuch der Erbbiologie des Menschen, Bd. 2.
Hansen, K.: Allergie. Im Lehrbuch der inneren Medizin, herausgeg. v. Dennig. Stuttgart 1937.
Hart, C.: Konstitution und Disposition. Ergebn. allg. Path. path. Anat. **20** (1922).
Hess, W. R.: Über Wechselbeziehungen zwischen psychischen und vegetativen Funktionen. Zürich-Leipzig-Berlin 1925.
His, W.: Einige Konstitutionsanomalien und Diathesen. In Krehl-Mering, Lehrbuch der inneren Medizin, 15. Aufl., Bd. 2. Jena 1925.
Hoff, F.: Klinische Studie über dermographische Erscheinungen. Dtsch. Z. Nervenheilk. **133** (1933).
— Vegetatives Nervensystem und innere Sekretion. In Lehrbuch der speziellen pathologischen Physiologie. Jena 1937.
Hoffmann, F. A.: Lehrbuch der Konstitutionskrankheiten. Stuttgart 1893.
Hoffmann, H. F.: Das Problem des Charakteraufbaues. Berlin 1926.
Hüppe, F.: Über den Kampf gegen die Infektionskrankheiten. Münch. med. Wschr. **1922 II**, 1324.
Janke, R.: Über eine Bettnässerfamilie, zugleich ein Beitrag zur Erblichkeit der Spina bifida. Dtsch. Z. Nervenheilk. **54**, 255 (1916).
Jaspers, K.: Allgemeine Psychopathologie. Berlin 1926.
Jesserer, H.: Die Entwicklung des Begriffes der Vagotonie. Dtsch. Arch. klin. Med. **191** (1944).
Jungklaass, F. K., G. März u. S. Wieser: Über die Normalverteilung der Körperbauindices bei der vierpoligen Konstitutionstypologie von Conrad. Z. menschl. Vererb.- u. Konstit.-Lehre **37**, 80 (1963).
— Zur Altersverteilung der Konstitutionsindices. Z. menschl. Vererb.- u. Konstit.-Lehre **37**, 88 (1963).
Kämmerer, H., u. H. Michel: Allergische Diathese und allergische Erkrankungen, 3. Aufl. München 1956.
Knussmann, R.: Zur Methode der objektiven Körperbautypognose. Z. menschl. Vererb.- u. Konstit.-Lehre **36**, 1 (1961).
Kraus, F.: Die Ermüdung als ein Maß der Konstitution. Jena 1897.
— Die allgemeine und spezielle Pathologie der Person. Leipzig 1919.
Krehl, L. v.: Pathologische Physiologie, 10. Aufl. Leipzig 1920.

KRETSCHMER, E.: Körperbau und Charakter, 22. Aufl. Berlin: Springer 1955.
LENZ, F.: Die krankhaften Erbanlagen. In BAW-FISCHER-LENZ, Menschliche Erblichkeitslehre, 3. Aufl. München 1927.
LESCHKE, E.: Zit. nach CURTIUS 1954.
LICHTWITZ, L.: Fettsucht. In Handbuch der inneren Medizin von BERGMANN-STAEHELIN. 1917.
—, u. E. STEINITZ: Die Gicht. In Handbuch der inneren Medizin von BERGMANN-STAEHELIN. Berlin 1928.
LINDNER, W.: Einige Bemerkungen zur Pathologie und Therapie der Wanderniere. Dtsch. med. Wschr. 1884 I, 230.
LUBARSCH, O.: Die Zellulosepathologie und ihre Stellung in der modernen Medizin, insbesondere in der Konstitutionslehre. J.kurse ärztl. Fortb. 1915.
MACAULIFFE, L.: La personalé et l'hérédité. Paris 1923.
— Développement-croissance. Paris 1923.
MANOUVRIER, L.: Sur les rapports anthropo-metriques de la Soc. d'Anthrop., Paris II, 1902, 3.
MARCHAND, L.: Zit. nach HART 1922.
MARTIN, R.: Lehrbuch der Anthropologie. Jena 1928.
MARTIUS, F.: Konstitution und Vererbung in ihren Beziehungen zur Pathologie. Berlin 1914.
MATTAUSCHEK, E.: Über Enuresis. Wien. med. Wschr. 1904 II, 2153.
MCILRAITH, C. H.: Notes on s. cares of Diabetes insipidus with marked family and hereditary lendencies. Lancet 1892 II, 767.
MONRO, F.: Incontinence of urine inherited by an entire family from their father. Lancet 1896, 704.
MÜLLER, F. v.: Konstitution und Individualität. München: Lindauersche Univ. Buchhandlung 1920.
— Über die uratische Diathese. Wien. klin. Wschr. 1937 II.
MÜLLER, O.: Die Kapillaren der menschlichen Körperoberfläche in gesunden und kranken Tagen. Stuttgart 1922.
MUNK, F.: Physiologische und pathologische Funktionen und Zustände des Nierensystems in ihrer Beziehung zur Person. In HALBAN u. SEITZ, Die Biologie der Person, Bd. III, S. 749. 1930.
NACHTSHEIM, H.: Erbleiden des Nervensystems bei Säugetieren. Berlin 1939.
NAUNYN, B.: Der Diabetes mellitus, 2. Aufl. Wien 1896.
OSTERTAG, B.: Zur Frage der dysraphischen Störungen des Rückenmarks und der von ihnen abzuleitenden Geschwulstbildungen. Arch. Psychiat. Nervenkr. 75, 81 (1925).
— Weitere Untersuchungen über vererbbare Syringomyelie des Kaninchens. Dtsch. Z. Nervenheilk. 116, 147 (1930).
OSTERTAG, M., u. D. SPAICH: Kurze Mitteilung über das Vorkommen von Nierensteinen bei zweieiigen Zwillingspaaren. Erbarzt 1, Nr 5, 71 (1936).
PENDE, N.: Konstitution und innere Sekretion. Budapest u. Leipzig 1924.
— Le debolezze di constituzione. Roma [5] 1928.
PETROVSKIY: Erblichkeit und Enuresis nocturna. Sovjet. Psichonevz. (russ.) 10, 10 (1934).
PFAUNDLER, M. v.: Biologische Allgemeinprobleme der Medizin. Konstitution, Diathese, Disposition. Berlin 1947.
— Allgemeine und besondere Eigenschaften. II. Erbpathologie der Diathesen. In Handbuch der Erbpathologie des Menschen, Bd. 2.
POLLITZER: Zit. nach J. BAUER 1921.
POSNER, C.: Diabetes insip. und Blasenlähmung. Berl. klin. Wschr. 1902 I, 438.
— Konstitutionsfragen in der Urologie. Klin. Wschr. 1924 I, 913.
— Urologie und Konstitutionsproblem. Z. Urol. 18, 257 (1924).
REINDELL, H., E. SCHILDGE, H. KLEPZIG u. H. W. KIRCHHOFF: Kreislaufregulation. Stuttgart 1955.
ROEPERT, W.: Über familiäres und hereditäres Vorkommen von Enuresis nocturna. Inaug.-Diss. Heidelberg 1911.
RÖSSE, R.: Münch. med. Wschr. 1921, Nr 40.
ROMINGER, E.: Zit. nach CURTIUS 1954.
ROSENBACH, O.: Grundlagen, Aufgaben und Grenzen der Therapie. 1891.
ROSTAN, L.: Traité élémentaire de diagnostic, de pronostic et indications therapeutiques. Paris 1926.
SCHLEGEL, W.: Körper und Seele. Eine Konstitutionslehre für Juristen, Ärzte, Pädagogen und Theologen. Stuttgart: Ferdinand Enke 1957.
SCHREIDER, E.: L'école bio-typologique italienne. Biotypologie 1, 2 (1933).
— Les types humains (3 Bände). Paris 1937.
SECKEL, H.: Zit. nach CURTIUS 1954.

Sheldon, W. H. (gemeinsam mit G. S. Starens u. W. B. Tucker): The varieties of human physique. New York 1940.
Siemens, H. W.: Einführung in die allgemeine und spezielle Vererbungspathologie des Menschen. Berlin 1923.
Sigaud, C., et L. Vincent: Les origines de la maladie, essai sur l'évolution de la forme du corps humaine, 2. Aufl. Paris 1912.
Stern, R.: Familiäre Enuresis nocturna. Wien. klin. Rdschr. **29**, 381 (1905).
Stiller, B.: Die asthenische Konstitutionskrankheit. Stuttgart 1907.
— Die asthenische Konstitution. Z. Konstit.-Lehre **6**, 48 (1920).
Stockard, C.: Human types and growth relations. Amer. J. Anat. **31** (1923).
Strömgren, E.: Über anthropometrische Indices zur Unterscheidung von Körperbautypen. Z. ges. Neurol. Psychiat. **159**, 75 (1937).
Tandler, J., u. S. Gross: Untersuchungen an Skopzen. Wien. klin. Wschr. **1908**, Nr. 9.
Thannhauser, H.: Stoffwechsel und Stoffwechselkrankheiten. Berlin 1929.
Thoenissen, F.: Zit. nach v. Pfaundler 1947.
Tiemann, F.: Enuresis nocturna et diurna. (Symptomatologie, Ätiologie und Therapie.) Ergebn. inn. Med. Kinderheilk. **51**, 323 (1936).
Tschernorutzki: Wechselbeziehungen zwischen Funktionseigenschaften und Konstitutionstypen. Z. Konstit-Lehre **16**, 134 (1930).
Verschuer, O. Frh. v.: Die Konstitutionsforschung im Lichte der Vererbungswissenschaft. Klin. Wschr. **1929 I**, 769.
— Erbpathologie. Dresden u. Leipzig 1937.
Viola, G.: Le problème de la constitution selon l'école italienne. 1931.
—, et F. Schiassi: La costituzione individuale. Mediz. int. 1932.
Violle, M.: Zit. nach Curtius 1954.
Virchow, R.: Zit. nach Curtius 1954.
Virenius, G.: Zit. nach Schreider 1937.
Weidenreich, G.: Rasse und Körperbau. Berlin 1927.
Weil sen., A.: Über die hereditäre Form des Diabetes insipidus. Virchows path. Arch. Anat. **95**, 70 (1884).
Weil jr., A.: Über die hereditäre Form des Diabetes insipidus. Dtsch. Arch. klin. Med. **93**, 180 (1908).
Weitz, W.: Studien an eineiigen Zwillingen. Z. klin. Med. **101**, 115 (1924).
— Über die Bedeutung der Erblichkeit bei der Entstehung des Scharlachs, der Diphtherie und der Appendicitis. Erbarzt **1**, 8 (1936).
Werner, M.: Zwillingsphysiologische Untersuchungen über den Grundumsatz und die spezifisch-dynamische Eiweißwirkung. Z. menschl. Vererb.- u. Konstit.-Lehre **70** 467 (1937).
White, Th.: Zit. nach v. Pfaundler 1947.
Wildbolz, F.: Lehrbuch der Urologie. Berlin 1934.
Wilder, J.: Vegetatives Nervensystem und Psyche. Wien. med. Wschr. **29** (1948).
Zappert, J.: Enuresis. Ergebn. inn. Med. Kinderheilk. **18**, 109 (1920).
Zeller, W.: Konstitution und Entwicklung. Göttingen: Hogrefe 1952.
Zondek, H.: Die Krankheiten der endokrinen Drüsen, 2. Aufl. Berlin 1926.

Namenverzeichnis

Die *kursiven* Seitenzahlen beziehen sich auf die Literatur

Aaron, Cl., s. Gillot, Cl.   *118*
Aboul Enein, A. A. A.   100, *115*
Acconcia, A.   *115*
Adachi, B.   92, 93, *115*, 372, 374, *387*, 501, 506, *511*
Adachi, Sh.   81, *116*
dell'Adami, G., s. Carando, M.   225, *250*
Addison, Ch.   82, *116*
Adebahr   185
Adler   585
Agarkov, B. G.   *143*
Aichel, O.   133, 134, *143*
Alaev, A. N.   *116*
Albarran, J.   260, 263, 277, 331, 332, *341*, 510
— u. E. Papin   58, *116*
Alcala Santaella, R.   *116*
Aldrich u. Takamine   161
D'Alessandro, A.   *250*
Alken, C. E.   581, 582, *587*
— U. H. Reuter u. B. Ott   585, 586, *587*
Alleman, R.   *116*
Allenbrook, D.   130, 132, *143*
Ammussat   325
Amon u. Petry   225
Amreich, J.   290, 300, 303, 304, 305, 307, 308, *312*
Ånberg, A.   430, 431, *472*
Ancel, P., s. Bouin, P.   443, *472*
Andler, R.   *116*
Andronescu, A., s. Pepciuc, E.   415, *474*
Anllo Vázquez, V.   *250*
Anson, B. J., u. E. W. Cauldwell   *116*
— — J. W. Pick u. L. E. Beaton   *116*, *143*
— u. E. H. Daseler   81, 103, *116*, *143*
— u. L. E. Kurth   *116*
— u. C. B. McVay   *494*
— E. H. Morgan u. C. B. McVay   *494*
— s. Davis, R. A.   *117*
— s. McCormack, L. J.   244, *251*
Appelt, A.   187, *220*
Arase, S.   56, 73, *116*
Arkhiptseva, M. I.   102, *116*
Arnold, F.   317, *323*, 325, *341*, 343, *355*, 358, *387*, 508, *511*

Arnold, I.   151, *169*
Aschner, B.   523, *587*
Aschoff, L.   263, 264, 314, 315, *323*, 328, 332, *341*
Atwell, W. J.   10, 11, *50*
Augier, A.   62, 66, *116*

Bachmann, R.   130, *143*, 157, *169*
— u. U. Bölke   197, 201, 203, 205, 209, *220*
— J. Kreysler, A. Schwink u. R. Wetzstein   *169*
Bachrach, R.   506, *511*
Badellino, F., P. Rossotto, P. M. Pasquero u. G. Massa   *143*
— P. Trinchieri, P. Rossotto u. G. Massa   *143*
— s. Rossotto, P.   *145*
Bänder, A.   161, 168, *169*
Bahn, R. C., s. Dahl, E. V.   *143*
Baillie, A. H.   441, *472*
Bakay, L.   515, *517*
Baker, G. C. W.   *116*
Baker, R. F., s. Pease, D. C.   *223*
Bakwin, H.   *587*
Balduzzi, G., s. Benedetti, G.   *116*
Balogh, F., s. Rémji-Vámos, F.   180, 181, *223*
Banchieri, F. R., u. G. Merlo   *250*
Banfield, U. G., s. Longley, J. B.   180, *222*
Baniecki, H.   *250*
Barbara, M.   548, 550, *587*
Barbilian, N.   *312*
Bargmann, W.   *169*, 184, 194, 203, *220*, *221*, 249, 263, 347, *355*, *407*, 426, 460, *472*
— A. Knoop u. Th. H. Schiebler   199, *221*
— u. E. Lindner   *169*
Barkow, B. C.   253, 254, 264, 265, 266, 267, 268, 269, 272, 275, 277, 314, *323*, *341*
Barlow, F., s. Roosen-Runge, E. C.   *474*
Barnett, R. J., s. Tice, L. W.   414, *475*
Barnwell, C. H., s. Dell, J. M.   82, *117*

Bartels, P.   *387*
Bartholinus, Th.   132, 137, *143*
Bartlakowski, J.   *143*
Bauer, J.   522, 523, 524, 541, 542, 543, 548, 553, *587*
— s. Tandler, J.   521, 528
Bauer, K. H.   523, 582, 585, *587*
Bauereisen, A.   109, *116*
Baum   510
Baumann, J. A., u. W. v. Niederhäusern   106, *116*
Baumgarten   518, *587*
Baumgarten, H. G., u. A. F. Holstein   418, *472*
Bawa, S. R.   432, 433, 434, 435, 437, 438, *472*
Bayer, C.   *494*
Bean, B.   548, 551, *587*
Beaton, L. E., s. Anson, B. J.   *116*, *143*
Becher   583
Becher, H.   183, 185, 187, *221*
Beck, L.   74, *116*
Behring, E. v.   518, *587*
Benda   *387*
Benedetti, G., M. Melis u. G. Balduzzi   *116*
Beneke, F.   *587*
Benjamin, J. A., s. Tobin, Ch. E.   75, *124*, *495*
Bennett Jones, M. J., u. C. A. Hill   48, *50*
Bensley, R. D.   187, *221*
Berberich, F., s. Haffé, R.   *409*
Berenberg-Gosler, H. v.   48, *50*
Berger   418, *472*
Berger, A.   *407*
Berger, W.   533, 534
Bergmann, v.   538
Bernard, J., s. Hickel, R.   68, 70, 82, *119*
Bernhard, H.   392, *407*
Bernhard, W., s. Oberling, Ch.   *223*
Bertolini   175
Bertrand, P., s. Latarjet, A.   *251*
Beverly, B. J.   585, *587*
Betz   133
Bianco, V., u. S. Negretti   *250*
Bielschowsky, M.   544
— u. E. Unger   *587*
Biemond, A.   *587*

Bier 582
Bijl, C. 585
Bijl, J. 587
Bile, S. 494
Bing, L., s. Gruber, B. 588
Bischoff, P. 250
Blatt 586
Blechschmidt, E. 50, 50
Bleicher, M. 136, 143
Bleuler 541
Bloch, E., u. W. C. Miller 407
Bloomfield, A., u. J. Frazer 40, 46, 50
Blotevogel, W. 515, 517
Blum, V. 37, 38, 46, 50
Blum 585
Blunt, M. J. 494
Bocharov, V. Ya. 116
Böhm u. Davidoff 196
Bölke, U., s. Bachmann, R. 197, 201, 203, 205, 209, 220
Boeminghaus, H. 407
Boenig 187
Bönninger 584
Boeters, H. 587
Bogdanović, D., s. Šlivić, B. 123
Bohle, A. 187, 221
— u. H. Sitte 185, 186, 189, 192, 193, 194, 221
Boijsen, E. 91, 100, 101, 116
Boissonat, P. 116
Bonechi, J., s. Panichi, S. 56, 122
Bordas, P. 116
Borghese, El. 301, 313
Bošković, M. 102, 116, 246, 250
— s. Šlivić, B. 123
Botár, J. 407
Bottini, A. C. 143
Bouin, P. 434, 472
— u. P. Ancel 443, 472
Bounak, W. 553, 587
Bourguet, F. 407
Bourne, G. H. 170
— s. Pasqualino, A. 223
Bowkock 584
Boyden, E. A. 28, 50, 137, 143
Brachet 429
Braithwaite, J. L., s. Racker, D. C. 252
Branca, A. 407
Braeucker, W. 114, 115, 116
Braunger, B., s. Kroon, D. B. 222
Brash, J. C. 250
Braus, H., u. C. Elze 235, 249, 261, 279, 282, 287, 313, 327, 338, 403, 407
Bremer, F. W. 544, 587
Bremer, J. L. 31, 50
Brindley, D. C., s. Longley, J. B. 180, 222
Brites, G. 407

Brody, H., u. St. Goldmann 334, 341
— s. Guggemos, E. 93, 118
Brockmann, W. A. 19, 23, 50
Brödel, M. 62, 63, 68, 101, 105, 117
Brökelmann, J. 439, 472
Brugsch, Th. 523, 533, 548, 587
Brugsch u. Drehsel 584
Brunn 264
Bryant 548, 551, 587
Brzezinski, D. K. v. 418, 472
Bucciante, L. 407
Bucher, O. 195, 221
— u. E. Reale 186, 188, 207, 208, 221
— s. Erkoçak, A. 201, 221
— s. Luciano, L. 200, 222
— s. Reale, E. 186, 201, 223
Bukofzer, E. 407
Bullon, A., u. F. L. Lopez 465, 466, 472
Burgos, M. H., s. Fawcett, D. W. 431, 442, 473
Burkl, W. 40, 50
— u. G. Politzer 51
Burruano, C. 244, 250
Busch, F. M., u. E. S. Sayegh 407
Busch, W. 138, 143, 170
Bush, E. A. 494

Calabrisi, P. 517
Camerer, J. W., u. R. Schleicher 534
Cameron, Gl., u. R. Chamber 33, 51
Cancellotti, L., u. C. Dainelli 117
Cantani 533
Caponetto, A. 72, 117
Caporale, L. 250
Carando, M., u. G. dell'Adami 225, 250
Carboni, R. 100, 117
Carlile, H. 392, 407
Carr, I. A. 152, 170
Carson, W. J., s. Goldstein, A. E. 226, 250
Carus 548, 553, 560
Casas, A. P. 472, 472
Casasco, E. 190, 221
Casley-Smith u. Florey 418, 472
Casper, L. 250
Castaldi 548
Catalano, F. E. 495
Catsch, A. 533, 587
— u. H. Ostrowsky 587
Cauldwell, E. W., s. Anson, B. J. 116, 143
Causey, G., G. F. Murnaghan, H. G. Hanley, F. P. Raper u. D. I. Williams 250

Cavalli, G., s. Pompeiano, O. 179, 223, 252
Cavanaugh, M. W., s. Wells, L. J. 471, 475
Caylor, H. O. 135, 143
Cayotte, J., u. Ph. Hahn 117
Chacon, J. P. 100, 117
Chamber, R., s. Cameron, Gl. 33, 51
Chambost s. Picard, D. 179, 223
Chandler, S. B. 495
Charny, C. W., A. S. Conston u. D. R. Meranze 472
Charpure, P. V., u. H. I. Jhala 117, 143
Charpy, A., s. Poirier, P. 87, 122, 277, 286, 323, 325, 339, 388, 515
Chatterjee, S. K., u. A. K. Dutta 117
Chaturvedi, R. P., s. Verma, M. 100, 124
Chauvin, E., u. H. F. Chauvin 57, 117
Chauvin, H. F., s. Chauvin, E. 57, 117
Chay, S. A. 117
Chernik, B. A. 143
Chiocchio, S., s. Tramezzani, J. H. 168, 171
Choulant s. Pierier 357
Chuong s. Huard, P. 119
Chvostek 585
Chwalla, R. 4, 5, 6, 7, 8, 9, 12, 17, 18, 19, 20, 21, 22, 23, 28, 29, 33, 34, 35, 36, 38, 39, 40, 45, 46, 47, 51, 585, 587
— u. Pollak 585
Cirillo, N. 407
Clara, M. 51, 163, 170, 198, 221, 337, 379, 387, 439, 472
Clark, K. 143
Clark, S. L., Jr. 197, 221
Clegg, E. J. 407, 504, 511
Cobriri 515
Cohnstamm, K. 518, 584, 587
Colesi 256
Colles 277
Comby 531
Congdon, E. D., u. J. N. Edson 117
— u. J. M. Essenberg 407
Conrad, K. 527, 543, 546, 548, 553, 563, 564, 586, 588
— u. B. Ott 569, 588
Conradt, J. 392, 408
Conston, A. S., s. Charny, C. W. 472
Contu, P., u. B. G. da Hora 117
Coppoleta, J. M., u. S. B. Wolbach 117
Cordier, G. 408

Cordier, P., L. Devos, A. Delcroix u. M. Rénier 94, *117*, *408*
— — u. J. Wattel *117*
Corning 582
Cossoveanu-Voinescu, S., s. Nicolescu, I. T. *251*
Coupland, R. E. 133, *143*
Cova, E. *250*
Cowper, W. 350, 353, *355*
Crabo, B. 439, *473*
Cruveilhier 353
Cuneo u. Marcille 511
Cunningham 274
Curschmann 539
Curtius u. Korkhaus 539, 582
Curtius, F. 519, 520, 522, 523, 524, 525, 533, 536, 537, 539, 540, 544, 561, *588*
Čuš, M. *117*
Czech, B., u. Z. Weiman *117*
Czerny, A. 531, *588*

D'Abreu, F., u. B. Strickland 94, *117*
Dahl, E. V., u. R. C. Bahn *143*
Dainelli, C., s. Cancellotti, L. *117*
Dalton, A. J. 189, *221*
Dambrin, L., s. Vallois, H. V. *124*
Daniel, O., u. R. Shackman 244, *250*
Darwin 545, *588*
Daseler, E. H., s. Anson, B. J. 81, 103, *116*, *143*
Davidoff s. Böhm 196
Davidoff, L. M., s. Graves, R. C. *250*
Davis, R. A., F. J. Milloy u. B. J. Anson *117*
Davison, M., s. Walker, B. S. 466, *475*
Davison, W. C. *588*
Deane, H. W., u. K. R. Porter 465, *473*
Dege, H. A. *117*
Degna, A. T., C. Okely u. S. Fasolis *117*
Dehoff, E. 176, *221*
Deimling, O. v., s. Mölbert, E. *222*
Delage, J. 141, *143*
Delarme, G. 125, 130, *143*
Delbet, P. 275, 276, *277*, 286, 295, 301, 307, 339, *341*, 344, 346, 350, 352, 354, 355, *355*, 382, 383, 385, *387*
Delcroix, A., s. Cordier, P. 94, *117*, *408*
Dell, J. M., u. C. H. Barnwell 82, *117*
Delmar, A. 40, *51*
Demetrian, S., s. Repciuc, E. 99, 103, *122*

Denber, H. C. B. 135, *143*
Dennis, L. 395, *408*
Dennig 538
Dennig, H. 269, *277*.
Denonvilliers, Ch. 300, *313*
Depreux, R., M. Fontaine u. Cl. Descamps *117*
Descamps, Cl., s. Depreux, R. *117*
Desler 536
Deuticke, P. *250*
Dévényi, I., s. Vallent, K. *171*
Devos, L., s. Cordier, P. 94, *117*, *408*
Dhom, G., s. Stöcker, E. *171*
Diaca, C. 332, *341*
Disse, J. *117*, 198, *221*, 255, 258, 270, 275, *277*, 290, 306, 315, 316, 322, *323*, 510, *511*, 515, *517*
Dixon, P. F. 256, 258, *277*
Djaia, M., u. B. Negovanovic *408*
Djelali, D. 202, *221*
Doby 177
Dörffler, P., s. Schaumkell, K. *171*
Dô-Huan-Hop, s. Huard, P. *119*
Doležel, S. *221*
Domrich, H. *495*
Donellan, W. L. 140, *143*
Doubleday, L. C., s. Harrison III., R. H. 131, *144*
Douville, E., u. W. H. Hollinshead 95, 106, *117*, *119*
Drahovsky, V., s. Munka, V. 99, 102, *121*
Drewe, J. A., s. Hodson, C. J. *119*
Drehsel, s. Brugsch 584
Duncan, C. N., s. Duzen, R. E. *341*
Duran-Jorda, F. *117*
Duspiva, F., s. Mölbert, E. *222*
Dutta, A. K., s. Chatterjee, S. K. *117*
Duverney 350, *355*
Duzen, R. E. van, W. W. Loney u. C. N. Duncan *341*
Dziallas, P. 403, *408*

Eberth, C. J. 75, *117*, 282, *313*, 324, 325, 338, *341*, 346, 355, *355*, 360, 370, 372, *387*
Ebner, V. v. 262, *277*, 333, *341*, 350, *356*, 377, *387*, 466, *473*
Edsman, G. 91, *117*, *143*
Edson, J. N., s. Congdon, E. D. *117*
Edwards, J. G. 202, *221*
Eger, S. A., s. Merklin, B. J. *144*
Eichner, D. *170*

Eisendrath, D. N., s. Papin, E. *122*
Eisenstaedt, J. S. *250*
Eisler, P. 383, *387*
Ekehorn, G. 93, *117*
El Asfoury, Z. M. 114, *117*
Elias, H. 183, *221*
Eliška, O. 177, 179, *221*, *408*
Ellwein, H. *117*, *143*
Elsässer, G. 577, *588*
Elze, C. 18, *51*, *408*, *495*
— s. Braus, H. 40, 235, *249*, 261, 279, 282, 287, *313*, 327, 338, 403, *407*
Emery, J. L., u. A. Mithal 56, *117*
Emmerich, s. Hueck 586
Emmrich, R. *588*
Enăchescu, A., s. Nicolescu, I. T. *251*
Enbark, P. E. *117*
Engels, H. 260, *277*
Eppinger, H., u. L. Hess 531, 536, 537, 538, *588*
Eränkö, O. *170*
Erben, B., s. Kozlik, A. 14, *51*
Erbslöh, Fr. *170*
Erkoçak, A., E. Reale, A. Gautier u. O. Bucher 201, *221*
Escanilla de Simon, J. *118*
Escherich, s. Paltauf 531
Esenther, G., s. Reis, R. H. *122*
Essenberg, J. M., s. Congdon, E. D. *407*
Etcheverri, J. *118*
Eustachius, B. 135, *143*, 327
Evrard, H., s. Hovelacque, A. *408*

Fachet, J., s. Vallent, K. *171*
Fagarasanu, I. *118*
Faller, J., u. G. Ungváry 63, 100, *118*
— s. Ungváry, G. *124*
Fasolis, S., s. Degna, A. T. *117*
Favaro, A. *408*
Fawcett, D. W., u. M. H. Burgos 431, 442, *473*
Fazio, A., s. Zaffagnini, B. *124*
Felix, W. 1, 9, 10, 12, 13, 14, 16, 18, 19, 23, 24, 31, 45, 46, 47, 48, 49, 460, 462, *473*, 497, 500, *500*
Feneis, H. *407*
Fenwick, E. H. 506, 508, *511*
Ferner, H. 5, 6, *51*, 147, *170*, 417, 426, 444, *473*
— u. I. Müller 419, 427, *473*
— u. J. Müller *473*
— u. W. Runge 421, 422, *473*
Ferulano, O. 225, *250*
Feyter, F., u. W. Zischka-Konorsa *170*

Fischel, A. 23, 37, 48, 49, *51*
Fischer, s. Löhnlein 203
Fischer, A. W. *408*
Fischer, K. *118*
Fischler, F. 212, *221*
Flamm u. Hochmiller 586
Flanagan, M. J., H. J. McDonald u. J. H. Kiefer *408*
Flex, G., s. Leutert, G. 217, 218, *222*
Flörken 582
Florey, s. Casley-Smith 418, *472*
Florian, J. 48, *51*
— u. O. Völker 2, 3, *51*
Földi u. Romhanyi 181
Földi, M., s. Rusznyák, J. *474*
Fontaine, M., s. Depreux, R. *117*
Fowler 584
Frank, E. 536, 537, *588*
Frank, I. P. 584
Franke, K. 109, *118*
Frankenberger, Z. 33, *51*
Franksson, C., u. J. Hellström 140, *143*
Frary, L. G. 585, *588*
Fraustein 6
Frazer, J., s. Bloomfield, A. 40, 46, *50*
— s. Sohier, H. M. L. *123*
Fredenhagen, H. 536, *588*
Fretheim, B. 99, *118*
Freud 527
Frey, W., u. F. Sutter *221*
Friedmann 161
Frimann-Dahl, J. 90, *118*
Fritschek, F. 33, *51*
Frommolt, G. 240, 242, *250*
Fuchs, F. 106, 230, 232, 234, *250*
Fujita, H. *170*
Fukamura, M. *118*
Fumio, Y. *250*

Gabay, A. *495*
Gagnon, R. 138, 141, *143*
Gall, F. *473*, 497, *500*
Gallizia, F. *118*
Galluzzi, W., u. S. Markovits *495*
Ganfini, C. 78, *118*, 130, 136, *143*
Gardner 585
Garfunkel 542
Gautier, A., s. Erkoçak, A. 201, *221*
— s. Oberling, Ch. *223*
Gaza, W. v. 583, *588*
Gee 584
Genis, M. J., s. Jaboneiro, V. 471, *473*
Gérard, G. 138, 139, 140, *143*
Gerota, D. 76, 78, 80, *118*, 382, *387*, 510, *511*

Gerth, R. 396, *408*, *473*
Geyer 582, 583
Gill, R. D. *118*
Gillot, Cl., J. Hureau, Cl. Aaron u. M. Guerbet *118*
Ginsburg, W. W. *495*
Giovanni, A. de 548, 550, *588*
Gisel, A. 88, *118*, 481
Glimstedt, G., H. R. Johanson u. N. Jonsson 213, *221*
Goerttler, K. 396, *408*, *473*
Gohrbrandt, E. 402, *408*
Goldenberg, S. *118*
Golder, O. *408*
Goldmann, St., s. Brody, H. 334, *341*
Goldstein, A. *588*
Goldstein, A. E., u. W. J. Carson 226, *250*
Golubew, A. A. *118*
Golubew, W. Z. 95, 105, *118*
Gonaze, A., s. Villemin, F. *252*
Goormaghtigh, N. 187, *221*
Gorelik, M. M. *495*
Goring, Ch. 546, *588*
Gosima, K. *408*
Gottschau, M. 151, *170*
Gottstein 518
Gouazé, A., s. Rigaud, A. 105, *122*
Göldi, Kl. 225, 263, *277*
Gönnöki, P., s. Munkácsi, J. 177, *222*
Graaf, R. de 315, 327
Gräper, L., s. Peter, K. 476, *478*
Gram, H. C. 584, *588*
Graves, F. T. 97, 100, 101, *118*, *221*
Graves, R. C., u. L. M. Davidoff *250*
Gray, F. J. *495*
Gray, H. 253, 254, *277*, *313*, 346, *356*
Gregoiré 244
Grégoire, R. 96, *118*, 244
Greinemann, H., s. Kügelgen, A. v. 105, *120*
Griffith, J. 328, *341*
Grigorjev, I. V. *118*
Gross, S., s. Tandler, J. 542, *590*
Grosser, O. 47, *51*, 173, *221*, 257, *277*
— u. R. Ortmann 11, 13, 18
— u. G. Politzer 11
Grossman, J. *118*
Gruber, B., u. L. Bing *588*
Gruber, G. B. 533, 581, *588*
Grünstein, N. 516, *517*
Grünwald, P. 45, *51*
Grynefeltt 87
Gudzent, F. 533, *588*
Gubler 350, 354, *356*

Guerbet, M., s. Gillot, Cl. *118*
Guèrin, A. F. 346, *356*
Guggemos, E., J. Nystrom, S. J. Peppy, C. Sinatra u. H. Brody 93, *118*
Guilbo, I. S. *408*
Gundobin, N. 225, *250*
Gunkel 134
Guthmann, H., u. W. May 34, *51*
Gutiérrez, A. *495*
Guyon 585

Haberland, H. F. O. *408*
Haffé, R., u. F. Berberich *409*
Hafferl, A. 250, 289, *407*
Hagopian, A. C. *144*
Hahn, Ph., s. Cayotte, J. *117*
Halasz, B., u. J. Szentágothai *170*
Halban, J., u. J. Tandler *313*
Halban, H., s. Tandler, J. 235, *252*
Halbfas-Ney, P. 57, *118*
Hall, B. V. 193, 194, *222*
— E. Roth u. V. Johnson 190, *222*
Hallgren, B. 585, *588*
Hale 263
Haller, A. 68, 106, *118*, 327
Haller, A. v. et al. 238
Hamill, R. C. 585, *588*
Hammar, J. A. 452, *473*
Hammer u. Hasenwinkel 33
Hammersen, F., u. J. Staubesand 175, 177, *222*
Hamperl, H. 201, *222*
Hanhart, E. 519, 522, 532, 534, 535, 536, 544, 545, 547, 584, *588*
Hanley, H. G., s. Causey, G. *250*
Hanlo, E. A. J. M. *250*
Hansen, K. 531, 532, 539, *588*
Hanssens, M., u. M. Sebruyns *251*
Harrison, R. G. *408*
— u. G. A. McGregor *408*
Harrison III., R. H., u. L. C. Doubleday 131, *144*
Harrower 6
Hart, C. *588*
Haschek, H., u. H. Pum *251*
Hasegawa, M. *408*
Haselhorst, G. 109, *118*
Hasenwinkel s. Hammer 33
Hashimoto, T. *251*
Haslinger 6
Hasumi, S. *118*, 401, *408*
Hauch, E. 62, 65, 66, 70, 74, *118*
Hayek, H. 284, 286, 292, *313*, 339, 358
Haynes, J. G. *118*
Hegglin, R. *118*

Heidenhain, M.   63, *119*, 198, *222*
— u. F. Werner   455, 456, *473*
Heiderich, F.   55, 82, *119*
Heiss, R.   235, *251*, 259, 260, 267, 268, 269, 270, *277*, 316, 318, 320, *323*, 336, 338, *341*, 506, 507, 508, *511*
Heitzmann, C.   113, *119*
Hellström, J.   *119*
— s. Franksson, C.   140, *143*
Helm, F.   81, 82, *119*
Henle, J.   40, *51*, 63, 65, 67, 75, 113, *119*, 133, *144*, 161, 263, 267, 268, 269, 270, 271, 274, 275, *277*, 279, 280, 281, 282, 283, 284, 286, 287, 288, 290, 295, 297, 302, 303, *313*, 314, 316, 317, 318, 320, 322, 323, *323*, 325, 326, 327, 328, 329, 330, 332, 335, 336, 338, 339, 341, *341*, 344, 350, 353, 354, 355, *356*, 358, 359, 360, 361, 370, 371, 372, 373, 374, 375, 376, 377, 381, 383, 384, 385, 387, *387*, 460, *473*, 496, 498, 499, *500*, 508, *511*, 517
Henneberg   544
Hertz   557
Hess, L., s. Eppinger, H.   531, 536, 537, 538, *588*
Hess, W. R.   537, 538, *588*
Hett, J.   *170*
Heuser, Ch.   2, 10, 11, 12, *51*
Hickel, R., L. Mamo u. J. Bernard   68, 70, 82, *119*
Hilgenberg   408
Hill, C. A., s. Bennett Jones, M. J.   48, *50*
Hillarp, N. Å., u. B. Hökfeldt   161, 168, *170*
Hirsch   557
Hirschmann   557
His, W.   523, *588*
Hjärne   584
Hochmiller, s. Flamm   586
Hochstädt, O.   408
Hochstetter, A. V.   33, 41, 48, *51*, *408*, 414, *473*
Hochstetter, F.   1, 9, 19, 24, 33, 42, *51*
Hodson, C. J.   *119*
— J. A. Drewe, M. N. Karn u. A. King   *119*
Hoehne   557
Hökfeldt, B., s. Hillarp, N. Å.   161, 168, *170*
Hofbauer, J.   *251*
Hoff, F.   *588*
Hoff, H.   536
Hoffmann, F. A.   524, *588*
Hoffmann, H. F.   *588*
Hofmeier   585

Holl, M.   281, 282, 283, 287, 288, *213*, 322, *323*, 360, 385, *387*, 514, 517
Hollander, W., Jr., s. Oliver, J.   *223*
Hollatz, W.   67, *119*
Holler   533
Holliday, M. A., s. Oliver, J.   *223*
Hollinshead, W. H., u. E. Douville   *119*
— s. Douville, E.   95, 106, *117*
Holmdahl   3
Holst, E.   584
Holstein, A. F,   448, *473*
— s. Baumgarten, H. G.   418, *472*
Holtz, P., u. H. J. Schümann   161, *170*
Hoggan   510
Hoggan, F. E., s. Hoggan, G.   *511*
Hoggan, G., u. F. E. Hoggan   *511*
Hogge, A.   352, *356*
Hora, B. G. da, s. Contu, P.   *117*
Horstmann, E.   370, *387*, 427, 428, 429, 450, 453, 454, 455, *473*
— R. Richter u. E. Roosen-Runge   452, *473*
Hoshi, S.   132, *144*
Hoshiai, G.   408
Hoshino, T., s. Ito, T.   *170*
Hotanen, S., s. Näätänen, E.   *251*
Hou-Jensen, H. M.   56, 57, 60, 61, 63, 66, 96, 102, *119*
Hovelacque, A.   408
— u. H. Evrard   408
— u. A. Sourdin   409
Howden, R.   137, *144*
Howe, E.   327, *341*
Hryntschak, Th.   246, *250*
Huard, P., Dô-Huan-Hop u. Chuong   *119*
Hueck u. Emmerich   586
Hüppe, F.   518, 520, *588*
Hughes, M. L., s. Landing, B. H.   *120*
Hundeiker, M., u. L. Keller   *473*
Hunter   266, 318
Hunter, J.   95, *119*
Hunter, T., s. Witt, de   *278*
Huoponen, I., s. Näätänen, E.   *251*
Hureau, J., s. Gillot, Cl.   *118*
Huschke, C. H.   327, *341*
Huschke, B.   56, 66, *119*
Hutchinson, L., u. L. E. Koop   *409*
Huter   548, 553
Hutter, K.   *119*

Hyrtl, J.   66, 68, 69, 70, 71, 72, 95, 97, 98, 99, 102, 106, *119*, 253, 254, 260, *277*, 284, 287, 290, 292, 314, *323*, 325, 327, 335, *341*, *356*, 357, 358, 372, 381, *387*, 497, *500*, 509, *511*

Ignatiev, Z. P., s. Wermel, E. M.   198, *224*
Inguilla, W., u. P. Mangione   *250*
Inouye, Ch.   *119*
Ionescu, C., s. Ionescu, M.   *119*
Ionescu, M., N. Mihail u. C. Ionescu   *119*
Israel, A.   *250*
Ito, T., T. Hoshino u. K. Savauchi   *170*
Ivanitzky, M. Th.   72, *119*
Ivanov, N. M.   248, *250*
Iwanoff (Iwanow), G.   78, *119*, 133, 136, *144*

Jaboneiro, V., M. J. Genis u. L. Santos   471, *473*
Jacob, O., s. Testut, L.   *278*, 314, *323*, *511*
Jamieson, R. W., V. L. La Swigart u. B. J. Anson   *409*
Janet   585
Janisch, H., u. A. H. Palmrich   *251*
Janke, R.   585, *588*
Jarjavay, J. F.   352, 353, *356*
Jaspers, K.   572, 573, *588*
Jastrzebski, Cz.   *119*
Jayle, G. E.   *409*
Jesserer, H.   536, *588*
Jhala, H. I., s. Charpure, P. V.   *117*, *143*
Joessel, G., u. W. Waldeyer   360, *387*
Jones   533
Johanson, H. R., s. Glimstedt, G.   213, *221*
Johnson, F. P.   *409*
Johnson, V., s. Hall, B. V.   190, *222*
Johnstone, F. R. C.   140, *144*
Jones, D. B.   194, *222*
Jonsson, N., s. Glimstedt, G.   213, *221*
Jores, L.   264, *277*
Joseph, E.   *251*
Joslin   584
Juda   547
Jung, C. G.   568
Jungklaass, F. K., G. März u. S. Wieser   576, 577, 578, *588*
Just   523

Kabus, K., s. Stöcker, E.   *171*
Kämmerer   533
Kämmerer, H., u. H. Michel   531, *588*

Kahn 524
Kaiserling 65
Kaiserling, H., u. T. Soostmeyer 180, *222*
Kalischer 270
Kalischer, A. 339, *341*
Kalischer, S. 281, 282, 286, 287, *313*
Kállay, K., s. Munkásci, J. 177, *222*
Kamniker, H. *251*
Kaneko, J. *409*
Kantner, M. 220, *222*
Karn, M. N. *119*
— s. Hodson, C. J. *119*
Karnovsky 191
Kazzaz, D., u. W. H. Shanklin 106, *119*
Keating, V. J., s. Stirling, G. A. 130, 132, *145*
Keibel, F. 6, 9, 45, *51*
Keibel, P. 324, *341*
Keller, L., s. Hundeiker, M. *473*
Kellermann, P., s. Wenzel, J. 418, *475*
Kelly, H. A. 63, *119*
Kempermann, C. Th. 46, *51*
Kenelly, J. M., Jr., s. MacDonald, D. F. *120*
Kerbort, J. *119*
Kereztury, S., u. Megyerit *222*
Kermauner 43, 45
Keston, A. S., s. Sonenberg, M. 160, *171*
Key, A. 96, *119*
Khomenko, V. F. 100, *119*
Khudaiberdyev, D. *119*
Kiefer, J. H., s. Flanagan, M. J. *408*
King, A., s. Hodson, C. J. *119*
Kirchhoff, H. W., s. Reindell, H. 537, 538, *589*
Kirschner, M. 256, 277, *341*
Kiss, F. *356*, 360, 363, 377, 379, 380, *387*
Kiss u. Szentagothai 279
Kita, O. *251*
Kitagawa, M., u. K. Miyauchi *119*
Kitahara, Y. 49, *51*
Kitamura, Y. *119*
Klebanovy, E., u. A. Koveschnikova *120*
Klein, E. 109, *120*
Klemperer 584
Klepzig, H., s. Reindell, H. 537, 538, *589*
Klippel-Feil 545
Knaus, H. *409*
Knoche, H. 214, *222*
Knöpfelmacher 584
Knoop, A., s. Bargmann, W. 199, *221*
Knussmann, R. 577, *588*

Kobelt, G. L. *313*, 316, 317, *323*, 325, *341*, 343, *356*, 358, 359, 361, 385, *388*
Koff, A. K. 46, *51*
Kohlrausch, O. 286, 287, 297, *313*, 381, *388*
Kohmann, S. *144*
Kohn, A. 133, *144*, 161, 169, *170*
Komai 584
Kondratjew, N. *120*, 142, *144*
Koop, L. E., s. Hutchinson, L. *409*
Kopteva, E. E., s. Koveschnikov, V. G. *120*
Korkhaus, s. Curtius 539, 582
Kornfeld, W. 32, *51*
Kosintzew, A., s. Schlyvitsch, B. 512, 517, *517*
Koveschnikov, V. G., u. E. E. Kopteva *120*
Koveschnikova, A., s. Klebanovy, E. *120*
Kozlik, A., u. B. Erben 14, *51*
Kölliker, A. 263, 264, 287, 320, *323*, 333, 338, *341*, 352, *356*, 379, *388*
Körner, Fr. 225, *251*, 272, 273, 274, *277*
Kraft, F., s. Smyrniotis, P. 68, *123*
Kraus, F. 523, *588*
Kraucher, G. *409*
Krause, C. F. T. 87, *120*
Krehl, L. v. 523, *588*
Kreibich 531
Kreizur, L. W. 48, *51*
Kreth, H. U. 456, *473*
Kretschmer, E. 519, 523, 524, 526, 540, 543, 548, 549, 551, 553, 554, 555, 556, 557, 558, 559, 562, 563, 564, 566, 570, 572, 573, 575, 579, 580, 581, *588*
Kretser, D. M. 439, 440, 441, 442, 443, *473*
Kreysler, J., s. Bachmann, R. *169*
Krompecher, E. 468, *473*
Krompecher, St. *388*
Kroon, D. B. 188, *222*
— u. B. Braunger *222*
Krymholz, M. L., s. Nadein, A. K. *251*
Krymow 108, 109
Kubik, I. *251*
Kubik, J. 268, 272, 273, *277*
Kubota, K. 135, *144*
Kudji, N. 46, *51*
Kügelgen, A. v., u. H. Greinemann 105, *120*
— u. E. Passarge 180, *222*
— u. S. Zuleger 105, *120*
Külz 28, 533
Kümmel 282, 292, 300

Küstner, H. *251*
Kulenkampff, H. 190, *222*
Kumita 107, 108, *120*
Kuntz, A., u. R. E. Morris *409*, 456, *473*
Kunze, A. 441, *473*
Kuprijanoff, P. A. 99, 102, *120*
Kuras 557
Kuroda, M., s. Sasano, N. 130, 132, *145*
Kurth, L. E., s. Anson, B. J. *116*
Kutschera-Aichbergen, H. 141, *144*

Labhart, A. *170*
Lacombe 584
Lacy, D., u. B. Lofts 439, *474*
Laeschke, R. *170*
Lagarde, R. *222*
Lambert, P. P. 189, *222*
Lammers, H. J., Th. Smithuis u. A. Lohmann 106, *120*
Landing, B. H., u. M. L. Hughes *120*
Langer, C. 6, 253, *277*, 363, 364, 379, 380, *388*
Langerhans, P. 332, *341*
Langley, s. Lewandowski 161
Langreder, W. *251*, 315, 316, 317, 318, 320, 322, *323*
Lanz, T. v. 395, *409*, 450, *474*, 495
— u. G. Neuhäuser 395, *409*, *474*
Larget, P. 100, *120*
Latarjet, A., u. P. Bertrand *251*
— s. Testut, L. 142, *145*
Latta, H., A. B. Maunsbach u. S. C. Madden 189, *222*
Lauber, H. J. 67, 68, 71, *120*
Laux, G., u. G. Marchal 515, *517*
— — R. Paleirac u. A. Pages 78, *120*, 125, 136, *144*
La Villa, G. *120*
Layton, J. M. *120*
Lazarus, J. A. *120*
Leblond, C. P. 197, *222*
Leeson, C. R., u. Th. S. Leeson 414, *474*
Leeson, Th. S., s. Leeson, C. R. 414, *474*
Legueu, F. 68, 72, *120*
Lehmann, E. *120*
Lemon, H., s. Walker, B. S. 466, *475*
Lendorf, A. 263, 264, *277*, 510, *511*, 516, *517*
Lenné 533
Lenz, F. 523, 585, *589*
Leonardis, L. de *495*
Lèpine 584

Leschke, E. 536, *589*
Leuckart 335
Leutert, G., G. Flex u.
  T. Strobel 217, 218, *222*
Lev, I. D. *120*
Lever, I. D. *170*
Lewandowski u. Langley 161
Lewis, F. T. 9, 10, *51*
Leydig, F. *474*
Lichtenberg, A. 40, *51*, 347, *356*
Lichtwitz, L. 533, 584, *589*
— u. E. Steinitz *589*
Liebegott, G. *170*
Liepmann, W. *251*
Lientandi 258
Lindner, E., s. Bargmann, W. *169*
Lindner, W. *589*
Linossier 533
Lionardo 550
Lissovskaja, S. N. *120*
Littré, A. 344, 355, *356*
Ljungqvist, A. 176, *222*
Lloyd, L. W. *120*
Lobko, P. I. *120*, 142, *144*
Löfgren, F. 58, 60, 61, 62, 63, *120*
Löhnlein u. Fischer 203
Löwy, H. 10, *51*
Lofts, B., s. Lacy, D. 439, *474*
Lohmann, A., s. Lammers, H. J. 106, *120*
Lohmüller, W. 392, *409*
Lombroso 546
Loney, W. W., s. Duzen, R. E. *341*
Long, J. R., s. Ross, N. 414, 440, *474*
Longley, J. B., U. G. Banfield u. D. Č. Brindley 180, *222*
Looney, W. W. 403, *409*
Lopez, F. L., s. Bullon, A. 465, 466, *472*
Loritzen 584
Lowsley, O. 38, 39, 40, *51*
Lowsley, O. S. 328, 330, *341*
Lubarsch, O. 436, 437, *474*, 523, *588*
Luciano, L., O. Bucher u. E. Reale 200, *222*
Ludwig, C. 66, *120*
— u. W. Tomsa 417, *474*
Ludwig, E. *251*
Lüdinghausen, H. 268, 270, 271, *277*, 318, *323*
Luschka, H. 88, *120*, 263, 275, 277, *277*, 292, 295, *313*, 315, 322, *323*, 324, 325, 326, 330, *341*, 350, *356*, 383, *388*, 514

Macalister, A. 92, 93, *120*
Macaluso, G., u. E. Meinardi *409*

MacAuliffe, L. 548, 549, 550, *589*
MacDonald, D. F., u. J. M. Kenelly Jr. *120*
MacDowell, M., s. Oliver, J. 202, *223*
Mackevičaite-Lašiené, J. 132, *144*
Maclean 584
MacMahon 328, 336
MacMillan, E. W. 400, *409*
MacNeill, M. *144*
Madden, S. C., s. Latta, H. 189, *222*
März, G., s. Jungklaass, F. K. 576, 577, 578, *588*
Mall 557
Malpighius 58, 103, *120*
Mamo, L., s. Hickel, R. 68, 70, 82, *119*
Mancini, R. E., s. Vilar, O. 434, *475*
Mangiaracina, A., s. Zaffagnini, B. 252
Mangione, P., s. Inguilla, W. 250
Manouvrier, L. 548, 549, 560, *589*
Marble 584
Marchal, G., s. Laux, G. 78, *120*, 125, 136, *144*, 515, *517*
Marchand, F. *144*
Marchand, L. 523, *589*
Marcille, s. Cuneo 511
Maresch, R. 61, 62, 63, 64, *121*
Marinozzi, V., s. Reale, E. 186, *223*
Markovits, S., s. Galluzzi, W. *495*
Marquez, F., s. Trabucco, A. 179, *224*
Martau, J., u. P. L. Risley 456, *474*
Martin, C. P. *121*
Martin, K. 94, *121*, 139, *144*
Martin, R. 576, *589*
Martinuzzi, D. *495*
Martius, F. 518, 520, 582, *588*
Marwedl, G. *121*
Marx 582
Mascagni 180
Masereeuw, J. *495*
Massa, G., s. Badellino, F. *143*
— s. Rossotto, P. 145
Massart, C. *251*
Materna, A. *144*
Matsuura, T. S., s. Yamori 171
Mattauschek, E. 585, *589*
Matthes 548, 553, 566
Maunsbach, A. B., s. Latta, H. 189, *222*
Maxwell, E. L., s. Wells, L. J. 471, *475*

May, E. *409*
May, W., s. Guthmann, H. 34, *51*
Mazetti, L. 443, *474*
McCormack, L. J., u. B. J. Anson 244, *251*
McDonald, H. J., s. Flanagan, M. J. *408*
McFarland, J., u. H. McFarland Woodbridge *251*
McFarland Woodbridge, H., s. McFarland, J. *251*
McGregor, A. L. *495*
McGregor, G. A., s. Harrison, R. G. *408*
McVay, C. B., s. Anson, B. J. *494*
McIlraith, C. H. 584, *589*
Meckel, H. 335
Meckel, J. F. 56, *121*, 343, *356*, 358, *388*
Megyerit, s. Kereztury, S. *222*
Meinardi, E., s. Macaluso, G. *409*
Meisel, E., s. Wachstein, M. 224
Mel, C., u. M. Melis *144*
Melis, M., s. Benedetti, G. 116
— s. Mel, C. *144*
Melkonian, L. *121*
Meranze, D. R., s. Charny, C. W. *472*
Merkel, H. 93, *121*
Merkle, U. 425, 434, *474*
Merklin, R. J. *121*, *144*
— u. S. A. Eger *144*
— u. N. A. Michels *121*, *144*, 175, *222*, *170*
Merlos, G., s. Banchieri, F. R. 250
Méry 350, *356*
Meves, Rr. 429, *474*
Meyer 21, 584
Michel, H., s. Kämmerer, H. 531, *588*
Michels, N. A., s. Merklin, R. J. *121*, *144*, *170*, 175, *222*
Mihail, N., s. Ionescu, M. *119*
Mijsberg, W. A. 37, 38, 46, *52*
Milejkowskij, A. *121*
Mills 548, 551, 560
Miller, R. A. *495*
Miller, W. C., s. Bloch, E. *407*
Milloy, F. J., s. Davis, R. A. *117*
Miloslavich, E. 135, 137, *144*
Minder, J. *222*
Mingledorff, W. E., J. R. Rinker u. G. Owen *251*
Minkowski 533
Mita, G. *476*
Mitchell, G. A. G. 76, 78, 113, 114, 115, *121*, *495*
Mithal, A., s. Emery, J. L. 56, *117*
Miyashita, K. *121*

Miyauchi, K. *121*
— s. Kitagawa, M. *119*
Moberg, E. 181, *222*
Mölbert, E., F. Duspiva u. O. v. Deimling *222*
Moëll, H. *121*
Möllendorff, W. v. 66, 67, 104, 105, *121*, 176, 195, 196, 198, 203, 210, 211, 217, 220, *222*, 225, 260, 262, 276, *277*, 414, *474*
Mörike, K. D. *121*
Moll, J. *170*
Monaci, M. 135, *144*
Money, W. L., s. Sonenberg, M. 160, *171*
Monro, F. 531, 585, *589*
Moody, R. O., u. R. G. van Nuys 81, *121*
Moore, R. A. 100, *121*, 332, *341*
Moppert, J. 168, *170*
Morel 544
Morgagni, J. B. 315, 335, 344, 345, 347, 355, *356*, 391, 446
Morgan, E. H., s. Anson, B. J. *494*
Mori, T. 107, *121*
Morino, F., G. Sesia u. C. Quaglia *121*
Morris, R. E., s. Kuntz, A. *409*, 456, *473*
Moszkowicz, L. *409*
Müller 295
Müller, F. v. 523, *589*
Müller, G. *222*
Müller, I., s. Ferner, H. 419, 427, *473*
Müller, J. 377, 380, *388*, *517*
— s. Ferner, H. *473*
Müller, L. R. 515, *517*
Müller, O. 523, 539, *589*
— s. Propst, A. 157, *170*
Müller, P. 64, 65, *121*
Munk, F. *589*
Munka, V., s. V. Drahovsky 99, 102, *121*
Munkásci, J., P. Gönnöki, K. Kállay, Z. Nagy u. B. Zolnai 177, *222*
Murnaghan, G. F., s. Causey, G. *250*
Murone, I., s. Nishikawa, M. 149, *170*
Murphy, L. J. T. *251*
Muschat, M. *121*
Muylder, Ch. de 208, *222*
Mysberg 40

Naccarati 548
Nachtsheim, H. 544, *589*
Nadein, A. K., u. M. L. Krymholz *251*
Näätänen, E., S. Hotanen, I. Huoponen u. A. Raevaara *251*

Nagano, T. 429, 432, 433, 434, 435, 436, 437, 438, 439, *474*
Nagasawa, Y. *121*
Nagata, M. *121*
Nagel, A. 406, *409*, *474*
Nagy, Z., s. Munkásci, J. 177, *222*
Nambu, S., s. Sasano, N. 130, 132, *145*
Namiki, S., u. Sh. Yamanouchi 81, *121*
Narath, P. A. 67, 68, 74, 75, 80, 95, 106, *121*
Narkiewicz, O. 100, *121*
Nathan, H. 94, *121*
Naunyn, B. 533, *589*
Negovanovic, B., s. Djaia, M. *408*
Negretti, S., s. Bianco, V. *250*
Nelson, A. A. *144*
Neuhäuser, G., s. Lanz, T. v. 395, *409*, *474*
Nicander, L. 432, 455, *474*
Nicholson, G. W. 181, *222*
Nicolescu, I. T., A. Enachescu u. S. Cossoveanu-Voinescu *251*
Nicolesco, J. *122*, *251*
Nicoletti 6
Niederhäusern, W. v., s. Baumann, J. A. 106, *116*
Niessing, K. 213, *223*
Niiya, S. *122*
Nilson, St. 497, *500*
Ninfo, G. *144*
Nishikawa, M., I. Murone u. T. Sato 149, *170*
Noel, s. Policard 469
Noorden, v. 533
Notkin 262
Notkovich, H. 94, *122*
Nuys, R. C. van, s. Moody, R. O. 81, *121*
Nuzzi, O. *122*
Nystrom, J., s. Guggemos, E. 93, *118*

Oberling, Ch., A. Gautier u. W. Bernhard *223*
Odano, R., s. Rigaud, A. 105, *122*
Odgers, P. N. B. 94, *122*
Ökrös, S. *122*
Oesterreich, W. *122*
Ohmori, D. *409*
Okely, C., s. Degna, A. T. *117*
Okkels, H., u. K. Sand *409*
Okkels, M. 209, *223*
Oliver, J., u. M. MacDowell 202
— — L. G. Welt, M. A. Holliday, W. Hollander Jr., R. W. Winters, T. F. Williams u. W. E. Segar *223*

Omegna, G. *122*
Oppenheim 585
Oris 584
Ortmann, R., s. Grosser, O. 11, 13, 18
Ostertag, B. *589*
Ostertag, M., u. D. Spaich *589*
Ostrowsky, H., s. Catsch, A. *587*
Otis 9
Ott, B., s. Alken, C. E. 585, 586, *587*
— s. Conrad, K. 569, *587*
Ottaviani, G. *144*
Owen, G., s. Mingledorff, W. E. *251*

Paalanen, A. *122*
Pages, A., s. Laux, G. 78, *120*, 125, 136, *144*
Pain 584
Palade, G. E. 191, 200, *223*
Paleirac, R., s. Laux, G. 78, *120*, 125, 136, *144*
Palkovits, M., s. Vallent, K. *171*
Pallin, G. 36, 38, 39, 40, 496, *500*
Palmrich, A. H. 242, *252*, 322, *323*
— s. Janisch, H. *251*
Paltaut u. Escherich 531
Palumbo, V. *122*
Pana, C. *144*
Panichi, S., u. J. Bonechi 56, *122*
Papin, E. 244
— u. D. N. Eisendrath *122*
— s. Albarran, J. 58, *116*
Parade, G. W. 67, *122*
Parin, B. W. 93, *122*
Parker, A. E. 108, *122*, *409*
Pasqualino 220
Pasqualino, A., u. G. H. Bourne *223*
Pasquero, P. M., s. Badellino, F. *143*
Passarge, E., s. Kügelgen, A. v. 180, *222*
Pathak, R. K., s. Verma, M. 100, *124*
Paturet, G. *250*, *407*
Patzelt, V. *170*, *409*
Pauly, J. E. 149
Payr 582
Pease, D. C. 188, 190, 197, *223*
— u. R. F. Baker *223*
Peham-Amreich 512
Pena, G. *341*
Pende, N. 540, 543, 548, 550, 560, *589*
Penhallow, D. P. 392, *409*

Peppy, S. J., s. Guggemos, E. 93, *118*
Perez del Cerro, M. J., s. Vilar, O. 434, *475*
Perica 335
Pernkopf, E. 5, *52*, 148, *170*, 228, 232, *250*, 255, *277*, 279, 282, 289, 290, 298, *306*, 360, 385, *388*, 396, 404, *407*
Peter, K. 27, 28, *52*, 65, *122*, 131, 134, *144*, 183, 195, *223*, 225, *252*
— u. L. Gräper 476, *478*
Peterfi, T. 264, 267, 269, *277*
Peters, H. 418, *474*
Petersen 461, 463, 467
Petrén, T. 82, *122*
Petrovskiy 585, *589*
Petry s. Amon 225
Pfaundler, M. v. 519, 520, 522, 523, 524, 525, 531, *589*
Pfeiffer, E. *409*, 448, 449, *474*
Picard 220
Picard, D., u. Chambost 179, *223*
Picaro, A. *495*
Piccino, A. 515, *517*
— u. M. Sebastiani *122*
— s. Sebastiani, M. *123*
Piccolhomini, A. 135, *144*
Pick, J. W., s. Anson, B. J. 116, *143*
Pieper, A. 215, 246, 248, *251*
Pierier u. Choulant 357
Piersol, G. A. 360, *388*
Pirquet, v. 531
Plenge, X. 469, *474*
Pohlmann 9, 21
Poirier, P. 253, 254, 275, 360
— u. A. Charpy 87, *122*, *277*, 286, *323*, 325, 339, *388*, 515
Policard u. Noel 469
Politzer, G. 4, 9, 12, 17, 21, 40, 43, 44, 45, 48, 52, 537, *589*
— u. H. Sternberg 3, 4, 5, 6, *52*
— s. Burkl, W. *51*
— s. Grosser, O. 11
Polkey, H. J. *122*
Poll, H. 133, *145*
Pollak, s. Chwalla, R. 585
Polster, Chr. 203, *223*
Pompeiano, O., u. G. Cavalli 179, *223*, *252*
Popow, W. S. 87, *122*, *145*
Portal, A. *122*
Porter, K. R., s. Deane, H. W. 465, *473*
Posner, C. 582, 585, *589*
Potal 325
Power, R. 322, *323*
Pretl, P. 468, *474*
Priesel, A. *409*, 448, *474*
Prives, M. G. 504, *511*

Priwes, M. G. *122*
Propst, A., u. O. Müller 157, *170*
Pum, H., s. Haschek, H. *251*

Quaglia, C., s. Morino, F. *121*
Quain 263

Racker, D. C., u. J. L. Braithwaite *252*
Radasch, H. E. 136, *145*
Radogna, G. *495*
Radoiévitch, S. *122*, 400, *409*
Radojević, S. *495*
Raevaara, A., s. Näätänen, E. *251*
Ramirez 533
Randerath, E. 190, 201, 202, *223*
Raper, F. P., s. Causey, G. *250*
Rautmann 548
Reale, E. 191, 195, *223*
— u. O. Bucher 201
— V. Marinozzi u. O. Bucher 186, *223*
— s. Bucher, O. 186, 188, 207, 208, *221*
— s. Erkoçak, A. 201, *221*
— s. Luciano, L. 200, *222*
Redenz, E. *410*
Regaud 425
Reinberg, S. *122*
Reindell, H., E. Schildge, H. Klepzig u. H. W. Kirchhoff 537, 538, *589*
Reinke, F. *474*
Reiprich u. Schossler 6
Reis, R. H., u. G. Esenther *122*
Reissig, D. 382, *388*
Remiš, T., u. M. Schnierer *122*
Rénier, M., s. Cordier, P. 94, *117*, *408*
Rényi-Vámos, F. *410*, 417, *474*
— F. Balogh u. Z. Szendröi 180, 181, *223*
Repciuc, E., u. A. Andronescu 415, *474*
— N. Simionescu u. S. Demetrian 99, 103, *122*
Retzius, A. 306, *313*, *341*, 516, *517*
Reuter, U. H., s. Alken, C. E. 585, 586, *587*
Rhodin, J. 196, *223*
— s. Sjöstrand, F. S. 198, *223*
Ricci, J. V. 322, *323*
Richard, M. 400, *410*
Richter, K. 235, *252*
Richter, R., s. Horstmann, E. 452, *473*
Riedel, G. *223*

Rigaud, A., H. L. M. Sohier, A. Gouazé u. R. Odano 105, *122*
— s. Villemin, F. *252*
Rihmer, B. v. 46, *52*
Rinker, J. R., s. Mingledorff, W. E. *251*
Riolanus, J., Jr. 132, *145*
Risley, P. L., s. Martau, J. *474*
Ritter 6
Rivas, R. 78, *122*
Rodrigues, L. *123*
Röhlich, K. 335, *341*
Roepert, W. 585, *589*
Rösse, R. *589*
Rössle, R. 523, 533
Rokitansky, C. 93, *123*, 135, *145*
Rollet 325
Rollhäuser, H. *223*
Rolnick, H. C. 75, *123*
Rolshoven, E. 392, *410*
Romeis, B. 443, *474*
Romhanyi, s. Földi 181
Rominger, E. 536, *589*
Ronstrom, G. N. *123*
Rosenbach, O. 518, *589*
Rosenbauer, K. A. *123*
Rosenberg s. Umber 584
Roosen-Runge, E. C. 414, 438, *474*
— u. F. Barlow *474*
— s. Horstmann, E. 452, *473*
Ross, N., u. J. R. Long 414, 440, *474*
Rossenbeck, H. 2, *52*
Rossotto, P., F. Badellino u. G. Massa *145*
— s. Badellino, F. *143*
Rostan, L. 548, 549, 553, 559, *589*
Roth, E., s. Hall, B. V. 190, *222*
Rotter, H. *123*
Rotter, W. *170*
Routolo, A. *252*
Rouvière, H. 510, 511, *511*
Roux, C. 279, 290, 292, *313*, 336, *341*
Rozhno, V. A. *123*
Ruhland, L. *252*
Rummelhardt, S. 256, *278*
Runge, W., s. Ferner, H. 421, 422, *473*
Ruotolo, A. 78, *123*, 387, *388*, *410*
Rusznyák, J., M. Földi u. G. Szabó *474*
Rydygier 282, 292

Sakamoto, S., s. Yamori *171*
Salomon 584
Samuels, A. 46, *52*
Sanctis, A. de *123*
Sand, K., s. Okkels, H. *409*

Santorini, G. D.   381, *388*
Santos, L., s. Jaboneiro, V. 471, *473*
Sappey, Ph. C.   55, 105, *123*, 284, 286, 298, 300, *313*, 324, *342*, 381, 382, *388*
Sappey, V.   263, 264, 270, 275, *278*
Sapin, M. R.   141, *145*
Sarter, J.   *170*
Sasano, N., J. Sugawara, S. Nambu u. M. Kuroda 130, 132, *145*
Sato, T., s Nishikawa, M.   149, *170*
Savauchi, K., s. Ito, T.   *170*
Savić, V., s. Šlivić, B.   *123*
Sayegh, E. S., s. Busch, F. M. *407*
Scammon, R. E.   131, *145*
Scavo, E.   *410*
Schaffer, J.   261, 262, 263, *278*, 329, 334, 335, *342*, 346, 353, *356*, 386, 387, *388*, 497, *500*
Schaumkell, K., H.-H. Stange u. P. Dörffler   *171*
Schewkunenko, V. (W.) N. 102, 113, *123*
Schiassi, F., s. Viola, G.   *590*
Schiebler, Th. H.   177, 181, 203, 206, *223*
— s. Bargmann, W.   199, *221*
Schildge, E., s. Reindell, H. 537, 538, *589*
Schilf, F.   130, 131, *145*
Schilowa, A. B.   94, *123*
Schinz, H. R., u. B. Slotopolsky *410*
— s. Slotopolsky, B.   *410*, 443, *475*
Schittenhelm   533, *589*
Schlager, F.   460, *475*
Schlegel, W.   527, 548, 581, *589*
Schleicher, R., s. Camerer, J. W.   534
Schleifer, D.   *223*
Schloessmann, H.   *495*
Schlyvitsch, B., u. A. Kosintzew   512, 517, *517*
Schmerber   106, 107, *123*
Schmidt   584
Schmidt, A.   80, *123*, 227, *252*
Schmidt, F. C.   448, 449, *475*
Schmidt, W.   202, *223*
Schmorl, G.   133, 134, *145*
Schnierer, M., s. Remiš, T.   *122*
Schoen   533
Schossler, s. Reiprich   6
Schreider, E.   548, 550, 553, *589*
Schümann, H. J., s. Holtz, P. 161, *170*
Schultze   263

Schulz, E., s. Stach, W.   462, *475*
Schulz   547
Schwalew, W. N.   214, *223*
Schwartz, M. K., s. Walker, B. S.   466, *475*
Schwedt, J.   *123*
Schwink, A., s. Bachmann, R. *169*
Schworzoff, M.   *410*
Sclavunos, G.   516, *517*
Seaman, A. R., u. S. Studen 469, *475*
Sebastiani, M., u. A. Piccino *123*
— s. Piccino, A.   *122*
Sebruyns, M., s. Hanssens, M. *251*
Seckel, H.   533, *589*
Seegen   533
Segar, W. E., s. Oliver, J.   *223*
Seki   200
Sellheim   542
Selye   160
Sentenac, M., s. Sohier, H. M. L. *123*
Serobrowskaja   548, 553
Sertoli, E.   *475*
Sesia, G., s. Morino, F.   *121*
Sestini, F.   106, *123*, 234, *252*
Shackman, R., s. Daniel, O. 244, *250*
Shanklin, W. H., s. Kazzaz, D. 106, *119*
Sheldon, W. H.   548, 551, 552, 562, 563, 564, 567, 570, 572, 573, 577, 580, *590*
Sheridan, M. N.   *171*
Shdanow   181
Siebeck   520
Sieglbauer, F.   184, *223*, 286, 359, *388*
Siemens, H. W.   523, *590*
Sigaud   548, 549, 559, 570, 573, 580
Sigaud, C., u. L. Vincent   *590*
Simionescu, N., s. Repciuc, E. 99, 103, *122*
Simmonds, M.   *475*
Sinatra, C., s. Guggemos, E. 93, *118*
Siracusano, F., s. Zaffagnini, B. *124*
Širca, A.   *252*
Sitte, H.   *223*
— s. Bohle, A.   185, 186, 189, 192, 193, 194, *221*
Sjöstrand, F. S.   201, 202, *223*
— u. J. Rhodin   198, *223*
Skamnakis, S. M.   *252*
Skene   315
Šlivić, B., M. Bošković, V. Savić u. D. Bogdanović   *123*
Slotopolsky, B., u. H. R. Schinz   *410*

Slotopolsky, B., s. Schinz, H. R. *410*, 443, *475*
Smith, P. J.   187, 213, *223*
Smithuis, Th.   99, 105, *123*
— s. Lammers, H. J.   106, *120*
Smollich, A.   *171*
Smyrniotis, P., u. F. Kraft   68, *123*
Sneath, W. A.   48, *52*
Sohier, H. M. L., A. Gouazé, M. Sentenac u. M. Torlois *123*
— — u. M. Torlois   *123*
— s. Rigaud, A.   105, *122*
Sokołowska-Pituchowa, J. *123*
Solotuchin, A.   139, *145*
Sonenberg, M., A. S. Keston u. W. L. Money   160, *171*
Soostmeyer, T., s. Kaiserling, H.   180, *222*
Sourdin, A., s. Hovelacque, A. *409*
Southam, A. H.   *123*
Spaich, D., s. Ostertag, M.   *589*
Spangaro, S.   413, 437, *475*, 476
Spanner, R.   140, 150, 175, *223*
Spalteholz, W.   182, 510, *511*
Spieghel   266, *277*
Spiegelius   266
Spiridonova, E. P.   *123*
Ssyganow, A. N.   107, 108, *123*, 180, *223*
Ssusschčewsky, A. W.   *123*
Stach, W.   443, *475*
— u. E. Schulz   462, *475*
Staemmler, M.   *410*
Stahl, O.   *123*
Stange, H.-H., s. Schaumkell, K.   *171*
Starkenstein, W.   18, 19, 23, *52*
Staubesand, J.   106, *124*, 224
— s. Hammerson, F.   175, 177, *222*
Stefko, W.   *410*
Stegner, H., s. Wartenberg, H. 454, *475*
Steigleder, G. K.   74, *124*
Stein, J., u. S. R. Weinberg 232, *252*
Steinitz, E., s. Lichtwitz, L. *589*
Stelzner, F.   283, 287, 297, 516, 517, *517*
Stephani   107, 108
Stern, R.   585, *590*
Sternberg, H.   2, 3, 4, *52*, *410*, 542
— s. Politzer, G.   3, 4, 5, 6, *52*
Stiller, B.   548, 553, 572, 582, *590*

Stirling, G. A., u. V. J. Keating 130, 132, *145*
Stieda, J. *388*
Stieve, H. 48, 49, *52*, *171*, 329, 330, 332, 333, 334, *342*, 344, 347, 348, 349, 353, 354, 355, *356*, 362, 363, 372, 377, 380, 392, *410*, 415, 417, 423, 431, 434, 448, 449, 450, 452, 456, 460, 465, 466, 468, 469, 470, *475*, 497, 498, 500, *500*
Stockard, C. 548, 551, 560, *590*
Stöcker, E., K. Kabus u. G. Dhom *171*
Stöhr, Ph., Jr. 418, *475*, 515, *517*
Stoerk 27, 28
Strassberg, M. 469, *475*
Strecker, F. *495*
Strickland, B., s. D'Abreu, F. 94, *117*
Strobel, T., s. Leutert, G. 217, 218, *222*
Strömgren, E. 569, 574, 575, 576, *590*
Studen, S., s. Seaman, A. R. 469, *475*
Sugawara, J., s. Sasano, N. 130, 132, *145*
Suiffen, R. C. *475*
Sunaga, Y. 193, 194, *224*
Surraco, L. A. *495*
Sutter, F., s. Frey, W. *221*
Suzuki, M. *124*
Suzuki, T. 202, *224*
Swinyard, C. A. 130, 132, *145*
Sykes, D. 63, 100, 102, *124*
Symington, I. 158, *171*
Szabó, E. 115, *124*
Szabo, G., s. Rusznyák, J. *474*
Szendröi, Z., s. Rényi-Vámos, F. 180, 181, *223*
Szenes, A. 41, 43, 44, 48, *52*, *410*
Szentagothai, s. Kiss 279

Takagi, T. 33, 37, 47, *52*, 258, *278*
Takahashi, T. 219, *224*
Takamine, s. Aldrich 161
Talmann, J. M. 48, *52*
Tandler, J. 74, *124*, 235, 242, 243, 244, *250*, *252*, 279, 282, 284, 289, 290, 297, 302, 327, *342*, 346, *356*, 387, *388*, *407*, 523, 540, 548, 553, 560
— u. J. Bauer 521, 528
— u. S. Gross 542, *590*
— u. H. Halban 235, *252*
— u. O. Zuckerkandl 256, *278*, *342*
— s. Halban, J. *313*
Tardini, A. *224*
Tarkiainen, J. *124*

Taschner, A. 107, *124*
Taylor, H. C., Jr. *410*
Teichmann 510
Teitelbaum, H. A. 113, 124, *145*
Terbrüggen, A. 200, *224*
Ternon, Y. 100, *124*
Testut 254, 511
Testut, J. L. 417, *475*
Testut, L., u. O. Jacob *278*, 314, *323*, *511*
Testut, L., u. A. Latarjet 142, *145*
Thaddea, S. *171*
Thannhauser, H. 533, *590*
Thiemann 585
Thoenissen, F. 524, *590*
Thompson, P. 4, *52*, 325
Tice, L. W., u. R. J. Barnett 414, *475*
Tiemann, F. *590*
Timofeew, D. 418, *475*
Tobin, Ch. E., J. A. Benjamin u. J. C. Wells 75, 124, *495*
Töndury, G. 250, *407*
Toldt, C. 254, 260, 264, 269, *278*, 286, 290, 292, 296, *313*, 329, 338, *342*, *388*, 446, *475*
Toldt-Hochstetter 513, 515 *517*
Tomioka, T. *124*, 145
Tomsa, W., s. Ludwig, C. 417, *474*
Tondo, M. 94, *124*
Tonutti, E. 159, 160, 161, *171*, *410*, 444, *475*
Torlois, M., s. Sohier, H. M. L. *123*
Torrey, T. W. 11, *52*
Tortella, E. P. *124*
Tourneux 41
Trabucco, A., u. F. Marquez 179, *224*
Traeger, F. P. 258, *278*
Troemmer 585
Tramezzani, J. H., S. Chiocchio u. G. F. Wassermann 168, *171*
Traut, H. F. *224*
Treitz, W. 297, *313*
Trinchieri, P., s. Badellino, F. *143*
Tschaussow, D. 322, 323, *323*
Tschernorutzki 590, 553, *590*
Tsukamoto, N. *252*
Tzulukidze, A. *410*

Uhlenhuth, E., s. Wadsworth, G. E. *252*
Umber u. Rosenberg 584
Unger, E., s. Bielschowsky, M. *587*
Ungváry, G., u. J. Faller *124*
— s. Faller, J. 63, 100, *118*
Unverricht 533

Vallent, K., J. Fachet, M. Palkovits u. I. Dévényi *171*
Vallois, H. V., u. L. Dambrin *124*
Varol, F., s. Viglione, F. *124*
Varvericos, E. R. 244, *252*
Vasilenkov, V. A. *410*
Verma, M., R. P. Chaturvedi u. R. K. Pathak 100, *124*
Vernet, G. 323, *410*
Vernet, S. G. *252*
Verschuer, O. Frh. v. 523, 539, 585, *590*
Viglione, F., u. F. Varol *124*
Vilar, O., M. J. Perez del Cerro u. R. E. Mancini 434, *475*
Vilas, E. 45, 46, *52*, *475*
Villemin, F., A. Rigaud u. A. Gonaze *252*
Vincent, L., s. Sigaud, C. *590*
Vintenberger, B. 335, *342*
Viola, G. 548, 560, 566, *590*
— u. F. Schiassi *590*
Violle, M. 533, *590*
Virchow, R. 104, *124*, 314, 322, 328, 329, 332, 518, 531, *590*
Virenius, G. 548, *590*
Voelkel, H. H. *252*
Völker, O., s. Florian, J. 2, 3, *51*
Volante, F. *517*
Vulpian 161
Vysotskaya, A. A. *410*

Wabrosch, G. *252*
Wachstein, M., u. E. Meisel *224*
Wade, H. J. *495*
Wadsworth, G. E., u. E. Uhlenhuth *252*
Wald, H. 56, *124*
Waldeyer, W. 76, 225, 258, 273, 274, *278*, 286, 325, *342*, 445, 447
— s. Joessel, G. 360, *387*
Walker, B. S., H. Lemon, M. Davison u. M. K. Schwartz 466, *475*
Walker, K. M. *410*
Wallraff, J. *410*
Walter 37, 38, 46
Wartenberg, H., u. H. Stegner 454, *475*
Wassermann, F. *52*
Wassermann, G. F., s. Tramezzani, J. H. 168, *171*
Wattel, J., s. Cordier, P. *117*
Watzka 169, 418, 466, *475*, 497, 498, 500, *500*, 515, *517*
Weber, E. H. 335, *342*
Weidenreich, G. 548, *590*
Weil, A., Sen. 584, *590*
Weil, A., Jr. *590*
Weimann, Z., s. Czech, B. *117*
Wein, D. 403, *410*
Weinberg, S. R., s. Stein, J. 232, *252*

Weitz, W. 585, *590*
Weller, C. V. 135, *145*
Wells, J. C., s. Tobin, Ch. E. 75, 124, *495*
Wells, L. J., M. W. Cavanaugh u. E. L. Maxwell 471, *475*
Welt, L. G., s. Oliver, J. *223*
Wenzel, J., u. P. Kellermann 418, *475*
Wermel, E. M., u. Z. P. Ignatiev 198, *224*
Werner, F., s. Heidenhain, M. 455, 456, *473*
Werner, M. 539, 581, 583, 584, 585, *590*
Weski, O. 334, *342*, 469, *475*
Wesson, M. B. 268, 269, *278*, 300, *313*, 359, *388*
West, C. M. 4, *52*
Wetzstein, R. *171*
— s. Bachmann, R. *169*
Wharton, L. R. 244, *252*
White, Th. 531, *590*
Wicke, A. 24, *52*, *252*
Widal 533
Widmaier, R. *475*
Wiesel, J. 133, 134, *145*
Wieser, S., s. Jungklaass, F. K. 576, 577, 578, *588*
Wildbolz, F. *590*
Wilder, J. 537, *590*
Wilkinson, I. M. S. *145*
Williams, J. D. *252*
Williams, D. I., s. Casey, G. *250*

Williams, T. F., s. Oliver, J. *223*
Wilson, K. M. *410*
Wiltschke, H. 28, 33, 48, *52*
Wiltschke, L. 29
Winkler 557
Winckler, G. *495*
Winiwater, H. de *410*, 443, *475*
Windlow, J. B. 69, 75, *124*, 343, 350, *356*, 358, *388*
Winters, R. W., s. Oliver, J. *223*
Wischnewsky, A. A. *124*
Witt, de 264, 266, 268
— u. T. Hunter *278*
Witt, T. H. de, Jr. *323*
Wolbach, S. B., s. Coppoleta, J. M. *117*
Wolff, R. 263, *278*
Wolotzki, A. *252*
Woodburne, R. T. *252*, 273, *274*
Wwedenski 476
Wyndham, N. R. *410*

Yamada, E. 194, *224*
Yamada, S. *124*
Yamada, W. *410*
Yamanouchi, Sh. 73, *124*
— s. Namiki, S. 81, *121*
Yamori, T. S. Matsuura u. S. Sakamoto *171*
Young, D. *410*

Zacharin, R. F. 318, *323*
Zaffagnini, B., u. A. Mangiaracina *252*
— F. Siracusano u. A. Fazio *124*
Zanella, E., s. Dal Zotto, E. 246, *250*
Zappert, J. 585, *590*
Zelander, T. 158, *171*
Zelezinskii, G. V. 142, *145*
Zeller, W. 527, 528, 565, *590*
Zenker, W. 358, *388*
Zieman, S. A. *495*
Zimmermann, K. W. 185, 189, 190, 195, 207, *224*
Zimmernann, W. 263, *278*
Zipper, J. *410*
Zischka-Konorsa, W., s. Feyter, F. *170*
Zlábek, K. 183, *224*
Zolnai, B., s. Munkácsi, J. 177, *222*
Zondek, M. 99, 102, *124*
Dal Zotto, E., u. E. Zanella 246, *250*
Zucca, G. *124*
Zuckerkandl, E. 76, 77, *125*, *145*
Zuckerkandl, O., s. Tandler, J. 256, *278*, *342*
Zuleger, S., s. Kügelgen, A. v. 105, *120*
Zuñiga Latorre, R. *125*

Sachverzeichnis

Die *kursiven* Seitenzahlen weisen auf ausführliche Besprechungen im Text hin

Abdomen 567
Abflußwege des fetalen Harnes, Sekretion *28*
Abmagerung 564
Acetylglucosamin 219
Achondroplasie 545
Acrosom, Keimepithel 426, 427, 431
—, PAS-Färbung 429
ACTH-Aktivität 161
—, Einfluß auf Nebennierenrinde 159
—, radioaktive Markierung 160
Addisonsche Krankheit 543
Adenohypophyse 395
Adenosintriphosphate 200
Adhäsionen 522
Adipositas s. a. Fett- 568
Adipositas 521
Adrenalin 164, 168, 169, 568
—, Nachweis durch Eisenchlorid 161
Adrenalinmark 164
Adrenalorgan 146
Adrenalsystem 133
adrenocorticotropes Hormon, Einfluß auf Nebennierenrinde 159
adreno-hepatale Heterotopie 136
adreno-renale Heterotopie 135
a-Drüsen 386
Affenfurche 545
Akroasphyxie 544
Akrocyanose 539
Akromegaloider 527
Akromien 578, 579
Akromienbreite 576
Akroparästhesien 539
akzessorische Interrenalkörper 133, 134, 135
— Nebenniere 133, 135
— Zwischennieren 133
Albarransche Drüsen 39, 260
— —, subcervicale 332
— —, subtrigonale 332
Albuginea, penis, s. a. dort 386
Alcockscher Kanal (Alcoqu-) 308, 372, 381
Aldosteron, Bildung in Nebenniere 159
—, Nebennierenrinde 159
Alkaptonurie 584
Allantois 1, 2, 3, 4, 5, 7, 8, 10, 19, 34, 275
—, Abfluß in 29
—, Anlage 8
—, Entwicklung *1*
—, Huftiere 10
Allantoisbläschen 10
—, Differenzierung 29
Allantoisgang 8, 173
—, Obliteration 46

Allergene 531
allergische Diathese s. a. Diathese
Alterstypus 527
Altmannsche Plastosomenfärbung 210
Aminopeptidase 201
Amnion 11
Amnionflüssigkeit 33
Amnionhöhle 9, 31
Amniota, Nachniere bei 10
amniotische Abschnürungen 522
Amphibien, Vorniere bei 10
Ampulla ductus deferentis 241, 246, *496*
— — —, Arterien *501*
— — —, Entwicklung *40*
— — —, Literatur 500
— — —, mikroskopische Anatomie *456*, *460*
— — —, Nerven 462
— — —, Wand 497
— tubae uterinae 235
Anacidität 536, 537
Analhöcker 41, 42
Analkanal 287, 288
Analmembran 9
Analschlitz 279, 280
Analtrichter 43
Anaphylaxieprinzip 531
Anastomosis cremastericodeferentialis 393, 394
— testiculodeferentialis 393
Anatomie s. div. Organe
—, Nebenniere *125*
—, —, Literatur 143
—, Niere 115
—, —, mikroskopische *172*
Aneurinpyrophosphatase 219
Androgene, Bildung in Nebenniere 159
Angina pectoris vasomotorica 539
Angiospasmus, Fingercapillaren 539
—, Gehirn 539
—, Retina 539
Angulus ductus def. 396
— intercruralis penis 379
— praepubicus 324
— pubis 283, 284
Anhidrosis 545
Anilinblau 451
Anosmie 545
Anthropologie 580
anthropologische Typologien *547*
Antigene 531, 532
Antikörper 531, 532
Antiprostatae 350

Anulus haemorrhoidalis 352
— inguinalis abdominalis 479
— — externus 479
— — fascialis 481
— — int. 403, 479
— — —, Gefäße 397
— — —, Topographie 493
— — lat. 479
— — medialis 479
— — peritonaealis 481
— — praeperitonaealis 479
— — profundus 479, 481, 491, 494
— — subcutaneus 479
— — superficialis 479, 491, 492, 494
— — —, Crus lat. 494
— — —, — med. 494
— urethralis 260
Anus 280, 281, 283, 290, 294, 297, 308, 358
—, Arterien 373
Aorta 13, 14, 15, 18, 25, 78, 92, 93, 94, 108, 110, 113, 129, 133, 137, 138, 139, 142, 147, 238, 240, 244, 246
— abdominalis 91, 148, 400
—, Bifurcation 89, 92, 232
—, Gabelung 89, 92, 232
—, Lagealteration 93
—, Wanderung der Nachniere 23
Apex suprarenalis 84, 126, 128, 131
— vesicae 254
Aponeurose 289
—, M. abd. ext. 383
— moyenne 295
— prostato-peritoneale 307
Appendix 109
— epididymidis 390, 391, 477, 479
— testis (Morgagni) 391, 394, 477, 479
— vermiformis 227, 230
Arachnodaktylie 545
Arbeitsrücken 578
Arcade exorénale 139
— ischiopubien 360
Arcus iliopectineus 479, 484
— inguinalis 479, 480
— ischiopubicus 365, 384
— lumbocostalis lateralis 79, 83
— pubis 283, 353
— tendineus fasciae pelvis 267, 297, 302, 303
— — m. levatoris 280, 297
Area cribrosa 64, 65, 183
Arenie 33
argyrophile Fibrillen 189
Armamputation 524
Arme s. a. Extremitäten
—, Überlänge 544
Arrhythmie, respiratorische 536
Artère capsulaire supérieure accessoire 139
— — — principale 139
— marginale antérieure 112
— — postérieure 112
— vésiculodéférent 241
Arteria s. a. Vasa
— aberrans, renalis 57, 95, 96
— adiposa ima 106
— adventitia penis 377

Arteria analis 373
— arciformis renis 103
— arcuata renis 27, 59, 103, 104, 114, 175, 178, 179
— bulbi urethrae 352, 353, 374, 375, 377, 385
— — vestibuli 505
— bulbosa 375
— capsulae adiposae renis 139
— circumflexa ilium prof. 486
— coeliaca 111, 138, 141
— colica 111
— — dextra 93, 106
— — media, Ramus dexter 88
— — sinistra 89, 106, 234
— corticalis radiata renis 104, 176, 177, 178
— cremasterica 394, 400, 406, 415, 479, 481
— deferentialis 305, 400, 479, 504
— diaphragmatica, Rami suprarenales 139
— dorsalis penis 284, 374, 375, 376, 377, 382, 383
— ductus deferentis 241, 243, 394, 396, 400, 401, 402, 415, 479, 481, 493
— epididymica 393, 400, 401, 402, 403
— epigastrica 511
— — caudalis 479
— — inferior 397, 400, 479, 486, 488, 491, 492, 493, 494
— — superficialis 491
— femoralis 400, 406, 484, 491
— glutaea inferior 245, 372, 504
— — superior 238, 242, 244, 245, 372
— haemorrhoidalis 242
— — inferior 373
— — media 373, 504
— — superior 504
— helicana penis 377, 378, 379
— hepatica dextra 93
— hypogastrica 241, 304, 372, 374, 501, 504
— —, Varietäten 505
— —, Verzweigungen 373
— ileocolica 88
— ilica 31
— — communis 29, 92, 93, 220, 227, 228, 232, 235, 238, 242, 244, 511, 512
— — externa 32, 93, 106, 227, 228, 230, 232, 235, 240, 245, 255, 486, 494, 511
— — interna 32, 93, 220, 228, 230, 238, 240, 242, 244, 245, 304, 400, 501
— interlobaris renis 96, 99, 103, 104, 105, 106, 175, 178, 182
— interlobularis renis 104, 176
— interpapillaris renis 96
— lienalis 90
— lobaris renis 182
— lobularis renis 176, 179
— lumbalis 93, 112
— medullaris renis 175
— — suprarenalis 150
— mesenterica 504
— — caudalis 504
— — inferior 89, 110, 111, 133, 232, 504
— — superior 76, 91, 92, 110, 111, 141, 234
— musculi cremasteris 479

Arteria nutricia penis 364
— obturatoria 230, 245, 372, 374, 487, 501, 504, 506
— ovarica 220, 227, 234, 238, 242, 243, 244, 479
— penis 373, 374, 375, 377, 381
— —, Verzweigungen 375
— perforans renis 63, 83, 95, 106, 107, 176
— perinealis 373, 374
— peripyramidalis renis 103
— phrenica 110, 111, 138, 139
— — abdominalis 138
— — inferior 138
— phrenico-abdominalis 148
— profunda penis 360, 364, 374, 375, 377
— pudenda 372
— — accessoria 374, 375, 506
— — ext. 400
— — interna 245, 373, 406
— —, Verlauf 374
— —, Verzweigungen 373
— pudendalis 504
— — ext. 406
— — int. 504
— recta renis 179
— rectalis caudalis 504
— — cranialis 504
— — inferior 373, 504
— — media 242
— — superior 238
— recurrens 106
— renalis 59, 89, *91*, 92, 94, 110, 112, 114, 138, 139, 148, 175, 220, 238, 240, 400
— —, apikale Arterie 102
— —, Beziehung zu Muskeln 94
— —, dichotome Verästelung 103
— —, Dickenunterschied 92
— —, dorsaler Ast s. retropelvischer Ast
— —, extrahiläre Aufzweigung 98
— —, Gefäßursprünge 93
— —, Korrosionspräparat 102, 103, 104
— —, mehrere 94
— —, präpelvischer Ast 102
— —, Ramifikation 93, 97, 100, 102
— —, —, magistraler Typ 102
— —, —, zerstreuter Typ 102
— —, Ramifikationstyp 100
— —, Ramus nutriens pelvis 95
— —, retropelvischer Ast 94, *97*, 98, 102
— —, — Primärast 73
— —, Segmentarterien 98, 99
— —, Subsegmentalarterie 98
— —, Überlagerung von V. renalis 103
— —, Überkreuzung der V. renalis 103
— —, ventraler Ast *97*, 98
— — renalis accessoria 92, 93, 94, 95, 96, 101, 111, 112, 138, 175
— — — —, Ursprung 93
— rencularis 175
— retropelvica 63
— sacralis media 93, 230, 232
— scrotalis anterior 406
— — posterior 406, 407
— spermatica 111, 179, 220, 415
— — externa 479

Arteria spermatica interna 148, 479
— — sinistra 94
— — — (Varietät) 111
— subcorticalis renis 175
— suprarenalis 93, 110, 111, 112, *137*, 140, 400
— — inferior 106, 137, 138, 139, 140, 141
— — —, Arteria capsulae adiposae renis 139
— — —, artériole graisseuse basale 139
— — —, marginale antérieure 139
— — —, marginale postérieure 139
— — media 106, 137, 138, 139, 141
— — superior 128, 137, 138, 139, 140, 141
— — — maior 139
— — — minor 139
— terminalis renis 104
— testicularis 31, 227, 230, 232, 234, 238, 244, 393, 394, 400, 401, 402, 403, 415, 479, 481
— — dextra, retrocavale Kreuzung 400
— — propria 416
— umbilicalis 4, 12, 29, 30, 32, 47, 49, 241, 254, 255, 257, 301, 306, 372, 481, 485, 501, 504, 510, 511
— —, bei Wanderung der Nachniere 23, 24
— ureterica 106, 238, 240, 242
— — (ae. iliacae) 230, 232
— — (ae. renalis) 230, 232
— ureteris *241*, *242*, 305
— urethralis 374, 375, 377
— uterina 228, 230, 235, 236, 238, 243, 244, 245, 304, 305, 400
— vaginalis 505
— vesicalis 220, 230, 238
— — inferior 228, 242, 244, 245, 305, 501, 504, 505, 506
— — —, Arkaden 241
— — —, Rr. ureterici inf. 232
— — —, — — pelv. (inf.) 230
— — superior 228, 240, 241, 244, 245, 255, 257, 301, 304, 501, 504
— — —, Rr. ureterici pelv. (inf.) 230, 232
— — — Truncus comm. 241
— vesicoprostatica 501, 504
Arteriae s. a. Vasa
—, Ampulla duct. def. *501*
—, Beckenorgane *501*
—, Harnblase *501*
— perforantes (suprarenales) 148
—, praepelvische 63
—, Prostata *501*
— suprarenales 148, 150
—, subcapsuläres Geflecht 148
—, urethra feminina *501*
—, Vesicula seminalis *501*
Arterien, Nebenniere *137*
—, Nierenparenchym *103*
—, retroperitoneale 111
—, Ureter, dorsales Becken *237*
—, —, lumbal *237*
Arteriola afferens 176, 177, 179, *183*, 187
— efferens 178, 179, *183*, 187
— medullaris spuria 178
Artériole graisseuse basale 112, 139

Arteriolen, Epithelzellen 201
Arteriosklerose 523, 533, 535, 558
Arthritiker 535
Arthritis 533
— deformans 558
Arthritismus 531, *532*
Arthrocytose 202
Articulatio sacroiliaca 228, 229, 232
Ascensus renis 146
Ascites 540
A-Spermatogonien 425
Asthenica 553
Asthenie 520, 526, 543, 578
Astheniker 528, 535, 553, 554, 559, 560, 573, 577, 580
Astigmatismus 545
Athletiker 528, 553, 557, 558, 561, 563, 570, 571, 572, 577
ATP 429
Augen, Glanz 542
Augenbrauen, Konfluieren 544
Augenbrauenbogen, Vergrößerung 541
Auszehrung 525
autochthone Rückenmuskulatur 85
Azanfärbung 353

Bänder, Peniswurzel *382*
Balanitis 531
Bartholinsche Drüsen 36, *40*
Bartwuchs, vermindert 543
bas fond 254, 258
Basedowsche Krankheit 520, 542
bassinet ramifié 72
Bauchspeicheldrüse s. a. Pancreas 75, 76, 89, 134
—, Körper (Corpus) 142
—, Kopf (Caput) 142
—, Pars tecta 75
—, Schwanz (Cauda) 87, 89, 90
Bauchwand, infra-umbilicale 3
—, innere 486, 487, 488
—, vordere 489
—, —, Entwicklung 2, 6
Bechersche Zellgruppen 187
Beckenbindegewebe 289
Beckenbindegewebsräume (Spatien) *305*
Beckenboden, Bindegewebe *289*
—, —, Literatur 312
—, glatte Muskulatur, Literatur 312
—, Muskulatur *279*, 309
—, —, glatte *289*
—, —, Gurtung durch glatte *310*, 311, 312
Beckendissepiment, frontales 302, 304
Beckenorgane, Innervation *512*
—, Prolaps 312
—, Ptose 312
Behaarung, erhöhte 585
—, Mann 572
Behaarungspol 586
Behaarungsstufen 586
Behaarungstypen 572
Beihoden 446
Beinamputation 521, 524
Beine s. a. Extremitäten
Beinebennieren 133

Beinknospe 18
Beizwischennieren 133
Bernsteinsäuredehydrogenase 195, 212
Bindegewebe, extraperitoneales 74
—, Niere *213*
—, perivesicales *300*
Bindegewebsgrundstock 303
—, horizontaler 305
Bindegewebsvermehrung, innere Organe 541
Bindehautfollikel, Hyperplasie 531
Biotyp breviligne 550, 560
— longiligne 550, 560
Biotypen 562
Biss, offener 545
Bläschendrüse s. a. Vesicula seminalis
Bläschendrüse 456, 496
Blase s. a. Harnblase
Blase 289
Blasengrund 254
Blasenhals 254, 273
Blasenpfeiler 303, 304, 308
Blasenspalte, ventrale, Bildung 1, 3
Blastem, nephrogenes 25
Bleivergiftung 523
Blepharitis 531
Blutbild 541
Blutdruckanstieg 561
Blutgefäße s. a. Organe
—, Niere *91*
Blutgruppen 524, 525
Blutkörperchen, hämoglobinarm 551
Blutzuckerspiegel 537, 561
—, erniedrigt 543
Bowmansche Kapsel 14, 181, 182, 183, 189, 190, 194, 195
— —, Maus 195
Brachiskele 560
Brachitipi 72
Brachyskele 548
Brachytyp 560
Brachytypus megalosplanchnicus 550
Bradydaktylie 545
Bradykardie 536, 537, 543
Bräunung 579
BRÖDELS white line 63
Bronchialasthma 532
Brunnsche Epithelzapfen 264
— Leisten 329
Brustbreite 574, 576
Brustfell 585
Brustmuskeldefekte 545
Brusttiefe 574, 576
Brustumfang 542
Brustwirbel 26
B-Spermatogonien 425
Bürstensaum, Epididymis 454
Bulbus cavernosus 40
— urethrae s. a. dort 36, 279, 280
Bursa omentalis 90, 137
— testicularis 391

Caecum 109, 227
Calcium 219, 263, 537
Calciumphosphat, tertiäres, Prostata 469

Calix s. auch unter Nierenbecken
Calix maior 68, *73*
Calix minor 68
Calyx renis 68
Camptodaktylie 545
Canalis Alcocki 308
— fascialis obturatorius 372
— inguinalis 481
— obturatorius 280, 306, 374
— urethralis 326
— urogenitalis 324
Capillarmikroskopie 539
Capsula adiposa, Nebenniere 136
— — renis s. auch Nierenfettkapsel
Capsula adiposa renis 75, 76, 78, 79, 80, 83, 84, 88, 89, 146
— fibrosa, Nebenniere 136
— —, Niere *75*, 79, 178
— —, —, Lamina externa 75
— —, —, Lamina interna 75
— —, —, Lymphräume 75
Capsulae atrabilariae, Nebenniere 132
Caput gallinaceum 327
— gallinaginis 327
— obstipum 545
Carboanhydrase 201
Carcinom 540
Cauda 357
Cavum 290
— periorchii 479, 493
— peritonei 290
— pleurae 290
— praeperitoneale Retzii 290, 306
— praevesicale 290, 306
— serosum scroti 234, 392, 479
— — —, Lamina parietalis 391
— subpapillare 60
Cellularpathologie 536
Centrum (lissomusculare) perinei 280, 281, 282, *290*, 293, 295, 307, 308, 310, 312
— perinei (Lissomusculare) s. a. Centrum l. p.
— — 279, 280, 282, 283, 286, 288, *290*, 292, 294, 297, 300, 336, 352
— —, Muskulatur *279*
— tendineum perinei 279, 282
Cephaline 441
Cerebroside 441
—, Testis 439
Cerebrotonie 552
Cervix uteri 235, 254, 307
— vesicae 254
Cervixpfeiler 303
Charcot-Böttcherscher Kristall 434, 436
Cholecystopathie 532
Cholelithiasis 533
Choleriker 519
Cholesterin, Nebennierenrinde 152
Cholesterinstoffwechsel 535
Cholesterinwerte 537
Cholesterol, Prostata 469
Chorda 4, 5, 11, 13, 15
— arteriae umbilicalis 254, 480, 501
— gubernaculi 49
— urachi *275*, 480, 511

Chorion 349
chromaffine Paraganglien 418
— —, bei Kaninchen 169
— Zellen, Entwicklung 169
— —, Nebenniere 147
— —, Nebennierenmark 168
Chromaffines Gewebe, Nebenniere 133
— System 168
Chromreaktion, Nebennierenmark 148
Chromsilbermethode 196
Chvostekches Zeichen 543
Ciaccio-Reagentien 210
Cicatricula 481, 486
Cirrhosen 522
Claudicatio intermittens 539
Coelom 13, 14, 29
Coelombucht 13
Coelomepithel 147, 158
Coelomhöhle 10, 13
Coelomwand, Ausstülpung 480
Col 254
Colis 357
Colitis 531
Colliculus seminalis 8, 22, 36, 38, 287, 324, 325, *327*, 328, 329, 330, 331, *335*, 338, 358, 460, 472
— —, Entstehung 20
Collum vesicae 260
Colon 76, 90
—, Flexura dextra 87, 89
—, — sinistra 87, 89
—, Gefäßarkade 89
— ascendens 74, 93, 109, 232
—, Gefäßarkade 88
— descendens 74, 89, 232, 234
— sigmoideum 234
— transversum 134
Columnae renales BERTINI 58, 59, 60, 61, 62, 96, 175
— — —, echte 60
— — —, unechte 60
Compressor hemisphaerium bulbi 385
Coni vasculosi 48
Conjunctivitis 531
Constrictor bulbi proprius 385
— radicis penis 385
Conus inguinalis 49
Corium glandis 370
Cornealrand 542
Corona glandis 370
Corpus adiposum pararenale 78
— cavernosum 324, 325, 354, 358, 514
— —, Emissarien 379
— — glandis 361
— — penis 329, 359, 361, 366, 368, 369, 377, 380, 381, 382, 384, 515, 517
— — —, Art. nutricia 364
— — —, Arterien 362, 376
— — —, Crura 360
— — —, Gefäße 372
— — —, Kloakentiere 359
— — —, Monodelphier 359
— — —, Muskulatur 370
— — —, Säugetiere, primitive 359
— — —, Sulcus dors. 359

Corpus cavernosum penis, Sulcus urethralis 359, 365
— — —, Venen 379
— — urethrae, s. a. Corp. spong. 329, 343, 361, 366, 368, 369, 377, 381, 382, 384
— — —, Arterien 375
— — —, Venen 379
— luteum 157
— perinei 279
— spongiosum urethrae 324, 325, 329, *358*, 359, 366
— — — femin. 329, 343, 359, 505, 508
— — — masc. *358*
— suprarenale *146*
— vesicae 254
Cortex corticis renis 181
Cortisolsekretion, Nebennierenrinde 158
Cowpersche Drüsen, s. a. Gl. bulbourethrales
Cowpersche Drüsen *40*, 284, 295, *350*, 352
— —, dritte 352
Cribrum benedictum 64
Crines 385, 386
Crista iliaca 77, 79, 81, 85, 87
— phallica 360
— urethralis 327, 329, 336
Crura penis 360
Crus inferius anuli inguin. superf. 479
— laterale anuli inguin. superf. 479
— mediale anuli inguin. prof. 479, 480
— superius anuli inguin superf. 479
— verticale anuli inguin. prof. 480
Cubitus valgus 545
Curvatura pelvina ureteris 228
— penis praepubica 382
— renalis ureteri 226
Cutis marmorata 539
— verticis gyrata 544
Cyclusveränderungen 539
Cyste, Niere, Entstehung 28
Cystenniere, Entstehung 28
Cystinurie 584
Cystoskop 581
Cytoplasma, Ductus deferens 460
—, Epididymis 450
—, Hodenepithel 423, 424, 426, 428, 429, 434, 438
—, Leydigzellen 439
—, Prostata 469
—, Samenblase 465
Cytoplasmafahne, fibrillierte 454

Damm 9
—, primärer 43
Darm 13, 173, 253, 541
—, postanaler 6
Darm-Dottersackraum 2, 3
Darmfollikel, Hyperplasie 531
Darmpforte, hintere 8
Darmsattel 5, 7, 8
Darmstörungen 543
Darwinsches Höckerchen 545
Deckbiß 545
Deckmembran, cuticulare 263
Deckzellen 190, 193

Degenerationszeichen 544, 547
Dehydrasen 195, 201, 206, 207
Denouvilliersche Fascie 300
Denouvillierscher Keil 234
Dermographie 539
Descensus testis 392
Desmosomen, Blasenepithel 263
—, Epididymis 455
Determination, primäre 540
Determinationsstufen 568
Detrusor fascicles onto ureter 273
— urinae 506
— vesicae 266
Detrusorschleife 269
Diabetes, renaler 584
— insipidus 584
— mellitus 523, 532, 533, 535, 558
Diastase 219
Diastema 545
Diathese, allergische *531*, 533, 534
—, angiospastische 532, 539
—, diencephale Stoffwechsel- 536
—, entzündliche 531
—, exsudative 520, 531, 532
—, harnsaure 533
—, lymphatische 531
—, steinbildende 520
—, uratische 533
diathesis inflammatoria 531
Diaphragma pelvis 280, 283, 296, 304, 308, 310
— urogenitale 280, 281, 282, 283, 284, 286, 290, 292, 294, 295, 296, 298, 310, 312, 314, 318, 322, 325, 326, 336, 338, 339, 340, 352, 354, 360, 361, 374, 384, 385, 517
— —, obere Fascie 295
Dickdarm s. auch Colon
Dickdarmgekröse 74
Dicke, kurze 580
Didymoi 411
Diencephalon 536
Differenzierung, histologische, Niere 24
Diodrast 203
Diphosphorpyridinucleotiddiaphorase 201, 212
Diphosphopyridinnucleotide (DPN), Nebenniere 151, 157
Dispositionen 530
Dissescher Muskel 74
Diverticulum ampullae duct. def. 399
Doppelniere, embryonale Anlage *21*
Dottersack 2, 3, 4, 8
Dottersackbläschen 2
Douglasscher Raum 300
DPN, Nebenniere, Rinde 151, 157
Drogen 561
Drüsen, Albarransche 39
—, Bartholinsche *40*
—, cervicale 38
—, Cowpersche *40*
—, Duverneysche 350
—, intraepitheliale 347
—, subtrigonale 38, 39
Ductuli efferentes testis 48, 172
— prostatici 328

Ductulus efferens, Elektronenmikroskopie 448
— —, mikroskopische Anatomie 447
— —, Pars epididymica 448
— —, — testicularis 448
Ductus choledochus 76
— deferens 39, 50, 134, 235, 240, 254, 255, 256, 257, 258, 267, 300, 301, 302, 304, 305, 392, 395, *396*, 403, 446, 479, 481, 491, 493, 496, 499, 500, 501, 504, 514, 515, s.a. Ampulla d. d. und Samenleiter
— —, akzessorische Interrenalkörper 134
— —, Ampulla *40*, 234
— —, Divertikel 496
— —, Elektronenmikroskopie 456
— —, Flex. prima 396, 399
— —, — secunda 396, 399
— —, — tertia 396, 399
— —, Kind 477
— —, Lymphgefäße 382
— —, mikroskopische Anatomie *456*
— —, Nerven 462
— —, —, Hund 462
— —, —, Meerschweinchen 462
— —, —, Ratte 462
— —, Pars epididymica 456
— —, — inguinalis 400, 456
— —, — intrapelvina 400
— —. — libera 456
— —, — pelvina 456
— —, — scrotalis 400
— —, Wand 497
— ejaculatorius 39, 324, 326, 336, 358, 396, 399, 456, 460, 461, 472, *496, 499,* 508
— —, Literatur 500
— —, Mündung 329
— —, Öffnung 328
— epididymidis 394, 395, 396, 448
— —, mikroskopische Anatomie *450*
— excretorius primitivus 11, 12
— papillares 64, 65, 183, 195, 211
— paraurethralis 346
— thoracicus 150
Dünner, langer 580
Duodenum 75, 76, 87, 142
—, Nervengeflecht 112
—, obere Flexur 137
—, Pars descendens 88, 227
—, Pars inferior (horizontalis) 88
Dupuytrensche Kontraktur 545
Durchblutungsstörung, arterielle 536
Durchfälle 537, 542
Durstversuch 209
Duverneysche Drüsen 350
Dysmorphie 544
Dysostosis cleidocranialis 545
Dysplastiker 557
Dysplastischer 586
Dysraphie 544

Ectopia lentis 545
e-Drüsen 386
Eisenhämatoxylin 200, 210, 454

eisenhaltiges Pigment, Reticularis, Nebenniere 157
Ejaculatio praecox 545
Ejaculation 385
Ejakulat 395
Ektodaktylie 545
Ektoderm 1, 2, 3, 4, 5, 6, 12, 17, 34
ektomorphe Komponente 562
Ektomorpher 551, 552
Ekzem 531, 532
Elastica interna 180
— —, Nierengefäße 179
Elektronenmikroskopie s. a. bei Organen
—, Nebenniere 152
—, —, Fasciculatazelle der Maus 158
—, —, Mark 168
—, —, Rinderzellen 157
—, Phäochromocytom 166, 167, 168
Embryo Heuser 2
— Peh 1 Hochstetter 2
— Peters-Hochstetter 2
Eminentia iliopectinea 483
Enchondrom 545
Enddarm 5, 7, 8
endokrine Varianten, Konstitution *540*
Endokrinopathien 557
endomorphe Komponente 562
Endomorpher 551, 552, 553, 564
energetisches Sparsystem 538
Enteritis 531, 532
Enteroptose 543, 545
Entfaltungsmodus, Konservativer 565
Entoderm 1, 2, 3, 4, 6, 9, 17, 48
Entwicklung s. div. Organe
—, Allantois *1*
—, Geschlechtsorgane *1*
—, Harnorgane *1*
—, Jugendalter 527
—, Kleinkind 527
—, Kloake *1*
—, Kloakenmembran *1*
—, puberale Phasen 527
—, vorpuberale Phase 527
Entwicklungsstadien, Konstitution 527
Enuresis nocturna 544, 584
Enuresis-Sippen 584
Enveloppe elastique 382
— fibroelastique 382
Eosinophile 537, 538
Eosinophilie 536
Epicanthus 545
Epicyten 182, 190, 191, 192
Epididymis 389, 487, 493, s.a. Nebenhoden
—, Appendix 390, 391, *446*, 477, 479
—, Cauda 389
—, Corpus 389
—, Ductuli aberrantes 446, *447*
—, — efferentes, mikroskop. *447*
—, Ductus, Kaninchen 455
—, —, mikroskopische Anatomie *450*
—, Elektronenmikroskopie 448, 450
—, Kaninchen 448, 455
—, Kind *476*
—, Literatur *407*

Epididymis, Literatur, mikroskopische
  Anatomie *472*
—, Lymphgefäße *417*
—, Maß 389
—, mikroskopische Anatomie *447*
—, Nebennierengewebe 477
—, Nerven 456
—, Zwischenzellen 448
Epilepsie 546, 547
Epiorchium 389, 480
Epiphysenschluß 542
Epispadie, Bildung 1, 3, 6
Epithel, Grenze zwischen mesodermalem und ektodermalem 20
Epithelhöcker 19, 35, 41, 42
Epitheloidzellen 179, 180, 187, 188
Epithelquaste, Tourneuxsche 41
Epoóphoron 17, 134
Erbgesetze 518
Erbgut, Minderung 547
Ergastoplasma, Epididymis 454
ergotrope Einstellung (Phase) 537
Ergotropie 557, 567
Erhaltungsprinzip 567
Erkältungen 520, 522
Ermüdbarkeit 543
Erregbarkeit, neurocapilläre 531
Erythrocyanosis cutis puellarum 539
Éspace interséminal 254
Essigsäure 353
Esterasen 201, 207, 212
—, Nebenniere, Rinde 157
Excavatio rectouterina 512
— rectovesicalis 234, 258, 512
— vesicorectalis 234, 258, 512
Excessivbehaarung 570, 572
Excretoria oscula 344
Exostose 545
Extremitäten 544, 567, s.a. Arme und Beine
—, Größenwachstum 541
—, kurze 542
—, Überlänge 542

Faltenzunge 545
Falx aponeurotica inguinalis 479
— inguinalis 479, 488, 492, 494
familiäre Erkrankung 535
Fascia cellulosa 75
— cremasterica 480, 481, 490, 491, 493, 494
— Denouvillieri 300
— diaphragmatis pelvis inf. 283, 296
— — — sup. 283, 296, 297
— — urogenitalis inf. 295
— — — sup. 295
— endo-abdominalis 74
— endopelvina 254, 289, 291, 297, 298, 301, *302*, 303, 305, 306, 308, 504, 509, 510
— iliaca 75
— iliopsoica 483
— intrapelvina 514
— lata femoris 483
— levatoris caudalis 297
— — cran. 297

Fascia lumbodorsalis 85, 86
— m. levatoris ani 289, 292, *296*, 302, 305, 307, 308, 310, 312, 336, 338, 509
— — — —, Prostatakapsel 299
— — obturator. 308
— — int. 373, 384
— — transversi perinei 289
— — — — prof. *295*, 297
— obturatoria 75, 283, 373
— —, Arcus tend. m. levatoris 297
— pelvica 292
— pelvina 75, 297
— pelvis 267, 289, 297, 303, 304, 307, 504, 506, 509
— —, Arcus tendineus 280, 283, 297, 506
— penis 362, 376, *382*, 383, 385
— — prof. 382
— — superf. 382
— perinei *385*
— — superf. 385
— prostatae 292, 307, 509, 515
— pubosacralis 514
— renalis 79, 146
— — anterior 76, 77, 78, 79, 80, 89, 136, 137
— — posterior 76, 77, 78, 79, 80, 136
— retrorenalis 76
— spermatica 403, 479
— — ext. 391, 479, 480, 481, 490, 494
— — int. 403, 479, 480, 481, 485, 487, 488, 489, 491, 493, 494
— thoracolumbalis 85, 86
— transversa 74
— transversalis 74, 75, 77, 306, 481, 487, 488, 490, 491, 492, 493, 494
— — abd. et pelv. 480
— — cellulosa 75
— — fibrosa 75
— umbilicovesicalis 301, 302, 306
— vesicalis (Amreich) 289, 301
— vesicoumbilicalis 301
Fasciculatazelle, Maus, Elektronenmikroskopie 158
—, Fetttropfen 151
Fascientrichter, Nuhn 487
Ferritin 202
Fett, pararenales 79
Fettansatz 521, 564
Fettbauch 557
Fettgewebe, extraperitoneales 74
Fettspeicherung 520, 521, 568
Fettstoffwechsel 535
Fettsucht 524, 525, 532, 533, 542
—, hypophysär 563
—, idiopathische 535
—, Konstitutionell 534, 535
Fettzufuhr 521
Feuillet superieure de l'aponeurose moyenne 295
Fibrom 541
—, Haut 545
Fibrae intercrurales, Leiste 480, 491
— obliquae vesicae 266
— praerectales m. levatoris 279

Fibreuse commune 382
Fibrocyten 194, 213
—, testis 411, 414
Fieber 521
Finger, Krümmungstendenz 544
Fingerleisten 524, 525
Fische, Vorniere bei 10
Fischgrätenmuster, Proc. medull. 59
Flexura duodenojejunalis 89, 142
— iliaca, Ureter 230
— marginalis, Ureter 230
— perinealis recti 307, 352, 504
— praepubica 384
— prima subtesticularis duct. def. 396, 399
— sec. retroanularis duct. def. 396, 398, 399
— tertia duct. def. 396, 398, 399
Fluorescenzmikroskopie 201, 202, 206, 212
Foramen epiploicum 93
— infrapiriforme 372, 374
— ischiadicum 501
— ischiadicum majus 232, 307
— ischiadicum minus 232
Formol 206
Fornix, Niere, Form 70
Fossa s.a. Fovea
— bulbi urethrae 344
— iliaca 242, 493
— inguinalis lateralis 480, 486, 487, 488, 489, 493
— — medialis 480, 486, 488, 489, 490, 494
— ischiorectalis 295, 297, 306, 308, 310, 372, 373
— lumbalis 232
— navicularis 325, 343, 344, 354, 359, 369
— —, Anlage 44
— —, Epithel 347, 348
— —, Plica s. Valvula 346
— ovalis 381
— paravesicalis 254, 255
— retroureterica 254, 258
— supravesicalis 254, 255, 256, 480, 486
Fovea s.a. Fossa
— inguinalis lat. 255, 256, 480
— — med. 256, 257, 480
— paravesicalis 254
— supravesicalis 254, 480
Frankenhäusersches Ganglion 512, 515
Frenum 246
Frenulum praeputii 386
— —, Lymphgefäße 382
FSH 411
Funiculus spermaticus 134, 397, 400, 417, 481, s.a. Samenstrang
— —, Gefäße 415, 481
— —, Lymphgefäße 481
— —, Pars ing. 402
— —, Topik 403
Funda profunda 266
— superficialis 266
Fußkälte 539

Galaktose 219
Gallenblase 76, 142, 181
Gallensteine, s.a. Konkremente 558
Ganglia pelvina 246

Ganglien, präaortale 110
—, sympathische 133
—, sympathischer Grenzstrang 147
Ganglienleiste 147
Ganglion, disperser Typus 113
—, konzentrierter Typus 113
— aortico-renalium 110, 111, 112, 113, 114, 214
— cervicale uteri 515
— coeliacum 25, 110, 111, 112, 113, 114, 115, 137, 139, 142, 150
— mesentericum inferius 110, 111, 113, 114
— — superius 110, 111, 113
— pelvicum 512, 515
— renale posterius 111, 112, 114
— suprarenale 112, 142
— vesicoureterale 246
Ganglions laterovesicaux Testut 510
— prévesicaux Testut 510
Gastritis 532
Gaußsche Regeln 576
Gebißanomalie 544
Gefäße, Blase und Adnexe *501*
—, Literatur *511*
—, Nebenniere *137*
—, Nierenbecken *106*
—, Nierenfettkapsel *106*
Gefäßläppchen, Niere 67
Gefäßnervenleitplatte 289, 301, 302, *303*, 304, 305, 306, 307, 308
—, Gefäße 501
Gefäßregulation, periphere 520
Gefäßscheide 289
Gegentypus 561
Gehirn 541
Gelatinepolymere 203
Gelenke, Überstreckbarkeit 545
Gelenkerkrankungen 535
—, chron. 520
Gelenkhydrops 532
Gelfilter 190
Genitale, äußeres, Entwicklung *41*
—, —, —, Embryonen über 38 mm *44*
—, —, —, indifferentes Stadium *41*
—, Hypoplasie 543
Genitalfalte 41, 42
Genitalhöcker 2, 3, 30, 41, 42
Genitalhormone 332
Genitalorgane, Hypoplasie 543
Genitalwulst 41
—, Anlage 41
Genitoanalfurche 43
Genotypus 519, 521, 528
Genu valgum 545
Geschlechtsfalte 418
Geschlechtsglied 42, 43, 44
—, Aufrichtung 44
Geschlechtshöcker 7
Geschlechtskonstitution 526
Geschlechtsmerkmale 527
—, secundäre 423
Geschlechtsorgane 541
—, Anatomie 53
—, Entwicklung *1*
—, —, Literatur 50

Geschlechtstypus 526
Geschlechtsunterschied, Keimdrüsenanlage 48
Geschlechtswulst 43, 44, 403
Geschwür, peptisches 558
Gesicht, Asymmetrie 544
Gesichtsbildung 525
Gesichtsschädel 567
Gestaltwandel 527, 565
Gewebe, metanephrogenes 18, *22*
Gewebsplastik 569
Gewebsstrang, mesonephrogener 13
Gewicht, s.a. Körpergewicht
Gicht 523, 531, 532, 533, 534
Glande surrénale 125
Glandula bulbourethralis 35, 296
— praeputialis 370
— prostatica, s.a. Prostata
— suprarenalis 125
— — accessoria, s. auch Nebenniere, akzessorische
— urethralis 347
— vesiculosa, s.a. Vesicula sem.
Glandula vesiculosa 469, *496*
— —, mikroskopische Anatomie *462*
— —, Nerven 465
— —, Pigmentkörner 465
Glandulae bulbourethrales (COWPERI), 344, 345, *350*, 355, s. a. Cowpersche Drüsen
— —, Entwicklung *40*
— — accessoriae 352
— paraurethrales 354
— prostaticae 329, 330
— submucosae urethrae 330
— urethrales *354*
— — der Frau, Entwicklung *37*
— vestibulares majores, Entwicklung *40*
Glans penis, s. a. Penis
— — 45, 377
— —, Anlage 41, 43
— —, Arterie 376, 377
— —, Rind 372
— —, Septum 372
— —, Sulcus coronarius 382
— —, Venen 379
Glatze, spiegelnde 566
Gliazellen 438
Glomerula, Differenzierung 13
—, Urnieren- 17
—, Zahl 181
Glomerulonephritis, diffuse 583
Glomerulum (s.a. -lus) 179, 182, *183*
—, Capillaren 183, 184, 185
—, — bei Ratte 192
—, Capillarwand 190
—, Durchblutung 209
—, Elektronenmikroskopie 185, 187ff.
—, Gefäßstruktur 183, 184, 185
—, Histologie *183*
—, Oberfläche 184
Glomerulus (s.a. -lum) 14, 15, 16, 25, 26, 27, 28
—, Anlage 26
—, Urniere, Rückbildung 31

Glomerulus, Vorniere 11
Glucocorticoide, Bildung in Nebenniere 159
Glucose-6-Phosphat-Dehydrogenase 207
Glucose-6-Phosphatase 195, 201
Glucuronidase 195, 207
β-Glucuronidasen 201
Glutardialdehyd 164, 168
Glycerinphosphatase 212
Glycerophosphatase 206, 429
Glycosurie, alimentäre 536
Glykogen 203, 212, 219, 263
Glykokollsynthese 537
Golgiapparat 188, 193, 195, 200, 206, 208, 212, 213, 219
Golgiapp., Epididymis 450
Golgiapparat, Keimepithel 426, 429, 432
Gonadotropine 421
Goormaghtighsche Zellen 185, 188
Granula intramitochondralia 200
Grenze, Mark-Rinde, Niere 65
Grenzstrang 25
—, Ganglion 83, 84, 112
—, lumbaler 110
—, sympathischer 136
Grenzstrangganglien, sacrale 512
Grenzstrangganglion 147
Großrassen 525
Grundumsatz 541, 542, 551
GRYNFELTTS Rhombus 87
Gubernaculum testis (Hunteri) 26, 31, 49, 50, 389, 403, 404, 480
Guerinsche Falte 346, 347
Gutheriescher Muskel 286
Gynäkomastie 545

Haare, dicke 541
—, Kreuzbeingegend 544
Haarfarbe 525
Haarstruktur 525
Habena 246
Habitus 528
—, apoplektischer 553
—, arthritischer 553
—, asthenischer 553, 554, 569
—, athletischer 526, 555, 569
—, hypoplastischer 543
—, leptomorpher 526
—, leptosomer 554
—, pyknischer 556
—, pyknomorpher 526
Hämatoxylin 263
Hämatoxylinkörper, Epididymis 454
Hämoglobin 190, 203
Hämoglobingehalt 583
Halbseitenminderwertigkeit 545
Halsrippe 545
Halswirbelsynostosen (Klippel-Feil) 545
Hammerzehe 545
Hand, Längen-Breite-Index 525
Handfluß 545
Handkälte 539
Handschweiß 538
Harn, ausgeschiedener 583
—, fetaler 29

Harnblase 23, 30, 31, 32, *253*, 283, 298, 304, 305, 306, 307, 312, 318, 322, 323, 326, 465, 496, 514, 515, s. a. Blase
—, Anlage 1, 8, 29, 35
—, Apex 253, 254, 301
—, Arterien *501*
—, —, Variabilität 502, 503
—, Base 254
—, Body 253
—, Cervix 254
—, Col 254
—, Collum 254
—, Corpus 253, 254, 501, 506
—, Differenzierung 20, 29, *34*, 46
—, Entwicklung *46*
—, Epithel 261
—, —, Differenzierung 47
—, Fornix 253
—, Füllungszustand bei Embryonen 33
—, Fundus 254, 302, 308
—, Gefäße (s. a. dort) 304, 305
—, innere Fläche *258*
—, Körper 253
—, Kuppel 253
—, Längsmuskulatur, Entwicklung 47
—, Literatur *277*
—, Lymphgefäße *510*
—, Minderwertigkeit 585
—, Mucosa 260
—, Muskelwand (Muscularis) *264*
—, Muskulatur 36, 46, 47
—, —, Schichten 265
—, —, Ureintritt *271*
—, Neck 254
—, Orificium 506
—, — int. 268
—, Peritonealüberzug *254*
—, Ringmuskulatur 47
—, —, Entwicklung 47
—, Scheitel 253
—, Schleimhaut 258, *260*
—, —, Crusta 263
—, —, Drüsen 263, 264
—, Semisphincter 268, 269
—, Sommet 253
—, Sphincter (s. a. dort) 46
—, — int. 270
—, Submucosa 260
—, Summit 253
—, Topographie im Wachstum 47
—, Trigonum 254, 318, 506, 515
—, —, Lymphgefäße 382
—, Trigonummuskulatur 320
—, Venen 259, *506*
—, Vertex 253, 501, 506, 514
Harnblasenanlage 10, 21
Harnblasenkrebs, Metastasen 511
Harnblasenwand 3
Harnfiltration 183
Harnkanälchen, „Hals" 181
—, in Gewebekultur 33
Harnleiter, s. a. Ureter *225*
—, Länge 226
—, primärer 14
Harnmucoide 219

Harnorgane, Anatomie *53*
—, Entwicklung *1*
—, —, Literatur 50
Harnpol 184, 195
Harnröhre, s. a. Urethra
—, Mann *324*
—, primitive 324
—, weibliche *314*
—, —, Muscularis *317*
—, —, Muskulatur, quergestreift *320*
—, —, Schleimhaut *314*
Harnsäure in Fruchtwasser 34
Harnsäureausscheidung 541
Harnsamenröhre 324
Harnsediment 533
Harnstoff in Fruchtwasser 34
Harnstrang 275
Harnträufeln 585
Hauptstück, Niere, Histologie *195*
Hauptstückepithelien, Meerschweinchen 201
Hauptstückzellen, Amphibien 203
—, elektronenoptisch 198, 199
—, Fische 203
—, Resorptionsfähigkeit 202
—, Schwein 201
Haut, Hypertrophie 556
—, verdickt 541
Hautfarbe 525
Hautfibrom 545
Hautkolorit, dunkel 543
Hemisphaeria bulbi 361
Hemmungsbildungen, Nierenarterie 94
Henkelohren 545
Henlesche Kanälchengrenze 65
— Reaktion 161
— Schleife 179, 182, 183, 203, 204, 206, 210, 211
— —, Bildung 28
Henlescher Muskel 74
Hernia femoralis 487
— inguinalis 406, 492
— — directa 493
— — indirecta 493
— — obliqua feminina 479
— lumbalis, Entstehung 85
— supravesicalis 256, 257
Herz 541
Herzinsuffizienz, Oedeme 540
—, relative 524
Heterotopie, adreno-hepatale 136
—, adrenorenale 135
Heufieber 532
Heuschnupfen 534
Hiatus analis 279, 280, 282, 290, 291
— aorticus 91, 110, 126
— inguinalis 481, 482, 494
— saphenus 482
— urogenitalis 279, 280, 282, 290, 297
Hiluslippe, vordere 57, 58
Hiluslippen, Überkreuzung 58
Hinterdarm 3, 4, 8
Hirnanlage, fehlerhafte 546
Hirnschädel 567
Hirntumor 521

Histaminase 583
Histiocyten, Testis 411, 413, 414
histologische Differenzierung, Niere 24
Hochwuchs, eunuchoid 555
Hode *389*
Hoden 49, 50, 147, 181, *389*, s. a. Testis
—, akzessorische Interrenalkörper 133
—, Arterien *400*
—, Descensus *49*, 392
—, Entwicklung *47*
—, Gewicht 130
—, Gubernaculum (s. a. dort) *49*
—, Kanalsystem, Zellaufbau *395*
—, Operation 400
—, Parenchym *392*
—, Schnitt 401, 413
—, Torsion 392
Hodengekröse 400
Hodenkanälchen *417*
—, Anlage 48
Hodenleitband 480
Hodensack *403*, s. a. Scrotum
—, Kind *476*
Hodenstränge 48
Hodenzwischengewebe 414
Hohlfuß 545
Hohlwarzen 545
Hormone, Bildungsstätte in Adrenalorganen 187
—, Funktion 544
—, genitale 332
—, Hypophyse 332, 541
—, Morphogenese 540
—, NNR 161
Hormonkonzentration, Nebennierenblut 149
Hormonproduktion, Niere 189
hormonpathische Konstitutionsvarianten 543
Hüftumfang 542
Hufeisenniere 23, 93, 173
Humoralpathologie 536
Hyaluronsäure 219, 263
—, Ureter 225
Hyaluronsäurereaktion (HALE) 263
Hydatide, gestielte 479
—, ungestielte 479
Hydrocele bilocularis 406
— communicans 406
— funiculi 406
— testis 406
Hydrocephalus 544
Hydronephrose 93
Hydrophilie 568
Hymen 46
Hypacidität 536
Hyperacidität 536, 537
Hypermastie 545
Hyperphalangie 545
Hyperplastischer 586
Hypersthenicker 560
Hypertelie 545
Hypertension 537, 551
—, arterielle 536
—, essentielle 539

Hypertoner 560
Hypophalangie 545
Hypophyse 541, 543
—, Adenom 541
—, gonadotrope Hormone 423
—, Hormone 332, 541
—, Überfunktion 540
Hypophysenhormone 332, 541
Hypophysenvorderlappen, Hormone 411
Hypophysenzwischenhirnsystem 535
Hypoplasie 543, 578
Hypoplastischer 577, 586
Hypospadie 344, 522, 545
—, Vererbung 547
—, weibliche 46
Hypotension 551
—, arterielle 536
—, habituell 543
Hypothalamus, Sexualzentrum 411
Hypothermie 543
Hypotoner 560
Hypotrichosis 545
Hypsicephalie 544
Hypsistaphylie 545
Hysterektomie 243
Hysterie 543

ICSH 411
Idiosynkrasien 532
Ileum 227
Impetigo 531
Index, Metrik- 576
Index, metrischer 574
—, plastischer 575
—, Rinde-Mark, Nebenniere 132
Indexwert 577
Incisura iliopubica 480, 483
— ischiadica 483
Individualkonstitution 525, 526
Infantiler 557
Infantilismus *543*
Inhibin 411
Innervation, Beckenorgane *512*
—, Literatur *517*
—, parasympathische 115
Intermediärspermatogonien 425
Internusarkade 481, 489, 493
Interrenalkörper, akzessorische 133, 134, 135
Interrenalorgan 133, 146
Intimapolster, Schwellkörperarterien 377
Inzucht 547
Iris, Heterochromie 545
Isthmus ureteris 226
ITP 429

Jochbögen, Vergrößerung 541
Juckempfindung 531
juxtaglomeruläre Zellen 185, 186
— —, Stoffwechseleinfluß 186
Juxtanucleolarkörperchen 434

Kachexie 540
Kalilauge 353
Kalium 195, 219, 263

Kanälchengrenze, HENLE 65
—, PETER 65
Kapsel, Nebenniere *136*
Kapselgefäße, Niere 179
Kardiospasmus 536
Karminkörnchen, Speicherung in Nierenkanälchen 33
Kastration 465, 522
Kationen 213
Keimblätter 551
Keimdrüsen, s. a. Organe 17, 25, 26, 109, 142, 541, 551
—, Differenzierung 13
—, Hypoplasie 542
—, Überfunktion 540
—, Unterfunktion 540, 542
Keimdrüsenanlage, Geschlechtsunterschied 48
Keimdrüsenarterie 113, 138
Keimdrüsenfalte 147
Keimdrüsenfeld 15, 48
—, Urogenitalfalte 47
Keimdrüsenvenen 140
Keimstränge 48
Kelch, s. auch Calix und Nierenbecken, -kelch 68
Kelchhalssphincter 218
Kelchwand, Muskulatur 66
Keratoconus 545
Kerne, ,,saure" 198
Kernkugeln, Epididymis 452
Ketonkörper 537
17-Ketosteroide 421
Kiefergelenk 358
Kinderbauch 543
Kinn, mangelhafte Ausbildung 545
Kinocilien 394
—, Leydigsche Zwischenzellen 439
Klinefelter-Syndrom 542
Kloake 2, 3, 4, 5, 7, 8, 10, 12, 17, 18, 19, 20, 28, 29, 172
—, Entwicklung *1*
—, Epithel 5, 7, 8
—, Hinterwand 20
—, Verbindung mit Wolffschem Gang 17
Kloakenabschnitt, ventraler 46
—, vorderer, Differenzierung *34*
Kloakenhöcker 7, 8
Kloakenhorn 19
Kloakenmembran 2, 3, 4, 5, 6, 7, 8, 9, 29, 30, 31, 173
—, Entwicklung *1*
Kloakenplatte 2, 3, 7, 41
Kloakenraum 3, 8
Kloakenrest, ventraler 20
—, vorderer 8
Kloakenrinne 7
Kloakenseptum 5, 8, 9
Kloakenwand 17, 249
Kloakenwulst 41
Klumpenniere 23
Klumpfuß 522, 545, 546
Knickfuß 545
Knochenwachstum, Störung 545
Körperbaubestimmung, Methoden *572*

Körperbaubestimmung, Technik *576*
Körperform 525, 540
Körpergewicht 547, 562
Körpergröße 546, 575
Körperhöhe 559, 560, 662, 574, 576
Körperwachstum 524
Kohlenhydratstoffwechsel 541
Kondition 524, 528, 540
—, akromegal, secundär 540
Konkremente, Gallenwege 533, 535, 558
—, Harnwege 533, 535
Konnubialkreis 546
Konstitution *518*
—, akromegaloide (s. a. dort) *541*
—, Alterstypus *527*
—, angiospastische 539
—, asthenische 551
—, Begriff 519
—, Degenerationszeichen *544*
—, endokrine Varianten *540*
—, eunuchoide *542*
—, Genotypus 523
—, Geschichte 519
—, Geschlechtstypus 526
—, Grenzbegriffe 525
—, hypersthenische 551
—, hyperthyreotische *542*
—, hypoparathyreoide *543*
—, hyposuprarenale *543*
—, hypothyreotische *542*
—, idiopathische 524
—, Infantilismus *543*
—, Literatur 587
—, mittlere Formen *561*
—, phänotypisch 524
—, phthisische 530
—, primär 540
—, Problem der Variabilität *529*
—, Rassentypus 525
—, secundäre 540
—, Status dysraphicus *544*
—, Urologie 586
—, Varianten 540
—, Zusammenfassung 528
Konstitutionskrankheiten 520, 523
Konstitutionskreis 546
Konstitutionslehre, Kritik *558*
Konstitutionstypenlehre, Weiterentwicklung 564
Kontaktpunkt 183, 207
Koordinatensystem 573
Kopfbiß 545
Kopfschmerzen, vasomotorische 539
Kopfumfang 542
Korrelationsziffern 533
Kraftlosigkeit 543
Krausesche Endkolben, Prostata 471
Kretin 520, 521, 542
Kretschmersche Trias 564
Kreuzbiß 545
Kropf 545
Kropfoperation 522
Kryptorchismus 542, 545
Kümmerformen 561
Kuppelzellen 198

Kyphose 545, 578
—, Halswirbelsäule 566, 567
Kyphoskoliose 544
—, cervicodorsale 541

Labia majora 44
Labilität, vegetative *536*, 538, 539, 543
Labyrinth, Niere 175
Labyrinthus venosus Santorini 509
Lacuna magna urethrae 346
— musculorum 483
— vasorum 483, 485
— —, Lymphgefäße 484
Lacunae Morgagnii 346
— urethrales 344, 345
Längenwuchs 540, 541
Lamina densa 189
— fenestrata 189
— intercruralis penis 360, 375, 379, 382
— interrenosuprarenalis 78, 136
— limitans int. testis 415
— parietalis cavi ser. scroti 391
— — tunic. vag. propr. testis 480
— retrorenalis fasciae renalis 179
— visceralis testis 389
— — tunic. vag. propr. testis 480
Lanugobehaarung 386, 543
Lappenniere 62
Laryngitis 531
Laryngospasmus 536
Leber 76, 87, 109, 134, 135, 142, 146, 181, 511, 531, 541
—, Dissescher Raum 148
—, Facies suprarenalis 137
—, Impressio renalis 91
—, Impressio suprarenalis 137
—, Kontakt mit Keimdrüse 48
Lebercirrhose 540
Leberstiel 142
Lebervene 140
Legierung 573
Leistenband, s. a. Lig. inguinale
— 482, 483, 486, 487, 494
Leistenfeld, muskelfreies 494
Leistengegend des Fetus 50
Leistenhoden 392, 545
Leistenkanal 481
—, Architektur *481*
—, Mann *479*
—, —, Literatur *494*
—, Synonyma der Bauelemente *479*
—, Topographie *485*
—, Wände 481
—, —, schematisch 490
—, Zusammenfassung 494
Leistenpforte 494
Leistenringe, Topik 482
Leistentor 481
Leistungsprinzip 567
Leitplatte, Becken, s. a. Gefäßnervenleitplatte
Leptomorpher 526, 528, 535, 550, 564, 565, 567, 568, 569, 570, 572, 575, 577
Leptosomer 540, 554, 557, 558, 559, 560, 561, 564, 566, 586

Letalfaktoren 547
Leukocytenzahl 537, 538
Levator prostatae 292, 296, s. a. M. l. p.
Levatorschenkel 279, 291, 295, 296, 297, 312, 515, 517
Levatorschlitz 295, 297
Levatortor 279, 280
Leydigsche Zwischenzellen 395, 411, 422, 423, *439*, s. a. Testis
— —, androgene Wirkung 444
— —, Einschlüsse 443
— —, Elektronenmikroskopie 440
— —, endoplasmatisches Reticulum 439, 440
— —, Histiocyten 439
— —, Kaninchen 439
— —, Mitochondrien 441
— —, Topographie 443
— —, Typen 439
Leyomyoblasten 185
Lidspalten, weite 542
Ligamentum arcuatum pelvis 284, 381
— — pubis 284, 360, 510
— arteriae umbilicalis 256, 257, 275, 301, 304, 501
— cardinale 232, 235, 241
— Collesi 296
— elasticum interuretericum 275
— epididymidis inf. 391
— — sup. 391
— falciforme (Henle) 479
— fundiforme penis 325, 326, 357, 376, 382, 383
— hepaticorenale 88
— hepatoduodenale 93
— hepatorenale 88
— iliopectineum 479
— inguinale 479, 480, 483, 484, 485, 488, 489, 491, s. a. Leistenband
— — reflexum 480
— intercrurale penis 360, 384
— interfoveolare (Hesselbach) 480, 492, 494
— interlacunare 479
— ischioprostaticum 291, 295
— lacunare (Gimbernati) 480, 483, 484, 485, 488
— latum, feminine Pseudohermaphroditen 134
— — uteri 134, 244
— longitudinale commune 227
— Mackenrodt 304
— pectineale Cooperi 480, 483, 484
— pectiniforme 345
— phrenicolienale 90
— phrenicosuprarenale 136
— praeurethrale 284, 312, 318, 510
— pubicum (Cooperi) 480
— puboprostaticum 298, 302
— pubovesicale 253, 254, 257, 301, 302, 306, 318
— rectouterinum 512
— rectovesicale 235, 253, 512
— reflexum (Collesi) 256, 480, 485, 488, 490, 492

Ligamentum sacrospinale 283, 297, 298
— sacrospinosum 280, 516
— sacrotuberale, Proc. falciformis 373
— sacrotuberosum, Proc. falciform. 308
— scrotale testis 403, 480
— scroti 49
— souspubien 284
— suspensorium ovarii 235
— — penis 325, 326, 357, 376, 381, 382, 383, 384
— — —, Fibrae profundae int. 383
— — —, laterale 383
— — —, mediale 383
— — —, superf. elasticum 383
— teres hepatis 277, 511
— — uteri 304
— transversum pelvis 284, 295, 318, 336, 381
— — perinei 337
— — praeurethrale 381
— umbilicale 240, 245, 257
— — laterale 254, 256, 257, 480
— — mediale 275, 480
— urachi 253, 254, 255, 264, 275
— uteroinguinale 304
— uterovesicale 253
— vaginale 392, 480, 481, 486
— vesicale mediale 275
— vesicorectale 241
— vesico-umbilicale 254, 275
— — laterale 501
— — mediale 253
— vesicouterinum 308
Ligula 246
Linea alba (Henle) 286, 382
— arcuata 228, 487, 490
— interureterica 47
— semicircularis Douglasi 487
— terminalis 228, 493
Lingua plicata 545
Linkshändigkeit 545
Lipofuscin 201
—, Reticularis, Nebenniere 153
Lipoide 195, 197, 203, 206, 219
—, Hoden 422, 423, 439
—, Prostata 469
Lipoidpigmente, Leydigsche Zellen 439
Lippenkerbe 545
Lissosphincter infraprostaticus 338
— urethrae 269, 270, 319, 320
— vesicae 338
Literatur, Ampulla ductus deferentis 500
—, Bindegewebe des Beckenbodens 312
—, Blutgefäße 511
—, Ductus ejaculatorius 500
—, Entwicklung der Harn- und Geschlechtsorgane 50
—, Harnblase 277
—, Harnleiter 249
—, Hoden 407
—, Hoden und abl. Samenwege, mikroskopische Anatomie 472
—, Innervation, Beckenorgane 517
—, Konstitution 587
—, Leistenkanal, Mann 494

Literatur, Lymphgefäße 511
—, Muskulatur (glatt) des Beckenbodens 312
—, Nebenniere 169
—, —, Anatomie 143
—, —, —, mikroskopische 169
—, —, mikroskopische Anatomie 169
—, Nebenhoden 407
—, Nerven 517
—, Niere, makroskopische Anatomie 115
—, —, mikroskopische Anatomie 220
—, Penis 387
—, Prostata 341
—, Samenwege, mikroskopische Anatomie 472
—, Ureter 220, 249
—, Urethra feminina 323
—, — masc., Pars cav. 355
—, — —, Pars prostatica 341
—, Vesicula semin. 500
Littresche Drüsen 354
lobe utriculaire 335
Lobulus epididymidis 394
— testis 393
Lobus renalis 25
Longitipi 72
Longityp 560
Longitypus mikrosplanchnicus 550
Lordose 545
—, Lendenwirbelsäule 541
Lückenschädel, kongenital 544
Luette vesicale 260
Lumbalhernien, Entstehung 85
Lungenanlage 11
Lungentuberkulose 558
Luteinisierungshormon 395
Luxation, habituell 545
—, Hüftgelenk 545, 546
—, kongenital 545
Lymphdrüsenschwellungen 541
Lymphgefäße, Beckenboden 304
—, Harnblase 510
—, Harnröhre 510
—, Nebenniere 141, 150
—, Niere 107
—, Nierenbecken 108
—, Nierenkapsel 108
—, Prostata 471
—, retroperitoneal 110
—, Strömungsrichtung 109
—, Testis 417
Lymphknoten, s. a. Nodi lymphatici und Lymphonodi
—, Beckenboden 304
—, interaortokavale 181
—, lateroaortale 181
—, Nebenniere 141
—, präaortale 181
—, präkavale 181
Lymphocytose 543
Lymphoglandulae, s. auch Nodi lymphatici
— lumbales 108
Lymphogranulomatose 541
Lymphonodi, s. auch Nodi lymphatici
— anuli inguin. 493

Lymphonodi epigastrici inf. 511
— hypogastrici 381, 511
— iliaci 511
— inguinales 382
— —, Tractus horizontalis 407
— lumbales 108
— mediastinales posteriores 141
— prae-aortales 141
— vesicales ant. 510
— vesicales lat. 510
Lymphonodus umbilicalis 511
Lymphräume 31
Lysosomen, Hodenepithel 439

Macula densa 183, 187, 207, 208, 209
Maculazellen 208
Magen 76, 87, 142, 541
—, Fundus 90
Magenstörungen 543
Magerkeit 540
Makromastie 545
Makroskele 549, 560
Malpighische Körperchen 181, 182, 183, 187, 194, 195
Mamma, Differenzen 544
Mammadefekte 545
Marchandsche Nebennieren 134
Markkanälchen, Anlage 27
Markpyramide 65
Markstränge 48
Markstrahlenläppchen 67
Marksubstanz, Bildung 28
—, Grenzschicht 65
—, Nebenniere 128
Maskulinismen, Frau 556
Massa adiposa pararenalis 76, 77, 78, 84
— fibrosa 282
— perinealis 279
Mastzellen, Testis 411
Maßmethoden, Konstitution 550
Mediastinum testis 400, 401, 403, 414, 416
Medikamentenwirkung, Konstitution 529
Medulla oblongata 536
Megaureter 249
Melancholiker 519
Melanin, Reticularis, Nebenniere 153
Membres 550
Membrum virile 357
Menarche, späte 543
Meningitis, abakteriell 532
Menstruationsstörungen 545
Mérysche Drüsen 350
Mesangium 194
Mesatiskele 549
Mesenchym 48
Mesenterium 15, 236
Mesocola, Nervengeflecht 112
Mesocolon 77
— ascendens 74, 227
— descendens 74, 227
— sigmoideum 246
Mesocystium 47, 257
Mesoderm 4, 10, 11, 12
—, parietales 11
—, viscerales 11

Mesoileum 236
mesomorphe Komponente 562
Mesomorpher 551, 552, 564, 570
mesonephrogenes Gewebe 22, 23
mesonephrogener Gewebsstrang 13
Mesonephros, s. a. Urniere 10, *13*, 172
Mesorchium 392, 400, 477
Mesosigma 238
Mesosigmoideum 236
Mesostenium 227, 234, 238
Mesourachium 47, 257
Mesoureter(um) 242
Mesureter *244*
Mesuretericum 245
Metaboliten 438
metanephrogener Strang 22
metanephrogenes Gewebe 18, *22*, 23
— —, Differenzierung des Nierengewebes 24
Metanephros 172
Methoden der Körperbaubestimmung *572*
Metrix-Index 577
Metromorpher 564, 565, 575, 586
Metroplastischer 586
„microbodies" 200
middle umbilical ligament 275
Migräne 531, 532, 533, 534, 539
Mikrocephalus 544
Mikromastie 545
Mikroskele 549
Mikroskopische Anatomie, Epididymis *447*
Mikrovilli 196, 198, 206, 208, 212
—, Epididymis 454
Milchschorf 531
Milz 83, 87, 90, 531, 541
—, Gefäße 137
—, Hilus 90
Milzanlage, Kontakt mit Hoden 48
—, — — Keimdrüse 48
—, — — Ovar 48
Mitochondrien 186, 188, 189, 192, 193, 200, 202, 206, 207, 212, 219
—, Epididymis 450
—, Fasciculatazellen, Nebenniere 153
—, Hoden 423, 426, 434
—, Nebenniere, Reticulariszellen 153
—, —, Rinde 157
Mittelstück, Niere, Histologie *206*
Mittelstückzellen, elektronenoptisch 207
mittlere Formen, Problem der 561
Modalität, konservative 569
Mongolenfalte 545
Mons pubis 383, 384, 385
— —, Lage des Processus vaginalis 49
Morphinismus 524
Müllerscher Gang 13, 20, 25, 26, 31, 34, 35, 36, 37, 39, 391, 446
— —, Beziehung zu Wolffschem Gang 45
— —, Entwicklung 45
— —, Epithel 45
— —, erste Anlage 45
— Hügel 36, 37
Müllersches Epithel 46
Mündung des Wolffschen Ganges 21
Mucicarmin 353

Mucine 212
Mucoide 219
Mucopinocytosebläschen 201
Mucopolysaccharide 190, 212
Mucoproteine 195, 197
Muscle de Guthrie 339
Musculus abdominis obl. ext., Aponeurose 382, 481, 483, 490, 494
— anococcygeus 292
— arcuatus ext. 268, 269 -
— bulbo-cavernosus 279, 286, 287, 290, 292, 294, 295, 308, 339, 352, 353, 360, 372, 382, *384*, 517
— —, Arterien 373
— —, Raphe 385
— — prof. 288
— coccygeus 280, 296, 297, 516
— cremaster 403, 481, 489, 490, 491, 493, 494
— —, Innervation 404
— — int. 403, 415
— deferentiovesicalis 267
— erector spinae 76, 85, 86, 126
— — trunci 85, 86, 126
— glutaeus max. 308
— gracilis 360
— iliacus 483
— iliococcygeus 283
— iliopsoas 483
— interfoveolaris (Hesselbach) 480, 492
— ischiocavernosus 353, 360, 382, 383, *384*, 517
— —, Arterien 373
— ischiococcygeus 283
— latissimus dorsi 76, 84, 85, 86
— levator ani 36, 258, 267, 279, *280*, 290, 291, 297, 374, 516
— — —, Arcus tendineus 280, 281, 506
— — —, fascia mediocranialis 283
— — —, Fascia sup. 291
— — —, Fascie *296*
— — —, Pars ischiococcygea 283
— — —, — pubica 280, 281
— — — fornicis 74
— — — prostatae (Santorini) 279, 280, 282, 290, 291, 312
— — — vaginae 282, 294, 312
— longitudinalis ant. vesicae 277
— — post. vesicae 318
— — urethrae 296
— — vesicae ant. 336, 337
— — — post. 336, 338
— obliquus abdominis externus 84, 85, 86, 87, 480, 488
— — — —, Aponeurose 382, 481, 483, 490, 494
— — — internus 84, 85, 86, 481, 487, 488, 490, 494,
— — vesicae 266
— obturator int. 280, 281, 308
— obturatorius, Fascie 308
— piriformis 307
— psoas 80, 84, 227, 232, 234, 403, 483
— — maior 76
— pubococcygeus 280, 283, 297

Musculus puboprostaticus 298, 302, 312
— puborectalis 283, 288
— pubovesicalis 267, 282, 283, 287, *302*, 303, 312, 336, 508
— pudendalis 517
— pyramidalis 487
— quadratus lumborum 76, 78, 79, 80, 81, 84, 87
— rectococcygeus 283, 297, 310, 312
— rectoperinealis 312
— rectourethralis 279, 282, 290, 291, 292, 294, 296, 300, 310, 352
— — inf. 290
— — sup. 290, 307
— rectovaginalis 294
— rectus abdominis 256, 487, 489, 493, 494
— rhabdosphincter s. a. Rhabdosphincter 322
— — infraprostaticus 295
— — urethrae 322
— — urethrovaginalis 322
— serratus posterior inferior 76, 85, 86, 87
— sphincter s. a. Sphincter
— — ani 279, 308
— — — ext. *287*, 517
— — — — superf. 287
— — — prof. 280, 281, 287, 290, 292, 308
— — — subcutaneus 287, 294
— — — superf. 279, 287, 294
— — cloacae 517
— — fornicis 218
— — papillae 74
— — recti 283
— — urethrae 279, *283*, 284, 286
— — — atque vaginae 322
— — — ext. 286
— — urethrovaginalis 322
— — urogenitalis 282
— — vaginae atque urethrae 322
— — vagino-urethralis 322
— tensor fasciae pelvis 297
— transversus abdominis 31, 74, 80, 84, 85, 86, 87, 481, 487, 488, 491, 494
— — —, Aponeurose 487
— transv. perinei 517
— — — profundus 279, 280, *283*, 284, 285, 287, 290, 295, 318, 319, 322, 352, 374, 375, 517
— — — —, Fascia inf. 288
— — — —, Fascie *295*
— — — superf. 279, 282, 385
— triangularis infundibuli 275
— trigonalis vesicae 336, 506, 515
— uretericus s. triangularis infundibuli 275
— ureterum 270, 275
Muskel, Dissescher 74
—, Henlescher 74
Muskeldystrophie, erbliche 520
—, progressive 523
Muskelkrämpfe 543
Muskelzellen, glatte, in Gefäßwänden 179, 185, 187
Muskulatur 569
—, Beckenboden *279*

Muskulatur, Beziehung zur Niere 80
—, hypoton 543
—, Nierenbecken 74
Mydriasis 536
Myocoel 13
Myofibrillen 186
Myopie 522, 545

Nabel 485
Nabelarterien 254
Nabelschnur 29, 30, 46
—, Entfernung vom Geschlechtshöcker 47
Nachniere (Metanephros) 1, 10, 172, 173
—, Amniota 10
—, Anlage 23
—, erste Entwicklung 22
—, Glomeruli in 33
—, Reptilien 10, 172
—, Säuger 10, 172
—, Sekretion 28
—, Vögel 10, 172
—, Wanderung 23
—, weitere Entwicklung 24
Nachnierenanlage, Durchwandern 19
—, Ureterknospe in 18
Nachnierenblastem 24
Naevus pilosus 545
— pigmentosus 545
Nahrungsverwertung, Konstitution 529
Nanosomia primordialis 543
Narben 522
Nase, Vergrößerung 541
Nasenschleimhaut 358
Nates, Fettansatz 542
Nebenhode 389
Nebenhoden 17, 49, 50, 147, 389, s.a. Epididymis
—, Arterien 400
—, Ductuli aberrantes 393
—, Ductuli efferentes 394
—, Entwicklung 47
—, Kanalsystem, Zellaufbau 395
—, Parenchym 392
—, Schnitt 401, 413
—, Schwanz 242
Nebenhodengang 50
Nebenhodenkörper 395
Nebenhodenkopf 48
Nebenhodenschweif 395
Nebenniere 23, 26, 78, 79, 87, 88, 90, 92, 109, 114, 181, 539, 541, s.a. Suprarenalis od. Glandula suprarenalis
—, adrenales und interrenales System 132
—, akzessorische 133, 135, 147
—, —, Interrenalkörper 133
—, —, Rindenknötchen 134
—, Anatomie, Literatur 143
—, —, makroskopische 125
—, —, mikroskopische 146
—, —, Literatur 169
—, Apex 84, 126, 128, 131, 139
—, Aa. perforantes 148
—, Arterien 137, 148, 149
—, Arteriolen 148

Nebenniere, base measurement 131
—, Basis 137
—, Bindegewebskapsel 151, 153
—, Blutströmung 148
—, Blutversorgung 137
—, Capillaren 148
—, Capsula 132
—, Capsula adiposa 146
—, — atrabilaria 132
—, — fibrosa 136
—, Capsule 132
—, cercle arteriel péricapsulaire 140
—, chromaffine Paraganglien 133
—, — Zellen 147
—, chromaffines Gewebe 133
—, Chromaffinität 133
—, Dickenvariabilität 130
—, Drosselvenen 150
—, Duplizität 135
—, Durchschnittsgewichte 130
—, Einstellung und Form 125
—, Elektronenmikroskopie 152
—, Entfernung 148
—, Entwicklung 147
—, Face antéro-externe 125
—, — postéro-interne 127
—, Facies anterior 125, 126, 127, 128, 129, 130, 131, 137, 138, 140
—, — —, bei Eurysomen 126
—, — —, bei Leptosomen 126
—, — cavalis 126, 128, 129
—, — posterior 126, 127, 128, 129, 130, 131, 136, 138
—, Fältelung 132
—, Farbe 132
—, Fascie 146
—, Fettkapsel 136
—, Fissur 127, 128, 129, 131, 140
—, —, basal 139
—, Frau 132
—, Frühgeburt 131
—, Furchen 126, 127, 128, 140
—, Ganglienzellen 163
—, Gefäßversorgung 137, 148, 179
—, Gewicht 130, 131, 146
—, — und Maße 129
—, Gewichtsvariabilität 129
—, Größe 131
—, Größenvariabilität 125
—, Haie 146
—, Heterotopien 135
—, Hilus 127, 128, 139, 140, 150
—, Histologie 146
—, Hormone 150
—, — bei Nagern 159
—, Innervation 142
—, inverted cortex 152
—, Involution post partum 147
—, juxta-adrenale Rindenknötchen 135
—, Kapseln 136
—, Knaben 132
—, Knochenfische 146
—, Körpergewicht 130
—, Literatur 169
—, Lymphgefäße 141

Nebenniere, Lymphknoten 141
—, Mädchen 132
—, Mann 132
—, Marchandsche 134
—, Margo lateralis 126, 127, 128, 138, 139
—, — medialis 126, 127, 128, 138, 139, 140
—, Mark 132, 133, 134, 153, 168
—, —, Arterien 150
—, —, Capillaren 150
—, —, chromaffine Paraganglien 161, 168
—, —, — Zellarten 168
—, —, Chromreaktion 148
—, —, Cytologie 161
—, —, Elektronenmikroskopie der Zellen 168
—, —, Entwicklung 169
—, —, Fixierung 164
—, —, fuchsinophile Zellen (F-Zellen) 168
—. —, Geschichte 161
—, —, Glomerulosa- und Fasciculatazellen 164
—, —, Hund 168
—, —, Innervation 142
—, —, Kaninchen 168
—, —, Katze 168
—, —, Maus 168
—, —, Meerschweinchen 168
—, —, phäochrome Paraganglien 161
—, —, pikrinophile Zellen (P-Zellen) 168
—, —, Ratte 168
—, —, Sinusoide 163
—, —, Venen 153
—, Marksubstanz 128, 146, 148, 162, 163
—, Markzellen 147, 161, 163
—, Massenverlust 131
—, Maße 131
—, Meerschweinchen, Lipoide 160
—, Mikrovilli der inkretorischen Zellen 148
—, Negride 130
—, Neonatus 131
—, Nerven 150, 151
—, —, Reizung 164
—, Nervensystem 148
—, Nervenverbindungen 141
—, niedere Wirbeltiere 146
—, Nierengefäße 137
—, Oberfläche 132
—, parasympathische Fasern 142
—, phäochromes Gewebe 133
—, präcapillare Anastomosen 140
—, progressive postnatale Organentwicklung 131
—, Querschnitt 152, 153
—, Ratte, Rindencapillaren 149
—, —, subcapsulärer Arterienplexus 149
—, Reptilien 146
—, Rind 164
—, Rinde 132, 133, 134, 146, 543
—, —, äußeres Transformationsfeld der Fasciculata 159
—, —, Aldosteron 159
—, —, Alterungsprozeß 157
—, —, Anatomie, mikroskopische 146
—, —. Anlage 147
—, —, Cholesterin 152

Nebenniere, Rinde, Cytologie 151
—, —, — bei Tieren (TONUTTI) 159
—, —, DPN 157
—, —, dynamische Morphologie bei Tieren (TONUTTI) 159
—, —, Einfluß des ACTH 159
—, —, endoplasmatisches Reticulum 157
—, —, Entstehung aus Coelomepithel 158
—, —, — der Zellen 158
—, —, Esterase 157
—, —, Fasciculatazellen 147
—, —, Fettverteilung 150
—, —, Gewicht unter ACTH 158
—, —, Gitterfasern 157
—, —, Glomerulosazellen, Entstehung 158
—, —, Hormone 152
—, —, inneres Transformationsfeld der Fasciculata 160
—, —, Innervation 142
—, —, Lipide 157
—, —, Lipofuscin 153
—, —, makroskopische Anatomie 146
—, —, Melanin 153
—, —, Mitochondrien 157
—, —, — unter ACTH 158
—, —, mitotische Zellteilung 157
—, —, morphokinetische Reaktion unter ACTH 158
—, —, paraplasmatisches Fett 152
—, —, Phosphatasen 157
—, —, progressive Transformation unter ACTH 159, 160
—, —, Reaktion auf ACTH 158
—, —, regressive Transformation 160
—, —, — — unter ACTH 159, 160
—, —, Ribonucleotide 157
—, —, Steroidhormone 152
—, —, Struktur 159
—, —, Succinodehydrogenage 157
—, —, TPN 157
—, —, vergleichende Anatomie 146
—, —, versprengte 152
—, —, Zellmigration 158
—, —, Zellorganellen 157
—, —, Zellregeneration 157
—, —, Zellwanderung 157
—, —, Zona arcuata 151
—, —, — fasciculata 151, 152, 153, 155, 157, 163
—, —, — germinativa 157
—, —, — glomerulosa 151, 152, 153, 154, 157
—, —, — multiformis 151
—, —, — reticularis 152, 153, 156, 157
—, —, Zonengliederung 151
—, Rinde-Mark-Index 132
—, Rindenmarkgrenze 164
—, Rückbildung der Paraganglien 133
—, Säuger 146
—, Sauropsiden 146
—, Sexualdimorphismus 132
—, Sinusoide 148, 150
—, Skeletotopie 146
—, Substantia medullaris 152
—, Sympathicus 133, 142

Nebenniere, sympathische Fasern 142
—, Tela urogenitalis 136
—, Teleostier 146
—, Teil- an Leber 136
—, Topographie *136*
—, Vagus 151
—, Variabilität 125
—, Vascularisation *148*
—, Vena centralis 150, 152
—, — medullaris 152
—, Venen *140*, 149
—, Vergrößerung in Schwangerschaft 130
—, versprengte Rinde 152
—, viscerosensible Fasern 142
—, Vögel 146
—, Zentralrinde 152
—, Zentralvene 127, 128
—, —, Intimapolster 149
—, Zona fascicularis 128, *132*
—, Zona glomerulosa 128, *132*
—, Zona reticularis 128, *132*, 152
Nebennierenanlage 48
Nebennierenarterien s.a. Art. 140
Nebennierenausfall, Kompensation 135
Nebennierengefäße, Adventitia 78
Nebennierenreste, Testis 446
Nebennierenrinde, Überfunktion 540
Nebennierenrindengewebe, akzessorisches 134
Nebenschilddrüse 539
Nebenzwischennieren 133
Neger 573, 579
Nephrangiographie, intraoperative 100
Nephrektomie 403
—, Arteriae suprarenales 139
Nephritis, Oedeme 540
nephrogener Strang 13
nephrogenes Blastem 25
— Gewebe 25, 26, 27
Nephron 27, 28, 172, *181*
—, Abschnitte 181
—, aglomerulär 203
—, Differenzierung 25
—, erstes 24
—, Form 181
—, Histologie *181*
—, Lage 181
—, Verbindung mit Sammelrohr 28
Nephronbläschen 25, 27, 28
Nephronkanälchen 25
Nephroptose 80
Nephrostom 11
Nephrotom s. Ursegmentstiel
—, 10, 12, 13, 172
Nephrotomie, Schnittführung 97, 98, 99, 100, 101
—, Venen 105
Nerven, Beckenorgane *512*
—, Hodensackinhalt 403
—, Niere *110*
—, pelvine 110
—, periphere 541
Nervengeflecht, abdominales 110
Nervengeflechte, Beckenboden 304
—, retro-peritoneale 111

Nervenverbindungen, Nebenniere *141*
Nervi erigentes 471, 512, 515
— intercostales 79
— lumbales, Ramus communicans 77
— pelvici 305
— renales *110*
— sacrales 471
— splanchnici imi 110
— — lumbales 110
— — maiores 110
— — minores 110
— suprarenales *141*
— testis *417*
— vagi 110
Nervus corporis cavernosi 517
— dorsalis penis 284, 376, 377, 382, 383, 517
—, femoralis 483
— genitofemoralis 77, 79, 84, 112, 234, 246
—, Ramus femoralis 246, 494
— —, — genitalis 246, 403, 407, 480, 481, 493
— hypoglossus 11
— iliohypogastricus 77, 79, 83, 84, 87
— ilioinguinalis 77, 83, 84, 87, 407, 418
— intercostalis 77
— levatoris ani 514, 516, 517
— m. coccygei 516
— obturatorius 228, 230, 246, 306
— pelvicus 466, 512, 514, 515, 516, 517
— phrenicus 142
— praesacralis 110
— prostaticus 515, 517
— pudendus 308, 372, 407, 418, 517
— scrotalis ant. 407
— — post. 407
— spermaticus ext. 480
— splanchnicus 141, 150
— —, Durchschneidung 151
— — imus 114, 142
— — lumbalis 112, 113, 114, 512
— — maior 112, 113, 114, 115, 136, 142
— — minor 112, 114, 136
— — thoracalis 114
— subcostalis 77, 79, 82, 83, 84, 87
— sympathicus 169
— vagus 111, 113, 115
— vesicalis inf. 514
— — sup. 514
Neuralgien 533
Neuralpathologie 536
Neuralplatte 2
Neuralrohr 3, 4, 544
Neurinomschmerz 524
Neuritis, rheumatisch 532
Neuroarthritismus 532
Neuronen 438
Neuropathie 547
Neuroporus 3
Neurose 543
—, vasoconstrictorische 539
—, vasodilatatorische 539
Neutralfette 213
—, Prostata 469

Sachverzeichnis

Niere 126, 134, 135, 136
—, Absinken 81
—, Abflußbehinderung 93
—, Anatomie, makroskopisch, Literatur 115
—, —, mikroskopische *172*
—, Aplasie 137
—, Area 97, 98, 101
—, — cribrosa 65
—, Arteria corticalis radiata 177
—, — perforans 83
—, Arterie s. auch unter Arteria
—, Arterien, im Parenchym *103*
—, Arterienramifikation *95*
—, Arteriensektoren 101
—, Ascensus 146
—, Becken, anatomisches 71
—, —, halbes 71
—, Beckentypen *71*
—, Beziehungen nach dorsal *82*
—, — nach ventral *87*
—, — zu Wirbeln 81, 82
—, — zur Muskulatur *80*
—, — zur Nebenniere 125
—, Bindegewebe *213*
—, Bindegewebskapsel, Blutgefäße *179*
—, Bloodless zone 97, *99*, 101
—, Blutgefäße *91*
—, Bügelcapillaren 175
—, Calix *67*, 70
—, — maior 68, 71, *73*
—, — minor 68, 71, 73
—, Capillarnetze 179
—, Capsula adiposa 78, 79, 80, 83, 84, 88, 89, 146, 177
—, — fibrosa *75*, 79, 177
—, Columna Bertini 66, 96, 101, 103, 105
—, Cortex 66
—, — corticis 66
—, — sensu strictorii 66
—, Ductus papillares 65
—, Durchblutung 177, 179
—, Dystopie 173
—, Ebene *99*
—, Endarterie 104
—, endarterielles System 99
—, erste Anlage *10*
—, Fascia anterior 136
—, — posterior 136
—, Fascie 146
—, Fettkapsel, Gefäße *106*
—, Filtration 189, 194
—, Fornix *67*
—, —, Form 70
—, —, Kelch ohne 70
—, —, Kragen des 70
—, Gefäßbaum 176
—, Gefäße, dorsale Renculusreihe 101
—, —, Korrosionsbaum 98
—, —, Polgebiete 101
—, —, Stämme der *91*
—, Gefäßläppchen 67
—, gestreckt 581
—, Gewichte 55
—, Glomerula 176
—, Hilus *57*, 78, 80

Niere, Hilus, Becken *73*
—, —, Diaphragma 80
—, —, hintere Lippe 73
—, Hiluslippe, vordere 73
—, Hinterlappen 64
—, Höhenlage 81
—, Impressio hepatica 91
—, Innervation *214*
—, juxtaglomeruläre Rindenzone 179
—, Kapsel 213
—, Kapselgefäße 179
—, Kelche, Ordnung 73
—, —, pluripapillär 70
—, —, subpapillärer Raum 70
—, —, unipapillär 70
—, Kelchformen 69
—, Kelchgruppen *73*
—, Kelchisthmen, Muskulatur 74
—, Korrosionspräparat 178
—, Labyrinth 175
—, Läsion 82
—, Lappen- 62
—, Literatur 220
—, Lymphgefäße *107*
—, —, Beziehung zu anderen Organen 109
—, Lymphsystem 180
—, lobes, hilar 63
—, —, lower 63
—, —, upper 63
—, lobules 63
—, Lobulus 63, 66
—, Mark *58*, 60
—, —, Außenstreifen 65
—, —, Außenzone 65
—, —, Innenstreifen 65
—, —, Innenzone 65
—, —, zone basale 65
—, —, — centrale 65
—, —, — papillaire 65
—, Mark-Rinden-Grenze 65
—, Markstrahlen 66
—, Markstrahlenläppchen 67
—, Marksubstanz *65*
—, Massenverhältnis Mark-Rinde 67
—, Maße 55
—, median vein 105
—, mikroskopische Anatomie, Literatur 220
—, Mittelzone 101
—, natürliche Teilbarkeit 98, 101
—, Nerven *110*
—, Ontogenese 172
—, Organeindrücke *90*
—, Orientierung 55
—, Papille 58, 60, 61, *64*, 69
—, —, Biskottenform 64
—, —, einfach 64
—, —, Kleeblattform 64
—, —, Porenfeld 64
—, —, Sattelform 64
—, —, zusammengesetzte 64, 65, 70
—, Parenchym *58*
—, Parenchymsektoren 101
—, Pelvis *67*
—, perivasculäre Spalträume *106*
—, Phylogenese 172

Niere, Polarterie 95
—, Pole 55, 61, 81
—, Processus medullaris 66
—, pyelo-venöser Reflux 106
—, Pyramide 58, 59, 60, 61
—, —, dorsale 101
—, —, ventrale 101
—, Renculus 62
—, —, Gefäßeintritt 93
—, respiratorische Verschieblichkeit 80, 227
—, Riesenpapille 70
—, Rinde 58, 60, 66
—, Rindenlabyrinth 66
—, Rindensubstanz 66
—, Rindenzone 177
—, Ruptur 78
—, Segment 97, 98, 99
—, —, antérieur 100
—, —, apical 100
—, —, inférieur 100
—, —, inferior 100
—, —, lower 100
—, —, middle anterior 100
—, —, postérieur 100
—, —, posterior 100
—, —, superior 100
—, —, upper anterior 100
—, Segmente und natürliche Teilbarkeit 97
—, Segmentalarterie 104
—, —, accessorische 101
—, —, supplementäre 101
—, Segmentalarterien, Stärke 100
—, Segmentalgefäß, Eintritt in Hilus 100
—, Sinus 57
—, — papillaire 70
—, Skeletotopie 81
—, Sphincter papillae 74
—, Spinalnerven 214
—, Stellula Verheynii 105
—, Subsegment 99
—, Substantia corticalis 66
—, Tela urogenitalis 74
—, Topik am Hilus 102
—, Topographie 80
—, —, Muskelbeziehungen 80
—, — zur Muskulatur 80
—, Totalpräparat 174
—, Tunica fibrosa 75
—, unrotiert, Becken 92
—, —, Sinus 92
—, Variabilität der Lage 81, 82
—, Vascularisation, feinere 175
—, Vena s. auch unter Vena
—, — corticalis radiata 177
—, Venen 104
—, Venenstern 104
—, —, Sammelvene 105
—, Venensystem, Geflechtbildung 104
—, Verschieblichkeit 80
—, Vorderlappen 64
Nieren, 541, 581
—, Leptomorphie 581
—, Pyknomorphie 581
—, Variationen 582

Nierenarterien, doppelte 81
—, Hemmungsbildungen 94
Nierenbecken 58, 67, s. auch Niere
—, Abflußhindernis 93
—, abnorme Absorption 106
—, Abstand zur Medianen 82
—, Ampulle 68, 71
—, anatomisches 67, 71
—, Arterien 179
—, Arteriolen 106
—, bassinet ampullaire 72
—, — ramifié 72
—, Form 582, 583
—, Gefäße 106, 216, 217
—, Gefäßüberlagerung 73
—, halbes 71
—, Hilusbereich 73
—, Histologie 215
—, Innervation 115
—, konservative Form 582
—, Lymphgefäße 108
—, Muskeln 74, 217, 218
—, ohne anatomisches 71
—, primitives 18, 19
—, propulsive Form 582
—, Ramifikation 69, 71
—, Ruptur, Überdruck 106
—, Sphincteren 217, 218
—, true pelvis 68
—, Typen 71, 72
—, Übergang in Ureter 73, 74
—, Varietäten 93
—, ventral gerichtet 81, 93
—, Zugang 73
Nierenbeckenanlage 24
Nierenbläschen 25, 26
Nierencyste, Entstehung 28
Nierengefäße, Abweichungen 91, 92
—, Adventitia 78
—, Anheftung an Fascien 94
—, Hund 179
—, Katze 179
—, Nebenniere 137
—, Wandaufbau 179, 180
Nierengewebe, histologische Differenzierung 24
Nierenkanälchen, Entwicklung schematisch 26
—, Histologie 195
—, weitere Entwicklung 24
Nierenkapsel, Lymphgefäße 108
Nierenkapseln 74
Nierenkelch 58, 67, 68, s. auch Niere
—, Äste 68
—, cupule papillaire 68
—, erweiterte Umschlagstelle 69
—, Formen 69
—, Fornices ohne Kelche 69
—, Fornix calicis 69
—, goulot 68
—, Gruppen 73
—, Hals 68, 69
—, Infundibulum 68
—, isthmus 68
—, Muskulatur 217, 218

Nierenkelch, neck 68
—, Ordnung 73
—, pied 68
—, tige 68
—, Trichter 68
—, Tube collecteur 68
Nierenlappen 63, s. Renculus
—, Pars caudalis 63
—, — cranialis 63
—, — intermedia 63
Nierenpapille 211, 212
—, Anlage 26
Nierenparenchym, Schwäche 583
Nierenstiel, Präparation 100
Nierenvene, dritte 92
Nilblau 441
Nodi lymphatici s. a. Lymphonodi und Lymphknoten
— — iliaci comm. 246
— — — int. 246
— —, interaortico-caval 108
— —, lateral caval 108
— — mediastinales posteriores 141
— — lumbales 246
— — —, left lateral 108
— — —, main vertical lymph channels 108
— — para-aortici 108
— — prae-aortales 141
— —, pre-aortic 108
— —, precaval 108
— —, post-aortic 108
— —, postcaval 108
— —, sacral promontory 108
Noradrenalin 168
Noradrenalinmark 164
—, Färbung nach Tramezzani 168
Normosthenie 553
Normotypus normosplanchnicus 548
Nucleinsäuren, Prostata 469
Nucleosid-Diphosphate 429
Nucleosid-Triphosphate 429
Nucleotidase 195, 201, 219, 263
Nuhnscher Fascientrichter 487
Nympholabialfurche 43, s. Sulcus nympholabialis
Nystagmus 545

Obstipation, spastische 536, 537
Ödem, Quinckesches 532
—, vasomotorisches 539
Ödembildung 525
Oesophagusmund 358
Oestrogene, Bildung in Nebenniere 159
Ohnmacht, Situations- 545
Ohren, Henkel- 545
Ohrläppchen, angewachsenes 545
Ohrmuschel, Satyrspitze 545
—, Vergrößerung 541
Oligochondroplasie 545
Ontogenese 569
Operation, perineal 307
Orchis 411
Organismus, Anlagedefekt 546
—, jugendlicher 569

Orificium praeputii 386
— urethrae cutaneum 324
— — externum 44, 324
— — internum 259, 324, 336
— vesicae 34, 37, 38, 46, 254, 259
— —, Entstehung 20
— —, Lageentwicklung 47
— vesicale 324
Os coccygis 283, 297, 310
— ileum, Linea terminalis 283
— —, bindegewebige Ergänzung 484
— ischium 384
— —, Tuber 295, 308
— pubis 267, 280, 283, 302, 306, 307, 310, 312, 360
— —, Corpus 494
— sacrum 283, 304, 305, 307
— —, pars lateralis 228
Osmium-Zinkjodid, Prostata 471
Osmiumsäure-Zinkjodid-Färbung 443
Osteopsathyrosis 545
Ostium renale ureteris 226
— urogenitale 42
Oüraque 275
Ovarialinsuffizienz 539
Ovarium 147, 181, 228, 235, 245
Oxalurie, familiäre 584
Oxycephalie 544
Oxydase, cytochrome 441

Pallatoschisis 545
Pancreas s. auch Bauchspeicheldrüse
Pancreas 26, 181, 541
Papille s. auch Niere
Papille 27, 58
—, zusammengesetzte 65
Paracystium 241
Paradidymis 17, *446*, 477
Paraganglien, chromaffine 515
—, Rückbildung 133, 134
Paraganglion 133
— aorticum abdominale 168
— — lumbale s. auch Zuckerkandlsches Organ 134
— suprarenale s. auch Nebenniere, Mark 168
Parametrium 235
paranephritische Eiterherde, Beziehung zu Lymphknoten 109
Paraophoron 17, 134
paraportale Zellen 187
pararenales Fett 79
Parasympathicus 551
—, sacraler 115
parasympathische Innervation 115
Paraureterieum 246
Paraurethralgänge 346
Paroóphoron 17, 134
Pars contorta 196, 198
— — I 182
— — II 206, 207
— iliaca lineae terminalis 228
— praeparatoria, Nebenhodengangszelle 455

40 Hdb. Urologie, Bd. I

Pars recta 198
— — I 182
— — II 206
— sacralis lineae terminalis 228
— secretoria, Nebenhodengangszelle 455
Partialkonstitution 522, 525
Partie accessoire bulbaire 352
— retromontale 324
Partnerwahl 546, 547
PAS 201, 203
— -Färbung, Acrosom 429
Patella, Defekte 545
pathologische Typologien *530*
Pelvis renis, s. a. Nierenbecken *67*
Pelzmützenbehaarung 544, 561, 566
Penis *357*, 506
—, Arterien, s. A.
—, Arterien *372, 377*
—, —, Schwellkörper *377*
—, Bänder (Wurzel) *382*
—, Corona glandis 361
—, Crura 286, 353, 365, 366, 375, 376, 380
—, Dorsum 357, 359, 376
—, Erektion 325, 384
—, Facies urethralis 357
—, Fascia *382*
—, Glans, s. a. Glans penis
—, Glans 35, 360, 361, *370*, 517
—, —, Bau *370*
—, —, Corona 361
—, —, Epithel 370
—, —, Neugeborenes 369
—, —, Präparation 359
—, Haut *385*
—, —, Drüsen 386
—, Hautverschieblichkeit 382
—, Lamina intracruralis 375
—, Literatur 387
—, Lymphgefäße *381*
—, Muskeln (Wurzel) *384*
—, Pars fixa 357
—, — libera 357, 382
—, — mobilis 357
—, — occulta 357
—, — pendula 324, 357
—, — perinealis 357
—, Pigment 386
—, Praeputium *385*
—, Radix 357
—, —, Bänder 383
—, Raphe 44
—, Schwellgewebe *357*
—, Schwellkörper *358*
—, —, Bau *361*
—, Schwellkörperarterien *377*
—, Schwellkörpervenen *379*
—, Septum pectiniforme 359
—, Sulcus coronarius glandis 361, 386
—, — dorsalis 359, 377
—, — urethralis 359
—, Synonyma 357
—, Tunica albuginea s. a. Tunica albuginea 359
—, Venen 493
—, —, Schwellkörper *379*

Penisknochen, Säugetiere 372
Penisknorpel, Rind 372
Peniswurzel, Bänder *382*
—, Muskeln *384*
Pericyten 187
Perinealkeil 279
Perineum 36, 37, 287, 352
—, Centrum *279*
—, Corpus 279
—, Raphe 44
Periorchium 480, 486, 493
Perirenalraum *75, 78, 79*
Peristaltik 551
Peristonspeicherung 200
Peritonealhöhle 87, 88, 90
Peritoneum 137, 141, 142, 146, 300, 301, 305, 306
—, Beziehung zur Harnblase 47
— parietale 93
— —, primäres 74
— —, secundäres 74
— — testis 480
— viscerale 87
— — testis 480
perivesicales Bindegewebe *300*
Perjodsäure 205
Pernionen 539
Petersche Kanälchengrenze 65
Pfortaderkreislauf 107
Phänotypus 521, 528
Phänotypus 519
phaeochrome Paraganglien, Nebenniere 161
phäochromes Gewebe, Nebenniere 133
— System 168
Phäochromoblasten 169
Phäochromocyten 169
Phäochromocytom 168
—, Elektronenmikroskopie 168
—, Schnitt 165, 166, 167
Phallus 43, 357
Pharyngitis 531
Phenolrot 203
—, Konzentrierung in Harnkanälchen 33
Phlegmatiker 519
Phosphatase, alkalische 197, 201, 263
—, Leydigzellen 439
—, saure 201, 206, 212, 429, 431, 439
—, —, Nierenkörperchen 194
—, —, Prostata 469
Phosphatasen 207, 219, 414
—, Nebenniere 151
—, —, Rinde 157
Phosphatide 213, 438, 441
—, Prostata 469
Phosphorsäureester 469
Photogramme, Körper 551
Pigment 201, 206
Pigmentbildung 524
Pigmentflecke 545
Pigmentgranula 201
Pikrocarmin 264
Pilocarpin 536, 537
Pinocytose 202
Pinocytosebläschen 414
Plastik-Index 577

Pleura 84
— parietalis 366
Pleurahöhle, Eröffnung 82
Plexus aorticus 400, 512
— — abdominalis 110, 113, 114, 115
— arteriosus subcapsularis suprarenalis 150
— coeliacus 214
— deferentialis 246, 418
— gastricus posterior n. vagi 113
— hypogastricus 110, 115, 246, 305, 307, 465, 471, 512, 515
— — inf. 512, 514
— — sup. 512
— iliacus 246
— intermesentericus 110, 113, 114
— lumbalis 246
— —, Ramification 83
— mesentericus inf. 512
— ovarici 246
— pampiniformis 403, 415, 417, 481
— pelvicus 230, 305, 307, 512, 514, 515, 517
— —, Verzweigung 513
— prostatico-deferentialis 418
— prostaticus 246, 471, 517
— pudendovesicalis venosus 283, 298, 302, 308, 381, 504
— rectalis 514
— — inf. 512
— — sup. 512
— renalis 110, 111, 112, 113, 114, 115, 141, 214
— retroglandaris venosus 369
— sacralis 372
— solaris 110, 115, 141
— spermaticus 114, 418
— — ext. 480
— subperitonealis venosus 507
— suprarenalis 112, 114, 141, 142, 150
— testicularis 246, 480, 481
— uretericus 112
— uterinus venosus 245, 246
— uterovaginalis 246
— venos. vaginalis 510
— — vesicae ext. 507
— — vesico pudendalis 507, 508, 509, 510
Plica epigastrica 480
— arteriae epigastricae 255, 256, 257
— — — inf. 480
— fossae navicularis 346
— genitalis 31
— inguinalis 49
— lacunae magnae urethrae 346
— lata 148, 242
— peritonealis 485
— rectouterina 512
— rectovesicalis 235, 257, 258, 512
— semilunaris 492
— — fasc. transv. 480
— suspensoria ovarii 242
— transversa 256
— transversalis peritonaei 234, 235
— umbilicalis lat. 254, 256, 257, 479, 480, 486
— — med. 254, 256, 275, 479, 480, 486

Plica ureterica 258
— urogenitalis 49
— vesicae transversa 256, 258
— vesico- umb. lat. 254, 255, 256, 275
— — med., s. a. Pl. umb. med. 255, 275
Podocyten 192
Polarterie, Niere 95
Polkissen 185, 187
Polröhren 19, 24, 25
Polydaktylie 545
Polymastie 545
Population 575
Porphyrie 584
porto-cavaler Shunt 107
postanaler Darm 6
Posturetericum 246
Poupartsches Band 480
Präparanten, Nebenhodengangszelle 455
Praeputium 42, 45, 377, *385*
—, Bildung 44
—, Cavum 369
Präspermatiden 425, 439
Praeuretericum 246
Preußisch-Blau 202
Priapus 357
Primärvarianten 568
primitives Nierenbecken *18*, 19
Primitivstreifen 2
Processus costarius vertebrae 77, 79
— falciformis lig. sacrotuberosi 308
— medullares Ferreini 62
— vaginalis peritonei 49, 50, 403, 477, 478, 480, 481, 485, 486, 487
— — —, Offenbleiben 406, 407
— — — apertus 406, 407
Prognathie 545
Prolaps, Beckenorgane 312
Promontorium 228, 512
pronephric ridge Heuser 11
Pronephros 10, 172, s. Vorniere
Prostata 246, 253, 254, 258, 264, 267, 269, 272, 280, 282, 283, 284, 287, 289, 290, 304, 307, 308, 326, 375, 395, 456, 460, 465, 496, 499, 500, 504, 506, 509, 510, 514, 515
—, akzessorische Drüsen 264
—, Anlage 39
—, Apex 298, 326, 336, 338
—, Arterien 471, 472, *501*
—, Atrophie 471
—, Basis 298
—, Capsula ant. 299
—, — lat. 298
—, — post. 298
—, Drüsen *330*, 469
—, Drüsengänge 325
—, Drüsenöffnungen 328
—, Entwicklung *37*
—, erste Anlage 36
—, Extremitas urethralis 326
—, Facies ant. 326
—, — post. 326
—, — pubica 326
—, — rectalis 326
—, — vesicalis 326
—, Fixation 298

Prostata, Gefäße 305
—, Glandulae submucosae 339
—, Isthmus 327
—, Kapsel 466, s. a. Prostatakapsel
—, —, Venen 467
—, Kastration 471
—, Kind 332, 470
—, Literatur *341*
—, —, mikroskopische Anatomie 472
—, Lobi 326
—, Lymphgefäße 382, 471
—, mikroskopische Anatomie *466*
—, Muskelfasern 39
—, Muskulatur *335*, 469
—, Nerven 471
—, Pars praeurethralis 326
—, — posterior 326
—, Partes laterales 326
—, Pubertät 470
—, Schnitt 467, 468
—, Situs 327
—, Venen *506*, 508
—, Vorderlappen 326
—, „weibliche" 315
Prostataadenom 586
Prostatacarcinom 586
Prostatadrüsen, angelegte 38
—, subcervicale 264
Prostatae inferiores 350
Prostatahypertrophie 585, 586
Prostatakapsel 279, 283, 289, 295, 296, *297*, 299, 300, 302, 307, 308, 312
Prostatakörper 469
Prostatasekret 469
Prostatasteinchen 469
Prostatektomie 300
—, lateraler Perinealschnitt 308
—, perineale 282, 307
prostato-vesical artery 504
Proteinmembran 212
Pseudohermaphroditen, feminine, Ligamentum latum 134
Psoas 80, s. auch M. psoas
—, Fascie 78
psychische Veränderungen 541
Psychopathie 547
Psychose 547
Ptose, Beckenorgane 312
Pubic arch 360
pubourethral ligament 318
Puls, schwach 543
Pyknica 553, 557
Pykniker 540, 553, 555, 557, 558, 559, 561, 564, 566, 573, 580, 586
Pyknomorpher 526, 528, 533, 535, 536, 550, 565, 566, 567, 568, 569, 570, 571, 572, 575, 577
Pyknomorph-Hyperplastischer 586
Pyramides renales, s. Niere, Pyramiden
Pyrgocephalie 544

Quercapillaren, Hoden 417
Quinckesches Ödem 532

Rachitis 543
Rachenfollikel, Hyperplasie 531
Rachenring, Hyperplasie 531
Ramus capsularis arteriae capsulo-adiposae renis 178
Raphe anococcygea 280, 283
— cutanea perinei 294
— m. bulbocavernosi 385
— penis 44
— perinei 44, 279, 294
— scroti 42, 44, s. a. Scrotum, Raphe
Rasse, dinarische 525
—, fälische 525
—, indogermanische 525
—, nordische 525
Rassen, Groß- 525
—, Klein- 526
Rassenkonstitution 525
Rassentypus 525
Raynaudsche Krankheit 539
Reaktionslage 540
Recessus costodiaphragmaticus 82, 83, 84
— duodenojejunalis 227
— funicularis 391
— hepatorenalis 88
— praevesicalis 301
Rectum 19, 23, 25, 30, 32, 35, 47, 230, 235, 254, 258, 279, 280, 287, 289, 290, 292, 294, 297, 305, 307, 310, 312, 326, 336, 465, 496, 501, 504, 512, 514
—, Flexura perinealis 290, 352
—, Gefäße 304
—, Sphincter 297
Rectumpfeiler 303, 304, 305
Rectumschleife 283
Rectusscheide 383
—, hintere 490
—, vordere 490
Reflux, pyelo-venöser 106
—, ureterorenaler 249
Regio inguinalis, Topographie 492
Rhabdosphincter diaphragmaticus 339
— infraprostaticus 287, 292, 336, 337, 339, 341
— prostaticus 287, 337, 339
— urethrae 286, 314, 317, 318, 319, 320, 322
— — infraprostaticus 285, 286
— urethrovaginalis 307, 317, 318
— urogenitalis 339
— —, Pars posterior 287
rheumatische Erkrankungen 531
Rheumatismus 532, 533, 558
Rhombus lumbalis 87
Reifezeit, verspätete 543
Reinkescher Kristall 440, 441
Relationspathologie 536
Ren lobatus 62, 63
— permanens, Ascensus 237
Renculi *62*, 175, s. auch Niernelappen
—, Entwicklung 62
—, Sektor 63
Reninproduktion 187, 189
Reptilien, Nachniere bei 10
respiratorische Arrythmie 536

Retardierung, sexuelle 543
Rete haemocapillare corticale superf. 363
— testis 17, 32, 48, 392, 393
— —, Anlage 48
— venosum corticale prof. 363
Retekanälchen 48
Reticulin 195
Retinacula cutis penis 385
Retractor uvulae 318, 336, 338
Retroperitonealraum 134
Retroperitonealregion 48
Retziussche Venen 141
Ribonucleinsäure (RNS), Bläschendrüse 465
— —, Nebenniere 151
— —, Spermatozoon 429
Ribonucleotide, Nebenniere, Rinde 157
Ribosomen 186, 188
—, Samenblase 465
Riesenwuchs, akromegaloider 561, 563
—, eunuchoider 563
Rippe 77
—, überzählige 545
—, Verdickung 541
Röhrenknochen, Defekte 545
Rothaarigkeit 526, 545, 546
Rückenmark 13, 14, 18, 358
Rückenmuskulatur, autochthone 85
Rudimentum proc. vaginalis 392
Ruffinische Endigungen 515
Rumpf, Asymmetrie 544
Rumpf-Schwanzfurche 4
Rumpfschwanzknospe 3, 4
Rundliche, fette 581
Rundrücken 578
Rute 357
Rutilismus 544

Saccus lienalis 90
Sacralnerven 465, 516
Sacralwirbel 280
Säuger, Nachniere bei 10
Salz-Wasser-Haushalt 211
Samenbläschen 258, 496
Samenblasen 256, s.a. Gland. vesic.
—, Entwicklung 40
—, mikrosk. Anatomie *462*
Samenepithel 411, 423
Samenflüssigkeit 324
Samenhilus 414
Samenhügel 472
Samenkanälchen, contractile Zellen 440
—, Epithel 414
—, Rückbildung 443
—, Wand 426
Samenkegel, Epididymis 448
Samenleiter 258, s.a. Duct. def.
—, Arterien *400*
—, mesodermale Wand 45
Samenstrang 392, 456, 457, 481, 483, 493, s.a. Funiculus spermaticus
—, Kind *476*
—, Arterien *400*, 406
—, Nerven 407
—, Schnitt 401

Samenstrang, Torsion 392
—, Venen 406
Samenwege, Literatur, mikroskopische Anatomie 472
—, mikroskopische Anatomie *411*
Samenzellen s.a. Spermien
—, indifferente 423
Sammelrohr 25, 26, 27, 181
—, initiales 183
—, Innervation 115
—, Verbindung mit Nephron 28
Sammelrohrsystem, Niere, Histologie *211*
Sanguiniker 519
Sattelnase 545
Satyrspitze, Ohrmuschel 545
„saure Kerne" 198
Scapula alata 544
Schädelnähte, Verknöcherung 542
Schädelumfang 541
Schaltlymphknoten 108, 109
Scharlachrot 441
„Schaltzellen" 213
Schiefhals 545
Schiffsches Reagenz 205
Schilddrüse 539, 541, 542, 551
—, Überfunktion 540
—, Unterfunktion 540
schizothyme Struktur 568
Schlaflosigkeit 545
Schlaganfall 522
Schalgvolumen 537
Schleimbeutel 306
Schleimhaut s. Organe
—, Harnblase *260*
Schleimhautstreifen, sog. medianer 45
Schlüsselbeine, Verdickung 541
Schnitt, Becken, männlicher Embryo 31
—, —, weiblicher Embryo 31
—, embryonale Lendenregion 25
—, — Niere und Urniere 26, 27
—, Glomerulum 184
—, Nebenniere 152, 153
—, —, Meerschweinchen 160
—, —, Rind 164
—, Nierenrinde 182
—, Phäochromocytom 165, 166, 167
—, Urethra 38, 39
—, Urogenitalfalte 17
Schock 192
—, allergischer 531
—, anaphylaktischer 531
Schulterbreite 576
Schwacher, kleiner 580
Schwachsinn 546, 547
Schwanz 357
Schwanzdarm 5, 6, 7, 8, 19
Schwanzknospe 6
Schweif 357
Schweiß 536, 542
Schwellkörper, Anlagen 36
Schwimmhautbildung 544
Schwindel 539
Scrotum 50, 287, 383, 385, 386, 387, *403*, s.a. Hodensack
—, Arterien 373

Scrotum, Cavum serosum 392
—, — —, Lamina parietalis 391
—, Gefäße 406
—, Hautdrüsen 405
—, Lymphknoten 403, 407
—, Nerven 407
—, Raphe 42, 44, 403
—, Schichtbau der Wand *404*
—, Septum 383, 403, 407, 493
—, Tasche 405
Sehnig-Hagere 581
Sekretion, Abflußwege des fetalen Harnes 28
—, Nachniere *28*
—, Urniere, zur Frage der *28*
Seminal vesicle 496
Semisphincter vesicae 268, 269, 338
— — ant. 269, 270, 271
— — post. 269, 270, 336
Senkfuß 545
Sensibilisierung 531, 532
Septa interpyramidalia 60
— pyramidis 60
Septula testis 48, 411
Septum anobulbare 288, 293, 294, 308
— anuli femoralis 480
— cloacae 8
— femorale (Cloqueti) 480, 483, 484, 485,
— glandis 372
— oesophagotracheale 9
— pectiniforme penis 359, 362, 376
— pyramidum 103
— rectovaginale 279
— rectovesicale 232, 234
— scroti s.a. Scrotum 403, 404
— supravaginale 308
—, thin perforated 78
— urethro-vaginale 37
— urorectale 1, 5, 8, 9, 30
— vaginae 545
Sertolizellen 392, 395, 412, 422, 423, 428, 429, *431*
—, annulate Lamellae 438
—, Desmosomen 432
—, Elektronenmikroskopie 433ff.
—, endoplasmatisches Reticulum 435
—, Entwicklung 49
—, Kontraktilität 438
—, Lamellen 438
—, Lysosomen 439
—, Tonofilamente 437
Sexualhormone, Bildung in Nebenniere 159
Sexualkonstitution, physisch 543
—, psychisch 543
sexuelle Retardierung 543
Sheldonsche Trias 564
SH-Gruppen 200
Sigma 181
Sinus afferens 183
— epididymidis 391, 477
— paranasalis 366
— phrenicocostalis 82, 83, 84
— pocularis 335
— prostaticus Morgagni 325, 328, 335, 336

Sinus renalis 59
— urogenitalis 8, 33, 35, 36, 38, 41, 45, 46, 324
— —, Anlage 34, 36
— —, Auskleidung 7
— —, Differenzierung 20, *34*
— —, Frau, Entwicklung *36*
— —, Hinterwand 37
— —, Modell 39
— —, Pars pelvina 35, 36, 37
— —, — phallica 35, 36, 40
— —, Schnitt durch 29, 30
Sinusepithel 46
Situationsohnmacht 545
Situs inversus 545
Skelet 569
Skenesche Drüsen 315
— Gänge 315
Skleren, blaue 545
Sklerotom 13
Skoliose 545
Skorbut 522
Skrofulose 531
Smith-Diedrich-Reagentien 210
Somatometrie von Sheldon, Kritik *562*
Somatotonie 552
Somatotypen 562, 563
Sonnengeflecht 110
Sparbrennerwirkung 568
spastisch-atonischer Symptomenkomplex 539
Spatia *305*
Spatium 290
— adiposum anobulbare 392
— anobulbare 308
— bulbocrurale 385
— decolabile rectobulbare 294
— — rectoprostaticum 300
— interfasciale 308
— — paraprostaticum 306
— — paraurethrale 306
— pararectale 304, 305, 307, 501
— paravesicale 290, 301, 302, 304, 305, 306, 309, 501, 510
— perirenale *75*, 76
— praeperitoneale 257, 305, 306
— praevesicale Retzii 257, 290, 302, 304, 306, 506, 510
— rectoprostaticum 234, 292, 300, 304, 305, 306, 307
— rectovaginale 304, 306
— retrorectale 290, 305, 307
— subfasciale 306, 308
— tendineum lumbale 86, 87
— urethrovaginale 308
— vesico-cervicale 304, 308
— vesico-cervico-vaginale 306, 307, 308
— vesicogenitale 307
— vesicovaginale 307, 308
Speichelfluß 536
Spermatiden 412, 422, 425, 426, 427, 428, 429, 438
—, Polarisierung 426
Spermatocyten 395, 412, 422, 425, 429, 432, 439

Spermatogenese s. a. Spermiogenese 395
Spermatogonien 392, 395, 411, 422, 423, 425, 429, 432, 437, 439
Spermatozoen, s. a. Spermien 411, 422
—, Feinbau 429, 430
—, Kopfkappe 427, 428
Spermien 392, 393, 394
—, eosinophile Schwanzmanschette 431
—, Galea capitis (Acrosom, s. d.)
—, Hals 431
—, Kopf 431
—, Mittelstück 431
—, Residualkörperchen 395
—, Schwanz 431
Spermiogenese 392, 395, 417, 423, *425*, 444
—, hormonale Steuerung 412
Spermiogonien, Entwicklung 49
Spermiohistogenese *426*
Spina bifida 544, 545
— iliaca ant. inf. 483
— — — sup. 481, 483
— ischiadica 230, 280, 283, 372
— ossis ischii 283
Spinalganglien 541
Spinalnerven, Niere 214
Spitzbogengaumen 544, 545
Sphincter 286, s. a. M. sphincter
— ani ext. prof. 287, 288
— — — subcutaneus 287
— — — superf. 287
— diaphragmaticus 322
— prostatae 320, 338
— recti 297
— trigonalis 269, 270, 271, 320
— urethrae 286, 515
— — ext. 286
— — int. 336
— — prostaticus 286, 287
— urogenitalis, Pars prostatica 286
— vesicae 36, 47, 267, 338
— — ext. 287, 338
— — int. 269, 270, 324, 338
Splanchnomegalie 541
Spongiocyten 151
Spreizfuß 545
Starke, große 580
Status 528
— dysraphicus 522, *544*, 585
— thymico-lymphaticus 135, 531
Sternum, Verdickung 541
Stereocilien, Epididymis 454
Steroidhormonproduktion 439
Stickstoffausscheidung 541
Stigmata 544
— degenerationis *544*
Stoffwechsel, Störungen 584
Strabismus 545
Strang, nephrogener 13
Stratum adiposum pararenocolicum 78
— externum muscularis vesicae 265, 272, 273
— medium muscularis vesicae 265, 268, 273
— plexiforme muscularis vesicae 270
— ureterolumbale 244

Streckung 565, 568, 571
Stroemgren-Index 578
Stroemgrensche Tabelle 574
Substantia corticalis s. Niere, Rinde
— medullaris s. Niere, Mark
Succinodehydrogenase 441
—, Nebenniere 151
—, —, Rinde 157
Sudan III 441
Sulcus coronarius glandis penis 360, 380, 382, 386
— — retroglandaris 380
— dorsalis penis 377
— nympholabialis 42, 43
— urethralis corp. cav. pen. 365
— urogenitalis 41
Suprarenal body 125
Sympathicotonie 536, 537, 538, 539, 557
Sympathicotonus 568
Sympathicus 514
Sympathicusanlage 169
sympathische Ganglien 133
Symphyse 37, 267, 280, 302, 304, 306, 325, 374, 381, 382, 383, 504, 506
Syndaktylie 545
Synophris 544
Synostosis ischiopubica 360
Systemkrankheiten 523

Tabes dorsalis 521
Tachykardie 536, 537, 542
Taenia hypogastrica 512
Teilungssporn, zwischen Ureter und Wolffschem Gang 19
Tela urogenitalis *74*, 75, 136, 289, 302, 306
Temperamente 519
Terminalbehaarung 572
—, exzessive 541
—, männlich, Bart 570
—, —, Rumpf 571
—, Zurückbleiben 542
Testis *389*, 411, 456, 487, 493, s. a. Hoden
—, Anhänge *445*
—, Appendix 391, 394, *446*, 477, 479
—, —, Fibrocyten 446, 447
—, —, Histiocyten 446, 447
—, Architektonik *411*
—, argyrophile Fasern 439
—, Biopsie 412
—, Blutgefäße *415*
—, Capillaren 417
—, Capillarsystem 416
—, chromaffine Körper 446
—, Descensus 481, *485*
—, —, unvollk. 542
—, Ductuli aberrantes 446, *447*
—, — efferentes, (s. a. dort) 446, *447*
—, ektodermale Bläschen 446
—, Elektronenmikroskopie 418, 426, 428, 429
—, Extremitas inf. 389
—, — sup. 389, 392
—, Facies lat. 389
—, — med. 389
—, fetal *417*

Testis, Fibrocyten 423, 446
—, Frosch 419
—, generative Zellen 425
—, Gerüstwerk *411*
—, Gewicht 411
—, Gubernaculum (s. a. dort) 389, 403, 487
—, Histiocyten 423, 446
—, Kanälchen *423*, 424, 425, 431
—, Kanäle 542
—, Kaninchen 432
—, Karyoplasma 428, 429
—, Keimzellenkerne 428, 429
—, Kind *476*
—, kindlich 417
—, Lamina visceralis 389
—, Literatur *407*
—, —, mikroskopische Anatomie *472*
—, Lobulus 393
—, Lymphgefäße *417*
—, Margo ant. 389
—, — liber 389
—, — mesorchicus 389
—, — post. 389
—, Maß 389
—, Mediastinum 393
—, mikroskopische Anatomie *411*
—, Nebennierenreste 446
—, Nerven 403, 415, *417*
—, Quercapillaren 417
—, Reifung des Parenchyms 422
—, Rete 392, 393
—, —, Appendix *446*
—, Retespalten 414
—, Rückbildungsveränderungen *444*
—, Samenepithel *423*
—, Septula 411
—, Sertolizellen *431*
—, Spermiohistogenese *426*
—, Stützzellen s. a. Sertolizelle
—, Tubulus contortus 411, 414
—, Tunica albuginea 392, 411, 412, 413
—, — propria 414
—, — vaginalis 389, 390
—, Venen 403
—, Wiesel 425, 440
—, Zwickelcapillaren 417
—, Zwischenzellen (Leydigsche Zellen) *439*
Testosteron 395, 411, 417, 439, 465
Tetanie, latente 543
Tetragonum lumbale 87
Thorax 564, 567
Thymus persistens 135
Topographie, Nebennieren *136*
—, Niere *80*
Torus interuretericus vesicae 258, 270, 275
— uretericus 258
Totenfinger 539
Tourneuxsche Epithelquaste 41
TPN, Nebenniere, Rinde 151, 157
Transversusarkade 481, 489, 492, 493, 494
Treitzscher Muskel 293, 294
Trema 545
Triangle lombo-costoabdominal 87
Trichterbrust 544, 545

Trigonum lumbale Petiti 85, 87
— urogenitale 325
— vesicae 34, 37, 254, 258, 259, 264, 328
— —, Bildung 1
— —, Entstehung 20
— —, Länge 46
— —, Lymphgefäße 382
— —, Muskulatur 267, 268, 270
Triphosphatase 429
Triphosphopyridin (TPN), Nebenniere 151
Triphospho-Pyridin-Nucleotidase 212
Triphosphorpyridinucleotiddiaphorase 201
Trommelhöhle 366
Tronc 550
trophotrope Einstellung (Phase) 537
Trophotropie 557
Trousseausches Zeichen 543
Truncus communis, a. vesic. et uterin. 238
Trypanblau, Vitalfärbung 202
Tuber ischiadicum 372, 384
Tuberculum pubicum 481, 483
Tubuli contorti 48, 182
— seminiferi contorti 392, 395
Tubulus collectivus 16, 48
— contortus, Bildung 28
— —, distaler 206
— —, testis 411
— —, Verlängerung 28
— secretorius 16, 48
Tubulusepithel, Bürstensaum 197, 198
—, Krallenfrosch 199
—, Maus 197, 198
—, Ratte 197, 199
Tubulusmembran 196
—, Krallenfrosch 196
—, Ratte 196
Tubuluszellen 196
—, Histochemie 200, 201, 202, 203
Tumoren 541
Tunica albuginea 48, 325
— — bulb. urethr. 295
— — glandis penis 344, 370, 371, 372, 382
— —, Niere-Nebenniere 135
— — penis 360, 361, 362, 363, 364, 365, 366, 372, 375, 379, 380, 384
— — testis 392, 411, 412, 413, 414, 416, 439, 446, 477
— — —, Vesiculae serosae 446
— dartos 357, 369
— — penis 386, 387
— — scroti 403, 404, 407
— funiculi spermatici 480
— — — et testis 480
— media, Nierengefäße 180
— testis 480
— urogenitalis fibrosa ext. 403, 404
— vaginalis comm. test. et funic. sperm. 480
— — propria testis 446, 480
— — testis 389, 390, 391, 480
Turmschädel 544
Turricephalie 544
Typ cerebral 550, 560
— circulatoire-respiratoire 549

Typ conjonctiv 553
— digestiv 549, 550
— epithelial 553
— hyperadulte 550
— hypoévolué 550
— locomoteur-musculaire 549
— musculaire 550, 553, 570
— neuro-cerebral 549
— respiratoire 550, 560
Typen, Krankheitsdispositionen 558
—, physiologische Eigenheiten 557
Typenbildung 530
Typenlehre, Kretschmer 553
—, Weiterentwicklung 564
Typenlehren 518
Typenmischung 573
Typologie, amerikanische Schule 548, 551
—, deutsche Schule 548, 553
—, französische Schule 548, 549
—, italienische Schule 548, 550
—, Polarität 558
—, russische Schule 548, 553
Typologien 558, 580
—, Anthropologie 547
—, Pathologie 530
Typus, asthenischer 554
—, brachymorpher 553
—, carnivorer 551
—, dolichomorpher 553
—, endotheliopathischer 551
—, epitheliopathischer 551
—, euryplastischer 553
—, herbivorer 551
—, horizontaler 550
—, hyperontomorpher 551
—, hypoontomorpher 551
—, lateraler 560
—, leptosomer 554
—, linearer 560
—, mesodermopathischer 551
—, mesoontomorpher 551
—, mesoplastischer 553
—, sthenoplastischer 553
—, vertikaler 550
Tysonsche Drüsen 370, 385

Überernährung 533
Übergangsspermatogonien 425
Überleitungsstück, elektronenoptisch 205, 206
—, Histochemie 205, 206
—, Histologie 203
Übergangsstückzellen, elektronenoptisch 209, 210
—, Meerschweinchen 209
Ulcus ventriculi 532
Umbilicalarterien 4
Unterarmumfang 576
Unterkiefer, Vergrößerung 541
Unterlippe, gewulstet 541
Urachus 2, 266, 485
—, Differenzierung 29
Urachuscysten 46
Urachusepithel 275, 276
Urachusgang 10, 29, 46, 275

Urachusstrang 46
Ureier 424
Ureter 18, 19, 20, 25, 32, 33, 34, 35, 59, 63, 83, 84, 88, 89, 92, 98, 109, 111, 112, 173, 225, 253, 255, 256, 257, 264, 267, 268, 273, 305, 307, 308, 501, 504, 510, 514, 515, s. auch Harnleiter
—, Adventitia 227
—, Adventitiamuskulatur 273
—, Adventitianetz 238, 239
—, äußere Muskelscheide 238
—, Anfangsteil 79
—, Anlage 28
—, arterielle Versorgung 230
—, — — retrovesical 241, 242
—, Arterien 179
—, —, dorsales Becken 237
—, —, lumbal 237
—, Ausweitungen (,,Spindeln") 230
—, Beziehung zu accessorischen Gefäßen 93
—, Bindegewebsblatt 305
—, Collum 236
—, Curvatura pelvina 228
—, — renalis 226
—, Dystopie 249
—, Einengungen 230
—, Engen 230
—, Epithel 218, 219, 261
—, Flexura marginalis 230, 236, 242
—, — pelvina 237
—, — renalis (prima) 232, 236
—, — secunda 232
—, — tertia 232
—, Form- u. Lageanomalien 248
—, Gefäße 220
—, Histologie 218
—, Innervation 115
—, Isthmus 226
—, Kontrastfüllung 229
—, Krümmungen 232
—, Längenwachstum 23
—, Lageveränderung 34
—, Literatur 220, 249
—, Lumen 226
—, Lymphgefäße u. -knoten 246
—, männliches Becken 234
—, Motorik 246
—, Mündung in Fornix 46
—, — — Uterus 46
—, — — Vagina 46
—, Muskulatur 220, 270, 272
—, — am Eintritt in Blase 271
—, Nerven 220, 246
—, Ostium 226
—, Parasympathicuszentrum 248
—, Pars intramuralis 225, 271
—, — lumbalis 225, 226, 236
—, — pelvina 225, 230, 237
—, Portio pelvina dorsalis 246
—, — praearteriosa 237
—, — praedeferentialis 237
—, — retroarteriosa 237
—, — retrodeferentialis 237
—, Position 234
—, präcapilläres Netz 239

Ureter, Reflux 240
—, retrocavaler *249*
—, Schleimhaut 225
—, Segmentum inframesenteriale 236
—, — infra(meso)sigmoideum 236
—, — infrarenale 236
—, — intramurale 237
—, — pelvinum dorsale 237
—, — — inf. 237
—, — supramesenteriale 236
—, — supra(meso)sigmoideum 236
—, Sympathicuszentrum 248
—, Topographie der Artt. 247
—, — Nerven 247
—, — Venen 247
—, Tunica mucosa 225
—, — muscularis 225
—, — propria 225
—, — submucosa 225
—, Überkreuzungen im Rumpf *234*
—, Variationen 71
—, Venen *246*
—, Verschieblichkeit 234
—, weibliches Becken *234*
Ureter duplex 22, 71, 111, *248*
— —, embryonale Anlage *21*
Ureter fissus 71, 248
— —, embryonale Anlage *21*
Ureterbäumchen 24, 25, 26, 28, 60
Ureteren, Divergenz 23
Ureterende, physiologische Atresie 33
—, vesicales, angeborener Verschluß 21
—, —, Stenose 21
Ustermemmbran 21
Ureterhals 236
Ureterkanal 241
Ureterknospe 7, 8, *18*, 19, 21, 22, 23, 172, 249
—, Anlage 13
—, Ascensus 237
—, Differenzierung des Nierengewebes 24
Uretermündung 20, 21, 34
—, Bildung 1
—, dystope 22
—, Ektopie, Entstehung 12
—, physiologische Atresie 21
—, Trennung von Urnierengangmündung 19
Uretermund 226
Ureternetze, arterielle 239, 240
Ureterostium 258
—, Atresie 249
Ureterscheide 273, 274
Ureterspindel 230
—, lumbale 228
—, obere 228
Uretersporn 19
Uretertopik, parametrane 244
Uretertunnel 241
Ureterverlauf, topographische Unterteilung *236*
Urethra 33, 34, 35, 37, 46, 253, 254, 264, 268, 269, 279, 281, 282, 283, 289, 290, 292, 294, 295, 298, 304, 307, 308, 309, 310, 312, 504, s. a. Harnröhre sowie U. fem. et masc. *314*, 324

Urethra, Anlage 1
—, Bulbus 279, 280, 286, 294, 296, 308, 360, 361
—, —, Tunica albug. 295
—, Corpus spongiosum 317
—, Differenzierung 20, *34*
—, Drüsen 314, 315
—, Hinterwand 20
—, Lissosphincter 269, 270, 319, 320
—, Lymphgefäße *510*
—, Mündung in Vagina 46
—, Muscularis, Gefäße 317
—, Muskulatur 46, 47, 267, 271, 284, 285, 317
—, Orificium externum 44, 314, 315, 316, 318
—, — internum 267, 314, 316, 317
—, Ostium internum 314
—, Pars diaphragmatica 296
—, — membranacea 286
—, Partie retromontale 324
—, primäre 36
—, Querschnitt 38
—, Rhabdosphincter 314, 317, 318, 319, 320
—, Schleimhaut, Gefäße 316
—, Semisphincteren 320
—, Verdoppelung 6
—, weibliche 39, *314*, s. a. U. fem.
—, feminina *314*, 324, 358, 505, 506
— —, Arterien *501*
— —, Corpus spongiosum 343
— —, Entstehung 20
— —, Längsmuskulatur 321
— —, Literatur *323*
— —, quergestreifte Muskulatur 321
—, —, Uretermündung in 22
— —, Venen *506*, 508
— masculina 8, *324*, 357, 375
— —, Bulbus 360, 361, 375, 377, s. a. U., Bulbus
— —, Curvatura infrapubica 325
— —, — praepubica 324, 325
— —, — subpubica 324, 325, 326
— —, Einteilung *324*
— —, Entstehung 20
— —, Glandulae submucosae 330
— —, kavernöses Gewebe 329
— —, Längsmuskulatur 340
— —, Lymphgefäße *381*
— —, Muskelzüge 337
— —, Muskulatur *335*
— —, Orificia 324
— —, Orificium ext. 325, 370
— —, — int. 325, 326, 328
— —, Pars cavernosa 324, 326, *343*
— —, — —, Drüsenausführungsgänge 344
— —, — —, Epithel *347*
— —, — —, Foramina 344, 355
— —, — —, Foraminula 344, 346, 347, 355
— —, — —, Glandulae paraurethrales 354
— —, — —, — urethrales *354*
— —, — —, intraepitheliale Drüsen 347
— —, — —, Krypten 344
— —, — —, Lacunen 344, 346, 347, 355

Urethra masculina, Pars cavernosa, Literatur 355
— —, — —, Membrana propria mucosae 349
— —, — —, Schleimhaut 343, 347
— —, — —, Sinus 344
— —, — —, Stratum proprium mucosae 349
— —, — diaphragmatica 325, 326
— —, — fixa 324, 325
— —, — intrafascialis 325
— —, — intramuralis 324
— —, — membranacea 324, 325
— —, — mobilis 324
— —, — muscularis 325
— —, — nuda 325
— —, — pelvica 324
— —, — penis 324
— —, — perinealis 324
— —, — prostatica 324, 325, *326*, 397, 508
— —, — —, Literatur *341*
— —, — —, Schleimhaut *327, 328*
— —, — spongiosa 324, *343*
— —, — trigonalis 325
— —, Portion symphysaire 325
— —, quergestreifte Muskulatur 340
— —, Schleimhaut, Arterien 328
— —, —, Venen 328
— —, Sinus prostatique 325
—, —, Uretermündung in 22
— —, Venennetze 339, 343
Urethra muliebris *314*, s. U. fem.
Urethra posterior 324
Urethra propria 324
— virilis *324*
urethral crest 327
Urethralanlage 38
Urethraldrüsen, erste Anlage 36
Urethralplatte 7
Urethralring 372
Urèthre 314
Urgeschlechtszellen 48
Urkeimzellen 48
Urniere (Mesonephros) 1, *10*, 13, 18, 23, 25, 28, 47, 48, 49, 147, 158, 172, 393
—, Abfluß 29
—, Abfluß des Blutes 24
—, Amphibien 10
—, Caudalwärtswanderung 14
—, Fische 10
—, menschliche Embryonen 10
—, Sekretion *28*, 31, 32, 33
—, Sekretionsdruck 28
Urnierenbläschen 13, 14, 15
Urnierenfalte 147, 418
Urnierengang 19
Urnierengangmündung, Trennung von Uretermündung *19*
Urnierenglomerulus 17, 26, 28, 32
—, Rückbildung 31
Urnierenharn, Abfluß 31
Urnierenkanälchen 17, 32, 48
—, Differenzierung 13
—, Entwicklung 16
—, Sekretion von Methylenblau 33

Urnierenkonkrement 32
Urnieren-Leistenband, Anlage 49
Urnierenrest 446
Urnierenwulst 13
Urogenitalfalte 13, 15, 42, 45
—, Keimdrüsenfeld 47
Urogenitalfurche 41, 43
Urogenitalmembran 9, 41, 43
Urogenitalöffnung 31
Urogenitalplatte 30, 41
Urogenitalspalte 41, 42
—, Verschluß 44
Urogenitalstrang 45
Ursegment 14
Ursegmentstiel (Nephrotom) 10, 11, 13, 22, 172
Urwirbel 1, 2, 3, 4, 5, 6, 10, 12
Urticaria 532
Uterovaginalkanal 45, 46
—, Drüsen 38
Uterovaginalpfeiler 304
Uterus 232, 253
—, Epithel 46
—, Fundus 245
—, mesodermale Wand 45
—, Verlagerung d. Cervix 249
— duplex 545
— masculinus 335
Utriculus prostaticus 45, 325, 328, *335*, *472*, 504
— —, Entwicklung *45*
Uvula vesicae 260

Vagina 37, 235, 253, 254, 281, 283, 284, 289, 290, 294, 295, 307, 312, 318, 321, 322, 323, 514
—, Einmündung in Urethra 37
—, Entwicklung *45*
—, Epithel 46
—, Mündung 36
—, — in Urethra 38
—, Verlagerung 249
—, Vestibulum 314, 324
— masculina 335
— prostatica *472*
Vaginalanlage 472
Vaginalmündung, Verlagerung 38
Vaginalwand 279
Vagotonie 536, 537, 539, 557
—, juvenile 531
Vagus s. a. Nervus vagus
Valvula fossae navicularis 346
Vas deferens 479, 496, s. a. Ductus def.
Vasa s. a. Art. und V.
— analia 288
— arciformia 28
— colica sinistra, marginale Arkade 89
— cremasterica 404
— glutea 304
— — inf. 501
— — sup. 304, 501
— haemorrhoidalia med. 305
— hypogastrica 305, 306, 501
— lienalia 90
— lymphatica funic. sperm. 481

Vasa mesenterica inferiora 173
— — superiora 88
— obturatoria 304, 306
— pudenda 304, 308, 501
— rectalia inf. 305
— renalia, Stämme *91*
— spermatica 83, 84, 88, 89, 148
— testicularia 234, 493
Vasolabilität 531
Vater-Pacinische Lamellenkörperchen 359, 382
— —, Harnblase 515
vegetative Labilität s. a. Labilität
Vena s. a. Vasa
— arcuata renis 27, 104, 178
— azygos 136, 148
— bulbi 380, 381
— cardinalis 15, 16, 17, 23, 24
— — caudalis 19
— cava 93
— —, Lagealteration 93
— — inferior 76, 78, 84, 87, 88, 91, 92, 94, 108, 111, 126, 129, 137, 140, 141, 146, 230, 232, 246, 403
— — —, Lage zum Ureter 24
— — — duplex 249
— centralis suprarenalis 127, 128, 140, 141, 148, 150, 152
— — —, Verdoppelung 140
— circumflexa penis 380, 381, 382
— corticalis profunda renis 178
— — radiata renis 177
— — superficialis 178
— diaphragmatica 141
— dorsalis clitoridis 509
— — penis 302, 379, 381, 384, 509, 510
— — — prof. 377, 380, 381, 382
— — — subcutanea 381, 382
— — — subfascialis 380, 381, 382, 383
— ductus deferentis 481
— emissaria 379, 380
— — inf. 380
— — sup. 380
— femoralis 484
— gastro-epiploica 107
— hemiazygos 92, 136, 148
— hepatica 140
— hypogastrica 304, 510
— ilica 31
— iliaca communis 12, 92
— — ext. 232
— — int. 246, 304
— interlobaris renis 105, 178
— interlobularis renis 105, 178
— lienalis 76, 107, 141
— lumbalis 92
— — ascendens 136
— medullaris suprarenalis 150, 152
— — vera (recta) 178
— mesenterica inferior 89, 90, 227, 234
— — sup. 234
— obturatoria 246
— ovarica 246
— pelvica 179
— phrenica 111

Vena portae 76
— postcardinalis 249
— profunda penis 360, 379, 380, 381
— pudenda ext. 381
— — int. 381
— recta renis 104
— renalis 59, 63, *91*, 92, 94, 107, 111, 112, 113, 136, 140, 141, 178, 179, 246, 403
— —, Adventitia 76
— —, dorsales Gefäß 105
— —, dorso-caudale Sekundärvene 105
— —, Hemmungsbildung 94
— —, median vein 105
— —, mehrere 94
— —, obere Sekundärvene 105
— —, retroaortal 94
— —, tertia 92
— —, Tertiärvenen 105
— —, Überkreuzung der V. renalis 103
— —, Überlagerung der A. renalis 103
— —, untere Sekundärvene 105
— —, ventrales Gefäß 105
— —, ventro-craniale Sekundärvene 105
— — accessoria 92
— — dextra accessoria 92
— — sinistra 76, 92
— saphena 381
— scrotalis 405
— spermatica 179
— — dextra 92
— stellata renis 104, 178
— stellularis renis 105
— subcardinalis 16, 17, 24, 29, 249
— supracardinalis 249
— suprarenalis 91, 111, 127, 128, *140*, 148
— —, Anastomosen zur Pfortader 150
— — inferior 141
— — sinistra 92
— — superior 141
— testicularis 232, 403
— —, Nephrektomie 403
— umbilicalis 13
— ureterica 179
— uterina 305, 510
Venae s. a. Vasa
—, Harnblase *506*
—, Keimdrüse *91*
—, Nebenniere *140*
—, Niere *104*
—, Prostata *506*
—, Retziussche 107, 141
—, Urethra feminina *506*
— comitantes 140
Venenklappen, intrarenal 180
Venenstern, Niere 105
Venylverbindungen 203
Verdauungstrakt 134
Verge 357
Vertex vesicae 277
Veru montanum 327
Vesica, Orificium, s. a. Harnblase 358
Vesicula seminalis 232, 234, 241, 246, 300, 395, 396, 399, *496*, 504, 514, 515, s. a. Gland. vesicul.
— —, Arterien *501*

Vesicula seminalis, Divertikel 496
— —, Ductus excretorius 499, 500
— —, Literatur 500
— —, Lymphgefäße 382
— —, Pigment 498
— —, Sekretion 498
— —, Wand 497
— pronephridica 12
— prostatica 335
Vestibulum vaginae 36
Vestigium proc. vaginalis 392, 480, 486
Vierfingerfurche 545
Vinculum 246
Virga 357
Viscerotonie 552
Vitamin-B-Komplex 201
Vitamin C 219
Vögel, Nachniere bei 10
Vogelgesicht 545, 561
Vorniere (Pronephros) 1, 10, 11, 172, 173
—, Amphibienlarven 10
—, Fische 10
—, niedere Wirbeltiere 172
Vornierenanlage 12
Vornierenbläschen 10, 11
Vornierenglomerulus 11
Vornierenleiste 11
Vorsteherdrüse s. a. Prostata
Vulva 36, 279, 314, 315, 318
Vulvovaginitis 531

Warze 541
Wasseravidität 568
Wasserstoffionenkonzentration 583
Wasserstoffwechsel 541
Webersches Organ 335
Weigertsche Regel 21, 22
Wilsonscher Muskel 286
Winkelprofil, asthenisches 566
Wolffscher Gang 1, 4, 5, 6, 7, 8, 10, 11, 12, 13, 14, 15, 16, 17, 18, 20, 21, 23, 24, 25, 28, 34, 35, 36, 39, 40, 172, 173, 249, 315, 391
— —, Lageveränderung 34
— —, Verbindung mit Kloake 17
— Körper 134
Wolffsches Epithel 46
Wolfsrachen 522, 545
Wuchsform, hyperplastische 570
—, hypoplastische 570
—, metroplastische 570

Wuchsprinzipien 559, 564, 566, 567, 572
Wuchstendenz, hyperplastische 576
Wundernetz, Niere 183

X-Hormon 411

Zähne, Lücken zwischen 541
Zeitraffung 565
Zentralarterie, Nierenläppchen 182
Zirbeldrüse 540
Zivilisationsperiode 525
Zona arcuata, Nebennierenrinde 151
— fascicularis, Nebenniere 128, *132*
— fasciculata, Nebenniere 151, 152, 153, 155, 157, 163
— —, —, Microvilli 152
— germinativa, Nebennierenrinde 157
— glomerulosa, Nebennierenrinde 128, *132*, 151, 152, 153, 154, 157
— multiformis, Nebennierenrinde 151
— reticularis, Nebenniere 128, *132*, 152, 153, 156, 157
— —, —, Microvilli 152
Zuckerkandlsches Organ 111, 133, 134, 168, 169
Zuckerstoffwechsel 535
Zuckertoleranz 568
Zunge, große 541
Zungenfollikel, Hyperplasie 531
Zwerchfell 76, 77, 78, 79, 84, 109, 126, 140, 141, 142
—, Crus mediale 136
—, Pars costalis 136
—, Pars lumbalis 129, 136, 146
—, Quadratus-Arkade 83
Zwerchfellarterie, Rami suprarenales 139
Zwerchfellfascie 136
Zwerchfellhochstand 545
Zwerchfellschenkel, musculotendinous fibres 94
Zwergwuchs 543
Zwergwuchsformen 563
Zwickelcapillaren, Hoden 417
Zwillinge, Nieren 589
Zwischenniere 133
—, akzessorische 133
—, —, Hypertrophie 135
Zwischennierenknospen 147
Zwischenzellen, s. a. Leydigsche Zellen
—, Differenzierung 49

MIX
Papier aus verantwortungsvollen Quellen
Paper from responsible sources
FSC® C105338

If you have any concerns about our products,
you can contact us on
ProductSafety@springernature.com

In case Publisher is established outside the EU,
the EU authorized representative is:
**Springer Nature Customer Service Center GmbH
Europaplatz 3, 69115 Heidelberg, Germany**

Printed by Libri Plureos GmbH
in Hamburg, Germany